现代
机械设计手册

第二版

MECHANICAL
DESIGN

机架、导轨及机械振动设计

王 瑜 华宏星 翟文杰 主编

化学工业出版社
·北 京·

《现代机械设计手册》第二版单行本共20个分册，涵盖了机械常规设计的所有内容。各分册分别为：《机械零部件结构设计与禁忌》《机械制图及精度设计》《机械工程材料》《连接件与紧固件》《轴及其连接件设计》《轴承》《机架、导轨及机械振动设计》《弹簧设计》《机构设计》《机械传动设计》《减速器和变速器》《润滑和密封设计》《液力传动设计》《液压传动与控制设计》《气压传动与控制设计》《智能装备系统设计》《工业机器人系统设计》《疲劳强度可靠性设计》《逆向设计与数字化设计》《创新设计与绿色设计》。

本书为《机架、导轨及机械振动设计》，主要介绍了机架结构设计基础、机架的设计与计算、齿轮传动箱体的设计与计算、机架与箱体的现代设计方法、导轨；机械振动基础、机械振动的一般资料、非线性振动与随机振动、机械振动控制、典型设备振动设计实例、轴系的临界转速、机械振动的利用、机械振动测量、机械振动信号处理与故障诊断、机械噪声基础、机械噪声测量、机械噪声控制等。本书可作为机械设计人员和有关工程技术人员的工具书，也可供高等院校相关专业师生参考。

图书在版编目（CIP）数据

现代机械设计手册：单行本．机架、导轨及机械振动设计/王瑜，华宏星，翟文杰主编．—2版．—北京：化学工业出版社，2020.2
ISBN 978-7-122-35649-9

Ⅰ.①现…　Ⅱ.①王…②华…③翟…　Ⅲ.①机械设计-手册②机架-手册③导轨（机械）-手册④机械振动-手册　Ⅳ.①TH122-62

中国版本图书馆CIP数据核字（2019）第252681号

责任编辑：张兴辉　王烨　贾娜　邢涛　项潋　曾越　金林茹　　装帧设计：尹琳琳
责任校对：边　涛　王素芹

出版发行：化学工业出版社（北京市东城区青年湖南街13号　邮政编码100011）
印　　装：大厂聚鑫印刷有限责任公司
787mm×1092mm　1/16　印张35　字数1190千字　2020年2月北京第2版第1次印刷

购书咨询：010-64518888　　售后服务：010-64518899
网　　址：http://www.cip.com.cn
凡购买本书，如有缺损质量问题，本社销售中心负责调换。

定　　价：118.00元

《现代机械设计手册》第二版单行本出版说明

《现代机械设计手册》是一部面向“中国制造 2025”，适应智能装备设计开发新要求、技术先进、数据可靠、符合现代机械设计潮流的现代化机械设计大型工具书，涵盖现代机械零部件设计、智能装备及控制设计、现代机械设计方法三部分内容。旨在将传统设计和现代设计有机结合，力求体现“内容权威、凸显现代、实用可靠、简明便查”的特色。

《现代机械设计手册》自 2011 年出版以来，赢得了广大机械设计工作者的青睐和好评，先后荣获全国优秀畅销书、中国机械工业科学技术奖等，第二版于 2019 年初出版发行。为了给读者提供篇幅较小、便携便查、定价低廉、针对性更强的实用性工具书，根据读者的反映和建议，我们在深入调研的基础上，决定推出《现代机械设计手册》第二版单行本。

《现代机械设计手册》第二版单行本，保留了《现代机械设计手册》（第二版 6 卷本）的优势和特色，结合机械设计人员工作细分的实际状况，从设计工作的实际出发，将原来的 6 卷 35 篇重新整合为 20 个分册，分别为：《机械零部件结构设计与禁忌》《机械制图及精度设计》《机械工程材料》《连接件与紧固件》《轴及其连接件设计》《轴承》《机架、导轨及机械振动设计》《弹簧设计》《机构设计》《机械传动设计》《减速器和变速器》《润滑和密封设计》《液力传动设计》《液压传动与控制设计》《气压传动与控制设计》《智能装备系统设计》《工业机器人系统设计》《疲劳强度可靠性设计》《逆向设计与数字化设计》《创新设计与绿色设计》。

《现代机械设计手册》第二版单行本，是为了适应机械设计行业发展和广大读者的需要而编辑出版的，将与《现代机械设计手册》第二版（6 卷本）一起，成为机械设计工作者、工程技术人员和广大读者的良师益友。

化学工业出版社

前言

FORWORD

《现代机械设计手册》第一版自2011年3月出版以来，赢得了机械设计人员、工程技术人员和高等院校专业师生广泛的青睐和好评，荣获了2011年全国优秀畅销书（科技类）。同时，因其在机械设计领域重要的科学价值、实用价值和现实意义，《现代机械设计手册》还荣获2009年国家出版基金资助和2012年中国机械工业科学技术奖。

《现代机械设计手册》第一版出版距今已经8年，在这期间，我国的装备制造业发生了许多重大的变化，尤其是2015年国家部署并颁布了实现中国制造业发展的十年行动纲领——中国制造2025，发布了针对“中国制造2025”的五大“工程实施指南”，为机械制造业的未来发展指明了方向。在国家政策号召和驱使下，我国的机械工业获得了快速的发展，自主创新的能力不断加强，一批高技术、高性能、高精尖的现代化装备不断涌现，各种新材料、新工艺、新结构、新产品、新方法、新技术不断产生、发展并投入实际应用，大大提升了我国机械设计与制造的技术水平和国际竞争力。《现代机械设计手册》第二版最重要的原则就是紧密结合“中国制造2025”国家规划和创新驱动发展战略，在内容上与时俱进，全面体现创新、智能、节能、环保的主题，进一步呈现机械设计的现代感。鉴于此，《现代机械设计手册》第二版被列入了“十三五国家重点出版物规划项目”。

在本版手册的修订过程中，我们广泛深入机械制造企业、设计院、科研院所和高等院校进行调研，听取各方面读者的意见和建议，最终确定了《现代机械设计手册》第二版的根本宗旨：一方面，新版手册进一步加强机、电、液、控制技术的有机融合，以全面适应机器人等智能化装备系统设计开发的新要求；另一方面，随着现代机械设计方法和工程设计软件的广泛应用和普及，新版手册继续促进传动设计与现代设计的有机结合，将各种新的设计技术、计算技术、设计工具全面融入传统的机械设计实际工作中。

《现代机械设计手册》第二版共6卷35篇，它是一部面向“中国制造2025”，适应智能装备设计开发新要求、技术先进、数据可靠、符合现代机械设计潮流的现代化的机械设计大型工具书，涵盖现代机械零部件及传动设计、智能装备及控制设计、现代机械设计方法及应用三部分内容，具有以下六大特色。

1. 权威性。《现代机械设计手册》阵容强大，编、审人员大都来自设计、生产、教学和科研第一线，具有深厚的理论功底、丰富的设计实践经验。他们中很多人都是所属领域的知名专家，在业内有广泛的影响力和知名度，获得过多项国家和省部级科技进步奖、发明奖和技术专利，承担了许多机械领域国家重要的科研和攻关项目。这支专业、权威的编审队伍确保了手册准确、实用的内容质量。

2. 现代感。追求现代感，体现现代机械设计气氛，满足时代要求，是《现代机械设计手册》的基本宗旨。“现代”二字主要体现在：新标准、新技术、新材料、新结构、新工艺、新产品、智能化、现代的设计理念、现代的设计方法和现代的设计手段等几个方面。第二版重点加强机械智能化产品设计（3D打印、智能零部件、节能元器件）、智能装备（机器人及智能化装备）控制及系统设计、数字化设计等内容。

（1）“零件结构设计”等篇进一步完善零部件结构设计的内容，结合目前的3D打印（增材制造）技术，增加3D打印工艺下零件结构设计的相关技术内容。

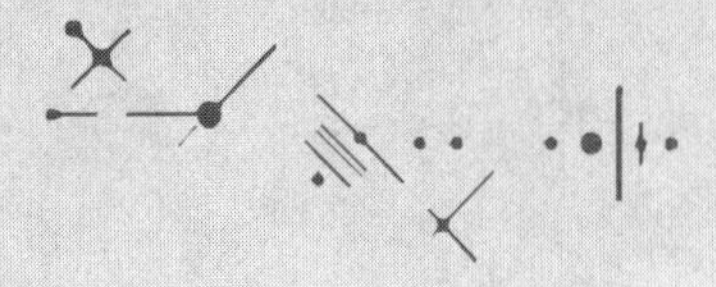

“机械工程材料”篇增加3D打印材料以及新型材料的内容。

（2）机械零部件及传动设计各篇增加了新型智能零部件、节能元器件及其应用技术，例如“滑动轴承”篇增加了新型的智能轴承，“润滑”篇增加了微量润滑技术等内容。

（3）全面增加了工业机器人设计及应用的内容：新增了“工业机器人系统设计”篇；“智能装备系统设计”篇增加了工业机器人应用开发的内容；“机构”篇增加了自动化机构及机构创新的内容；“减速器、变速器”篇增加了工业机器人减速器选用设计的内容；“带传动、链传动”篇增加并完善了工业机器人适用的同步带传动设计的内容；“齿轮传动”篇增加了RV减速器传动设计、谐波齿轮传动设计的内容等。

（4）“气压传动与控制”“液压传动与控制”篇重点加强并完善了控制技术的内容，新增了气动系统自动控制、气动人工肌肉、液压和气动新型智能元器件及新产品等内容。

（5）继续加强第5卷机电控制系统设计的相关内容：除增加“工业机器人系统设计”篇外，原“机电一体化系统设计”篇充实扩充形成“智能装备系统设计”篇，增加并完善了智能装备系统设计的相关内容，增加智能装备系统开发实例等。

“传感器”篇增加了机器人传感器、航空航天装备用传感器、微机械传感器、智能传感器、无线传感器的技术原理和产品，加强传感器应用和选用的内容。

“控制元器件和控制单元”篇和“电动机”篇全面更新产品，重点推荐了一些新型的智能和节能产品，并加强产品选用的内容。

（6）第6卷进一步加强现代机械设计方法应用的内容：在3D打印、数字化设计等智能制造理念的倡导下，“逆向设计”“数字化设计”等篇全面更新，体现了“智能工厂”的全数字化设计的时代特征，增加了相关设计应用实例。

增加“绿色设计”篇；“创新设计”篇进一步完善了机械创新设计原理，全面更新创新实例。

（7）在贯彻新标准方面，收录并合理编排了目前最新颁布的国家和行业标准。

3. 实用性。新版手册继续加强实用性，内容的选定、深度的把握、资料的取舍和章节的编排，都坚持从设计和生产的实际需要出发：例如机械零部件数据资料主要依据最新国家和行业标准，并给出了相应的设计实例供设计人员参考；第5卷机电控制设计部分，完全站在机械设计人员的角度来编写——注重产品如何选用，摒弃或简化了控制的基本原理，突出机电系统设计，控制元器件、传感器、电动机部分注重介绍主流产品的技术参数、性能、应用场合、选用原则，并给出了相应的设计选用实例；第6卷现代机械设计方法中简化了烦琐的数学推导，突出了最终的计算结果，结合具体的算例将设计方法通俗地呈现出来，便于读者理解和掌握。

为方便广大读者的使用，手册在具体内容的表述上，采用以图表为主的编写风格。这样既增加了手册的信息容量，更重要的是方便了读者的查阅使用，有利于提高设计人员的工作效率和设计速度。

为了进一步增加手册的承载容量和时效性，本版修订将部分篇章的内容放入二维码中，读者可以用手机扫描查看、下载打印或存储在PC端进行查看和使用。二维码内容主要涵盖以下几方面的内容：即将被废止的旧标准（新标准一旦正式颁布，会及时将二维码内容更新为新标准的内容）；部分推荐产品及参数；其他相关内容。

4．通用性。本手册以通用的机械零部件和控制元器件设计、选用内容为主，主要包括机械设计基础资料、机械制图和几何精度设计、机械工程材料、机械通用零部件设计、机械传动系统设计、液压和气压传动系统设计、机构设计、机架设计、机械振动设计、智能装备系统设计、控制元器件和控制单元等，既适用于传统的通用机械零部件设计选用，又适用于智能化装备的整机系统设计开发，能够满足各类机械设计人员的工作需求。

5．准确性。本手册尽量采用原始资料，公式、图表、数据力求准确可靠，方法、工艺、技术力求成熟。所有材料、零部件和元器件、产品和工艺方面的标准均采用最新公布的标准资料，对于标准规范的编写，手册没有简单地照抄照搬，而是采取选用、摘录、合理编排的方式，强调其科学性和准确性，尽量避免差错和谬误。所有设计方法、计算公式、参数选用均经过长期检验，设计实例、各种算例均来自工程实际。手册中收录通用性强、标准化程度高的产品，供设计人员在了解企业实际生产品种、规格尺寸、技术参数，以及产品质量和用户的实际反映后选用。

6．全面性。本手册一方面根据机械设计人员的需要，按照“基本、常用、重要、发展”的原则选取内容，另一方面兼顾了制造企业和大型设计院两大群体的设计特点，即制造企业侧重基础性的设计内容，而大型的设计院、工程公司侧重于产品的选用。因此，本手册力求实现零部件设计与整机系统开发的和谐统一，促进机械设计与控制设计的有机融合，强调产品设计与工艺技术的紧密结合，重视工艺技术与选用材料的合理搭配，倡导结构设计与造型设计的完美统一，以全面适应新时代机械新产品设计开发的需要。

经过广大编审人员和出版社的不懈努力，新版《现代机械设计手册》将以崭新的风貌和鲜明的时代气息展现在广大机械设计工作者面前。值此出版之际，谨向所有给过我们大力支持的单位和各界朋友表示衷心的感谢！

主　编

目录

CONTENTS

第9篇 机架、箱体及导轨

第1章 机架结构设计基础

第2章 机架的设计与计算

第3章 齿轮传动箱体的设计与计算

第4章 机架与箱体的现代设计方法

第5章 导轨

第 27 篇 机械振动与噪声

第 1 章 概 述

第 2 章 机械振动基础

第3章 机械振动的一般资料

第4章 非线性振动与随机振动

第5章 机械振动控制

第6章 典型设备振动设计实例

第7章 轴系的临界转速

第8章 机械振动的利用

第9章 机械振动测量

第10章 机械振动信号处理与故障诊断

第11章 机械噪声基础

第12章 机械噪声测量

第13章 机械噪声控制

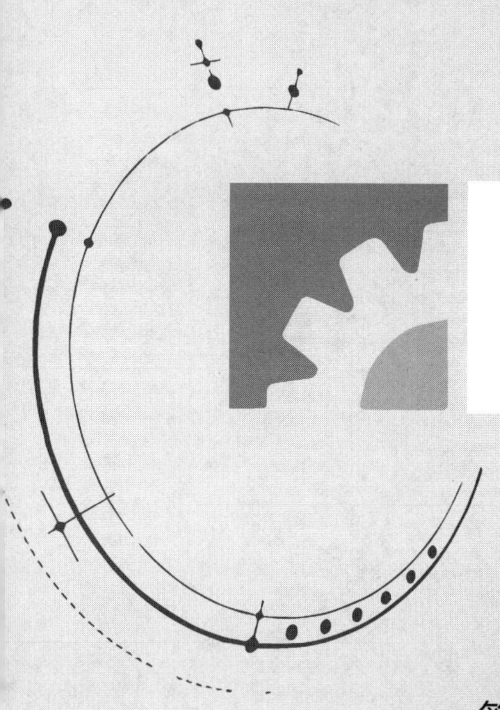

第 9 篇
机架、箱体及导轨

篇主编：王　瑜　翟文杰
撰　稿：王　瑜　翟文杰　郭宝霞
审　稿：王连明

第1章　机架结构设计基础

1.1　机架设计的一般要求

1.1.1　定义及分类

机架是机器中的典型的非标准零件，是底座、机体、床身、车架、桥架（起重机）、壳体、箱体以及基础平台等零件的统称，起到支撑、容纳其他零部件和保证其相对位置的作用。

机架按外形结构不同，可分为梁柱式、框架式、板块式和箱壳式等（见图 9-1-1）。按材料不同，可分为金属机架和非金属机架，金属机架的常用制造方法有铸造和焊接两种，分别称为铸造机架和焊接机架；常用的非金属机架有塑料机架、花岗岩机架和混凝土机架等。按构件的几何特征不同，机架还可分为杆系结构、板壳结构和实体结构，但有时很难将一具体机架划归于一种结构进行力学计算，而常常需要将其简化为几种结构的组合，用有限元法计算。

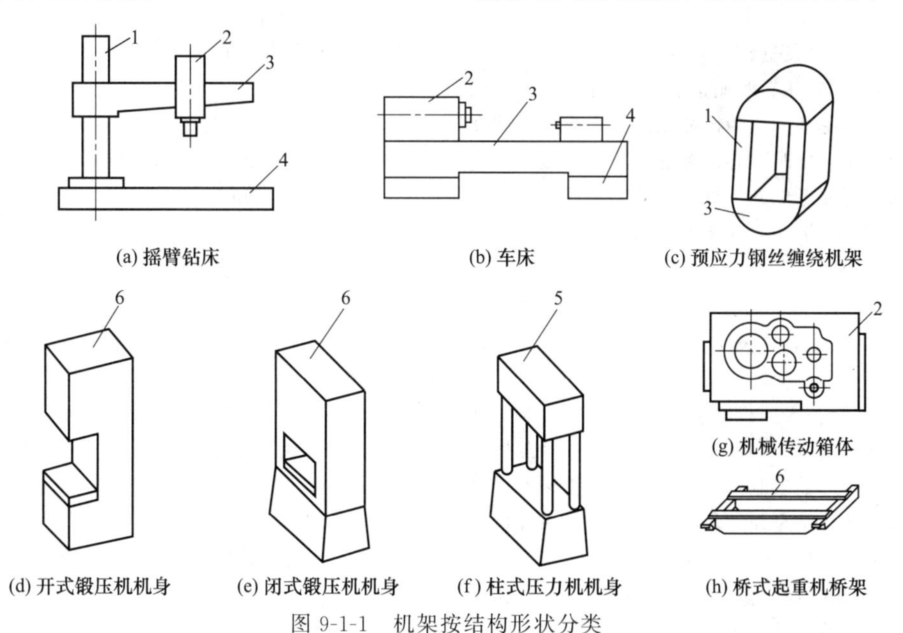

图 9-1-1　机架按结构形状分类

1,3,5—梁（柱）式机架；2—箱壳式机架；4—平板式机架；6—框架式机架

1.1.2　机架设计的一般要求和步骤

1.1.2.1　机架设计的准则和要求

机架作为非标准零件，同样应满足零件设计的一般要求，即功能要求、加工工艺性要求和经济性等要求。机架设计应着重考虑机架的强度、刚度、精度、尺寸稳定性、吸振性及耐磨性等（表 9-1-1），还要求造型美观、质量轻、成本低、结构及工艺性合理。

表 9-1-1　机架设计的准则和要求

要求	说　明
刚度要求	评定大多数机架工作能力的主要准则是刚度。例如机床的零部件中，床身的刚度决定着加工产品的精度；在齿轮减速器中，箱体的刚度决定着齿轮的啮合性能及运转性能；薄板轧机的机架刚度直接影响钢板的质量和精度 机架的刚度要从静态和动态两方面来考虑。动刚度是衡量机架抗振能力的指标，而提高机架的抗振性能可从提高机架的静刚度、控制固有频率、加大阻尼等方面着手。提高静刚度和控制固有频率的途径是：合理设计机架构件的截面形状和尺寸，合理选择壁厚和布肋，注意机架的整体刚度和局部刚度及结合面刚度的匹配等

续表

要求	说明
强度要求	强度是评价重载机架工作性能的基本准则。对一般设备的机架,刚度达到要求,同时也能满足强度的要求。但对于重载设备,要单独验算其静强度和疲劳强度。机架的静强度应根据机器运转过程中可能发生的最大载荷或安全装置所能传递的最大载荷来进行计算校核。对振动或冲击较大的设备或工况,机架还要能满足抗冲击或振动的要求
稳定性要求	许多受压或受弯结构的机架都存在失稳问题,如细长的或薄壁的受压结构及受弯-压结构,失稳会对结构产生很大的破坏;某些板壳结构,如薄壁腹式结构也存在局部失稳。稳定性是保证机架和机器正常工作的基本条件,设计时必须校核
其他要求	其他要求包括散热的要求,防腐蚀要求等 热变形会影响机架的精度,从而使产品的精度下降,如立轴矩形工作台平面磨床,立柱前壁温度高于后壁,使立柱后倾,结果使磨出的零件工作表面与安装基面不平行。再如,有导轨的机架由于导轨面与底面存在温差,在垂直平面内导轨将产生中凸或中凹热变形,因此,机床、仪器等精密机械的设计中还应考虑热变形并使其尽量小

在满足表 9-1-1 要求的前提下，还应考虑如下各项要求。

1）合理选材，质量轻、成本低。

2）结构合理，工艺性好，便于制造。机架一般是大型零件，其毛坯一般为铸造或焊接而成，因此在对机架进行结构设计时，必须考虑铸造或焊接的工艺性要求，同时还要考虑其机械加工的工艺性。

3）结构设计应便于机架上的零件安装、调整、修理和更换。

4）抗振性好、噪声小；温度变化引起的热应力小；装有导轨的机架要求导轨面平整、耐磨、受力合理。

5）运输方便。大型机架的设计须考虑由加工地点运至使用场所可以采用的手段。要考虑运输载体对机架尺寸、质量等的限制。对超长、超大机架可以分为几个部分制造，运至使用场所后，用螺栓或焊接等手段连接起来。

6）美观实用、便于操作。机架的造型对总体的美观有较大的影响，其美观性必须与其实用性结合起来考虑。设计时应考虑机架高度、操作位置、仪表布置等人机工程学要求，以便操作。

1.1.2.2 机架设计的步骤

1）根据机架用途和所处环境，确定结构的形式，例如是框架结构还是板块结构等。

2）初步确定机架的形状和尺寸，画出结构简图。机架的形状和尺寸，可先根据安装在机架内部和外部的零部件的形状和尺寸、配置情况、安装与拆卸等要求，采用经验法或参比法初步拟定。主要结构尺寸的确定应根据机架材料、所受的载荷等情况应用常规的工程力学计算公式，通过强度、刚度或稳定性的计算确定。

3）根据机架的制造数量、结构形状和尺寸，初定材料和制造工艺。

4）分析载荷情况，载荷包括机架上的设备质量、机架本身的质量、设备运转的动载荷等。对于高架结构，还应考虑风载、雪载和地震载荷等。

5）参考类似设备的有关规范、规程，确定机架结构所允许的变形和应力。

6）参考有关资料进行计算，确定主要结构尺寸。

7）对重要机架，应用有限元进行精确校核计算、优化设计或做模型试验，来改进设计，通过技术经济性比较，确定最佳方案和最终尺寸。

一般来说，进行机架结构形式的选择比较复杂。对结构形式、构件截面和结点构造等均需结合具体的工况要求进行认真的分析。由于不同设备有不同的规范和要求，制定统一的机架结构选择方法比较困难。

1.2 机架的常用材料及热处理

1.2.1 机架常用材料

机架材料的选择要依据机架形状及大小、生产批量和使用要求。固定式机器机架和箱体的结构较复杂，常采用铸造方法加工。铸铁的熔点低、铸造性能好、成本低、耐磨和吸振性能好，所以应用最广。承受载荷不大的机架，如车削机床的机架常用灰铸铁制造。对于导轨耐磨性要求较高的机床，如数控机床、坐标镗床等，则往往采用合金铸铁，如磷铜钛合金铸铁、铬钼合金铸铁等。承受载荷较大的重型机架常采用铸钢制造，但铸钢的铸造性能差，流动性不好，收缩大。当要求质量轻时，可用压铸或铸造铝合金等轻金属制造。有高精度要求的仪器（如高精度经纬仪）常用铸铜机架以保证尺寸稳定性。铸造机架常用的材料如表 9-1-2～表 9-1-4 所示。

表 9-1-2　铸造机架常用的材料

铸铁名称	牌号	特点及应用举例
灰铸铁	HT100	力学性能较差，承受轻负荷，如用于机床中镶装导轨的支承件等
	HT150	流动性好。用于承受中等弯曲应力（约为 10^7Pa），摩擦面间压强大于 5×10^5Pa 的铸件。如：大多数机床的底座（溜板、工作台）、鼓风机底座、汽轮机操纵座外壳、减速器机壳和汽车变速器箱体、水泵壳体等
	HT200 及 HT250	用于承受较大弯曲应力（达 3×10^7Pa），摩擦面间压强大于 5×10^7Pa（10t 以上大型铸件大于 1.5×10^5Pa）或须经表面淬火的铸件，以及要求保持气密性的铸件。如机床的立柱、齿轮箱体、工作台、机床的横梁和滑板、球磨机的磨头座，鼓风机机座、锻压机的机身、气体压缩机机身、汽轮机中机架、动力机械的箱壳、泵体
	HT300	用于承受高弯曲应力（达 5×10^7Pa）和拉应力、摩擦面间的压强大于 2×10^6Pa 或进行表面淬火，以及要求保持高度气密性的铸件，如轧钢机座、重型机床的床身、剪床和冲床的床身、镗床机座、高压液压泵泵体、阀体、多轴机床的主轴箱等
球墨铸铁	QT800-2	具有较高强度、耐磨性和一定的韧性，空压机和冷冻机的缸体、缸套、柴油机缸体，缸套，QT800-2 用于冶金、矿山用减速器箱体等
	QT700-2	
	QT600-3	
	QT500-7	具有中等强度和韧性，用作水轮机阀门体、曲柄压力机机身等
	QT450-10	
	QT400-15	韧性高、低温性能较好，具有一定的耐蚀性，用作汽车、拖拉机驱动桥的壳体、离合器和差速器的壳体、减速器壳体、1.6～2.4MPa 的阀门的阀体等
	QT400-18	

表 9-1-3　铸钢机架常用的材料

牌号	特点及应用举例
ZG200-400 及 ZG230-450	有一定的强度、良好的塑性与韧性，有较高的导热性、焊接性和切削加工性，但排除钢水中的气体和杂质比较困难，所以容易氧化和热裂，常用于模锻锤砧座、外壳、机座、轧钢机机架、锻锤气缸体和箱体等
ZG270-500	它是大型铸钢件生产中最常用的碳素铸钢，具有较好的铸造性和焊接性，但易产生较大的铸造应力引起热裂 广泛应用于轧钢、锻压、矿山等设备，如轧钢机机架、辊道架、连轧机轨座、坯轧机立辊机架、万能板坯轧机机体，水压机横梁和中间底座，水压机基础平台、曲柄压力机机身、锻锤立柱、热模锻底座及破碎机架体等
ZG310-570	用于重要机架

表 9-1-4　机架用铸铝及压铸铝合金材料

类别	合金代号	特点及应用举例
铸铝合金	ZL101	力学性能较高，但高温力学性能较低。耐蚀性良好，铸造、焊接性能好，切削加工性能中等 常用于船用柴油机机体、汽车传动箱体、水冷发动机气缸体等
	ZL104	用于形状复杂、薄壁、耐腐蚀、承受冲击载荷的大型铸件，如中小型高速柴油机的机体
	ZL105A	用来铸造在较高温度下工作的机体，有良好的铸造、焊接、切削性能和耐蚀性能，如液压泵泵体、高速柴油机机体等
	ZL401	用来铸造大型、复杂和承受较高载荷而又不便进行热处理的零件，如军用特殊柴油机机体
压铸铝合金	YL112	压铸件表面硬度及强度都高于砂型铸件，其中抗拉强度高出 20%～30%，但伸长率较低 用于发动机气缸体、发动机罩、曲柄箱、电动机底座、缝纫机机头的壳体、承受较高液压力的壳体、水泵外壳、表心架、打字机机架、仪表和照相机壳体及接线盒底座等
	YL113	
	YL102	
	YL104	

在小批量或单件生产或尺寸很大铸造困难时常常采用焊接机架。焊接机架常用的材料一般是含碳量低的钢，如16Mn、19Mn、20钢、20Cr钢板或型钢，其焊接性能优于含碳量高的钢，当钢板厚度较大或环境温度较低时，需要预热。和铸造机架相比，焊接机架具有制造周期短、质量轻和成本低等优点。这是由于钢材质量容易保证，其强度比铸铁高很多，弹性模量约为铸铁的两倍。有的焊接机架长达十几米，精度达几个毫米，焊后不再进行加工，大大节省机床的加工量。除材料本身特性外，还可以通过改进焊接结构提高固有频率，避免共振的发生。焊接结构的主要缺点是吸振性不如铸铁，以及焊接时会产生热变形和内应力。

另外，特殊场合也常采用塑料、花岗岩及混凝土等非金属制作机架，其特点及选用参见本篇1.6。

1.2.2　机架的热处理

铸铁机架需要进行时效处理，以使机架在精加工前释放铸造所产生的内应力，使机架充分变形，形状趋于稳定后再进行精加工，从而保证长期使用的几何精度。时效分类及其特点见表9-1-5。铸铁机架人工时效工艺规范见表9-1-6。

表9-1-5　时效分类及其特点

分类		工艺过程	特点
自然时效		粗加工后，在室外搁置相当长的一段时间（一般都要一年以上）使内应力自然松弛或消除	方法简单、效果好，但生产周期长，占地面积大、积压资金多
人工时效	热处理方法	将铸件缓慢加热到共析点以下（一般为500～600℃），保温一段时间，然后缓慢冷却，以消除内应力	经验证明，在人工时效后配以短时间的自然时效（一般为3～6月），可获得良好的精度稳定性效果
	机械振动法	将激振器装卡在机架上，使其产生共振，经持续一段时间后（对于形状复杂的机架只要几十分钟），金属产生了局部微观塑性变形，消除残余应力	耗能少、时间短、效果显著

表9-1-6　铸铁机架人工时效工艺规范

类别	质量/t	壁厚/mm	工艺参数					
			装炉温度/℃	加热速度/℃·h^{-1}	退火温度/℃	保温时间/h	降温速度/℃·h^{-1}	出炉温度/℃
较大机架	>2	20～80	<150	30～60	500～550	8～10	30～40	150～200
较小机架	<1	<60	≤200	<100	500～550	3～5	20～30	150～200
复杂外形精度高	>1.5	>70	200	75	500～550	9～10	20～30	<200
		40～70	200	70	450～500	8～9	20～30	<200
		<40	150	60	420～450	5～6	30～40	<200
有精度要求的机架平板	0.1～1.0	15～60	100～200	75	500	8～10	40	≤200

为了消除铸造内应力和改善力学性能，铸钢件一般要进行热处理。铸钢机架常用的热处理方法有正火加回火、退火和焊补后回火等。

对力学性能要求较高的机架多用正火加回火，形状简单的机架采用退火。正火或退火温度见表9-1-7。碳钢机架的回火温度一般为550～650℃。

铸造碳钢机架的正火、回火工艺规范见表9-1-8。厚大截面机架退火工艺规范见表9-1-9。为消除焊接内应力，机架需进行回火。铸钢机架焊补后的回火工艺规范见表9-1-10。

表9-1-7　正火或退火温度

钢号	正火或退火温度/℃	钢号	正火或退火温度/℃
ZG200-400	920～940	ZG270-500	860～880
ZG230-450	880～900	ZG310-570	840～860

表 9-1-8　　铸钢机架正火、回火工艺规范

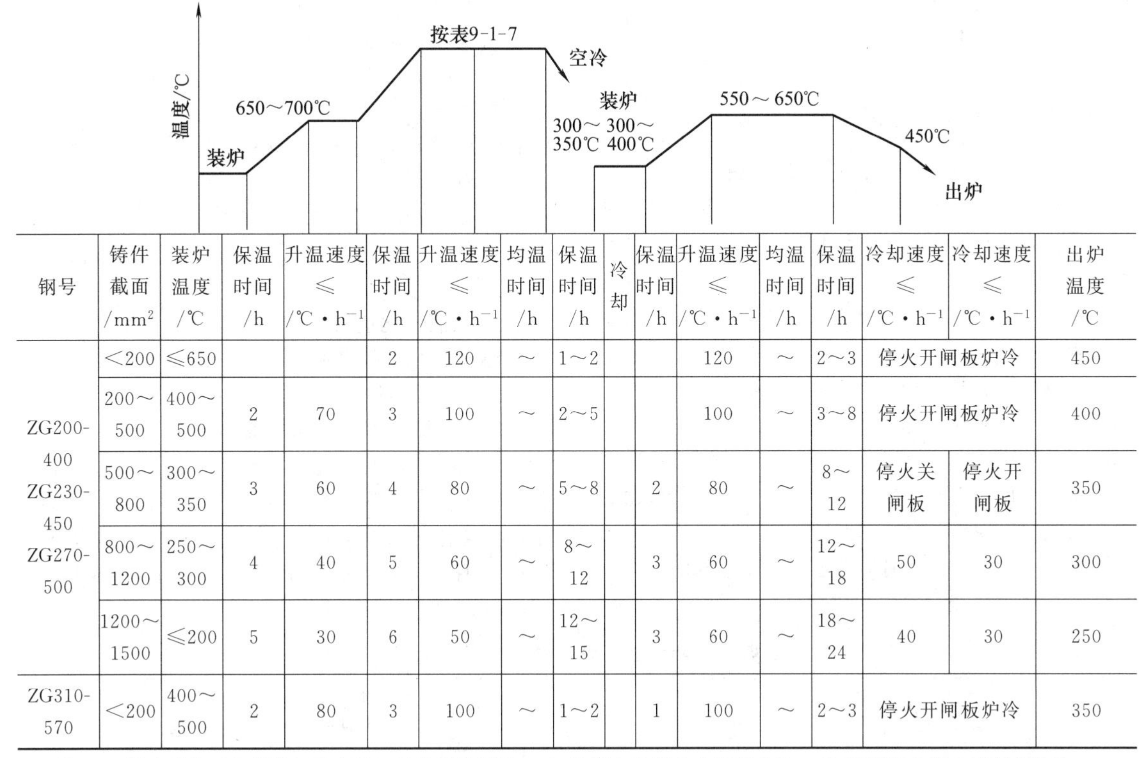

钢号	铸件截面/mm^2	装炉温度/℃	保温时间/h	升温速度≤/℃·h^{-1}	保温时间/h	升温速度≤/℃·h^{-1}	均温时间/h	保温时间/h	冷却	保温时间/h	升温速度≤/℃·h^{-1}	均温时间/h	保温时间/h	冷却速度≤/℃·h^{-1}	冷却速度≤/℃·h^{-1}	出炉温度/℃
ZG200-400 ZG230-450 ZG270-500	<200	≤650			2	120	～	1～2			120	～	2～3	停火开闸板炉冷		450
	200～500	400～500	2	70	3	100	～	2～5			100	～	3～8	停火开闸板炉冷		400
	500～800	300～350	3	60	4	80	～	5～8		2	80	～	8～12	停火关闸板	停火开闸板	350
	800～1200	250～300	4	40	5	60	～	8～12		3	60	～	12～18	50	30	300
	1200～1500	≤200	5	30	6	50	～	12～15		3	60	～	18～24	40	30	250
ZG310-570	<200	400～500	2	80	3	100	～	1～2		1	100	～	2～3	停火开闸板炉冷		350

注：1. 退火时的工艺参数与正火同，保温后冷却时，450℃以上为停火关闸板炉冷，450℃以下为停火开闸板炉冷。
2. 有力学性能要求的重要铸件回火温度宜选 550～600℃。

表 9-1-9　　厚大截面的铸钢机架退火工艺规范

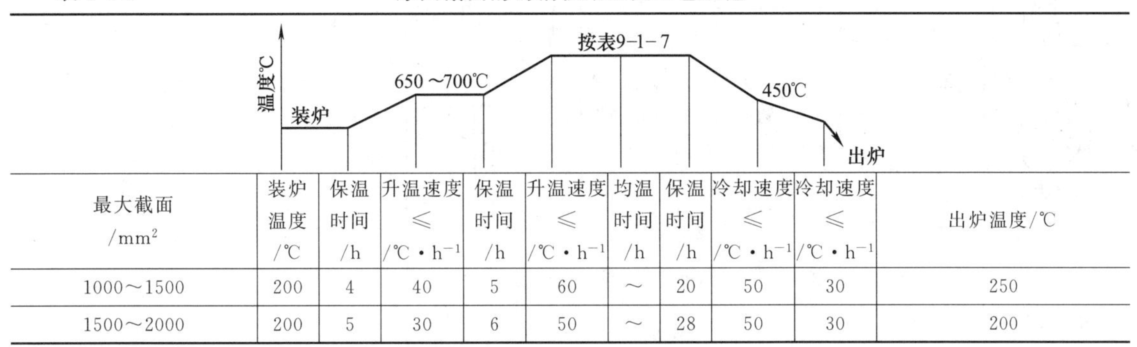

最大截面/mm^2	装炉温度/℃	保温时间/h	升温速度≤/℃·h^{-1}	保温时间/h	升温速度≤/℃·h^{-1}	均温时间/h	保温时间/h	冷却速度≤/℃·h^{-1}	冷却速度≤/℃·h^{-1}	出炉温度/℃
1000～1500	200	4	40	5	60	～	20	50	30	250
1500～2000	200	5	30	6	50	～	28	50	30	200

表 9-1-10　　铸钢机架焊补后回火工艺规范

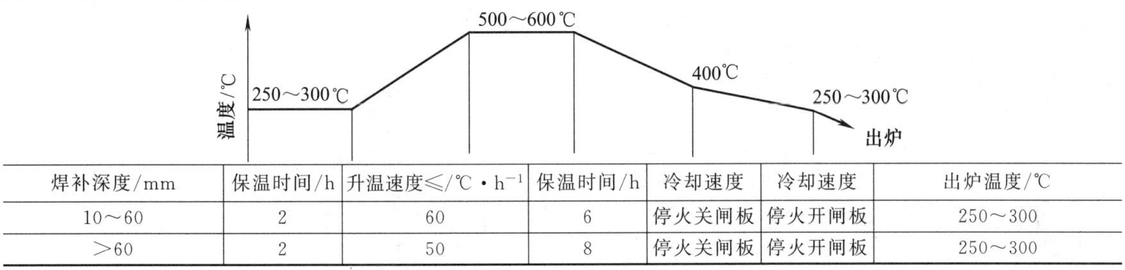

焊补深度/mm	保温时间/h	升温速度≤/℃·h^{-1}	保温时间/h	冷却速度	冷却速度	出炉温度/℃
10～60	2	60	6	停火关闸板	停火开闸板	250～300
>60	2	50	8	停火关闸板	停火开闸板	250～300

注：1. 焊补后的回火温度应比该铸件正火后回火温度低 30～50℃。
2. 对大截面的重要铸件保温时间应加长，以保证铸件烧透。

1.3　机架的截面形状、肋的布置及壁板上的孔

1.3.1　机架的截面形状

机架的抗拉或抗压强度和刚度，一般仅与其断面面积的大小有关，而与断面形状无关。但零件的抗弯、抗扭强度和刚度除了与其截面面积有关外，还取决于截面形状，即与其截面惯性矩成正比。合理改变截面形状，增大其惯性矩和截面系数，可提高机架零件的强度和刚度，从而充分发挥材料的作用。所以正确地选择机架的截面形状是机架设计中的一个重要方面。表9-1-11列出了截面积相等而截面形状不同的等截面杆的抗弯和抗扭惯性矩的相对值。相对值是以圆形截面惯性矩为对比基准，其他惯性矩与之相比而得的数值。

选择机架截面形状时应考虑如下几个方面。

1）截面形状应与机架所受载荷种类相适应。由表9-1-11中比值可以看出，封闭的空心圆形、方形截面的抗扭惯性矩较大，矩形截面次之，工字形截面的抗扭能力最差；但工字形截面的抗弯惯性矩最大，矩形截面的次之，其经济性体现在将材料尽量布置在远离中性轴的位置，即将材料置于高应力区。

2）截面形状应与机架材料特性相适应。钢材应尽量使用拉、压代替其受弯，铸铁应尽可能使其受压。

3）截面变化应符合等强度原则。表9-1-12列举了各种截面的应用实例，而表9-1-13给出了常用机床立柱的截面形状及其特点和应用。

对于非圆形截面及非矩形截面的机架，选取尺寸时应注意截面的高宽比。建议采用如下比值较为合适：矩形组合截面 $h/b \geqslant 2$，工字形截面 $h/b \geqslant 2$，箱形（整体矩形）$h/b = 0.6 \sim 2$；一般金属切削机床的床身、立柱、横梁和底座截面的高宽比值见表9-1-14。

表9-1-11　　常见截面的抗弯、抗扭惯性矩的相对比值

截面形状（面积相等）	抗弯惯性矩相对值	抗扭惯性矩相对值	说　明	截面形状（面积相等）	抗弯惯性矩相对值	抗扭惯性矩相对值	说　明
φ113	1	1	①由惯性矩的相对值可以看出：圆形截面有较高的抗扭刚度，但抗弯强度较差，故宜用于受扭为主的机架。工字形截面的抗弯强度最大，但抗扭能力很低，故宜用于承受纯弯的机架，矩形截面抗弯、抗扭分别低于工字形和圆形截面，但其综合刚性最好（各种形状的截面，其封闭空心截面的刚度比实心截面的刚度大）。另外，截面面积不变，加大外形轮廓尺寸，减小壁厚，亦即使材料远离中性轴的位置，可提高截面的抗弯、抗扭刚度。封闭截面比不封闭截面的抗扭刚度高得多	100, 100	1.04	0.88	②机架往往受拉、压、弯曲、扭转，对刚度要求又同时高，另一方面，由于空心矩形内腔容易安设其他零件，故许多机架的截面常采用空心矩形截面
φ113, φ160	3.03	2.89		200, 50	4.13	0.43	
φ160, φ196	5.04	5.37		100, 100, 148, 148	3.45	1.27	
φ160, φ196		0.07		148, 148, 184, 184	6.90	3.98	
50, 200, 235, 85	7.35	0.82		25, 10, 500, 25, 150	19	0.09	

表 9-1-12　**各种截面的应用实例**

机架名称	开式机机身	开式机机身	开式机机身	闭式组合机立柱
	曲柄压力机			
截面形状	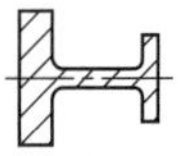	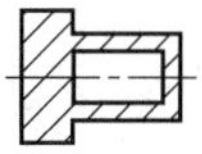	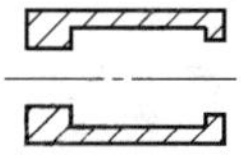	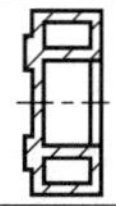
机架名称	闭式组合机机座	钢丝缠绕机架立柱	钢丝缠绕机架立柱	桥架
	曲柄压力机	液压机		桥式起重机
截面形状	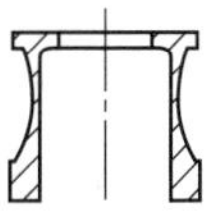	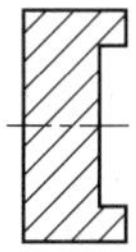	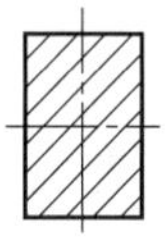	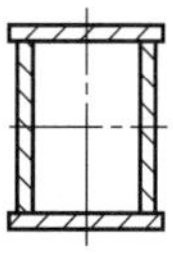
机架名称	大起重量大跨度的桥架	磨床床身	仿形车床床身	单柱式机床立柱（载荷作用在立柱对称面上）
	桥式起重机	金属切削机床		
截面形状	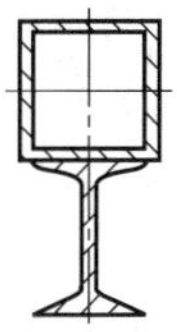	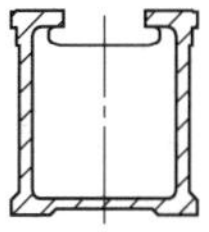	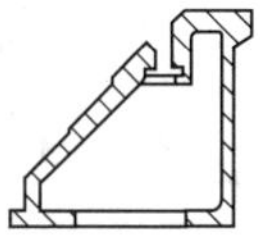	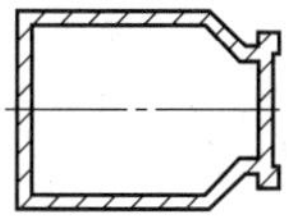
机架名称	龙门刨床横梁	加工中心机床床身（矩形钢管焊接组合截面，具有刚度高、减振性能好等优点）	摇臂钻床立柱	摇臂钻床的摇臂（制造较复杂）
	金属切削机床			
截面形状	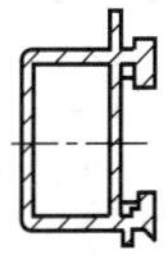	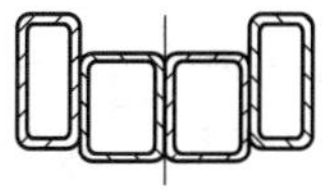	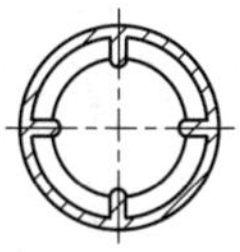	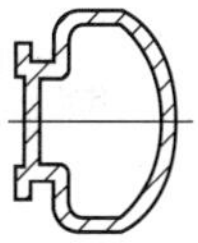

表 9-1-13　**机床立柱的截面形状及其特点和应用**

截面简图	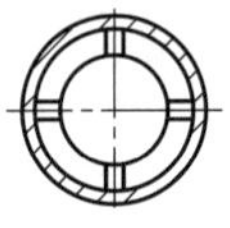	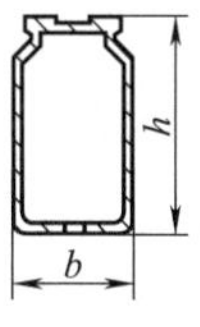	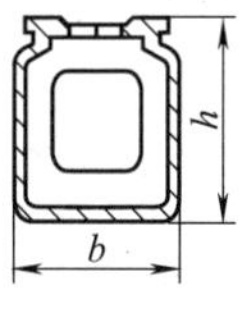	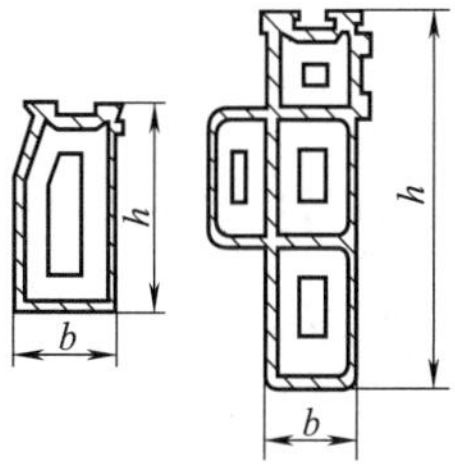
说明	抗弯刚度低于抗扭刚度，多用于有部件围绕其旋转及载荷较小的立柱，如摇臂钻床，台式钻床的立柱	用于在一个平面内（截面的对称面）承受弯矩作用，载荷较大的情况，如大型立式钻床、多轴立式钻床、组合机床立柱。$\frac{h}{b}=2\sim3$	用于承受两个方向的弯矩和扭矩作用的复杂载荷，横向肋可减小截面畸变。$\frac{h}{b}\approx1$，用于镗床、铣床、滚齿机立柱	矩形截面及双矩形截面。多用于龙门式机床立柱。立式车床立柱$\frac{h}{b}=3\sim4$。龙门刨床和龙门铣床立柱$\frac{h}{b}=2\sim3$

表 9-1-14　　机床的床身、立柱、横梁和底座截面高宽比的推荐值

机架名称	高宽比(h/b)	适用机床
床身	≈1.0 1.2～1.5 <1.0	普通车床 六角车床 中、大型镗床，龙门刨(铣)床
立柱 (包括立式床身)	≈1.0 ≥2.0～3.0 3～4	立式镗床、单柱坐标镗床、铣床 立式钻床、龙门刨(铣)床、双柱坐标镗床、组合机床 立式车床
横梁	1.5～2.2	龙门刨(铣)床、立式车床、坐标镗床
悬臂梁	2～3	摇臂钻床、单柱龙门刨床、单柱立式车床
工作台	0.1～0.18 0.08～0.12	矩形工作台 圆形工作台(高/直径)
底座	≥0.1(高/长)	摇臂钻床、升降台式铣床、落地镗床

1.3.2　肋的布置

采用肋板和肋条是提高机架零件刚度的重要措施之一。肋板又叫隔板，是指机架零件两外壁之间起连接作用的内壁，它的功能是加强机架四壁之间的联系使它们起到一个整体的作用；肋条也叫加强肋，一般布置在内壁上。肋板和肋条的布置是在减轻机架整体重量的前提下，来加强空心断面机架的整体刚度或局部刚度，同时也可防止薄壁振动以减少噪声。

1）为有效地提高机架的抗弯刚度，肋一般应布置在弯曲平面内。肋的合理布置的一般原则见表9-1-15。

表 9-1-15　　肋的合理布置的一般原则

1. 肋的布置应有效地提高机架的强度和刚度		
项目	图　　例	说明
应有利于将局部载荷传递给其他壁板使之均衡地承担载荷	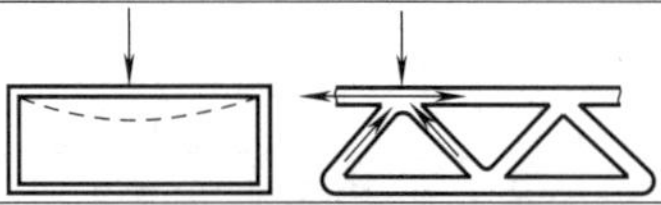	加肋后，可把载荷传递到下壁，并把上壁的弯曲变形转化为肋板的拉伸和压缩变形，因而有效地减少上壁的弯曲变形
	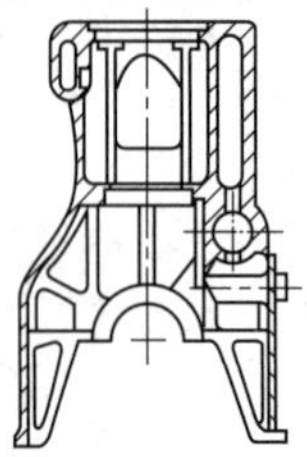 直列龙门式柴油机机体横隔支承壁上肋的布置	机体横隔支承壁同时承受拉应力和弯曲应力，为提高其刚度，一般有数条竖肋和斜肋，按力的传递要求，主轴承座螺栓搭子上的竖肋从轴承搭子延伸到水腔壁与气缸盖螺栓搭子相连，从而减轻拧紧螺栓时机体的变形，有利于力的传递
	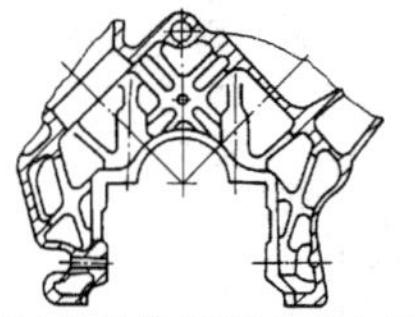 V型柴油机机体横隔支承上的布肋	对于V型柴油机机体横隔支承壁上，除螺栓搭子上的加强肋外，按受力方向还设置了与各列气缸中心线平行的肋
带孔肋板应避免布置在高梁主传力肋板的位置上	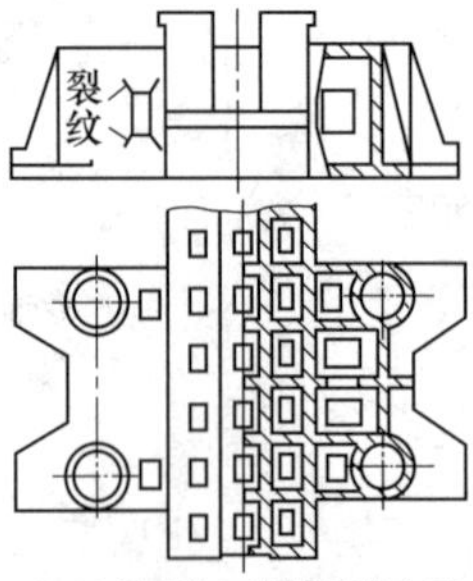 31500kN液压机下横梁裂纹示意图	液压机(或水压机)横梁属于箱形截面高梁。液压机横梁产生裂纹的部位大多在主传力肋板工艺孔的孔边。这是由于剪力变形引起孔边严重应力集中，超过材料的疲劳极限所致 图为31500kN液压机下横梁，使用2年后，由于纵向主传力肋板的出砂孔出现裂纹，最后失效而报废

续表

2. 布肋应考虑弹性匹配	
图　　例	说　　明
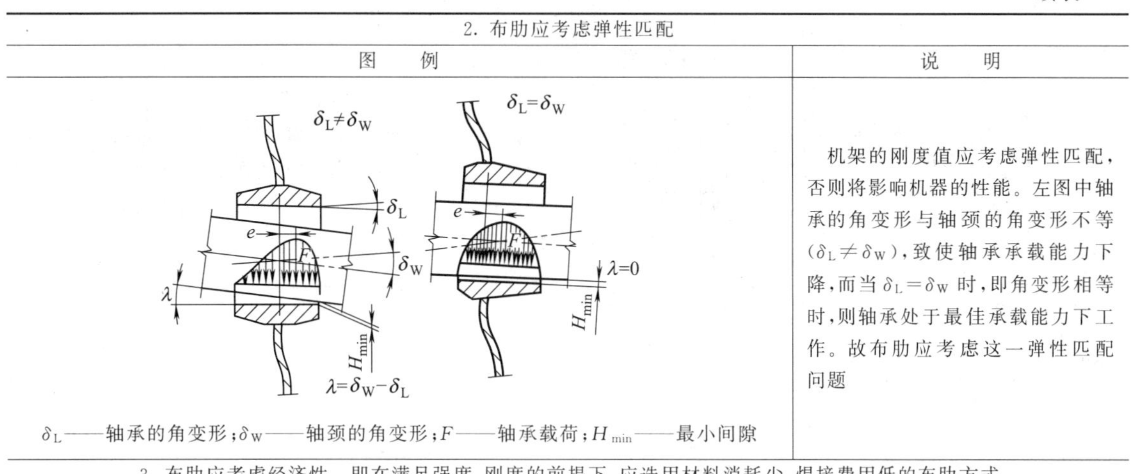 δ_L——轴承的角变形；δ_W——轴颈的角变形；F——轴承载荷；H_{min}——最小间隙	机架的刚度值应考虑弹性匹配，否则将影响机器的性能。左图中轴承的角变形与轴颈的角变形不等（$\delta_L \neq \delta_W$），致使轴承承载能力下降，而当 $\delta_L = \delta_W$ 时，即角变形相等时，则轴承处于最佳承载能力下工作。故布肋应考虑这一弹性匹配问题
3. 布肋应考虑经济性。即在满足强度、刚度的前提下，应选用材料消耗少，焊接费用低的布肋方式	

2）梁式机架箱型结构的布肋。梁式箱型结构肋板和肋条的布置有五类 20 种形式，其原则性表示见图 9-1-2。五类分别为垂直对角肋、垂直纵向肋、垂直横向肋、空间对角肋和各种不同肋的组合。

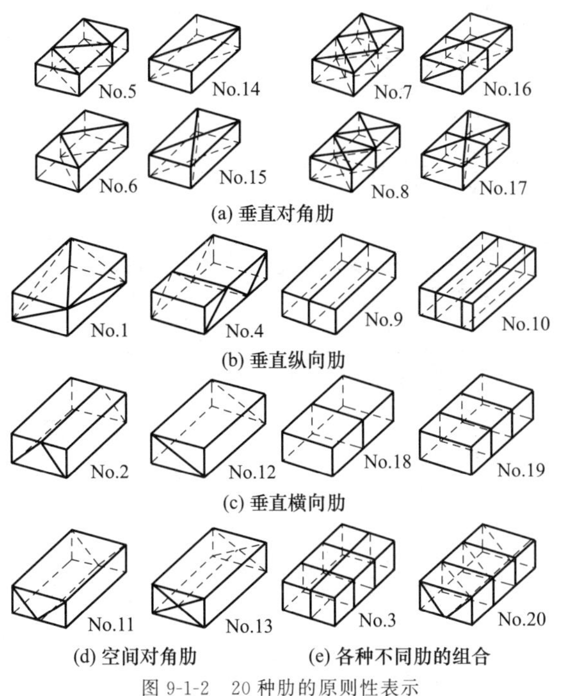

图 9-1-2　20 种肋的原则性表示

通常将机床床身所受的载荷分为如图 9-1-3 所示的六种类型。若以机架在各种载荷作用下产生的应变能总和作为柔度特性值（柔度指构件在外加载荷作用下倾向于产生变形的能力），所用材料的体积和柔度特性值可反映材料使用的经济性；焊缝长度与柔度的乘积表示焊接费用的技术效益。最经济的结构形式是上述两项乘积最小的结构。

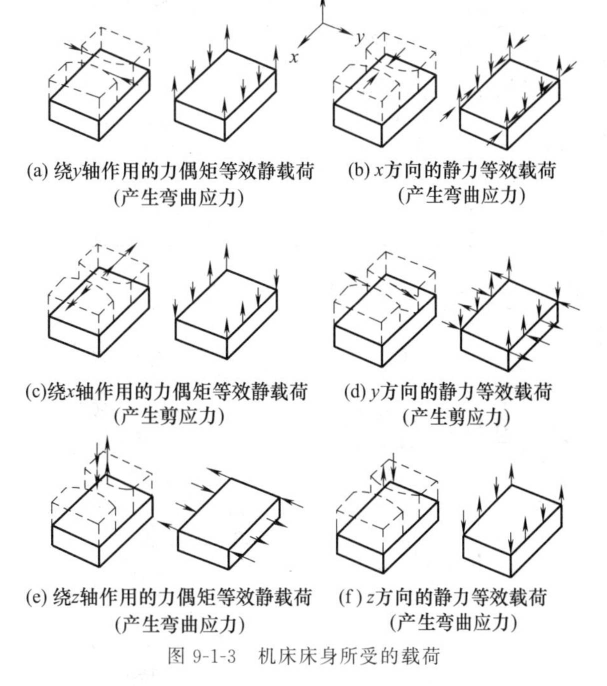

图 9-1-3　机床床身所受的载荷

表 9-1-16 给出了闭式床身不同肋板结构的综合柔度、材料消耗与焊缝长度的关系。表中以没有加肋的封闭箱体作为对比基准，其柔度为 100%。从表中可以看出，13 号的双对角肋结构的柔度最低，刚性最好，但所用材料的体积最大。而有些结构的肋板布置虽然比较复杂，材料消耗也较多，但对减少柔度没有明显作用。

表 9-1-17 给出了各种布肋的经济性。从表中可以看出，最经济的结构形式是 0 号（无肋闭式），其次是 18 和 12 号，但它们只有在肋板或箱体壁板直接支撑导轨时才能应用。7 号和 8 号的对角肋的经济性较差。

表 9-1-16　不同布肋的箱形结构的综合柔度、材料消耗与焊缝长度的相对值

肋板布置的原则性表示		柔度		材料体积		焊缝长度	
		模型序号	百分数	模型序号	百分数	模型序号	百分数
0	9	0	100	0	100	0	100
		9	98	9	114	9	136
10	14	10	93	10	129	10	171
		14	92	14	116	14	139
18	6	18	92	18	107	18	121
		6	89	6	120	6	155
19	15	19	88	19	114	19	143
		15	86	15	132	15	185
16	1	16	85	16	123	16	168
		1	83	1	133	1	177
5	17	5	82	5	126	5	173
		17	80	17	139	17	214
3	12	3	79	3	129	3	192
		12	78	12	132	12	145
4	7	4	78	4	136	4	179
		7	78	7	140	7	223
2	8	2	77	2	140	2	177
		8	77	8	148	8	246
11	20	11	70	11	140	11	177
		20	69	20	155	20	219
13		13	64	13	164	13	218

表 9-1-17　各种布肋的经济性

肋板布置的原则性表示		模型序号	柔度×体积（六种载荷总和）/%	柔度×焊缝长度（六种载荷总和）/%
10	8	10	120	160
		8	114	189
15	9	15	113.7	160
		9	112.3	133
17	1	17	111.4	171
		1	111	148
13	7	13	110.5	147
		7	109.4	187
2	14	2	108.4	137
		14	107.4	129
6	20	6	107	137
		20	106	150
4	16	4	106	139
		16	105	143
5	12	5	103.7	142
		12	103.5	113
3	19	3	101.6	152
		19	101	126
0	18	0	100	
		18	99	112
11		11	98.4	124

表 9-1-18、表 9-1-19 分别列举了几种简单布肋方式对开式和闭式梁式机架箱形结构刚度的影响。表中相对刚度均以无肋箱体作为比较基准。从中可以看出，在弯曲平面内的纵向肋能有效提高开式箱形结构的抗弯刚度，而垂直于弯曲平面的横向肋板的效果差；45°的角肋对提高结构的扭转刚度效果明显；无论采用哪种布肋形式，闭式结构的抗弯刚度可提高到 1.5～1.9 倍，扭转刚度可提高到 4.4～8.5 倍。

表 9-1-18　布肋方式对开式箱形结构刚度的影响

序号	模型	模型体积		弯曲刚度（$x-x$）		扭转刚度	
		10^{-6} m^3	指数	N/mm	指数	N·m/rad	指数
1	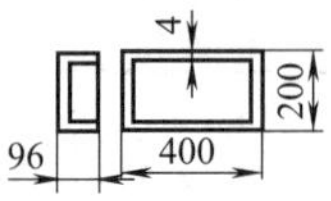 4, 200, 400, 96	75.5	1.0	1980	1.0	303	1.0
2	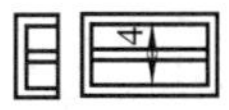 4	90.0	1.19	2710	1.37	405	1.34
3	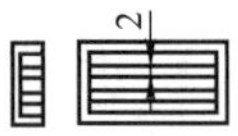 2	90.9	1.19	3100	1.57	446	1.48
4	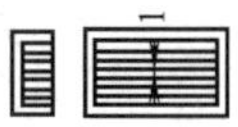 1	90.0	1.19	3300	1.67	567	1.87
5	 4	82.7	1.08	2000	1.01	426	1.41
6	 2	82.7	1.08	2140	1.07	526	1.75
7	 4	82.7	1.08	2340	1.18	660	2.18
8	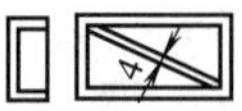 4	91.5	1.20	2440	1.23	656	2.17
9	 2	91.5	1.20	2470	1.25	791	2.61
10		95.8	1.26	2780	1.40	左扭 890 右扭 1075	2.94 3.44
11		95.8	1.26	2850	1.44	1230	4.06

表 9-1-19　　布肋方式对闭式箱形结构刚度的影响

序号	模型	模型体积 10^{-6} m^3	指数	弯曲刚度（x-x） N/mm	指数	扭转刚度 N·m/rad	指数
1	96 400 200 4	1077	1.0	3700	1.0	2490	1.0
2	4	1220	1.13	4290	1.16	3580	1.44
3	2	1220	1.13	4390	1.18	3970	1.59
4	1	1220	1.13	5190	1.40	4470	1.80
5	4	1148	1.06	3790	1.02	3300	1.33
6	2	1148	1.06	3840	1.03	3640	1.46
7	1	1148	1.06	3860	1.04	4680	1.88
8	4	1236	1.15	4120	1.11	4150	1.67
9	2	1236	1.15	4210	1.13	5020	2.02
10	4	1278	1.19	4220	1.14	左扭 4570 右扭 5010	1.84 2.02
11	2	1278	1.19	4370	1.18	5460	2.20

3）柱式机架肋的布置对空心立柱抗弯及抗扭刚度的影响见表 9-1-20（参照图 9-1-4）。

4）平板式机架肋板的布置对开式（无底板）与闭式底座刚度的影响见表 9-1-21。从中可以看出，对角线肋和交叉肋（模型序号 7～11）对提高开式底座的抗扭、抗弯刚度的作用显著。相同布肋下，闭式底座比开式底座的抗弯、抗扭刚度可提高数倍至十几倍。其应用实例见表 9-1-22。

5）壁板上布肋可以减少局部变形和薄壁振动，以及提高机架的刚度。壁板上布肋形式见表 9-1-23。应用实例见表 9-1-24。

图 9-1-4　立柱模型的肋板布置

表 9-1-20　　肋的布置对空心立柱抗弯及抗扭刚度的影响

模型类别		静刚度				动刚度			说明
		抗弯刚度（F/2, F/2）		抗扭刚度（F, F, 455）		抗弯刚度相对值	抗扭刚度相对值		
简图	顶板	相对值	单位质量刚度相对值	相对值	单位质量刚度相对值		振型Ⅰ	振型Ⅱ	
	无	1	1	1	1	1	1.22	7.7	顶板对立柱抗扭静刚度和动刚度有良好的作用，但对抗弯影响不明显
	有	1	1	7.9	7.9	2.3		44	

续表

模型类别		静刚度				动刚度			说　明
		抗弯刚度		抗扭刚度		抗弯刚度相对值	抗扭刚度相对值		
简图	顶板	相对值	单位质量刚度相对值	相对值	单位质量刚度相对值		振型Ⅰ	振型Ⅱ	
	无	1.17	0.94	1.4	1.1	1.2			纵向肋板可提高抗弯静刚度和无顶板时的抗扭静刚度
	有	1.13	0.90	7.9	6.5				
	无	1.14	0.76	2.3	1.54	3.8	3.76	6.5	
	有	1.14	0.76	7.9	5.7				
	无	1.21	0.90	10	7.45	5.8	10.5		对角线纵向肋板对抗弯有一定的提高，无顶板时，可有效地减小截面的畸变
	有	1.19	0.90	12.2	9.3				
	无	1.32	0.81	18	10.8	3.5		61.5	在纵向肋板中，对角线交叉肋板对扭转刚度提高效果最佳
	有	1.32	0.83	19.4	12.2				
	无	0.91	0.85	15	14	3.0	12.2	6.1	具有横向肋板的立柱其抗扭刚度较好，对抗弯静刚度无作用，但能提高抗弯动刚度和振型Ⅰ的抗扭动刚度
	有							42.0	
	无	0.85	0.75	17	14.6	2.75	11.7	6.1	
	有					3.0		26.3	

注：表中振型Ⅰ系指截面畸变比较严重的扭振，振型Ⅱ指纯扭转的扭振。

表 9-1-21　　肋板的布置对底座刚度的影响

序号	肋板布置	扭转(o-o 轴)			弯曲(x-x 轴)		
		相对抗扭刚度	单位质量相对抗扭刚度	固有频率/Hz	相对抗弯刚度	单位质量相对抗弯刚度	固有频率/Hz
1		1	1	168	1	1	422
2		1.2	1.1	177	1.4	1.3	742
3		1.4	1.2	188	1.1	0.9	530
4		1.3	1.2	191	1.4	1.2	642
5		2.6	2.1	231	1.6	1.3	680
6		1.5	1.5	192	1.1	1.1	405
7		7.8	6.6	409	1.1	0.9	645
8		12.3	8.8	513	1.3	0.9	530
9		6.3	4.5	367	2.2	1.6	800
10		8.7	6.3	429	2.2	1.6	748
11		6.9	4.8	360	1.5	1.1	633
12		3.6	2.9	276	2.2	1.8	459
13		22	14	571	4.0	2.5	880
14		61.1	35.5	>640	3.4	2	491
15		92	47.5	1160	6.1	3.2	995

表 9-1-22　平板类机架布肋实例

形式	零件名称	肋板布置	说明
闭式	模锻水压机基础平台(70t)	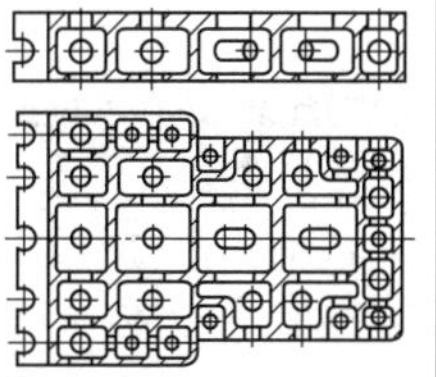	为保证基础平台的刚度，在纵横方向加肋组成若干个箱形结构，并用两条贯穿平台的纵肋来提高整体的刚度
闭式	金属切削机床大型工作台	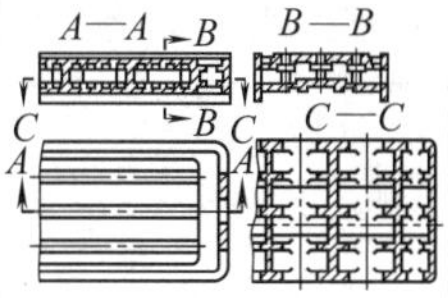	在闭式工作台内部设有纵向肋和横向肋，纵向肋布置在 T 形槽的下面，以减少台面夹紧时的局部变形
开式	摇臂钻床的底座	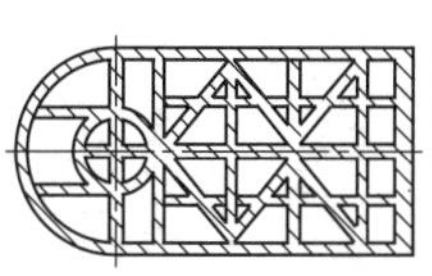	底座的内部除有纵、横肋外，还设有对角肋，以提高抗扭刚度，为了使立柱的重力分布均匀，在安装立柱的部位布置有环形肋及径向肋

表 9-1-23　壁板上布肋形式

直肋	三角形肋	交叉肋
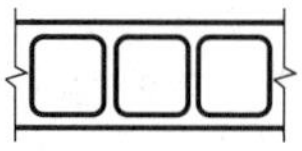		
蜂窝形箱	米字肋	井字肋
		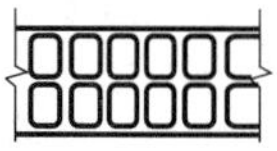

直肋容易制造，应用于狭窄壁。三角形肋和交叉肋有足够的刚度，一般布置在平板上，交叉肋制造成本高。蜂窝形肋在肋的连接处不堆积金属，所以内应力小，不易产生裂纹，且刚度高。米字形肋抗弯抗扭刚度高、但铸造困难，多用于焊接机架。井字形肋的抗弯刚度接近米字形，但抗扭刚度比米字形肋低，应用于较宽的矩形壁板上

表 9-1-24　壁上布肋的应用实例

机架名称	柴油机机体			空气压缩机机身
布肋形式	直肋	井字肋	三角形肋	井字肋
简图	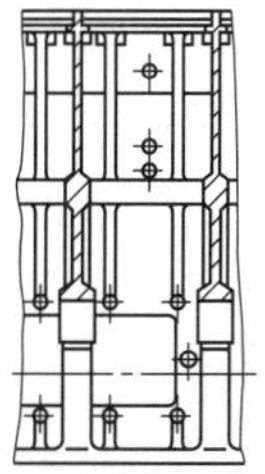	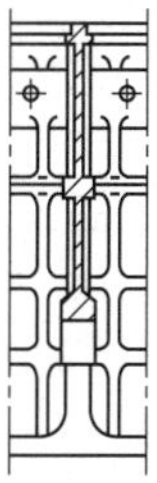	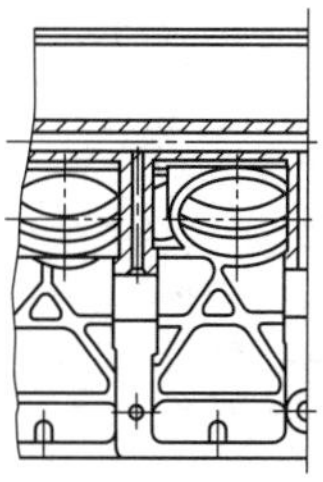	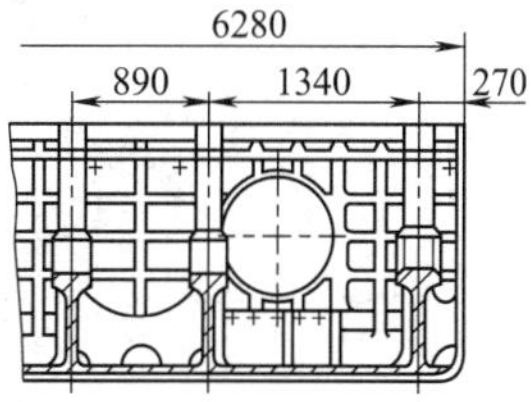 6280；890；1340；270
说明	根据机体纵向壁的有效宽厚比及载荷情况，布置不同距离和形式的肋 为有利于力的传递和刚度提高，肋应与螺栓搭子相连，并尽量不中断地延伸到机体底部			

机架名称	破碎机下架体	金属切削机床立柱	
布肋形式	井字肋	直肋	井字肋
简图	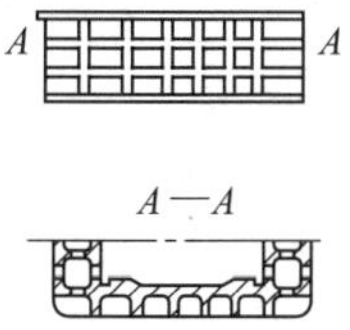 A　A A—A	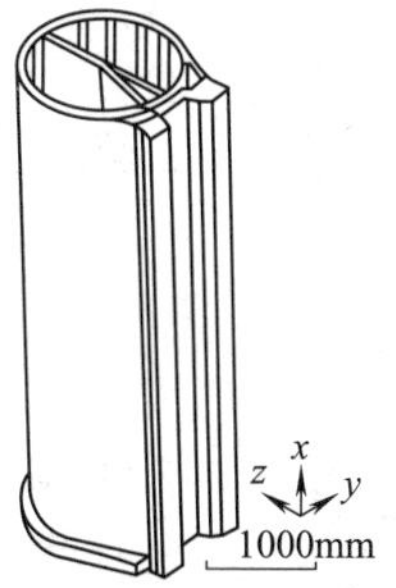 1000mm	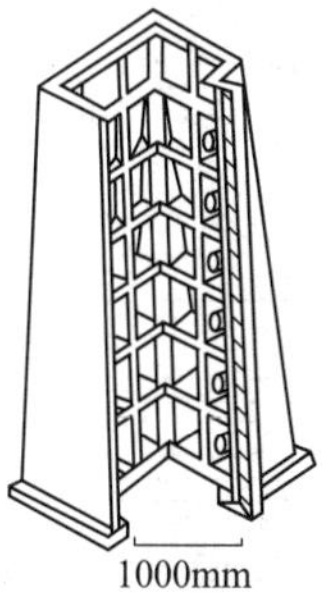 1000mm
说明	在外壁上布肋，提高整个机架及侧壁的强度和刚度	由于圆柱形立柱具有较高的抗扭刚度，因此在圆柱内壁上布纵向肋，以提高立柱的抗弯刚度。径向力由横贯圆心的 Y 形肋支承	卧镗及矩形铣床的立柱多采用矩形 壁上的纵向肋有助于提高立柱的抗弯刚度、横向肋提高了抗扭刚度，并防止截面畸变。纵、横肋共同阻止各段壁板振动

1.3.3　机架壁板上的孔

机架内部由于要安装电气装置、液压系统和传动装置等，或由于机架加工工艺方面的要求，常常需要在机架的壁上或内部肋板上开出各种孔。这些孔的形状、大小及位置对机架的刚度均有一定的影响（见表9-1-25）。

对应地，表9-1-26给出了弯、扭矩作用下，圆形孔对箱形截面梁刚度的影响，表中比值是以无孔结构为比较基准。由表可知，梁的刚度随孔的直径增大而减小，当 $D/H>0.4$ 时，刚度显著下降；另外实验也表明，远离梁中性轴的孔对弯曲刚度削弱的影响程度较位于中性轴附近的孔的大。板壁孔对立柱扭转刚度的影响参见表9-1-25（2）和表9-1-27。表中以无壁孔的立柱为基准，由表可知：孔的尺寸小于立柱轮廓尺寸的20%时，即 $b_0/b\leqslant0.2$，$L_0/L\leqslant0.2$，孔对立柱扭转刚度的影响比较小，超过此值时，立柱刚度明显减弱。

板壁孔盖板对刚度的影响见表9-1-25（3）和表9-1-28。孔边凸台大小和厚度对刚度的影响见表9-1-29。孔对强度影响的研究表明，棱形孔截面受扭转时所产生的应力集中程度最小，其次是圆孔，所以，对受扭转力矩的箱体结构设计时应尽可能采用棱形孔。

表9-1-25　　壁板孔、壁孔、凸缘孔、加盖对结构刚度的影响

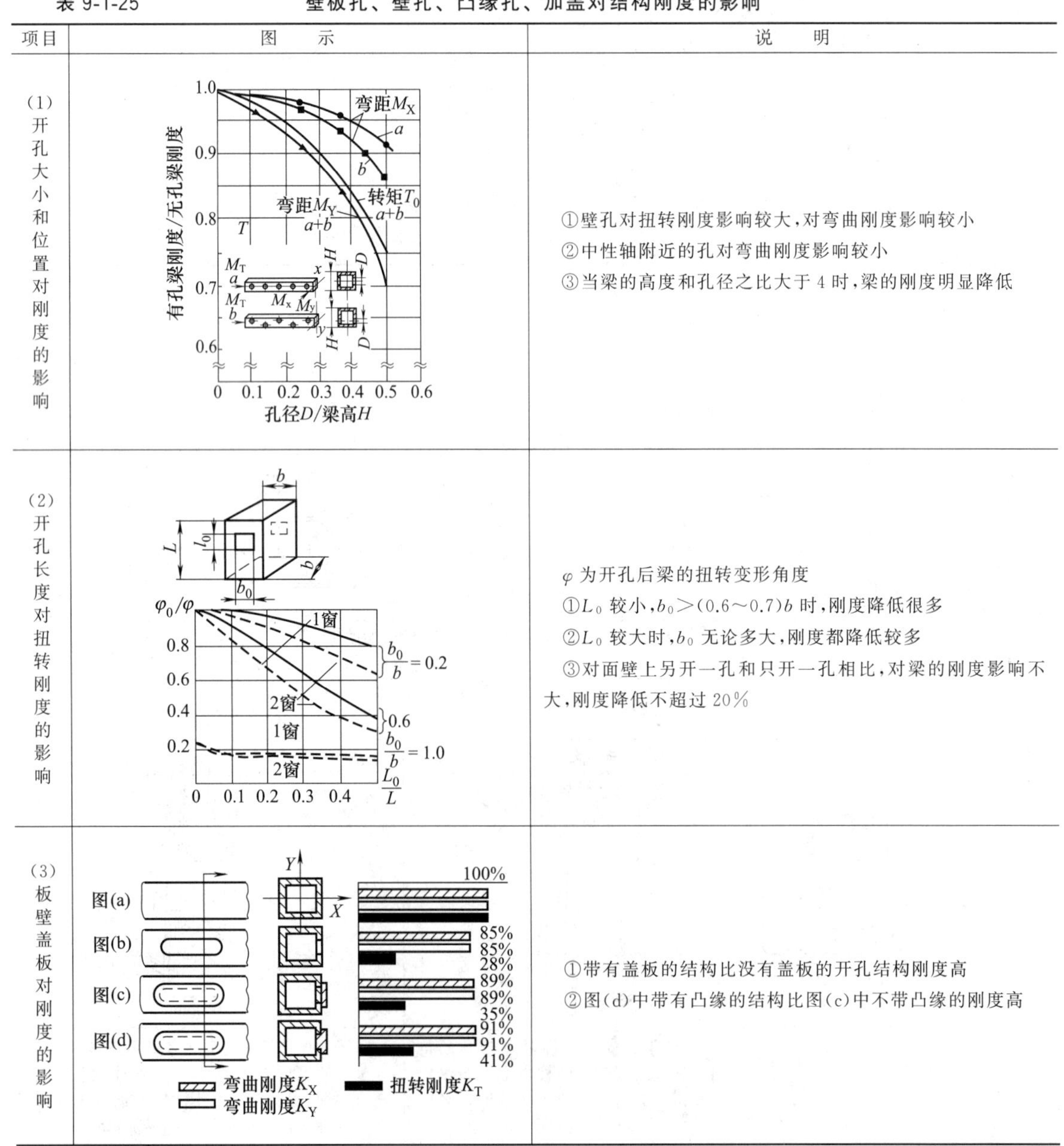

项目	图示	说明
（1）开孔大小和位置对刚度的影响		①壁孔对扭转刚度影响较大，对弯曲刚度影响较小 ②中性轴附近的孔对弯曲刚度影响较小 ③当梁的高度和孔径之比大于4时，梁的刚度明显降低
（2）开孔长度对扭转刚度的影响		φ 为开孔后梁的扭转变形角度 ① L_0 较小，$b_0>(0.6\sim0.7)b$ 时，刚度降低很多 ② L_0 较大时，b_0 无论多大，刚度都降低较多 ③对面壁上另开一孔和只开一孔相比，对梁的刚度影响不大，刚度降低不超过20%
（3）板壁盖板对刚度的影响		①带有盖板的结构比没有盖板的开孔结构刚度高 ②图(d)中带有凸缘的结构比图(c)中不带凸缘的刚度高

表 9-1-26　圆形孔对箱形截面梁刚度的影响

孔径 D / 梁高 H	相对刚度比值 弯曲刚度	相对刚度比值 扭转刚度
0	1	1
0.1	0.97	0.98
0.2	0.94	0.95
0.3	0.89	0.90
0.4	0.82	0.84
0.5	0.70	0.75

表 9-1-27　板壁孔对立柱扭转刚度的影响

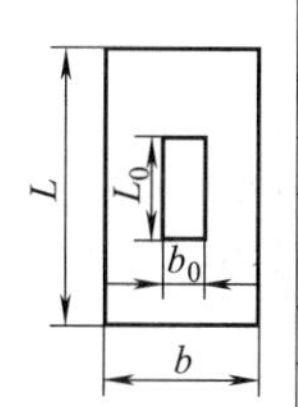

$\frac{L_0}{L}$	b_0/b = 0.2	0.4	0.6	0.8	1.0
0.1	0.99	0.96	0.9	0.72	0.17
0.15	0.76	0.61	0.4	0.26	0.17

$\frac{b_0}{b}$	L_0/L = 0.1	0.2	0.3	0.4	0.5
0.2	0.98	0.96	0.92	0.86	0.78
0.6	0.90	0.78	0.62	0.52	0.40
1.0	0.18				

表 9-1-28　板壁孔盖板对结构阻尼的作用

序号	孔与盖板形式	静态刚度 抗弯 x-x	静态刚度 弯曲 y-y	静态刚度 扭转 o-o	固有频率 抗弯 x-x	固有频率 弯曲 y-y	固有频率 扭转 o-o	阻尼 抗弯 x-x	阻尼 弯曲 y-y	阻尼 扭转 o-o
1		1	1	1	1	1	1	1	1	1
2		0.85	0.85	0.28	0.90	0.87	0.68	0.75	0.85	0.95
3		0.89	0.88	0.35	0.95	0.91	0.90	1.12	0.95	1.65
4		0.91	0.91	0.41	0.97	0.92	0.92	1.12	0.95	1.85

注：以序号 1 为参考点。

表 9-1-29　孔边凸台大小和厚度对刚度的影响

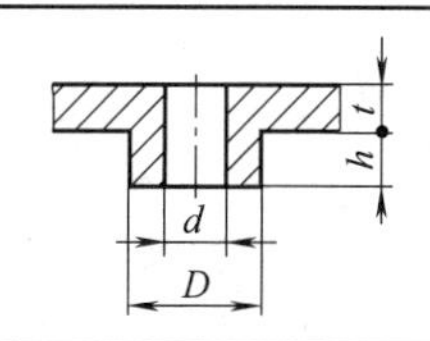

$\frac{D}{d}$	刚度比值	$\frac{h}{t}$	刚度比值
1	1	0.5	1
1.5	1.3	1.0	1.1
2.0	1.4	1.5	1.18
2.5	1.5	2.0	1.2

表 9-1-30 给出了各种形状和尺寸的孔位于立柱的不同位置时，对立柱刚度的影响。

表 9-1-31 和表 9-1-32 给出了孔对箱体刚度的综合影响。从表中可以看出：①箱体开孔的面积小于板壁面积的 10%时，不会显著降低箱体的刚度。当孔的面积大于 10%时，随着孔直径的增大，刚度将急剧下降；当孔的面积达到 30%左右时，与未开孔的箱体比较，扭转刚度下降了 80%～90%，扭转固有频率下降了 60%～75%。②箱体孔位于侧壁（即孔在弯曲平面内）时，对降低箱体抗弯刚度的程度要比顶壁孔的大。

表 9-1-30 **孔的各种形状、位置和大小对立柱刚度的影响**

壁孔形状、位置及尺寸								
抗弯刚度相对值	1.0		0.99	0.89	0.78	0.94	0.90	0.97
抗扭刚度相对值	1.0		0.97	0.97	0.72	0.98	0.86	0.95
弯曲固有频率/Hz	455		434	390	428	411	448	403
扭转固有频率/Hz	336		334	273	299	285	324	287

壁孔形状、位置及尺寸					立柱底面			
抗弯刚度相对值	1.0	0.98	0.78	0.62	1.0	0.87	0.97	0.89
抗扭刚度相对值	1.0	1.0	0.62	0.59	1.0	0.69	0.99	0.94
弯曲固有频率/Hz	438	392	435	360	412	406	418	408
扭转固有频率/Hz	325	264	270	270	275	270	306	312

表 9-1-31 **箱体高度、顶部开孔面积对刚度的影响**

箱体加载简图

扭转：

箱体两端加力偶，测量 A 点相对于由 B、C、D 三点决定的平面的位移

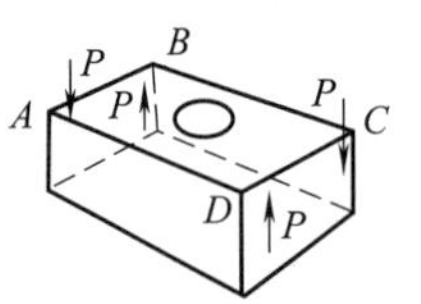

弯曲：

箱体两侧壁中部加载，在加载处测量箱壁位移

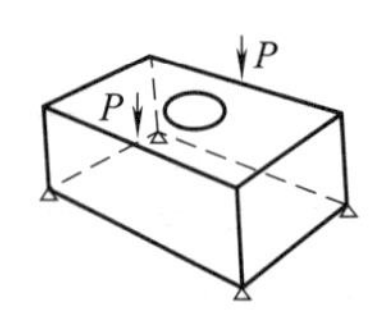

箱体模型结构简图（模型壁厚 6mm）	顶部开口面积的百分比/%	箱体高度 h=210mm				箱体高度 h=140mm				箱体高度 h=43mm			
		扭转		弯曲		扭转		弯曲		扭转		弯曲	
		相对刚度比	固有频率/Hz	相对刚度比	固有频率/Hz	相对刚度比	固有频率/Hz	相对刚度比	固有频率/Hz	相对刚度比	固有频率/Hz	相对刚度比	固有频率/Hz
250, 450, h	100	0.005	118	0.44		0.007	142	0.50	446	0.015	177	0.40	423
200, 280	50	0.08	368	0.57	295	0.08	452	0.65	560	0.07	347	0.60	458
ϕ160	18	0.74	1390	0.80	350	0.78	1460	0.80	580	0.63	965	0.82	462

续表

箱体加载简图	扭转： 箱体两端加力偶，测量 A 点相对于由 B、C、D 三点决定的平面的位移 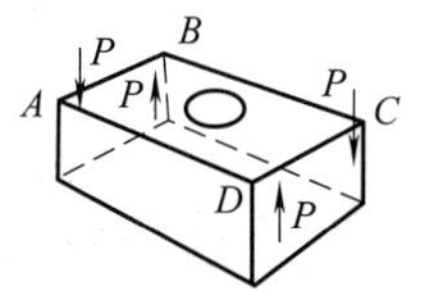 弯曲： 箱体两侧壁中部加载，在加载处测量箱壁位移 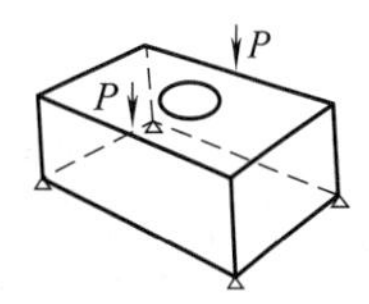												
箱体模型结构简图 （模型壁厚 6mm）	顶部开口面积的百分比/%	箱体高度 $h=210$mm				箱体高度 $h=140$mm				箱体高度 $h=43$mm			
		扭转		弯曲		扭转		弯曲		扭转		弯曲	
		相对刚度比	固有频率/Hz	相对刚度比	固有频率/Hz	相对刚度比	固有频率/Hz	相对刚度比	固有频率/Hz	相对刚度比	固有频率/Hz	相对刚度比	固有频率/Hz
$\phi 100$	7	0.97		0.83	412	0.93		0.85	522	0.90	997	0.89	482
	0	1.0		1.0	419	1.0		1.0	495	1.0	1030	1.0	459

表 9-1-32　箱体两侧壁孔面积对刚度的影响

箱体加载简图	扭转			弯曲		
箱体模型结构简图 （箱体壁厚 6mm）	箱体高度 $h=210$mm			箱体高度 $h=140$mm		
	侧壁孔面积的百分比/%	相对刚度比		侧壁孔面积的百分比/%	相对刚度比	
		扭转	弯曲		扭转	弯曲
250、450、h	0	1	1	0	1	1
$\phi 30$	0.75	0.91	0.84	1.1	0.98	0.97
$\phi 50$	3	0.86	0.60	4.5	0.95	0.93
$\phi 120$	12	0.77	0.44	18	0.43	0.33
$\phi 180$	27	0.33	0.10	35①	0.06	0.04

① 箱体侧壁孔为矩形，长边 180mm，短边 120mm。

1.4 铸造金属机架的结构设计

1.4.1 铸造机架的壁厚及肋

1.4.1.1 最小壁厚

铸件的最小壁厚与强度、刚度、材料、尺寸大小及工艺水平等因素有关。

（1）铸铁机架

对砂型铸造，灰铸铁件的最小壁厚可按当量尺寸 N 从表 9-1-33 中选取。当量尺寸为

$$N=(2L+B+H)/3$$

式中，L、B 和 H 分别为铸件的长、宽和高（L 为最大尺寸），m。

表中给出的壁厚是灰铸铁件最薄部分的壁厚，对凸台、连接面、支撑面等特殊的结构处应适当增厚。

（2）铸钢机架

大型铸钢件的模型及工艺装备比较粗糙，钢水浇注温度一般难以控制，所以其壁厚的取值应适当加大，铸钢机架的最小壁厚见表 9-1-34。

表 9-1-33 铸铁机架的最小壁厚

材料	灰铸铁		可锻铸铁	球墨铸铁
当量尺寸 N/m \ 壁厚	外壁厚/mm	内壁厚/mm	壁厚/mm	壁厚/mm
0.3	6	6	壁厚比灰铸铁减少15%～20%	壁厚比灰铸铁增加15%～20%
0.75	8	6		
1.0	10	8		
1.5	12	10		
1.8	14	12		
2.0	16	12		
2.5	18	14		
3.0	20	16		
3.5	22	18		
4.0	24	20		
4.5	25	20		
5.0	26	22		
6.0	28	24		
7.0	30	25		
8.0	32	28		
9.0	36	32		
10.0	40	36		

表 9-1-34 大型铸钢机架的最小壁厚 mm

铸件的最大轮廓尺寸 \ 铸件的次大轮廓尺寸	≤350	351～700	701～1500	1501～3500	3501～5500	5501～7000	>7000
≤350	10	—	—	—	—	—	—
351～700	10～15	15～20	—	—	—	—	—
701～1500	15～20	20～25	25～30	—	—	—	—
1501～3500	20～25	25～30	30～35	35～40	—	—	—
3501～5500	25～30	30～35	35～40	40～45	45～50	—	—
5501～7000	—	35～40	40～45	45～50	50～55	55～60	—
>7000	—	—	>50	>55	>60	>65	>70

注：形状复杂容易变形的铸造件，其合理最小壁厚值，可按表适当增加；对不重要的形状简单的铸件，其合理最小壁厚值可按表适当减小。

（3）铸铝机架

铸铝合金常作仪器仪表的外壳，最小壁厚应按形状最窄处的金属早期凝聚条件确定，见表 9-1-35 和表 9-1-36。一般情况下，压铸件的强度随壁厚的增加而降低。薄壁铸件的致密性好，故相对地提高了强度和耐磨性，但壁厚太薄会给工艺带来困难而且易产生缺陷。铝合金压铸箱体的合理壁厚见表 9-1-37。

表 9-1-35 铝合金铸件的壁厚

当量尺寸 N/m	0.3	0.5	1.0	1.5	2.0	2.5	3.0	4.0
壁厚/mm	4	4	6	8	10	12	14	18

表 9-1-36　仪器仪表铸造壳体的最小壁厚

mm

合金种类	铸造方法				
	砂模铸造	金属模	压力铸造	熔模铸造	壳模铸造
铝合金	3	2.5	1～1.5	1～1.5	2～2.5
镁合金	3	2.5	1.2～1.8	1.5	2～2.5
铜合金	3	3	2	2	—
锌合金	—	2	1.5	1	2～2.5

表 9-1-37　铝合金压铸箱体的合理壁厚

压铸件表面积/cm^2	≤25	>25～100	>100～400	>400
壁厚/mm	1.0～4.5	1.5～4.5	2.5～4.5(6)	2.5～4.5(6)

注：1. 在较优越的条件下，合理壁厚范围可取括号内数据。

2. 根据不同使用要求，压铸件壁厚可以增厚到 12mm。

1.4.1.2　凸台及加强肋的尺寸

大型铸钢件的凸台高度尺寸推荐值如表 9-1-38 所示。铸件内腔中肋高度取为壁厚的（1.5～5）倍。铸件外表面肋的厚度取为壁厚的 0.8 倍左右，铸件内腔中肋的厚度为壁厚的（0.6～0.7）倍。为防止铸铁平板变形，所加的加强肋的高度尺寸见表 9-1-39。

1.4.1.3　铸件壁的连接形式及尺寸

由于铸造圆角有助于金属的流动和成形、避免因尖角产生的应力集中，在两壁的连接处应设计过渡圆角。

表 9-1-38　大型铸钢件的凸台高度尺寸　mm

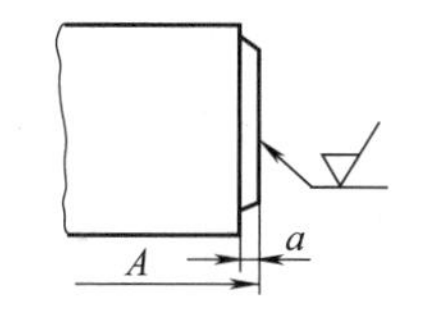

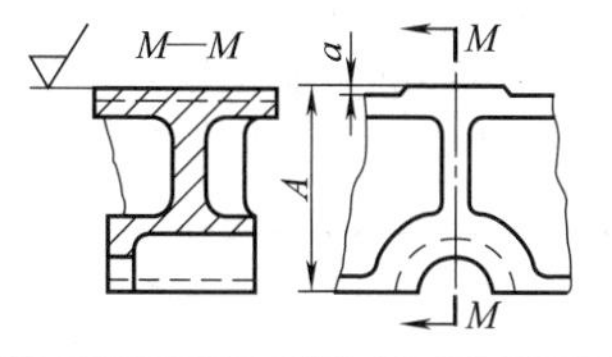

凸台距加工基面的距离 A	≤500	501～1250	1251～3150	3151～6300	>6300
凸台高度 a	5	10	15	20	25

注：1. 对于无相关尺寸要求的凸台，高度可适当减小。

2. 侧壁上的凸台，应考虑起模斜度的影响，适当增加高度。

3. 如果铸件尺寸较大，且沿长度方向上有几个凸台时，a 值按表增大 50%。

表 9-1-39　铸铁平板上的加强肋的高度尺寸　mm

简　图	最大轮廓尺寸 L	当宽度为下列尺寸时平板的加强肋高度 H	
		$B<0.5L$	$B>0.6L$
L B H	<300	40	50
	301～500	50	75
	501～800	75	100
	801～1200	100	150
	1201～2000	150	200
	2001～3000	200	300
	3001～4000	300	400
	4001～5000	400	450
	>5000	450	500

1.4.2　机架的连接结构设计

机架结构设计中须保证机架与其上零部件的连接以及机架与地基之间的连接强度与刚度，连接刚度是机器总刚度的组成部分，因此直接影响机器的工作性能。机架与其他零部件或地基间多采用螺栓连接。影响连接刚度的主要因素有：连接处的结构、连接件及垫片的刚度、接合面的表面精度、连接螺栓的数量、大小及排列形式，预紧力的大小等。

为改善机架连接刚度，设计时应注意如下几点。

1）结合面的表面结构中的粗糙度应不低于 3.2μm，结合面应在同一平面内，满足一定的平面度要求。

2）固定螺栓的直径应足够大，数量足够，螺栓的布置应均匀、对称。螺栓的布置方式对刚度的影响见表 9-1-40。

3）改善连接部位的受力状态，并对螺栓施加足够的预紧力。机架连接凸缘的结构形式见表 9-1-41。设计时为提高连接刚度，应尽量使螺栓孔线贴近板壁，或使之与板壁中心线重合（如壁龛式凸缘结构）。

表 9-1-40　　螺栓的数量、排列及肋的分布对连接刚度的影响

简图		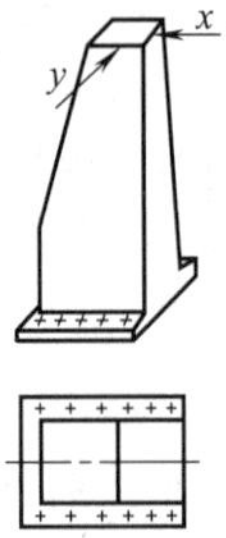	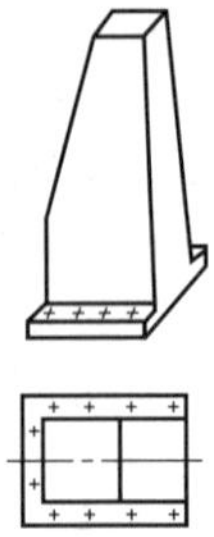			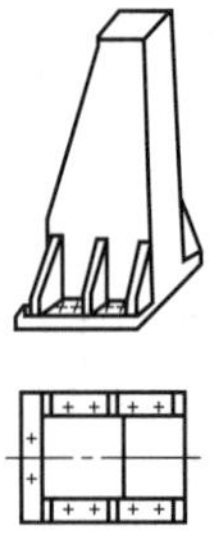
相对抗弯刚度	x 向	1	1	1.4	1.37	1.37
	y 向	1	1.1	1.2	1.3	1.43
相对抗扭刚度		1	1.25	1.35	1.42	1.52
说明		M16的12个螺栓分两组排列于两侧	M16的10个螺栓,其中8个等距分布两侧,背面分布2个	螺栓分布情况同左,加两条肋	螺栓分布情况同左,加四条肋	螺栓分布情况同左,加六条肋

表 9-1-41　　机架连接凸缘的结构形式

制造方法	形式	简图	特点与应用
铸造	爪座式	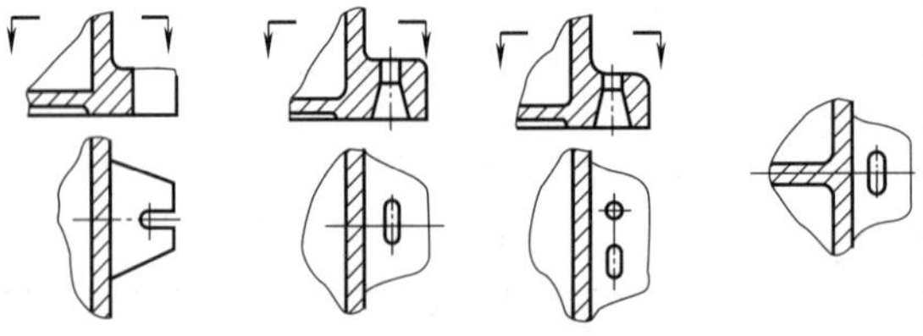 图(a)　图(b)　图(c)　图(d)	爪座与壁连接处的局部刚度较差,连接刚度低,铸造简单 当爪座附着壁的内侧加肋[图(d)]时,比无肋的爪座[图(a)～图(c)]刚度提高1.5倍 适用于侧向力小的连接
	翻边式	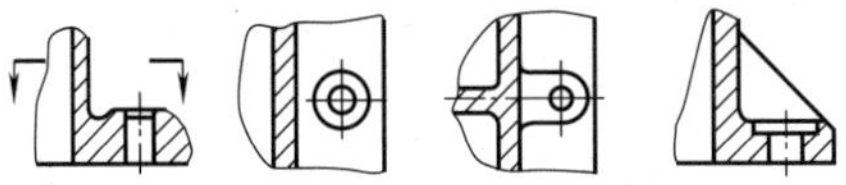 图(a)　图(b)	局部刚度较爪座式高1～1.5倍 翻边的附着壁内侧或外侧加肋,可提高局部刚度1.5～1.8倍。内侧肋的位置应通过螺栓孔的中心线 占地面积大。适用于一般连接
	壁龛式	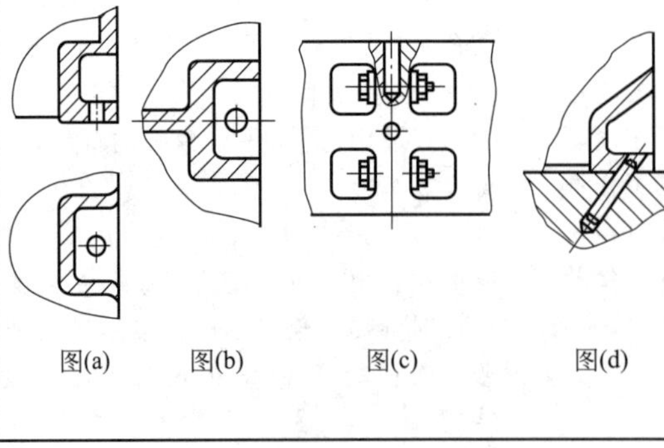 图(a)　图(b)　图(c)　图(d)	局部刚度高,较爪座式大2.5～3倍,较翻边式大1.5倍以上。内侧加肋较不加肋的刚度可提高1.5倍。内侧肋的位置应通过螺钉孔的中心线[图(b)] 装配时,定位销在接触面的两个垂直骑缝上打入,或斜打入[图(c),图(d)] 外形美观,占地面积小,铸造困难,适用于各种载荷的连接

续表

制造方法	形式	简　图	特点与应用
焊接	翻边式	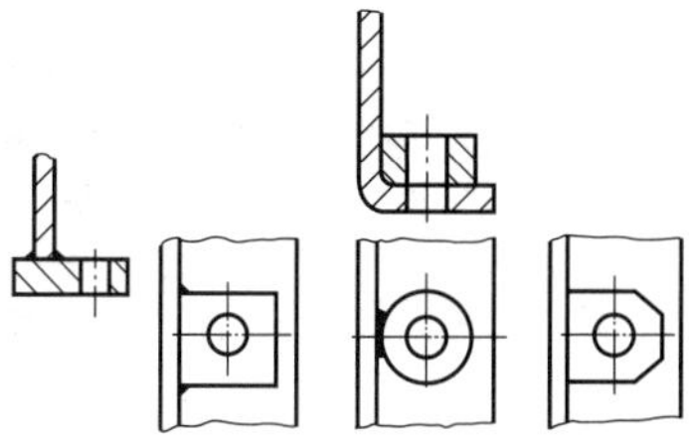 图(a)　图(b) 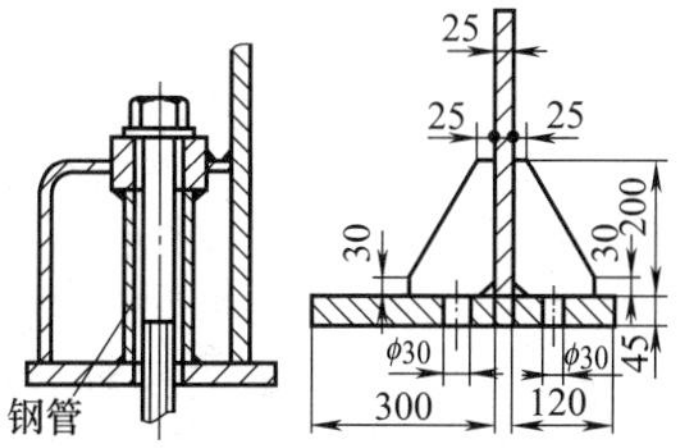 25　25　25　200　30　30　45　φ30　φ30　300　120　钢管 图(c)　图(d)	焊接机架连接凸缘多采用翻边式和壁龛式 图(a)是最简单的一种翻边式连接结构；图(b)是用厚钢板或用一段圆钢和方钢，直接焊在壁板上而形成凸缘；图(c)用钢管和型钢焊成，刚度好；图(d)适用于受扭矩和弯矩较大的机架
	壁龛式	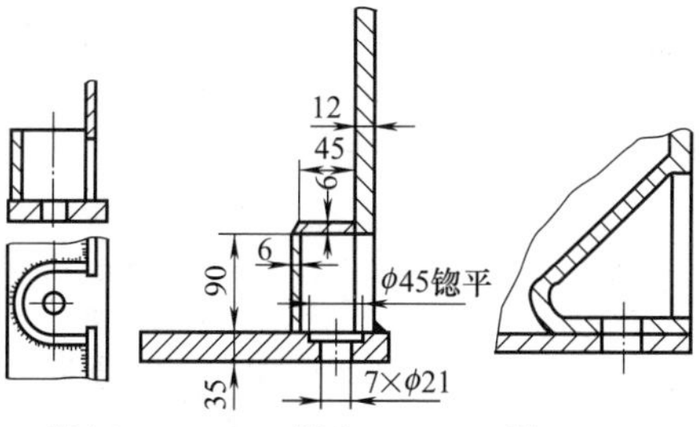 12　45　6　6　90　φ45锪平　35　7×φ21 图(a)　图(b)　图(c)	可使凸缘不受弯矩或承受较小的弯矩，从而提高连接刚度

1.4.3　铸造机架结构设计的工艺性

1.4.3.1　铸件一般工艺性注意事项

铸造机架的结构特点是轮廓尺寸较大，多为箱形结构，有复杂的内外形状，尤其是内腔往往设置有凸台和加强肋等。这些结构将给造型和制芯以及型芯的定位、支撑、浇注时型芯气体的排出以及清砂等带来许多问题。另外机架的某些部位尺寸厚大（如床身导轨），当这些部位的厚度与周围连接壁相差过大时，易产生裂纹等缺陷，因此在机架的结构设计中要认真处理好零件结构设计的工艺性问题。图 9-1-5 示意给出了铸件结构设计的一般工艺性原则。

对铸造机架，其加工工艺性应特别注意以下几方面问题。

1）对于长度较大机架，尽可能避免端面加工，因为当其长度超过龙门刨加工宽度时，需落地镗或专用设备，而且装夹费时；也要避免内部深处有加工面和倾斜的加工面。

2）尽量减少加工时翻转和调头的次数。

3）加工时有较大的基准支撑面。

4）箱体的加工量，主要是箱壁上精度高的支撑孔和平面，故结构设计时应注意以下几点。

① 避免设计工艺性差的盲孔、阶梯孔和交叉孔。通孔的工艺性好，其中长度和孔径之比小于 1.5 的短圆柱通孔的工艺性最好；对长径比大于 5 的深孔，精度要求高、表面结构中的粗糙度要求小时加工困难。

② 同轴线上孔径的分布形式应尽量避免中间隔壁上孔径大于外壁上的孔径。

③ 箱体上的紧固孔和螺纹孔的尺寸规格尽量一致，以减少刀具数量和换刀次数。

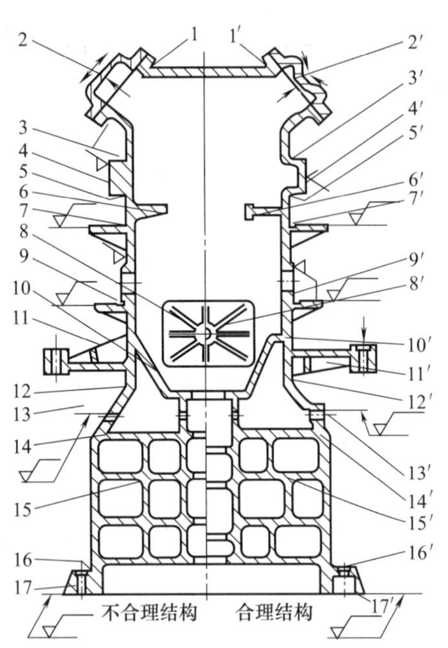

不合理结构：1—易裂纹；2—当材料的抗压强度高于抗拉强度（如铸铁）时，应采取结构上的措施将不利的拉应力转化为压应力；3—易裂纹；4—多余的材料堆积，易缩孔；5—易裂纹；6—不良肋形；7—无空刀槽；8—节点金属堆积，导致组织松弛；9—造型与加工困难；10—锐角布肋，易裂纹和组织松弛；11—力矩引起的拉应力高于压应力；12—尖角、应力集中；13—刀具轴线与加工面倾斜；14—易裂纹；15—肋的十字形分布造成节点金属堆积，导致组织松弛；16—应力集中，易裂纹；17—费工，材料堆积

合理结构：1′—加圆角，以获得与应力分布相适应的结构；2′—使材料延伸，产生压应力；3′，5′，14′—载荷拉伸圆角；4′—节省金属；6′—合理肋形；7′—应有空刀槽；8′—无金属堆积，材质紧密；9′—简化了结构和加工；10′—应力均布，材质紧密；11′—材料中的压应力高于拉应力；12′—最佳应力分布和较好的外观；13′—刀具轴线与加工面垂直，加工准确；15′—肋错开布置，防止金属堆积；16′—加圆角，以获得与应力分布相适应的结构；17′—减少加工面

图 9-1-5 铸件结构设计工艺性的一般注意事项

1.4.3.2 铸造机架结构设计应注意的问题

表 9-1-42 铸造机架结构设计应注意的问题

序号	设计时应注意的问题	说　明
1	减少型芯撑数目 A B 较差　C C 较好	图示龙门刨床床身，原设计有三条肋板，将整个床身隔成彼此不相通的四个部分，要用四个型芯。为固定中间两块型芯，要在导轨面上安放型芯撑 A，斜面上安放型芯撑也很困难。在肋上开方形孔 C，使四块型芯连成一体，在下面开两个孔支承型芯，可不要型芯撑
2	避免用型芯撑以防渗漏 较差　较好	有些铸件，底部为油槽（如床身铸件底部有储存切削液的油槽），要注意防止漏油。在铸造油槽时，要安放型芯撑以支持型芯，而这些有型芯撑的部位会引起缺陷产生渗漏。把槽底面设计成有高凸台边的铸孔，油槽部分的型芯可通过型头固定，避免缺陷
3	改变内腔结构保证芯铁强度和便于清砂 较差　较好	对于需要用大型芯铸造的床身、立柱等，在布肋时应考虑能方便地取出芯铁。图中所示为坐标镗床立柱，原设计肋板之间的小区较宽，为加补该处强度，需将芯铁做成城墙垛的形状，这种形状不利于清理和回收，改进后结构比较合理

续表

序号	设计时应注意的问题	说　明
4	注意小尺寸的部位 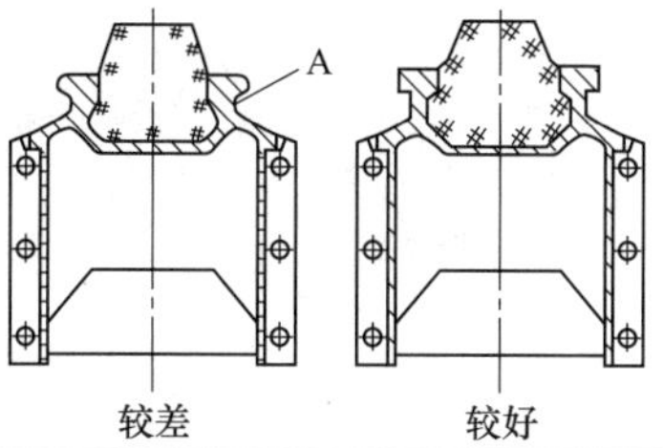 A 较差　较好	图中所示为铸件剖面形状。图中 A 处所指尺寸很小，造型时砂不易紧实，修型也不方便，容易出现铸造缺陷。改进后的结构，尺寸稍作调整，效果较好，结构较合理
5	改善铸件冷却状况 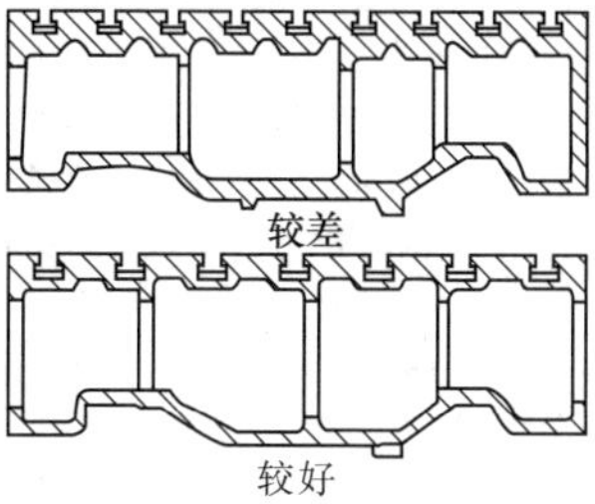 较差 较好	图中所示为机床工作台。原结构不够合理，改进后减少了 T 形槽的数量，减小了铸件的壁厚，加大了 T 形槽之间凹槽的尺寸。新结构改善了 T 形槽的冷却状况，防止产生缺陷
6	简化铸件造型 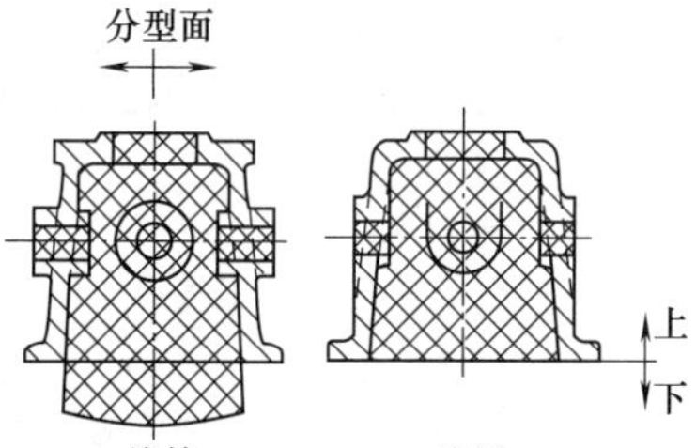 分型面 上 下 较差　较好	图中所示的原结构，只能从中心线处分模，两箱造型，内腔要用砂芯。修改后结构可以采用整模造型，内腔不必另作砂芯
7	改进结构，省去型芯 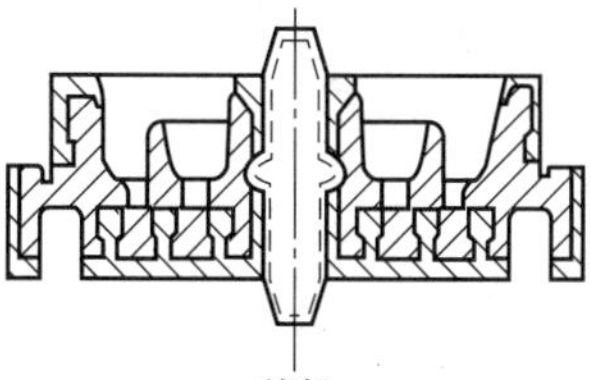 较好	图中所示为圆形回转工作台，工作台面向下（图中不同剖面线方向的外层表示铸造后机械加工要去掉的材料）。原设计要用几个型芯，改进后使内腔成为开式，省去了型芯，简化了铸型的装配
8	防止铸造机架变形 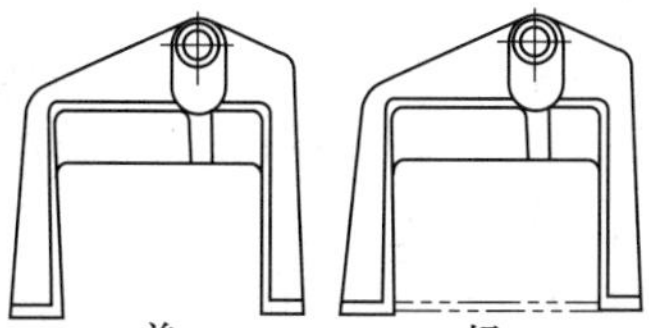 差　好	为消除金属冷却时所产生的铸件变形和提高加工时机架的刚度，对门形机架的两腿之间可设置横向连接肋。在最终加工后，将此肋切除

续表

序号	设计时应注意的问题	说　明
9	喉口处结构应加固 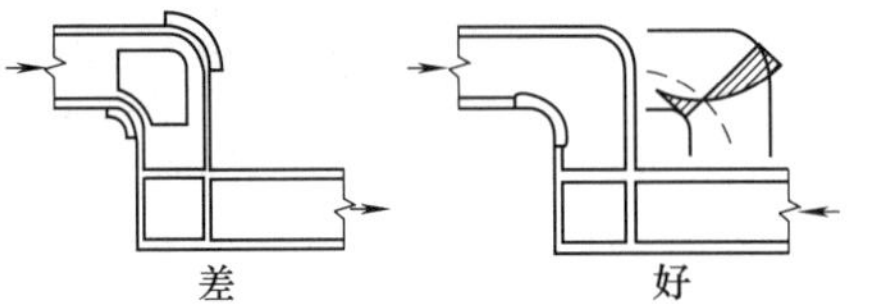 差　好	在零件转折的喉口处,受力较大容易损坏。如图所示受拉机架的喉口结构,内侧受拉,是最危险的部位(特别对铸铁零件)。加强部位应该安排在内侧板而不是在外侧板
10	注意加强底座的抗扭转强度 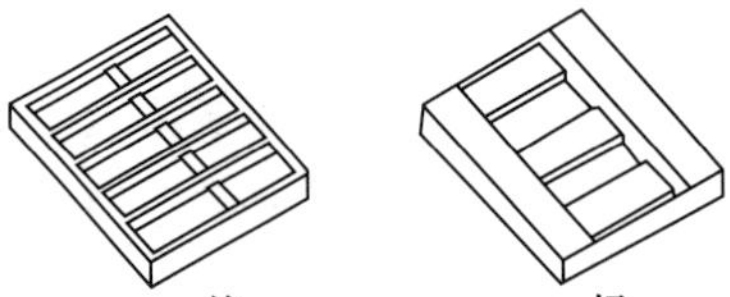 差　好	图中所示为两种底座的结构模型。一种为由细杆组成的框架形结构,另一种为由曲折的板构成的板形结构。框架形结构扭转刚度差,无法承受生产、吊装、运输时由于不均匀受力产生的扭转载荷。改为板形结构,底座的抗扭转刚度显著地得到改善
11	改铸件为冲焊结构 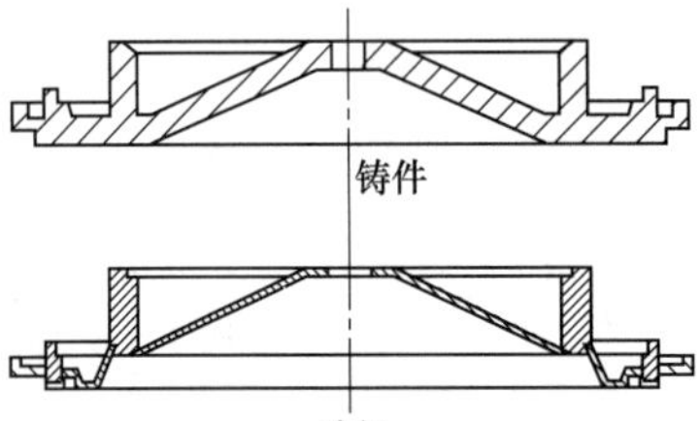 铸件 冲焊	图中所示结构,原来采用铸件,其断面形状如图。为了减轻质量改用冲压件焊接结构。内外滚珠座圈均可用带料弯曲成环状焊接而成,底盘用钢板冲制,不但节约了材料,而且节约机加工工时
12	将锻件改为铸锻焊结构 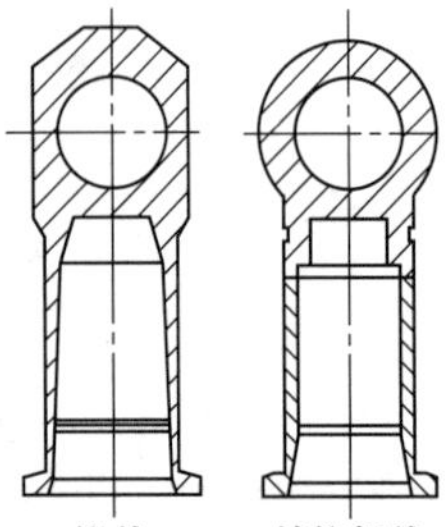 锻件　铸锻焊件	图中所示的零件原采用整体锻造,加工余量大。修改设计后采用铸锻焊复合结构,将整体分为两个部分,下部为锻成的腔体,另一为铸钢制成的头部,将二者用焊接连成一个整体,可以使毛坯重量减轻一半,机加工量也减少了40%

1.4.4 铸造机架结构设计示例

1.4.4.1 机床大件结构设计

在金属切削机床中,尺寸和质量都较大的床身、立柱、横梁、底座、箱体等零件统称为机床大件。这类零件在结构、受力状态、以及在机器中的作用等诸方面和箱体、机架零件相同。

机床大件结构设计的主要问题就是在满足机床性能和具有较好的工艺性的前提下如何提高机床大件的静刚度、抗振性和接触度以及减小热变形,尽量地减小大件的质量和减少制造工作量。

(1) 床身设计

车床床身由前壁、后壁、肋板组成,典型结构如表9-1-43所示。

车床床身在水平面和垂直面承受弯矩作用,在床身的长度方向上承受扭矩作用,车床床身宜采用封闭截面,由于车床为高效机床,切削速度大,需有较大空间及时排出切屑和冷却液(避免切屑的热量使床身产生较大热变形)。为排屑设置的窗口削弱了床身的刚度，应增设肋板和肋条加以弥补。

车床床身截面形状如表 9-1-44 所示。普通车床截面的高度和宽度之比 $h/b=1$，六角车床 $h/b=1.2\sim1.5$。

表 9-1-43　　车床铸造床身结构

肋板结构简图	结构特点及应用	肋板结构简图	结构特点及应用
	采用 T 形肋连接床身的前后壁，结构简单，铸造工艺性好。T 形肋能够提高水平面抗弯刚度，对提高垂直面抗弯刚度和抗扭刚度的作用不大，适用于刚度要求不高的机床，目前很少采用		斜向肋板在前后壁中呈 W 布置，能有效地提高抗弯刚度和抗扭刚度，刚度高。铸造复杂，在床身大于 1500mm 的长床身中被采用。斜肋板夹角一般为 60°～100°
	Ⅱ 形肋在水平面和垂直面的抗弯刚度比 T 形肋好，具有中等刚度，铸造工艺性好，广泛用于普通车床结构中，用于长度为 750～1000mm 床身结构中较多		刚度较高，排屑方便，铸造困难，适用于负载较大、效率高的高速切削或强力切削车床以及多刀车床，常用于 500～600mm 以上的床身

表 9-1-44　　常见车床铸造床身截面形状（参见表 9-1-12）

铸造截面简图				
结构特点及应用	开式截面，抗弯和抗扭刚度较低，但铸造工艺性好，适合于加工直径≤400mm 的中、小型车床	刚度较前一种高 30%～40%，便于排屑及切削液，适合于多刀车床和其他高效率车床	双壁结构，抗弯和抗扭刚度高，切屑和切削液可沿斜面流下，切屑从后壁窗口排出，适合于大、中型高效率车床，加工直径 630～800mm，铸造工艺复杂	多刀车床，仿形及数控车床床身的典型截面，扭转刚度高，排屑性能好，但使刀架结构复杂

龙门刨床、龙门铣床、镗床、磨床、无升降台铣床等床身的高度尺寸要考虑到便于工人操作与工件安装，截面的高宽比 h/b 一般应小于 1。典型龙门刨床的床身截面如图 9-1-6 所示。为提高抗弯及抗扭刚度，在床身的纵向布置横向、纵向、纵、横组合、斜向、纵斜组合等肋板。床身的截面形状及在床身布肋情况见表 9-1-45。为提高机床（尤其是小型精密机床）机架的整体刚度，还可将床身和底座（床腿）制成一体。图 9-1-7 为床身与床腿铸成一体的结构。

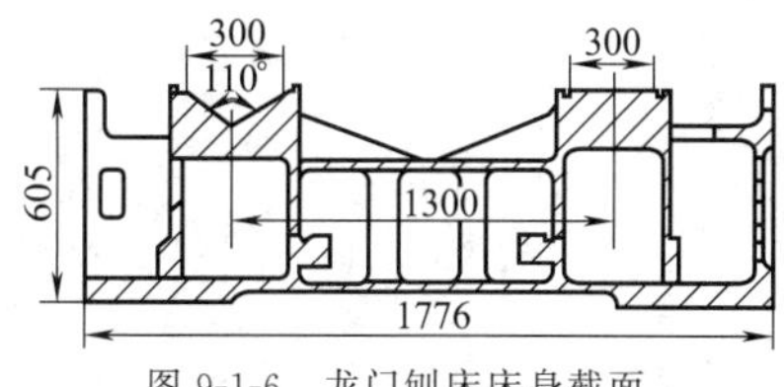

图 9-1-6　龙门刨床床身截面

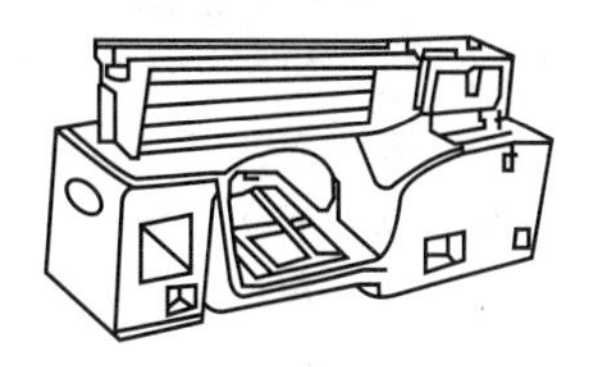
图 9-1-7　床身与床腿铸成一体

（2）立柱与横梁

1）立柱设计　龙门式机床中的立柱，镗床、立式钻床、摇臂钻床、卧式铣床中立柱都主要承受弯矩、扭矩及轴向力等复杂外力的作用，其计算模型均按悬臂梁处理。

立柱截面的形状多采用封闭的空心矩形、空心圆形或空心多边形。这些截面的抗弯及抗扭的综合性能好。常见立柱的截面形状如表 9-1-13 和表 9-1-24 所示。

表 9-1-45　**铸造床身截面形状及肋的布置**

名称	截面及肋板布置简图	结构特点及应用
横肋板		结构简单，铸造方便，抗弯刚度较差，抗扭刚度较高，适合于载荷较小的机床，如外圆磨床和平面磨床及小型导轨磨床的床身 这类床身高度较大而宽度较窄，可在壁板加肋条增强抗弯刚度
斜肋板		抗弯和抗扭刚度都较好，容易铸造。用于轻型龙门刨床、导轨磨床、无升降台铣床的床身。由于床身较长，其抗弯刚度受影响，应加强连接部位刚度设计
纵横组合肋板		在床身纵向中心线上有一个纵向肋板贯穿床身全长，提高床身抗弯刚度；在床身长度方向上有多个横向肋板以提高床身抗扭刚度，铸造较复杂，用于负载较大，精度要求较高的床身，一般用于卧式镗床及龙门铣床床身结构中
		床身中有几条纵向肋板和横向肋板，抗弯和抗扭刚度都很高，用于载荷较大及要求精度较高的机床床身，如龙门铣床、龙门刨床、大型镗床等重型机床及中小型坐标镗床
纵斜组合肋板		床身中间一条纵向肋板和多条斜向肋板相交。抗弯和抗扭刚度都很高，但铸造较困难，适用于重型且床身又长又宽的大型机床，如大型龙门铣床及大型龙门刨床
双壁纵斜组合肋板		采用双壁结构，其余同上，适合于床身大导轨宽、导轨伸出量较大的重载机床。双壁结构铸造困难
米字形肋	1700 1060	米字形肋，这种布肋刚性最高，适用于要求变形量很小或载荷大的床身，如大型高精度的仪器；丝杠动态检查仪、自动比长仪、测长机的床身，以及大型外圆磨床的床身等。米字形肋铸造工艺较复杂

大型箱形立柱，在由导轨输入单边作用力时，立柱的侧壁会产生屈曲变形，立柱截面的四个顶角也不能保持为直角。这种变形称为截面形状畸变。外力输入位置距支承端越远、畸变越大。减少截面畸变主要方法是通过合理设置肋及改进导轨结构提高立柱的结构刚度来进行。如在立柱内部设置横向和纵向肋板、在立柱的壁板内侧设置肋条。资料表明，横向肋的最大间距如果小于或等于立柱受力点到固定端之间距的2/3，可不产生截面畸变。横向肋上开孔面积如小于截面的20%～30%，对立柱的扭转刚度影响不大。为了便于液态金属流动，铸造立柱壁板肋条的设置呈放射状。

表 9-1-46 为立柱类机床大件肋板及肋条的布置情况及应用范围。

表 9-1-46　**铸造立柱类大件肋板及肋条布置**

结构简图	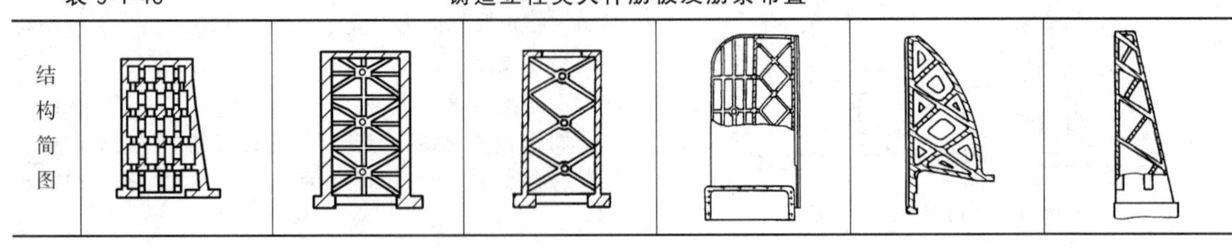

续表

说明	纵向肋提高弯曲刚度，横向肋提高扭转刚度及减小截面畸变，可在肋板上开孔以减少质量 井字形肋条用于重型镗床焊接立柱中 肋板结构用于普通镗床或中小型坐标镗床立柱中	交叉形肋条一般用于铸造结构，交叉形铁水通道使金属流动得快，可以减少铸造缺陷，比纵横肋刚度高 一般用于镗床立柱	米字形肋条，其抗扭刚度和抗弯刚度较高，其余同交叉形肋条 用于载荷较大、精度高的机床立柱如落地镗床、铣镗床立柱等	前部采用交叉肋条，是由于靠近导轨，为提高导轨处的局部刚度而设置 局部采用纵横肋条，刚度高，铸造工艺复杂，用于龙门式机床立柱	交叉肋板所受外力相协调，抗弯和抗扭刚度高 用于单臂龙门刨床及立式车床立柱	人字肋抗弯抗扭性能好，抗振性能好 用于摇臂钻床的摇臂
结构简图						
说明	U 形横肋，主要是防止截面变形，抗弯和抗扭刚度低，用于载荷上的机床，如平面磨床立柱等	铣床立柱的肋板布置，类似于箱体结构，上部加工多个轴承孔，下部安装电机	开孔横向肋条，主要目的是防止截面畸变 用于龙门机床立柱	横向肋板 比开矩形孔的肋板的抗扭刚度略高一些，用于镗床立柱	对角肋和带三角形孔的横肋板并用 抗弯和抗扭刚度高、结构简单、制造方便，用于大型龙门式机床立柱	双型结构，二缝间采用纵横肋相连、抗弯和抗扭刚度均很高、铸造困难，用于大型龙门刨床及刨铣床

2）横梁设计　龙门式机床的横梁承受复杂的空间载荷，为保证横梁的刚度要求，横梁的截面一般设计成封闭的矩形截面或双矩形截面，横梁内部布置有纵向和横向肋板或肋条。横梁的纵向截面形状取决于横梁在立柱上的夹紧方式：如果在立柱的主导轨上夹紧的横梁，就在立柱中间部分采用变截面形状，如龙门立式车床横梁；如果在立柱的辅助导轨夹紧，一般设计成等截面形状，如龙门刨床和龙门铣床横梁。横梁的横截面和纵向截面的形状如表 9-1-47 所示。

龙门式机床横梁的结构如图 9-1-8 所示。

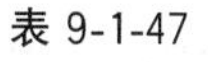

表 9-1-47　横梁类大件的断面形状

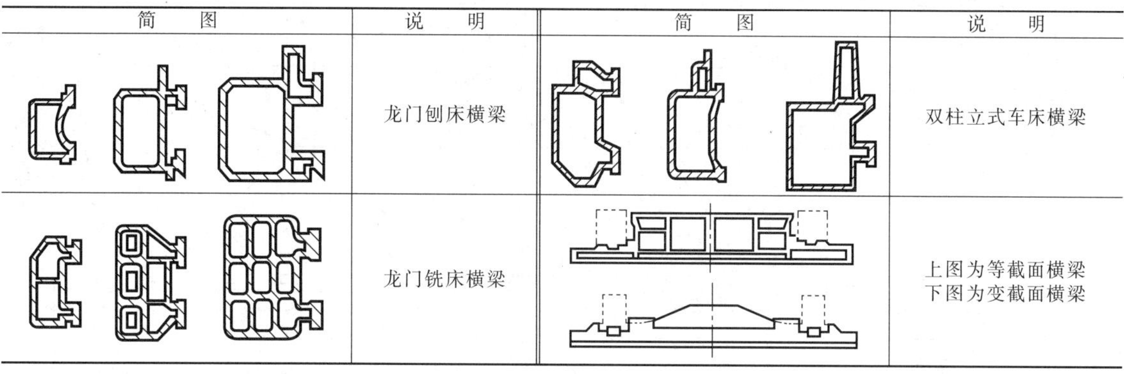

简　图	说　明	简　图	说　明
	龙门刨床横梁		双柱立式车床横梁
	龙门铣床横梁		上图为等截面横梁 下图为变截面横梁

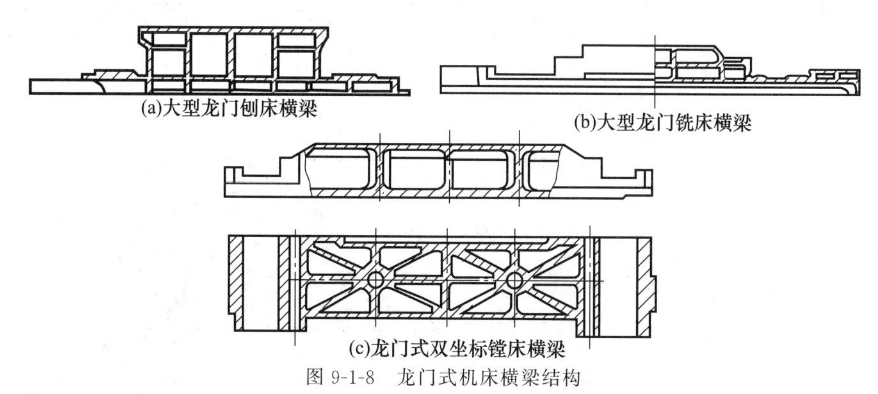

图 9-1-8　龙门式机床横梁结构

1.4.4.2 精密仪器机架结构设计

图 9-1-9 和图 9-1-10 分别是 1m 测长机（7JA）基座、立式接触式干涉仪立柱的铸件结构。从图中可以看到截面形状和各种筋板和筋条的组合应用。如测长机机座采用了组合的箱形肋和抗扭刚度较高的斜方格肋。

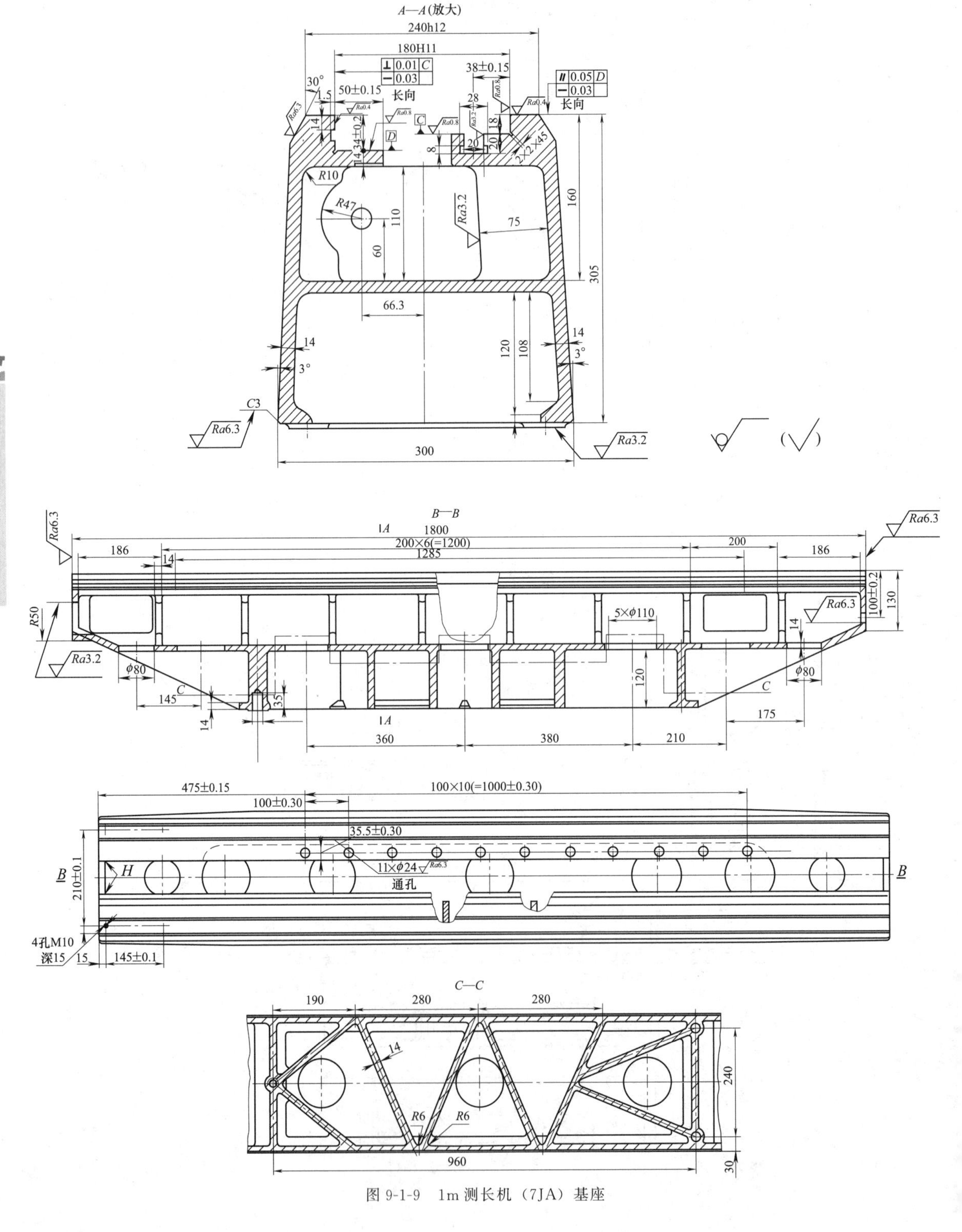

图 9-1-9 1m 测长机（7JA）基座

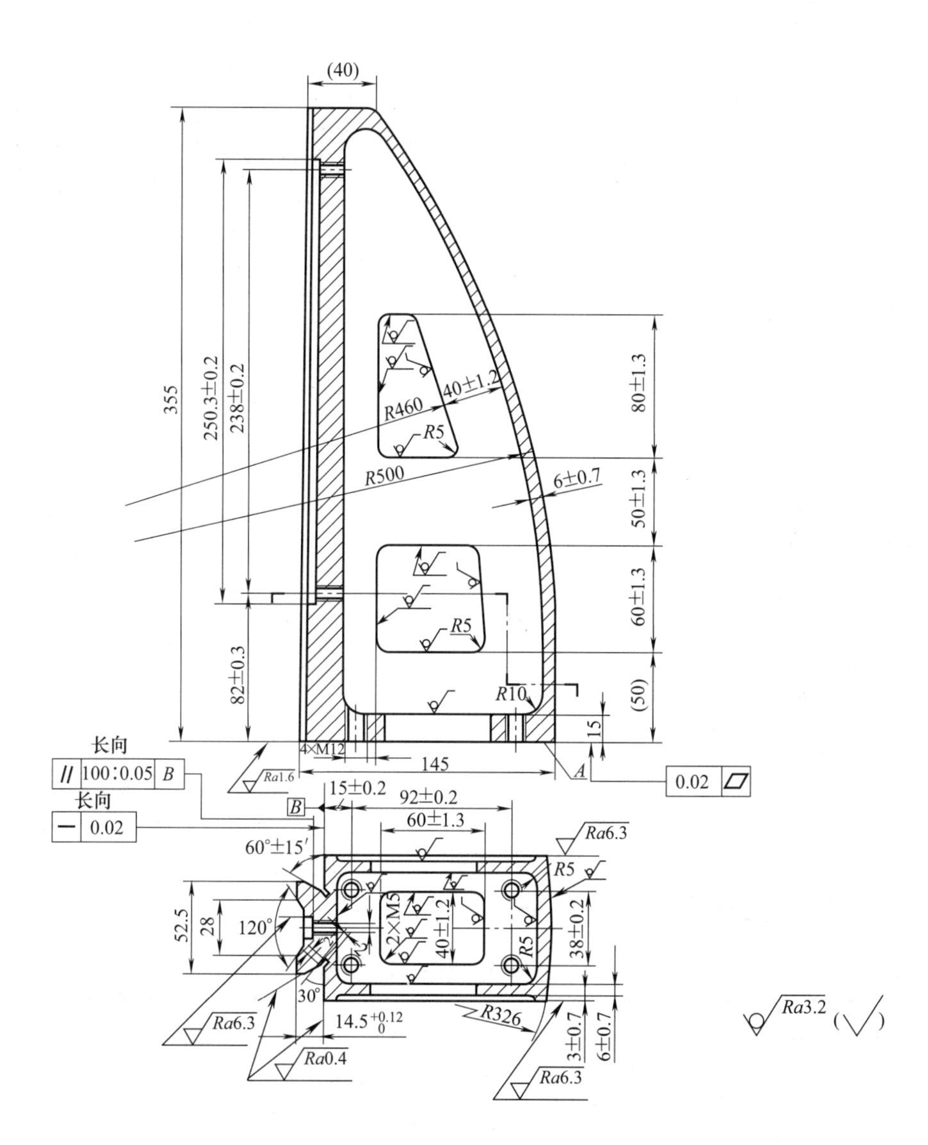

图 9-1-10　立式接触式干涉仪立柱

材料：HT150

技术要求：①燕尾导轨面硬度应不小于 180HBS；②B、C 面两交线平行度公差为 0.01；③B、C 面两交线对 A 面垂直度公差为 100∶0.01，④B、C 面刮研后，在 25×25mm² 范围内刮研点不少于 25 点，A 面刮研后，在 25×25mm² 范围内刮研点不少于 10 点；⑤喷深灰皱纹漆（孔、$Ra=1.6\mu m$ 及 $Ra=0.4\mu m$ 面除外）；⑥稳定化处理；⑦未注铸造圆角 R2。

1.5　焊接机架

1.5.1　焊接机架的结构及其工艺性

焊接件与铸造机架相比，制造周期短、质量轻、具有较高的强度和刚度，多用于单件或小批量生产。但焊接件在焊接过程中易产生变形和残余应力，其抗振性也不如铸件。铸造机架和焊接机架的特点比较见表 9-1-48。关于焊接材料、焊接工艺、焊缝尺寸及合理布置等一般内容，可参考机械设计手册。典型的焊接机架的结构形式如表 9-1-49 所示。

表 9-1-48 铸造机架和焊接机架的特点比较

项目	铸铁机架	焊接机架
机架质量	较重	钢板焊接毛坯比铸件毛坯轻30%，比铸钢毛坯轻20%
强度、刚度及抗振性	铸铁机架的强度与刚度较低，但内摩擦大，阻尼作用大，故抗振性能好	强度高、刚度大，对同一结构的强度为铸铁的2.5倍，钢的疲劳强度为铸造的3倍，但抗振性能较差
材料价格	铸铁材料来源方便、价廉	价格高
生产周期	生产周期长，资金周转慢，成本高	生产周期短、能适应市场竞争的需要
设计条件	由于技术上的限制、铸件壁厚不能相差过大。而为了取出芯砂、设计时只能用“开口”式结构，影响刚度	结构设计灵活、壁厚可以相差很大，并且可根据工况需要不同部位选用不同性能的材料
用途	大批量生产的中小型机架	① 单件小批生产的大、中型机架 ②特大型机架，如大型水压机横梁，底座及立柱，大的轧钢机机架和颚式破碎机机架等，可采用小拼大的电渣焊

表 9-1-49 焊接机架的结构形式

结构形式	特点	简图
型钢结构	机架主要由槽钢、角钢、工字钢等型钢焊接而成。这种结构的质量轻、成本低、材料利用充分。适用于中小型机架	
板焊结构	机架主要由钢板拼焊而成，广泛应用于各类机床，如锻压设备的床身、水压机、金属切削机床的床身、立柱以及柴油机机身等	压力机机身
双层壁结构	双层壁结构，是在上下盖板之间有序地焊上一段管子再以条钢构成对角线肋网面形成机架的墙壁，亦可由在盖板之间焊上肋板而形成 双层壁结构是一种具有刚度高、质量轻，抗振性好的高性能结构，适用于大型、精密机架	

1.5.1.1 典型机床的焊接床身结构及特点

焊接床身可充分利用焊接的优势，采用型钢或钢板冲压件组合成刚度高而质量轻的结构。表 9-1-50 和表 9-1-51 分别给出了普通车床和龙门刨床的焊接床身结构及截面简图。

表 9-1-50 普通车床焊接床身结构及截面简图

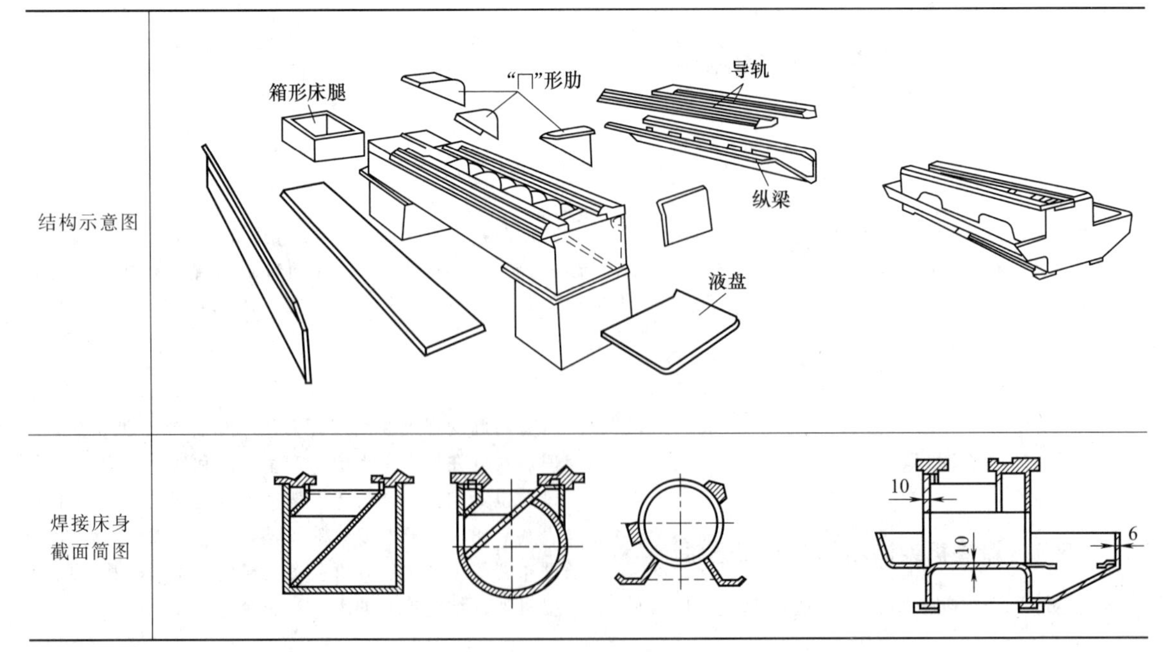

续表

结构特点	由于铸造工艺的限制。制造封闭截面的铸造床身有许多困难，设计铸造床身只能靠增加壁厚及肋板的方法获得较高的刚度，这种方法使床身质量增加，固有频率降低，影响机床的抗振性能。焊接床身可以采用薄壁的封闭截面、导轨采用双壁支承。合理设置肋板，不但刚性好，其抗振性能也能满足要求

表 9-1-51　　龙门刨床焊接床身截面结构

结构及说明	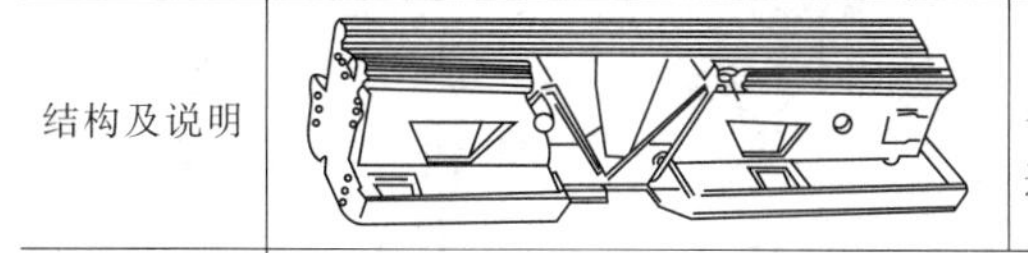	焊接床身，在垂直面内 W 形肋板抗扭刚度高，也使切屑滑槽侧壁便于排屑。由高弹性模量的钢板及型材巧妙组合构成的床身结构比铸造结构刚度在质量相同条件下可增加 18 倍
截面简图		

又如，图 9-1-11 的专用机床的焊接床身，采用开式截面。内部筋板之字形布置可以提高抗扭刚度。地角螺栓孔附近焊有肋板以提高局部刚度。

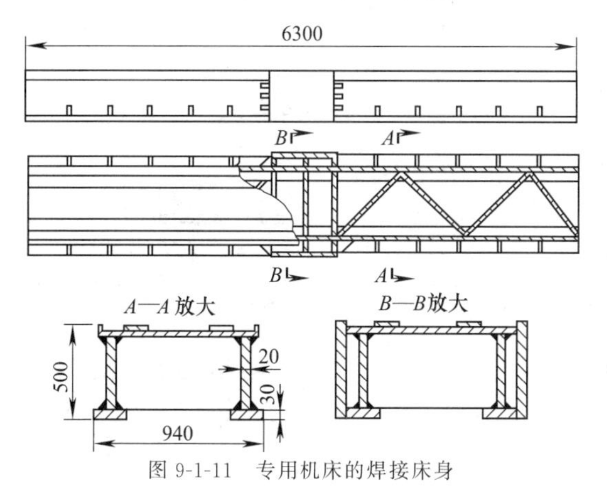

图 9-1-11　专用机床的焊接床身

1.5.1.2　焊接横梁结构

龙门式车床横梁的常用焊接结构形式如图 9-1-12 所示。

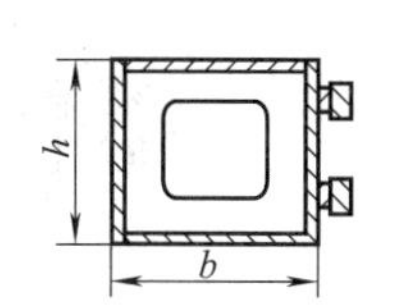

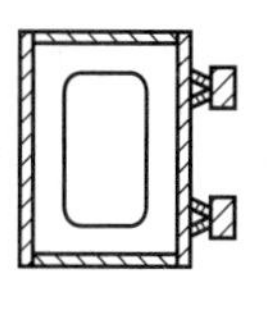
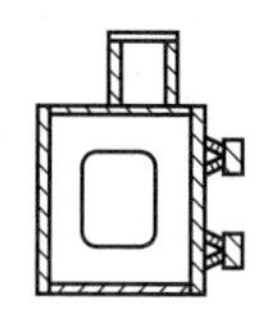

图 9-1-12　龙门式横梁焊接结构

图 9-1-13 为单柱式立车焊接横梁，横截面是不等高的封闭矩形，交叉的斜向肋将横梁分割成多个三角形封闭空间，构件的抗扭和抗弯刚度高。肋的交接处采用钢管连接避免了焊缝密集所引起的应力集中。导轨的支承部位采用双壁结构和纵向肋板，并和斜向肋的交点相接以提高其支承刚度。肋和壁之间采用断续焊缝以增加阻尼；后壁板的三角形使横梁质量减少和便于施焊。

1.5.1.3　焊接机架的结构工艺性

进行焊接机架结构设计时，应摆脱铸件结构的束缚、按焊接工艺特点设计。应尽量避免焊缝密集，避免焊接应力集中，同时应减轻焊缝的载荷。对大型机架应分段焊接后组装，这样还可以减少焊接变形。

机床焊接结构工艺性设计的注意事项参见表9-1-52和表 9-1-53。

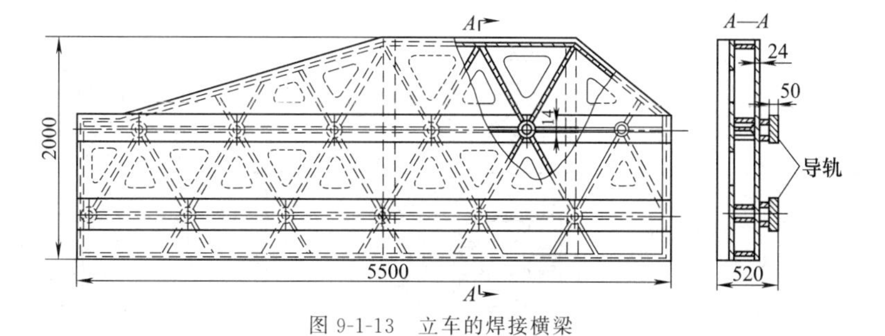

图 9-1-13　立车的焊接横梁

表 9-1-52 机床焊接结构工艺性设计的注意事项

注意事项		结构工艺简图	
		不良	良好
安全性、可靠性	减轻焊缝荷载	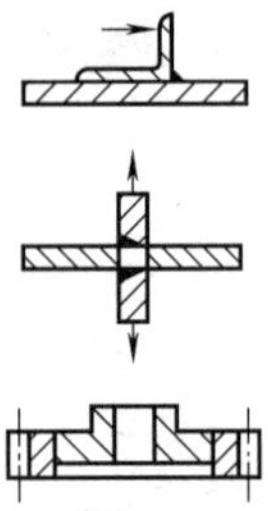	
	避免焊缝受剪	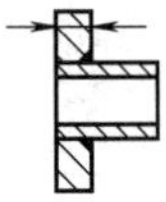	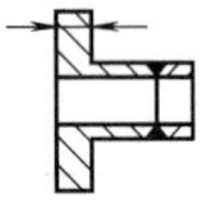
	危险断面要加固		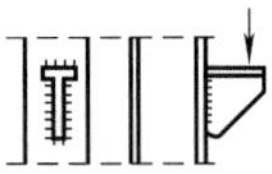
	转折处避免布置焊缝且不中断焊缝	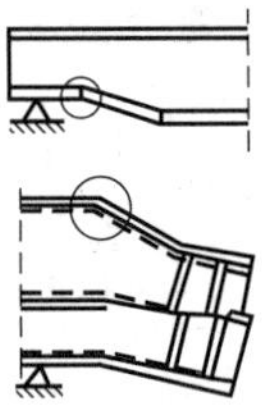	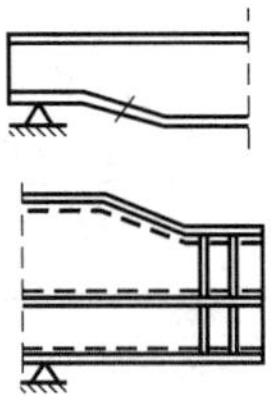
	集中荷载处要加肋	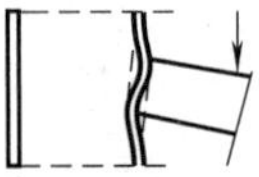	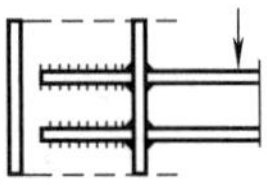
	腹板中间要加肋	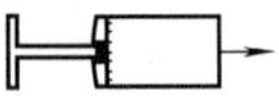	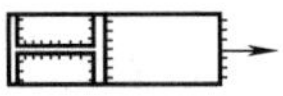
减少焊接应力、变形	不要过量焊接	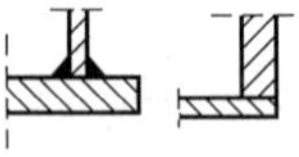	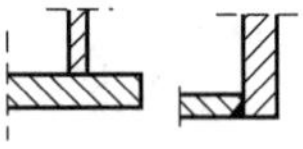
	避免焊缝密集	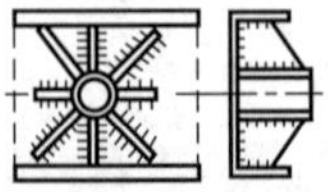	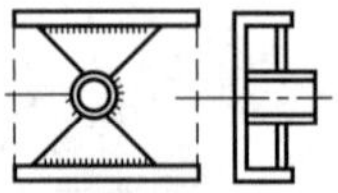
	加强肋布置尽量对称	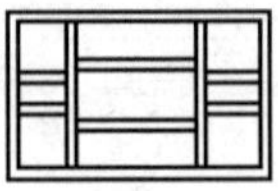	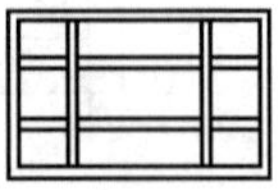

续表

注意事项		结构工艺简图	
		不　良	良　好
减少焊接应力、变形	尽量对称布置焊缝	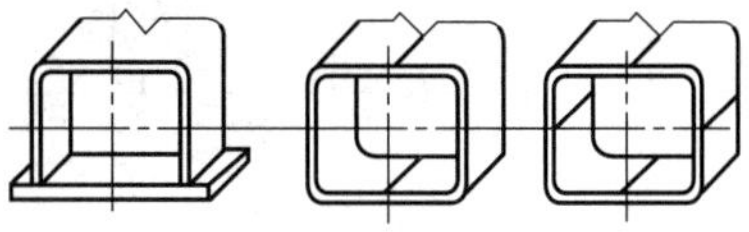	
	内侧刚度大焊接变形小	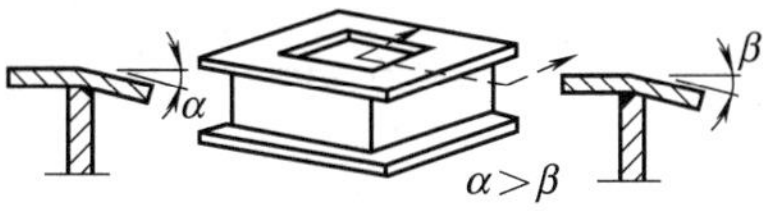	
结构形状尽量简单	直线方角造型为好	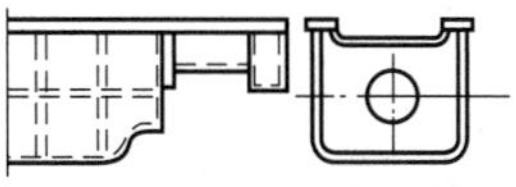	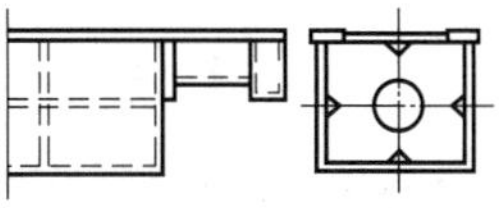
	尽量规范化和标准化	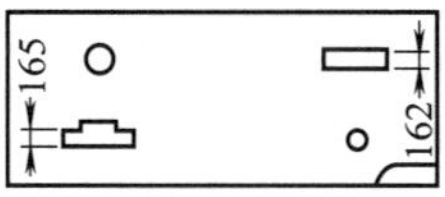	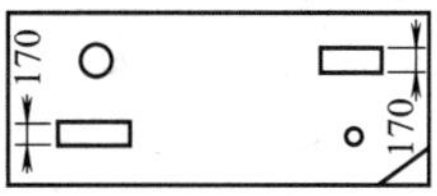
防止机械加工削弱焊缝	要考虑加工余量（f）	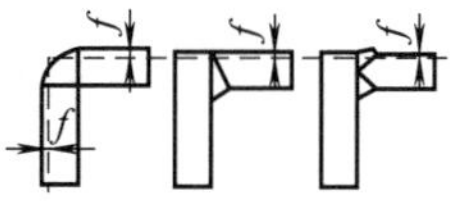	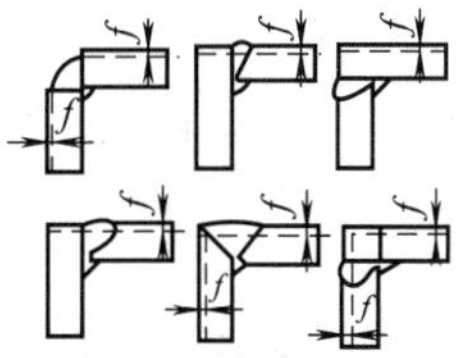
	定位精度逐一提高（自左至右）	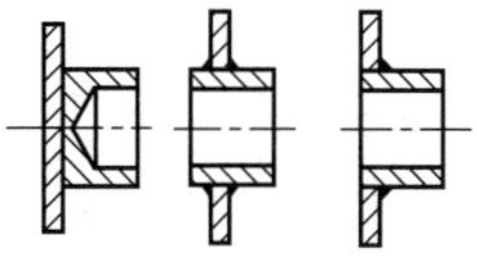	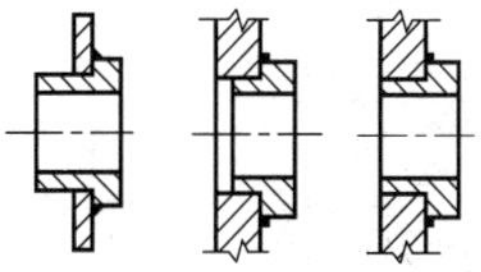
	防止加工肋被削弱	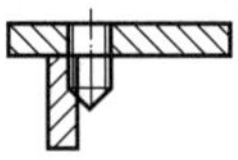	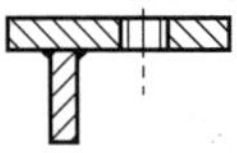
结构制造经济性	尽量采用套料剪裁	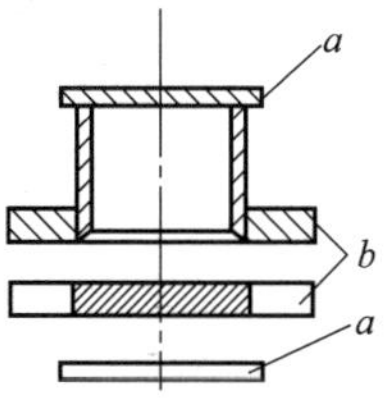	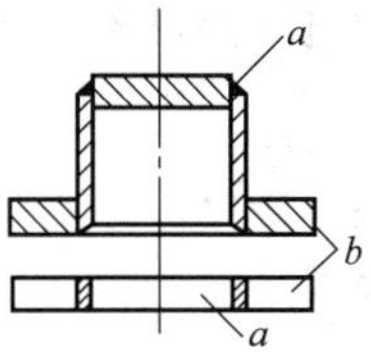
	减少坡口加工量 尽量少焊和小焊，可焊可不焊的，不焊；可小焊的不多焊。也有利减小变形	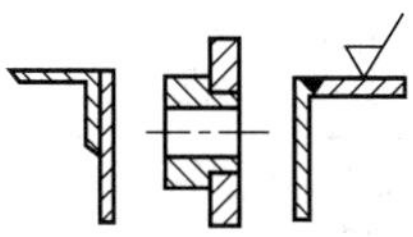	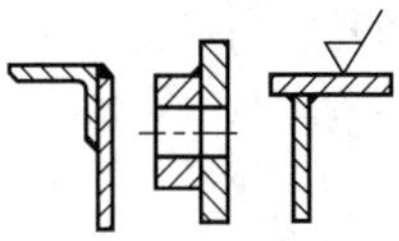

注：表图中 f 代表切削余量，α、β 为焊接变形量，a 为顶板，b 为底板。

表 9-1-53　　机床焊接机架结构设计中应注意的问题

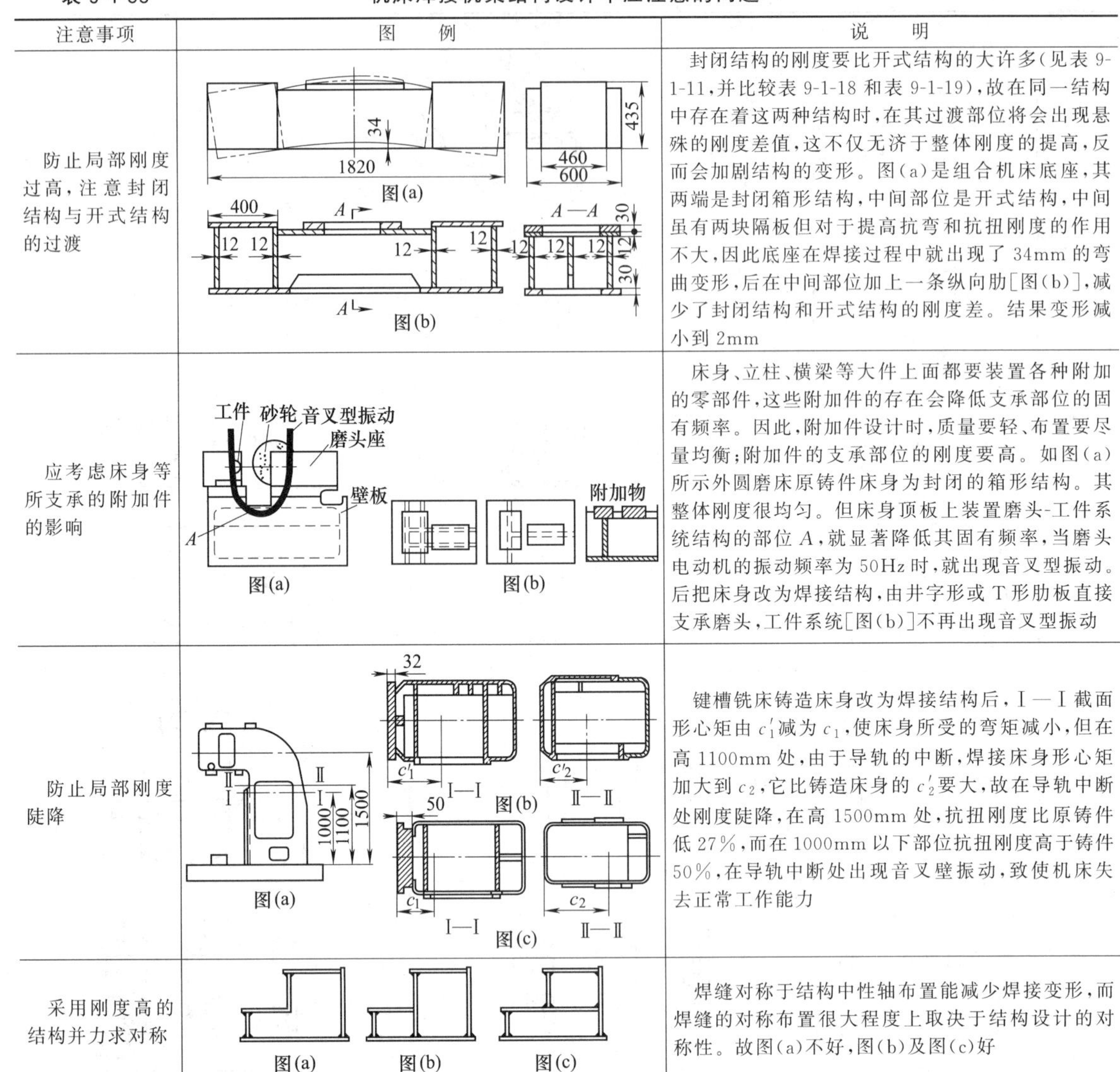

注意事项	图　例	说　明
防止局部刚度过高，注意封闭结构与开式结构的过渡	图(a)　图(b)	封闭结构的刚度要比开式结构的大许多(见表9-1-11，并比较表9-1-18和表9-1-19)，故在同一结构中存在着这两种结构时，在其过渡部位将会出现悬殊的刚度差值，这不仅无济于整体刚度的提高，反而会加剧结构的变形。图(a)是组合机床底座，其两端是封闭箱形结构，中间部位是开式结构，中间虽有两块隔板但对于提高抗弯和抗扭刚度的作用不大，因此底座在焊接过程中就出现了34mm的弯曲变形，后在中间部位加上一条纵向肋[图(b)]，减少了封闭结构和开式结构的刚度差。结果变形减小到2mm
应考虑床身等所支承的附加件的影响	图(a)　图(b)	床身、立柱、横梁等大件上面都要装置各种附加的零部件，这些附加件的存在会降低支承部位的固有频率。因此，附加件设计时，质量要轻、布置要尽量均衡；附加件的支承部位的刚度要高。如图(a)所示外圆磨床原铸件床身为封闭的箱形结构。其整体刚度很均匀。但床身顶板上装置磨头-工件系统结构的部位A，就显著降低其固有频率，当磨头电动机的振动频率为50Hz时，就出现音叉型振动。后把床身改为焊接结构，由井字形或T形肋板直接支承磨头，工件系统[图(b)]不再出现音叉型振动
防止局部刚度陡降	图(a)　图(b)　图(c)	键槽铣床铸造床身改为焊接结构后，Ⅰ—Ⅰ截面形心矩由c_1'减为c_1，使床身所受的弯矩减小，但在高1100mm处，由于导轨的中断，焊接床身形心矩加大到c_2，它比铸造床身的c_2'要大，故在导轨中断处刚度陡降，在高1500mm处，抗扭刚度比原铸件低27%，而在1000mm以下部位抗扭刚度高于铸件50%，在导轨中断处出现音叉壁振动，致使机床失去正常工作能力
采用刚度高的结构并力求对称	图(a)　图(b)　图(c)	焊缝对称于结构中性轴布置能减少焊接变形，而焊缝的对称布置很大程度上取决于结构设计的对称性。故图(a)不好，图(b)及图(c)好

1.5.2　机床焊接机架的壁厚及布肋

1.5.2.1　焊接机架壁厚的确定

金属切削机床的机架壁厚主要根据刚度要求来确定，焊接壁厚通常取相应铸铁件壁厚的 2/3～4/5。具体可参照表 9-1-54 选取。

1.5.2.2　焊接机架的布肋

为提高壁板的刚度和固有频率，防止薄板弯曲和震颤，通常在壁板上焊接一定形状和数量的加强肋，壁板上布肋的常见形式见表 9-1-55。表 9-1-56 为不同肋条对板壁刚度和振动固有频率的影响，由表可以看出，肋条交叉排列对提高板壁刚度的效果最好（表中序号 2、3、6）。大型机床及承载较大的导轨处的壁板，往往采用双层壁结构来提高刚度（见表 9-1-57）。双层壁结构是在两块钢板之间焊上各种形式的减振夹层，质量轻而刚度高，高阶谐振频率提高。一般选双层壁结构的壁厚 $t \geqslant 3 \sim 6$mm。

另外在确定焊接箱体与焊接机架壁厚时应注意：

① 焊接结构最小壁厚应大于 3mm，箱形截面的宽厚比一般应小于 80～100，以避免机架的局部屈曲和颤振。

② 封闭截面的外壁厚度应尽量相等。截面的外壁相交处的内圆角半径大于壁厚的 2 倍为好。

③ 重型机床的焊接床身、立柱、横梁等壁厚一般不超过 25～30mm；钢板厚度超过 30mm 就难以保证钢板质量及焊缝质量；会增加加工坡口的成本。

表 9-1-54　焊接钢板机架壁厚的参考值　mm

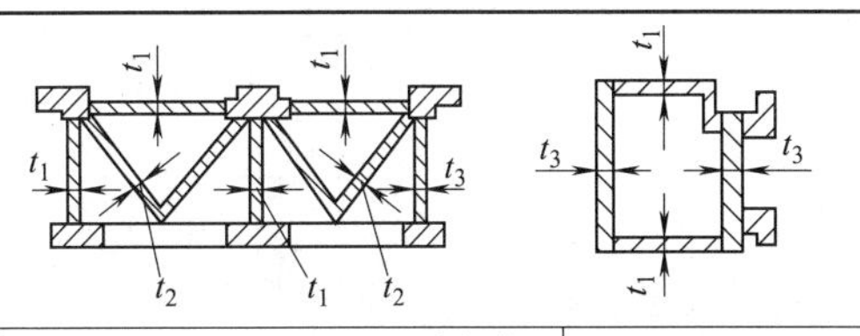

壁或肋的位置及承载情况 \ 机床规格	壁厚	
	大型机床	中型机床
外壁和纵向主肋 t_1	20～25	8～15
肋 t_2	15～20	6～12
导轨支承壁 $t_3$①	30～40	12～25

① 导轨支承壁为与导轨的承载表面平行且承受弯矩的壁。

提高动刚度的主要措施有：

1）合理选取机架的截面形状及尺寸，以便在相同质量时具有较高的刚度和固有频率。例如，在条件允许时，应尽可能地增加截面轮廓尺寸而不增加壁厚；受扭矩作用的机架尽可能采用封闭形截面，其形状以圆形或正方形较好；对受弯矩作用的机架，应根据其弯矩图增大最大弯矩处的截面高度等。

2）合理布置肋板和肋条可以明显地增大机架的刚度和固有频率。

3）改善部件间连接处的刚度，提高螺钉连接处的局部刚度，能改善整机刚度，尤其是受弯曲载荷作用的机架，效果更为明显。

表 9-1-55　壁板上布肋的常见形式

矩形排列肋	菱形排列肋	等边等角交叉排列肋
平板上布肋纵横面呈矩形排列，其中通长肋布置在抗弯曲平面内抗弯。断开肋抗扭 $a \leqslant 20t$ 式中　a——肋的最大间距 t——壁厚 制造简单、抗振性好	平板上布置冲压的波浪肋，且呈菱形排列，两肋构成 U 形减振接头，抗扭和吸振性好，改善了阻尼特性 $a \leqslant 30t$ 式中　a——肋的最大间距 t——壁厚 制造复杂	以等边角钢为肋（大型机床一般用规格为 7～14 号等边角钢），焊成交叉肋，肋条最大间距可适当加大 制造简单

表 9-1-56　不同肋条对板壁刚度和振动固有频率的影响

序号	结构简图	相对刚度比			固有频率/Hz		序号	结构简图	相对刚度比			固有频率/Hz	
		扭转（绕 x 轴）	弯曲		扭转（绕 x 轴）	弯曲			扭转（绕 x 轴）	弯曲		扭转（绕 x 轴）	弯曲
			yz 面	xz 面		xz 面				yz 面	xz 面		xz 面
1	3; 500; 500; x; x; y	1.0	1.0	1.0	141	60	3	40; 3	11.0	22.0	20.0	99	188
2	40; 3	3.3	27.0		60	155	4	40; 3	11.3	47.0	1.2	132	59

续表

序号	结构简图	相对刚度比 扭转(绕 x 轴)	相对刚度比 弯曲 yz 面	相对刚度比 弯曲 xz 面	固有频率/Hz 扭转(绕 x 轴)	固有频率/Hz 弯曲 xz 面	序号	结构简图	相对刚度比 扭转(绕 x 轴)	相对刚度比 弯曲 yz 面	相对刚度比 弯曲 xz 面	固有频率/Hz 扭转(绕 x 轴)	固有频率/Hz 弯曲 xz 面
5	40 3	48.0	112.0	1.1	242	58	6	20 40 3	15.0	27.0	23.0	140	334

注：扭转变形的测量是在板的相对方向加力矩，测量板的一角相对另外三个角的位移。测弯曲变形时，板铰支在四个角上，在板中间 yz 面内加均布载荷，测 xz 面内的位移；而在 xz 面内加均布载荷，测 yz 面内的位移。

表 9-1-57　　双层壁与单层平板的静刚度和固有频率的对比

双层壁和单层平板的尺寸				扭转 相对刚度	扭转 单位质量相对刚度	扭转 固有频率 f_m/Hz	弯曲 相对刚度 x-x	弯曲 相对刚度 y-y	弯曲 单位质量相对刚度 x-x	弯曲 单位质量相对刚度 y-y	弯曲 固有频率 f_m/Hz
单层平板	6			1	1	84	1	1	1	1	148
双层壁	t=3mm b=1mm	h/mm	20	18	15	300	8.6	27	7.2	23	366
			30	25	20	362	13	41	10	33	425
			40	29	23	318	13	62	10	50	340
			50	34	25	383	14	136	10	102	419
	h=40mm b=1mm	t/mm	1		16	389	7.0	26	3.2	12	
			2	25	25	405	12	36	11	36	468
			3	29	23	318	13	62	10	50	340
			4	37	23	373	16	65	9.9	40	401
	h=40mm t=3mm	b/mm	0.5	5.2	4.9	168	2.7	32	2.4	29	200
			1	29	23	318	13	62	10	50	340
			2	67	43	520	43	179	28	116	705

1.5.3　改善机床结构阻尼比的措施

为改善焊接机架结构的阻尼特性，提高动刚度和结构的自激振动稳定性，常采用如下措施：

1）采用间断焊缝加大结构阻尼（见表 9-1-58）。断续焊缝的减振能力比连续焊缝好；在断续焊缝中，较短的焊缝好；焊缝的有效厚度较小为好；单侧角焊缝比双侧焊为好。

2）采用吸振接头。图 9-1-14 所示的减振接头是机床焊接结构中广泛采用的形式。由于它们的插头两侧焊缝在冷却收缩时，使未焊透的结合面具有一定的接触压力，结构振动时，未焊透的结合面间产生微小的位移，相互摩擦，消耗能量而吸振。其中 U 形减振接头的接合面要磨成平面，用塞焊焊合起来。

3）采用阻尼涂层或约束阻尼带。钢板焊接结构采用阻尼涂层或约束阻尼带（夹在中间的阻尼层可以是阻尼胶，外盖板采用刚度大的约束带）后，可以在不改变原设计结构和刚度的情况下获得较高的阻尼比（其值可达 0.05～0.1）。

4）注入吸振的填充物。在钢板焊接成的支撑件，特别是在基座内充填混凝土，其减振能力是钢板的 5 倍，同时又提高了刚度。

表 9-1-58　　间断焊缝对结构动刚度的影响

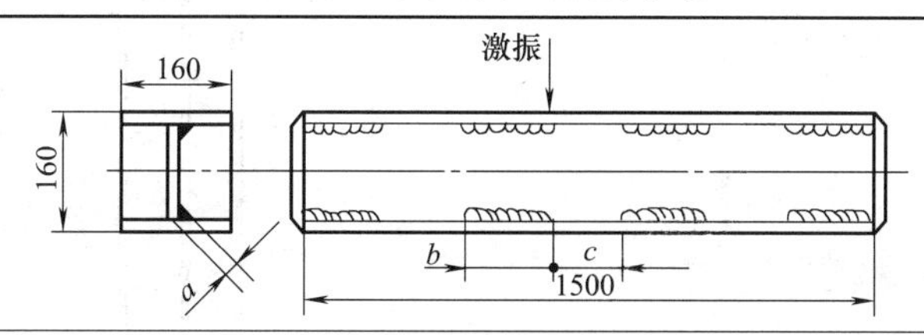

焊缝情况		单侧焊						双侧焊
焊缝尺寸	a/mm	4.0	4.0	4.0	4.0	4.5	5.5	5.5
	b/mm	220	270	320	1500	1500	1500	1500
	c/mm	203	140	73	0	0	0	0
固有频率 f_n/Hz		175	183	190	196	196	201	210
静刚度 K/N·μm^{-1}		28.4	30.8	32.6	33.0	33.5	35.0	35.8
阻尼比 ζ		2.3×10^{-3}	0.34×10^{-3}	0.33×10^{-3}	0.32×10^{-3}	0.30×10^{-3}	0.29×10^{-3}	0.25×10^{-3}
动刚度 K_d/N·μm^{-1}		13×10^{-2}	2.1×10^{-2}	2.15×10^{-2}	2.1×10^{-2}	2.0×10^{-2}	2.0×10^{-2}	1.8×10^{-2}

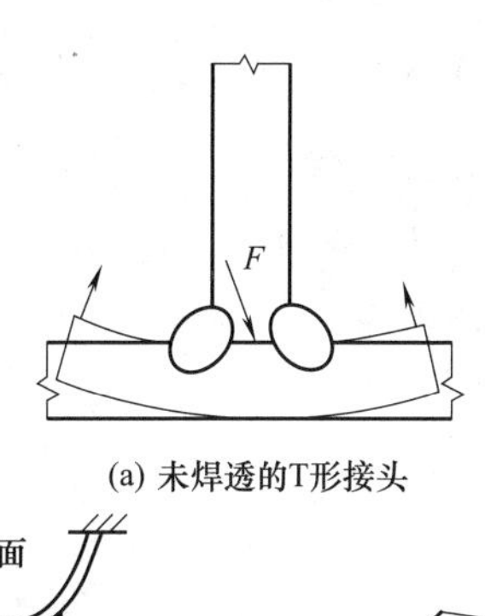

(a) 未焊透的T形接头

平面　焊接部位　平面　δ_1　$\delta_2>t_1$　δ_2

(b) U形减振接头　　(c) 拱形减振接头

图 9-1-14　几种减振焊接接头形式

1.5.4　焊接机架结构示例

1.5.4.1　大型加工中心机床

如图 9-1-15 所示，大型加工中心机床床身和立柱都采用矩形钢管焊接而成。

1）床身结构。其水平床身结构如图 9-1-16 所示。沿 z 轴的水平床身 I_w，由 4 根钢管 I_1、I_2、I_3 和 I_4 焊接布成。从图 9-1-16（b）中看到，4 根钢管的长度相等，两端用板 3 和 4 封口，构成一个高刚度的封闭结构。在两侧钢管 I_1 和 I_4 的底部，焊有底座凸缘 2 和三角肋 1。装配焊接后，在凸缘 2 上

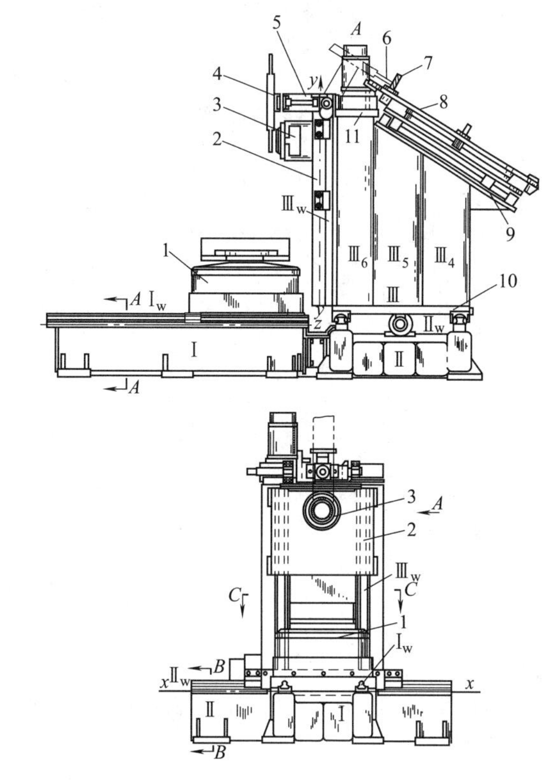

图 9-1-15　大型加工中心机床

1—工作台；2—主轴箱；3—主轴；4—机械手；5—机械手滑板；6—自动换刀装置；7—刀具；8—刀具库；9—斜顶板；10—底板；11—平板

加工地脚螺钉孔。

在两侧钢管 I_1 和 I_4 的顶部，焊有钢导轨 I_w。校准导轨 I_w 与底座凸缘 2 的位置后，再进行装配焊接，然后进行消除内应力的时效处理。时效处理后，按技术要求加工出导轨面。

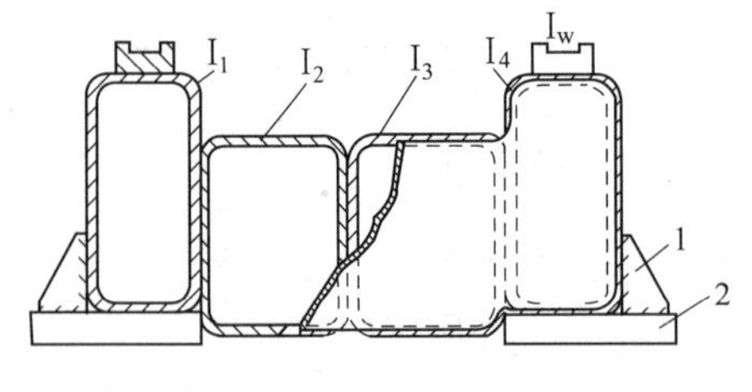

(a) 水平床身Ⅰ的A—A断面图

1—肋；2—凸缘

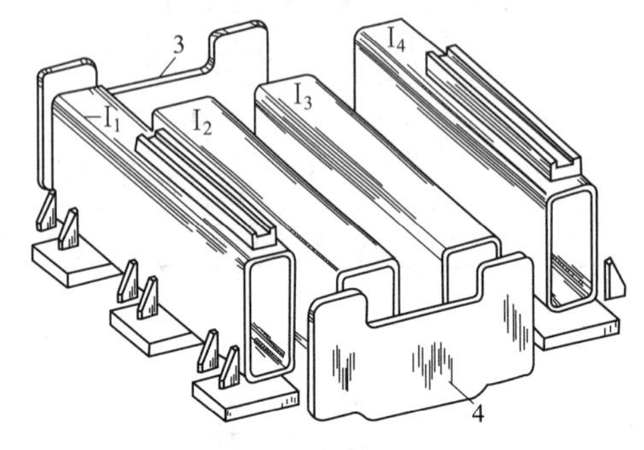

(b) 床身Ⅰ的立体结构

3,4—端板

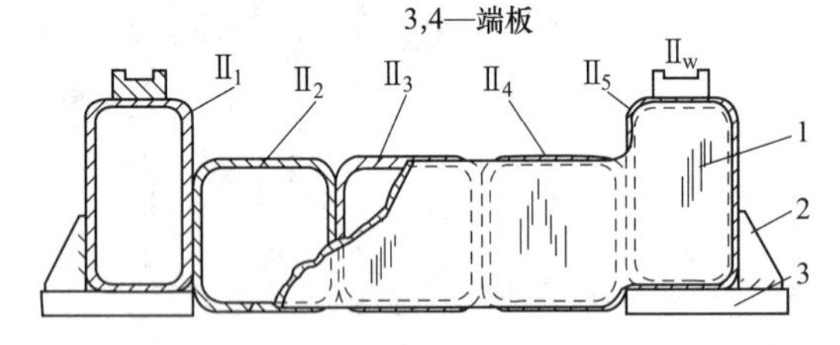

(c) 水平床身Ⅱ的B—B断面图

1—端板；2—肋；3—凸缘

图 9-1-16　水平床身结构

从图 9-1-16（a）中看到，中间钢管Ⅰ$_2$和Ⅰ$_3$比Ⅰ$_1$、Ⅰ$_4$稍低一些，这是为工作台的丝杠进给机构和导轨Ⅰ$_w$两侧辅助装置留的空间。

沿x轴的水平床身Ⅱ$_w$［见图 9-1-16（c）］由5根钢管Ⅱ$_1$、Ⅱ$_2$、Ⅱ$_3$、Ⅱ$_4$和Ⅱ$_5$焊接而成。两侧钢管Ⅱ$_1$和Ⅱ$_5$的底部，焊有底座凸缘3和三角肋2，顶部焊有钢导轨Ⅱ$_w$，床身两端用端板1封口，构成一个高刚度的封闭结构。

2）立柱结构。图 9-1-17 所示的立柱，分别由3根串联的钢管Ⅲ$_1$、Ⅲ$_2$、Ⅲ$_3$和Ⅲ$_4$、Ⅲ$_5$、Ⅲ$_6$焊成两排平行的立柱。底部焊上方形的底板10，为立柱“生根”。在钢管Ⅲ$_1$、Ⅲ$_2$和Ⅲ$_3$、Ⅲ$_4$的顶部，焊上倾斜的顶板9（见图 9-1-15），成为自动换刀装置6的支承板。

在立柱前面的2根钢管Ⅲ$_3$和Ⅲ$_6$的顶部，焊上平板11，成为机械手滑板5和驱动电动机的支承。在它们面前的垂直面上，焊有钢导轨Ⅲ$_w$，供主轴箱2上下移动之用。

这种矩形钢管的全焊结构，与钢板焊接结构相

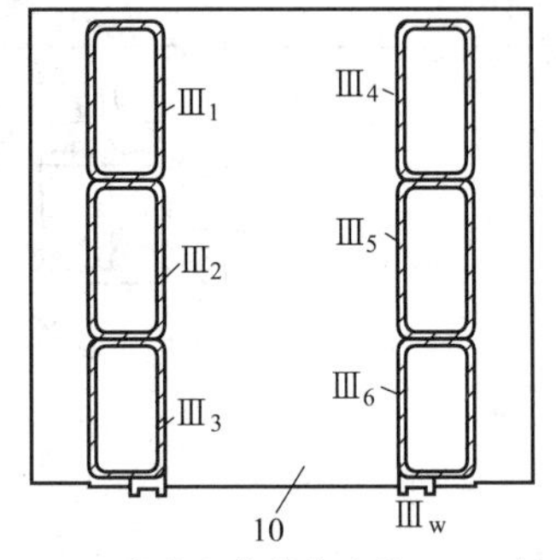

图 9-1-17　机床立柱结构中的C—C断面图

比，具有如下的优越性。

① 刚度高，质量轻，减振性能好。矩形管是一种抗扭刚度和抗弯刚度都高的经济截面，结构简单，质量轻，惯性小，作为移动部件的伺服特性好；管与管的焊接，采用塞焊缝，构成了良好的减振接头，抗振性能也好。

② 结构简单，造型明快、简洁。2个水平床身和2根立柱，只用15根矩形钢管和22条焊缝就焊接成功了。钢管的刚度高，这些焊缝的焊接变形小；重合的管壁又起着加强肋的作用，所以，在整个床身和立柱中，没有1根加强肋。

③ 结构工艺性好，适合于现代化工业生产。构件少，备料简单，几乎没有边角料。所有焊缝不需要开坡口，而且可以用埋弧焊或CO_2气体保护焊。所以，生产周期短、生产成本低，适合于现代化的工业生产。

总之，上述由矩形钢管全焊构成的大型结构，具有刚度高、质量轻和成本低的特点，管与管的焊接，采用塞焊缝，构成良好的减振接头，抗振性能也好。

1.5.4.2　刨、镗、铣床立柱结构

1）T6916 型超重型镗铣床的立柱原为铸件，后用双层壁结构焊接立柱（如图 9-1-18 所示）代替单层壁铸造立柱，质量减轻了约30%。该焊接结构的主要特点如下。

① 立柱采用封闭的箱形结构，使之具有较高的抗弯和抗扭的综合性能。

② 前墙采用刚性好的双层壁板结构，外壁板上安装导轨直接承受载荷，壁厚较大，且双壁内紧靠导轨处设有纵向肋，进一步提高了导轨的支撑刚度。

③ 为防止薄壁板引起局部失稳和颤振，在四周壁板内侧焊接有波浪形肋。

④ 波浪形肋组成了许多减振接头。其中T形减振接头均采用断续角焊缝以增加阻尼，从而提高了减振性能。

⑤ 为进一步提高抗扭性能，防止立柱发生断面畸形，沿柱长方向每隔一定距离设置横向肋板。

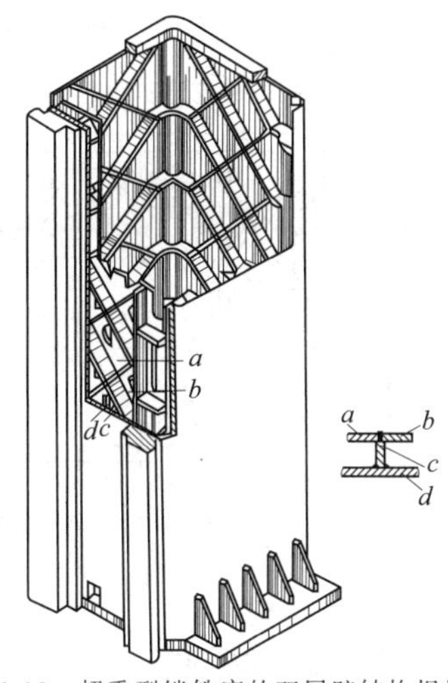

图 9-1-18　超重型镗铣床的双层壁结构焊接立柱

⑥ 四个柱角采用厚壁无缝钢管，自然形成圆角，既避免了应力集中又加强了立柱的刚性，同时也便于和外板连接。

总之，在上述立柱的结构设计中，通过合理选择材料和截面、正确布肋，以及改善结构的阻尼特性等措施，从而保证了在减轻质量的同时，提高了立柱的静刚度和良好的抗振性能。

2）图 9-1-19 为龙门铣刨床立柱，采用空心矩形截面。前壁同横梁上连接是直接受力面，采用双壁结构，双壁之间由三条纵向肋相连。后壁和侧壁的内侧焊有纵向、横向及斜向肋条以防止和减少壁板的截面畸变及薄壁颤振、也使立柱的整体刚度增强。侧壁上的斜肋条采用断续焊缝起到增加阻尼的作用。立柱上端采用变截面，是为了减少质量及节省材料。为提高连接部位的刚度，在同床身及地基的连接法兰处均设有加强肋。

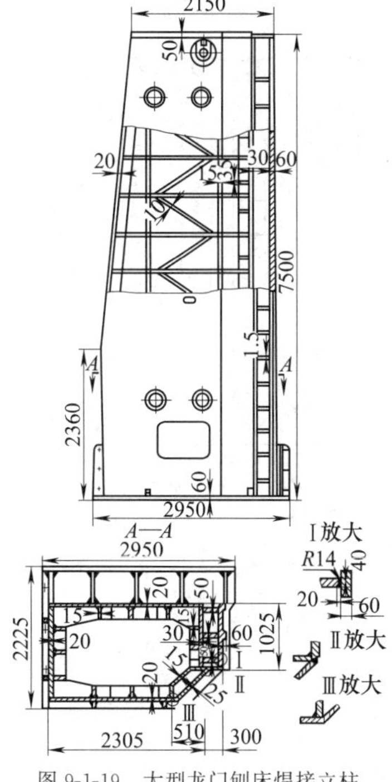

图 9-1-19　大型龙门刨床焊接立柱

3）图 9-1-20 所示的 FZ-400×12 型龙门铣床立柱结构，采用全封闭的箱形结构，并用纵横肋板将整个结构分成 8 个封闭单元。每个封闭单元又有对角肋加强，使得作用力能从导轨均匀传到立柱的各部分。这个立柱的整体刚度较高。由于焊接钢板较薄，对角肋有孔，使立柱的质量减少很多，从而提高了固有频率，同时在肋和肋，肋和壁板之间采用断续焊缝，增大阻尼，使立柱的抗振性能提高了。立柱壁板内侧焊有角钢肋条是为了防止薄壁颤振。

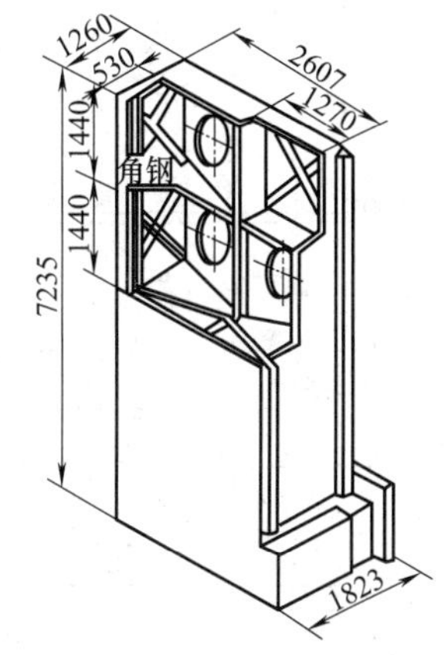

图 9-1-20　FZ-400×12 型龙门铣床立柱结构

1.5.4.3　压力机焊接机架结构

（1）热模锻压力机的整体焊接机架

模锻机因承受重载，需要有足够的刚度和强度来保证热锻工件有良好的精度。图 9-1-21 为焊接的 25MN 热模锻压力机整体机架结构剖面图，焊接机架的主板厚 100mm，副板厚 40mm，使机架有较高的刚度。由于热模锻压力机往往要进行多模腔模锻，有较大的偏心载荷。如果不能有效地防止滑块倾斜，就会使锻件薄厚不均。为有效地防止滑块倾斜，在设计机架时应增加滑块的导向长度和导轨刚度。在这个结构中有主、副滑道分别设置于曲轴孔的上部和下部，使滑块导向长度增加，提高了机架承受偏心载荷的能力，保证锻件精度。中间传动轴轴承座孔低于曲轴孔，使轴承座处的悬壁部分减小，简化了结构，减少焊接工作量和机架质量。机架下部的底座部分要承受全部的工作载荷，本结构中采用 100mm 及 40mm 厚钢板坡口焊接，保证了强度和刚度要求。机架底座下

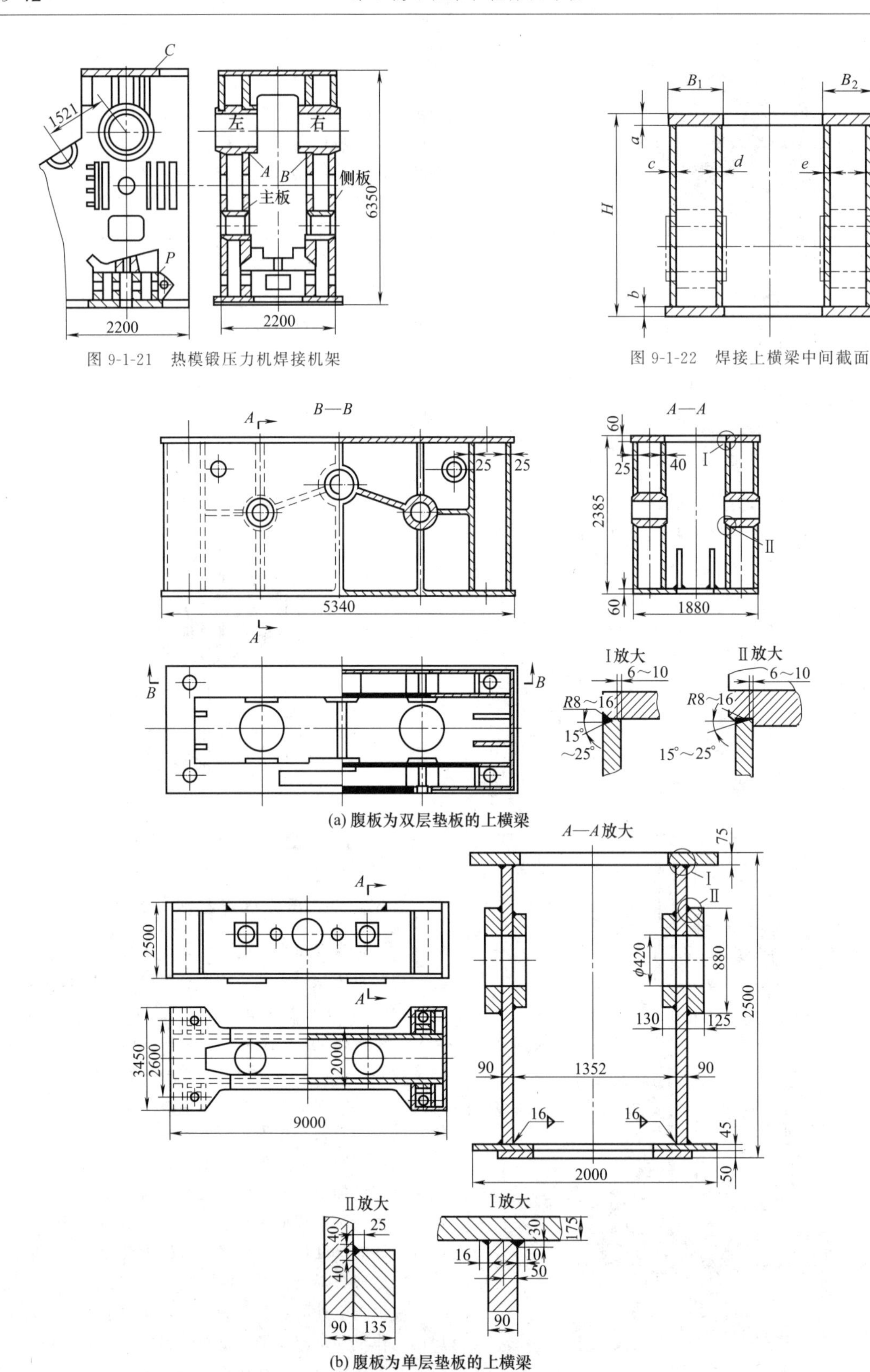

图 9-1-21 热模锻压力机焊接机架

图 9-1-22 焊接上横梁中间截面

(a) 腹板为双层垫板的上横梁

(b) 腹板为单层垫板的上横梁

图 9-1-23 机械压力机上横梁焊接结构

部的设计还应该考虑具有一定空腔安放下顶料器等装置，提高机器的生产效率，热模锻压力机是一种高效锻压设备，但必须配置进出料机械手或其他自动化装置时才能充分发挥作用，机架的侧窗口就是进、出料口，在不影响机架的刚度和强度的条件下应该适当加大高度和宽度尺寸，以便安放这些装置。从热模锻压力机的发展来看，窗口的尺寸越来越大。

（2）组合式机械压力机的焊接结构

组合式机械压力机由上、下横梁和立柱通过拉紧螺栓构成。属于预应力机架结构。组合式机架便于加工、运输，故适用于大中型压力机。

1）机械压力机上横梁结构。一般机械压力机上横梁既是一个承受弯矩和剪力作用的梁，又是一个传

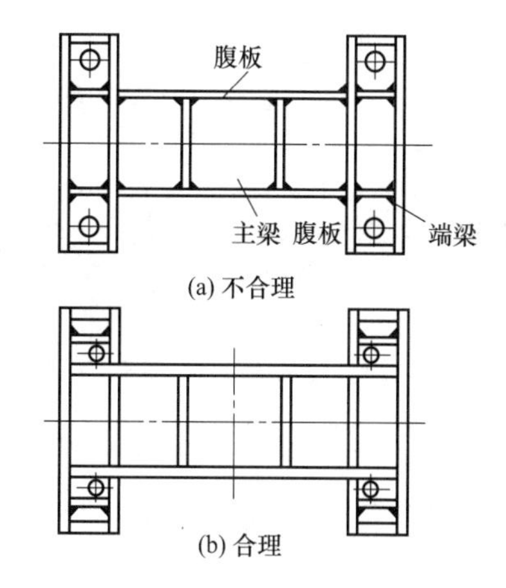

图 9-1-24　机械压力机下横梁腹板设计

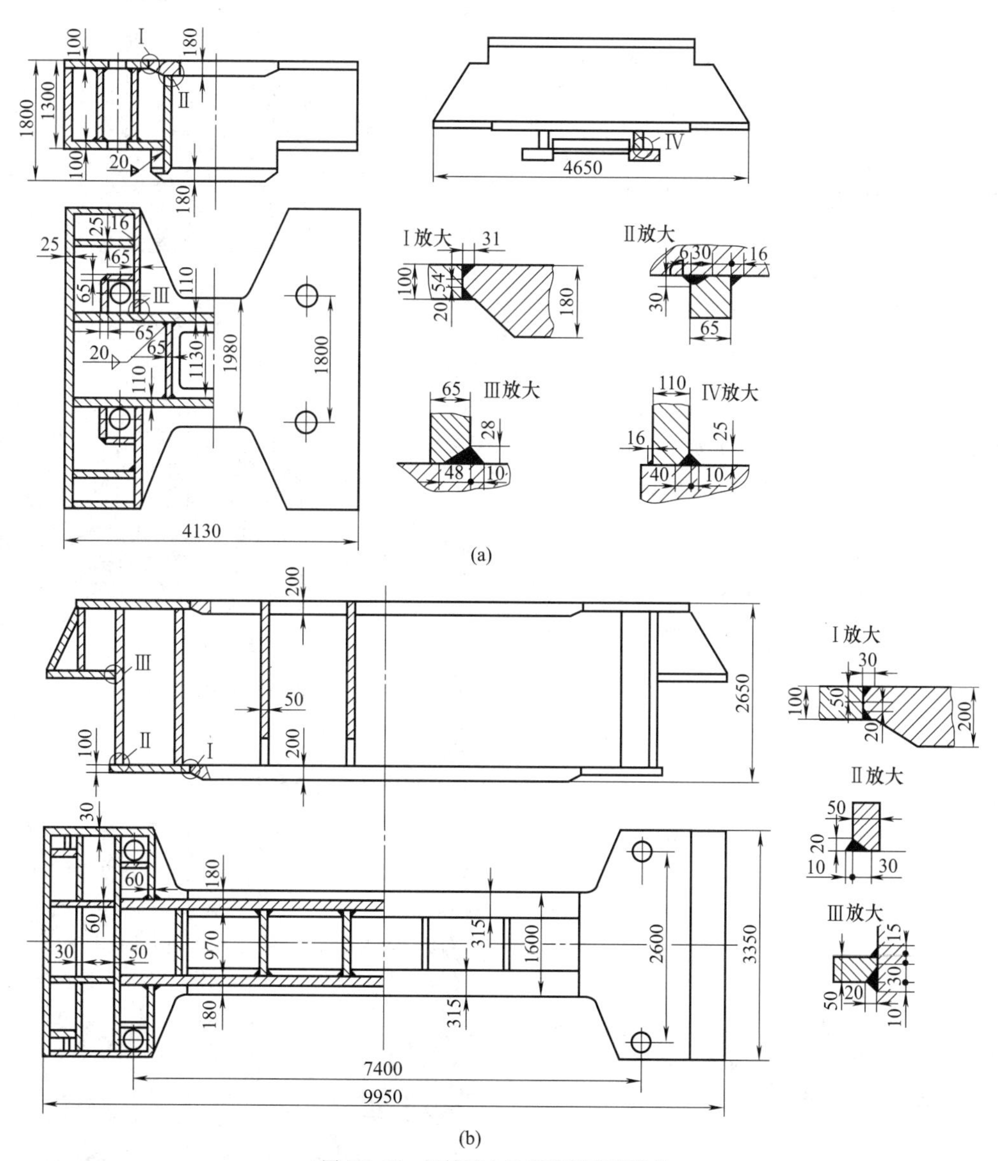

图 9-1-25　机械压力机下横梁典型实例

送动力的齿轮箱体；工作时还受偏心载荷作用而抵抗扭转变形。非工作时，拉杆孔周围受预紧力作用处于受压状态。因此，上横梁的结构设计可按箱体结构进行设计，但箱壁要能承受复杂的重载作用，必须予以加强。各轴承孔部位的结构和齿轮箱体中轴承座的结构相同。为了保证上横梁和立柱之间在水平方向上不产生错位，在上横梁和立柱的接触平面上应该设置定位键槽或定位销孔。在横梁上部有为拉杆螺母设置的支承面，要局部加厚，底面开有缺口以便连杆运动。

图 9-1-22 为中小型机械压力机上横梁焊接结构中间截面的简图。

图 9-1-23 为大型板料冲压压力机上横梁结构，图 9-1-23（a)为双壁结构，图 9-1-23（b）为一般单壁结构。双壁结构主要提高机架的抗扭刚度。减小质量。图 9-1-23（a）中轴承座的位置是根据传动形式决定的，轴承套筒纵向和横向方向设置肋板是提高刚度保证齿轮的啮合精度；轴承套筒和壁板，前后壁板和上下盖板之间的焊缝为工作焊缝，故开坡口焊接，其余联系焊缝未开坡口焊接其焊角尺寸较小。在侧壁和底板之间的肋板也是为增强机架刚度而设。图 9-1-23（b）为 H 形箱形梁结构，整块腹板（前、后壁板）贯穿梁的全长，拉杆孔周围有肋板加强，为焊接横梁的常见结构。

2）下横梁的受力状态和上横梁基本相同。为增加机架和地基的接触面积，提高机架的稳定性、下梁底板两端的前后适当延伸，并用三角形肋板相接；为提高整体刚度和强度，在下横梁前后壁板外侧增设多个肋板，这是和上横梁的不同之处。

焊接下横梁的前后壁板（腹板）应该是整块板贯穿全长，不应该被其他肋板隔断，否则会使中间焊缝在较大的交变应力下工作。如图 9-1-24 所示：图 9-1-24（a）结构，腹板和端梁壁板的十字接头焊缝会使端梁壁板产生层状撕裂。另外，应尽量使拉杆孔的位置靠近腹板以改善其受力状态。图 9-1-24（b）为更合理结构。

图 9-1-25 为机械压力机下横梁焊接结构的典型实例，其上、下盖板采用厚板，并采用对接焊缝相连，改善焊缝的受力状态（见放大图Ⅰ），其余焊缝并不要求全部熔透。整块腹板贯穿全长，拉杆孔四周加肋加强，提高了强度和刚度。

3）立柱。立柱是受压件，支承压力机上部重量并承受拉紧螺栓的压力，同时还是滑块运动的导轨。故立柱用厚钢板焊成箱格结构，内部设置隔板以增强局部刚度和局部稳定性。立柱主要的受力板板厚为 16～100mm。

典型焊接立柱结构如图 9-1-26 所示。立柱上导轨底板的焊接方式如图 9-1-27 所示，应采用塞焊和槽焊。

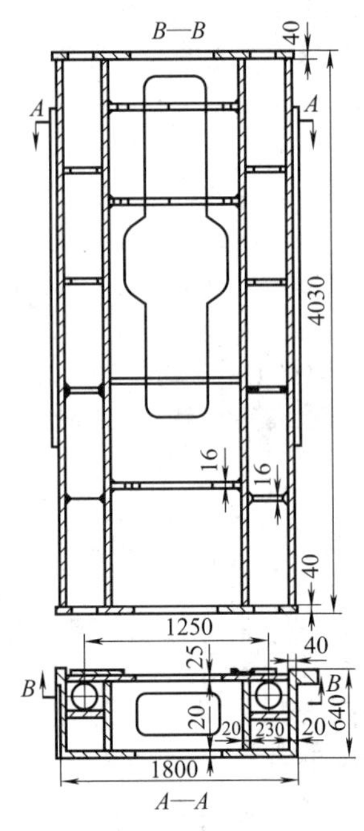

图 9-1-26 机械压力机焊接立柱

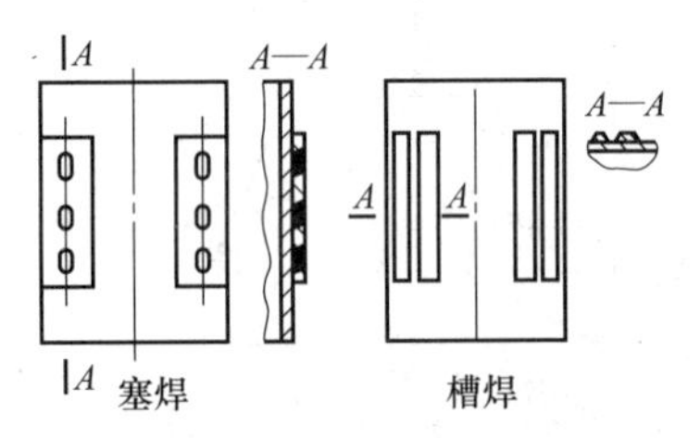

图 9-1-27 导轨底板的焊接方式示意图

1.6 非金属机架设计

1.6.1 钢筋混凝土机架

混凝土具有较好的抗压强度，并有耐腐蚀、经济性好和生产周期短等优点。混凝土的弹性模量约为铸铁的 1/5，钢的 1/8.5，强度约为铸铁的 1/6，钢的 1/12；而内阻尼却是钢的 15 倍，铸铁的 5 倍，因此对振动的衰减能力很强，用混凝土制造机床或试验台的机架，可以提高其静刚度和动刚度。其热胀系数仅为钢铁的 1/4。花岗岩及混凝土的特点及在机架方面的应用见表 9-1-59。

由于混凝土的弹性模量低，提高混凝土机架刚度的主要措施是加大壁厚和截面面积。当混凝土机架的截面面积等于铸铁的 3.14 倍时，其刚度与铸铁件相同。

表 9-1-59　花岗岩及混凝土特点及应用举例

材料名称	特点及应用举例
花岗岩	花岗岩的组织比较稳定，几乎不变形，加工简便可以获得高而稳定的精度；对温度不敏感，传热系数和线胀系数均很小，在没有恒温的条件下仍能保持精度；吸振好、抗腐蚀、不生锈；使用维护方便，成本低。缺点是脆性大，不能承受过大的撞击 花岗岩的有关特性如下：抗压强度为 1967MPa；抗拉强度为 1.47MPa；线胀系数为 8×10^{-6}℃$^{-1}$；传热系数为 0.8W/(m^2·K)；密度为 2.66g/cm^3；弹性模量 39GPa 用于精密机械或仪器的机架，如量仪的基座，三坐标测量机身、激光测长；数控铣镗床床身及用作空气导轨的基座
混凝土	混凝土有良好的抗压强度、防锈、吸振，它的内阻尼是钢的 15 倍、铸铁的 5 倍。缺点是弹性模量和抗拉强度比较低，其弹性模量为 33000MPa，抗拉强度为 4MPa 用于机床床身、底座、液压机机架等

另外在混凝土中正确布置钢筋可有效提高机架刚度，并可在一定程度上防止混凝土收缩。图 9-1-28 是用钢筋混凝土制造的大型车床机架的截面图。其中导轨是铸铁的，其钢筋除了布置在纵横向外，还在导轨下部设置交叉筋，以进一步提高结构刚度。图 9-1-29则是同一车床的铸铁机架的截面图。两者相比，混凝土机架的静刚度提高 40%，可节约 50%～60%的钢铁，从而降低成本约 50%。图 9-1-30 表明

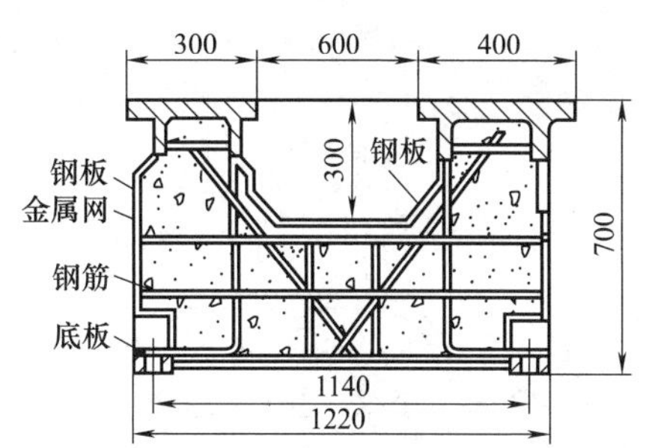

图 9-1-28　大型车床钢筋混凝土结构机架的截面

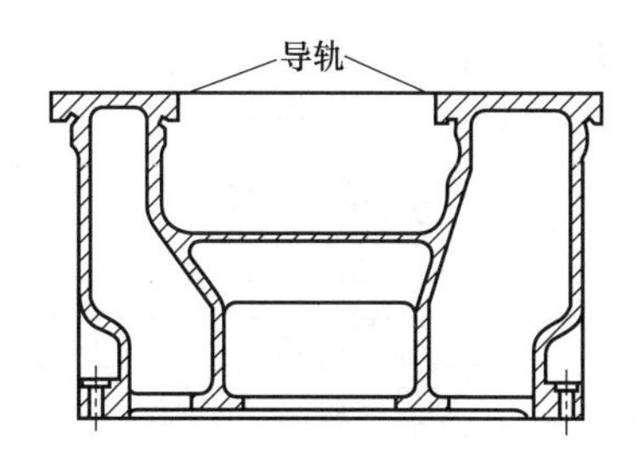

图 9-1-29　铸铁车床机架

了批量生产的数控车床混凝土底座钢筋的布置情况。图 9-1-31 和图 9-1-32 则分别列举了机床立柱及钻床或铣床的混凝土结构床身，供设计参考。

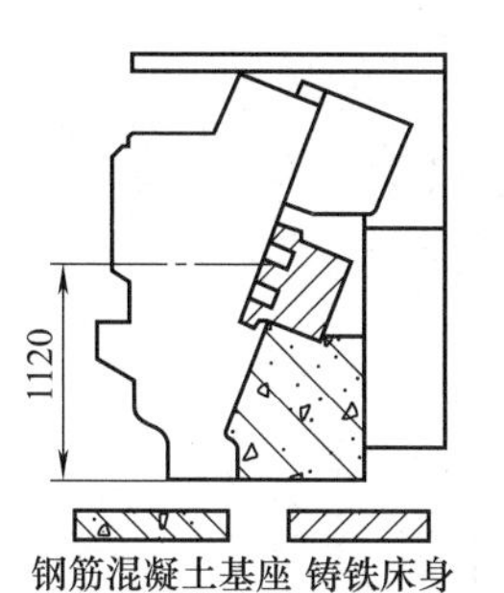

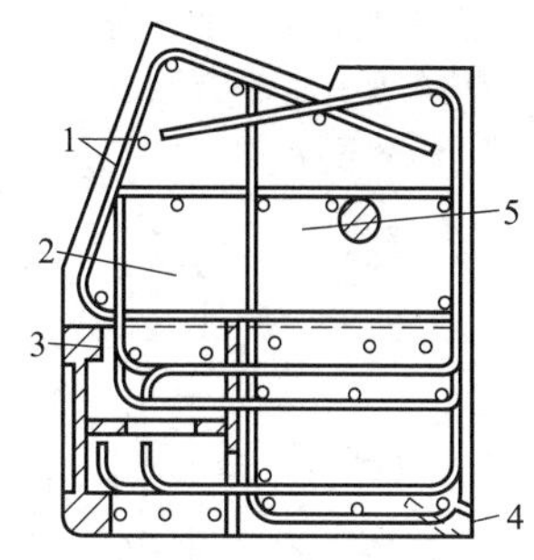

图 9-1-30　数控车床混凝土结构底座

1—钢筋；2—混凝土；3—齿轮箱接合板；4—护角；5—起吊轴

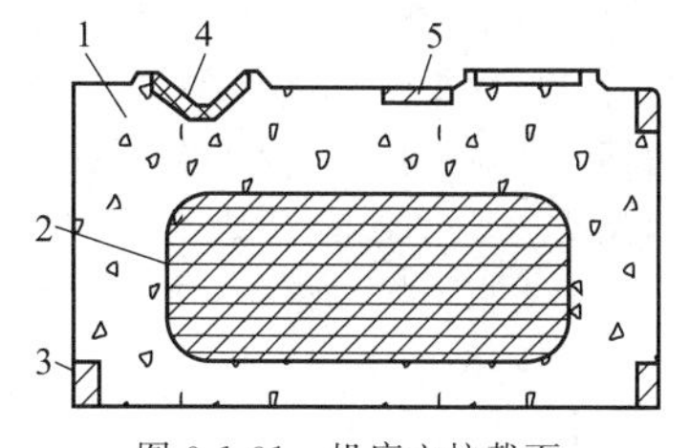

图 9-1-31　机床立柱截面

1—立柱；2—泡沫塑料；3—护角；4—导轨面；5—装配面

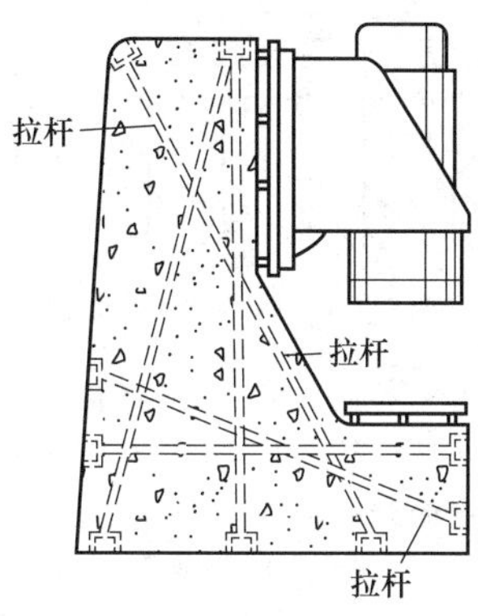

图 9-1-32　钻床或铣床床身

1.6.2　预应力钢筋混凝土机架

近年来，预应力钢筋混凝土技术的采用，可使混凝土总在受压状态下工作，防止使用中出现裂缝，具有长期承受脉动大载荷的能力。该技术可用于制造承受强大拉力和弯矩的重型机架，如有的批量生产的数控车床、加工中心及液压机机架就采用预应力钢筋混凝土机架，大大降低了成本。

预应力钢筋混凝土液压机机架的结构简图如图9-1-33所示。它是一个由上下横梁及四个立柱构成的立体矩形闭合框架。立柱仅在轴向施加预应力，而由于上下横梁在两个方向均承受弯矩，因而在三个方向上均施加预应力。

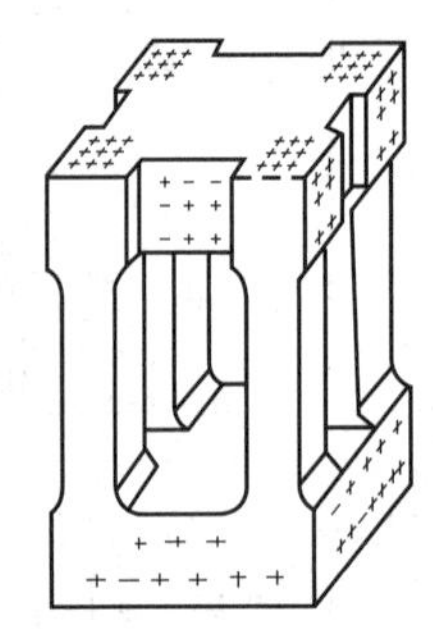

图 9-1-33　预应力钢筋混凝土液压机机架

预应力钢丝束用小直径（5mm 左右）的高强度钢丝（抗拉强度极限约为 1800GPa 左右）组成，在混凝土浇注时，用铁皮制成的管子在混凝土块体中预先为预应力钢丝束留出孔道。当机架混凝土凝固养护并具有足够强度后，用油压千斤顶张拉钢丝束两端的锚头，然后垫上垫板，如图 9-1-34 所示。

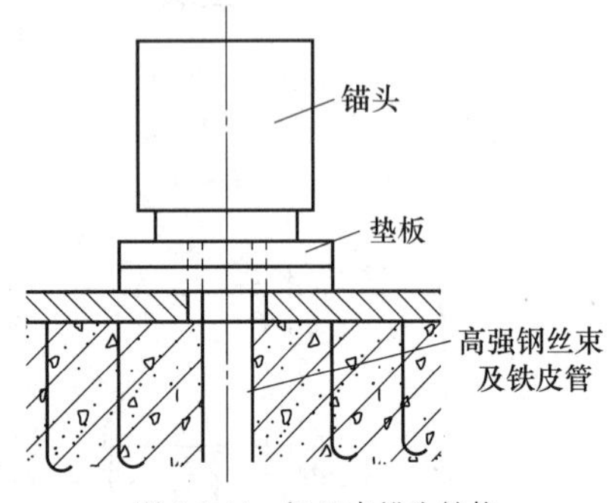

图 9-1-34　钢丝束锚头结构

预应力钢丝束应根据机架各部位的受力大小不同来配置，使机架各个截面在最不利的情况下保持受压状态并有一定的强度储备。图 9-1-35 是 50MN 液压机预应力混凝土机架的上横梁两个方向的钢丝束配置。对受弯的上横梁，应在受拉的一边配置较多的钢丝束。同时，考虑到主应力的分布情况，应配置一些斜向的结构钢筋。液压机立柱为矩形截面，应按照最大偏心载荷时计算立柱危险截面的最大拉应力值，依此来配置钢丝束的数量和位置。图 9-1-36 表明了该立柱中钢丝束的配置情况，共有 44 束高强钢丝。

另外，在该类结构的设计中，应考虑到混凝土收缩、徐变、钢丝应力松弛及锚头弹性变形引起的预应力损失。一般地，预应力损失约占原始张拉应力的15%左右。

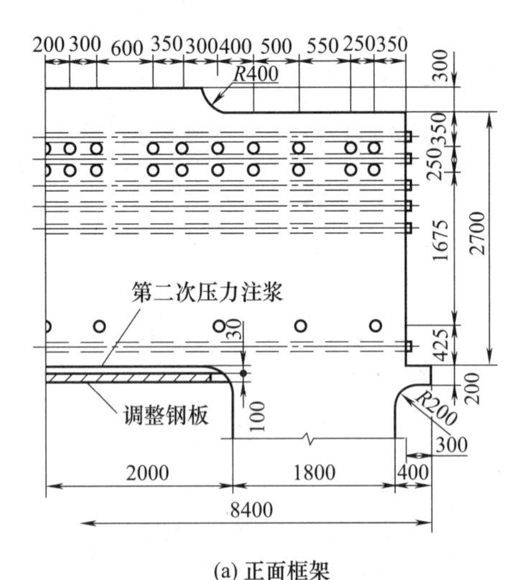

(a) 正面框架

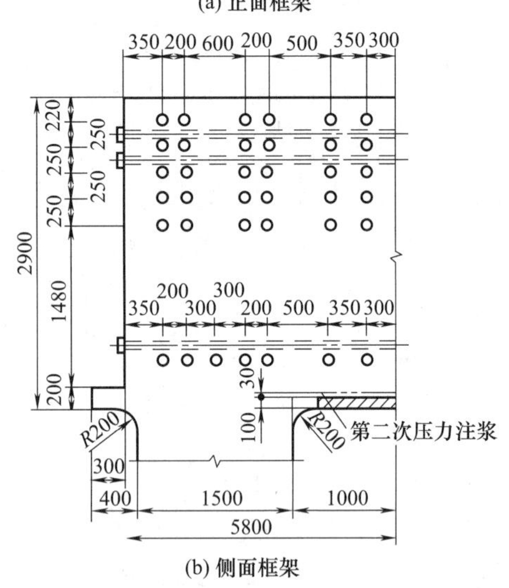

(b) 侧面框架

图 9-1-35　50MN 液压机预应力混凝土机架的上横梁钢丝束配置

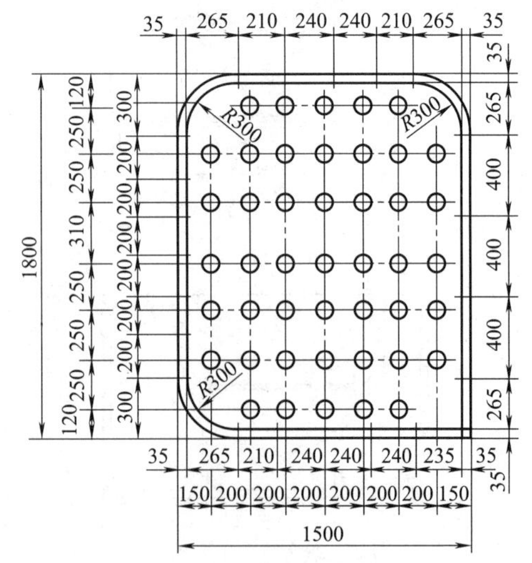

图 9-1-36　立柱预应力钢丝束的配置

1.6.3　塑料壳体设计

1.6.3.1　塑料特性及选择

工程塑料具有质量轻、防腐蚀和绝缘等优点，主要用于制造承载很小的机架或箱体。塑料分热固性塑料和热塑性塑料两大类，常用的热固性塑料的机械强度较低，用于压制中小型且结构简单的塑件，热塑性塑料可制作结构较复杂的大型塑件，而且无需后续加工，但其模具费用高，只适用于大批量生产。壳体用工程塑料的特点及其典型应用如表 9-1-60 所示。在制品的选材中，应根据制品不同的使用功能（如机械强度、耐化学腐蚀性能、电性能、耐热性、耐磨性、尺寸稳定性及尺寸精度和耐候性等）进行合理选材，以充分发挥不同种类的塑料各自性能的长处，避开其缺点。如强度要求高的机壳则可选择聚碳酸酯、聚甲醛、ABS、聚砜等，它们的弹性模量、屈服点及抗拉强度都较高；聚甲醛及增强聚碳酸酯还有较高的疲劳强度，而蠕变性较小的塑料主要有聚碳酸酯、聚砜、酚醛树脂及聚苯醚等。

用于输送酸、碱等腐蚀性介质的机壳应试验在使用温度下塑料的化学稳定性，以避免因腐蚀影响到机壳的使用寿命。

选材还应考虑外观（指制品的表面光泽方面）、经济性等诸方面的情况。

表 9-1-60　壳体用工程塑料的特点及其典型应用

塑料种类		特点及应用举例
热塑性塑料	ABS	ABS 具有坚韧、质硬，刚性好的综合力学性能，耐寒性好，在 −40℃ 仍有一定机械强度，耐酸碱、耐油，耐水性好，尺寸稳定性较好，工作温度为 70℃，加工成型，修饰容易，表面易镀金属，价格低 可用于制造电机、电视机、收音机、收录机、电话、手电钻的外壳，也可用于仪表、水表外壳、空调机及吸尘器外壳，还可用于制造小轿车车身等
	聚丙烯	具有良好的耐热性，在高温下保持不变形、抗弯曲疲劳强度高，绝缘性优越。但收缩率较大，在 0℃ 以下易变脆 可用于制造收音机、录音机外壳，散热器水箱体等
	聚酰胺	有较高的抗拉强度和冲击韧性，并且还耐水，耐油 可用于制造电度表外壳、干燥机外壳、收音机外壳。还可用于打字机框架、打火机壳体等
	聚二氟氯乙烯	耐各种强酸强碱和耐太阳光，耐冷气性能好。压缩强度大，能用一般塑料的加工方法成型。成本高 用于制造各种耐酸泵壳体
	聚碳酸酯	具有优良的综合力学性能，抗冲击强度高，且耐寒，脆化温度低，可在 −130～−100℃ 温度范围内长期使用，尺寸稳定性好 用于使用温度范围宽的仪器仪表罩壳，电话机壳体，变速箱箱壳等
热塑性塑料	聚甲醛	抗拉强度达 75MPa，弹性模量和硬度较高，耐疲劳，减摩性好 可用于制造离心泵和水下泵泵体，泵发动机外壳、水阀体、燃油泵泵体、排灌水泵壳体、汽车汽化器壳体、煤矿电钻外壳。电动羊毛剪外壳，速度表壳体。手表壳体，电子钟外壳等
	聚苯醚	抗冲击，抗蠕变及耐热性能均较优良，可在 120℃ 蒸汽中使用，有良好的电绝缘性能 可用于制造电器外壳，汽车用泵体，复印机框架、阀座及仪表板等
	聚砜	强度高，抗拉强度可达 75MPa 耐酸、碱、耐热、耐寒、抗蠕变。可在 65～150℃ 的范围内长期工作在水、湿空气或高温下仍能保持良好电绝缘性 用于制造各种电器设备的壳体，如电钻外壳、配电盘外壳、电位差计外壳以及钟表外壳等
热固性塑料	酚醛塑料	具有耐热、绝缘、刚性大、化学稳定性好等特点 可用于制造电话机外壳、变速箱箱体、电动机外壳盘、低压电器底座壳体等
	环氧树脂	耐热、耐磨损，有较高的强度及韧性。优良的绝缘性。抗酸 可用于化工容器及塔体。飞机发动机罩壳、发动机支架等

温度在很大程度上影响到塑料的力学性能（见表 9-1-61），因此在塑料机架的设计中要考虑到温度对设计应力的影响。

另外，塑料的疲劳强度远低于静强度，表 9-1-62 对几种塑料的抗弯强度与弯曲疲劳强度作了比较。多数塑料的疲劳强度仅为静抗拉强度的 20%～25%。

因此，为确保塑料制品能在蠕变极限及疲劳极限以下使用，安全系数一般取值较大，为 2.25～6。

表 9-1-61　不同温度对塑料设计应力的影响

塑料名称	相对 20℃ 时的设计应力的百分率						
	20℃	30℃	40℃	50℃	60℃	70℃	80℃
聚丙烯	100		50			25	12.5
ABS	100	95	80	70	60	48	25
硬质聚氯乙烯	100	94	83	72	60	49	

表 9-1-62　几种塑料的抗弯强度与弯曲疲劳强度比较

塑料名称	抗弯强度/MPa	弯曲疲劳强度（10^7 次）/MPa
均聚甲醛	99	30
玻纤增强共聚甲醛	112	35
聚苯醚	86.5～116	8.5～17.6
ABS	58.7～79.4	11～15

1.6.3.2　塑料壳体的结构设计

(1) 壁厚设计

热塑性塑料制品及热固性塑料制品壁厚的推荐值如表9-1-63所示。壳体壁厚一般在1～6mm之间，大型壳体的壁厚或要求强度及刚度较高的壳体可加大到5～8mm。壳体壁厚设计实例见表9-1-64。

特别应注意保证壁厚均匀。

表9-1-63　塑料制品的最小壁厚及常用壁厚的推荐值　　mm

材料种类		最小壁厚	壁厚推荐值		
			小型制品	中型制品	大型制品
热塑性塑料	聚苯乙烯	0.75	1.25	1.6	3.2～5.4
	聚丙烯	0.85	1.45	1.75	2.4～3.2
	聚碳酸酯	0.95	1.80	2.3	3.0～4.5
	聚苯醚	1.20	1.75	2.5	3.5～6.4
	聚甲醛	0.80	1.40	1.6	3.2～5.4
	聚砜	0.95	1.80	2.3	3.0～4.5
	聚酰胺	0.45	0.75	1.5	2.4～3.2
	ABS	1.5～4.5			
热固性塑料	环氧树脂—玻纤充填	0.76～25.4(推荐壁厚为3.2)			
	粉状填料的酚醛树脂	外形高度小于50mm：壁厚＝0.7～2.0mm 外形高度等于50～100mm：壁厚＝2.0～3.0mm 外形高度大于100mm：壁厚＝5.0～6.5mm			
	纤维状填料的酚醛树脂	外形高度小于50mm：壁厚＝1.5～2.0mm 外形高度等于50～100mm：壁厚＝2.5～3.5mm 外形高度大于100mm：壁厚＝6.0～8.0mm			

表9-1-64　塑料壳体壁厚设计实例

不合理结构	合理结构	说　明
		壳体的壁与基座，壁与加强肋以及基座与凸台等之间的过渡处厚度不应有突变，内外表面上的尖角均应做成圆角

续表

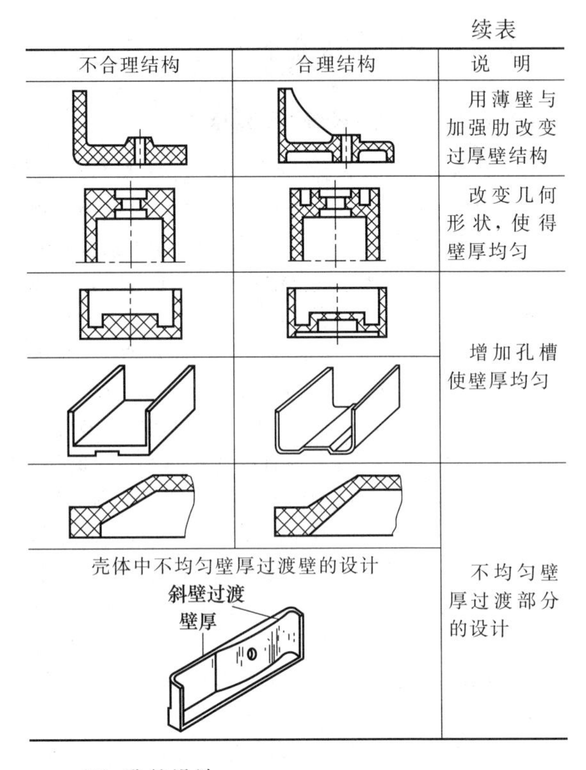

不合理结构	合理结构	说　明
		用薄壁与加强肋改变过厚壁结构
		改变几何形状，使得壁厚均匀
		增加孔槽使壁厚均匀
壳体中不均匀壁厚过渡壁的设计		不均匀壁厚过渡部分的设计

(2) 孔的设计

孔的位置应尽可能设置在对结构的强度影响较小的部位，并且在孔的周边加设凸台（图9-1-37）以提高强度。

螺纹孔与光孔的合理尺寸见表9-1-65。对用于沉头螺钉连接的固定孔，不宜采用锥形的沉头座，而应采用圆柱形的沉头座（图9-1-38）。对自攻螺钉形成螺纹孔的场合，应保证足够的凸台壁厚（图9-1-39）。

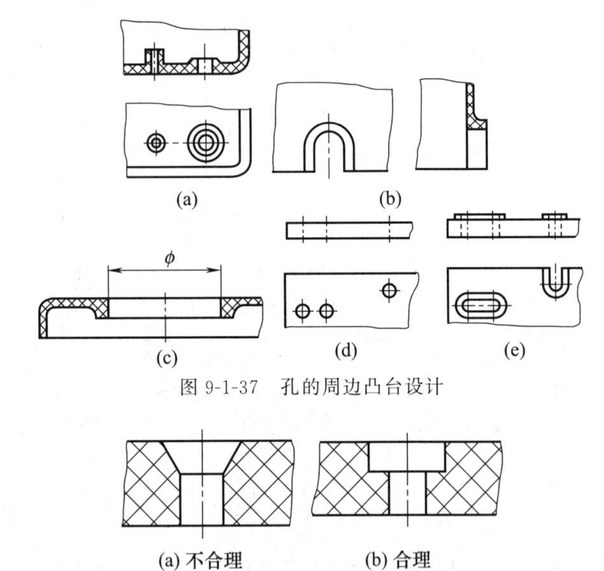

图9-1-37　孔的周边凸台设计

图9-1-38　沉头座的设计

第9篇

表 9-1-65　螺纹孔与光孔的合理尺寸

<table>
<tr><th colspan="4">类　别</th><th colspan="2">推荐尺寸</th><th>图　示</th></tr>
<tr><td rowspan="14">光孔深(h)</td><td rowspan="4">压塑</td><td rowspan="2">竖孔</td><td>不通孔</td><td colspan="2">当 $d<1.5$mm 时
$h\leqslant d$
当 $d>1.5$mm 时
$h\leqslant 3d$</td><td rowspan="14">关于 b 值的说明：
① 对于增强塑料制品 b 值宜取大值
② 当两孔径不一致时，则以小孔孔径查得 b 值</td></tr>
<tr><td>通孔</td><td colspan="2">当 $d>1.5$mm 时
$h>4d$</td></tr>
<tr><td rowspan="2">横孔</td><td>不通孔</td><td colspan="2">$h<1.5d$</td></tr>
<tr><td>通孔</td><td colspan="2">$h=2.5d$</td></tr>
<tr><td rowspan="2">注射</td><td colspan="2">不通孔</td><td colspan="2">$h=4\sim5d$</td></tr>
<tr><td colspan="2">通孔</td><td colspan="2">$h=10d$</td></tr>
<tr><td colspan="3" rowspan="7">热固性塑料制品相邻孔之间或孔与边缘之间的距离 b 值</td><td>孔径 d /mm</td><td>孔间距、孔边距 b/mm</td></tr>
<tr><td><1.5</td><td>1～1.5</td></tr>
<tr><td>1.5～3</td><td>1.5～2</td></tr>
<tr><td>3～6</td><td>2～3</td></tr>
<tr><td>6～10</td><td>3～4</td></tr>
<tr><td>10～18</td><td>4～5</td></tr>
<tr><td>18～30</td><td>5～7</td></tr>
<tr><td colspan="3">热塑性塑料制品的 b 值</td><td colspan="2">热塑性塑料制品的 b 值为热固性塑料制品 b 值的 75%</td></tr>
<tr><td rowspan="2">螺孔</td><td colspan="3">可成型的最小螺孔公称直径 D</td><td colspan="2">当 $L/D\leqslant 2$ 时
$D=2\sim4$mm
式中　L—螺纹长度</td><td rowspan="2"></td></tr>
<tr><td colspan="3">引导面的深度 f</td><td colspan="2">为防止螺纹崩裂，在螺纹出口处留出一段圆柱形的引导面，其深度 $f=1\sim2$ 螺距</td></tr>
</table>

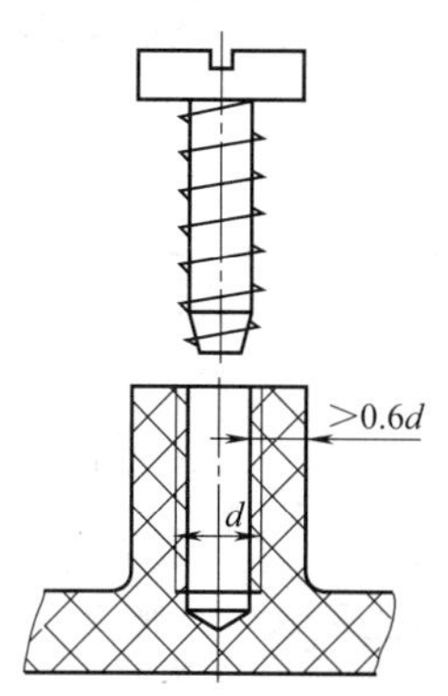

图 9-1-39　自攻螺钉孔的凸台壁厚设计

(3) 圆角、斜度与加强肋

为减少应力集中，提高机械强度以及改善物料的流动性，在制品的各内外表面的连接处都应以圆角过渡，见图 9-1-40。

为了便于塑料制品出模，须在制品内外壁的出模方向保证一定的脱模斜度。表 9-1-66 列举了几种塑料的脱模斜度供设计参考。

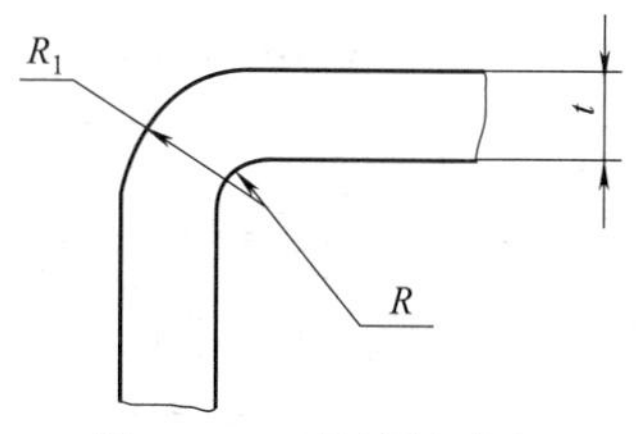

图 9-1-40　过渡圆角半径

R—内圆角半径，$R=\dfrac{t}{2}$；R_1—外圆角半径，$R_1=1\dfrac{1}{2}t$；t—壁厚

为提高壳体的强度与刚度，壳体上常设计加强肋，加强肋的截面尺寸见图 9-1-41，加强肋与肋之间的距离应大于所在壁壁厚的 2 倍（如图 9-1-42）。表 9-1-67 给出了加强肋的应用实例。

表 9-1-66　脱模斜度的推荐值

材料名称	脱模斜度		图　示
	型腔 α_1	型芯 α_2	
ABS	40′～1°20′	35′～1°	
聚碳酸酯	35′～1°	30′～50′	
聚苯乙烯	35′～1°30′	30′～1°	
聚甲醛	35′～1°30′	30′～1°	
聚酰胺(普通)	20′～40′	25′～40′	
聚酰胺(增强)	20′～50′	20′～40′	
一般热固性塑料	15′～1°	≥15′	

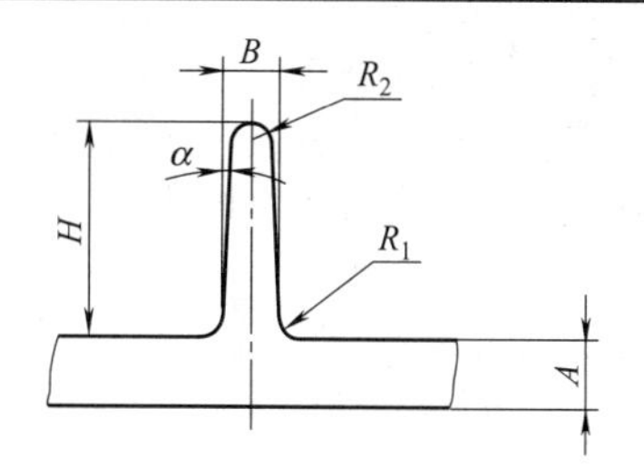

图 9-1-41　加强肋的截面尺寸

$B=(0.5\sim0.7)A$；$H\leqslant 3A$；$\alpha=2°\sim5°$

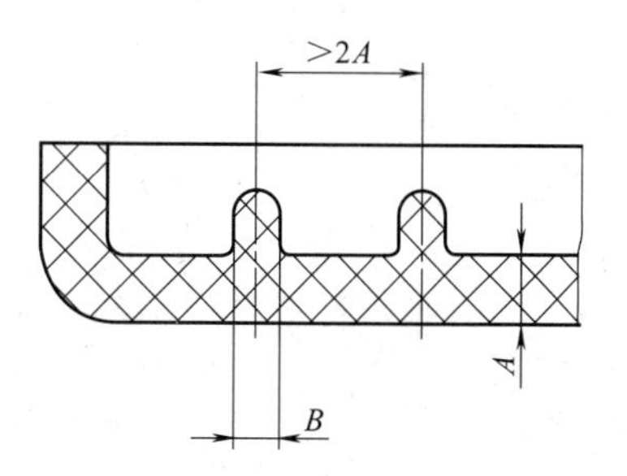

图 9-1-42　两加强肋间的最小距离

第 9 篇

表 9-1-67　　**加强肋的应用实例**

布肋位置	布肋方式		说明
在较大平面上布置加强肋	图(a) 图(c) 图(e)	图(b) 图(d) 图(f)	防止壳体的盖或底座变形翘曲[如图(a)]，在平面上布肋如图(b)～图(f)所示。但布肋时应防止材料在纵横肋相交点上堆积，图(c)的布肋比图(d)合理；图(e)合理，图(f)会产生缩孔
侧壁上的角撑肋	图(g)		可提高侧壁与边缘的刚性
高凸台上布肋	图(h)		可防止高凸台受力后变形，并可改善料的流动性，防止充填不良

（4）嵌件

塑料制品中常设有必要的嵌件（如滑动轴承、轴套、支柱及套型螺母等）。嵌件多采用后嵌入法，即在制品模塑后再装入嵌件。具体方法有：压入法、热插法以及超声波装配法等。由于塑料的线胀系数一般要比金属材料大 3～10 倍，这将影响到尺寸的稳定性以及影响配合的性质。因此，当设计带有金属嵌件的结构时，应考虑由于塑料与金属的线胀系数的差异而造成嵌件的松动、脱落，或者过盈量过大引起塑料开裂。表 9-1-68 列举了成型时嵌入的金属嵌件的结构及其在制品中的合理位置。为防止嵌件制品在冷却收缩时出现开裂破坏，应保证嵌件周围的塑料层有足够的厚度。金属嵌件周围的最小壁厚见表 9-1-69。

表 9-1-68　　**套、柱类金属嵌件的结构及其在制品中的合理位置**

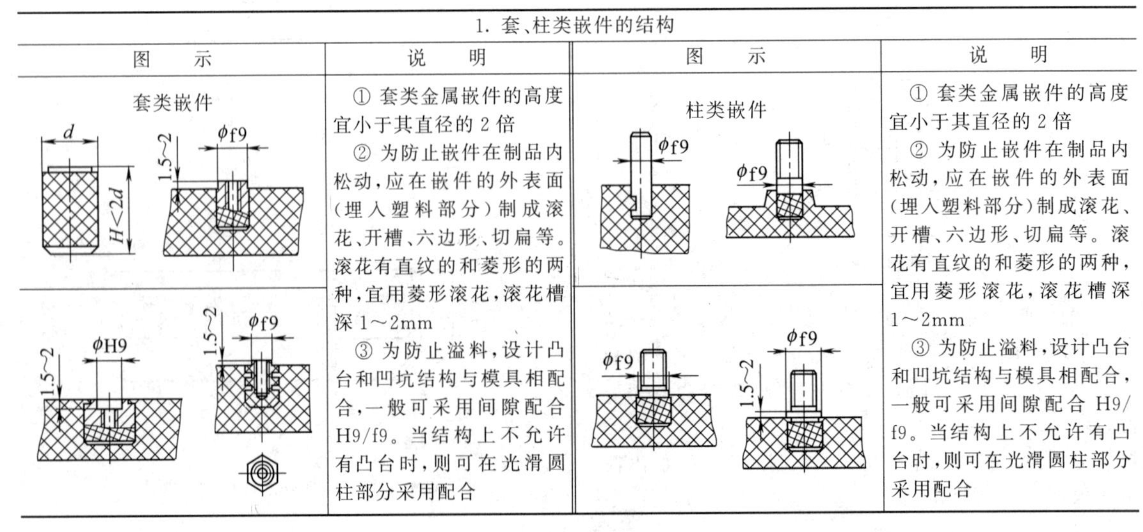

1. 套、柱类嵌件的结构			
图示	说明	图示	说明
套类嵌件	① 套类金属嵌件的高度宜小于其直径的 2 倍 ② 为防止嵌件在制品内松动，应在嵌件的外表面（埋入塑料部分）制成滚花、开槽、六边形、切扁等。滚花有直纹的和菱形的两种，宜用菱形滚花，滚花槽深 1～2mm ③ 为防止溢料，设计凸台和凹坑结构与模具相配合，一般可采用间隙配合 H9/f9。当结构上不允许有凸台时，则可在光滑圆柱部分采用配合	柱类嵌件	① 套类金属嵌件的高度宜小于其直径的 2 倍 ② 为防止嵌件在制品内松动，应在嵌件的外表面（埋入塑料部分）制成滚花、开槽、六边形、切扁等。滚花有直纹的和菱形的两种，宜用菱形滚花，滚花槽深 1～2mm ③ 为防止溢料，设计凸台和凹坑结构与模具相配合，一般可采用间隙配合 H9/f9。当结构上不允许有凸台时，则可在光滑圆柱部分采用配合

续表

2. 嵌件的合理位置			
图　　示	说　　明	图　　示	说　　明
	嵌件高度应低于型腔成型高度 0.05mm 两嵌件之间的距离不得小于 3mm		在拐角凸缘处设置嵌件时，嵌件埋入制品的深度应超过拐角的弯曲点，以减少应力集中
	凸台中的嵌件，在保证最小底厚的前提下，应伸入到凸台的底部，左图不合理，右图合理		

注：1. 尽可能选择与塑料的膨胀系数接近的金属作为嵌件的材料。
2. 为保证冷却时收缩均匀，嵌件尽可能设计成圆形或对称形状。

表 9-1-69　金属嵌件周围塑料层最小壁厚

mm

金属嵌件直径 D	嵌件周围塑料层最小厚度 C	嵌件顶部塑料层的最小厚度 H	图　　示
≤4	1.5	0.8	图中，$d=0.75D$ $a=b=0.3h(h \geqslant D)$
>4～8	2.0	1.5	
>8～12	3.0	2.0	
>12～16	4.0	2.5	
>16～25	5.0	3.0	

1.6.3.3　塑料制品的尺寸公差

塑料制品尺寸精度取决于材料的收缩率、湿度、模具制造精度和模具结构等诸因素。模塑件尺寸公差见表 9-1-70。表中 MT 为模塑件尺寸公差等级代号，公差等级分为 7 级，所给公差是分别针对图 9-1-43 和图 9-1-44 所示的两类尺寸列出的。表中只规定公差，而基本尺寸的上、下偏差可根据工程的实际需要分配。例如，公差 0.8 可分配为：$^{+0.8}_{0}$，$^{0}_{-0.8}$，±0.4，$^{+0.6}_{-0.2}$或$^{+0.3}_{-0.5}$等。

常用材料模塑件公差等级的选用见表 9-1-71。未列入表 9-1-71 的塑料模塑件选用公差等级按收缩特性值确定，具体选用方法见表 9-1-72。

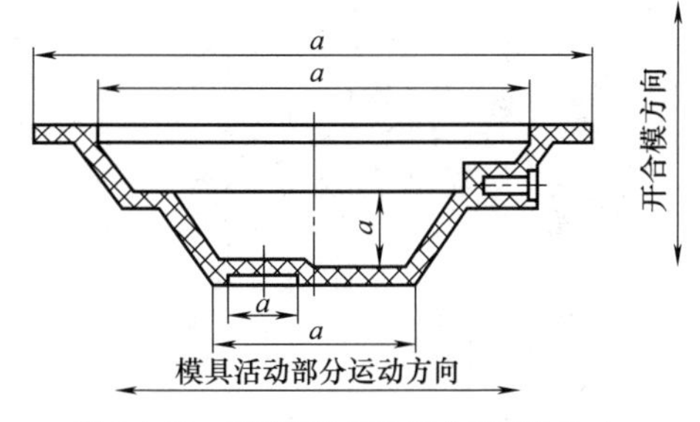

图 9-1-43　不受模具活动部分影响的尺寸 a

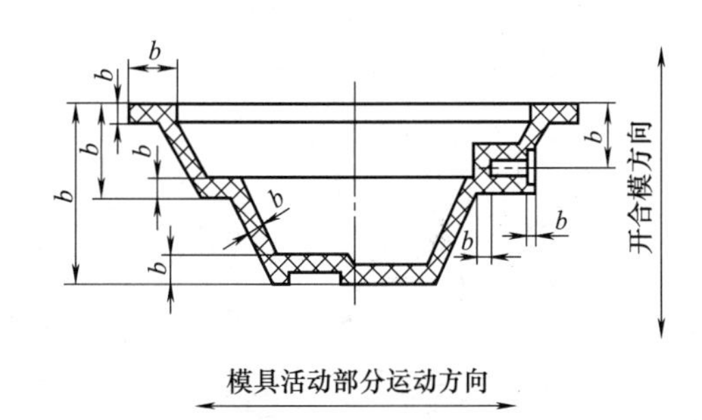

图 9-1-44　受模具活动部分影响的尺寸 b

表 9-1-70　**模塑件尺寸公差表**（GB/T 14486—2008）　mm

公差等级	公差种类	基本尺寸 >0~3	>3~6	>6~10	>10~14	>14~18	>18~24	>24~30	>30~40	>40~50	>50~65	>65~80	>80~100	>100~120	>120~140	>140~160	>160~180	>180~200	>200~225	>225~250	>250~280	>280~315	>315~355	>355~400	>400~450	>450~500
标注公差的尺寸公差值																										
MT1	a	0.07	0.08	0.09	0.10	0.11	0.12	0.14	0.16	0.18	0.20	0.23	0.26	0.29	0.32	0.36	0.40	0.44	0.48	0.52	0.56	0.60	0.64	0.70	0.78	0.86
MT1	b	0.14	0.16	0.18	0.20	0.21	0.22	0.24	0.26	0.28	0.30	0.33	0.36	0.39	0.42	0.46	0.50	0.54	0.58	0.62	0.66	0.70	0.74	0.80	0.88	0.96
MT2	a	0.10	0.12	0.14	0.16	0.18	0.20	0.22	0.24	0.26	0.30	0.34	0.38	0.42	0.46	0.50	0.54	0.60	0.66	0.72	0.76	0.84	0.92	1.00	1.10	1.20
MT2	b	0.20	0.22	0.24	0.26	0.28	0.30	0.32	0.34	0.36	0.40	0.44	0.48	0.52	0.56	0.60	0.64	0.70	0.76	0.82	0.86	0.94	1.02	1.10	1.20	1.30
MT3	a	0.12	0.14	0.16	0.18	0.20	0.22	0.26	0.30	0.34	0.40	0.46	0.52	0.58	0.64	0.70	0.78	0.86	0.92	1.00	1.10	1.20	1.30	1.44	1.60	1.74
MT3	b	0.32	0.34	0.36	0.38	0.40	0.42	0.46	0.50	0.54	0.60	0.66	0.72	0.78	0.84	0.90	0.98	1.06	1.12	1.20	1.30	1.40	1.50	1.64	1.80	1.94
MT4	a	0.16	0.18	0.20	0.24	0.28	0.32	0.36	0.42	0.48	0.56	0.64	0.72	0.82	0.92	1.02	1.12	1.24	1.36	1.48	1.62	1.80	2.00	2.20	2.40	2.60
MT4	b	0.36	0.38	0.40	0.44	0.48	0.52	0.56	0.62	0.68	0.76	0.84	0.92	1.02	1.12	1.22	1.32	1.44	1.56	1.68	1.82	2.00	2.20	2.40	2.60	2.80
MT5	a	0.20	0.24	0.28	0.32	0.38	0.44	0.50	0.56	0.64	0.74	0.86	1.00	1.14	1.28	1.44	1.60	1.76	1.92	2.10	2.30	2.50	2.80	3.10	3.50	3.90
MT5	b	0.40	0.44	0.48	0.52	0.58	0.64	0.70	0.76	0.84	0.94	1.06	1.20	1.34	1.48	1.64	1.80	1.96	2.12	2.30	2.50	2.70	3.00	3.30	3.70	4.10
MT6	a	0.26	0.32	0.38	0.46	0.52	0.60	0.70	0.80	0.94	1.10	1.28	1.48	1.72	2.00	2.20	2.40	2.60	2.90	3.20	3.50	3.90	4.30	4.80	5.30	5.90
MT6	b	0.46	0.52	0.58	0.66	0.72	0.80	0.90	1.00	1.14	1.30	1.48	1.68	1.92	2.20	2.40	2.60	2.80	3.10	3.40	3.70	4.10	4.50	5.00	5.50	6.10
MT7	a	0.38	0.46	0.56	0.66	0.76	0.86	0.98	1.12	1.32	1.54	1.80	2.10	2.40	2.70	3.00	3.30	3.70	4.10	4.50	4.90	5.40	6.00	6.70	7.40	8.20
MT7	b	0.58	0.66	0.76	0.86	0.96	1.06	1.18	1.32	1.52	1.74	2.00	2.30	2.60	2.90	3.20	3.50	3.90	4.30	4.70	5.10	5.60	6.20	6.90	7.60	8.40
未注公差的尺寸允许偏差																										
MT5	a	±0.10	±0.12	±0.14	±0.16	±0.19	±0.22	±0.25	±0.28	±0.32	±0.37	±0.43	±0.50	±0.57	±0.64	±0.72	±0.80	±0.88	±0.96	±1.05	±1.15	±1.25	±1.40	±1.55	±1.75	±1.95
MT5	b	±0.20	±0.22	±0.24	±0.26	±0.29	±0.32	±0.35	±0.38	±0.42	±0.47	±0.53	±0.60	±0.67	±0.74	±0.82	±0.90	±0.98	±1.06	±1.15	±1.25	±1.35	±1.50	±1.65	±1.85	±2.05
MT6	a	±0.13	±0.16	±0.19	±0.23	±0.2	±0.3	±0.35	±0.40	±0.47	±0.55	±0.64	±0.74	±0.86	±1.00	±1.10	±1.20	±1.30	±1.45	±1.60	±1.75	±1.90	±2.15	±2.40	±2.65	±2.95
MT6	b	±0.23	±0.26	±0.29	±0.33	±0.3	±0.40	±0.45	±0.50	±0.57	±0.65	±0.74	±0.84	±0.96	±1.10	±1.20	±1.30	±1.40	±1.55	±1.70	±1.85	±2.00	±2.25	±2.50	±2.75	±3.05
MT7	a	±0.19	±0.23	±0.28	±0.33	±0.3	±0.43	±0.49	±0.56	±0.66	±0.77	±0.90	±1.05	±1.20	±1.35	±1.50	±1.65	±1.85	±2.05	±2.25	±2.45	±2.70	±3.00	±3.35	±3.70	±4.10
MT7	b	±0.29	±0.33	±0.38	±0.43	±0.4	±0.53	±0.59	±0.66	±0.76	±0.87	±1.00	±1.15	±1.30	±1.45	±1.60	±1.75	±1.95	±2.15	±2.35	±2.55	±2.80	±3.10	±3.45	±3.80	±4.20

注：1. a 为不受模具活动部分影响的尺寸公差值，见图 9-1-43；b 为受模具活动部分影响的尺寸公差值，见图 9-1-44。

2. MT1 级为精密级，只有采用严密的工艺控制措施和高度的模具、设备、原料时才有可能选用。

表 9-1-71　　常用材料模塑件尺寸公差等级的选用（GB/T 14486—2008）

材料代号	模塑材料		公差等级		
			标注公差尺寸		未注公差尺寸
			高精度	一般精度	
ABS	(丙烯腈-丁二烯-苯乙烯)共聚物		MT2	MT3	MT5
CA	乙酸纤维素		MT3	MT4	MT6
EP	环氧树脂		MT2	MT3	MT5
PA	聚酰胺	无填料填充	MT3	MT4	MT6
		30%玻璃纤维填充	MT2	MT3	MT5
PBT	聚对苯二甲酸丁二酯	无填料填充	MT3	MT4	MT6
		30%玻璃纤维填充	MT2	MT3	MT5
PC	聚碳酸酯		MT2	MT3	MT5
PDAP	聚邻苯二甲酸二烯丙酯		MT2	MT3	MT5
PEEK	聚醚醚酮		MT2	MT3	MT5
PE-HD	高密度聚乙烯		MT4	MT5	MT7
PE-LD	低密度聚乙烯		MT5	MT6	MT7
PESU	聚醚砜		MT2	MT3	MT5
PET	聚对苯二甲酸乙二酯	无填料填充	MT3	MT4	MT6
		30%玻璃纤维填充	MT2	MT3	MT5
PF	苯酚-甲醛树脂	无机填料填充	MT2	MT3	MT5
		有机填料填充	MT3	MT4	MT6
PMMA	聚甲基丙烯酸甲酯		MT2	MT3	MT5
POM	聚甲醛	≤150mm	MT3	MT4	MT6
		>150mm	MT4	MT5	MT7
PP	聚丙烯	无填料填充	MT4	MT5	MT7
		30%无机填料填充	MT2	MT3	MT5
PPE	聚苯醚;聚亚苯醚		MT2	MT3	MT5
PPS	聚苯硫醚		MT2	MT3	MT5
PS	聚苯乙烯		MT2	MT3	MT5
PSU	聚砜		MT2	MT3	MT5
PUR-P	热塑性聚氨酯		MT4	MT5	MT7
PVC-P	软质聚氯乙烯		MT5	MT6	MT7
PVC-U	未增塑聚氯乙烯		MT2	MT3	MT5
SAN	(丙烯腈-苯乙烯)共聚物		MT2	MT3	MT5
UF	脲-甲醛树脂	无机填料填充	MT2	MT3	MT5
		有机填料填充	MT3	MT4	MT6
UP	不饱和聚酯	30%玻璃纤维填充	MT2	MT3	MT5

表 9-1-72　　模塑材料收缩特性值和选用的公差等级（GB/T 14486—2008）

收缩特性值 $\overline{S}_V$/%	公差等级			收缩特性值 $\overline{S}_V$/%	公差等级		
	标注公差尺寸		未注公差尺寸		标注公差尺寸		未注公差尺寸
	高精度	一般精度			高精度	一般精度	
>0～1	MT2	MT3	MT5	>2～3	MT4	MT5	MT7
>1～2	MT3	MT4	MT6	>3	MT5	MT6	MT7

第2章　机架的设计与计算

2.1 框架式及梁柱式机架的设计与常规计算

2.1.1 轧钢机机架的结构设计与常规计算

2.1.1.1 轧钢机机架的结构设计

轧钢机机架是由上、下横梁和左右两立柱组成（牌坊）的框架式机架（图9-2-1）。其结构形式主要有整体式和组合式两种。轧制过程中，金属作用于轧辊的全部压力和水平方向的张力、铸锭或板坯的惯性冲击以及轧辊平衡装置所产生的作用力，最后都由机架所承受。机架的强度、刚度、精度对轧机的生产率、可靠性和产品质量有重要影响。如机架受力后产生的变形，将直接影响到板材或带材的轧制精度。因此在设计时既要满足强度要求，又要保证足够的刚度。

整体式机架如图9-2-2所示，属于闭框式机架，多为整体铸钢结构，也有的采用钢板焊接结构。整体机架的强度与刚度较高，制造精度容易保证，多用于初轧机、板轧机等。整体式机架按其过渡角部位的形状可分为小圆弧形、多边形、矩形和大圆弧形等。

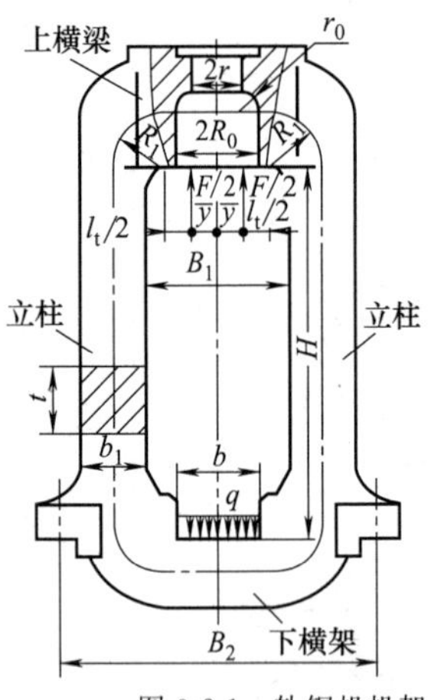

图9-2-1　轧钢机机架

组合式机架（开式机架）的上盖可以拆卸，以便于更换轧辊，多用于中小型轧机及线材轧机。根据上盖与立柱的连接方式不同，组合式机架有如图9-2-3所示的几种结构形式。螺栓连接的结构［图9-2-3（a）］较为简单，但因螺栓较长，截面不可能太大，因此工作时变形较大，一般用于小型轧机。立销-斜楔连接的结构，换辊比较方便，不需要人工扳动螺母［图9-2-3（b）］。套环-斜楔连接的结构［图9-2-3（c）］中，取消了立柱和上盖的垂直销孔，而以套环代替了螺栓或销，套环的下端用横销铰接在立柱上。套环上端通过斜楔将上盖和立柱紧固，换辊时，拆下斜楔即可，非常方便。由于套环的截面可以增大，因此刚性比前两种好。横销-斜楔连接的结构［图9-2-3（d）］中，立柱和上盖用横销连接后，用斜楔楔紧，结构简单，刚性好。斜楔连接的结构［图9-2-3（e）］刚度较高且换辊方便，广泛用于换辊频繁的轧钢机上。

用斜楔连接的开式轧机有如下优点：

1）机盖的弹跳值小。因为在一般的开式轧机上，如立销-斜楔连接的开式机架［图9-2-3（b）］，轧钢时从机盖到机架传递压力的零件至少有三个（机盖-斜楔-立销-横销-机架），并且都比较纤细，易于变形。反之，在斜楔连接的开式机架上，只有一对紧固用的斜楔。由于连接件的数量较少，不仅使零件变形量的总值降低，并且也减少了零件接触面的数目，从而减少了接触面间的弹性间隙，这一切都归结到机盖弹跳值的降低。机盖愈稳固，上辊也愈稳固，这就保证了轧制质量不会有波动。

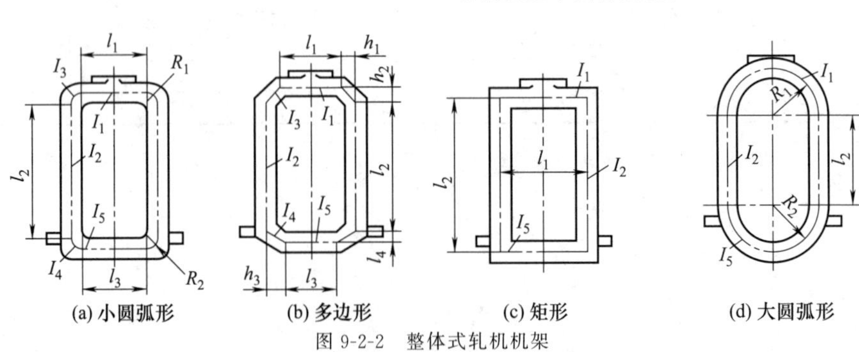

图9-2-2　整体式轧机机架

第9篇

2）连接件简单而坚固。在立销-斜楔连接的开式轧机上，其连接零件往往由于机架尺寸的限制，不能获得应有的强度，并且它们受着容易破坏零件的剪应力和拉应力，因而成为机架上的薄弱环节。但用斜楔连接的开式机架，其紧固斜楔的尺寸几乎不受限制，且承受不能造成破坏的压应力。

3）机架具有较高的强度。如立销-斜楔连接的开式机架，机盖和机架用立销来连接，它只能传递铅垂的作用力，却无力防止机架立柱在水平方向的挠曲，因此立柱的受力情况和自由挠曲的悬臂梁相似。但在斜楔连接的开式机架上，当打紧楔铁后，机架立柱端部被斜楔及机盖闩从两侧将它紧紧挤住，再无横向变形的余地。无论在中上辊间或中下辊间轧制，或立柱受到什么方向的偏心载荷，立柱总能从斜楔或机盖闩上得到支持，故这种轧机立柱上的受力情况相当于一端固定而另一端铰接的梁，从而大大降低了机架上的应变和内应力。

图 9-2-4 是 2300 型中板轧机的机架实例。

(1) 机架立柱和横梁的截面形状

机架立柱和横梁的截面形状选择见表 9-2-1。机架立柱断面的形状一般采用抗弯能力较大的长方形或工字形，由于它们的刚度较大，最好用在较宽的机架（如二辊轧机），或受水平力很大的机架上。在较宽的整体式机架上，这种断面也可以显著地减小横梁承受的弯曲力矩。在高且窄的机架（如四辊轧机）以及承受水平力不大的机架上宜采用正方形或长边较短的矩形截面。这种断面的惯性矩较小，故作用于立柱全长上的弯曲力矩变小，而且由于立柱的长度较大，因此立柱上所能节省的材料将超过横梁上稍增加的材料。

从固定滑板的方式来看，采用工字形断面较方便，这时可以用螺栓把滑板固定在翼缘上（图 9-2-5）。若采用矩形断面，则滑板必须用螺钉来固定，这需要在窗口表面加工螺孔，而加工螺孔较困难，更换滑板也较麻烦。

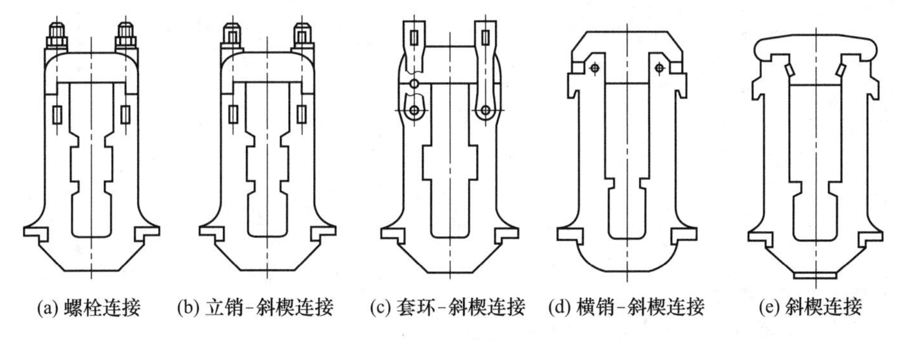

(a) 螺栓连接　(b) 立销-斜楔连接　(c) 套环-斜楔连接　(d) 横销-斜楔连接　(e) 斜楔连接

图 9-2-3　组合式轧机机架

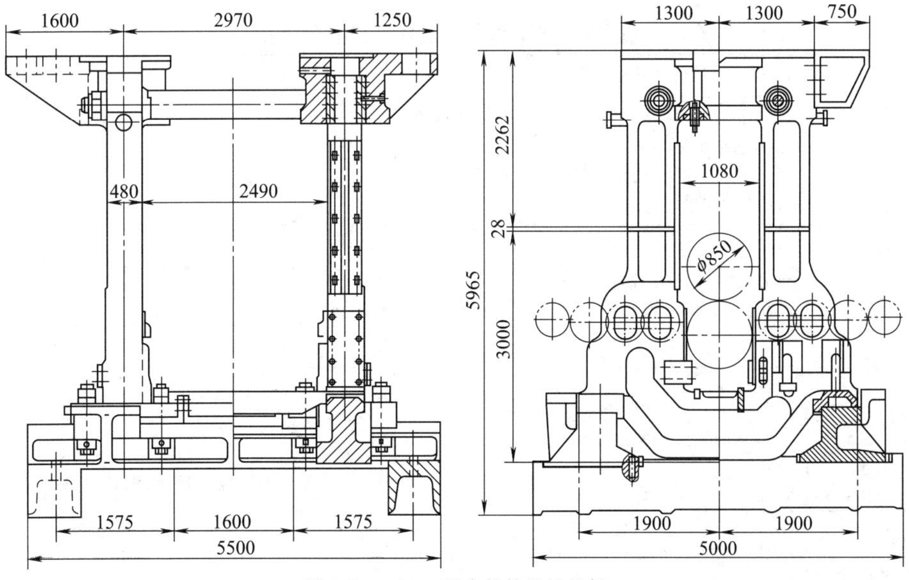

图 9-2-4　2300 型中板轧机的机架

表 9-2-1　　机架立柱和横梁的截面形状选择

截面形状	特点及应用	截面形状	特点及应用
	刚度大、省材料，但制造麻烦，多用在水平力大、宽度较大的机架。如二辊大型初轧机及板坯轧机的机架		刚度差，节省金属，用在高而窄、水平力较小的中小型机架上。如四辊轧机的机架
	刚度较大，制造容易，表面易加工，但费材料，常用在刚度与强度均要求高的大型板坯及二辊带钢连轧机上		实际生产中很少采用，仅用在一些成批生产制造的中小型连轧机上

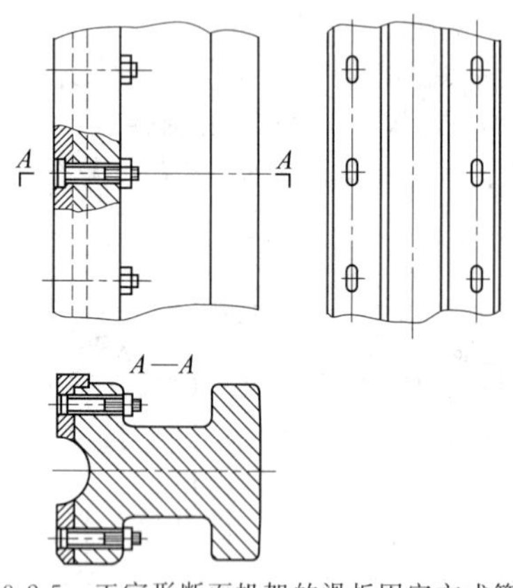

图 9-2-5　工字形断面机架的滑板固定方式简图

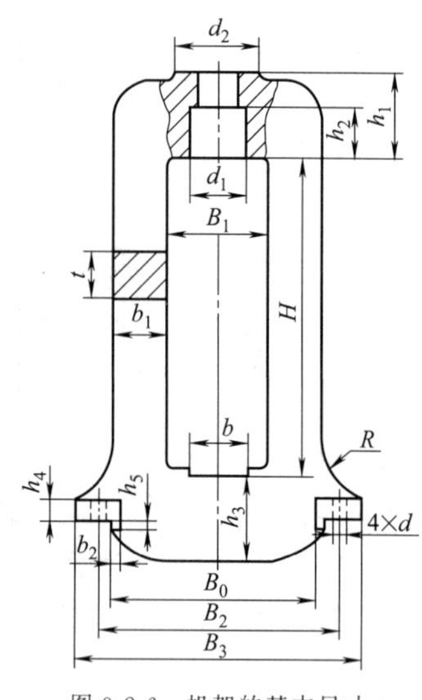

图 9-2-6　机架的基本尺寸

（2）机架基本尺寸的确定

机架基本尺寸，主要指其大小以及立柱和上下横梁的截面尺寸等。基本尺寸的确定见表 9-2-2（参照图 9-2-6）。现有轧钢机机架的基本尺寸见表 9-2-3。

表 9-2-2　　轧钢机机架基本尺寸及安装尺寸的确定

计算项目	影响因素	经验公式
窗口高度 H	轧辊直径，轴承座高度，轧机最大开口度和压下螺丝最小伸出量，安全或测压元件及液压缸的高度。闭式机架中，还要满足换辊时所要求的尺寸	①$H=a+d+2S+h+\delta$ ②对于普通四辊轧机，H 值可控制在以下范围： $H=(2.6\sim3.5)(D_1+D_2)$
窗口宽度 B_1	开式机架：轧辊轴承座宽度 闭式机架：轧辊的最大直径	①$B_1=C_1+2C_2$ ②对于普通四辊轧机窗口宽度应控制在： $B_1=(1.15\sim1.30)D_2$ ③对于闭式机架，非传动侧窗口应比传动侧宽 0.005～0.01m
立柱截面积 A	机架的强度和刚度条件	对于铸铁轧辊：$A=(0.6\sim0.8)d^2$ 对于铸钢轧辊：开坯机 $A=(0.65\sim0.8)d^2$ 一般轧机 $A=(0.8\sim1.0)d^2$ 对于合金钢轧辊：四辊轧机 $A=(1.0\sim1.2)d^2$
机架与轨座连接螺栓孔间距 B_2	轧辊辊身直径和窗口的宽度	$B_2=(2.5\sim3)D$ 式中　D——二辊轧机中为轧辊辊身直径，四辊轧机中为支承辊辊身直径，m

续表

计算项目	影响因素	经验公式
机架和轨座连接螺栓直径 d'_1	机架承受的倾翻力矩	$d'_1=0.1D+(5\sim10)\text{mm}$
轨座到地基的地脚螺栓直径 d'_2	机架承受的倾翻力矩	轧辊直径<500mm; $d'_2=0.1D+10\text{mm}$ 轧辊直径>500mm; $d'_2=0.08D+10\text{mm}$
轨座高度 h'_1	机架下横梁的位置和截面的高度尺寸	$h'_1=0.5D$
轨座底面积 A_1	轧辊的全部重量和对基础的作用力	按基础的单位承压许可值为 1.5～2.0MPa 确定
表中一些符号所代表的意义	a——轧辊、上下辊（三辊轧机）支承辊（四辊轧机）中心距，m d——轧辊辊颈，支承辊辊颈（四辊轧机）直径，m S——轴承和轴承座在高度方向径向厚度之和，m h——上轧辊调整距离，m δ——考虑压下螺钉伸出机架的余量，安放测压元件或液压压下时，液压缸的尺寸，m C_1——支承辊轴承座宽度，m C_2——窗口滑板厚度一般取 $C_2=0.02\sim0.04$，m D_1——工作辊辊身直径，m D_2——支承辊辊身直径，m	

表 9-2-3　　部分现有轧机机架的基本尺寸

轧机规格	机架尺寸/mm																		每片机架上的作用力/kN
	B_1	B_1	B_2	B_3	b_1	b_2	t	h_1	h_2	h_3	h_4	h_5	H	b	d_1	d_2	R	d	
800×250/750	1750	800	2050	2340	405	80	300	540	350	700	1500	60	2800	600	400	705	400	75	2000
1000×400/1000	2400	1230	2900	3300	600	100	450	950	560	1000	250	80	3775	900	550	1400	900	110	—
1200×550/1100	2720	1290	3200	3700	715	60	680	1160	720	1100	230	100	5120	800	720	1400	1300	125	8000
1400×210×1250	3000	1550	3560	4120	710	180	630	1400	700	1120	400	250	4600	800	690	1400	1250	115	12500
1700×650/1200	2540	1400	3000	3440	600	100	680	1200	700	1100	300	100	4850	900	700	1400	1200	125	8500
1700×610/1525	3340	1695	3700	4000	815	180	700	1294		1280	400	600	6841	1380	—	—	250	133	12500
2000×700/1250	3000	1480	3460	3900	680	90	680	1100	700	1100	280	70	6250	1000	760	1400	800	125	9000
2350×750/1300	3300	1550	3840	4200	815	100	700	1200	720	1250	300	100	5400	1300	720	1400	1000	125	10000
2350×1100(二辊式)	2740	1400	3300	3850	730	120	660	1300	650	1250	320	120	3900	800	780	1440	700	160	10000
2800×650/1400	3260	1600	3800	4200	800	120	810	1400	800	1300	300	95	5650	3100	900	1850	650	195	10000
4200×980/1800	6000	2300	6800	7400	1000	300	800	1800	1100	1900	400	500	7940	1600	1000	2000	—	200	21000

（3）机架的尺寸公差、几何公差和表面粗糙度

为保证轧钢机的正常工作，轧制出合格的轧件，对机架的一些部位有较高的要求，如：机架窗口两侧面的平行度；两侧面和窗口底面及机架顶面，机架基脚平面及机架内外侧面的垂直度；压下螺母安装孔中心线和窗口底平面的垂直度等。要注意窗口转角处，压下螺母安装孔底部转角处的圆角半径和表面粗糙度的标注，以避免降低其疲劳强度。机架各加工表面的表面粗糙度，Ra 一般为 3.2～12.5μm。尺寸公差及几何公差的推荐值见表 9-2-4（对照图 9-2-7）。典型四辊轧机机架的几何公差及尺寸公差标注见图 9-2-8。

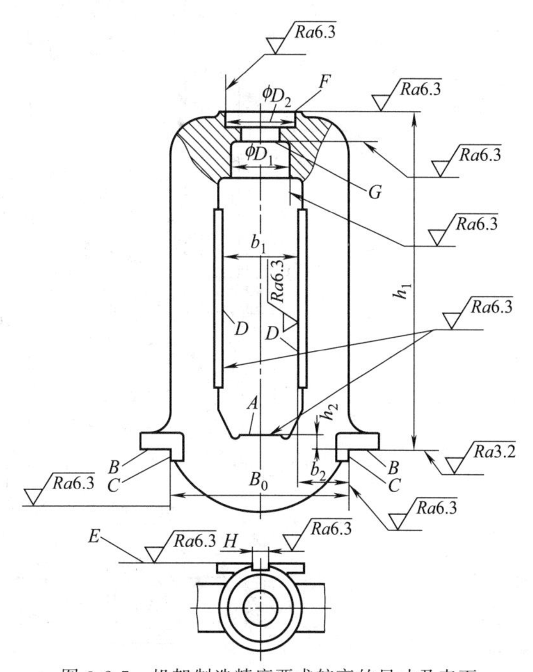

图 9-2-7　机架制造精度要求较高的尺寸及表面

2.1.1.2　轧钢机机架强度和刚度计算

（1）轧钢机机架的外载荷计算

1）机架所承受的垂直力 F 的确定　轧机工作时，机架所承受的力 F 和轧辊轴颈所受的力大小相等，方向相反。

① 对于初轧机和型钢轧机（图 9-2-9）。

表 9-2-4　　**机架的尺寸公差及形位公差推荐值**

项目		推荐的公差等级或公差值
尺寸公差	压下螺母的配合孔径 ϕD_1	8～9 级
	压下蜗轮箱的配合孔径 ϕD_2	8～9 级
	机架在轧座上安装的基准尺寸 B_0	0.1～0.2mm
	轧辊轴承座导向面间的尺寸 b_1	8～9 级(用于中小规格轧机) 11 级(用于大型轧机)
	机架窗口相对于尺寸 B_0 的定位尺寸 b_2	0.03～0.10mm
	保证压下装置装配后与机架安装底面平行的重要尺寸 h_1	0.4～1.0mm
	窗口底面相对于安装底面的定位尺寸 h_2	0.03～0.10mm
形位公差 平面度	B 面	6～8 级
	C 面	7～9 级
	D 面	6、8 级
几何公差 垂直度	C 面对 B 面	0.05～0.20mm
	两 D 面对 A 面	0.08～0.15mm/m
	G 面对 ϕD_1 轴线	0.05～0.10mm/m
	F 面对 ϕD_1 轴线	0.08～0.15mm/m
	E 面对 F 面	0.08～0.10mm/m
几何公差 同轴度	ϕD_2 对 ϕD_1	0.15～0.40mm
几何公差 平行度	两 C 面	0.05～0.10mm/m
	两 D 面	0.05～0.10mm/m(在全长上不大于窗口公差之半)
	A 面对 B 面	0.05～0.10mm/m
几何公差 对称度	两 D 面的对称平面相对于两 C 面的对称平面	0.10～0.20mm
	孔 ϕD_1 轴线相对于两 D 面对称平面	0.2～0.8mm
几何公差 位置度	两 B 面的相互位置度	0.05～0.10mm
	键槽 H 相对于孔 ϕD_1 轴线	0.05～0.10mm

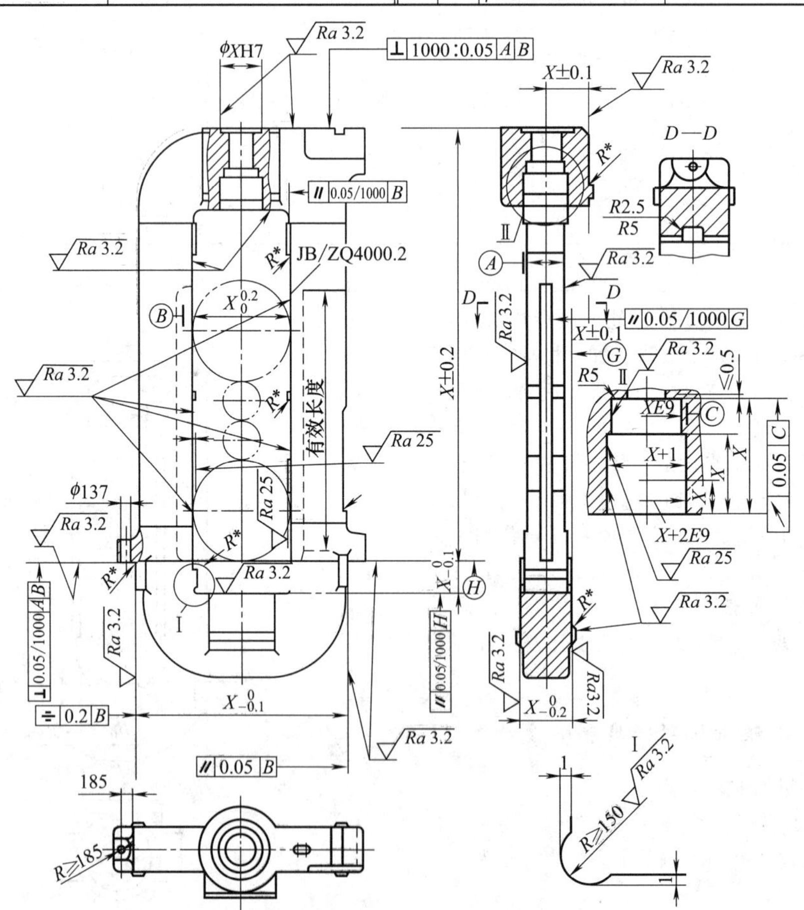

图 9-2-8　四辊轧机机架形位公差和尺寸公差

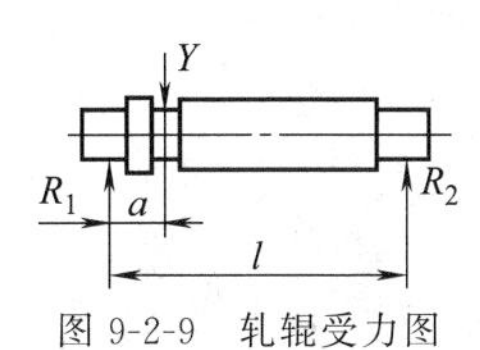

图 9-2-9　轧辊受力图

$$F=R_1=\left(1-\frac{a}{l}\right)Y$$

式中　R_1——轧辊颈上所受的力，N；

Y——最大轧制力，N；

a——最大轧制力所在的位置距机架支承中心线间的距离，m；

l——两机架支承中心线间的距离，m。

② 对于板轧机、带钢轧机等。两机架受力相等。

$$F=R_1=R_2=\frac{Y}{2}$$

2）机座的倾覆力矩计算　轧制过程中，作用于机座上的倾覆力矩 M_q 通常由三个部分组成：

$$M_q=M_{q1}+M_{q2}+M_{q3}$$

式中　M_{q1}——由传动装置（电动机或相邻机座）加于机座上的倾覆力矩，N·m；

M_{q2}——作用于轧件上的水平外力所产生的倾覆力矩，N·m；

M_{q3}——轧件运动不均匀时产生的惯性力所引起的倾覆力矩，N·m。

① 力矩 M_{q1} 的计算。

a. 二辊轧机。图 9-2-10（a），M_1 及 M_2 为传动装置传给轧辊的力矩，M_1' 和 M_2' 为相邻机座传给轧辊的反力矩（如横列式轧机上）。如果设顺时针方向为正，则

$$M_{q1}=M_1-M_2-M_1'+M_2'$$

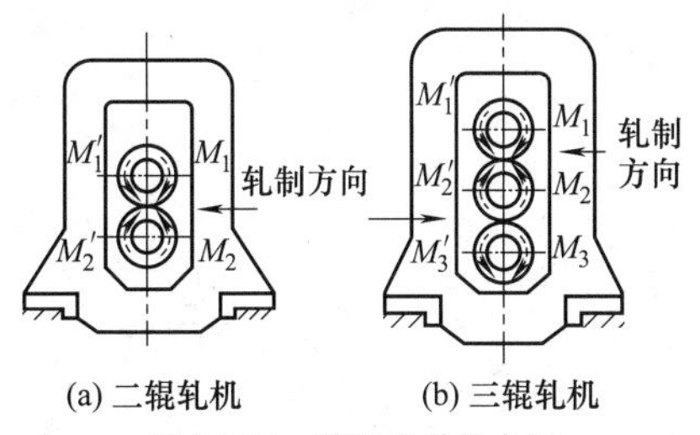

图 9-2-10　轧辊承受的力矩

如果只在一部轧机上进行轧制，则

$$M_{q1}=M_1-M_2$$

在正常轧制时，$M_1=M_2$，则 $M_{q1}=0$。

当一个传动轴折断或单辊传动（如二辊叠轧薄板轧机中，下轧辊主动，上轧辊靠轧件带动）中，M_{q1} 的数值为最大，即

$$M_{q1\max}=M_K$$

式中　M_K——总轧制力矩，N·m。

b. 三辊轧机。如图 9-2-10（b），M_{q1} 可以由下两式求得：

$$M_{q1}=M_1-M_2+M_3-M_1'+M_2'-M_3'$$

$$M_K=M_1+M_2+M_3$$

在单机轧制时，则

$$M_{q1}=M_1-M_2+M_3$$

单机轧制最危险的情况是中间轴折断或传动中辊的传动系统中产生了瞬时传动间隙以及中辊从动时（如三辊劳特轧机中辊不传动）等情况，此时 $M_2=0$，则 M_{q1} 的值很大

$$M_{q1}=M_1+M_3=M_K$$

② 力矩 M_{q2} 的计算。M_{q2} 是由作用于机座上的水平力 R 所引起的，如图 9-2-11 所示。水平力是由于在连轧机及冷轧机中前后张力的差值；自动轧管机和周期式轧管机中穿孔机顶杆的作用力；轧制线上如辊道、推床、翻钢机及盖板等对轧件偶然产生的阻力等因素引起的。

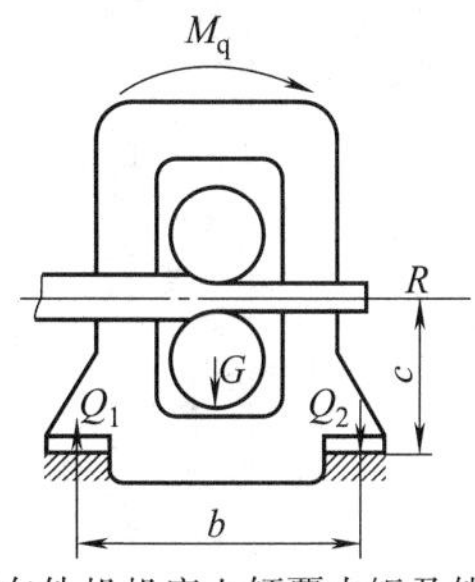

图 9-2-11　作用在轧机机座上倾覆力矩及轨座支反力示意图

$$M_{q2}=Rc$$

式中　R——作用于轧件上的水平力，N；

c——水平力作用线到机座上平面的距离，m。

外力 R 可根据所产生的原因确定，其最大值可按下式确定

$$R_{\max}=\frac{2M_K}{D}\text{则}$$

$$M_{q2\max}=\frac{2M_K}{D}c$$

式中　D——轧辊直径，m。

③ 力矩 M_{q3} 的确定。力矩 M_{q3} 是由轧件的惯性力 R' 所产生的惯性倾覆力矩，在可逆式轧机和除连续式轧机以外的所有轧机中。由于轧件咬入时运动速度的变化等原因产生惯性力。

$$M_{q3}=R'c=\frac{Q}{g}ac$$

式中　Q——轧件的质量，kg；

g——重力加速度，9.8m/s^2；

a——轧件的加速度，m/s^2；

c——轧制中心线到机座上平面的距离，m。

3）机架支座及力计算　从图 9-2-11 中可知，机架下面轨座的最大压力 Q_2 为

$$Q_2=\frac{M_{qmax}}{b}+\frac{G}{2}$$

地脚螺栓所受的最大拉力 Q_1 为

$$Q_1=\frac{M_{qmax}}{b}-\frac{G}{2}$$

为保证机架和轨座之间保证接触，地脚螺栓的预紧力必须大于 Q_1，其预紧力 F_y 为

$$F_y=(1.2\sim1.4)Q_1$$

每一个地脚螺栓的预紧力

$$Q'=\frac{F_y}{n}=\frac{(1.2\sim1.4)Q_1}{n}$$

以上各式中　b——两轨座间地脚螺栓中心线之间的距离，m；

G——轧机的重量，N；

n——一侧地脚螺栓的数量。

（2）轧钢机闭式机架强度和刚度计算

为了简化计算，作以下假设：第一，机架只承受轧制力的作用，不承受倾翻力矩和水平力的作用；第二，用均匀载荷（小圆弧及多边形框架）和垂直力 F（圆弧及直角形框架）作用于下横梁处。详见表 9-2-5 中的计算简图。第三，视机架为一封闭弹性框架，该框架由依次连接各截面的形心构成，上、下横梁和立柱交界处是刚性的；第四，机架的变形属于平面变形。

1）闭式机架的强度和变形计算分别见表 9-2-5 和表 9-2-6。

表 9-2-5　**机架的静强度计算**

机架结构形式	计算项目	计算公式	简图
小圆弧形机架	作用在立柱上的弯矩 M_2	$M_2=\dfrac{F}{\dfrac{l_1-l_t}{2I_1}+\dfrac{\pi}{2}\left(\dfrac{R_1}{I_3}+\dfrac{R_2}{I_4}\right)+\dfrac{l_2}{I_2}+\dfrac{l_3-b}{2I_7}+\dfrac{b}{2I_5}+\dfrac{l_t}{2I_6}}\times\left[\dfrac{1}{4I_1}\left(\dfrac{l_t}{2}+R_1\right)(l_1-l_t)+\dfrac{l_t}{4I_6}\left(R_1+\dfrac{l_t}{4}\right)+\dfrac{\pi-2}{4}\left(\dfrac{R_1^2}{I_3}+\dfrac{R_2^2}{I_4}\right)+\dfrac{1}{16I_7}(l_3-b)(4R_2+l_3-b)+\dfrac{b^2}{48I_5}\left(12\dfrac{R_2}{b}+6\dfrac{l_3}{b}-4\right)\right]$	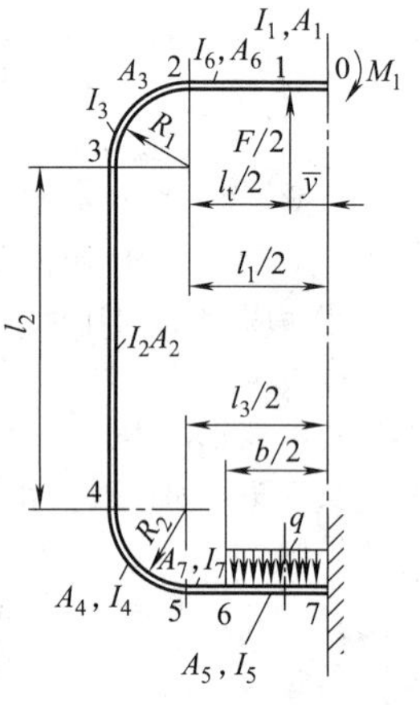
	作用在上下横梁中部的弯矩 M_1	$M_1=\dfrac{F}{2}\left(\dfrac{l_t}{2}+R_1\right)-M_2$ $M_3=\dfrac{F}{2}\left(\dfrac{l_3}{2}+R_2\right)-M_2$	
多边形机架	作用在立柱上的弯矩 M_2	$M_2=\dfrac{F}{\dfrac{l_1-l_t}{2I_1}+\dfrac{\sqrt{h_1^2+h_2^2}}{I_3}+\dfrac{\sqrt{h_3^2+h_4^2}}{I_4}+\dfrac{l_2}{I_2}+\dfrac{l_3-b}{2I_7}+\dfrac{b}{2I_5}+\dfrac{l_t}{2I_6}}\times\left[\dfrac{1}{4I_1}\left(\dfrac{l_t}{2}+h_1\right)(l_1-l_t)+\dfrac{l_t}{4I_6}\left(h_1+\dfrac{l_t}{4}\right)+\dfrac{h_1\sqrt{h_1^2+h_2^2}}{4I_3}+\dfrac{h_3\sqrt{h_3^2+h_4^2}}{4I_4}+\dfrac{1}{16I_7}(l_3-b)\times(4h_3+l_3-b)+\dfrac{b^2}{48I_5}\left(12\dfrac{h_3}{b}+6\dfrac{l_3}{b}-4\right)\right]$	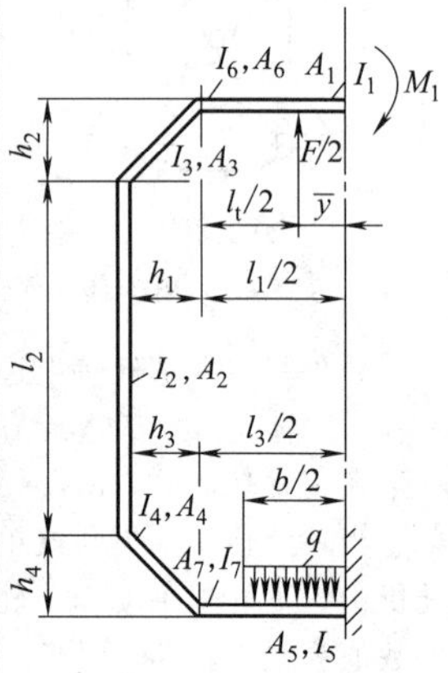
	作用在横梁中部的弯矩 M_1	$M_1=\dfrac{F}{2}\left(\dfrac{l_t}{2}+h_1\right)-M_2$	

续表

机架结构形式	计算项目	计算公式	简图
直角形框架	梁的弯矩 M_1 及 M_3	$M_2=\frac{Fl_1^2}{8}\times\frac{I_2}{l_1I_4+\frac{2l_2}{I_2}}$ 式中　$I_4=\frac{1}{I_1}+\frac{1}{I_3}$ $M_1=\frac{Fl_1}{4}-M_2$ $M_3=\frac{Fl_1}{4}-M_2$	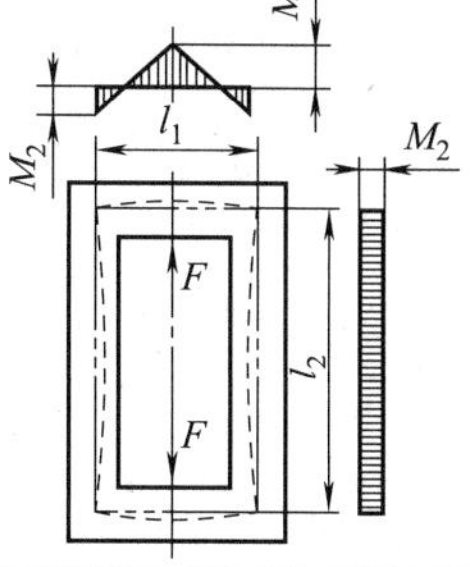
圆弧形框架	作用于立柱上的弯矩 M_2 作用于上、下横梁的弯矩 M_1 及 M_3	$M_2=Fr\frac{\frac{\pi}{2}-1}{\pi+\frac{2l_2}{rI_2I_4}}$ 式中　$I_4=\frac{1}{I_1}+\frac{1}{I_3}$ $M_3=M_1=\frac{Fr}{2}-M_2$ l_1,l_2,l_3——上横梁、立柱、下横梁直线部分长度 I_1,I_2,I_3——上横梁、立柱、下横梁以及上、下横梁小圆角处的惯性矩	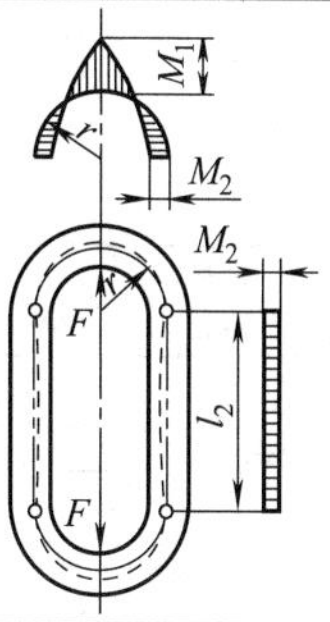
以上各种形式应力计算	上横梁中间截面最大弯曲应力 σ_1	$\sigma_1=\frac{M_1}{W_1}\leqslant[\sigma]$	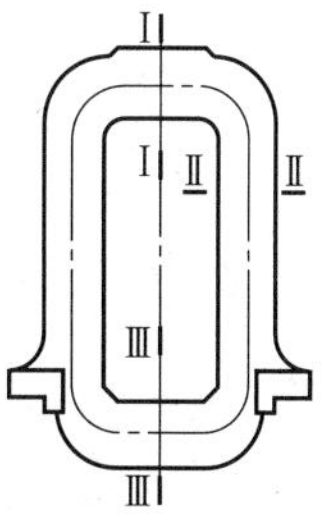
	下横梁中间截面最大弯曲应力 σ_3	$\sigma_3=\frac{M_1}{W_3}\leqslant[\sigma]$	
	立柱横截面最大拉应力 σ_2	$\sigma_2=\frac{F}{2A_2}+\frac{M_2}{W_2}\leqslant[\sigma]$	
	曲梁危险截面Ⅰ—Ⅰ内、外层的应力 $\sigma_{\varphi\text{Ⅰ}}$ 及 $\sigma'_{\varphi\text{Ⅰ}}$	$\sigma_{\varphi\text{Ⅰ}}=-\frac{\frac{Fr'_0}{2}-M_2}{W'_1}\leqslant[\sigma]$ $\sigma'_{\varphi\text{Ⅰ}}=-\frac{\frac{Fr'_0}{2}-M_2}{W'_2}\leqslant[\sigma]$ $r'_0=\frac{R'_2-R'_1}{\ln\frac{R'_2}{R'_1}}$为曲梁中性层半径	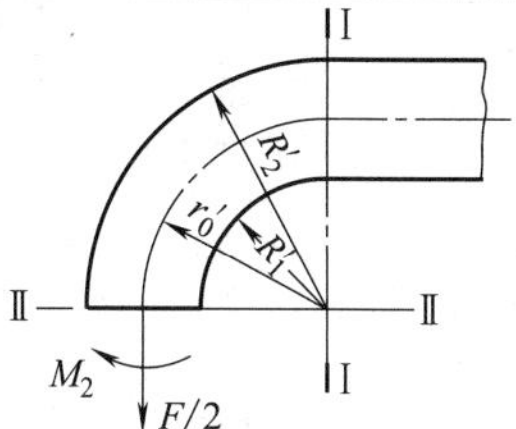 图(a) 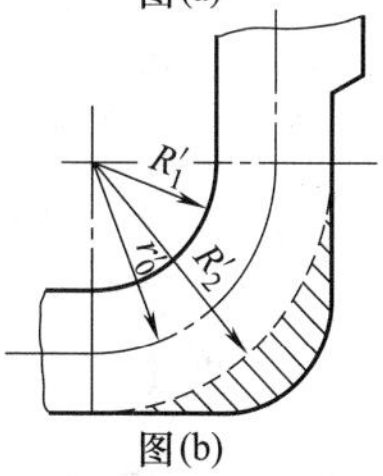
	曲梁危险截面Ⅱ—Ⅱ内、外层的应力 $\sigma_{\varphi\text{Ⅱ}}$ 及 $\sigma'_{\varphi\text{Ⅱ}}$	$\sigma_{\varphi\text{Ⅱ}}=\frac{M_2}{W'_1}+\frac{F}{2A}\leqslant[\sigma]$ $\sigma'_{\varphi\text{Ⅱ}}=-\frac{M_2}{W'_2}+\frac{F}{2A}\leqslant[\sigma]$	图(b) 当立柱与梁交接处不是正规曲梁形状，可按图中所示方法画出近似的曲梁，并找出曲梁内、外圆半径。而图(b)中阴影部分的金属在计算中可以不考虑

续表

机架结构形式	计算项目	计算公式	简图
说明	许用应力	机架的许用应力 ①当机架材料为ZG270-500钢时 对于小规格的轧机机架，横梁：$[\sigma]=50\sim70\text{MPa}$，立柱：$[\sigma]=30\sim40\text{MPa}$ 对于大规格的轧机机架，横梁：$[\sigma]=30\sim50\text{MPa}$，立柱：$[\sigma]=20\sim30\text{MPa}$ ②为了防止轧机超载荷时损伤机架，机架的许用应力还应满足：轧辊由于超载荷而发生断裂，机架不产生塑性变形这一条件，即 $[\sigma]'\leqslant\dfrac{F_J\sigma_s cK'_\sigma}{0.167\sigma'_b d^3}\times10^5$ σ'_b——轧辊材料的抗拉强度；K'_σ——有效应力集中系数；σ_s——机架材料的屈服强度；d——辊颈直径；F_J——机架的计算载荷	
	符号意义	$I_1\sim I_7$——机架各段截面惯性矩；$l_1=l_t-2\overline{y}$；$\overline{y}$—集中力 $F/2$ 的等效力臂，$\overline{y}=\dfrac{4}{3\pi}\left(\dfrac{R^3-r^3}{R^2-r^2}\right)$；$R=R_0-r_0$；$R_0$—安装压下螺母的孔半径；$r_0$—安装压下螺母的孔的孔底过渡圆角半径； W_1、W_2、W_3——分别为机架上横梁中部、立柱和下横梁中部的截面系数； W'_1、W'_2——曲梁内、外层的折算截面系数：$W'_1=A'(R_p-r'_0)R'_1/(r'_0-R'_1)$ $W'_2=A'(R_p-r'_0)R'_2/(R'_2-r'_0)$； R_p——曲梁的平均半径：$R_p=(R'_1+R'_2)/2$	

表 9-2-6　**机架的挠度计算**

机架结构形式	计算项目		计算公式
小圆弧形机架（参见表9-2-5中图）	机架在垂直方向的挠度（$f_z=f_1+f_2+f_3$）	弯矩在上下横梁中部所引起的变形 f_1	$f_1=\dfrac{(0.18FR_1-0.57M_2)R_1^2}{EI_3}+\dfrac{El_t}{4EI_6}\left[R_1\left(R_1+\dfrac{l_t}{2}\right)+\dfrac{l_t^2}{12}\right]-\dfrac{M_2I_t}{2EI_6}\times\left(R_1+\dfrac{l_t}{4}\right)+\dfrac{1}{EI_1}(l_1-l_t)\left(R_1+\dfrac{l_1+l_t}{4}\right)\left[\dfrac{F}{4}\left(R_1+\dfrac{l_t}{2}\right)-\dfrac{M_2}{2}\right]+\dfrac{(0.18FR_2-0.57M_2)R_2^2}{EI_4}+\dfrac{F(l_3-b)}{4EI_7}\left[R_2\left(R_2+\dfrac{l_3-b}{2}\right)+\dfrac{(l_3-b)^2}{12}\right]-\dfrac{M_2}{2EI_7}(l_3-b)\left(R_2+\dfrac{l_3-b}{4}\right)+\dfrac{1}{EI_5}\left\{Fb/4\left[\left(R_2+\dfrac{l_3-b}{2}\right)\times\left(R_2+\dfrac{l_3}{2}-\dfrac{b}{12}\right)+\dfrac{5b^2}{96}\right]-\dfrac{M_2b}{2}\left(R_2+\dfrac{l_3}{2}-\dfrac{b}{4}\right)\right\}$
		剪力在上下横梁上引起的变形 f_2	$f_2=\dfrac{kF}{8G}\left[\dfrac{\pi R_1}{A_3}+\dfrac{2l_t}{A_6}+\dfrac{\pi R_2}{A_4}+\dfrac{2(l_3-b)}{A_7}+\dfrac{b}{A_5}\right]$
		纵向力引起的变形 f_3	$f_3=\dfrac{F}{8E}\left[\pi\left(\dfrac{R_1}{A_3}+\dfrac{R_2}{A_4}\right)+\dfrac{4l_2}{A_2}\right]$
	机架在水平方向的总挠度 f_s	$f_s=2f_4$	$f_s=2f_4=\dfrac{M_2l_0^2}{4EI_2}$ 式中　f_4——立柱中点挠度 $l_0=l_2+0.5(R_1+R_2)$
直角形框架（参见表9-2-5中图）	机架在垂直方向上的总挠度 $f=f_1+f_2+f_3$	立柱变形 f_1	$f_1=\dfrac{Fl_2}{2EA_2}$
		上横梁在弯矩、剪力作用下引起的变形 f_2	$f_2=\dfrac{Fl_1^2}{48EI_1}-\dfrac{M_2l_1^2}{8EI_1}+\dfrac{K_1Fl_1}{4GA_1}$ K_1——上横梁截面形状系数，$K_1=1.2$
		下横梁在弯矩、剪力作用下引起的变形 f_3	$f_3=\dfrac{Fl_3^2}{48EI_3}-\dfrac{M_2l_3^2}{8EI_3}+\dfrac{K_3Fl_3}{4GA_3}$ K_3——下横梁截面形状系数，矩形截面 $K_3=1.2$
	机架在水平方向上的总挠度 $f_s=2f_4$	立柱中点的水平变形 f_4	$f_4=\dfrac{M_1l_1^2}{8EI_2}$ f_s 应小于轧辊轴承座和立柱之间的间隙
圆弧形机架	机架在垂直方向上的总挠度 $f=f_1+f_2+f_3$	立柱变形 f_1	$f_1=\dfrac{Fl_2}{2EA_2}$
		上横梁在弯矩、剪力、垂直力作用下的变形 f_2	$f_2=\dfrac{Fr_1^3}{EI_1}\left(\dfrac{3\pi}{8}-1\right)-\dfrac{M_2r_1^2}{EI_1}\left(\dfrac{\pi}{2}-1\right)+\dfrac{K_1Fr_1\pi}{8GA_1}+\dfrac{Fr_1\pi}{8EA_1}$ r_1——上横梁中性轴半径

续表

机架结构形式	计算项目		计算公式
圆弧形机架	机架在垂直方向上的总挠度 $f=f_1+f_2+f_3$	下横梁在弯矩、剪力、垂直力作用下的变形 f_3	如果机架上、下横梁圆弧半径相同，惯性矩相同，则 $f_2=f_3$ 如果 $r_1 \neq r_3$ 或 $I_1 \neq I_3$ 可将 r_2 及 I_3 代替 r_1 和 I_1 代入上式 f_2 的计算公式可得 f_3 的值
	机架在水平方向的总挠度 $f_s=2f_4$	立柱中点的水平方向变形 f_4	$f_4=\frac{M_2 l_0^2}{8EI_2}$　$l_0=l_2+0.5(r_1+r_3)$ f_s 应小于轧辊轴承座和立柱间的间隙
多边形机架（参见表 9-2-5 中图）	机架在垂直方向的总挠度 $f_z=f_1+f_2+f_3$	弯矩所引起的变形 f_1	$f_1=\frac{1}{6E}\left(\frac{Fh_1^2}{I_3}\sqrt{h_1^2+h_2^2}+\frac{Fh_3^2}{I_4}\sqrt{h_3^2+h_4^2}-\frac{3M_2h_1}{I_3}\sqrt{h_1^2+h_2^2}+\frac{3M_2h_3}{I_4}\sqrt{h_3^2+h_4^2}\right)+$ $\frac{Fl_t}{4EI_6}\left[h_1\left(h_1+\frac{l_t}{2}\right)+\frac{l_t^2}{12}\right]-\frac{M_2l_t}{2EI_6}\left(h_1+\frac{l_t}{4}\right)+\frac{1}{EI_1}(l_1-l_t)$ $\left(h_1+\frac{l_1+l_t}{4}\right)\times\left[\frac{F}{4}\left(h_1+\frac{l_t}{2}\right)-\frac{M_2}{2}\right]+\frac{F(l_3-b)}{4EI_7}$ $\left[h_3\left(h_3+\frac{l_3-b}{2}\right)+\frac{(l_3-b)^2}{12}\right]-\frac{M_2}{2EI_7}(l_3-b)\left(h_3+\frac{l_3-b}{4}\right)+$ $\frac{1}{EI_5}\left\{\frac{Fb}{4}\left[\left(h_3+\frac{l_3-b}{2}\right)\left(h_3+\frac{l_3}{2}-\frac{b}{12}\right)+\frac{5b^2}{96}\right]-\right.$ $\left.\frac{M_2b}{2}\left(h_3+\frac{l_3}{2}-\frac{b}{4}\right)\right\}$
		剪力所引起的变形 f_2	$f_2=\frac{kF}{4G}\left[\frac{2h_1^2}{A_3\sqrt{h_1^2+h_2^2}}+\frac{2h_3^2}{A_4\sqrt{h_2^2+h_4^2}}+\frac{l_t}{A_6}+\frac{l_3-b}{A_7}+\frac{b}{2A_5}\right]$
		纵向力所引起的变形 f_3	$f_3=\frac{F}{2E}\left[\frac{l_2}{A_2}+\frac{h_2^2}{A_3\sqrt{h_1^2+h_2^2}}+\frac{h_4^2}{A_4\sqrt{h_3^2+h_4^2}}\right]$
	机架水平方向的总挠度 f_s	$f_s=2f_4$	$f_s=2f_4=\frac{M_2l_0^2}{4EI_2}$ 式中　f_4——立柱中点挠度 $l_0=l_2+0.5(h_2+h_4)$
说　明			①在小圆弧形机架计算式中，令 $R_1=R_2=0$，$l_1=l_3$，便可得到承受相应均布载荷工况的直角形机架的变形 ②$A_1 \sim A_7$ 是机架各段截面面积；E、G 分别是机架材料的弹性模量和切变模量

2）闭式机架在水平外力作用下的强度计算。在实际生产中，由于轧件的惯性力，前后张力的作用以及轧制线上某些机构对轧件的阻力都会使轧件在轧制方向上产生水平外力 R，这不仅会使机座有倾覆的趋势，同时 R 力也会通过轧辊和轴承座作用到机架立柱上，对机架的强度和变形产生一定影响。

以二辊钢板轧机为例，将水平力 R 用四个相等的力 X_1 代替，其机架受力后其弯矩图和变形如图 9-2-12 所示，上横梁对左右立柱产生静不定力 X 及静不定力矩 M_1 及 M_2。

可假设横梁和立柱相交处变形后其相对角位移为零，采用材料力学中求转角的方法（图乘法）可求得静不定力矩 M_1 和 M_2

$$\left.\begin{aligned} M_1&=\frac{Xl_2}{2}-\frac{X_1}{2l_2}(c_1^2+c_2^2)\\ M_2&=\frac{Xl_2}{2}\end{aligned}\right\}$$

由左、右立柱上部和上横梁水平方向的挠度之间的关系及它们和静不定力 X 及已知力 X_1 及 M_1、M_2 之间的关系可求出 X

$$X=\frac{X_1\left[c_1^2\left(\frac{l_2}{2}+\frac{c_1}{3}\right)+c_2^2\left(\frac{l_2}{2}+\frac{c_2}{3}\right)\right]}{\frac{1}{3}l_2^3+2l_2\frac{I_2}{A_1}}$$

式中　A_1——上横梁的截面积；

I_2——立柱的惯性矩，其余各参数参见图 9-2-12。

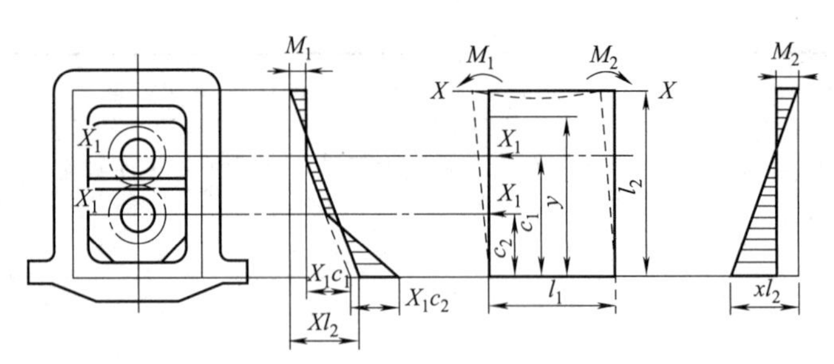

(a) 机架及上下轴承座配合示意图　(b) 左立柱中的弯矩图　(c) 在水平外力作用下机架变形　(d) 右立柱中的弯矩图

图 9-2-12　在水平外力作用下闭式机架中所产生的弯矩及变形

水平力 X 求出后，就可根据公式计算 M_1 及 M_2，可根据 M_1，M_2 和 X 绘制出弯矩图及轴向力图和表 9-2-5 中的对应的弯矩图和轴向力图进行叠加，就可以求出考虑到水平外力作用下的闭式机架的总弯矩和总轴向力图，直角形框架如图 9-2-13 所示（F 为机架所受的垂直力）。然后可根据表 9-2-5 中的公式进行强度校核。

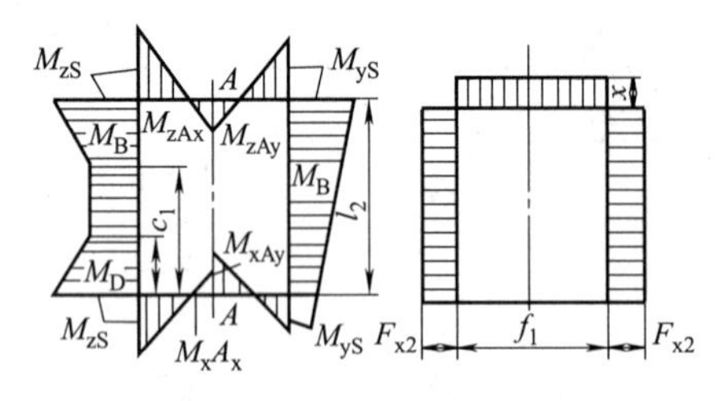

(a) 总弯矩图　(b) 总轴向力图

图 9-2-13　在水平外力作用下的闭式机架的总弯矩和总轴向力

3）用图解法对形状复杂的闭式机架进行强度计算。对于某些形状复杂的闭式机架，由于立柱和横梁的各个截面的惯性矩是变化的，各截面的形心连线并不是前面公式所介绍的规则的框架形状，采用图解法计算可得到较为准确的计算结果。根据机架结构和载荷的对称性，取机架的一半如图 9-2-14（a）所示。其静不定力矩和载荷分别为 M_1 和 $F/2$，则机架中任意计算截面的弯矩值 M_x 为

$$M_x=\frac{F}{2}y-M_1$$

式中　y——$\frac{F}{2}$到计算截面力臂。

而静不定力矩 M_1 可由半个机架的弹性变形位能求出，得

$$M_1=\frac{\int\frac{F}{2}y\frac{\mathrm{d}x}{I_x}}{\int\frac{\mathrm{d}x}{I_x}}$$

由于上式中 I_x 和 y 无法用 x 的函数表示，所以采用图解法将机架分成一些长度为 Δx 的小段，对某一段 Δx 来说，I_x 和 y 可认为是常数，则上式积分可用有限面积之和替代，则

$$M_1=\frac{\sum\frac{F}{2}y\frac{\Delta x}{I_x}}{\sum\frac{\Delta x}{I_x}}$$

式中　y——$\frac{F}{2}$到该小段 Δx 中性层长度中点的力臂。

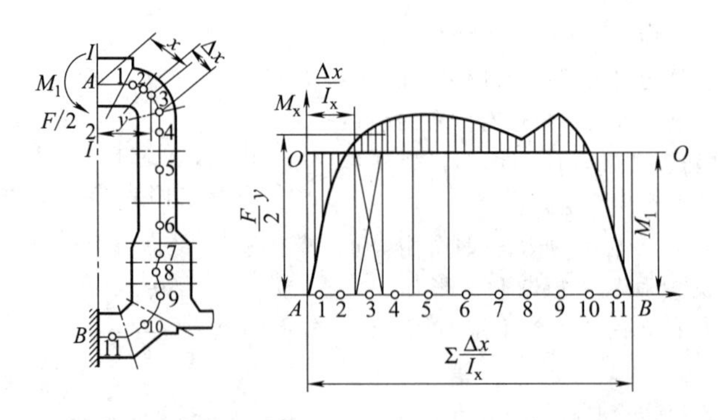

(a) 机架切开后的受力和分割图　(b) 机架图解弯矩图

图 9-2-14　用图解法求静不定力矩的计算简图

上面式中的 M_1 及 M_x 可由图解法求出，如图 9-2-14（b）所示，其方法如下：以 $\frac{\Delta x}{I_x}$ 为横坐标，$\frac{F}{2}y$ 为纵坐标建立坐标系，分别求出各区段的 $\frac{\Delta x}{I_x}$ 及 $\frac{F}{2}y$ 的值；根据每一组数据在坐标系中求得一点。然后把各点连接成光滑曲线 AB，AB 与横轴包容的面积即为 $\sum\frac{F}{2}y\frac{\Delta x}{I_x}$，而曲线 AB 的纵坐标平均值即为 M_1，根据公式 $M_x=\frac{F}{2}y-M_1$，则机架任意截面上的弯矩值 M_x 应为图中的阴影部分。将横坐标移至 O—O 处，曲线 AB 在新坐标中的纵坐标值即为 M_x 的值。求出 M_x 值以后，可根据表 9-2-5 中公式进行计算。

4）机架的疲劳强度计算。机架的疲劳强度是根据机架的各部分疲劳安全系数确定，如表 9-2-7 所示。

表 9-2-7　机架各部分疲劳安全系数的确定

计算项目	计算公式	推荐的疲劳安全系数许用值
横梁疲劳安全系数	$S=\dfrac{\sigma_{rb}}{\dfrac{\sigma}{2}\left(1+\dfrac{K_\sigma}{\varepsilon_{1\sigma}\varepsilon_{2\sigma}}\right)}\geqslant S_p$	$S_p=1.5\sim2.0$
立柱疲劳安全系数	$S=\dfrac{\sigma_{r2}}{\dfrac{\sigma}{2}\left(1+\dfrac{K_\sigma}{\varepsilon_{1\sigma}\varepsilon_{2\sigma}}\right)}\geqslant S_p$	$S_p=1.5\sim2.0$
立柱和横梁交汇处疲劳安全系数	$S=\dfrac{\sigma_{rb}+\sigma_{r2}}{\sigma\left(1+\dfrac{K_\sigma}{\varepsilon_{1\sigma}\varepsilon_{2\sigma}}\right)}\geqslant S_p$	$S_p=1.5\sim2.0$
符号意义	σ——所在部位危险截面的应力值(Pa) σ_{rb}——机架材料在脉动循环载荷作用下的弯曲疲劳极限；推荐 $\sigma_{rb}=0.64\sigma_b$，对于 ZG 270-500 钢 $\sigma_{rb}=320$MPa σ_{r2}——机架材料在脉动循环载荷作用下的拉伸疲劳极限，推荐 $\sigma_{r2}=0.7\sigma_{rb}$，对于 ZG 270-500 钢 $\sigma_{r2}=224$MPa K_σ——有效应力集中系数，和机架各部分形状和过渡情况有关，在安装压下螺母的上横梁中部。$K_\sigma=2.0\sim2.5$；横梁和立柱相接处，按一般方法计算应力时，取 $K_\sigma=3-4$，按曲梁计算应力时，取 $K_\sigma=1.0\sim1.2$ $\varepsilon_{1\sigma}$——表面状况系数，机架表面多属非加工表面或粗加工表面，取 $\varepsilon_{1\sigma}=0.6\sim0.8$ $\varepsilon_{2\sigma}$——尺寸因素影响系数，对大、中型轧机 $\varepsilon_{2\sigma}=0.6\sim0.7$；对小型轧机 $\varepsilon_{2\sigma}=0.8\sim0.9$		

（3）二辊开式机架的强度计算

在轧制过程中，设轧辊上受有垂直力 F，当力 F 作用在下横梁时，机架立柱的上部显然会向机架窗口的内侧变形，通常机盖带有外止口，立柱的上端带有内止口，所以机盖将不阻碍立柱向内变形。当立柱向机架内侧弯折变形后，将夹紧上辊轴承座（轴承座与机架窗口间一般采用转动配合）。如图 9-2-15 所示，作用在下横梁中的弯曲力矩为

$$M_1=\frac{Fx}{2}-Tc \tag{9-2-1}$$

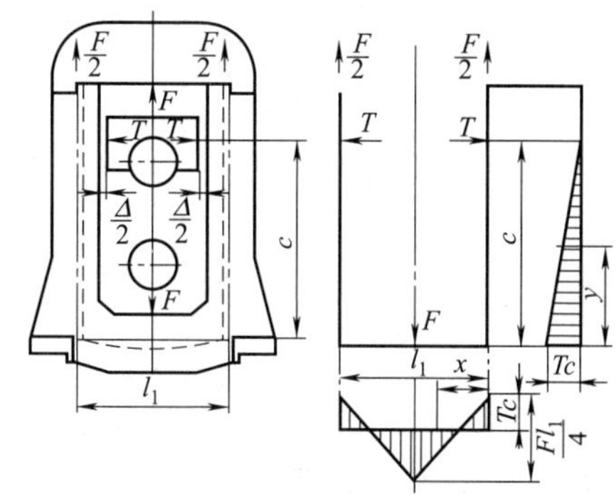

图 9-2-15　作用在二辊开式机架上的力及弯矩

其最大弯曲力矩将发生在下横梁的中间，即当 $x=\frac{l_1}{2}$ 时。

机架立柱将同时在拉伸及弯曲下工作，立柱中的弯曲力矩为

$$M_2=T(c-y) \tag{9-2-2}$$

总的最大应力显然在立柱中的内表面上，并等于

$$\sigma_{max2}=\frac{M_2}{W_2}+\frac{F}{2A_2} \tag{9-2-3}$$

力 T 可根据两个立柱在力 T 作用点的弯曲变形 f 等于轴承座和机架立柱间的空隙 Δ 这一条件来决定，即

$$2f=\Delta$$

根据“面矩法”的规则，得到

$$\Delta=\frac{1}{EI_1}\left(\frac{Fl_1^2c}{8}-Tc^2l_1\right)-\frac{2Tc^3}{3EI_2}$$

解上述方程式，得

$$T=\frac{\dfrac{Fl_1^2}{8}-\dfrac{\Delta EI_1}{c}}{c\left(l_1+\dfrac{2cI_1}{3I_2}\right)} \tag{9-2-4}$$

式中　T——立柱向内变形时轴承座作用于立柱上的反作用力；

F——作用于一片机架上的轧制压力；

Δ——轴承座和机架立柱间的空隙；

l_1——下横梁长度，按立柱中性轴线间的距离计算；

I_1，I_2——下横梁与立柱的惯性矩。

若按式（9-2-4）计算所得的力 T 是负值，也就是 $f<\frac{\Delta}{2}$，即实际上"T"力不存在。但考虑到轴承座和机架立柱间的空隙是固定不变的，所以机架的立柱应该按力 T 为最大的条件，即 $\Delta=0$ 来计算。相反，机架横梁则应按 $T=0$ 的条件来计算。

（4）斜楔连接的三辊开式机架的强度计算

用斜楔连接的开式轧机［图9-2-3（e）］，即所谓半闭口式轧机，其机架和机盖的连接方式与一般开式轧机不同，在轧制时机架的受力情况与封闭式轧机接近，从而大大地降低了机架中的应力，提高了机架的强度。这种结构的机架既缩减了机架的断面尺寸和质量，还能承受较大的轧制压力。

用斜楔连接的开式轧机的作用力随着轧件在中上辊间轧制或中下辊间轧制而有所不同，应分别进行计算。这里只介绍在中上辊间轧制时，机架的受力分析如图9-2-16所示。

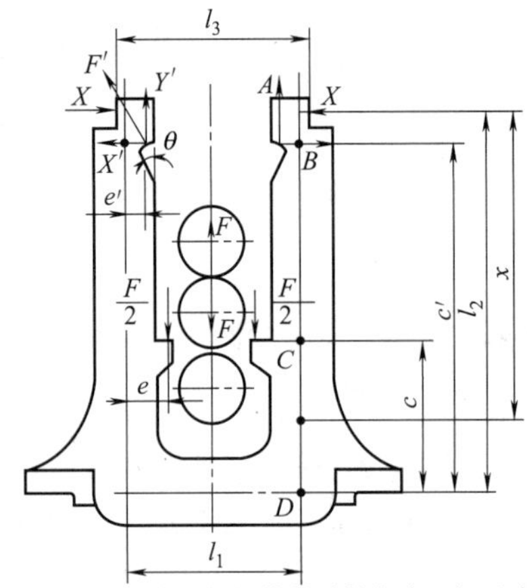

图9-2-16 中上辊间轧制时斜楔式三辊开式机架的受力情况

图中符号意义如下：

F——作用于一片牌坊上的轧制力；

X——机盖闩的反作用力；由于机盖闩与机架接触面的倾斜度甚小，故机盖闩的反作用力的铅垂分力可略去不计，而把它视作水平分力；

Y'——斜楔作用力 F' 的铅垂分力，$Y'=F/2$；

X'——力 F' 的水平分力，$X'=Y'\tan\theta=mY'$；

θ——斜楔倾斜角。

机架的变形可根据"面矩法"的规则求得。设立柱上 A 点处的总变形为 f（指一个立柱），则

$$f=f_1+f_2 \tag{9-2-5}$$

式中 f_1——在外载作用下，因机架下横梁的挠曲致使立柱侧倾而产生的变形；

f_2——在外载作用下，主柱本身因挠曲所产生的变形。

作用于下横梁全长上的弯矩不变，并等于外加力矩 M_D，如图9-2-17所示。

$$M_D=Xl_2+\frac{F}{2}(e-e')-X'c' \tag{9-2-6}$$

在外载 M_D 的作用下，机架下横梁因挠曲致使立柱侧倾而产生的变形为

$$f_1=\theta_D l_2=\frac{1}{EI_1}\left[\frac{X}{2}l_1l_2^2+\frac{F}{4}(e-e')l_1l_2-\frac{X'}{2}c'l_1l_2\right] \tag{9-2-7}$$

根据立柱上的作用力（图9-2-16），立柱本身因挠曲所产生的变形为

$$f_2=\frac{1}{EI_2}\left[\frac{1}{3}Xl_2^3+\frac{1}{2}Fec\left(l_2-\frac{c}{2}\right)-\frac{1}{2}X'c'^2\left(l_2-\frac{c'}{3}\right)-\frac{1}{2}Fe'c'\left(l_2-\frac{c'}{2}\right)\right] \tag{9-2-8}$$

上述公式中"负号"的意义是表示挠度由内向外来量度。

若已知机架立柱与机盖闩间的空隙，则

$$-2f=\Delta+\Delta l=\Delta+\frac{Xl_3}{EA_3} \tag{9-2-9}$$

式中 Δ——立柱和机盖闩间原始间隙的两倍；

Δl——机盖的拉伸变形。

在这种用斜楔紧固的轧机上，立柱被斜楔和机盖楔紧后，虽不存在间隙，但在打紧斜楔以前，机盖闩和立柱端部之间总是存在着配合间隙 Δ 的。只是打紧了斜楔后，立柱端因挠曲而抵在机盖闩上，间隙才消失。因此，应当考虑到这时即使不在轧钢，立柱端上已存在着原始的挠度，并且在机架内部产生初应力。

待轧钢时，斜楔以 F' 力作用在立柱端上，它除了维持原始挠度以外，并使立柱以 X 力推挤机盖闩，使机盖产生拉伸变形 Δl，立柱端也相应地向外挠曲，故机架立柱的总变形为 $f=\Delta+\Delta l$。

将式（9-2-7）及式（9-2-8）代入式（9-2-5），并和式（9-2-9）联立，即可解得

$$X=\frac{\frac{F}{I_1}\left\{\frac{I_1}{I_2}\left[c'e'\left(l_2-\frac{c'}{2}\right)-ce\left(l_2-\frac{c}{2}\right)+\frac{mc'^2}{2}\left(l_2-\frac{c'}{3}\right)\right]+\frac{l_1l_2}{2}(e'-e+c'm)\right\}-E\Delta}{\frac{l_3}{A_3}+\frac{l_2l_2^2}{I_1}+\frac{2}{3}\times\frac{l_2^3}{I_2}} \tag{9-2-10}$$

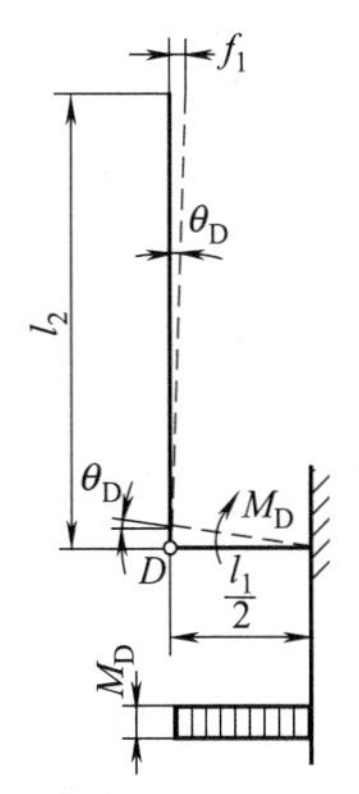

图 9-2-17　下横梁受力变形图及弯矩图

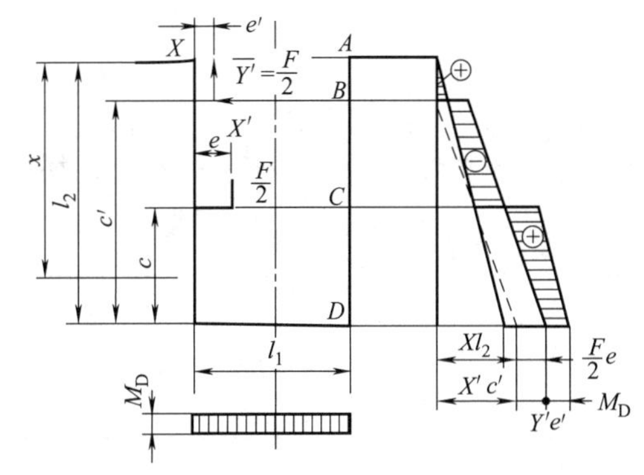

图 9-2-18　中上辊间轧制时作用于机架上的弯矩分布

这种轧机在中上辊间轧制时，作用于机架上的弯矩分布如图 9-2-18 所示。

立柱上的危险断面不外乎 B、C、D 等点。B 点由于存在着斜楔槽，故该点可能成为机架的最危险断面。

B 截面上仅受到 X 及 Y' 两力的弯矩，其值为

$$M_B = X(l_2 - c') - \frac{F}{2}e'$$

故 B 截面上弯和拉的合成应力为

$$\sigma_B = \frac{M_B}{W_B} + \frac{F}{2A_B} \leqslant R_b$$

式中　A_B——B 点的横截面积；

W_B——B 点的断面系数。

立柱上其他各点的弯矩，可按上述普遍式求得

$$M_x = Xx + \frac{F}{2}(e - e') - X'(x + c' - l_2) \tag{9-2-11}$$

式中　M_x——立柱上距端部 A 点为 x 处的任一截面上的弯矩。

(5) 计算实例

例 1　图 9-2-19 为 1200×550/1100 四辊热轧机机架结构。要求对该机架进行刚度、强度校核。机架材料为 ZG270-500 钢，轧机的最大轧制力为 16000kN，每片机架上的作用力为 8000kN。

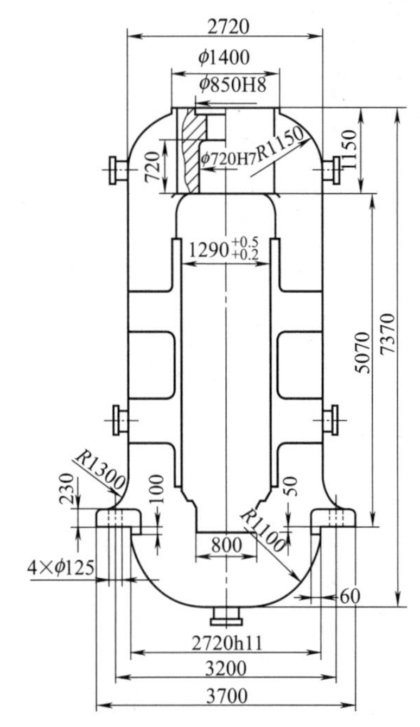

图 9-2-19　1200×550/1100 四辊热轧机机架结构

解　1）绘制机架计算简图

① 将机架简化为封闭框架。由于该机架形状较规整，故只取 5 个截面，它们是：上、下横梁的中间截面，立柱的中间截面，上、下横梁与立柱交接处。而后分别求其形心位置和惯性矩。根据所求得的数据及机架的结构尺寸便可作机架的封闭框架图，如图 9-2-20 所示。

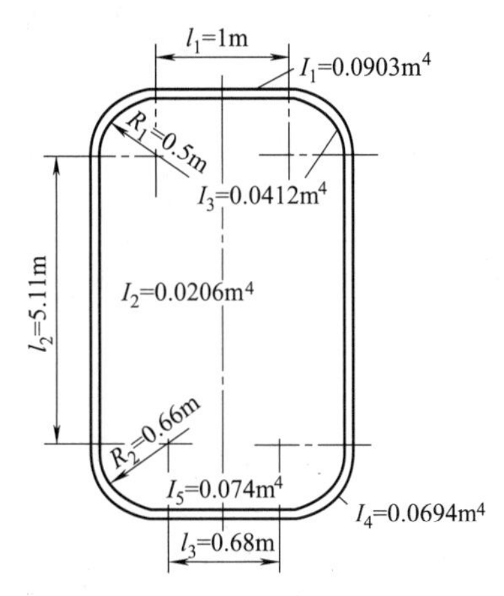

图 9-2-20　1200×550/1100 四辊热轧机机架计算简图

② 确定各段的惯性矩及上、下横梁上载荷。

惯性矩（I_i）：

上横梁中间截面 $I_1=0.0903\mathrm{m}^4$；

立柱的中间截面 $I_2=0.0206\mathrm{m}^4$；

上横梁与立柱的交接处 $I_3=0.0412\mathrm{m}^4$；

下横梁与立柱的交接处 $I_4=0.0694\mathrm{m}^4$；

下横梁中间截面 $I_5=0.074\mathrm{m}^4$；

上横梁左、右端

$$I_6=\frac{I_1+I_3}{2}=\frac{(0.0903+0.0412)}{2}\mathrm{m}^4=0.0658\mathrm{m}^4$$

下横梁左、右端

$$I_7=\frac{I_4+I_5}{2}=\frac{(0.0694+0.074)}{2}\mathrm{m}^4=0.0717\mathrm{m}^4$$

集中力 $8\times10^6\mathrm{N}$ 的等效力臂 $\overline{y}$（参照表 9-2-5 小圆弧形机架载荷图）

$$\overline{y}=\frac{4}{3\pi}\left(\frac{R^3-r^3}{R^2-r^2}\right)=\frac{4}{3\pi}\left(\frac{0.36^3-0.24^3}{0.36^2-0.24^2}\right)\mathrm{mm}=0.187\mathrm{mm}$$

尺寸 l_t 及 b

$$l_t=l_1-2\overline{y}=(1-2\times0.187)\mathrm{m}=0.626\mathrm{m}$$

$$b=0.8\mathrm{m}$$

2）机架的静强度校核

① 按表 9-2-5 中的计算公式求得各截面上的最大应力（见表 9-2-8）。

由表 9-2-8 可知，求得的各截面上最大应力均小于许用应力，故机架静强度满足要求。

② 以轧辊在断裂时机架不产生塑性变形为条件计算机架的许用应力 $[\sigma]'$

$$[\sigma]'=\frac{F_J\sigma_s cK'_\sigma}{0.167\sigma'_b d^3}=\frac{8\times10^6\times2800\times10^5\times0.47\times1.5}{0.167\times9100\times10^5\times0.6^3}\mathrm{Pa}=48\mathrm{MPa}$$

由于上式求得的 $[\sigma]'$ 值大于机架的最大应力，故轧辊在断裂时，机架无损伤。

3）机架的疲劳强度计算　按表 9-2-7 中公式，计算各截面的疲劳安全系数，并列于表 9-2-9 中，由于表中的 S 值大于许用安全系数 $[S]=1.5\sim2$，故机架疲劳强度满足要求。

表 9-2-8　1200×550/1100 轧机机架的静强度计算数据

截面位置	截面面积 A_i /m²	内边缘至形心的距离 y_i/m	截面的惯性矩 I_i /m⁴	截面系数 W_i /m³	弯矩 M_i /10^5N·m	内边缘上的应力 σ_i /MPa	外边缘上的应力 σ'_i /MPa
上横梁中间截面	0.8593	0.604	0.0903	0.165 0.1495	30.36	−20.2	18.4
立柱中间截面	0.4860	0.358	0.0202	0.051	2.04	11.8	4.64
上横梁与立柱交接处	0.6120	0.450	0.0412	0.0424 0.166	14.15	−33.4	8.53
下横梁与立柱交接处	0.7320	0.50	0.0694	0.0424 0.216	14.56	−34.4	6.75
下横梁中间截面	0.7480	0.550	0.074	0.134	30.36	−22.6	22.6

表 9-2-9　机架各截面的疲劳安全系数

截面位置	疲劳安全系数
上横梁中间截面	$S=\dfrac{3200\times10^5}{\dfrac{202\times10^5}{2}\left(1+\dfrac{2.5}{0.6\times0.6}\right)}=3.98$
立柱中间截面	$S=\dfrac{2240\times10^5}{\dfrac{118\times10^5}{2}\left(1+\dfrac{2.5}{0.6\times0.6}\right)}=6.32$
横梁与立柱交接处	$S=\dfrac{3200\times10^5+2240\times10^5}{344\times10^5\left(1+\dfrac{2.5}{0.6\times0.6}\right)}=3.64$

续表

截面位置	疲劳安全系数
装设压下螺母台阶的 $A—A$ 柱面剖切的截面	$S=\dfrac{3200\times10^5}{\dfrac{123\times10^5}{2}\left(1+\dfrac{5}{0.6\times0.6}\right)}=3.5$

注：12.3MPa 为 $A—A$ 截面的最大应力，即 $\sigma_{A-A}=\dfrac{8\times10^6\times0.075}{\dfrac{\pi\times0.72\times0.36^2}{6}}\text{Pa}=12.3\text{MPa}$；此处的应力集中系数 $K_\sigma=4.0\sim5.0$。

4）挠度计算　利用表 9-2-6 中的公式计算机架的挠度，并列于表 9-2-10 中。从表中可知，机架在垂直方向的挠度 $f_z=0.0004841\text{m}$，水平方向的挠度 $f_s=0.00039\text{m}$。对于大中型四辊热轧机，机架在垂直方向的总挠度应不大于 0.0005～0.001m。故机架满足刚度要求。由于轧机中滑板与支承辊轴承座宽度之间的最小间隙为 0.00057m，大于机架的水平挠度 $f_s=0.00039\text{m}$，从而可满足轴承座沿窗口自由移动的使用要求。

预紧力组合框架式机架的预紧及受力分析、预应力钢丝缠绕机架的设计与计算见有关资料。

表 9-2-10　1200×550/1100 轧机机架的挠度计算

1. 机架在垂直方向的挠度	弯矩引起的变形 f_1	$f_1=\dfrac{1}{2.1\times10^{11}}\left\{\dfrac{(0.18\times8\times10^6\times0.5-0.57\times2.04\times10^5)\times0.5^2}{0.0412}+\dfrac{8\times10^6\times0.626}{4\times0.658}\left[0.5\left(0.5+\dfrac{0.625}{2}\right)+\dfrac{0.625^2}{12}\right]-\dfrac{2.04\times10^5\times0.626}{2\times0.0658}\left(0.5+\dfrac{0.626}{4}\right)+\dfrac{1}{0.0903}(1-0.626)\left(0.5+\dfrac{1+0.626}{4}\right)\left[\dfrac{8\times10^6}{4}\left(0.5+\dfrac{0.626}{2}\right)-\dfrac{2.04\times10^5}{2}\right]+\dfrac{(0.18\times8\times10^5\times0.66-0.57\times2.04\times10^5)}{0.0694}\times0.66^2+\dfrac{8\times10^6(0.68-0.8)}{4\times0.0717}\times\left[0.66\left(0.66+\dfrac{0.68-0.8}{2}\right)+\dfrac{(0.68-0.8)^2}{12}\right]-\dfrac{2.04\times10^5}{2\times0.0717}(0.68-0.8)\times\left(0.66+\dfrac{0.68-0.8}{4}\right)+\dfrac{8\times10^5\times0.8}{4\times0.074}\left[\left(0.66+\dfrac{0.68-0.8}{2}\right)\left(0.66+\dfrac{0.68}{2}-\dfrac{0.8}{12}\right)+\dfrac{5\times0.8^2}{96}\right]-\dfrac{2.04\times10^5\times0.8}{2\times0.074}\left(0.66+\dfrac{0.68}{2}-\dfrac{0.8}{4}\right)\right\}\text{m}=0.000132\text{m}$
	剪力引起的变形 f_2	$f_2=\dfrac{1.2\times8\times10^6}{8\times0.75\times10^{11}}\left[\dfrac{\pi\times0.5}{0.612}+\dfrac{2\times0.626}{0.7357}+\dfrac{\pi\times0.66}{0.732}+\dfrac{2(0.68-0.8)}{0.74}+\dfrac{0.8}{0.748}\right]\text{m}$ $=0.0001261\text{m}$
	纵向力引起的变形 f_3	$f_3=\dfrac{8\times10^6}{8\times2.1\times10^{11}}\left[\pi\left(\dfrac{0.5}{0.612}+\dfrac{0.66}{0.732}\right)+\dfrac{4\times5.11}{0.486}\right]\text{m}$ $=0.000228\text{m}$
	垂直方向的总变形 $f_z=f_1+f_2+f_3$	$f_z=(0.000132+0.0001261+0.000228)\text{m}=0.0004841\text{m}$
2. 机架在水平方向的挠度		$f_s=\dfrac{2.04\times10^5\times5.67^2}{4\times2.1\times10^{11}\times0.0202}\text{m}=0.00039\text{m}$

2.1.2　液压机机架的结构与设计计算

2.1.2.1　液压机机架的结构

液压机机架包括梁柱组合式机架、C形单柱开式机架和框架式机架、预应力钢丝缠绕机架等。框架式液压机机架类似轧钢机机架也包括整体框架式和组合框架式。典型的梁柱组合式机架的结构。如图9-2-21、图9-2-22所示。C形单柱式锻造压力机如图9-2-23所示，属于缸动式结构。不动的工作柱塞1固定在用四根拉杆3与单柱机架9连接的横梁2上，而工作缸6可以在单柱机架的导向装置8中作上、下往复运动，工作缸的底部固定有上砧。两个回程缸7则固定在机架上，回程时，回程柱塞5通过活动横梁4带动工作缸一起向上作回程运动。

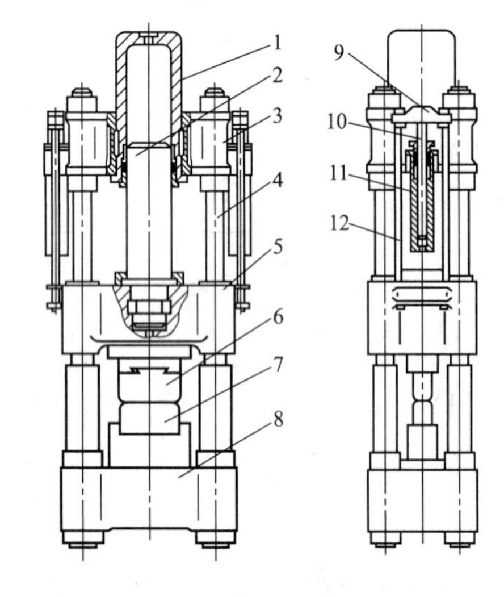

图9-2-21　三梁圆柱式上传动机架

1—工作缸；2—工作柱塞；3—上横梁；4—立柱；5—活动横梁；6—上砧；7—下砧；8—下横架；9—小横梁；10—回程柱塞；11—回程缸；12—拉杆

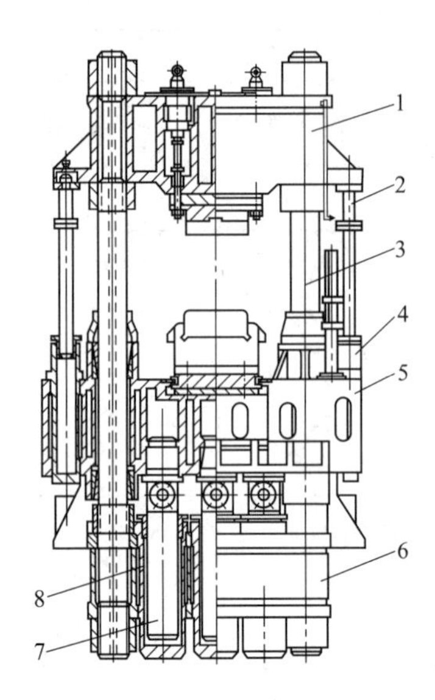

图9-2-22　双柱下拉式锻造液压机

1—上横梁；2—回程柱塞；3—立柱；4—回程缸；5—固定梁；6—下横梁；7—工作柱塞；8—工作缸

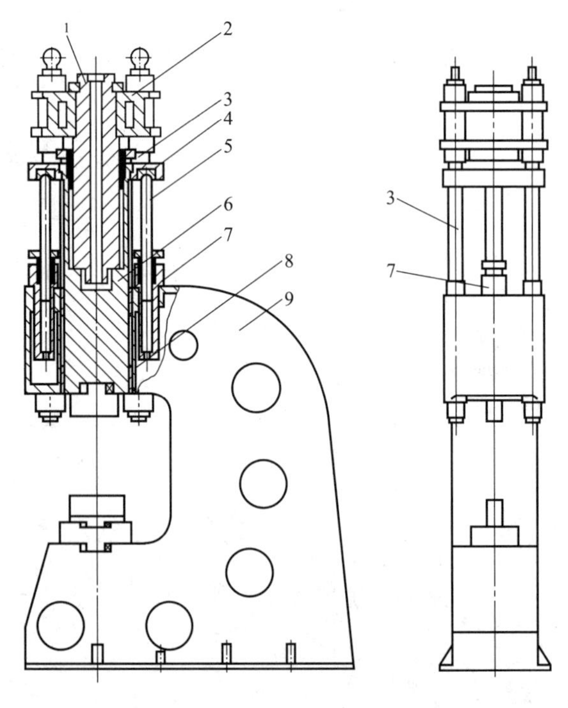

图9-2-23　C形单柱式锻造液压机

1—工作柱塞；2—横梁；3—拉杆；4—活动横梁；5—回程柱塞；6—工作缸；7—回程缸；8—导向装置；9—机架

单柱式机架的刚性比较差，一般做成空心箱形结构，以提高其抗弯刚度并减轻质量。单柱机架可以是整体铸钢结构（见图9-2-23），也可以是钢板焊接结构。其设计计算可参考后面开式曲柄压力机机架的设计。

2.1.2.2　液压机机架的设计计算

偏心载荷作用下四柱式液压机的受力简图如图9-2-24所示。其计算简图如图9-2-25所示。为简化计算，设动梁与导套间的间隙各处一样，从而 $T_1=T_3$，$T_2=T_4$，机架的计算简图进一步简化成图9-2-26。

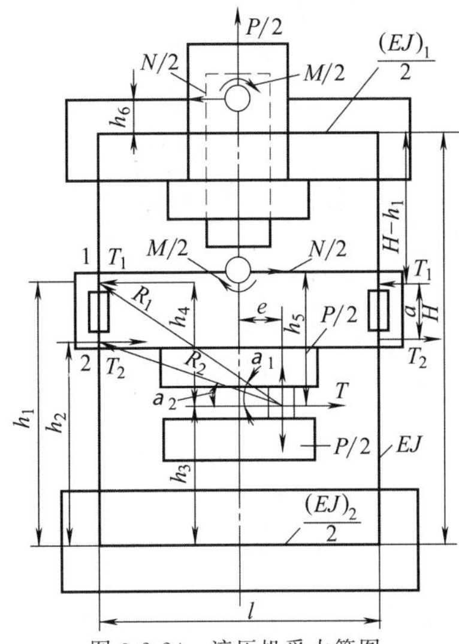

图 9-2-24　液压机受力简图

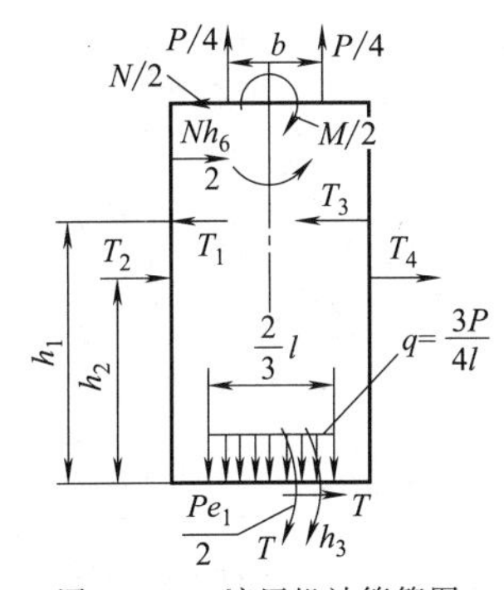

图 9-2-25　液压机计算简图

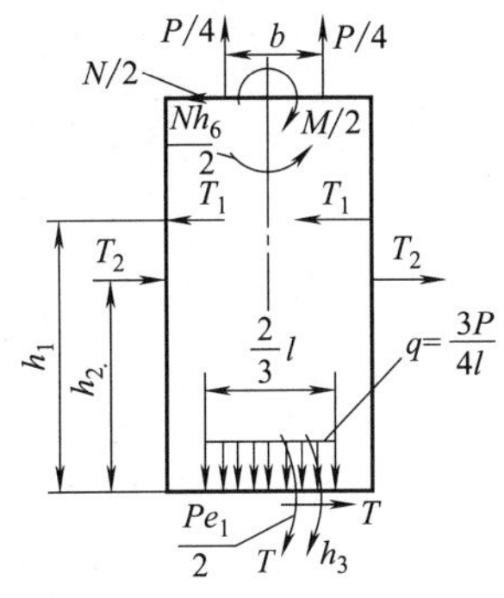

图 9-2-26　液压机机架计算简图

计算时采用符号如下：

P——液压力点作用力；

H——框架高度；

l——框架宽度；

e——载荷作用偏心距；

EJ——立柱的弯曲刚度；

$(EJ)_1$——上横梁的弯曲刚度；

$(EJ)_2$——下横梁的弯曲刚度；

K_1——刚度比，$K_1=\dfrac{EJ}{(EJ)_1}$；

K_2——刚度比，$K_2=\dfrac{EJ}{(EJ)_2}$。

在图 9-2-24 的受力简图中，有三个未知反力，即 T_1、T_2 及 T。针对活动横梁可列出两个静力平衡方程式

$$2T_1-2T_2+\frac{N}{2}-T=0$$

$$\frac{Pe_1}{2}-\frac{M}{2}-\frac{N}{2}h_5-2T_1h_4+2T_2(h_4-a)=0$$

式中，h_4、a、h_5 可见图 9-2-24。中间杆球面处的摩擦力矩 $M_f=Pe_1$，$N=\dfrac{2M_f}{l}=\dfrac{2fPr}{l}$。$f$ 为柱塞球面副处的摩擦因数，r 为球面副球面半径，$e_1=fr$，l 为两个球面中心间的距离，如图 9-2-27 所示。

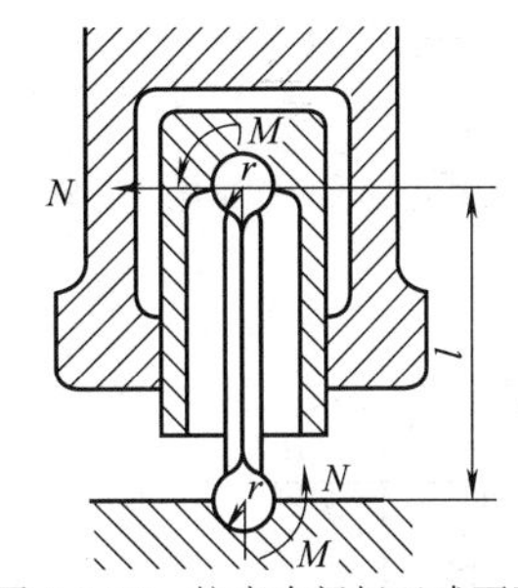

图 9-2-27　柱塞中间杆双球面副

为了解此三个未知内力，尚需建立一个位移谐调方程，即

$$f_1(T_1,T_2)-c_1f_2(T_1,T_2)=0$$

其中

$$c_1=\frac{\left(\alpha_1-\frac{\alpha_1^3}{3!}\right)R_1}{\left(\alpha_2-\frac{\alpha_2^3}{3!}\right)R_2}$$

式中，α_1、α_2、R_1、R_2 可见图 9-2-24。立柱在 1、2 两点的位移 $f_1(T_1, T_2)$ 及 $f_2(T_1, T_2)$ 则需在解出超静定框架后方可列出。

为了简化计算，以及获得 T_1 和 T_2 力作用下的位移表达式，可将图 9-2-26 的受力框架分解为四个单元受力框架，如图 9-2-28。其中图 9-2-28 (a) 为中心载荷单元受力框架，图 9-2-28 (b) 为上横梁作用有弯矩载荷的单元受力框架，图 9-2-28 (c) 为上横梁作用有侧推力载荷的单元受力框架，图 9-2-28 (d) 为立柱受侧推力载荷的单元受力框架。

用力法来解单元受力框架。

① 中心载荷的单元受力框架（图 9-2-29）。将 3、4 及 5 点处换成铰支点，并引入未知内力矩 x_1 及 x_2，如图 9-2-30 所示。

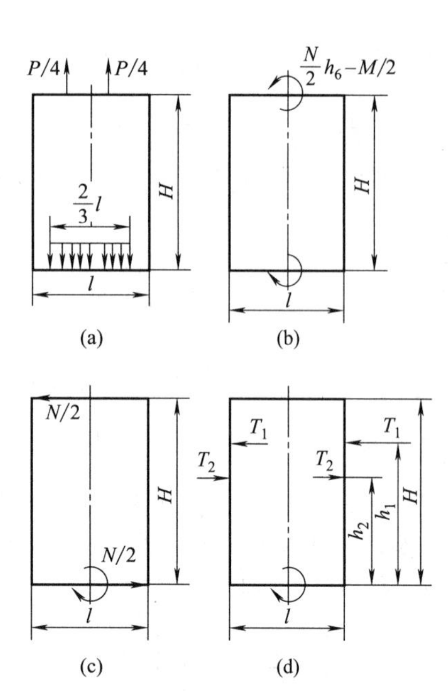

图 9-2-28　单元受力框架

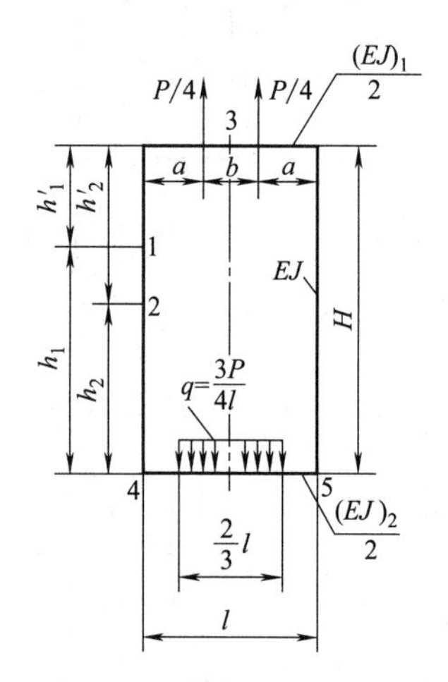

图 9-2-29　中心载荷受力框架

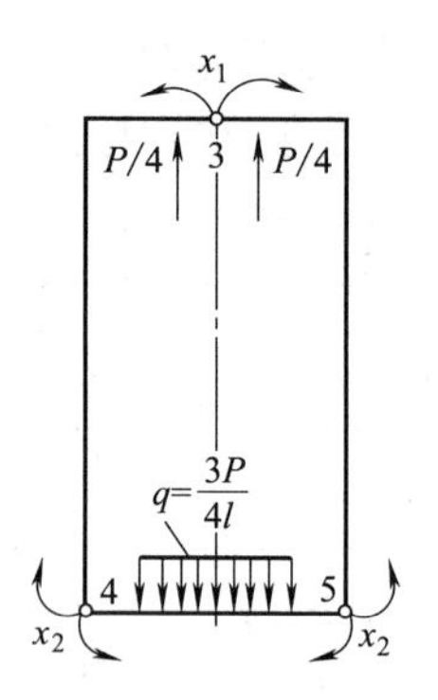

图 9-2-30　未知内力

外力及内力矩 x_1 及 x_2 对于静定基本体系上引起的弯矩图，如图 9-2-31 所示。

可用力法方程组来解出 x_1 及 x_2 值

$$\delta_{11}x_1+\delta_{12}x_2+\delta_{1p}=0$$

$$\delta_{21}x_1+\delta_{22}x_2+\delta_{2p}=0$$

用图形相乘法求出六个系数（位移）如下

$$\delta_{11}=\frac{H}{EJ}\left(\frac{2}{3}+K_1\frac{l}{H}\right)$$

$$\delta_{12}=\delta_{21}=\frac{H}{3EJ}$$

$$\delta_{22}=\frac{H}{EJ}\left(\frac{2}{3}+K_2\frac{l}{H}\right)$$

$$\delta_{1p}=\frac{1}{2EJ}\left(\frac{PaH}{3}+K_1\frac{Pa^2}{2}\right)$$

$$\delta_{2p}=\frac{1}{2EJ}\left(\frac{PaH}{6}-\frac{2}{9}K_2Pl^2\right)$$

从而得出

$$x_1=-\frac{P}{2H}\times\frac{K_1a^2\left(1+\frac{3K_2l}{2H}\right)+\frac{1}{2}aH\left(1+2K_2\frac{l}{H}\right)+\frac{2}{9}K_2l^2}{1+2(K_1+K_2)\frac{l}{H}+3K_1K_2\frac{l^2}{H^2}}$$

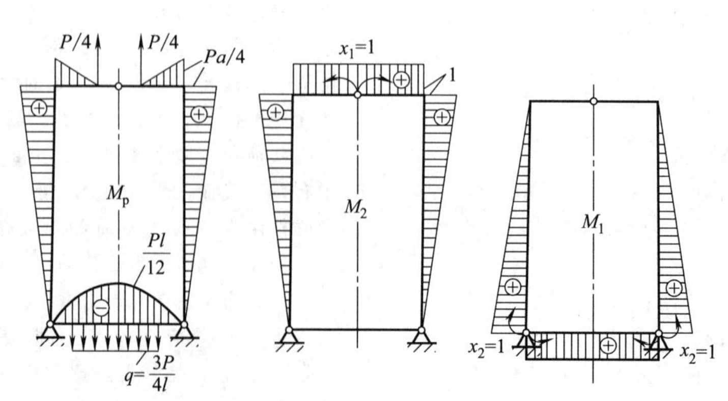

图9-2-31　弯矩图

$$x_2=\frac{P}{2H}\times\frac{\frac{1}{2}K_1a(a-l)+\frac{2}{9}K_2l^2\left(2+3K_1\frac{l}{H}\right)}{1+2(K_1+K_2)\frac{l}{H}+3K_1K_2\frac{l^2}{H^2}}$$

为了求出 1、2 两点的挠度（位移），可在 1、2 两点分别施加单位力，并作出其弯矩图，如图 9-2-32 所示。从而求出 1、2 两点的位移 Δ_{1c}及 Δ_{2c}如下：

$$\Delta_{1c}=\frac{1}{6EJ}\times\frac{h_1h_1'}{H}\left[\left(\frac{Pa}{4}+x_1\right)(H+h_1)+x_2(H+h_1')\right]$$

$$\Delta_{2c}=\frac{1}{6EJ}\times\frac{h_2h_2'}{H}\left[\left(\frac{Pa}{4}+x_1\right)(H+h_2)+x_2(H+h_2')\right]$$

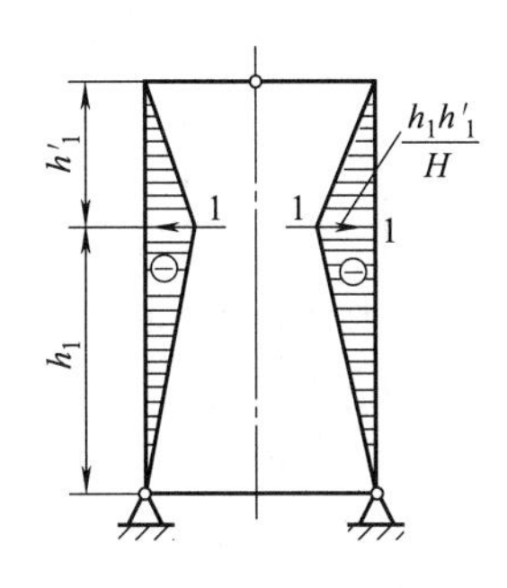

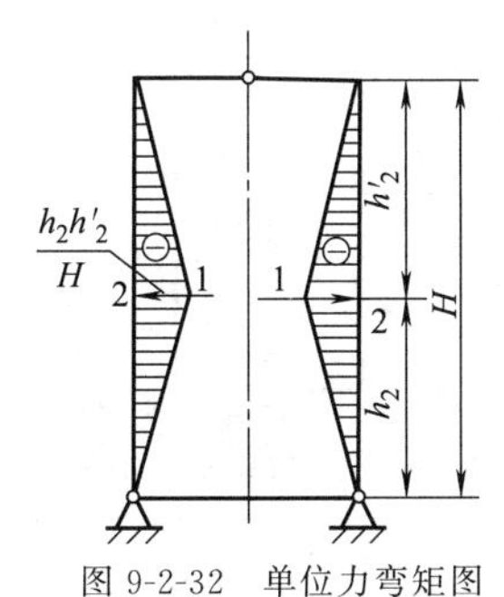

图 9-2-32　单位力弯矩图

② 上横梁作用有弯矩的单元受力框架。计算简图如图 9-2-33 所示。将上横梁沿框架对称轴线切开，在剖分面上，只可能产生反对称剪力 x_3，其静定基本体系如图 9-2-34 所示。外载荷及 x_3 在静定基本体系上的弯矩图如图 9-2-35 所示。力法方程为

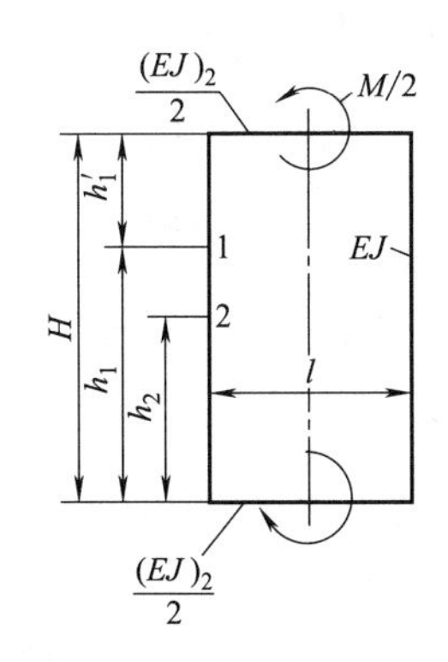

图 9-2-33　上梁弯矩计算简图

$$\delta_{33}x_3+\delta_{3p}=0$$

$$\delta_{3p}=-\frac{Ml^2}{8EJ}\left(2\frac{H}{l}+K_1+K_2\right)$$

$$\delta_{33}=\frac{Hl^2}{6EJ}\left(3+K_1\frac{l}{H}+K_2\frac{l}{H}\right)$$

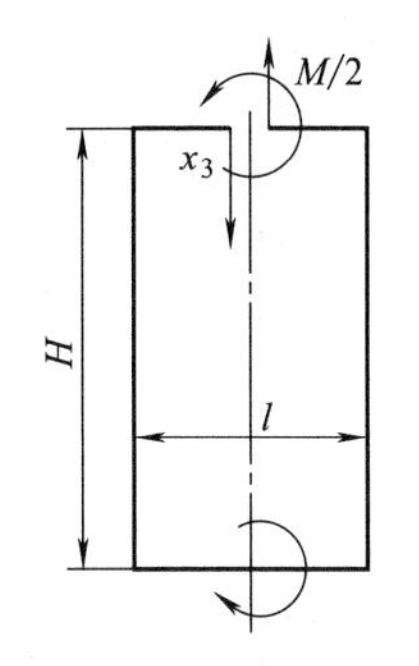

图 9-2-34　静定基本体系

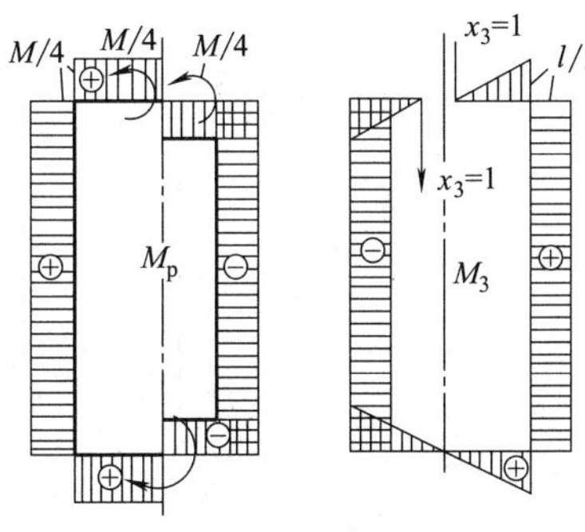

图 9-2-35　弯矩图

求出内力 x_3 为

$$x_3=\frac{3}{4l}M\frac{2+K_1\frac{l}{H}+K_2\frac{l}{H}}{3+K_1\frac{l}{H}+K_2\frac{l}{H}}$$

为求 1、2 两点的挠度，在静定基本体系上加单位力，并作出其弯矩图，如图 9-2-36 所示。

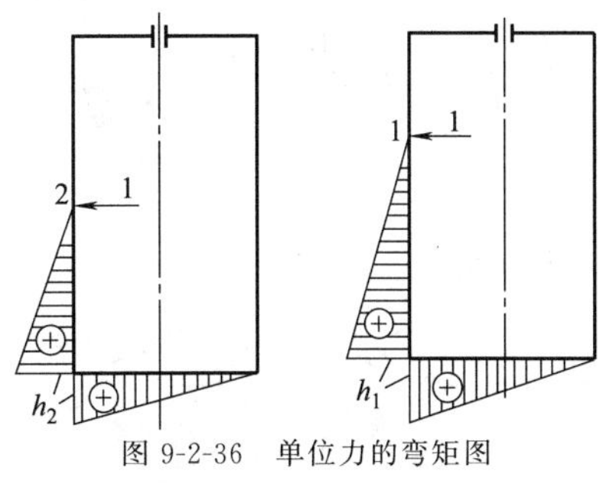

图 9-2-36　单位力的弯矩图

1、2 两点的挠度为

$$\Delta_{1M}=\frac{h_1}{8EJ}\left(Mh_1+K_2Ml-2x_3lh_1-\frac{4}{3}K_2x_3l^2\right)$$

$$\Delta_{2M}=\frac{h_2}{8EJ}\left(Mh_2+K_2Ml-2x_3lh_2-\frac{4}{3}K_2x_3l^2\right)$$

③ 上横梁作用有侧推力的单元受力框架。其计算简图如图 9-2-37 所示。将上横梁沿框架对称轴线切开，在剖分面上作用有反对称剪力 x_3，其静定基本体系如图 9-2-38 所示。

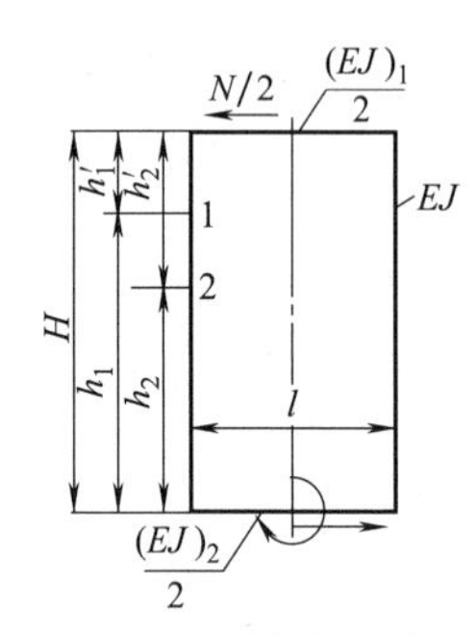

图 9-2-37　上梁受侧推力受力简图

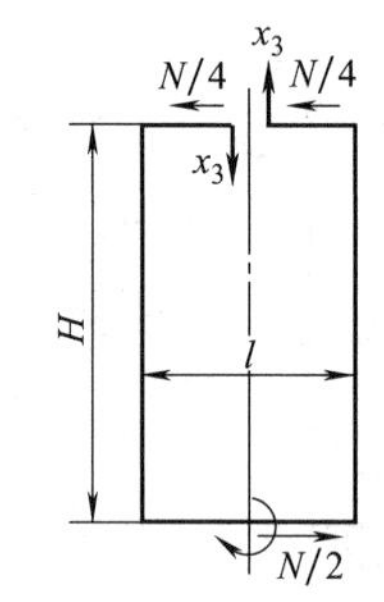

图 9-2-38　静定基本体系

外载荷及未知内力 x_3 在静定基本体系上的弯矩图如图 9-2-39 所示。

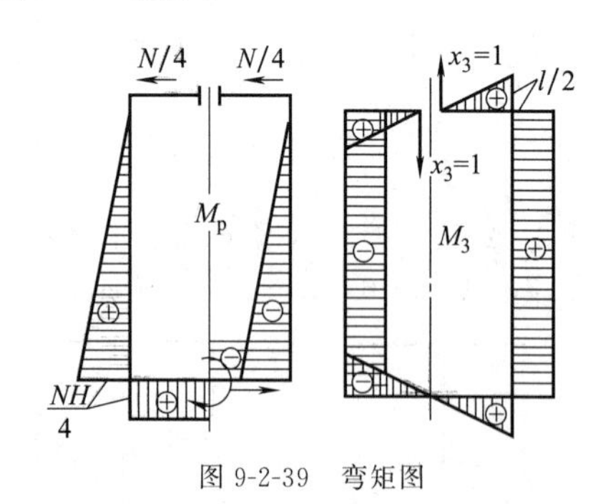

图 9-2-39　弯矩图

求出未知内力 x_3

$$x_3=\frac{3}{4}N\ \frac{H}{l}\times\frac{1+K_2\dfrac{l}{H}}{3+K_1\dfrac{l}{H}+K_2\dfrac{l}{H}}$$

立柱 1、2 两点的侧向挠度为

$$\Delta_{1N}=\frac{h_1}{8EJ}\left(\frac{2}{3}Hh_1N+\frac{1}{3}h_1h_1'N+K_2HlN-2x_3lh_1-\frac{4}{3}K_2x_3l^2\right)$$

$$\Delta_{2N}=\frac{h_2}{8EJ}\left(\frac{2}{3}Hh_2N+\frac{1}{3}h_2h_2'N+K_2HlN-2x_3lh_2-\frac{4}{3}K_2x_3l^2\right)$$

④ 立柱受侧推力的单元受力框架。计算简图如图 9-2-40 所示，将上横梁沿框架对称轴线切开，剖分面上作用未知反对称剪力 x_3。其静定基本体系如图 9-2-41 所示。

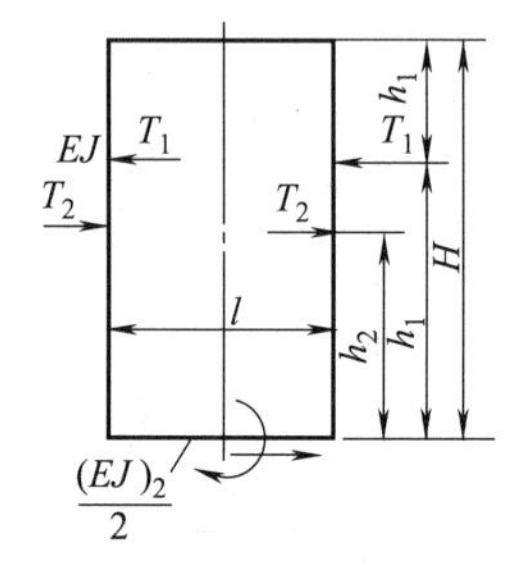

图 9-2-40　立柱受侧推力的计算简图

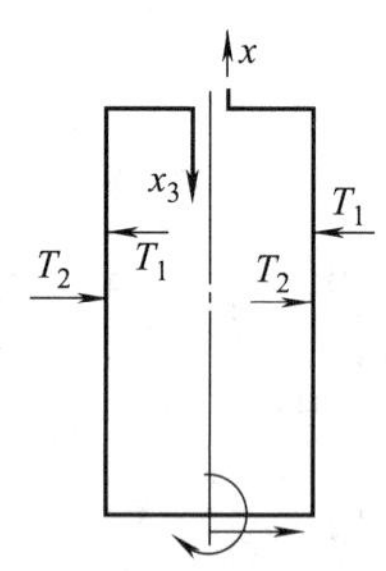

图 9-2-41　静定基本体系

外载荷及 x_3 在静定基本体系上的弯矩图如图 9-2-42 所示。

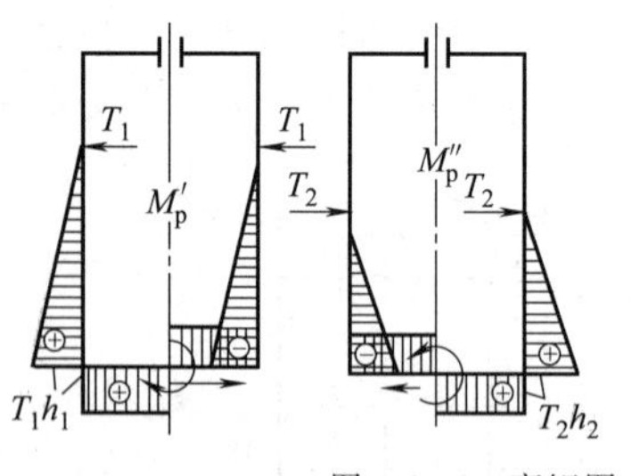

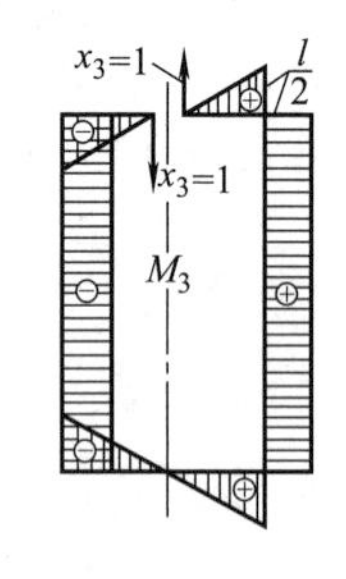

图 9-2-42　弯矩图

求出未知内力 x_3

$$x_3=\frac{3}{Hl}\times\frac{T_1h_1^2\left(1+K_2\dfrac{l}{h_1}\right)-T_2h_2^2\left(1+K_2\dfrac{l}{h_2}\right)}{3+K_1\dfrac{l}{H}+K_2\dfrac{l}{H}}$$

立柱 1、2 两点的侧向挠度为

$$\Delta_{1T}=\frac{1}{EJ}\left(\frac{T_1h_1^3}{3}+\frac{T_2h_2^3}{6}-\frac{T_2h_2^2h_1}{2}+\frac{1}{2}K_2T_1h_1^2l-\frac{1}{2}K_2T_2h_1h_2l-\frac{1}{4}x_3h_1^2l-\frac{1}{6}K_2x_3l^2h_1\right)$$

$$\Delta_{2T}=\frac{1}{EJ}\left(\frac{1}{2}T_1h_1h_2^2-\frac{1}{6}T_1h_2^3-\frac{T_2h_2^3}{3}+\frac{1}{2}K_2T_1h_1h_2l-\frac{1}{2}K_2T_2h_2^2l-\frac{1}{4}x_3h_2^2l-\frac{1}{6}K_2x_3h_2l^2\right)$$

⑤ 求出位移谐调方程。

$$f_1(T_1、T_2)=\Delta_1=\Delta_{1C}+\Delta_{1M}+\Delta_{1N}+\Delta_{1T}$$

$$f_2(T_1、T_2)=\Delta_2=\Delta_{2C}+\Delta_{2M}+\Delta_{2N}+\Delta_{2T}$$

代入位移谐调方程 $f_1(T_1、T_2)-Cf_2(T_1、T_2)=0$，并与前述两个静力平衡方程联立，从而可解出未知内力 T_1、T_2 及 T。

因此，类似于液压机机架的受力比较复杂的机架，虽然受力情况各不相同，但其计算方法及步骤却是相似的（见表 9-2-11）。

2.1.3　曲柄压力机机架的设计与常规计算

2.1.3.1　曲柄压力机闭式机架的常规计算

曲柄压力机闭式机架属于闭框式机架。

（1）计算假定

1）机身是封闭的静不定框架，框架宽度等于立柱轴线之间的距离，其计算高度或长度与结构上尺寸相等。

2）横梁、工作台和立柱长度方向上惯性矩和横截面面积差别变化不大，可视为不变，并以相应长度上的当量值进行计算。当量值的计算公式如下：

表 9-2-11　复杂机架的计算方法和步骤

序号	步　骤
1	根据工艺特点，建立机架受力简图，并确定机架各部分有关几何尺寸及 EJ、$(EJ)_i$、K_i 等特征值
2	列出静力平衡方程式，如未知支反力的数目多于静力平衡方程式数，则尚需找出相应的位移谐调方程
3	根据机架受力简图，作出框架计算简图。将复杂的受力框架分解为单元受力框架
4	作出每个单元受力框架的静定基本体系及弯矩图，得出其内力表达式、立柱上 1、2 两点（动梁传力点）的挠度表达式，这些表达式均为未知支反力 T_i 的函数
5	将每个单元受力框架的挠度（位移）叠加，得出框架上各相应点的总挠度值，代入位移谐调方程，并与静力平衡方程联立，解出框架上待定支反力 T_i
6	将求出的未知支反力 T_i 代入各单元受力框架，作出各单元受力框架的弯矩图、剪力图及轴力图
7	将各单元受力框架的弯矩图等分别叠加，即为框架总的弯矩图、剪力图及轴力图
8	进行立柱或横梁的强度核算及刚度（挠度）计算

$$当量截面积\ A=\frac{l}{\sum\limits_{i=1}^{n}(l_i/A_i)}$$

$$当量惯性矩\ I=\frac{\sum\limits_{i=1}^{n}I_il_i}{\sum\limits_{i=1}^{n}l_i}$$

式中　l——横梁（工作台或立柱）长度；
A——横梁（工作台或立柱）横截面面积；
I——横梁（工作台或立柱）惯性矩；
l_i，A_i，I_i——第 i 个截面的长度、面积和惯性矩。

（2）对称载荷作用下的闭式机身特性截面上的力和变形（见表 9-2-12）

表 9-2-12　对称载荷作用下的闭式机身特性截面上的力和变形计算

		结构简图	计算简图	弯矩图	剪力图	法向力图
曲轴横放的单点压力机机身	简图或内力图	$F/2$　$F/2$　α_1l　α_1l　l　h	l　C　D　α_1l　α_1l　q_2　α_3h　yh　h　A　α_2l　B	M_C　M_D　M_3'　M_3''　M_3''　Ⅲ　Ⅱ　M_A　M_B　M_{2max}	C　D　α_2l　$F/2$　A　$F/2$　B	C　D　α_3h　A　B　$F/2$

续表

<table>
<tr><td rowspan="3">曲轴横放的单点压力机机身</td><td colspan="2">特性截面中的弯矩、剪力和法向力</td><td colspan="3">$M_A=M_B=\frac{Fl}{24}\times$
$\frac{12\alpha_1[2K_1+1-(3K_1+2)2\alpha_3+(K_1+1)3\alpha_3^2]+(3-\alpha_2^2)(3K_1K_2+2K_2)\nu_2}{3K_1K_2+2K_1+2K_2+1}$
$M_C=M_D=\frac{Fl}{24}\times\frac{12\alpha_1[K_2+2\alpha_3-(K_2+1)3\alpha_3^2]-(3-\alpha_2^2)K_2\nu_2}{3K_1K_2+2K_1+2K_2+1}$
$M'_3=M_A+\alpha_3(M+M_C-M_A)$
$M_{2max}=M_A-\frac{Fl}{4}\left(1-\frac{\alpha_2}{2}\right)$
$M''_3=M_A-M+\alpha_3(M+M_C-M_A)$
$M=\frac{F}{2}\alpha_1 l$</td><td>$-Q_{A2}=Q_{B2}=\frac{F}{2}$
$Q_3=\frac{M+M_C-M_A}{h}$</td><td>$N_{A3}=N_{B3}$
$=\frac{F}{2}$</td></tr>
<tr><td rowspan="2">机身变形计算</td><td>截面的纵向位移</td><td colspan="5">$\Delta_{Ⅱ\text{-}Ⅲ}=\Delta M_{ⅡA}+\Delta Q_{ⅡA}+\Delta N_{ⅢA}$</td></tr>
<tr><td>截面的横向位移</td><td colspan="5">δ'_{3A}(从 A 点算起)$=\theta_0\gamma h-\frac{M_A\gamma^2h^2}{2EI_3}-\frac{M+M_C-M_A}{6EI_3}\gamma^3h^2$
式中　$\theta_0=\frac{h}{6EI_3}[2M_A+M(6\alpha_3-3\alpha_3^2-2)+M_C]$</td></tr>
<tr><td rowspan="5">曲轴纵放的单点压力机机身</td><td colspan="2" rowspan="2">简图或内力图</td><td>结构简图</td><td>计算简图</td><td>弯矩图</td><td>剪力图</td><td>法向力图</td></tr>
<tr><td>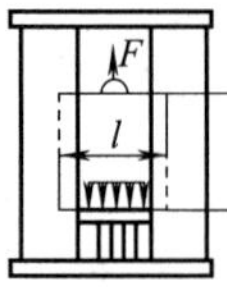</td><td>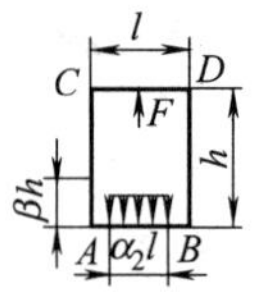</td><td>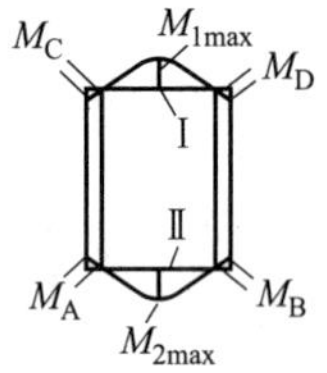</td><td>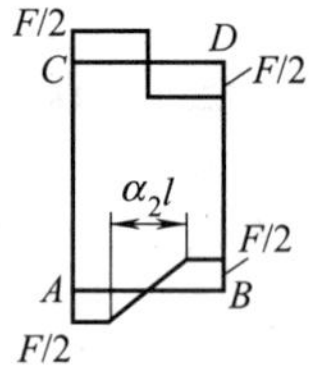</td><td>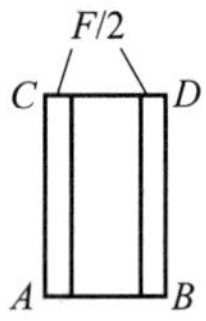</td></tr>
<tr><td colspan="2">特性截面上的弯矩、剪力和法向力</td><td colspan="3">$M_A=M_B=\frac{Fl}{24}\times\frac{(3-\alpha_2^2)(3K_1K_2+2K_2)\nu_2-3K_1\nu_1}{3K_1K_2+2K_1+2K_2+1}$
$M_C=M_D=\frac{Fl}{24}\times\frac{(9K_1K_2+6K_1)\nu_1-(3-\alpha_2^2)K_2\nu_2}{3K_1K_2+2K_1+2K_2+1}$
$M_{1max}=M_C-\frac{Fl}{4}$
$M_{2max}=M_A-\frac{Fl}{4}\left(1-\frac{\alpha_2}{2}\right)$</td><td>$-Q_{A2}=Q_{B2}=\frac{F}{2}$
$-Q_{C1}=Q_{D1}=\frac{F}{2}$</td><td>$N_{A3}=N_{B3}$
$=\frac{F}{2}$
$N_{C3}=N_{D3}$
$=\frac{F}{2}$</td></tr>
<tr><td rowspan="2">机身变形计算</td><td>截面的纵向位移</td><td colspan="5">$\Delta_{Ⅰ\text{-}Ⅱ}=\Delta M_{ⅡA}+\Delta Q_{ⅡA}+\Delta N_{AC}+\Delta M_{ⅠC}+\Delta Q_{ⅠC}$</td></tr>
<tr><td>截面的横向位移</td><td colspan="5">横向位移 δ_{3A} 从 A 点算起
$\delta_{3A}=\frac{h^2}{6EI_3}[\beta^3(M_{A3}-M_C)-3\beta^2M_{A3}+\beta(2M_{A3}+M_C)]$</td></tr>
</table>

第9篇

续表

曲轴纵放的双点四点压力机机身							
	简图或内力图						
	特性截面上的弯矩、剪力和法向力		$M_A=M_B=\frac{Fl}{24}\times\frac{(3-\alpha_2^2)(3K_1+2)K_2\nu_2+12\alpha_1(\alpha_1-1)K_1\nu_1}{3K_1K_2+2K_1+2K_2+1}$ $M_C=M_D=\frac{Fl}{24}\times\frac{(\alpha_2^2-3)K_2\nu_2+12K_1(1-\alpha_1)\alpha_1(3K_2+2)\nu_1}{3K_1K_2+2K_1+2K_2+1}$ $M_1=M_C-\frac{Fl}{2}\alpha_1$ $M_{2\max}=M_A-\frac{Fl}{4}\left(1-\frac{\alpha_2}{4}\right)$			$-Q_{A2}=Q_{B2}=\frac{F}{2}$ $-Q_{C1}=Q_{D1}=\frac{F}{2}$	$N_{A3}=N_{B3}=\frac{F}{2}$ $N_{C3}=N_{D3}=\frac{F}{2}$
	机身变形计算	截面的纵向位移	$\Delta_{\mathrm{II}-\mathrm{IV}}=\Delta M_{\mathrm{IV}C}+\Delta Q_{\mathrm{IV}C}+\Delta N_{AC}+\Delta M_{\mathrm{II}A}+\Delta Q_{\mathrm{II}A}$				
		截面的横向位移	δ_{3A}（横向位移）$=\frac{h^2}{6EI_3}[\beta^3(M_{A3}-M_C)-3\beta^2M_{A3}+\beta(2M_{A3}+M_C)]$				

说明

$$\Delta M_{\mathrm{II}A}=\Delta M_{\mathrm{II}B}=\frac{Fl^3}{48EI_2}\left(1-0.5\alpha_2^2+0.125\alpha_2^3-\frac{6M_{A2}}{Fl}\right)$$

$$\Delta M_{\mathrm{I}C}=\Delta M_{\mathrm{I}D}=\frac{Fl^3}{48EI_1}\left(1-0.5\alpha_1^2+0.125\alpha_1^3-\frac{6M_{C3}}{Fl}\right)$$

$$\Delta M_{\mathrm{IV}C}=\Delta M_{\mathrm{IV}D}=\frac{Fl^3\alpha_1^2}{6EI_1}\left[1.5-2\alpha_1-\frac{3M_C(1-\alpha_1)}{\alpha_1Fl}\right]$$

$$\Delta Q_{\mathrm{II}A}=\Delta Q_{\mathrm{II}B}=\frac{\lambda_2Fl}{8GA_2}(2-\alpha_2)$$

$$\Delta Q_{\mathrm{I}C}=\Delta Q_{\mathrm{I}D}=\frac{\lambda_1Fl}{8GA_1}(2-\alpha_1)$$

$$\Delta Q_{\mathrm{IV}C}=\Delta Q_{\mathrm{IV}D}=\frac{\lambda_1Fl\alpha_1}{2GA_1}$$

$$\Delta N_{AC}=\Delta N_{BD}=\frac{Fl}{2GA_3}$$

$$\Delta N_{A\mathrm{III}}=\Delta N_{B\mathrm{III}}=\frac{F\alpha_3h}{2EA_3}$$

$$\gamma=\frac{\sqrt{3}M_A\pm\sqrt{3M_A^2-(M_A-M-M_C)[2M_A+M(6\alpha_3-3\alpha_3^2-2)+M_C]}}{\sqrt{3}(M_A-M-M_C)}$$

$$\beta=\frac{M_{A3}}{M_{A3}-M_C}\pm\frac{\sqrt{M_{A3}^2+M_{A3}M_C+M_C^2}}{\sqrt{3}(M_{A3}-M_C)}$$

$$\theta_0=\frac{h}{6EI_3}[2M_A+M(6\alpha_3-3\alpha_3^2-2)+M_C]$$

$$K_1=\frac{I_2l}{I_1h}\qquad K_2=\frac{I_3l}{I_2h}$$

$$\lambda_1=\lambda_{CD\max}=\frac{A_1S_1}{I_1b_1}\qquad \lambda_2=\lambda_{AB\max}=\frac{A_2S_2}{I_2b_2}$$

$$\nu_1=\frac{\lambda_1F}{2GA_1}\qquad \nu_2=\frac{\lambda_2F}{2GA_2}$$

$$q=\frac{F}{\alpha_2l}$$

式中　$F=F_g$（压力机公称压力）

I_1，I_2——分别为 CD 及 AB 杆截面惯性矩

I_3——AC 及 BD 杆截面惯性矩

第 9 篇

续表

说明	λ_{CDmax}, λ_{ABmax}——最大截面系数 A_1, A_2——分别为 CD 及 AB 杆的截面面积 A_3——AC 及 BD 杆的截面面积 b_1, b_3——中性层截面宽度 S_1, S_2——截面部分面积中性轴的静力矩 G——切变模量

注：1. 许用应力：对于铸铁机身 $[\sigma]\approx 0.1\sigma_b$；对于钢板焊接机身 $[\sigma]\approx(0.15\sim0.2)\sigma_b$。

2. 对于闭式组合机身，当螺栓正确拉紧时，和整体一样工作，则可按闭式机身计算公式进行计算。此时，应根据预紧状态及工作状态来确定变形和危险截面的应力，并对拉紧螺栓及螺母进行有关计算。

2.1.3.2 开式曲柄压力机机身的设计与计算

（1）开式曲柄压力机机架设计

开式曲柄压力机机身的刚度要比闭框形机架低得多，但便于操作和调整，因而广泛用作小型曲柄压力机、液压机、折板机以及锻锤等机器的机身。

开式压力机工作中主要产生两种变形：垂直变形和角变形（图 9-2-43），垂直变形是指装模高产生的变形 Δh，角变形是指压力机的滑块相对工作台面产生的倾角 $\Delta\alpha$。在这两种变形中危害最大的是角变形。角变形的存在使上、下冲模互相歪斜（图 9-2-44），它影响到工件的质量、模具的寿命、加速滑块导向部分的磨损和增加能量消耗。

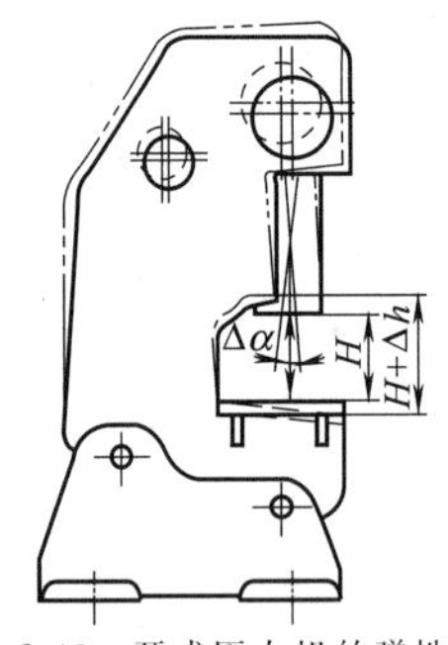

图 9-2-43 开式压力机的弹性变形

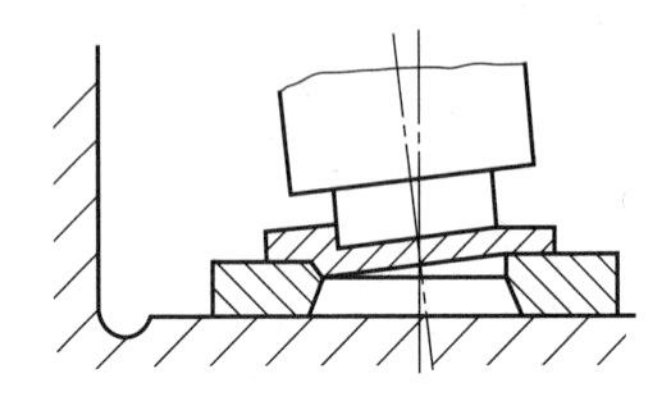

图 9-2-44 压力机的角变形对冲模等的影响

开式机架的基本尺寸由经验公式确定。

机架铸铁立柱截面的最小面积

$$S_{min}=KF_g$$

式中 F_g——开式压力机标称压力，kN；

K——系数，由表 9-2-13 选取，和标称压力 F_g 和 a 有关，a 为力作用线到机架正面板壁的距离，即喉口深度，mm。

焊接机架的立柱截面最小面积，比铸铁立柱小 33%～50%。为了提高开式机架的刚度，设计机架时所确定机架立柱的截面积要比从刚度计算所求得的大 0.5～1 倍。

表 9-2-13 系数 K 的选取

$\frac{a}{10\sqrt{F_g}}$		0.8	0.9	1	1.12	1.25	1.4	1.6
K	单柱机架	1.12	1.18	1.25	1.32	1.4	1.5	1.69
	双柱机架	1	1.06	1.12	1.18	1.25	1.32	1.4

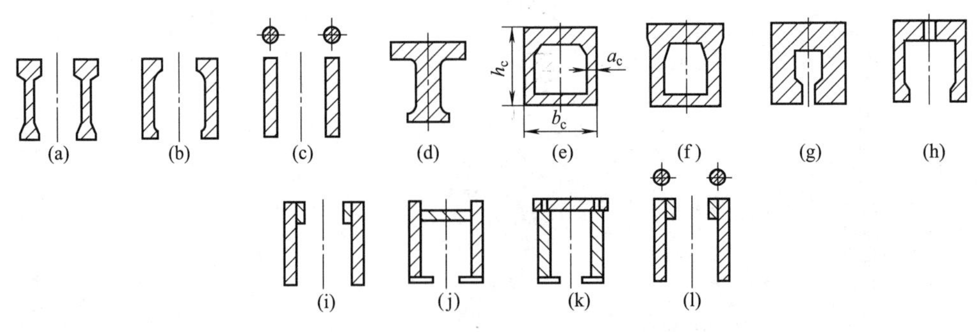

图 9-2-45 开式机架立柱常见截面形状

(a)～(h) 铸造；(i)～(l) 焊接

截面尺寸的确定：开式机架常用截面形状如图 9-2-45 所示。对于开式单柱机架，$h_c=(2\sim3.5)A$；对于双柱机架，$h_c=(2.3\sim4)A$；大型机架取大值。对于箱形机架的高宽比 $h_c/b_c=1\sim1.7$，b_c 为机架立柱截面的宽度。

机架壁厚的确定：开式焊接机架侧壁的厚度一般按经验公式 $a_c\approx0.9\sqrt{F_g}$，通常 $a_c\geqslant8$mm；双柱或单柱铸铁机架 $a_c=8\sim40$mm。单柱机架后面的壁厚和侧面的壁厚相等，但正面的壁厚要超过侧壁的 2～3 倍。

（2）开式机架强度和刚度计算（见表 9-2-14）

表 9-2-14　　开式机架强度和刚度计算公式

<table>
<tr><td colspan="2">形　式</td><td>可倾直柱式</td><td>不可倾Ⅱ形直柱式</td><td>曲　柱　式</td></tr>
<tr><td colspan="2">简
图</td><td>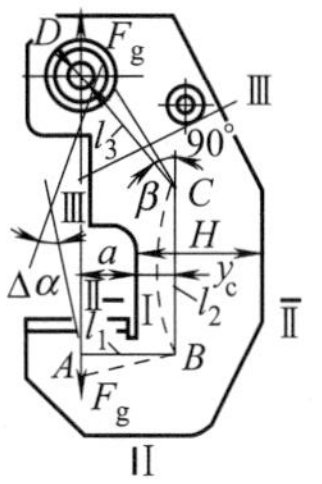</td><td>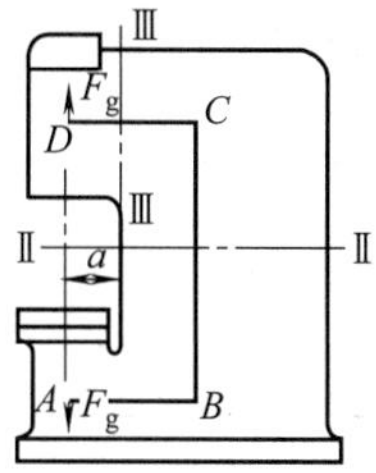</td><td>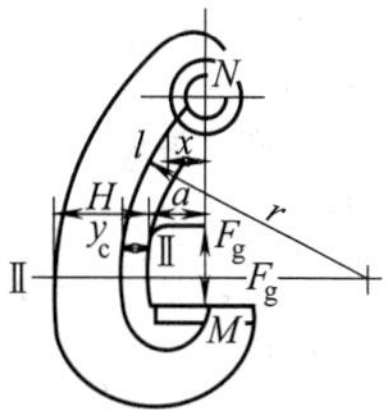</td></tr>
<tr><td colspan="2">计
算
假
设</td><td colspan="2">①视机架为不封闭刚架，刚架中各杆的轴线通过机架各截面的形心
②机架各段（横梁，立柱，工作台）的截面积 A 和惯性矩 I 在各段内不变
③作用于导轨及中间轴和轴承中反力的水平分力忽略不计</td><td>①视机架为不封闭曲线形刚架，曲线形刚架上的各点即为机架上对应截面的形心
②作用于导轨及中间轴和轴承中反力的水平分力忽略不计</td></tr>
<tr><td rowspan="2">机
架
静
强
度
校
核</td><td>危险截面Ⅱ—Ⅱ的弯矩 M(N·m)</td><td colspan="3">$$M=F_g(a+y_c)$$
式中　F_g——压力机公称压力，N
a——喉口深度，m，即滑块中心线到机架喉口内缘的距离
y_c——喉口内缘到截面形心的距离，m</td></tr>
<tr><td>危险截面Ⅱ—Ⅱ的应力校核</td><td colspan="2">$$\sigma_{lmax}=\frac{F_g}{A}+\frac{My_c}{I}\leqslant\sigma_{lp}$$
$$\sigma_{ymax}=\frac{F_g}{A}+\frac{M(H-y_c)}{I}\leqslant\sigma_{yp}$$
式中　σ_{lmax}，σ_{ymax}——最大的拉应力及压应力，Pa
M——危险截面上的弯矩，N·m
H——危险截面的高度，m
A——危险截面的面积，m^2
I——危险截面的惯性矩，m^4
σ_{lp}，σ_{yp}——分别为许用拉、压应力，Pa</td><td>$$\sigma_{lmax}=\frac{F_g}{A}+\frac{M}{rA}+\frac{My_c}{I}\times\frac{1}{1-\frac{y_c}{r}}\leqslant\sigma_{lp}$$
$$\sigma_{ymax}=\frac{F_g}{A}+\frac{M}{rA}-\frac{M(H-y_c)}{I}\times\frac{1}{1+\frac{(H-y_c)}{r}}\leqslant\sigma_{yp}$$
式中　r——截面形心曲率半径，m
其余符号意义同左</td></tr>
<tr><td rowspan="3">机
架
刚
度
计
算</td><td rowspan="2">机架角度 $\Delta\alpha$</td><td>$$\Delta\alpha=\frac{F_g}{2E}\left(\frac{a^2}{I_1}+\frac{2l_1l_2}{I_2}+\frac{l_3^2\sin\beta}{I_3}\right)\text{rad}$$</td><td>$$\Delta\alpha=\frac{F_g}{2E}\left(\frac{a^2}{I_1}+\frac{2l_1l_2}{I_2}+\frac{a^2}{I_3}\right)\text{rad}$$</td><td rowspan="2">根据摩尔定律求得
$$\Delta\alpha=\int_l\frac{F_gx}{EI}dl$$
式中　l——曲线 MN 长度，m
I——惯性矩，m^4
E——弹性模量，Pa
F_g——公称压力，N</td></tr>
<tr><td colspan="2">式中　β——BC 和 CD 杆交角
I_1，I_2，I_3——Ⅰ—Ⅰ、Ⅱ—Ⅱ、Ⅲ—Ⅲ截面的惯性矩，m^4
E——弹性模量，钢板取 $E=2.1\times10^{11}$Pa，铸铁取 $E=0.9\times10^{11}$Pa
F_g——公称压力，N
l_1，l_2，l_3——杆 AB、BC、CD 的长度，m</td></tr>
<tr><td>角刚度 C_a 的校核</td><td colspan="3">机架角刚度　$C_a=\frac{F_g}{\Delta\alpha}\geqslant C_{ap}$　　$C_{ap}=0.0012F_g$
式中　F_g——公称压力，kN
$\Delta\alpha$——喉口相对变形，10^{-6}rad
C_a——机架角刚度，GN/rad
C_{ap}——机架许用角刚度，GN/rad
对于刚度要求较低的压力机，许用刚度可取：$C_{ap}=0.001F_g$(GN/rad)</td></tr>
</table>

续表

形　式		可倾直柱式	不可倾Ⅱ形直柱式	曲　柱　式
机架许用应力的确定	铸造机架	HT200 或 QT450-10	$\sigma_p \approx 0.1\sigma_b$ 当铸铁 $\sigma_b \geqslant 200$MPa 时 $\begin{cases}\sigma_{lp}=20\sim30\text{MPa}\\ \sigma_{yp}=30\sim400\text{MPa}\end{cases}$	
		ZG270-500	$\sigma_p=50$MPa	
	焊接机架	Q235A 钢板(厚 20～150mm)或 16Mn 钢板	$\sigma_p \approx (0.15\sim0.2)\sigma_b$ 当钢板 $\sigma_b \geqslant 400$MPa 时,$\sigma_{lp}=40\sim60$MPa	
说明		①和可倾式机架结构相同的不可倾机架角刚度计算公式为:$\Delta\alpha=\frac{F_g}{2E}\left(\frac{l_1^2}{I_1}+\frac{2l_1l_2}{I_2}+\frac{l_3^2\sin\beta}{I_3}\right)$,强度计算公式相同 ②满足角刚度条件时,垂直刚度对机架的工作精度影响不大,一般不进行计算。其平均垂直刚度 $C_{hp}=1000$kN/mm ③机架中,应力集中部位的实际应力值比表中公式计算值大 1～3 倍 ④表中变形计算值比实测值差 20%～40%左右,而且计算值要小 ⑤应选择 3～4 个危险截面进行计算		

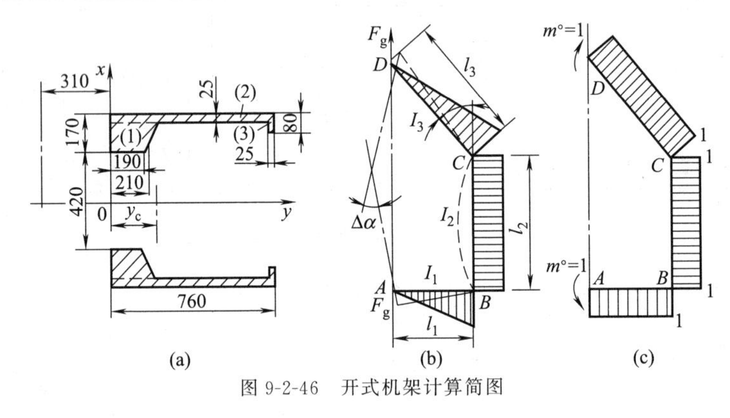

图 9-2-46　开式机架计算简图

表 9-2-15　　截面数据计算表

面积序号	宽 b_i/mm	高 h_i/mm	面积 A_i/mm²	各块面积形心坐标 y_i/mm	面积与形心坐标的乘积 A_iy_i/mm³	各块面积形心至危险截面形心的距离 ($a_i=\|y_c-y_i\|$)/mm	$A_ia_i^2$/mm⁴	各面积对本身形心的惯性矩 $\left(I_i=\frac{b_ih_i^3}{12}\right)$/mm⁴
1	2×145	210	60900	105	6390000	120	87700×10⁴	22400×10⁴
2	2×25	760	38000	380	14500000	155	91300×10⁴	182900×10⁴
3	2×55	25	2750	747.5	2060000	523	75200×10⁴	14.3×10⁴
合计			102000		22950000		254000×10⁴	204000×10⁴

(3) 示例

例 1　J23-63 压力机机架结构如表 9-2-14 中左图,危险截面Ⅱ-Ⅱ的形状和尺寸见图 9-2-46 (a),喉口深度为 310mm,试进行强度校核。公称压力 $F_g=630$kN。

解　第一步:求危险截面的形心,截面积和惯性矩,如表 9-2-15 中的有关数据。则:

危险截面形心

$$y_c=\frac{\sum A_iy_i}{\sum A_i}=225\text{mm}=0.225\text{m}$$

危险截面面积 $A=\sum A_i=102000\text{mm}^2=0.102\text{m}^2$

危险截面惯性矩 $I=\sum I_i+\sum A_ia^2$

$$=458\times10^7\text{mm}^4=4.58\times10^{-3}\text{m}^4$$

$$=45900000\text{mm}^2$$

第二步:求危险截面的弯矩,机架各部的弯矩图及扭矩图见图 9-2-46 (b)、(c)。则

$$M=F_g(a+y_c)=630\times10^3(0.31+0.225)\text{N}\cdot\text{m}$$

$$=3.37\times10^5\text{N}\cdot\text{m}$$

第三步:求危险截面的最大应力

最大压应力

$$\sigma_y=\frac{F_g}{A}-\frac{M(H-y_c)}{I}$$

$$=\left[\frac{630\times10^3}{0.102}-\frac{3.37\times10^5\times(0.76-0.225)}{4.58\times10^{-3}}\right]\text{Pa}$$

$$=-0.335\text{MPa}$$

最大拉应力

$$\sigma_1=\frac{F_g}{A}+\frac{My_c}{I}$$
$$=\left[\frac{630\times10^3}{0.102}+\frac{3.37\times10^5\times0.225)}{4.59\times10^{-3}}\right]\text{Pa}$$
$$=22.8\text{MPa}$$

而　$\sigma_{lp}=20\sim30\text{MPa}$

$\sigma_{yp}=30\sim40\text{MPa}$

所以：$\sigma_1<\sigma_{lp}$，$\sigma_y<\sigma_{yp}$，安全

上述计算中，因实际情况和假设条件有较大差异，其计算值不够准确。采用有限元法计算比较准确，参见本篇第 4 章。

例 2　可倾式机架如表 9-2-14 中左图结构，经计算和测得数据如下：$a=0.29\text{m}$，$l_1=0.573\text{m}$，$l_2=0.775\text{m}$，$l_3=0.96\text{m}$，$\beta=37°$，$I_1=4.63\times10^{-3}\text{m}^4$，$I_2=7.17\times10^{-3}\text{m}^4$，$I_3=7.05\times10^{-3}\text{m}^4$，$F_g=800\times10^3\text{N}$，$E=0.9\times10^{11}\text{Pa}$。求角变形，并校核角刚度。

解　按表 9-2-14 中公式，则角变形为

$$\Delta\alpha=\frac{F_g}{2E}\left(\frac{a^2}{I_1}+\frac{2l_1l_2}{I_2}+\frac{\sin\beta l_3^2}{I_3}\right)$$
$$=\frac{800\times10^3}{2\times0.9\times10^{11}}\left(\frac{0.29^2}{4.63\times10^{-3}}+\frac{2\times0.573\times0.775}{7.17\times10^{-3}}+\frac{\sin37°\times0.96^2}{7.05\times10^{-3}}\right)\text{rad}$$
$$=0.00098\text{rad}$$

角刚度为

$$C_a=\frac{F_g}{\Delta\alpha}=\frac{800}{980}=0.82\text{GN/rad}$$

而　$C_{ap}=0.0012F_g=0.0012\times800$

$=0.92\text{GN/rad}$

所以：$C_a<C_{ap}$，刚度较小。

开式压力机机架计算应力与实测应力见表 9-2-16。

开式压力机机架角刚度和角变形的计算值和实测值见表 9-2-17。

表 9-2-16　开式压力机机架计算应力与实测应力　MPa

压力机型号或压力/kN	机架材料	危险截面计算应力		危险截面实测应力		应力集中处实测的最大值
		σ_1	σ_2	σ_1'	σ_2'	
J23-3-15	HT200	14.7	15.1	24.9	9.5	
J23-5	铸铁	9.8	13.3	15.4	10.5	
J23-10	铸铁	30.5	34.2	38.5	26.3	
J23-35	铸铁	21.9	28.8	39.6	29.1	
J23-40	HT200	18.7	25.4	26.4	20.2	
J12-40	QT450-10	28.4	34.7	40.7 62.2*	38.3 60.8*	73.0 103.5*
J23-60	铸铁	26.3	34.9	39.4	24.2	
J23-80	HT200	22.4	23.0	30.8 41.4*	23.5 42.6*	56.5
J13-160	Q235-A 钢板	30.0	38.5	42.9	16.8	

注：带 * 号为动态测试应力，其余为静态测试应力。

表 9-2-17　开式压力机机架角变形和角刚度

压力机型号		J23-10	J23-16	J23-25	J23-40	J23-63	J23-80	J23-160
制造厂			上二锻	上二锻	上二锻	上二锻	北锻	上二锻
角变形/10^{-6}rad	计算	831	1050	1020	880	1200	980	560
	实测	831	930	885	1060	1120	1060	580
	误差	0%	+13%	+15%	−17%	+7%	−8%	−1%
角刚度/GN·rad^{-1}	计算	0.12	0.15	0.25	0.45	0.52	0.82	2.86
	实测	0.12	0.17	0.29	0.37	0.56	0.75	2.76

2.1.4　机床大件的设计与计算

2.1.4.1　机床大件刚度设计指标

机床的整体功能在很大程度上取决于其支承大件的结构功能。一般机床大件的功能要求见表 9-2-18。

机床大件设计通常须优先满足以下几项要求：①机床大件的设计准则是刚度，机床大件必须具有足够的刚度；②应具有较好的动态特性，以保证机床的切削加工精度；③温度场分布合理、热变形对加工精度影响小；④结构设计合理，铸造，焊接残留应力小，能在长期的使用中保持确定的加工精度；⑤排屑方便流畅。

对一般工作条件下的机床大件，按刚度条件设计时，不须再进行应力的计算。

机床刚度能否满足机床功能要求，从如下三方面评定：

① 机床的刚度值；

② 不同条件下机床刚度的变化量；

③ 各大件变形在机床综合位移中所占比例。

第 9 篇

表 9-2-18　　机床床身等大件的功能要求

支承大件功能	技术经济要求
1. 尺寸容量	支承大件的形体尺寸，如镗床、车床等机床，应能容纳加工零件的最大轮廓尺寸；但如龙门刨床、平面磨床等机床，不仅要包容工件的轮廓尺寸，还应考虑刀具与工件之间相对运动所涉及的最大行程
2. 性能要求	支承大件的性能要求，旨在为实现整机功能提供可靠的刚度和强度支承，其结构功能应保证在工作情况下的工作应力，变形、挠度和位移保持在规定范围以内。因此，要满足下列要求 ①静刚度要高，在承受最大载荷时，变形量不超过规定值；在大件本体移动时，或其他部件在大件上移动时，静刚度的变化要小 ②动刚度要好，在预定的切削条件下工作时，其振动和噪声应在允许范围内 ③温度分布合理，工作时的热变形对加工精度的影响小 ④导轨的受力合理，耐磨性良好
3. 技术及经济效益	①保证操作者在最安全和最方便的情况下进行机床调整和操作 ②保证机床维护与修理具有满意的条件，易于安全运输和装卸 ③结构的总重量与元件重量的分布，要满足技术和经济要求，并能低成本、高效率地进行制造和安装

在典型工作条件下试验确定的机床刚度的参考值见表 9-2-19。同时，设计时还须保证任一支承大件的变形量均不超过它占该机床综合位移中所占的某一比值（见表 9-2-20）。

从表 9-2-20 中看到，像卧式车床、升降台铣床、立式钻床、龙门刨床等机床的主轴、刀架溜板或刀架滑枕、工作台和尾架等组合部件，它们在综合位移中所占的比值在 70%以上，这主要是由于滑

表 9-2-19　　机床刚度参考值

机床类型	机床规格		不同规格机床的刚度 K/N・μm^{-1}					
卧式车床	最大加工直径/mm		250	320	400	630	800	1000
	刚度值 K		1.25～3	1.4～3.4	1.5～3.7	1.7～4.3	1.8～4.6	2.0～5.0
台式卧式铣床和立式铣床	工作台宽度/mm		200	250	320	400	—	—
	刚度值 K	垂直方向	1.5～3.0	1.8～3.5	2.0～4.0	2.5～5.0	—	—
		横进给方向	2.0～3.5	2.5～4.0	3.0～5.0	3.5～6.0	—	—
		纵进给方向	0.7～1.5	0.8～1.7	1.0～2.0	1.2～2.5	—	—
卧式镗床	镗杆直径/mm		63	80	100	125	160	—
	刚度值 K		0.6～1.2	0.8～1.7	1.0～2.0	1.2～2.5	1.6～3.2	—
外圆磨床	最大加工直径/mm		150	200	320	500	800	—
	刚度值 K		1.2～2.0	1.5～2.5	2.0～3.2	2.5～4.5	3.5～6.0	—
摇臂钻床	最大钻孔直径/mm		25	40	63	80	100	115
	刚度值 K		0.6～1.2	0.8～1.5	0.9～1.8	1.1～2.2	1.2～2.4	1.3～2.5
双柱立式车床	最大加工直径/mm		2500	3200	5000	6300	—	—
	刚度值 K		1.5～3.5	1.8～4.5	2.0～5.0	2.5～6.5	—	—
滚齿机	最大加工直径/mm		320	500	800	—	—	—
	刚度值 K		3～4	4～5	5～6	—	—	—

注：1. 参考值是在典型工作条件下，按同类机床测试规范进行试验而得出的。
2. 刚度值是根据机床零部件的变形决定的，它不包括工件、夹具、刀具和芯轴等的变形。
3. 高效及强力切削机床，取表中之较大值。

表 9-2-20　　各类机床主要部件的变形所占的比值 ε

机床		主轴	床身	立柱	横梁	刀架溜板或刀架滑枕	摇臂	工作台	尾架
卧式车床	悬臂加工	0.3～0.5	≤0.15	—	—	0.25～0.5	—	—	0.3～0.7
	两端夹持	0.15～0.5							
立式车床		—	—	0.6～0.8	≤0.1	0.2～0.4	—	—	—
升降台铣床	卧式	≤0.1	—	—	—	—	—	≤0.9	—
	立式	15～0.3	—	0.02～0.03	—	—	—	0.7～0.85	—
卧式镗床		0.6～0.7	0.15～0.2		—	—	—	0.1～0.2	—
立式钻床		—	—	0.1～0.15	—	—	—	0.85～0.9	—
摇臂钻床		≤0.1	0.6～0.75		—	—	0.2～0.3		—
龙门刨床		—	—	0.15～0.2	≤0.75		—	≤0.1	—
插齿机		—	0.25～0.5			0.3～0.6		0.05～0.15	—
外圆磨床	砂轮主轴	≤0.5	—	—	—	—	—	≤0.03	—
	工件头尾轴	≤0.55	—	—	—	—	—	—	—
内圆磨床		≈1.0	—	—	—	—	—	—	—
平面磨床		≈0.85	—	≤0.15	—	—	—	—	—

注：1. 一般主轴部件中，主轴本身弯曲变形约占 50%～70%，轴承变形约占 30%～50%，当主轴支承距离相对主轴悬伸长度越大时，则主轴本身变形所占的比值越大。
2. 有些机床部件的变形很小，未能可靠测出，故表中未列出比值，在估算时可按 $\varepsilon \leqslant 0.01 \sim 0.02$ 来考虑。

表 9-2-21　**机床大件本体弯曲刚度指标**

刚度指标	表达式	符号意义
水平弯曲刚度/N·μm^{-1}	$K_y=F_y/y$	式中　F_y,F_z——作用在大件上的 y 方向和 z 方向的切削力
垂直弯曲刚度/N·μm^{-1}	$K_z=F_z/z$	M_n——作用在大件上的转矩
扭转刚度/rad·cm^{-1}	$K_t=M_n/\theta$	y,z,θ——大件本体的弯曲挠度和扭转倾角

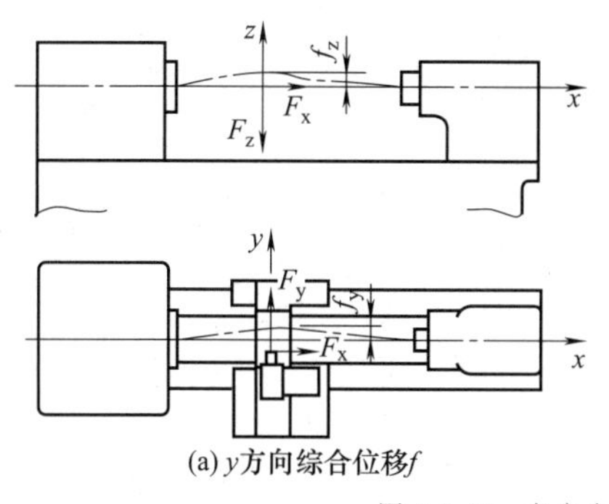

(a) y方向综合位移f

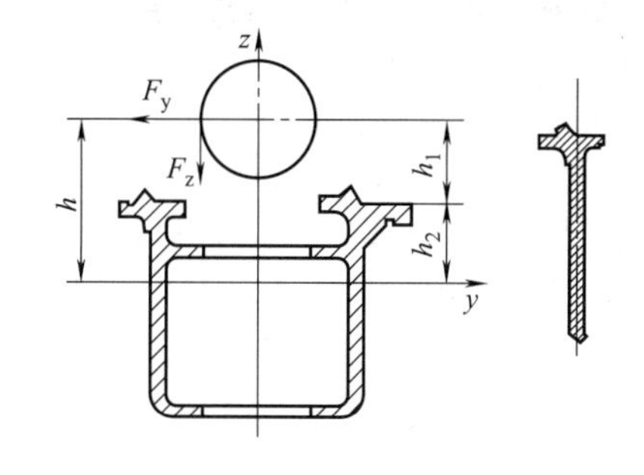

(b) 床身承受的转矩 $M_{yz}=F_zd/2+F_y(h_1+h_2)$

图 9-2-47　车床床身弯曲变形示意图

动结合面和固定结合面的接触变形所产生的。床身、立柱和横梁等大件的允许变形量主要指大件本体的弹性变形。

机床大件本体弯曲刚度指标，见表 9-2-21。

一般的床身、立柱、横梁等支承大件，可将其作为受弯矩和转矩综合作用的梁来考虑。大件本体的刚度指标，以相对于刀具和零件加工表面间的位移量 f 来表示（见图 9-2-47）。

以卧式车床为例，由于垂直于零件加工表面的径向切削分力 F_y 使刀具相对于工件轴线产生位移，这不仅对加工零件的直径造成变化，而且使整个车削长度内出现了几何形状的误差（见图 9-2-47）。支承大件的最小刚度用径向切削分力作为计算根据。

1）车床各大件变形在综合位移 f 中所占的比值 ε，见表 9-2-22。

表 9-2-22　**车床各大件变形在综合位移 f 中的比值 ε**　%

大件名称	床头处	床身中间	床尾处
床身①	10～15	15～25	15～20
溜板-刀架系统②	25～40	40～50	25～30
床头箱③	≈15	15～25	—
主轴部件	30～50		
尾架	—	20～30	50～70

① 车床中心距较短，床身断面尺寸较大，导轨局部刚度较强时取小值。

② 主要是各接合面的接触变形，约占溜板-刀架系统总变形的 80%。

③ 主要因床头箱与床身连接螺钉的变形导致了接合面的接触变形。

2）车床床身的各种变形及其比值 α　车床床身所产生的各种变形，把它们折算到刀具与工件加工处的 y 方向的位移，占床身总变形的比值，见表9-2-23。

从表 9-2-23 中看到，床身本体的扭转变形和导轨局部变形是车床床身的薄弱环节，如果已知车床的刚度 K，则可根据表 9-2-22 和表 9-2-23 中的变形比值确定床身和导轨应有的刚度。

表 9-2-23　**车床床身的各种变形及其占床身总变形的比值 α**　%

床身部位	变形形式	床头处	床身中间	床尾处
床身本体	弯曲变形	20～30	10～20	15～25
	扭转变形	60～70	50～60	55～65
床身导轨	变曲变形	10～25	30～40	25～35

注：1. 中心距大的车床，扭转变形和弯曲变形的比值取大值，导轨局部变形的比值取小值。

2. 用卡盘夹持工件悬臂切削时，床身变形的比值可取床头处的数值。

当结构的许用变形难以确定时，可参考表 9-2-24 所列经验数据。

表 9-2-24　**机器（机床）床身、底座允许变形量经验数据**

机器名称	弯曲变形/cm·cm^{-1}	扭转变形①/(°)·cm^{-1}
一般机器结构	0.002～0.0004	0.0079～0.0004
机床	0.0001～0.00001	0.000157～0.0000079
精密机床	0.00001～0.000001	0.000157～0.0000079

① 扭转变形指单位长度底面上的倾角。

根据床身刚度和变形量，可以计算出弯曲截面惯性矩 I 和扭转截面极惯性矩 I_n 值，然后核算车床床身的断面形状和尺寸的实际惯性矩是否满足计算要求。这样就可以确定床身的刚度要求。

2.1.4.2　普通车床床身的受力分析

普通车床受力情况如图 9-2-48 所示，作用在刀具上的切削力分解为 F_x、F_y、F_z 三个分力。F_y 和 F_z 使床身产生弯曲和扭转变形，F_x 使床身产生拉伸变形很小，可以忽略不计。为了分析床身的受力状态，可以假设，在承受弯曲时，床身为一简支梁；在承受扭转时，床身为两端固接的梁。

在 xy 平面（水平面）内，F_y 通过刀架作用于床身上，其反作用力 F_3 和 F_4 通过工件作用在主轴箱和尾座上，主轴箱和尾座都与床身相连。由 F_y 将引起床身在水平方向的弯矩 M_{wy}；由于 F_y 的作用点到机床中性轴的距离为 h，作用于床身的扭矩 $T_{ny}=F_y h$。

在 xz 平面（垂直面）内，主切削力 F_z 通过刀架作用于床身上引起在垂直方向的弯矩为 M_{wz}，F_z 经工件作用于主轴箱和尾座的反力为 F_1 和 F_2。由于 F_z 作用点到主轴中心线的距离为工件直径的一半，因此床身还作用有扭矩 $T_{nz}=F_z\times\dfrac{d}{2}$。

由此可见，车床床身的主要变形形式是水平面和垂直面内的弯矩 M_{wy} 及 M_{wz} 所引起的弯曲变形以及由扭矩 $T_{ny}+T_{nz}$ 所引起的扭转变形。

图 9-2-49 表示车床床身变形对加工精度的影响，图 9-2-49（a）、（b）、（c）分别为垂直平面内、水平平面内的弯曲变形以及扭转变形对加工精度的影响。反映出水平面内的弯曲变形和垂直面的弯曲变形对加工精度的影响大；扭转变形也会使刀具在 y 方向上产生较大的偏移。因此，在设计车床床身时，注意提高床身在水平面内的弯曲刚度及床身的扭转刚度。

2.1.4.3　卧式镗床立柱及床身受力分析

（1）机床承受的外力

将镗床主轴承受的切削力分解为轴向力 F_x、径向力 F_y、切向力 F_z。在切削过程中，力 F_x 方向不变，F_y 和 F_z 方向是不断变化的。机床还承受主轴箱的重力 G_a、工件的重力 G_0、平衡锤的重力 G'_a、立柱的重力 G_b、工作台和上滑座的重力 G_{d1} 和下滑座的重力 G_{d2}。在分析立柱受力时，可将立柱视为固定于床身上的悬臂梁。在分析床身受力时，床身弯曲可视为铰支梁，床身扭转时可视为两端固接的梁。镗床受力情况如图 9-2-50 所示。

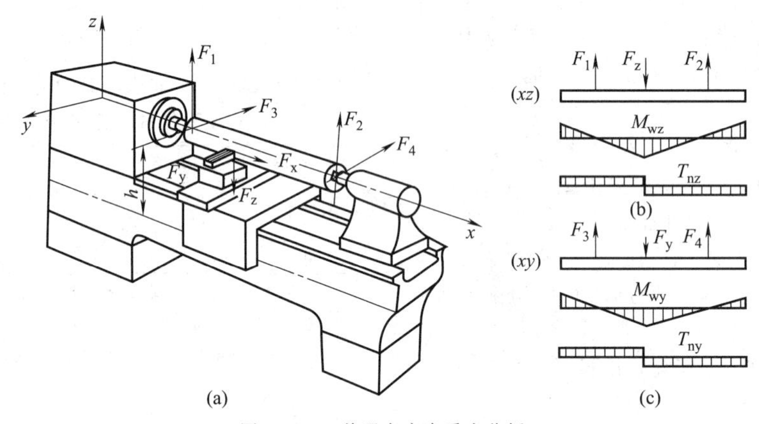

图 9-2-48　普通车床身受力分析

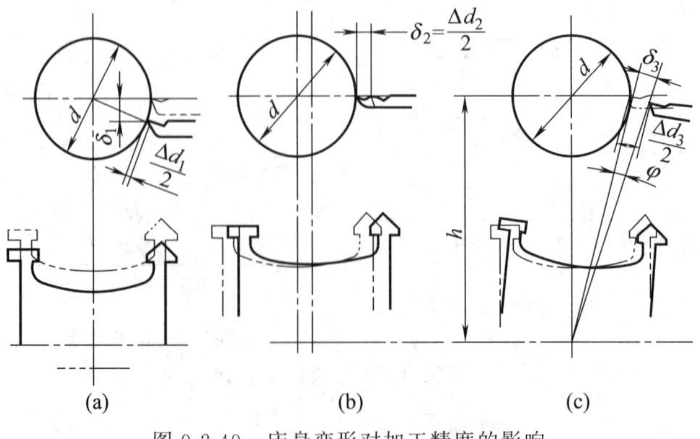

图 9-2-49　床身变形对加工精度的影响

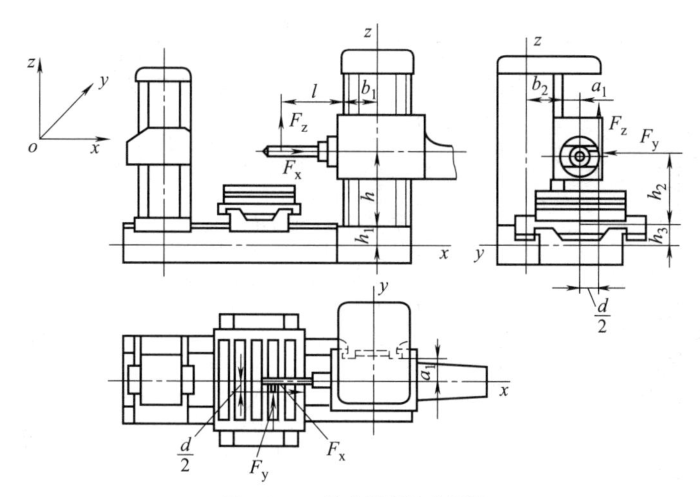

图 9-2-50　卧式镗床受力情况

(2) 立柱的载荷和变形分析

假设力 F_y 和力 F_z 的方向如图 9-2-50 所示，则：

xz（垂直）面内，力 F_z 和力 F_x 通过主轴箱使立柱在该平面内承受弯矩 M_{xz}，使立柱弯曲。

xy（水平）面内，由力 F_x、F_y 对立柱产生扭矩 M_n 引起扭转变形。

yz（侧垂直）面内，由力 F_y、F_z 及主轴箱、平衡锤的重力引起弯曲变形，其弯矩为 M_{yz}。

应该指出，由于力 F_y 和力 F_z 方向不断的变化，所产生力矩的方向也是变化的，在力矩计算时应注意。此外由于主轴箱和平衡锤的重力作用使立柱轴向受压，力 F_y 和力 F_z 也会使立柱受拉或受压。立柱的载荷分析及弯矩和扭矩的计算见表 9-2-25，并参见图 9-2-50。

表 9-2-25　　卧式镗床立柱和床身受力分析（参见图 9-2-50）

名称	载荷简图	作用面	主要载荷及弯矩和扭矩计算
立柱		xz	F_x, F_z $M_{xz1}=F_z(l+b_1)$ 载荷引起立柱弯曲变形 l——切削力作用点至立柱前导轨的距离(x 向) b_1——立柱前导轨至立柱主形心轴距离(x 向)
		yz	$F_y, F_z-(G_a+G'_a)$ $M_{yz1}=F_z\left(a_1+b_2+\frac{d}{2}\right)-(G_a+G'_a)b_2$ 载荷引起立柱弯曲变形 当主轴转至与图所示的相反方向时，载荷为： $F_y, F_z+G_a+G'_a$ $M_{yz1}=F_z\left(a_1+b_2-\frac{d}{2}\right)+(G_a+G'_a)b_2$ a_1——立柱导轨面至主轴中心线的距离 b_2——立柱前导轨至立柱主形心轴距离(y 向)
		xy	$M_{n1}=F_x\left(a_1+b_2+\frac{d}{2}\right)-F_y(l+b_1)$ 扭矩 M_{n1} 引起立柱扭转变形 当主轴转至与图所示的相反方向时，扭矩为： $M_{n1}=F_x\left(a_1+b_2+\frac{d}{2}\right)+F_y(l+b_1)$

续表

名称	载荷简图	作用面	主要载荷及弯矩和扭矩计算
床身		yz	G_e $F_1=G_a+G'_a-F_z$ $F_2=G_0+G_{d1}+G_{d2}+F_z$ 通过立柱形心的断面： $M_{yz3}=M_{yz2}+F_y(h+h_1)$ 通过下滑座形心的断面： $M_{yz3}=M_{yz2}+F_yh_3$　$M_{yz2}=F_yh_2$ 载荷引起 yz 面内的弯曲变形和绕 x 轴的扭转变形 h——立柱底面至主轴中心线的距离(z 向) h_1——立柱底面至床身主形心轴间的距离(z 向) h_2——主轴中心线至下滑座主形心轴间的距离(z 向) h_3——下滑座主形心轴至床身主形心轴间的距离(z 向)
		xy	G_e $F_1=G_a+G'_a-F_z$ $F_2=G_0+G_{d1}+G_{d2}+F_z$ 通过立柱形心的断面： $M_{zx3}=M_{xz1}+F_x(h+h_1)$ 通过下滑座形心的断面： $M'_{xz3}=M_{xz2}+F_xh_3$　$M_{xz2}=F_xh_2$ $M_{n3}=F_1c_1$，$M_{n4}=F_2c_2$，$M_{n5}=G_ec_3$ 载荷引起床身在 xz 面内的弯曲变形和扭转变形 c_1——立柱系统合力至床身主形心轴距离(y 向) c_2——工作台系统合力至床身主形心轴距离(y 向) c_3——后立柱重力至床身主形心轴距离(y 向) 力矩 M_{n1}、M_{n2}；力偶 $F_x(c_1+c_2)$，力 F_y 载荷引起床身在 xy 面内的弯曲变形

在切削过程中由于切削力 F_y、F_z 方向的不断变化，引起机床刚度的变化将引起形状误差以及由于主轴高度的改变所引起机床刚度的变化将引起的位置误差都和立柱的变形有关。在设计立柱时，要注重考虑立柱在 xz 平面内和 yz 平面内的抗弯刚度，以及在 xy 平面内的抗扭刚度，在 xy 平面的扭转变形中，导轨的局部变形占较大比例。同时注重立柱和床身的连接结构设计，提高连接刚度。

(3) 床身的载荷和变形分析

从图 9-2-50 中可以分析出卧式镗床床身（底座）在切削力及重力的作用下，在 yz 面内产生的弯矩所引起的弯曲变形以及绕 x 轴的扭矩引起的扭转变形。同时在 xz 面内由弯矩和扭矩引起弯曲和扭转变形。各件的重量使床身受压。有关床身的受力分析及弯矩和扭矩的计算参见表 9-2-25。

(4) 示例

例 3　求图 9-2-50 所示卧式镗床的焊接立柱的刚度。

已知立柱截面形状和受力的大小及其作用点如图 9-2-51所示。壁厚 25mm，镗杆直径 160mm，钢的弹性模量 $E=2.1\times10^5$MPa，剪切弹性模量$G=8.1\times10^4$MPa。

解　1) 计算截面惯性矩，根据图 9-2-51 所示截面尺寸得

截面面积 A

$A=2000\times25\times2+1950\times25\times2\text{mm}^2=197500\text{mm}^2$

截面剪切刚度系数 GA

$$GA=8.1\times10^4\times197500\text{kN}=160\times10^5\text{kN}$$

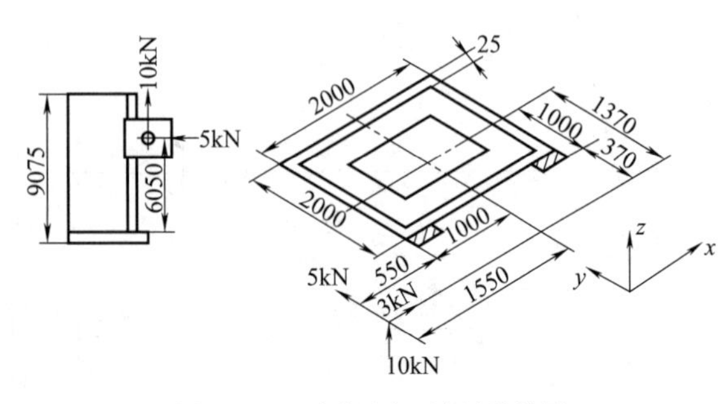

图 9-2-51　卧式镗床刚度计算简图

截面弯曲惯性矩 I

$$I=\frac{BH^3-bh^3}{12}$$

$$=\frac{2000\times2000^3-1950\times1950^3}{12}\mathrm{mm}^4$$

$$=1.28\times10^{11}\mathrm{mm}^4$$

由于 $b=h$，$H=B$，所以 $I_x=I_y=I$，从而弯曲截面刚度系数 EI 为

$$EI=2.1\times10^5\times1.28\times10^{11}\mathrm{N}\cdot\mathrm{mm}^2$$

$$=2.7\times10^{13}\mathrm{kN}\cdot\mathrm{mm}^2$$

截面扭转惯性矩 J 及扭转刚度系数 GJ

$$J=\frac{4tA_m^2}{S}=\frac{4\times25\times1950^4}{1950\times4}\mathrm{mm}^4$$ S 为截面环的中线长度

$$=1.85\times10^{11}\mathrm{mm}^4$$

$$GJ=8.1\times10^4\times1.85\times10^{11}\mathrm{N}\cdot\mathrm{mm}^2$$

$$=1.5\times10^{13}\mathrm{kN}\cdot\mathrm{mm}^2$$

2）确定有关的修正系数。

剪切变形不均匀分布系数 α_s 由表 9-2-26 选取或计算。

表 9-2-26　　剪切变形分布系数 α_s

实心截面	α_s	空心薄壁矩形截面	α_s
圆形	1.11		$\alpha_s\approx A/A_1$ A——截面总面积 A_1——立肋（平行于受力部分）的面积
矩形	1.2		
I 字形	2.0～2.9		

对图示截面，$A_1=1950\times25\times2=97500\mathrm{mm}^2$

所以　$\alpha_s=\frac{197500}{97500}=2.0$

3）相对位移计算。立柱受力及所产生的相对位移计算式如表 9-2-27 所示。沿 y 向的各位移计算结果如下：

δ_{y1}——F_y 使立柱产生的弯曲变形

$$\delta_{y1}=\frac{F_yl_p^3}{3EI_x}=13.7\mu\mathrm{m}$$

δ_{y2}——F_y 使立柱产生的剪切变形

$$\delta_{y2}=\alpha_s\frac{F_yl_p}{GA}=3.78\mu\mathrm{m}$$

δ_{y3}——F_y 使立柱产生的扭转变形

$$\delta_{y3}=\frac{F_yx_p^2l_p}{K_0GJ}=4.85\mu\mathrm{m}$$

δ_{y4}——F_x 使立柱产生的扭转变形

$$\delta_{y4}=\frac{F_xx_py_pl_p}{K_0GJ}=2.48\mu\mathrm{m}$$

δ_{y5}——F_z 力使立柱产生 y 向的弯曲变形

$$\delta_{y5}=\frac{F_zy_pl_p^2}{2EI_x}=9.28\mu\mathrm{m}$$

考虑到加工过程中 F_y、F_z 的方向不断变化，取各项位移的和作为立柱的最大相对位移，即 $\delta_y=\sum\delta_{yi}=34.1\mu\mathrm{m}$。

4）立柱的刚度计算。立柱在 y 向的刚度为 $K_y=F_y/\delta_y=\frac{5\mathrm{kN}}{34.1\mu\mathrm{m}}=0.15\mathrm{kN}/\mu\mathrm{m}$。考虑到立柱在镗床中所占变形的比例 $\varepsilon=15\%$，可得该卧式镗床的刚度为 $K=K_y\varepsilon=22.5\mathrm{N}/\mu\mathrm{m}$。

表 9-2-27　　立柱受力和相对位移量计算式

力学模型

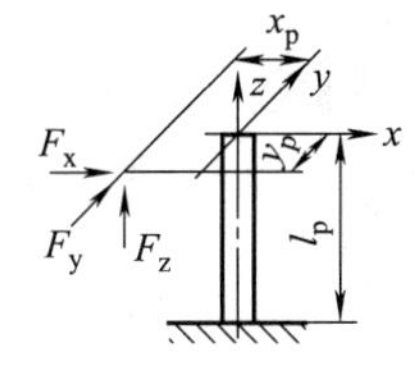

立柱无壁板孔
取 $K_0=1$

切削分力	作用平面	载荷计算式	相对位移量计算式		
			x 方向	y 方向	z 方向
F_x	xz xy	$V_x=F_x$， $M_{Tx}=F_xy_p$	$\delta_{x1}=\frac{F_xl_p^3}{3EI_y}$ $\delta_{x2}=\frac{\alpha_sF_xl_p}{GA}$ $\delta_{x3}=\frac{F_xy_p^2l_p}{K_0GJ}$	$\delta_{y4}=\frac{F_xy_px_pl_p}{K_0GJ}$	
F_y	yz xy	$V_y=F_y$ $M_{Ty}=F_yx_p$	$\delta_{x4}=\frac{F_yx_py_pl_p}{K_0GJ}$	$\delta_{y1}=\frac{F_yl_p^3}{3EI_x}$ $\delta_{y2}=\alpha_s\frac{F_yl_p}{GA}$ $\delta_{y3}=\frac{F_yx_p^2l_p}{K_0GJ}$	$\delta_z=\frac{F_zl_p}{EA}$

续表

切削分力	作用平面	载荷计算式	相对位移量计算式		
			x 方向	y 方向	z 方向
F_z	yz	$V_z=F_z$ $M_{zy}=F_z y_p$ $M_{zx}=F_z x_p$	$\delta_{x5}=\dfrac{F_z x_p l_p^2}{2EI_y}$	$\delta_{y5}=\dfrac{F_z y_p l_p^2}{2EI_x}$	$\delta_z=\dfrac{F_z l_p}{EA}$

2.1.4.4　龙门式机床受力和变形分析

龙门刨床、龙门铣床及双柱立式车床均采用龙门式框架结构，除切削力在三个坐标轴方向上分力的分配比例不同外，其余如横梁，立柱、底座的受力和变形情况基本相同或相似。现以龙门刨床为例（参见图 9-2-52）分析龙门式机床中横梁、立柱及床身的受力及变形情况。机床主要承受切削力 F_x、F_y、F_z 以及横梁、主轴箱（或刀架）、工件、顶梁等的重量作用。横梁的支承条件，可视作简支梁（承受弯曲及拉伸时）及固定梁（承受扭转时）。立柱可视为下端固定的悬臂梁，而床身为弹性基础梁，可简化为多支点梁。

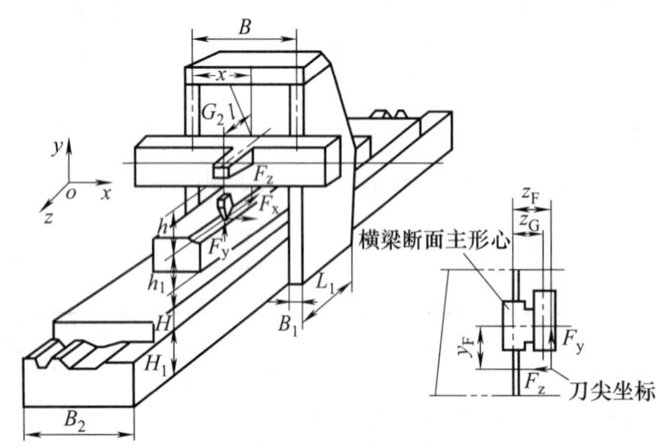

图 9-2-52　龙门刨床受力情况

（1）横梁的受力及变形分析

在机床工作时，横梁承受复杂的空间载荷，其受力和变形按以下几个方面讨论。

1）横梁自重力。大型龙门式机床的横梁质量达几吨到数十吨，一台加工直径为 5m 的立式车床，横梁质量为 20t 左右。横梁是龙门式机床中质量最大的零件。由于自重力的作用，使横梁在 xy 平面内承受弯矩的作用，产生弯曲变形。由横梁自重力在 xy 平面内的垂直方向的变形量计算公式为

$$f_q=\frac{qx}{24EI_z\times10^2}(B^3-2Bx^2+x^3)$$

式中　f_q——自重引起的横梁变形量，m；

q——横梁的均布载荷，即 $q=\dfrac{G_1}{B}$，N/m；

G_1——横梁的自重，N；

x——计算刀架或铣头位置的坐标，m；

E——横梁材料的弹性模量，Pa；

I_z——横梁截面在 xy 平面内向下弯曲时的抗弯惯性矩，m^4；

B——横梁在立柱间的跨距，m。

上式中忽略了横梁中跨距之外悬伸部分及进给箱的重量所引起的力。

2）切削力的作用。机床工作时，切削力通过刀架或铣头作用于横梁上产生弯曲及扭转变形。力 F_x 在 xz 平面产生弯矩 $M_{xz}=F_x l$，在 xy 平面内产生弯矩 $M_{xy}=F_x h$。力 F_y 在 xy 平面内产生的弯矩将减轻横梁自重 G_1 及刀架或铣头重力 G_2 所产生的弯矩的作用；力 F_y 在 yz 平面内产生的扭矩方向和力 F_z 及 G_2 在 yz 平面所产生的扭矩方向相反。力 F_z 在 yz 平面内产生扭矩；yz 平面内的扭矩 $T_n=F_z h+G_2 l-F_y l$；力 F_z 还使横梁在水平面内（xz 平面）产生弯曲变形。

3）移动部件重力对横梁变形的影响。由于刀架或铣头的重力作用，在横梁上产生弯曲和扭转变形，引起在 y 向及 z 向的位移，当移动部件在不同位置时，其位移量是变化的。对于大型龙门铣床及立式车床，当一个铣头（或刀架）位于横梁中央时，其变形量最大可达 0.10mm 以上。变形量的计算公式为

$$f_{G2}=\frac{G_2(B-x)^2x^2}{3EI_zB}+\frac{G_2(B-x)Z_GZ_Fx}{GI_nB}$$

式中　G_2——刀架式铣头的重力，N；

f_{G2}——因刀架或铣头重力产生的横梁（或刀尖）在垂直方向上的位移量。精加工时，采用在一个刀架重力作用下计算，10^{-2}m；

I_z，I_n——横截面的抗弯、抗扭惯性矩，m^4；

Z_G，Z_F——刀架（或铣头）质心及刀尖质心到横梁截面形心轴的距离（见图 9-2-52），m；

G——横梁的切变模量，Pa。

由于刀架或铣头的重力，使横梁绕 x 轴产生扭转变形，其变形量为

$$f_{G2}(Z)=\frac{G_2Z_Gx(B-x)}{GI_nB}y_F$$

式中　y_F——刀架在 y 坐标上到横梁截面形心轴距离，m(参见图 9-2-52)，其余符号同前。

图 9-2-53 为重型立式车床加工图（和龙门铣床加工有些相似），由于横梁的变形引起加工零件表面的平面度偏差及圆柱度误差（在龙门刨床中会引起平面度偏差；而垂直面和水平面的垂直度偏差，在刨削加工高度较小的工件时不显著）。产生上述情况的原因还有立柱的向内侧弯曲变形及立柱和横梁、立柱底部和地基的连接刚度较小引起的。

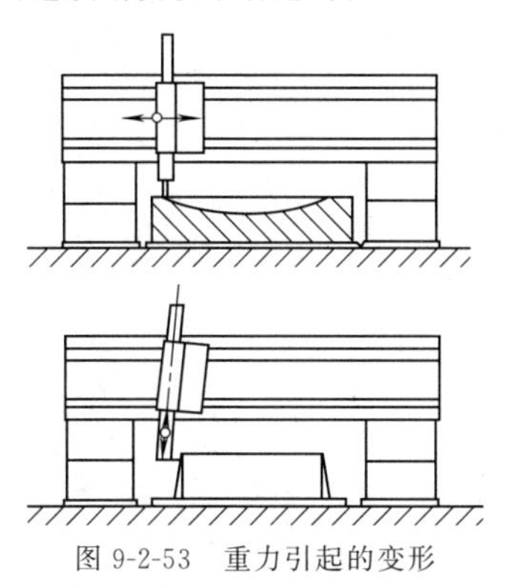

图 9-2-53　重力引起的变形

4）横梁夹紧力。横梁在工作时紧固于立柱的夹紧力很大。一些资料中记载，重型龙门式机床中的夹紧机构能产生十几万牛顿以上的夹紧力，横梁夹紧压板的螺母力矩约为 500～1000N·m。由于夹紧力位于横梁和立柱相接触的位置，使横梁产生复杂的空间局部变形。另外，夹紧横梁上刀架滑座的夹紧力也使横梁产生局部变形。设计横梁时，应考虑这些夹紧力的作用，保证其足够的强度和局部刚度。

（2）立柱及床身的受力和变形分析

立柱承受的外力是由切削力作用于横梁（还有横梁及刀架的重力），由横梁传递而来，作用点在横梁和立柱的交接处，相当于横梁的支点反力（方向相反）。立柱受力情况参见表 9-2-28。立柱的 yz 平面内，由于 F_z、F_y 和横梁及刀架重力的作用产生弯矩，使立柱产生弯曲变形，立柱在 yz 平面内承受的弯矩最大。除此之外，立柱在 xy 平面内承受弯矩作用产生弯曲变形，在 xz 平面内承受扭矩作用，产生扭转变形。

床身的导轨面上承受的均布力 q_1 及 q_2 使床身在 yz 平面内产生弯曲变形。床身和立柱交接处 $abcd$ 部分也是床身的受力部位。该处在 x、y、z 各方向的力 $F_{Ⅰ}$、$F_{Ⅱ}$、$F_{Ⅲ}$，是由立柱和横梁交接处的支点反力 R_{x1}、R_{y1}、R_{z1} 根据力的平移原理平移的力。力平移后产生附加弯矩和扭矩对床身产生作用，另外立柱和横梁交接处作用的扭矩 M_{yz1} 也对床身起扭转作用，因此 yz 平面承受着由 R_{y1} 和 R_{z1} 产生的扭矩及 M_{yz1} 扭矩的合成作用（$M_{Ⅰ}$），及 R_{z1} 产生的拉力 $F_{Ⅲ}$；在 xz 平面上有 R_{x1} 产生的转矩 $M_{Ⅱ}$ 及 R_{y1}（$F_{Ⅱ}$）压力的共同作用；xy 平面上作用有 R_{y1} 及 R_{x1} 产生的转矩 $M_{Ⅲ}$。床身另外一侧的受力情况和以上的分析相对应。床身的受载情况及主要载荷计算公式见表9-2-28。

表 9-2-28　　龙门刨床中大件的受力分析及载荷计算公式（参见图 9-2-52）

名称	载荷简图	作用面	载荷计算公式
横梁		xz	$F_x, F_z, M_{xz}=F_x l$ l——刀尖至横梁主形心轴距离
		xy	F_y, G, qB $M_{xy}=F_x h$
		yz	$M_n=F_z h+Gl-F_y l$
立柱		xy	$R_{x1}=F_x/2$　$R_{x2}=F_x/2$ $R_{y1}=(G-F_y)\dfrac{x}{B}+q\dfrac{B}{2}-F_x\dfrac{h}{B}$ $R_{y2}=(G-F_y)\dfrac{(B-x)}{B}+q\dfrac{B}{2}-F_x\dfrac{h}{B}$
		xz	$R_{z1}=F_z\dfrac{x}{B}+F_x\dfrac{l}{B}$ $R_{z2}=F_z\dfrac{B-x}{B}+F_x\dfrac{l}{B}$
		yz	$M_{yz1}=[(G-F_y)l+F_z h]\dfrac{x}{B}$ $M_{yz2}=[(G-F_y)l+F_z h]\dfrac{(B-x)}{B}$

续表

名称	载荷简图	作用面	载荷计算公式
床身	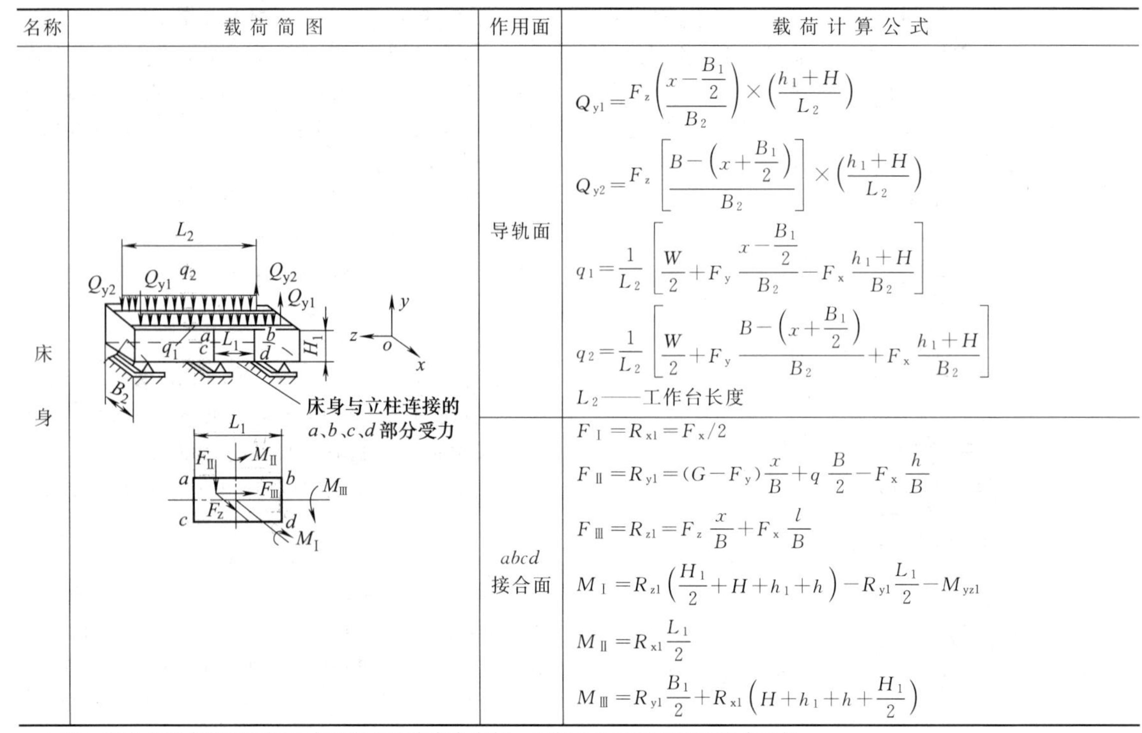	导轨面	$Q_{y1}=F_z\left(\frac{x-\frac{B_1}{2}}{B_2}\right)\times\left(\frac{h_1+H}{L_2}\right)$ $Q_{y2}=F_z\left[\frac{B-\left(x+\frac{B_1}{2}\right)}{B_2}\right]\times\left(\frac{h_1+H}{L_2}\right)$ $q_1=\frac{1}{L_2}\left[\frac{W}{2}+F_y\frac{x-\frac{B_1}{2}}{B_2}-F_x\frac{h_1+H}{B_2}\right]$ $q_2=\frac{1}{L_2}\left[\frac{W}{2}+F_y\frac{B-\left(x+\frac{B_1}{2}\right)}{B_2}+F_x\frac{h_1+H}{B_2}\right]$ L_2——工作台长度
		abcd 接合面	$F_{\rm I}=R_{x1}=F_x/2$ $F_{\rm II}=R_{y1}=(G-F_y)\frac{x}{B}+q\frac{B}{2}-F_x\frac{h}{B}$ $F_{\rm III}=R_{z1}=F_z\frac{x}{B}+F_x\frac{l}{B}$ $M_{\rm I}=R_{z1}\left(\frac{H_1}{2}+H+h_1+h\right)-R_{y1}\frac{L_1}{2}-M_{yz1}$ $M_{\rm II}=R_{x1}\frac{L_1}{2}$ $M_{\rm III}=R_{y1}\frac{B_1}{2}+R_{x1}\left(H+h_1+h+\frac{H_1}{2}\right)$

注：表中力和力矩的下标 1 表示右立柱或床身右侧，下标 2 表示左立柱或床身左侧。

由于床身长度较大，可以认定工作台和床身在全长上全部接触；由于床身抗弯和抗扭刚度较低，均采用多支点和地基固接来改善支承条件以减小弯曲和扭转变形。

(3) 双柱式立车及龙门铣床的受力分析及变形分析

双柱式立车和龙门铣床的受力情况与龙门刨床相似，有些情况在上面的讨论中已经提及，但由于切削运动方式的不同，其切削力 F_x、F_y、F_z 的方位有所改变，应将表 9-2-28 中载荷计算式中 x、y、z 坐标作相应对换，以适应立式车床和龙门铣床的切削情况，如图 9-2-54 所示。如立式车床的 yz 面相当于龙门刨床的 xz 面，只要将表中的 F_x 用 F_y 代换，F_y 用 F_x 代替，而 F_z 不变；龙门铣床的 xy 面相当于龙门刨床的 yz 面，表中的 F_z 用 F_x 代换，F_x 用 F_z 代换而 F_y 不变。

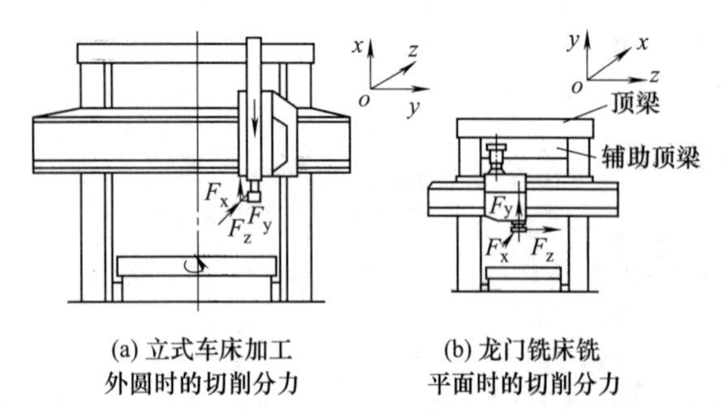

图 9-2-54　立式车床和龙门铣床的切削分力及其三向坐标的表示

双柱式立车在 x 方向的变形主要是横梁的弯曲变形，在 y 方向的变形主要是框架系统在 z 方向上的变形，主要取决于刀架系统和横梁系统的刚度。要提高立柱在 xy 面内的抗弯刚度，并注意提高立柱与床身和地基的连接刚度，提高横梁的抗扭刚度才能减小框架的变形。

在龙门铣床中，较大的切削分力 F_z 使框架在 yz 面内弯曲并绕 y 轴扭转，应增加立柱在 z 向的宽度或在两立柱间增设辅助顶梁［参见图 9-2-54 (b)］以提高框架的抗弯、抗扭刚度。龙门铣床中横梁的设计也应注重于提高抗扭和抗弯刚度。

2.1.4.5　立式钻床、卧式铣床床身（立柱）受力及变形分析

立式钻床床身（立柱）受力情况如图 9-2-55 所示，轴向钻削力 F 通过主轴箱和工作台使床身在这一部分轴向受拉，并承受弯矩作用，使床身在垂直面内产生弯曲变形，使钻孔产生偏斜。作用于工作台和主轴箱的扭矩（等于作用在钻头上的扭矩）传至床

身，使床身在水平面内产生扭转变形，使钻孔中心线偏移，这项变形对立钻加工精度影响不大。床身所承受的弯矩如图 9-2-55 所示。

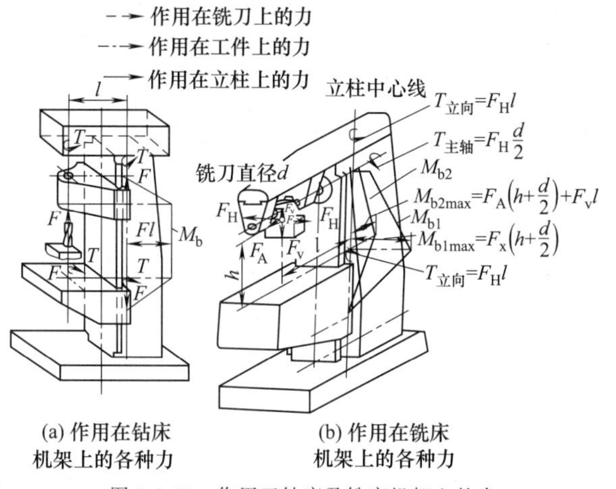

图 9-2-55　作用于钻床及铣床机架上的力

卧式铣床床身（立柱）可视为一端固定，另一端自由的悬臂梁，其受力情况及弯矩、扭矩和弯曲计算公式如图 9-2-55（b）所示。M_{b1max}产生在切削力 F_H 方向上，M_{b2max}产生在 F_A 方向上，在这两个方向上产生弯曲变形。床身最大的变形产生于在水平面内的扭转变形，其扭矩为 $F_H l$。床身设计时要注重于提高床身的扭转刚度。

2.1.4.6　机床热变形的形成及热变形计算

（1）机床热变形的形成及其影响

机床工作时，由于机床主轴箱和变速箱中传动件摩擦产生的热量，传动件与润滑油搅拌产生的热量；液压系统产生的热量；机床滑动导轨面摩擦产生的热量；切削过程产生的热量以及机床周围环境温度的变化都使机床产生热变形。机床的热变形主要影响机床的几何精度和工作精度。

现以 C620-1 型车床热变形试验结果为例，对机床机架的热变形进行说明。如图 9-2-56 所示，主要热源为主轴箱。热变形及其对机床几何精度的影响分述如下。

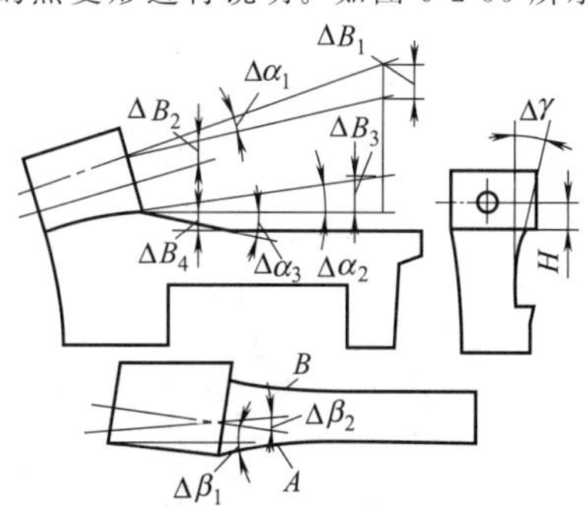

图 9-2-56　C620-1 型车床热变形分析

1）溜板移动方向对主轴中心线在水平面内的平行度。对之有影响的热变形有：

① 主轴箱箱体和机架温度不一致。机架在靠近主轴箱下方向两侧膨胀较床尾处大，使导轨在水平面内成曲线形，引起溜板移动时产生偏斜 $\Delta\beta_1'$，占 30%～35%。

② 机架侧向热膨胀使机架上导轨热变形而引起溜板移动时的偏斜 $\Delta\beta_1''$，占 25%～30%。

$$\Delta\beta_1=\Delta\beta_1'+\Delta\beta_1''$$

③ 机架前侧（操作者一侧）与后侧的温差引起机架弯曲而使主轴偏斜 $\Delta\beta_2$，占 20%。

④ 由于主轴箱附近机架断面上下的温差，使该处垂直面内产生倾斜 $\Delta\gamma$ 角。当溜板移动 300mm 时，产生的偏移为 $\Delta\beta_3=\dfrac{H}{300}\Delta\gamma$，$H$ 见图 9-2-56，$\Delta\beta_3$ 占 10%～15%。

2）溜板移动方向对主轴中心线在垂直面内的平行度。对之有影响的热变形有：

① 由于主轴箱前轴承发热量大于后轴承，所以前箱壁热膨胀大于后箱壁，使主轴向上倾斜 $\Delta\alpha_1$，约占 25%。

② 机架上部温度高于下部，使机架产生向上凸的弯曲，引起主轴倾斜 $\Delta\alpha_2$，约占 50%。

③ 机架热弯曲引起溜板移动时的倾斜 $\Delta\alpha_3$，约占 25%。

3）主轴中心线与尾架套筒中心线的不等高度。

① 主轴箱前、后箱壁热膨胀不一致，使主轴向上倾斜 $\Delta\alpha_1$，而产生的抬高量 ΔB_1，约占 15%。

② 主轴箱箱体受热膨胀，向上伸长 ΔB_2，约占 55%。

③ 机架热弯曲引起主轴倾斜而产生的抬高量 ΔB_3，约占 25%。

④ 机架向上热膨胀和热弯曲而产生的抬高量 ΔB_4，约占 5%。

（2）影响机床大件热变形的因素

1）热形成条件。各大件上热源的热量大小和分布情况，周围其他工件或介质传入的热量和位置。

2）大件的热学特征。大件的热容量及导热条件及大件间的周围介质的导热或传热条件。大件材料的线胀系数。

3）大件的结构。大件上热源的位置；大件结构的几何对称性以及热容量、传热条件、放热条件等热学特征的对称性；大件的刚度以及和其他工件相互连接和定位情况。

(3) 机床热变形的计算

根据大件的支承情况，机架的热变形可分为自由状态热变形和约束状态热变形。在每类热变形中又有均匀温升引起的线性伸长及由于机架两侧温差引起的弯曲变形。各类变形计算见表 9-2-29。这里有关热变形的计算，都是在工件的重量分布均匀，形状简单，温度呈线性分布的条件下进行的。实际上，由于大件结构和温度场的复杂性，要准确确定其热变形量须采用有限单元法对温度场和热变形进行分析计算，并配合以实物测试。

表 9-2-29 **热变形类型及计算公式**

热变形类型			热变形计算公式
自由状态热变形	大件各处均匀升温		热变形直线伸长量 Δl(m)为：$\Delta l=\alpha l\int_0^l \theta(x)\mathrm{d}x=\alpha l\Delta\theta$ α——线胀系数，一般铸铁 $\alpha=11\times10^{-6}$℃$^{-1}$，钢 $\alpha=12\times10^{-6}$℃$^{-1}$ $\Delta\theta$——温度的变化，℃ l——工件的原始长度，m 消除热变形 Δl 应施加的轴向载荷 F(N)为：$F=\alpha EA\Delta\theta=K\Delta l$ K——工件的抗压刚度，$K=\frac{EA}{l}$ E——弹性模量，Pa A——工件截面积，m^2
	在大件截面的高度方向温度呈线性分布	一端固定支承	立柱的热变形量 f(m)为：$f=\frac{\alpha l^2}{2h}\left[\int_0^l[\theta(x)]_{y=0}\mathrm{d}x-\int_0^l[\theta(x)]_{y=h}\mathrm{d}x\right]=\frac{\alpha l^2\Delta\theta}{2h}$ 为消除变形 f 所应施加的载荷 F(N)为：$F=Kf=\frac{1.5EI\alpha\Delta\theta}{lh}$ K——大件的弯曲刚度，N/m，$K=\frac{3EI}{l^3}$ I——截面的惯性矩，m^4 h——截面的高度，m 其余符号同前
		两端为自由状态	热变形量 f(m)为：$f=\frac{\alpha l^2}{8h}\left[\int_0^l[\theta(x)]_{y=0}\mathrm{d}x-\int_0^l[\theta(x)]_{y=h}\mathrm{d}x\right]=\frac{\alpha l^2\Delta\theta}{8h}$ 为消除热变形在工件中部垂于轴向方向所施加的载荷 F 为：$F=Kf=\frac{6EI\alpha\Delta\theta}{lh}$ 为消除热变形在大件两端施加的弯矩 M 为：$M=K'f=\frac{EI\alpha\Delta\theta}{h}$ K——大件弯曲刚度，N/m，$K=\frac{48EI}{l^3}$ K'——变形阻力，N，$K'=\frac{M}{f}=\frac{8EI}{l^2}$ 其余符号同前

续表

热变形类型		热变形计算公式
约束状态热变形	具有不同温度分布情况的两个相连大件或大件中不同温度的两个部分	图(a)　图(b) B 限制 A 的热变形，成为约束状态热变形，其变形量和 A、B 的刚度有关： $\Delta l_1=\Delta l\dfrac{K_A}{K_A+K_B}$　$f_1=f\dfrac{K_A}{K_A+K_B}$ A——温度较高的大件[见图(a)]，或为大件中温度较高的部分[见图(b)] B——温度较低的大件[见图(a)]，或为大件中温度较低的部分[见图(b)] Δl_1，f_1——分别为 A、B 两大件(部分)的约束状态热变形的直线伸长量和弯曲量 Δl，f——分别为 A、B 两大件(部分)按自由状态热变形(温度近似于不同的线性分布)得出的直线伸长量和弯曲变形量(计算公式见表前部) K_A，K_B——分别为 A、B 两大件(部分)的刚度

(4) 减少机架热变形的措施（表 9-2-30）

表 9-2-30　减少机架热变形的措施

改变大件刚度	非自由状态下的热变形与机床大件各部位的刚度有关。封闭结构的刚度比开式结构的大，热变形小。在焊接结构中的热变形部位应开设膨胀缝来减小热应力
采用热对称结构	如当单立柱形机架因热变形而产生扭转变形时，采用对热源对称的双立柱结构机架，就有可能使机架不产生扭转变形，而只有垂直方向上的热伸长，从而大大减少了对加工精度的影响
采用双层壁结构	双层壁结构的热变形比单层壁小，因为两层之间的空气层有隔热作用，使得外层壁温升较小，又可对内壁的热膨胀起约束作用
采用热胀系数小的材料	在热伸长大的主要部位可采用热胀系数小的材料，如铟钢的热胀系数只有铸铁的 1/10；含镍 30%铟瓦铸铁，其热胀系数仅为铸铁的 1/5～1/4。采用大理石机座或钢板-混凝土复合结构。混凝土的热胀系数是钢材的 3/4
形成均匀的温度场	通过设计一定的气体或液体的流动通道以便于散热和均热，从而减少热变形。图 9-2-57 为一单柱坐标镗床的机架。在适当部位布置挡板以引导气流，使得下部电动机处被加热的空气流经挡板，加热立柱后壁，以与主轴处传给立柱前部的热量形成一个较为均匀的温度场，可使主轴因热变形引起的倾斜角减少 1/3～1/2
减少温升	机床大件的设计应有利于切屑的快速排出；在机架外部增加散热面积、加大散热外表面的气流速度；把电动机等热源放在易散热的上部；在液压马达、液压缸等热源外面加隔热罩，以减少热源的热辐射等

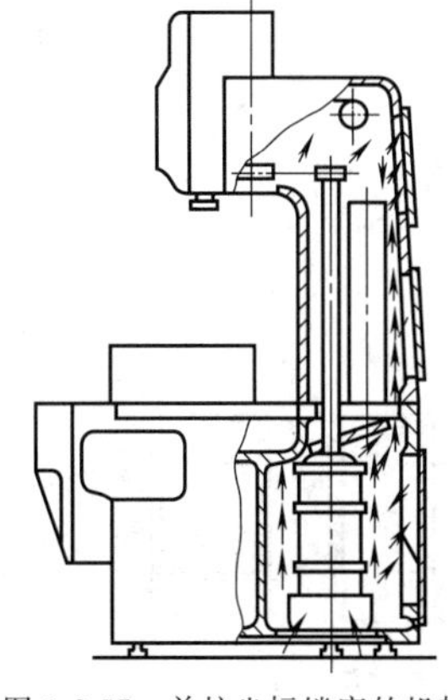

图 9-2-57　单柱坐标镗床的机架

(5) 热变形计算实例

例 4　已知正方形截面的铸铁机架（横梁），其外廓尺寸为 300mm×300mm，壁厚 20mm，长度 $L=2000$mm，截面面积 $A=2.24\times10^4\text{mm}^2$，截面惯性矩可算得为 $I=3\times10^8\text{mm}^4$。

求：1) 自由状态下均匀升温 1℃，或上下面温差 1℃时所产生的热变形及为消除这个热变形所需的轴向力或弯矩；

2) 两端紧固在两立柱上，则立柱的刚度或变形阻力应为多少才能使上述热变形量减小至 5μm。

解　1) 均匀升温 1℃时，热伸长量为

$$\Delta L=\alpha L(\theta_1-\theta_0)=11\times10^{-6}\times2000\times1\text{mm}=22\times10^{-3}\text{mm}$$

即 $\Delta L=22\mu\text{m}$

消除热变形所需的轴向力

$$F_a=\alpha EA(\theta_1-\theta_0)$$
$$=11\times10^{-6}\times1.6\times10^5\times2.24\times10^4\times1\times10^{-3}\text{kN}$$
$$=39.4\text{kN}$$

截面上、下温差1℃时热弯曲量为

$$f=\frac{\alpha L^2(\theta_2-\theta_1)}{8h}$$
$$=\frac{11\times10^{-6}\times(2000)^2\times1}{8\times300}\text{mm}=18.4\mu\text{m}$$

消除热变形需在横梁中间施加的横向力

$$F=\frac{6EI\alpha(\theta_2-\theta_1)}{Lh}$$
$$=\frac{6\times1.6\times10^5\times3\times10^8\times11\times10^{-6}\times1}{2000\times300\times1000}\text{kN}$$
$$=5.3\text{kN}$$

或为消除热变形需在横梁两端施加的弯矩为

$$M=\frac{EI\alpha(\theta_2-\theta_1)}{h}=1.76\times10^7\text{N}\cdot\text{mm}$$

2）此机架的抗压刚度为1

$$K_A=\frac{EA}{L}=\frac{1.6\times10^5\times2.24\times10^4}{2000}\text{N/mm}$$
$$=1.79\times10^6\text{N/mm}$$

两端作用弯矩时的变形阻力为

$$K'_A=\frac{8EI}{L^2}=9.6\times10^7\text{N}$$

均匀升温1℃时，立柱的刚度 K_B 应为多大才能使横梁热伸长量 $\Delta L=22\mu$m 减小至 $\Delta L_1=5\mu$m

由 $$\Delta L_1=\Delta L\frac{K_A}{K_A+K_B}$$

所以 $$K_B=\frac{K_A\Delta L}{\Delta L_1}-K_A=3.8\times10^6\text{N/mm}$$

上、下温差1℃时，立柱的变形阻力 K'_B 应为多少才能使热弯曲变形量 $f=18.4\mu$m 减少至 $f_1=5\mu$m

$$K'_B=K'_A\left(\frac{f}{f_1}-1\right)=25.7\times10^7\text{N}$$

2.1.4.7　带有肋板框架的刚度计算

图9-1-2中5大类型的加强肋，实际上是横向肋、纵向肋和对角肋这3种肋的组合，现分别对这几种有肋板框架的刚度的计算方法进行讨论。

（1）有横向肋板框架的刚度计算

带横向肋板的框架如图9-2-58所示，其弯曲刚度的计算分两种情况处理。

第一种情况：当横向肋板厚度 t_1 对框架长度 L 的比值很小时，横肋板的数目及厚度对垂直方向的弯曲刚度影响很小，这种情况下，框架的弯曲刚度主要取决于平行中性轴的两块纵向侧板。考虑肋板对侧壁的支承作用，计算刚度时，两块侧壁可不作为简支梁计算，可以简化成两端固定的梁来计算，因此，其垂直方向的挠度为

$$\Delta_Z=\frac{FL^3}{32Eth^3}$$

式中　F——框架上的集中载荷，N；

L——支架的总长度，mm；

E——支架材料的弹性模量。

其他参数见图9-2-58。

第二种情况：当图9-2-58所示框架承受侧向（图中 x 向）载荷时，框架刚度和横肋板的数目及壁厚有关，当横肋板尺寸一定时，框架的变形随着肋板数目 n 的增大而减小，即刚度随横肋板数目 n 的增大而增大，此时有

$$\Delta_x=ax^b$$
$$x=L/l_1$$

式中　a——实验所得常数，$a=140.8$；

b——实验所得常数，$b=-1.224$；

l_1——横肋板之间的距离；

L——框架长度。

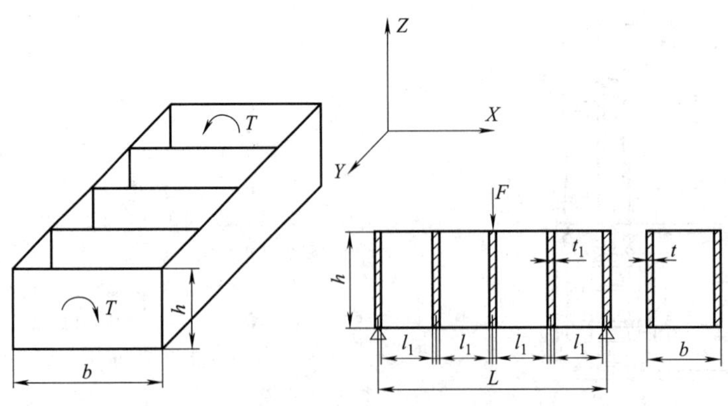

图9-2-58　有横向肋板的框架

带横板框架的扭转刚度：图 9-2-58 所示横肋板对扭转刚度的影响很小，这种框架的扭转刚度主要取决于两纵向侧壁（厚度 t），两侧壁的扭转变形按下式计算

$$\varphi=\frac{TL}{2K_1Ght^3}$$

式中　G——材料的剪切弹性模量；

K_1——矩形截面扭转常数，取值见表 9-2-31；

L——若横向肋间跨度为 b，则 $L=nb$；

n——横肋板隔开的单元数。

（2）有横肋板底座的刚度计算

图 9-2-59 为带有面板及横肋板的框架，可以将它理解为由两种梁组成，即图 9-2-59（b）分解出来的图9-2-59（c）和图 9-2-59（d）两种梁截面，当肋板数目为 n 时，底座的惯性矩由两部分组成

$$I=nI_1+2I_2$$

式中　I_1——图 9-2-59（d）所示梁的截面惯性矩，mm^4；

I_2——图 9-2-59（c）所示梁的截面惯性矩，mm^4。

垂直方向的挠度为

$$\Delta=\frac{Fb^3}{192EI}$$

若以短边 b 为支承边时，则挠度为

$$\Delta=\frac{FL^3}{192EI}$$

此时计算惯性矩时，仅考虑面板和两长边侧板组成的惯性矩。

（3）对角肋板结构的刚度计算

1）对角肋板的扭转刚度　图 9-2-60（a）所示为带有对角肋板的框架结构，图 9-2-60 所示为以两根交叉的对角肋板作为分离体，则它分别承受着方向相反的作用力 F，此分离体产生的变形 Δ 可按简支梁的计算公式来求

$$\Delta=2\frac{Fl^3}{48EI}$$

式中　I——对角肋板的截面惯性矩，mm^4；

l——对角肋板的长度，mm。

框架结构所受的扭矩 T 为

$$T=Fb$$

表 9-2-31　　矩形截面的扭转常数

$\frac{h}{t}$	1	2	3	4	6	8	10	∞
K_1	0.141	0.229	0.263	0.281	0.299	0.307	0.313	0.333

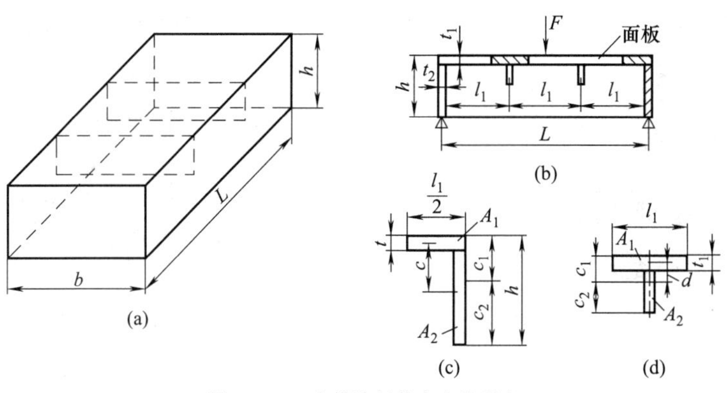

图 9-2-59　有横肋板的底座的刚度

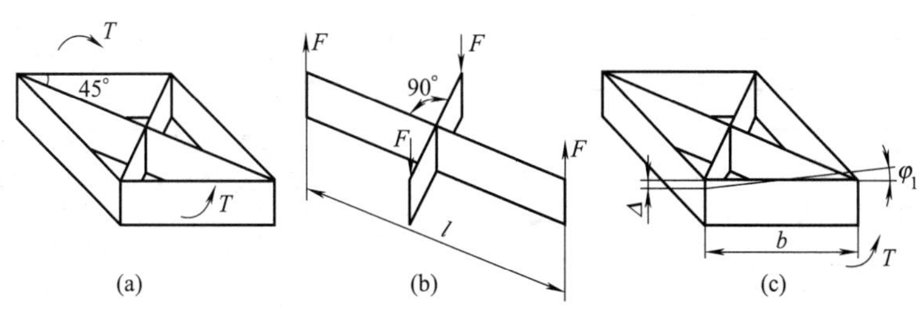

图 9-2-60　对角肋的受力分析

对角肋板的弯曲变形使框架结构产生的扭转角 φ_1 为

$$\varphi_1=\frac{2\Delta}{b}$$

以 $l=\sqrt{2}b$ 及 T，φ_1 代入计算公式，得

$$\varphi_1=0.236\frac{Tb}{EI}$$

若结构如图 9-2-61 所示，由几个对角肋串联，扭矩 T 作用于短边，则串联对角肋板的总扭转角为

$$\varphi_1=0.236n\frac{Tb}{EI}$$

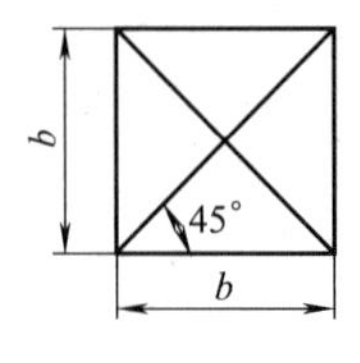

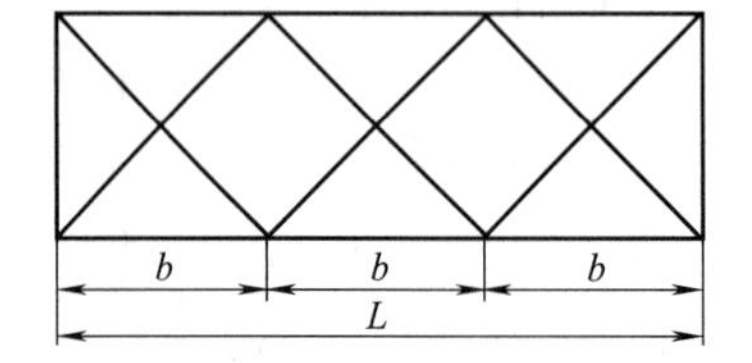

图 9-2-61　对角肋的单元组合

2）侧壁的扭转刚度　设对角肋板所在的矩形框架侧壁高为 h，侧壁板厚为 t，框架长度 $l=nb$，则两块侧壁的扭转角为

$$\varphi_2=\frac{Tnb}{2K_1Ght^3}$$

式中，K_1 的取值见表 9-2-31；n 为对角单元数。

3）对角肋板框架的总扭转刚度 K 等于对角肋板和两侧壁板的刚度之代数和

$$K=\frac{T}{\varphi_1}+\frac{T}{\varphi_2}=\frac{EI}{0.236nb}+\frac{2K_1Ght^3}{nb}$$

对角肋板框架的扭转角为

$$\varphi=\frac{0.236nbT}{EI+2\times0.236K_1Gt^3}$$

2.1.5　十字肋的刚度计算

图 9-2-62 所示十字肋，其惯性矩可按下式计算

$$I=\frac{(b_1-b_2)h_1^3+b_2h_2^3}{12}$$

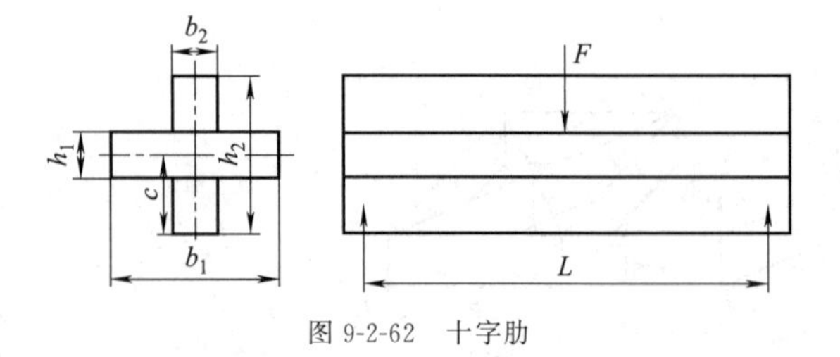

图 9-2-62　十字肋

设计十字肋时应考虑与矩形梁的比较，在提高强度和刚度的同时应使材料用量最少，一般 b_2/b_1 应取得小一些（0.3 以下），h_1/h_2 则应适当，一般为 0.2 左右较好。

各种布肋方式对开式、闭式箱形结构刚度的影响见表 9-1-18～表 9-1-21。

另外，对图 9-2-63（a）T 形肋结构，它可分成几个 T 形单元来计算［图 9-2-63（b）］，每个单元相当于图 9-2-59 的（d）。与十字肋板一样，可对 T 形截面的参数尺寸比例进行分析，以求得在强度和刚度都较好的情况下材料用量最省的截面。

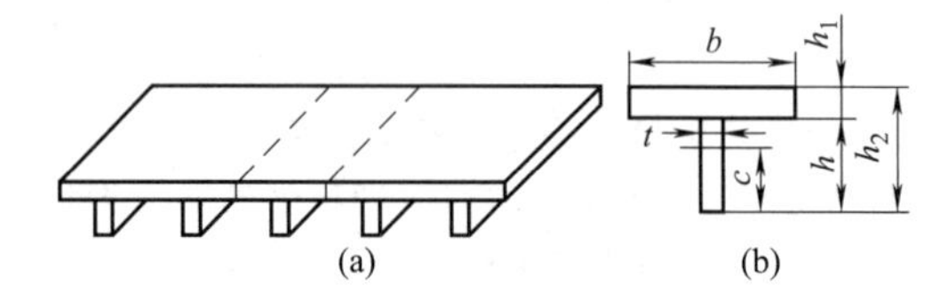

图 9-2-63　T 形肋结构

对于图 9-2-64 所示三角肋条可看作多 T 形肋的特例，每个截面都可视为高度不同的 T 形肋来计算。

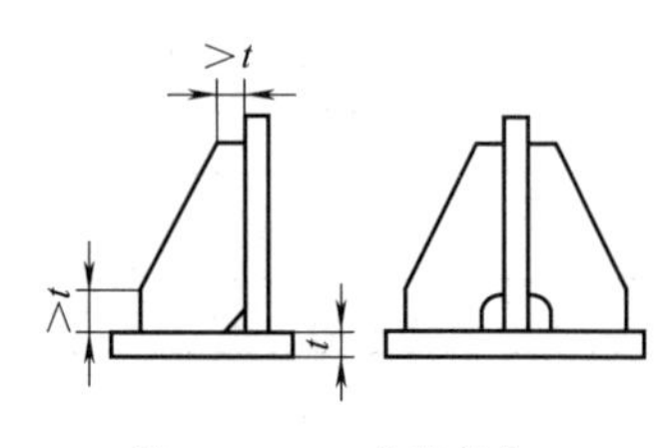

图 9-2-64　三角肋结构

2.2　稳定性计算

立架或柱受压时必须进行稳定性校核计算。对于受弯的梁来说，若受到轴向压力，也必须进行稳定性校核。

2.2.1　不作稳定性计算的条件

当符合下列情况之一时，可不计算梁的整体稳定性：

1）有铺板（各种钢筋混凝土板和钢板）密铺在梁的受压翼缘上并与其牢固相连、能阻止梁受压翼缘的侧向位移时；

2）工字形截面简支梁受压翼缘的自由长度 l_1 与其宽度 b_1 之比不超过表 9-2-32 所规定的数值时。

2.2.2　轴心受压构件的稳定性验算公式

$$\sigma=\frac{N}{\varphi A}<\sigma_p \tag{9-2-12}$$

式中 A——构件的毛截面面积，mm^2；

N——计算轴向压力，N；

φ——根据结构件的最大长细比或最大的换算长细比选取的轴心受压构件稳定系数，φ 值按表 9-2-33 选取（长细比 λ 的计算见 2.2.3 节）。

当钢材的屈服极限 σ_s 高于 $350N/mm^2$ 时，可近似用构件的假想长细比 λ_F，按 16Mn 钢选取 φ。λ_F 的计算公式如下

$$\lambda_F=\lambda\sqrt{\frac{\sigma_s}{350}} \tag{9-2-13}$$

式中 σ_s——所选材料的屈服极限，N/mm^2。

2.2.3 结构件长细比的计算

1）结构件的长细比按式（9-2-14）计算

$$\lambda=\frac{l_C}{r}\leqslant\lambda_p \tag{9-2-14}$$

$$r=\sqrt{\frac{I}{A}} \tag{9-2-15}$$

式中 l_C——结构件的计算长度，其计算方法见 2.2.4 节，mm；

r——构件毛截面对某轴的回转半径，mm；

I——结构件对某轴的毛截面惯性矩，mm^4；

λ_p——结构件的许用长细比，见表 9-2-34。

2）当结构件为格构式的组合结构件时，其整个结构件的换算长细比可按表 9-2-35 计算。

表 9-2-32　工字形截面简支梁不需计算整体稳定性的最大 l_1/b_1 值

钢　号	跨中无侧向支承点的梁		跨中有侧向支承点的梁，不论载荷作用于何处
	载荷作用在上翼缘	载荷作用在下翼缘	
Q235 钢	13	20	16
16Mn 钢、16Mnq 钢	11	17	13
15MnV 钢、15MnVq 钢	10	16	12

注：1. 其他钢号的梁不需计算整体稳定性的最大 l_1/b_1 值，应取 3 号钢的数值乘以 $\sqrt{325/\sigma_s}$。

2. 梁的支座处，应采取构造措施以防止梁端截面的扭转。

3. 对跨中无侧向支承点的梁，l_1 为其跨度；对跨中有侧向支承点的梁，l_1 为受压翼缘侧向支承点间的距离（梁的支座处视为有侧向支承）。

表 9-2-33　轴心受压构件的稳定系数 φ 值

λ	材料 Q235	材料 16Mn	λ	材料 Q235	材料 16Mn
0	1.000	1.000	130	0.401	0.279
10	0.995	0.993	140	0.349	0.242
20	0.981	0.973	150	0.306	0.213
30	0.958	0.940	160	0.272	0.188
40	0.927	0.895	170	0.243	0.168
50	0.888	0.840	180	0.218	0.151
60	0.842	0.776	190	0.197	0.136
70	0.789	0.705	200	0.180	0.124
80	0.731	0.627	210	0.164	0.113
90	0.669	0.546	220	0.151	0.104
100	0.604	0.462	230	0.139	0.096
110	0.536	0.384	240	0.129	0.089
120	0.466	0.325	250	0.120	0.082

表 9-2-34　结构件许用长细比 λ_p

构件类别		受拉结构件	受压结构件	构件类别	受拉结构件	受压结构件
主要承载结构件	对桁架的弦杆	150	120	次要承载结构件（如主桁架的其他杆、辅助桁架的弦杆等）	200	150
	对整个结构	180	150	其他构件	350	250

表 9-2-35　格构式构件换算长细比 λ_h 计算公式

构件截面形式	缀材类别	计算公式	符号意义
（截面图：x、y 轴，1-1 轴）	缀板	$\lambda_{hy}=\sqrt{\lambda_y^2+\lambda_1^2}$	λ_y——整个构件对虚轴的长细比 λ_1——单肢对 1-1 轴的长细比，其计算长度取缀板间的净距离（铆接构件取缀板边缘铆钉中心间的距离）
	缀条	$\lambda_{hy}=\sqrt{\lambda_y^2+27\frac{A}{A_1}}$	A——构件横截面所截各弦杆的毛截面面积之和 A_1——构件横截面所截各斜缀条的毛截面面积之和

续表

构件截面形式	缀材类别	计算公式	符号意义
(双肢截面图：x-x、y-y轴，1-1轴)	缀板	$\lambda_{hx}=\sqrt{\lambda_x^2+\lambda_1^2}$ $\lambda_{hy}=\sqrt{\lambda_y^2+\lambda_1^2}$	λ_1——单肢对最小刚度轴1-1的长细比，其计算长度取缀板间的净距离(铆接构件取缀板边缘铆钉中心间的距离)
	缀条	$\lambda_{hx}=\sqrt{\lambda_x^2+40\dfrac{A}{A_{1x}}}$ $\lambda_{hy}=\sqrt{\lambda_y^2+40\dfrac{A}{A_{1y}}}$	A_{1x}——构件横截面所截垂直于xx轴的平面内各斜缀条的毛截面面积之和 A_{1y}——构件横截面所截垂直于yy轴的平面内各斜缀条的毛截面面积之和
(三肢截面图：x-x、y-y轴，θ)	缀条	$\lambda_{hx}=\sqrt{\lambda_x^2+\dfrac{42A}{A_1(1.5-\cos^2\theta)}}$ $\lambda_{hy}=\sqrt{\lambda_y^2+\dfrac{42A}{A_1\cos^2\theta}}$	θ——缀条所在平面和x轴的夹角

注：1. 缀板组合结构件的单肢长细比λ_1不应大于40。缀板尺寸应符合下列规定：缀板沿柱纵向的宽度不应小于肢件轴线间距离的2/3，厚度不应小于该距离的1/40，并不小于6mm。

2. 斜缀条与结构件轴线间倾角应保持在40°～70°范围内。

2.2.4 结构件的计算长度

2.2.4.1 等截面柱

等截面杆件只考虑支承影响，受压构件计算长度按式（9-2-16）计算

$$l_C=\mu_1 l \qquad (9\text{-}2\text{-}16)$$

式中 l——构件的实际几何长度；

μ_1——与支承方式有关的（在两个平面内不一定相同）长度系数，见表9-2-36。

2.2.4.2 变截面受压构件

变截面受压构件计算长度按式（9-2-17）计算，构件的截面惯性矩取原构件的最大截面惯性矩

$$l_C=\mu_1\mu_2 l \qquad (9\text{-}2\text{-}17)$$

式中 μ_2——变截面长度系数，见表9-2-37～表9-2-39，等截面时$\mu_2=1$。

表9-2-36 长度系数μ_1值

a/l	构件支承方式							
	(支承图1：N, l, a)	(支承图2：N)	(支承图3：N)	(支承图4：N)	(支承图5：N)	(支承图6：N)	(支承图7：N)	(支承图8：N)
0	2.00	0.70	0.50	2.00	0.70	0.50	1.00	1.00
0.1	1.87	0.65	0.47	1.85	0.65	0.46	0.93	0.93
0.2	1.73	0.60	0.44	1.70	0.59	0.43	0.87	0.85
0.3	1.60	0.56	0.41	1.55	0.54	0.39	0.80	0.78
0.4	1.47	0.52	0.41	1.40	0.49	0.36	0.75	0.70
0.5	1.35	0.50	0.44	1.26	0.44	0.35	0.70	0.64
0.6	1.23	0.52	0.49	1.11	0.41	0.36	0.67	0.58
0.7	1.13	0.56	0.54	0.98	0.41	0.39	0.67	0.53
0.8	1.06	0.60	0.59	0.85	0.44	0.43	0.68	0.51
0.9	1.01	0.65	0.65	0.76	0.47	0.46	0.69	0.50
1.0	1.00	0.70	0.70	0.70	0.50	0.50	0.70	0.50

表 9-2-37　　**变截面长度系数 μ_2 值**

变截面形式	I_{min}/I_{max}	μ_2	变截面形式	I_{min}/I_{max}	μ_2
I_x呈线性变化	0.1	1.45	I_x呈抛物线变化	0.1	1.66
	0.2	1.35		0.2	1.45
	0.4	1.21		0.4	1.24
	0.6	1.13		0.6	1.13
	0.8	1.06		0.8	1.05

表 9-2-38　　**变截面长度系数 μ_2 值**

变截面形式：$\frac{I_x}{I_{max}}=\left(\frac{x}{x_1}\right)^n$，$m=\frac{a}{l}$；n=1，n=2，n=3，n=4

I_{min}/I_{max}	n	μ_2（m=0）	m=0.2	m=0.4	m=0.6	m=0.8
0.1	1	1.23	1.14	1.07	1.02	1.00
	2	1.35	1.22	1.10	1.03	1.00
	3	1.40	1.31	1.12	1.04	1.00
	4	1.43	1.33	1.13	1.04	1.00
0.2	1	1.19	1.11	1.05	1.01	1.00
	2	1.25	1.15	1.07	1.02	1.00
	3	1.27	1.16	1.08	1.03	1.00
	4	1.28	1.17	1.08	1.03	1.00
0.4	1	1.12	1.07	1.04	1.01	1.00
	2	1.14	1.08	1.04	1.01	1.00
	3	1.15	1.09	1.04	1.01	1.00
	4	1.15	1.09	1.04	1.01	1.00
0.6	1	1.07	1.04	1.02	1.01	1.00
	2	1.08	1.05	1.02	1.01	1.00
	3	1.08	1.05	1.02	1.01	1.00
	4	1.08	1.05	1.02	1.01	1.00
0.8	1	1.03	1.02	1.01	1.00	1.00
	2	1.03	1.02	1.01	1.00	1.00
	3	1.03	1.02	1.01	1.00	1.00
	4	1.03	1.02	1.01	1.00	1.00

表 9-2-39　　**变截面长度系数 μ_2 值**（箱形伸缩臂）

伸缩臂几何特性：

图(a)：$\beta_2=I_1/I_2$，$\alpha_1=0.6$

图(b)：$\alpha_1=0.4$，$\beta_2=\frac{I_1}{I_2}$；$\alpha_2=0.7$，$\beta_3=\frac{I_2}{I_3}$

系数	图(a)					图(b)									
β_2	1.3	1.6	1.9	2.2	2.5	1.3		1.6		1.9		2.2		2.5	
β_3	—	—	—	—	—	1.3	2.5	1.3	2.5	1.3	2.5	1.3	2.5	1.3	2.5
μ_2	1.015	1.030	1.046	1.062	1.078	1.052	1.090	1.100	1.145	1.145	1.195	1.190	1.244	1.230	1.290

第9篇

续表

伸缩臂几何特性

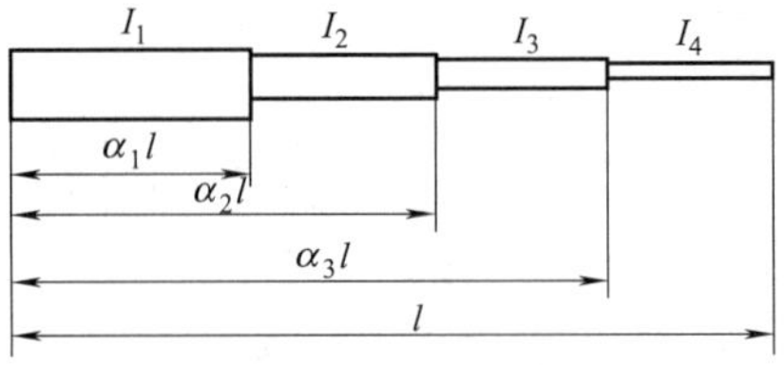

$\alpha_1=0.34$；$\beta_2=\dfrac{I_1}{I_2}$

$\alpha_2=0.56$；$\beta_3=\dfrac{I_2}{I_3}$

$\alpha_3=0.78$；$\beta_4=\dfrac{I_3}{I_4}$

图(c)

系数

	1	2	3	4	5	6	7	8	9	10	11	12	13	14	15	16
β_2	1.3										1.6					
β_3	1.3		1.6		1.9		2.2		2.5		1.3		1.6		1.9	
β_4	1.3	2.5	1.3	2.54	1.34	2.5	1.3	2.5	1.39	2.5	1.3	2.5	1.3	2.5	1.3	2.5
μ_2	1.085	1.100	1.115	1.140	1.140	1.170	1.165	1.200	1.190	1.230	1.150	1.170	1.180	1.208	1.210	1.245

	1	2	3	4	5	6	7	8	9	10	11	12	13	14	15	16
β_2	1.6				1.9										2.2	
β_3	2.2		2.5		1.3		1.6		1.9		2.2		2.5		1.3	
β_4	1.3	2.5	1.3	2.5	1.3	2.5	1.3	2.5	1.3	2.5	1.3	2.5	1.3	2.5	1.3	2.5
μ_2	1.240	1.278	1.270	1.310	1.205	1.235	1.245	1.275	1.280	1.315	1.310	1.350	1.345	1.390	1.260	1.290

	1	2	3	4	5	6	7	8	9	10	11	12	13	14	15	16	17	18
β_2	2.2								2.5									
β_3	1.6		1.9		2.2		2.5		1.3		1.6		1.9		2.2		2.5	
β_4	1.3	2.5	1.3	2.5	1.3	2.5	1.3	2.5	1.3	2.5	1.3	2.5	1.3	2.5	1.3	2.5	1.3	2.5
μ_2	1.300	1.338	1.340	1.380	1.380	1.422	1.412	1.465	1.315	1.350	1.360	1.396	1.400	1.444	1.440	1.490	1.480	1.535

伸缩臂几何特性

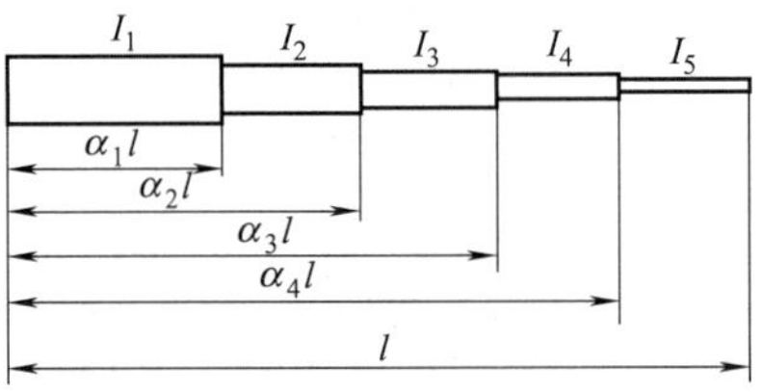

$\alpha_1=0.24$；$\beta_2=\dfrac{I_1}{I_2}$

$\alpha_2=0.43$；$\beta_3=\dfrac{I_2}{I_3}$

$\alpha_3=0.62$；$\beta_4=\dfrac{I_3}{I_4}$

$\alpha_4=0.81$；$\beta_5=\dfrac{I_4}{I_5}$

图(d)

系数

	1	2	3	4	5	6	7	8	9	10	11	12	13	14	15	16
β_2	1.3										1.6					
β_3	1.3		1.6		1.9		2.2		2.5		1.3		1.6		1.9	
β_4	1.3	2.5	1.3	2.5	1.3	2.5	1.3	2.5	1.3	2.5	1.3	2.5	1.3	2.5	1.3	2.5
μ_2	1.160	1.255	1.215	1.325	1.270	1.395	1.320	1.460	1.365	1.520	1.250	1.360	1.310	1.440	1.370	1.515

	1	2	3	4	5	6	7	8	9	10	11	12	13	14	15	16
β_2	1.6				1.9										2.2	
β_3	2.2		2.5		1.3		1.6		1.9		2.2		2.5		1.3	
β_4	1.3	2.5	1.3	2.5	1.3	2.5	1.3	2.5	1.3	2.5	1.3	2.5	1.3	2.5	1.3	2.5
μ_2	1.430	1.590	1.480	1.660	1.330	1.450	1.400	1.545	1.465	1.630	1.530	1.710	1.590	1.790	1.410	1.540

	1	2	3	4	5	6	7	8	9	10	11	12	13	14	15	16	17	18
β_2	2.2								2.5									
β_3	1.6		1.9		2.2		2.5		1.3		1.6		1.9		2.2		2.5	
β_4	1.3	2.5	1.3	2.5	1.3	2.5	1.3	2.5	1.3	2.5	1.3	2.5	1.3	2.5	1.3	2.5	1.3	2.5
μ_2	1.490	1.645	1.560	1.730	1.630	1.820	1.690	1.900	1.485	1.625	1.565	1.735	1.640	1.830	1.715	1.925	1.785	2.010

注：1. I_i 为第 i 节臂的截面平均惯性矩。

2. 若 β 值处在 1.3 和 2.5 之间，可用线性插值法查得 μ_2 值。

3. 取表中图（d）栏里的数值时，β_5 可为任意值。

2.2.4.3 桁架构件的计算长度

1）确定桁架交叉腹杆的长细比时，在桁架平面内的计算长度应取节点中心到交叉点间的距离，在桁架平面外的计算长度应按表 9-2-40 的规定采用。

2）确定桁架弦杆和单系腹杆的长细比时，其计算长度 l_0 应按表 9-2-41 的规定采用。

如桁架弦杆侧向支承点之间的距离为节间长度的 2 倍（图 9-2-65），且侧向支承点之间的轴心压力有变化时，则该弦杆在桁架平面外的计算长度应按式（9-2-18）确定

表 9-2-40　　**桁架交叉腹杆在桁架平面外的计算长度**

项次	杆件类别	杆件的交叉情况	桁架平面外计算长度
1	压　杆	当相交的另一杆受拉，且两杆在交叉点均不中断	$0.5l$
2		当相交的另一杆受拉，两杆中有一杆在交叉点中断并以节点板搭接	$0.7l$
3		其他情况	l
4	拉　杆		l

注：1. l 为节点中心间距（交叉点不作为节点考虑）。

2. 当两交叉杆都受压时，不宜有一杆中断。

3. 当确定交叉腹杆中单角钢压杆斜平面内的长细比时，计算长度应取节点中心至交叉点间距离。

表 9-2-41　　**桁架弦杆和单系腹杆的计算长度 l_0**

项　次	弯曲方向	弦　　杆	腹　　杆	
			支座斜杆和支座竖杆	其他腹杆
1	在桁架平面内	l	l	$0.8l$
2	在桁架平面外	l_1	l	l
3	斜平面	—	l	$0.9l$

注：1. l 为构件的几何长度（节点中心间距）；l_1 为桁架弦杆侧向支承点之间的距离。

2. 第 3 项斜平面是指与桁架平面斜交的平面，适用于构件截面两主轴均不在桁架平面内的单角钢腹杆和双角钢十字形截面腹杆。

3. 无节点板的腹杆计算长度在任意平面内均取其等于几何长度。

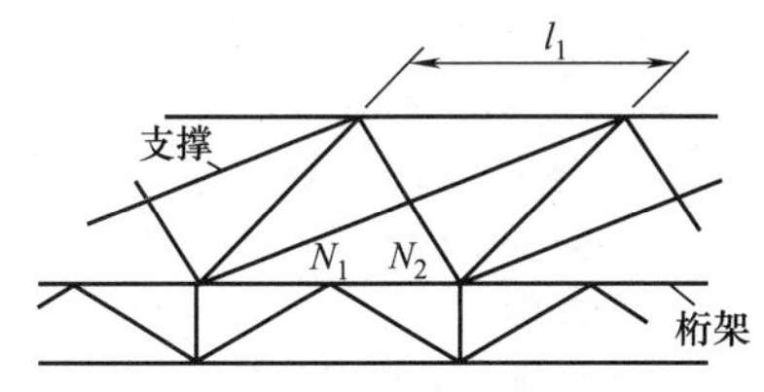

图 9-2-65　弦杆轴心压力在侧向支承点之间有变化的桁架简图

$$l_0=l_1\left(0.75+0.25\frac{N_2}{N_1}\right) \qquad (9\text{-}2\text{-}18)$$

但不小于 $0.5l_1$。

式中　N_1——较大的压力，计算时取正值；

N_2——较小的压力或拉力，计算时压力取正值，拉力取负值。

桁架再分式腹杆体系的受压主斜杆［图 9-2-66（a）］及 K 形腹杆体系的竖杆［图 9-2-66（b）］等，在桁架平面外的计算长度也应按式（9-2-18）确定（受拉主斜杆仍取 l_1）；在桁架平面内的计算长度则取节点中心间距。

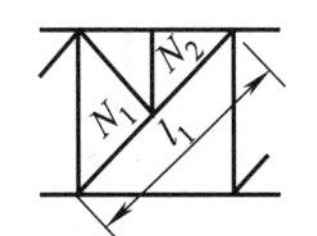

(a) 再分式腹杆体系的受压主斜杆

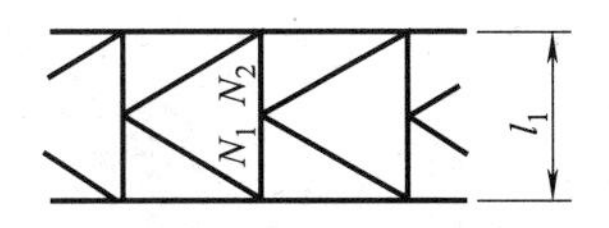

(b) K形腹杆体系的竖杆

图 9-2-66　受压腹杆压力有变化的桁架简图

2.2.4.4　特殊情况

在特殊情况下，例如，考虑到起重机吊臂端部有变幅拉臂钢丝绳或起升钢丝绳的有利影响，吊臂在回转平面内的计算长度还要考虑长度系数，按式（9-2-19）计算

$$l_C=\mu_1\mu_2\mu_3 l \qquad (9\text{-}2\text{-}19)$$

式中　μ_3——由于拉臂钢丝绳或起升钢丝绳影响的长度系数。当吊臂由拉臂钢丝绳变幅时［图 9-2-67（a）］，长度系数可由式（9-2-20）求得。若计算值小于 1/2 时，则 μ_3 取 1/2。

$$\mu_3=1-\frac{A}{2B} \qquad (9\text{-}2\text{-}20)$$

当吊臂由变幅油缸变幅时［图 9-2-67（b）］，起升绳影响的长度系数可由式（9-2-21）求得

$$\mu_3=1-\frac{c}{2} \qquad (9\text{-}2\text{-}21)$$

$$c=\frac{1}{\cos\alpha+a\sin\theta}\times\frac{l}{H}$$

式中　a——起升滑轮组倍率；

l——吊臂长度；

θ，α，A，B，H——几何尺寸，见图 9-2-67。

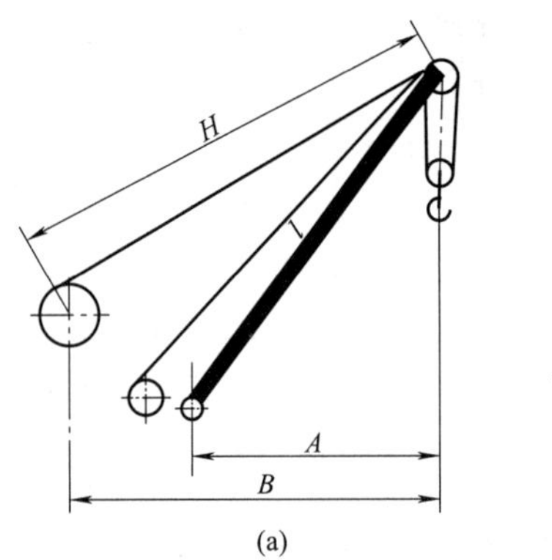

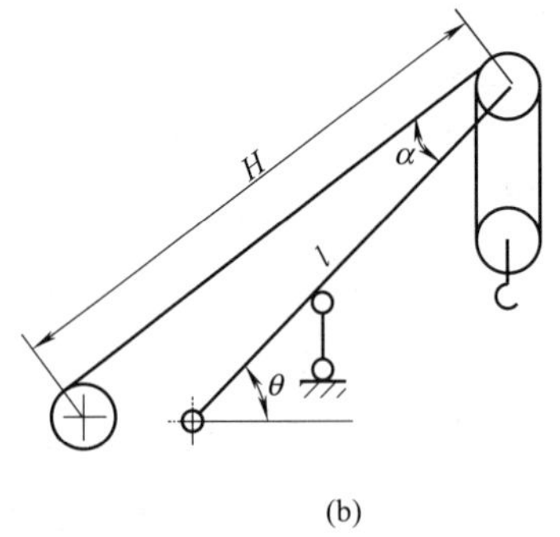

图 9-2-67　起重机吊臂端部有变幅拉臂钢丝绳或起升钢丝绳时长度系数的计算

2.2.5　偏心受压构件

对于单向或双向受压与弯的构件，即构件受有轴向力及受绕强轴（x 轴）和弱轴（y 轴）的双向弯矩时，除用一般强度公式验算强度外，还需验算其稳定性。详细计算可参看 GB/T 3811—2008。

凡符合下列情况之一的受弯结构件，可不验算侧向屈曲稳定性：

1）箱形截面结构件，当其截面高 H 与两侧板间的宽度 B 的比值不大于 3 时，或其截面足以保证结构件的侧向刚性（如空间桁架）时；

2）其他截面的结构件，当有刚性较强的走台，且其支承件固定在结构件的受压翼板上，并能抵抗截面的扭转和水平位移时；

3）两端简支的工字形截面结构件，其受压翼缘板的自由长度 l 和其宽度 b 之比值不超过表 9-2-42 中的规定值时。

当受弯结构件不符合上述情况之一时，则必须计算结构件的侧向屈曲稳定系数，见 GB/T 3811—2008。

2.2.6　板的局部稳定性计算

对于薄板的局部稳定性和配肋板的要求，已在梁板的加强肋板中说明。在必须对板的局部稳定性作详细验算时，可按本节进行计算。

1）压应力 σ_1、切应力 τ 和局部压应力 σ_m 分别作用时的临界应力及欧拉应力为

$$\sigma_{1cr}=\chi K_{\sigma}\sigma_E \tag{9-2-22}$$

$$\tau_{cr}=\chi K_{\tau}\sigma_E \tag{9-2-23}$$

$$\sigma_{mcr}=\chi K_{m}\sigma_E \tag{9-2-24}$$

$$\sigma_E=\frac{\pi^2 E}{12(1-\nu^2)}\left(\frac{\delta}{b}\right)^2=19\left(\frac{100\delta}{b}\right)^2 \tag{9-2-25}$$

式中　σ_{1cr}——临界压应力，N/mm²；

τ_{cr}——临界切压力，N/mm²；

σ_{mcr}——临界局部挤压应力，N/mm²；

χ——板边弹性嵌固系数，一般可在 1～1.26 范围内选取，当一对边受强翼

表 9-2-42　两端简支的工字形截面结构件不需要验算侧向屈曲稳定性的最大 l/b 值

$\frac{h}{b}$	$h/\delta_b=100$			$h/\delta_b=50$		
	载荷作用在上翼缘板	载荷作用在下翼缘板	跨内有侧向支承点，不论载荷作用在何处	载荷作用在上翼缘板	载荷作用在下翼缘板	跨内有侧向支承点，不论载荷作用在何处
2	16/13	25/21	19/16	17/14	26/22	20/17
4	15/12	23/19	17/14	16/13	24/20	18/15
6	13/11	21/17	16/13	15/12	22/18	17/14

注：1. 表中符号意义为：

h——结构件全高；

l——受压翼缘的自由长度，对跨中无侧向支承点的结构件，即为其跨度；对跨中有侧向支承点的结构件，为受压翼缘侧向支承点间距；

b——结构件受压翼缘的宽度；

δ_b——结构件受压翼缘的厚度。

2. 在结构件的端部支承处，应采取构造措施以阻止其端部截面的扭转。

3. 表中分子数字用于 Q235 钢，分母数字用于 16Mn 钢。

板或强纵向加劲肋嵌固时取大值；

K_σ，K_τ，K_m——四边简支板的屈曲系数，取决于板的边长比 $\alpha=a/b$ 和板边载荷情况，对于用加劲肋分隔的局部区格按表 9-2-43 求得，对于包括加劲肋在内的带肋板按表 9-2-44 求得；

σ_E——欧拉应力，N/mm^2；

δ——板厚，mm；

b——区格宽或板宽，mm；

E——材料的弹性模量，N/mm^2；

ν——泊松比。

当加劲肋符合本节 4）的规定时，只需要按局部区格计算稳定性，否则应同时计算局部区格和带肋板两种情况的稳定性。

2）压应力 σ_1、切应力 τ 和局部压应力 σ_m 同时作用时的临界复合应力按式（9-2-26）计算

$$\sigma_{i,cr}=\frac{\sqrt{\sigma_1^2+\sigma_m^2-\sigma_1\sigma_m+3\tau^2}}{\frac{1+\psi}{4}\left(\frac{\sigma_1}{\sigma_{1cr}}\right)+\sqrt{\left[\frac{3-\psi}{4}\left(\frac{\sigma_1}{\sigma_{1cr}}\right)+\frac{\sigma_m}{\sigma_{mcr}}\right]^2+\left(\frac{\tau}{\tau_{cr}}\right)^2}} \tag{9-2-26}$$

式中，ψ 的含义见表 9-2-43。

特殊情况：$\tau=0$，$\sigma_m=0$；$\sigma_{i,cr}=\sigma_{1cr}$；

$\sigma_1=0$，$\sigma_m=0$，$\sigma_{i,cr}=\sqrt{3}\tau_{cr}$；

$\tau=0$，$\sigma_1=0$，$\sigma_{i,cr}=\sigma_{mcr}$。

当局部压力作用于板的受拉边缘时，σ_1 与 σ_m 不相关，可分别取 $\sigma_m=0$ 或 $\sigma_1=0$ 进行计算。当临界复合应力（包括上述特殊情况）超过 $0.75\sigma_s$ 时，应按式（9-2-27）求得折减临界复合应力 σ_{cr}

$$\sigma_{cr}=\sigma_s\left(1-\frac{\sigma_s}{5.3\sigma_{i,cr}}\right) \tag{9-2-27}$$

式中　σ_s——材料的屈服点，N/mm^2。

表 9-2-43　　**局部区格板的屈曲系数**

序号	载荷情况	$\alpha=a/b$	K
1	均匀或不均匀压缩（$0\leqslant\psi<1$）	$\alpha\geqslant1$	$K_\sigma=\frac{8.4}{\psi+1.1}$
		$\alpha<1$	$K_\sigma=\left(\alpha+\frac{1}{\alpha}\right)^2\frac{2.1}{\psi+1.1}$
2	纯弯曲或以拉为主的弯曲($\psi\leqslant-1$)	$\alpha\geqslant\frac{2}{3}$	$K_\sigma=23.9$
		$\alpha<\frac{2}{3}$	$K_\sigma=15.87+\frac{1.87}{\alpha^2}+8.6\alpha^2$
3	以压为主的弯曲（$-1<\psi<0$）		$K_\sigma=(1+\psi)K'_\sigma-\psi K''_\sigma+10\psi(1+\psi)$ K'_σ——$\psi=0$ 时的屈曲系数(序号 1) K''_σ——$\psi=-1$ 时的屈曲系数(序号 2)
4	纯剪切	$\alpha\geqslant1$	$K_\tau=5.34+\frac{4}{\alpha^2}$
		$\alpha<1$	$K_\tau=4+\frac{5.34}{\alpha^2}$
5	单边局部压缩	$\alpha\leqslant1$	$K_m=\frac{2.86}{\alpha^{1.5}}+\frac{2.65}{\alpha^2\beta}$
		$1<\alpha\leqslant3$	$K_m=\left(2+\frac{0.7}{\alpha^2}\right)\left(\frac{1+\beta}{\alpha\beta}\right)$ 注：当 $\alpha>3$ 时，按 $a=3b$ 计算 α、β、K_m 值

续表

序号	载荷情况		$\alpha=a/b$	K
6	双边局部压缩	$c=\beta a$, b, $a=\alpha b$		$K_m=0.8K'_m$ K'_m——按序号5计算的K_m值

注：1. σ_1为板边最大压应力，$\psi=\sigma_2/\sigma_1$为板边两端应力比；σ_1、σ_2各带自己的正负号。

2. 对有一条纵向加劲肋，受局部压应力作用的腹板，其上区格可参照序号6栏计算屈曲系数，其下区格在确定局部压应力的扩散区宽度后可参照序号5栏计算屈曲系数。对有两条和两条以上纵向加劲肋的情况，也可按照上述原则进行计算。

表 9-2-44　　带肋板的屈曲系数

序号	载荷情况		K
1	压缩	σ_1, d, $b=rd$, $a=\alpha b$	$K_\sigma=\dfrac{(1+\alpha^2)^2+r\gamma_a}{\alpha^2(1+r\delta_a)}\times\dfrac{2}{1+\psi}$ r——加劲肋的分隔数
2	纯剪切	τ, y_i, b, $a=\alpha b$	（见下表） $m=2\sum_{i=1}^{r-1}\sin^2\left(\dfrac{\pi y_i}{b}\right)\gamma_a$，加劲肋等距离平分板宽时$2\sum_{i=1}^{r-1}\sin^2\left(\dfrac{\pi y_i}{b}\right)=r$
3	局部挤压	$c=\beta a$, y_i, b, $a=\alpha b$	$K_m=K'_m(1+\eta)$ K'_m——按表9-2-43中的序号5计算的K_m值 $\eta=\dfrac{\sum_{i=1}^{r-1}\left(\sin\dfrac{\pi y_i}{b}-\dfrac{1}{4}\sin\dfrac{2\pi y_i}{b}\right)^2}{\alpha^4+\dfrac{5}{4}\alpha^2+\dfrac{17}{32}}\gamma_a$

m	5	10	20	30	40	50	60	70	80	90	100
K_τ	6.98	7.7	8.67	9.36	9.6	10.4	10.8	11.1	11.4	11.7	12

注：$\gamma_a=\dfrac{EI_z}{bD}$，$\delta_a=\dfrac{A_z}{b\delta}$；

I_z——加劲肋截面对于板中面轴线的惯性矩，mm^4；

A_z——加劲肋截面面积，mm^2；

$D=\dfrac{E\delta^3}{12(1-\nu^2)}$（$\nu$为材料的泊松比）。

3）局部稳定性许用应力及局部稳定性验算。局部稳定性许用应力σ_{crp}按式（9-2-28）或式（9-2-29）计算

$$当\ \sigma_{i,cr}\leqslant\sigma_p\ 时：\sigma_{crp}=\frac{\sigma_{i,cr}}{n}\qquad(9\text{-}2\text{-}28)$$

$$当\ \sigma_{i,cr}>\sigma_p\ 时：\sigma_{crp}=\frac{\sigma_{cr}}{n}\qquad(9\text{-}2\text{-}29)$$

式中　n——安全系数，取与强度安全系数一致；

σ_p——$0.75\sigma_s$（假想比例极限）。

局部稳定性按式（9-2-30）验算

$$\sqrt{\sigma_1^2+\sigma_m^2-\sigma_1\sigma_m+3\tau^2}\leqslant\sigma_{crp}\qquad(9\text{-}2\text{-}30)$$

4）起重机机架对加劲肋构造尺寸的要求。在满足上述的板的局部稳定性的前提下，板横向加劲肋间距a不得小于$0.5b$，且不得大于b和2m两值中的大值，b为板的总宽度。

板横向加劲肋的尺寸按式（9-2-31）和式（9-2-32）确定

$$b_1\geqslant\frac{b}{30}+40\qquad(9\text{-}2\text{-}31)$$

$$\delta_1 \geqslant \frac{1}{15} b_1 \quad (9\text{-}2\text{-}32)$$

式中　b_1——横向加劲肋的外伸宽度，mm；

δ_1——横向加劲肋的厚度，mm；

b——板的总宽度，mm。

在板同时采用横向加劲肋和纵向加劲肋时，横向加劲肋除尺寸应符合上述规定外，还应满足式（9-2-33）的要求

$$I_{z1} \geqslant 3b\delta^3 \quad (9\text{-}2\text{-}33)$$

式中　I_{z1}——横向加劲肋的截面对该板板厚中心线的惯性矩，mm^4；

δ——板厚，mm。

此时，腹板纵向加劲肋应同时满足式（9-2-34）、式（9-2-35）的要求

$$I_{z2} \geqslant \left(2.5-0.45\frac{a}{b}\right)\frac{a^2}{b}\delta^3 \quad (9\text{-}2\text{-}34)$$

$$I_{z2} \geqslant 1.5b\delta^3 \quad (9\text{-}2\text{-}35)$$

式中　I_{z2}——板纵向加劲肋的截面对板厚中心线的惯性矩，mm^4。

翼缘板纵向加劲肋应满足式（9-2-36）的要求

$$I_{z3} \geqslant m\left(0.64+0.09\frac{a}{b}\right)\frac{a^2}{b}\delta^3 \quad (9\text{-}2\text{-}36)$$

式中　I_{z3}——翼缘板纵向加劲肋的截面对翼缘板板厚中心线的惯性矩，mm^4；

m——翼缘板纵向加劲肋数。

2.2.7 圆柱壳的局部稳定性计算

受轴压或压弯联合作用的薄壁圆柱壳体，当壳体壁厚 δ 与壳体中面半径 R 的比值 $\frac{\delta}{R}$ 不大于 $25\frac{\sigma_s}{E}$ 时，必须计算它的局部稳定性。

1）圆柱壳体受轴压或压弯联合作用时的临界应力

$$\sigma_{c,cr} = 0.2\frac{E\delta}{R} \quad (9\text{-}2\text{-}37)$$

式中　$\sigma_{c,cr}$——圆柱壳体受轴压或压弯联合作用时的临界应力，N/mm^2，当按式（9-2-37）算得的临界应力超过 $0.75\sigma_s$ 时，可按式（9-2-27）进行折减；

R——圆柱壳体中面半径，mm；

δ——圆柱壳体壁厚，mm。

2）受轴压或压弯联合作用的薄壁圆柱壳体的局部稳定性验算

$$\frac{N}{A}+\frac{M}{W} \leqslant \frac{\sigma_{c,cr}}{n} \quad (9\text{-}2\text{-}38)$$

式中　N——轴向力，N；

M——弯矩，N·mm；

A——圆柱壳的横截面净面积，mm^2；

W——圆柱壳的横截面净截面抗弯模量，mm^3；

n——安全系数，取与强度安全系数一致。

3）加劲环　圆柱壳两端应设置加劲环或设置有相应作用的结构件；当壳体长度大于 $10R$ 时，需设置中间加劲环。加劲环的间距不大于 $10R$，加劲环的截面惯性矩 I_z 应满足式（9-2-39）的要求

$$I_z \geqslant \frac{R\delta^3}{2}\sqrt{\frac{R}{\delta}} \quad (9\text{-}2\text{-}39)$$

式中　I_z——圆柱壳加劲环的截面惯性矩，mm^4。

2.2.8 梁的局部稳定性

按强度计算，梁的腹板可取得很薄，以节约金属和减轻结构重量。但梁易失稳，常用筋板提高其局部稳定性。组合工字梁的翼缘受压时也可能失稳，因而规定其翼缘的伸出长度。表 9-2-45 为工字梁及箱形梁受压翼缘宽厚比的规定值。

受弯构件腹板配置加劲筋板的规定和布置见表 9-2-46、图 9-2-68 和图 9-2-69。对于表 9-2-46 中 1 项有局部压应力的梁及其他各项无局部压应力的梁，其配筋尺寸的一般原则如下。

1）$0.5h_0 \leqslant a \leqslant 2h_0$，且 $a \leqslant 3m$。

2）短加筋板，$a_1 > 0.75h_1$。

3）筋板宽度，$b \geqslant \frac{h_0}{30}+40mm$，且不得超过翼缘宽度（应离翼缘 5～10mm）。

4）筋板的厚度：$t_W \geqslant \frac{1}{15}b$，但不得超过腹板厚度。

5）梁需加纵向筋板时，h_1 值宜为 $\frac{h_0}{5} \sim \frac{h_0}{4}$。纵向筋板应连续，长度不足时应预先接长，并保证对接焊缝。

6）连接筋板的焊缝宜用小焊脚的连续角焊缝，对于只承受静载荷或动载荷不大的梁，可用断续焊缝。

7）为了易于装配和避免焊缝汇交于一点，通常在筋板上切去一个角（图 9-2-69），角边高度约为焊脚高度的 2～3 倍。图中 C—C 剖面所示的短筋板，其端部易产生裂纹，动载梁不宜采用，应设计成通高的长筋板（见 B—B 剖面）。筋板与受拉翼缘连接的角焊缝会降低疲劳强度，对重要的动载梁可用 A—A 剖面的结构，即筋板下部放垫板并与之焊接，垫板与受拉翼缘不焊，或焊缝平行于内力。

对于局部受压的梁，受压处的加强筋板必须计算。

表 9-2-45　　受压翼缘的宽厚比

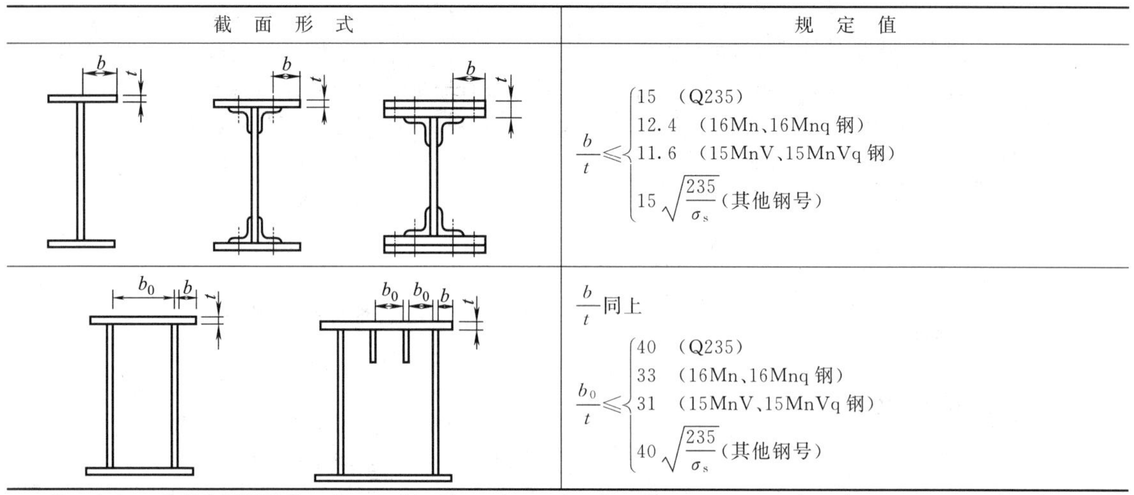

截 面 形 式	规 定 值
(工字形截面)	$\frac{b}{t}\leqslant\begin{cases}15 & (Q235)\\12.4 & (16Mn、16Mnq 钢)\\11.6 & (15MnV、15MnVq 钢)\\15\sqrt{\frac{235}{\sigma_s}} & (其他钢号)\end{cases}$
(箱形截面)	$\frac{b}{t}$ 同上 $\frac{b_0}{t}\leqslant\begin{cases}40 & (Q235)\\33 & (16Mn、16Mnq 钢)\\31 & (15MnV、15MnVq 钢)\\40\sqrt{\frac{235}{\sigma_s}} & (其他钢号)\end{cases}$

注：表中 σ_s 为钢的屈服强度。对 Q235 钢，取 $\sigma_s=235\mathrm{N/mm^2}$；对 16Mn、16Mnq 钢，取 $\sigma_s=345\mathrm{N/mm^2}$；对 15MnV、15MnVq 钢，取 $\sigma_s=390\mathrm{N/mm^2}$。

表 9-2-46　　受弯构件腹板配置加劲筋的规定

项　　次	配 置 规 定	备　　注
$h_0/t_W\leqslant80\sqrt{\frac{235}{\sigma_s}}$ 时	可不配置加劲筋，但对有局部压应力的梁应配加劲筋	加劲筋间距按计算确定 h_0——腹板的计算高度，按图 9-2-68 采用 t_W——腹板的厚度 σ_s——钢材的屈服强度，N/mm²
$80\sqrt{\frac{235}{\sigma_s}}<\frac{h_0}{t_W}\leqslant170\sqrt{\frac{235}{\sigma_s}}$ 时	应配置横向加劲筋	
$\frac{h_0}{t_W}>170\sqrt{\frac{235}{\sigma_s}}$ 时	应配置： ①横向加劲筋 ②受压区的纵向加劲筋 ③必要时尚应在受压区配置短加劲筋	
支座处和上翼缘受有较大固定集中载荷处，宜设置支承加劲筋		

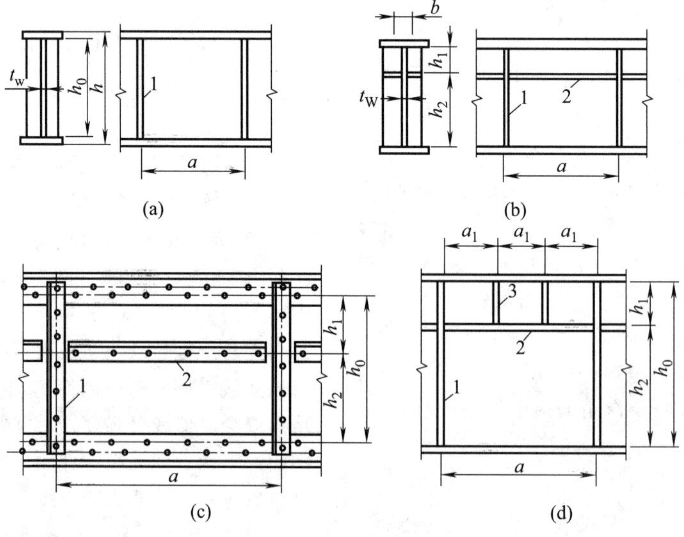

图 9-2-68　加劲筋布置

1—横向加劲筋；2—纵向加劲筋；3—短加劲筋

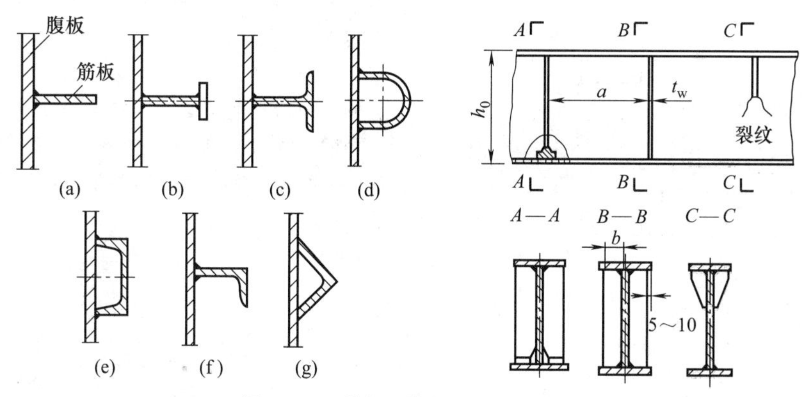

图 9-2-69　筋板的横截面形状与配置

2.3　典型超精密机床总体布局及振动和热控制

2.3.1　超精密机床的总体布局

超精密机床的总体布局对其性能好坏起决定性影响。目前超精密机床绝大多数用于加工反射镜等盘形零件，因此一般都没有后顶尖。

对超精密车床，刀具相对于工件，需做纵向（z）和横向（x）运动，因此需要有 z 方向和 x 方向的导轨。某些机床，如 Moore 车床，还增加一个回转工作台，使上面装的金刚石刀具在加工非球曲面时，始终垂直于加工表面，以减小刀具圆弧刃误差对工件形状的影响。这时除有 z 和 x 方向的导轨外，还增加一个垂直的 B 回转轴。根据加工回转体非球曲面的运动要求，现在超精密机床的总体布局有下面几种。

（1）十字形滑板工作台布局

这种布局中主轴箱位置固定，刀架装在十字形滑板（或溜板）工作台上，做 z 向和 x 向运动。现在的精密机床，如坐标镗床和三坐标测量机等，多数采用这种结构布局。图 9-2-70 所示为 Moore 公司三坐标测量机所用的十字形滑板构成的 x、z 双向工作台。Moore 公司生产的 M-18AG 型超精密非球曲面车床也采用这种结构布局。

这种结构布局将使下滑板的运动误差叠加到上滑板的运动误差中，故要求十字形滑板的上下导轨都有很高的精度，不仅要求有很高的直线运动精度，而且要求有非常严格的垂直度。此外，现在的超精密机床，采用双频激光干涉仪或光栅尺做 z、x 方向运动的随机位置检测，采用十字形滑板结构时，必有一路测量系统装在移动的导轨上，这将增加测量误差。

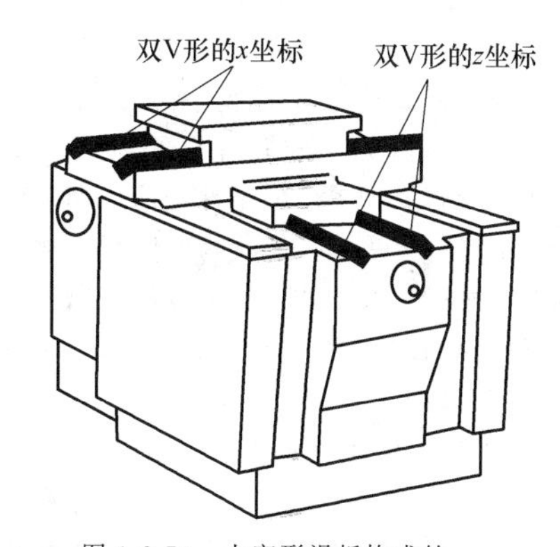

图 9-2-70　十字形滑板构成的 x、z 双向工作台（Moore 3 号坐标测量机）

（2）T 形布局

近些年生产的中小型超精密机床多数采用 T 形机床总体布局，即主轴箱完成纵向运动（z 向），刀架完成横向运动（x 向），如图 9-2-71 所示。这种 T 形布局，使 z 向和 x 向运动分离，有很多优点。z 向和 x 向运动的导轨都做在机床的床身上，相互独立，故误差不叠加，无相互干扰，z 向和 x 向导轨可以调整到很高的垂直度。此外，检测 z、x 向运动位置的双频激光在线测量系统都可以装在固定不动的床身上，仅测量移动位置用的反射镜装在 z、x 方向的移动部件上。这不仅使测量系统的安装要简单很多，而且可大大提高测量精度。Rank Pneumo 公司的 MSG-325 超精密车床，即采用这种 T 形导轨布局。

（3）偏心圆转角布局

偏心圆转角布局的超精密机床，其工作原理如图 9-2-72 所示。工作时金刚石车刀 3 围绕刀具转轴 OO_2 摆动，刀尖的运动轨迹为一段圆弧（在平面 6 内），刀尖运动轨迹圆必须严格通过工件的中心点，该运动为切削时的进给运动。车刀主轴箱 5 可绕垂直轴心 O 摆动，以得到不同的转角 θ，O 点偏离工件轴线

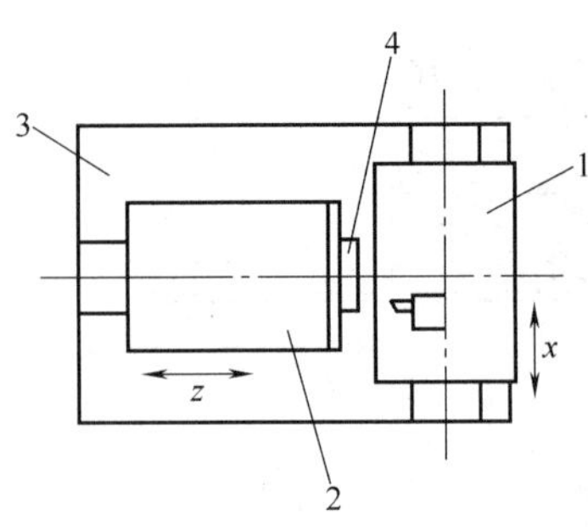

图 9-2-71　T形机床总体布局
1—横滑板（刀架）；2—纵滑板（主轴箱）；3—床身；4—工件

O_1O_1 的距离为固定值 A。当刀具转轴 OO_2 和工件轴线 O_1O_1 平行时（$\theta=0$），刀尖运动平面6和工件轴线垂直，和工件旋转运动配合，可切出工件的平端面。当刀具转轴转角 θ 为负值（图中位置）时，刀尖运动轨迹为凸圆弧，加工出的工件表面为凹球面。当转角 θ 为正值时，刀尖运动轨迹为凹圆弧，加工出的工件表面为凸球面。改变转角 θ 可以加工出不同曲率半径的球面。因为球面的任意方向截面都是圆（刀尖运动轨迹圆），故该方法加工球面没有理论误差。轴线 O_1O_1 和 OO_2 的交点即为加工球面时的瞬心，根据该原理，可按加工表面要求的曲率半径，计算出刀具转轴 OO_2 应转的 θ 角。加工非球曲面时，先将机床调整到接近的球面，加工时金刚石车刀再补偿进给量 f（见图9-2-72）即可加工出要求的非球曲面。

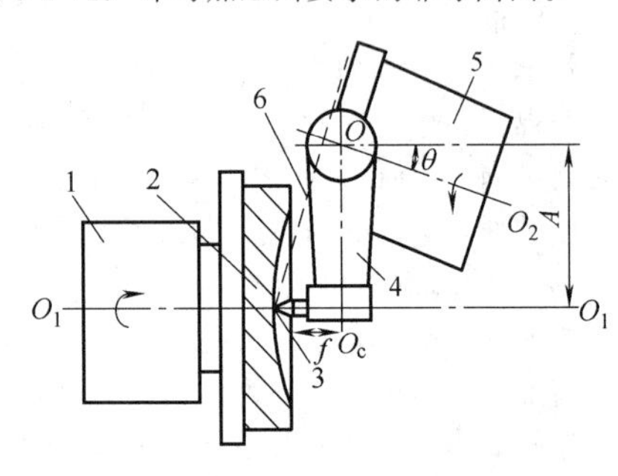

图 9-2-72　偏心圆转角布局机床工作原理
1—工件主轴；2—工件；3—金刚石车刀；4—刀架臂；5—车刀主轴箱；6—刀尖运动平面

该机床的主要优点是加工球面和平面时，完全不需要导轨的直线运动（直线导轨很难加工到很高精度），故加工精度和表面质量都很高。此外，这种机床结构比较简单和紧凑。

（4）立式结构布局

当工件直径较大并且重量较重时，超精密机床多采用立式结构布局。常用的立式布局结构如图9-2-73所示。超精密机床要求高的刚度，故多用龙门形式，滑板在横梁上做 x 向运动，刀架在滑板上沿 z 向上下运动。这种十字滑板结构 x 向的运动精度将直接影响 z 向运动的精度。在机床精度要求特别高时，如美国的LODTM大型超精密立式机床，就采取了特殊的在线测量和误差补偿措施，来消除运动误差。

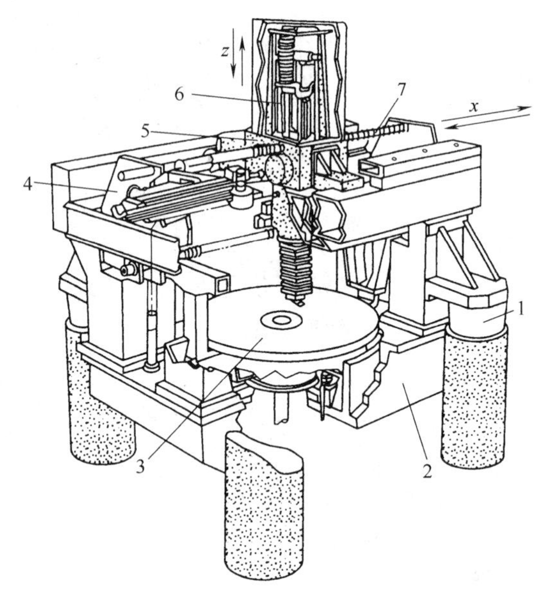

图 9-2-73　美国LLL实验室LODTM大型超精密机床的支承
1—隔振空气弹簧；2—床身；3—工作台（直径1.5m）；4—测量基准架；5—溜板；6—刀座（有质量平衡），行程0.5m；7—激光通路波纹管

2.3.2　超精密机床的振动控制

高性能精密机床要求高稳定性的机床结构，即各部件尺寸稳定性好、变形小；结构的抗振减振性能好。常规机床组件受压/弯载荷时的稳定性计算参见本篇2.2。机架及机床大件的刚度和变形计算参见本篇2.1。

本节主要针对超精密机床床身，就其材料选择及其减振控制措施两方面予以介绍。

2.3.2.1　超精密机床床身材料

传统机架或床身的材料参见本篇1.2和1.6。其中优质铸铁和铸铜由于具有较好的耐磨、抗湿和抗热变形能力，目前在超精密机床中仍有许多应用。

天然花岗岩现在已是制造三坐标测量机和超精密机床床身和导轨的热门材料，这是因为花岗岩比铸铁长期尺寸稳定性好，热膨胀系数低，对振动的衰减能力强，硬度高，耐磨并不会生锈等。花岗岩和铸铁等材料的性能对比见表9-2-47。从表中的数值可看到，

表 9-2-47 几种机床结构材料的性能对比

性　　能	Al_2O_3 陶瓷	铸铁	钢	铟钢	天然花岗岩	人造花岗岩
弹性模量 E/GPa	240	100	210	140	40	33
密度 ρ/g·cm^{-3}	3.4	7.3	7.3	8.2	2.6	2.5
刚度比	7	1.4	2.7	1.7	1.5	1.3
振动的对数衰减率 $A\times10^{-3}$	0.6	1～3	0.5	—	6	20
线胀系数 α_l/10^{-6}℃$^{-1}$	7	12	11	0.6	8.3	12
热导率 λ/W·m^{-1}·℃$^{-1}$	16	53.5	44	10.5	3.8	0.47

根据花岗岩的性能，用它做超精密机床的床身是比较好的。

用天然花岗岩做床身时，一般都用整体方块，钻孔埋入螺母以便和其他件连接。导轨也常用花岗岩做。在花岗岩中加工小孔和螺纹比较困难，特别是空气静压导轨的节流孔在花岗岩中加工比较困难，故有时导轨做成花岗岩和钢的组合结构，以便于加工。

天然花岗岩的主要缺点是有吸湿性，吸湿后产生微量变形，影响精度。有人提出在花岗岩表面涂上某种涂料，以降低其吸湿性。

天然花岗岩不能铸造成形且有吸湿性。为解决该问题，国外提出了人造花岗岩。人造花岗岩是由花岗岩碎粒用树脂黏结而成。用不同粒度的花岗岩碎粒组合，可提高人造花岗岩的体积分数（可达 90%～95%），使人造花岗岩有优良的性能，不仅可铸造成形，吸湿性低，而且可以加强振动的衰减能力。瑞士 Studer 公司采用人造花岗岩 Granitan 制造高精度 S 系列磨床的床身，效果甚佳，成为专利。现在国外已有不少超精密机床的床身用人造花岗岩制造，这种新花岗岩材料可用铸造方法直接铸成比较复杂的形状，大大节省了加工量。

2.3.2.2 超精密机床的减振措施

超精密机床使用金刚石刀具进行超精密切削时，要求机床工作极其平稳，不允许有振动，因此必须尽量减少机床内部所有的振动。为此应采取以下措施。

① 使用振动衰减能力强的材料制造机床的结构件。从表 9-2-47 可以看到，铸铁对振动的衰减率高于钢材，花岗岩对振动的衰减率大大高于钢铁。人造花岗岩的振动衰减率又高于天然花岗岩。

② 提高机床结构的抗振性。使用很大的机床床身，以降低它的自振频率。例如美国 LLL 实验室的 DTM-3 大型超精密机床使用 6.4m×4.6m×1.5m 的巨大花岗岩做床身。

③ 各转动部件都应经过精密动平衡，消灭或减少机床内部的振源。机床内的主要振源是高速转动的部件，如电动机、主轴等，这些转动的部件必须经过精密动平衡，使振动减小到最小；有可能产生振动的还有电动机和主轴的不同心、空气轴承的振荡、滚珠丝杠和螺母的不同心、导轨运动部件直线运动速度的变化、加工工件有偏心重量等。当发现机床有振动时，必须找出振源，加以消除，减少振动。

下面以图 9-2-73 所示的 LODTM 大型超精密机床为例，说明通过隔振减振提高其性能的措施。

（1）超精密机床应尽量远离振源

机床附近的振源，如空压机、泵等应尽量移走。实在无法移走时，应采用单独地基，加隔振材料等措施，使这些无法移走的振源所产生的振动对精加工的影响尽量减小。

LODTM 大型超精密车床使用大量的恒温水通到机床的各部分，以保持机床的恒温。为避免恒温水水泵的振动影响超精密机床，采取如下措施：水泵将恒温水打到水箱中，恒温水靠自重从水箱流到超精密机床的各相关部位，这样水泵的振动将不会通过水的振动而影响超精密机床。

（2）超精密机床采用单独地基、隔振沟、隔振墙等

为减少外界振动的干扰，地基应有足够的深度，地基周围用隔振沟，沟中使用吸振材料。过去为防止外界振动的传入，使用弹簧将地基架起来，但弹簧的隔振频率不够低，且不能随时自动找水平，故现在用得不多。

LODTM 大型超精密车床，除机床用带隔振沟的地基外，机床装在有隔振墙的单独房间内。该隔振墙是双层的，中间有吸声材料，可以减少声波振动的影响。

（3）使用空气隔振垫（亦称空气弹簧）

现在超精密机床和精密测量平台底下都用能自动找水平的空气隔振垫，一般可以隔离 2Hz 以上的外界振动。LODTM 用 4 个很大的空气隔振垫将机床架起来，从图 9-2-73 中可看到，这些空气隔振垫可以自动保持机床水平。这 4 个空气隔振垫中有两个是内部相连的，受力时能自动平衡，这样用 4 个空气隔振垫可以起到三点支承一平面的效果。使用空气隔振垫后，可以隔离频率为 1.5～2Hz 的外界振动，隔振后

轴承部件的相对振动振幅仅 2nm。

LODTM 大型超精密机床的空气隔振垫架在机床上较高的位置。空气隔振垫不同的支承方案对机床的抗振性有较大的影响。图 9-2-74 是空气隔振垫不同支承方案的对比原理图。从图中可以明显看到，当空气隔振垫支承在机床较高位置时，相比在机床床底支承，可以明显降低机床的重心，使机床更稳定，不易产生振动。此外在机床有振动时，如支承点在机床底面，刀具切削工件位置将有较大振幅；而在高位支承，刀具切削工件位置处于中心点，振幅要小得多。刀具切削工件位置是振动的敏感区，因此可以说高位支承将使机床的抗振性提高，增加机床的稳定性。

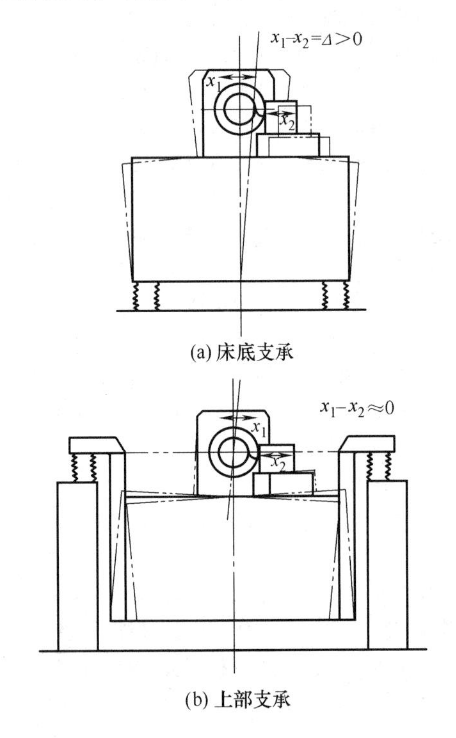

图 9-2-74　空气隔振垫支承位置不同对抗振性的影响

2.3.3　超精密机床的恒温控制

机床热变形的形成及热变形计算参见本篇 2.1.4.6，减少热变形的措施见表 9-2-30。超精密机床希望尽可能地减少热变形，因此要求极严格的恒温控制。很多现代的大型超精密机床都采用大量恒温油浇淋整个机床，并将机床安置在恒温室内。如美国 LLL 实验室放置 LODTM 的恒温室用铝质框架和绝缘热塑料护墙板做成，操作者和机床间有透明塑料窗帘隔开。恒温室内通入循环的恒温空气，空气流量 $90m^3/min$。通风用离心式风机的 19kW 电动机是该封闭系统内最大的热源。使用两级水冷式热交换器，用测热传感器测量进入的空气的温度，反馈控制热交换器的水流量，空气温度可控制在 ±0.005℃ 的变化范围内。

美国 LLL 实验室曾对三坐标测量机进行浇淋恒温油试验。图 9-2-75 所示为试验时采用恒温油对三坐标测量机进行浇淋时的控制系统。此系统可控制油温在 30s 的平均值不超过 (20±0.0055)℃ 采用恒温油对测量机浇淋，可明显地减小温度的波动，提高测量精度。

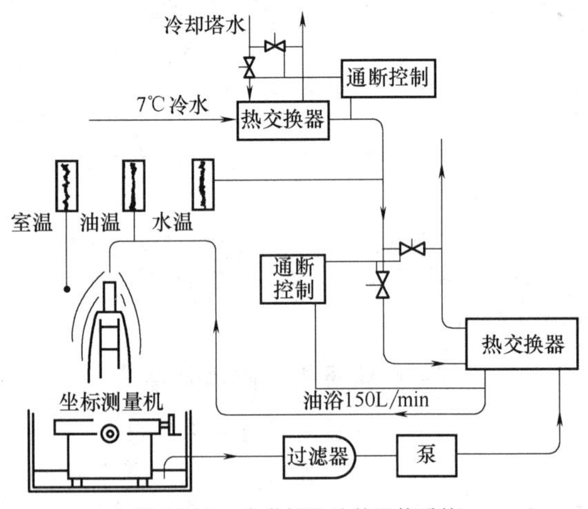

图 9-2-75　浇淋恒温油的温控系统

第9篇

第 3 章 齿轮传动箱体的设计与计算

3.1 箱体结构设计概述

3.1.1 齿轮箱体结构的确定

减速器箱体是常见的一种齿轮箱体，其他类型的齿轮箱体结构可以参照减速器箱体结构确定。如图 9-3-1（a）所示为一般形式的铸造减速器箱体。

为保证齿轮的传动精度及使用寿命，一般齿轮箱体的设计准则是刚度。箱体的刚度，除了与箱壁壁厚的大小有关外，还与箱体的开孔面积、孔的凸台、肋条的布置、箱盖的安装方式有关。箱体上的轴承受力支点的距离，箱体的中心高，轴承座结构及轴承座附近肋的布置对箱体刚度均有一定影响（参见 1.3.3）。由于轴承座的变形影响轴承间隙，轴承座的设计还要考虑到和传动轴的弹性匹配（见表 9-1-15）。设计齿轮箱体时，要使箱体有一定的容积空间，使油的涡流功率损失为最小。为使箱体具有足够的散热条件，可在散热面积较小的箱体外侧增设肋条。

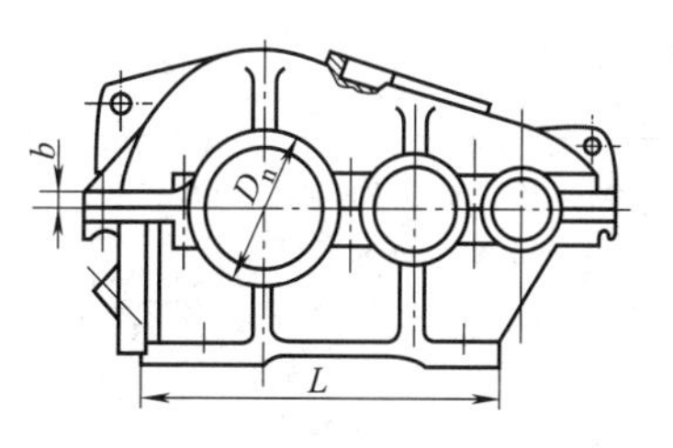

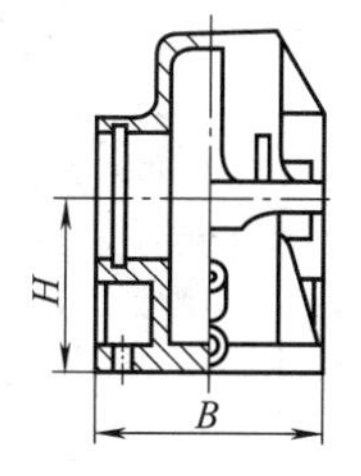

(a)

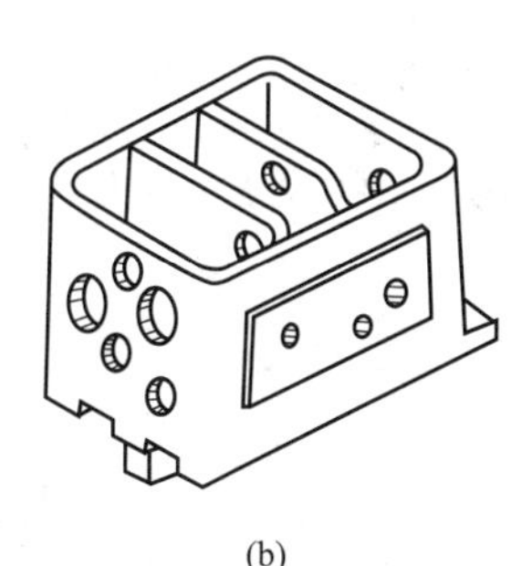

(b)

图 9-3-1 减速器及变速箱箱体

（1）箱体结构

箱体通常为矩形截面六面体。减速器箱体［图 9-3-1（a）］采用剖分式，且一般只采用一个剖分面，对于大型减速器箱体考虑制造、安装、运输方便等原因，而采用两个剖分面。变速箱体为整体式，不设剖分面，如机床主轴箱［图 9-3-1（b）］。在主轴箱内常设有内支承壁，以支承传动轴和主轴，同时也增加了整体刚度。

（2）箱体结构设计应考虑到箱体结构对轴承受力的影响

由于箱体结构不同，使滚动轴承中滚动体的受力分布发生变化。图 9-3-2 为一种箱体结构及支点情况，L 为箱体支点力的间距，D 为箱体轴承孔径，H 为箱体中心高，图中为 $H=0.62D$ 时，各种不同 L/D 值的轴承受力分布曲线，虚线为理论的受力分布曲线。当支点力间距较小或只有一个支点力时，轴承受力范围小于 180°，受力更不均匀。

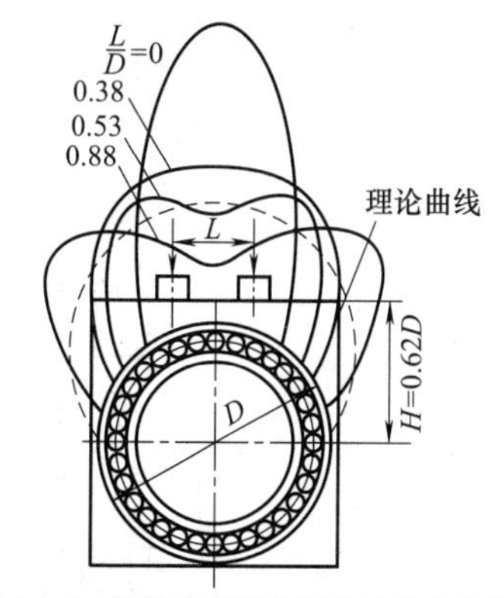

图 9-3-2 箱体支点间距对轴承受力的影响

图 9-3-3 中为两种不同 L/D 时，不同的 H/D 值对受力分布的影响。当 $L/D=0.83$，$H/D=0.78\sim0.94$ 时，轴承受力分布接近于理论分布曲线。

因此，在设计装有滚动轴承的箱体时，应考虑到合理的支点间距和足够的箱体壁厚和中心高度。

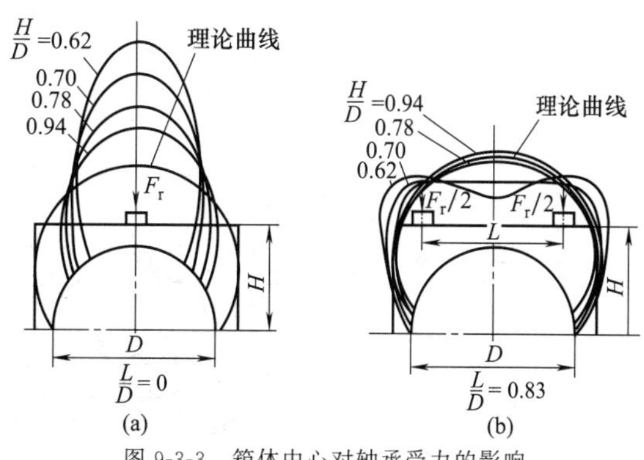

图 9-3-3 箱体中心对轴承受力的影响

3.1.2　齿轮箱体焊接结构

采用焊接结构，可以使齿轮箱制造成本降低30%～50%，制作简单，节约材料、质量小、结构紧凑、外形美观。

焊接箱体中整体式轴承座结构如表9-3-1所示，剖分式轴承座结构如表9-3-2所示。轴承座、法兰和壁板焊接接头设计如表9-3-3。

轴承座的材料主要是Q235A或ZG230-450及ZG270-500铸钢。重载铸钢轴承座，结构较为复杂，如果相邻两个轴承座的内径相差较大，中心距较大时可单独制作；如果相邻轴承座的内径相差不大，中心距较小时，多个轴承座坯可以制成一体。

表9-3-1　焊接箱体中整体式轴承座结构

	结构简图	结构说明
简单结构	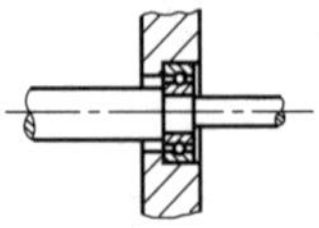	轴承直接安装在壁板上，要求有较厚的壁厚。为安装轴承而增加壁厚，将提高箱体的制造成本和焊件质量
轴套式结构	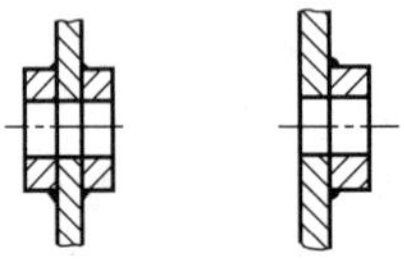	附加板由厚板制成，用角焊缝和壁板搭接。结构简单、成本低、不能承受大的载荷，焊接时附加板孔和壁板孔对中性差。加工内孔时铁屑容易进入搭接间隙，如不清除干净将影响轴承正常工作
	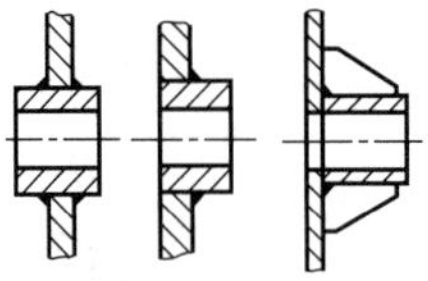	套筒直接插入壁孔中，对中性差，不适用于轴向力较大的结构。加肋是为了增加轴承座的局部刚度，适用于承受较大弯矩作用的结构
	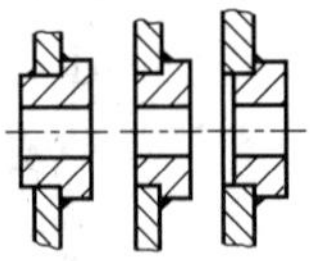	装配方便，对中性好，焊缝受力状态得到改善，增加机械加工量
双壁箱体轴承座结构	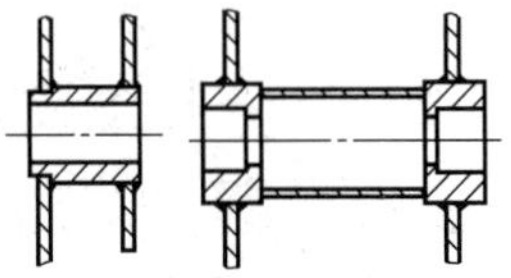	壁板相距较小时，采用左图结构；壁板相距较大时，采用右图结构。适于安装精密轴承 刚性大，能承受较大的弯矩作用；轴向力较大时，套筒应加工成止口，嵌入箱体
重型轴承座结构	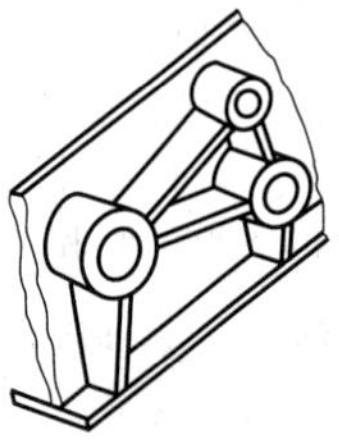	套筒嵌入箱体，三块肋板构成封闭三角形，能保证三个轴承孔中心距的尺寸精度及尺寸稳定性，保证齿轮啮合精度。垂直肋板使箱体局部刚度增大
	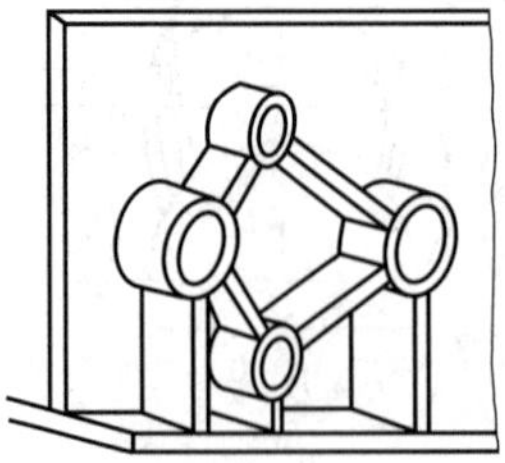	轴承套用带止口的套筒嵌入箱体孔，各轴承套用肋连接成封闭体，两端的轴承套还用肋与底座相连，能承受更大的弯矩和扭矩

表 9-3-2　　**箱体中剖分式轴承座结构**

一般结构	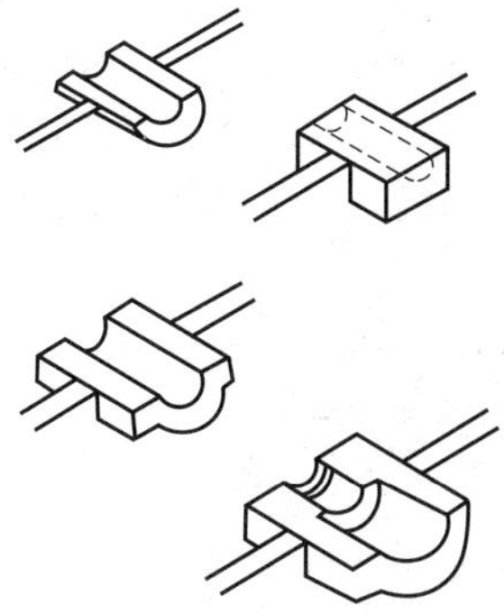	①小型结构常采用厚钢板煨制或用厚壁管及厚钢板直接切割成坯料 ②中型、大型及重型箱体中，常采用锻钢或铸钢制成坯料 ③轴承座和法兰及壁板间的接头结构见表 9-3-3
采用加强肋结构	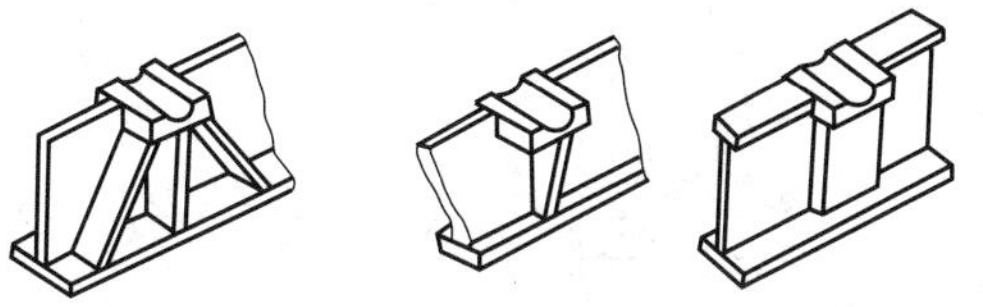	①加强肋结构常用于承受重载的齿轮箱体 ②肋板用钢板或型钢制成，也可采用冲压件制成，可以减少焊接工作量 ③轴承下部支点增加，可以改善轴承的受力条件
	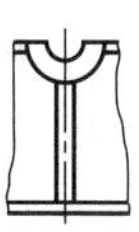 图(a) 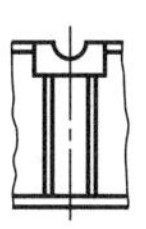　图(b) 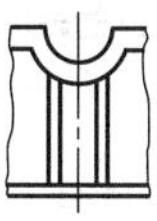　图(c) 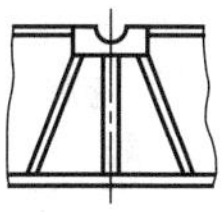 图(d) 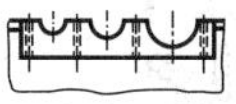　图(e) 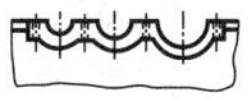　图(f)	图(a)由半个钢管或用弯板制成，用于较小的轴承 图(b)由实心矩形毛坯做成，用于大型轴承 图(c)及图(d)由厚钢板气割而成，亦可采用锻件。用于重型轴承。当轴承座内部结构复杂，则用铸钢件做成 为增加刚度，在轴承座处设置加强肋，加强肋可采用钢板条或槽钢等 图(e)及图(f)若干轴承座连成一整体。图(e)各轴承座用一块厚钢板作出，适用于轴承座外伸短、各内径相差小、轴线距离近的箱体。质量较大，但制造工艺大为简化。图(f)中连成一体的轴承座为铸钢件，或是厚钢板气割制品，质量可减轻

表 9-3-3　　**轴承座和法兰及壁板间的焊接接头设计**

序号	连接方式	结构简图	说　明
1	角接	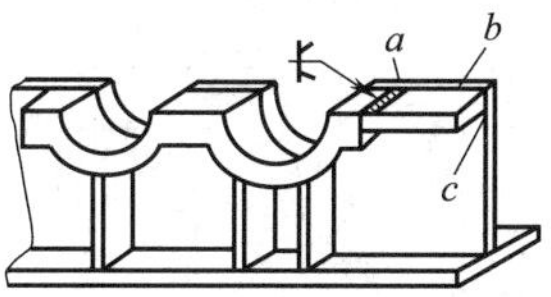	①轴承座和法兰采用 K 形坡口双面焊缝 ②b 缝必须焊接，以防止 c 缝焊后，b 缝出现间隙；b 缝应深焊，为结合面机械加工留余量 ③a 点为起弧点或收弧点，不易与壁板熔合，易产生渗漏
2	局部搭接	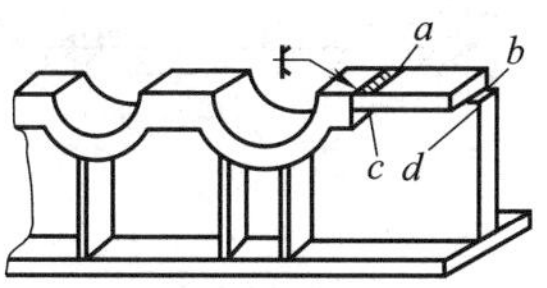	①轴承座和法兰采用 K 形坡口双面焊接 ②由于 a 点背面没有焊缝，必须保证 b 焊缝的致密性，并使 d 焊缝在 c 处很好熔合
3	T 形接	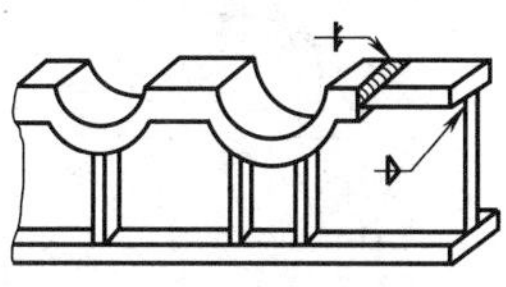	①采用单边 V 形坡口封底焊接轴承座和法兰。和壁板的连接则采用 T 形接头双面角焊缝 ②此种结构不容易产生渗漏

图9-3-4是进行过结构优化设计的焊接箱体结构，其特点是形状简单，结构紧凑，质量小，刚度高，容易保证箱体的尺寸稳定性及齿轮的啮合精度。肋板设置合理，底平面纵横交错的加固肋板提高箱体的抗扭刚度；箱体内的横向肋板，提高内轴承座的局部刚度和箱体的整体刚度。轴承座采用厚钢板制成，下设支承肋板，改善轴承的受力状态。地脚板采用壁龛式结构，箱体的连接刚度好。该结构材料分布合理，薄厚分明，充分显示了焊接结构的优点。

常见的焊接减速器箱体结构如表9-3-4所示。

表9-3-4　　常见焊接减速器箱体结构

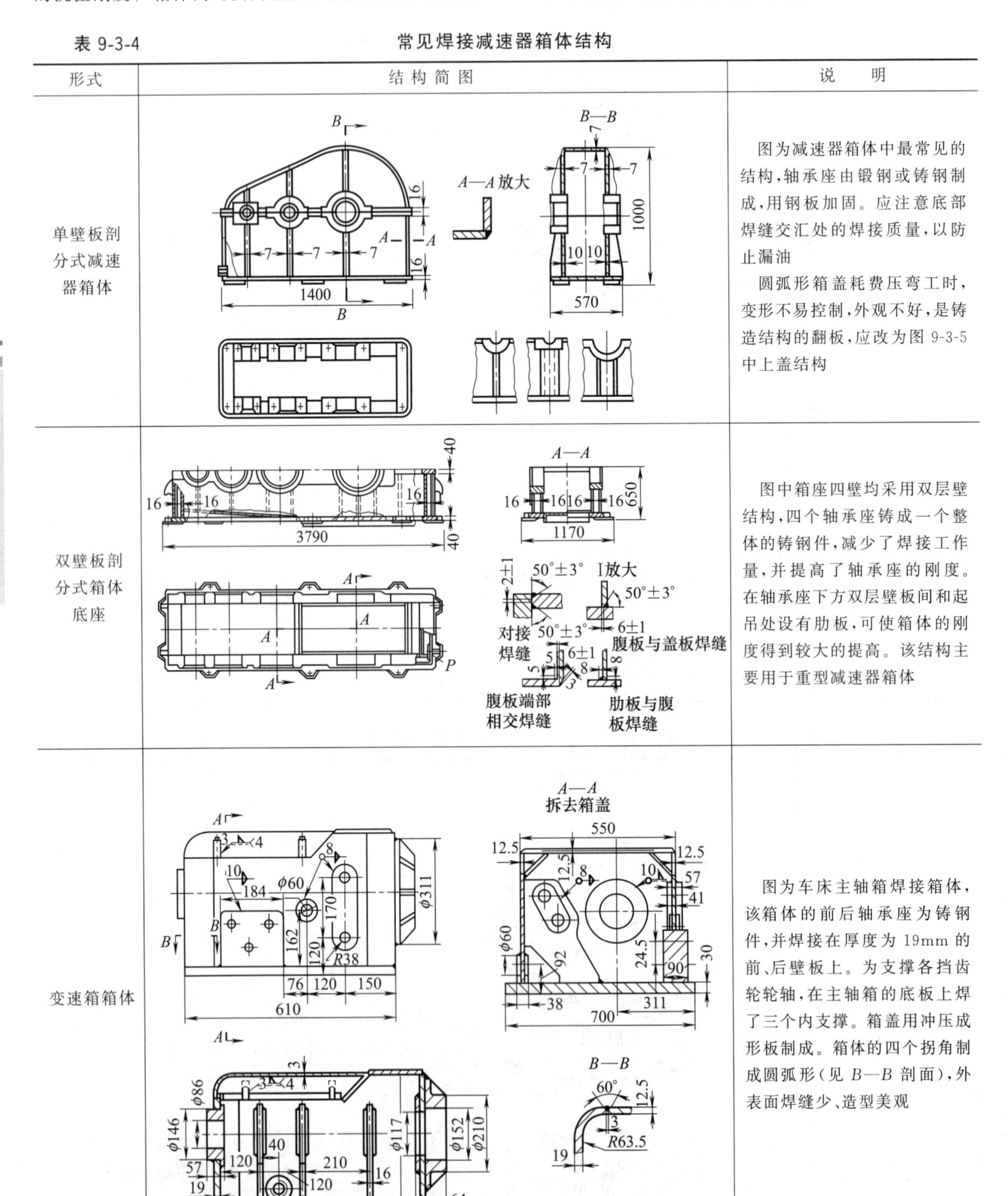

形式	结构简图	说明
单壁板剖分式减速器箱体		图为减速器箱体中最常见的结构，轴承座由锻钢或铸钢制成，用钢板加固。应注意底部焊缝交汇处的焊接质量，以防止漏油 圆弧形箱盖耗费压弯工时，变形不易控制，外观不好，是铸造结构的翻板，应改为图9-3-5中上盖结构
双壁板剖分式箱体底座		图中箱座四壁均采用双层壁结构，四个轴承座铸成一个整体的铸钢件，减少了焊接工作量，并提高了轴承座的刚度。在轴承座下方双层壁板间和起吊处设有肋板，可使箱体的刚度得到较大的提高。该结构主要用于重型减速器箱体
变速箱箱体		图为车床主轴箱焊接箱体，该箱体的前后轴承座为铸钢件，并焊接在厚度为19mm的前、后壁板上。为支撑各挡齿轮轮轴，在主轴箱的底板上焊了三个内支撑。箱盖用冲压成形板制成。箱体的四个拐角制成圆弧形(见 *B*—*B* 剖面)，外表面焊缝少、造型美观

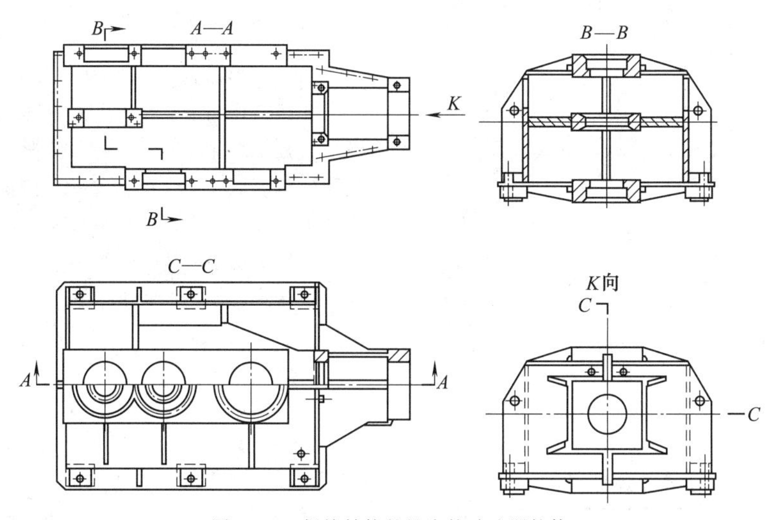

图 9-3-4　焊接结构的锥齿轮减速器箱体

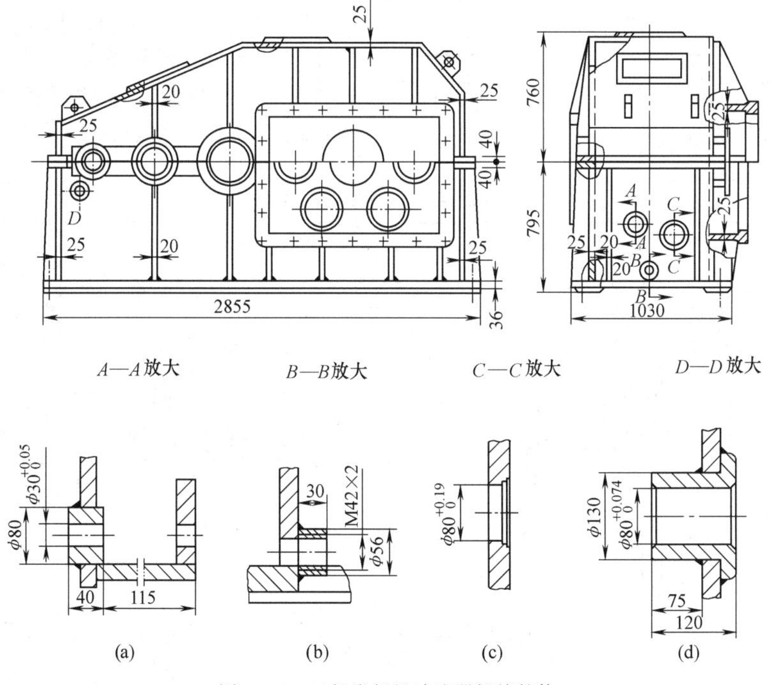

图 9-3-5　三辊卷板机减速器焊接箱体

图 9-3-5 为三辊卷板机减速器箱体，壁板用 25mm 厚钢板，加强肋采用 20mm 厚钢板制成，轴承座采用整体铸造而成，前后面有五条垂直肋，两侧各有两条垂直肋，提高了箱体的抗弯、抗扭刚度。

3.1.3　压力铸造传动箱体的结构设计

压力铸造以其高效益、体轻、精度高、少切削、粗糙度小以及可铸造结构复杂的零件等一系列优点，应用范围日益扩大。

铸件上的孔（或槽）应尽可能铸出，这样可以使壁厚保持均匀，而且还可节省金属。可铸出的最小孔及深度见表 9-3-5。压力铸造箱体壁厚一般取 1～5mm。铝合金铸体壁厚见表 9-3-6。由于铸造圆角有助于金属的流动和成形，为了避免因尖角产生应力集中，在两壁的连接处应设计成圆角，圆角的尺寸一般可按表 9-3-7 中选取。

表 9-3-5　铸孔最小孔径以及孔径与深度的关系

合金	最小孔径 d/mm		深度			
	经济上合理的	技术上可能的	不通孔		通孔	
			$d>5$	$d<5$	$d>5$	$d<5$
锌合金	1.5	0.8	$6d$	$4d$	$12d$	$8d$
铝合金	2.5	2.0	$4d$	$3d$	$8d$	$6d$
镁合金	2.0	1.5	$5d$	$4d$	$10d$	$8d$
铜合金	4.0	2.5	$3d$	$2d$	$5d$	$3d$

注：1. 表内深度系指固定型芯而言，对于活动的单个型芯其深度还可以适当增加。

2. 对于较大的孔径，精度要求不高时，孔的深度亦可超过上述范围。

表 9-3-6　铝合金压铸件合理壁厚

压铸件表面积/cm^2	≤25	>25～100	>100～400	>400
壁厚/mm	1.0～4.5	1.5～4.5	2.5～4.5(6)	2.5～4.5(6)

注：1. 在较优越的条件下，合理壁厚范围可取括号内数据。

2. 根据不同使用要求，压铸件壁厚可以增厚到12mm。

3.1.3.1　肋的设计

(1) 变形系数 (n_V) 及应力系数 (n_σ)

在载荷作用下、墙上的合理布肋可使结构的变形及应力减小。除布肋的合理排列外，起决定性的因素是肋的截面形状。为评估加肋后刚度提高的效果及应力状态的变化，引进变形系数 n_V 及应力系数 n_σ。

变形系数 n_V 是带肋结构产生的最大变形与无肋基础平板的最大变形之比，即

$$n_V=\frac{V_{max}\text{（带肋结构）}}{V_{max}\text{（无肋结构）}}$$

一般情况下，n_V 小于 1。

应力系数定义为：带肋结构的最大主应力与无肋基础平板最大主应力之比，即

$$n_\sigma=\frac{\sigma_{1max}\text{（带肋结构）}}{\sigma_{1max}\text{（无肋结构）}}$$

(2) 用算图求解 n_V 值（图 9-3-6）

图中加劲肋的截面由肋的厚度 t_R 和倒圆半径 r_R 所确定。为适用于不同厚度的墙（墙的厚度用 t_W 表示），而几何形状相似的结构下的运算，在算图中采用了比值：t_R/t_W、h_R/t_W 和 r_R/t_W。

表 9-3-7　壁面连接处的铸造圆角

直角连接		T形壁连接		交叉连接
壁厚相等	壁厚不等	壁厚相等	壁厚不等	壁厚相等
$r_1=b_1=b_2$ $r_2=r_1+b_1$(或 b_2) 当不允许有外圆角($r_2=0$)时，$r=(1\sim1.25)b_1$	当 $b_2>b_1$ 则 $r_1=\frac{2}{3}(b_1+b_2)$ $r_2<b_1+b_2$； 当不允许有外圆角时($r_2=0$)，$r_1=\frac{2}{3}(b_1+b_2)$	$b_1=b_2=b_3$ $r_1=(1\sim1.25)b_1$	第一种情况 $b_1=b_2$ 和 $b_3>b_1$ 第二种情况 $b_3>b_2>b_1$ 上述两种情况均选用 $r_1=(1\sim1.25)b_1$	90°时，$r_1=b_1$ 45°时，$r_1=0.7b_1$ $r_2=1.5b_1$ 30°时，$r_1=0.5b_1$ $r_2=2.5b_1$

注：1. 壁厚不等的交叉连接，计算铸造圆角半径时的 b_1，采用其中最薄的壁厚。

2. 当根据结构要求，圆角半径小于表中的值时，可取 $r_1\geqslant0.5b_1$；在特殊情况下，可取 $r_1=0.3\sim0.5$mm。

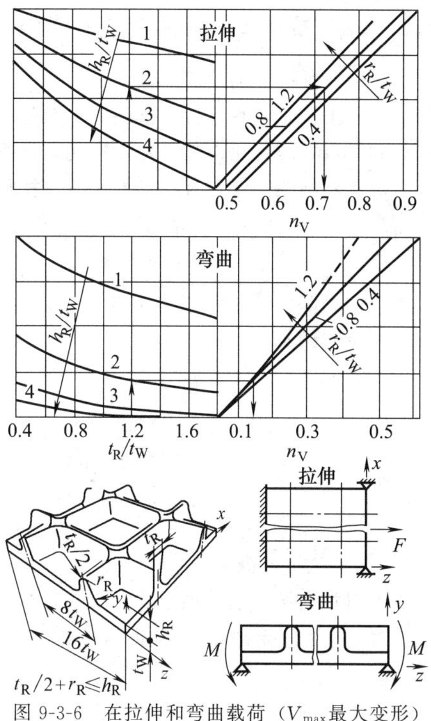

图 9-3-6　在拉伸和弯曲载荷（V_{max}最大变形）作用下，箱体墙片的变形系数 n_V 的算图

在算图中给定的数值范围内，可求出任意尺寸组合的变形系数 n_V，但不能违反几何条件：$t_R/2+r_R\leqslant h_R$。

拉伸载荷时 n_V 值定在 0.5～0.9（大约）之间。肋的高度和厚度对 n_V 值的影响比铸造圆角半径要大得多。简要地说结构所包含的截面积越大、变形就越小，而其面积主要由肋的高度和厚度所确定，铸造圆角半径所占比例甚微。

弯曲载荷时具有肋的墙片变形明显减少。变形系数 n_V 的计算值大约在 0.1～0.6 之间，决定变形值大小的是肋的高度，而肋的厚度仅施以微小的影响。铸造圆角半径几乎无意义。可见箱体截面上弯曲载荷越大，肋的高度尽可能增加。

图中给出了一组尺寸组合（$t_R/t_W=1.2$；$h_R/t_W=2$ 和 $r_R/t_W=0.8$），并求得在拉伸载荷下的变形系数 $n_V=0.72$ 和在弯曲载荷作用下的 $n_V=0.16$。

设计时，可采用不同的尺寸组合来筛选 n_V 值，反之亦然。

(3) 用算图求解强度系数 n_σ（图 9-3-7、图 9-3-8）

应力系数 n_σ 与肋的几何参数不存在简单的函数关系，每个算图中均有三个图表，每一个图表针对一个固定的 r_R/t_W 值，图 9-3-7 是在拉伸载荷下，图 9-3-8则是在弯曲载荷下，图中画有阴影的曲线，表示可实施的肋截面的界线，超出则违反了几何条件。

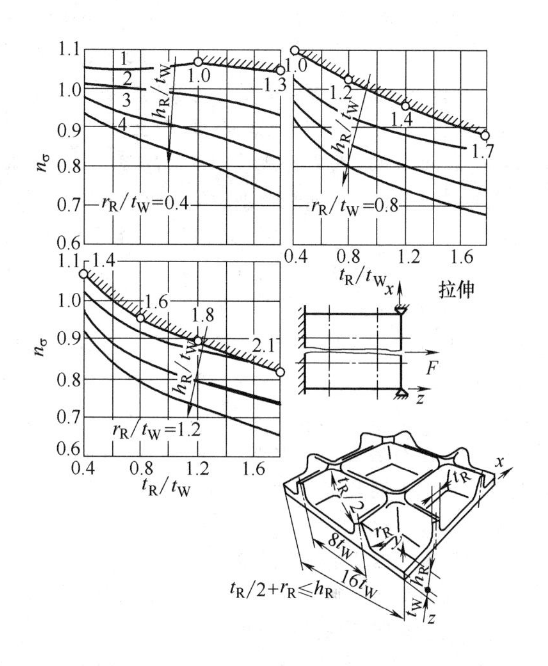

图 9-3-7　拉伸载荷时，箱体墙片的应力系数 n_σ 与肋的几何尺寸的关系（σ_{1max}最大正主应力）

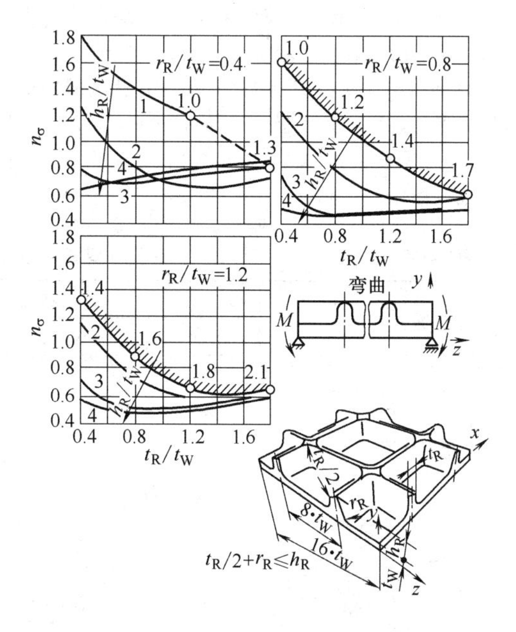

图 9-3-8　弯曲载荷时，箱体墙片的应力系数 n_σ 与肋的几何尺寸的关系

这条界限曲线与其他曲线相交。

拉伸载荷时，强度系数在 0.66～1.1 之间变化，一般情况下，它与肋的高度、厚度及半径的相关性是相似的，故在拉伸载荷作用下，与无肋墙相比，加大肋的截面除提高刚度外，还可降低最大主应力。

弯曲载荷中，值得注意的是，当铸造小的圆角半径（$r_R/t_W=0.4$）时，对于 $t_R/t_W \geqslant 1.0$ 的曲线部分趋于反向，这时，高度较高的肋比高度低的肋的应力系数要大。图中还表明当肋的厚度（大约）等于墙厚度的点，肋的加强没有造成强度系数的降低。为了获得低的强度系数，弯曲载荷下肋的高度尽可能高，其高度等于3～4倍墙的厚度，但肋不能太厚（$t_R/t_W \leqslant 1.0$），并采用中等圆弧半径（$r_R/t_W=0.8$），此时与无肋墙相比最大主应力减少一半。

综上所述，根据载荷的不同，变形系数与强度系数对肋的几何形状尺寸存在着不同的依赖性。剪切和扭转等也同属此类。因此，最适宜肋的几何形状没有单一的结论。应根据箱体不同区域的不同形式载荷设置不同几何形状大小的肋和不同排列方式的肋。

（4）压铸传动箱体上肋的设计要点

布肋的总的原则是应使肋通过主应力方向，并通过增大承载截面来降低拉应力。

1）拉应力和弯曲应力占主导地位的轴承墙的布肋，应从轴承孔出发射线状布置大尺寸的肋，肋的高度等于 $(3\sim4)t_W$，肋的宽度为 $(1\sim2)t_W$。

2）倒车一支承区（推力状态下的高弯曲应力），用高肋，肋的高度为 $(3\sim5)t_W$，并在0°或90°布肋。

3）长墙（切应力占主导地位），在此区域内应采用具有大的铸造圆角半径（半径等于 $1.2t_W$）的宽肋（肋的宽度等于1到2倍的 t_W），并在与联动装置的纵向轴线偏45°以下布肋。

3.1.3.2 箱体上的通孔及紧固孔的设计

（1）通孔及紧固孔的缺口系数

传动箱体上固定各种装置的紧固孔一般是必不可少的。孔的缺口效应可用缺口系数 α 描述，该系数取决于几何形状和载荷类型。对于基本载荷（拉伸、剪切、弯曲和扭转），缺口系数取决于不同的几何参数，如 d_a/d_i 和 R/t_W（d_a、d_i 分别为紧固孔的外、内径；R 为孔的倒圆半径；t_W 为平板墙的厚度）。缺口系数 α 可用下式表示

$$\alpha=\frac{\sigma_{max}(\text{最大缺口应力})}{\sigma_N(\text{公称应力})}$$

式中，拉伸及剪切时，$\sigma_N=\dfrac{F(\text{作用力})}{A(\text{未受损的截面面积})}$；

弯曲时，$\sigma_N=\dfrac{M(\text{弯矩})}{W(\text{抗弯截面系数})}$。

此外，对加肋结构引入系数 α^*，α^* 为有肋带孔平板的最大应力与无缺陷（带肋的）板最大应力之比。

箱体墙上的典型孔的缺口系数见表9-3-8。从表可看出，具有孔和螺栓孔的肋板，当孔位于板中间时在弯曲载荷作用下无缺口效应。因为在这种情况下，长肋起着弯曲梁的作用，并排除了孔周围的高应力。同样，在扭转载荷作用下的具有孔的带肋板也无缺口效应，因为这时加固肋和十字肋的负荷高于相同位置孔的载荷。

表9-3-8 不同型式平板上孔的缺口系数一览表

型式	缺口系数 α 和 α^*				参数	说明
	拉伸	剪切	弯曲	扭转		
a	$\alpha=2.77$	$\alpha=4.52$	$\alpha=1.47$	$\alpha=2.42$	$d_a/d_i=2.0$ $R/t_W=0.4$ $d_i/t_d=0.1$	紧固孔位于板中间
b	$\alpha=3.18$ $\alpha^*=2.51$	$\alpha=7.12$ $\alpha^*=5.69$	无缺口效应	无缺口效应	$r_R=4mm$ $t_R=6mm$ $d=8mm$	通孔及紧固孔位于平板上的四条相交肋的中间
c	$\alpha=2.47$ $\alpha^*=2.04$	$\alpha=4.43$ $\alpha^*=1.47$	无缺口效应		$d_a/d_i=2.0$ $R/t_W=0.4$ $r_R=4mm$ $t_R=6mm$	

续表

型式	缺口系数 α 和 α^*				参数	说明
	拉伸	剪切	弯曲	扭转		
d	$\alpha=2.67$ $\alpha^*=2.67$	$\alpha=3.62$ $\alpha^*=1.37$	$\alpha=1.60$ $\alpha^*=1.60$		$d_a/d_i=2.0$ $r_R=2\text{mm}$ $t_R=4\text{mm}$	紧固孔位于板上的两条长肋中的一条肋上
e	$\alpha=1.98$ $\alpha^*=1.98$	$\alpha=3.32$ $\alpha^*=1.42$	无缺口效应		$d_a/d_i=2.0$ $r_R=4\text{mm}$ $t_R=6\text{mm}$	紧固孔位于板上的两条长肋中间
f	$\alpha=2.62$ $\alpha^*=2.04$	$\alpha=4.20$ $\alpha^*=1.38$	$\alpha=1.37$ $\alpha^*=1.37$	无缺口效应	$d_a/d_i=2.0$ $r_R=4\text{mm}$ $t_R=6\text{mm}$	紧固孔位于板上的四条相交肋的节点上
g	$\alpha=2.80$ $\alpha^*=2.15$	$\alpha=3.80$ $\alpha^*=1.25$	$\alpha=2.12$ $\alpha^*=2.12$		$d_a/d_i=2.0$ $r_R=2\text{mm}$ $t_R=4\text{mm}$	紧固孔位于板上的四条相交肋的长肋及横肋上
h	$\alpha=2.41$ $\alpha^*=1.85$	$\alpha=3.60$ $\alpha^*=1.18$	无缺口效应		$d_a/d_i=2.5$ $r_R=2\text{mm}$ $t_R=4\text{mm}$	

带孔的无肋板（型式 a），参数 d_a/d_i 和 d_i/t_b（t_b 为基础板的侧面长度）主要影响最大应力。在拉伸和剪切时的应力峰值与理论求得的结果相同（无限大的板，在拉伸和剪切时的缺口系数分别为 $\alpha=3$ 和 $\alpha=6$）。

带肋平板中紧固孔的位置（如紧固孔在肋旁或在肋节上）是影响应力分布的重要因素之一。下面对表中的 c、d、e 和 f 四种型式作一比较：在拉伸载荷下，由于型式 e 中的孔位于两肋之间，力线流通过肋的长度方向未受损伤，故 $\alpha=1.98$，成为最小值。剪切时，由于横肋，孔的内径周边应力将增加，而 d 和 e 型中没有横肋，故具有最低的缺口系数。然而在弯曲载荷时横肋又具有共同负担载荷的作用，因此孔的位置布置在肋的节点上是有利的。

表 9-3-8 是在几何参数不变的前提下所得的结果，一般地，增大紧固孔的外径和圆角半径 R 可减少缺口效应。

（2）传动箱体加肋墙上的紧固孔设计要点

1）一般情况下，尽可能增大外、内径的比值，并给予紧固孔大的凹圆角半径，以此来减小缺口应力效应。

2）高负荷螺栓孔（如扭转支承、辅助机组的螺栓孔）应该用肋支撑，即螺栓孔应设置在肋的交叉点上。

3）低负荷孔（如辅助设备的螺栓孔），不应设置在肋上，而应安置在两肋之间的空处，借此来减弱缺口应力效应（弯曲载荷时，$\alpha=1$）。

3.2　按刚度设计圆柱齿轮减速器箱座

按刚度设计箱座，就是根据作用在箱体上的外力和给定的许用刚度值计算出所需的截面惯性矩，而后进一步确定截面的几何形状和尺寸，并在此基础上设计出满足要求的箱座来。

箱体一般承受的外力为：

1）与箱壁垂直的力，如推力轴承或径向轴承所受的轴向力；

2）与箱壁同一平面内的力，如径向轴承的径向力；

3）轴两边箱壁上承受的扭转力矩。

造成箱壁变形的外力，主要是垂直于箱壁的力，其他两种外力造成的变形很小。箱体的刚度指的是箱壁所受垂直方向的力与箱壁上着力点同方向变形量的比值。

3.2.1 剖分式齿轮减速器箱座的设计计算方法及步骤

图9-3-9所示单级剖分式齿轮减速器箱座的设计计算及步骤见表9-3-9。

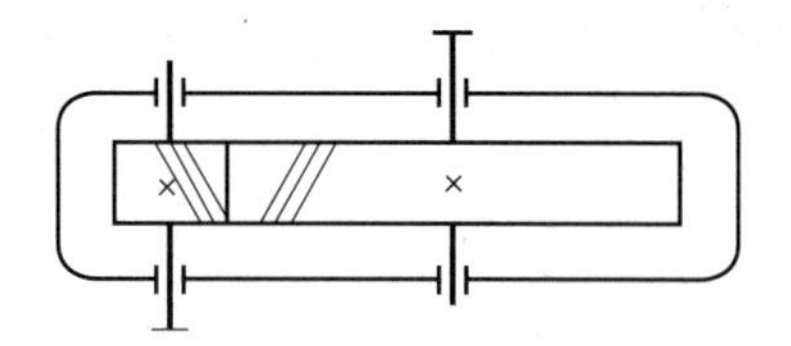

图9-3-9 单级斜齿圆柱齿轮传动示意图

表9-3-9 根据许用刚度设计箱座的方法及步骤

步骤	计算内容	计算公式
1	计算作用在箱壁上的外力	根据实际条件确定
2	按许用刚度求箱壁横截面的惯性矩 I_z	见表9-3-10
3	按许用刚度求箱壁横截面的惯性矩 I_y	$$I_y=\sum_{i=1}^{n}\frac{F_{zi}L^2\lambda_1}{\frac{f}{L}}$$ 式中 F_z——垂直于箱壁垂直面的作用力，N I_y——所需箱壁横截面绕垂直中性轴的惯性矩，m^4 n——垂直箱壁平面的作用力个数 L——箱壁长度，m f——箱壁的许用挠度，m λ_1——运算符 $$\lambda_1=\frac{3K-4K^3}{48E}m^2N^{-1}$$ E——模性模量，Pa $$K=\frac{a}{L}$$ a——作用力到最近的端部距离，m 当箱座材料为钢时，λ_1 值可按 K 值，查表9-3-11得到
4	按许用扭转变形求箱壁横截面的扭转惯性矩 I_k	$$I_k=\frac{T_{max}}{G\theta}$$ 式中 G——切变模量，Pa θ——许用单位扭转角，rad/m T_{max}——截面的最大转矩，N·m，从构件各部分转矩（T_{11}、T_{12}、T_{13}、T_{14}）中，取其中的最大值，即为 T_{max} 其中 $$T_{11}=\frac{T_1(l_2+l_3+l_4)+T_2(l_3+l_4)+T_3l_4}{L}$$ $$T_{12}=\frac{-T_1l_1+T_2(l_3+l_4)+T_3l_4}{L}$$ $$T_{13}=\frac{-T_1l_1-T_2(l_1+l_2)+T_3l_4}{L}$$ $$T_{14}=\frac{-T_1l_1-T_2(l_1+l_2)-T_3(l_1+l_2+l_3)}{L}$$ $T_1=F_{z1}y$　$T_2=F_{z2}y$　$T_3=F_{z3}y$ F_{z1}、F_{z2}、F_{z3}——垂直于箱壁垂直面的作用力，N y——F_{z1}、F_{z2}、F_{z3}至箱壁横截面的水平中性轴之距离，m

续表

步骤	计 算 内 容	计 算 公 式
5	按所求得的 I_z、I_y 及 I_k 确定箱壁横截面的尺寸	1)当横截面为矩形时(参照右图) $I_z=\dfrac{bh^3}{12}$，$I_y=\dfrac{hb^3}{12}$ $I_k=\beta hb^3$ 2)当横截面为空心矩形时(参照右图) $I_z=\dfrac{1}{12}(bh^3-b_1h_1^3)$，$I_y=\dfrac{1}{2}(hb^3-h_1b_1^3)$ $I_k=\dfrac{2tt_1(h-t)^2(b-t_1)^2}{ht+bt_1-t^2-t_1^2}$
6	校核箱座的压缩刚度	轴承下面箱壁截面作为柱杆处理所需支承面积 $$A=\dfrac{F_y}{\dfrac{f}{L}E}$$ 式中　A——所需支承面积，m^2 E——弹性模量，Pa F_y——载荷，Pa，$F_y=F_w$(齿轮与轴的重力)$+F_t$(圆周力)

$\dfrac{h}{b}$	1.00	1.50	1.75	2.00	2.50	3.00	4.00	6	8	10	>10
β	0.141	0.196	0.214	0.229	0.249	0.263	0.281	0.299	0.301	0.313	0.333

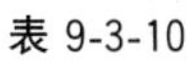
表 9-3-10　　**位于箱壁垂直平面内的力与力偶作用下所需惯性矩 I_z**

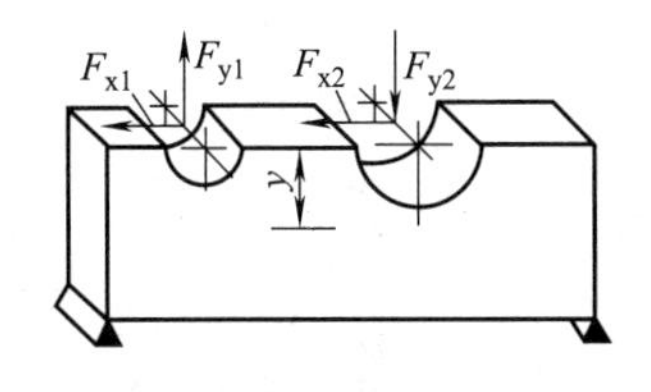

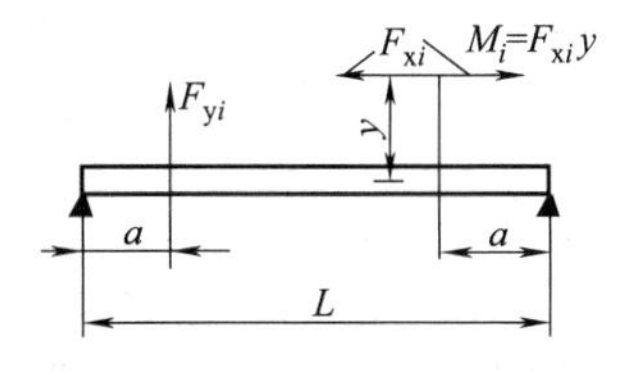

在 F_y 作用下箱壁横截面所需绕水平轴的惯性矩 I_{zi}	在 M 力偶作用下箱壁横截面所需绕水平轴的惯性矩 I'_{zi}	支承全部力和力偶所需绕水平轴的惯性矩总和 I_z
$I_{zi}=\dfrac{F_{yi}L^2\lambda_1}{\dfrac{f}{L}}$	$I'_{zi}=\dfrac{M_iL\lambda_2}{\dfrac{f}{L}}$	$I_z=\sum\limits_{i=1}^{n}I_{zi}+\sum\limits_{i=1}^{n}I'_{zi}$

续表

说明	F_{yi}——作用力，N；L——箱壁长度，m；f——箱壁许用挠度，m；n——作用力的个数，或力偶个数；λ_1——运算符，$\lambda_1=\frac{3K-4K^3}{48E}$，当箱壁材料为钢时，$\lambda_1$ 按 K 值从表 9-3-11 查得；λ_2——运算符，$\lambda_2=\frac{4K^2-1}{16E}$，当箱壁材料为钢时，$\lambda_2$ 按 K 值从表 9-3-11 查得；E——弹性模量，Pa；$K=\frac{a}{L}$；a——载荷（力或力偶）到最近的箱壁端部距离，m；M_i——力偶，N·m；$M=F_{xi}y$，N·m；F_{xi}——位于箱壁水平面内的水平作用力，N；y——F_x 到箱壁横截面中性轴的距离，m

注：1. 使构件向下挠曲变形的力或力偶取正值，正力和正力偶用正惯性矩，否则取负值。

2. 计算中未计及剪切变形，对于重载短件应考虑。

表 9-3-11　　λ_1 及 λ_2 值

K	$\lambda_1\times10^{-14}/m^2\cdot N^{-1}$	$\lambda_2\times10^{-13}/m^2\cdot N^{-1}$	K	$\lambda_1\times10^{-14}/m^2\cdot N^{-1}$	$\lambda_2\times10^{-13}/m^2\cdot N^{-1}$
0	0	2.975	0.26	7.039	2.171
0.01	0.2975	2.975	0.27	7.255	2.108
0.02	0.5951	2.971	0.28	7.462	2.042
0.03	0.8918	2.966	0.29	7.652	1.972
0.04	1.1874	2.951	0.30	7.875	1.904
0.05	1.482	2.947	0.31	8.044	1.831
0.06	1.777	2.932	0.32	8.222	1.727
0.07	2.069	2.918	0.33	8.394	1.679
0.08	2.361	2.899	0.34	7.145	1.599
0.09	2.649	2.879	0.35	8.715	1.518
0.10	2.937	2.857	0.36	8.862	1.432
0.11	3.364	2.832	0.37	9.001	1.3464
0.12	3.502	2.804	0.38	9.131	1.2714
0.13	3.781	2.774	0.39	9.252	1.1654
0.14	4.067	2.742	0.40	9.365	1.0714
0.15	4.329	2.708	0.41	9.461	0.9149
0.16	4.598	2.671	0.42	9.559	0.8761
0.17	4.349	2.589	0.43	9.642	0.7749
0.18	4.349	2.589	0.44	9.715	0.6714
0.19	5.382	2.547	0.45	9.777	0.5654
0.20	5.634	2.499	0.46	9.828	0.4601
0.21	5.882	2.449	0.47	9.854	0.3464
0.22	6.097	2.399	0.48	9.897	0.2332
0.23	6.361	2.345	0.49	9.914	0.1178
0.24	6.594	2.289	0.50	9.920	0
0.25	6.819	2.232			

3.2.2 齿轮箱体计算实例

例 1 单级斜齿圆柱齿轮减速器如图 9-3-10 所示。箱体高度为 406mm，轴承中心到中性轴的距离 $y=203.2$mm，传动功率为 37.29kW；小齿轮转数 $n_1=1800$r/min，其分度圆直径 $d_1=152.400$mm，质量为 14.5kg；轴质量 23.5kg。

大齿轮转数为 $n_2=450$ r/min，分度圆直径 $d_2=609.600$mm，大齿轮质量232.2kg，轴质量51.7kg。齿轮的压力角 $\alpha=20°$，螺旋角 $\beta=30°$。箱体的许用单位挠度为0.00001m/m，许用单位转角为0.00008rad/m。各轴系相关尺寸如图 9-3-11 所示。试设计箱体的截面尺寸。

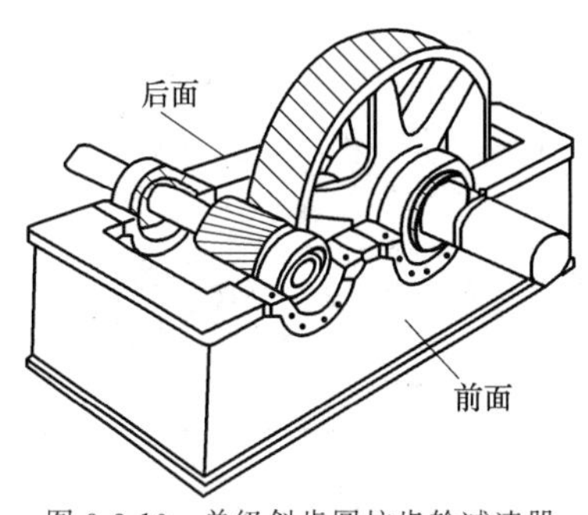

图 9-3-10　单级斜齿圆柱齿轮减速器

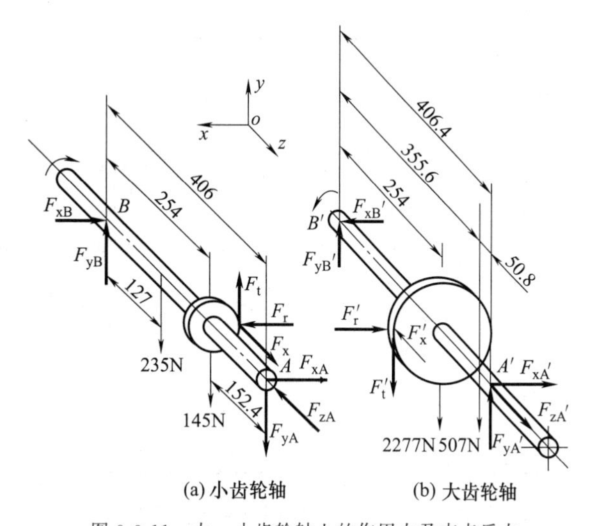

图 9-3-11　大、小齿轮轴上的作用力及支点反力

F_t、F'_t，F_r、F'_r，F_x、F'_x——作用在小、大齿轮上的圆周力、径向力和轴向力，A、A′及 B、B′分别为大、小齿轮轴的前后支点

解　1）求作用在箱壁上的外力

① 求齿轮轴的支点反力（见图 9-3-11 及表9-3-12）。由于后支点的反力较小，故只求前支点反力。

表 9-3-12　大小齿轮轴的前支点反力计算

支点反力＼齿轮轴系	小齿轮轴	大齿轮轴
齿轮和轴的重力的垂直反力 F_{yw}、F'_{yw}	$F_{yw}=\dfrac{0.127\times235+0.254\times145}{0.4064}\text{N}=164\text{N}$	$F'_{yw}=\dfrac{0.3556\times507+0.254\times2277}{0.4064}\text{N}=1867\text{N}$
圆周力的垂直反力 F_{yt}、F'_{yt}	$F_t=\dfrac{P}{\dfrac{\pi n}{30}\times\dfrac{d_1}{2}}$ 式中　P——传递功率，$P=37.29$kW n——小齿轮转速，$n=1800$r/min d_1——小齿轮节圆直径，$d_1=152.4$mm F_t——圆周力，N $F_t=\dfrac{37.29\times10^3}{\dfrac{3.14\times1800}{30}\times\dfrac{0.1524}{2}}\text{N}=2600\text{N}$ $F_{yt}=\dfrac{0.254}{0.4064}\times F_t=\dfrac{0.254}{0.4064}\times2600\text{N}$ $=-1625\text{N}$	$F'_t=2600\text{N}$ $F'_{yt}=\dfrac{0.254}{0.4064}\times F'_t$ $=\dfrac{0.254}{0.4064}\times2600\text{N}$ $=1625\text{N}$
径向力的水平反力 F_{xr}、F'_{xr}	$F_{xr}=F_{yt}\tan20°=1625\times0.364\text{N}$ $=-592\text{N}$	$F'_{xr}=592\text{N}$
轴向力的反推力 F_{zx}、F'_{zx}	$F_x=F_t\tan\beta$ 式中　F_x——齿轮上的轴向力，N F_t——齿轮上的圆周力，N β——齿轮螺旋角，(°) $F_x=2600\times\tan30°\text{N}=2600\times0.577\text{N}$ $=1500\text{N}$ $F_{zx}=-F_x=-1500\text{N}$	$F'_{zx}=1500\text{N}$

续表

支点反力＼齿轮轴系	小齿轮轴	大齿轮轴
轴向力的水平反力 F_{xx}、F'_{xx}	$F_{xx}=\dfrac{-F_x\times d_1}{2\times l}$ 式中　F_x——齿轮上的轴向力，N d_1——小齿轮节圆直径，m l——小齿轮轴两支点间的距离，m $F_{xx}=\dfrac{-1500\times 0.1524}{2\times 0.4064}$N $=-282$N	$F'_{xx}=\dfrac{F'_x\times d_2}{2\times l}$ 式中　d_2——大齿轮节圆直径，m F'_x——大齿轮上的轴向力，N l——大齿轮轴两支点间的距离，m $F'_{xx}=\dfrac{1500\times 0.6096}{2\times 0.4064}$N $=1125$N
前支点反力 F_{yA}、F_{xA}、F_{zA} 及 $F_{yA'}$、$F_{xA'}$、$F_{zA'}$	$F_{yA}=F_{yW}-F_{yt}=(164-1625)\text{N}=-1461\text{N}$ $F_{xA}=-F_{xr}-F_{xx}=(-592-282)\text{N}=-874\text{N}$ $F_{zA}=F_{zx}=-1500\text{N}$	$F_{yA'}=F'_{yW}+F'_{yt}=(1867+1625)\text{N}=3492\text{N}$ $F_{xA'}=F'_{xr}+F'_{xx}=(592-1125)\text{N}=-533\text{N}$ $F_{zA'}=F'_{xx}=1500\text{N}$

② 作用在箱壁上的外力。由于前箱壁上的外力大于后箱壁，因此只需对前箱壁进行计算。前箱壁的外力与齿轴轴的前支点反力数值相等、方向相反（见图 9-3-12）。它们是：小齿轮轴系作用在前端上的力，即 $F'_{yA}=1461$N（向上）、$F'_{xA}=874$N（向左）、$F'_{zA}=1500$N（向前）；大齿轮轴系作用在前墙上的力，即$F'_{yA'}=-3492$N（向下）、$F'_{xA'}=533$N（向左）、$F'_{zA'}=-1500$N（向后）。

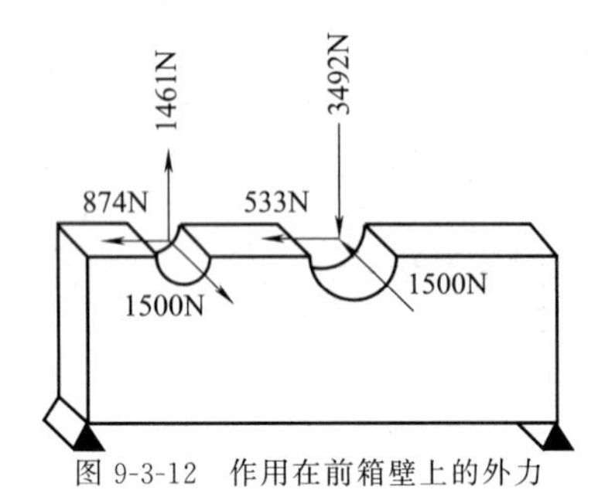

图 9-3-12　作用在前箱壁上的外力

2）求前箱壁所需截面惯性矩 I_z

已知：作用外力，前箱壁的长度 L、许用单位挠度 f/L 及作用力至最近的支点的距离（见图 9-3-13）。

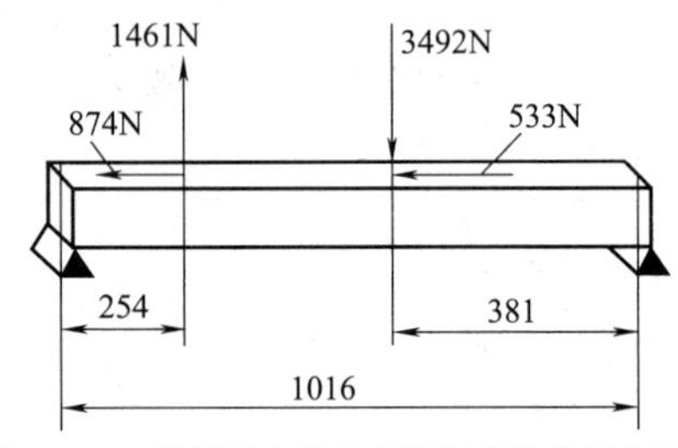

图 9-3-13　前箱壁上的垂直作用力及水平作用力

首先根据 K 值（$K=a/L$），从表 9-3-11 查得 λ_1 及 λ_2 值，然后利用表 9-3-10 中的公式计算 I_z 值（见表 9-3-13）。

表 9-3-13　**前箱壁所需截面惯性矩 I_z**

作用力 F 或 M	外力至端部距离 a/m	箱壁长度 L/m	系数 $K=a/L$	运算符 $\lambda_1/\text{m}^2\cdot\text{N}^{-1}$	运算符 $\lambda_2/\text{m}^2\cdot\text{N}^{-1}$	单位许用挠度 $\dfrac{f}{L}$/(m/m)
1461N	0.254	1.016	0.25	6.820×10^{-14}		0.00001
3492N	0.381	1.016	0.375	9.068×10^{-14}		0.00001
-874×0.2032N·m $=-177.5$N·m	0.254	1.016	0.25		2.232×10^{-13}	0.00001
533×0.2032N·m $=108.3$N·m	0.381	1.016	0.375		1.309×10^{-13}	0.00001

作用力 F 或 M	$I_{zi}=\dfrac{F_{yi}L^2\lambda_1}{\frac{f}{L}}$ /m⁴	$I'_{zi}=\dfrac{M_iL\lambda_2}{\frac{f}{L}}$ /m⁴	$I_z=\sum_{i=1}^{n}I_{zi}+\sum_{i=1}^{n}I'_{zi}$ /m⁴
1461N	$I_{z1}=-\dfrac{1461\times1.016^2\times6.82\times10^{-14}}{0.00001}$ $=-10286\times10^{-9}$		19816×10^{-9}
3492N	$I_{z2}=\dfrac{3492\times1.016^2\times9.068\times10^{-14}}{0.00001}$ $=32687\times10^{-9}$		

续表

作用力 F 或 M	$I_{zi}=\dfrac{F_{yi}L^2\lambda_1}{\frac{f}{L}}$ /m⁴	$I'_{zi}=\dfrac{M_iL\lambda_2}{\frac{f}{L}}$ /m⁴	$I_z=\sum_{i=1}^{n}I_{zi}+\sum_{i=1}^{n}I'_{zi}$ /m⁴
$-874\times0.2032\text{N}\cdot\text{m}=-177.5\text{N}\cdot\text{m}$		$I'_{z1}=\dfrac{-177.5\times1.016\times2.232\times10^{-13}}{0.00001}=-4025\times10^{-9}$	19816×10^{-9}
$533\times0.2032\text{N}\cdot\text{m}=108.3\text{N}\cdot\text{m}$		$I'_{z2}=\dfrac{108.3\times1.016\times1.309\times10^{-13}}{0.00001}=1440\times10^{-9}$	

表 9-3-14　　前箱壁所需截面惯性矩 I_y

作用力 F_{zi}/N	外力至端部距离 a/m	箱壁长度 L/m	系数 $K=a/L$	运算符 $\lambda_1/\text{m}^2\cdot\text{N}^{-1}$	单位许用挠度 $\frac{f}{L}$/(m/m)	$I_{yi}=\dfrac{F_{zi}L^2\lambda_1}{\frac{f}{L}}$/m⁴	$I_y=\sum_{i=i}^{n}I_{yi}$/m⁴
1500	0.254	1.016	0.25	6.820×10^{-14}	0.00001	$\dfrac{1500\times1.016^2\times6.82\times10^{-14}}{0.00001}=10559.97\times10^{-9}$	-3481×10^{-9}
−1500	0.381	1.016	0.375	9.068×10^{-14}	0.00001	$\dfrac{-1500\times1.016^2\times9.068\times10^{-14}}{0.00001}=-14040.74\times10^{-9}$	

3）求前箱壁的横截面惯性矩 I_y（见表 9-3-14 及图 9-3-14）

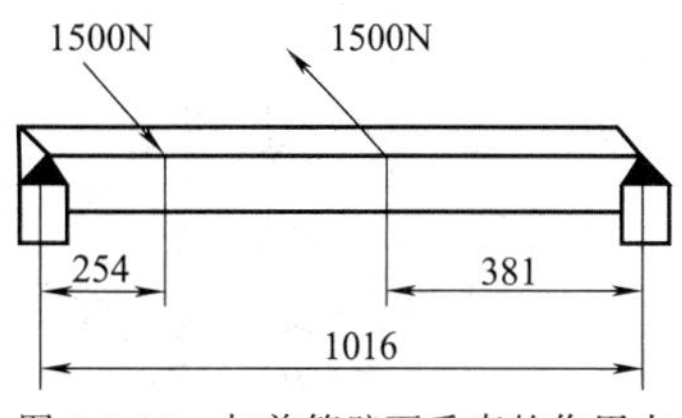

图 9-3-14　与前箱壁面垂直的作用力（力的作用线与传动轴的轴线相重合）

由于最差条件是一根轴引起的轴向推力，因此根据表 9-3-14，取 $I_y=14041\times10^{-9}\text{m}^4$。

4）求前箱壁横截面的扭转惯性矩 I_k

已知：转矩 $T_1=-T_2=304.8\text{N}\cdot\text{m}$；切变模量 $G=8.1\times10^{10}\text{Pa}$；许用单位转角 $\theta=0.00008\text{rad/m}$；$L=1.016\text{m}$；$l_1=0.254\text{m}$；$l_2=0.381\text{m}$；$l_3=0.381\text{m}$（见图 9-3-15）。

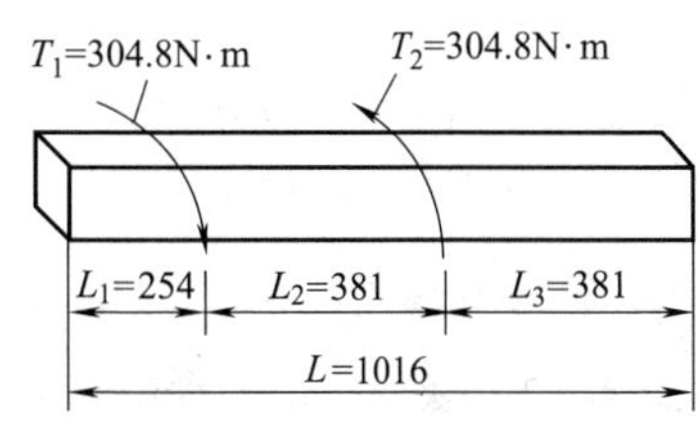

图 9-3-15　作用在前箱壁上的转矩

T_1，T_2—作用在箱壁上的转矩，N·m

$T_1=-T_2=1500\times0.2032\text{N}\cdot\text{m}=304.8\text{N}\cdot\text{m}$；

由于

$$T_{l1}=\frac{T_1(l_2+l_3)+T_2l_3}{L}=\frac{304.8(0.381+0.381)-304.8\times0.381}{1.016}\text{N}\cdot\text{m}=114.3\text{N}\cdot\text{m}$$

$$T_{l2}=\frac{-T_1l_1+T_2l_3}{L}=\frac{-304.8\times0.254-304.8\times0.381}{1.016}\text{N}\cdot\text{m}=-193.54\text{N}\cdot\text{m}$$

$$T_{l3}=\frac{-T_1l_1-T_2(l_1+l_2)}{L}=\frac{-304.8\times0.254+304.8(0.254+0.381)}{1.016}\text{N}\cdot\text{m}=114.3\text{N}\cdot\text{m}$$

故最大转矩 $T_{max}=193.5\text{N}\cdot\text{m}$。将 T_{max}、G 及 θ 值代入下式，得

$$I_k=\frac{T_{max}}{G\theta}=\frac{193.5}{8.1\times10^{10}\times0.00008}\text{m}^4=29860\times10^{-9}\text{m}^4$$

5）确定前箱壁的横截面形状及尺寸　根据所求得的 $I_y=14041\times10^{-9}\text{m}^4$、$I_x=19816\times10^{-9}\text{m}^4$ 和 $I_k=29860\times10^{-9}\text{m}^4$，再考虑结构等方面的要求，确定如图 9-3-16 所示的双层壁焊接结构，该截面的惯性矩为：$I_x=246825\times10^{-9}\text{m}^4$、$I_y=13736\times10^{-9}\text{m}^4$ 及 $I_k=37045\times10^{-9}\text{m}^4$。故截面尺寸满足要求。

6）校核压缩刚度

第 9 篇

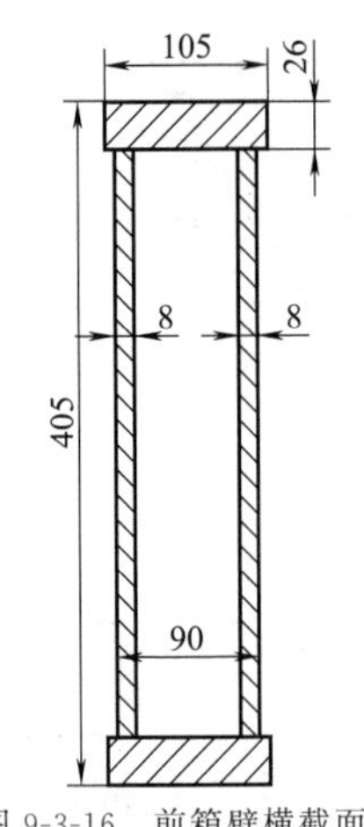

图 9-3-16　前箱壁横截面的形状及尺寸

根据表 9-3-9 序号 6，所需箱座承压面积为

$$A=\frac{F_y}{\frac{f}{L}E}$$

$$=\frac{3492}{0.00001\times21\times10^{10}}\mathrm{m}^2$$

$$=0.001663\mathrm{m}^2$$

由于轴承座下面有 2 个厚 8mm 的板支承，故轴承座下部所需长度为

$$\frac{0.001663}{2\times0.008}\mathrm{m}=0.104\mathrm{m}$$

即只需 0.104m 壁长便可满足要求。

最终箱座的结构形状如图 9-3-17 所示。

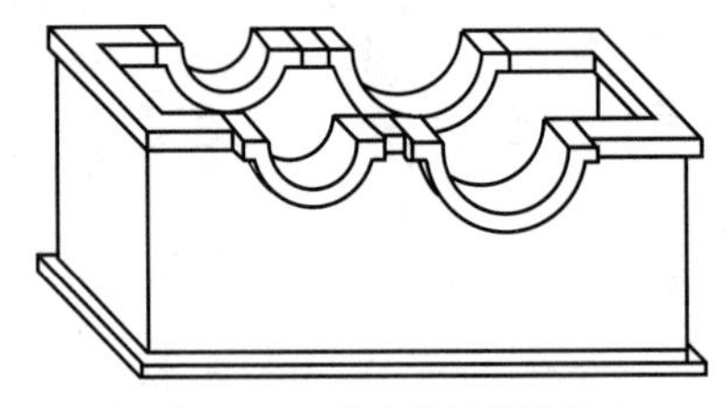

图 9-3-17　箱座的结构形状

3.3　机床主轴箱的刚度计算

机床主轴箱箱体一般为一面敞开的六面体，其箱壁上具有许多大小不一的孔，还有凸台及加强肋等。箱体的刚度影响着被加工零件的精度和机床噪声的大小等诸方面。

3.3.1　箱体的刚度计算

1）箱体的变形计算（参照图 9-3-18）　对于壁厚为 t 的无孔箱板变形量 δ_0 的计算式为

$$\delta_0=k_0\frac{Fa^2(1-\mu^2)}{Et^3}$$

考虑到壁箱上孔、凸台、肋以及外力的着力点对变形的影响，上式再乘以不同的修正系数，这时，箱壁的变形计算式为

$$\delta=\delta_0k_1k_2k_3$$

式中　F——垂直于箱壁上的作用力，N；

a——受力箱壁长边的一半，m；

t——受力箱壁的厚度，m；

E——箱体材料的弹性模量，Pa；

μ——泊松比；

k_0——着力点的位置系数，查表 9-3-15；

k_1——孔和凸台的影响系数，查表 9-3-16、表 9-3-17；

k_2——其他孔的影响系数，$k_2=1+\sum\Delta\delta/\delta$，$\Delta\delta/\delta$ 的值查表 9-3-18；

k_3——肋条影响系数。对于加强受力孔的凸台肋条，$k_3=0.8\sim0.9$；对于加强整个箱体壁面的肋条、互相交叉的取 $k_3=0.8\sim0.85$，非交叉肋取 $k_3=0.75\sim0.8$。

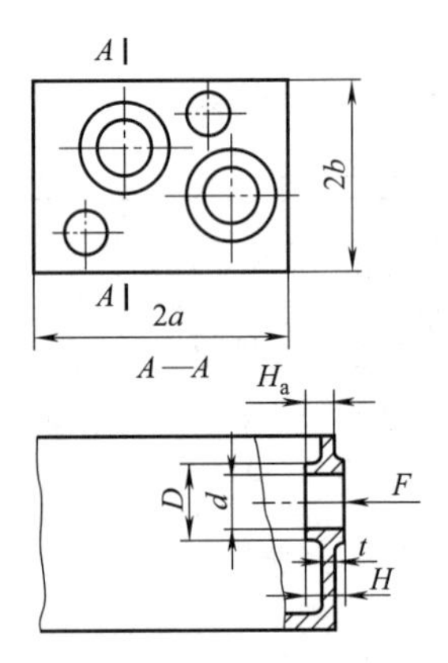

图 9-3-18　箱体刚度计算简图

2）箱体刚度 K

$$K=\frac{F}{\delta}$$

式中　F——垂直于箱壁的作用力，N；

δ——箱壁变形量，μm。

3.3.2　车床主轴箱刚度计算示例

例 2　图 9-3-19 为车床主轴箱结构简图。已知主轴孔Ⅰ的最大轴向力为 $F=3000$N，箱体尺寸：$2a:2b:2c=500:360:560$，材料为铸铁，$E=1\times10^{11}$Pa。试求箱体刚度。

表 9-3-15　**着力点位置对箱壁变形的影响系数 k_0**

1. 受力面的边长为 $2a \times 2b$，四边均与其他面交接																
受力面的边长比 $a:b$		1∶1									1∶0.75					
箱体的尺寸比 $a:b:c$		1∶1∶1			1∶1∶0.75			1∶1∶0.5			1∶0.75∶0.75			1∶0.75∶0.5		
	着力点的坐标	1	2	3	1	2	3	1	2	3	1	2	3	1	2	3
	1′	0.18	0.24	0.18	0.20	0.28	0.20	0.21	0.31	0.21	0.13	0.18	0.13	0.13	0.20	0.13
	2′	0.24	0.35	0.24	0.28	0.44	0.28	0.31	0.50	0.31	0.21	0.30	0.21	0.22	0.33	0.22
	3′	0.18	0.24	0.18	0.20	0.28	0.20	0.21	0.31	0.21	0.13	0.18	0.13	0.13	0.20	0.13
2. 受力面的边长为 $2a \times 2b$，三边与其他面交接，一边为开口																
受力面的边长比 $a:b$		1∶1			1∶0.75						1∶0.5					
箱体的尺寸比 $a:b:c$		1∶1∶1			1∶0.75∶1			1∶0.75∶0.75			1∶0.5∶1			1∶0.5∶0.75		
	着力点的坐标	1	2	3	1	2	3	1	2	3	1	2	3	1	2	3
	1′	0.16	0.25	0.16	0.15	0.20	0.15	0.15	—	0.15	0.08	0.09	0.08	0.08	—	0.08
	2′	0.30	0.48	0.30	0.29	0.45	0.29	0.28	0.42	0.28	0.19	0.28	0.19	0.18	0.27	0.18
	3′	0.43	0.70	0.43	0.39	0.62	0.39	—	0.62	—	0.34	0.51	0.34	—	0.48	—
	4′	0.95	1.40	0.95	0.77	1.16	0.77	—	0.16	—	0.62	0.92	0.62	—	0.69	—

注：表中的图为箱体 5 个壁的展开图，图中的直粗实线为两个面的交线，弧线为开口边。

表 9-3-16　**孔和凸台对箱体刚度的影响系数 k_1**

D/d	H_a/t	$\frac{D^2}{2a \times 2b}$							
		0.01	0.02	0.03	0.05	0.07	0.10	0.13	0.16
1.2	1.1	1.0							
	1.5	0.98	0.97	0.95	0.93	0.91	0.88	0.86	0.83
	1.6	0.95	0.93	0.91	0.88	0.85	0.81	0.77	0.75
	1.8	0.91	0.86	0.83	0.78	0.74	0.69	0.65	0.62
	2.0	0.86	0.80	0.77	0.71	0.67	0.61	0.57	0.53
	3.0	0.79	0.71	0.65	0.56	0.50	0.43	0.37	0.33
1.6	1.1	1.0							
	1.2	0.98	0.97	0.95	0.93	0.91	0.88	0.86	0.83
	1.4	0.91	0.88	0.85	0.80	0.76	0.72	0.66	0.65
	1.6	0.87	0.82	0.77	0.71	0.66	0.60	0.55	0.51
	2.0	0.82	0.75	0.70	0.62	0.56	0.49	0.43	0.38
	3.2	0.78	0.70	0.63	0.54	0.47	0.38	0.32	0.27

对无凸台的孔

$d^2/(2a \times 2b)$	0.05	0.01	≥0.015
k_1	1.1	1.15	1.2

说明	D——凸台直径；d——孔径；$2a$——箱体受力面的长边长度；$2b$——受力面的短边长度；H_a/t——凸台有效高度与箱壁厚度之比，见表 9-3-17

注：系数 k_1 虽随受力孔中心线至板边（近侧）距离 r 与边长之半 a 的比（r/a）的减少而增大，但一般变化较小，可略去不计。表中列出的是在 $r/a=1$（受力点在板中）条件下的数据。

表 9-3-17 凸台有效高度（H_a）与壁厚（t）比值（H_a/t）的确定

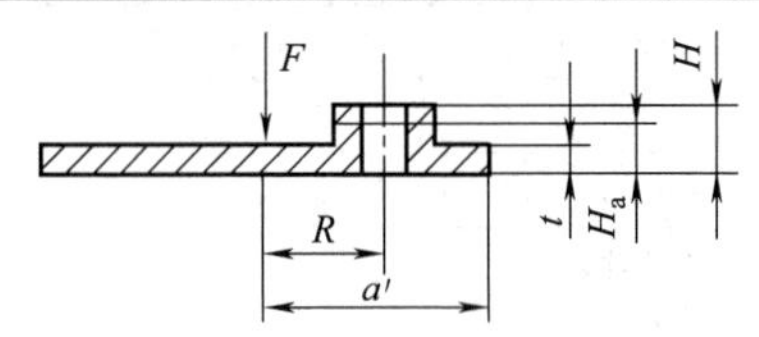

凸台的实际高度与壁厚之比 H/t	受力点至凸台孔中心线与受力点至箱板边缘距离之比 R/a'		
	0	0.3	0.5
	H_a/t		
1.2	1.19	1.16	1.14
1.4	1.37	1.29	1.25
1.6	1.53	1.41	1.35
1.8	1.67	1.52	1.44
2.0	1.78	1.62	1.50
2.2	1.88	1.69	1.55
2.4	1.96	1.76	1.60
4.0	2.15	1.90	1.70
10.0	2.25	2.00	1.75
说明	R——凸台孔中心线至受力点(或受力孔中心线)的距离 a'——受力点(或受力孔的中心线)至箱板边缘(指靠近凸台孔的一侧)的距离		

表 9-3-18 确定系数 k_2 用的 $\Delta\delta/\delta$ 的值

1. 当 H_a/t 较大时，$\Delta\delta/\delta$ 取负值						
D/d	H_a/t	$D^2/(2a\times2b)$				
		0.01	0.02	0.04	0.07	0.10
1.2	1.4	0				
	1.6	0.02～0.01	0.03～0.02	0.05～0.03	0.07～0.04	0.09～0.05
	1.8	0.06～0.03	0.08～0.04	0.11～0.06	0.16～0.08	0.19～0.10
	2.0	0.08～0.04	0.11～0.06	0.16～0.09	0.21～0.13	0.26～0.17
	3.0	0.12～0.07	0.18～0.10	0.25～0.15	0.34～0.20	0.41～0.24
1.6	1.2	0				
	1.4	0.06～0.04	0.08～0.05	0.11～0.07	0.14～0.10	0.16～0.12
	1.6	0.09～0.05	0.12～0.07	0.17～0.10	0.22～0.13	0.27～0.16
	2.0	0.12～0.07	0.17～0.09	0.23～0.13	0.31～0.18	0.37～0.21
	3.0	0.14～0.08	0.20～0.12	0.29～0.17	0.38～0.23	0.35～0.28
1.2	1.1	0.06～0.03	0.11～0.05	0.14～0.08	0.18～0.11	0.21～0.13
1.6	1.2	0.07～0.03	0.11～0.05	0.13～0.07	0.13～0.08	0.14～0.09
	1.0	0.08～0.03	0.14～0.06	0.22～0.10	0.30～0.13	0.37～0.17
说明	R——所计算的凸台孔中心到受力孔中心的距离；d——受力孔中心到靠近所计算凸台孔一侧的板边距离。当 $R/a'=0.3$ 时，表中数据取大值；当 $R/a'=0.5$ 时，取小值；当 $R/a'=0.7$、$H_a/t=3$ 时，$\Delta\delta/\delta=\pm0.1$；$k_2=1+\sum\Delta\delta/\delta$；$H_a/t$——凸台有效高度与箱壁厚度之比，见表 9-3-17					

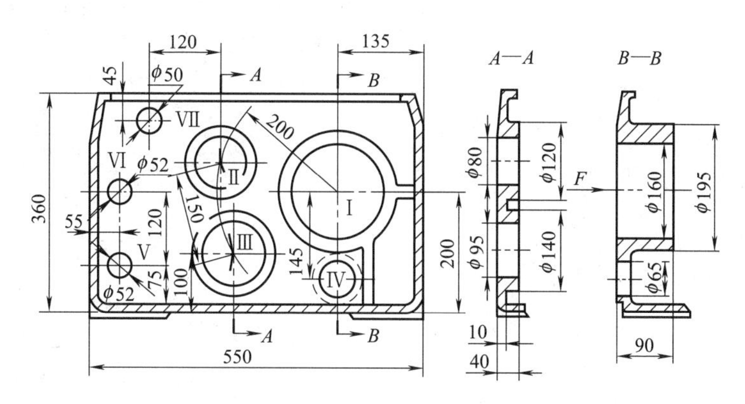

图 9-3-19　车床主轴箱结构简图

解　1）确定无孔箱壁的变形量 δ

根据已知条件可得：$F=3000\text{N}$、$a=0.275\text{m}$、$t=0.01\text{m}$、$E=1\times10^{11}\text{Pa}$、$\mu=0.3$、箱体尺寸比 $2a:2b:2c\approx1:0.6:1$、箱体受力面的边长比 $2a:2b\approx1:0.6$、着力点的坐标 $x=0.5a$，$y=1.1b$。

由表 9-3-15 确定系数 k_0 的值。用内插法可得，当尺寸比为 1：0.5：1 时，$k_0=0.26$，故

$$\delta=k_0\times\frac{Fa^2(1-\mu^2)}{Et^3}$$

$$=0.26\times\frac{3000\times0.275^2\times(1-0.09)}{1\times10^{11}\times0.0001}\text{m}$$

$$=0.00054\text{m}$$

2）确定修正系数 k_1、k_2 及 k_3

求 k_1：

孔Ⅰ：已知 $H/t=0.09/0.01=9$，$R/a'=0$，由表 9-3-17 查得 $H_a/t=2.2$。

根据 $D^2/(2a\times2b)=195^2/(550\times360)=0.19$；$D/d=195/160=1.2$，用外插法从表 9-3-16 查得 $k_1=0.45$。

求 k_2：

孔Ⅱ：已知 $H/t=0.09/0.01=4$；$R/a'=200/415=0.48$，其中 a' 为孔Ⅰ中心至靠近孔Ⅱ的左箱壁距离，得 $H_a/t\approx1.7$。又 $D^2/(2a\times2b)=120^2/(550\times360)=0.073$ 及 $D/d=120/80=1.5$。再用上面的数值，查表 9-3-16 得：$\Delta\delta/\delta=-0.15$。

孔Ⅲ：计算过程与孔Ⅱ相同，查得 $\Delta\delta/\delta=-0.18$。

孔Ⅳ：$\Delta\delta/\delta=0.02$。

孔Ⅴ、孔Ⅵ：根据 $d^2/(2a\times2b)=52^2/(550\times360)=0.0135$ 及 $R/a'=360/415=0.87$，得 $\Delta\delta/\delta=0.01$。

孔Ⅶ：因距开口边缘接近，故不计其影响。

因此，修正系数 k_2 值为

$$k_2=1+\sum\Delta\delta/\delta$$

$$=1-0.15-0.18+0.02+2\times0.01$$

$$=0.71$$

确定 k_3

取 $k_3=0.9$。

3）计算有孔箱壁的变形量 δ

$$\delta=\delta_0k_1k_2k_3$$

$$=0.00054\times0.45\times0.7\times0.9\text{m}=0.000155\text{m}$$

4）箱体刚度 K

$$K=\frac{F}{\delta}=\frac{3000}{0.000155}\text{kN/m}=1.95\times10^4\text{kN/m}$$

箱体刚度偏低。

3.4　变速箱体上轴孔坐标计算

变速箱上各齿轮或蜗轮蜗杆传动轴孔，除了按齿轮或蜗轮蜗杆中心线距离的精度要求在零件图上标出轴孔的距离及公差外，为了加工的需要，还应在箱体零件图上标注各轴孔的坐标数值及公差。

对有主轴的变速箱，应首先计算并标注出主轴孔的坐标值及公差，然后以主轴孔的坐标值为基准，计算并标注其他各轴孔的坐标值及公差。

对没有主轴的变速箱，应以输入或输出轴孔的坐标值为基准，计算并标注其余各轴孔的坐标值及公差。

（1）与一轴定距的齿轮轴孔坐标计算

已知一齿轮轴孔的坐标和齿轮啮合中心距，求另一齿轮轴孔的坐标。

图 9-3-20 中的 $O(a_0,b_0)$ 为已知轴孔坐标，作为计算坐标原点，R 为两啮合齿轮轴孔中心距，$B(x,y)$ 为要求计算的轴孔坐标。

设　$y=b$

则　$x=\sqrt{R^2-b^2}$

或设　$x=a$

则　$y=\sqrt{R^2-a^2}$

式中　a 或 b——根据变速箱结构，设计确定的坐标值。

（2）与两轴定距的齿轮轴孔坐标计算

已知两齿轮轴孔的坐标和两个齿轮啮合中心距 R_1、R_2，求第三个齿轮轴孔的坐标。计算公式

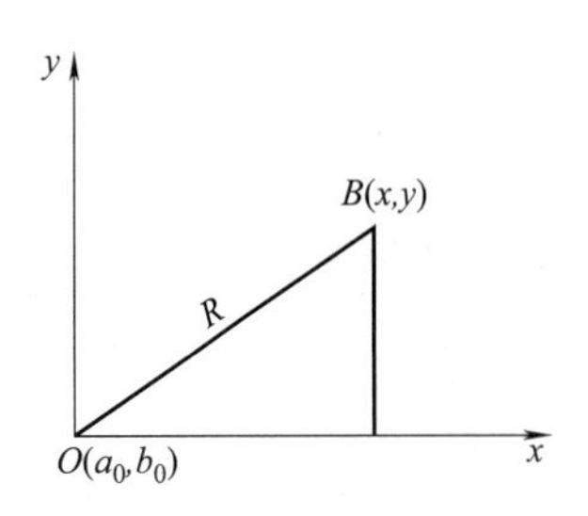

图 9-3-20　与一轴定距的孔坐标计算

及校核公式见表 9-3-19。表中的计算图形是以三角形 OAB 为一种情况，O、A 为已知的两点，B 为所求的点。A、B 两点可以在同一象限中，也可以在相邻的两个象限中。表中包括了所有可能的16种情况。

使用表 9-3-19 时，应注意以下各点。

1）各象限中的坐标值 a、b、x 和 y 均按绝对值计算，不计正负号。

2）R_1 为坐标原点 O 与所求点 B 之间的距离，R_2 为另一已知点 A 与 B 点之间的距离，R_1 与 R_2 不能颠倒。

3）检查公式中的 a、b 符号，可根据计算图形判断。

4）计算过程中，除已知的原始数据按给定的位数代入外，各中间运算数值的有效位数取7位，第8位四舍五入。

（3）与三轴等距的齿轮轴孔坐标计算

如图 9-3-21 所示，已知由中心齿轮 O 同时传动的三个已知轴孔坐标的齿轮 O_0、O_1、O_2，求中心齿轮轴孔的坐标。其实质就是求三角形外接圆圆心的坐标。

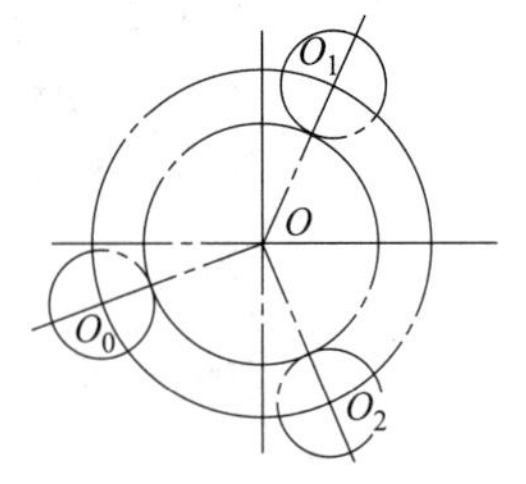

图 9-3-21　与三轴等距的齿轮轴孔

计算步骤是：首先作出坐标计算图形（如图 9-3-22所示），然后将已知数据代入公式进行计算。图中，$O_0(a_0, b_0)$、$O_1(a_1, b_2)$、$O_2(a_2, b_2)$ 为已知的三个齿轮轴孔坐标，其中 $O_0(a_0, b_0)$ 作为坐标原点；$O(x, y)$ 为要求计算的中心齿轮轴孔坐标；R 为中心齿轮轴孔到各已知齿轮轴孔的中心距。

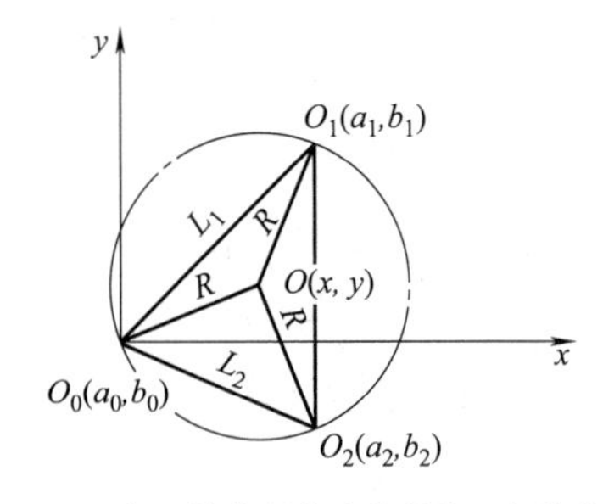

图 9-3-22　与三轴等距的齿轮轴孔坐标计算简图

表 9-3-19　与两轴定距的轴孔坐标尺寸计算

已知数据	计算图形	计算公式	校核公式
a,b,L,R_1,R_2	图(a)　图(b) 图(c)　图(d)	$L^2=a^2+b^2$ $D=\dfrac{R_1^2-R_2^2}{2L^2}+0.5$ $K=\sqrt{\dfrac{R_1^2}{L^2}-D^2}$ 图(a)和图(b)： $x=\|aD+bK\|$ 图(c)和图(d)： $x=\|aD+bK\|$ $y=\sqrt{R_1^2-x^2}$	$R_2'=\sqrt{(x\pm a)^2+(y\pm b)^2}$ $\|R_2'-R\|\leqslant 0.001$

1）计算公式

$$L_1^2=a_1^2+b_1^2$$

$$L_2^2=a_2^2+b_2^2$$

$$x=\frac{b_1L_2^2-b_2L_1^2}{2(a_2b_1-a_1b_2)}$$

$$y=\frac{a_2L_1^2-a_1L_2^2}{2(a_2b_1-a_1b_2)}$$

2）验算公式

$$R'=\sqrt{x^2+y^2}$$

$$|R-R'|\leqslant 0.001$$

式中　L_1——已知轴孔 O_0 与 O_1 的中心距；

L_2——已知轴孔 O_0 与 O_2 的中心距；

R——中心齿轮轴孔到各已知轴孔中心 O_0、O_1、O_2 的实际中心距。

（4）变速箱体齿轮轴孔坐标公差的确定

如图 9-3-23 所示，已知啮合齿轮轴孔的中心距 R 及其公差 ΔR，以及轴孔的坐标尺寸 x 和 y。x 和 y 的坐标公差 Δx 和 Δy 与 ΔR 之间应满足下列关系

$$x(\Delta x)+y(\Delta y)=R(\Delta R)$$

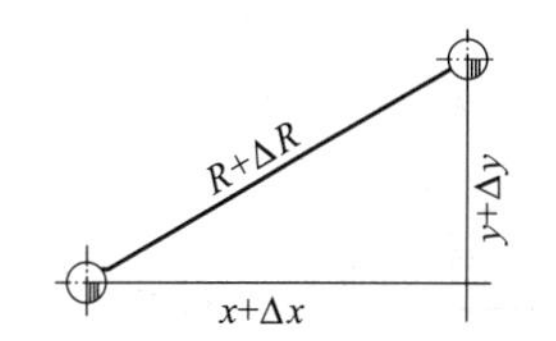

图 9-3-23　齿轮轴孔坐标尺寸的公差

一般情况下，为简单起见，可取

$$\Delta x=\Delta y=\frac{R}{x+y}(\Delta R)$$

当 y 与 x 尺寸相差较大时，可先给定一个经济上合理的 Δy 值，然后计算 Δx 值

$$\Delta x=\frac{R(\Delta R)-y(\Delta y)}{x}$$

3.5　变速箱体的技术要求

3.5.1　各加工面的形状精度及表面结构中的粗糙度

1）箱体各加工面的直线度、平面度及表面粗糙度：

导轨面：7 级或 8 级精度，表面结构中的粗糙度 $Ra\leqslant 0.8\sim 1.6\mu m$；

基准面：7 级或 8 级精度，表面结构中的粗糙度 $Ra\leqslant 0.8\sim 1.6\mu m$；

结合面：9 级精度，表面结构中的粗糙度 $Ra\leqslant 1.6\sim 3.2\mu m$。

2）各轴孔的孔径公差、几何公差及表面结构中的粗糙度根据轴承对轴孔的公差及表面粗糙度要求确定。

3.5.2　各加工面的相互位置精度

表 9-3-20　箱体各加工面的相互位置精度

项　　目	精度要求
主轴孔中心线对基准面平行度	一般线对面平行度 3 级或 4 级，并按轴线两端跨距长度选取平行度值
两齿轮轴孔中心线间平行度	平行度公差 f'：水平面内 $f_x'=\frac{B}{2b}F_\beta$ 垂直面内 $f_y'=\frac{B}{4b}F_\beta$ 式中　B——箱体轴线方向的宽度 b——齿轮宽度，$b\leqslant 55$mm 时，取 $b=55$mm；$b=55\sim 110$mm 时，取 $b=110$mm F_β——齿轮的齿向公差，按齿轮精度等级和齿轮宽度，由齿轮精度表中查取
圆柱齿轮轴孔中心距公差	见表 9-3-21
同一轴线上各孔的同轴度	按同轴度公差级，主轴孔为 4 级或 5 级，传动轴为 5 级或 6 级
端面对轴孔中心线的端面圆跳动	端面圆跳动公差一般取 6 级或 7 级
锥齿轮两轴孔中心线的轴间距和轴交角极限偏差	两项公差分别见表 9-3-22 和表 9-3-23

3.5.3 变速箱体零件工作图实例

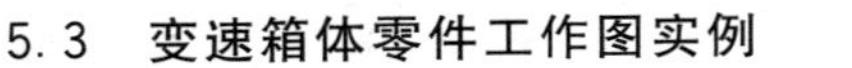

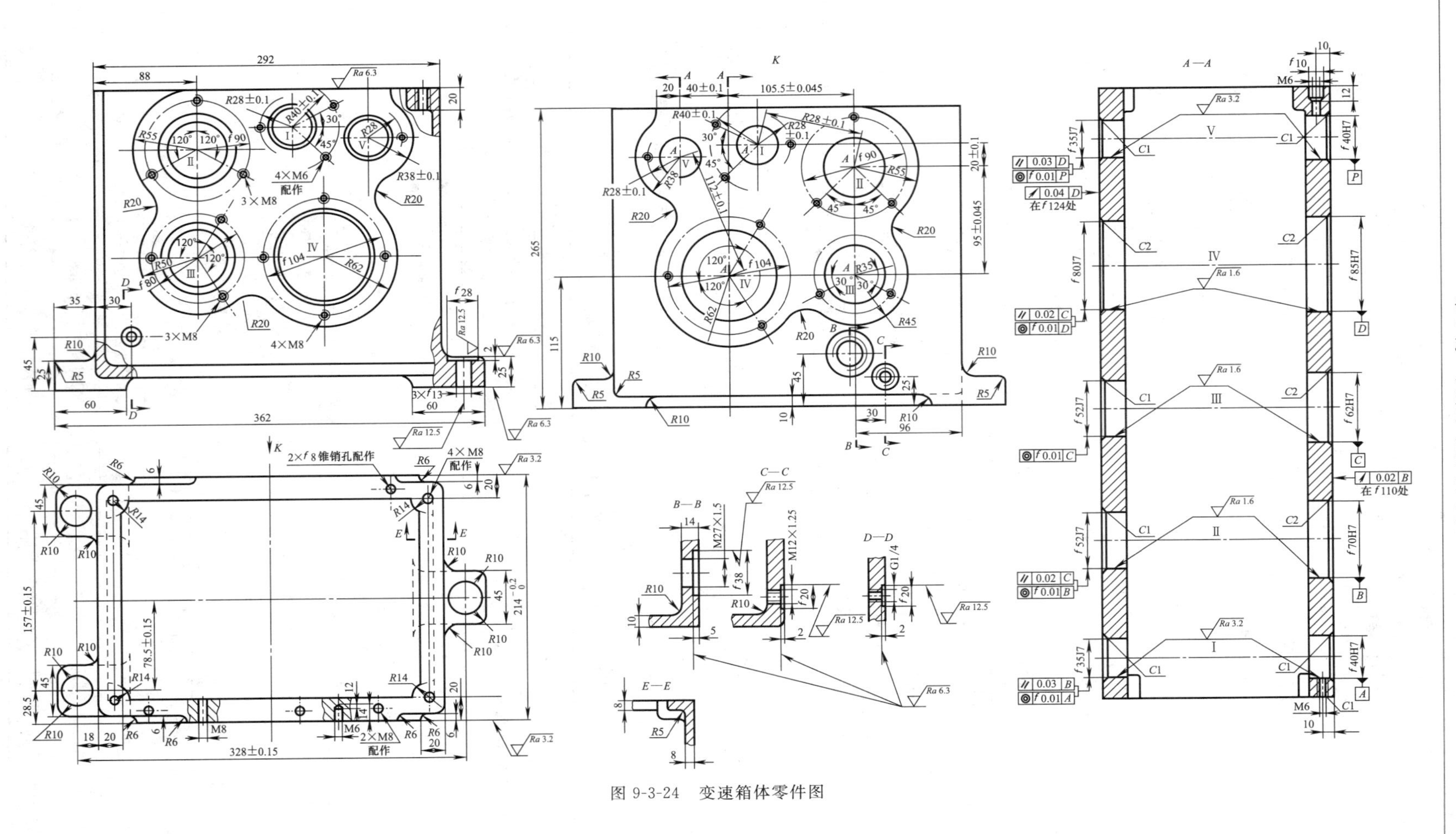

图 9-3-24 变速箱体零件图

表 9-3-21　**箱体孔中心距公差 f_a'（参考）**　μm

孔的配合种类	中心距/mm							
	<50	>50～80	>80～120	>120～200	>200～320	>320～500	>500～800	>800～1250
H7	±15	±20	±22	±25	±30	±35	±45	±50
G7	±25	±30	±35	±40	±50	±60	±65	±80
F8	±40	±50	±55	±65	±80	±100	±110	±120
D8	±60	±80	±90	±105	±120	±150	±170	±200

表 9-3-22　**两锥齿轮箱体孔中心轴线间距公差 f_a'（参考）**　μm

锥齿轮精度等级	模数/mm	外锥距/mm				
		<200	>200～320	>320～500	>500～800	>800～1250
7	>1～16	±15	±18	±22	±28	±36
8	>1～16	±19	±22	±28	±36	±48
9	>1～16	±24	±28	±36	±45	±58
10	>2.5～16	±30	±36	±45	±55	±75
11	>2.5～16	±36	±45	±55	±70	±95

表 9-3-23　**两锥齿轮箱体孔中心轴线交角极限偏差 E_Σ'**　μm

孔的配合种类	外锥距/mm							
	≤50	>50～80	>80～120	>120～200	>200～320	>320～500	>500～800	>800～1250
G7	±28	±38	±45	±50	±58	±70	±85	±100
F8	±45	±58	±70	±80	±95	±110	±130	±160

第4章　机架与箱体的现代设计方法

机架刚度、强度的常规工程法，是把机架简化成形状简单的框架，应用工程力学方法进行计算。由于机架箱体在几何形状、外载及约束条件的诸多方面的复杂性，常规算法难以确定复杂形状机架的真实薄弱部位，但它通过对立柱、横梁等主要断面的应力计算，可确定机架的主要结构尺寸为设备设计提供基本参数，因而仍具有一定的实用价值。

近年来随着计算机技术的发展和应用，机械设计也由静态、线性分析向动态、非线性分析，由可行性设计向最优化设计方向发展。应用有限元法可对箱体、机架结构进行准确、直观的设计计算，对准确确定机架及各种机械设备尺寸结构和优化设计均有很好的指导意义。

4.1　机架的有限元分析

有限元分析法将实际结构通过离散化形成单元网格，每个单元具有简单形态并通过节点相连，每个单元上的未知量就是节点的位移，将这些单个单元的刚度矩阵相互组合起来形成整个模型的总体刚度矩阵，并给予已知力和边界条件求解该刚度矩阵，从而得出未知位移；通过节点上位移的变化计算出每个单元的应力。

当机架主要部分的两个方向的尺寸比厚度尺寸大很多时，可以简化为平面问题来进行有限元分析，如开式压力机的机架、板框式压力机机架、轧钢机机架（牌坊）等。

4.1.1　轧钢机机架的有限元分析

图9-4-1是某四辊冷轧机机架（牌坊）的有限元计算简图及网格分布图。由于对称于中心轴线，故可只取一半来计算。剖分面处加以约束，使各点水平位移为零。和轧座相接触处约束点的边界条件是水平位移及垂直位移皆为0。

计算假定：①机架只承受垂直方向的轧制力，而水平外力被忽略。②机架几何形状及外载均前后对称，且无垂直于此对称面的外力，故计算时按平面问题来处理。

用有限元法计算所得机架的应力布图，如图9-4-2～图9-4-5所示。从图中得知：①上横梁中间截面内缘上有较大的沿 X 轴方向的压应力（$\sigma_x=-284\times10^5$ Pa）；上横梁内、外缘 σ_{xmax} 分别是下横梁对应点 σ_{xmax} 的1.55和1.68倍。上、下横梁的内、

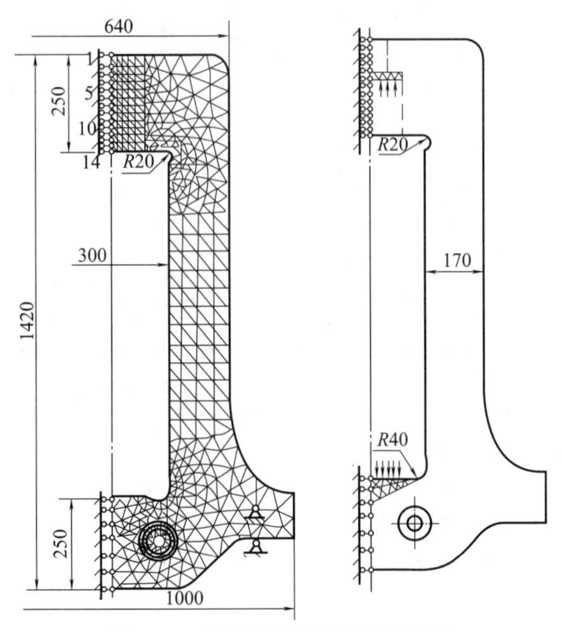

图9-4-1　冷轧机机架有限元计算简图

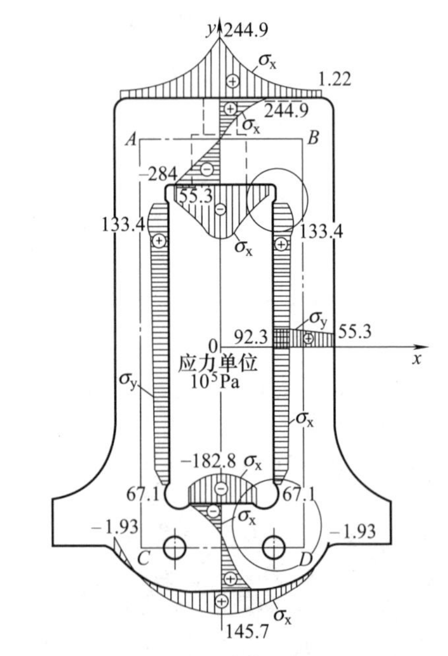

图9-4-2　有限元法计算所得250×100/300四辊冷轧机机架应力分布

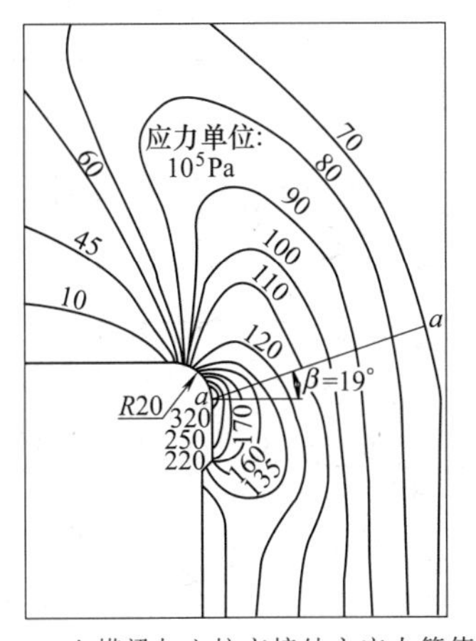

图 9-4-3　上横梁与立柱交接处主应力等值曲线

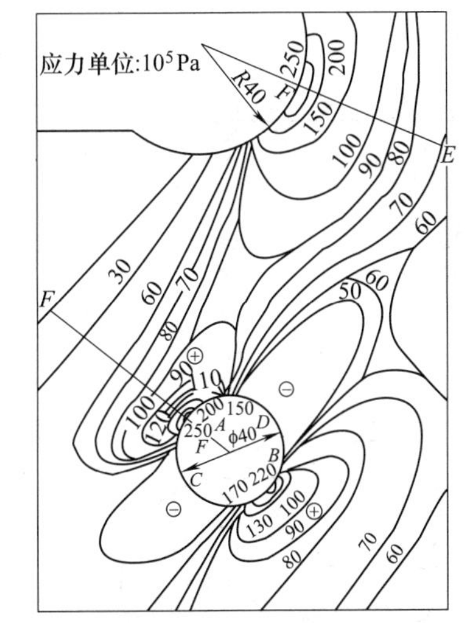

图 9-4-4　下横梁与立柱交接处主应力等值曲线

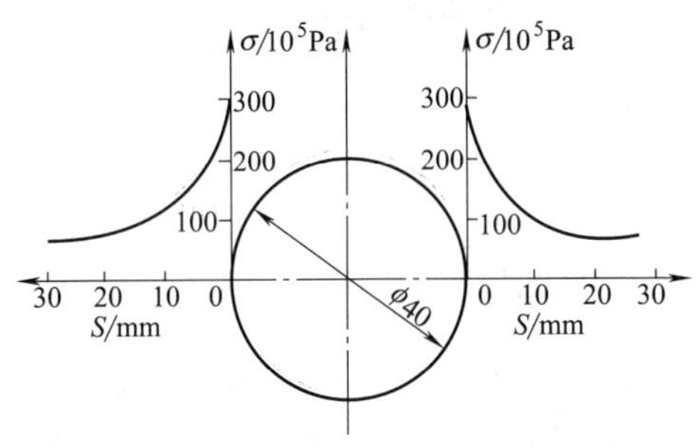

图 9-4-5　下横梁 $\phi40$ 圆孔拉应力区应力变化曲线

外缘的 σ_x 值按曲线规律变化。②立柱受力状态接近于单向拉伸。③根据上横梁中间截面的应力分布，可确定压下螺母支承面的位置（尽可能布置在压应力区）。④从图 9-4-3、图 9-4-4 中可知，横梁与立柱交接处和下横梁带孔部位有较大的应力集中，从而使应力达到较高值。如在上、下横梁与立柱交接处最大应力分别达到 410×10^5Pa 和 320×10^5Pa，而在直径 $\phi40$mm 圆孔 A、B 两点拉应力达到 290×10^5Pa。C、D 两边为受压区，在载荷作用下，$\phi40$ 孔有被拉长成椭圆的趋势。

机架的变形：当以机架中性线 $ABCD$（见图 9-4-2）为基准时，计算所得机架在垂直方向的总变形是 0.0001058m，其中立柱的垂直变形为 0.0000448m，上、下横梁的垂直变形为 0.000061m。

表 9-2-5 中，按常规计算，上、下横梁与立柱的交接处最大应力值分别为 430×10^5Pa 及 328×10^5Pa，与有限元法计算结果很接近。

4.1.2　液压机横梁的有限元分析

某六缸锻造水压机的活动横梁的结构简图如图 9-4-6 所示。在两侧的四个工作缸加压时，活动横梁受力最大。横梁此时的受力简图如图 9-4-7 所示。

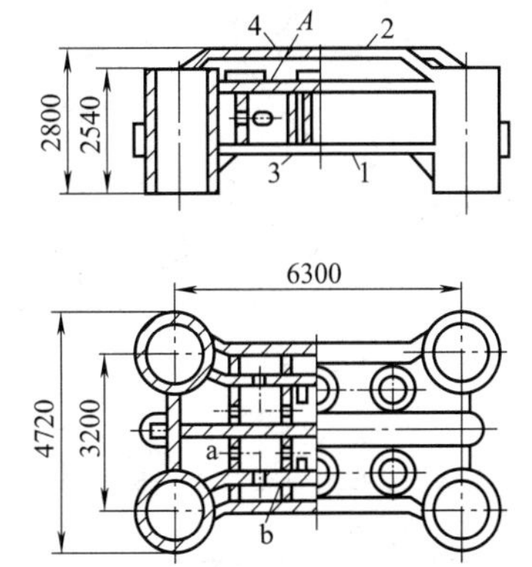

图 9-4-6　120MN 锻造水压机活动横梁简图

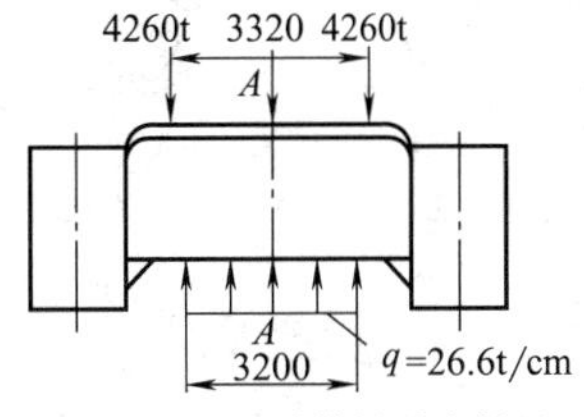

图 9-4-7　活动横梁受力简图

由于结构和载荷的对称性，计算时只需取整个零件的 1/4，而在两个对称面上加上相应的约束条件，以限制构件能保持对称变形。采用空间板系组合结构静力计算程序，其计算模型如图 9-4-8 所示。四条主要棱上的应力（σ_x）分布曲线如图 9-4-9 所示，棱的位置标示于图 9-4-8。

计算结果显示，最大应力点不在中间截面上，而是在工艺孔边。带孔筋板的网格划分如图 9-4-10 所示，筋板 a 和筋板 b（参见图 9-4-6）上孔边应力分布如图 9-4-11 和图 9-4-12 所示。

从图上可见，孔边最大拉应力高达 235.2MPa，超过了材料的疲劳极限 175MPa。导致活动横梁的工

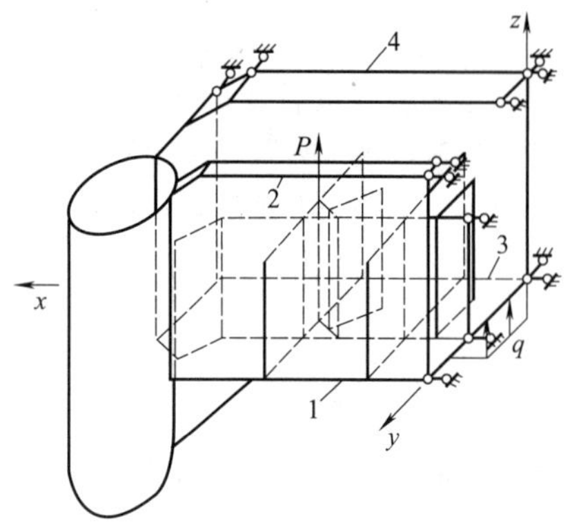

图 9-4-8　活动横梁计算模型图

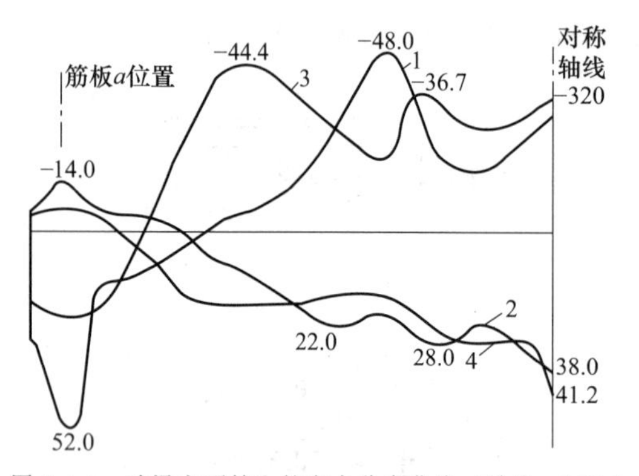

图 9-4-9　动梁主要棱上的应力分布曲线（单位：MPa）

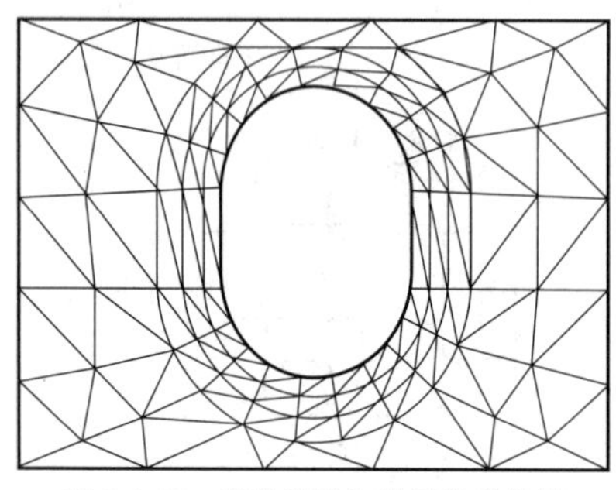
图 9-4-10　带孔筋板 b 的网格划分图

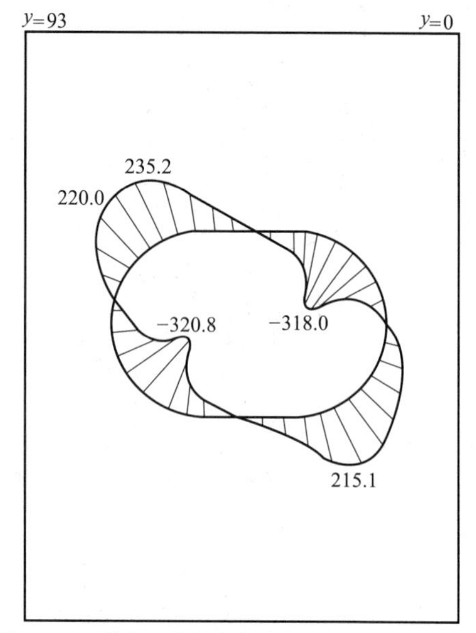

图 9-4-11　筋板 a 孔边应力分布曲线（单位：MPa）

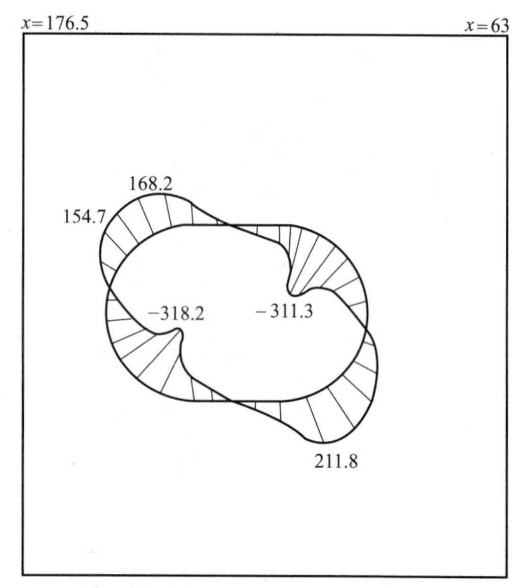

图 9-4-12　筋板 b 孔边应力分布曲线（单位：MPa）

艺孔边过早出现裂纹。

4.1.3　开式机架的有限元分析

图 9-4-13 是 800kN 开式压力机机身右半部的受力简图。图中 X、Y 是当曲柄转角 $\alpha=30°$时，曲轴作用于机身右半部的力，Y_1 是传动轴作用于右半部的力，F_6 是分配到机架右半部的工件变形力，F_5 是滑块给予导轨的力，而 F_1、F_2、F_3、F_4 则是由于该压力机是单边传动，机架左、右两半部受力不一致，而由肋板传给右半部的力。

在受力简图确定之后，即可进行网格划分及载荷移置。图 9-4-14 是上述机架的网格划分情况，共有节点数 206 个，单元数 333 个。在两轴承孔的附近，因有应力集中，应力和位移的变化较大，故单元划分得较小。在板的周边，厚度有突变，为了把突变线作为单元的边界线，因此单元也划分得较小。在应力和位移变化比较平缓的部分，单元可以划分得比较大。在集中力作用的地方，可以按静力等效的原则，分别移置到相应的节点上，如图 9-4-14 所示。由于机架是一个封闭的受力体系，因此 A、B 两个铰支座处的约束反力为零。

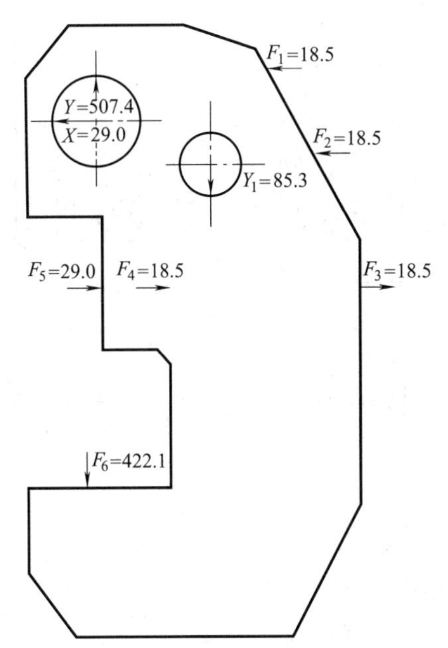

图 9-4-13　开式压力机机架右半部受力简图（单位：kN）

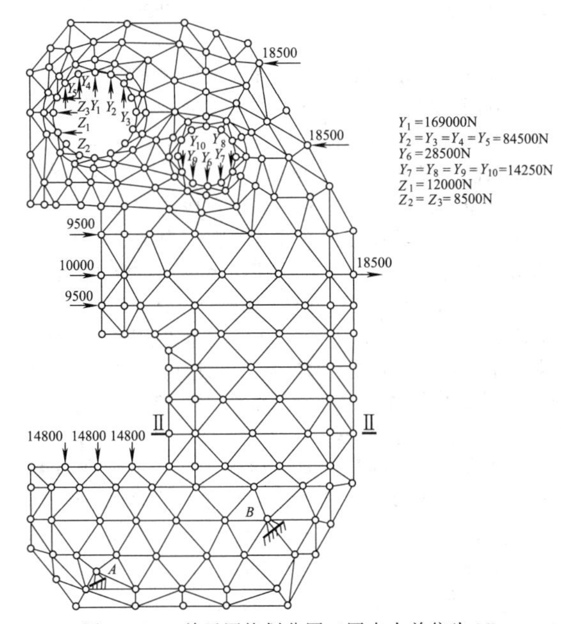

图 9-4-14　单元网格划分图（图中力单位为 N）

应用平面问题的计算程序即可计算出各单元的位移及应力。

图 9-4-15 为机架受载后的变形图，原来的形状为实线，双点画线则表示变形后的形状。每个周边节点的上、下两个数字分别代表该点的水平位移（mm）及垂直位移（mm）。括号内为节点编号。最大水平位移约为 1.3mm，最大垂直位移约为 1mm。由节点 179 和 43 两点的相对垂直位移 0.795mm，可得机架的垂直刚度 K_h 为

$$K_{\mathrm{h}}=\frac{800}{0.795}=1006\mathrm{kN/mm}$$

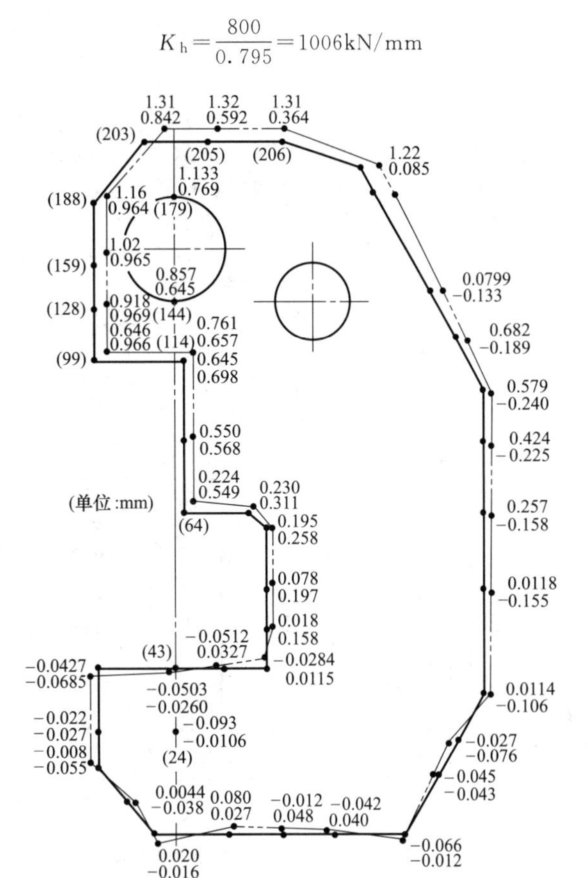

图 9-4-15　机架变形图

由节点 144、114 与节点 43、24 的水平位移可算出机架的角刚度 K_α 为

$$K_{\alpha}=\frac{800}{1010}=0.79\mathrm{kN}/\mu\mathrm{rad}$$

而实测机架的角变形为 1060μrad，角刚度为 0.75kN/μrad，两者相当接近。

4.1.4　整体闭式机架有限元分析

以奥穆科 MP2000 压力机机架三维有限元分析为例，说明整体闭式机架三维有限元分析的过程。

（1）机架受力分析

机构结构尺寸如图 9-4-16 所示，机架受力情况如图 9-4-17 所示。偏心力 F 所产生的力矩 Fe 和轴承支反力 F_1、F_2 及立柱支反力 F' 所形成的力矩相平衡。由力平衡条件可得

$$F_1-F_2=\frac{2Fe(1-K)}{a\cos(\beta+\gamma)}$$

$$K=\frac{2F'b}{Fe}$$

$$F_1+F_2=F\,\frac{\cos\varphi}{\cos(\beta+\gamma+\varphi)}$$

$$Q_1-Q_2=\frac{2Fe(1-K)\sin(\beta+\gamma)}{C\cos\varphi\cos(\beta+\gamma)}$$

$$Q_1+Q_2=Q=F\ \frac{\sin(\beta+\gamma)}{\cos(\beta+\gamma+\varphi)}$$

式中　e——偏心锻造时的偏心距，取 $e=140\text{mm}$；

a——F_1、F_2 力之距离，$a=1560\text{mm}$；

F'——滑块作用到立柱的左右侧压力；

b——立柱上左右侧压力之距离，$b=1015\text{mm}$；

Q_1，Q_2——滑块作用于立柱后侧压力；

C——Q_1 及 Q_2 之距离，$C=1800\text{mm}$；

β——连杆夹角，当 $\alpha=10°$时，$\beta=1.309°$；

γ——连杆力与连杆轴线夹角，$\gamma=0.721°$；

φ——摩擦角，当 $\mu=0.02$ 时，$\varphi=1.146°$。

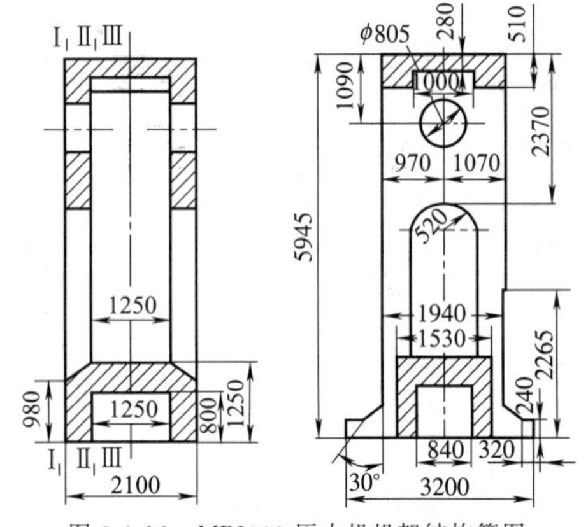

图 9-4-16　MP2000 压力机机架结构简图

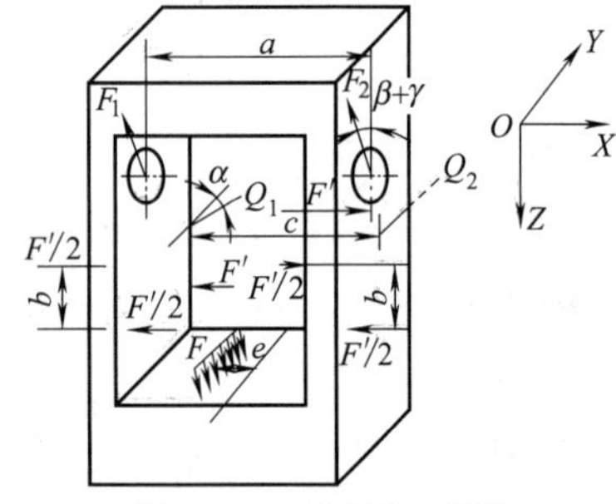

图 9-4-17　机架受力简图

根据实验，K 值和偏心距 e 及导轨间隙有关，在最大偏心距和正常间隙时 $K=0.06$。当 $K=0$ 时，对轴承孔的强度而言是最危险的工况。

（2）建立计算模型

根据机架结构的对称性、取机架的一半进行计算。根据载荷的非对称性，可将载荷分解为对称载荷组及反对称载荷组两类工况，如图 9-4-18 所示。其中图 9-4-18（a）为 F、Q 力对称于 ZOY 平面；图 9-4-18（b）为 F、Q 反对称于 ZOY 平面；图 9-4-18（c）、（d）为 F 力对称及反对称 ZOY 平面的工况。将对称载荷组的两种工况的计算模型及反对称载荷组的两种工况的计算模型分别计算，然后叠加，可求出机架在偏心载荷下的应力值及变形量。

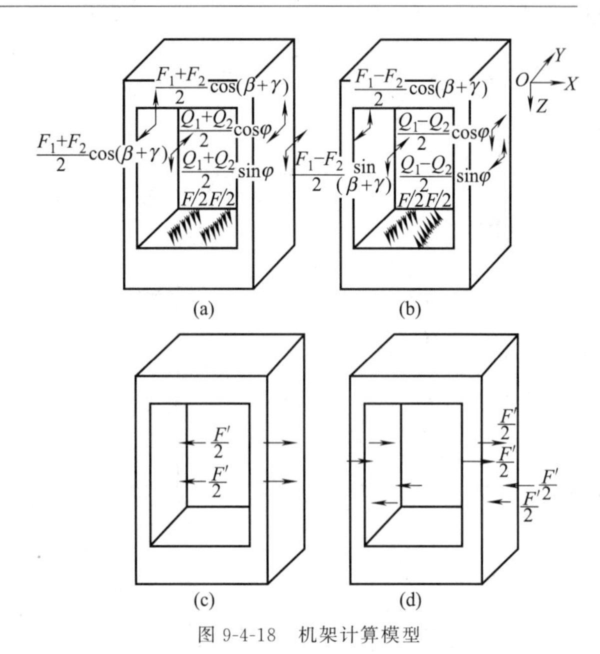

图 9-4-18　机架计算模型

（3）单元划分

根据机架结构及受力情况可选用 8～21 节点等参元，应用 SAP-5 或 ADINA 等程序进行计算。

由于机架的对称性，取机架的一半划分单元，并以分层的方法依次划分单元如图 9-4-19 所示。分层法划分单元是三维有限元计算中常用的方法。划分单元时应考虑在轴承孔上部及工作台下面等受载较大处网格划分得密一些，并在载荷作用点及自由边界设置节点。节点布置也应该考虑结构的对称性，将一侧节点坐标复制到相对称的另一侧。同时也可以用节点生成功能将外层节点坐标向 Z 向复制，生成对应的内层节点坐标。按图中所示共分为 303 个节点，共 92 个单元。

（4）确定边界条件

地脚螺栓周围和地面接触的 8 个节点为全约束。按对称载荷计算时，对称截面Ⅲ-Ⅲ上全部 38 个节点在 X 方向位移为零。按反对称载荷计算时，Ⅲ-Ⅲ截面上全部 38 个节点在 Y 方向及 Z 方向的位移为零。

（5）确定节点载荷

模锻力沿前后方向均匀分布，根据模具尺寸，可简化为 7 个集中力作用在工作台面相应的 7 个节点上。滑块左右侧压力 F'及滑块后侧压力 Q_1 及 Q_2 均按集中力处理，加在相应的立柱及滑道的节点上。轴承力在径向按余弦分布，分布中心角为 100°。按力的等效原理，将轴承力简化为 6 个集中力加在相应的 6 个节点上。轴承力的轴向力按集中力处理。

（6）计算结果

图 9-4-20 是在 $F=20000\text{kN}$，$\alpha=10°$（α 为偏心轴中两圆心连线和垂直方向的夹角）、$K=0$ 的工况下计算出机架Ⅱ—Ⅱ截面的变形图。节点附近上面数字为水平变形量（mm），下面数字为垂直变形量（mm）。

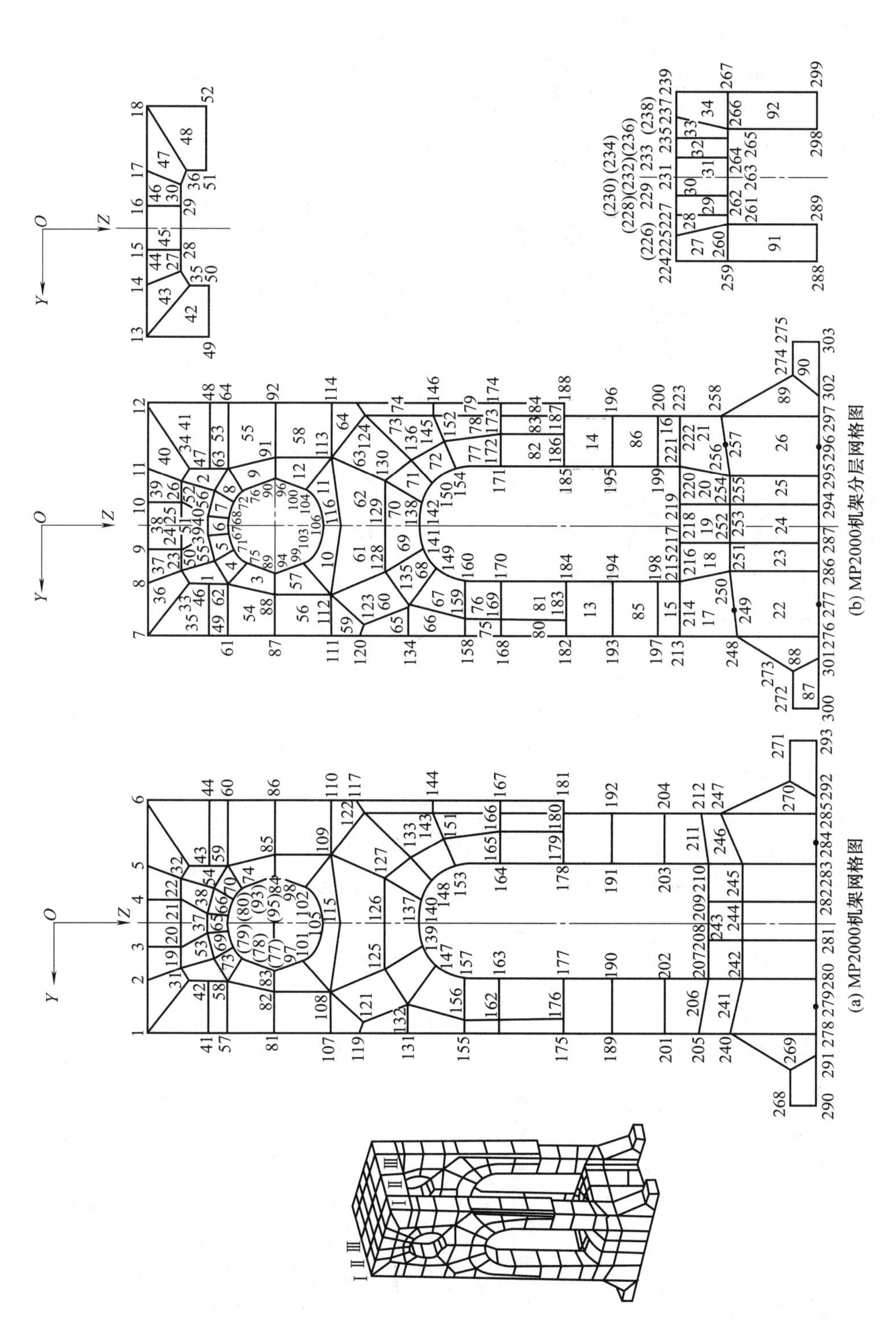

(a) MP2000机架网格图

(b) MP2000机架分层网格图

图 9-4-19　机架单元划分图

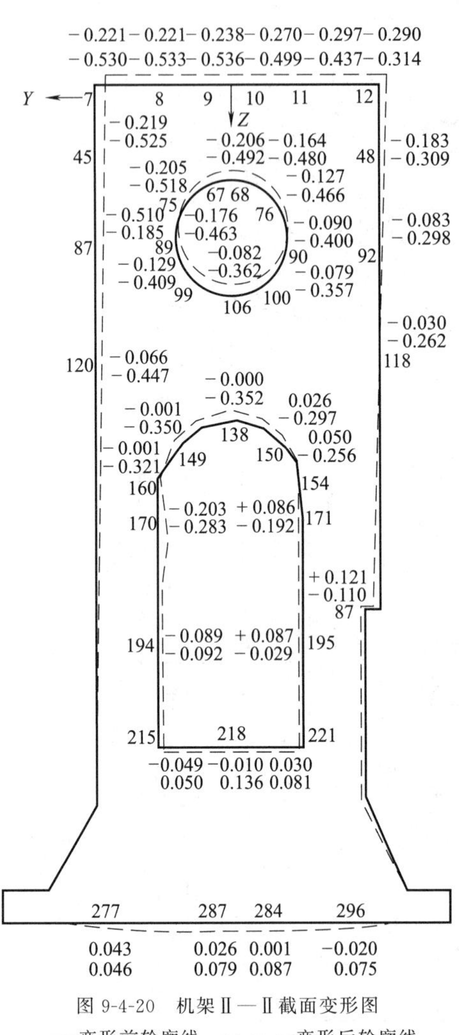

图 9-4-20　机架Ⅱ—Ⅱ截面变形图

——变形前轮廓线　— — —变形后轮廓线

4.2　机架与箱体的优化设计

4.2.1　优化设计数学模型的建立

进行工程或机械结构的优化设计，首先应将工程问题按优化设计所规定的格式建立数学模型，它是取得正确设计结果的前提。本节以机架结构为对象，描述其优化设计数学模型的建立过程。

(1) 闭框式机架优化设计模型建立

为提高机架的承载能力，需对图 9-4-21 所示机架的各主要尺寸进行优化。

1) 设计变量　设计变量为：上、下横梁截面的高度 x_1，宽度 x_5；立柱截面的高度 x_2，宽度 x_6；窗口宽度 x_3，高度 x_4；可记为

$$\boldsymbol{X}=\begin{bmatrix}x_1\\x_2\\x_3\\x_4\\x_5\\x_6\end{bmatrix}=[x_1,x_2,x_3,x_4,x_5,x_6]^{\mathrm{T}}$$

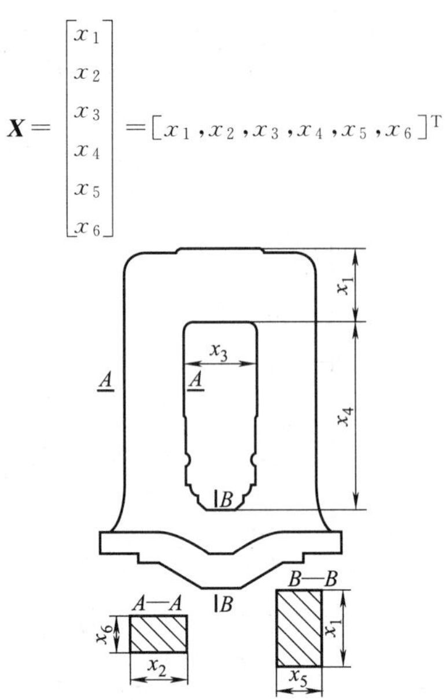

图 9-4-21　优化设计的结构尺寸

2) 目标函数　以机架垂直方向变形最小为目标函数，即

$$F(\boldsymbol{X})=f_1+f_2+f_3$$

式中　f_1——立柱变形；

f_2——上横梁在弯矩、剪力和垂直力作用下产生的变形；

f_3——下横梁在弯矩、剪力、垂直力作用下产生的变形。

f_1，f_2，f_3 的计算式见表 9-2-6。

3) 约束条件　约束条件为机架的强度条件，减少质量等。可写成

$$g_1(\boldsymbol{X})=\sigma_{1p}-M_1\Big/\frac{x_1^2x_5}{6}\geqslant 0$$

$$g_2(\boldsymbol{X})=\sigma_{2p}-M_2\Big/\frac{x_2^2x_6}{6}-\frac{F}{2A_2}\geqslant 0$$

$$g_3(\boldsymbol{X})=V_0-V$$

式中　σ_{1p}，σ_{2p}——横梁和立柱的许用应力，对横梁可取 $[\sigma_{1p}]=70.0\text{MPa}$；对立柱可取 $[\sigma_{2p}]=50.0\text{MPa}$；

M_1，M_2——横梁和立柱中弯矩，见表 9-2-5；

F——轧制时作用于机架上的力；

A_2——立柱的截面积；

V_0，V——原机架与机架优化后的体积。

除上述约束条件外，还考虑其他边界约束，共 16 个。

综上所述，机架优化设计的数学模型为：

$$\left.\begin{array}{l}\min F(\boldsymbol{X})=\min(f_1+f_2+f_3)\\ x\in R^6\\ \text{使符合于}\ g_i(\boldsymbol{X})\geqslant 0\\ i=1,2,\cdots,16\end{array}\right\}$$

该模型可采用序列无约束优化方法——惩罚函数法计算。

(2) 开式机架的优化设计模型

以J23型压力机为例，说明开式机架优化设计模型建立过程。

如图9-4-22所示，机架的Ⅱ—Ⅱ截面为危险截面，可称为主截面。下面对主截面的尺寸进行优化，使之在满足强度和刚度要求的情况下，截面尺寸最小，机架的质量最小。

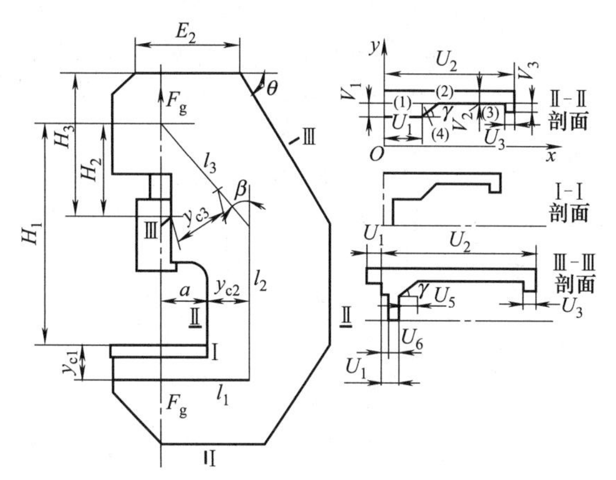

图9-4-22 J23型压力机机身计算图

1) 设计变量的选择　在图9-4-22的Ⅱ—Ⅱ剖面中，主截面尺寸有7个，V_i、U_i（$i=1, 2, 3$）和角度γ。其中V_1是出料窗口尺寸，为设计常量；V_2是铸造壁厚，受最小壁厚限制不宜更改，为设计常量；为减少设计变量的个数，考虑到对优化结果影响不大，将V_3和γ也认定为设计常量。这样，设计变量就是U_1、U_2及U_3，如果以$\boldsymbol{X}$表示设计变量，则：

$$\boldsymbol{X}=[x_1, x_2, x_3]^{\mathrm{T}}=[U_1, U_2, U_3]^{\mathrm{T}}$$

2) 建立目标函数　从主截面面积计算公式，得到目标函数为

$$\min f(\boldsymbol{X})=\min_{U\in R}\left[2\sum_{i=1}^{3}U_iV_i+2\times\frac{1}{2}V_1^2\cot\gamma\right]$$

$$=\min_{x\in R}\left[2\sum_{i=1}^{3}x_iV_i+2\times\frac{1}{2}V_1^2\cot\gamma\right]$$

3) 约束条件

① 强度和刚度约束　由主截面最大拉应力必须小于或等于许用拉应力可得出

$$\sigma_1=\frac{F_g}{A_2}+\frac{F_g(a+y_{c2})y_{c2}}{I_2}\leqslant\sigma_p$$

由喉口的相对角位移小于或等于许用角位移可得出

$$\Delta\alpha=\frac{F_g}{2E}\left(\frac{a^2}{I_1}+\frac{2l_1l_2}{I_2}+\frac{l_3^2\sin\beta}{I_3}\right)$$

$$C_d=\frac{F_g}{\Delta\alpha}\geqslant C_{\alpha p}$$

根据开式机架强度和刚度计算公式及图9-4-22。其中：

$$A_2=2\sum_{i=1}^{3}x_iV_i+V_1^2\cot\gamma$$

A_2为Ⅱ—Ⅱ截面面积

$$y_{c2}=\frac{\sum_{i=1}^{3}x_i^2V_i+V_1^2\cot\gamma(x_1+V_1/3)}{2\sum_{i=1}^{3}x_iV_i+V_1^2\cot\gamma}$$

y_{c2}为主截面的形心位置

$$I_2=\frac{1}{36}\left(3\sum_{i=1}^{3}x_iV_i^2+V_1^4\cot^3\gamma\right)$$

$$l_1=a+y_{c2}$$

$$l_2=H_1+y_{c1}-l_3\cos\beta;$$

$$l_3=l_1/\sin\beta;$$

$$\tan\beta=\frac{e_1+y_{c3}\sin\theta}{H_2-y_{c3}\cos\theta}$$

e_1为F_g作用线至Ⅲ-Ⅲ截面中最内侧点的距离。

为书写和计算方便，将强度及刚度计算公式写成：

$$\sigma_1=f_g(\boldsymbol{X})$$

$$\frac{F_g}{\Delta\alpha}=f_n(\boldsymbol{X})$$

则约束条件可写成：

$$g_1(\boldsymbol{X})=f_g(\boldsymbol{X})-300\times10^5\leqslant0$$

$$g_2(\boldsymbol{X})=0.0012F_g-f_n(\boldsymbol{X})\leqslant0$$

② 尺寸约束　以J23-10压力机为例，x_1、x_2、x_3取值的下限分别为2cm、30cm、1cm，上限均为80cm。则设计变量x_1、x_2、x_3的取值范围是

$$0.02<x_1<0.8$$

$$0.3<x_2<0.8$$

$$0.01<x_3<0.8$$

约束条件可表示为

$$g_3(\boldsymbol{X})=x_1-0.8\leqslant0$$

$$g_4(\boldsymbol{X})=0.02-x_1\leqslant0$$

$$g_5(\boldsymbol{X})=x_2-0.8\leqslant0$$

$$g_6(\boldsymbol{X})=0.3-x_2\leqslant0$$

$$g_7(\boldsymbol{X})=x_3-0.8\leqslant0$$

$$g_8(\boldsymbol{X})=0.01-x_3\leqslant0$$

4) 优化方法选择　为了计算简单，收敛迅速，考虑到变量不多的情况，上述模型可采用惩罚函数法进行优化。

4.2.2 热压机机架结构的优化设计

在箱体、机架优化设计中，由于其结构的复杂性，不论是静态优化，还是动态优化，在大多数情况

必须使用有限元法。每选择一种设计方案都要进行有限元分析，才能准确地计算最大应力值、最大变形量，使每一个设计方案均满足约束条件来保证最优解的正确性。以机架刚度作为目标函数时，也必须使用有限元法对每一种设计方案进行分析，求得精确的变形值，使目标函数达到最优值。

本节以某重型机器厂生产的6450t热压机为例说明其机架结构优化设计过程。该机的主体由8架16片框板平行组装而成，每片框板的结构尺寸及受力状况如图9-4-23所示。

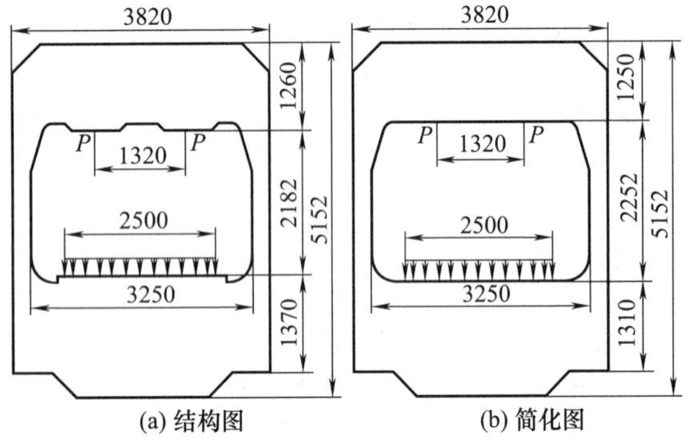

图9-4-23　框架结构

对该机进行结构优化设计时，分成两步：第一步是以大尺寸为设计变量，以重量最轻为目标；第二步是以框板上角应力集中区的过渡曲线尺寸为设计变量，以该区的应力最小为目标。

(1) 以重量最轻为目标的优化设计

1) 设计变量　取四个设计变量来描述框板的外形尺寸和厚度，如图9-4-24所示。其中，x_1 的变化决定 L_1L_2 线段的上下移动；x_2 的变化决定 L_2L_3 线段的左右移动；x_3 的变化决定 L_3L_6 折线段的上下移动；x_4 为框板的厚度。即

$$x=[x_1\quad x_2\quad x_3\quad x_4]^T$$

2) 目标函数　取单片框板的重量。

3) 约束函数

① 位移约束　取上横梁中点 d_1、下横梁中点 d_2 及侧板上的 d_3 为位移控制点。即要求各控制点的位移不超过如下许用值

d_1 点许用变形量　$[\delta]_{d1}=0.5$mm

d_2 点许用变形量　$[\delta]_{d2}=3$mm

d_3 点许用变形量　$[\delta]_{d3}=2.5$mm

② 应力约束　取侧板上的 S_1 和 S_2 两点为应力控制点。即要求各控制点的应力不超过如下许用值

$$[\sigma]=150\text{MPa}$$

③ 几何约束　取各设计变量的取值范围。

该问题的数学模型为

$$\min F(x)=1.56\times10^{-5}[(x_1+x_3+2192)(x_2+1625)-340x_2-3675900]x_4$$

$$\text{s.t.}\quad \sigma_{di}-[\sigma]\leqslant0\quad i=S_1,S_2$$

$$\delta_i(x)-[\delta]_i\leqslant0\quad (i=d_1,d_2,d_3)$$

$$80-x_4\leqslant0$$

$$x_4-85\leqslant0$$

$$1000-x_1\leqslant0$$

$$100-x_2\leqslant0$$

$$1000-x_3\leqslant0$$

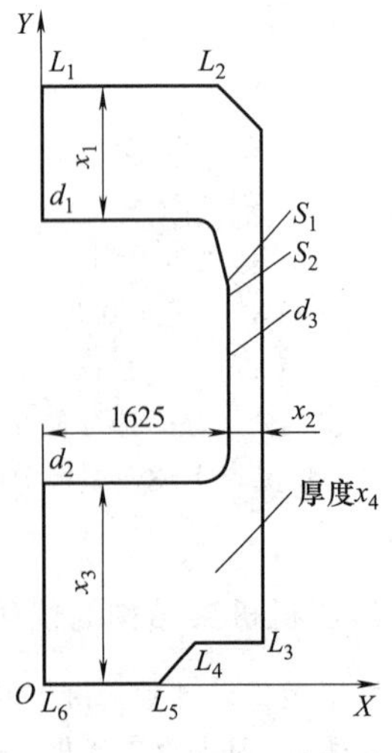

图9-4-24　框板的结构

该问题用复合形法求解，位移和应力用平面有限元法计算，在用有限元法作为结构件的分析工具时，它们表现为设计变量的隐函数，因而在优化设计方法的程序设计时，应将有限元法的程序嵌入到复合形法程序中去。在计算过程中，随着设计变量的改变，结构件的尺寸发生变化，结构件的有限元网格及节点坐标也发生变化，因此，有限元计算程序必须具备自动划分网格的功能。由于框板结构是对称的，可以取一半作为计算对象，采用三节点线形单元，网格划分图见图9-4-25。

利用复合形法计算，收敛精度取为0.0001，得到的最优设计方案为

$$x^*=[1242.28\quad 343.78\quad 1705.47\quad 80.0]^T$$

$$f(x^*)=7897.83$$

圆整后

$$x^*=[1240.0\quad 340.0\quad 1717.0\quad 80.0]^T$$

$$f(x^*)=7878.03$$

单片框板的质量由原来设计的8357.89kg下降到7878.03kg，减轻质量5.74%。

(2) 以应力最小为目标的优化设计

对上述最优方案进行一次更为精确的有限元计算，发现框板上角处有明显的应力集中现象，其峰值

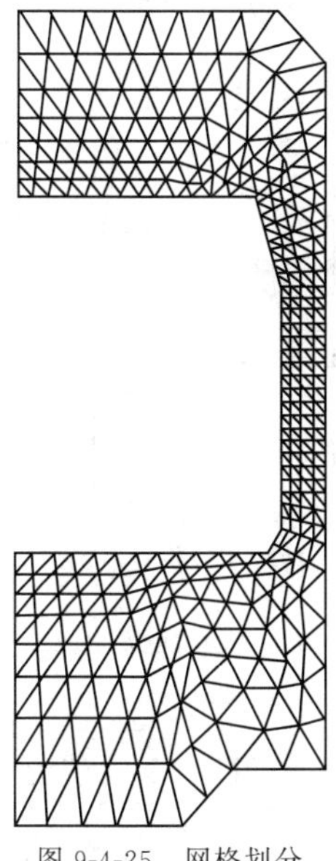

图 9-4-25 网格划分

达 142.3MPa。为尽可能降低应力峰值，使应力分布更加合理。可以应力集中区的最大应力最小为目标，取构成边界曲线的一组参数为设计变量，以设计变量的尺寸界限为约束函数进行优化设计。考虑到“圆弧—直线—圆弧”容易加工，而“三次样条曲线”则非常光滑（即具有连续的一阶和二阶导数），且变化灵活，可以覆盖多种类型的曲线，拟分别采用这两种型线作为边界曲线，并进行优化设计。

1）“圆弧—直线—圆弧”型边界曲线的描述　如图 9-4-26 所示，在应力集中区建立新坐标系 uOv，图中 t_1、t_2、t_3、t_4 分别是两段圆弧与直线的切点。边界形状由切点 t_3 至切点 t_4 间的“圆弧—直线—圆弧”组成，显然，该形状完全由两个圆弧的圆心 O_1（u_1，v_1）与 O_2（u_2，v_2）所确定。根据圆弧 O_1 必须与直线 at_3 相切，圆弧 O_2 必须与直线 bt_4 相切的要求可知，半径 R_1、R_2 可以用 u_2、v_1 表示

$$R_1=a-v_1, R_2=b-u_2$$

于是可取两圆弧圆心坐标为设计变量，即

$$x=[x_1\quad x_2\quad x_3\quad x_4]^T=[u_1\quad v_1\quad u_2\quad v_2]^T$$

边界曲线与设计变量间的函数关系为

$$v=\begin{cases}a & 0\leqslant u\leqslant x_1\\ \sqrt{(a-x_2)^2-(u-x_1)^2}+x_2 & x_1\leqslant u\leqslant u_{t1}\\ \dfrac{v_{t2}-v_{t1}}{u_{t2}-u_{t1}}(u-u_{t1})+v_{t1} & u_{t1}\leqslant u\leqslant u_{t2}\\ \sqrt{(b-x_3)^2-(u-x_3)^2}+x_4 & u_{t2}\leqslant u\leqslant b\end{cases}$$

$$u=b \qquad 0\leqslant v\leqslant v_{t4}$$

式中　u_{t1}，v_{t1}，u_{t2}，v_{t2}——切点坐标；

$u_{t1}=x_1-R_1\cos\varphi\cos\alpha+R_1\sin\varphi\sin\alpha$；

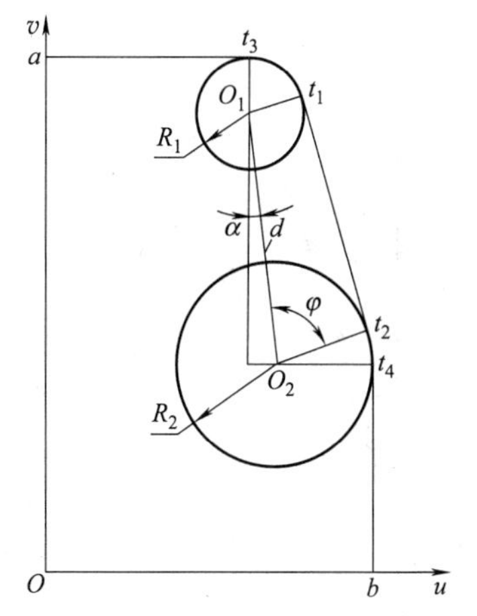

图 9-4-26 “圆弧—直线—圆弧”型边界曲线

$v_{t1}=x_2-R_1\cos\varphi\sin\alpha+R_1\sin\varphi\cos\alpha$；

$u_{t2}=x_1+(d-R_2\cos\varphi)\cos\alpha-R_2\sin\varphi\sin\alpha$；

$v_{t2}=x_2+(d-R_2\cos\varphi)\sin\alpha-R_2\sin\varphi\cos\alpha$；

$\sin\varphi=\sqrt{1-[(R_2-R_1)/d]^2}$；

$\cos\varphi=(R_2-R_1)/d$；

$\alpha=\arctan(x_1-x_3)/(x_2-x_4)$；

$d=\sqrt{(x_1-x_3)^2+(x_2-x_4)^2}$；

$R_1=a-x_2$；

$R_2=b-x_3$。

2）“三次样条曲线”型边界曲线的描述　这种边界曲线的描述采用第一类边界条件的三次样条插值方法。为了减少描述三次样条曲线的设计变量数，插值在极坐标系下进行，然后再转换到直角坐标系中。插值区间为［α，β］，插值结点为一系列的幅角

$$\alpha=\varphi_1<\varphi_2<\cdots<\varphi_j<\cdots<\varphi_n=\beta$$

插值函数为相应的极径长度

$$r_1, r_2, \cdots r_j, \cdots, r_n$$

显然 $\{\varphi_j, r_j\}$ $\{j=1, 2, \cdots, n\}$ 的值决定了三次样条曲线的形状。

如图 9-4-27 所示，用 $\{\varphi_j, r_j\}$ $\{j=1, 2, \cdots, 5\}$ 来描述边界形状，并取 φ_1，φ_5，r_2，r_3，r_4 为设计变量，即

$$x=[x_1, x_2, x_3, x_4, x_5]^T$$
$$=[\varphi_1, \varphi_5, r_2, r_3, r_4]^T$$

节点 φ_2、φ_3、φ_4 在区间［φ_1，φ_5］中按等间隔布置。因此设计变量 x_1 和 x_2 决定了曲线的分布范围，而 x_3、x_4、x_5 决定了曲线的形状。三次样条曲线的两端应分别与两条直线相切，可知 r_1 和 r_2 不是独立变量，可用下式表示

$$r_1=b/\cos\varphi_1, r_5=a/\sin\varphi_5$$

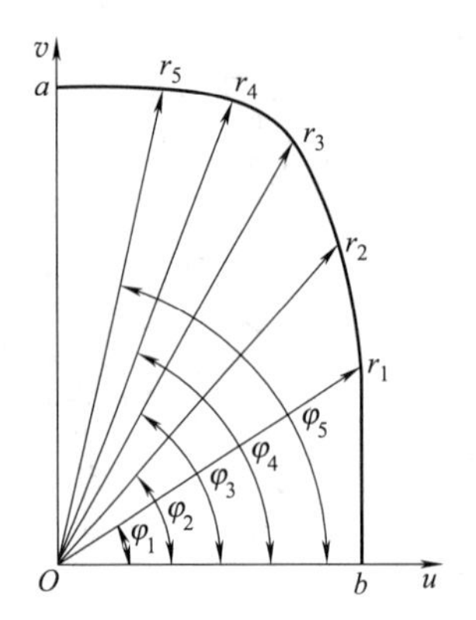

图 9-4-27 "三次样条曲线"型边界曲线

插值的边界条件为

$$r'(\varphi_1)=b\sin\varphi_1/\cos^2\varphi_1,r'(\varphi_5)=-a\cos\varphi_5/\sin^2\varphi_5$$

根据以上的分析，就可以建立应力优化设计的数学模型了。

对于"圆弧—直线—圆弧"型线的数学模型为

$$\min f(x)=\max\{\sigma_j\}$$

对于"三次样条曲线"形线的数学模型为

$$\min f(x)=\max\{\sigma_j\}$$

式中　σ_j——边界曲线上各节点的计算应力

s. t.　$a_i\leqslant x_i\leqslant b_i$　$(i=1,2,3,4)$

$\bar{r}_i-r_i\leqslant 0$　$(i=2,3,4)$

$\bar{r}_i$——极径，r_{i-1} 和 r_i 的端点连线与极径 r_i 交点的极径，即

$$\bar{r}_i=\frac{r_{i-1}\sin\varphi_{i-1}-k_i r_{i-1}\cos\varphi_{i-1}}{\sin\kappa-k_i\cos\varphi_i}$$

$$k_i=\frac{r_{i+1}\sin\varphi_{i+1}-r_{i-1}\cos\varphi_{i-1}}{r_{i+1}\cos\varphi_{i+1}-r_{i-1}\cos\varphi_{i-1}}\quad(i=2,3,4,5)$$

优化设计计算时，仍采用复合形法，为了使得计算更加精确，利用有限元法计算应力时，采用了四边形八节点的等参单元。

对于"圆弧—直线—圆弧"型线计算的最优解为

$$\boldsymbol{x}^*=[580.0\quad 1140.0\quad 460.0\quad 667.2]^{\mathrm{T}}$$

$$f(\boldsymbol{x}^*)=124.5\mathrm{MPa}$$

对于"三次样条曲线"型线计算的最优解为

$$\boldsymbol{x}^*=[0.751\quad 1.258\quad 1190.0\quad 1300.0\quad 1364.7]^{\mathrm{T}}$$

$$f(\boldsymbol{x}^*)=120.6\mathrm{MPa}$$

最大应力由原来的 142.3MPa 分别降至 124.5MPa 和 120.6MPa，有效地缓和了应力集中现象。两种型线优化后的应力分布情况见图 9-4-28。

与未优化结果相比，优化后的边界曲线上的应力不但峰值下降，而且变化也趋于平缓。"三次样条曲线"优化方案的最大应力比"圆弧—直线—圆弧"优化方案的更小，应力分布更合理。边界曲线在其上部向上弯曲，切入框板的上横梁，把原来分布在侧板狭窄区域的高应力分流到上横梁的应力富裕区，从而有效地缓解了应力集中现象。

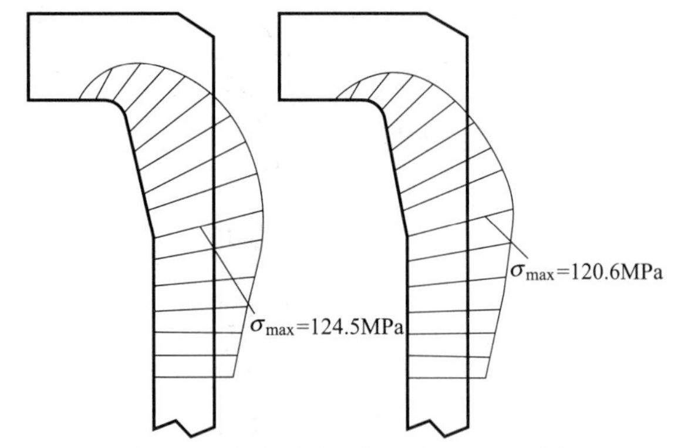

图 9-4-28　两种型线优化后的应力分布情况

4.2.3　基于 ANSYS 的优化设计

4.2.3.1　ANSYS 优化设计的基本过程

由于 ANSYS 的优化技术是建立在有限元分析基础上，在进行优化设计之前，首先要完成该参数化模型的有限元分析，其中包括前处理、施加载荷和边界条件并求解、后处理。并将该分析过程作为一个分析文件保存，以便于优化设计过程的再次利用。ANSYS 的优化分析过程与传统的优化设计过程相类似，内容包括：设计变量、状态变量、目标函数、合理和不合理的设计、分析文件、迭代、循环、设计序列等。

一般地，ANSYS 优化的数学模型要用参数化来表示，其中包括设计变量、约束条件和目标函数的参数化表示。对于多目标函数的优化，可以采用统一目标函数法将多目标问题转化为单目标问题来求解。

ANSYS 软件提供了很多优化设计方法，主要有零阶方法、一阶方法、随机搜索法、等步长搜索法，乘子计算法和最优梯度法。对于结构比较复杂或者需要修改很多的情况下，优化的时间比较长，其中计算时间相对较少，建模和结构修改时间较长。这时可以依靠 APDL 来提高结构优化效率。

APDL 即 ANSYS 参数化设计语言。是 ANSYS 软件提供给用户的一个依赖于 ANSYS 程序的交互式软件开发环境。APDL 语言具有类似一般计算机语言的常见功能并包含有比较强的数学运算能力。利用 APDL 语言还可以使用成千上万个 ANSYS 提供的分析数据进行数学运算，并具有建立分析模型和控制 ANSYS 程序的运行过程等功能。

ANSYS 优化分析过程可以采用批处理的方式或 GUI 交互方式来完成。其中，GUI 交互方式适合于

一般用户。批处理方式利用 ANSYS 的 APDL 参数化语言实现，适合于对 ANSYS 命令和 APDL 语言熟悉的人员，或者大型的复杂优化问题。图 9-4-29 表示优化分析中的数据流向。基于 APDL 的 ANSYS 优化设计主要分析过程如下。

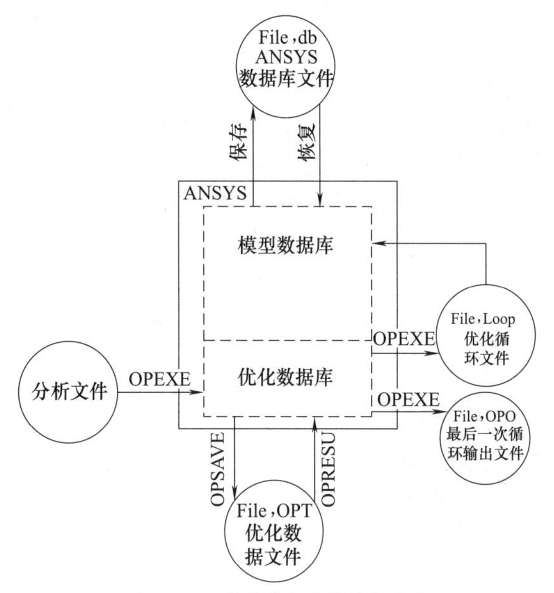

图 9-4-29　优化分析中的数据流向

1）生成循环所用的分析文件。该文件必须包括整个分析的过程，而且必须满足以下条件：

① 参数化建立模型（PREP7）。

② 求解（SOLUTION）。

③ 提取并指定状态变量和目标函数（POST1/POST26）。

④ 在 ANSYS 数据库里建立与分析文件中变量相对应的参数。

2）进入 OPT，指定分析文件（OPT）。

3）声明优化变量。

4）选择优化工具或优化方法。

5）指定优化循环控制方式。

6）进行优化分析。

7）查看设计序列结果（OPT）和后处理（POST1/POST26）。

4.2.3.2　基于 ANSYS 的减速器箱体的优化设计示例

本节根据减速器的结构与机械性能要求，应用有限元法和优化设计理论，在静态分析的基础上，以减速器箱体的体积作为目标函数，以结构尺寸和许用应力作为约束条件，建立箱体的优化数学模型，应用 ANSYS 的 APDL 参数化设计语言将有限元分析与优化设计有机地结合起来，编制用于复杂结构的优化设计程序，实现减速器箱体的优化设计。

（1）示例设计

由两对齿轮传动副、三根转轴和箱体组成的二级圆柱齿轮减速器。第一级齿轮副传动为直齿圆柱齿轮传动，第二级齿轮副传动为斜齿圆柱齿轮传动。该减速器采用型号为 Y225M-4 的三相异步电动机作为动力源。箱体材料为 HT200，其弹性模量 $E=140\text{GPa}$，泊松比 $\mu=0.25$，密度 $\rho=7.8\times10^{3}\text{kg/m}^{3}$。根据减速器箱体的静力学分析结果对箱体进行结构参数的优化设计，使其在满足结构尺寸和许用应力要求的前提下，做到体积最小。

（2）减速器箱体优化设计数学模型的建立

根据减速器箱体的使用情况和相关技术要求，在对其进行优化设计时选择体积为目标函数。在考虑约束条件时，除了考虑设计变量的上下限约束（侧面约束）外，还要考虑静态特性条件的约束。这样，建立的优化数学模型为：求 $B=[\delta]$，使箱体体积 $V_{\text{tot}}(B)\rightarrow\min$，满足 $B_{\min}\leqslant B\leqslant B_{\max}$ 且 $\delta_{\max}\leqslant\delta_{\text{F}}$。

根据箱体实际结构，取设计变量与应力的约束条件为：

$$0\leqslant\delta\leqslant90\quad 6\leqslant B\leqslant10$$

在上面的数学模型中，箱体壁厚 B 是设计变量，目标函数是箱体的体积 V_{tot}，δ_{F} 为箱体材料的弯曲应力极限值。

（3）减速器箱体的参数化模型建立与有限元分析

建立减速器箱体的数学模型后，在 ANSYS 软件内设箱体壁厚 B 的初值为 10mm，建立的箱体参数化模型如图 9-4-30 所示。然后采用自由网格形式，用实体单元（Solid45）对箱体进行划分，生成有限元模型。图 9-4-31 所示为减速器箱体网格划分后的参数化有限元模型。

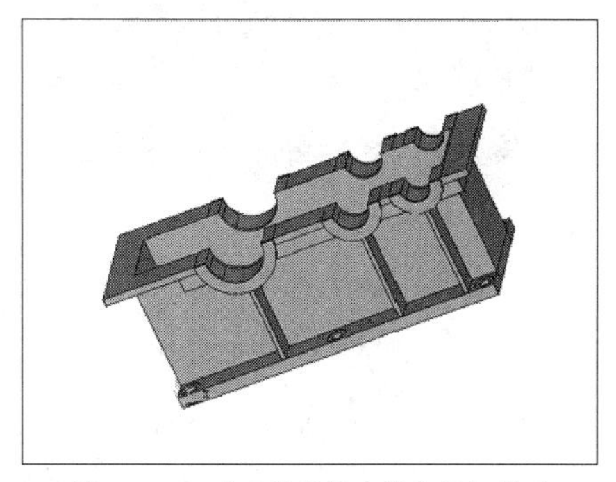

图 9-4-30　减速器箱体参数化几何模型

建立减速器箱体的参数化有限元模型后，对其施加载荷并求解。在箱体地脚螺栓孔面施加全约束，分别算出减速器轴和齿轮的质量以及轴承孔在齿轮受力

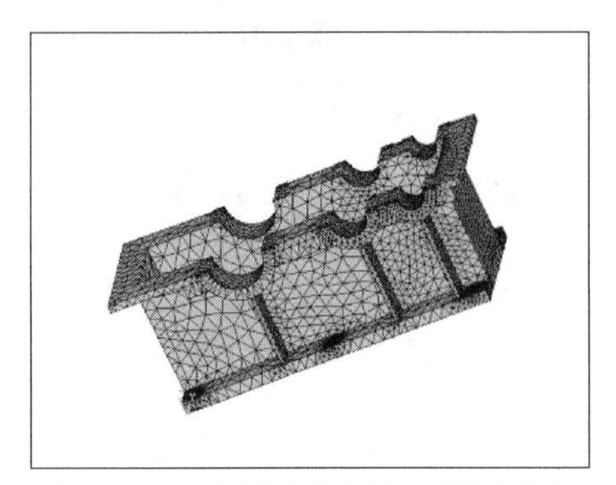

图 9-4-31　减速器箱体参数化有限元模型

时所承受的附加载荷，且在轴承孔内根据轴承的宽度选择压强加载面，然后再施加压强载荷求解。

通过应用有限元分析软件 ANSYS 计算求解，得到减速器箱体有限元模型在外载荷作用下的节点应力云图和位移云图，如图 9-4-32 和图 9-4-33 所示。

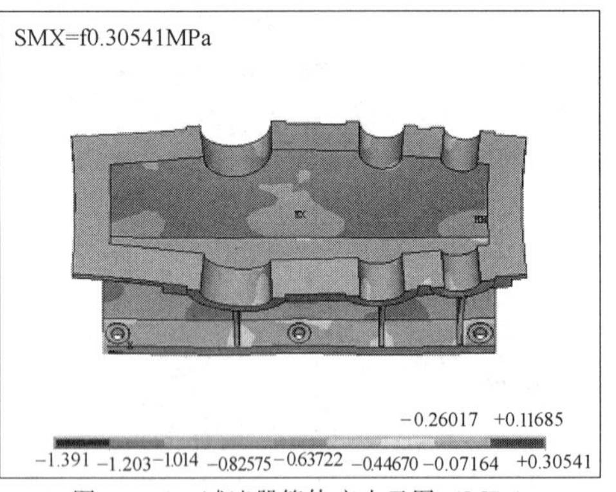

图 9-4-32　减速器箱体应力云图（MPa）

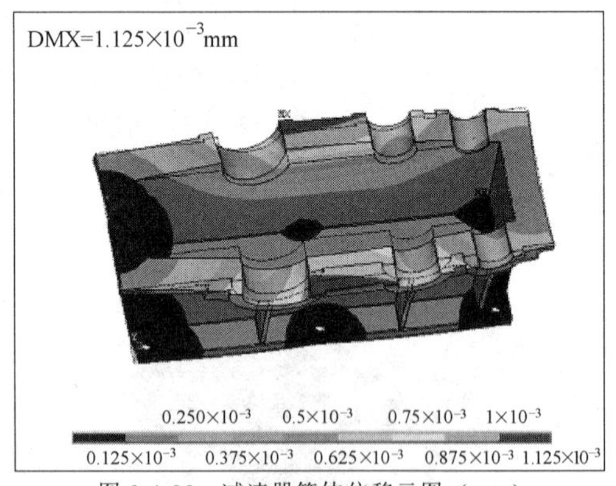

图 9-4-33　减速器箱体位移云图（mm）

经分析计算，三个主应力的绝对值中第三主应力最大。由图 9-4-32 可以看出，箱体静态状况下的应力很小，远没有达到材料对应的屈服极限值，有很大的优化空间。所以，对箱体进行优化设计非常必要。由图 9-4-32 还可以得知，加强筋能承受较大的应力和应变，如果箱体没有加强筋，就容易产生变形，加快箱体失效。

由图 9-4-33 可以看出，箱体静态状况下的位移几乎可以忽略不计，由此可知箱体的变形非常小，刚度没有问题，所以在优化设计时不需要将变形作为约束条件。

（4）减速器箱体的优化与结果分析

对减速器箱体的参数化模型加载求解后，提取并指定设计变量、状态变量和目标函数，选择零阶方法对箱体进行优化，经过 7 次迭代后得到箱体优化结果。其初始设计方案和最优设计方案的比较见表 9-4-1。

表 9-4-1　初始设计方案和最优设计方案的比较

项目	下限	上限	初始方案	最优方案
B/mm	6	10	10.000	7.2364
δ/MPa	—	90	0.30541	0.41072
V/mm³	—	—	1.2785×10^{7}	9.9031×10^{6}

减速器箱体的优化结果表明，与原设计方案相比，箱体体积优化后减小了 22.54%。即该方案在满足设计变量的上、下限值和应力要求的情况下，箱体体积有较大的降低。

4.2.4　机架的模糊优化方法

4.2.4.1　模糊有限元分析方法

对复杂机械，结构设计中的目标函数、设计变量、约束条件和载荷等往往是不确定的。如系统工作过程中载荷的随机性，又如目标函数的取舍及容许压力等均有一个从容许到完全不容许的过渡阶段。

此时，可应用模糊有限元分析方法将系统模糊输入 $\underset{\sim}{A}$（模糊力、模糊位移、模糊材料属性等）通过映射 $\underset{\sim}{B}=f(\underset{\sim}{A})$，使其隶属函数毫无保留传递下去。这样，任意一个模糊输入量的性质将传递给一个模糊响应量。

而模糊有限元分析实质是根据系统模糊输入求出系统模糊响应的过程。一般地，结构的某一模糊响应量 $\underset{\sim}{\boldsymbol{R}}$ 可以表示为模糊材料特性 $\underset{\sim}{P_i}$、模糊载荷 $\underset{\sim}{F_j}$ 和模糊边界条件 $\underset{\sim}{B_k}$ 等的函数

$$\underset{\sim}{\boldsymbol{R}}=f(\underset{\sim}{P_1},\underset{\sim}{P_2},\cdots,\underset{\sim}{P_l},\underset{\sim}{F_1},\underset{\sim}{F_2},\cdots,\underset{\sim}{F_m},\underset{\sim}{B_1},\underset{\sim}{B_2},\cdots,\underset{\sim}{B_n})$$

根据扩展原理，可知响应量的隶属函数为

$$\mu_{\underset{\sim}{R}}(r)=\bigvee_{r=f(p_1,\cdots,p_l,f_1,\cdots,f_m,b_1,\cdots,b_n,)}\left\{\left[\bigwedge_{i=1}^{l}\underset{\sim}{P_i}(p_i)\right]\wedge\left[\bigwedge_{i=1}^{m}\underset{\sim}{F_i}(f_i)\right]\wedge\left[\bigwedge_{i=1}^{n}\underset{\sim}{B_i}(b_i)\right]\right\}$$

（1）已知模糊载荷求模糊响应

在线弹性系统中，系统的响应（位移、应力和应

变等）与系统的载荷呈线性关系，符合叠加原理。

根据模糊性传递原理，对于确定的线弹性系统，在具有同类隶属函数的模糊力作用下，产生的模糊位移（模糊应力）和模糊力具有相同类型的隶属函数。

图 9-4-34 表明两个三角型模糊力作用的情况（假设两个力产生的位移方向是一致的）。μ_{d1} 和 μ_{d2} 分别表示两个模糊力单独产生的模糊位移隶属函数，而 μ_d 表示两个模糊力共同作用所产生的模糊位移的隶属函数，它们之间存在如下的关系

$$\begin{cases} d^{l}=d_1^{l}+d_2^{l},\ \mu_d(d^{l})=\mu_{d1}(d_1^{l})=\mu_{d2}(d_2^{l})=0 \\ d^{l}=d_1^{l}+d_2^{l},\ \mu_d(d^{l})=\mu_{d1}(d_1^{l})=\mu_{d2}(d_2^{l})=0 \\ d^{u}=d_1^{u}+d_2^{u},\ \mu_d(d^{u})=\mu_{d1}(d_1^{u})=\mu_{d2}(d_2^{u})=0 \end{cases}$$

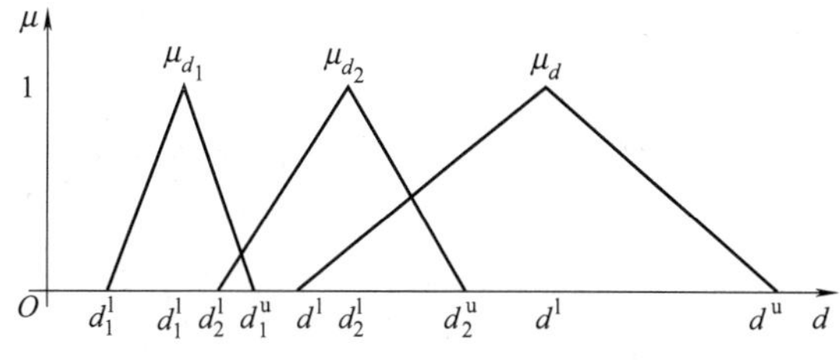

图 9-4-34　两个三角型模糊力产生的模糊位移

图 9-4-35 表示两个正态型模糊力作用下产生的模糊位移的情况。

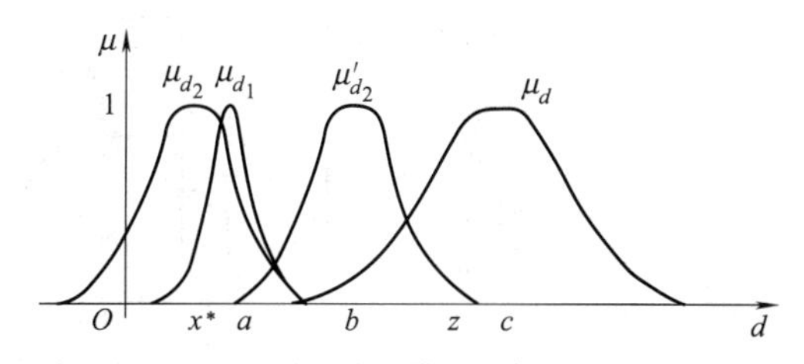

图 9-4-35　两个正态型模糊力产生的模糊位移

$$\begin{cases} \mu_{d1}(x)=e^{-k_1(x-a)^2} \\ \mu_{d2}(x)=e^{-k_2(x-b)^2} \\ \mu_d(x)=e^{-k_3(x-c)^2} \end{cases}$$

为了确定模糊位移的隶属函数，关键是求出 c 和 k_3。根据扩展原理可知

$$c=a+b$$

对于任意一点 z 的隶属度

$$\mu_d(z)=\max\min[\mu_{d1}(x),\mu_{d2}(z-x)]$$

即 $e^{-k_3(x-c)^2}=\max\min[e^{-k_1(x-a)^2},e^{-k_2(z-x-b)^2}]$

式中，右边两个正态分布分别对应于图 9-4-35 中的 μ_{d1} 和 μ'_{d2}，可以通过求取两条曲线的交点确定 $\mu_d(z)$，即

$$e^{-k_1(x^*-a)^2}=e^{-k_2(z-x^*-b)^2}$$

解上述方程得

$$x^*=\frac{(z-b)\sqrt{k_2}+a\sqrt{k_1}}{\sqrt{k_1}+\sqrt{k_2}}$$

将 x^* 代入 $\mu_{d1}(x)$ 和 $\mu_d(z)$ 的隶属度公式可得

$$e^{-k_1\left[\frac{(z-b)\sqrt{k_2}+a\sqrt{k_1}}{\sqrt{k_1}+\sqrt{k_2}}-a\right]^2}=e^{-k_3(z-c)^2}$$

整理得

$$k_3=\frac{k_1k_2}{k_1+k_2+2\sqrt{k_1k_2}}$$

对于具有其他类型隶属函数的模糊输入，求系统所产生的模糊输出量的隶属函数都可应用扩展原理按上面的步骤求得，如表 9-4-2 所示。当模糊输入量的隶属函数不为同一类型时，很难得到模糊输出量隶属函数的解析表达式。

表 9-4-2　具有典型隶属函数的模糊位移（应力）的合成

隶属函数类型	模糊位移(应力)1 隶属函数参数	模糊位移(应力)2 隶属函数参数	模糊总位移(应力)隶属函数参数	参数之间的系数
三角型	(a^l,a,a^u)	(b^l,b,b^u)	(c^l,c,c^u)	$c=a+b$ $c^l=a^l+b^l$ $c^u=a^u+b^u$
正态型	(k_1,a)	(k_2,b)	(k_3,c)	$c=a+b$ $k_3=\frac{k_1k_2}{k_1+k_2+2\sqrt{k_1k_2}}$
尖 Γ 型	(k_1,a)	(k_2,b)	(k_3,c)	$c=a+b$ $k_3=\frac{k_1k_2}{k_1+k_2}$
柯西型	(k_1,β,a)	(k_2,β,b)	(k_3,β,c)	$c=a+b$ $k_3=\frac{k_1k_2}{(\sqrt[\beta]{k_1}+\sqrt[\beta]{k_2})^\beta}$

（2）模糊边界的处理

边界约束通常是很复杂的。许多实际结构可以看作是端部受约束的梁或四边受约束的板结构，端部受约束的梁结构可以用图 9-4-36 模拟。边界受约束的板结构可以用图 9-4-37 模拟。图中铰支座与弹簧支撑点的距离 l 和结构的整体尺寸相比相当小。

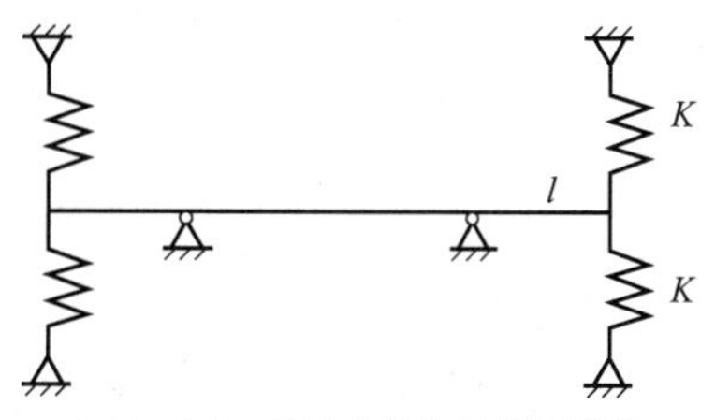

图 9-4-36　悬臂梁的边界约束模拟

由图 9-4-36 和图 9-4-37 可以看出，当弹簧刚度 K 取 0 时，边界约束相当于铰链；当弹簧刚度 K 取无穷大时，边界约束相当于固定；当弹簧刚度 K 取

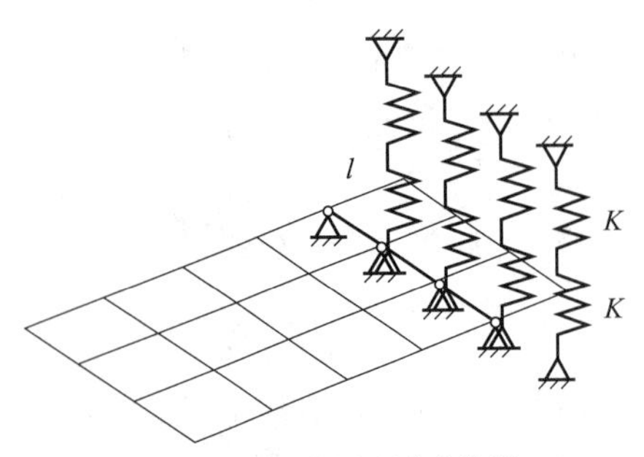

图 9-4-37　平板边界约束模拟

一个正实数时，边界约束相当于处于铰链与固定的过渡状态，对于模糊固定的隶属函数可以通过求解下列的优化问题求得

$$\begin{aligned}&\text{find}\quad x=K_\alpha\\&\min\quad K_\alpha\\&\text{s.t.}\quad f=f^{\text{l}}+\lambda(f^{\text{u}}-f^{\text{l}})\end{aligned}$$

同理，对于模糊铰接的隶属函数可以通过求解下列的优化问题求得

$$\begin{aligned}&\text{find}\quad x=K_\alpha\\&\min\quad K_\alpha\\&\text{s.t.}\quad f=f^{\text{u}}+\lambda(f^{\text{u}}-f^{\text{l}})\end{aligned}$$

式中，f^{l} 和 f^{u} 分别为结构铰接与固定时的固有频率。λ 为一系数，且 $\lambda\in[0,1]$，可以把 λ 理解成隶属度值。在确定一个结构边界约束的模糊固定和模糊铰接的隶属函数时，可在0～1取几个离散点 λ_i，求解上述两个公式，这样就可在弹簧刚度系数与 λ 之间建立一个关系，然后在几个点之间作曲线拟合便可得到模糊固定和模糊铰接的隶属函数。上述两公式中也可以采用铰接与固定时的单位力作用下的静态变形量作为约束。

4.2.4.2　三轴仿真转台框架结构的模糊有限元优化

飞行器地面仿真试验的三轴转台设计中含有大量的不确定因素，这里对三轴转台外框架的结构模糊有限元优化进行介绍。即如何选择适当的模糊参数，使三轴框架结构适应整个系统的动静态特性，达到最优化程度。

(1) 框架有限元模型的建立

三轴转台框架系统主要包括轴、框架和轴承等部件。采用实体建模的方法组建各个部分，与优化有关的各变量均采用参数化形式建立。模型的建立包括两部分，即模型的建立和模型单元的划分。根据结构特点，采用节点具有6个自由度的shell单元对框架、轴进行离散，将各部件之间的连接轴承简化为只有刚度没有质量的弹簧边界元，按其等效刚度添加到轴承的相应节点位置。

(2) 模糊优化数学模型的建立

1) 目标函数的确定　目标函数是衡量设计优劣的重要指标，从满足转台的动、静态特性和相关技术要求来考虑，一般取框架的质量或转动惯量作为目标变量，即在优化过程中追求框架的质量 $w(x)$ 或转动惯量 $I(x)$ 最小。

2) 设计变量的选取　考虑到随设计变量的增多，目标函数和约束条件的非线性程度增加，给优化计算带来很多麻烦。为了简化问题，设计变量取具有清晰边界的参数。对于框架而言，其结构尺寸较大，由于其横截面（如图9-4-38所示）较规则，适合框架通用问题，对质量和转动惯量指标也具有重要影响，因此取横截面各项参数作为设计变量，即

$$\boldsymbol{x}=(x_1,x_2,x_3)^{\mathrm{T}}$$

式中，x_1 为框架宽度方向尺寸；x_2 为框架长度方向尺寸；x_3 为框架壁厚尺寸。

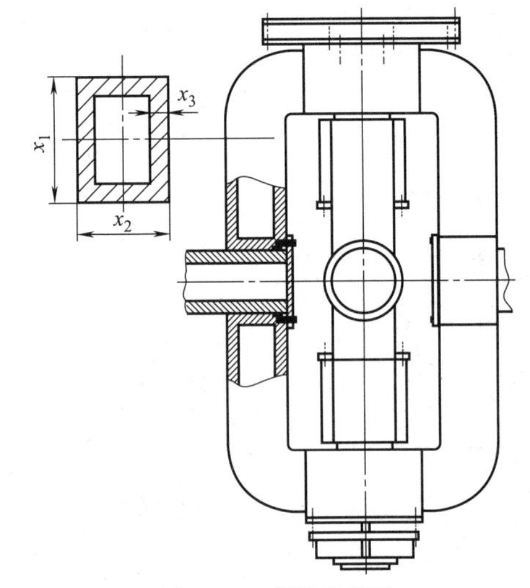

图 9-4-38　框架横截面

3) 建立模糊约束条件　建立设计空间的模糊集合如下。

① 应力约束

$\sigma_i^{\text{l}}\underset{\sim}{\leqslant}\sigma_i(x)\underset{\sim}{\leqslant}\sigma_i^{\text{u}}$，$i=1,2,\cdots,m$

② 变形约束

$D_i^{\text{l}}\underset{\sim}{\leqslant}D_i(x)\underset{\sim}{\leqslant}D_i^{\text{u}}$，$i=1,2,\cdots,n$

③ 尺寸约束

$x_i^{\text{l}}\underset{\sim}{\leqslant}x_i\underset{\sim}{\leqslant}x_i^{\text{u}}$，$i=1,2,\cdots,k$

④ 频率约束

$$f\underset{\sim}{\geqslant}f^{\text{l}}$$

4) 算法框图　用ANSYS有限元程序对框架进行整体分析，得到节点最大应力分布、频率分布和变形分布，将设计转化为模糊优化，修改各部分的设计

变量，将优化后的结构参数组成新的方案，直到求出最优解，其框图如图 9-4-39 所示。

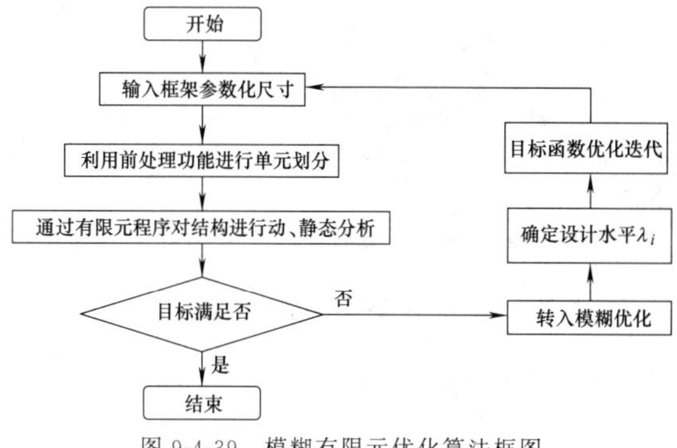

图 9-4-39　模糊有限元优化算法框图

（3）算例

根据上述的模糊有限元优化方法，对某型仿真转台进行模糊优化设计。该仿真转台主要用于模拟空间飞行器的动力学特征，其在 X、Y 和 Z 三个方向分别有撞击力、推力及扭转力，因此，在满足质量 $w(t)$ 最优的前提下，框架的强度及刚度是设计中最重要的问题。引入载荷和边界条件，将整个外框架系统划分为 12864 个 Shell 单元，36 个弹簧边界元，建立有限元分析模型如图 9-4-40 所示。

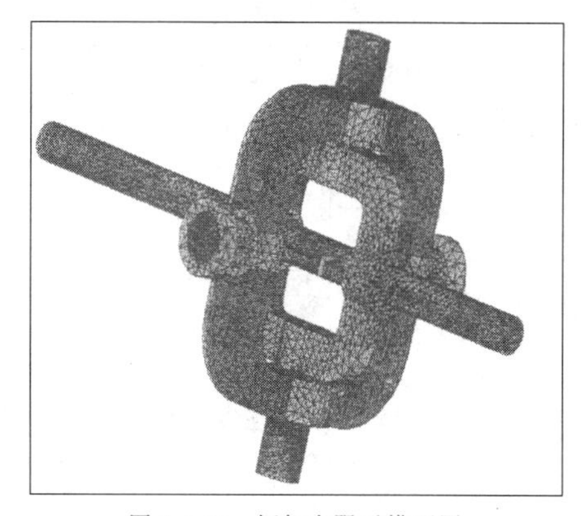

图 9-4-40　框架有限元模型图

其模糊优化转化为普通优化问题的数学模型为

$$\text{find}\quad \boldsymbol{x}=(x_1,x_2,x_3)^{\mathrm{T}}$$

$$\min\quad w(\boldsymbol{x})$$

$$\text{s.t.}\begin{cases}\sigma(\boldsymbol{x})\leqslant\sigma^{\mathrm{u}}+d_\sigma^{\mathrm{u}}(1-\lambda_1)\\ D(\boldsymbol{x})\leqslant D^{\mathrm{u}}+d_D^{\mathrm{u}}(1-\lambda_2)\\ f_{\mathrm{req}}\geqslant f_{\mathrm{req}}^{\mathrm{u}}+d_{\mathrm{freq}}^{\mathrm{u}}(1-\lambda_3)\\ x_i^{\mathrm{l}}-d_{x_i}^{\mathrm{l}}(1-\lambda_4)\leqslant x_i\leqslant x_i^{\mathrm{u}}+d_{x_i}^{\mathrm{u}}(1-\lambda_4),i=1,2,3\end{cases}$$

式中，d_σ^{u} 为应力的上容许偏差；d_D^{u} 为变形的上容许偏差；$d_{\mathrm{freq}}^{\mathrm{l}}$ 为固有频率的下容许偏差。各值的选取见表 9-4-3 和表 9-4-4。

表 9-4-3　转台结构模糊优化性能约束有关参数

应力/MPa		变形/mm		频率/Hz	
σ^{u}	100	D^{u}	0.5	$f_{\mathrm{req}}^{\mathrm{l}}$	90
d_σ^{u}	10	$d_{D\mathrm{u}}$	0.05	$d_{\mathrm{freq}}^{\mathrm{l}}$	4

表 9-4-4　转台结构模糊优化几何约束有关参数

x_1^{l}/mm	149.98	x_2^{l}/mm	100.17	x_3^{l}/mm	10.867
x_1^{u}/mm	151.49	x_2^{u}/mm	101.34	x_3^{u}/m	12.093
d_{x1}^{l}/mm	15	d_{x2}^{l}/mm	10	d_{x3}^{l}/mm	0.12
d_{x1}^{u}/mm	15	d_{x2}^{u}/mm	10	d_{x3}^{u}/mm	0.12

采用惩罚函数法（SUMT）进行优化，相对于其他优化方法，惩罚函数法虽然收敛效果不太好，但其不要求初始解为可行解。将目标函数和约束函数按一定的方式构成一个新的函数，把一个有约束的优化问题转化为一系列的无约束优化问题。最后，所得的各组优化结果见表 9-4-5。

表 9-4-5　转台结构模糊优化结果

结果数	λ_1	λ_2	λ_3	λ_4	x_1 /mm	x_2 /mm	x_3 /mm	$w(x)$ /kg
1	1	1	1	1	150.49	100.92	12.038	90.8
2	0.6	1	0.5	0.85	146.2	99.86	11.268	82.9
3	0.5	0.5	0.5	0.5	145.8	97.82	10.47	80.6

计算结果表明，采用改进的向量水平截集法可保证较重要的约束函数具有较高的隶属度，可以根据问题的实际特点或决策者的意愿得到满意的结果。框架设计中就采用了序号 3 的方案，所得的最优解的节点位移分布如图 9-4-41 所示。与初始普通优化设计相比，质量减轻 11.2%，通过算例的设计优化，可以看出此方法调整了最优解在空间的位置，为设计者提供了多种设计方案的选择余地，具有一定的应用价值。

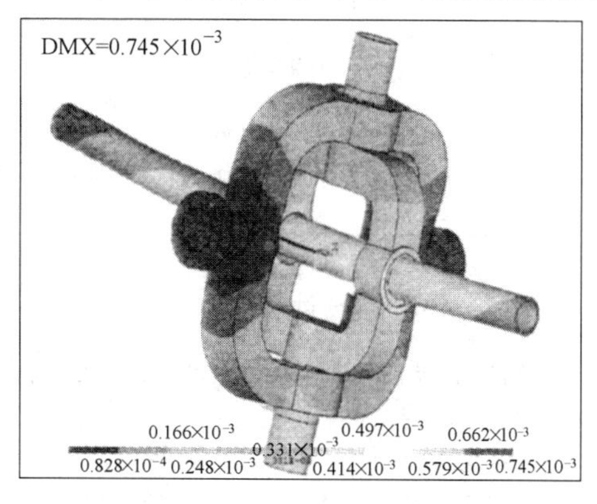

图 9-4-41　框架节点位移图（mm）

第5章 导 轨

5.1 概述

导轨是运动部件导向和承载的部件。按运动学原理，导轨就是将运动构件约束到只有一个自由度的装置。这一个自由度可以是直线运动或者是回转运动。

导轨在机械设备中使用频率较高。如在金属切削机床、测量机、绘图机、轧机、压力机、纺织机等设备上都离不开导轨的导向。由此可见，导轨的精度、承载能力和使用寿命等都将直接影响机械的工作质量。

本章主要介绍滑动导轨、静压导轨和滚动导轨。

5.1.1 导轨的类型及其特点

导轨按运动轨迹划分，可分为直线运动导轨和圆周（回转）运动导轨。

按结构特点和摩擦特性划分的导轨类型、特点及应用见表9-5-1。

表9-5-1 导轨类型、特点及应用

导轨类型	主要特点	应用
普通滑动导轨 （滑动导轨）	①结构简单，使用维修方便 ②未形成完全液体摩擦时低速易爬行 ③磨损大、寿命低、运动精度不稳定	普通机床、冶金设备上应用普遍
塑料导轨 （贴塑导轨）	①动导轨表面贴塑料软带等与铸铁或钢导轨搭配，摩擦因数小，且动、静摩擦因数相近。不易爬行，抗磨损性能好 ②贴塑工艺简单 ③刚度较低、耐热性差，容易蠕变	主要应用于中、大型机床压强不大的导轨，应用日趋广泛
镶钢、镶金属导轨	①在支承导轨上镶装有一定硬度的钢板或钢带，提高导轨耐磨性（比灰铸铁高5～10倍），改善摩擦或满足焊接床身结构需要 ②在动导轨上镶有青铜之类的金属防止胶合磨损，提高耐磨性，运动平稳、精度高	镶钢导轨工艺复杂，成本高。常用于重型机床如立车、龙门铣床的导轨
滚动导轨	①运动灵敏度高、低速运动平稳性好，定位精度高 ②精度保持性好，磨损少、寿命长 ③刚性和抗振性差，结构复杂成本高，要求良好的防护	广泛用于各类精密机床、数控机床、纺织机械等
动压导轨	①速度高（90～600m/min），形成液体摩擦 ②阻尼大、抗振性好 ③结构简单，不需复杂供油系统，使用维护方便 ④油膜厚度随载荷与速度而变化，影响加工精度，低速重载易出现导轨面接触	主要用于速度高、精度要求一般的机床主运动导轨
静压导轨	①摩擦因数很小，驱动力小 ②低速运动平稳性好 ③吸振性好 ④液体静压导轨承载能力大，刚性好 ⑤需要一套液压（气压）装置，结构复杂、调整较难	液体静压导轨用于大型、重型和精密机床（如数控机床）；气体静压导轨用于数控机床、三坐标测量机等

5.1.2 导轨的设计要求

1）精确的导向精度。要考虑导轨的几何精度、结构刚性、温度变化影响等。

2）精度保持性好。要求导轨耐磨性好，在受载和环境温度下有较长的使用寿命，润滑和防护好。

3）有足够的运动平稳性（低速不爬行）和定位精度（线定位和角定位）。

4）结构简单、工艺性好，便于调整和维修。

5.1.3 导轨的设计程序及内容

1）根据工作条件、载荷特点，确定导轨的类型、截面形状和结构尺寸。

2）进行导轨的力学计算，选择导轨材料、表面精加工和热处理方法以及摩擦面硬度匹配。

3）设计导轨间隙调整装置。

4）设计导轨的润滑系统及防护装置。

5）制定导轨的精度和技术条件。

5.1.4　精密导轨的设计原则

对几何精度、运动平稳性和定位精度要求都较高的导轨（例如数控机床、测量机的导轨等），在设计时还必须考虑如下一些原则。

1）导轨系统误差相互补偿原则。为此必须满足下列三个条件：

① 导轨间必须设计中间弹性环节，如使用滚动体、粘贴塑料、静压油膜等。

② 导轨间要有足够的预紧力，使接触的误差能进行补偿。预紧力不大于使中间弹性体发生永久变形时的变形力。

③ 导轨要有较高的制造精度，要求导轨的制造误差小于中间弹性体（元件）的变形量。

2）导轨类型的选择原则

① 精度互不干涉原则：导轨的各项精度制造和使用时互不影响才易得到较高的精度。如矩形导轨的直线性与侧面导轨的直线性在制造时互不影响；又如平-V导轨的组合，上导轨（工作台）的横向尺寸的变化不影响导轨的工作精度。

② 静、动摩擦因数相接近的原则：例如选用滚动导轨或塑料导轨，由于摩擦因数小且静、动摩擦因数相近，所以可获得很低的运动速度和很高的重复定位精度。

③ 导轨能自动贴合的原则：要使导轨精度高，必须使相互结合的导轨有自动贴合的性能。对水平位置工作的导轨，可以靠工作台的自重来贴合；其他导轨靠附加的弹簧力或者滚轮的压力使其贴合。

④ 移动的导轨（例如工作台）在移动过程中，始终全部接触的原则：也就是固定的导轨长，移动的导轨短。

⑤ 对水平安置的导轨，以下导轨为基准，上导轨为弹性体的原则：以长的固定不动的下导轨为刚性较强的刚体为基准，移动部件的上导轨为能具有一定变形的弹性体。

⑥ 能补偿受力变形和受热变形的原则：例如龙门式机床的横梁导轨，将中间部位制成凸形，以补偿主轴箱（或刀架）移动到中间位置时的弯曲变形。

5.2　普通滑动导轨的结构设计

5.2.1　整体式滑动导轨

5.2.1.1　滑动导轨的截面形状

直线滑动导轨一般由若干个平面组成，为便于制造、装配和检验，其平面数应尽量少，并尽可能使导轨面垂直于外力的方向，以减少导轨的磨损。常用的单根直线滑动导轨截面形状、特点及应用见表9-5-2。当运动构件的横向尺寸不大时，可使用一条导轨做成封闭结构，常用的全封闭导轨的截面形状如表9-5-3所示。当移动构件的尺寸较大，作用力及移动构件的重心合力不一定通过单导轨面时，则需采用组合导轨，常见的导轨的组合形式、特点及应用见表9-5-4。

第9篇

表9-5-2　单根直线滑动导轨截面形状、特点及应用

类型		截面形状：凸形	截面形状：凹形	特点及应用
V形导轨（山形导轨、三形导轨）	对称形	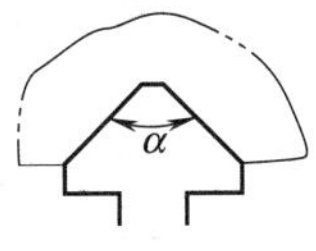 α	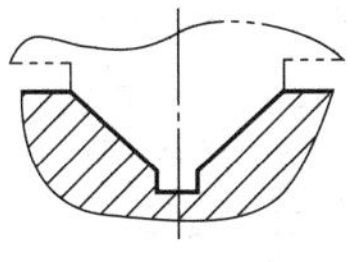	导向精度高，磨损后能自动补偿 凸形有利于排屑，不易保存润滑油、用于低速 凹形特点与凸形相反，高、低速均可采用 对称形截面制造方便应用较广，两侧压力不均时采用非对称形 顶角α一般为90°，重型机床采用α=110°～120°，精密机床采用α<90°提高导向精度
	非对称形	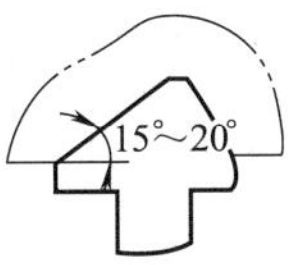 15°～20°	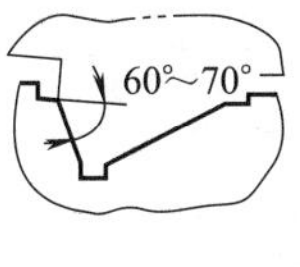 60°～70°	
矩形导轨（平导轨）		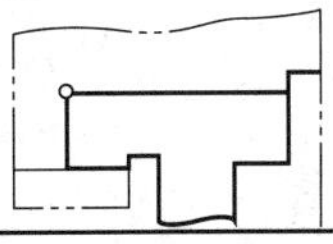	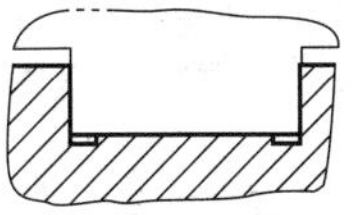	制造简单、承载能力大、不能自动补偿磨损，必须用镶条调整间隙，导向精度低，需良好的防护 主要用于载荷大的机床或组合导轨

续表

类型	截面形状		特点及应用
	凸形	凹形	
燕尾形导轨	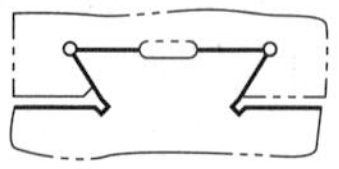	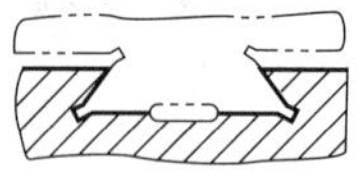	制造较复杂，磨损不能自动补偿，用一根镶条可调整间隙，尺寸紧凑，调整方便 主要用于要求高度小的部件中，如车床刀架
圆柱形导轨	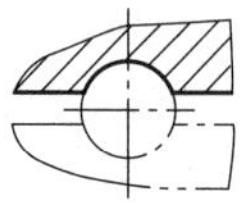	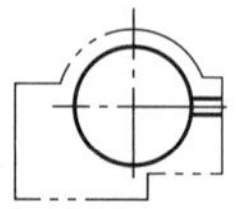	制造简单，内孔可珩磨、外圆采用磨削可达配合精度，磨损不能自动调整间隙 主要用于受轴向载荷场合，如钻、镗床主轴套筒、车床尾架

表 9-5-3 全封闭式导轨的截面形状

截面形状		结构特点	应用情况
圆形	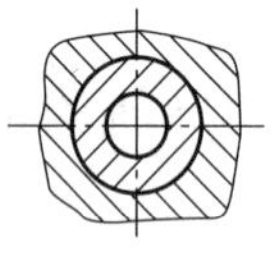	①制造简单，外圆采用磨削，内孔珩磨，可达到精密配合 ②磨损后调整间隙困难 ③为防止转动，需加导向键，但不能承受大的扭矩	用于钻床、铣床的主轴套筒，车床、外圆磨床尾座套筒，摇臂钻床立柱等
菱形	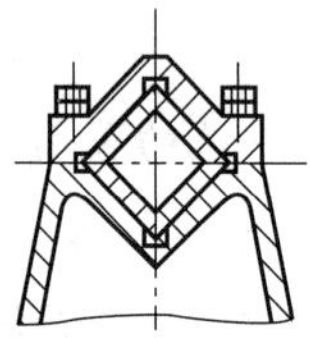	①能承受较大的扭矩 ②可修刮结合面或用两根镶条调整间隙 ③采用菱形时的对中性比采用矩形时的好	用于立式车床刀架滑枕、卧式镗床主轴滑枕、可移式刨床刀架滑枕等
三角形	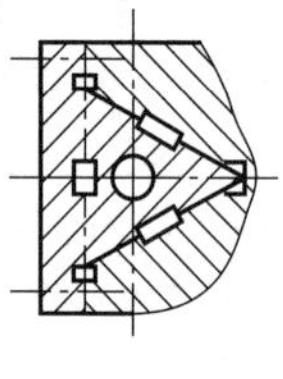	①磨损后可以修刮结合面调整间隙 ②可以通过修刮两个结合面来调整中心位置 ③能承受一定的扭矩	用于螺纹磨床尾座套筒、花键轴磨床尾座套筒及砂轮修整器等
矩形	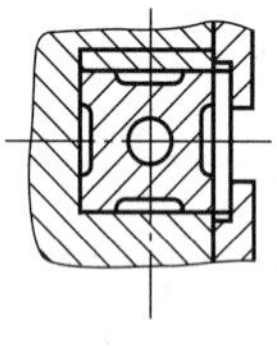	①能承受较大的扭矩 ②可修刮结合面或用两根镶条调整间隙 ③没有菱形截面的对中性好	用于立式车床刀架骨枕、卧式镗床主轴滑枕、可移式刨床刀架滑枕等

表 9-5-4 常见的导轨组合形式、特点及应用

序号	名称	示图	特点及应用
1	两根或四根平行的圆柱	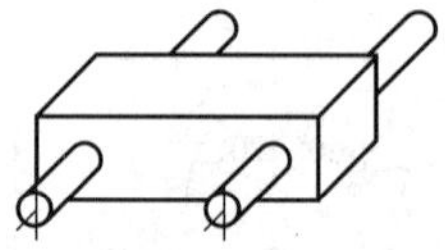	制造工艺性、导向性好 主要用于轻型机械，或者受轴向力的场合，例如，四柱油压机的导柱（拉杆）；模具的导杆等
2	一个V形和一个平面（构成V形的两个平面的交线与平面平行）	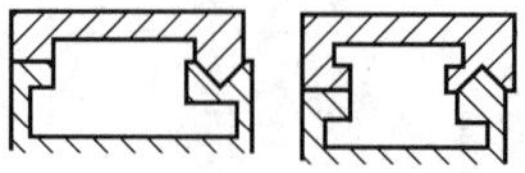	导向性好，刚性较好，制造较方便，应用广泛，如卧式车床、龙门刨床、磨床等

续表

序号	名　　称	示　　图	特点及应用
3	两个V形(构成V形的两个平面的交线平行)		导向精度高、能自动补偿磨损,加工检修困难,要求四个面接触,工艺性差 主要用于精度要求高的机床,如坐标镗床、精密丝杠车床等
4	双矩形(相当于矩形截面的方柱)		主要承受与主支承面相垂直的作用力,刚性好,承载能力大,加工维修容易,磨损后调整间隙麻烦,导向性差 适用普通精度机床或重型机床,如升降台铣床、龙门铣床,两者仅侧导向面不同
5	双燕尾		是闭式导轨接触面个数最少的一种结构,用一根镶条即可调节各接触面的间隙。常用于牛头刨床、插床的滑枕导轨,升降台铣床工作台和车床刀架导轨,以及仪表机床导轨等
6	矩形和燕尾形		它有调整方便、承受力巨大的优点,多用于横梁、立柱和摇臂导轨,以及多刀车床刀架导轨等

注:除2、3的组合外其余组合的偶件均可互为可动件。

5.2.1.2　滑动导轨尺寸

表 9-5-5　　V形导轨尺寸　　mm

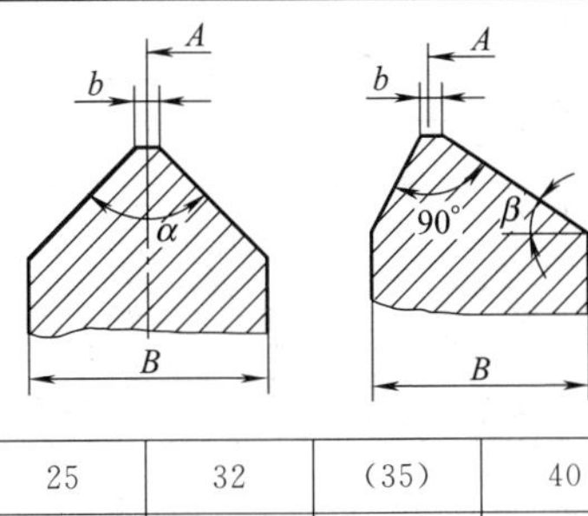

B	12	16	20	25	32	(35)	40	45	50	(55)	60
b≤	1.2	1.6	2	2.5	3	3.5	4	4.5	5	5.5	6
B	65	70	80	90	100	110	(120)	125	(130)	140	150
b≤	6.5	7	8	9	10	11	12	12	13	14	15

B	160	170	180	200	220	250	280	300	320	350	380	400
b≤	16	17	18	20	22	25	28	30	32	35	38	40

A尺寸系列

50	55	60	70	80	90	100	110	125	140	150	180
200	220	250	280	320	360	400	450	500	550	630	710
800	900	1000	1120	1250	1400	1600	1800	2000	2240	2500	—

角度系列

α	60°	90°	100°	120°	β	20°	25°	30°

注:1. 括号内尺寸尽可能不用。
2. 表中尺寸亦适用于凹形。
3. A为导轨跨度。

表 9-5-6　　**燕尾形导轨尺寸**　　mm

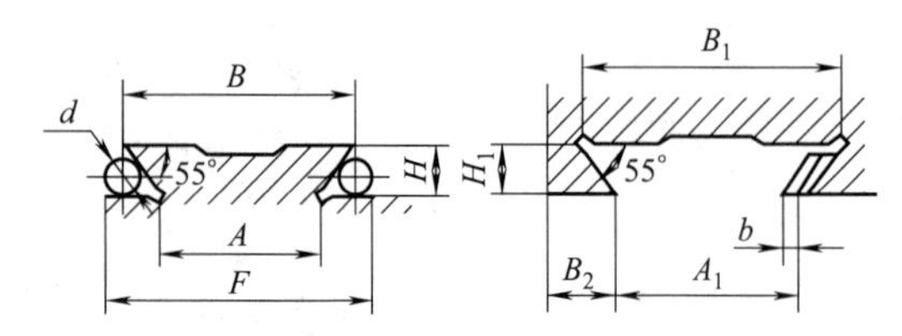

1. b 为斜镶条小端厚度，滑座及镶条斜度 K 为1∶50；1∶100，镶条法向斜度——垂直于 55°方向的斜度 K：0.82∶50；0.82∶100。
2. $A_1=A+b$　$B=A+1.4H$　$B_1=A_1+1.4H_1$
   $F=A+2\times\frac{d}{2}\left(1+\cot\frac{55°}{2}\right)=A+2.921d$

H	H_1	d	b	A	A_1	B	B_1	$B_2\geqslant$	F
20	21	12	4	80	85	108	114.4	32	115.052
				90	95	118	124.4		125.052
				100	105	128	134.4		135.052
				110	115	138	144.4		145.052
				125	130	153	159.4		160.052
25	26	25	5	100	105	135	141.4	40	173.025
				110	115	145	151.4		183.025
				125	130	160	166.4		198.025
				140	145	175	181.4		213.025
				160	165	195	201.4		233.025
32	33	32		125	131	169.8	177.2	50	198.025
				140	146	184.8	192.2		213.025
				160	166	204.8	212.2		233.025
				180	186	224.8	232.2		253.025
				200	206	244.8	252.2		273.025
40	41		6	160	166	221.6	223.4	65	253.472
				180	186	241.6	243.4		273.472
				200	206	261.6	263.4		293.472
				225	231	286.6	288.4		318.472
				250	256	311.6	313.4		343.472
50	51.5	50	8	200	208	270	280.1	80	346.050
				225	233	295	305.1		370.050
				250	258	320	330.1		396.050
				280	288	350	360.1		426.050
				320	328	390	400.1		466.050
65	66.5		10	250	260	341	353.1	100	396.050
				280	290	371	383.1		426.050
				320	330	411	423.1		466.050
				360	370	451	463.1		506.050
				400	410	491	503.1		546.050
80	81.5	80		320	330	432	444.1	125	563.680
				360	370	472	484.1		593.680
				400	410	512	524.1		633.680
				450	460	562	574.1		682.680
				500	510	612	624.1		733.680

表 9-5-7　　矩形导轨尺寸　　mm

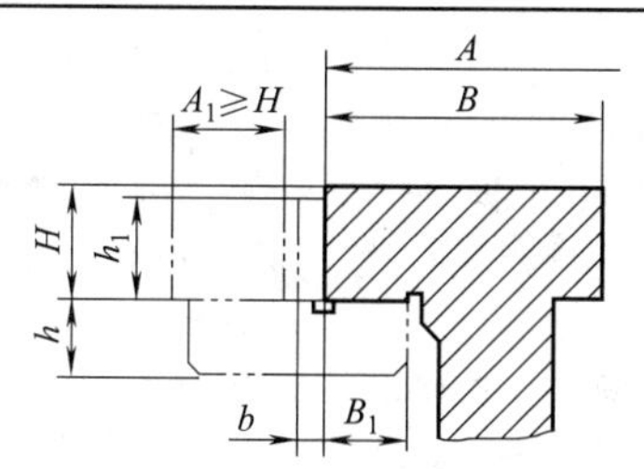

H	B	B_1	A	h	h_1	镶条 b	
						斜镶条	平镶条
16	25～40	10;12	100～320	10	$H-0.5$	4	5
20	32～80	12;16	140～400	12		5,6	6
25	40～100	16;20	180～500	16		6,8	8
(30),32	50～125	20;25	220～630	20			8,10
40,(45)	60～160	25;32	280～800	25	$H-1$	8,10	10,12
50,(55)	80～200	32;40	360～1000	32			12,15
60,(65)	100～250	40;50	450～1250	40		10,12	15,19
(70),80	125～320	50;65	560～1600	50		12,15	20,25
100	160～400	60;80	710～2000	60		15,18	—

A、B 尺寸系列

A	50	55	60	70	80	90	100	110	125	140	160	180	200	220	250	280	320
	360	400	450	500	560	630	710	810	900	1000	1120	1250	1400	1600	1800	2000	—
B	12	16	20	25	32	(35)	40	(45)	50	(55)	60	(65)	70	80	90	100	110
	(120)	125	(130)	140	150	160	170	180	200	220	250	280	300	320	350	380	400

注：1. 括号内的尺寸尽可能不用。
2. b 为斜镶条小端厚度。

表 9-5-8　　卧式车床导轨尺寸关系

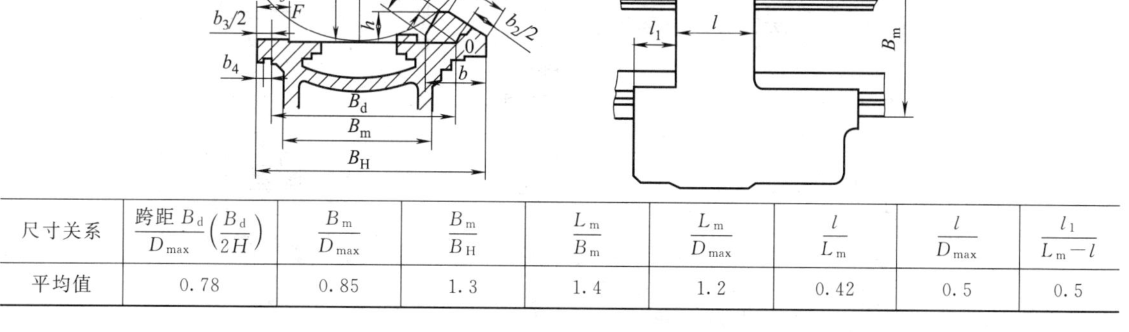

尺寸关系	跨距 $\frac{B_d}{D_{max}}\left(\frac{B_d}{2H}\right)$	$\frac{B_m}{D_{max}}$	$\frac{B_m}{B_H}$	$\frac{L_m}{B_m}$	$\frac{L_m}{D_{max}}$	$\frac{l}{L_m}$	$\frac{l}{D_{max}}$	$\frac{l_1}{L_m-l}$
平均值	0.78	0.85	1.3	1.4	1.2	0.42	0.5	0.5

5.2.1.3　导轨间隙调整装置

(1) 导轨间隙调整装置设计要求

导轨间隙调整装置广泛采用镶条和压板，结构形式很多，设计时一般要求如下。

1) 调整方便，保证刚性，接触良好。

2) 镶条一般应放在受力较小一侧，如要求调整后中心位置不变，可在导轨两侧各放一根镶条。

3) 导轨长度较长（>1200mm）时，可采用两根镶条在两端调节，使结合面加工方便，接触良好。

4）选择燕尾导轨的镶条时，应考虑部件装配的方式，要便于装配。

（2）镶条、压板尺寸系列

1）矩形导轨压板　矩形导轨压板尺寸参照表 9-5-7矩形导轨尺寸中的参数设计。当压板厚度 $h>16$mm时，压板螺钉直径 $d=(0.7\sim0.8)h$，$h\leqslant16$mm 时，$d=h$。

压板长度，当压板受力较大，或导轨工作长度较短时，压板长度等于导轨长度。当压板受力不大或导轨工作长度较长时，只需在运动部件的两端或中间（受力区）装短压板，其长度可取为导轨工作长度的 1/3 或 1/4。

2）燕尾导轨的梯形镶条　（见表 9-5-9）。

3）平头斜镶条尺寸　平头斜镶条尺寸计算见表 9-5-10。镶条斜度 1∶X 是指 A—A 截面内的斜度。但对于燕尾形导轨用的斜镶条的斜度用法向截面内的斜度 1∶X_n 来标注。

4）弯头斜镶条（见表 9-5-11）。

5）镶条、压板材料（见表 9-5-12）。

6）镶条、压板的技术要求（见表 9-5-13）。

表 9-5-9　　燕尾导轨梯形镶条　　mm

H	b	b_1	c	d_1	d_2	l				s
20	20	33	12	M10	12	14	16	18	20	1
25		36				18	20	22	25	
32	25	46	15	M12	14	22	25	28	32	
40	32	58	20	M16	18	28	32	36	40	
50		64				36	40	45	50	
65	40	82	25	M20	23	40	45	50	55	2
80	45	96	28	M24	27	50	55	60	70	

注：$b_1<b+0.7H$。

表 9-5-10　　平头斜镶条尺寸　　mm

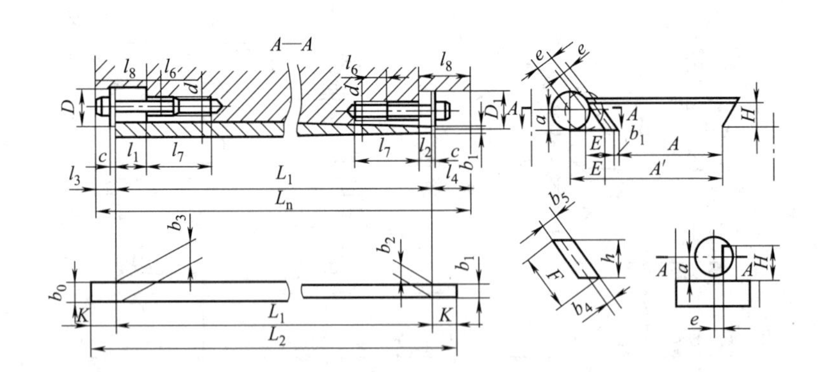

<table>
<tr><td rowspan="7">推荐尺寸</td><td colspan="3">导轨高度 H</td><td>8</td><td>10</td><td>12</td><td>16</td><td>20</td><td>25</td><td>32</td><td>40</td><td>50</td></tr>
<tr><td rowspan="6">移动部件上的尺寸</td><td rowspan="3">矩形导轨</td><td>b_1</td><td>2.5</td><td>3</td><td>3</td><td>4</td><td>5,6</td><td colspan="2">6,8</td><td colspan="2">8,10</td></tr>
<tr><td>a</td><td>9</td><td>10</td><td>12</td><td>13</td><td>15</td><td>16</td><td>18</td><td>20</td><td>25</td></tr>
<tr><td>e</td><td>4</td><td colspan="2">5</td><td>6</td><td colspan="2">7</td><td colspan="2">8</td><td>10</td></tr>
<tr><td rowspan="3">燕尾导轨</td><td>b_1</td><td colspan="2">3</td><td colspan="2">4</td><td colspan="2">5</td><td colspan="2">6</td><td>8</td></tr>
<tr><td>a</td><td>9</td><td>10</td><td>12</td><td>13</td><td>15</td><td>16</td><td>18</td><td>20</td><td>25</td></tr>
<tr><td>e</td><td>2.5</td><td colspan="2">3.5</td><td>6</td><td colspan="2">7</td><td colspan="2">8</td><td>10</td></tr>
</table>

续表

	导轨高度 H		8	10	12	16	20	25	32	40	50
推荐尺寸	螺钉尺寸	d	M5	M6		M8	M10		M12		M16（M12）
		D	12	14		16	20		22		28
		c	1.5	2		3	4		5		5
		l_6	5	6		8	8		10		12
	间隙[1]	Δ_1	0.2～0.3			0.3～0.5			0.4～0.6		
		Δ_2	0.1			0.12			0.15		
	镶条预留切去量 K[2]		25～35			25～45			35～65		

				计算公式
计算尺寸	镶条移动量		往小头	$l_1=X\Delta_1$[3]
			往大头	$l_1=X\Delta_2$
	镶条端至部件端距离			$l_3=l_2+c, l_4=l_1+c$
	镶条	实用长度		$L_1=L_n-l_3-l_4$
		毛坯长度		$L_2=L_1+2K$
		矩形导轨镶条厚度		$b_4=b_2+(l_4-K)\frac{1}{X}, b_5=b_4+L_2\frac{1}{X}$[3]
		燕尾导轨镶条	法向厚度	$b_4'=b_2\sin 55°+(l_4-K)\frac{1}{X_n}, b_5'=b_4'+L_2\frac{1}{X_n}$[3]
			备料宽度	$F=\frac{h}{\sin 55°}+b_5'\cot 55°=1.22h+0.7b_5'$
	螺钉长度 l_5			$l_5=l_1+l_2+l_6$[4]
	移动部件上尺寸	螺孔深 l_7		$l_7=l_5+(0.5\sim0.6)d$
		导向孔深 l_8		$l_8=l_2+l_4$
		导向孔径 D_1[5]		普通机床 $D_1=D+(0.5\sim2)$ 精密机床 $D_1=D+(0.1\sim0.3)$
	燕尾导轨上尺寸	E		$E=\frac{e}{\sin 55°}+a\cot 55°=1.22e+0.7a$
		A'		$A'=A+b_1+L_n\frac{1}{X}$

① Δ_1 为镶条往小头移时间隙减少量；Δ_2 为镶条往大头移动时间隙增加量；镶条长、磨损大的导轨选用 Δ_1。

② 斜度较小的镶条选用大的 K。

③ X 为斜度 $1:X$ 的分母，$1:X_n$ 为法向斜度。镶条长度按导轨长 L 选择（括号内的斜度尽量少用）：

L/mm	＜500	＞500～750	＞750
$\frac{1}{X}$	(1∶20)～1∶50	(1∶50)～1∶75	1∶100～(1∶200)

④ l_6 为螺纹最小旋入长度。

⑤ 导向孔径 D_1 略比 D 大，用组合锪钻加工时取小值。

第9篇

表 9-5-11 **弯头斜镶条尺寸** mm

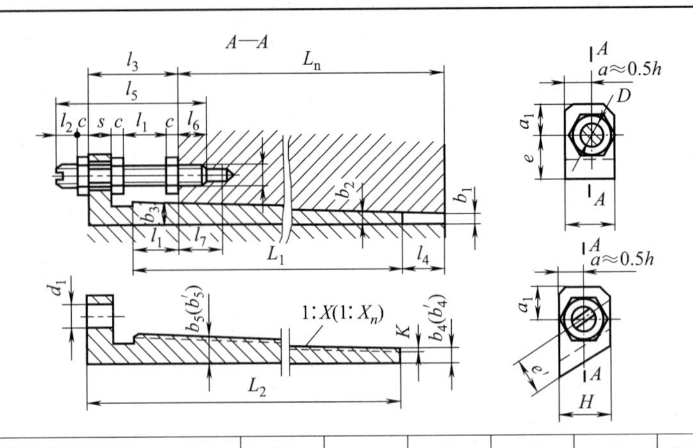

<table>
<tr><td rowspan="15">推荐尺寸</td><td colspan="3">导轨高度 H</td><td>20</td><td>25</td><td>32</td><td>40</td><td>50</td><td>60,65</td><td>80</td><td>100</td></tr>
<tr><td rowspan="5">移动部件上尺寸</td><td rowspan="2">矩形导轨</td><td rowspan="2">b_1</td><td>5</td><td colspan="2">6</td><td colspan="2">8</td><td>10</td><td>12</td><td>15</td></tr>
<tr><td>6</td><td colspan="2">8</td><td colspan="2">10</td><td>12</td><td>15</td><td>18</td></tr>
<tr><td>燕尾导轨</td><td>b_1</td><td colspan="2">5</td><td colspan="2">6</td><td>8</td><td colspan="2">10</td><td>—</td></tr>
<tr><td colspan="2">l_6</td><td colspan="2">15</td><td colspan="2">18</td><td colspan="2">24</td><td colspan="2">30</td></tr>
<tr><td colspan="2">l_7</td><td colspan="2">25</td><td colspan="2">30</td><td colspan="2">35</td><td colspan="2">45</td></tr>
<tr><td colspan="2" rowspan="3">螺　母</td><td>d</td><td colspan="2">M10</td><td colspan="2">M12</td><td colspan="2">M16,M12</td><td colspan="2">M16,M20</td></tr>
<tr><td>D</td><td colspan="2">20</td><td colspan="2">22</td><td colspan="2">28,22</td><td colspan="2">28,35</td></tr>
<tr><td>c</td><td colspan="2">6</td><td colspan="2">7</td><td colspan="2">8,7</td><td colspan="2">8,9</td></tr>
<tr><td colspan="2" rowspan="3">镶条上尺寸</td><td>d_1</td><td colspan="2">11</td><td colspan="2">13</td><td colspan="2">17,13</td><td colspan="2">17,22</td></tr>
<tr><td>s</td><td colspan="2">12</td><td colspan="2">14</td><td colspan="2">16</td><td colspan="2">20</td></tr>
<tr><td>α_1</td><td colspan="2">18</td><td colspan="2">20</td><td colspan="2">25</td><td colspan="2">32</td></tr>
<tr><td colspan="2" rowspan="2">间　隙①</td><td>Δ_1</td><td colspan="2">0.3～0.5</td><td colspan="6">0.4～0.6</td></tr>
<tr><td>Δ_2</td><td colspan="2">0.12</td><td colspan="6">0.15</td></tr>
<tr><td colspan="3">刮削留量 K</td><td colspan="2">0.5</td><td colspan="6">0.7</td></tr>
<tr><td rowspan="8">计算尺寸</td><td colspan="2" rowspan="2">镶条移动量</td><td>往小头</td><td colspan="8">$l_1=\Delta_1 X$②</td></tr>
<tr><td>往大头</td><td colspan="8">$l_2=\Delta_2 X$</td></tr>
<tr><td colspan="3">镶条至壳体距离</td><td colspan="8">$l_3=l_1+s+2c\pm\delta, l_4\geqslant l_1$③</td></tr>
<tr><td rowspan="4">镶条</td><td colspan="2">斜面长度</td><td colspan="8">$L_1=L_n$</td></tr>
<tr><td colspan="2">全　长</td><td colspan="8">$L_2=L_n+l_3-l_4$</td></tr>
<tr><td colspan="2">矩形导轨</td><td colspan="8">$b_4=b_2+K=\left(b_1+l_4\frac{1}{X}\right)+K, b_5=b_4+L_1\frac{1}{X}$
$e=b_1+L_n\frac{1}{X}+\frac{D}{2}+(1\sim2)$</td></tr>
<tr><td colspan="2">燕尾导轨</td><td colspan="8">$b_4'=b_1\sin 55°+l_4\frac{1}{X_n}+K, b_5'=b_4'+L_1\frac{1}{X_n}$
$e'=b_1\sin 55°+L_n\frac{1}{X_n}+\frac{D}{2}+(1\sim2)$②</td></tr>
<tr><td colspan="3">螺栓长度</td><td colspan="8">$l_5=l_1+l_2+s+3c+l_6+1.5d$</td></tr>
</table>

①、② 与表 9-5-10 注同。

③ $\pm\delta$ 为镶条端部至壳体距离允许偏差，$h\leqslant 25$mm 时，取 $\delta=\pm(4\sim8)$mm；$h>25$mm 取 $\delta=\pm(5\sim10)$mm。斜度大时取大值。

表 9-5-12　　镶条、压板材料

材料与热处理	特　　点	应　　用
HT150 HT200	加工方便，磨损大，易折断	用于中等压力、尺寸较大的镶条、压板
45 正火	强度高，不易折断，磨损小	用于较长较薄的斜镶条、燕尾形导轨镶条

表 9-5-13　　镶条、压板技术要求

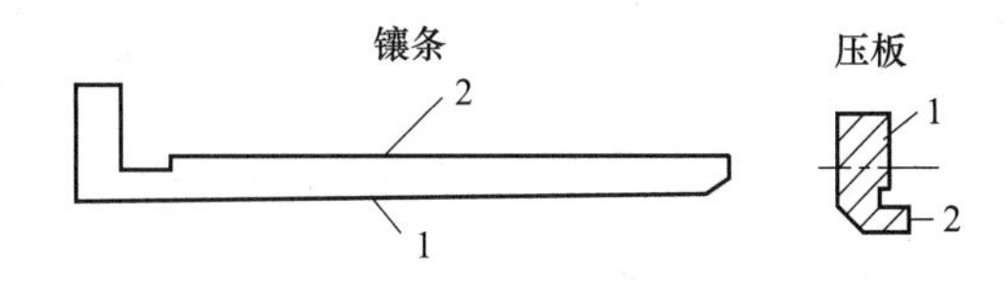

镶　　条			压　　板		
滑动接合面1	平面度	由接触点保证	固定接合面1	平面度	由接触点保证
	接触点	(10～12)点/25mm×25mm		接触点	(6～8)点/25mm×25mm
	装配后允许间隙	0.03mm 塞尺塞入深度不大于 20mm		装配后允许间隙	0.04mm 塞尺不能塞入
滑动接合面2	接触点	(6～8)点/25mm×25mm	固定接合面2	平面度	由接触点保证
				接触点	(10～12)点/25mm×25mm
	装配后允许间隙	0.04mm 塞尺不能塞入		对面 1 平行度	0.01
				装配后允许间隙	0.03mm 塞尺塞入深度不大于 20mm

5.2.1.4　滑动导轨的卸荷装置

(1) 卸荷装置的特点及应用（见表 9-5-14）

(2) 卸荷系数的确定

卸荷量的大小用卸荷系数 α 表示

$$\alpha=\frac{F'}{F}$$

式中　F'——由卸荷装置承受的载荷，N；

F——滑动导轨和卸荷装置所承受的总载荷，N。

表 9-5-14　　滑动导轨卸荷装置的特点及应用

导轨类型	卸荷方式		优　　点	缺　　点	应　　用
直线运动导轨	机械卸荷	通过弹簧滚轮卸荷	结构比较简单，制造容易	①调整卸荷力麻烦 ②所占空间位置大 ③夹紧运动部件时，所需夹紧力大	应用广泛（见图 9-5-1）
		通过液压缸、滚轮卸荷	①调整卸荷力容易（改变供油压力） ②部件不动时停止供油，便于夹紧	结构较复杂，需要供液系统	机械其他部分采用液压时（见图 9-5-2）
	液压卸荷	用通入导轨面液压腔内的压力液卸荷	①导轨面直接接触，接触刚度大，低速均匀性优于普通导轨 ②摩擦阻力及启动时，阻力变化小于无载荷的普通导轨	结构较复杂，需要一套可靠的供液装置	适用于运动部件较长，要求接触刚度较高，低速均匀性好的水平导轨（见图 9-5-3、图 9-5-4）
	气压卸荷	用通入导轨面气腔内的压缩空气卸荷	同上，但比液压卸荷简单、夹紧容易	需要压缩空气源，卸荷量不大，效果不及液压卸荷	用于钻、镗坐标工作台导轨[见图 9-5-5(a)]

续表

导轨类型	卸荷方式		优　点	缺　点	应　用
回转运动导轨	中心卸荷（卸荷力作用于工作台中心位置）	用垫片调整	结构简单	卸荷量固定，调整不便	用于立式车床工作台［见图9-5-6(a)］
		用斜楔调整	结构简单，卸荷量可调	斜楔的移动不灵敏	用于小直径工作台［见图9-5-6(b)］
		用螺旋调整	①结构简单、调整容易 ②允许较大卸荷量	①制造较复杂 ②卸荷量不便显示	用于立式车床、卧式镗床、滚齿机工作台［见图9-5-6(c)］
		用液压缸	调整方便，显示准确	需要供液系统	用于立式车床工作台［见图9-5-7］
	液压卸荷	环槽式—由通入导轨面环形槽内的压力液卸荷	结构简单，工作台变形小	①需要供液系统 ②载荷不均时容易产生偏斜，不如液腔式的精度高	用于大型滚齿机工作台［见图9-5-8］
		液腔式（静压卸荷）—由通入导轨面油腔内的压力液卸荷	摩擦、磨损小，接触刚度好，工作台变形小	结构较复杂，制造麻烦，需要供液系统	用于大型立式车床，滚齿机工作台
	气压卸荷	导轨面上开环形槽，通入压缩空气卸荷	结构简单	需要压缩空气源，卸荷量不大	用于镗床，组合机床工作台，回转前通入压缩空气使工作台略微升起［见图9-5-5(b)］

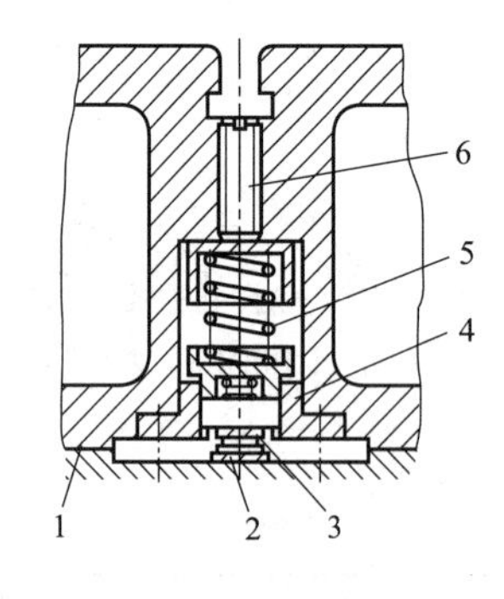

图9-5-1　滑动导轨的机械卸荷装置
1—工作台的滑动导轨；2—卸荷用的滚动导轨；3—滚动轴承；4—滑柱；5—弹簧；6—调节螺钉

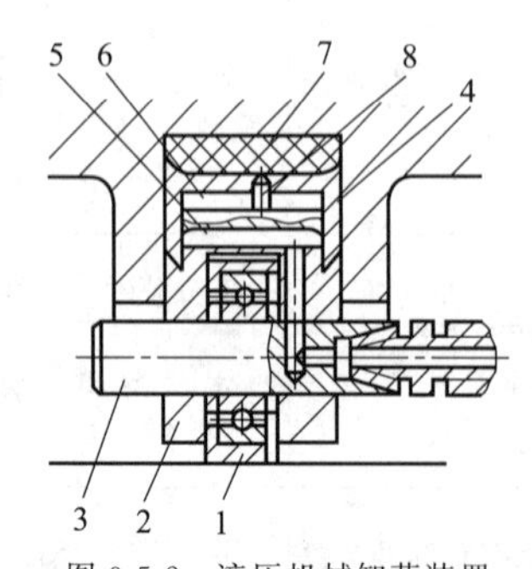

图9-5-2　液压机械卸荷装置
1—滚轮；2—支架；3—轴；4—液压缸体；5—液压腔；6—活塞；7—液体塑料；8—活塞杆

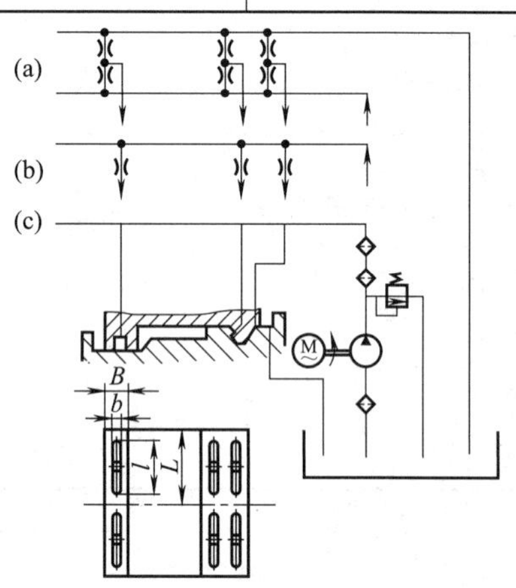

图9-5-3　液压卸荷导轨

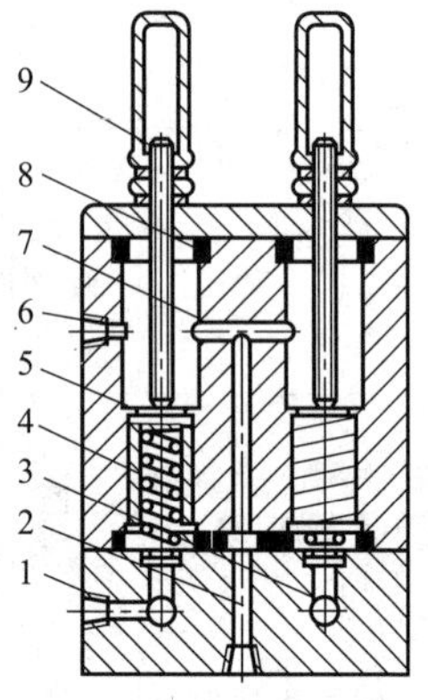

图9-5-4　双毛细管节流器
1—进油孔；2—测油压孔；3—回油孔；4—弹簧；5—螺旋槽毛细管；6—进入通油腔的油孔；7—通第二个螺旋槽毛细管的油孔；8—密封圈；9—调节螺钉

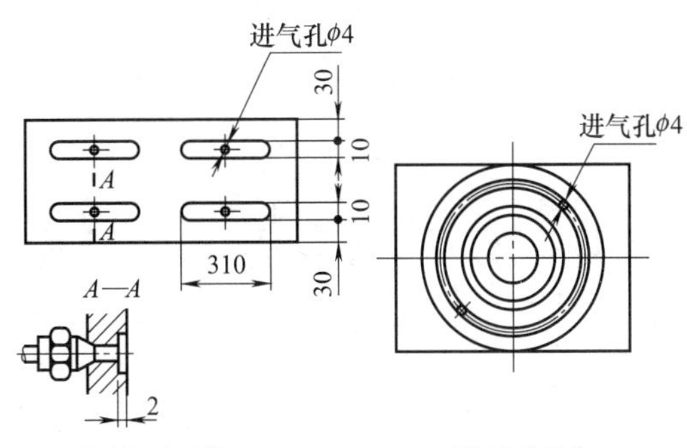

(a) 直线运动导轨 (b) 回转运动导轨

图 9-5-5 气压卸荷导轨

对于大型机械或重型机床，减轻导轨载荷是主要的，α 应取大值（$\alpha \approx 0.7$）；对于高精度机床或仪器，应优先考虑导向精度和运动灵敏性，α 可取较小值（$\alpha \leqslant 0.5$）。

5.2.1.5 滑动导轨压强的计算

（1）计算目的

导轨的损坏形式主要是磨损，而导轨的磨损与导轨表面的压强有密切关系，随着压强的增大，导轨的磨损量也增加。此外，导轨面的接触变形也与压强近似地成正比。因此，在初步选定导轨的结构尺寸后，应核算导轨面的压强，使其在允许范围内。

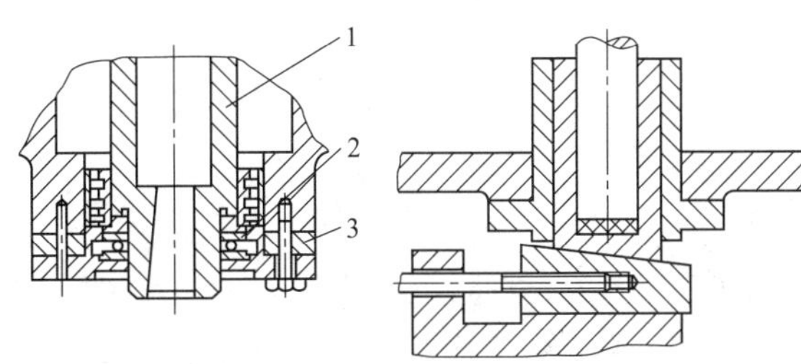
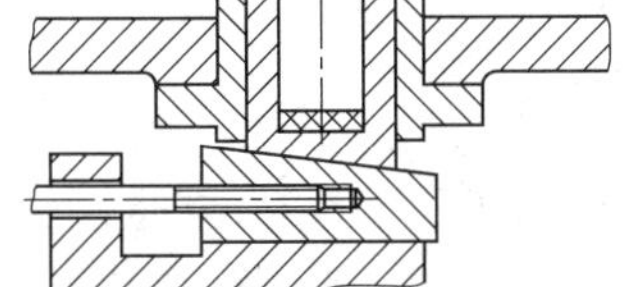
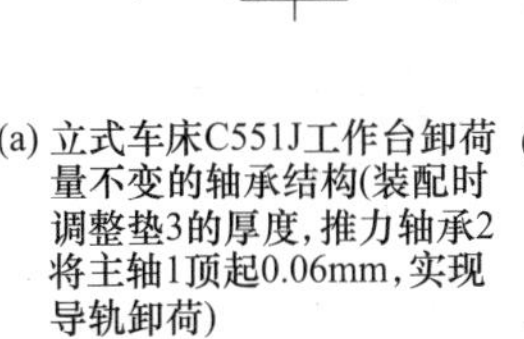

(a) 立式车床C551J工作台卸荷量不变的轴承结构(装配时调整垫3的厚度，推力轴承2将主轴1顶起0.06mm，实现导轨卸荷)

(b) 转动丝杠移动斜楔，将工作台中心顶起

(c) 立式车床工作台卸荷量可调的轴承结构(转动调节蜗杆3，使带螺母的蜗轮4回转，丝杠5固定不动，蜗轮4上移，通过推力轴承2将主轴1顶起，实现导轨卸荷)

图 9-5-6 机械式中心卸荷装置

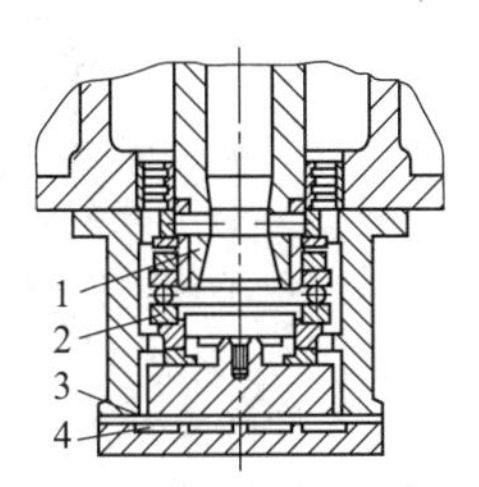

(a) 立式车床薄膜式油缸卸荷装置
1—主轴；2—推力轴承；3—薄膜(0.5~1.0mm钢板)；4—液压缸

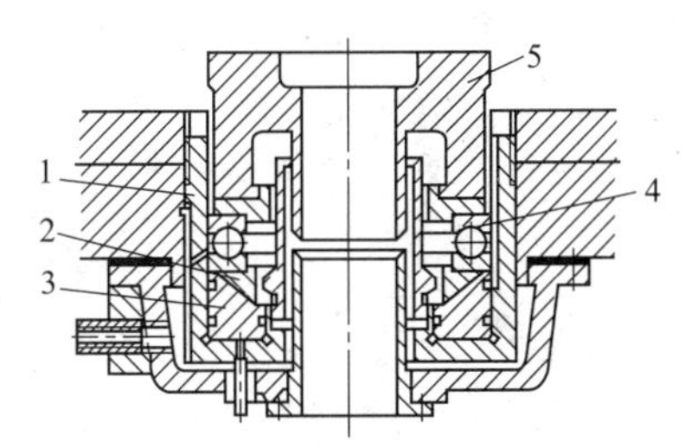

(b) 立式车床活塞式油缸卸荷装置
1—液压缸；2—自位止推环；3—活塞；4—推力轴承；5—主轴

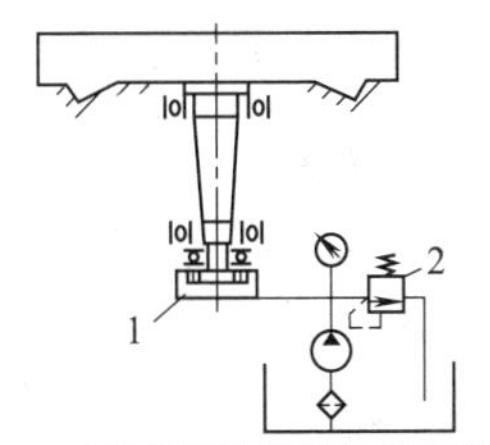

(c) 无蓄能器的液压卸荷系统图
(液压泵要持续开动，可以利用润滑油泵兼作卸荷)
1—液压缸；2—溢流阀(调节卸荷量)

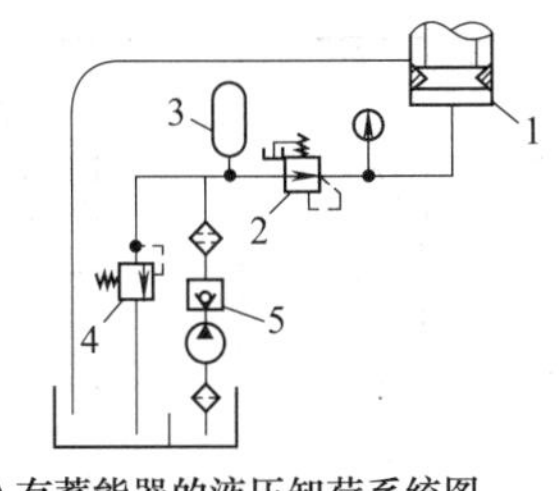

(d) 有蓄能器的液压卸荷系统图
(专供卸荷用的油泵，往蓄能器充油时才开动，充满后自动断开，用电量很小)
1—液压缸；2—减压阀(阀上的刻度表示卸荷量)；3—蓄能器；4—溢流阀；5—单向阀

图 9-5-7 液压机械中心卸荷装置的结构及液压系统

第9篇

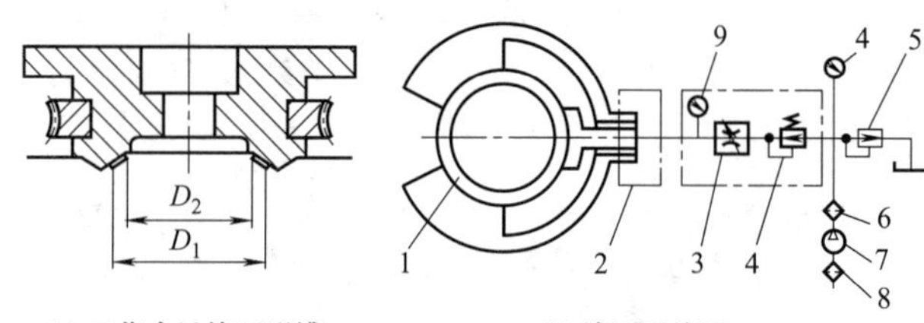

图 9-5-8　滚齿机工作台环槽式液压卸荷原理图

1—卸荷油槽；2—分油器；3—微调节流阀；4—减压阀（1MPa）；5—溢流阀（2.5MPa）；6—精滤器；7—液压泵；8—过滤器；9—压力表

（2）导轨面压强的分布规律及压强计算

导轨面压强分布比较复杂，为了能进行工程计算，作如下假设：

1）导轨所在部件本身刚度很高，受力以后导轨接触面仍保持为一平面；

2）导轨面上的接触变形与压强成正比例；

3）导轨面宽度远比接触长度小，沿导轨宽度方向上的压强各处相等；

4）导轨长度远大于其宽度。

根据上述假设，可以认为，导轨面上沿长度方向的压强按直线规律分布。如果作用于导轨面上的集中载荷位于导轨长度方向的中点，则压强按矩形分布。如果该载荷偏离中心，则压强按梯形分布。

作用在导轨面上的外载荷可以简化为一个垂直作用在导轨中部的集中力 F 和一个倾覆力矩 M，见图 9-5-9。

导轨面的平均压强 p_m 为

$$p_m=\frac{F}{S}\leqslant[p_m]$$

式中　F——作用在导轨面上的法向力，N；

S——导轨的承载面积，$S=La$，mm；

L——导轨接触面长度，mm；

a——导轨接触宽度，mm；

$[p_m]$——许用平均压强，MPa，见表 9-5-15。

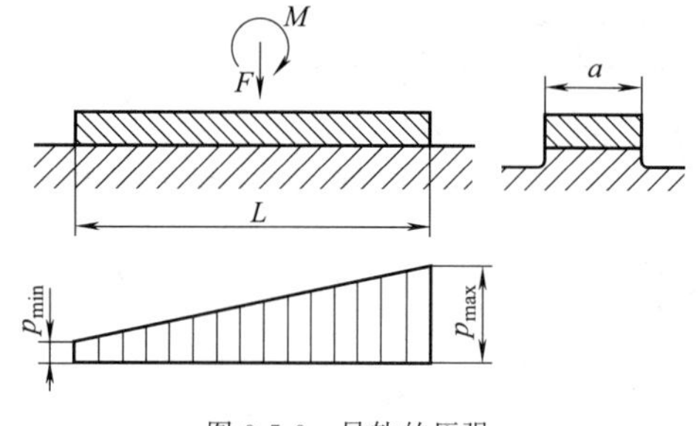

图 9-5-9　导轨的压强

当力 F 与力矩 M 同时作用时，导轨压强呈梯形分布

$$p_{max}=\left(\frac{F}{S}+\frac{6M}{SL}\right)$$

$$p_{min}=\left(\frac{F}{S}-\frac{6M}{SL}\right)$$

式中　M——导轨面上的弯曲力矩，N·mm。

当 $p_{min}<0$，即 $\frac{M}{F}>\frac{L}{6}$ 时，应采用辅助导轨面和压板。此时，主导轨面上的最大压强为

$$p_{max}=p_m(K_m+k_\Delta)\leqslant[p_{max}]$$

式中　K_m——考虑压板和辅助导轨面的影响系数，见图 9-5-10（a），图中 $m=a'/\xi$，a' 为压板和辅助导轨面的接触宽度（mm）；ξ 为考虑压板弯曲的系数，在多数情况下，取 $\xi=1.5\sim2$，当压板上的压强较小（$p\leqslant0.3$MPa）时，ξ 取小值，当压板上压强较大（$p=1\sim1.5$MPa）、压板较短时，ξ 取大值；

k_Δ——间隙影响系数，见图 9-5-10（b）；

$[p_{max}]$——许用最大压强，MPa，见表 9-5-15。

表 9-5-15　铸铁导轨的许用压强　　MPa

导轨种类		机器类型举例	许用平均压强$[p_m]$	许用最大压强$[p_{max}]$
直线运动导轨	主运动导轨的滑动速度较大的进给运动导轨	中型机床 重型机床	0.4～0.5 0.2～0.3	0.8～1.0 0.4～0.6
	滑动速度低的进给运动导轨	中型机床 重型机床 磨床	1.2～1.5 0.5 0.025～0.04	2.5～3.0 1.0～1.5 0.05～0.08
主运动和滑动速度较大的圆周运动导轨		导轨直径 $D<3$m 导轨直径 $D>3$m 环状	0.4 0.2～0.3 0.15	

注：1. 钢对铸铁时，用表中的许用值，许用压强应提高 20%～30%。

2. 以固定切削规范工作的专用机床，许用压强应减小 25%。

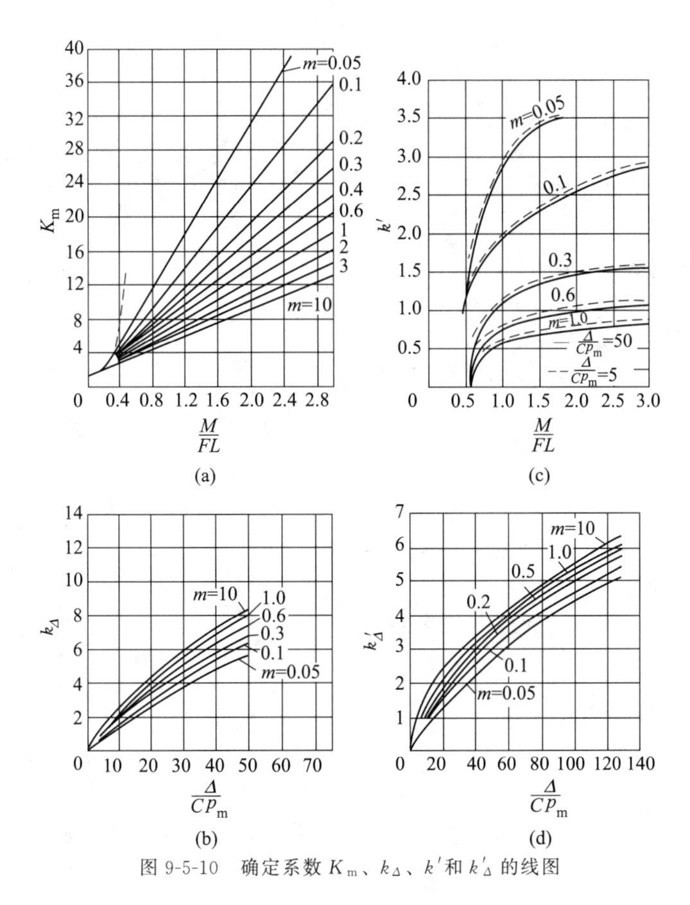

图 9-5-10　确定系数 K_m、k_Δ、k' 和 k'_Δ 的线图

在图 9-5-10（b）中，Δ 为压板与导轨的间隙，对于精度较高的一般机械和中型普通机床，可取 $\Delta=20\sim30\mu m$；C 为接触柔度，按表 9-5-16 选取。

表 9-5-16　　直线运动铸铁导轨接触柔度 C

μm/MPa

平均压强/MPa \ 导轨宽度/mm	≤50	≤100	≤200
≤0.3	8～10	15	20
>0.3～0.4	4～6	7～9	10～12

辅助导轨（压板）面上的最大压强为

$$p'_{max}=p_{max}k'\leqslant[p_{max}]$$

式中　p_{max}——主导轨面上的最大压强，MPa；

k'——系数，由图 9-5-10（c）查取。

当导轨上只有倾覆力矩作用时（$F=0$），考虑间隙、柔度等因素的影响，最大压强取

$$p_{max}=\frac{6M}{aL^2}(k'_m+k'_\Delta)\leqslant[p_{max}]$$

式中，系数 k'_Δ 由图 9-5-10（d）选取；系数 k'_m 由表 9-5-17 选取。

辅助导轨（压板）面最大压强取

$$p''_{max}=k''p_{max}\leqslant[p''_{max}]$$

式中系数 k'' 也由表 9-5-17 选取。

表 9-5-17　　系数 k'_m 和 k''

m	0.05	0.1	0.2	0.4	0.6
k'_m	3.7	2.1	1.6	1.3	1.15
k''	4.5	3.25	2.25	1.6	1.3
m	0.8	1.0	2	5	10
k'_m	1.06	1	0.86	0.72	0.66
k''	1.12	1	0.7	0.45	0.32

5.2.1.6　滑动导轨间隙的确定

滑动摩擦导轨对温度变化比较敏感。由于温度变化会引起导轨卡死或间隙过大的现象，所以间隙的确定主要根据温度变化引起变形的情况来考虑。为减小温度变化对导轨运动的影响，运动件和支承导轨体应选择膨胀系数相同或相近的材料。

若导轨在温度变化较大的环境中工作，在选定精度等级和配合以后，应对导轨副的间隙进行验算。

为保证导轨能正常工作，它的最小间隙 Δ_{min} 必

须大于零，即

$$\Delta_{min}=D_{2min}[1+\alpha_2(t-t_0)]-D_{1max}[1+\alpha_1(t-t_0)]>0$$

式中　D_{2min}——包容件在常温时最小直径或最小直线尺寸；

D_{1max}——被包容件在常温时最大直径或最大尺寸；

α_2——包容件材料的线胀系数；

α_1——被包容件材料的线胀系数；

t_0——导轨装配时的温度；

t——导轨工作时最高温度或最低温度。

为保证导轨的工作精度，导轨副中的最大间隙Δ_{max}应不超过允许最大间隙$[\Delta_{max}]$，即

$$\Delta_{max}=D_{2max}[1+\alpha_2(t-t_0)]-D_{1min}[1+\alpha_1(t-t_0)]\leqslant[\Delta_{max}]$$

式中　D_{2max}——包容件在常温时的最大直径或最大直线尺寸；

D_{1min}——被包容件在常温时的最小直径或最小尺寸。

5.2.1.7　导轨材料与热处理

（1）导轨材料的要求和匹配

用于导轨的材料应具有良好的耐磨性、摩擦因数小和动静摩擦因数差别小，加工和使用时产生的内应力小，尺寸稳定性好等性能。

常用导轨材料动静摩擦因数见表9-5-18。

导轨副应尽量由不同材料组成，如果选用相同材料，也应采用不同的热处理或不同的硬度。通常动导轨（短导轨）用较软耐磨性低的材料，固定导轨（长导轨）用较硬和耐磨材料制造，材料匹配对耐磨性的影响见表9-5-19。

（2）导轨材料与热处理

机床滑动导轨常用材料主要是灰铸铁和耐磨铸铁。

灰铸铁通常以HT200或HT300做固定导轨，以HT150或HT200做动导轨。

JB/T 3997—2011标准对普通灰铸铁导轨的硬度要求如表9-5-20所示。

常用耐磨铸铁与普通铸铁耐磨性比较见表9-5-21。

导轨热处理：一般重要的导轨，铸件粗加工后进行一次时效处理，高精度导轨铸件半精加工后还需进行第二次时效处理。

常用导轨淬火方法有：

1）高、中频淬火，淬硬层深度为1～2mm。硬度为45～50HRC。

2）电接触加热自冷表面淬火，淬硬层深度为0.2～0.25mm，显微硬度为600HM左右。这种淬火方法主要用于大型铸件导轨。

表9-5-18　　滑动导轨材料的动静摩擦因数

材料及热处理	静摩擦因数				动摩擦因数							
	静止接触时间				滑动速度/mm·min^{-1}							
	2s	10min	1h	10h	0.8	5	20	110	360	530	720	1200
灰铸铁 HT200,180HBS	0.27	0.27	0.28	0.30	0.02	0.19	0.18	0.17	0.12	0.08	0.05	0.03
灰铸铁 HT200,45HRC	0.27	0.27	0.28	—	0.23	0.18	0.17	0.13	0.10	0.08	0.05	0.02
钢 45,50HRC	0.30	0.30	0.32	—	0.28	0.25	0.22	0.18	0.15	0.10	0.08	0.05
青铜 ZCuSn5Pb5Zn5	—	—	—	—	0.22	0.20	0.18	0.17	0.12	0.10	0.07	0.03
锌合金 ZnAl10-5	0.19	—	0.25	—	0.15	0.14	0.12	0.11	0.07	0.04	0.03	0.02
轴承合金(白合金)	0.24	0.34	0.38	—	0.21	0.19	0.17	0.15	0.10	0.08	0.05	0.02
夹布胶水	0.33	0.35	0.37	0.40	0.27	0.20	0.20	0.18	0.13	0.12	0.10	0.07
聚四氟乙烯	0.05	0.05	0.05	0.06	0.03	0.03	0.03	0.03	0.04	0.04	0.04	0.05

表9-5-19　　导轨材料匹配及其相对寿命

导轨材料及热处理	相对寿命	导轨材料及热处理	相对寿命
铸铁/铸铁	1	淬火铸铁/淬火铸铁	4～5
铸铁/淬火铸铁	2～3	铸铁/镀铬或喷涂钼铸铁	3～4
铸铁/淬火钢	>2	塑料/铸铁	8

注：导轨材料前边为动导轨后边为固定导轨。

表9-5-20　　灰铸铁导轨硬度要求

硬度要求				表面硬度公差	
导轨长度/mm	导轨铸件质量/t	不低于(HBW)	不高于(HBW)	导轨长度/mm	硬度公差(HBW)
≤2500	—	190	255	≤2500	25
>2500	>3～5	180	241	>2500	35
	>5	175	241	几件连接的导轨	45

表 9-5-21　　常用耐磨铸铁

耐磨铸铁名称	耐磨性高于普通铸铁倍数	耐磨铸铁名称	耐磨性高于普通铸铁倍数
磷铜钛耐磨铸铁	1.5～2	稀土铸铁	1
高磷耐磨铸铁	1	铬钼耐磨铸铁	1
钒钛耐磨铸铁	1～2		

5.2.1.8　导轨的技术要求

（1）表面粗糙度

1）刮研导轨　刮研导轨具有接触好、变形小、可以存油、外观美等优点，但劳动强度大、生产率低。主要用于高精度导轨。

刮研导轨面每 25mm×25mm 面积内的接触点数不得少于表 9-5-22 的规定。

2）磨削导轨　生产率高，是加工淬硬导轨唯一方法，磨削导轨表面粗糙度应达到的要求见表 9-5-23。接触面要求见表 9-5-24。

（2）几何精度

导轨的几何精度主要指导轨的直线度和导轨间的平行度、垂直度等。制定导轨几何精度时，可参阅相关设备的精度标准。表 9-5-25 列出了部分通用机床床身导轨精度。

表 9-5-22　　刮研导轨面每 25mm×25mm 内接触点数

机床类别	滑动导轨		移置导轨		镶条、压板滑动面
	每条导轨宽度/mm				
	≤250	>250	≤100	>100	
Ⅲ级和Ⅲ级以上	20	16	16	12	12
Ⅳ级	16	12	12	10	10
Ⅴ级	10	8	8	6	6

表 9-5-23　　磨削导轨表面粗糙度 Ra

机床类型	动导轨			固定导轨		
	中小型	大型	重型	中小型	大型	重型
Ⅲ级和Ⅲ级以上	0.2～0.4 (0.1～0.2)	0.4～0.8 (0.2～0.4)	0.8 (0.4)	0.1～0.2 (0.05～0.1)	0.2～0.4 (0.1～0.2)	0.4 (0.2)
Ⅳ级	0.4 (0.2)	0.8 (0.4)	1.6 (0.8)	0.2 (0.1)	0.4 (0.2)	0.8 (0.4)
Ⅴ级	0.8 (0.4)	1.6 (0.8)	1.6 (0.8)	0.4 (0.2)	0.8 (0.4)	1.6 (0.8)

注：1. 滑动速度大于 0.5m/s 时，粗糙度应降低一级（括号内数值）。
2. 淬硬导轨的表面粗糙度应降低一级（括号内数值）。

表 9-5-24　　磨削导轨表面的接触指标　　%

机床类型	滑(滚)动导轨		移置导轨	
	全长上	全宽上	全长上	全宽上
Ⅲ级和Ⅲ级以上	80	70	70	50
Ⅳ级	75	60	65	45
Ⅴ级	70	50	60	40

注：1. 宽度接触达到要求后，方能作长度的评定。
2. 镶条按相配导轨的接触指标检验。

表 9-5-25　　部分通用机床床身导轨精度　　mm

机床 (标准号)		卧式车床(GB/T 4020—1997)			简式数控卧式车床 (GB/T 25659.1—2010)		高精度卧式车床 (JB/T 8768.1—2011)
		普通级		精密级			
尺寸范围		D_a≤800	800<D_a≤1600	D_a≤500 和 D_c≤1500	D_a≤800	D_a>800	250≤D_a≤500
导轨精度	纵向：导轨在垂直平面内的直线度	D_c≤500		D_c≤500	D_c≤500		D_c≤500
		0.01(凸)	0.015(凸)	0.01(凸)	0.010(凸)	0.015(凸)	0.0070(凸)
		500<D_c≤1000		500<D_c≤1000	500<D_c≤1000		500<D_c≤1000
		0.02(凸)	0.03(凸)	0.015(凸)	0.020(凸)	0.025(凸)	0.0100(凸)

第9篇

续表

机床（标准号）		卧式车床（GB/T 4020—1997）			简式数控卧式车床（GB/T 25659.1—2010）		高精度卧式车床（JB/T 8768.1—2011）
		普通级		精密级			
导轨精度	纵向：导轨在垂直平面内的直线度	在任意250mm测量长度上的局部公差		在任意250mm测量长度上的局部公差	在任意250mm测量长度上的局部公差		在任意250mm测量长度上的局部公差
		0.0075	0.01	0.005	0.0075	0.010	0.0035
		$D_c>1000$		$1000<D_c\leqslant1500$	$D_c>1000$		$1000<D_c\leqslant1500$
		最大工作长度每增加1000mm公差增加量		0.02(凸)	最大工作长度每增加1000mm公差增加量		0.0150(凸)
		0.01	0.02	在任意250mm测量长度上的局部公差	0.010	0.015	
		在任意500mm测量长度上的局部公差			在任意500mm测量长度上的局部公差		在任意250mm测量长度上的局部公差
		0.015	0.02	0.005	0.015	0.020	0.0035
					在导轨两端$D_c/4$测量长度上局部公差可以加倍		
	横向：导轨应在同一平面内	0.04/1000		0.03/1000			
	横向：导轨在垂直平面内的平行度				0.04/1000		0.0100/1000

注：D_a——床身上最大回转直径；D_c——最大工作长度。

5.2.2 塑料（贴塑式）导轨

在普通的金属滑动导轨副中的一个构件（一般是移动构件）的导轨面上覆盖一层塑料或塑料与金属混合物，则成为塑料导轨。塑料的覆盖方法有：糊状物喷（刷）涂、软带粘接、板状物粘接、钉接或复合连接。

5.2.2.1 塑料导轨的特点

塑料导轨的特点见表9-5-26。

5.2.2.2 塑料导轨的材料

塑料导轨材料的要求、类型及几种国产专用塑料导轨材料的性能和规格见表9-5-27～表9-5-32。

表 9-5-26 塑料导轨的特点

塑料导轨的优点	①有优良的自润滑性和耐磨性 ②对金属的摩擦因数小，因而能降低滑动件驱动力，提高传动效率 ③静、动摩擦因数相接近（变化小），使滑动平稳；可实现极低的不爬行的移动速度，同时还能提高移动部件的定位精度 ④由于自润滑性好，可使润滑装置简化，而且当润滑油偶尔短时中断，也不会导致导轨研伤 ⑤加工简单，表面可用通用机械加工方法（铣、刨、磨、手工刮研）加工 ⑥由于塑料较软，偶尔落入导轨中的尘屑、磨粒等能嵌入其中，故构不成对金属导轨面的拉伤 ⑦可修复性好，需修复时只需拆除旧的塑料层，更换新的即可 ⑧与其他导轨相比，结构简单，运行费用低，抗振性好，工作噪声极低，承载能力高
塑料导轨的缺点	①耐热性差，热导率低 ②机械强度低，刚性较差，易蠕变

表 9-5-27 塑料导轨材料的要求

对塑料导轨材料的基本要求	①摩擦因数小，而且静、动摩擦因数相接近 ②自润滑性、耐磨性好 ③抗压强度高、抗蠕变性好 ④耐油、耐水、耐酸碱，抗老化 ⑤吸水率低，保持尺寸稳定 ⑥成本低，易粘接，适合机械加工
对粘接剂的主要要求	①粘接工艺简单，粘接强度高 ②在常温下能够施工和固化，要有足够的适胶期，固化时间适当 ③耐水、耐油、耐酸碱、抗老化 ④要有一定的韧性

表 9-5-28　　塑料导轨常用材料的类型

类别		材料举例	用法	备注
普通材料	纤维层压板	酚醛层压板、环氧树脂层压板	厚度大者用螺钉连接，薄者粘接	
	通用工程塑料	聚酰胺（尼龙即PA）板	粘接	
	特种工程塑料	氟塑料板—聚四氟乙烯板	用萘钠溶液进行表面活化处理后，可用环氧，聚氨酯、酚醛等胶黏剂粘接	
专用材料	专用导轨软带	填充聚四氟软带、填充聚甲醛（在聚甲醛中加入聚四氟乙烯、二硫化钼、机油、硅油等）	用与之配套的专用胶粘接	大都以聚四氟乙烯（PTFE）为基体，填充一些如石墨、二硫化钼、氧化铝、氧化镉、铁、青铜、铅锌等无机填充剂以及聚酰亚胺（PI）等有机填充剂
	复合材料	改性聚四氟乙烯—青铜—钢背三层自润滑板	粘接	结构特点和技术特性已有标准，见表 9-5-31
	导轨耐磨涂层	HNT、FT、JKC三系列机床导轨耐磨涂层	刷涂	其主要性能见表 9-5-32。自制耐磨涂层的配方，见表 9-5-45

表 9-5-29　　国产填充氟塑软带性能

性能指标名称	软带版号		
	F_4J	JC20	TSF
相对密度	3～3.2	2.91	2.76
抗拉强度/$N\cdot cm^{-2}$	≥700	2050	1450
断裂伸长率/%	≥50	276	237
硬　　度	(6～8)HBS		6HBS
摩擦因数	0.035～0.055	0.035	0.039
生产厂家	陕西塑料厂	北京机床研究所	广州机床研究所

表 9-5-30　　国产填充氟塑软带规格　　mm

厚度规格	厚度公差	宽度规格	宽度公差
0.35	±0.04	60	+5
0.50	±0.05	100	+5
0.70	±0.07	120	+5
1.10	±0.10	200	+10
1.50	±0.15	300	+20
>2.50	±0.20		

填充聚四氟乙烯导轨软带（JB/T 7898—2013）见表 9-5-33～表 9-5-37。该标准适用于厚度在 0.3～3.2mm 的软带，规定了软带的尺寸偏差、软带外观、物理性能和检验规则等技术要求。

软带应表面平整，色泽均匀，无明显划痕及其他缺陷，软带边缘应平直，1m 长度的弓弦高不大于 3mm，长度每增加 1m，其全长弓弦量增高不大于 2mm。

表 9-5-31　塑料（改性聚四氟乙烯）-青铜-钢背三层复合自润滑板材结构特点和技术特性

（GB/T 27553.1—2011）

结构特点					
板材结构	板材是由表面塑料层、中间烧结层、钢背层三层复合而成；表面塑料层是聚四氟乙烯和填充材料的混合物，其厚度为 0.01～0.05mm；中间烧结层的材料为青铜球粉 CuSn10 或 QFQSn8-3，其化学成分列于本表下栏，厚度为 0.2～0.4mm；钢背材料为优质碳素结构钢，碳的含量通常小于 0.25%				
中间烧结层化学成分	牌号	化学成分/%			
		Cu	Sn	Zn	P
	CuSn10	余量	9～11	—	≤0.3
	QFQSn8-3	余量	7～9	2～4	—
技术特性					
钢背层硬度	80～140HBW				
压缩永久变形量	试样尺寸/(mm×mm×mm)		压缩应力/(N/mm^3)	永久变形量/mm	
	10×10×2.0		280	≤0.03	
摩擦磨损性能	试验形式	润滑条件	摩擦因数	磨损量/mm	磨痕宽度/mm
	端面试验	干摩擦	≤0.20	≤0.03	—
		油润滑	≤0.08	≤0.02	—
	圆环试验	干摩擦	≤0.20	—	≤5.0
		油润滑	≤0.08	—	≤4.0
结合强度	表面塑料层与中间烧结层之间的结合强度大于 2N/mm^2				
	中间烧结层与钢背层的结合按标准的试验方法，弯曲5次，允许有裂纹，不允许有分层、剥落				
厚度尺寸 T 和极限偏差	厚度范围/mm	0.75≤T≤1.5		1.5≤T≤2.5	
	极限偏差/mm	±0.012		±0.015	

表 9-5-32　　HNT、FT、JKC 三系列耐磨涂层的主要性能

摩擦因数	0.02～0.05	布氏硬度	(20～22)N/mm^2
线磨损量(p=1.5MPa)	0.005mm/1000km	抗压强度	>95MPa
粘接强度	>15MPa	冲击强度	>90N·cm/cm^2

注：生产厂为广州机床研究所、广州坚红化工厂。

第9篇

表 9-5-33　软带厚度极限偏差　mm

厚　　度	0.3～0.5	0.6～1.0	1.1～1.5	1.6～2.5	>2.5
极限偏差	±0.03	±0.04	±0.05	±0.08	±0.01

表 9-5-34　软带宽度极限偏差　mm

宽　　度	<50	50～100	101～200	201～300	>300
极限偏差	$^{+1}_{0}$	$^{+2}_{0}$	$^{+3}_{0}$	$^{+4}_{0}$	$^{+5}_{0}$

表 9-5-35　软带材料的力学性能

项　　目	指标/MPa	试验方法
球压痕硬度	>35	GB/T 3398.1—2008
拉伸强度	>16	GB/T 1040.2—2006
25%定应变压缩应力	>25	GB/T 1041—2008

表 9-5-36　软带的摩擦因数和磨痕宽度

项　　目	指标	试验方法
摩擦因数（采用滴油，30号机油润滑）	0.05	GB/T 3960—2016
磨痕宽度	<4mm	—

表 9-5-37　软带粘接性能

项　　目	指　　标		试验方法
	MPa	N/cm	
软带与铸铁粘接抗剪强度	>10	—	GB/T 12830—2008
软带与铸铁180°剥离强度	—	>24	GB/T 15254—2014

5.2.2.3　填充氟塑软带导轨典型制造工艺

制成的氟塑软带导轨副的截面如图 9-5-11 所示。其制造工艺如下。

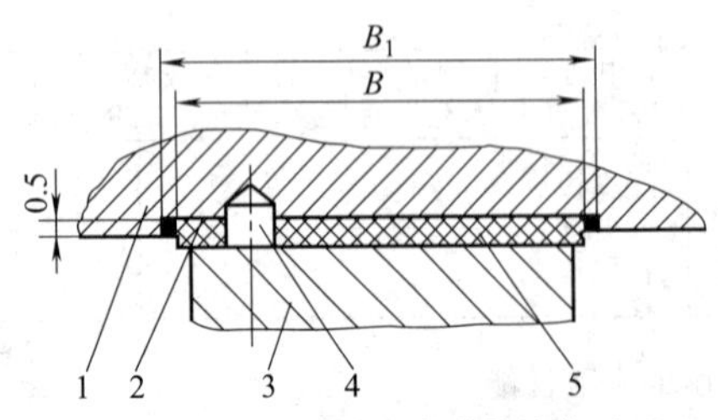

图 9-5-11　填充氟塑软带导轨截面

1—移动导轨体；2—氟塑软带；3—支承导轨；4—油沟；5—粘接面

（1）确定软带宽度、粘带槽宽与槽深

根据导轨尺寸选择软带宽度、确定导轨体上粘带槽的宽度及深度，其尺寸见表 9-5-38。

表 9-5-38　粘接填充氟塑软带的导轨尺寸　mm

软带宽度 B	36	45	65	85	130	160
粘带槽宽度 B_1	37.5	46.5	66.5	86.5	131.5	161.5
粘带槽深 t	0.5					

（2）粘接工艺

① 用钠基溶液处理软带的粘接面。

② 将粘接表面拉毛。

③ 清除油污。

④ 涂胶粘接（含氟胶与胶液两组分 2SW-2 胶）0.1～0.2mm 厚。

⑤ 加压粘接固化。

⑥ 检验：粘接强度 10.29～10.49MPa；不均匀扯力 12.35MPa；剥离强度 42～95N/cm。

（3）塑料导轨上油槽尺寸（见表 9-5-39）。

表 9-5-39　塑料导轨上油槽尺寸　mm

a型　b型　c型　A—A

B	a	a_1	a_2	R
>40～60	3	6	10	1
>60～80	3	6	10	1
>80～100	3	6	10～12	1.5
>100～150	3	10	14～18	1.5
>150～200	5	10	20～25	5

注：垂直导轨可采用 c 型，从油槽上部注油。卧式导轨最好采用 a 或 b 型。

5.2.2.4　软带导轨技术条件

粘接填充聚四氟乙烯软带导轨（简称软带导轨）的技术条件（JB/T 7899—2013）见表 9-5-40。

表 9-5-40 **软带导轨技术条件**（JB/T 7898—2013）

<table>
<tr><td>材料要求</td><td>①软带的质量与性能必须符合 JB/T 7898—2013 的规定
②粘接剂的性能应满足粘接工艺和使用要求
③相配导轨的材料与硬度要求应符合有关标准的规定</td></tr>
<tr><td>设计要求</td><td>①软带导轨的压强一般不大于 1.0MPa，局部压强不大于 1.2MPa
②软带应粘接在导轨副短导轨上，粘接前导轨的表面粗糙度 Ra1.6～6.3μm。相配导轨宽度不小于软带导轨宽度，其表面粗糙度 Ra0.4～0.8μm
③软带导轨上的油槽与软带边缘的距离不小于 5mm
④当采用压力润滑时，油槽深度必须小于软带的厚度
⑤软带导轨应有必要的防护措施，以保证在使用、包装和运输过程中不受损伤</td></tr>
<tr><td>粘接要求</td><td>软带粘接时允许拼接或对接，但接缝必须严密，边缘应平直。粘接前应将粘接表面清洗干净，不得有锈斑、油渍和其他污物。涂胶黏剂的表面必须干燥，胶层应涂布均匀，固化后的胶层厚度建议为 0.08～0.20mm。粘接后必须加压，压强为 0.05～0.10MPa。固化条件按使用的胶黏剂的要求进行确定。固化后应清除外溢涂胶，切去软带工艺余量及倒角，粘接面间不允许有脱胶、明显气泡和移位等缺陷</td></tr>
<tr><td>加工与装配要求</td><td>①软带导轨可用机械加工或手工刮研方法达到尺寸精度要求，但切削量要小，磨削时必须充分冷却
②油孔周边不允许有翘边、划伤等缺陷。软带导轨面不允许有明显的拉伤或划伤等缺陷
③软带导轨(镶条)与相配导轨的接触应均匀，接触指标不得低于表 1 的规定
表 1 软带导轨接触指标
<table>
<tr><td rowspan="3">产品精度等级</td><td colspan="4">接触指标/%</td></tr>
<tr><td colspan="2">滑动导轨</td><td colspan="2">移置导轨</td></tr>
<tr><td>全长上</td><td>全宽上</td><td>全长上</td><td>全宽上</td></tr>
<tr><td>高精度级</td><td>80</td><td>70</td><td>70</td><td>60</td></tr>
<tr><td>精密级</td><td>75</td><td>60</td><td>65</td><td>45</td></tr>
<tr><td>普通级</td><td>70</td><td>50</td><td>60</td><td>40</td></tr>
</table>
注：只有当导轨宽度上的接触指标达到要求时，才能作长度上的评定。
④软带导轨与相配导轨的配合应严密，用 0.04mm 的塞尺在配合面间的插入深度不得大于表 2 的规定
表 2 塞尺在软带导轨配合面间的插入深度
<table>
<tr><td rowspan="2">产品的质量/t</td><td colspan="2">插入深度(<)/mm</td></tr>
<tr><td>高精度级</td><td>精密及普通级</td></tr>
<tr><td><1</td><td>5</td><td>10</td></tr>
<tr><td>1～10</td><td>10</td><td>20</td></tr>
<tr><td>>10</td><td>15</td><td>25</td></tr>
</table>
⑤软带导轨的工作可靠性，在使用期内应符合产品设计要求</td></tr>
<tr><td>检验要求</td><td>软带导轨必须逐件检验</td></tr>
</table>

5.2.2.5 环氧涂层材料技术通则

JB/T 3578—2007 规定了滑动导轨环氧涂层材料的摩擦磨损性能（见表 9-5-41）、机械物理性能（见表 9-5-42）等技术指标及检验方法，适用于在常温下油润滑的环氧涂层材料。

表 9-5-41 **环氧涂层材料摩擦磨损性能指标**

项目	单 位	指标	试验标准
摩擦因数		<0.06	GB/T 3960—2016
磨痕宽度	mm	<3	GB/T 3960—2016
磨损率	mm^3/(N·m)	$<5\times10^{-3}$	

表 9-5-42 环氧涂层材料的机械物理性能

项　目	单　位	指　标	试验方法
粘接剪切强度	MPa	>12	见 GB/T 7124—2008
冲击强度	N·cm/cm²	>80	见 GB/T 1043
硬度	MPa	>180	见 GB/T 3398—2008
压强缩度	MPa	>80	见 GB/T 1041—2008
压缩弹性模量	MPa	$>6\times10^{3}$	见 GB/T 1041—2008
热胀系数	1/℃	$<12\times10^{-5}$	见 GB/T 1036—2008
传热系数	W/(m·K)	$>1.42\times10^{-1}$	见 GB/T 3399—1982
抗低温性	放置在－40 ℃环境下 48h，涂层表面不得开裂，不得与基体表面相剥离		

5.2.2.6 环氧涂层导轨通用技术条件

表 9-5-43 环氧涂层导轨通用技术条件（JB/T 3579—2007）

<table>
<tr><td>环氧涂层导轨的设计要求</td><td>①环氧涂层材料必须符合 JB/T 3578—2007 的要求
②环氧涂层导轨的承载能力的平均比压不大于 1.0MPa，局部最大比压不大于 2.0MPa
③环氧涂层导轨应用于导轨副中较短的导轨上
④涂层厚度(不包括齿槽深度)一般不大于 3mm。如需要时可加大涂层厚度，但应按涂层材料的压缩弹性模量核算其受最大压力时的弹性变形量
⑤油槽深度与涂层边缘的距离一般不小于 5mm。油槽深度必须不小于涂层厚度
⑥涂层导轨的两端应安装刮滑防护装置，以防止尘屑进入导轨面</td></tr>
<tr><td>配对导轨的要求</td><td>①与环氧涂层滑动导轨相配对的导轨可用铸铁导轨或钢导轨，其表面最好进行淬火处理，表面硬度和加工质量应符合图样及有关标准规定
②配对导轨的表面切削纹路走向一般应与导轨相对运动方向一致
③配对导轨的宽度和长度不应小于环氧涂层导轨的宽度和长度</td></tr>
<tr><td>环氧涂层滑动导轨的要求</td><td>①涂层导轨的制造必须依照涂层材料说明书进行，涂层导轨出厂前必须进行跑合
②为提高涂层的粘接强度，其金属基面一般加工成锯齿形
③涂层导轨表面必须平整光滑，不得有软点和明显的表面缺陷，允许修补
④根据需要允许在涂层表面人工刮研存油刀花，一般以呈 45°方向且相互交叉形式为宜
⑤涂层导轨必须按标准要求逐件检查</td></tr>
<tr><td>涂层导轨与配对导轨接触精度</td><td>①应用涂色法检验面接触程度　检验方法按 JB/T 9876—1999 规定进行，导轨应接触均匀，接触指标不小于表 1 的要求
表 1　涂层导轨与配对导轨的面接触指标　%
<table>
<tr><td rowspan="2">产品精度等级</td><td colspan="2">滑 动 导 轨</td><td colspan="2">移 置 导 轨</td></tr>
<tr><td>全长上</td><td>全宽上</td><td>全长上</td><td>全宽上</td></tr>
<tr><td>高精度级</td><td>80</td><td>70</td><td>70</td><td>50</td></tr>
<tr><td>精密级</td><td>75</td><td>60</td><td>65</td><td>45</td></tr>
<tr><td>普通级</td><td>70</td><td>50</td><td>60</td><td>40</td></tr>
</table>
注：只有在宽度上接触指标达到要求后，才能作长度上的评价。
②应用涂色法检验点接触程度　对于采用刮研涂层导轨可采用涂色法检验点接触程度，涂层导轨每 25mm×25mm 面积内的接触点数不得少于表 2 的规定
表 2　涂层导轨与配对导轨点接触指标
<table>
<tr><td rowspan="4">产品精度级别</td><td colspan="4">导轨宽度/mm</td></tr>
<tr><td colspan="2">滑 动 导 轨</td><td colspan="2">移 置 导 轨</td></tr>
<tr><td>≤250</td><td>>250</td><td>≤100</td><td>>100</td></tr>
<tr><td colspan="4">接触点数(25mm×25mm 内)</td></tr>
<tr><td>高精度级</td><td>≥15</td><td>≥12</td><td>≥12</td><td>≥9</td></tr>
<tr><td>精密级</td><td>≥12</td><td>≥9</td><td>≥9</td><td>≥8</td></tr>
<tr><td>普通级</td><td>≥8</td><td>≥6</td><td>≥6</td><td>≥5</td></tr>
</table>
③应用塞尺法检验接触程度　采用厚 0.04mm 塞尺进行检验，塞尺在配合面间的插入深度不得大于表 3 的规定</td></tr>
</table>

续表

涂层导轨与配对导轨接触精度	表3　涂层导轨的塞入深度　mm		
	产品的质量/t	高精度级	精密级及普通级
	≤10	10	20
	>10	15	25

5.2.2.7　通用塑料导轨材料的粘接

表 9-5-44　　通用塑料导轨材料的粘接

铸铁(或钢)导轨与尼龙(或酚醛、环氧树脂层压板)板的粘接	①选胶　环氧聚酰胺胶黏剂(E10 环氧胶) ②配胶　按 E10 环氧胶的甲、乙、丙三个组的比例(甲：乙：丙＝10：2：0.1)调配均匀 ③表面处理　先除去金属表面的油污，再用溶剂(丙酮、甲苯、乙醇、丁醇等)将金属表面和塑料表面擦净 ④涂胶　用刮板在粘接面上分别涂胶，胶的厚度约为 0.2mm，最后合拢 ⑤固化　将合拢好的导轨加压(压强 0.05MPa 左右)，然后在室温下(不低于 10℃) 固化24～36h
聚四氟乙烯的粘接	聚四氟乙烯(简称氟塑料)属非极性塑料，不能直接用普通胶黏剂胶接，表面必须作活化处理。在萘钠络合物中会使氟塑表层的氟原子受到侵蚀，致使色泽变褐，表面活化 经过表面活化处理后，就可以用环氧、聚氨酯、丁腈-酚醛等胶黏剂粘接

5.2.2.8　耐磨涂层的配方

表 9-5-45　　耐磨涂层的配方

配　方　一		配　方　二	
环氧树脂(6101，即 E44)	100 份	环氧树脂(6101，即 E44)	100 份
邻苯二甲酸二丁酯	10 份	邻苯二甲酸二丁酯	15 份
环氧丙烷丁基醚	10 份	乙二胺	7～8mL
二硫化钼	80 份	橡胶溶液	25mL
石　　墨	20 份	二硫化钼	20 份
铁粉(200 目)	15 份	铁粉(200 目)	20 份
钛白粉	30 份	固化：涂胶后在室温下固化 24～36h 或 100℃，2h 固化	
气相二氧化硅	1 份		
石英粉(270 目)	2.5 份		
氢氧化铝粉	2.5 份		

5.3　流体静压导轨

5.3.1　液体静压导轨

5.3.1.1　液体静压导轨的类型和特点

表 9-5-46　　液体静压导轨的类型和特点

分类	在导轨的油腔通入有一定压强的润滑油，可使导轨(如工作台)微微抬起，在导轨面间建立油膜，得到液体摩擦状态，称为液体静压导轨。液体静压导轨有多种结构形式，其分类方法有两种：一种是按供油方式，另一种是按导轨的结构。习惯上是以节流形式和导轨结构来命名静压导轨，例如毛细管节流开式静压导轨，毛细管节流闭式静压导轨，恒流量供油开式静压导轨，恒流量供油闭式静压导轨等。具体分类如图(a)所示 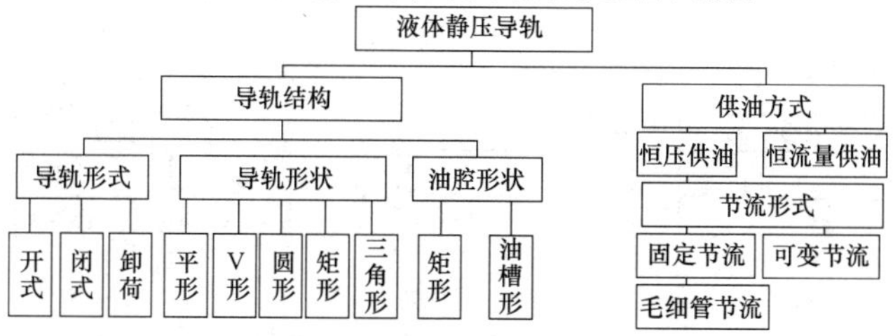 液体静压导轨 导轨结构：导轨形式(开式、闭式、卸荷)；导轨形状(平形、V形、圆形、矩形、三角形)；油腔形状(矩形、油槽形) 供油方式：恒压供油、恒流量供油；节流形式：固定节流、可变节流；毛细管节流 图(a)　液体静压导轨的分类

续表

开式和闭式导轨的特点	优点	①在启动和停止阶段没有磨损，精度保持性好，使用寿命长 ②油膜较厚，有均化误差的作用，可以提高精度，吸振性好 ③摩擦因数小，功率损耗低，减小摩擦发热 ④低速移动准确、均匀、运动平稳性好
	缺点	①结构比较复杂，增加一套供液设备 ②调整比较麻烦
	应用	在载荷比较均匀且倾覆力矩小的情况下，常采用开式导轨；当倾覆力矩较大时，则需采用闭式导轨
卸荷静压导轨的特点		①工作台和床身两导轨面直接接触，导轨面的接触刚度很大 ②摩擦阻力及工作台从静止到运动状态的摩擦阻力变化，大于开式和闭式静压导轨，小于混合摩擦的滑动导轨。工作台低速运动的均匀性优于混合摩擦的滑动导轨 ③导轨每个油腔的压力由一个或两个节流器控制，也可以由溢流阀直接控制 ④需要有一套可靠的供油装置

5.3.1.2　液体静压导轨的基本结构形式

表 9-5-47　　液体静压导轨的基本结构形式

类型	说　　明
开式静压导轨	图(a)所示为定压供油开式静压导轨系统的组成示意图。导轨全长上有若干个静压腔 图(a)　定压供油开式静压导轨系统组成示意图 1—油池；2—进油滤油器；3—液压泵电动机；4—液压泵；5—溢流阀；6—粗滤油器；7—精滤油器；8—压力表；9—节流器；10—上支承；11—下支承 常用的开式液体静压导轨基本形式见图(b)。其中图(b)中(ⅰ)(ⅱ)应用较普遍，图(b)中(ⅲ)用于回转导轨，图(b)中(ⅳ)使用较少，因它加工困难，精度难保证。开式静压导轨抗偏载能力差 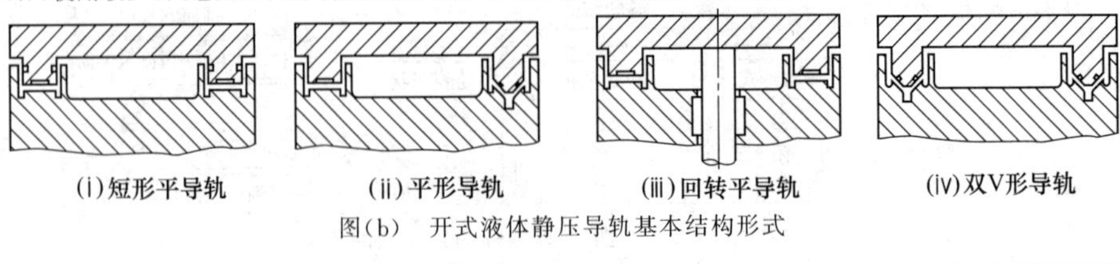 图(b)　开式液体静压导轨基本结构形式

续表

<table>
<tr><td>闭式静压导轨</td><td>闭式静压导轨，是指导轨设置在床身的几个方向，并在导轨的各个工作面开设若干个油腔，以限制工作台从床身上分离的静压导轨。图(c)所示为闭式静压导轨的结构形式
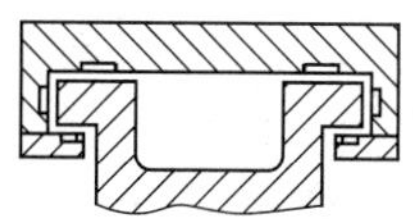
(ⅰ)宽式双矩形导轨
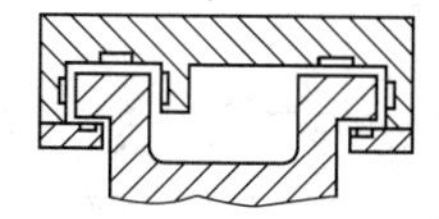
(ⅱ)窄式双矩形导轨
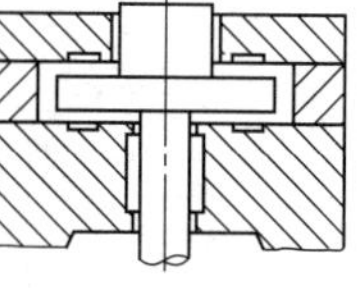
(ⅲ)回转平导轨
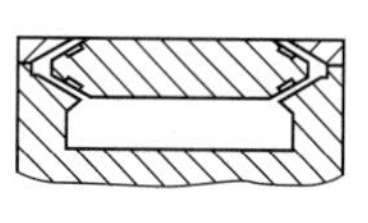
(ⅳ)菱形导轨
图(c)　闭式液体静压导轨基本结构形式
图(c)中(ⅰ)受热变形影响较大，图(c)中(ⅱ)用左边导轨两侧定位，受热膨胀影响小。图(c)中(ⅲ)是对置多油腔平导轨用于回转件支承，图(c)中(ⅳ)的特点是加工面少，适用于载荷不大，移动件不长的导轨。闭式静压导轨能承受正、反方向的载荷，油膜刚度高，承受偏载和倾覆力矩的能力较强，但加工制造和油膜调整较复杂，用不等面积的油腔结构较经济</td></tr>
<tr><td>卸荷静压导轨</td><td>卸荷静压导轨实际就是未能将工作台完全浮起的开式静压导轨
由于卸荷静压导轨的接触刚度大，抗偏载能力较强，低速性能一般都能满足要求，设计、制造和调试技术要求相对较低。因此，实际中在机床上大量使用的正是卸荷静压导轨</td></tr>
</table>

5.3.1.3　静压导轨的油腔结构

表 9-5-48　　静压导轨的油腔结构

<table>
<tr><td>油腔形状</td><td>如图(a)所示，油腔形状大致可以分为矩形油腔和油槽形油腔(直油槽形油腔和工字形油槽形油腔)，不论油腔的形状如何，只要支座的 L、B 和油腔的 l、b 相等，各种形状的油腔基本上具有相同的有效承载面积
推荐采用图(a)中(ⅱ)和图(a)中(ⅲ)的油槽形油腔结构。它们具有如下的优点：加工方便，在工作过程中，当供油系统发生故障或突然停电时，即使停止将润滑油输送给导轨油腔，由于两导轨表面的接触面积较大，比压小，因而能减小磨损
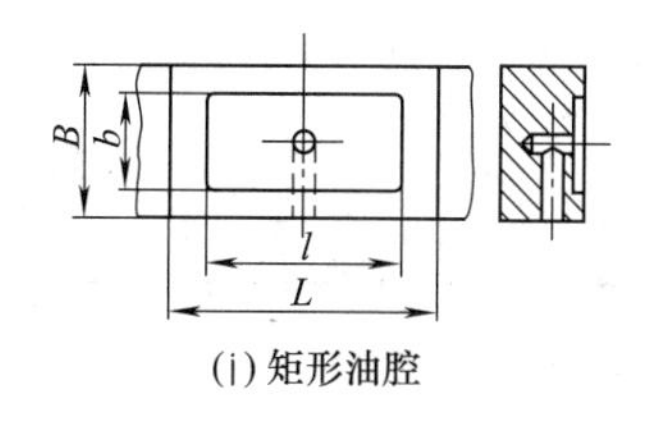

(ⅰ)矩形油腔
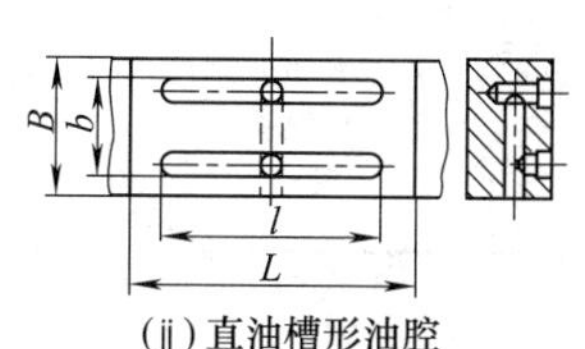

(ⅱ)直油槽形油腔
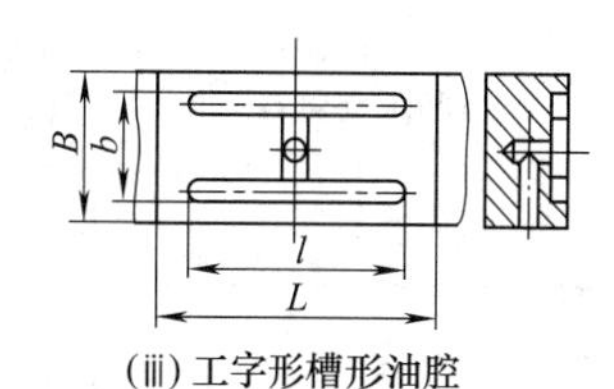

(ⅲ)工字形槽形油腔
图(a)　油腔形状</td></tr>
<tr><td>油腔尺寸</td><td>封油面宽度 b_1 同油腔压力的建立、油腔有效承载面积有关。若 b_1 太小，而导轨精度又差，则难以建立油腔压力；若 b_1 太大，则会减小油腔有效承载面积和承载能力。一般参考下式确定，即 $(L-l)/(B-b)=1\sim2$。油腔尺寸可按下表选取[参照图(b)]
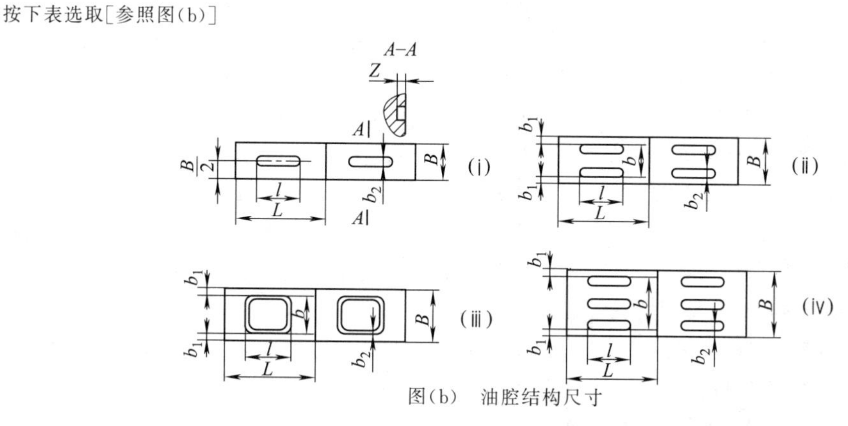

图(b)　油腔结构尺寸</td></tr>
</table>

续表

<table>
<tr><td rowspan="11">油腔尺寸</td><td colspan="6">油腔结构尺寸　mm</td></tr>
<tr><td>导轨宽度 B</td><td>l/b</td><td>b_1</td><td>b_2</td><td>z</td><td>油槽形式</td></tr>
<tr><td>40～50</td><td>—</td><td>—</td><td>8</td><td>4</td><td>(ⅰ)</td></tr>
<tr><td>60～70</td><td>＞4</td><td>15</td><td>8</td><td>4</td><td>(ⅱ)</td></tr>
<tr><td rowspan="2">80～100</td><td>＞4</td><td rowspan="2">20</td><td rowspan="2">10</td><td rowspan="2">5</td><td>(ⅱ)</td></tr>
<tr><td>＜4</td><td>(ⅲ)</td></tr>
<tr><td rowspan="2">100～140</td><td>＞4</td><td rowspan="2">30</td><td rowspan="2">12</td><td rowspan="2">6</td><td>(ⅱ)</td></tr>
<tr><td>＜4</td><td>(ⅲ)</td></tr>
<tr><td>150～190</td><td>—</td><td>30</td><td>12</td><td>6</td><td>(ⅳ)</td></tr>
<tr><td>≥200</td><td>—</td><td>40</td><td>15</td><td>6</td><td>(ⅳ)</td></tr>
<tr><td colspan="6">注：如果油腔之间的距离太小(即封油面长度太小)，则两油腔的压力油会相互影响，造成调整困难。当两油腔之间距离小于($B-b$)时，应以沟槽隔开，避免油腔压力互相影响</td></tr>
<tr><td>油腔数量</td><td colspan="6">每条导轨油腔数量不得少于两个，可按如下的原则选择
①运动部件(工作台)的长度在2m以下时，在运动部件的长度内取2～4个油腔
②运动部件(工作台)的长度在2m以上时，每个油腔的长度取0.5～2m。对于载荷分布均匀、机床和机械设备的刚度较好的，油腔长度可取较大值，油腔数量可少一些。对于载荷分布不均匀、机床和机械设备的刚度较差的，油腔长度可取较小值，油腔数量需要多一些</td></tr>
<tr><td>油腔布置</td><td colspan="6">一般情况下，直线运动的静压导轨油腔应开在移动部件上，固定部件(床身)应有足够的长度，保证移动部件在运动过程中油腔不露出，使油腔能建立正常压力。对于回转运动静压导轨，工作台在运动过程中的油腔不会外露，为了进油方便，油腔一般开在固定部件上
载荷分布不均匀(例如工作台自身质量分布不均匀)的静压导轨，可在同一条导轨面上采用不等面积的油腔，即承受较大载荷的油腔采用较大的油腔面积，承受较小载荷的油腔采用较小的油腔面积</td></tr>
<tr><td>导轨间隙</td><td colspan="6">导轨间隙(油膜厚度)越大，流量越大，刚度减小，导轨容易出现漂移。导轨间隙小，流量也小，刚度增大。但是，导轨间隙受到导轨的几何精度、表面粗糙度、零部件刚度和节流器最小节流尺寸的限制，所以导轨间隙选取不能太小
目前，对中小型机床和机械设备，空载时的导轨间隙 h_0 一般取0.01～0.025mm。对大型机床和机械设备，空载时的导轨间隙 h_0 一般取0.03～0.08mm</td></tr>
</table>

5.3.1.4　导轨的技术要求和材料

(1) 导轨的技术要求

① 开式和闭式静压导轨在工作过程中，应始终有一层油膜将两导轨面分开。因此，要求在运动部件的长度范围内，导轨的平面度、平行度等几何精度误差总和小于导轨间隙。机床和机械设备的精度越高，要求导轨的几何精度误差越小。对于运动部件特别长的机床和机械设备，如果要求运动部件的导轨几何精度误差总和小于导轨间隙，势必要大大提高导轨的加工精度，或者选择较大的间隙。在这种情况下，若加工有困难，可考虑采用卸荷静压导轨。

② 导轨的变形会导致导轨精度降低。若变形量超过了导轨间隙，则静压导轨失去作用。工作台、床身以及同地基连接的零部件刚度不足，容易引起零部件变形，从而影响导轨的性能（例如导致间隙、流量、节流比和刚度的变化）。由于导轨的性能下降和几何精度误差增大，因而影响导轨的运动精度和机床的加工精度。大型机床和机械设备的地基很重要，对于地基的选择和设计应有足够重视。地基刚度不足，工作台和床身导轨容易产生变形，也同样会影响导轨的运动精度和机床的加工精度。

③ 为了防止铁屑和其他杂物落在导轨面上和润滑油中，导轨面上必须加防护罩。如果不加防护罩，不宜采用静压导轨。

(2) 导轨的材料

导轨材料一般多采用铸铁。目前，有些机床的床身和工作台直接用钢板焊接而成。

采用铸铁材料的机床导轨，一般的许用平均比压（指导轨油腔内没有压力油时）如表9-5-49所示，供设计时参考。

表 9-5-49　　铸铁导轨许用平均比压

<table>
<tr><th colspan="5">导轨结构和工作状态</th><th>铸铁导轨许用平均比压 [p] /MPa</th></tr>
<tr><td rowspan="6">滑动速度很高（达到切削速度）</td><td rowspan="2">直线运动导轨</td><td colspan="3">中型机床</td><td>0.4</td></tr>
<tr><td colspan="3">大型机床</td><td>0.2～0.25</td></tr>
<tr><td rowspan="4">回转运动导轨</td><td colspan="3">转盘是大型环形</td><td>0.15</td></tr>
<tr><td rowspan="3">转盘直径 /m</td><td colspan="2"><3</td><td>0.4</td></tr>
<tr><td rowspan="2">>3</td><td>只有一个导轨</td><td>0.3</td></tr>
<tr><td>有两个导轨</td><td>0.2</td></tr>
<tr><td colspan="5">滑动速度较低（进给速度）</td><td>1.2～1.5</td></tr>
<tr><td colspan="5">磨　　床</td><td>0.05～0.1</td></tr>
</table>

注：静压导轨的许用平均比压可适当增大，开式和闭式静压导轨，取（1～1.5）[p]，卸荷静压导轨，取（1～1.3）[p]。

5.3.1.5　液体静压导轨的节流器、润滑油及供油装置

（1）常用的节流器

静压导轨常用的节流器有毛细管节流器和薄膜反馈节流器，主要介绍使用毛细管节流器的情况，它使用紫铜管制造，其特点是制造简单，调试方便，而且调试好后不易发生改变。

（2）常用润滑油的选择

静压导轨常用润滑油有：中小型机床和设备常用黏度为 20mm²/s 的机械油，大重型机床和机械设备常用黏度为 40mm²/s 或 50mm²/s 的机械油。

（3）供油装置

静压导轨的供油装置与静压轴承的供油装置基本相同。但静压导轨一般比较长，油腔分散在较大的范围内，供油管路较长，建立油腔压力所需要的时间较长，为保证工作台浮起稳定后才启动工作，油泵电路与主电机电路除泵压力联锁外，还必须增加时间联锁，或者在最远的油腔和承载最大的油腔装设压力传感器。只有当这两个压力传感器都检测到油腔压力达到设计值时，才能启动主电机，否则主电机无法启动，即增加油腔压力联锁。

回油通道必须畅通、封闭、至少要保证润滑油在进入回油管之前，是在防护罩内流动，以保证润滑油的洁净度。

5.3.1.6　静压导轨的加工和调整

（1）油腔的加工

目前静压导轨大多采用油槽形油腔，一般由铣刀进行加工。最好采用磨削导轨，如果采用刮削精加工导轨，注意刮点不要太深，以免影响油腔压力的建立。因为拖板行走过程中由于刮点深度不同造成的泄漏，会使油腔压力产生波动，影响拖板行走的稳定性。

（2）静压导轨的调整

静压导轨调整包括多方面的内容，这里只介绍开式和闭式静压导轨空载情况下工作台不能浮起和导轨间隙均匀性的调整。

1）工作台不能浮起　供油系统的油泵启动后，当导轨油腔压力已达到设计要求时，工作台浮起。如果工作台不能浮起，则主要有下列几方面的原因。

① 节流器堵塞，润滑油无法进入油腔。

② 滤油器很脏或已损坏不能正常工作。

③ 导轨材料有疏松、砂眼等缺陷，润滑油在油腔内泄漏太多。

④ 导轨精度太差，导轨的某些部分有金属接触，未能形成纯液体润滑。

上述种种现象可用压力表观测出来。故障排除后，油腔建立正常压力，工作台便能浮起。

2）导轨间隙的调整　工作台浮起后，导轨间隙往往是不均匀的。这是由于受到下列因素的影响：一是导轨加工精度的误差，二是导轨弹性变形，三是支座上承受的载荷分布不均匀。为了保证工作台各油腔处的浮起量均匀，应当在油腔建立压力后，用千分表在工作台的 4 个边角（或更多的地方）测量工作台的浮起量。如果各处浮起量不同，应调整毛细管的节流长度 l_c，改变各油腔的压力，从而改变该油腔处的浮起量。对于浮起量小的油腔，要减小节流阻力，即减小 l_c；对于浮起量大的油腔，要增加节流阻力，即增长 l_c。通过节流阻力的改变，使工作台的浮起量符合设计要求的间隙值。

经过上述调整后，如果工作台浮起量仍不符合设计要求，说明导轨的几何精度太差，或导轨的弹性变形过大，此时应检查导轨精度并重新加工（或调整）导轨面。

5.3.1.7 液体静压导轨的计算

(1) 导轨的承载能力和流量计算（见表 9-5-50）

表 9-5-50 导轨的承载能力和流量计算

类型	计算公式
开式静压导轨	见下

①导轨的承载能力

$$F=A_e p_i$$

式中 A_e——一个支座油腔的有效承载面积，$A_e=\dfrac{2LB+Lb+2lb+lB}{6}$

p_i——承载后的油腔压力

②一个油腔向外流出的流量

空载时的流量

$$Q_0=\frac{p_0 h_0^3}{3\eta}\left(\frac{l}{B-b}+\frac{b}{L-l}\right)$$

承载时的流量

$$Q=\frac{p_i h^3}{3\eta}\left(\frac{l}{B-b}+\frac{b}{L-l}\right)$$

③承载后通过毛细管节流器流入静压导轨一个油腔的流量

$$Q_c=\frac{\pi d_c^4(p_s-p_i)}{128\eta l_c}$$

④承载后工作台和床身导轨间间隙

$$h=\sqrt{\frac{0.074d_c^4}{l_c\left(\dfrac{l}{B-b}+\dfrac{b}{L-l}\right)}\left(\frac{A_e p_s}{F}-1\right)}$$

由上式可知，若要计算承载后的导轨间隙 h，必须先分析工作台的受力情况，即确定油腔需要承受的载荷 F。载荷 F 包括工作台的质量以及所有作用到工作台的外力

⑤供油压力 p_s 供油压力选择是否合适，会影响静压导轨的油膜刚度，推荐按表 1 选择供油压力 p_s

表 1 毛细管节流开式静压导轨供油压力的选择

载荷分布		p_s
工作过程中，工件重力(G_1)和切削力(F_1)始终小于工作台重力(G)，或者相对于工作台重力很小，可以忽略不计	工作台质量分布均匀，导轨各油腔压力中 $p_{0max}/p_{0min}<2.5$	$p_s\approx 4p_{0cp}$
	工作台质量分布不均匀，导轨各油腔压力中 $p_{0max}/p_{0min}\geqslant 2.5$	$p_s\approx 1.5p_{0max}$
	p_{0cp}——工作台重力作用下，各油腔压力的平均值 p_{0max}——工作台重力作用下，各油腔压力的最大值 p_{0min}——工作台重力作用下，各油腔压力的最小值	
工作过程中，工件重力(G_1)和切削力(F_1)变化大。其变化范围 $(G_1+F_1)_{min}<G<(G_1+F_1)_{max}$	最大载荷分布均匀，在最大载荷作用下，导轨各油腔压力大致相等	$p_s=1.5p_i$
	最大载荷分布不均匀，在最大载荷作用下，导轨各油腔压力不相等	$p_s=1.5p_{imax}$
	p_i——在$(G+G_1+F_1)_{max}$作用下的油腔压力 p_{imax}——在$(G+G_1+F_1)_{max}$作用下，各油腔压力中的最大值	

续表

类型	计算公式
闭式静压导轨	闭式静压导轨常用毛细管节流器或双面薄膜反馈节流器，此处仅介绍毛细管节流闭式静压导轨。有关的计算公式列于表2

表2 毛细管节流闭式静压导轨的计算公式

承载能力

主导轨和辅导轨有效承载面积相等时

$$F=A_e(p_1-p_2)$$

主导轨和辅导轨有效承载面积不相等时

$$F=A_{e1}p_1-A_{e2}p_2=A_{e1}(p_1-K_bp_2)$$

式中 F——一个支座承受的载荷，N，$F=G$（一个支座上的工作台重力）$+G_1$（一个支座上的工件重力）$+F_1$（一个支座上的切削力及其他外力）

A_e——主导轨和辅导轨一个支座油腔有效承载面积，见下表

K_b——面积系数，见下表

p——载荷作用下的油腔压力，见下表

项目	计算公式
一个支座油腔有效承载面积	主导轨 A_{e1}　$A_{e1}=\frac{1}{6}(2L_1B_1+L_1b_1+2l_1b_1+l_1B_1)$ 辅导轨 A_{e2}　$A_{e2}=\frac{1}{6}(2L_2B_2+L_2b_2+2l_2b_2+l_2B_2)$ 近似计算公式：$A_{e1}=\frac{1}{4}(L_1+l_1)(B_1+b_1)$；$A_{e2}=\frac{1}{4}(L_2+l_2)(B_2+b_2)$ 式中 L_1,L_2——主导轨、辅导轨一个支座长度 B_1,B_2——主导轨、辅导轨一个支座宽度 l_1,l_2——主导轨、辅导轨一个油腔长度 b_1,b_2——主导轨、辅导轨一个油腔宽度
载荷作用下的油腔压力	主导轨 p_1　$p_1=\frac{p_s}{1+\lambda(1-3\varepsilon)}$ 辅导轨 p_2　$p_2=\frac{p_s}{1+\lambda(1+3\varepsilon)}$ 式中 ε——相对偏心率，$\varepsilon=\frac{e}{h_0}$ p_s——供油压力，MPa，一般取 $p_s=2p_b$
面积系数 K_b	$K_b=\frac{A_{e2}}{A_{e1}}$ K_b 的选择原则： ①倾覆力矩较小，导轨油膜刚度无特殊要求，取 $K_b=0.3\sim0.5$ ②倾覆力矩较大，导轨油膜刚度要求大，取 $K_b=0.5\sim1$ ③承受水平载荷的侧导轨，一般取 $K_b=1$

假定载荷 F_b

$$F_b=(A_{e1}-A_{e2})p_b=A_{e1}p_b(1-K_b)$$

式中 p_b——F_b 作用下的油腔压力

F_b——假定载荷，设计有效承载面积不等的闭式静压导轨时，须预先确定 F_b

1）确定 F_b 的原则：

①一个支座上承受的 G_1 和 F_1 相对 G 不大时，取 $F_b=G$

②一个支座上承受的 G_1 和 F_1 相对 G 很大时，取 $G<F_b<F_{max}$

2）在 F_b 作用下应满足下列条件：

①主导轨和辅导轨的间隙相等，即 $h_0=h_1=h_2$

②主导轨和辅导轨的油腔压力相等，即 $p_b=p_1=p_2$

③主导轨和辅导轨从油腔向外流出的流量相等，即

$$Q_b=Q_{b1}=Q_{b2}$$

F_{max}——一个支座上承受的最大载荷

续表

类型	名称	计算公式
闭式静压导轨	主导轨和辅导轨的油腔尺寸	$$\frac{l_1}{B_1-b_1}+\frac{b_1}{L_1-l_1}=\frac{l_2}{B_2-b_2}+\frac{b_2}{L_2-l_2}$$ 一般取 $L_1=L_2$，然后再确定主导轨和辅导轨油腔的有关尺寸
	通过节流器流入导轨一个油腔的流量 Q_{cb}	$$Q_{cb}=\frac{\pi d_c^4(p_s-p_b)}{128\eta l_c}$$ 式中 Q_{cb}——F_b 作用下，通过节流器流入导轨一个油腔的流量 d_c——毛细管直径，对于非圆截面的毛细管，当量直径 $d_e=\frac{1}{\sqrt[4]{c}}\sqrt{\frac{4A}{\pi}}$，其中 c 为非圆截面毛细管的形状系数，正方形截面，$c=1.13$；等边三角形截面，$c=1.31$；等腰直角三角形截面，$c=1.36$；A 为非圆截面毛细管的截面积 l_c——毛细管长度 η——润滑油动力黏度
	从导轨一个油腔向外流出的流量 Q_b	$$Q_b=Q_{b2}=Q_{b1}=\frac{p_b h_0^3}{3\eta}\left(\frac{l_1}{B_1-b_1}+\frac{b_1}{L_1-l_1}\right)$$ 式中 Q_b——F_b 作用下，从导轨一个油腔向外流出的流量 h_0——F_b 作用下的导轨间隙。在 F_b 作用下，主导轨和辅导轨的间隙相等
	节流比	$$\beta=\frac{p_s}{p_b}=1+\lambda$$ 一般取 $\beta=2$
	设计参数 λ	$$\lambda=\frac{128 l_c h_0^3}{3\pi d_c^4}\left(\frac{l_1}{B_1-b_1}+\frac{b_1}{L_1-l_1}\right)$$
	导轨位移量 e	$$e=\frac{h_0[\omega\beta^2+\beta(K_b-1)]}{3(\beta-1)(1+K_b)}$$ 式中 ω——载荷系数，$\omega=\frac{F}{A_e p_s}$
	备注：1. 承受侧方向水平载荷的闭式静压导轨，一般两侧导轨的有效承载面积相等（$K_b=1$） 2. 承受正方向垂直载荷的闭式静压导轨，一般主导轨和辅导轨的有效承载面积不相等	

类型	名　　称	计算公式
卸荷静压导轨	油腔压力 p_i	$$p_i=\frac{a_c F}{A_e}$$ 式中 F——一个支座上承受的载荷
	一个支座油腔有效承载面积 A_e	$$A_e=\frac{1}{6}(2LB+Lb+2lb+lB)$$ 式中 L——支座长度 B——支座宽度 l——油腔长度 b——油腔宽度
	卸荷系数 a_c	$$a_c=\frac{F_c}{F}$$ 式中 F_c——一个支座卸掉的载荷 $a_c=0.5\sim0.7$。精密机床取较小值，大型机床取较大值
	卸荷静压导轨的静摩擦因数 f_{cj}	$$f_{cj}=f_j(1-a_c)$$ 式中 f_j——导轨材料的静摩擦因数，见表 9-5-51
	卸荷静压导轨 $v<10$mm/s 时的摩擦因数 f_{cd}	$$f_{cd}=f_d(1-a_c)$$ 式中 f_d——$v<10$mm/s 时导轨材料的摩擦因数，见表 9-5-51

第9篇

表 9-5-51　　**导轨材料的摩擦因数**

工作台导轨材料	静摩擦因数 f_j	v<10mm/s时的摩擦因数 f_d
铸铁 HT200	0.26	0.25
45钢(淬火 HRC50)	0.30	0.28
青铜 ZQSn6-6-3	0.25	0.22
锌合金 ZnAl 10-5	0.19	0.15
二号铅基轴承合金	0.24	0.19
夹布胶木	0.33	0.27
尼龙 68	0.32	0.25
尼龙 6(卡普隆)	0.33	0.28

注：1. 床身材料为 HT200

2. 润滑油是 40 号机械油。

（2）导轨宽度计算（见表 9-5-52）

表 9-5-52　　**导轨宽度计算**

类型	计算公式	说明
开式导轨和卸荷导轨	$B=\dfrac{F_{max}}{\alpha L_n[p]}$	B——开式导轨和卸荷导轨宽度 F_{max}——导轨上承受的最大载荷，包括工作台自身重力、工件重力和切削力等 L_n——工作台导轨长度 α——比压系数，开式(闭式)静压导轨 α 取 1～1.5；卸荷静压导轨 α 取 1～1.3 $[p]$——导轨材料许用平均比压，参考表 9-5-49 选取
闭式主导轨	$B_1=\dfrac{F_{max}}{\alpha L_n[p]}$	B_1——闭式主导轨宽度
闭式辅导轨	$B_2\approx K_b B_1$	B_2——闭式辅导轨宽度 K_b——面积系数，K_b 的选择原则见表 9-5-50

（3）导轨摩擦功率（见表 9-5-53）

表 9-5-53　　**导轨摩擦功率**

类型	计算公式	说明
开式静压导轨	$P_f=\dfrac{\eta A v^2}{h}$	P_f——开式静压导轨摩擦功率 h——工作台和床身两导轨面之间的间隙 A——工作台和床身两导轨面之间可接触表面的摩擦面积 v——导轨运动速度 η——润滑油动力黏度
	对于直油槽形油腔[表 9-5-48 中图(a)中(ⅱ)]结构的导轨，A 可按下式计算 $A=L_nB-nb_2l$	A——工作台和床身两导轨之间可接触表面的摩擦面积 B——导轨宽度 L_n——工作台导轨长度 l——油槽长度 n——导轨长度内的油槽数量 b_2——油槽宽度
闭式静压导轨	$P_{bj}=\eta v^2\left(\dfrac{A_1}{h_1}+\dfrac{A_2}{h_2}\right)$	P_{bj}——闭式静压导轨摩擦功率 h_1,h_2——工作台主导轨和辅导轨与床身导轨面之间的间隙 A_1,A_2——工作台主导轨和辅导轨与床身导轨面之间可接触表面的摩擦面积
卸荷静压导轨	$P_{cj}=f_{cj}Fv$	P_{cj}——卸荷静压导轨最大摩擦功率 f_{cj}——卸荷静压导轨的静摩擦因数，见表 9-5-50 F——导轨上承受的载荷，包括工作台自身重力、工件重力和切削力等 v——导轨运动速度

5.3.1.8 毛细管节流开式静压导轨的计算

例 轧辊磨床横拖板导轨为平-V（90°）直线运动开式静压导轨。导轨总长度3520mm，主轴箱拖板和电机等总质量为5000kg。由于主轴箱拖板和电机等部件的质量分布不均匀，导轨基本上是承受不变的固定载荷，但各油腔的载荷不等，其中平导轨和V形导轨两侧各支座承受最大载荷为$F_{max}=10000N$，最小载荷为4000N。

计算步骤见表9-5-54。

表9-5-54 计算步骤

1. 确定导轨宽度	$B=\frac{F_{max}}{\alpha L_n[p]}$ 开式静压导轨的比压系数$\alpha=1\sim1.5$，取$\alpha=1.25$。床身材料为铸铁，取$[p]=0.05MPa$ V形导轨的受载分布如图(a)所示 磨削力相对于主轴箱拖板和电机等部件的总质量很小，可以忽略不计。假设平导轨和V形导轨均匀承受主轴箱拖板和电机部件的总质量，设有4个油腔，每个油腔承受的最大载荷为2500N，故有 平导轨宽度B $B=\frac{F'_{max}}{\alpha L_n[p]}=\frac{2500}{1.25\times3520\times0.05}=113.6mm$ 取$B=12cm$。 V形导轨宽度B_v $B_v=\frac{F_{vmax}}{\alpha L_n[p]}$ 图(a) V形导轨受载分布 根据V形导轨受载情况，利用力系平衡方程式，有$\Sigma F_y=0$，即$F_v\cos(90°-\theta)-F=0$，有 $F_{vmax}=\frac{F'_{max}}{2\sin45°}=\frac{2500}{2\times0.707}=1768N$ 所以 $B_v=\frac{1768}{1.25\times3520\times0.05}=80.4mm$ 取$B_v=7.8cm$
2. 确定导轨油腔结构	在主轴箱导轨全长上，平导轨和V形导轨两侧各取4个油腔，每个油腔开两条油槽 已知$B=12cm$，$B_v=7.8cm$；取$L=L_v=88cm$，$l=l_v=72cm$ 查表9-5-47得 $b_1=3cm$，$b_{1v}=2cm$ $b_2=1.2cm$，$b_{2v}=1cm$ $z=0.6cm$，$z_v=0.5cm$ 故 $b=B-2b_1=12-2\times3=6cm$ $b_v=B_v-2b_{1v}=7.8-2\times2=3.8cm$ 主轴箱拖板的导轨油腔结构如图(b)所示 图(b) 主轴箱拖板的导轨油腔结构示意图
3. 选择导轨间隙	根据5.3.1.3节的推荐，中小型机床和机械设备，空载时的导轨间隙一般取$h_0=0.01\sim0.025mm$。大型机床和机械设备空载时的导轨间隙一般取$h_0=0.03\sim0.08mm$，故本设计中平导轨取$h_0=2.5\times10^{-3}cm$ V形导轨间隙按工作台浮起后保持水平的原则确定，故有V形导轨间隙h_{0v} $h_{0v}=h_0\sin45°=2.5\times10^{-3}\times0.707=1.8\times10^{-3}cm$

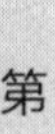

续表

4. 选择润滑油	选用20号机械油。润滑油温度在50℃时的动力黏度 $\eta_{50}=19.7\times10^{-8}\ \mathrm{kgf\cdot s/cm^2}=1.97\times10^{-8}\ \mathrm{MPa\cdot s}$
5. 确定油腔压力	$p_i=\dfrac{F}{A_e}$ $A_e=\dfrac{1}{6}(2LB+Lb+2lb+lB)=\dfrac{1}{6}(2\times88\times12+88\times6+2\times72\times6+72\times12)=$ $728\mathrm{cm^2}=0.0728\mathrm{m^2}$ 平导轨最大 p_{0max} 和最小 p_{0min} 的油腔压力分别为 $p_{0max}=\dfrac{F_{0max}}{A_e}=\dfrac{10000}{0.0728}=1.37\times10^5\mathrm{Pa}=0.137\mathrm{MPa}$ $p_{0min}=\dfrac{F_{0min}}{A_e}=\dfrac{4000}{0.0728}=0.55\times10^5\mathrm{Pa}=0.055\mathrm{MPa}$ $A_{ev}=\dfrac{1}{6}(2L_vB_v+L_vb_v+2l_vb_v+l_vB_v)$ $=\dfrac{1}{6}(2\times88\times7.8+88\times3.8+2\times72\times3.8+72\times7.8)$ $=469.33\mathrm{cm^2}=0.046933\mathrm{m^2}$ V形导轨最大 p_{0max} 和最小 p_{0min} 的油腔压力分别为 $p_{0vmax}=\dfrac{F_{0max}}{2\sin45^\circ A_{ev}}=\dfrac{10000}{2\times0.707\times0.046933}=1.51\times10^5\mathrm{Pa}=0.151\mathrm{MPa}$ $p_{0vmin}=\dfrac{F_{0min}}{2\sin45^\circ A_{ev}}=\dfrac{4000}{2\times0.707\times0.046933}=0.6\times10^5\mathrm{Pa}=0.06\mathrm{MPa}$
6. 选择供油压力	上述计算结果表明，导轨各油腔压力不相等，其中最大油腔压力 $p_{0max}=0.151\mathrm{MPa}$，最小的油腔压力 $p_{0min}=0.055\mathrm{MPa}$，两者之比为 $\dfrac{p_{0max}}{p_{0min}}=\dfrac{1.51}{0.55}=2.75>2.5$ 根据表9-5-50中表1选择 $p_s=1.5p_{0vmax}=1.5\times0.151=0.227\mathrm{MPa}$ 取 $p_s=0.25\mathrm{MPa}$
7. 确定导轨流量	导轨流量的计算式为 $Q_0=\dfrac{p_0h_0^3}{3\eta}\left(\dfrac{l}{B-b}+\dfrac{b}{L-l}\right)$ 平导轨空载时一个油腔向外流出的最大流量 Q_{0max} 和最小流量 Q_{0min} 分别为 $Q_{0max}=\dfrac{p_{0max}h_0^3}{3\eta}\left(\dfrac{l}{B-b}+\dfrac{b}{L-l}\right)=\dfrac{1.37(2.5\times10^{-3})^3}{3\times19.7\times10^{-8}}\left(\dfrac{72}{12-6}+\dfrac{6}{88-72}\right)=0.45\mathrm{cm^3/s}$ $Q_{0min}=\dfrac{p_{0min}h_0^3}{3\eta}\left(\dfrac{l}{B-b}+\dfrac{b}{L-l}\right)=\dfrac{0.55(2.5\times10^{-3})^3}{3\times19.7\times10^{-8}}\left(\dfrac{72}{12-6}+\dfrac{6}{88-72}\right)=0.18\mathrm{cm^3/s}$ V形导轨空载时一个油腔向外流出的最大流量 Q_{0vmax} 和最小流量 Q_{0vmin} 分别为 $Q_{0vmax}=\dfrac{P_{0vmax}h_{0v}^3}{3\eta}\left(\dfrac{l_v}{B_v-b_v}+\dfrac{b_v}{L_v-l_v}\right)=\dfrac{1.51(1.8\times10^{-3})^3}{3\times19.7\times10^{-8}}\left(\dfrac{72}{7.8-3.8}+\dfrac{3.8}{88-72}\right)$ $=0.27\mathrm{cm^3/s}$ $Q_{0vmin}=\dfrac{P_{0vmin}h_{0v}^3}{3\eta}\left(\dfrac{l_v}{B_v-b_v}+\dfrac{b_v}{L_v-l_v}\right)=\dfrac{0.6(1.8\times10^{-3})^3}{3\times19.7\times10^{-8}}\left(\dfrac{72}{7.8-3.8}+\dfrac{3.8}{88-72}\right)$ $=0.11\mathrm{cm^3/s}$ 由于平导轨有4个支座，V形导轨有8个支座，故润滑油温度在50℃时的最大总流量 $Q_{总}$ 为 $Q_{总}=4Q_{0max}+8Q_{0vmax}=4\times0.45+8\times0.27=3.96\mathrm{cm^3/s}=0.24\mathrm{L/min}$ 按照计算确定的 p_s 和 $Q_{总}$，选择油泵规格和供油系统中的其他液压元件。其中 $Q_{泵}=(1.5\sim2)Q_{总}$

续表

8. 确定节流器结构参数	由于横拖板的载荷分布不均匀，需要调整各个油腔的压力才能保证拖板均匀浮升。本设计采用毛细管节流器，可以通过改变毛细管的长度来调整油腔的压力，达到横拖板均匀浮升的目标 设采用毛细管的内径 $d_c=0.76\text{mm}$，而油腔的最大流量 $Q_{0\max}$ 和最小流量 $Q_{0\min}$ 已经求得，故毛细管的最大长度 $l_{c\max}$ 和最小长度 $l_{c\min}$ 可由下式求得 $l_{c\min}=\dfrac{\pi d_c^4(p_s-p_{0\max})}{128\eta Q_{0\max}}=\dfrac{3.14\times(7.6\times10^{-2})^4\times(2.5-1.37)}{128\times19.7\times10^{-8}\times0.45}=10.4\text{cm}=104\text{mm}$ $l_{c\max}=\dfrac{\pi d_c^4(p_s-p_{0\min})}{128\eta Q_{0\min}}=\dfrac{3.14\times(7.6\times10^{-2})^4\times(2.5-0.55)}{128\times19.7\times10^{-8}\times0.18}=45\text{cm}=450\text{mm}$ 同样，可以求出V形导轨静压腔毛细管节流器的最大长度和最小长度 $l_{cv\min}=15.23\text{cm}=152.3\text{mm}$ $l_{cv\max}=71.76\text{cm}=717.6\text{mm}$ 最小的毛细管长度已大于层流起始段长度

5.3.2 气体静压导轨

气体静压导轨（也称气浮导轨）是气膜润滑的一种导轨，它大大地提高了导轨的精度和灵敏度，而且无污染、不发热、寿命长，所以非常适用于精密机床和精密仪器。如北京机床研究所研制的CLZ686、CLZ1086、CLZ1286型三坐标测量机，美国莫尔（Moore）公司生产的M-18AG多用途精密机床均采用了气体静压导轨。

5.3.2.1 气体静压导轨的类型与特点

表 9-5-55　　气体静压导轨的类型与特点

类型	气体静压导轨： 整体型——开式（载荷平衡型、负压平衡型）；闭式 离散型（足式）——圆平板型；矩形平板型 节流型式：小孔节流型；缝隙节流型；多孔质节流型；可变节流型（薄膜或滑阀） 整体支承型是气膜沿全导轨连续分布，机床导轨多采用这种形式。其支承面形式如图(a)所示 离散支承型是气膜沿导轨面不连续分布，形成若干“气垫足”，所以也称“足式”支承。它的支承面形式如图(b)所示 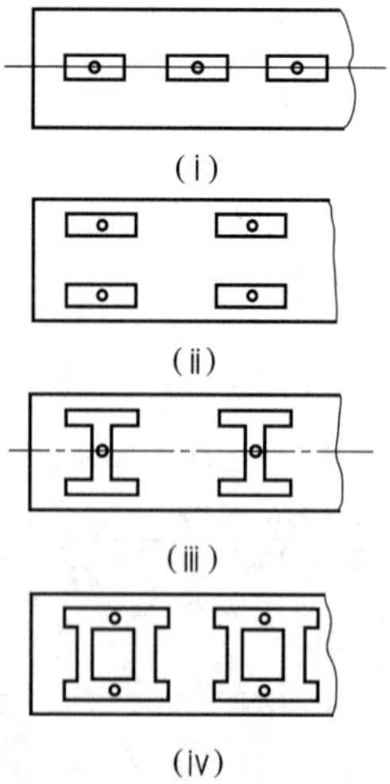 (i)　(ii)　(iii)　(iv) 图(a)　整体型导轨支承面形式 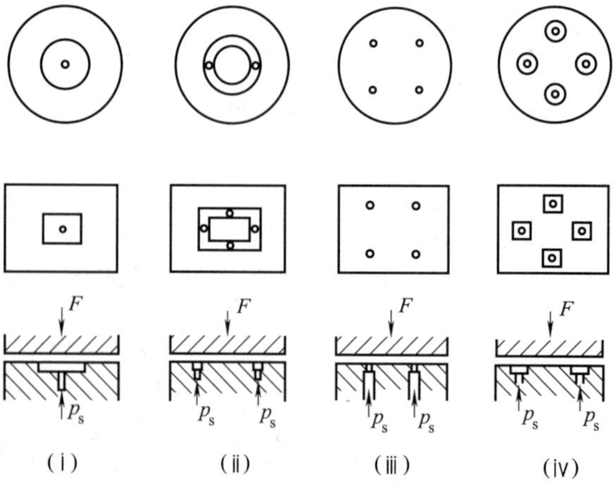 (i)　(ii)　(iii)　(iv) 图(b)　离散型导轨支承形式 气体静压导轨常用的节流方式有小孔节流、缝隙节流和多孔质节流，其中以小孔节流应用最广。多孔质节流器是一种用特殊粉末冶金材料制成的、本身具有大量微孔的节流装置。用它节流的支承刚度和承载能力均较高，稳定性亦好，但工艺较复杂，造价高

续表

特点	优点	①运动精度高。气体静压导轨要求导轨面具有高直线性和平行度，只要保证小的支承间隙，就可以得到较高的导轨刚性和运动精度 ②无发热现象。不会像液体静压导轨那样因静压油引起发热，没有热变形。由于移动速度不太高，因此不会因空气剪切引起发热 ③摩擦与振动小。由于导轨之间不接触，气体黏性极小，故没有摩擦，没有振动和爬行现象，使用寿命长，可以进行微细的送进和精确的定位 ④使用环境。由于不使用润滑油，而使用经过过滤的压缩空气（去尘、去水、去油、去湿），故导轨内不会浸入灰尘和液体，也不会污染环境。气浮导轨可用于很宽广的温度范围 这些优点使气体静压导轨在精密仪器、精密机床、半导体专用设备和测量仪器上，获得日益广泛的应用
	缺点	①承载能力低。即使在静压情况下，气膜的压力也只有0.3MPa左右（气源压力为0.5MPa左右） ②刚度低。由于气体润滑剂黏度低，具有可压缩性，不论是在承载方向还是在进给方向上，气浮导轨刚度很低，不宜在重载荷下使用 ③需要一套高质量的气源 ④对振动的衰减性差，仅为油的1/1000，如果设计不当，可能会出现自激振荡等不稳定现象 ⑤由于气膜厚度很小，所以安装不准确会产生变形，从而影响其精度。使用条件要求苛刻

5.3.2.2　气体静压导轨的结构设计

表 9-5-56　　气体静压导轨的结构

结构形式	气体静压导轨的结构一般有图(a)所示的4种形式 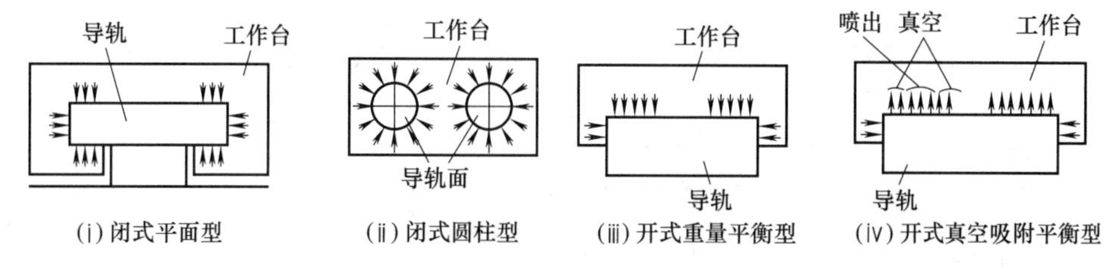 图(a)　气体静压导轨的形式 ①闭式平面型。如图(a)中(ⅰ)所示，导轨精度高，刚性和承载能力大，最适于作精密机械的长行程导轨。经过研磨可使导轨面间的精度、导轨与工作台之间的间隙达到所需要的数值 ②闭式圆柱(或矩形)型。如图(a)中(ⅱ)所示，结构简单，零件的精度可由机械加工保证。在工作台移动时，导向导轨可能产生挠度，故导轨不适宜做长，可用于高精度、高稳定性的短行程工作台 ③开式重量平衡型。如图(a)中(ⅲ)所示，这是工作台质量(包括负载)与空气静压相平衡保持一定间隙的一种形式，其结构简单，零件加工也比较容易。但刚度小，承载能力低，可用于负载变动小的精密测量仪器 ④开式真空吸附平衡型。如图(a)中(ⅳ)所示，其结构与重量平衡型相同。由真空泵的真空压力来限制工作台的浮起量，因此，可以减少工作台浮起的间隙量，甚至可以减少到1μm，故可提高刚度。常在微细加工设备中应用。如250CC图形发生器的x向导轨，应用气垫中心真空吸附加载，在气垫外环靠吸浮平衡以保持间隙
气垫结构及节流形式	气体静压导轨的气垫结构形式较多，按工作面形状可分为方形和圆形 图(b)中(ⅰ)～(ⅵ)为方形气垫，(ⅶ)～(ⅹ)为圆形气垫 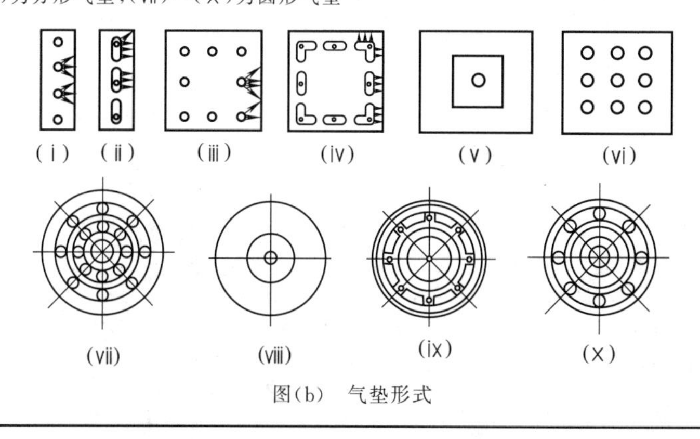 图(b)　气垫形式

续表

气垫结构及节流形式	按进气孔的数量来分有单孔和多孔两种 图(b)中(ⅶ)所示为双沟槽气腔双排节流孔式气垫。图(b)中(ⅷ)所示为单节流孔圆形气腔气垫，其优点是结构简单，气体流量少；缺点是角刚度差，适用范围小。图(b)中(ⅸ)所示为双沟槽气腔单排节流孔式气垫。图(b)中(Ⅹ)所示为单沟槽式气腔气垫 环形气腔气垫的特点是不受安装部位限制，适用性广。其中双沟槽气腔气垫具有较大的角刚度和承载能力，但耗气量大。圆形气垫不仅用于导轨，还可用于止推轴承 常用的进气节流孔形式有两种 ①简单节流孔　如图(c)所示，其主要特点是节流口面积恒定不变，一般要求 $\pi dh' \geqslant (\pi/4)d^2$，即气腔深度 $h' \geqslant d/4$，其承载能力比环形节流孔提高30%左右 ②环形节流孔　如图(d)所示，环形节流面积 $A=\pi dh_0$。如果 $h_0=d/4$，两种节流面积相等，当 $h_0 \leqslant 0.02$mm 时刚度较高，但节流面积 A 随 h_0 的变化而变化，所以节流调压作用较差，承载能力低 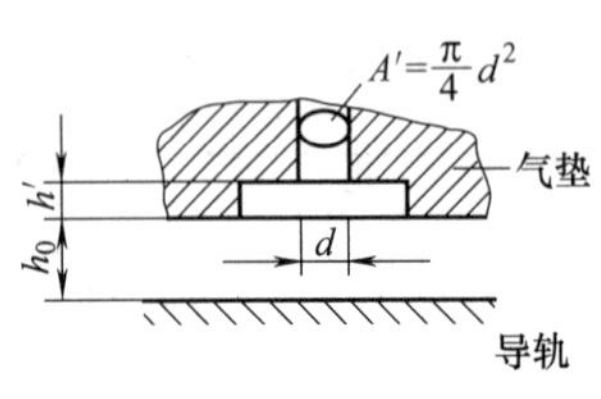 图(c)　简单节流孔 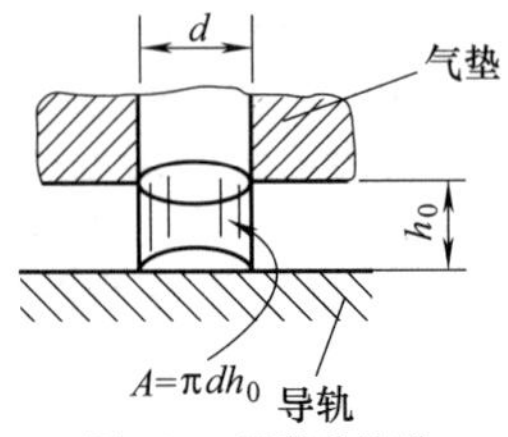 图(d)　环形节流孔

5.3.2.3 气体静压导轨的设计计算

表 9-5-57　　气体静压导轨的设计计算

计算简图	气体静压导轨基本属于平面止推轴承类型，且速度低，所以其设计理论与静态平板止推轴承的设计相似，即所谓矩形板止推轴承理论 根据上述理论确定小孔节流气体静压导轨的设计步骤和方法 设导轨长 L，宽 B，沿中轴线等距分布 m 个供气孔[图(a)] 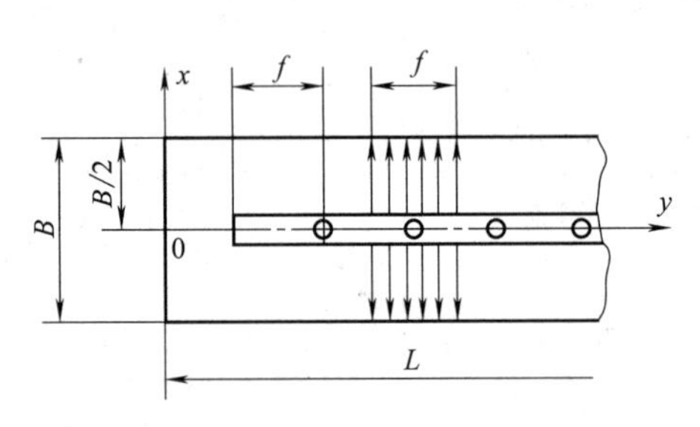 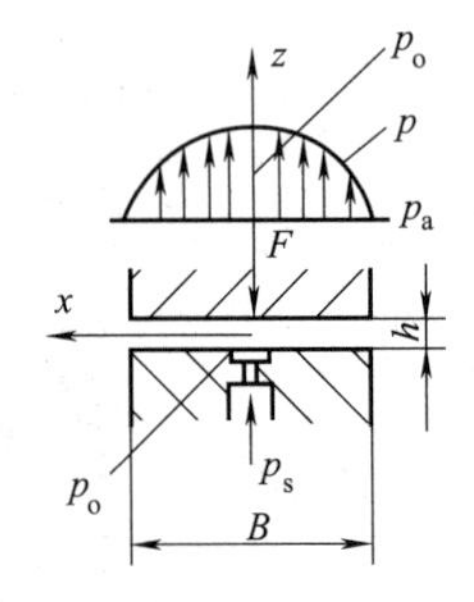 图(a)　采用矩形平板轴承的离散型气体静压导轨的计算简图
计算承载力 F	$$F=2B\left(\frac{p_0^2+p_0p_a+p_a^2}{p_0+p_a}\times\frac{2}{3}ml-Lp_a\right)$$ 式中　F——承载力，N L，B——导轨支承面长度和宽度，mm l——一个气孔所占用的支承面长度，mm m——气孔数 p_a——环境空气的压强，MPa p_0——气孔出口处的压强，在供气压强 p_s 不变的情况下，p_0 取决于气体阻力和间隙 h 处的阻力。按图(b)选取 当载荷已知，则可由上式确定结构尺寸 L 和 B 等。在 L、B 已定后，可进一步确定 m 和 l 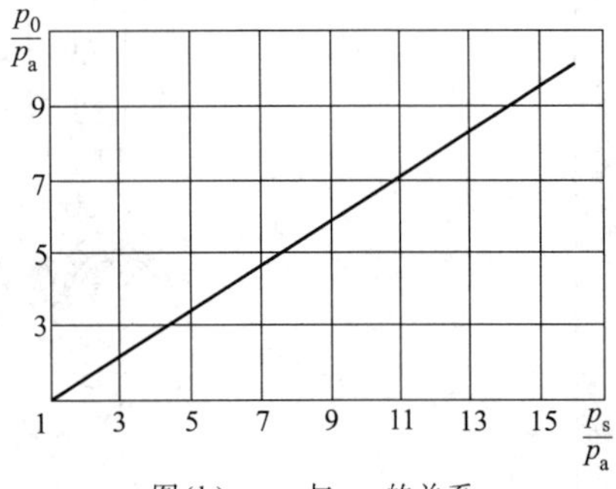 图(b)　p_0 与 p_s 的关系

续表

计算最大刚度时的最佳特性参数 K_{opt}	$$K_{opt}=\frac{\bar{p}_0^2}{\sqrt{3\bar{p}_0^8-10\bar{p}_0^4+8\bar{p}_0^2-1}}$$ 式中　$\bar{p}_0$——无量纲压强，$\bar{p}_0=p_0/p_a$ K_{opt}也可由 p_0/p_a 从图(c)查得 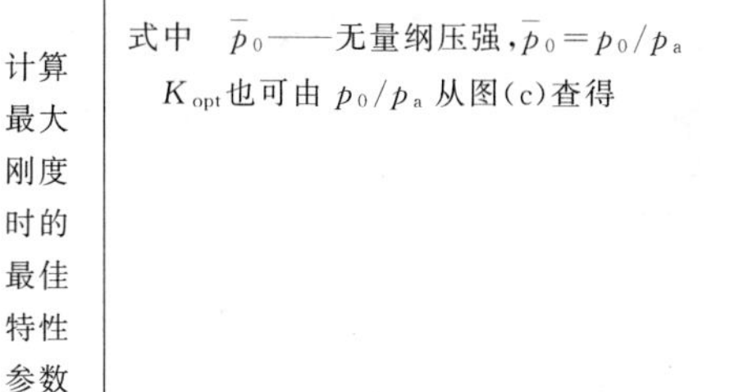 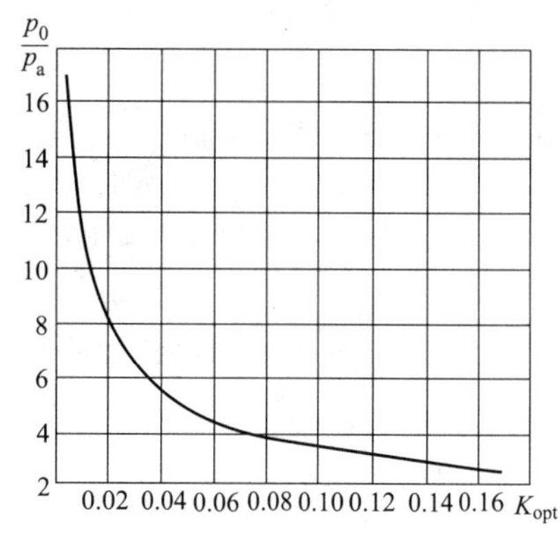 图(c)　K_{opt}与 p_0 的关系
确定节流孔直径 d 与间隙(气浮高度)h	两者的关系为 $$h^6=\frac{K_{opt}}{T_0}\left(\frac{158d^2Bp_a\eta}{l\rho}\right)^2$$ 式中　η——空气的动力黏度，$\eta=1.688\times10^{-11}\text{N}\cdot\text{s/mm}^2$ T_0——空气的绝对温度，$T_0=(273+t)$°K ρ——空气的密度，$\rho=1.29\times10^{-8}\text{kg/mm}^3$ 选定 d 后，可计算出 h；反之，如选定 h，则可算出合适的 d 如果气浮高度或气压静力刚度不能满足预定要求，则可改变节流孔直径 d，节流孔数量 m 或导轨宽度 B 等；重新计算直至满足要求
设计参数的选择	①选择节流器形式　若要得到大刚度，可选择小孔(简单节流孔)节流器；若要静态稳定性好，可选择环形孔节流器(环形节流孔)。通常选用小孔节流器，并且注意合理设计气腔，以达到刚度大且稳定性好的目的 ②选择供气压力　一般供气压力选用$(1.962\sim5.886)\times10^5$Pa ③选择气膜厚度　气膜厚度小，气垫刚度大，承载能力大，耗气少。但此时对气垫和导向面的平面度、气源过滤精度要求高。为便于加工，常取气膜厚度为 0.0127mm。气膜厚度一般为 0.012～0.05mm ④选择结构尺寸　在保证最大刚度、满足一定承载能力的前提下，兼顾工作稳定性和安装位置，来确定结构尺寸。封气面大，刚度、承载能力大，但结构尺寸大。封气面最小不要小于 10mm，一般取 10～25mm。气腔尺寸大，刚度大，承载能力大，但稳定性差。可取[参考图(d)]：$\frac{r_2}{r_1}=2\sim6$，$h'\geqslant\frac{d}{4}$。为减小气腔容积，提高工作稳定性，尽量减小气腔尺寸。为此，可采用微沟式气腔[如图(e)所示]代替坑式气腔。微沟用尖刀拉成，沟深可取 0.05～0.1mm。 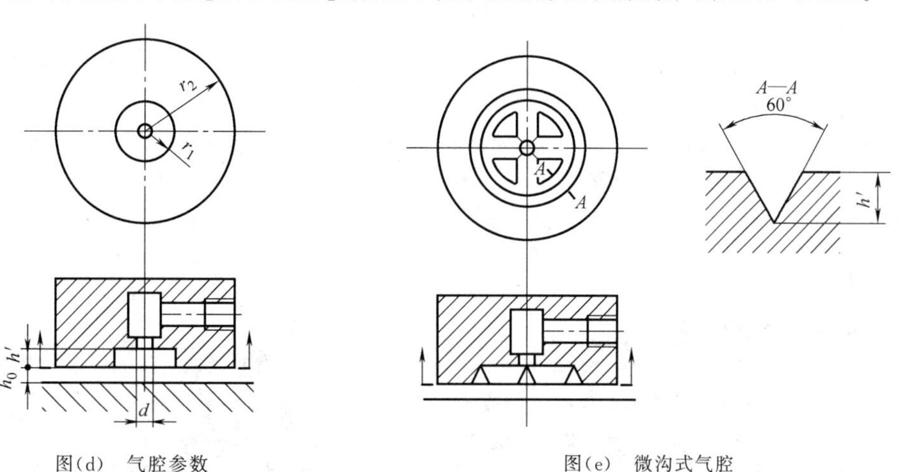 图(d)　气腔参数　　图(e)　微沟式气腔

续表

设计参数的选择	为保证气垫稳定地工作，必须校核气容比。气容比是气腔总容积与气膜总容积的比值，即 $$V_c=\frac{V_{h'}}{V_{h0}}<0.1$$ 式中　$V_{h'}$——气腔总容积，mm^3，$V_{h'}=n\pi r_1^2 h'$，n 为气腔个数； V_{h0}——气膜总容积，mm^3，气膜容积＝气膜厚度×导轨工作面积。 气垫工作面的表面粗糙度可取 $Ra0.1\mu m$。要注意保护其平直度，力求避免凹坑毛刺存在。

5.3.2.4　气体静压导轨副的材料

（1）工作台材料

根据质量轻、防锈、加工性好等原则，气垫的材料可选取不锈钢、铝合金等。

（2）导轨面材料

可使用不锈钢、氧化铝陶瓷、硬质阳极化处理的铝合金等。近年来，在许多精密测量仪器和精密加工设备中，国内外越来越多地采用花岗石材料制造气浮导轨。

花岗石材料的导轨具有以下优点：

① 稳定性好。经过天然时效处理，内应力早已消除，能长期保持稳定的精度。

② 加工简便，耐磨性好。通过研磨、抛光容易得到很好的表面粗糙度和很高的精度，无需像金属件那样进行翻砂、锻造、热处理等。在表面干净的条件下，耐磨性比铸铁高 5～10 倍。

③ 对温度不敏感，热导率及线膨胀系数均很小，即使在非恒温的环境下工作也能保持一定的精度。

④ 保养简便，不存在生锈的问题，能抵抗一般的酸碱腐蚀。表面被碰撞后，没有毛刺，不影响精度。

⑤ 吸振性好，内阻尼系数比钢铁大 15 倍，几乎不传递振动。

⑥ 不导电、抗磁。

花岗石导轨的主要缺点是脆性大，不能承受过大的撞击和敲打。

山东济南产的“泰山青”花岗石的实测力学性能如下：抗压强度 262.2MPa；抗弯强度 40.8MPa；相对密度 3.07；吸水率 0.17；硬度（肖氏硬度）79.8；线胀系数 $(5.7\sim7.3)\times10^{-6}℃^{-1}$；弹性模量 119GPa。

5.4　滚动导轨

在相配的两导轨面之间放置滚动体或滚动支承，使导轨面间的摩擦性质成为滚动摩擦，这种导轨就叫做滚动导轨。

5.4.1　滚动导轨的类型、特点及应用

滚动导轨的最大优点是摩擦因数小，动、静摩擦因数差很小，因此，运动轻便灵活，运动所需功率小，摩擦发热少、磨损小，精度保持性好，低速运动平稳性好，移动精度和定位精度高。滚动导轨还具有润滑简单（有时可用油脂润滑），高速运动时不会像滑动导轨那样因动压效应而使导轨浮起等优点。但滚动导轨结构比较复杂、制造比较困难、成本比较高、抗振性较差，对脏物比较敏感。因此必须有良好的防护。

滚动导轨广泛应用于各种类型机床和机械。每一种机床和机械都利用了它的某些特点。例如：数控机床、坐标镗床、仿形机床和外圆磨床砂轮架导轨等，采用滚动导轨是为了实现低速平稳无爬行和精确位移，工具磨床的工作台采用滚动导轨是为了手摇轻便；平面磨床工作台采用滚动导轨，是为了防止高速时因动压效应使工作台浮起，以便提高加工精度；立式车床工作台采用滚动导轨是为了提高速度等。

滚动导轨的类型很多，按运动轨迹分有直线运动导轨和圆运动导轨；按滚动体的形状分有滚珠、滚柱和滚针导轨；按滚动体是否循环分有滚动体不循环和滚动体循环导轨。滚动导轨类型、特点及应用见表 9-5-58。

5.4.2　滚动导轨的计算、结构与尺寸系列

5.4.2.1　滚动直线导轨的计算

（1）滚动直线导轨的载荷计算

直线运动滚动导轨所受载荷，受很多因素的影响，如配置形式（水平、竖直或斜置等）、移动件的重心和受力点的位置、移动导轨牵引力的作用点、启动及停止时惯性力以及工作阻力作用等。

表 9-5-59 为各种条件下作用于导轨上载荷的计算。

有些机械工作过程中载荷是变化的，如工业机械手及机床，这时就要按平均（或当量）载荷 F_m 来进行直线运动滚动支承的计算。常见的 4 种变载荷下的平均载荷 F_m 计算公式见表 9-5-60。

第9篇

表 9-5-58 **滚动导轨类型、特点及应用**

类型		简图	特点及应用
滚动体不循环的滚动导轨	滚珠导轨	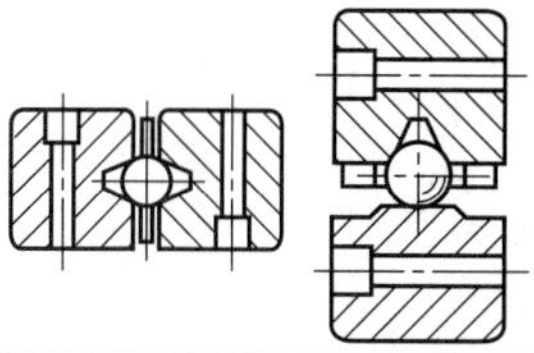	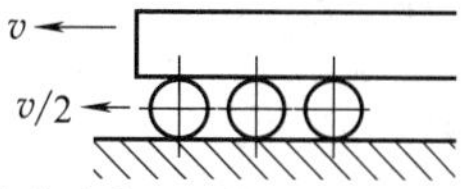 由于滑座与滚动体存在如上图所示的运动关系，所以这种导轨只能应用于行程较短的场合 滚珠导轨：摩擦阻力小，刚度低、承载能力差，不能承受大的颠覆力矩和水平力，适用于载荷不超过1000N的机床 滚柱导轨：承载能力及刚度比滚珠导轨高，交叉滚柱导轨副四个方向均能受载 滚针导轨：承载能力及刚度最高 滚柱、滚针对导轨面的平行度误差要求比较敏感，且容易侧向偏移和滑动，主要用于承载能力较大的机床上。如立式车床，磨床等
	滚柱导轨	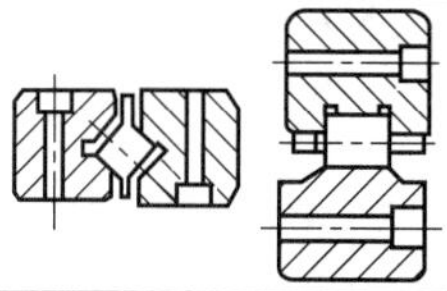	
	滚针导轨	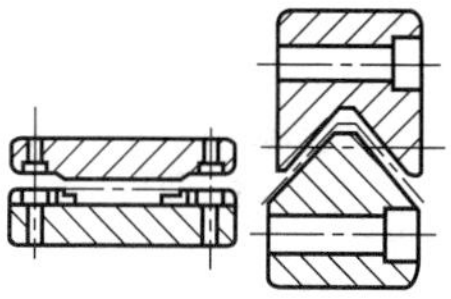	
滚动体循环的滚动导轨	滚动直线导轨副	见图 9-5-12	行程不受限制，有专业化生产厂生产，品种规格比较齐全、技术质量保证。设计制造机器采用这类导轨副，可缩短设计制造周期、提高质量、降低成本
	滚柱交叉导轨副	见图 9-5-18	
	滚柱(滚针)导轨块	见图 9-5-22	
	滚动直线导轨套副	见图 9-5-33	
	滚动花键导轨副	见图 9-5-38	
	滚动轴承导轨	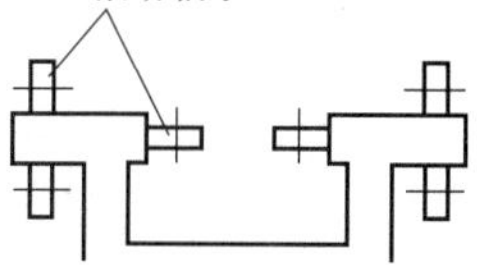 滚动轴承	任何能承受径向力的滚动轴承(或轴承组)都可以作为这种导轨的滚动元件 轴承的规格多，可设计成任意尺寸和承载能力的导轨，导轨行程可以很长 很适合大载荷、高刚度、行程长的导轨，如大型磨头移动式平面磨床、绘图机等导轨

表 9-5-59 **滚动直线导轨载荷计算**

序号	使用条件	每个滑块座的载荷值	说明
1	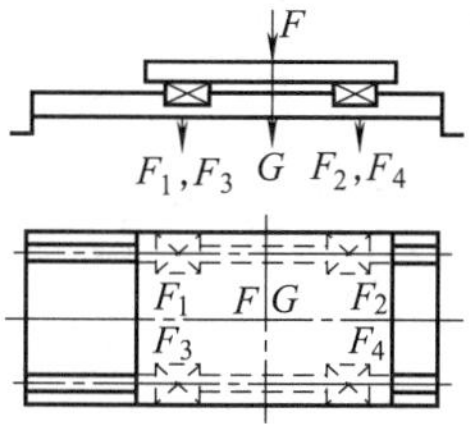	$F_1=F_2=F_3=F_4=\frac{1}{4}(G+F)$ 式中 G——工作台质量 F——外加载荷	水平安装、卧式导轨，滑块座移动 工作台质量 G 均匀分布，重心在中间 外力 F 的作用点和工作台重心重合 匀速运动或静止 $F_{max}=F_1=F_2=F_3=F_4$
2	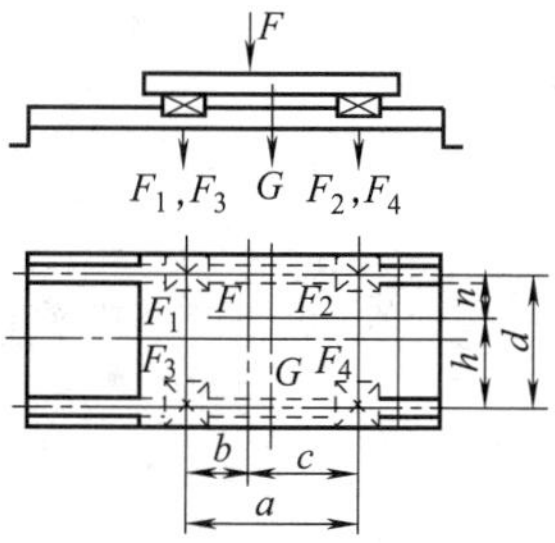	$F_1=\frac{G}{4}+\frac{F}{4}+\left(\frac{c-b}{2a}+\frac{h-n}{2d}\right)F$ $F_2=\frac{G}{4}+\frac{F}{4}-\left(\frac{c-b}{2a}-\frac{h-n}{2d}\right)F$ $F_3=\frac{G}{4}+\frac{F}{4}+\left(\frac{c-b}{2a}-\frac{h-n}{2d}\right)F$ $F_4=\frac{G}{4}+\frac{F}{4}-\left(\frac{c-b}{2a}+\frac{h-n}{2d}\right)F$	同序号1，但外力 F 的作用点偏离中心，不与重心重合 $F_{max}=F_{imax}$

续表

序号	使用条件	每个滑块座的载荷值	说　明
3	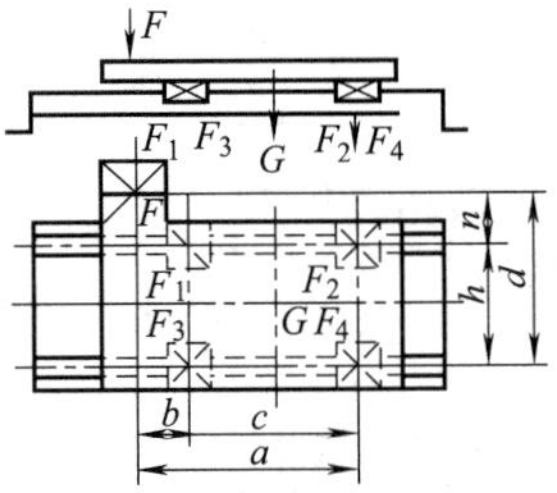	$F_1=\frac{G}{4}+\frac{F}{4}+\left(\frac{2b+c}{2a}+\frac{2a+h}{2d}\right)F$ $F_2=\frac{G}{4}+\frac{F}{4}-\left(\frac{2b+c}{2a}-\frac{2a+h}{2d}\right)F$ $F_3=\frac{G}{4}+\frac{F}{4}+\left(\frac{2b+c}{2a}-\frac{2a+h}{2d}\right)F$ $F_4=\frac{G}{4}+\frac{F}{4}-\left(\frac{2b+c}{2a}+\frac{2a+h}{2d}\right)F$	同序号 2,但外力 F 的作用点在导轨之外 $F_{max}=F_{imax}$
4	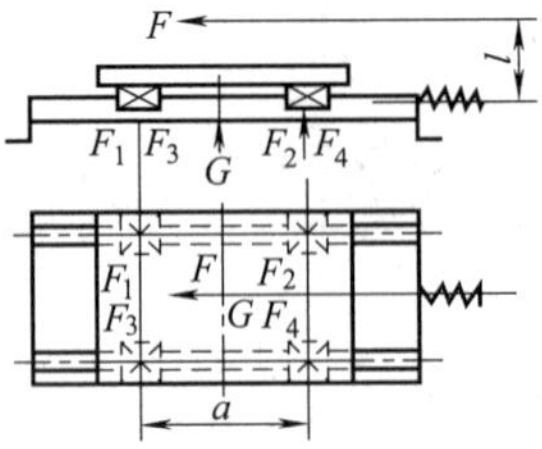	$F_1=F_3=\frac{1}{4}G+\frac{l}{2a}F$ $F_2=F_4=\frac{1}{4}G-\frac{l}{2a}F$ l——外力 F 作用点与滚珠丝杠副(或其他驱动器)的距离	水平安装,卧式导轨,滑块座移动 外力 F 作用方向与配置滚珠丝杠副、油缸或其他驱动器平行 匀速运动或静止时 $F_{max}=F_1$
5	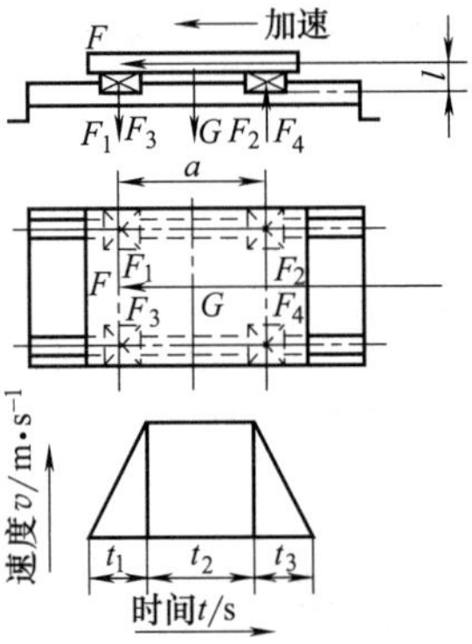 加速 速度 v/m·s^{-1} 时间 t/s	加速或减速时 $F_1=F_3=\frac{1}{4}G+\frac{l}{2a}F-\frac{lGv}{2agt_1}$ $F_2=F_4=\frac{1}{4}G-\frac{l}{2a}F-\frac{lGv}{2agt_1}$ 式中　v——加、减速度,m/s t_1——加、减速时间,s g——重力加速度,$g=9.8\text{m/s}^2$	水平安装,卧式导轨,滑块座移动 承受惯性力,配置滚珠丝杠副、油缸或其他驱动器驱动 $F_{max}=F_{imax}$
6	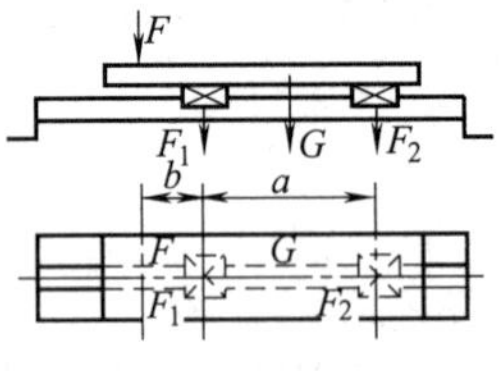	$F_1=\frac{F}{2}+\frac{G}{2}+\left(\frac{2b+a}{4a}\right)F$ $F_2=\frac{F}{2}+\frac{G}{2}-\left(\frac{2b+a}{4a}\right)F$	水平安装,卧式导轨,滑块座移动 匀速运动或静止时 $F_{max}=F_1$
7	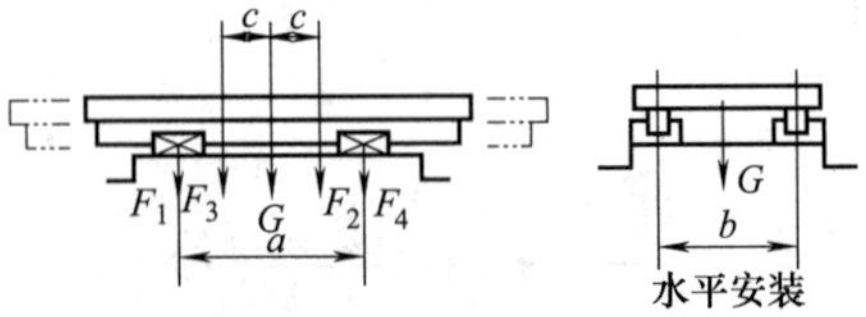 水平安装 匀速运动时,行程长度:$2c$	$F_{1(max)}\sim F_{4(max)}=\frac{G}{4}+\frac{G}{2}\frac{c}{a}$ $F_{1(min)}\sim F_{4(min)}=\frac{G}{4}-\frac{G}{2}\frac{c}{a}$	卧式导轨,导轨轴移动 $F_{max}=F_{imax}$

续表

序号	使用条件	每个滑块座的载荷值	说　　明
8	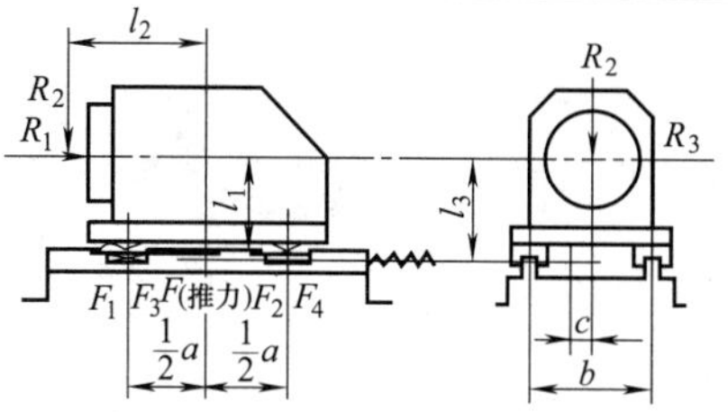 R_1 作用时 $F_1\sim F_4=\frac{R_1}{2}\times\frac{l_3}{a}$ $F_{1T}\sim F_{4T}=\frac{R_1}{2}\times\frac{c}{a}$ R_2 作用时 $F_1=F_3=\frac{R_2}{4}+\frac{R_2}{2}\times\frac{l_2}{a}$ $F_2=F_4=\frac{R_2}{4}-\frac{R_2}{2}\times\frac{l_2}{a}$ R_3 作用时 $F_1\sim F_4=\frac{R_3}{2}\times\frac{l_2}{b}$ $F_{1T}=F_{4T}=\frac{R_3}{4}+\frac{R_3}{2}\times\frac{l_2}{b}$ $F_{2T}=F_{3T}=\frac{R_3}{4}-\frac{R_3}{2}\times\frac{l_1}{b}$ F_{1T}、F_{2T}、F_{3T}、F_{4T}——相应的滑块座上平行于运动平面且垂直于导轨的载荷值		承受垂直水平外力，水平安装，滑块座移动，匀速运动时
9	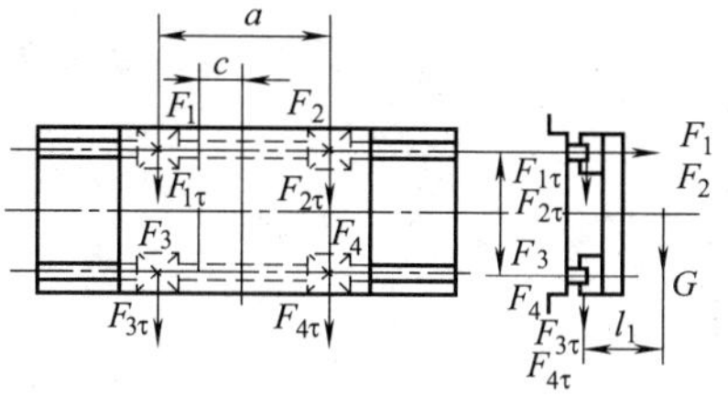 $F_1=F_2=F_3=F_4=\frac{l_1}{2a}G$ $F_{1T}=F_{3T}=\frac{1}{4}G+\frac{c}{2a}G$ $F_{2T}=F_{4T}=\frac{1}{4}G+\frac{c}{2a}G$		立式横向安装，滑块座移动，匀速运动或静止时
10	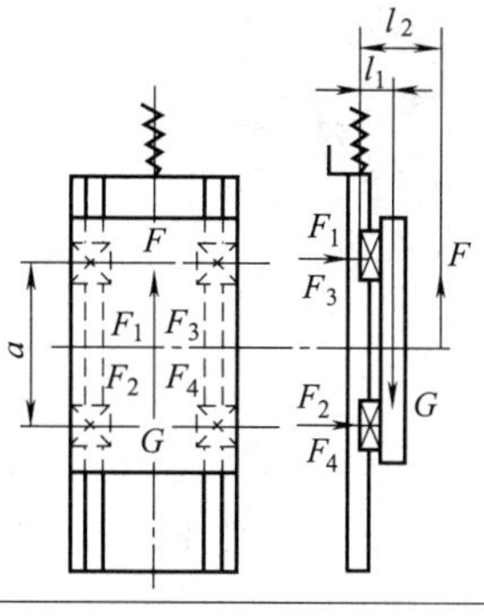	$F_1=F_3=\frac{1}{2a}(l_1G-l_2F)$ $F_2=F_4=\frac{1}{2a}(l_2F-l_1G)$ $F_1=F_3=-F_2=-F_4$ l_1，l_2——载荷作用点与滚珠丝杠副或其他驱动器轴线的距离	垂直安装，立式导轨，滑块座移动 外力 F 作用方向与配置滚珠丝杠副、油缸或其他驱动器平行 匀速运动或静止时
11	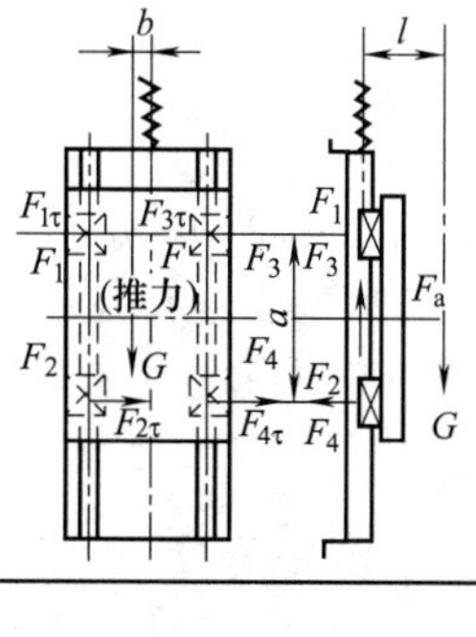	$F_1=F_2=F_3=F_4=\frac{l}{2a}G$ $F_{1T}=F_{2T}=F_{3T}=F_{4T}=\frac{b}{2a}G$	垂直安装，立式导轨，滑块座移动 推力 F_a 作用方向配置滚珠丝杠副、油缸或其他驱动器驱动 匀速运动或静止时

表 9-5-60 常见的平均载荷 F_m 计算公式

载荷变化		计算公式
阶梯式变化载荷	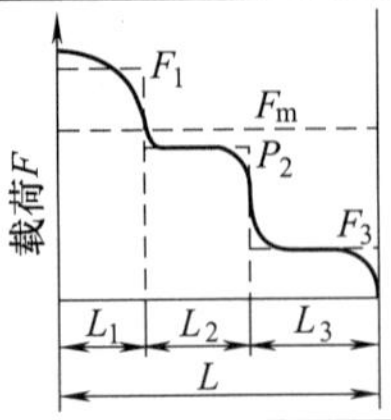	$F_m=\sqrt[3]{\frac{1}{L}(F_1^3L_1+F_2^3L_2+\cdots+F_n^3L_n)}$ 式中 F_m——平均载荷，N F_n——变动载荷，N L_n——承受 F_n 载荷时的行程，mm L——全行程，$L=\Sigma L_n$，mm
单调式变化载荷	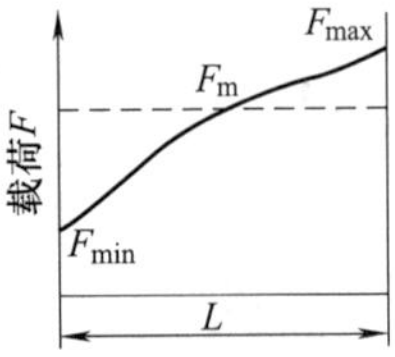	$F_m\approx\frac{1}{3}(F_{min}+2F_{max})$ 式中 F_{min}——最小载荷，N F_{max}——最大载荷，N
全波正弦曲线变化载荷	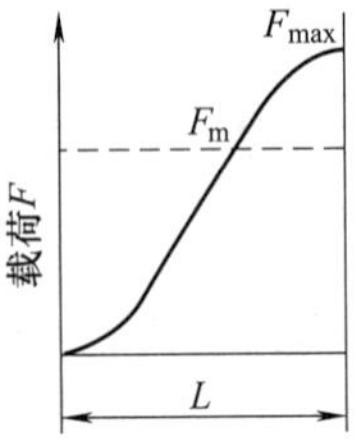	$F_m\approx0.65F_{max}$
半波正弦曲线变化载荷	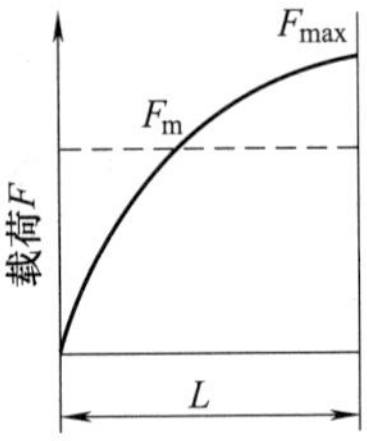	$F_m\approx0.75F_{max}$

当支承同时承受垂直载荷 F_V 及水平载荷 F_H 时，其计算载荷可取

$$F_C=F_V+F_H$$

当支承还承受转矩 M 时，计算载荷

$$F_C=F_V+F_H+C_0\frac{M}{M_t}$$

式中 F_C——计算载荷；
F_V——垂直载荷向量；
F_H——水平载荷向量；
C_0——额定静载荷；
M——转矩；
M_t——额定转矩。

(2) 滚动导轨的寿命计算

滚动导轨的主要失效形式是滚动元件与滚道的疲劳点蚀与塑性变形，其相应的计算准则为寿命（或动载荷）计算和静载荷计算。滚动体循环装置的失效主要靠正确的制造、安装与使用维护来避免。

1) 额定寿命计算 直线滚动导轨额定寿命的计算与滚动轴承基本相同。

滚动体为球时

$$L=\left(\frac{f_h f_t f_c f_a}{f_w}\times\frac{C}{P}\right)^3\times50$$

滚动体为滚子时

$$L=\left(\frac{f_h f_t f_c f_a}{f_w}\times\frac{C}{P}\right)^{\frac{10}{3}}\times100$$

式中 L——额定寿命，指一组同样的直线运动滚动导轨，在相同条件下运行，其数量的90%不发生疲劳时所能达到的总运行距离，km；
C——基本额定动载荷，指垂直于运动方向且大小不变地作用于一组同样的直线运动滚动导轨上使额定寿命为 $L=50$km（对球形滚动体）或 $L=100$km（对滚子形滚动体）时的载荷，kN 或 N·m；
P——当量动载荷，$P=F_c$，kN 或 N·m；
f_h——硬度系数，$f_h=\left[\frac{\text{滚道实际硬度(HRC)}}{58}\right]^{3.6}$，

由于产品技术要求规定，滚道硬度不得低于58HRC，故通常可取 $f_h=1$；

f_t——温度系数，查表9-5-61；

f_c——接触系数，查表9-5-62；

f_a——精度系数，查表9-5-63；

f_W——载荷系数，查表9-5-64。

表9-5-61　　温度系数

工作温度/℃	≤100	>100～150	>150～200	>200～250
f_t	1	1～0.90	0.90～0.73	0.73～0.60

表9-5-62　　接触系数

每根导轨上滑块数	1	2	3	4	5
f_c	1.00	0.81	0.72	0.66	0.61

表9-5-63　　精度系数

精度等级	2	3	4	5
f_a	1.0	1.0	0.9	0.9

表9-5-64　　载荷系数

工　作　条　件	f_W
无外部冲击或振动的低速运动的场合，速度小于15m/min	1～1.5
无明显冲击或振动的中速运动的场合，速度为15～60m/min	1.5～2
有外部冲击或振动的高速运动的场合，速度大于60m/min	2～3.5

2）寿命时间的计算　当行程长度一定，以h为单位的额定寿命为

$$L_h=\frac{L\times10^3}{2\times L_a n_z\times60}\approx\frac{8.3L}{L_a n_z}$$

式中　L_h——寿命时间，h；

L——额定寿命，km；

L_a——行程长度，m；

n_z——每分钟往复次数。

（3）滚动导轨静载能力计算

$$\frac{C_0}{P_0}\geqslant S_0$$

式中　C_0——基本额定静载荷，kN，指直线运动滚动功能部件中承受最大接触应力的滚动体与滚道的塑性变形之和为滚动体直径1/10000时的载荷，C_0 见各导轨副的尺寸参数表；

P_0——滚动功能部件在垂直于运动方向所受的最大静载荷，kN；

S_0——静载荷安全系数，考虑启动与停止时惯性力对 P_0 的影响，其值见表9-5-65。

表9-5-65　　静载荷安全系数 S_0

运动条件	载荷条件	S_0 的下限
不经常运动情况	冲击小，导轨挠曲变形小时 有冲击、扭曲载荷作用时	1.0～1.3 2.0～3.0
普通运动情况	普通载荷、导轨挠曲变形小时 有冲击、扭曲载荷作用时	1.0～1.5 2.5～5.0

（4）滚动导轨的摩擦力计算

摩擦阻力受结构形式、润滑剂的黏度、载荷及运动速度的影响而略有变化，预紧后，摩擦力增大，摩擦力 F_μ 可按下式计算

$$F_\mu=\mu F+f$$

式中　μ——滚动摩擦因数，$\mu=0.003\sim0.005$；

F——法向载荷，N；

f——密封件阻力，N，每个滑块座按 $f=5$N 取值。

当所受载荷 F 小于基本额定静载荷 C_0 的10%时，由于载荷过小，滚珠间相互摩擦的阻力和润滑脂的阻力占有较大比例。这时摩擦力并不随法向载荷的降低而成正比地下降，实际摩擦力将大于按上式计算的结果。如果仍用该式计算，则可认为在低速时摩擦因数将增大，实验表明，$\mu=0.003\sim0.005$ 仅适用于载荷比 $F/C_0>0.1$，当 $F/C_0=0.05$ 时，$\mu=0.01$；当 $F/C_0<0.05$ 时，μ 值将急剧增大。

滑块座两端密封垫的阻力与所受的载荷完全无关，有时会因制造装配和使用中卡住脏物或屑末等而增大阻力，此时应注意调整和清除。

5.4.2.2　滚动直线导轨副

（1）结构与特点

1）结构　滚动直线导轨副是由导轨、滑块、钢球、返向器、保持架、密封端盖及挡板等组成，见图9-5-12，当导轨与滑块作相对运动时，钢球沿着导轨上的经过淬硬和精密磨削加工而成的四条滚道滚动，在滑块端部钢球又通过返向器进入返向孔后再进入滚道，钢球就这样周而复始地进行滚动运动，返向器两端装有防尘密封端盖，可有效地防止灰尘、屑末进入滑块内部。

钢球承载的形式，与角接触球轴承相似，一个滑块就像是4个直线运动的角接触球轴承，导轨轴的安装形式可以水平，也可以竖直或倾斜。可以两条或多条导轨轴平行安装，也可一条导轨安装，也可以将导轨接长成为长导轨，一条导轨上可以安装一个滑块和两个滑块，以适应各种行程和用途的需要。

国外滚动直线导轨副的结构类型较多，根据需要，国内已开发生产出多种结构类型的滚动直线导轨副，主要的类型见表9-5-66。

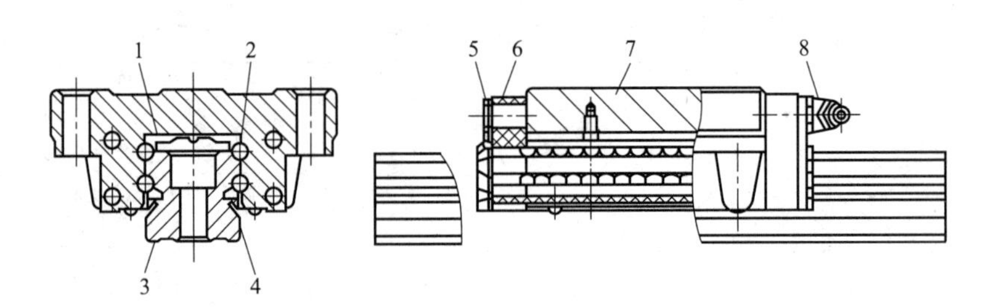

图 9-5-12　CGB型滚动直线导轨副

1—保持架；2—钢球；3—导轨；4—侧密封垫；5—密封端盖；6—返向器；7—滑块；8—油杯

表 9-5-66　　滚动直线导轨副主要类型及参数

类　型	结构简图	特点及适用场合、标准参数	主要厂家及型号
四方向 等载荷型		轨道两侧各有互成45°的两列承载滚珠。垂直向上、下和左右水平额定载荷相同。额定载荷大，刚性好，可承受冲击及重载，适用于重载设备，如加工中心、数控机床、机器人、机械手等。A为标准参数（也为型号代码）：20、25、30、35、40、45、50、55、65、80	南京GGB型、汉中HJG-D、上海SGA型、济宁JSA型
轻载荷型 （双边单列）		轨道两侧各有一列承载滚珠。结构轻、薄、短小，且调整方便，可承受上下左右的载荷及不大的力矩，是集成电路片传输装置、医疗设备、办公自动化设备、机器人等的常用导轨。A为标准参数（也为型号代码）：8、10、12、15、20	南京GGC、GGE型，汉中HJG-D15型，上海SGC型
分离型 （单边双列）	1—滑块；2—导轨	两列滚珠与运动平面均成45°接触，因此同一平面只要安装一组导轨，就可以上下左右均匀地承载。若采用两组平行导轨，上下左右可承受同一额定载荷，间隙调整方便，可用于电加工机床、精密工作台等电子机械设备（参数尚未标准化）	南京GGF型、汉中HJG-$\frac{25}{35}$T型，上海SGB型
径向型		垂直向下和左右水平额定载荷大，对垂直向下载荷的精度稳定性较好，运行噪声小，可用于电加工机床、各种检验仪器中。d为标准参数（也为型号代码）：20、25、30、35、40、45、50、55、65、80	南京GGA型

注：南京GGB型指南京工艺装备制造厂型号；汉中HJG型指海红汉中轴承厂型号；上海SGC型指上海组合夹具厂型号；济宁JSA型指济宁轴承厂型号。

2）滚动直线导轨副的特点

① 动、静摩擦力之差很小、摩擦阻力小，随动性极好，有利于提高数控系统的响应速度和灵敏度。驱动功率小，只相当于普通机械十分之一。

② 承载能力大，刚度高。导轨副滚道截面采用合理比值［沟槽曲率半径 $r=(0.52\sim0.54)D$，D 为钢球直径］的圆弧沟槽，因而承载能力及刚度比平面与钢球接触大大提高。

③ 能实现高速直线运动，其瞬时速度比滑动导轨提高10倍。

④ 采用滚动直线导轨副可简化设计、制造和装配工作、保证质量、缩短时间、降低成本。导轨副具有“误差均化效应”从而降低基础件（导轨安装面）的加工精度，精铣或精刨即可满足要求。

（2）滚动直线导轨副尺寸系列

在表 9-5-66 中列出的 4 种滚动直线导轨副中，四方向等载荷型安装连接尺寸各生产厂家均已统一（见表 9-5-67），其余类型安装连接尺寸有所不同。表 9-5-68～表 9-5-71 列出四种常用的滚动直线导轨副的尺寸系列。

表 9-5-67　四方向等载荷型滚动直线导轨副的安装连接尺寸（JB/T 7175.3—1996）　mm

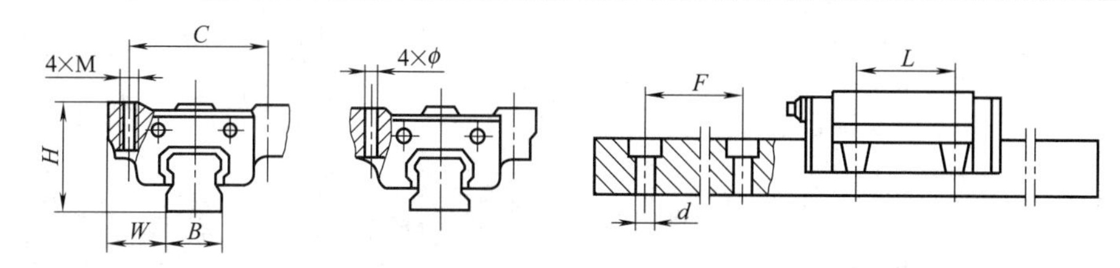

规格	装配组合后		滑块				导轨		
	H	W	C	L	M	ϕ	B	F	d
20	30	21.50	53	40	M6	6	20	60	6
25	36	23.50	57	45	M8	7	23	60	7
30	42	31	72	52	M10	9	28	80	9
35	48	33	82	62	M10	9	34	80	9
45	60	37.50	100	80	M12	11	45	105	14
55	70	43.50	116	95	M14	14	53	120	16
65	90	53.50	142	110	M16	16	63	150	18

注：滑块有螺纹孔及光孔两种结构供用户选择，订货时向厂家说明。

表 9-5-68　四方向等载荷型滚动直线导轨副结构尺寸及载荷特性

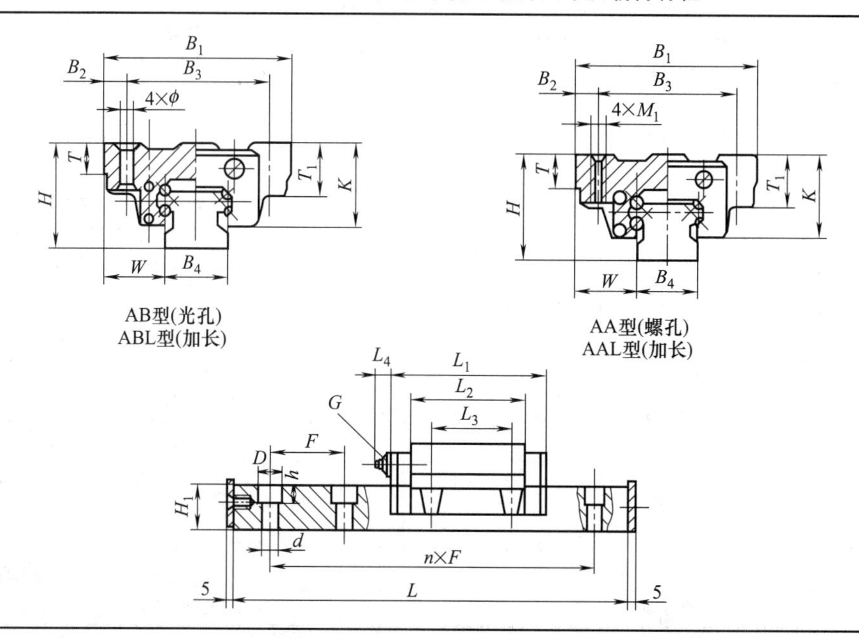

续表

型号		滑块尺寸/mm											载荷特性				
		B_1	B_2	B_3	B_4	W	M_1 (AAL)	ϕ (AB)	H	K	T	T_1	C /kN	C_0 /kN	M_A /N·m	M_B /N·m	M_C /N·m
GGB16AA、AB		47	4.5	38	16	15.5	M5	4.5	24	19.4	7	11	6.07	6.8	55.5	55.5	88.8
GGB20	—AA、AB	63	5	53	20	21.5	M6	7	30	25	8	13	11.5	14.5	92.4	92.4	154
	—AAL、ABL												13.6	20.3	121.8	121.8	203
GGB25	—AA、AB	70	6.5	57	23	23.5	M8	7	37 (36)	30.5	10	16	17.7	22.6	149.8	149.8	246
	—AAL、ABL												20.7	24.97	244.8	244.8	402
GGB30	—AA、AB	90	9	72	28	31	M10	9	42	35	12	18	27.6	34.4	311.3	311.3	546
	—AAL、ABL												33.4	45.8	560	560	745.2
GGB35	—AA、AB	100	9	82	34	33	M10	11	48	38	13	21	35.1	47.2	488	488	790
	—AAL、ABL												39.96	64.85	681	681	1102.45
GGB45	—AA、AB	120	10	100	45	37.5	M12	13	(60) 62	51	15	25	42.5	71	848	848	1448
	—AAL、ABL												64.4	102.1	1345.4	1345.4	2247.25
GGB55	—AA、AB	140	12	116	53	43.5	M14	14	70	57	20	29	79.4	101	1547	1547	2580
	—AAL、ABL												92.2	142.5	2264.3	2264.3	3776.25
GGB65	—AA、AB	170	14	142	63	53.5	M16	16	90	76	23	37	115	163	3237	3237	4860
	—AAL、ABL												148	224.5	4627.5	4627.5	6945.95
GGB85	—AA、AB	215	15	185	85	65	M20	18	110	94	30	55	172.2	257.5	6076.4	6076.4	12842
	—AAL、ABL												202.3	327.64	9646.3	9946.3	15410

型号		导轨尺寸/mm								
		H_1	$d\times D\times h$	L_1	L_2	L_3	L_4	F	L_{max}	G (油杯)
GGB16AA、AB		15	4.5×7.5×5.3	58	40.5	30	2.5	60	50	ϕ4
GGB20	—AA、AB	18	6×9.5×8.5	70	50	40	11	60	1200	M6
	—AAL、ABL			86	66					
GGB25	—AA、AB	22	7×11×9	79.5	59	45	11	60	3000	M6
	—AAL、ABL			98.5	78					
GGB30	—AA、AB	26	9×14×12	95.2	70	52	11	80	3000	M6
	—AAL、ABL			117.2	92					
GGB35	—AA、AB	29	9×14×12	107.8	81	62	11	80	3000	M6
	—AAL、ABL			131.8	105					
GGB45	—AA、AB	38	14×20×17	135	102	80	11	100 (105)	3000	M6
	—AAL、ABL			163	130					
GGB55	—AA、AB	44	16×23×20	161	118	95	14	120	3000	M8
	—AAL、ABL			199	156					
GGB65	—AA、AB	53	18×26×22	195	147	110	14	150	3000	M8
	—AAL、ABL			255	207					
GGB85	—AA、AB	65	24×35×28	243.4	179	140	14	180	3000	M8
	—AAL、ABL			300.4	236					

说　明

①表中力矩 M_A、M_B、M_C 为滑块在导轨不同方向的额定力矩，如下图

②表中 L_{max} 为导轨单根最大长度，如需接长另行协商

③表中所列参数为南京工艺装备厂 GGB 系列的数据。选用括号内数据时，订货要特别注明

④相同规格的导轨副还有海红汉中轴承厂、上海轴承有限公司及济宁轴承厂的产品。汉中厂的型号为 HJG-D15、25、35、45、55、65 型；上海厂型号为 SGA、V15、$\frac{V}{W}$25、$\frac{V}{W}$25A、$\frac{V}{W}$35 型等；济宁厂的型号为 JSA-LG25、35、45、55、65 型（又分 KL 宽型及 ZL 窄型两种）

表 9-5-69 **轻载荷型滚动直线导轨副结构尺寸及载荷特性** mm

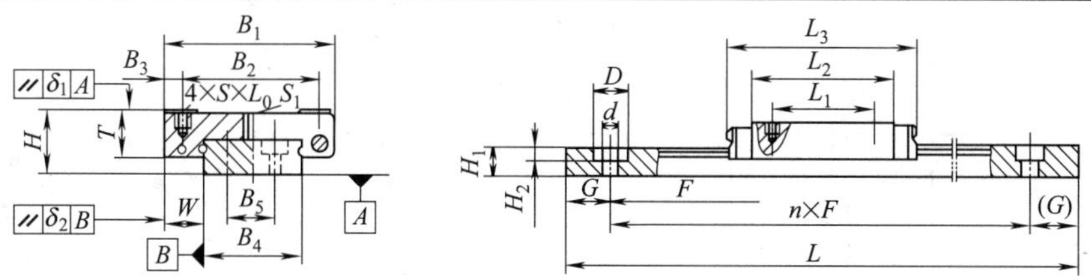

型号规格	结构尺寸																	载荷特性				
	B_1	B_2	B_3	B_4	B_5	H_1	T	L_1	L_2	L_3	$4\times S\times L_0$	$d\times D\times H_2$	F	W	G min	H	S_1	C /kN	C_0 /kN	M_A /N·m	M_B /N·m	M_C /N·m
GGC9BAK	30	21	4.5	18	0	7.5	7.8	12	27	41	4×M3×3	3.6×6×4.5	25	6	10	12	M3	2.56	2.7	14.8	14.8	32.4
GGC12BA	27	20	3.5	12	0	7.5	10	15	23	37	4×M3×3.5	3.6×6×4.5	25	7.5	10	13	M3	3.48	3.5	13.6	13.6	24.3
GGC12BAK	40	28	6	24	0	8.5	10	15	32.4	46.4	4×M3×3.5	4.5×8×4.5	40	8	10	14	M4	4.45	4.6	28.8	28.8	73
GGC15BA	32	25	3.5	15	0	9.5	12	20	25.7	43	4×M3×4	3.5×6×4.5	40	8.5	10	16	M4	5.4	5.5	25.4	25.4	47.3
GGC15BAK	60	45	7.5	42	23	9.5	12	20	41.3	55.3	4×M4×4.5	4.5×8×4.5	40	9	10	16	M5	7.5	8.5	68.6	68.6	70.3
HJG-D15J	32	25	3.5	15	1	9.5	12	20	29	42	4×M3×4	3.5×6×4.5	40	8.5	15	16	M4	4.4	6.5	16	18	34
HJG-D15K	60	45	7.5	42	23	9.5	12	20	41.3	55.5	4×M4×4.5	4.5×8×4.5	40	9	15	16	M5	4.6	7.8	27	29	108

注：1. GGC 为南京轴承有限公司产品，HJG 为海红汉中轴承厂产品。上海轴承有限公司有 SGC9、SG12 及 SGC15，尺寸性能相近。

2. M_A、M_B、M_C 的含义见表 9-5-68 说明①。

3. 单根导轨最大长度 L：HJG-D15J 为 630mm，HJG-D15K 为 1030mm。

表 9-5-70 **分离型滚动直线导轨副结构尺寸及参数** mm

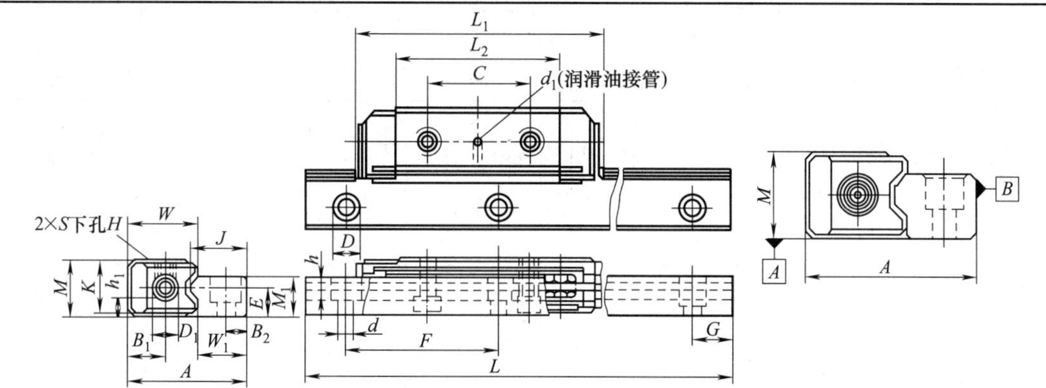

型号规格	结构尺寸																		L 系列尺寸
	M	A	L_1	L_2	C	B_1	K	W	D_1	h_1	H	S	d_1	W_1	M_1	B_2	E	$d\times D\times h$	J	F	G	$L=F(n)+2G$
HJG-D25T	25	55	121.5	80	45	16	24	32	11	7	6.8	M8	3	22	18	10	13	9×14×12	27	80	20	440(5),520(6),600(7),680(8),760(9),840(10) 920(11),1000(12),1080(13),1160(14),1240(15)

续表

型号规格	结构尺寸																				L系列尺寸
	M	A	L_1	L_2	C	B_1	K	W	D_1	h_1	H	S	d_1	W_1	M_1	B_2	E	$d\times D\times h$	J	F	G	$L=F(n)+2G$
HJG-D35T	35	75	155	103.8	60	21.5	34	43.5	18	12	10.5	M12	4	30.5	26	14.5	18	11×17.5×14	37	105	20	460(4), 565(5), 670(6), 775(7), 880(8), 985(9), 1090(10), 1195(11), 1300(12), 1405(13), 1510(14)
SGB20 V/W	20	42	93/112		35/50	13	19	22.5	10	5.5	8.5	M6	3		15	8			19.5	60	20	

型号规格	载荷特性			
	额定载荷/N		质量/kg	
	动载荷 C	静载荷 C_0	滑块	导轨
HJG-D25T	18900	32100	0.4	3.1
HJG-D35T	30800	47900	1.02	6.3
SGB20 V/W	8900	15400		
	12200	20600		

精度等级 项目	普通级 B	高级 H	精密级 P
高 M 的尺寸公差	±0.1	±0.05	±0.025
总宽 A 的尺寸公差	±0.1	±0.1	±0.05

注：HJG为海红汉中轴承厂产品，SGB为上海轴承有限公司产品。

表 9-5-71　　GGA-BA型滚动直线导轨副　　mm

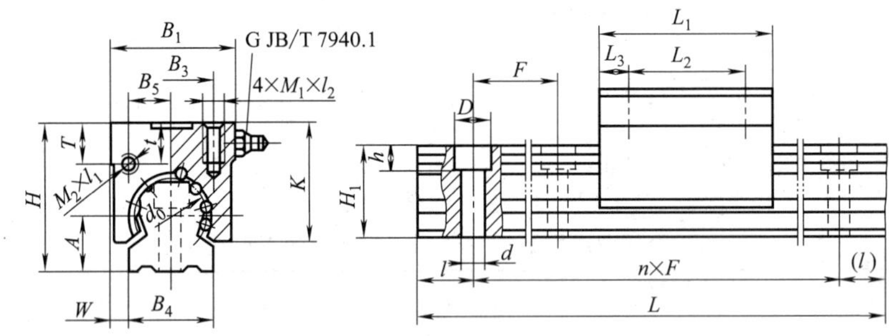

型号规格	结构尺寸																			载荷特性	
	B_1	B_3	B_4	B_5	W	$M_1\times t_2$	$M_2\times t_1$	t	H	A	T	K	L_1	L_2	L_3	H_1	$d\times D\times h$	l	F	最大长度 L	G	C /kN	C_0 /kN
GGA16BA	34	26	16	22	9	M4×10	M3×6	6	28	12	8	22	45	26	9.5	17	4.5×7.5×5.3	20	60	640	M6	3.5	4.5
GGA20BA	48	35	20	26	14	M6×12	M4×8	8	40	17	8	32	63	35	14	23	6×9.5×8.5	20	60	1500	M6	6.8	8.8
GGA25BA	60	40	25	40	17.5	M8×16	M4×8	12	50	20	10	40	75	40	17.5	28	7×11×9	20	80	3000	M5	11.3	14
GGA32BA	71	50	32	50	19.5	M8×16	M4×8	12	60	25	12	50	85	50	17.5	35	7×11×9	20	80	3000	M5	11.3	14
GGA40BA	85	60	40	60	22.5	M10×20	M5×10	12	75	32	15	60	105	60	22.5	44.5	9×14×12	22.5	105	3000	M8×1	27.8	31.5
GGA50BA	100	75	50	75	25	M12×25	M5×10	12	85	32	15	70	120	75	22.5	47.5	11×18×12	30	120	4000	M8×1	40.6	43
GGA63BA	120	80	63	85	28.5	M12×25	M5×10	15	100	38	18	82	120	75	22.5	57	11×18×12	30	120	4000	M8×1	57.9	60.3

注：制造单位为南京工艺装备制造厂。

表 9-5-72 列出了上海夹具厂生产的微型滚动直线导轨副，由钢板冲制成形，重量轻、滚动轻便、摩擦阻力小、惯性小、反应灵敏。适用于录像机、半导体装置、硬盘等存储装置的读出与写入部位及医疗设备、绘图仪等高精度机械设备。

（3）导轨副的选择计算步骤

① 根据设备的工作要求选择导轨副的类型及配置形式。

② 计算滚动滑块上所受最大载荷。

③ 按 5.4.2.1 节的内容验算寿命值及静载荷，确定所需的额定动、静载荷 C 和 C_0。

④ 根据计算的额定动载荷 C 及额定静载荷 C_0，从导轨副的尺寸参数表（表 9-5-68～表 9-5-71）中选定所需的导轨副型号及尺寸。

（4）精度及预加载荷

1）精度等级及应用　滚动直线导轨副精度等级分为 6 级，1 级精度最高，6 级精度最低。JB/T 7175.2—2006（见表 9-5-73）列出了适用于四方向等载荷型、径向载荷型和轻载荷型以钢球为滚动体的导轨副的精度等级及其允许偏差。

各类机械推荐采用的精度等级见表 9-5-74。

表 9-5-72　　**微型 SGD、SGW 滚动直线导轨副**

SGD13 型

结构尺寸/mm							
W	H	L_0	L	F	C	M	D
13	4.5	40	22	20	7	M2	ϕ2.4

额定载荷/kN	
C_0	C
7.4	5.6

SGW12 型

结构尺寸/mm							
W	H	L_0	L	F	L_1	M_0	M
12	6	25	24	15	15	M2.5	M2.5

额定载荷/kN	
C_0	C
21	13

表 9-5-73　　**滚动直线导轨副的精度**（JB/T 7175.3—1996）

序号 1　检验项目：滑块对导轨基准面的平行度：①滑块顶面中心对导轨基准底面的平行度；②与导轨基准侧面同侧的滑块侧面对导轨基准侧面的平行度

允许偏差/μm

导轨长度/mm	精度等级 1	2	3	4	5	6
≤500	2	4	8	14	20	28
＞500～1000	3	6	10	17	25	34
＞1000～1500	4	8	13	20	30	40
＞1500～2000	5	9	15	22	32	46
＞2000～2500	6	11	17	24	34	54
＞2500～3000	7	12	18	26	36	62
＞3000～3500	8	13	20	28	38	70
＞3500～4000	9	15	22	30	40	80

序号 2　检验项目：滑块顶面对导轨基准底面高度 H 的极限偏差

精度等级	1	2	3	4	5	6
允许偏差/μm	±5	±12	±25	±50	±100	±200

序号 3　检验项目：同一平面上多个滑块顶面高度 H 的变动量

精度等级	1	2	3	4	5	6
允许偏差/μm	3	5	7	20	40	60

续表

序号	简　图	检验项目	允许偏差/μm					
4		导轨基准侧面同侧的滑块侧面与导轨基准侧面间距离 W_1 的极限偏差（只适用基准导轨）	精度等级					
			1	2	3	4	5	6
			±8	±15	±30	±60	±150	±240
5		同一导轨上多个滑块侧面与导轨基准侧面间距离 W_1 的变动量（只适用基准导轨）	精度等级					
			1	2	3	4	5	6
			5	7	10	25	70	100

注：1. 精度检验方法见表中简图所示。

2. 由于导轨轴上的滚道是用螺栓将导轨轴紧固在专用夹具上精磨的，在自由状态下可能会存在误差，因此精度检验时应将导轨用螺栓固定在专用平台上测量。

3. 当基准导轨副上使用滑块数超过两件时，除首尾两件滑块外，中间滑块不作第4和第5项检查，但中间滑块的 W_1 值应小于首尾两滑块的 W_1 值。

表 9-5-74　推荐采用的精度等级

机床及机械类型		坐　标	精度等级			
			2	3	4	5
数控机械	车床	X	√	√	√	
		Z		√	√	√
	铣床、加工中心	X、Y	√	√	√	
		Z		√	√	√
	坐标镗床、坐标磨床	X、Y	√	√		
		Z		√	√	
	磨床	X、Y	√	√		
		Z	√		√	
	电加工机床	X、Y	√	√		
		Z			√	√
	精密冲裁机	X、Z			√	√
	绘图机	X、Y		√	√	
	精密十字工作台	X、Y	√			
普通机床		X、Y		√		
		Z		√	√	
通用机械					√	√

注：由南京工艺装备制造厂推荐。

2）预加载荷的选择　为了保证高的运动精度并提高刚度，对于滚动直线导轨副可以采用预加载荷的方法进行滚动体与滚道间的间隙调整。预加载荷的大小决定了导轨副在外加载荷作用下刚度波动的大小，但预加载荷超过额定动载荷10%时将使寿命降低。

国内各厂家对预加载荷分级的大小略有不同，表9-5-75～表9-5-77是南京工艺装备厂推荐的分级方法。

（5）安装与使用

1）安装基面的台肩高度和倒角　为了使滑块和导轨安装在工作台和床身上时，不与基础件发生干涉，相对移动件不相碰，规定了安装基面的台肩高度、倒角形式和尺寸。见表9-5-78。

2）基础件上安装导轨副的安装平面的精度要求　使用单根导轨副的安装面其平面精度可略低于导轨副的运行精度；同一平面内使用两根或两根以上导轨副时，其安装面精度可低于导轨副运行精度，建议按表9-5-79选用精度要求。

3）导轨副连接基准面的固定结构形式　导轨轴和滑块座与侧基准面靠上定位台阶后，应从另一面顶紧后再固定，顶紧固定方法见图9-5-13。

表 9-5-75　　**各种规格的滚动直线导轨副的四种预加载荷**

规格＼种类	重预载 P_0 (0.1C)/N	中预载 P_1 (0.05C)/N	普通预载 P_2 (0.025C)/N	最轻载荷 P_3 时的间隙/μm
GGB16	607	304	152	3～10
GGB20	1150/1360	575/680	287.5/340	5～15
GGB25	1770/2070	885/1035	442.5/517.5	5～15
GGB30	2760/3340	1380/1670	690/835	5～15
GGB35	3510/3996	1755/1998	877.5/999	8～24
GGB45	4250/6440	2125/3220	1062.5/1610	8～24
GGB55	7940/9220	3745/4610	1872.5/2305	10～28
GGB65	11500/14800	5750/7400	2875/3700	10～28
GGB85	17220/20230	8610/10115	4305/5058	10～28

表 9-5-76　　**根据不同使用场合推荐预加载荷**

预载种类	应　用　场　合
P_0	大刚度并有冲击和振动的场合，常用于重型机床的主导轨等
P_1	要求重复定位精度较高，承受侧悬载荷、扭转载荷和单根使用时，常用于精密定位运动机构和测量机构上
P_2	有较小的振动和冲击，两根导轨并用时，并且要运动轻便处
P_3	用于输送机构中

表 9-5-77　　**根据不同使用精度推荐预加载荷**

精度级别	预　紧　级　别			
	P_0	P_1	P_2	P_3
2、3、4	√	√	√	
5		√	√	√

表 9-5-78　　**倒角和肩高**　　mm

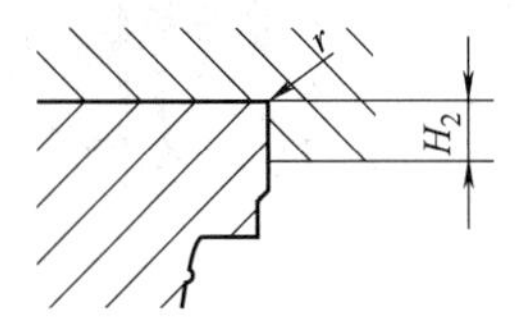

导轨基面安装部位

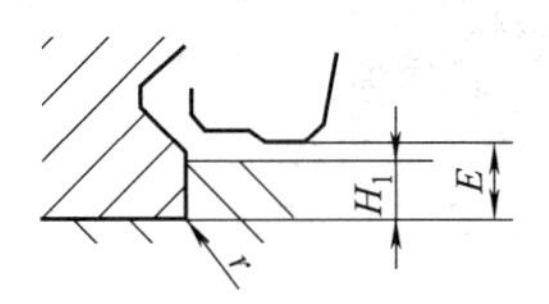

滑块基面安装部位

规　格	倒角半径 r	基面肩高 H_1	基面肩高 H_2	E	
				GGA	GGB
18	0.5	3.5	4	5	4.5
20	0.5	4	5	5.5	5
25	0.5	5	6	6.5	6.5
35	0.5	7	6	9	10
45	0.7	7	8	10.5	11
55	0.7	7	8	12	13
65	1.0	7	10	14	14

表 9-5-79　　基础安装平面精度要求

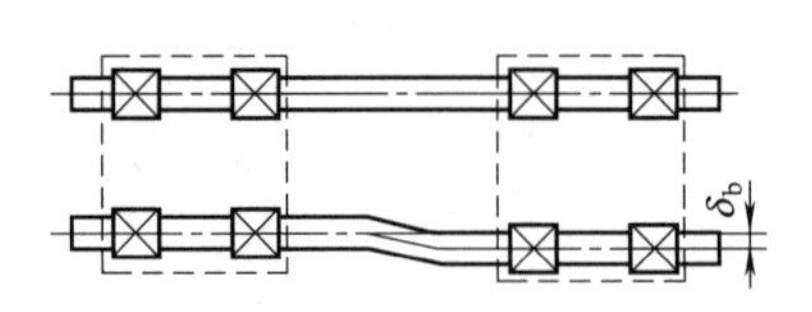

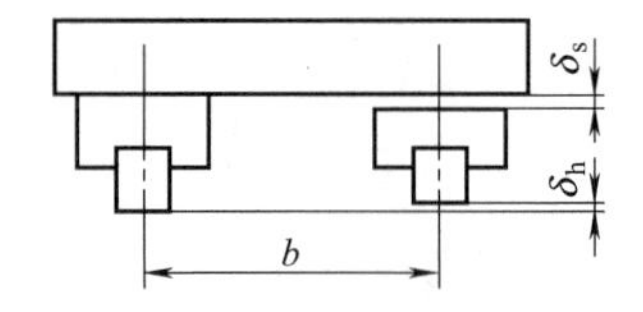

安装侧基面平行度误差 δ_b/mm				安装基面高度误差 $\delta_h=kb$/mm				
预载类型				计算系数 k	预载类型			
P_0	P_1	P_2	P_3		P_0	P_1	P_2	P_3
0.01	0.015	0.020	0.030		0.00004	0.00006	0.00008	0.00012
基础件滑块安装面的高度误差为 $\delta_s=0.00004b$								

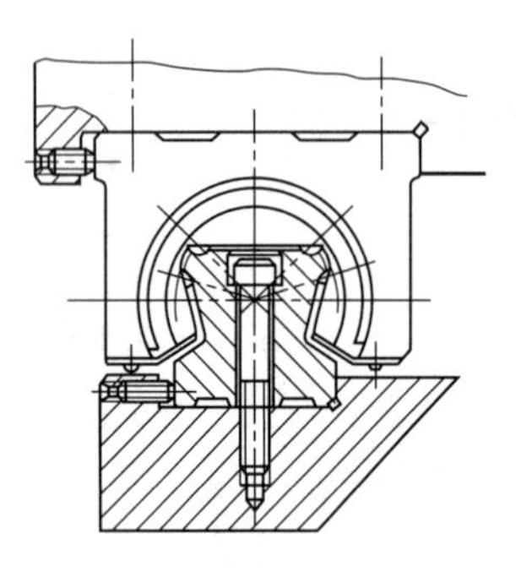

(a) 紧定螺钉顶紧方法

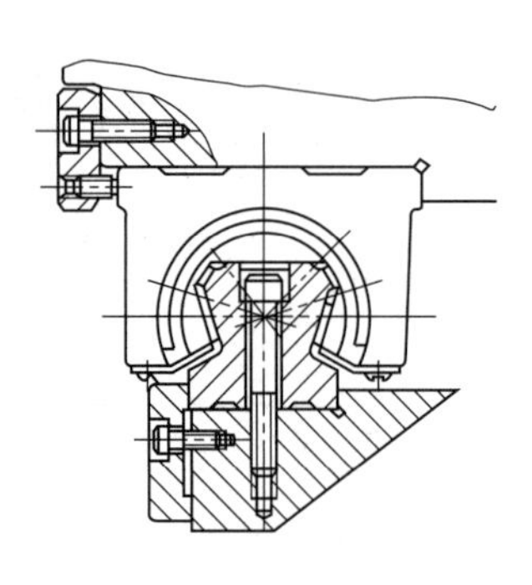

(b) 压板顶紧方法

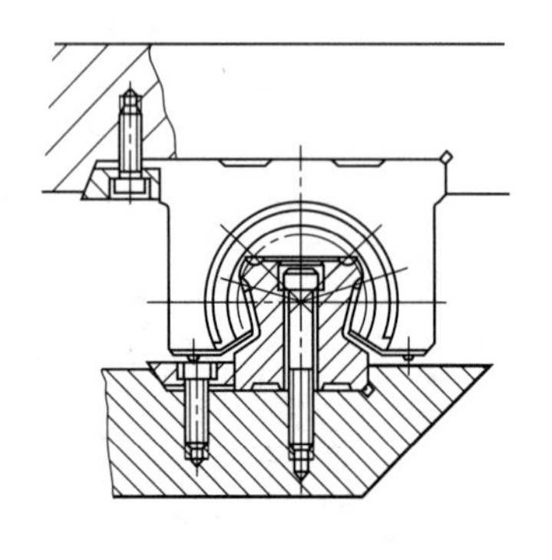

(c) 楔块顶紧方法

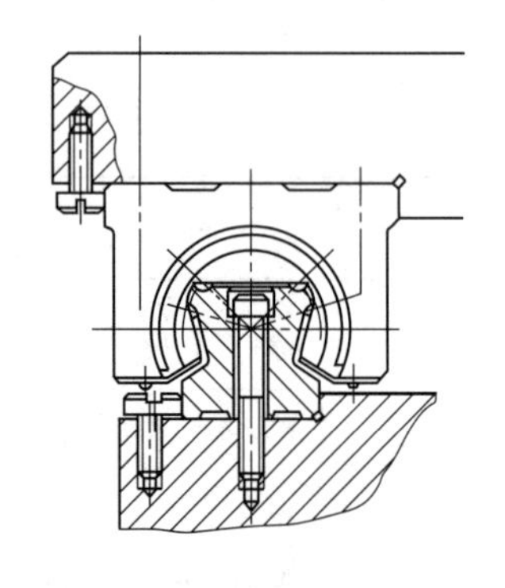

(d) 偏心头螺钉顶紧方法

图 9-5-13　导轨副连接固定方法

4）双导轨定位　在同一平面内平行安装两条导轨时，如果振动和冲击较大，精度要求较高，则两条导轨侧面都定位，如图 9-5-14 所示，否则，一条导轨侧面定位即可，见图 9-5-15，侧面定位方式可根据需要采用上述的任何一种。

双侧定位导轨轴按下列步骤安装。

① 将基准侧的导轨轴基准面（刻有小沟槽的一侧）紧靠机床装配表面的侧基面，对准螺孔，将导轨轴轻轻地用螺栓予以固定。

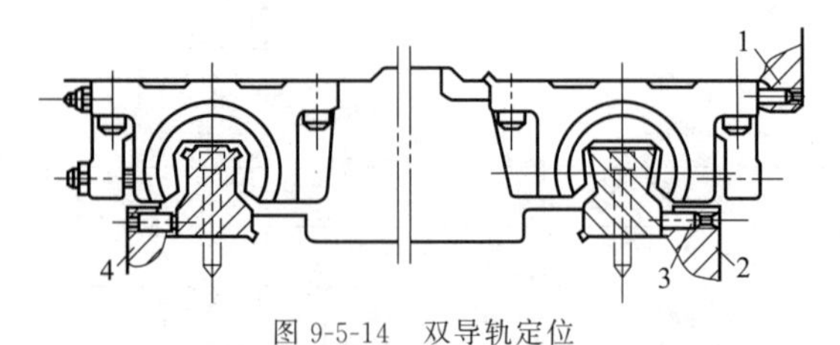

图 9-5-14　双导轨定位

1—滑块座紧定螺钉；2—基准侧；3—导轨轴紧定螺钉；4—非基准侧

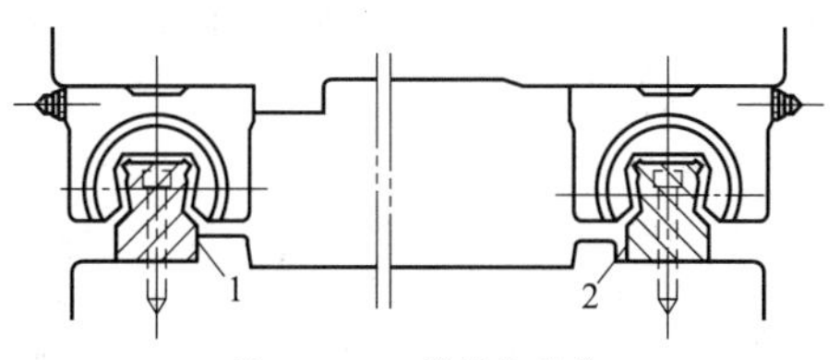

图 9-5-15　单导轨定位
1—基准侧；2—非基准侧

② 上紧导轨轴侧面的顶紧装置，使导轨的轴基准侧面紧紧靠贴床身的侧基面。

③ 按表 9-5-80 的参考值，用力矩扳手逐个拧紧导轨轴的安装螺钉。从中间开始按交叉顺序向两端拧紧。

④ 非基准侧的导轨轴与基准侧的安装次序相同，只是侧面需轻轻靠上，不要顶紧。否则反而引起过定位，影响运行的灵敏性和精度。

5）单导轨定位　一条导轨侧面定位，但无顶紧装置，如图 9-5-15 所示。

安装按下列步骤进行。

① 将基准侧导轨轴基准面（刻有小沟槽）的一侧，紧靠机床装配表面的侧基面，对准安装螺孔，将导轨轴轻轻地用螺栓固定，并用多个弓形手用虎钳，均匀地将导轨轴牢牢地夹紧在侧基面上。

② 按表 9-5-80 的参考值，用力矩扳手从中间按交叉顺序向两端拧紧安装螺钉。

③ 非基准侧的导轨轴对准安装螺孔，将导轨轴轻轻地用螺栓予以固定后，采用表 9-5-81 所列方法之一进行校调和紧固。

表 9-5-80　推荐拧紧力矩　N·m

螺钉公称尺寸	M4	M5	M6	M8	M10	M12	M16
力矩值	2.6～4.0	5.1～8.5	8.7～14	21.6～30.5	42.2～67.5	73.5～118	178～295

表 9-5-81　导轨轴校调和紧固方法

方法 1	千分表座贴紧基准侧导轨轴的基面，千分表测头接触非基准侧导轨轴的基面。移动千分表，根据读数调整非基准侧导轨轴，直到达到表 9-5-79 中 δ_b 的要求。用力矩扳手逐个拧紧安装螺栓
方法 2	将千分表架置于非基准侧导轨副的滑块座上，测头接触到基准侧导轨轴的基面上，根据千分表移动中的读数（或测前、中、后三点），调整到按表 9-5-79 中 δ_b 的要求。用力矩扳手逐个拧紧安装螺栓 1 和 2 两种方法，一般仅适用于两根导轨轴跨距较小的场合，如跨距较大则会因表架刚性不足而影响测量精度，采用方法 2 测量时滑块座在导轨轴上必须没有间隙，因为间隙会影响测量精度
方法 3	原理与方法 2 类似，但可适用于两根导轨轴跨距较大的场合，其方法是把工作台（或专用测具）固定在基准侧导轨副的两个滑块座上，非基准侧导轨副的两个滑块座，则用安装螺钉轻轻地与工作台连接，在工作台上旋转千分表架，将测头接触非基准侧导轨轴的侧基面，根据千分表移动中的读数（或测前、中后三点），调整非基准侧导轨轴，使它符合表 9-5-79 中的 δ_b 的要求，并用力矩扳手逐个拧紧导轨轴（与床身）和滑块（与工作台）的安装螺栓
方法 4	将基准侧导轨副的两个滑块座和非基准侧导轨副一个滑块座，用螺栓紧固在工作台上。非基准侧导轨轴与床身及另一个滑块座与工作台，则轻轻地予以固定。然后移动工作台，同时测定其拖动力，边测边调整非基准侧导轨轴的位置。当达到拖动力最小，全行程内拖动力波动也最小时就可用力矩扳手逐个拧紧非基准侧导轨轴及另一个滑块座的安装螺栓 这个方法用于导轨轴长度大于工作台长度两倍以上的场合
方法 5	上述几种方法仅适用于单件、小批装配作业，其中有些方法比较繁琐，并且提高装配精度也受到一定的限制。日本 THK 公司等推出一些专用装配工具，图(a)为专门的千分表架，图(b)为标准间距量棒。两种工具都是以基准侧的导轨轴侧基面为基准，根据平行度要求调整非基准侧导轨轴 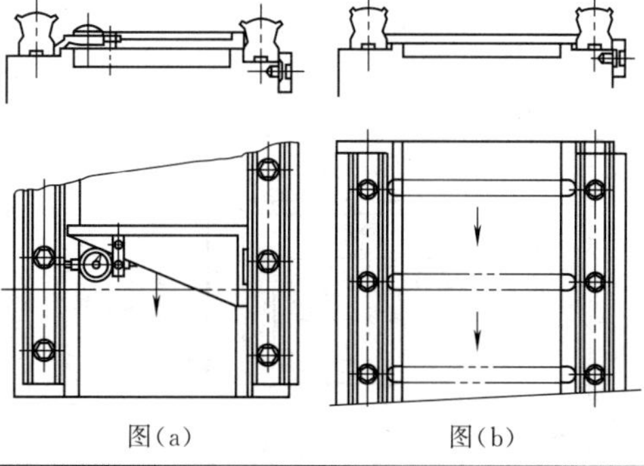 图(a)　　图(b)

第9篇

6）床身上没有凸起的基面时的安装方法　这种方法大多用于移动精度要求不太高的场合。床身上可以没有凸起的侧基面，工艺比较简单。如图9-5-16所示。

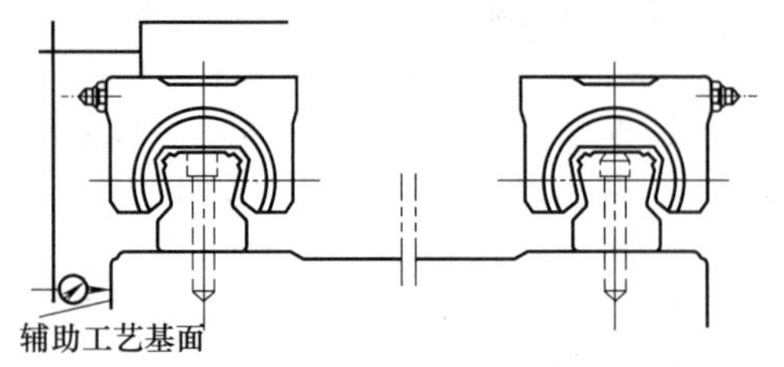

图9-5-16　床身上没有凸起基面时的安装

安装按下列步骤进行。

① 将基准侧的导轨轴用安装螺栓轻轻地固定在床身装配表面上，把两块滑块座并在一起，上面固定一块安装千分表架的平板。

② 千分表测头接触低于装配表面的侧向工艺基面，如图9-5-16所示。根据千分表移动中读数指示，边调整边紧固安装螺钉。

③ 将非基准侧导轨轴用安装螺栓，轻轻地固定在床身装配表面上。

④ 装上工作台并与基准侧导轨轴上两块滑块座和非基准侧导轨轴上一块滑块座，用安装螺栓正式紧固，另一块滑块座用安装螺栓轻轻地固定。

⑤ 移动工作台，测定其拖动力，边测边调整非基准侧导轨轴的位置。当达到拖动力最小，全行程内拖动力波动最小时，就可用力矩扳手，逐个拧紧全部安装螺栓。这一方法常用于导轨轴长度大于工作台长度两倍以上的场合。

7）滑块座的安装方法

① 将工作台置于滑块座的平面上，并对准安装螺钉孔，轻轻地予以紧固。

② 拧紧基准侧滑块座侧面的压紧装置，使滑块座基准侧面紧紧靠贴工作台的侧基面。

③ 按对角线顺序，逐个拧紧基准侧和非基准侧滑块座上各个螺栓。

8）接长导轨　接长导轨采用同一套导轨副编同一英文大写字母，连续阿拉伯数字表示连接顺序，对接端头由同一阿拉伯数字相连，如图9-5-17。

B1 B1　B2 B2　B3 B3

图9-5-17　接长导轨

9）装配后的检查及精度测定　安装完毕后，检查导轨副在全行程内应运行轻便、灵活、无停顿阻滞现象，摩擦阻力不应有明显的变化。达到上述要求后，进行导轨副的精度测定。

精度测定可以按两个步骤进行。首先，不装工作台，分别对基准侧和非基准侧的导轨副进行直线度测定，然后装上工作台进行直线度和平行度的测定。推荐的测定方法如表9-5-82所示。

10）滚动直线导轨副的组合形式（表9-5-83）

表9-5-82　推荐的测定方法

序号	测量简图		检验项目和检验工具	检验方法
	滚动直线导轨副	工作台移动部件		
1	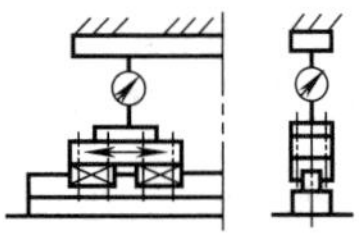	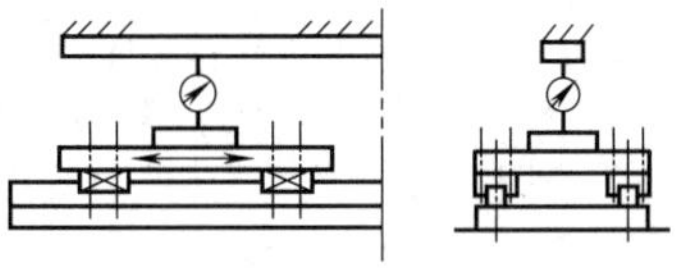	滑块座和工作台移动在垂直面内的直线度 指示器 平尺	千分表按图固定在中间位置，触头接触平尺，并调整平尺，使其头尾读数相等然后全程检验，取其最大差值
2	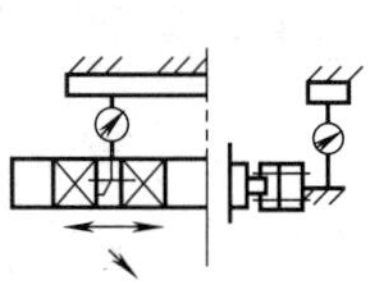	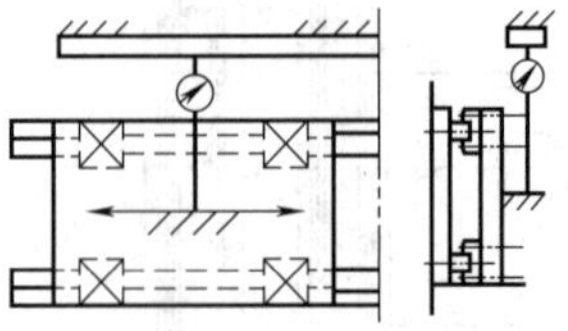	滑块座和工作台移动在水平面内的直线度 指示器 平尺	千分表按图固定在中间位置，触头接触平尺，并调整平尺，使其头尾读数相等，然后全程检验，取其最大的差值

续表

序号	测量简图		检验项目和检验工具	检验方法
	滚动直线导轨副	工作台移动部件		
3		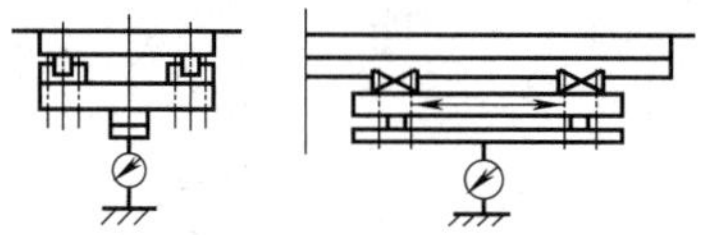	工作台移动对工作台面的平行度 指示器 平尺	千分表触头接触平尺，并调整两端等高，全程检验，取其最大差值
4	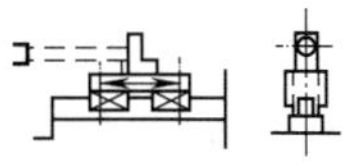	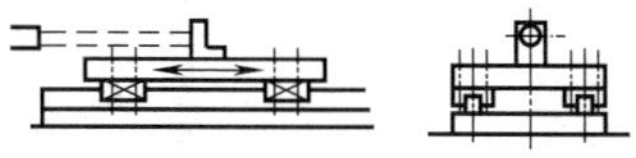	滑块座和工作台移动在垂直和水平面内的直线度 自准直仪	反射镜按图固定在中间位置，然后全程检验，取其最大差值

表 9-5-83　　滚动直线导轨的组合形式

<table>
<tr><td rowspan="4">水平</td><td>滑座移动</td><td>导轨移动</td><td>侧向安装导轨移动</td><td>侧向安装滑座移动</td></tr>
<tr><td></td><td></td><td> 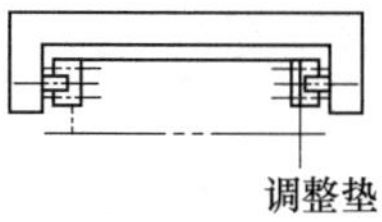调整垫</td><td> 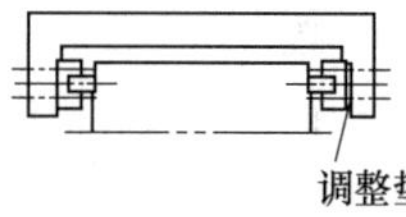调整垫</td></tr>
<tr><td>单臂滑座移动</td><td>侧向安装一侧调整</td><td></td><td>高度浮动型</td></tr>
<tr><td></td><td> 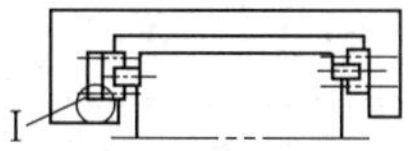I</td><td> 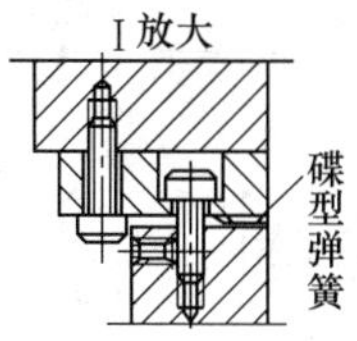I 放大
碟型弹簧</td><td> 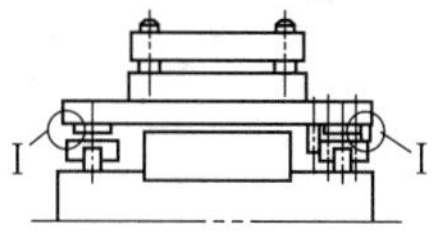I　I</td></tr>
</table>

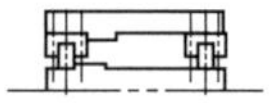

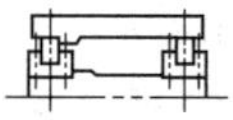

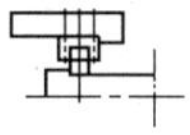

<table>
<tr><td rowspan="2">竖直</td><td>滑座移动</td><td>导轨移动</td><td>侧向安装
滑座移动</td><td>侧向安装
导轨移动</td><td>侧向安装
下侧调整型</td><td>混合型</td></tr>
<tr><td></td><td></td><td> 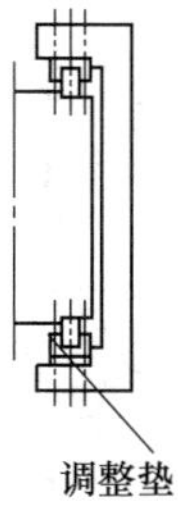调整垫</td><td> 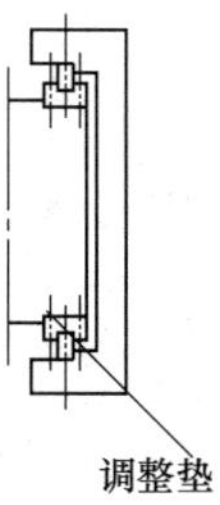调整垫</td><td> I</td><td> 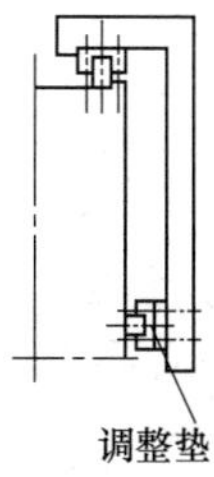调整垫</td></tr>
</table>

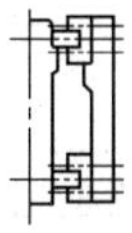

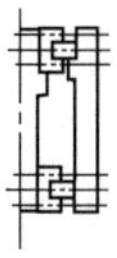

5.4.2.3　滚柱交叉导轨副

如图9-5-18所示，滚柱交叉导轨副由一对导轨、滚子保持架、圆柱滚子等组成。一对导轨之间是截面为正方形的空腔，在空腔里装滚柱，前后相邻的滚柱轴线交叉90°，使导轨无论哪一方向受力，都有相应的滚柱支承。为避免端面摩擦，取滚柱的长度比直径小0.15～0.25mm。各个滚柱由保持架隔开。

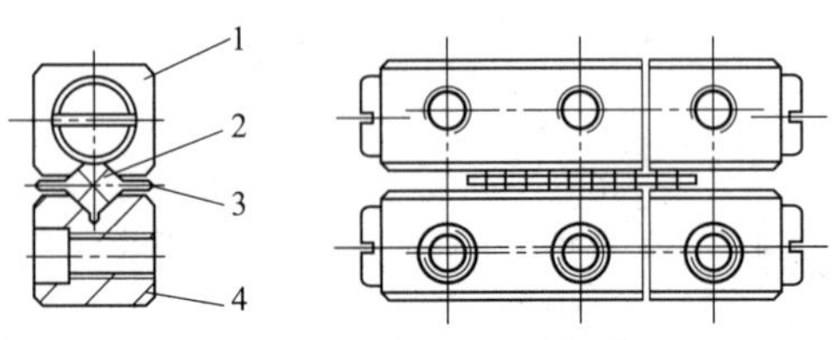

图9-5-18　滚柱交叉导轨副

1—导轨；2—滚柱；3—保持架；4—导轨

这种导轨的特点是刚度和承载能力都比滚珠导轨大、精度高、动作灵敏，结构比较紧凑，但这种导轨由于滚柱是交叉排列的，在一条导轨面上实际参加工作的滚柱只有一半。滚柱不循环运动，行程长度受限制。这种导轨适用于行程短、载荷大的机床等。

（1）载荷及滚子数计算

1）导轨长度及滚子数量　交叉导轨的长度参数见图9-5-19。导轨长度不小于行程的1.5倍，即$L \geqslant 1.5l$。保持架的长度不大于导轨长度与行程长度一半之差，即$K \leqslant L - l/2$。

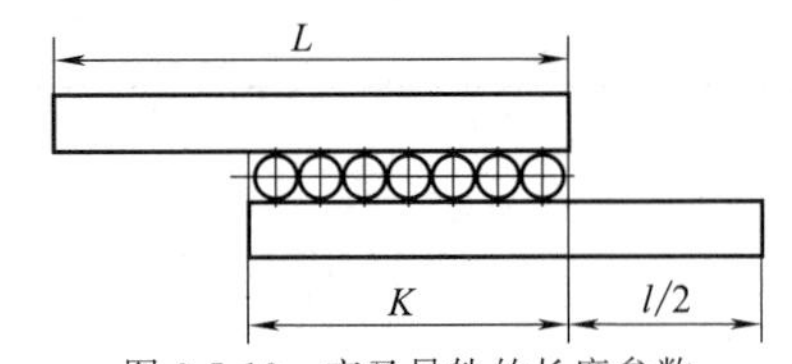

图9-5-19　交叉导轨的长度参数

L—导轨长度；l—行程长度；K—保持架长度

滚子数计算

$$N = \frac{K - 2a}{f} + 1$$

式中　N——滚子数量（整数）；

a——保持架端距（见表9-5-86）；

f——滚子间距（见表9-5-86）。

2）载荷计算（见表9-5-84）

表9-5-84　载荷计算

载荷方向	正向载荷	侧向载荷
额定动载荷 C	$C = \left(\frac{N}{2}\right)^{\frac{3}{4}} C_1$	$C = \left(\frac{N}{2}\right)^{\frac{3}{4}} 2^{7/9} C_1$
额定静载荷 C_0	$C_0 = \left(\frac{N}{2}\right) C_{01}$	$C_0 = 2 \times \left(\frac{N}{2}\right) C_{01}$

注：C——额定动载荷，N；C_0——额定静载荷，N；C_1——每个滚子的额定动载荷，N；C_{01}——每个滚子的额定静载荷，N；N——滚子数；$N/2$——滚子数（忽略小数）。

（2）尺寸系列（见表9-5-85、表9-5-86）

表9-5-85　导轨副基本尺寸　mm

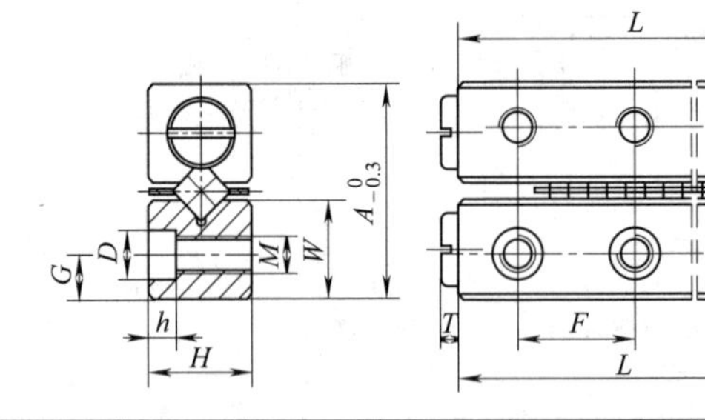

规格＼尺寸	A	H	W	M	D	h	G	F	T	单根导轨最大长度L
GZV1	8.5	4	3.8	M2	—	—	1.8	10	2	80
GZV2	12	6	5.5	M3	—	—	2.5	15	2	180
GZV3	18	8	8.4	M4	6	3.1	3.5	25	2	300
GZV4	22	11	10	M5	7.5	4.1	4.5	40	3	500
GZV6	31	15	14.2	M6	9.5	5.2	6	50	4	500
GZV9	44	22	20.2	M8	10.5	6.2	9	50	4	800
GZV12	58	28	27	M10	13.5	8.2	12	100	5	1000
GZV15	71	36	33	M12	16.5	10.2	14	100	6	1000

表 9-5-86　　**保持架基本尺寸**

规格	D_w/mm	a/mm	f/mm	B/mm	C_1/kN	C_{01}/kN
CZV1	1.5	1.5	2.5	3.8	0.107	0.118
CZV2	2	2	4	5.6	0.263	0.274
CZV3	3	2.5	5	7.6	0.545	0.597
CZV4	4	5	7	10	1.05	1.16
CZV6	6	6	9	14	2.06	2.41
CZV9	9	9.5	14	21	5.904	6.74
CZV12	12	10	20	25	12.15	13.77
CZV15	15	14	22	34	19.62	22.32

注：C_1——每个滚子的额定动载荷，kN；C_{01}——每个滚子的额定静载荷，kN。

(3) 精度

滚柱交叉导轨副精度等级分为 4 级：2、3、4、5。2 级最高，其精度项目及其数值见表9-5-87。

表 9-5-87　　**滚柱交叉导轨副精度**

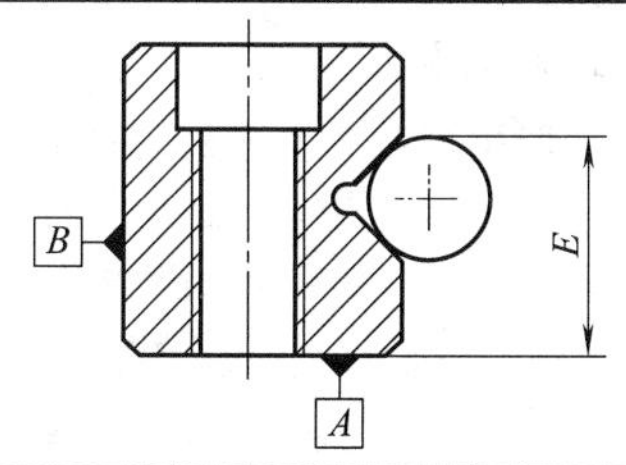

项　　目	长度/mm	精度等级			
		2	3	4	5
		公差/μm			
导轨 V 形面对 A、B 面的平行度	≤200	2	4	6	10
	>200～400	4	6	8	12
	>400～600	5	8	12	14
	>600～800	6	9	13	16
	>800～1000	7	10	15	17
高度尺寸 E 的极限偏差		±10	±10	±15	±20
同组导轨副高度尺寸 E 的一致性		10	10	15	20

(4) 安装与使用

1) 配对安装面精度　滚柱交叉导轨副的配对安装面的结构如图 9-5-20 所示。

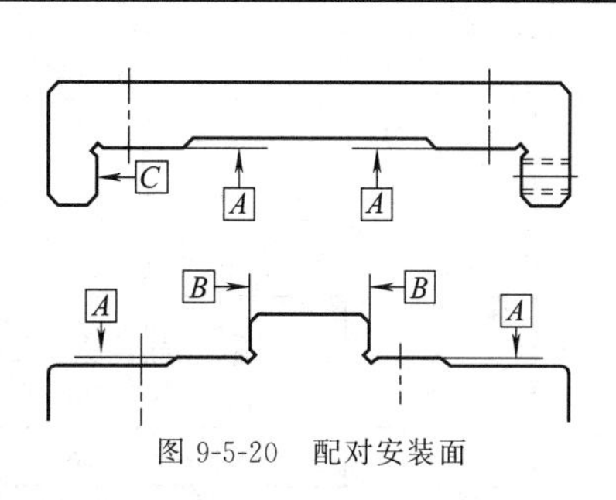

图 9-5-20　配对安装面

配对安装面的精度直接影响滚柱交叉导轨副的运行精度和性能，如果要得到较高的运行精度，需相应提高配对安装面的精度。A 面精度直接影响运行精度。B 面和 C 面平行度直接影响预载。相对 A 面的垂直度影响在预载方向上装配精度，因此建议尽量提

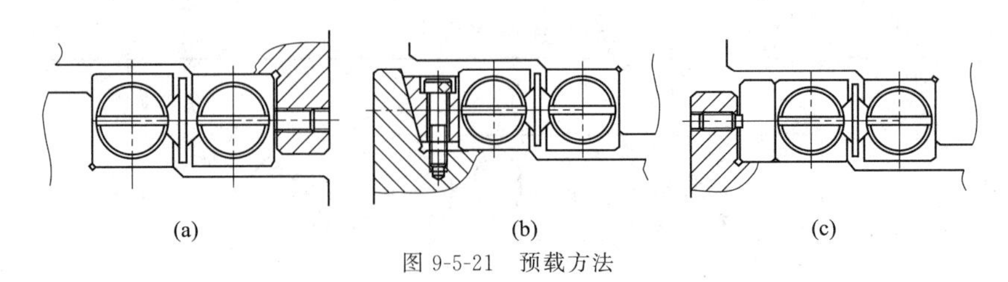

图 9-5-21　预载方法

高安装面精度，其精度数值应近似于导轨平行度数值。

2）预载方法　如图 9-5-21，预加载荷通常用螺钉来调整，该螺钉尺寸规格与导轨的安装螺钉相同，螺钉中心为导轨高度的一半。

预加载荷的数值根据机床与设备的不同而不同。过预载将减少导轨副的寿命并损坏滚道，且在使用过程中，圆柱滚子很容易歪斜，产生自锁现象。因此，通常推荐无预载或较小的预载。如果精度和刚度要求高，则建议使用装配平板或者楔形块加以预紧。

3）滚柱交叉导轨副可在高温下运行，但建议使用温度不超过 100℃。

4）滚柱交叉导轨副的运行速度不能超过 30 m/min。

5）润滑　当滚柱交叉导轨副的运行速度为高速时（$v \geqslant 15$m/min），推荐使用 L-AN32 润滑油，40℃运动黏度 28.8～35.2mm²/s，定期加润滑油或接油管强制润滑。低速时（$v < 15$m/min），推荐使用锂基润滑脂 2# 润滑。

5.4.2.4　滚柱（滚针）导轨块

（1）结构、特点及应用

滚柱导轨块是一种精密滚动直线导轨部件，其结构主要由本体、端盖、保持架及滚柱（滚针）等组成（图 9-5-22）。滚子在导轨块内的滚道周边作循环滚动，为防止滚子脱落，图 9-5-22（a）由弹簧钢带和滚子中段的台阶小径处限位；图 9-5-22（b）滚子两端有小径台阶，由两端侧盖限位。图中低于平面 A 的滚子为回路滚子，高于平面 B 的滚子为承载滚子，承载滚子与机座的导轨表面滚动接触。机座导轨面一

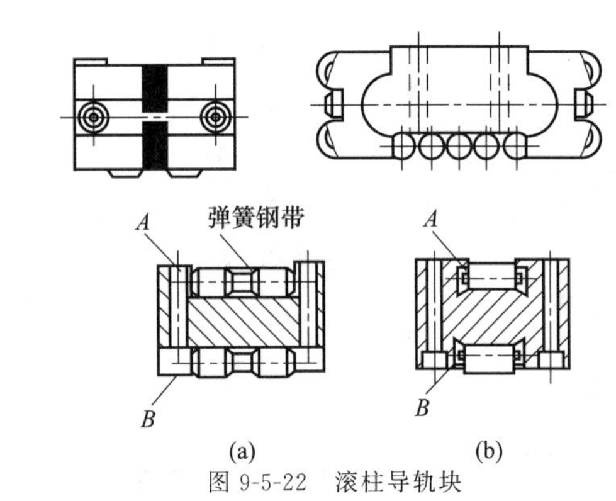

图 9-5-22　滚柱导轨块

般镶装淬硬钢导轨（硬度 58～64HRC），淬硬层深度应达 1～2mm，以确保精度和使用寿命。

滚柱导轨块承载能力大，刚度高，滚柱运动导向性好，能自动定心，运动灵敏，可提高定位精度。行程长度不受限制，可根据载荷大小、行程长度来选择导轨块的规格和数量。滚柱导轨块可获得较高灵敏度和高性能的平面直线运动，可减少整机的重量和传动机构及动力费用。

滚柱导轨块的应用较广，小规格的可用在模具、仪器等直线运动部件上，大规格的则可用在重型机床、精密仪器的平面直线运动部件上。尤其适用于 NC、CNC 数控机床。

（2）精度和尺寸系列

滚柱导轨块精度主要指导轨块高度偏差，偏差范围一般在 0～10μm，按其大小精度分为 3 级，每级又分为若干分级（见表 9-5-88）。尺寸系列见表 9-5-89～表9-5-94。

表 9-5-88　滚柱导轨块精度等级　mm

精度等级	2		3		4	
	分级编号	高度偏差	分级编号	高度偏差	分级编号	高度偏差
精度	B2	−0.002～0	C3	−0.003～0	D5	−0.005～0
	B4	−0.004～−0.002	C6	−0.006～−0.003	D10	−0.01～−0.005
	B6	−0.006～−0.004	C9	−0.009～−0.006		
	B8	−0.008～−0.006				
	B10	−0.01～−0.008				

表 9-5-89　　HJG-K 型滚柱导轨块系列

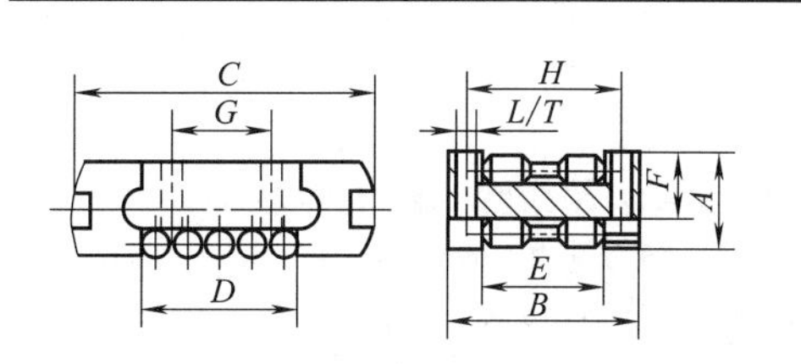

标记示例：　HJG-K3052×16.5×D×20×L或T

- 型号：HJG-K3052
- 导轨高：16.5
- 精度等级：D
- 同一组数量：20
- 螺孔：L
- 通孔：T

型　号	主要尺寸参数/mm										额定载荷/kN	
	A	$B_{-0.2}^{\ 0}$	C	$D_{-0.2}^{\ 0}$	E	F	G	H	L	T	C	C_0
3052	16.5	30	52	20	15	11	12	23	M_4	3.6	15.2	17.6
3660	17.5	36	62	31.6	20	12	18	29	M_4	4.8	26.1	37.8
4575	20.5	45	75	35	25	14	20	36	M_5	5.8	40	61.1
5585	21.5	55	85	45	32	15	27	44	M_5	5.8	52	91
68105	40	68	105	55	40	21	35	54	M_8	7	84.5	140
82145	42	82	145	78	50	30	40	66	M_8	9	150	255

注：生产厂为海红汉中轴承厂。

表 9-5-90　　6192 型滚柱导轨块系列

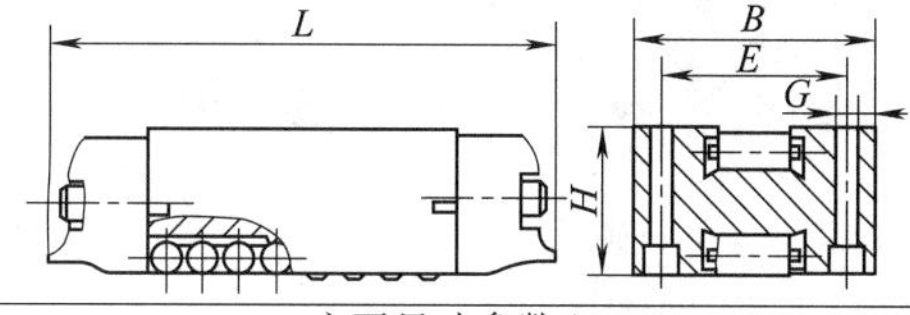

型　号	主要尺寸参数/mm					额定载荷/N
	H	L	B	E	G	
6192/17K_1	17	62	25	19	3.4	16200
6192/20K_1	20	70	30	22	3.4	28000
6192/25K_1	25	102	40	30	4.5	60000
6192/40K_1	40	134	50	40	8.8	130000

注：1. 配有横向两种安装孔，供选择。

2. 生产厂为海红汉中轴承厂。

表 9-5-91　　SG 型滚柱导轨外形尺寸（JB/T 6364—2005）　　mm

带径向安装孔循环式滚子导轨支承（LRS…SG 型）

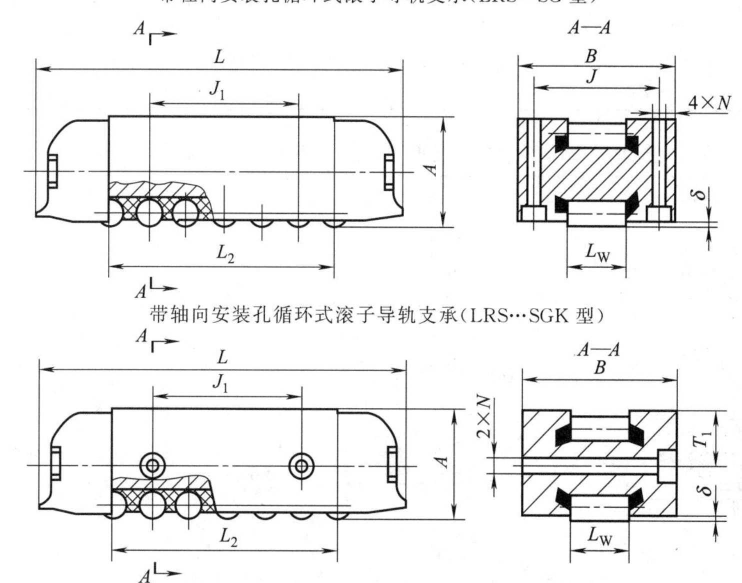

续表

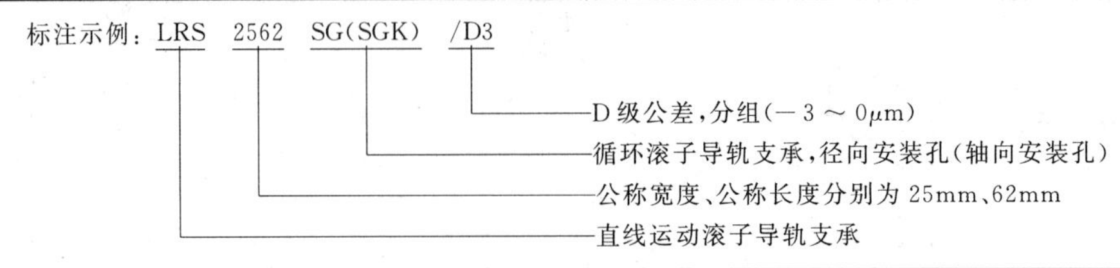

支承型号		A	B	L	J	J_1	T_1	L_2	N	δ	L_W
LRS…SG型	LRS…SGK型										
LRS 2562 SG	LRS 2562 SGK	16	25	62	19	17	8	36.7	3.4	0.2	8
LRS 2769 SG	LRS 2769 SGK	19	27	69	20.6	25.5	9.5	44	3.4	0.3	10
LRS 4086 SG	LRS 4086 SGK	26	40	86	30	28	13	53	4.5	0.3	14
LRS 52133 SG	LRS 52133 SGK	38	52	133	41	51	19	85	6.6	0.4	20

表9-5-92　循环式滚针导轨支承（LNS…RN型）外形尺寸（JB/T 6364—2005）　mm

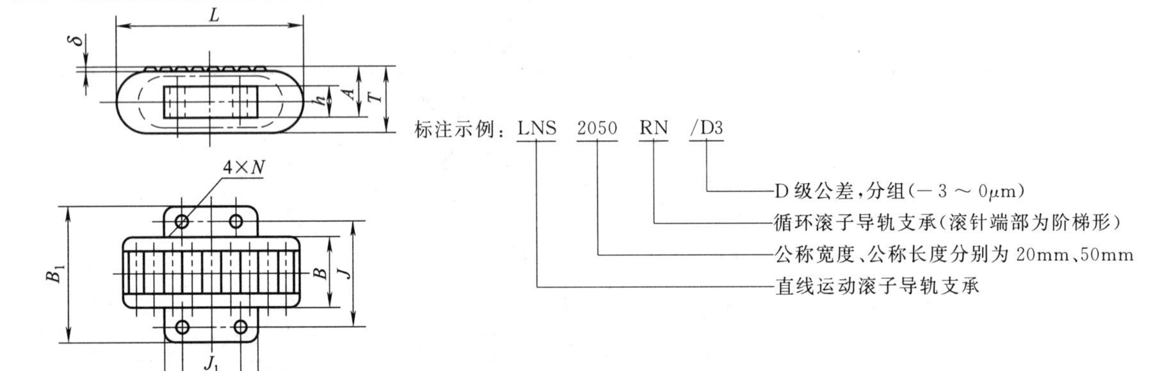

支承型号	B	L	B_1	A	T	L_1	h	δ	J	J_1	N
LNS 1540 RN	15	40	30	11	15	20	7	0.2	23	12	3.3
LNS 2050 RN	20	50	36	12	16	30	8	0.2	29	18	3.8
LNS 2560 RN	25	60	45	14	19	35	9	0.2	36	20	4.8
LNS 3270 RN	32	70	55	15	20	45	10	0.3	44	27	5.5
LNS 4087 RN	40	87	68	21	28	55	14	0.3	54	35	6.5
LNS 50125 RN	50	125	82	30	40	78	20	0.4	66	50	8.5

表9-5-93　带冲压外壳循环式凹槽滚针导轨支承（LNS…GRN型）外形尺寸（JB/T 6364—2005）　mm

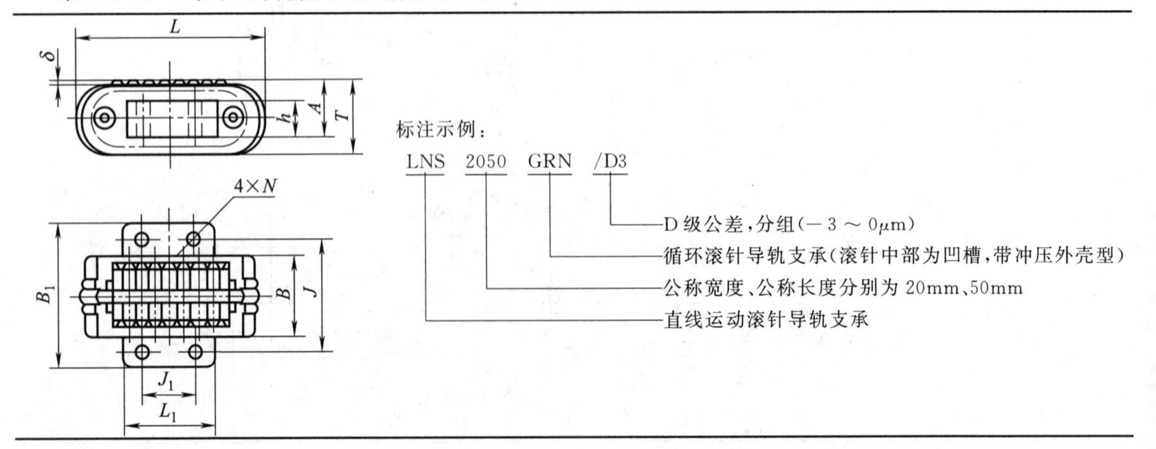

续表

支承型号	B	L	B_1	A	T	L_1	h	δ	J	J_1	N
LNS 1540 GRN	15	40	30	15	20	20	11	0.3	23	12	3.3
LNS 2050 GRN	20	50	36	15	20	30	11	0.3	29	18	3.3
LNS 2560 GRN	25	60	45	18	24.5	35	13	0.3	36	20	4.8
LNS 3270 GRN	32	70	55	18	24.5	45	13	0.3	44	27	5.5
LNS 4092 GRN	40	92	68	25	34	55	18	0.4	54	35	6.5
LNS 50125 GRN	50	125	82	30	42	78	20	0.4	66	50	8.5

表 9-5-94　带端头循环式凹槽滚针导轨支承（LNS…GRNU 型）外形尺寸（JB/T 6364—2005）　mm

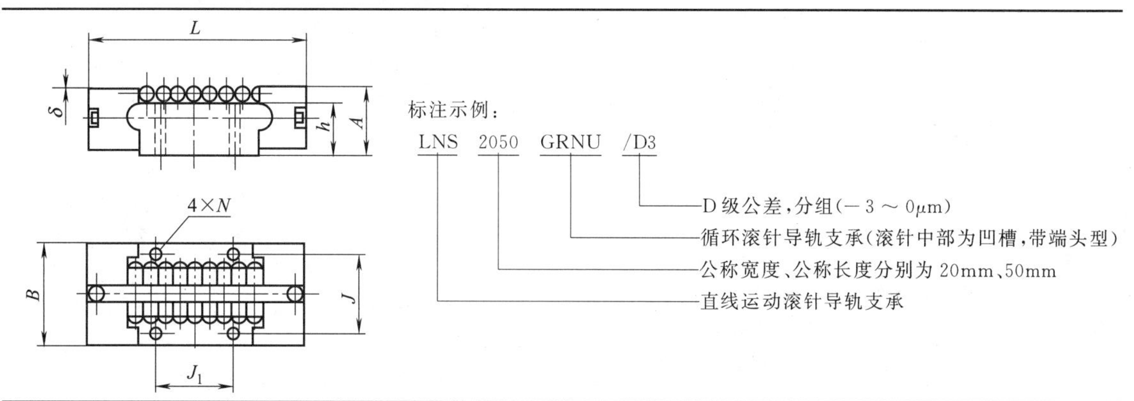

支承型号	A	B	L	δ	J	J_1	N	h
LNS 2251 GRNU	14.28	22.23	51	0.2	17.1	19.0	3.4	10.48
LNS 2573 GRNU	19.05	25.40	73	0.3	20.6	25.4	3.4	13.97
LNS 38102 GRNU	28.57	38.10	102	0.3	31.0	38.1	4.5	20.95
LNS 51140 GRNU	38.10	50.80	140	0.4	41.3	50.8	5.5	27.94

注：h 系参考尺寸。

（3）安装形式和方法

1）安装形式

① 开式　这种安装方式见图 9-5-23 和图 9-5-24，导轨块固定在工作台上，在固定在床身上的镶钢导轨条上滚动。钢条经淬硬和磨削。两组导轨块 3 和 4（图9-5-23）或三组导轨块 3、4 和 6（图 9-5-24）承受竖直向下的载荷。导轨块组 2 用于侧面导向，导轨块组 1 用于侧面压紧。这种安装方式没有压板，故称为开式。它适用于水平导轨副，而且工作台上只有向下的载荷、没有颠覆力矩作用的场合。图 9-5-23 窄式导向滚柱 2 与侧面压紧滚柱 1 位于一根钢条的两侧，距离较近，压紧力（侧向预紧）受工作台与床身的误差影响较小。图 9-5-24 为宽式导向，压紧力受温差的影响较大。侧向预加载荷可用弹簧垫或调整垫实现，采用弹簧垫预加载荷是一种比较好的办法。

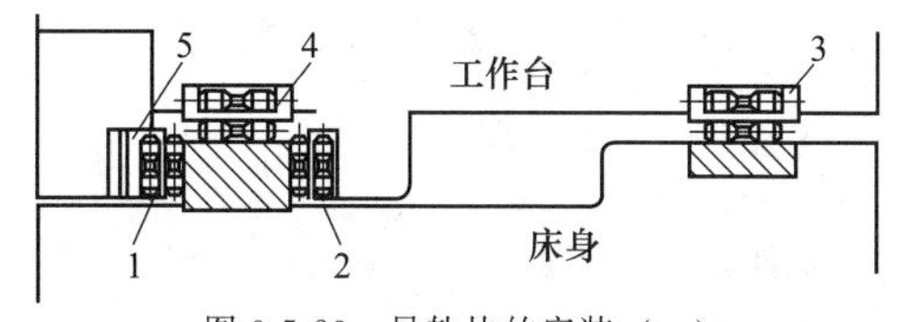

图 9-5-23　导轨块的安装（一）

1，2—侧向导轨块组；3，4—竖向导轨块；5—弹簧垫或调整垫

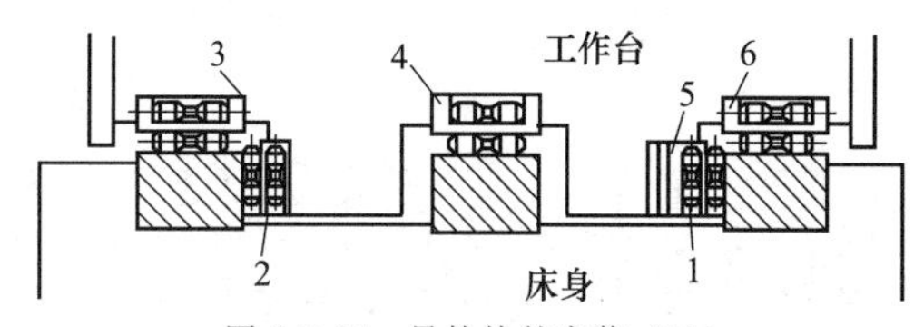

图 9-5-24　导轨块的安装（二）

1，2—侧向导轨块组；3，4，6—竖向导轨块；5—弹簧垫或调整垫

② 闭式　这种安装方式带有压板，如图 9-5-25 所示。工作台与床身之间上、下和左、右都装有导轨块。适合于水平导轨副有颠覆力矩作用的场合和竖直导轨副。

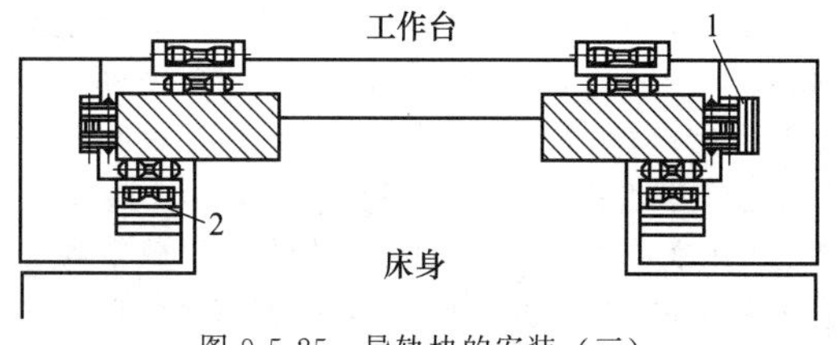

图 9-5-25　导轨块的安装（三）

1，2—弹簧垫或调整垫

③ 重型或宽型工作台　这种安装形式由8列导轨块构成，如图9-5-26所示。较图9-5-25的形式更能保证工作台的往复运动。对于水平或竖直方向的运动，摩擦力很小，同时也不会出现松动。

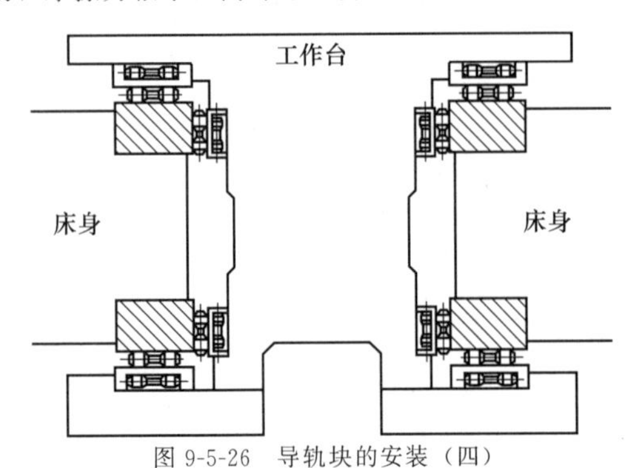

图9-5-26　导轨块的安装（四）

2）安装方法　在确定导轨块的安装方法时，必须注意保证导轨块与导轨间的装配精度。此外不应采用压配的方法进行装配，而应该用螺钉将导轨块固定在机床的部件或其他附件上。下面介绍几种安装方法。

① 直接安装在机床部件上　见图9-5-27。

② 安装在调整垫上　见图9-5-28。

③ 安装在楔铁上　如图9-5-29可以进行高度调整。

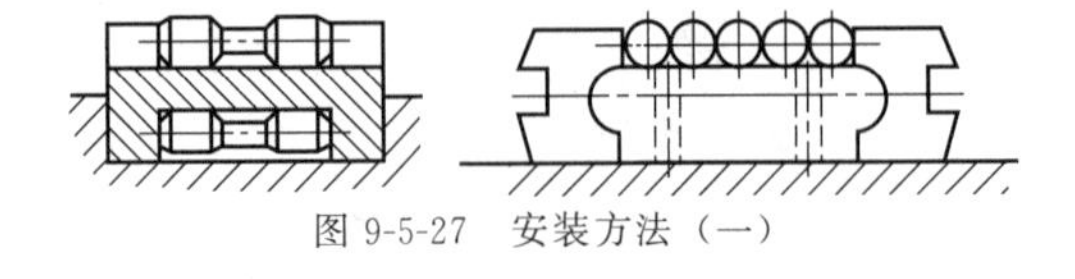

图9-5-27　安装方法（一）

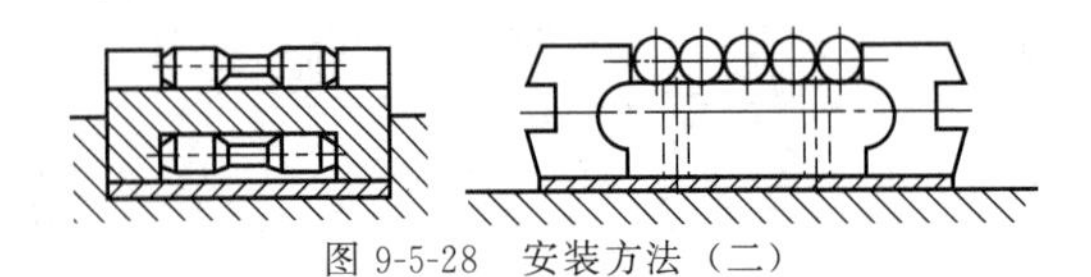

图9-5-28　安装方法（二）

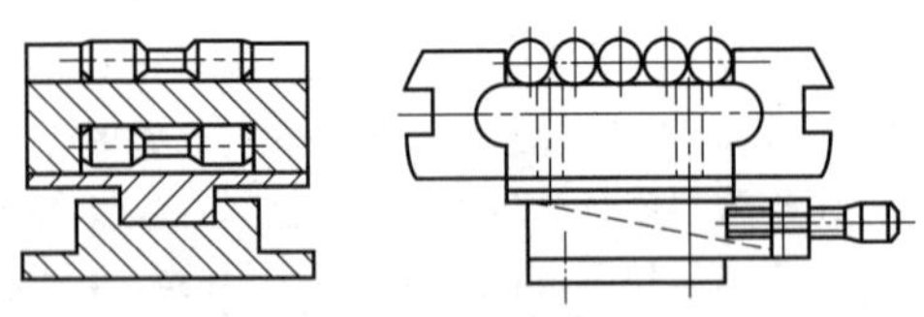

图9-5-29　安装方法（三）

④ 安装在可调衬垫上　见图9-5-30。采用这种方法时，不用精加工安装表面，但在最后调整精度时很费时。导轨块支承在两个螺钉上，刚度较低。

⑤ 安装在弹簧垫上　见图9-5-31。这种方式只能用于压紧导轨块。如果工作台较长，承载导轨块或基准侧的导向导轨块多于2个，则首尾两个必须与工作台刚性连接，中间的几个可以安装在弹簧垫上作为辅助支承以分担部分载荷。

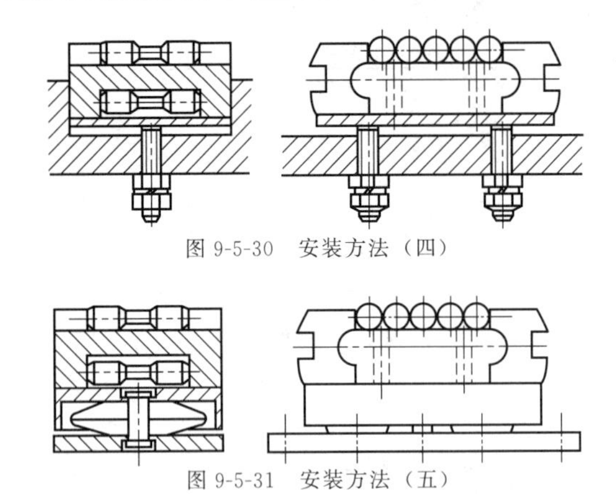

图9-5-30　安装方法（四）

图9-5-31　安装方法（五）

3）安装中的装配精度　要使导轨块达到预期的性能和耐用度，必须保证下述的安装和调整精度。

① 导轨块的安装基面与机床导轨滚动接触表面间的平行度公差应控制在0.02mm/1000mm以内。

② 选配导轨块的高度差，使各导轨块的高度差值尽量小。

③ 沿着导轨副运动方向的滚子轴线的倾斜精度应控制在0.02mm/300mm以内，定位精度要求越高，则倾斜精度控制也越严。检查方法见图9-5-32。

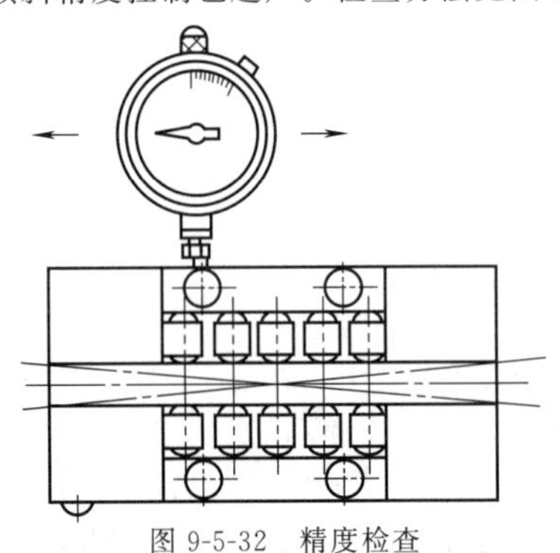

图9-5-32　精度检查

（4）安装注意事项

1）与导轨块安装的主体，其表面硬度推荐为58～64HRC，表面粗糙度 Ra 为0.4～0.8μm，主体本身平行度≤0.01mm/m，安装后平行度<0.01mm/m。

2）预加载荷可防止导轨块的松动和提高刚度，预加载荷值控制在每块导轨块的实际载荷的20%左右。

5.4.2.5　滚动直线导轨套副

（1）结构、特点与应用

滚动直线导轨套副的组成结构如图9-5-33及图9-5-34所示，导轨套副的主要标准组件是直线运动球轴承（图9-5-34）。由于直线运动球轴承的滚珠循环原理所决定，只能与导轨轴作相对往复运动，不能作相对旋转运动。

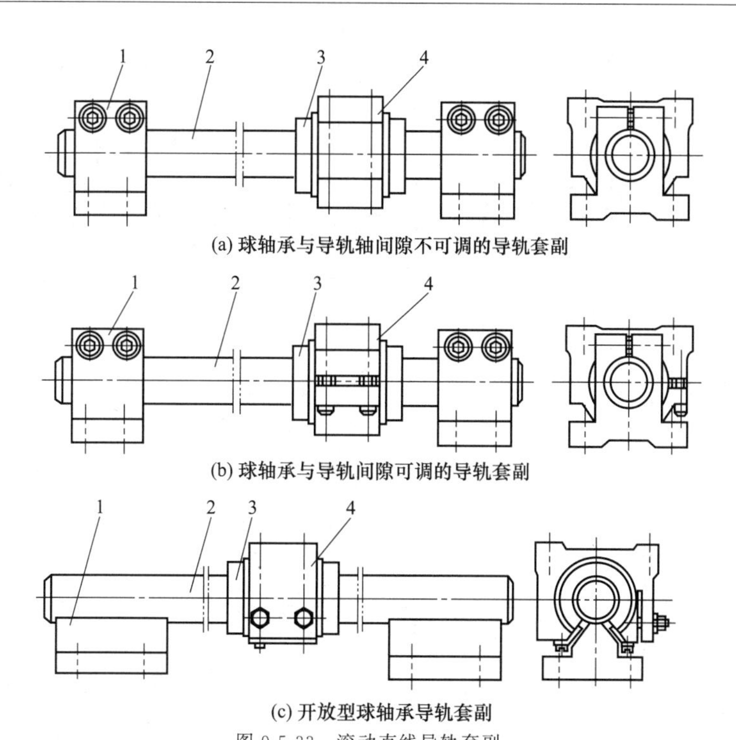

(a) 球轴承与导轨轴间隙不可调的导轨套副

(b) 球轴承与导轨间隙可调的导轨套副

(c) 开放型球轴承导轨套副

图 9-5-33　滚动直线导轨套副

1—导轨轴支承座；2—导轨轴；3—直线运动球轴承；4—直线运动球轴承支承座

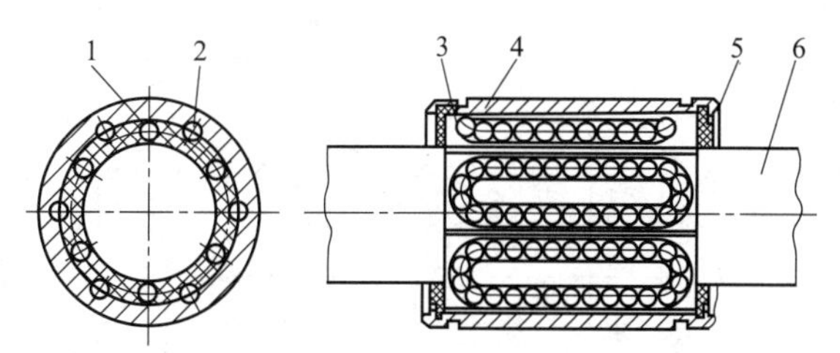

图 9-5-34　直线运动球轴承结构

1—负载滚珠；2—回珠；3—保持架；4—外套筒；
5—镶有橡胶密封垫的挡圈；6—导轨轴

由于球轴承的滚珠与导轨轴表面为点接触，因而承载力较小，但此种导轨套副运动灵活轻便、结构尺寸及体积小，精度较高，成本低，因而在机械设备、测量控制装置、电气、轻工等行业得到广泛应用。

1）直线运动球轴承的结构　如图 9-5-34 所示，直线运动球轴承由外套筒 4、保持架 3、滚珠（负载滚珠 1 和回珠 2）和镶有橡胶密封垫的挡圈 5 构成。当直线运动球轴承与导轨轴 6 作轴向相对直线运动时，滚珠在保持架的长圆形通道内循环流动。滚珠的列数有 3、4、5、6 等几种。轴承两端的挡圈使保持架固定在外套筒上，使各个零件连接为一个套件，拆装极为方便。

直线运动球轴承有三种结构形式，即标准型(LB)、调整型（LB-AJ）和开放型（LB-OP），如图 9-5-35所示。

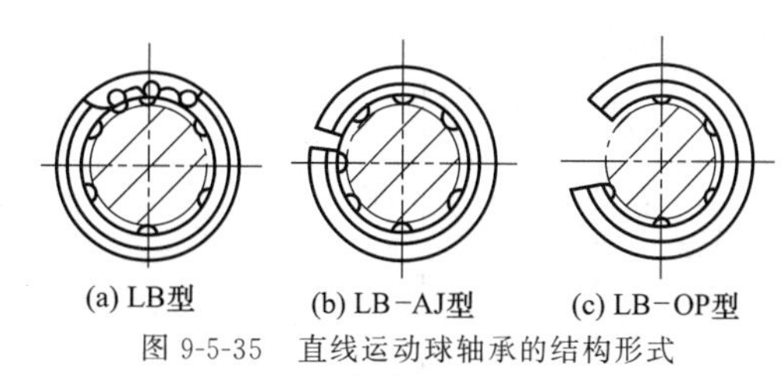

(a) LB型　(b) LB−AJ型　(c) LB−OP型

图 9-5-35　直线运动球轴承的结构形式

标准型（LB）：这是常用的类型。直线运动球轴承与导轨轴之间的间隙不可调。

调整型（LB-AJ）：在直线运动球轴承外套筒和挡圈上开有轴向切口，能够任意调整与导轨轴之间的间隙，适用于要求调隙的场合。可以方便地获得零间隙或适当的负间隙（过盈）。

开放型（LB-OP）：在直线运动球轴承外套筒和挡圈上开有轴向扇形切口，适用于带有多个导轨轴支承座的长行程的场合，可以避免长导轨轴因跨距太大而下垂对运动精度和性能的影响。开放型也可以调整间隙。因为开有扇形缺口，所以套内滚珠列数较标准型和调整型少一列。

此外，在通用系列标准型（LB）、调整型（LB-AJ）和开放型（LB-OP）的基础上，又派生出特殊系列标准型（LBP）、调整型（LBP-AJ）、开放型（LBP-OP)。与前者的区别是：轴承的内（d）外（D）径尺

表 9-5-95 通用系列直线运动球轴承

d /mm	轴承型号						外形尺寸/mm															径摆 /μm max		额定动载荷 C/N		额定静载荷 C_o/N	
	标准型		调整型		开放型		d			D			L		B		W	D_1	h	h_1	θ						
	LB	列数	LB-AJ	列数	LB-OP	列数	公称	公差 J	公差 P	公称	公差 J	公差 P	公称	公差 /μm	公称	公差 /μm						J	P	min	max	min	max
6	LB61219	3	LB61219AJ	3			6	0 −6	0 −9	12	0 −11	0 −11	19	0 −200	13.5	0 −200	1.1	11.5	1			8	12	68.6	68.6	127.4	127.4
8	LB81517 LB81524	3 3	LB81517AJ LB81524AJ	3 3			8	0 −6	0 −9	15	0 −11	0 −11	17 24	0 −200	11.5 17.5	0 −200	1.1 1.1	14.3 14.3	1			8	12	78.4 107.8	78.4 107.8	117.6 215.6	117.6 215.6
10	LB101929	4	LB101929AJ	4			10	0 −6	0 −9	19	0 −13	0 −13	29	0 −200	22	0 −200	1.3	18	1			8	12	156.8	225.4	284.2	411.6
13	LB132332	4	LB132332AJ	4	LB132332OP	3	13	0 −6	0 −9	23	0 −13	0 −13	32	0 −200	23	0 −200	1.3	22	1.5	9	80°	8	12	264.6	372.4	480.2	686
16	LB162837	4	LB162837AJ	4	LB162837OP	3	16	0 −6	0 −9	28	0 −13	0 −13	37	0 −200	26.5	0 −200	1.6	27	1.5	11	80°	8	12	421.4	597.8	725.2	980
20	LB203242	5	LB203242AJ	5	LB203242OP	4	20	0 −7	0 −10	32	0 −16	0 −16	42	0 −200	30.5	0 −200	1.6	30.5	1.5	11	60°	10	15	558.6	823.2	921.2	1470
25	LB254059	6	LB254059AJ	6	LB254059OP	5	25	0 −7	0 −10	40	0 −16	0 −16	59	0 −300	41	0 −300	1.85	38	2	12	50°	10	15	872.2	1078	1568	2058
30	LB304564	6	LB304564AJ	6	LB304564OP	5	30	0 −7	0 −10	45	0 −16	0 −16	64	0 −300	44.5	0 −300	1.85	43	2.5	15	50°	10	15	1274	1666	2156	2744
35	LB355270	6	LB355270AJ	6	LB355270OP	5	35	0 −8	0 −12	52	0 −19	0 −19	70	0 −300	49.5	0 −300	2.1	49	2.5	17	50°	12	20	1666	2058	3038	2920
38	LB385776	6	LB385776AJ	6	LB385776OP	5	38	0 −8	0 −12	57	0 −19	0 −19	76	0 −300	58.5	0 −300	2.1	54.5	3	18	50°	12	20	2058	2646	3528	4508
40	LB406080	6	LB406080AJ	6	LB406080OP	5	40	0 −8	0 −12	60	0 −19	0 −19	80	0 −300	60.5	0 −300	2.1	57	3	20	50°	12	20	2058	2646	3528	4506
50	LB5080100	6	LB5080100AJ	6	LB508010OP	5	50	0 −8	0 −12	80	0 −19	0 −19	100	0 −300	74	0 −300	2.6	76.5	3	25	50°	12	20	4018	5096	6958	8918
60	LB6090110	6	LB6090110AJ	6	LB6090110OP	5	60	0 −9	0 −15	90	0 −22	0 −22	110	0 −300	85	0 −300	3.15	86.5	3	30	50°	17	25	4802	6174	8036	10290
80	LB80120140	6	LB80120140AJ	6	LB80120140OP	5	80	0 −9	0 −15	120	0 −22	0 −22	140	0 −400	105.5	0 −400	4.15	116	3	40	50°	17	25	8820	11368	12410	18228
100	LB100150175	6	LB100150175AJ	6	LB100150175OP	5	100	0 −10	0 −20	150	0 −25	0 −25	175	0 −400	125.5	0 −400	4.15	145	3	50	50°	20	30	14700	18816	22344	28616

注：制造单位为哈尔滨轴承厂。

寸和公差、长度（L）尺寸和公差、切口扇形角（θ）、径摆值和额定动载荷（C_a）值等有所不同。

2）滚动直线导轨套副的结构及分类　根据直线运动球轴承结构类型的不同，滚动直线导轨套副也分为三种结构形式，即标准型滚动直线导轨套副（GTB，GTBt），如图9-5-35（a）所示；调整型滚动直线导轨套副（GTB-t，GTBt-t），如图9-5-35（b）所示；开放型滚动直线导轨套副（GTA，GTAt），如图9-5-35（c）所示。

GTB标准型（通用系列）、GTBt标准型（特殊系列）和GTB-t调整型（通用系列）、GTBt-t调整型（特殊系列）滚动直线导轨套副，不能配用两个以上的导轨轴支承座。如果支承跨距较大，则导轨轴的下垂也较大，对移动轨迹的直线性将带来不小的影响。因此，这两种导轨一般只适用于短行程或对运动轨迹的精度要求不太高的场合。

GTA（通用系列）和t（特殊系列）开放型滚动直线导轨套副，可配用两个以上导轨轴支承座。这样做可以减小支承跨距，从而减少导轨轴的下垂，有利于获得较高的精度，并适用于长行程的地方。

通用系列和特殊系列是指对应配用的直线运动球轴承，因而在尺寸、公差和额定动载荷C_a、额定静载荷C_{0a}值上也有所不同。

（2）精度等级

1）直线运动球轴承的精度等级。直线运动球轴承的精度，按内切圆（d）的制造公差，在通用系列中分为普通级（P）和精密级（J）两种，其公差值参见表9-5-95。

2）滚动直线套副的精度等级。滚动直线导轨套副的精度等级按直线运动球轴承的制造精度分为精密级（J）和两种普通级（P和P_1）三个等级，其中特殊系列只有P和P_1两个精度等级。各个精度等级的公差见表9-5-96。

3）直线运动球轴承与导轨轴和支承座孔的配合，见表9-5-97。

表9-5-96　滚动直线导轨套副的精度　μm

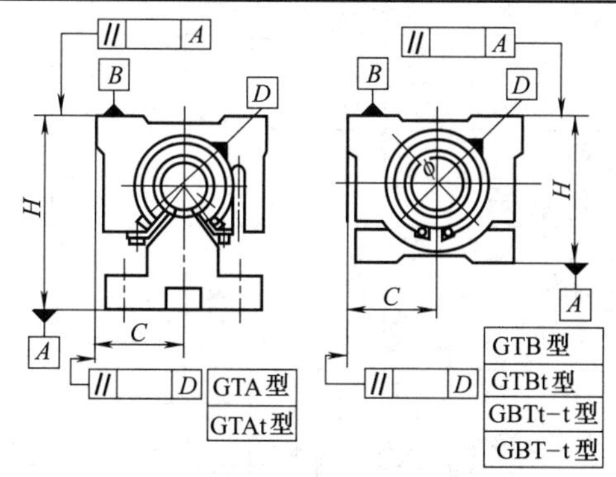

符号	项　　目	符　号	精度等级		
			J	P	P_1
1	直线运动球轴承支承座C面对导轨轴支承座A面的平行度	δP_{CA}	12	25	50
2	直线运动球轴承支承座B面对导轨轴支承座D面的平行度	δP_{BD}	15	40	80
3	高度H的尺寸公差	δH	±20	±50	±100
4	同一导轨轴上两个直线运动球轴承支承座H尺寸的一致性	δH_1	10	25	50
5	安装基面B对导轨轴中心线的尺寸C的公差	δC	±40	±150	±250
6	同一导轨轴上两个直线运动球轴承支承座C尺寸的一致性	δC_1	20	60	100

注：1. 表中所列精度等级GTA型在导轨轴支承座位置上检测，GTB型靠近导轨轴两端支承座位置检测。

2. 各项目的检测，必须在基面垂直的情况下进行。

3. 在同一平面上并列使用两套滚动直线导轨套副时，C的尺寸公差和两者一致性只适用基准滚动直线导轨套副。

表9-5-97　导轨轴和支承座孔的配合

直线运动球轴承		导　轨　轴		轴 承 座 孔	
型　号	精度等级	一般间隙	小间隙	间隙配合	过渡配合
LB	P	f6、g6	h6	H7	J7
	J	f5、g5	h5	H6	J6
LBP	—	h6	j6	H7	J7

（3）滚动直线导轨套副的尺寸系列（表9-5-98和表9-5-99）

表9-5-98 标准型、调整型通用系列（GTB、GTB-t）及非调整型、调整型特殊系列（GTBt、GTBt-t）滚动直线导轨套副

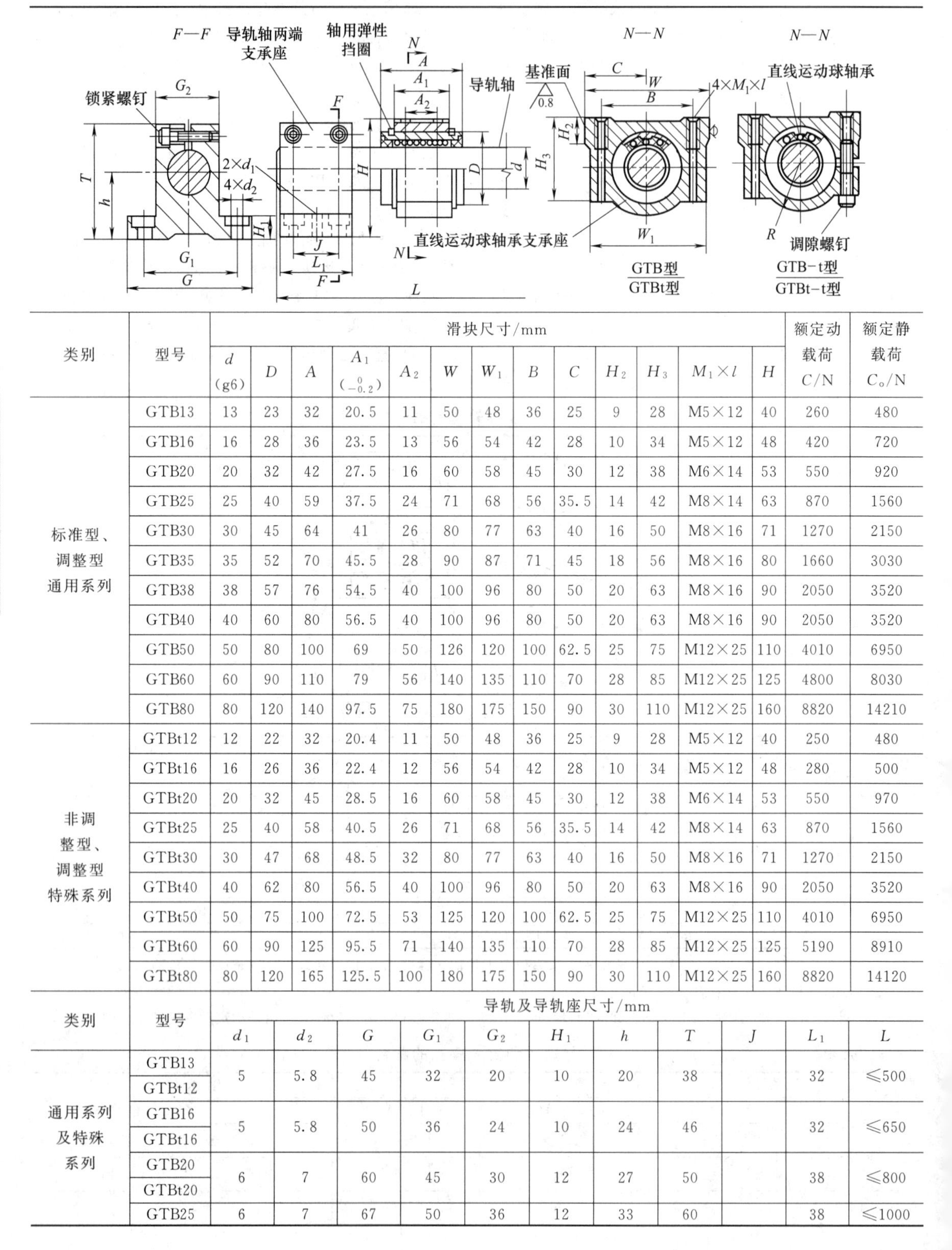

类别	型号	滑块尺寸/mm													额定动载荷 C/N	额定静载荷 C_o/N
		d (g6)	D	A	A_1 ($_{-0.2}^{0}$)	A_2	W	W_1	B	C	H_2	H_3	$M_1\times l$	H		
标准型、调整型通用系列	GTB13	13	23	32	20.5	11	50	48	36	25	9	28	M5×12	40	260	480
	GTB16	16	28	36	23.5	13	56	54	42	28	10	34	M5×12	48	420	720
	GTB20	20	32	42	27.5	16	60	58	45	30	12	38	M6×14	53	550	920
	GTB25	25	40	59	37.5	24	71	68	56	35.5	14	42	M8×14	63	870	1560
	GTB30	30	45	64	41	26	80	77	63	40	16	50	M8×16	71	1270	2150
	GTB35	35	52	70	45.5	28	90	87	71	45	18	56	M8×16	80	1660	3030
	GTB38	38	57	76	54.5	40	100	96	80	50	20	63	M8×16	90	2050	3520
	GTB40	40	60	80	56.5	40	100	96	80	50	20	63	M8×16	90	2050	3520
	GTB50	50	80	100	69	50	126	120	100	62.5	25	75	M12×25	110	4010	6950
	GTB60	60	90	110	79	56	140	135	110	70	28	85	M12×25	125	4800	8030
	GTB80	80	120	140	97.5	75	180	175	150	90	30	110	M12×25	160	8820	14210
非调整型、调整型特殊系列	GTBt12	12	22	32	20.4	11	50	48	36	25	9	28	M5×12	40	250	480
	GTBt16	16	26	36	22.4	12	56	54	42	28	10	34	M5×12	48	280	500
	GTBt20	20	32	45	28.5	16	60	58	45	30	12	38	M6×14	53	550	970
	GTBt25	25	40	58	40.5	26	71	68	56	35.5	14	42	M8×14	63	870	1560
	GTBt30	30	47	68	48.5	32	80	77	63	40	16	50	M8×16	71	1270	2150
	GTBt40	40	62	80	56.5	40	100	96	80	50	20	63	M8×16	90	2050	3520
	GTBt50	50	75	100	72.5	53	125	120	100	62.5	25	75	M12×25	110	4010	6950
	GTBt60	60	90	125	95.5	71	140	135	110	70	28	85	M12×25	125	5190	8910
	GTBt80	80	120	165	125.5	100	180	175	150	90	30	110	M12×25	160	8820	14120

类别	型号	导轨及导轨座尺寸/mm										
		d_1	d_2	G	G_1	G_2	H_1	h	T	J	L_1	L
通用系列及特殊系列	GTB13	5	5.8	45	32	20	10	20	38		32	≤500
	GTBt12											
	GTB16	5	5.8	50	36	24	10	24	46		32	≤650
	GTBt16											
	GTB20	6	7	60	45	30	12	27	50		38	≤800
	GTBt20											
	GTB25	6	7	67	50	36	12	33	60		38	≤1000

续表

类别	型号	导轨及导轨座尺寸/mm										
		d_1	d_2	G	G_1	G_2	H_1	h	T	J	L_1	L
通用系列及特殊系列	GTBt25	6	7	67	50	36	12	33	60		38	≤1000
	GTB30	6	7	75	56	42	12	37	67		38	≤1500
	GTBt30											
	GTB35	8	9	85	67	50	16	42	75		48	≤1800
	GTB38	8	9	90	71	56	16	48	85		48	≤2000
	GTB40	8	9	90	71	56	16	48	85		48	≤2000
	GTBt40											
	GTB50	8	11	110	85	67	20	57	105		52	≤2500
	GTBt50											
	GTB60	8	11	125	100	80	20	65	120		52	≤3000
	GTBt60											
	GTB80	8	13.5	160	130	105	25	80	150		60	≤3500
	GTBt80											

注：1. 调整型尺寸与标准型或非调整特殊型相同。

2. 生产厂为海红汉中轴承厂。

表 9-5-99　　开放型通用系列（GTA）和特殊系列（GTAt）滚动直线导轨套副

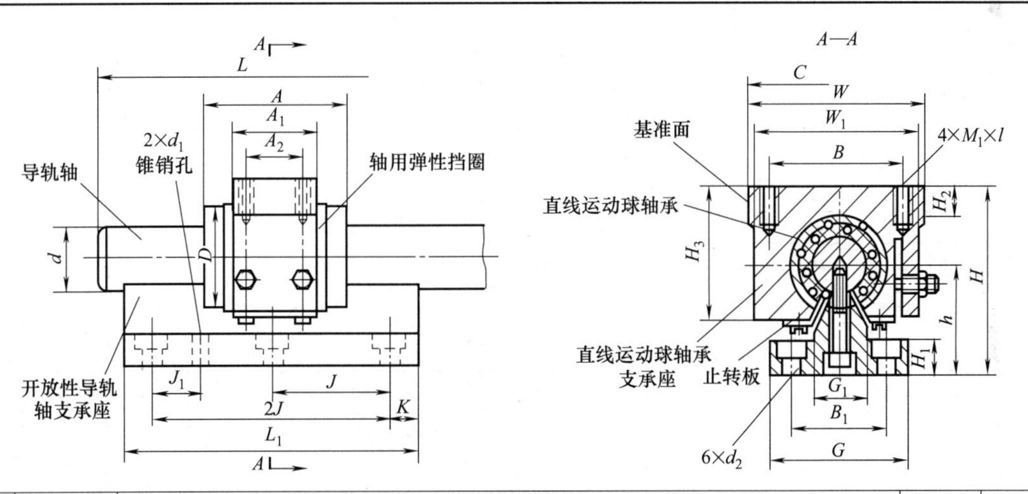

类别	型号	滑块尺寸/mm														额定动载荷 C/N	额定静载荷 C_0/N
		d (g6)	D (h5)	A	A_1 ($^{0}_{-0.2}$)	A_2	C	W	W_1	B	h	H	H_2	H_3	$M_1\times l$		
开放型通用系列、特殊系列	GTA13	13	23	32	20.5	11	25	50	48	36	36	56	9	33	M5×12	260	480
	GTAt12	12	22	32	20.4	11										250	480
	GTA16	16	28	37	23.5	13	28	56	54	42	39	63	10	40	M5×12	420	720
	GTAt16	16	26	36	22.4	12										280	500
	GTA20	20	32	42	27.5	16	30	60	58	45	41	67	12	44	M6×14	550	920
	GTAt20	20	32	45	28.5	16										550	970
	GTA25	25	40	59	37.5	24	35.5	71	68	56	41	71	14	52	M6×14	870	1560
	GTAt25	25	40	58	40.5	26										870	1560
	GTA30	30	45	64	41	26	40	80	77	63	51	85	16	59	M8×16	1270	2150
	GTAt30	30	47	68	48.5	32										1270	2150
	GTA35	35	52	70	45.5	28	45	90	87	71	52	90	18	66	M8×16	1660	3030
	GTA38	38	57	76	54.5	38	50	100	96	80	58	100	20	73	M8×16	2050	3520

续表

类别	型号	滑块尺寸/mm														额定动载荷C/N	额定静载荷C_0/N
		d (g6)	D (h5)	A	A_1 $\left(_{-0.2}^{0}\right)$	A_2	C	W	W_1	B	h	H	H_2	H_3	$M_1 \times l$		
开放型通用系列、特殊系列	GTA40	40	60	80	56.5	38	50	100	96	80	58	100	20	74	M8×16	2050	3520
	GTAt40	40	62	80	56.5	40										2050	3520
	GTA50	50	80	100	69	50	62.5	125	121	100	72	125	25	95	M12×25	4010	6950
	GTAt50	50	75	100	72.5	53										4010	6950
	GTA60	60	90	110	79	56	70	140	135	110	85	145	28	108	M12×25	4800	8030
	GTAt60	60	90	125	95.5	71										5190	8910
	GTA80	80	120	140	97.5	75	90	180	175	150	110	190	35	143	M12×25	8820	14210
	GTAt80	80	120	165	125.5	100										8820	14120

类别	型号	导轨及导轨座尺寸/mm											
		d(g6)	L	L_1	J	J_1	K	B_1	G	G_1	H_1	d_1	d_2
开放型通用系列、特殊系列	GTA13	13	≤500	100	40	15	10	36	50	24	11	5	5.8
	GTAt12	12											
	GTA16	16	≤650	100	40	15	10	36	50	24	11	5	5.8
	GTAt16												
	GTA20	20	≤800	125	50	20	12.5	40	56	26	12	6	7
	GTAt20												
	GTA25	25	≤1000	125	50	20	12.5	40	56	26	12	6	7
	GTAt25												
	GTA30	30	≤1500	150	60	25	15	45	60	30	14	6	7
	GTAt30												
	GTA35	35	≤1800	150	60	25	15	45	63	30	14	8	9
	GTA38	38	≤2000	150	60	25	15	53	71	36	14	8	9
	GTA40	40	≤2000	150	60	25	15	53	71	36	14	8	9
	GTAt40												
	GTA50	50	≤2500	200	80	30	20	67	90	48	17	8	11
	GTAt50												
	GTA60	60	≤3000	200	80	30	20	67	90	48	17	8	11
	GTAt60												
	GTA80	80	≤3500	250	100	40	25	85	110	60	20	8	13.5
	GTAt80												

注：生产厂为海红汉中轴承厂。

(4) 滚动直线导轨套副的安装

1) 直线运动球轴承的安装

① 轴承压入轴承座孔时，应采用专用安装工具，从外圆端面压入（图9-5-36），不允许随意敲打，以免变形。导轨轴装入轴承时，应对准中心轻轻插入，不允许转动，避免损坏轴承。

② 调整型和开放型按图9-5-37方式安装。安装时，先松开螺钉1，安装完毕后，用螺钉1的松紧调整间隙，注意不要使预压过大。

2) 滚动直线导轨套副的安装

① 可参照滚动直线导轨副的安装方法进行，先识别基准定位面（基准定位面刻有小沟槽，编号末尾标有“J”字母），安装基准定位面后再安装非基准面。

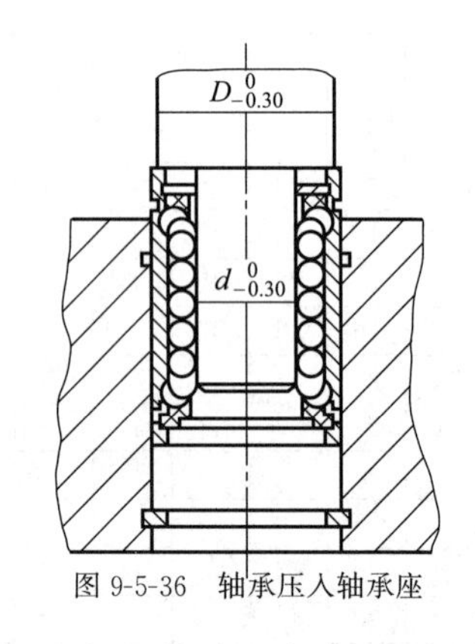

图9-5-36　轴承压入轴承座

② 支承座与工作台的螺钉直径按表9-5-100选用。

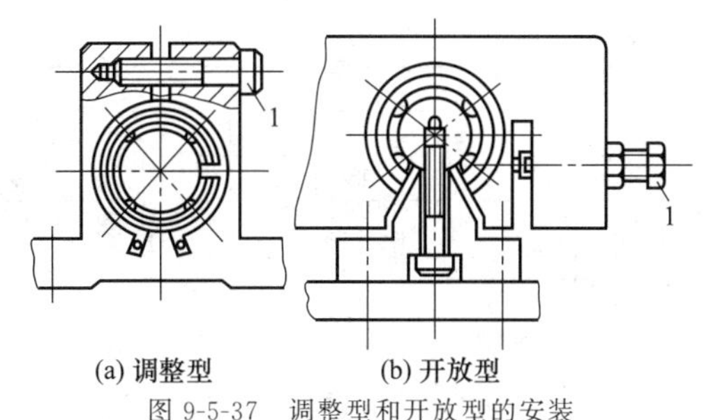

图 9-5-37　调整型和开放型的安装

表 9-5-100　　螺钉直径　　mm

型号 GTB/GTBt	13	16	20	25	30	35	38	40	50	60	80
螺钉直径	M4	M4	M5	M5	M6	M6	M6	M6	M10	M10	M10

③ 滚动直线导轨套副的润滑方法与滚动轴承相同。

④ 工作台和支承座装好后，应进行拖动力的变化和工作台在竖直面内及水平面内移动的直线度以及工作台移动对工作台面的平行度测定。测定方法参考表 9-5-82。

5.4.2.6　滚动花键导轨副

（1）结构特点与应用

如图 9-5-38 所示，滚动花键导轨副由花键轴、花键套、滚珠及其循环件组成。花键轴上有三条互成 120°的花键，每条花键的两侧均磨出滚道，滚珠通过花键套上的循环构件在花键滚道和花键套中循环。花键轴上的三列同侧滚珠传递正向力矩，另三列同侧滚珠传递反向力矩。当花键轴和花键套相对直线运动时，滚珠在滚动的同时也在花键轴和花键套中循环。花键套中的循环装置、滚珠、密封件为一整体，可单独从花键轴上卸下，滚珠不会脱落。

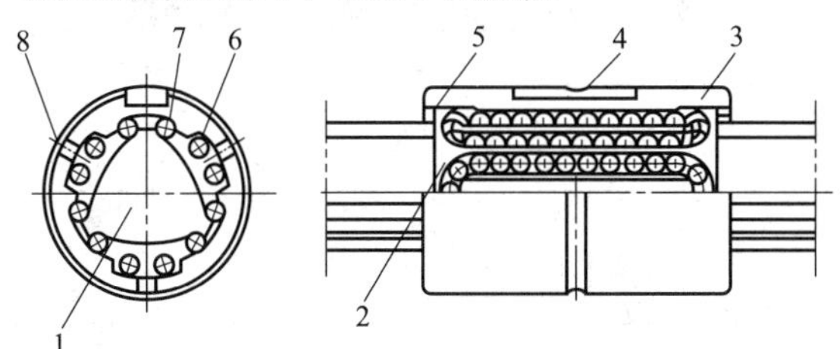

图 9-5-38　滚动花键导轨副

1—花键轴；2—保持架；3—花键套；4—键槽；5—橡胶密封垫；6—退出滚珠列；7—承载滚珠列；8—油孔

滚珠与花键轴滚道的接触角为 45°，因此它可承载径向载荷，也可传递转矩。通过选配滚珠直径，可以调整花键套及花键轴间的间隙量或过盈量，提高接触刚度和运动精度。由于花键套与花键轴之间为滚动，因此直线运动速度可达 60m/min。

按照花键轴的形状，滚动花键导轨副可分为两大类，即凸缘式滚动花键导轨副和凹槽式滚动花键导轨副。一般情况下，凸缘式的花键副所能传递转矩及承受的径向载荷都比凹槽式的要大些。

滚动花键导轨副应用广泛，主要应用在既要求传递转矩，又要求直线运动的机械上。适用范围见表 9-5-101。

表 9-5-101　　滚动花键副适用范围

回转间隙	使用条件	适用举例
P_2（中预紧）	需要高刚度，有振动、冲击处，悬臂倾覆力矩载荷处	点焊熔接机轴，刀架，分度（转位）轴
P_1（轻预紧）	轻度振动，倾覆力矩，轻度悬臂交变转矩处	工业机器人摇臂，各种自动装卸机，自动涂装机主轴
P_0（普通）	承受一定方向转矩负荷，用较小的力使之顺利运动处	各种计量仪器，自动绘图机，卷线机，包装机以及弯板机主轴

（2）编号规则

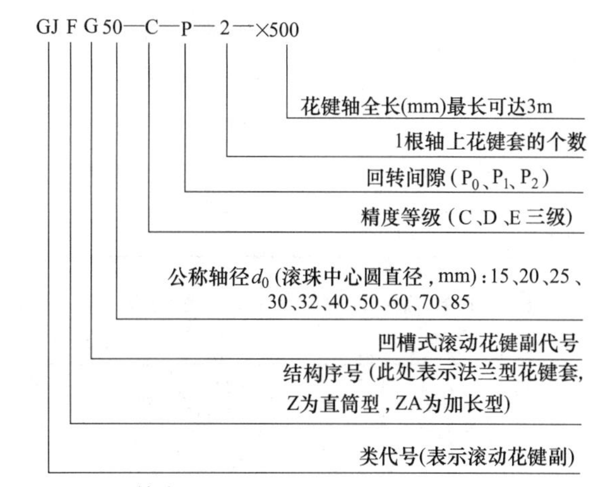

（3）精度

滚动花键副分为超精密级 C、精密级 D 与普通级 E。各项精度如图 9-5-39 所示。花键轴两端轴颈的形位公差要求，仅向用户推荐选用。滚动花键副的精度值见表 9-5-102～表 9-5-105。

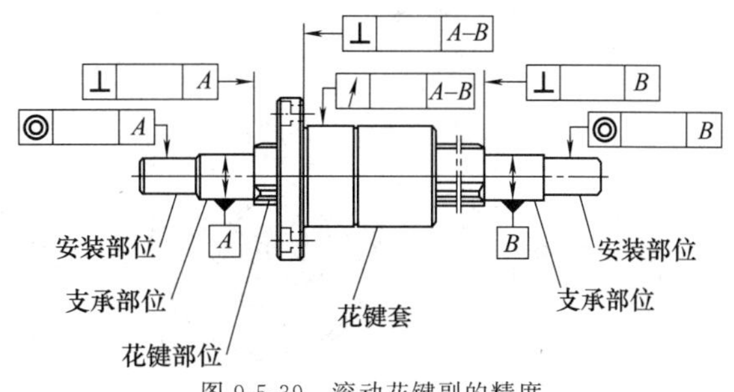

图 9-5-39　滚动花键副的精度

表 9-5-102　　花键套表面对支承部位轴线的径向圆跳动　　μm

长度/mm	公称轴径/mm														
	15　20			20　30　32			40　50			60　63　70			85　100		
	C	D	E	C	D	E	C	D	E	C	D	E	C	D	E
＜200	18	34	56	18	32	53	16	32	53	16	30	51	16	30	51
200～315	25	45	71	21	39	58	19	36	58	17	34	55	17	32	53
315～400	—	53	83	25	44	70	21	39	63	19	36	58	17	34	55
400～500	—	—	95	29	50	78	24	43	68	21	38	61	19	35	57
500～630	—	—	112	34	57	88	27	47	74	23	41	65	20	37	60
630～800				42	68	103	32	54	84	26	45	71	22	40	64
800～1000				—	—	124	38	63	97	30	51	79	24	43	69
1000～1250							—	—	114	35	59	90	28	48	76
1250～1600							—	—	139	—	—	106	—	—	86

任意 100mm 花键滚道的直线度：C 级 6μm；D 级 13μm；E 级 33μm，移动量＞100mm 或＜100mm 时，与移动量成正比地增、减以上数值。

表 9-5-103　安装部位对支承部位的同轴度　　μm

公称轴径/mm	精度等级		
	C	D	E
15　20	12	19	46
25　30　32	13	22	53
40　50	15	25	62
60　63　70	17	29	73
85　100	20	34	86

表 9-5-104　轴端面对支承部位轴线的垂直度　　μm

公称轴径/mm	精度等级		
	C	D	E
15　20	8	11	27
25　30　32	9	13	33
40　50	11	16	39
60　63　70	13	19	46
85　100	15	22	54

表 9-5-105　花键套法兰装配面对支承部位的垂直度　　μm

公称轴径/mm	精度等级		
	C	D	E
15　20	9	13	33
25　30　32	11	16	39
40　50	13	19	46
60　63　70　85	15	22	54
100	18	25	63

（4）滚动花键轴与花键套间的回转间隙

滚动花键轴与花键套间的回转间隙对滚动花键副的总成精度和刚度有很大影响，可以采用变换滚珠直径的预紧办法控制回转间隙的大小，甚至可以获得微量的过盈。但过大的预紧量会产生较大的摩擦阻力。同时装配也不方便，设计时可根据使用条件参照表 9-5-101 选用合适的回转间隙类型，按表 9-5-106 确定回转间隙值。

表 9-5-106　滚动花键副回转间隙　　μm

公称轴径/mm	普通 P_0	轻预紧 P_1	中预紧 P_2
15	±3	－9～－3	－15～－9
20　25　30　32	±4	－12～－4	－20～－12
40　50　60	±6	－18～－6	－30～－18
70　85	±8	－24～－8	－40～－24
100	±10	－30～－10	－50～－30

注：“－”值表示过盈量。

（5）尺寸系列（表 9-5-107～表 9-5-110）

表 9-5-107　　GJF 型凸缘式滚动花键副尺寸系列　　mm

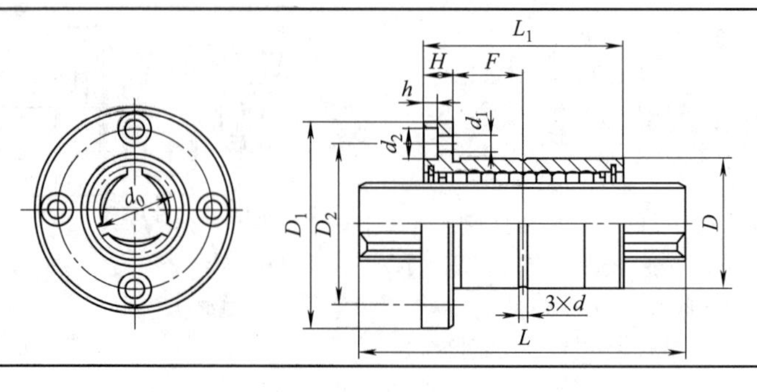

续表

规格型号	公称轴径 d_0	外径 D	套长度 L_1	轴最大长度 L	法兰直径 D_1	安装孔中心圆直径 D_2	法兰厚度 H	沉孔深度 h	油孔直径 d	沉孔直径 d_2	通孔直径 d_1	油孔位置尺寸 F	基本额定转矩	
													动转矩 C_T /N·m	静转矩 C_{0T} /N·m
* GJF15	15	$23_{-0.013}^{0}$	$40_{-0.3}^{0}$	300	$43_{-0.2}^{0}$	32	7	4.4	2	8	4.5	13	27	45
GJF20	20	$30_{-0.013}^{0}$	$50_{-0.3}^{0}$	500	$49_{-0.2}^{0}$	38	7	4.4	3	8	4.5	18	64	90
GJF25	25	$38_{-0.016}^{0}$	$60_{-0.3}^{0}$	700	$60_{-0.2}^{0}$	47	9	5	3	10	5.8	21	134	184
GJF30	30	$45_{-0.016}^{0}$	$70_{-0.3}^{0}$	1000	$70_{-0.2}^{0}$	54	10	6	3	11	6.6	25	238	317
GJF32	32	$48_{-0.016}^{0}$	$80_{-0.3}^{0}$	1000	$73_{-0.2}^{0}$	57	10	6	3	12	7	25	238	317
GJF40	40	$57_{-0.019}^{0}$	$90_{-0.3}^{0}$	1200	$90_{-0.2}^{0}$	70	14	7	4	15	9	31	523	670
GJF50	50	$70_{-0.019}^{0}$	$100_{-0.3}^{0}$	1200	$108_{-0.2}^{0}$	86	16	9	4	18	11	34	956	1146
GJF60	60	$85_{-0.022}^{0}$	$127_{-0.3}^{0}$	1200	$124_{-0.2}^{0}$	102	18	11	4	18	11	45.5	1631	2262
GJF70	70	$100_{-0.022}^{0}$	$135_{-0.3}^{0}$	1200	$142_{-0.2}^{0}$	117	20	13	4	20	13	47.5	2617	3597
GJF85	85	$120_{-0.022}^{0}$	$155_{-0.3}^{0}$	1200	$168_{-0.2}^{0}$	138	22	13	5	20	13	55.5	4139	5635

注：1. * 为非标准产品。

2. 花键套，采用渗碳钢制造，滚道硬度为56～63HRC，法兰硬度≤30HRC，必要时可配钻铰定位销孔防止周向松动。

3. 花键套有特殊要求可特殊订货。

表 9-5-108 GJZ 型、GJZA 型凸缘式滚动花键副尺寸系列 mm

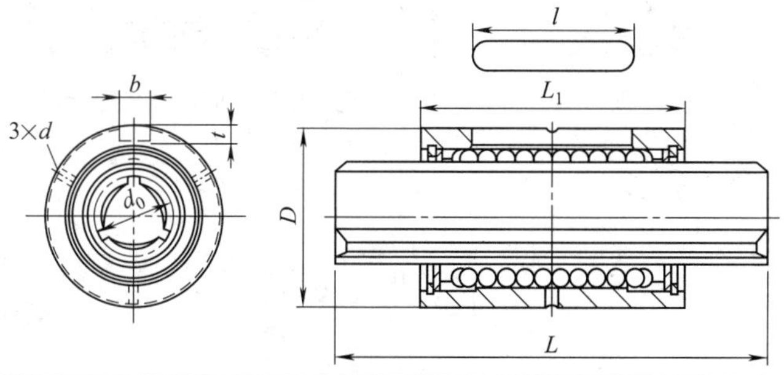

规格型号	公称轴径 d_0	外径 D	套长度 L_1	轴最大长度 L	键槽宽度 b	键槽深度 t	键槽长度 l	油孔直径 d	基本额定转矩	
									动转矩 C_T /N·m	静转矩 C_{0T} /N·m
* GJZ15	15	$23_{-0.013}^{0}$	$40_{-0.3}^{0}$	300	3.5H8	$2_{-0.3}^{0}$	20	2	27	45
GJZ20	20	$30_{-0.013}^{0}$	$50_{-0.3}^{0}$	500	4H8	$2.5_{0}^{+0.1}$	26	3	64	90
GJZ25	25	$38_{-0.016}^{0}$	$60_{-0.3}^{0}$	700	5H8	$3_{0}^{+0.2}$	36	3	134	184
GJZA25	25	$38_{-0.016}^{0}$	$70_{-0.3}^{0}$	700	5H8	$3_{0}^{+0.2}$	36	3	152	225
GJZ30	30	$45_{-0.016}^{0}$	$70_{-0.3}^{0}$	1000	6H8	$3_{0}^{+0.2}$	40	3	238	317
GJZ32	32	$48_{-0.016}^{0}$	$70_{-0.3}^{0}$	1000	8H8	$4_{0}^{+0.2}$	40	3	238	317
GJZA32	32	$48_{-0.016}^{0}$	$80_{-0.3}^{0}$	1000	8H8	$4_{0}^{+0.2}$	40	3	272	388
GJZ40	40	$60_{-0.019}^{0}$	$90_{-0.3}^{0}$	1200	10H8	$5_{0}^{+0.2}$	56	4	523	670
GJZA40	40	$60_{-0.019}^{0}$	$100_{-0.3}^{0}$	1200	10H8	$5_{0}^{+0.2}$	56	4	607	837
GJZ50	50	$75_{-0.019}^{0}$	$100_{-0.3}^{0}$	1200	14H8	$5.5_{0}^{+0.2}$	60	4	956	1146
GJZA50	50	$75_{-0.019}^{0}$	$112_{-0.3}^{0}$	1200	14H8	$5.5_{0}^{+0.2}$	60	4	1130	1473
GJZ60	60	$90_{-0.022}^{0}$	$127_{-0.3}^{0}$	1200	16H8	$6_{0}^{+0.2}$	70	4	1631	2262
GJZ70	70	$100_{-0.022}^{0}$	$135_{-0.3}^{0}$	1200	18H8	$6_{0}^{+0.1}$	68	4	2617	3597
GJZ85	85	$120_{-0.022}^{0}$	$155_{-0.3}^{0}$	1200	20H8	$7_{0}^{+0.1}$	80	5	4139	5635

注：* 为非标准产品。

表 9-5-109　　GJZG型凹槽式滚动花键副尺寸系列　　mm

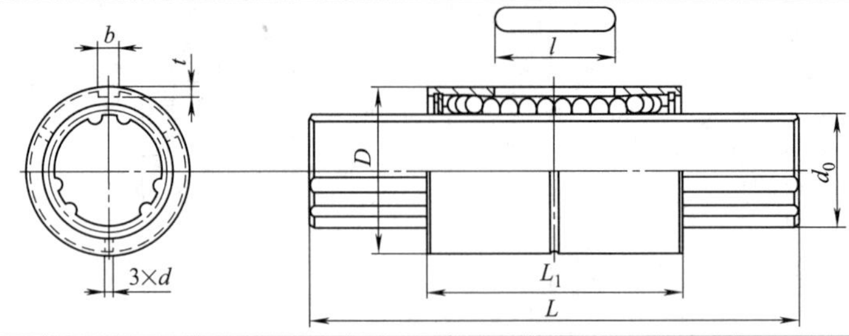

规格型号	轴外径 d_0(h7)	外径 D	套长度 L_1	轴最大长度 L	键槽宽度 b	键槽深度 t	键槽长度 l	油孔直径 d	基本额定转矩	
									动转矩 C_T /N·m	静转矩 C_{0T} /N·m
GJZG30	$30_{-0.025}^{0}$	$48_{-0.016}^{0}$	$80_{-0.3}^{0}$	1000	4H8	$2.5_{0}^{+0.1}$	40	3	171	148
GJZG60	$60_{-0.03}^{0}$	$90_{-0.022}^{0}$	$140_{-0.3}^{0}$	1200	12H8	$5_{0}^{+0.2}$	67	5	1220	1040
GJZG100	$100_{-0.035}^{0}$	$150_{-0.025}^{0}$	$185_{-0.3}^{0}$	1200	20H8	$7.5_{0}^{+0.2}$	90	5	3730	3010

表 9-5-110　　GJFG型凹槽式滚动花键副尺寸系列　　mm

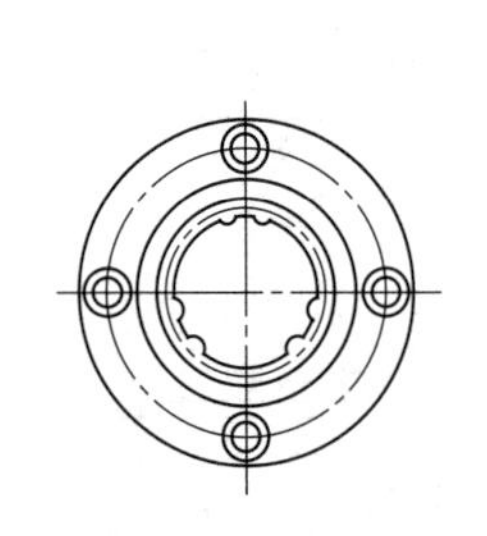
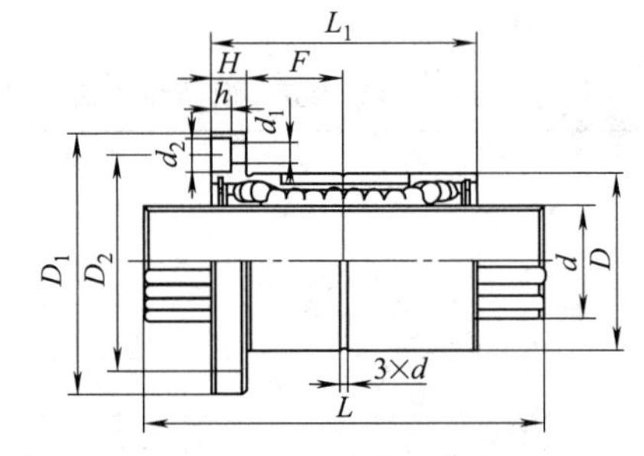

规格型号	外径 D	套长度 L_1	轴最大长度 L	法兰直径 D_1	安装孔中心圆直径 D_2	法兰厚度 H	沉孔深度 h	沉孔直径 d_2	通孔直径 d_1	油孔直径 d	油孔位置尺寸 F	基本额定转矩	
												动转矩 C_T /N·m	静转矩 C_{0T} /N·m
GJFG30	$48_{-0.016}^{0}$	$80_{-0.3}^{0}$	1000	$75_{-0.2}^{0}$	60	10	6.5	11	6.6	3	30	171	148
GJFG60	$90_{-0.022}^{0}$	$140_{-0.3}^{0}$	1200	$134_{-0.2}^{0}$	112	16	11	18	11	5	54	1220	1040

(6) 设计和使用注意事项

1) 花键轴轴端结构的要求

① 当轴端需要加工时，$d_1<d$，d 值见表 9-5-111。

② 当花键轴需要大直径轴颈时，磨削滚道必须让出足够的退刀长度 S，如图 9-5-40 所示。

$$S\geqslant 1.2\sqrt{R(D_0-d)}$$

砂轮 R=(40～150)mm，通常小尺寸为低精度。

图 9-5-40　花键轴

表 9-5-111　　花键轴截面尺寸　　mm

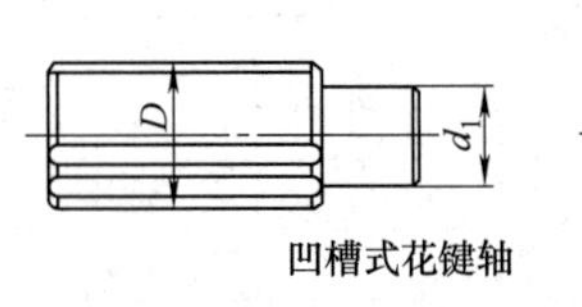
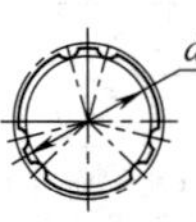

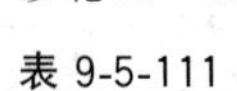

凹槽式花键轴

公称直径	d	D
30	27.8	30
60	55	60
100	93.4	100

续表

	公称直径	d	D
凸缘式花键轴	15	11.6	14.4
	20	15.3	19.5
	25	19	24
	30	22.5	29.2
	32	24	31
	40	30.5	38.5
	50	38.5	48.5
	60	46	57.8
	70	53.8	69
	85	66.8	82

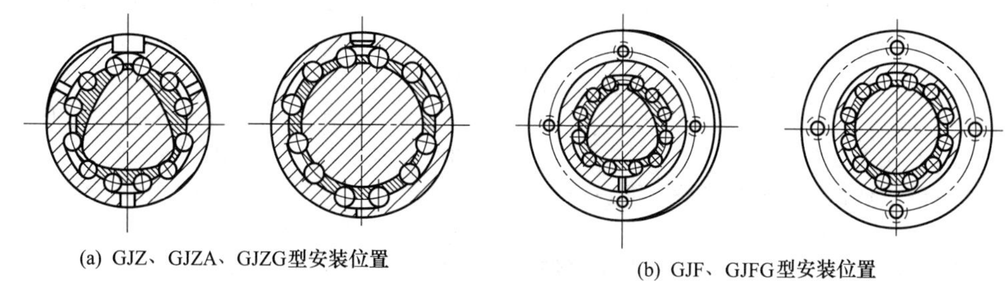

图 9-5-41　花键套的结构与安装

2）花键套的结构与安装

① 花键套的键槽和法兰盘安装孔水平，为安装时的正确位置。

GJZ 型、GJZA 型和 GJZG 型花键套的键槽，如图 9-5-41（a）所示，在两条载荷列的正上方。

GJF 和 GJFG 型花键套法兰盘上 4 个安装孔中的一个也对准花键的一凸筋，如图 9-5-41（b）所示，订货时如对键槽位置关系有要求，应与厂家联系。

② 花键套的安装　将花键套装入机座中时，用专用工具轻轻放入，不要碰到侧板和密封垫。工具 d_1 前端 $2\times30°$。花键副专用工具尺寸见表 9-5-112。

③ 花键轴与花键套的组装　将花键轴套入花键套中，要注意确认花键轴与花键套的配合标志，如图 9-5-42。切勿装错，强行套入会造成损坏。套入时应在主轴外径涂上润滑油。

表 9-5-112　　花键副安装专用工具尺寸　　mm

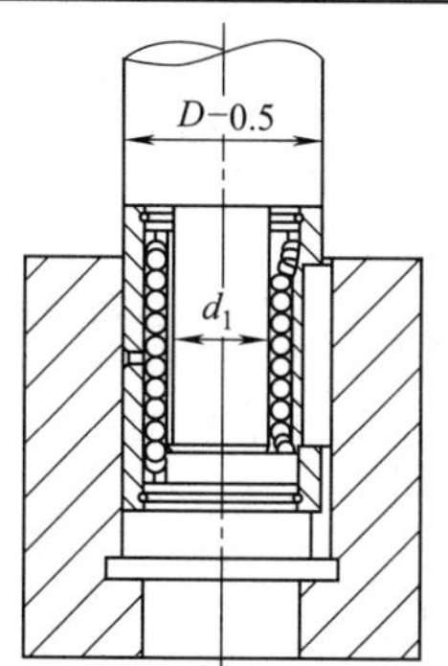

凸缘式花键副	公称直径	15	20	25	30	32	40	50	60	70	85
	D	23	30	38	45	48	60	75	90	100	120
	d_1(h9)	11.6	15.3	19	22.5	24	30.5	38.5	46	53.8	66.8
凹槽式花键副	公称直径	30			60			100			
	D	30			60			100			
	d_1	27.8h9			55h9			93.4h9			

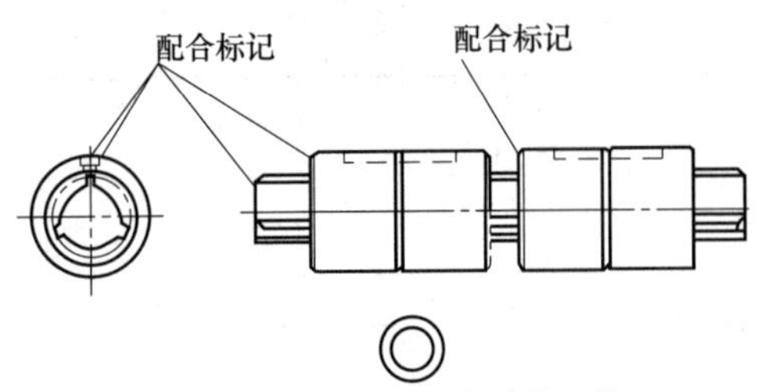

图 9-5-42　花键轴与花键套的组装

5.4.2.7　滚动轴承导轨

用滚动轴承作滚动体制作的滚动导轨在大行程、高刚度、大载荷的场合得到了广泛的应用，例如大型（磨削长度达15m）的磨头移动式平面磨床的纵向导轨、绘图机的导轨、高精度测量机的导轨等。

（1）滚动轴承导轨的特点

① 滚动轴承为标准件，使用经济，维护保养简单。

② 导轨面直接接触轴承的外圈（或另加的外圈套圈），由于外圈直径较大，故导轨面的接触压强小，轴承可预紧，因而有较大的承载能力和导轨刚度，且可提高轴承的滚动精度。

③ 由于导轨面的接触压强小，导轨面的硬度要求不高，一般达到42HRC即可。

④ 由于轴承的外圈（包括另加的外圈套圈）是一个很好的弹性体，具有吸振和缓冲的作用，故抗振性好。

⑤ 结构尺寸较大，滑鞍（或工作台）上的轴承组安装孔的加工较为困难。

（2）导轨的结构

滚动轴承导轨所用轴承首推为调心球轴承或调心滚子轴承，因安装轴承支承的孔很难保证达到与导轨面的平行度或垂直度（侧面导向），在轴承支承轴与导轨面平行度误差不大时用调心轴承可保证轴承宽度方向与导轨面有良好接触。其次是用深沟球轴承或滚子轴承。

把表9-5-113中所示的轴承组，利用其安装部位（D）安装在滑鞍或工作台上，滚动轴承的外圈（或外圈套圈）压在导轨面上，用相对工作的轴承组把滑鞍或工作台约束到只剩下一个运动自由度。

表 9-5-113　　推荐的轴承组结构

序号	简　图	应用及说明
1	D　e	使用深沟球轴承，直接利用外圈与导轨面接触，结构简单，一般情况下，均采用这种用法 利用安装部位“D”与轴承内孔的偏心“e”调节导轨间隙或预加载荷 安装部位的直径 $D>$轴承外径$+2e$ 事先不能对轴承预加载荷，影响了轴承的承载能力
2	D　e	滚柱轴承受径向载荷，深沟轴承轴向限位，外圈套圈与导轨面接触 外圈套圈可以与滚柱轴承过盈配合，这种结构很适合承载能力高的场合 利用偏心 e 调整导轨间隙或预加载荷 $D>$外圈套圈直径$+2e$ 滚柱轴承也可以是滚针轴承
3	D　e	成对使用角接触球轴承，利用内、外隔套对轴承预加载荷，外圈套圈与导轨面接触 适合高精度的场合使用 利用偏心 e 调整导轨间隙或预加载荷 $D>$外圈套圈直径$+2e$

续表

序号	简 图	应用及说明
4	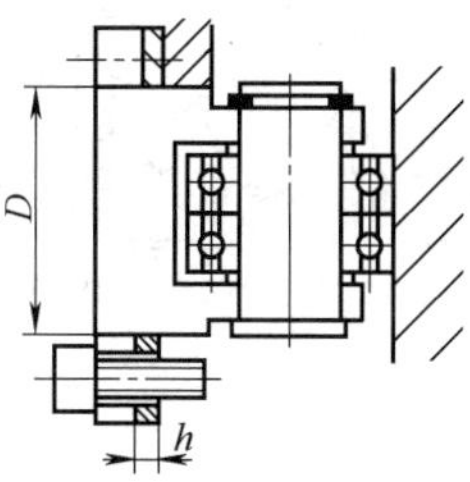	两个(或一个)深沟球轴承安装在轴承组支座上,轴承的外圈直接与导轨面接触,利用改变垫片厚度 h 的办法调整导轨的间隙或预加载荷 $D>\sqrt{轴承外径^2+轴承宽度^2}$

(3) 轴承组的布置方案

滚动轴承组在导轨中的布置方案与滚柱导轨块相似。根据导轨的安装状态及载荷的特点,可以布置成开式和闭式导轨(见表 9-5-114)。开式布置只适合水平安置,且无倾覆载荷的场合。

(4) 预加载荷和间隙的调整方法

1) 把轴承组安装部位的圆柱部分与滚动轴承的内孔(轴颈)做成偏心的,一般偏心量为 1~2mm。如表 9-5-113 中序号 1、2、3 所示,它们的结构简单,调整方便。调整时只需改变偏心的位置。

2) 在轴承组安装座的下面设置垫片,如表 9-5-113序号 4 简图所示。利用改变垫片厚度的办法来达到调整的目的。这种方法调整和测量垫片的厚度都比较麻烦。

上述方法 1) 也适用于弥补轴承组安装孔位置的制造误差。

表 9-5-114 轴承组布置方案

序号	简 图	应用及说明
1	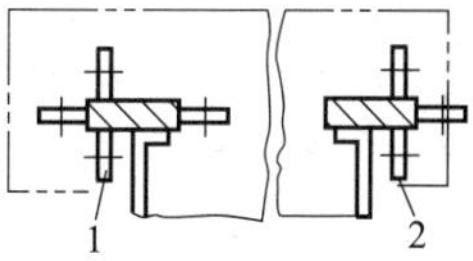 1 2	利用 6 对轴承组,构成闭式布置。适合任何安置状态的导轨,尤其适合长行程水平安置的导轨 当撤去 1、2 位置的轴承组,即变成开式布置方案,此时只适合水平安置无倾覆载荷的场合
2	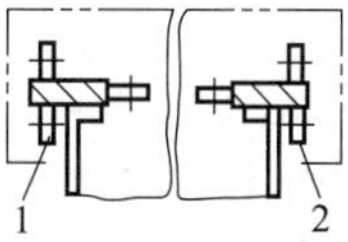 1 2	利用两根导轨的内侧面做侧向导向,可使导轨装置的横向尺寸变小 其他说明与序号 1 相同
3		这是充分利用导轨体的内部空间(尺寸)布置轴承组的方案,也是用 6 对轴承组设置运动约束的。在导轨装置的宽度和高度方面都可以获得较小的尺寸 适合任意工作位置的导轨
4	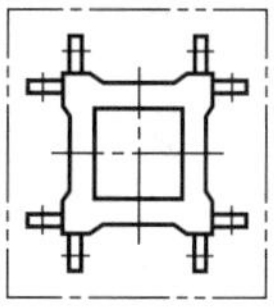	这是对方柱形导轨的运动约束方案,共用了 8 对轴承组,可获得高支承刚度 适合任何工作位置和受力状态。特别是大悬伸量的方形支臂
5	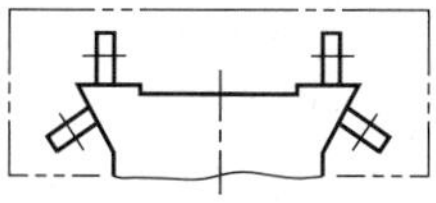	燕尾导轨轴承组的布置方案,只需设置 4 对轴承组就可达到运动约束的目的 适合任何工作位置和受力状态的轻型、行程短的场合
6	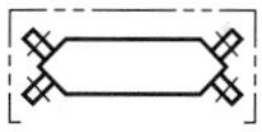	菱形导轨轴承组的布置方案 其他说明与序号 5 相同

（5）导轨面的要求

1）导轨面的硬度：由于与导轨面直接接触的是外径较大的滚动轴承的外圈（或外圈套圈），导轨面的接触应力远远低于其他滚动导轨。所以可降低对导轨面的硬度要求，一般大于42HRC即可。

2）对铸铁导轨，如不便于对导轨面进行淬火，则可以采用贴附经过热处理（或冷轧）的、硬度为42HRC以上的、精密（厚度均匀度在0.02mm以内）钢带的办法。钢带的厚度一般为1.2mm左右。

3）导轨面的接缝：当滚动轴承组的外圆滚过长导轨的接缝时，为避免颠簸，导轨的接缝除了尽可能的窄而外，还应做成斜面对接。一般的斜角（相对移动方向）为45°左右。

（6）导轨的计算

1）计算滚动轴承的载荷。

2）根据滚动轴承组的滚动外径及导轨的工作速度，算出滚动轴承的工作转速

$$n_2=\frac{v_0\times10^3}{\pi D}$$

式中　v_0——导轨的工作速度，m/min；

D——滚动轴承组滚动外圆直径，mm。

3）再根据轴承的转速及载荷，按滚动轴承章节中的有关内容，进行寿命等计算。

（7）应用举例

图9-5-43是一种滚动轴承导轨的应用举例。图9-5-43（a）是轴承组布置示意图，共设置了六对轴承组约束中间的套筒，导轨面设在中间移动套筒上。图9-5-43（b）所示的轴承组设置两对，用改变垫片厚度的办法，对导轨面施加预加载荷。图9-5-43（c）所示的轴承组设置了四对，用改变偏心的位置，对导轨面施加预加载荷。

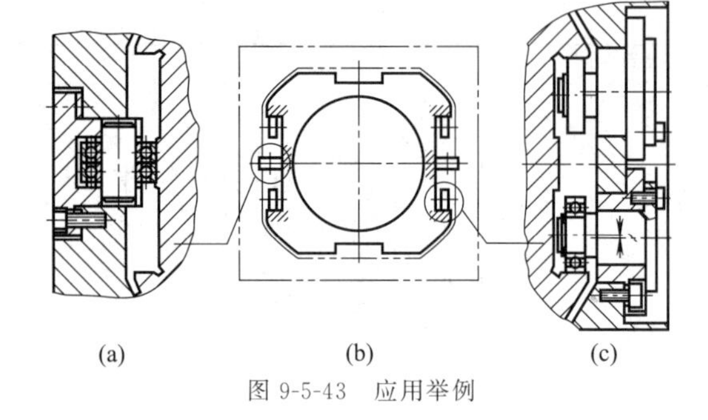

图9-5-43　应用举例

5.5　导轨设计实例

本节以压力机导轨设计为例，说明导轨设计的过程。

压力机导轨副由滑块上导向面和机架上导轨组成，导轨与机架不是一个整体，而是通过螺钉紧固在机架上，导轨承受滑块给予的侧向力和一定偏载力，因此，压力机导轨设计除应满足前述导轨的设计要求外，还应注意压力机导轨的特殊性及与机床等导轨设计的不同点。

5.5.1　压力机导轨的形式和特点

压力机导轨形式较多，滑动导轨应用广泛，从单个导轨形状分，有V形导轨、斜导轨、平面导轨；从导轨面数分，有4面、6面、8面导轨；从可调性分，有可调导轨、不可调导轨、可调和不可调并用导轨；从导向方向分，有卧式导轨和立式导轨。

滚动导轨应用于高速精密压力机，如我国生产的高速精密压力机应用滚动导轨，滑块行程次数大于80次/min，高达600次/min。

压力机滑动导轨的基本形式及特点见表9-5-115。

表9-5-115　　压力机滑动导轨基本形式及特点

导轨名称及简图	典型结构图	tanβ的比较		导向精度	结构	导轨调节	精度保持	对中调整	适用范围	备注
2个"V"形导轨 前 后		前后	$\frac{2\delta}{l\sin60°}$	较高	简单	容易	较好	加工保证	中小型开式压力机	
		左右	$\frac{2\delta}{l\cos60°}$	低				可以		
4个45°斜导轨 前 后		前后	$\frac{2\delta}{l\cos45°}$	较低	较简单	较容易	较好	可以	中大型压力机	不适用近似方形的滑块
		左右	$\frac{2\delta}{l\cos45°}$	较低				可以		

续表

导轨名称及简图	典型结构图	tanβ的比较		导向精度	结构	导轨调节	精度保持	对中调整	适用范围	备注
2个45°斜导轨和2个平面导轨 前 后		前后	$\frac{\delta}{l}+\frac{\delta}{l\cos 45^{\circ}}$	较低	较简单	较容易	较好	加工保证	中大型压力机	
		左右	$\frac{2\delta}{l\cos 45^{\circ}}$	较低				可以		
6个平面导轨 前 后		前后	$\frac{2\delta}{l}$	高	较复杂	较难	好	加工保证	中型开式压力机	导向间隙靠调整片调节
		左右	$\frac{2\delta}{l}$	高				可以		
8个平面导轨 前 后		前后	$\frac{2\delta}{l}$	高	复杂	较容易	较好	可以	中大型压力机	
		左右	$\frac{2\delta}{l}$	高				可以		

注：1. 结构图中的代号：1—机架；2—滑块；3—紧固螺栓；4—顶紧螺钉；5—调整垫片；6—导轨；7—滑板（导板）。
2. tanβ栏中的代号：β—由于导轨间隙使滑块产生的倾斜角度；δ—导轨间隙；l—滑块的导向长度。

5.5.2 导轨的尺寸和验算

5.5.2.1 导轨长度

由于导轨长度直接影响压力机的工作精度和压力机的总高度，可根据滑块导向部分的长度和滑块行程来确定导轨长度。导轨长度计算见表9-5-116。

表9-5-116 导轨长度的计算

	滑块底部有凸缘	滑块底部无凸缘
	$L=H+S-S_1-S_2$	$L=H+S+\Delta l-S_1-S_2$
说明	L——导轨长度 H——滑块的导向面长度 S——滑块行程 Δl——封闭高度调节量 S_1——滑块到上死点时，滑块露出导轨部分的长度 S_2——滑块到下死点时，滑块露出导轨部分的长度	

5.5.2.2 导轨工作面宽度及其验算

考虑到导轨需要承受压力机工作时的侧向力和一定的偏载力以及充分的润滑，一般导轨面要宽些。导轨宽些还可以降低滑块的转动误差。

单个导轨工作面宽度的验算如下。

1）压强 p（MPa）的验算

$$p=\frac{KP_g}{2BL}\leqslant p_p$$

式中 P_g——压力机的公称压力，N；

K——偏载力系数，可以取 $K=0.25$；

B——导轨工作面投影宽度，mm；

p_p——导轨材料的许用压强，MPa；

L——导轨长度，mm。

2）对于高速压力机还要进行 pv（MPa·m/s）值的验算

$$pv=\frac{Kp_g v_{max}}{2BL}=pv_{max}\leqslant(pv)_p$$

式中 v_{max}——滑块运行最大速度，m/s；

$(pv)_p$——导轨材料许用 pv 值，MPa·m/s。

5.5.3 导轨材料的选择

为了尽量避免或减少滑块导向面的磨损，要求导轨工作面的硬度比滑块导向面的硬度低一些，小型压力机滑块常用灰铸铁制造，中型压力机滑块常用灰铸铁、稀土铸铁或钢板焊接。大型压力机滑块一般用钢板焊接。导轨材料一般为灰铸铁 HT200 制造。对于速度较高、偏心载荷较大的导轨，为提高耐磨性常在导轨工作面上镶装减摩材料制成的滑板，常用的耐磨材料有：铸造锰黄铜（ZCuZn38Mn2Pb2）、铸造锡青铜（ZCuSn5Pb5Zn5）和聚四氟乙烯软带等。

5.5.4　导轨间隙的调整

导轨和滑块导向面的间隙调整是通过紧固螺栓和顶紧螺钉、或紧固螺栓和调整垫片进行（见表 9-5-115）。紧固螺栓和顶紧螺钉的数量及其布置根据导轨本身刚度及所承受的载荷大小等因素确定。

紧固螺栓和顶紧螺钉的布置基本有三种形式。第一种是分组布置，即两个紧固螺栓之间加一个顶紧螺钉；第二种是间隔布置，即紧固螺栓和顶紧螺钉间隔排列；第三种是复合布置，即在紧固螺栓上套一个顶紧螺套（结构紧凑，多用于中小型压力机）。

5.6　导轨的防护

导轨防护装置的主要功能是防止灰尘、切屑、冷却液等进入导轨中，进而提高导轨的使用寿命。另外，一副制造精良、外形美观的防护罩还能增强机器外观整体艺术造型效果。

5.6.1　导轨防护装置的类型及特点

1）固定防护：利用导轨中移动件两端的延长物（或另加的防护板）保护导轨。适合行程较小的导轨。例如车床的横刀架导轨。

2）刮屑板：利用毛毡或耐油橡胶等制成与导轨形状相吻合的刮条，使之刮走落在导轨上的灰尘、切屑等。适合在工作中裸露的导轨的保护。例如卧式车床的纵向导轨，滚动导轨等。

3）柔性伸缩式导轨防护罩：适合行程大、工作速度高，而且对导轨清洁度要求严格的导轨。例如平面磨床的纵向导轨。

4）刚性伸缩式导轨防护罩：行程可大，但速度不能太高，不适合频繁地往复运动的场合。多用于加工中心导轨的防护。

5）柔性带防护装置：利用柔性带（例如薄钢带、夹线耐油橡胶带等）遮挡导轨面。可以设计成卷缩型和循环型。

本节主要介绍已经系列化的并有专业生产厂家提供成品的导轨防护部件。

5.6.2　导轨刮屑板

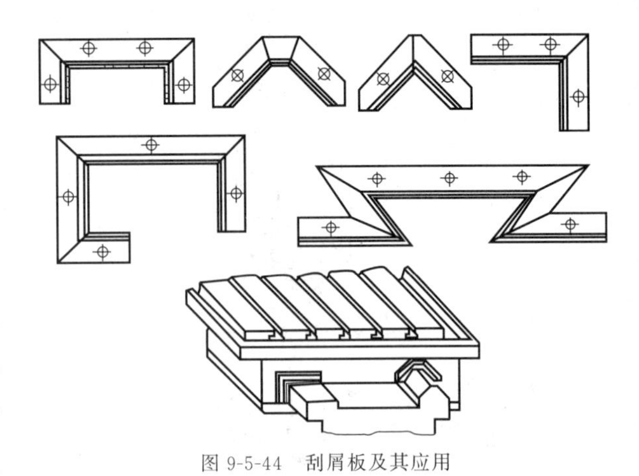

图 9-5-44　刮屑板及其应用

表 9-5-117　　GXB 型导轨刮屑板　　mm

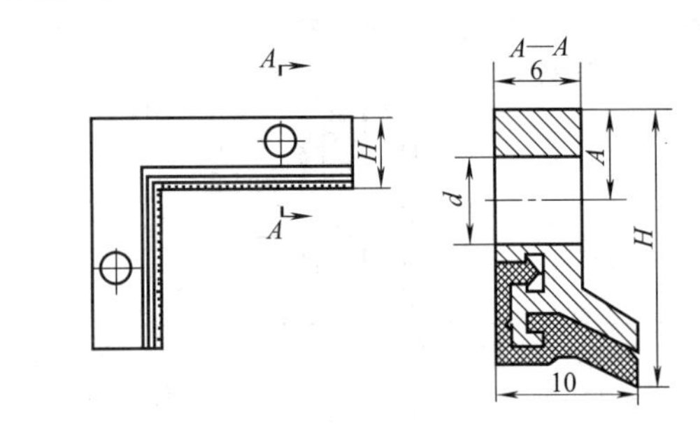

型号	GXB-18	GXB-25	GXB-30
H	18	25	30
A	6	6～10	6～15
d	5～6	5～7	5～7

注：生产厂为上海机床附件三厂。

5.6.3　刚性伸缩式导轨防护罩

刚性伸缩式导轨防护罩的结构见图 9-5-45。

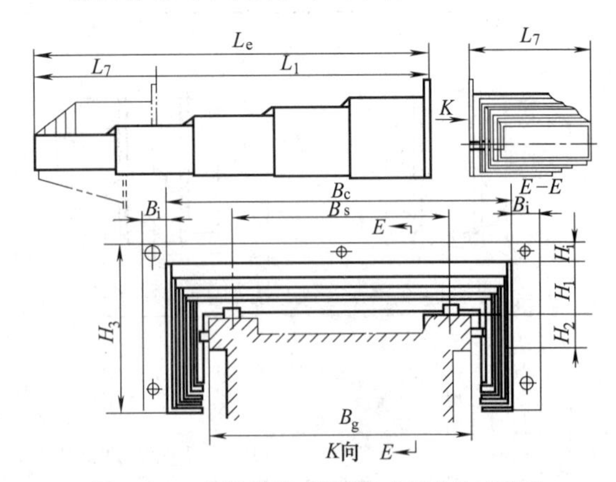

图 9-5-45　刚性伸缩式导轨防护罩结构示意图

刚性伸缩式防护罩以不锈钢为主体材料，由多层（节）罩壳组成，各层（节）间用铜衬相隔。最上层和最下层分别固定在工作台和床身上，当导轨移动时，防护罩随着拉开伸长或叠起缩短，这种防护罩可全部封盖导轨面，防护性能好、行程大、寿命长。缺点是制造成本高、收缩后尺寸长、重量大、维修较困难。

刚性伸缩防护罩的节数 n 可由下式确定

$$n=\frac{L_e(\text{最大拉伸后尺寸})}{L_z(\text{收缩后最小尺寸})}+1$$

在向制造厂订货时，需提交表 9-5-118 所列的数据。

表 9-5-118 订货数据表

代号	名 称	数据	备注
L_e	拉伸后长度		
L_z	收缩后长度		
L_t	行程		
B_g	导轨宽度		
B_c	防护宽度		
B_s	支承安装宽度		
H_1	防护罩上部高度		
H_2	导轨侧面高度		
H_3	防护罩高度		
B_i	安装位置宽度		用户自定
H_i	安装位置高度		用户自定

5.6.4 柔性伸缩式导轨防护罩

柔性伸缩式防护罩以橡塑、人造革、漆布等作为主体材料，为缩摺型，具有轻便、价格低廉、安装维护方便、收缩后尺寸短等长处。适用于行程大、工作速度高、频繁往复运动的场合。这种防护罩的使用寿命短，且不宜用在防油（或冷却液）要求高、切屑灼热、飞溅大的场合。

该种防护罩也已形成系列，由专业厂家提供。在订货时须提出以下主要技术参数：最大拉伸后长度 L_{max}；最小收缩后长度 L_{min}；行程长度 L_t；导轨宽度 A；防护宽度 a；支承高度 H；主体材料；支承形式（滑动的或滚轮的）等。见图 9-5-46。

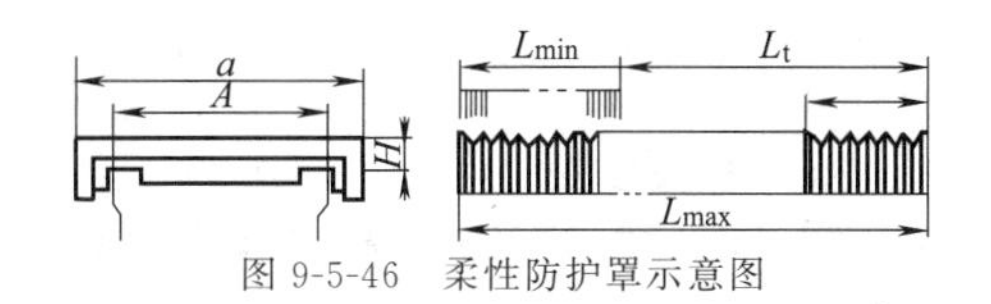

图 9-5-46 柔性防护罩示意图

由图 9-5-46 得知

$$L_{max}=L_{min}+L_t$$

式中 L_{max}——最大拉伸后尺寸；

L_{min}——最小收缩后尺寸；

L_t——行程。

柔性防护罩一般都作成多节的，以每节 5～7 褶为多。对于中、高速的防护罩，在其中还须设置弹簧连杆联动机构，以保证拉伸和收缩是平动的。

参考文献

[1] 吴宗泽. 机械设计师手册. 下册. 北京：机械工业出版社，2002.
[2] 徐峰，李庆祥. 精密机械设计. 北京：清华大学出版社，2005.
[3] 机械设计实用手册编委会. 机械设计实用手册. 北京：机械工业出版社，2008.
[4] 成大先. 机械设计手册. 第6版. 第4卷. 北京：化学工业出版社，2016.
[5] 钟洪，张冠坤. 液体静压动静压轴承设计使用手册. 北京：电子工业出版社，2007.
[6] 闻邦椿. 机械设计手册. 第6版. 第3卷. 北京：机械工业出版社，2018.
[7] 现代实用机床设计手册编委会. 现代实用机床设计手册. 上册. 北京：机械工业出版社，2006.
[8] 张善锺. 精密仪器结构设计手册. 北京：机械工业出版社，2009.
[9] 俞新陆. 液压机的设计与应用. 北京：机械工业出版社，2007.
[10] 骆俊廷，张丽丽. 塑料成型模具设计. 北京：国防工业出版社，2008.
[11] 赖一楠，吴明阳，赖明珠. 复杂机械结构模糊优化方法及工程应用. 北京：科学出版社，2008.
[12] 孙靖民，梁迎春. 机械优化设计. 北京：机械工业出版社，2009.
[13] 梁醒培，王辉. 基于有限元法的结构优化设计——原理与工程应用. 北京：清华大学出版社，2010.
[14] 赵雨旸，周欢，李涵武. 基于有限元分析的减速器箱体优化设计. 林业机械与木工设备，2009，37（9）：28.
[15] 王爱玲. 现代数控机床. 北京：国防工业出版社，2009.
[16] 袁哲俊，王光逵. 精密和超精密加工技术. 北京：机械工业出版社，2016.

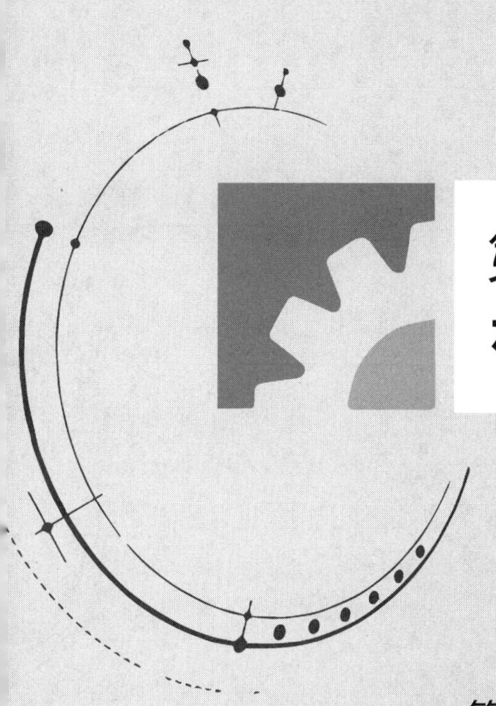

第 27 篇
机械振动与噪声

篇主编：华宏星

撰　稿：华宏星　陈　锋　谌　勇　董兴建　黄修长　黄　煜　焦素娟　蒋伟康　雷　敏　李富才　刘树英　龙新华　饶柱石　塔　娜　吴海军　严　莉　张文明　张志谊

审　稿：胡宗武　塔　娜

第 1 章　概　　述

1.1　机械振动的分类及机械工程中的振动问题

1.1.1　机械振动的分类

振动与冲击是自然界中广泛存在的现象。机械振动具体说是机械系统在其平衡位置附近的往复运动。冲击则是系统在瞬态或脉冲激励下的运动。

机械振动的分类，根据着眼点的不同可有不同的分类方法，见表 27-1-1。

表 27-1-1　　机械振动的分类

分　类		基 本 特 征
按产生振动的原因	自由振动	系统受初始干扰或去掉原有的外激励后产生的振动。振动的频率是系统的阻尼固有频率。因阻尼力的存在，振动逐渐衰减；阻尼越大，衰减越快。如系统无阻尼（这只是理想状态，实际是不可能的），则称这种振动为无阻尼自由振动，其振动幅值不变
	受迫振动	系统在外激励力作用下所做的振动。振动特征与外部激励力的大小、方向和频率有关。在简谐激励力作用下，振动系统能同时产生以系统固有频率为振动频率的瞬态响应和以干扰频率为振动频率的稳态响应，其瞬态响应逐渐衰减，乃至最终消失，仅剩余恒定幅值的稳态响应
	自激振动	由于外部能量与系统运动相耦合形成振荡激励所产生的振动，即在非线性系统内由非振荡性能量转变为振荡激励而产生的振动。自激振动中，维持系统振动的振荡激励由运动本身所产生或控制，振动停止，则振荡激励随之消失。振动频率接近于系统固有频率
	参激振动	不是由于外力施加于系统而产生的振动，而是由于外部作用使系统特性参数改变所产生的振动。日常生活中荡秋千就是参激振动的例子，属于单摆摆长周期性变化引起的参激振动
按振动的规律	周期振动	每经过相同的时间间隔，其运动量值重复出现的振动
	简谐振动	运动规律按正弦或余弦函数随时间变化的周期振动。位移、速度、加速度幅值之间相差一个常数（振动圆频率）因子
	准周期振动	由频率比不全为有理数的简谐振动叠加而成，波形稍微偏离周期振动
	准简谐振动	波形很像正弦波，但其频率和（或）振幅有相当缓慢的变化
	确定性振动	可以由时间历程的过去信息预知未来任一时刻瞬时值的振动
	随机振动	在未来任一给定时刻，运动量的瞬时值不能根据以往的运动历程预先加以确定的振动。只能以数理统计方法来描述系统的运动规律
	稳态振动	连续的周期振动
	瞬态振动	非稳态的、非随机的、短暂存在的振动
按振动系统结构参数	线性振动	系统的惯性力、阻尼力和弹性恢复力分别与加速度、速度和位移的一次方成正比，能用常系数线性微分方程描述的振动。系统响应能运用叠加原理
	非线性振动	系统的惯性力、阻尼力和弹性恢复力中的某个或某几个具有非线性性质，只能用非线性微分方程描述的振动。不能运用叠加原理，系统固有频率与其振幅有关

续表

分类		基本特征
按振动系统的自由度数目	单自由度系统的振动	用一个广义坐标就能确定系统在任意瞬时位置的振动
	多自由度系统的振动	用两个或者两个以上广义坐标才能确定系统在任意瞬时位置的振动
	连续系统的振动	需要无限多个广义坐标才能完全确定系统在任意瞬时位置的振动。常用偏微分运动方程描述，但可以离散化为有限多个自由度系统振动问题来近似处理
按振动位移的特征	纵向振动	振动体上的质点沿其轴线方向的振动，质点运动方向与振动波传播方向平行
	弯曲振动、横向振动	使振动体发生弯曲变形的振动，质点运动方向与振动波传播方向垂直
	扭转振动	振动体垂直轴线的平面上的质点做绕轴线的回转振动
	摆动	振动点绕轴线所做的往复角位移运动
	椭圆振动	振动点的运动轨迹为椭圆形的振动
	圆振动	振动点的运动轨迹为圆形的振动
	直线振动	振动点的运动轨迹为直线的振动
其他	冲击	系统受到瞬态激励，其力、位移、速度或加速度发生突然变化的现象。在冲击作用过程中及停止后将产生初始振动及剩余振动，两者属于瞬态振动
	波动	介质某点的位移同时是时间和空间坐标的函数，其运动状态传播的现象。波动是振动过程向周围介质由近及远的传播，介质某点在其平衡位置振动但不随波前进
	环境振动	与给定环境有关的所有的周围的振动，通常是由远近振源所产生的振动的综合效果
	附加振动	除了主要研究的振动以外的全部振动

1.1.2 机械工程中的振动问题

表 27-1-2 机械工程中的振动问题

振动问题	内容及其控制	振动利用
共振	当外部激励力的频率和系统固有频率接近时，系统产生强烈振动的现象。在机械设计及使用中，多数情况下应该防止或采取措施控制该现象。例如：应该使回转轴系统的工作转速在其各阶临界转速的一定范围之外。工作转速超过临界转速的机械系统在启动和停机过程中，仍然要通过共振区，有可能要产生较强烈的振动，必要时需采取抑制共振的减振、消振措施	在近共振状态下工作的振动机械，就是利用弹性力和惯性力基本接近于平衡状态以及外部激励力主要用来平衡阻尼力的原理工作的，因此所需激励力和功率较非共振类振动机械显著减小
自激振动	自激振动中有机床切削过程的自振、低速运动部件的爬行、滑动轴承油膜振荡、传动带的横向振动、液压随动系统的自振等。这些对各类机械及生产过程都是一种危害，应加以控制	蒸汽机、风镐、凿岩机、液压碎石机等均为自激振动的应用实例

续表

振动问题	内容及其控制	振动利用
不平衡惯性力	旋转机械和往复机械产生振动的根本原因，都是由于不平衡惯性力所引起的。为减小此类机械振动，应采取平衡措施。有关构件不平衡力的计算和静动平衡及各类转子的许用不平衡分别在《现代机械设计手册》“机械设计基础资料篇”和“轴和联轴器篇”进行介绍	惯性振动机械就是依靠偏心质量回转时所产生的离心力作为振源的
振动的传递	为减小外部振动对机械设备的影响或机械设备的振动对周围环境的影响，可安装各类减振器，进行隔振、减振和消振	弹性连杆式激振器就是将曲柄连杆形成的往复运动，通过连杆弹簧传递给振动机体的
非线性振动	在减振器设计中涉及的摩擦阻尼器和黏弹性阻尼器均为非线性阻尼器。自激振动和冲击振动系统也都是非线性振动系统。实际上客观存在的振动问题几乎都是非线性振动问题，只是某些系统的非线性特性较弱，可近似作为线性问题处理	振动输送类振动机等
冲击振动	当机械设备或基础受到冲击作用时，常常需要校核系统对冲击的响应，必要时采取隔振措施	冲击类振动机实际上都可以转化为非线性振动问题加以处理
随机振动	随机振动的隔离和消减与确定性系统的隔振和消振有两点重要区别：一是随机振动的隔离和消减只能由数理统计方法来解决；二是宽带随机振动隔离措施已经失效，只能采取阻尼减振措施	
机械结构抗振能力及噪声	衡量机械结构抗振能力的最重要的指标是动刚度，复杂结构的动刚度多采用有限元法进行优化设计，若要提高结构的动刚度并控制噪声源，通常是合理布置筋板和附以黏弹性阻尼材料。这种问题涉及面较宽，因受篇幅限制，本篇不加以讨论	
振动的测量与调试	振动设计中常碰到系统阻尼系数很难确定的问题，解决这类问题唯一可靠的方法是测试。另外，由于振动设计模型忽略了许多振动影响因素，使得振动系统的实际参数与设计参数间有较大差别，特别像动力吸振器要求附加系统与主振系统的固有频率一致性较高的一类问题，设备安装后必须进行测试，否则振动设计将不能发挥应有的作用。对于实际经验不丰富的设计人员，调试前，可凭借测试对实际系统有一个充分的了解，确定怎样调试，调试后还要借助测试检验调试结果。因此，测试是振动设计的一个重要工具	
颤振	颤振是弹性体（或结构）在相对流动的流体中，由流体力、弹性力和惯性力的交互作用产生的自激振动。颤振的重要特征是存在临界颤振速度 V_F 和临界颤振频率 ω_F。即在一定密度和温度的流体中，弹性体呈持续简谐振动，处于中性稳定状态时的最低流速和相应的振动频率。速度低于 V_F 时，弹性体或结构对外界扰动的响应受到阻尼作用而不发生颤振；在高于 V_F 的一定速度范围内，出现发散振动或幅度随流速增加的等幅振动 由于颤振常导致工程结构在极短时间内严重损坏或引起疲劳而损坏，因此在飞行器、水翼船、叶片机械和大型桥梁等工程结构的设计中，均应仔细分析，消除其影响	
颤抖	机械运动中发生颤抖现象，例如本来应是一个稳定运动却发生暂时停顿、颤动再运动的情况，或者像向前输送物料的振动输送机发生横向的振动或扭振。前者往往是液压系统的毛病，例如背压不足等原因；而后者往往是振动源位置有偏差或振动件没调整好的缘故	

1.2 有关振动的部分标准

1.2.1 有关振动的部分国家标准

1.2.1.1 基础标准和一般标准

表 27-1-3 基础标准和一般标准

标准号	标准名称
GB/T 2298—2010	机械振动、冲击与状态监测 词汇
GB/T 15619—2005	机械振动与冲击 人体暴露 词汇
GB/T 6444—2008	机械振动 平衡词汇
GB/T 14124—2009	机械振动与冲击 建筑物的振动 振动测量及其对建筑物影响的评价指南
GB/T 19874—2005	机械振动 机器不平衡敏感度和不平衡灵敏度
GB/T 14465—1993	材料阻尼特性术语
GB/T 10179—2009	液压伺服振动试验设备 特性的描述方法
GB/T 13437—2009	扭转振动减振器特性描述
GB/T 16305—2009	扭转振动减振器
GB/T 11349.1—2018～11349.3—2006	振动与冲击机械导纳的试验确定 基本定义与传感器等
GB/T 10408.8—2008	振动入侵探测器
GB/T 14123—2012	机械冲击 试验机 性能特性
GB/T 5168—2008	α-β钛合金高低倍组织检验方法
GB/T 7670—2009	电动振动发生系统(设备)性能特性
GB/T 6075.1—2012～6075.7—2015	在非旋转部件上测量和评价机器的机械振动 第1～7部分
GB/T 13866—1992	振动与冲击测量 描述惯性传感器特性的测定
GB/T 13061—2017	商用车空气悬架用空气弹簧技术规范
GB 50011—2010	建筑抗震设计规范
GB 50223—2008	建筑工程抗震设防分类标准

1.2.1.2 平衡和试验台的振动标准

表 27-1-4 平衡和试验台的振动标准

标准号	标准名称
GB/T 6557—2009	挠性转子机械平衡的方法和准则
GB/T 9239.1—2006	机械振动 恒态(刚性)转子平衡品质要求 第1部分:规范与平衡允差的检验
GB/T 4201—2006	平衡机的描述检验与评定
GB/T 20731—2006	车轮平衡机的检验
GB/T 13309—2007	机械振动台 技术条件
GB/T 18328.1—2009	振动发生设备选择指南 第1部分:环境试验设备
GB/T 13310—2007	电动振动台
GB/T 5170.13—2018～5170.21—2008	电工电子产品环境试验设备基本参数检定方法
GB 12977—2008	平衡机 防护罩和测量工位的其他保护措施
GB/T 18575—2017	建筑幕墙抗震性能振动台试验方法

1.2.1.3 各种机器、设备的振动标准

表 27-1-5 各种机器、设备的振动标准

	标 准 号	标准名称
振动机械	GB/T 13750—2004	振动沉拔桩机 安全操作规程
	GB/T 8517—2004	振动桩锤(已调整为行业标准 JB/T 10599—2006)
	GB 3883.12—2012	手扶式电动工具的安全 第2部分:混凝土振动器的专用要求
	GB/T 7670—2009	电动振动发生系统(设备)性能特性
	GB/T 8910.2—2004～8910.5—2008	手持便携式动力工具 手柄振动测量方法 第2～5部分
各种往复机械	GB/T 6075.6—2002	在非旋转部件上测量和评价机器的机械振动 第6部分:功率大于100kW的往复式机器
	GB/T 7777—2003	容积式压缩机机械振动测量与评价
	GB/T 7184—2008	中小功率柴油机 振动测量及评级
	GB/T 10398—2008	小型汽油机 振动评级和测试方法
	GB/T 13364—2008	往复泵机械振动测量方法
	GB/T 6072.5—2003	往复式内燃机——性能 第5部分:扭转振动
	GB/T 2820.9—2002	往复式内燃机驱动的交流发电机组 第9部分:机械振动的测量和评价
旋转机械	GB/T 11348.1—1999～11348.5—2008	旋转机械转轴径向振动的测量和评定 第1～5部分
	GB/T 16768—1997	金属切削机床 振动测量方法
	GB/T 13574—1992	金属切削机床 静刚度检验通则
	GB/T 10068—2008	轴中心高为56mm及以上电机的机械振动 振动的测量、评定及限值
	GB/T 15371—2008	曲轴轴系扭转振动的测量与评定方法
	GB/T 17189—2017	水力机械(水轮机、蓄能泵和水泵水轮机)振动和脉动现场测试规程
	GB/T 18051—2000	潜油电泵振动试验方法
	GB/T 10895—2004	离心机 分离机 机械振动测试方法
船舶	GB/T 7727.4—1987	船舶通用术语 船体结构、强度及振动
	GB/T 16301—2008	船舶机舱辅机振动烈度的测量和评价
	GB/T 7094—2016	船用电气设备振动(正弦)试验方法
	GB/T 7452—2007	机械振动 客船和商船适居性振动测量、报告和评价准则
	GB/T 19845—2005	机械振动 船舶设备和机械部件的振动试验要求
车辆类	GB/T 8419—2007	土方机械 司机座椅振动的试验室评价
	GB/T 8421—2000	农业轮式拖拉机 驾驶座传递振动的试验室测量与限值
	GB/T 7927—2007	手扶拖拉机 振动测量方法
	GB/T 21563—2008	轨道交通 机车车辆设备 冲击和振动试验
	GB/T 7031—2005	机械振动 道路路面谱测量数据报告
	GB/T 13860—1992	地面车辆机械振动测量数据的表述方法
	GB/T 5913—1986	柴油机车车内设备机械振动烈度评定方法(已调整为行业标准 TB/T 3164—2007)
其他设备	GB/T 10431—2008	紧固件横向振动试验方法
	GB/T 8910.1～3—2004	手持便携式动力工具 手柄振动测量方法 第1部分～第3部分:总则、铲和铆钉机、凿岩机和回转锤
	GB/T 4857.7—2005	包装 运输包装件基本试验 第7部分:正弦定频振动试验方法
	GB/T 4857.10—2005	包装 运输包装件基本试验 第10部分:正弦变频振动试验方法
	GB/T 4857.23—2012	包装 运输包装件基本试验 第23部分:随机振动试验方法
	GB/T 8169—2008	包装用缓冲材料振动传递特性试验方法

续表

标准号		标准名称
其他设备	GB/T 7287—2008	红外辐射加热器振动试验方法
	GB/T 2423.10—2008	电工电子产品环境试验　第2部分：试验方法　试验Fc：振动（正弦）
	GB/T 2423.102—2008	电工电子产品环境试验　第2部分：试验方法　试验：温度（低温、高温）/低气压/振动（正弦）综合
	GB/T 2424.22—1986	电工电子产品基本环境试验规程　温度（低温、高温）和振动（正弦）综合试验导则
	GB/T 2820.9—2002	往复式内燃机驱动的交流发电机组　第9部分：机械振动的测量和评价
	GB/T 10263—2006	核辐射探测器环境条件与试验方法
	GB/T 11287—2000	电气继电器　第21部分：量度继电器和保护装置的振动、冲击、碰撞和地震试验　第1篇：振动试验（正弦）

1.2.1.4　振动测量仪器的使用和要求

表27-1-6　振动测量仪器的使用和要求的国家标准

标准号	标准名称
GB/T 13824—2015	旋转与往复式机器的机械振动　对振动烈度测量仪的要求
GB/T 13436—2008	扭转振动测试仪器技术要求
GB/T 14412—2005	机械振动与冲击　加速度计的机械安装
GB/T 6383—2009	振动空蚀试验方法
GB/T 20485.1—2008	振动与冲击传感器校准方法　第1部分：基本概念
GB/T 20485.12—2008	振动与冲击传感器校准方法　第12部分：互易法振动绝对校准
GB/T 20485.22—2008	振动与冲击传感器校准方法　第22部分：冲击比较法校准
GB/T 17214.3—2000	工业过程测量和控制装置的工作条件　第3部分：机械影响
GB/T 11606—2007	分析仪器环境试验方法

1.2.1.5　人体振动与环境

表27-1-7　人体振动与环境的国家标准

标准号	标准名称
GB/T 15619—2005	机械振动与冲击　人体暴露　词汇
GB 10070—1988	城市区域环境振动标准
GB/T 17958—2000	手持式机械作业防振要求
GB/T 5395—2014	林业及园林机械　以内燃机为动力的便携式手持操作机械振动测定规范　手把振动
GB/T 10071—1988	城市区域环境振动测量方法
GB/T 13441.1—2007	机械振动与冲击　人体暴露于全身振动的评价　第1部分：一般要求
GB/T 13441.2—2008	机械振动与冲击　人体暴露于全身振动的评价　第2部分：建筑物内的振动（1～80Hz）
GB/T 19739—2005	机械振动与冲击　手臂振动　手臂系统为负载时弹性材料振动传递率的测量方法
GB/T 19740—2005	机械振动与冲击　人体手臂系统驱动点的自由机械阻抗
GB/T 7452—2007	机械振动　客船和商船适居性振动测量、报告和评价准则
GB/T 16440—1996	振动与冲击　人体的机械驱动点阻抗
GB/T 18368—2001	卧姿人体全身振动舒适性的评价
GB/T 18703—2002	手套掌部振动传递率的测量与评价
GB/T 13670—2010	机械振动　铁道车辆内乘客及乘务员暴露于全身振动的测量与分析

续表

标　准　号	标 准 名 称
GB/T 19846—2005	机械振动　列车通过时引起铁路隧道内部振动的测量
GB/T 10910—2004	农业轮式拖拉机和田间作业机械驾驶员全身振动的测量
GB/T 13876—2007	农业轮式拖拉机驾驶员全身振动的评价指标
GB/T 18707.1—2002	机械振动　评价车辆座椅振动的实验室方法　第1部分：基本要求
GB/T 5395—2014	林业及园林机械　以内燃机为动力的便携式手持操作机械振动测定规范　手把振动
GB 12348—2008	工业企业厂界环境噪声排放标准
GB 18083—2000	以噪声污染为主的工业企业卫生防护距离标准
GB/T 17483—1998	液压泵空气传声噪声级测定规范
GB/T 13921—1992	关于固定结构特别是建筑物和海上结构的居住者对低频(0.063～1Hz)水平运动响应的评价导则

1.2.2　有关振动的部分国际标准

国际标准化组织ISO曾颁布了一系列振动标准，作为机器质量评定的依据。主要有以下标准，见表27-1-8。

表27-1-8　**ISO振动标准**

标准/系列	简介及条目
ISO 2372	工作转速从10r/s到200r/s的大型旋转机器的机械振动评价标准，是评价机器振动的基础。它将振动烈度从人们可感觉的门槛值0.071mm/s为起点，到71mm/s的范围分为15个量级(得到第1个振动烈度范围为0.071～0.112mm/s是0.11级，下同)，相邻两个烈度量级的比约为1.6，即相差4dB 又将机器分成四类：Ⅰ～Ⅳ类，对每类机器都有评定，分A、B、C、D四个品质级(见1.2.3的详细说明)
ISO 7919系列	ISO 3945速度范围从10r/s到200r/s的大型旋转机器的机械振动——现场振动烈度的测量和评定，是ISO 2372的补充。该标准所规定的振动烈度评定等级还决定于机器系统的支承状态，分成刚性支承和挠性支承两大类 旋转机械的机械振动——在回转轴上测量和评价标准。共有5部分： ISO 7919-1:1996　第1部分：总则 ISO 7919-2:2009　第2部分：额定转速为1500r/min、1800r/min、3000r/min及3600r/min，功率超过50MW的地面安装的蒸汽轮机和发电机组 ISO 7919-3:2009　第3部分：耦合工业机器 ISO 7919-4:1996　第4部分：带有流体膜轴承的燃气轮机组 ISO 7919-5:2005　第5部分：水力发电厂和泵站机组
ISO 10816系列	机械振动——在非旋转部件上测量和评定机器振动。在非旋转部件上测量一般指在轴承盖上测量，上述标准基本上可以作为振动频率在10～1000Hz范围内的机器振动烈度的等级评定。共有7部分： ISO 10816-1:1995　第1部分：总则 ISO 10816-2:2001　第2部分：额定转速为1500r/min，1800r/min，3000r/min及3600r/min，功率超过50MW的地面安装的蒸汽轮机和发电机组 ISO 10816-3:2009　第3部分：现场测量时标称功率为15kW和标称速度为120～150r/min的工业机械 ISO 10816-4:2009　第4部分：带有流体膜轴承的燃气轮机组 ISO 10816-5:2000　第5部分：水力发电厂和泵站机组 ISO 10816-6:1995　第6部分：功率大于100kW的往复式机器 ISO 10816-7:2009　第7部分：包括在旋转轴上测量的工业设施用旋转动力泵
ISO其他有关振动标准	ISO 1925:2001　机械振动　平衡　词汇 ISO 1940:1997　机械振动　刚性转子的平衡质量要求　第2部分：平衡误差 ISO 11342:1998　挠性转子的机械平衡方法和准则 ISO 13372:2004　机器的状况监测和诊断　词汇 ISO 13373-1:2002　条件监测和机械诊断　振动条件监测　第1部分：一般程序 ISO 13379: 2003　机器的工况监测和诊断　数据说明和诊断技术通用指南 ISO 13380:2002　机器的条件监控和诊断　对使用性能参数的一般导则 ISO 14694:2003　工业风机　平衡质量和振动等级规范 ISO 14695:2003　工业风机　风机振动的测量方法 ISO 17359:2003　机器的条件监控和诊断　总导则 ISO 18436　机器的工况监测和诊断　人员培训与认证要求 ISO 20806:2005　机械振动　中型和大型转子的现场平衡标准和保护装置

1.2.3　机械振动等级的评定

机械种类很多，针对各种类型的机械有各自的标准。对于振动的特征可以用位移、速度或加速度检测来衡量与评定；振动的量值也可用相对值来评定。但通常还是采用 ISO 2372 的标准，以振动速度来评定机械的振动程度。

1.2.3.1　振动烈度的评定

（1）如上所说，一般用振动速度作为标准来评定机械的振动程度。美国和加拿大以振动速度的峰值来表示机器的振动特征。西欧国家和我国多采用振动速度的有效值来衡量机器的振动特征。由于机械振动一般都用简谐振动来表示，因此上述振动的峰值和有效值之间有如下简单关系，是可以互相换算的：

$$V_{max}=\sqrt{2}V_e=2\pi fA \quad (mm/s) \qquad (27\text{-}1\text{-}1)$$

式中　V_{max}——振动速度的峰值，mm/s；

V_e——振动速度的有效值，mm/s；

f——频率，Hz；

A——振幅，mm。

（2）根据 ISO 的建议，以振动速度的均方根值来衡量机器的振动烈度。在垂直、纵向、横向三个方向的几个主要振动点进行振动的测量，以三个方向的振动速度的有效值的均方根值表示机器的振动烈度：

$$V_{rms}=\sqrt{\left(\frac{\sum V_x}{N_x}\right)^2+\left(\frac{\sum V_y}{N_y}\right)^2+\left(\frac{\sum V_z}{N_z}\right)^2} \quad (mm/s) \qquad (27\text{-}1\text{-}2)$$

式中　$\sum V_x$，$\sum V_y$，$\sum V_z$——垂直、纵向、横向三个方向各自振动速度的有效值，mm/s；

N_x，N_y，N_z——垂直、纵向、横向三个方向主要振动点的各自测点数目。

1.2.3.2　振动烈度的等级划分

为便于实用，按 ISO 2732 把振动的品级分为四级：

A 级——良好，不会使机械设备的正常运转发生危险的振动级；

B 级——许可，可验收的、允许的振动级；

C 级——可容忍，振动级是允许的，但有问题、不满意，应设法降低的振动级；

D 级——不允许，振动级太大，机器不得运转。

表 27-1-9 是我国参考上节所述的 ISO 2372（只有四类）、ISO 3945（只有两类）及其他国际标准后得出的，对于尚无国家标准和行业标准的各种设备可以参照执行。表中把机器和设备分为七大类。各种类型的分类大致如下。

Ⅰ类：在正常条件下与整机连成一体的电动机和机器零件（15kW 以下的生产用电动机：中心高≤225mm、转速≤1800r/min 或中心高＞225mm、转速≤1000r/min 的泵）。

Ⅱ类：没有专用基础的中等尺寸机器（输出功率15～75kW 的电动机）；刚性固定在专用基础上的发电机和机器，300kW 以下（转速＞1800～4500r/min、中心高≤225mm 或转速＞1000～1800r/min、中心高＞225～550mm 或转速＞600～1500r/min、中心高＞550mm 的泵）。

Ⅲ类：安装在刚性非常大的（在测振方向上）、重的基础上、带有旋转质量的大型原动机和其他大型机器（中心高≤225mm、转速＞4500～12000r/min 或中心高＞225～550mm、转速＞1800～4500r/min 或中心高＞550mm、转速＞1500～3600r/min 的泵）。

Ⅳ类：安装在刚性非常小的（在测振方向上）基础上、带有旋转质量的大型原动机和其他大型机器（透平发动机组，特别是轻型透平发动机组；中心高＞225～550mm、转速＞4500～12000r/min 或中心高＞550mm、转速＞3600～12000r/min 的泵；对称平衡式压缩机）。

Ⅴ类：安装在刚性非常大的（在测振方向上）基础上、带有不平衡惯性力的机器和机械驱动系统（由往复运动造成，包括角度式、对置式压缩机；标定转速≤3000r/min、刚性支承的多缸柴油机）。

Ⅵ类：安装在刚性非常小的（在测振方向上）基础上、带有不平衡惯性力的机器和机械驱动系统（立式、卧式压缩机；刚性支承、转速＞3000r/min 或弹性支承、转速≤3000r/min 的多缸柴油机）；具有松动耦合旋转质量的机器（如研磨机中的回转轴）；具有可变的不平衡力矩、自成系统地进行工作而不用连接件的机器（如离心机）；加工厂中用的振动筛、动态疲劳试验机和振动台。

Ⅶ类：安装在弹性支承上、转速＞3000r/min 的多缸柴油机；非固定式压缩机。

我国有些设备标准不完全按表 27-1-9 的规定，例如单缸柴油机（标定转速≤3000r/min）的标准，见表 27-1-10。

1.2.3.3　泵的振动烈度的评定举例

基本上采用国际标准 ISO 2372。但在振动速度有效值上只取最大的一个方向。

立式泵主要测点的具体位置应通过试测确定，即在测点的水平圆周上试测，将测得的振动值最大处定为测点。

每个测点都要在三个相互垂直的方向（水平、垂直、轴向）进行振动测量。

比较主要测点在三个方向（水平 X、垂直 Y、轴向 Z）、三个工况（允许用到的小流量、规定流量、大流量）上测得的振动速度有效值，其中最大的一个定为泵的振动烈度。

在 10～1000Hz 的频段内速度均方根值相同的振动被认为具有相同的振动烈度，确定泵的烈度级。

为了评价泵的振动级别，按泵的中心高和转速将泵分为四类，见表 27-1-11。有了泵的类别与烈度级就可用表 27-1-9 来评价泵的振动级别为 A、B、C、D 哪一级。

表 27-1-9　　推荐的机械设备的振动标准

<table>
<tr><th rowspan="2">分级范围</th><th rowspan="2">振动烈度 V_{rms} /mm·s^{-1}</th><th rowspan="2">分贝 /dB</th><th colspan="7">机械设备的类别</th></tr>
<tr><th>Ⅰ</th><th>Ⅱ</th><th>Ⅲ</th><th>Ⅳ</th><th>Ⅴ</th><th>Ⅵ</th><th>Ⅶ</th></tr>
<tr><td>0.11</td><td>0.071～0.112</td><td>81</td><td rowspan="5">A</td><td rowspan="6">A</td><td rowspan="7">A</td><td rowspan="8">A</td><td rowspan="9">A</td><td rowspan="10">A</td><td rowspan="11">A</td></tr>
<tr><td>0.18</td><td>0.112～0.18</td><td>85</td></tr>
<tr><td>0.28</td><td>0.18～0.28</td><td>89</td></tr>
<tr><td>0.45</td><td>0.28～0.45</td><td>93</td></tr>
<tr><td>0.71</td><td>0.45～0.71</td><td>97</td></tr>
<tr><td>1.12</td><td>0.71～1.12</td><td>101</td><td rowspan="2">B</td></tr>
<tr><td>1.8</td><td>1.12～1.8</td><td>105</td><td rowspan="2">B</td></tr>
<tr><td>2.8</td><td>1.8～2.8</td><td>109</td><td rowspan="2">C</td><td rowspan="2">B</td></tr>
<tr><td>4.5</td><td>2.8～4.5</td><td>113</td><td rowspan="2">C</td><td rowspan="2">B</td></tr>
<tr><td>7.1</td><td>4.5～7.1</td><td>117</td><td rowspan="7">D</td><td rowspan="2">C</td><td rowspan="2">B</td></tr>
<tr><td>11.2</td><td>7.1～11.2</td><td>121</td><td rowspan="6">D</td><td rowspan="2">C</td><td rowspan="2">B</td></tr>
<tr><td>18</td><td>11.2～18</td><td>125</td><td rowspan="5">D</td><td rowspan="2">C</td><td rowspan="2">B</td></tr>
<tr><td>28</td><td>18～28</td><td>129</td><td rowspan="4">D</td><td rowspan="2">C</td><td rowspan="2">B</td></tr>
<tr><td>45</td><td>28～45</td><td>133</td><td rowspan="3">D</td><td rowspan="2">C</td></tr>
<tr><td>71</td><td>45～71</td><td>137</td><td rowspan="2">D</td><td rowspan="2">C</td></tr>
<tr><td>112</td><td>71～112</td><td>141</td><td>D</td></tr>
</table>

注：振动速度级的基准取为 $V_{0(eff)}=10^{-6}$cm/s。

表 27-1-10　　单缸柴油机的等级和振动烈度（标定转速≤3000r/min）

等　　级	水　　冷		风　　冷	
	刚性支承	弹性支承	刚性支承	弹性支承
	振动烈度限值/mm·s^{-1}			
A	7.1	11.2	11.2	18.0
B	11.2	18.0	18.0	28.0
C	18.0	28.0	28.0	45.0

表 27-1-11　　按泵中心高和转速的分类

中心高/mm	≤225	>225～550	≥550
类别	转速/r·min^{-1}		
第一类	≤1800	≤1000	—
第二类	>1800～4500	>1000～1800	>600～1500
第三类	>4500～12000	>1800～4500	>1500～3600
第四类	—	>4500～12000	>3600～12000

注：1. 卧式泵的中心高规定为由泵的轴线到泵的底座上平面间的距离，mm。

2. 立式泵本来没有中心高，为了评价它的振动级别，取一个相当的尺寸当作立式泵的中心高，即把立式泵的出口法兰密封面到泵轴线间的投影距离定为它的相当中心高。

1.3 允许振动量

振动控制必须有一个目标，达不到这个目标就不能消除振动的危害；超过这个目标，势必采取不必要的技术措施形成浪费。这个目标就是允许振动量。

1.3.1 机械设备的允许振动量

机械振动引起的动态力使机械产生动态位移，将影响其工作性能；同时产生的动应力将使其疲劳损伤，有时留下残余变形，降低机器的使用寿命，还产生恶化环境的噪声。为保证机器设计的工作性能和使用寿命，应把机械自身的振动控制在允许量范围之内。

机械的种类很多，各有其自身对振动的要求。因此，出现了针对各类机械的国家标准或行业标准，从中可查到其允许振动量。目前有些机械还没有这个限制振动的标准，可参考表 27-1-12。根据机械设备的使用情况（振动品级），从表中查到其相应的允许振动速度（有效值，也称振动烈度）及等效的位移幅值。

1.3.2 其他要求的允许振动量

在机械的设计和使用中，除了要控制机械自身的振动外，还要兼顾振动对人体、建筑物及精密机器和仪表周围环境的影响。

1）人体处于振动环境中，将受到不利的影响。轻者使人不舒适；重者使人疲劳，生产率下降；严重者危害人的健康和安全。根据振动方向、振动频率和受振时间，可从有关已有的标准中查到保证生产率不下降、保证人体舒适的振动量以及人体允许振动量的极限。

2）仪表周围环境的振动，将降低仪表的精度甚至使仪表失灵，影响其使用功能。为保证仪表在使用寿命内能正常工作，要求周围环境的振动小于允许量，以控制环境振动对仪表的干扰。根据仪表的安装类别（环境条件）和振动频域，可从有关已有的标准中查到仪表各振动等级对应的振动极限值。

3）建筑物内的振动及周围环境的振动，可能使建筑物及其基础变形；严重者墙板开裂甚至造成整个结构破坏。可从已有的机械振动与冲击对建筑物振动影响的测量和评价标准中查到建筑物的允许振动量。

表 27-1-12 机械设备的允许振动量

<table>
<tr><th rowspan="2">振动速度(烈度) V_{rms}/ mm·s^{-1}</th><th colspan="2">等效位移幅值 A/μm</th><th colspan="7">评 价</th></tr>
<tr><th>50Hz</th><th>10Hz</th><th>Ⅰ</th><th>Ⅱ</th><th>Ⅲ</th><th>Ⅳ</th><th>Ⅴ</th><th>Ⅵ</th><th>Ⅶ</th></tr>
<tr><td>0.11</td><td>0.5</td><td>2.5</td><td rowspan="5">A</td><td rowspan="6">A</td><td rowspan="7">A</td><td rowspan="8">A</td><td rowspan="9">A</td><td rowspan="10">A</td><td rowspan="11">A</td></tr>
<tr><td>0.18</td><td>0.8</td><td>4</td></tr>
<tr><td>0.28</td><td>1.25</td><td>6.25</td></tr>
<tr><td>0.45</td><td>2</td><td>10</td></tr>
<tr><td>0.71</td><td>3.15</td><td>15.75</td></tr>
<tr><td>1.12</td><td>5</td><td>25</td><td rowspan="2">B</td></tr>
<tr><td>1.8</td><td>8</td><td>40</td><td rowspan="2">B</td></tr>
<tr><td>2.8</td><td>12.5</td><td>62.5</td><td rowspan="2">C</td><td rowspan="2">B</td></tr>
<tr><td>4.5</td><td>20</td><td>100</td><td rowspan="2">C</td><td rowspan="2">B</td></tr>
<tr><td>7.1</td><td>31.5</td><td>157.5</td><td rowspan="7">D</td><td rowspan="2">C</td><td rowspan="2">B</td></tr>
<tr><td>11.2</td><td>50</td><td>250</td><td rowspan="6">D</td><td rowspan="2">C</td><td rowspan="2">B</td></tr>
<tr><td>18</td><td>80</td><td>400</td><td rowspan="5">D</td><td rowspan="2">C</td><td rowspan="2">B</td></tr>
<tr><td>28</td><td>125</td><td>625</td><td rowspan="4">D</td><td rowspan="2">C</td></tr>
<tr><td>45</td><td>200</td><td>1000</td><td rowspan="3">D</td><td rowspan="2">C</td></tr>
<tr><td>71</td><td>315</td><td>1575</td><td rowspan="2">D</td></tr>
<tr><td>112</td><td>500</td><td>5000</td><td>D</td></tr>
</table>

第2章　机械振动基础

本章的内容是线性振动。线性振动的特点是系统在平衡位置附近作微幅振动，其位移、速度和加速度分别用 x、$\dot{x}$ 和 $\ddot{x}$ 表示，此时系统的弹性回复力 Kx 和阻尼力 $C\dot{x}$ 均是线性的。为使运动方程具有简单形式，描述系统运动时坐标原点应取在平衡位置。

本章首先介绍单自由度系统的自由振动，包括系统的固有频率、阻尼和振动的对数衰减率。接着介绍单自由度系统在简谐激励下的受迫振动，在频率域对振动响应进行分析，了解简谐激励稳态响应的振幅、相位随激励频率的变化，以及共振的特点等。然后介绍多自由度系统的振动，包括系统的运动方程、频率和振型、振型的正交性，以及几种常见二自由度系统在简谐激励下稳态响应的计算。最后介绍振动系统在任意激励下响应的计算。

2.1　单自由度系统的自由振动

表 27-2-1　单自由度系统的自由振动

序号	项　目	无阻尼系统	阻尼系统
1	力学模型		
		力学模型中质量 m 代表系统的惯性，刚度 K 表示系统的弹性，阻尼 C 代表系统耗散能量的特性；质量、刚度和阻尼称为振动系统力学模型的三要素	
2	运动微分方程	$m\ddot{x}+Kx=0$，或 $\ddot{x}+\omega_n^2x=0$	$m\ddot{x}+C\dot{x}+Kx=0$，或 $\ddot{x}+2\zeta\omega_n\dot{x}+\omega_n^2x=0$
		m——质量，kg；K——刚度，N/m；C——黏性阻尼系数，N·s/m；δ_s——弹簧在重力 mg 作用下的静伸长 $\omega_n^2=\dfrac{K}{m}$，$\zeta=\dfrac{C}{2m\omega_n}$	
3	特征方程	$ms^2+K=0$ 或 $s^2+\omega_n^2=0$	$ms^2+Cs+K=0$ 或 $s^2+2\zeta\omega_ns+\omega_n^2=0$
4	运动方程的通解	$x=A_1e^{s_1t}+A_2e^{s_2t}$，当 $s_1\neq s_2$ 时；$x=(A_1+A_2t)e^{s_1t}$，当 $s_1=s_2$ 时(重根) s_1 和 s_2 为特征方程的根，只有 s_1 和 s_2 的虚部不等于 0 才有振动产生，此时 $\zeta<1$	
5	振动频率	系统的固有频率 $\omega_n=\sqrt{\dfrac{K}{m}}$，单位 rad/s 圆频率 ω 和频率 f 的关系：$\omega=2\pi f$ f 的单位是 1/s，Hz	阻尼自由振动频率 $\omega_d=\sqrt{1-\zeta^2}\,\omega_n$，$\zeta<1$ 阻尼比 $\zeta=\dfrac{C_c}{C}$，临界阻尼 $C_c=2m\omega_n$ 当临界阻尼 C_c 小于黏性阻尼系数 C 时，阻尼比 ζ 小于 1(小阻尼)，此时才有振动产生。当 ζ 很小时，$\omega_d\approx\omega_n$
6	初位移和初速度引起的振动响应 ($t=0$ 时 $x=x_0$，$\dot{x}=\dot{x}_0$)	$x=x_0\cos\omega_nt+\dfrac{\dot{x}_0}{\omega_n}\sin\omega_nt=A\sin(\omega_nt+\varphi)$ 式中 $A=\sqrt{x_0^2+\left(\dfrac{\dot{x}_0}{\omega_n}\right)^2}$，$\varphi=\arctan\dfrac{x_0\omega_n}{\dot{x}_0}$	$x=e^{-\zeta\omega_nt}\left(x_0\cos\omega_dt+\dfrac{\dot{x}_0+\zeta\omega_nx_0}{\omega_d}\sin\omega_dt\right)$ $=Ae^{-\zeta\omega_nt}\sin(\omega_dt+\varphi)$ 式中 $A=\sqrt{x_0^2+\left(\dfrac{\dot{x}_0+\zeta\omega_nx_0}{\omega_d}\right)^2}$，$\varphi=\arctan\dfrac{x_0\omega_d}{\dot{x}_0+\zeta\omega_nx_0}$

续表

序号	项　目	无阻尼系统	阻 尼 系 统
7	阻尼自由振动的衰减	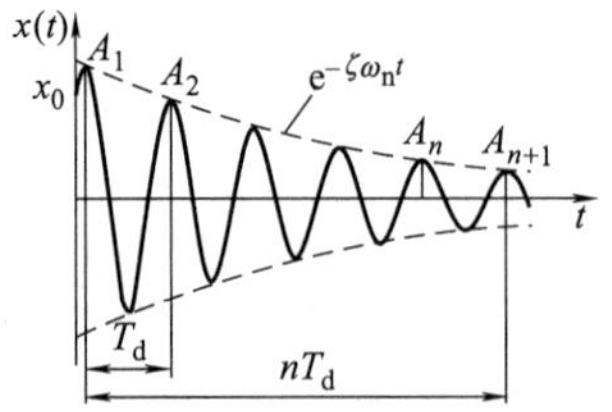 $x(t)$ A_1 A_2 $e^{-\zeta\omega_n t}$ x_0 A_n A_{n+1} t T_d nT_d 阻尼自由振动的衰减过程，$\zeta=0.05$	相邻两振幅之比： $\frac{A_i}{A_{i+1}}=e^{\zeta\omega_n T_d}$，$T_d=\frac{2\pi}{\omega_d}$为阻尼自由振动准周期对数衰减率： $\delta=\frac{1}{n}\ln\frac{A_1}{A_{n+1}}=\zeta\omega_n T_d=\frac{2\pi\zeta}{\sqrt{1-\zeta^2}}$ 当ζ很小时，$\delta\approx 2\pi\zeta$； 即使ζ很小，振幅的衰减也很快。例如$\zeta=0.05$时，$A_{i+1}=0.73A_i$，经过一个周期振幅减小27%； 对$\zeta=1$(临界阻尼)和$\zeta>1$(大阻尼)的情形，系统不会产生振动，见本表注
8	振动过程中的能量关系	振动过程中动能T和势能V相互转换，总能量不变。质量m运动到最大位移处时速度为0，能量全部转换为势能；质量m经过平衡位置时速度最大，能量全部转换为动能(平衡位置为势能参考位置，势能为0)；能量关系为： $T+V=T_{max}=V_{max}$	动能和势能相互转换，但由于阻尼消耗能量，振动总能量不断减少，振幅逐渐降低，最后趋于停止
9	干摩擦阻尼及其等效黏性阻尼		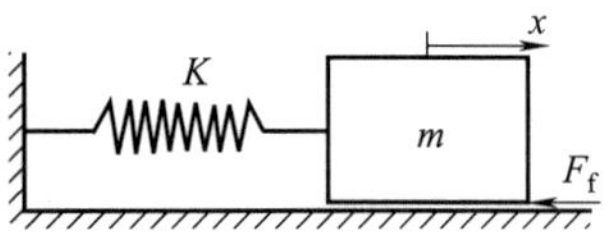 K m x F_f 干摩擦在机械运动副之间广泛存在，干摩擦力的表达式为 $F_f=-\frac{\dot{x}}{\lvert\dot{x}\rvert}\mu N$ F_f为干摩擦力，μ为滑动摩擦因数，N为摩擦面上的正压力，$-\dot{x}/\lvert\dot{x}\rvert$表示摩擦力的方向与相对运动方向相反。干摩擦阻尼自由振动力学模型的运动方程为 $m\ddot{x}+\mu N\frac{\dot{x}}{\lvert\dot{x}\rvert}+Kx=0$ 借助功能原理分析，每经半个循环后系统能量的减少等于期间摩擦力所做的功。可知经过半个循环后振幅的衰减量为$2\lvert F_f\rvert/K$，振幅随时间按直线规律衰减。当振幅小于$\lvert F_f\rvert/K$时弹簧力小于摩擦力，振动将停止 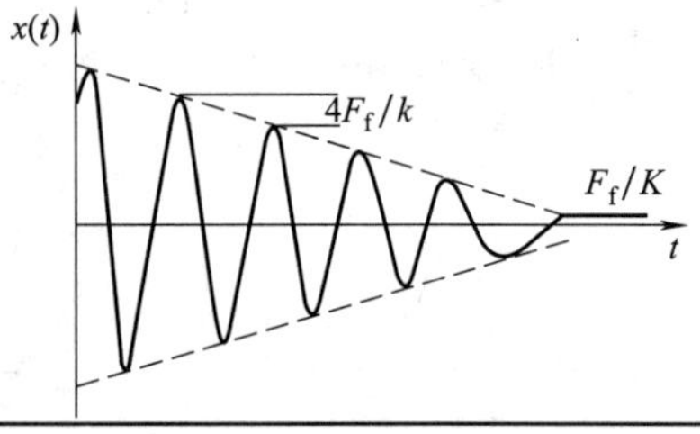 $x(t)$ $4F_f/k$ F_f/K t

续表

序号	项 目	无阻尼系统	阻 尼 系 统
9	干摩擦阻尼及其等效黏性阻尼		为了简化分析，可利用等效黏性阻尼的概念将不同的阻尼当作等效黏性阻尼处理，阻尼等效的原则是在一个振动周期中不同阻尼所消耗的能量与黏性阻尼在一个周期中所消耗的能量相等，也即 $\pi c\omega x_0^2=4\mu N x_0$，得到等效黏性阻尼 $$c_{eq}=\frac{4\mu N}{\pi\omega x_0}$$

注：临界阻尼和大阻尼的情形，如下图所示。

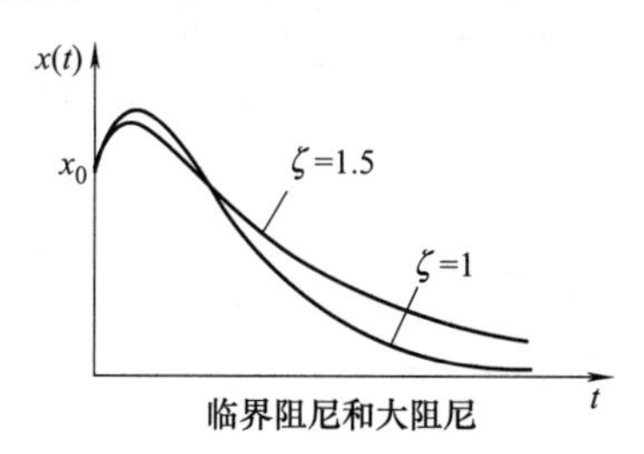

临界阻尼和大阻尼

1）临界阻尼 $\zeta=1$：$x=[x_0+(\dot{x}_0+\omega_n x_0)t]e^{-\omega_n t}$，如图。

2）大阻尼 $\zeta>1$：$x=\frac{e^{-\zeta\omega_n t}}{2\sqrt{\zeta^2-1}}\left\{\left[(\zeta+\sqrt{\zeta^2-1})x_0+\frac{\dot{x}_0}{\omega_n}\right]e^{\sqrt{\zeta^2-1}\,\omega_n t}-\left[(\zeta-\sqrt{\zeta^2-1})x_0+\frac{\dot{x}_0}{\omega_n}\right]e^{-\sqrt{\zeta^2-1}\,\omega_n t}\right\}$。

2.2 单自由度系统的受迫振动

2.2.1 简谐激励下的振动响应

表 27-2-2 简谐激励下的振动响应

序号	项目	简谐力引起的受迫振动	偏心回转引起的受迫振动	基础运动引起的受迫振动
1	力学模型	K　C　m　x　$F_0\sin\omega t$　$K(\delta_s+x)$　δ_s　$C\dot{x}$　x　mg　$F_0\sin\omega t$	K　C　m　m_0　ω　x　Kx　$C\dot{x}$　m　x　$m_0 r\omega^2\sin\omega t$	$u=U\sin\omega t$　K　C　m　x　$K(x-u)$　$C(\dot{x}-\dot{u})$　m　x
2	运动微分方程	$m\ddot{x}+C\dot{x}+Kx=F_0\sin\omega t$ F_0——激励力幅值	$m\ddot{x}+C\dot{x}+Kx=m_0 e\omega^2\sin\omega t$ $m_0 e$——偏心质量矩 ω——转子回转角速度	$m\ddot{x}+C\dot{x}+Kx=C\dot{u}+Ku$ $u=U\sin\omega t$ 是以 U 为幅值的基础运动
3	瞬态响应	运动方程的解 $x=Ae^{-\zeta\omega_n t}\sin(\omega_d t+\varphi)+B\sin(\omega t-\psi)$ 包含两个频率的振动：随着时间增加，频率为 ω_d 的振动不断衰减而消失，称为瞬态响应；剩下的振动与外激励频率 ω 相同，称为稳态响应		
4	稳态响应振幅	$B=\frac{F_0}{K}\frac{1}{\sqrt{(1-r^2)+(2\zeta r)^2}}$	$B=\frac{m_0 e\omega^2}{K}\frac{1}{\sqrt{(1-r^2)+(2\zeta r)^2}}$	$B=\frac{U\sqrt{1+(2\zeta r)^2}}{\sqrt{(1-r^2)+(2\zeta r)^2}}$
		B——振幅；r——频率比，$r=\omega/\omega_n$；ζ——阻尼比		

续表

序号	项目	简谐力引起的受迫振动	偏心回转引起的受迫振动	基础运动引起的受迫振动
5	幅频特性曲线	$\beta=\dfrac{KB}{F_0}=\dfrac{1}{\sqrt{(1-r^2)+(2\zeta r)^2}}$ 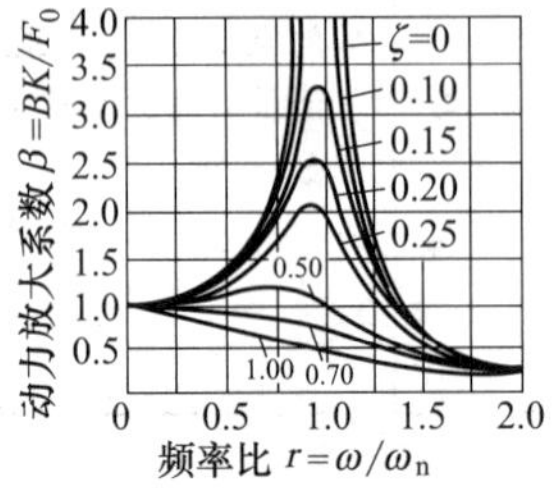 (1)$r\ll1,\beta\to1,B\to F_0/K$，振幅受弹性控制； (2)$r\gg1,\beta\to\dfrac{1}{r^2}=\dfrac{\omega_n^2}{\omega^2}$，$B\to-\dfrac{F_0}{m\omega^2}$，振幅受惯性控制； (3)$r=1$ 时发生共振，$\beta=\dfrac{1}{2\zeta}$，振幅受阻尼控制； (4)最大振幅在 $r=\sqrt{1-2\zeta^2}$ 处	$\beta=\dfrac{mB}{m_0e}=\dfrac{r^2}{\sqrt{(1-r^2)+(2\zeta r)^2}}$ 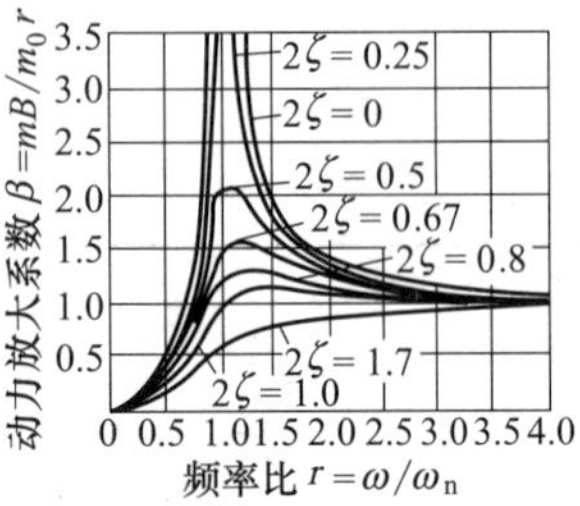 (1)$r\ll1,\beta\to0,B\to0$； (2)$r\gg1,\beta=\dfrac{mB}{m_0e}\to1$； (3)$r=1$ 时发生共振，$\beta\approx\dfrac{1}{2\zeta}$	$T_r=\dfrac{B}{U}=\dfrac{\sqrt{1+(2\zeta r)^2}}{\sqrt{(1-r^2)+(2\zeta r)^2}}$ 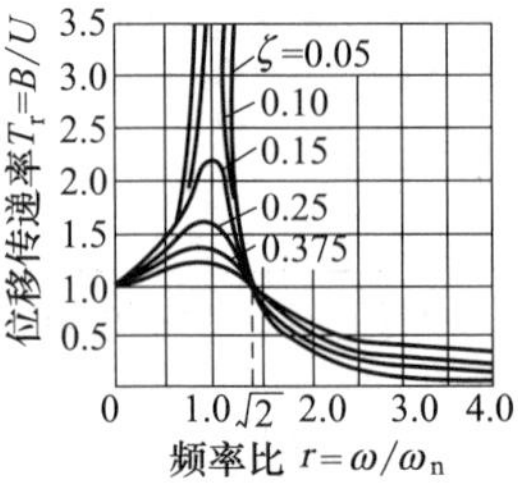 (1)$r\to0,T_r\to1$； (2)$r=\sqrt{2},T_r=1$； (3)$r>\sqrt{2}$，位移传递率 $T_r<1$，此时起隔振作用(隔离基础运动向质量的传递)，且 ζ 越小，隔振效果越好
6	相频特性曲线	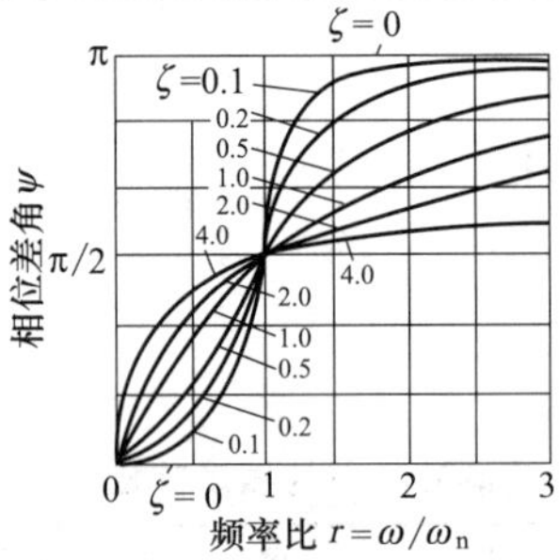 $\psi=\arctan\dfrac{1-r^2}{2\zeta r}$ (1)$r=1$ 时 $\omega=\omega_n$，产生共振，此时 $\psi=90°$，激励力和速度同相位； (2)共振点附近相位变化比较大，结合(1)可以判断系统的共振点以及固有频率		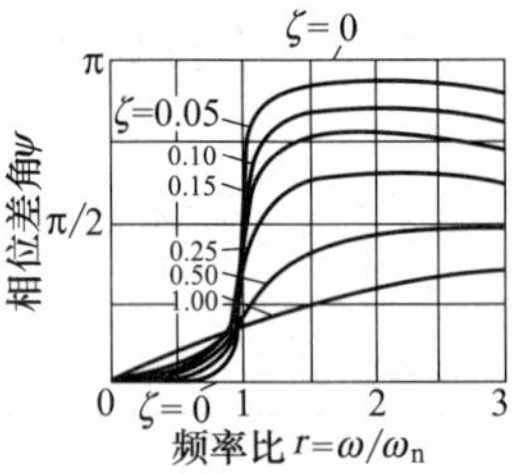 $\psi=\arctan\dfrac{2\zeta r^3}{1-r^2+(2\zeta r)^2}$
7	共振时的半功率点和带宽	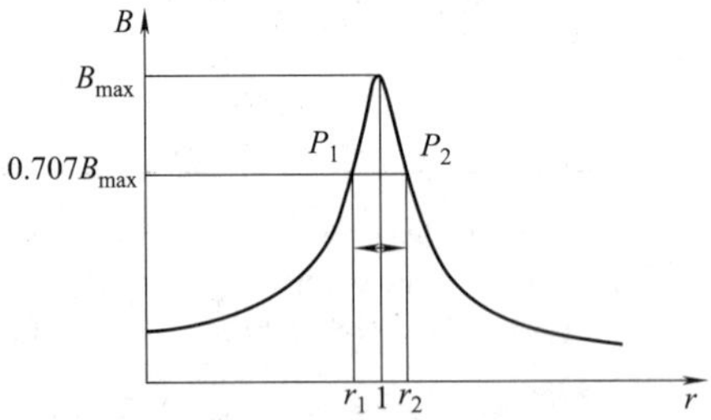 (1)P_1 和 P_2 为半功率点； (2)半功率点对应的频率比为 $r_1\approx1-\zeta,r_2\approx1+\zeta$； (3)两个半功率点之间 $\Delta r=r_2-r_1\approx2\zeta$，频带 $\Delta\omega=\omega_2-\omega_1\approx2\zeta\omega_n$ 称为带宽； (4)带宽与阻尼有关，阻尼越小，带宽越窄，共振峰值越尖锐		
8	简谐振动力的平衡关系	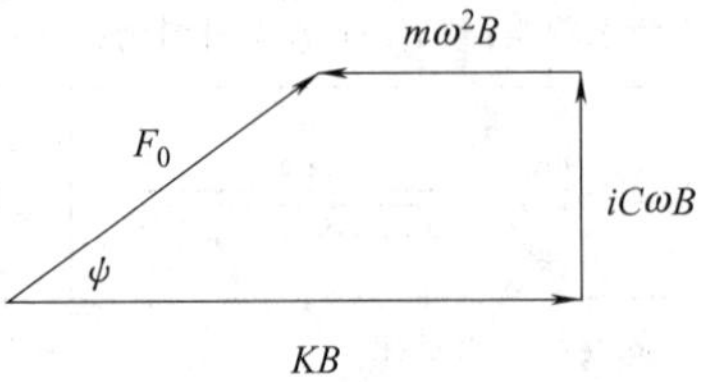 运动方程 $m\ddot{x}+C\dot{x}+Kx=F_0\sin\omega t$ 在频率域的形式： $-m\omega^2B+iC\omega B+KB=F_0$ 是力的平衡方程，左边第一项是惯性力，第二项是阻尼力，第三项是弹性力，它们的矢量和等于右边的激励力 F_0。弹性力 KB 与位移 B 同相位，与激励力 F_0 的相位差为 ψ		

2.2.2　一般周期激励下的稳态响应

表 27-2-3　　一般周期激励下的稳态响应

序号	项　目	周期激励	稳态响应
1	力学模型和运动微分方程	$m\ddot{x}+C\dot{x}+Kx=Q(t)$ 式中，$Q(t)$ 为周期激励力，$Q(t+T)=Q(t)$	
2	周期函数的分解	$Q(t)=a_0+\sum\limits_{n=1}^{\infty}(a_n\cos n\omega_0 t+b_n\sin n\omega_0 t)$ $a_0=\dfrac{1}{T}\int_0^T Q(t)\mathrm{d}t$ $a_n=\dfrac{2}{T}\int_0^T Q(t)\cos n\omega_0 t\,\mathrm{d}t$ $b_n=\dfrac{2}{T}\int_0^T Q(t)\sin n\omega_0 t\,\mathrm{d}t$ 式中，$\omega_0=2\pi/T$ 为周期力基频，T 为周期	平均力 a_0 产生的稳态响应： $x_0=\dfrac{a_0}{K}$ 简谐力 $a_n\cos n\omega_0 t+b_n\sin n\omega_0 t$ 产生的稳态响应： $x_n=\dfrac{a_n\cos(n\omega_0 t-\psi_n)+b_n\sin(n\omega_0 t-\psi_n)}{K\sqrt{(1-r_n^2)^2+(2\zeta r_n)^2}}$ $=B_n\sin(n\omega_0 t+\varphi_n-\psi_n)$ 式中 $B_n=\dfrac{\sqrt{a_n^2+b_n^2}}{K\sqrt{(1-r_n^2)^2+(2\zeta r_n)^2}}$ $\varphi_n=\arctan\dfrac{a_n}{b_n}$，$\psi_n=\arctan\dfrac{2\zeta r_n}{1-r_n^2}$ $r_n=\dfrac{n\omega_0}{\omega_n}$，$\omega_n=\sqrt{\dfrac{K}{m}}$，$\zeta=\dfrac{C}{2m\omega_n}$
3	稳态响应合成	$x=\dfrac{a_0}{K}+\sum\limits_{n=1}^{\infty}B_n\sin(n\omega_0 t+\varphi_n-\psi_n)$	

2.2.3　扭转振动与直线振动的参数类比

表 27-2-4　　扭转振动与直线振动的参数类比

序号	项　目	直线振动	扭转振动
1	力学模型		
2	运动微分方程	$m\ddot{x}+C\dot{x}+Kx=F_0\sin\omega t$	$I\ddot{\theta}+C_t\dot{\theta}+K_t\theta=T_0\sin\omega t$
3	位移/扭转角	$x=x(t)$，m	$\theta=\theta(t)$，rad
4	速度/角速度	$\dot{x}$，m/s	$\dot{\theta}$，rad/s
5	加速度/角加速度	$\ddot{x}$，m/s^2	$\ddot{\theta}$，rad/s^2
6	惯性力/力矩	$-m\ddot{x}$ m——质量，kg	$-I\ddot{\theta}$ I——转动惯量，kg·m^2
7	阻尼力/力矩	$C\dot{x}$ C——阻尼系数，N·s/m	$C_t\dot{\theta}$ C_t——扭转阻尼系数，N·ms/rad
8	弹性力/力矩	Kx K——刚度，N/m	$K_t\theta$ K_t——扭转刚度，N·m/rad
9	激励力/力矩	$F_0\sin\omega t$ F_0——力幅值，N	$T_0\sin\omega t$ T_0——扭矩幅值，N·m
10	动能	$T=\dfrac{1}{2}m\dot{x}^2$	$T=\dfrac{1}{2}I\dot{\theta}^2$
11	势能	$V=\dfrac{1}{2}Kx^2$	$V=\dfrac{1}{2}K_t\theta^2$
12	固有频率	$\omega_n=\sqrt{\dfrac{K}{m}}$，rad/s	$\omega_n=\sqrt{\dfrac{K_t}{I}}$，rad/s

2.2.4 机电类比

表 27-2-5 力学模型和电学模型的参数类比

序号	项目	力学模型	电学模型
1	模型		
2	运动微分方程	$m\dfrac{d\dot{x}}{dt}+C\dot{x}+K\int\dot{x}dt=F_0\sin\omega t$	$L\dfrac{dI}{dt}+\dfrac{1}{c}\int I dt+RI=V_0\sin\omega t$
3	位移/电荷	位移,x	电荷,Q
4	速度/电流	位移,$\dot{x}$	电流,I
5	外力/外电压	力,F	电压,V
6	质量/电感	质量,m	电感,L
7	阻尼系数/电阻	阻尼系数,C	电阻,R
8	刚度系数/电容	刚度,K	电容,$1/c$
9	激励力/电压	$F_0\sin\omega t$	$V_0\sin\omega t$
10	动能/磁余能	$T=\dfrac{1}{2}m\dot{x}^2$	$T=\dfrac{1}{2}LI^2$
11	机械势能/电能	$V=\dfrac{1}{2}Kx^2$	$V=\dfrac{1}{2}\dfrac{Q^2}{c}$
12	固有频率	$\omega_n=\sqrt{\dfrac{K}{m}}$,rad/s	$\omega_n=\sqrt{\dfrac{1}{Lc}}$,rad/s

2.3 多自由度系统

2.3.1 多自由度系统的自由振动及其特性

表 27-2-6 多自由度系统的自由振动及其特性

序号	项目	二自由度系统	n 自由度系统
1	力学模型		
2	运动微分方程	$m_1\ddot{x}_1+(K_1+K_2)x_1-K_2x_2=0$ $m_2\ddot{x}_2-K_2x_1+(K_2+K_3)x_2=0$	$\boldsymbol{M}\ddot{\boldsymbol{x}}+\boldsymbol{K}\boldsymbol{x}=\boldsymbol{0}$ $\boldsymbol{M}=\begin{bmatrix}m_{11}&m_{12}&\cdots&m_{nn}\\m_{21}&m_{22}&\cdots&m_{2n}\\\vdots&\vdots&\ddots&\vdots\\m_{n1}&m_{n2}&\cdots&m_{nn}\end{bmatrix}=\begin{bmatrix}m_1&0&\cdots&0\\0&m_2&\cdots&0\\\vdots&\vdots&\ddots&\vdots\\0&0&\cdots&m_n\end{bmatrix}$ $\boldsymbol{K}=\begin{bmatrix}K_{11}&K_{12}&\cdots&K_{nn}\\K_{21}&K_{22}&\cdots&K_{2n}\\\vdots&\vdots&\ddots&\vdots\\K_{n1}&K_{n2}&\cdots&K_{nn}\end{bmatrix}=\begin{bmatrix}K_1+K_2&-K_2&\cdots&0&0\\-K_2&K_2+K_3&\cdots&0&0\\\vdots&\vdots&\ddots&\vdots&\vdots\\0&0&\cdots&K_{n-1}+K_n&-K_n\\0&0&\cdots&-K_n&K_n+K_{n+1}\end{bmatrix}$

续表

<table>
<tr><th>序号</th><th>项目</th><th>二自由度系统</th><th>n 自由度系统</th></tr>
<tr><td>2</td><td>运动微分方程</td><td>$m_1\ddot{x}_1+(K_1+K_2)x_1-K_2x_2=0$
$m_2\ddot{x}_2-K_2x_1+(K_2+K_3)x_2=0$</td><td>$\boldsymbol{M}$——质量矩阵；
$\boldsymbol{K}$——刚度矩阵；
K_{ij}——刚度系数，j 处产生单位位移，其他各处位移为 0 时，i 处需要施加的力
位移矢量 $\boldsymbol{x}=\begin{Bmatrix}x_1\\x_2\\\vdots\\x_n\end{Bmatrix}$，加速度矢量 $\ddot{\boldsymbol{x}}=\begin{Bmatrix}\ddot{x}_1\\\ddot{x}_2\\\vdots\\\ddot{x}_n\end{Bmatrix}$</td></tr>
<tr><td>3</td><td>通解</td><td>$x_1=A_i\sin\omega_i t,i=1,2$
$x_2=B_i\sin\omega_i t,i=1,2$</td><td>$\boldsymbol{x}=\begin{Bmatrix}X_{i1}\\X_{i2}\\\vdots\\X_{in}\end{Bmatrix}\sin\omega_i t,i=1,2,\cdots,n$</td></tr>
<tr><td>4</td><td>特征方程</td><td>将通解代入运动方程，得到振幅方程
$\begin{bmatrix}K_1+K_2-m_1\omega_i^2 & -K_2\\ -K_2 & K_2+K_3-m_2\omega_i^2\end{bmatrix}\begin{Bmatrix}A_i\\B_i\end{Bmatrix}=\begin{Bmatrix}0\\0\end{Bmatrix}$
有非零解的条件：
$\begin{vmatrix}K_1+K_2-m_1\omega_i^2 & -K_2\\ -K_2 & K_2+K_3-m_2\omega_i^2\end{vmatrix}=0$
展开：$a\omega_i^4+b\omega_i^2+c=0$
式中，$a=m_1m_2$，$b=-m_1(K_2+K_3)-m_2(K_1+K_2)$，
$c=K_1K_2+K_1K_3+K_2K_3$</td><td>振幅方程 $[\boldsymbol{K}-\omega_i^2\boldsymbol{M}]\boldsymbol{x}_i=\boldsymbol{0}$ 有非零解的条件：
$\lvert\boldsymbol{K}-\omega_i^2\boldsymbol{M}\rvert=0$
展开：$a_n\omega_i^{2n}+a_{n-1}\omega_i^{2(n-1)}+\cdots+a_1\omega_i^2+a_0=0$</td></tr>
<tr><td>5</td><td>固有频率</td><td>一阶频率：$\omega_1^2=\dfrac{-b-\sqrt{b^2-4ac}}{2a}$
二阶频率：$\omega_2^2=\dfrac{-b+\sqrt{b^2-4ac}}{2a}$</td><td rowspan="2">用数值方法计算下列矩阵特征值问题
$\boldsymbol{Kx}=\omega_i^2\boldsymbol{Mx}$
可以同时得到 n 对固有频率和振型向量：
$\omega_i,\boldsymbol{x}_i=\begin{Bmatrix}X_{i1}\\X_{i2}\\\vdots\\X_{in}\end{Bmatrix},i=1,2,\cdots,n$
计算矩阵的特征值和特征向量有各种算法和程序，例如 MATLAB 中的 eig 函数</td></tr>
<tr><td>6</td><td>振型向量</td><td>对二自由度系统可用振幅比表示
一阶振动：
$\dfrac{B_1}{A_1}=\dfrac{K_1+K_2-m_1\omega_1^2}{K_2}=\dfrac{K_2}{K_2+K_3-m_2\omega_1^2}=\mu_1$
二阶振动：
$\dfrac{B_2}{A_2}=\dfrac{K_1+K_2-m_1\omega_2^2}{K_2}=\dfrac{K_2}{K_2+K_3-m_2\omega_2^2}=\mu_2$</td></tr>
<tr><td>7</td><td>初位移和初速度引起的自由振动</td><td colspan="2">对二自由度系统：
$\begin{Bmatrix}x_1\\x_2\end{Bmatrix}=\begin{Bmatrix}A_1\cos(\omega_1 t+\varphi_1)+A_2\cos(\omega_2 t+\varphi_2)\\ \mu_1A_1\cos(\omega_1 t+\varphi_1)+\mu_2A_2\cos(\omega_2 t+\varphi_2)\end{Bmatrix}$
常数 $A_1,A_2,\varphi_1,\varphi_2$ 由初位移和初速度 $\begin{Bmatrix}x_1(0)\\x_2(0)\end{Bmatrix}=\begin{Bmatrix}x_{10}\\x_{20}\end{Bmatrix}$，$\begin{Bmatrix}\dot{x}_1(0)\\\dot{x}_2(0)\end{Bmatrix}=\begin{Bmatrix}\dot{x}_{10}\\\dot{x}_{20}\end{Bmatrix}$ 确定；多自由度系统的计算比较复杂，请参考 2.4.2 多自由度系统的模态分析法</td></tr>
<tr><td>8</td><td>振型向量的正交性</td><td colspan="2">$\boldsymbol{x}_i^{\mathrm{T}}\boldsymbol{Mx}_j=\begin{cases}0,i\neq j\\M_i,i=j\end{cases}$，$\boldsymbol{x}_i^{\mathrm{T}}\boldsymbol{Kx}_j=\begin{cases}0,i\neq j\\K_i,i=j\end{cases}$，$\omega_i^2=\dfrac{\boldsymbol{x}_i^{\mathrm{T}}\boldsymbol{Kx}_i}{\boldsymbol{x}_i^{\mathrm{T}}\boldsymbol{Mx}_i}=\dfrac{K_i}{M_i}$</td></tr>
<tr><td>9</td><td>正则振型向量及其正交性</td><td colspan="2">$\boldsymbol{\Phi}_i=\dfrac{\boldsymbol{x}_i}{\sqrt{\boldsymbol{x}_i^{\mathrm{T}}\boldsymbol{Mx}_i}}$，$\boldsymbol{\Phi}_i^{\mathrm{T}}\boldsymbol{M\Phi}_j=\begin{cases}0,i\neq j\\1,i=j\end{cases}$，$\boldsymbol{\Phi}_i^{\mathrm{T}}\boldsymbol{K\Phi}_j=\begin{cases}0,i\neq j\\\omega_i^2,i=j\end{cases}$</td></tr>
</table>

2.3.2 多自由度系统的简谐激励稳态响应

表 27-2-7　　多自由度系统的简谐激励稳态响应

序号	项目	二自由度系统	n 自由度系统
1	运动微分方程	$m_1\ddot{x}_1+C_{11}\dot{x}_1+C_{12}\dot{x}_2+K_{11}x_1+K_{12}x_2=F_1\sin\omega t$ $m_2\ddot{x}_2+C_{21}\dot{x}_1+C_{22}\dot{x}_2+K_{21}x_1+K_{22}x_2=F_2\sin\omega t$	$\boldsymbol{M}\ddot{\boldsymbol{x}}+\boldsymbol{C}\dot{\boldsymbol{x}}+\boldsymbol{K}\boldsymbol{x}=\boldsymbol{F}\sin\omega t$ $\boldsymbol{F}=[F_1\quad F_2\quad \cdots\quad F_n]^{\mathrm{T}}$
2	稳态响应的复振幅	$X_1=\dfrac{(K_{22}-m_2\omega^2+iC_{22}\omega)F_1-(k_{12}+iC_{12}\omega)F_2}{D}$ $X_2=\dfrac{-(K_{21}+iC_{21}\omega)F_1+(K_{11}-m_1\omega^2+iC_{11}\omega)F_2}{D}$ $D=(K_{11}-m_1\omega^2+iC_{11}\omega)(K_{22}-m_2\omega^2+iC_{22}\omega)-(K_{12}+iC_{12}\omega)(K_{21}+iC_{21}\omega)$ 式中 X_1，X_2 为复数，可同时表示稳态响应的振幅和相位，$i=\sqrt{-1}$ 为单位虚数	稳态响应的复振幅矢量： $\boldsymbol{X}=[X_1\quad X_2\quad \cdots\quad X_n]^{\mathrm{T}}=[\boldsymbol{K}-\omega^2\boldsymbol{M}+i\omega\boldsymbol{C}]^{-1}\boldsymbol{F}=\dfrac{\mathrm{adj}[\boldsymbol{K}-\omega^2\boldsymbol{M}+i\omega\boldsymbol{C}]}{\det[\boldsymbol{K}-\omega^2\boldsymbol{M}+i\omega\boldsymbol{C}]}\boldsymbol{F}$ 式中，adj[$\boldsymbol{A}$]表示矩阵 $\boldsymbol{A}$ 的伴随矩阵，det[$\boldsymbol{A}$]表示矩阵 $\boldsymbol{A}$ 的行列式
3	传递函数及传递函数矩阵（传递函数也称频响函数）	振动系统传递函数 $H_{ij}(\omega)$ 的定义：j 处的单位简谐激励在 i 处引起的稳态响应 $H_{ij}(\omega)$ 是复数，随激励力频率 ω 变化，为系统的固有特性 单自由度系统是单输入—单输出系统，只用一个传递函数 $H(\omega)$ 多自由度系统是多输入—多输出系统，$H_{ij}(\omega)$ 组成传递函数矩阵 $\boldsymbol{H}(\omega)$	
		$H_{11}=\dfrac{K_{11}-m_1\omega^2+iC_{11}\omega}{D}$，$H_{12}=-\dfrac{K_{12}+iC_{12}\omega}{D}$ $H_{21}=-\dfrac{K_{21}+iC_{21}\omega}{D}$，$H_{22}=\dfrac{K_{22}-m_2\omega^2+iC_{22}\omega}{D}$	$\boldsymbol{H}(\omega)=\begin{bmatrix}H_{11}(\omega) & H_{12}(\omega) & \cdots & H_{1n}(\omega)\\ H_{21}(\omega) & H_{22}(\omega) & \cdots & H_{2n}(\omega)\\ \vdots & \vdots & \ddots & \vdots\\ H_{n1}(\omega) & H_{n2}(\omega) & \cdots & H_{nn}(\omega)\end{bmatrix}=\dfrac{\mathrm{adj}[\boldsymbol{K}-\omega^2\boldsymbol{M}+i\omega\boldsymbol{C}]}{\det[\boldsymbol{K}-\omega^2\boldsymbol{M}+i\omega\boldsymbol{C}]}$
4	输入输出与传递函数的关系	$X_1=H_{11}(\omega)F_1+H_{12}(\omega)F_2$ $X_2=H_{21}(\omega)F_1+H_{22}(\omega)F_2$	$\boldsymbol{X}=\boldsymbol{H}(\omega)\boldsymbol{F}$

2.3.3 常见二自由度系统简谐激励下的稳态响应

表 28-2-8　　常见二自由度系统简谐激励下的稳态响应

序号	力学模型	运动微分方程	振幅
1	力传递双层隔振 $F\sin\omega t$，x_1，m_1，K_1，C_1，x_2，m_2，K_2，C_2	$m_1\ddot{x}_1+C_1\dot{x}_1-C_1\dot{x}_2+K_1x_1-K_1x_2=F\sin\omega t$ $m_2\ddot{x}_2-C_1\dot{x}_1+(C_1+C_2)\dot{x}_2-K_1x_1+(K_1+K_2)x_2=0$	$X_1=F\sqrt{\dfrac{a^2+b^2}{g^2+h^2}}$ $X_2=F\sqrt{\dfrac{K_1^2+(C_1\omega)^2}{g^2+h^2}}$
2	弹性连杆振动机 x_1，m_1，K_1，C_1，$F\sin\omega t$，x_2，m_2，K_2，C_2	$m_1\ddot{x}_1+C_1\dot{x}_1-C_1\dot{x}_2+K_1x_1-K_1x_2=F\sin\omega t$ $m_2\ddot{x}_2-C_1\dot{x}_1+(C_1+C_2)\dot{x}_2-K_1x_1+(K_1+K_2)x_2=-F\sin\omega t$	$X_1=F\sqrt{\dfrac{(K_2-m_2\omega^2)^2+(C_2\omega)^2}{g^2+h^2}}$ $X_2=F\dfrac{m_1\omega^2}{\sqrt{g^2+h^2}}$
3	动力吸振器 x_1，m_1，K_1，C_1，$F\sin\omega t$，x_2，m_2，K_2，C_2	$m_1\ddot{x}_1+C_1\dot{x}_1-C_1\dot{x}_2+K_1x_1-K_1x_2=0$ $m_2\ddot{x}_2-C_1\dot{x}_1+(C_1+C_2)\dot{x}_2-K_1x_1+(K_1+K_2)x_2=F\sin\omega t$	$X_1=F\sqrt{\dfrac{K_1^2+(C_1\omega)^2}{g^2+h^2}}$ $X_2=F\sqrt{\dfrac{(K_1-m_1\omega^2)^2+(C_1\omega)^2}{g^2+h^2}}$

续表

序号	力学模型		运动微分方程	振幅
4	位移传递双层隔振	m_1, m_2, K_1, C_1, K_2, C_2, x_1, x_2 $u=U\sin\omega t$	$m_1\ddot{x}_1+C_1\dot{x}_1-C_1\dot{x}_2+K_1x_1-K_1x_2=0$ $m_2\ddot{x}_2-C_1\dot{x}_1+(C_1+C_2)\dot{x}_2-K_1x_1+(K_1+K_2)x_2=C_2\dot{u}+K_2u=\lambda U\sin(\omega t+\varphi)$ 式中 $\lambda=\sqrt{K_2^2+(C_2\omega)^2}$，$\varphi=\arctan\dfrac{C_2\omega}{K_2}$	$X_1=\lambda U\sqrt{\dfrac{K_1^2+(C_1\omega)^2}{g^2+h^2}}$ $X_2=\lambda U\sqrt{\dfrac{(K_1-m_1\omega^2)^2+(C_1\omega)^2}{g^2+h^2}}$

注：$a=K_1+K_2-m_2\omega^2$；$b=(C_1+C_2)\omega$；$g=(K_1-m_1\omega^2)(K_2-m_2\omega^2)-(K_1m_1+C_1C_2)\omega^2$；
$h=(K_1-m_1\omega^2)C_2\omega+[K_2-(m_1+m_2)\omega^2]C_1\omega$。

2.3.4 弹性连接黏性阻尼隔振系统的稳态响应

表 27-2-9　弹性连接黏性阻尼隔振系统的稳态响应

序号	力学模型		运动微分方程	振幅
1	力传递隔振	m, F, K, C, K_1, F_T	运动方程 $\dfrac{mC}{NK}\dddot{x}+m\ddot{x}+C\left(1+\dfrac{1}{N}\right)\dot{x}+Kx=\dfrac{C}{NK}\dot{F}+F$ 传递函数 $H(\omega)=\dfrac{1+j2\xi\beta\dfrac{1}{N}}{K\left[1-\beta^2+j2\xi\beta\left(1+\dfrac{1}{N}-\dfrac{\beta^2}{N}\right)\right]}$ 式中 $\beta=\dfrac{\omega}{\omega_n}$，$\omega_n=\sqrt{\dfrac{K}{m}}$，$\xi=\dfrac{C}{C_0}$，$C_0=2\sqrt{Km}$	质量 m 的运动响应系数 $T_m=\left\|\dfrac{x_0}{F_0/K}\right\|=K\|H(\omega)\|=$ $\sqrt{\dfrac{1+\dfrac{4}{N^2}\xi^2\beta^2}{(1-\beta^2)^2+\dfrac{4}{N^2}\xi^2\beta^2(N+1-\beta^2)^2}}$ 基座传递力绝对传递系数 $T_A=\left\|\dfrac{F_{T0}}{F_0}\right\|$ $\sqrt{\dfrac{4\left(1+\dfrac{1}{N}\right)^2\xi^2\beta^2+1}{(1-\beta^2)^2+\dfrac{4}{N^2}\xi^2\beta^2(N+1-\beta^2)^2}}$ 最佳阻尼比 $\xi_{op}^A=\dfrac{N\sqrt{2(N+2)}}{4(N+1)}$
2	位移传递隔振	m, x, K, C, K_1, u	刚度比 $K_1=NK$ 运动方程 $\dfrac{mC}{NK}\dddot{x}+m\ddot{x}+C\left(1+\dfrac{1}{N}\right)\dot{x}+Kx$ $=C\left(1+\dfrac{1}{N}\right)\dot{u}+Ku$ 传递函数 $H(\omega)=\dfrac{C\left(1+\dfrac{1}{N}\right)(j\omega)+K}{\dfrac{mC}{NK}(j\omega)^3+m(j\omega)^2+C\left(1+\dfrac{1}{N}\right)(j\omega)+K}$ $=\dfrac{1+j2\xi\beta\left(1+\dfrac{1}{N}\right)}{1-\beta^2+j2\xi\beta\left(1+\dfrac{1}{N}-\dfrac{\beta^2}{N}\right)}$ 质量 m 相对基座的相对运动 $\delta=x-u$ $\dfrac{mC}{NK}\dddot{\delta}+m\ddot{\delta}+C\left(1+\dfrac{1}{N}\right)\dot{\delta}+K\delta=-\dfrac{mC}{NK}\dddot{u}-m\ddot{u}$	绝对传递系数 $T_A=\|H(\omega)\|=\left\|\dfrac{x_0}{u_0}\right\|$ $\sqrt{\dfrac{4\left(1+\dfrac{1}{N}\right)^2\xi^2\beta^2+1}{(1-\beta^2)^2+\dfrac{4}{N^2}\xi^2\beta^2(N+1-\beta^2)^2}}$ 最佳阻尼比 $\xi_{op}^A=\dfrac{N\sqrt{2(N+2)}}{4(N+1)}$ 相对传递函数 $T_R=\left\|\dfrac{\delta_0}{u_0}\right\|$ $\sqrt{\dfrac{\beta^4+\dfrac{4}{N^2}\xi^2\beta^2}{(1-\beta^2)^2+\dfrac{4}{N^2}\xi^2\beta^2(N+1-\beta^2)^2}}$ 最佳阻尼比 $\xi_{op}^R=\dfrac{N}{\sqrt{2(N+1)(N+2)}}$

2.3.5 动力反共振隔振系统的稳态响应

表 27-2-10　　动力反共振隔振系统的稳态响应

序号	力学模型		运动微分方程	响应及传递力
1	力传递隔振方式1		$(m+m_1\alpha^2)\ddot{x}+Kx=F\sin\omega t$ $(1+\mu\alpha^2)\ddot{x}+\omega_0^2x=\frac{F}{m}\sin\omega t$ 其中 $\omega_0^2=\frac{K}{m},\mu=\frac{m_1}{m},\alpha=\frac{l_1}{l_2}$	$X=\frac{F}{m}\frac{1}{\omega_0^2-(1+\mu\alpha^2)\omega^2}$ $T=\frac{F_T}{F}=\frac{\omega_0^2-\mu\alpha(1+\alpha)\omega^2}{\omega_0^2-(1+\mu\alpha^2)\omega^2}$
2	力传递隔振方式2		$[m+m_1(1+\alpha)^2]\ddot{x}+Kx=F\sin\omega t$ $[1+\mu(1+\alpha)^2]\ddot{x}+\omega_0^2x=\frac{F}{m}\sin\omega t$ 其中 $\omega_0^2=\frac{K}{m},\mu=\frac{m_1}{m},\alpha=\frac{l_1}{l_2}$	$X=\frac{F}{m}\frac{1}{\omega_0^2-[1+\mu(1+\alpha)^2]\omega^2}$ $T=\frac{F_T}{F}=\frac{\omega_0^2-\mu\alpha(1+\alpha)\omega^2}{\omega_0^2-[1+\mu(1+\alpha)^2]\omega^2}$
3	位移传递隔振方式1		$(m+m_1\alpha^2)\ddot{x}+Kx=m_1\alpha(\alpha+1)\ddot{y}+Ky$ $(1+\mu\alpha^2)\ddot{x}+\omega_0^2x=\mu(1+\alpha)\alpha\ddot{y}+\omega_0^2y$	$T=\frac{X}{Y}=\frac{\omega_0^2-\mu\alpha(1+\alpha)\omega^2}{\omega_0^2-(1+\mu\alpha^2)\omega^2}$
4	位移传递隔振方式2		$[m+m_1(1+\alpha)^2]\ddot{x}+Kx=m_1\alpha(1+\alpha)\ddot{y}$ $+Ky$ $[1+\mu(1+\alpha)^2]\ddot{x}+\omega_0^2x=\mu(1+\alpha)\alpha\ddot{y}$ $+\omega_0^2y$	$T=\frac{X}{Y}=\frac{\omega_0^2-\mu\alpha(1+\alpha)\omega^2}{\omega_0^2-[1+\mu(1+\alpha)^2]\omega^2}$

2.4 振动系统对任意激励的响应计算

2.4.1 单自由度系统

表 27-2-11　　单自由度系统对任意激励的响应计算

序号	激励力		无阻尼系统 $m\ddot{x}+Kx=f(t)$，$t=0$ 时，$\dot{x}_0=0$，$x_0=0$
1	阶跃激励	$f(t)$, F, t	$x=\frac{F}{K}(1-\cos\omega_n t)$

续表

序号	激励力		无阻尼系统 $m\ddot{x}+Kx=f(t)$，$t=0$ 时，$\dot{x}_0=0$，$x_0=0$
2	斜坡激励	$f(t)$, at, t	$x=\dfrac{a}{K}\left(t-\dfrac{\sin\omega_n t}{\omega_n}\right)$
3	方波脉冲	$f(t)$, F, T, t	$x=\dfrac{F}{K}(1-\cos\omega_n t)$，$t\leqslant T$ $x=\dfrac{F}{K}[\cos\omega_n(t-T)-\cos\omega_n t]$，$t\geqslant T$
4	三角脉冲	$f(t)$, F, T, t	$x=\dfrac{F}{K}\left(\dfrac{t}{T}-\dfrac{\sin\omega_n t}{\omega_n T}\right)$，$t\leqslant T$ $x=\dfrac{F}{K}\left\{\cos\omega_n(t-T)+\dfrac{\sin\omega_n(t-T)}{\omega_n T}-\dfrac{\sin\omega_n t}{\omega_n T}\right\}$，$t\geqslant T$
5	半波正弦脉冲	$f(t)$, F, $T=\pi/\omega$, t	$x=\dfrac{F}{K(1-r^2)}[\sin\omega t-r\sin\omega_n t]$，$t\leqslant T$；式中 $r=\dfrac{\omega}{\omega_n}$ $x=\dfrac{-Fr}{K(1-r^2)}[\sin\omega_n(t-T)+\sin\omega_n t]$，$t\geqslant T$
6	单位脉冲	$f(t)$, $\delta(t)$, t $\delta(t)=\begin{cases}\infty, & t=0\\ 0, & t\neq 0\end{cases}$，$\displaystyle\int_{-\infty}^{\infty}\delta(t)\mathrm{d}t=1$	单位脉冲作用于质量 m，结果使 m 产生初速度：$\dot{x}_0=\dfrac{1}{m}$ 阻尼系统的单位脉冲响应：$x=h(t)=\dfrac{1}{m\omega_d}\mathrm{e}^{-\zeta\omega_n t}\sin\omega_d t$ 若在 $t=\tau$ 时刻施加单位脉冲激励： $x=h(t-\tau)=\dfrac{1}{m\omega_d}\mathrm{e}^{-\zeta\omega_n(t-\tau)}\sin\omega_d(t-\tau)$
7	任意激励	$f(t)$, t	$x=\displaystyle\int_0^t f(\tau)h(t-\tau)\mathrm{d}\tau=\dfrac{1}{m\omega_d}\int_0^t f(\tau)\mathrm{e}^{-\zeta\omega_n(t-\tau)}\sin\omega_d(t-\tau)\mathrm{d}\tau$ 即响应为激励力 $f(t)$ 与系统单位脉冲响应 $h(t)$ 的卷积，称为杜哈梅积分； 根据卷积的性质，单自由度系统对任意激励的响应也可用下式计算： $x=f(t)*h(t)=h(t)*f(t)$ $=\displaystyle\int_0^t f(t-\tau)h(\tau)\mathrm{d}\tau=\dfrac{1}{m\omega_d}\int_0^t f(t-\tau)\mathrm{e}^{-\zeta\omega_n\tau}\sin\omega_d\tau\mathrm{d}\tau$ 除激励力外，若系统还有初位移和初速度 x_0 和 $\dot{x}_0$，则响应为： $x=\mathrm{e}^{-\zeta\omega_n t}\left(x_0\cos\omega_d t+\dfrac{\dot{x}_0+\zeta\omega_n x_0}{\omega_d}\sin\omega_d t\right)+\displaystyle\int_0^t f(\tau)h(t-\tau)\mathrm{d}\tau$

2.4.2　多自由度系统的模态分析法

表 27-2-12　多自由度系统的模态分析法

序号	项目	模态分析法(振型叠加法)	振型截断法
1	概述	根据振型向量的正交性，应用线性变换对物理坐标下的运动微分方程进行解耦，计算模态坐标下的响应，再将响应从模态坐标变回物理坐标	与模态分析法相同，但只考虑所需频率范围的那部分振型；计算结果既满足精度，又可节省大量计算时间，适用于大型工程结构的分析计算

续表

序号	项目	模态分析法(振型叠加法)	振型截断法
2	计算步骤	①建立运动微分方程：$M\ddot{x}+Kx=F(t)$ ②计算振动系统的 n 个振型，组成振型矩阵： $u=[x_1\ \ x_2\ \ \cdots\ \ x_n]$ ③将线性变换 $x=uy$ 代入运动方程并前乘 u^{T} 得： $u^{T}Mu\ddot{y}+u^{T}Kuy=u^{T}F$ $y=[y_1\ \ y_2\ \ \cdots\ \ y_n]^{T}$称为模态坐标的响应 根据表 27-2-6 振型向量的正交性得： $u^{T}Mu=\begin{bmatrix}M_1 & 0 & \cdots & 0\\ 0 & M_2 & \cdots & 0\\ \vdots & \vdots & \ddots & \vdots\\ 0 & 0 & \cdots & M_n\end{bmatrix}$ $u^{T}Ku=\begin{bmatrix}K_1 & 0 & \cdots & 0\\ 0 & K_2 & \cdots & 0\\ \vdots & \vdots & \ddots & \vdots\\ 0 & 0 & \cdots & K_n\end{bmatrix}$ 于是得到 n 个解耦的模态坐标下的运动方程： $M_i\ddot{y}_i+K_iy_i=q_i, i=1,2,\cdots,n$ 如果用正则振型矩阵 $\Phi=[\Phi_1\ \ \Phi_2\ \ \cdots\ \ \Phi_n]$解耦，则有： $\ddot{y}_i+\omega_i^2y_i=p_i,\quad i=1,2,\cdots,n$ ④计算模态坐标下的激励力： $q_i=x_i^{T}F$ 或 $p_i=\Phi_i^{T}F,\quad i=1,2,\cdots,n$ ⑤将初始速度和初始位移变换到模态坐标： $\dot{y}_0=u^{-1}\dot{x}_0, y_0=u^{-1}x_0$ 或　$\dot{y}_0=\Phi^{-1}\dot{x}_0, y_0=\Phi^{-1}x_0$ ⑥计算模态坐标的响应 $y_i, i=1,2,\cdots,n$ ⑦将模态坐标的响应转换到物理坐标： $x=uy=\sum_{i=1}^{n}y_ix_i$ 或 $x=\Phi y=\sum_{i=1}^{n}y_i\Phi_i$	①建立运动微分方程：$M\ddot{x}+Kx=F(t)$ ②计算所需频率范围内的 s 个振型，得振型矩阵： $u=[x_1\ \ x_2\ \ \cdots\ \ x_s]$ ③将线性变换 $x=uy$ 代入运动方程并前乘 u^{T} 得： $u^{T}Mu\ddot{y}+u^{T}Kuy=u^{T}F$ $y=[y_1\ \ y_2\ \ \cdots\ \ y_s]^{T}$称为模态坐标的响应 得到 n 个解耦的模态坐标下的运动方程： $M_i\ddot{y}_i+K_iy_i=q_i, i=1,2,\cdots,s$ 如果用正则振型矩阵 $\Phi=[\Phi_1\ \ \Phi_2\ \ \cdots\ \ \Phi_s]$解耦，则有： $\ddot{y}_i+\omega_i^2y_i=p_i,\quad i=1,2,\cdots,s$ ④计算模态坐标下的激励力： $q_i=x_i^{T}F$ 或 $p_i=\Phi_i^{T}F, i=1,2,\cdots,s$ ⑤将初始速度和初始位移变换到模态坐标： $\dot{y}_0=u^{T}M\dot{x}_0, y_0=u^{T}Mx_0$ 或　$\dot{y}_0=\Phi^{T}M\dot{x}_0, y_0=\Phi^{T}Mx_0$ ⑥计算模态坐标的响应 $y_i, i=1,2,\cdots,s$ ⑦将模态坐标的响应转换到物理坐标： $x=uy=\sum_{i=1}^{s}y_ix_i$ 或 $x=\Phi y=\sum_{i=1}^{s}y_i\Phi_i$ 由于振型截断法使用的振型数量 $s\ll n$，计算量大大减少，效率高
3	阻尼的处理	①模态阻尼 在模态坐标下的运动方程中引入阻尼比 ζ_i： $\ddot{y}_i+2\zeta_i\omega_i+\omega_i^2y_i=p_i, i=1,2,\cdots,n$ 模态阻尼比 ζ_i 可由经验或试验确定 ②比例阻尼 假定阻尼矩阵由质量矩阵和刚度矩阵组合而成： $C=\alpha M+\beta K$ 式中 α,β 为比例系数，则模态坐标下的运动方程为： $\ddot{y}_i+(\alpha+\beta\omega_i^2)\dot{y}_i+\omega_i^2y_i=p_i, i=1,2,\cdots,n$	与模态分析法相同，但只需考虑 s 个方程的阻尼

2.4.3 阻抗、导纳和四端参数

表 27-2-13　　阻抗、导纳和四端参数

序号	项目	阻抗			导纳			四端参数
		动刚度 F/X	阻抗 F/V	视在质量 F/A	动柔度 X/F	速度导纳 V/F	加速度导纳 A/F	
1	质量	$-\omega^2m$	$j\omega m$	m	$-\dfrac{1}{m\omega^2}$	$\dfrac{1}{j\omega m}$	$\dfrac{1}{m}$	F_1, V_1 → [m] → F_2, V_2 $\begin{Bmatrix}F_1\\V_1\end{Bmatrix}=\begin{bmatrix}1 & j\omega m\\0 & 1\end{bmatrix}\begin{Bmatrix}F_2\\V_2\end{Bmatrix}$

续表

序号	项目	阻抗			导纳			四端参数
		动刚度 F/X	阻抗 F/V	视在质量 F/A	动柔度 X/F	速度导纳 V/F	加速度导纳 A/F	
2	弹簧	K	$\frac{K}{j\omega}$	$-\frac{K}{\omega^2}$	$\frac{1}{K}$	$\frac{j\omega}{K}$	$-\frac{\omega^2}{K}$	F_1 V_1 —K— F_2 V_2 $\begin{Bmatrix}F_1\\V_1\end{Bmatrix}=\begin{bmatrix}1 & 0\\\frac{j\omega}{K} & 1\end{bmatrix}\begin{Bmatrix}F_2\\V_2\end{Bmatrix}$
3	阻尼器	$j\omega C$	C	$\frac{C}{j\omega}$	$\frac{1}{j\omega C}$	$\frac{1}{C}$	$\frac{j\omega}{C}$	F_1 V_1 —C— F_2 V_2 $\begin{Bmatrix}F_1\\V_1\end{Bmatrix}=\begin{bmatrix}1 & 0\\\frac{1}{C} & 1\end{bmatrix}\begin{Bmatrix}F_2\\V_2\end{Bmatrix}$

第 3 章　机械振动的一般资料

机械振动是指机械或结构在某一平衡位置附近进行的往复运动，简称“振动”。通常情况下，振动是利用振动的时间历程来描述振动的运动规律，即以时间为横坐标，以振动体的某个运动参数（位移、速度或加速度）为纵坐标的曲线图，该运动参数的极大值称为振动的振幅。振动的时间历程分为周期振动和非周期振动。

3.1　机械振动表示方法

3.1.1　简谐振动表示方法

表 27-3-1　　简谐振动表示方法

项　目	时间历程表示法	旋转矢量表示法	复数表示法
简图			
说明	作简谐振动的质量 m 上的点光源照射在以运动速度为 v 的紫外线感光纸上记录的曲线	矢量 $\boldsymbol{A}$ 或 $(\boldsymbol{a}+\boldsymbol{b})$ 以等角速度 ω 逆时针方向旋转时，在坐标轴 x 上的投影，其中水平轴为零时间轴	矢量 $\boldsymbol{A}$ 或 $(\boldsymbol{a}+\boldsymbol{b})$ 以等角速度 ω 逆时针方向旋转时，同时在实轴和虚轴上投影，模为 A，幅角为 $(\omega t+\varphi_0)$，实部为 $A\cos(\omega t+\varphi_0)$，虚部为 $A\sin(\omega t+\varphi_0)$
	T——周期，s；f_0——频率，Hz，$f_0=\frac{1}{T}$；ω——角频率，rad/s，$\omega=\frac{2\pi}{T}=2\pi f_0$； A——振幅，m；φ——相位角，rad，$\varphi=\omega t$；φ_0——初相角，rad，$\varphi_0=\omega t_0$； $\lvert\boldsymbol{a}\rvert=\lvert\boldsymbol{A}\rvert\cos\varphi_0$；$\lvert\boldsymbol{b}\rvert=\lvert\boldsymbol{A}\rvert\sin\varphi_0$		
振动位移	$x=A\sin(\omega t+\varphi_0)$		$x=A\mathrm{e}^{i(\omega t+\varphi_0)}$
振动速度	$\dot{x}=A\omega\cos(\omega t+\varphi_0)$		$\dot{x}=i\omega A\mathrm{e}^{i(\omega t+\varphi_0)}$
振动加速度	$\ddot{x}=-A\omega^2\sin(\omega t+\varphi_0)$		$\ddot{x}=-\omega^2A\mathrm{e}^{i(\omega t+\varphi_0)}$
振动位移、速度、加速度的相位关系	振动位移、速度和加速度的角频率都等于 ω，最大位移即振幅为 A 振动速度矢量比位移矢量超前 90°，最大速度 $v_0=\omega A$ 振动加速度矢量又超前速度矢量 180°，最大加速度 $a_0=\omega^2A$		

注：时间历程曲线表示法是振动时域描述方法，也可以用来描述周期振动、非周期振动和随机振动。

3.1.2　周期振动幅值表示方法

表 27-3-2　周期振动幅值表示方法

名　称	幅　值	简谐振动幅值	简　图
峰值 A	$x(t)$的最大值	A	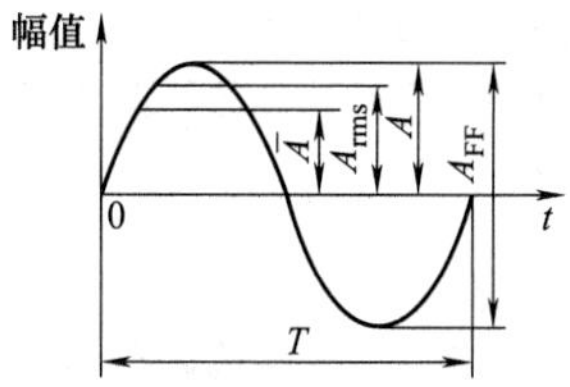
峰峰值 A_{FF}	$x(t)$的最大值和最小值之差	$2A$	
平均绝对值 $\overline{A}$	$\frac{1}{T}\int_0^T \lvert x(t)\rvert \mathrm{d}t$	$\frac{2}{\pi}A$	
均方值 A_{ms}	$\frac{1}{T}\int_0^T x^2(t)\mathrm{d}t$	$\frac{A^2}{2}$	
均方根值(有效值)A_{rms}	$\sqrt{\frac{1}{T}\int_0^T x^2(t)\mathrm{d}t}$	$A\sqrt{1/2}$	

注：1. 周期振动幅值表示法是一种幅域描述方法，也可以用来描述非周期振动和随机振动。
2. 对简谐振动峰值即为振幅，峰峰值即为双振幅。

3.1.3　振动频谱表示方法

表 27-3-3　振动频谱表示方法

项　目	周期性振动	非周期性振动
振动时间函数 $f(t)$的傅里叶变换	$f(t)=a_0+\sum_{n=1}^{\infty}(a_n\cos n\omega_0 t+b_n\sin n\omega_0 t)$ $=c_0+\sum_{n=1}^{\infty}c_n\cos(n\omega_0 t+\varphi_n)$ $=\sum_{n=-\infty}^{\infty}D_n\mathrm{e}^{\mathrm{i}n\omega_0 t}$	$f(t)=\frac{1}{2\pi}\int_{-\infty}^{\infty}F(\omega)\mathrm{e}^{\mathrm{i}\omega t}\mathrm{d}\omega$ $=\int_{-\infty}^{\infty}F(f)\mathrm{e}^{\mathrm{i}2\pi ft}\mathrm{d}f$
振动的频谱表达式	傅里叶系数：$\left(\omega_0=\frac{2\pi}{T}=2\pi f_0\right)$ $a_0=c_0=\frac{1}{T}\int_0^T f(t)\mathrm{d}t$ $a_n=\frac{2}{T}\int_0^T f(t)\cos n\omega_0 t\mathrm{d}t$ $b_n=\frac{2}{T}\int_0^T f(t)\sin n\omega_0 t\mathrm{d}t$ 幅值谱：$c_n(\omega)=\sqrt{a_n^2+b_n^2}$ 相位谱：$\varphi_n(\omega)=\arctan(-b_n/a_n)$ 复谱：$D_n(\omega_0)=\frac{1}{T}\int_0^T f(t)\mathrm{e}^{-\mathrm{i}n\omega_0 t}\mathrm{d}t$ $D_n(f_0)=\frac{1}{T}\int_0^T f(t)\mathrm{e}^{-\mathrm{i}2\pi nf_0 t}\mathrm{d}t$	$F(\omega)=\int_{-\infty}^{\infty}f(t)\mathrm{e}^{-\mathrm{i}\omega t}\mathrm{d}t$ $F(f)=\int_{-\infty}^{\infty}f(t)\mathrm{e}^{-\mathrm{i}2\pi ft}\mathrm{d}t$
图例	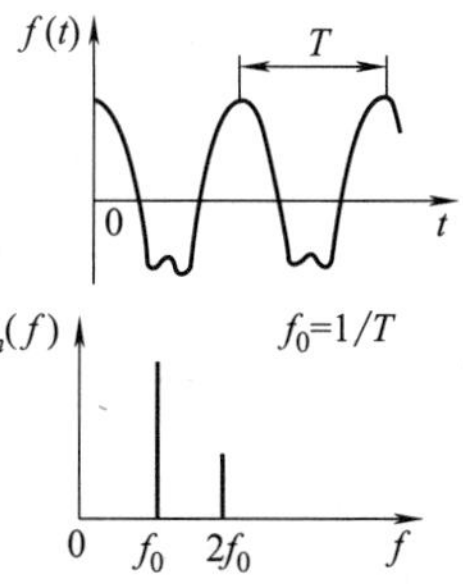 (a) 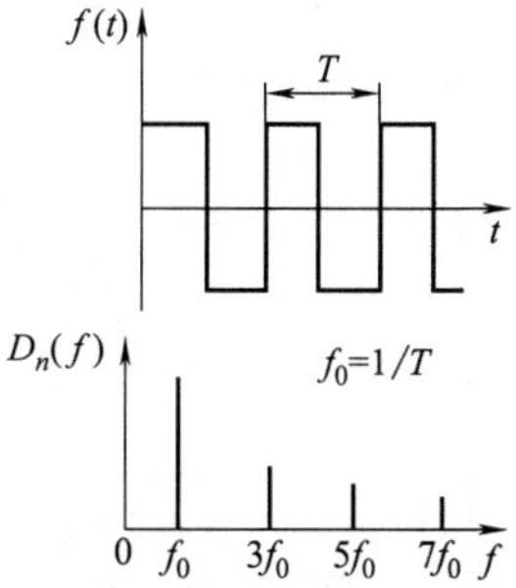　(b)	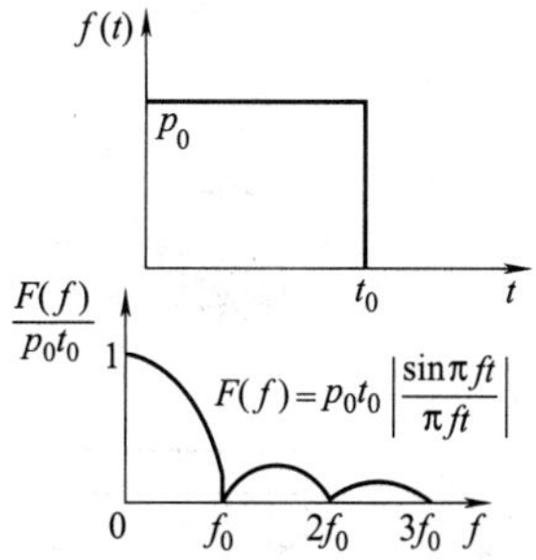 (c)

注：图 (a)、(b)、(c) 的下图为上图的频谱。图 (a) 的下图表示只有两个谐波分量，为完全谱。图 (b) 的下图只表示前四个谐波分量，故为非完全谱。该方法是振动的频域描述方法，也可用以描述随机振动。

3.2 弹性构件的刚度

作用在弹性构件上的力（或力矩）的增量 T 与相应的位移（或角位移）的增量 δ_{st} 之比称为刚度。刚度 K 由下式计算：

$$K=T/\delta_{st}\quad (\mathrm{N/m}\ 或\ \mathrm{N\cdot m/rad})$$

表 27-3-4 弹性构件的刚度

序号	简图	构件说明	刚度 $K/\mathrm{N\cdot m^{-1}}$ $(K_{\varphi}/\mathrm{N\cdot m\cdot rad^{-1}})$
1		圆柱形拉伸或压缩弹簧	圆形截面 $K=\dfrac{Gd^4}{8nD}$ 矩形截面 $K=\dfrac{4Ghb^3\Delta}{\pi nD}$ n——弹簧圈数 h/b: 1, 1.5, 2, 3, 4 Δ: 0.141, 0.196, 0.229, 0.263, 0.281
2		圆锥形拉伸弹簧	圆形截面 $K=\dfrac{Gd^4}{2n(D_1^2+D_2^2)(D_1+D_2)}$ 矩形截面 $K=\dfrac{16Ghb^3\eta}{\pi n(D_1^2+D_2^2)(D_1+D_2)}$ $\eta=\dfrac{0.276\left(\dfrac{h}{b}\right)^2}{1+\left(\dfrac{h}{b}\right)^2}$ D_1——大端中径，m；D_2——小端中径，m
3		两个弹簧并联	$K=K_1+K_2$
4		n 个弹簧并联	$K=K_1+K_2+\cdots+K_n$
5		两个弹簧串联	$\dfrac{1}{K}=\dfrac{1}{K_1}+\dfrac{1}{K_2}$
6		n 个弹簧串联	$\dfrac{1}{K}=\dfrac{1}{K_1}+\dfrac{1}{K_2}+\cdots+\dfrac{1}{K_n}$
7		混合连接弹簧	$K=\dfrac{(K_1+K_2)K_3}{K_1+K_2+K_3}$
8		等截面悬臂梁	$K=\dfrac{3EJ}{l^3}$ 圆截面：$K=\dfrac{3\pi d^4E}{64l^3}$ 矩形截面：$K=\dfrac{bh^3E}{4l^3}$

续表

序号	简　图	构件说明	刚度 $K/N\cdot m^{-1}(K_\varphi/N\cdot m\cdot rad^{-1})$
9		等厚三角形悬臂梁	$K=\frac{bh^3E}{6l^3}$
10		悬臂板簧组(各板排列成等强度梁)	$K=\frac{nbh^3E}{6l^3}$ n——钢板数
11		两端简支梁	$K=\frac{3EJl}{l_1^2l_2^2}$ 当 $l_1=l_2$ 时,$K=\frac{48EJ}{l^3}$
12		两端固定梁	$K=\frac{3EJl^3}{l_1^3l_2^3}$ 当 $l_1=l_2$ 时,$K=\frac{192EJ}{l^3}$
扭转刚度			
1		圆柱形扭转弹簧	$K_\varphi=\frac{Ed^4}{32nD}$
2		圆柱形弯曲弹簧	$K_\varphi=\frac{Ed^4}{32nD}\times\frac{1}{1+E/2G}$
3		卷簧	$K_\theta=\frac{EI_a}{l}$ l——钢丝总长
4		力偶作用于悬臂梁端部	$K_\varphi=\frac{EJ}{l}$
5		力偶作用于简支梁中点	$K_\varphi=\frac{12EJ}{l}$
6		力偶作用于两端固定梁中点	$K_\varphi=\frac{16EJ}{l}$

续表

序号	简图	构件说明	刚度 K/N·m^{-1}(K_φ/N·m·rad^{-1})
7	(a) (b) (c) (d) (e) (f)	受扭实心轴	(a)$K_\varphi=\frac{G\pi D^4}{32l}$　(b)$K_\varphi=\frac{G\pi D_k^4}{32l}$ (c)$K_\varphi=\frac{G\pi D_k^4}{32l}$　(d)$K_\varphi=1.18\frac{G\pi D_1^4}{32l}$ (e)$K_\varphi=1.1\frac{G\pi D_1^4}{32l}$　(f)$K_\varphi=\alpha\frac{G\pi b^4}{32l}$ a/b: 1, 1.5, 2, 3, 4 α: 1.43, 2.94, 4.57, 7.90, 11.23
8		受扭空心轴	$K_\varphi=\frac{G\pi(D^4-d^4)}{32l}$
9		受扭锥形轴	$K_\varphi=\frac{3G\pi D_1^3 D_2^3(D_2-D_1)}{32l(D_2^3-D_1^3)}$
10	$K_{\varphi1}$ $K_{\varphi2}$ $K_{\varphi3}$	受扭阶梯轴	$\frac{1}{K_\varphi}=\frac{1}{K_{\varphi1}}+\frac{1}{K_{\varphi2}}+\frac{1}{K_{\varphi3}}+\cdots$
11	$K_{\varphi2}$ $K_{\varphi1}$	受扭紧配合轴	$K_\varphi=K_{\varphi1}+K_{\varphi2}+\cdots$
12		两端受扭的矩形条	当$\frac{b}{h}=1.75\sim20$　$k_\theta=\frac{\alpha Gbh^3}{l}$ 式中：$\alpha=\frac{1}{3}-\frac{0.209h}{b}$
		两端受扭的平板	当$\frac{b}{h}>20$　$k_\theta=\frac{Gbh^3}{3l}$
13		周边简支中心受力的圆板	$K=\frac{4\pi E\delta^3}{3R^2(1-\mu)(3+\mu)}$
14		周边固定中心受力的圆板	$K=\frac{4\pi E\delta^3}{3R^2(1-\mu^2)}$
15		受张力的弦	$K=\frac{T(a+b)}{ab}$

注：E——弹性模量，Pa；G——切变模量，Pa；J——截面惯性矩，m^4；D——弹簧中径、轴外径，m；d——弹簧钢丝直径、轴直径，m；n——弹簧有效圈数；δ——板厚，m；μ——泊松比；T——张力，N。

3.3　阻尼系数

黏性阻尼——又称线性阻尼。它在运动中产生的阻尼力与物体的运动速度成正比：

$$F=-C\dot{x}$$

式中，负号表示阻力的方向与速度方向相反；C 称为阻尼系数，是线性的阻尼系数。

等效黏性阻尼——在运动中产生的阻尼力与物体的运动速度不成正比。非黏性阻尼，有的可以用等效黏性阻尼系数表示，以简化计算。非黏性阻尼在每一个振动周期中所做的功 W 等效于某一黏性阻尼其系数为 C_e 所做的功，以 C_e 为等效黏性阻尼系数。即

$$C_e=W/(\pi\omega A^2)$$

式中，W 为功；A 为振幅；ω 为角频率。

3.3.1　黏性阻尼系数

表 27-3-5　黏性阻尼系数

序号	简图	机理说明	阻尼力 F/N （或阻尼力矩 M/N·m）	阻尼系数 C/N·s·m^{-1} （C_φ/N·m·s·rad^{-1}）
1		液体介于两相对运动的平行板之间	$F=\frac{\eta A}{t}v$ 流体动力黏度 η，N·s/m^2 15℃空气　$\eta=1.82$　N·s/m^2 20℃水　$\eta=103$　N·s/m^2 20℃酒精　$\eta=176$　N·s/m^2 15.6℃机油　$\eta=11610$　N·s/m^2	$C=\frac{\eta A}{t}$ A——与流体接触面积，m^2 t——流体层厚度，m v——两平行板相对运动速度，m/s，$v=v_1-v_2$
2		板在液体内平行移动	$F=\frac{2\eta A}{t}v$	$C=\frac{2\eta A}{t}$ A——动板一侧与液体接触面积，m^2
3		液体通过移动活塞上的小孔	圆孔直径为 d 时： $F=\frac{8\pi\eta l}{n}\left(\frac{D}{d}\right)^4 v$ n——小孔数 矩形孔面积为 $a\times b$ 时： $F=12\pi\eta l\frac{A^2}{a^3 b}v(a\ll b)$ A——活塞面积，m^2	圆形孔： $C=\frac{8\pi\eta l}{n}\left(\frac{D}{d}\right)^4$ 矩形孔： $C=12\pi\eta l\frac{A^2}{a^3 b}$
4		液体通过移动活塞柱面与缸壁的间隙	$F=\frac{6\pi\eta l d^3}{(D-d)^3}v$	$C=\frac{6\pi\eta l d^3}{(D-d)^3}$

续表

序号	简图	机理说明	阻尼力 F/N （或阻尼力矩 M/N·m）	阻尼系数 C/N·s·m^{-1} （C_φ/N·m·s·rad^{-1}）
5		液体介于两相对转动的同心圆柱之间	$M=\frac{\pi\eta l(D_1+D_2)^3}{2(D_1-D_2)}\omega$ ω——角速度，rad/s	$C_\varphi=\frac{\pi\eta l(D_1+D_2)^3}{2(D_1-D_2)}$
6		液体介于两相对运动的同心圆盘之间	$M=\frac{\pi\eta}{32t}(D_1^4-D_2^4)\omega$	$C_\varphi=\frac{\pi\eta}{32t}(D_1^4-D_2^4)$
7		液体介于两相对运动的圆柱形壳和圆盘之间	$M=\pi\eta\left(\frac{bD_1^2D_2^2}{D_1^2-D_2^2}+\frac{D_2^4-D_3^4}{16t}\right)\omega$	$C_\varphi=\pi\eta\left(\frac{bD_1^2D_2^2}{D_1^2-D_2^2}+\frac{D_2^4-D_3^4}{16t}\right)$

3.3.2　等效黏性阻尼系数

表 27-3-6　　等效黏性阻尼系数

序号	阻尼种类	阻尼机理	阻尼力 F/N	等效线性阻尼系数 C_e/N·s·m^{-1}
1	干摩擦阻尼	正压力 v　N　F	$F=\mu N$ 摩擦因数 μ： 钢与铸铁　$\mu=0.2\sim0.3$ 钢与铸铁（涂油）$\mu=0.08\sim0.16$ 钢与钢　$\mu=0.15$ 钢与青铜　$\mu=0.15$	$C_e=\frac{4\mu N}{\pi A\omega}$ 尼龙与金属　$\mu=0.3$ 塑料与金属　$\mu=0.05$ 树脂与金属　$\mu=0.2$
2	速度平方阻尼	物体在流体中以很高速度运动时，也就是当雷诺数 Re 很大时，所产生的阻尼力与速度的平方成正比	$F=C_2v^2$	$C_e=\frac{8}{3\pi}C_2\omega A$
			例：当活塞快速运动使流体从活塞上的小孔流出时 $C_2=\frac{\rho S^3}{2(C_d a)^2}$ ρ——流体密度，kg/m^3；　a——小孔面积，m^2； S——活塞面积，m^2；　v——活塞运动速度，m/s C_d——流出系数； 孔长较短 $C_d=0.6$；孔长为直径 3 倍，边缘为直角，$C_d=0.8$；孔长为直径 3 倍，流入一侧为圆弧，$C_d=0.9$；带阀门的孔 $C_d=0.6\sim0.7$	

续表

<table>
<tr><th>序号</th><th>阻尼种类</th><th>阻尼机理</th><th>阻尼力 F/N</th><th>等效线性阻尼系数 C_e/N·s·m^{-1}</th></tr>
<tr><td>3</td><td>内部摩擦阻尼</td><td>当固体变形时,以滞后形式消耗能量产生的阻尼。例如:橡胶材料谐振时的阻尼</td><td>$F=K(1+i\beta)x$
$K(1+i\beta)$——复数形式的弹簧常数;i——第二项相对于第一项的相位滞后 90°;K——动弹簧常数;β——力学的材料损耗因子</td><td>$C_e=\frac{\beta K}{\omega}$
邵氏硬度 30° 50° 70°
β 5% 10% 15%
品种 / β
氯丁橡胶 15%～30%
丁腈橡胶 25%～40%
苯乙烯橡胶 15%～30%</td></tr>
<tr><td>4</td><td>一般非线性阻尼</td><td>—</td><td>$F=f(x,\dot{x})$
其中:$x=A\sin\varphi$
$\dot{x}=\omega A\cos\varphi$</td><td>$C_e=\frac{1}{\pi\omega A}\int_0^{2\pi}f(x,\dot{x})\cos\varphi d\varphi$</td></tr>
</table>

注:A——振幅,m;ω——振动频率,rad/s。

3.4 振动系统的固有角频率

3.4.1 单自由度系统的固有角频率

质量为 m 的物体自由振动作简谐运动的角频率 ω_n 称固有角频率(或固有圆频率)。其与弹性构件刚度 K 的关系可由下式计算:

$$\omega_n=\sqrt{\frac{K}{m}}\quad (\text{rad/s})\qquad (27\text{-}3\text{-}1)$$

固有频率 f_n 为:

$$f_n=\frac{\omega_n}{2\pi}=\frac{1}{2\pi}\sqrt{\frac{K}{m}}\quad (\text{s}^{-1})\qquad (27\text{-}3\text{-}2)$$

表 27-3-4 已列出弹性构件的刚度,若其受力点的参振质量为 m,将两者代入式(27-3-1)即可求得各自的角频率。表 27-3-7、表 27-3-8 列出典型的固有角频率,按刚度可直接算得的不一一列出。

表 27-3-7　单自由度系统的固有角频率

序号	系统简图	系统形式	固有角频率 ω_n/rad·s^{-1}
1	K, m_s, m	一个质量一个弹簧系统	$\omega_n=\sqrt{\frac{K}{m}}\approx\sqrt{\frac{g}{\delta}}$ 若计弹簧质量 m_s: $\omega_n=\sqrt{\frac{3K}{3m+m_s}}$ K——弹簧刚度,N/m;m——刚体质量,kg;m_s——弹簧分布质量,kg;δ——静变形量,m;g——重力加速度,$g=9.81\text{m/s}^2$
2	m_1, K, m_2	两个质量一个弹簧的系统	$\omega_n=\sqrt{\frac{K(m_1+m_2)}{m_1m_2}}$

续表

序号	系统简图	系统形式	固有角频率 ω_n/rad·s^{-1}
3	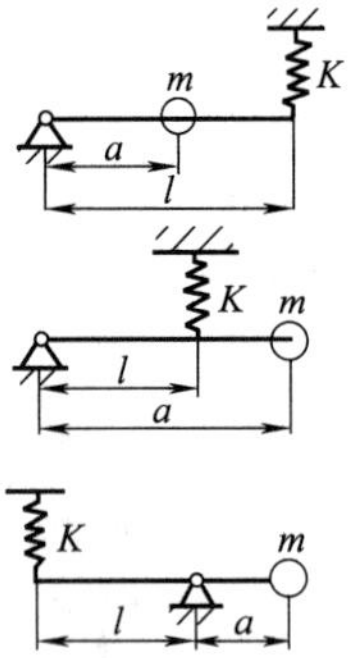	质量 m 和刚性杆弹簧系统	不计杆质量时 $\omega_n=\sqrt{\dfrac{Kl^2}{ma^2}}$ 若计杠杆质量 m_s 时，则 $\omega_n=\sqrt{\dfrac{3Kl^2}{3ma^2+m_sl^2}}$ 系统具有 n 个集中质量时，以($m_1a_1^2+m_2a_2^2+\cdots+m_na_n^2$)代替式中的 ma^2 系统具有 n 个弹簧时，以($K_1l_1^2+K_2l_2^2+\cdots+K_nl_n^2$)代替式中的 Kl^2
4	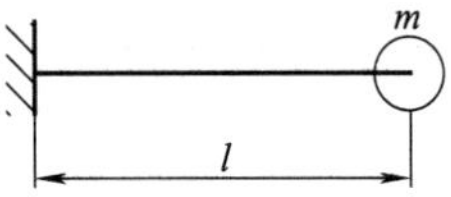	悬臂梁端有集中质量系统	$\omega_n=\sqrt{\dfrac{3EJ}{ml^3}}$ 若计杆质量 m_s 时，$\omega_n=\sqrt{\dfrac{3EJ}{(m+0.24m_s)l^3}}$ E——弹性模量，Pa；J——截面惯性矩，m^4
5	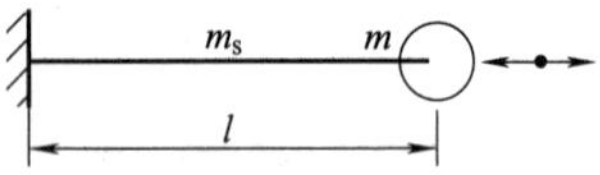	杆端有集中质量的纵向振动	$\omega_n=\dfrac{\beta}{l}\sqrt{\dfrac{E}{\rho_V}}$ 式中，β 由下式求出 $\beta\tan\beta=\dfrac{m_s}{m}$ ρ_V——体积密度，kg/m^3
6	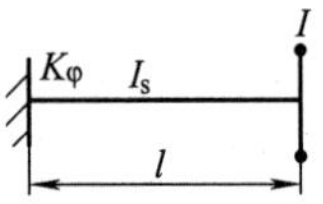	一端固定、另一端有圆盘的扭转轴系	$\omega_n=\sqrt{\dfrac{K_\varphi}{I}}$ 若计轴的转动惯量 I_s 时，$\omega_n=\sqrt{\dfrac{3K_\varphi}{3I+I_s}}$
7	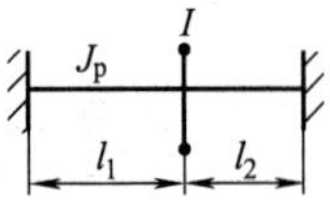	两端固定、中间有圆盘的扭转轴系	$\omega_n=\sqrt{\dfrac{GJ_p(l_1+l_2)}{Il_1l_2}}$ G——变模量，Pa；J_p——截面的极惯性矩，m^4
8	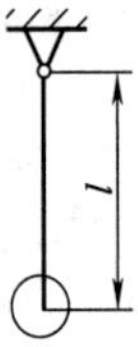	单摆	$\omega_n=\sqrt{\dfrac{g}{l}}$

续表

序号	系统简图	系统形式	固有角频率 ω_n/rad·s^{-1}
9		物理摆	$\omega_n=\sqrt{\dfrac{gl}{\rho^2+l^2}}$ l——摆重心至转轴中心的距离,m ρ——摆对质心的回转半径,m
10		倾斜摆	$\omega_n=\sqrt{\dfrac{g\sin\beta}{l}}$
11		双簧摆	$\omega_n=\sqrt{\dfrac{Ka^2}{ml^2}+\dfrac{g}{l}}$
12		倒立双簧摆	$\omega_n=\sqrt{\dfrac{Ka^2}{ml^2}-\dfrac{g}{l}}$
13		杠杆摆	$\omega_n=\sqrt{\dfrac{Kr^2\cos^2\alpha-K\delta r\sin\alpha}{ml^2}}$ δ——弹簧静变形,m
14		离心摆(转轴中心线在振动物体运动平面中)	$\omega_n=\dfrac{\pi n}{30}\sqrt{\dfrac{l+r}{l}}$ n——转轴转速,r/min
15		离心摆(转轴中心线垂直于振动物体运动平面)	$\omega_n=\dfrac{\pi n}{30}\sqrt{\dfrac{r}{l}}$
16		圆柱体在弧面上做无滑动的滚动	$\omega_n=\sqrt{\dfrac{2g}{3(R-r)}}$

续表

序号	系统简图	系统形式	固有角频率 ω_n/rad·s^{-1}
17	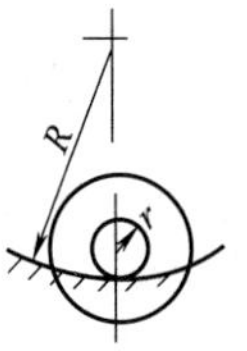	圆盘轴在弧面上做无滑动的滚动	$\omega_n=\sqrt{\dfrac{g}{(R-r)(1+\rho^2/r^2)}}$ ρ——振动体回转半径，m
18	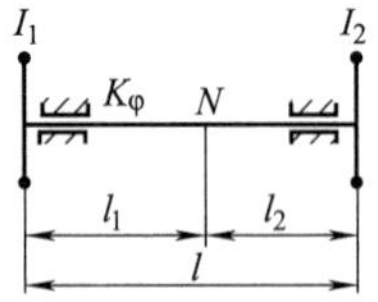	两端有圆盘的扭转轴系	$\omega_n=\sqrt{\dfrac{K_\varphi(I_1+I_2)}{I_1 I_2}}$ 节点 N 的位置： $l_1=\dfrac{I_2}{I_1+I_2}l$　$l_2=\dfrac{I_1}{I_1+I_2}l$
19	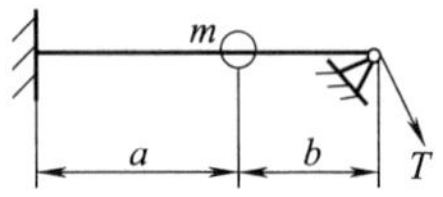	质量位于受张力的弦上	$\omega_n=\sqrt{\dfrac{T(a+b)}{mab}}$；$T$——张力，N 若计及弦的质量 m_s $\omega_n=\sqrt{\dfrac{3T(a+b)}{(3m+m_s)ab}}$
20	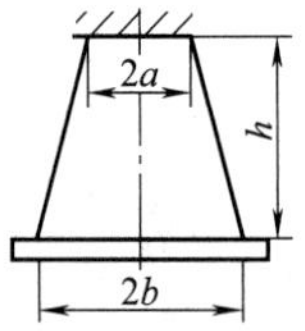	一个水平杆被两根对称的弦吊着的系统	$\omega_n=\sqrt{\dfrac{gab}{\rho^2 h}}$ ρ——杆的回转半径，m
21	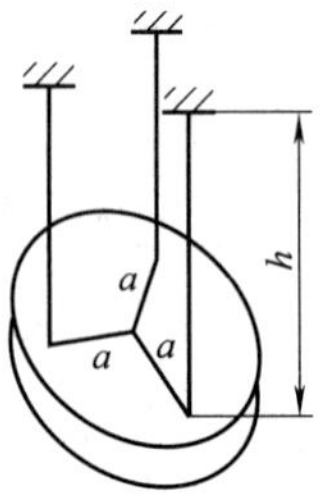	一个水平板被三根等长的平行弦吊着的系统	$\omega_n=\sqrt{\dfrac{ga^2}{\rho^2 h}}$ ρ——板的回转半径，m
22	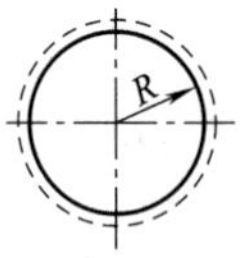	只有径向振动的圆环	$\omega_n=\sqrt{\dfrac{E}{\rho_V R^2}}$ ρ_V——密度，kg/m^3
23	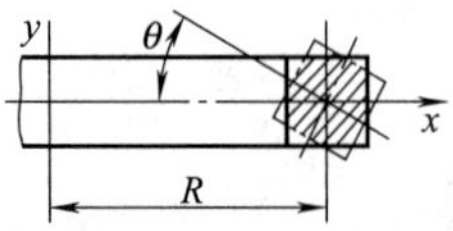	只有扭转振动的圆环	$\omega_n=\sqrt{\dfrac{E}{\rho_V R^2}\times\dfrac{J_x}{J_p}}$ J_x——截面对 x 轴的惯性矩，m^4 J_p——截面的极惯性矩，m^4
24	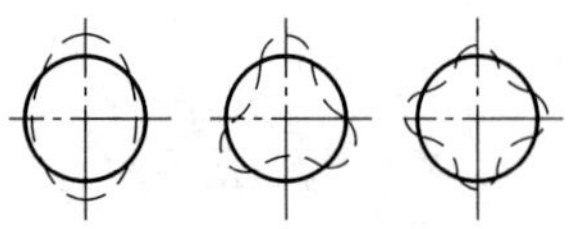 $n=2$　$n=3$　$n=4$	有径向与切向振动的圆环	$\omega_n=\sqrt{\dfrac{EJ_a}{\rho_V AR^4}\times\dfrac{n^2(n^2-1)^2}{n^2+1}}$ n——节点数的一半 A——圆环圈截面积，m^2 J_a——截面惯性矩，m^4

表 27-3-8 **管内液面及空气柱振动的固有角频率**

序号	系统形式	简图	固有角频率 ω_n/rad·s^{-1}
1	等截面U形管中的液柱		$\omega_n=\sqrt{\dfrac{2g}{l}}$ g——重力加速度，$g=9.81\text{m/s}^2$
2	导管连接的两容器中液面的振动		$\omega_n=\sqrt{\dfrac{gA_3(A_1+A_2)}{lA_1A_2+A_3(A_1+A_2)h}}$ A_1,A_2,A_3——分别为容器1、2及导管的截面积，m^2
3	空气柱的振动		$\omega_n=\dfrac{a_n}{l}\sqrt{\dfrac{1.4p}{\rho}}$ 两端闭 $a_n=\pi、2\pi、3\pi、\cdots$ 两端开 $a_n=\pi、2\pi、3\pi、\cdots$ 一端开一端闭 $a_n=\dfrac{\pi}{2}、\dfrac{3\pi}{2}、\dfrac{5\pi}{2}、\cdots$ p——空气压强，Pa ρ——空气密度，kg/m^3

3.4.2 二自由度系统的固有角频率

表 27-3-9 **二自由度系统的固有角频率**

序号	系统简图	系统形式	固有角频率 ω_n/rad·s^{-1}
1		两个质量三个弹簧系统	$\omega_n^2=\dfrac{1}{2}(\omega_{11}^2+\omega_{22}^2)\mp\dfrac{1}{2}\sqrt{(\omega_{11}^2-\omega_{22}^2)^2+4\omega_{12}^4}$ $\omega_{11}^2=\dfrac{K_1+K_2}{m_1}$ $\omega_{22}^2=\dfrac{K_2+K_3}{m_2}$ $\omega_{12}^2=\dfrac{K_2}{\sqrt{m_1m_2}}$
2		两个质量两个弹簧系统	$\omega_n^2=\dfrac{1}{2}\left[\omega_1^2+\omega_2^2\left(1+\dfrac{m_2}{m_1}\right)\right]\mp$ $\dfrac{1}{2}\sqrt{\left[\omega_1^2+\omega_2^2\left(1+\dfrac{m_2}{m_1}\right)\right]^2-4\omega_1^2\omega_2^2}$ $\omega_1^2=\dfrac{K_1}{m_1}$ $\omega_2^2=\dfrac{K_2}{m_2}$
3		三个质量两个弹簧系统	$\omega_n^2=\dfrac{1}{2}(\omega_1^2+\omega_2^2+\omega_3^2)\mp$ $\dfrac{1}{2}\sqrt{(\omega_1^2+\omega_2^2+\omega_3^2)^2-4\omega_1^2\omega_3^2\dfrac{m_1+m_2+m_3}{m_2}}$ $\omega_1^2=\dfrac{K_1}{m_1}$ $\omega_2^2=\dfrac{K_1+K_2}{m_2}$ $\omega_3^2=\dfrac{K_2}{m_3}$

续表

序号	系统简图	系统形式	固有角频率 ω_n/rad·s^{-1}
4	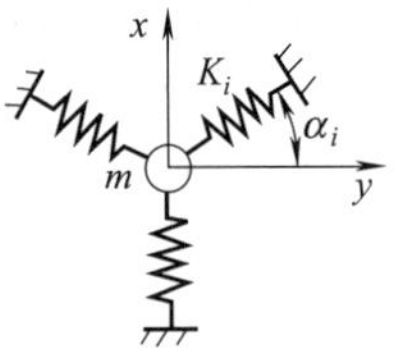 x, K_i, α_i, m, y	三个弹簧支持的质量系统(质量中心和各弹簧中心线在同一平面内)	$\omega_n^2=\frac{1}{2}(\omega_x^2+\omega_y^2)\mp\frac{1}{2}\sqrt{(\omega_x^2+\omega_y^2)^2+4\omega_{xy}^4}$ $\omega_x^2=\frac{K_x}{m}$　$\omega_y^2=\frac{K_y}{m}$　$\omega_{xy}^2=\frac{K_{xy}}{m}$ $K_x=\sum_{i=1}^{n}K_i\cos^2\alpha_i$　$K_y=\sum_{i=1}^{n}K_i\sin^2\alpha_i$ $K_{xy}=\sum_{i=1}^{n}K_i\sin\alpha_i\cos\alpha_i\ (n=3)$
5	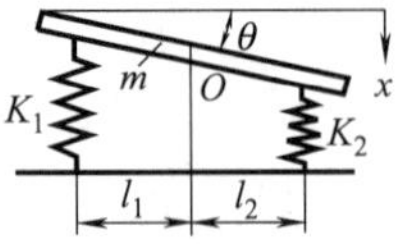 θ, m, O, x, K_1, K_2, l_1, l_2	刚性杆为两个弹簧所支持的系统	$\omega_n^2=\frac{1}{2}(a+c)\mp\frac{1}{2}\sqrt{(a-c)^2+\frac{4mb^2}{I}}$ $a=\frac{K_1+K_2}{m}$　$b=\frac{K_2l_2-K_1l_1}{m}$ $c=\frac{K_1l_1^2+K_2l_2^2}{I}$　I——转动惯量,kg·m^2
6	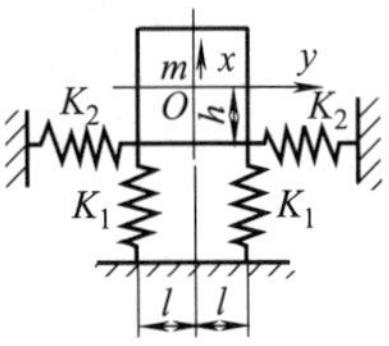 m, x, y, O, h, K_2, K_1, l	直线振动和摇摆振动的联合系统	$\omega_n^2=\frac{1}{2}(\omega_y^2+\omega_0^2)\mp\frac{1}{2}\sqrt{(\omega_y^2-\omega_0^2)^2+\frac{4\omega_y^4mh^2}{I}}$ $\omega_y^2=\frac{2K_2}{m}$　$\omega_0^2=\frac{2K_1l^2+2K_2h^2}{I}$
7	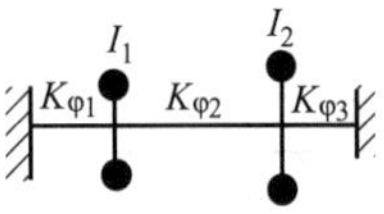 I_1, I_2, $K_{\varphi1}$, $K_{\varphi2}$, $K_{\varphi3}$	三段轴两圆盘扭振系统	$\omega_n^2=\frac{1}{2}(\omega_1^2+\omega_2^2)\mp\frac{1}{2}\sqrt{(\omega_1^2-\omega_2^2)^2+4\omega_{12}^2}$ $\omega_1^2=\frac{K_{\varphi1}+K_{\varphi2}}{I_1}$　$\omega_2^2=\frac{K_{\varphi2}+K_{\varphi3}}{I_2}$　$\omega_{12}^2=\frac{K_{\varphi2}}{\sqrt{I_1I_2}}$
8	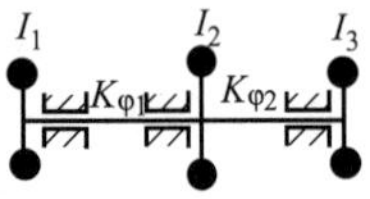 I_1, I_2, I_3, $K_{\varphi1}$, $K_{\varphi2}$	两段轴三圆盘扭振系统	$\omega_n^2=\frac{1}{2}(\omega_1^2+\omega_2^2+\omega_3^2)\mp$ $\frac{1}{2}\sqrt{(\omega_1^2+\omega_2^2+\omega_3^2)^2-4\omega_1^2\omega_3^2\frac{I_1+I_2+I_3}{I_2}}$ $\omega_1^2=\frac{K_{\varphi1}}{I_1}$　$\omega_2^2=\frac{K_{\varphi1}+K_{\varphi2}}{I_2}$　$\omega_3^2=\frac{K_{\varphi2}}{I_3}$
9	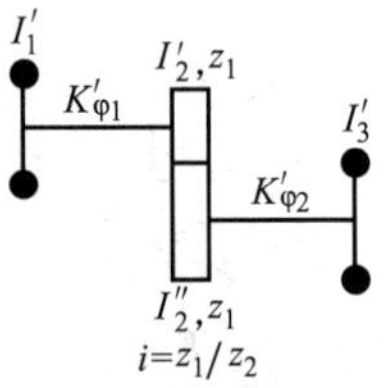 I_1', I_2',z_1, $K_{\varphi1}'$, I_3', $K_{\varphi2}'$, I_2'',z_1, $i=z_1/z_2$	两端圆盘轴和轴之间齿轮连接系统	$\omega_n^2=\frac{1}{2}(\omega_1^2+\omega_2^2+\omega_3^2)\mp$ $\frac{1}{2}\sqrt{(\omega_1^2+\omega_2^2+\omega_3^2)^2-4\omega_1^2\omega_3^2\frac{I_1+I_2+I_3}{I_2}}$ $\omega_1^2=\frac{K_{\varphi1}}{I_1}$　$\omega_2^2=\frac{K_{\varphi1}+K_{\varphi2}}{I_2}$　$\omega_3^2=\frac{K_{\varphi2}}{I_3}$ $I_1=I_1'$　$I_2=I_2'+i^2I_2''$　$I_3=i^2I_3'$　$K_{\varphi1}=K_{\varphi1}'$　$K_{\varphi2}=i^2K_{\varphi2}'$
10	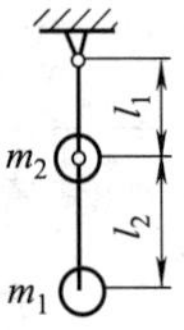 l_1, m_2, l_2, m_1	二重摆	$\omega_n^2=\frac{m_1+m_2}{2m_1}\left[\omega_1^2+\omega_2^2\mp\sqrt{(\omega_1^2-\omega_2^2)^2+4\omega_1^2\omega_2^2\frac{m_2}{m_1+m_2}}\right]$ $\omega_1^2=\frac{g}{l_1}$　$\omega_2^2=\frac{g}{l_2}$　g——重力加速度,$g=9.81$m/s^2

续表

序号	系统简图	系统形式	固有角频率 ω_n/rad·s^{-1}
11	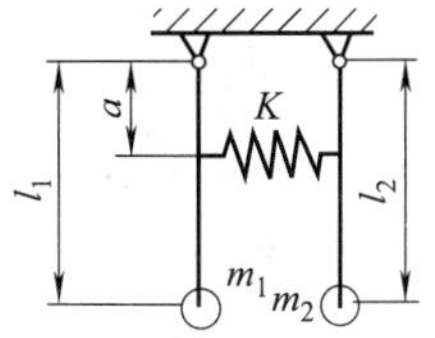	二联合单摆	$\omega_n^2=\frac{1}{2}(\omega_1^2+\omega_2^2+\omega_3^2+\omega_4^2)\mp\frac{1}{2}\sqrt{(\omega_1^2+\omega_2^2+\omega_3^2+\omega_4^2)^2-4(\omega_2^2\omega_3^2+\omega_1^2\omega_4^2+\omega_3^2\omega_4^2)}$ $\omega_1^2=\frac{Ka^2}{m_1l_1^2}$　$\omega_2^2=\frac{Ka^2}{m_2l_2^2}$　$\omega_3^2=\frac{g}{l_1}$　$\omega_4^2=\frac{g}{l_2}$
12	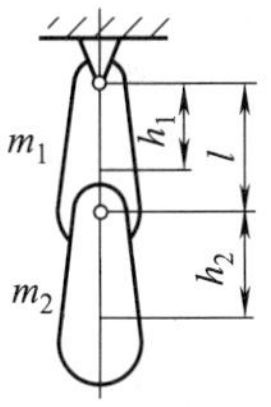	二重物理摆	$\omega_n^2=\frac{1}{2a}(b\mp\sqrt{b^2-4ac})$ $a=(I_1+m_1h_1^2+m_2l^2)(I_2+m_2h_2^2)-m_2^2h_2^2l^2$ $b=(I_1+m_1h_1^2+m_2l^2)m_2h_2g+(I_2+m_2h_2^2)(m_1h_1+m_2l)g$ $c=(m_1h_1+m_2l)m_2h_2g^2$
13	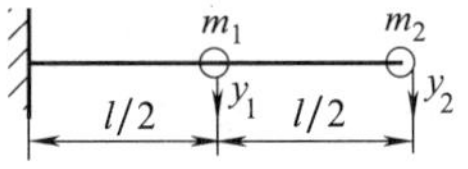	两个质量的悬臂梁系统	$\omega_n^2=\frac{48EJ}{7m_1m_2}\left[m_1+8m_2\mp\sqrt{m_1^2+9m_1m_2+64m_2^2}\right]$ E——弹性模量,Pa;J——截面惯性矩,m^4
14	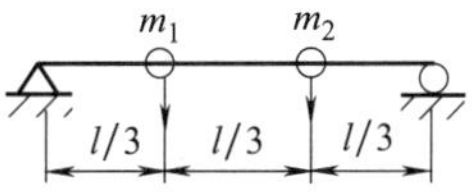	两个质量的简支梁系统	$\omega_n^2=\frac{162EJ}{5m_1m_2l^3}\left[4(m_1+m_2)\mp\sqrt{16m_1^2+17m_1m_2+16m_2^2}\right]$
15	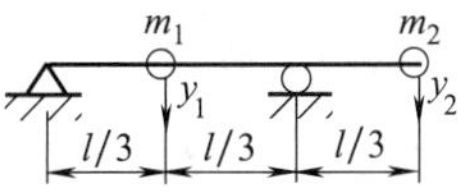	两个质量的外伸简支梁系统	$\omega_n^2=\frac{32EJ}{5m_1m_2l^3}\left[(m_1+6m_2)\mp\sqrt{m_1^2-3m_1m_2+36m_2^2}\right]$
16	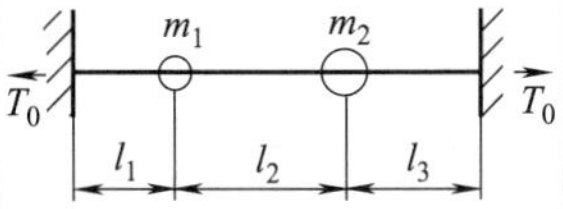	两质量位于受张力弦上	$\omega_n^2=\frac{T_0}{2}\left[\frac{l_1+l_2}{m_1l_1l_2}+\frac{l_2+l_3}{m_2l_2l_3}\mp\sqrt{\left(\frac{l_1+l_2}{m_1l_1l_2}-\frac{l_2+l_3}{m_2l_2l_3}\right)^2+\frac{4}{m_1m_2l_2^2}}\right]$ T_0——张力,N

3.4.3　各种构件的固有角频率

表 27-3-10　　弦、梁、膜、板、壳的固有角频率

序号	系统形式	简图	固有角频率 ω_n/rad·s^{-1}
1	两端固定,内受张力的弦	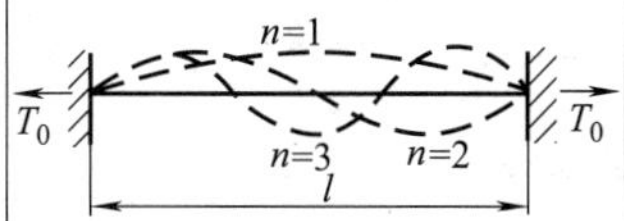	$\omega_n=\frac{n}{l}\sqrt{\frac{T_0}{\rho_l}}$ $n=\pi,2\pi,3\pi,\cdots$ T_0——内张力,N

续表

序号	系统形式	简图	固有角频率 ω_n/rad·s^{-1}
2	两端自由等截面杆、梁的横向振动	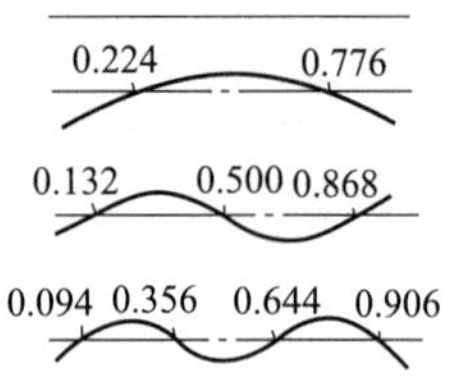 0.224 0.776 0.132 0.500 0.868 0.094 0.356 0.644 0.906	$\omega_n=\frac{a_n^2}{l^2}\sqrt{\frac{EJ}{\rho_l}}$ E——弹性模量，Pa；J——截面惯性矩，m^4； l——杆、梁长度，m；ρ_l——线密度，kg/m； a_n——振型常数，$a_1=4.73$，$a_2=7.853$，$a_3=10.996$
3	一端简支，一端自由等截面杆、梁的横向振动	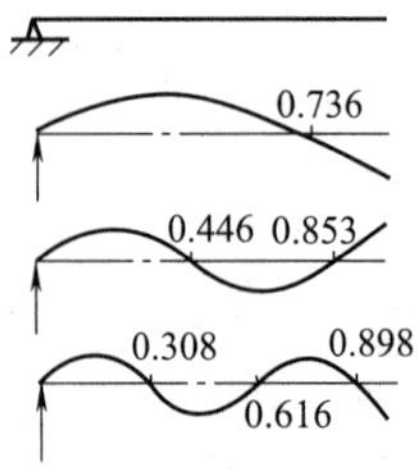 0.736 0.446 0.853 0.308 0.898 0.616	$\omega_n=\frac{a_n^2}{l^2}\sqrt{\frac{EJ}{\rho_l}}$ $a_1=3.927$，$a_2=7.069$，$a_3=10.21$
4	两端简支等截面杆、梁的横向振动	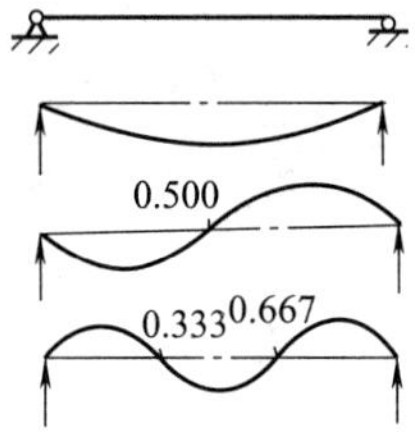 0.500 0.333 0.667	$\omega_n=\frac{a_n^2}{l^2}\sqrt{\frac{EJ}{\rho_l}}$ $a_1=\pi$，$a_2=2\pi$，$a_3=3\pi$
5	一端固定，一端自由等截面杆、梁的横向振动	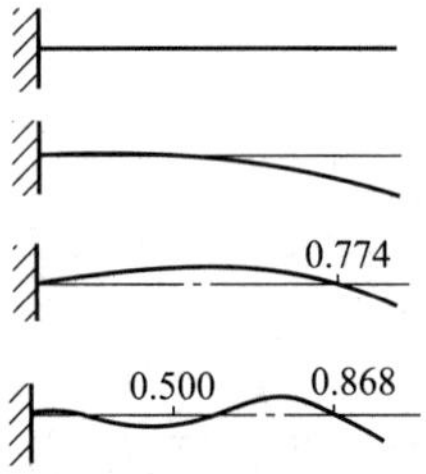 0.774 0.500 0.868	$\omega_n=\frac{a_n^2}{l^2}\sqrt{\frac{EJ}{\rho_l}}$ $a_1=1.875$，$a_2=4.694$，$a_3=7.855$
6	一端固定一端简支等截面杆、梁的横向振动	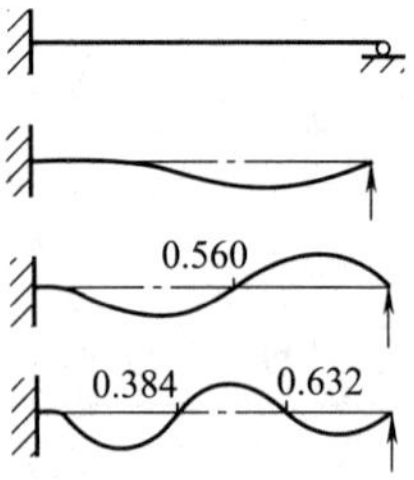 0.560 0.384 0.632	$\omega_n=\frac{a_n^2}{l^2}\sqrt{\frac{EJ}{\rho_l}}$ $a_1=3.927$，$a_2=7.069$，$a_3=10.21$
7	两端固定等截面杆、梁的横向振动	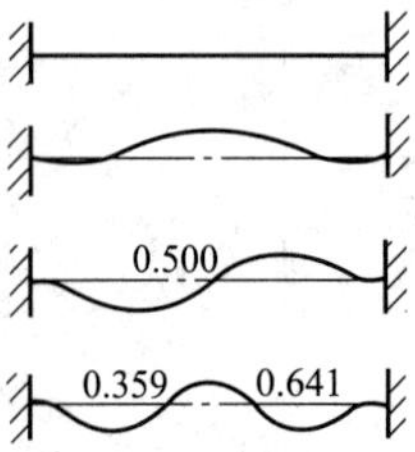 0.500 0.359 0.641	$\omega_n=\frac{a_n^2}{l^2}\sqrt{\frac{EJ}{\rho_l}}$ $a_1=4.73$，$a_2=7.853$，$a_3=10.996$

续表

<table>
<tr><th>序号</th><th>系统形式</th><th>简　　图</th><th>固有角频率 ω_n/rad·s^{-1}</th></tr>
<tr><td>8</td><td>两端自由等截面杆的纵向振动</td><td>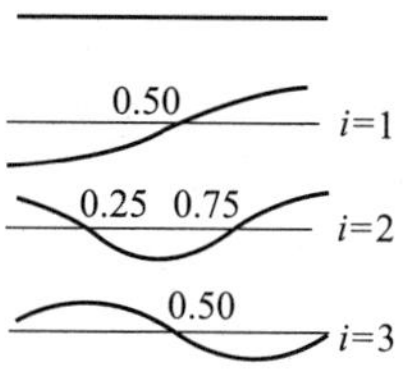</td><td>$$\omega_n=\frac{i\pi}{l}\sqrt{\frac{E}{\rho_l}}$$
$i=1,2,3,\cdots$</td></tr>
<tr><td>9</td><td>一端固定一端自由等截面杆的纵向振动</td><td>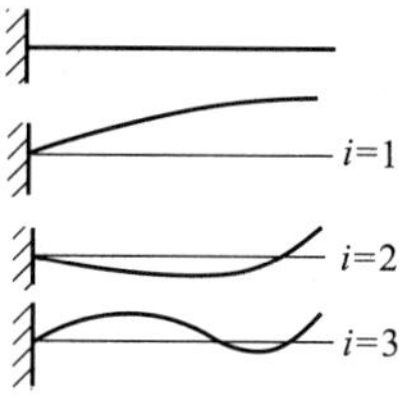</td><td>$$\omega_n=\frac{2i-1}{2}\times\frac{\pi}{l}\sqrt{\frac{E}{\rho_l}}$$
$i=1,2,3,\cdots$</td></tr>
<tr><td>10</td><td>两端固定等截面杆的纵向振动</td><td>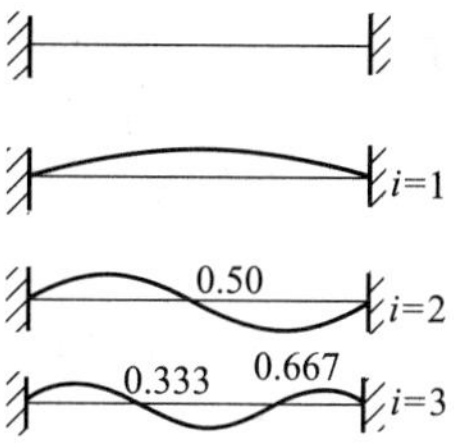</td><td>$$\omega_n=\frac{i\pi}{l}\sqrt{\frac{E}{\rho_l}}$$
$i=1,2,3,\cdots$</td></tr>
<tr><td>11</td><td>轴向力作用下，两端简支的等截面杆、梁的横向振动</td><td>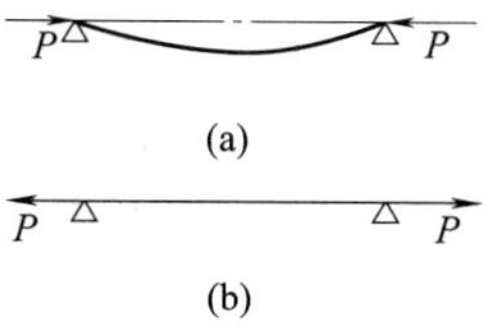</td><td>图(a)受轴向压力
$$\omega_n=\left(\frac{a_n\pi}{l}\right)^2\sqrt{\frac{EJ}{\rho_l}}\sqrt{1-\frac{Pl^2}{EJa_n^2\pi^2}}$$
图(b)受轴向拉力
$$\omega_n=\left(\frac{a_n\pi}{l}\right)^2\sqrt{\frac{EJ}{\rho_l}}\sqrt{1+\frac{Pl^2}{EJa_n^2\pi^2}}$$
式中，$a_n=1,2,3,\cdots$</td></tr>
<tr><td>12</td><td>周边受张力的矩形膜</td><td>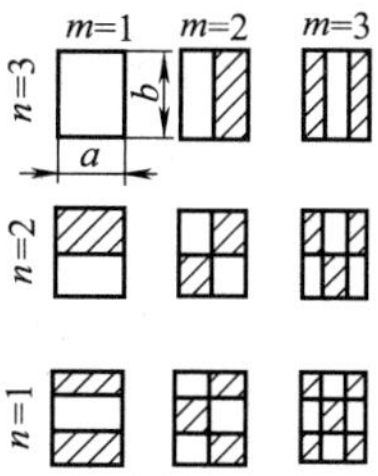</td><td>$$\omega_n=\pi\sqrt{\frac{T}{\rho_A}\left(\frac{m^2}{a^2}+\frac{n^2}{b^2}\right)}$$
$m=1,2,3,\cdots;n=1,2,3,\cdots$
T——单位长度的张力，N/m；ρ_A——面密度，kg/m^2</td></tr>
<tr><td>13</td><td>周边受张力的圆形膜</td><td>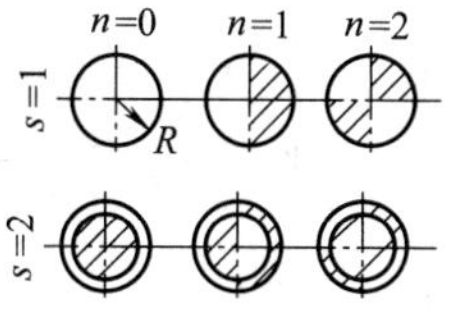</td><td>$$\omega_n=(a_{ns}\sqrt{T/\rho_A})/R$$
振型常数 a_{ns}：<table><tr><th>n</th><th>s=1</th><th>s=2</th><th>s=3</th></tr><tr><td>0</td><td>2.404</td><td>5.52</td><td>8.654</td></tr><tr><td>1</td><td>3.832</td><td>7.026</td><td>10.173</td></tr><tr><td>2</td><td>5.135</td><td>8.417</td><td>11.62</td></tr></table></td></tr>
</table>

续表

序号	系统形式	简　图	固有角频率 ω_n/rad・s^{-1}
14	周边简支的矩形板	a　b $m=1$　$m=2$　$m=3$ $n=1$ $n=2$ $n=3$	$\omega_n=\pi^2\left(\frac{m^2}{a^2}+\frac{n^2}{b^2}\right)\sqrt{\frac{E\delta^3}{12(1-\mu^2)\rho_A}}$ $m=1,2,3,\cdots$　$n=1,2,3,\cdots$ δ——板厚，m；μ——泊松比
15	周边固定的正方形板	(a)　(b)　(c) (d)　(e)　(f)	$\omega_n=\frac{a_{ns}}{a^2}\sqrt{\frac{E\delta^3}{12(1-\mu^2)\rho_A}}$ 图(a)～(f)中振型常数 a_{ns} 分别为 35.99、73.41、108.27、131.64、132.25、165.15
16	两边固定两边自由的正方形板	(a)　(b)　(c) (d)　(e)	$\omega_n=\frac{a_{ns}}{a^2}\sqrt{\frac{E\delta^3}{12(1-\mu^2)\rho_A}}$ 图(a)～(e)中振型常数 a_{ns} 分别为 6.958、24.08、26.80、48.05、63.54
17	一边固定三边自由的正方形板	(a)　(b)　(c) (d)　(e)	$\omega_n=\frac{a_{ns}}{a^2}\sqrt{\frac{E\delta^3}{12(1-\mu^2)\rho_A}}$ 图(a)～(e)中振型常数 a_{ns} 分别为 3.494、8.547、21.44、27.46、31.17
18	周边固定的圆形板	R $s=1$　$s=2$ $n=0$ $n=1$ $n=2$	$\omega_n=\frac{a_{ns}}{R^2}\sqrt{\frac{E\delta^3}{12(1-\mu^2)\rho_A}}$ 振型常数 a_{ns}： s | $n=0$ | $n=1$ | $n=2$ 1 | 10.17 | 21.27 | 34.85 2 | 39.76 | 60.80 | 88.35

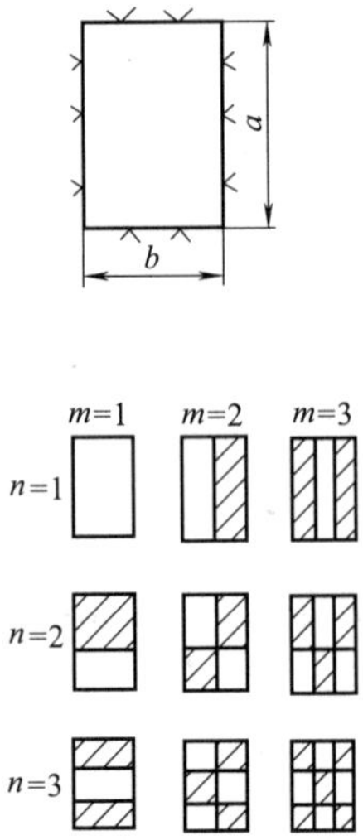

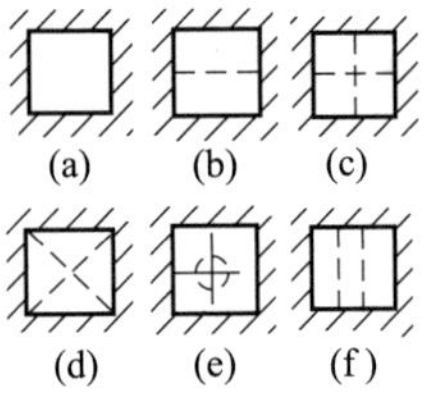

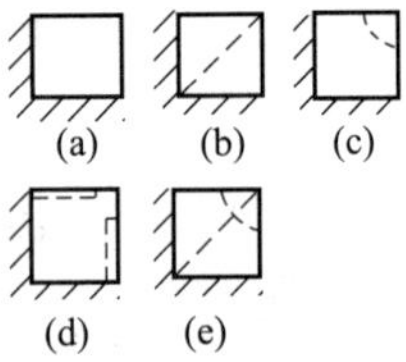

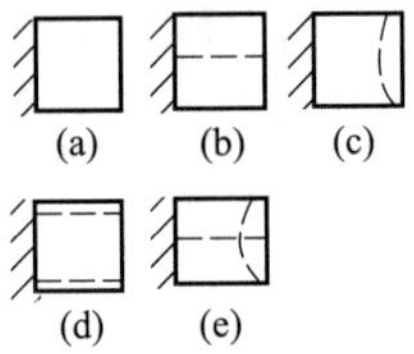

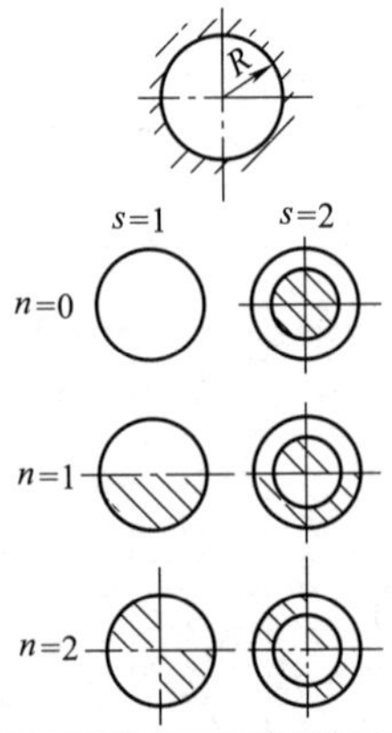

续表

<table>
<tr><th>序号</th><th>系统形式</th><th>简图</th><th>固有角频率 ω_n/rad·s^{-1}</th></tr>
<tr><td>19</td><td>周边自由的圆板</td><td>R</td><td>
$$\omega_n=\frac{a_{ns}}{R^2}\sqrt{\frac{E\delta^3}{12(1-\mu^2)\rho_A}}$$
振型常数 a_{ns}：
<table>
<tr><th>s</th><th>n=0</th><th>n=1</th><th>n=2</th></tr>
<tr><td>1</td><td>—</td><td>—</td><td>5.251</td></tr>
<tr><td>2</td><td>9.076</td><td>20.52</td><td>35.24</td></tr>
</table>
</td></tr>
<tr><td>20</td><td>周边自由中间固定的圆板</td><td>R</td><td>
$$\omega_n=\frac{a_{ns}}{R^2}\sqrt{\frac{E\delta^3}{12(1-\mu^2)\rho_A}}$$
振型常数 a_{ns}：
<table>
<tr><th>s</th><th>n=0</th><th>n=1</th><th>n=2</th></tr>
<tr><td>1</td><td>3.75</td><td>—</td><td>5.4</td></tr>
<tr><td>2</td><td>20.91</td><td>—</td><td>30.48</td></tr>
</table>
</td></tr>
<tr><td>21</td><td>有径向和切向位移振动的圆筒</td><td>R
l</td><td>
$$\omega_n^2=\frac{E\delta^3}{12(1-\mu^2)\rho_A R^4}\times\frac{n^2(n^2-1)^2}{n^2+1}$$
n——节点数的一半
振型与表 27-3-7 第 24 项相仿
</td></tr>
<tr><td>22</td><td>有径向和切向位移振动的无限长圆筒</td><td>L
R</td><td>
$$\omega_n=\frac{K}{R}\sqrt{\frac{G\delta}{\rho_A}}$$
m——周边波的波数
G——切变模量，Pa
K 值表
<table>
<tr><th rowspan="2">m</th><th rowspan="2">L/R</th><th>扭振</th><th colspan="2">非扭振</th></tr>
<tr><th>K</th><th>KK_1</th><th>K_2</th></tr>
<tr><td rowspan="4">0</td><td>1</td><td>3.142</td><td>1.604</td><td>5.338</td></tr>
<tr><td>2</td><td>1.571</td><td>1.569</td><td>2.729</td></tr>
<tr><td>3</td><td>1.017</td><td>1.445</td><td>1.976</td></tr>
<tr><td>∞</td><td>0</td><td>0</td><td>1.691</td></tr>
<tr><th rowspan="2">m</th><th rowspan="2">L/R</th><th colspan="3">非扭振</th></tr>
<tr><th>K_1</th><th>K_2</th><th>K_3</th></tr>
<tr><td rowspan="4">1</td><td>1</td><td>1.428</td><td>3.357</td><td>5.611</td></tr>
<tr><td>2</td><td>0.968</td><td>2.109</td><td>3.294</td></tr>
<tr><td>3</td><td>0.63</td><td>1.724</td><td>2.753</td></tr>
<tr><td>∞</td><td>0</td><td>1</td><td>2.391</td></tr>
<tr><td rowspan="4">2</td><td>1</td><td>1.102</td><td>3.84</td><td>6.357</td></tr>
<tr><td>2</td><td>0.553</td><td>2.709</td><td>4.491</td></tr>
<tr><td>3</td><td>0.307</td><td>2.378</td><td>4.095</td></tr>
<tr><td>∞</td><td>0</td><td>2</td><td>3.78</td></tr>
</table>
</td></tr>
<tr><td>23</td><td>半球形壳</td><td>R
R</td><td>
$$\omega_n=\frac{\lambda\delta^2}{R^2}\sqrt{\frac{G}{\rho_A}}$$
$\lambda=2.14, 6.01, 11.6, \cdots$
δ——壳厚，m
</td></tr>
<tr><td>24</td><td>碟形球壳</td><td>120°
R</td><td>
$$\omega_n=\frac{\lambda\delta^2}{R^2}\sqrt{\frac{G}{\rho_A}}$$
$\lambda=3.27, 8.55, \cdots$
</td></tr>
</table>

续表

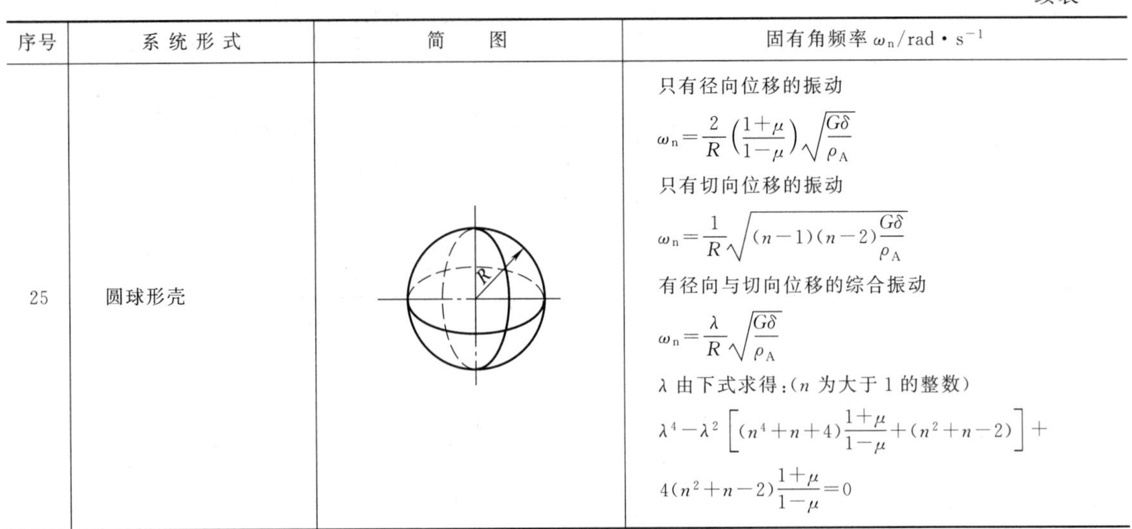

序号	系统形式	简图	固有角频率 ω_n/rad·s^{-1}
25	圆球形壳		只有径向位移的振动 $\omega_n=\frac{2}{R}\left(\frac{1+\mu}{1-\mu}\right)\sqrt{\frac{G\delta}{\rho_A}}$ 只有切向位移的振动 $\omega_n=\frac{1}{R}\sqrt{(n-1)(n-2)\frac{G\delta}{\rho_A}}$ 有径向与切向位移的综合振动 $\omega_n=\frac{\lambda}{R}\sqrt{\frac{G\delta}{\rho_A}}$ λ 由下式求得：(n 为大于 1 的整数) $\lambda^4-\lambda^2\left[(n^4+n+4)\frac{1+\mu}{1-\mu}+(n^2+n-2)\right]+4(n^2+n-2)\frac{1+\mu}{1-\mu}=0$

3.5　同向简谐振动合成

表 27-3-11　　同向简谐振动合成

序号	振动分量	合成振动	简图
1	同频率两个简谐振动 $x_1=A_1\sin(\omega t+\varphi_1)$ $x_2=A_2\sin(\omega t+\varphi_2)$	合成振动为简谐振动 $x=A\sin(\omega t+\varphi)$ $A=\sqrt{A_1^2+A_2^2+2A_1A_2\cos(\varphi_2-\varphi_1)}$ $\varphi=\arctan\frac{A_1\sin\varphi_1+A_2\sin\varphi_2}{A_1\cos\varphi_1+A_2\cos\varphi_2}$	
2	同频率多个简谐振动 $x_i=A_i\sin(\omega t+\varphi_i)$ $i=1,2,\cdots,n$	合成振动为简谐振动 $x=A\sin(\omega t+\varphi)$ $A=\left[\left(\sum_{i=1}^{n}A_i\cos\varphi_i\right)^2+\left(\sum_{i=1}^{n}A_i\sin\varphi_i\right)^2\right]^{1/2}$ $\varphi=\arctan\frac{\sum_{i=1}^{n}A_i\sin\varphi_i}{\sum_{i=1}^{n}A_i\cos\varphi_i}$	
3	不同频率两个简谐振动 $x_1=A_1\sin(\omega_1 t+\varphi_1)$ $x_2=A_2\sin(\omega_2 t+\varphi_2)$ $\omega_1\neq\omega_2$ 频率比为较小的有理数	合成振动为周期性非简谐振动，振动的频率与振动分量中的最低频率相一致，振动波形取决于频率 ω 和振动分量各自振幅的大小和相位角 $x=A_1\sin(\omega_1 t+\varphi_1)+A_2\sin(\omega_2 t+\varphi_2)$	

续表

序号	振动分量	合成振动	简图
4	大振幅低频率与小振幅高频率两个简谐振动 $x_1=A_1\sin(\omega_1 t+\varphi_1)$ $x_2=A_2\sin(\omega_2 t+\varphi_2)$ $A_1>A_2$ $\omega_2>\omega_1$ 频率比为较大的有理数	合成振动为周期性的非简谐振动，主要频率为低频振动频率 $x=A_1\sin(\omega_1 t+\varphi_1)+A_2\sin(\omega_2 t+\varphi_2)$	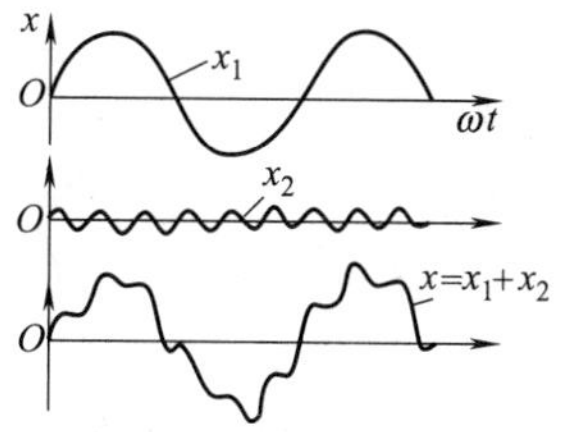
5	大振幅高频率与小振幅低频率两个简谐振动 $x_1=A_1\sin(\omega_1 t+\varphi_1)$ $x_2=A_2\sin(\omega_2 t+\varphi_2)$ $A_2>A_1$ $\omega_2>\omega_1$ 且频率比为较大的有理数	合成振动为周期性的非简谐振动，主要频率为高频振动频率 $x=A_1\sin(\omega_1 t+\varphi_1)+A_2\sin(\omega_2 t+\varphi_2)$	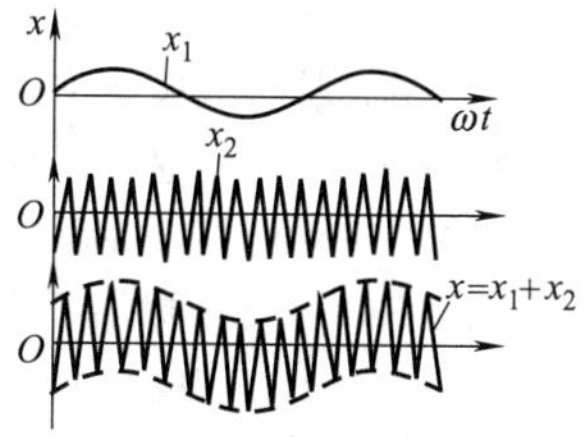
6	两个频率接近的简谐振动 $x_1=A\cos\omega_1 t$ $x_2=A\cos\omega_2 t$ $\omega_1\approx\omega_2$ （两振幅相等时）	合成振动为拍振 $x=2A\left[\cos\left(\frac{\omega_1-\omega_2}{2}\right)t\right]\times\sin\left(\frac{\omega_1+\omega_2}{2}\right)t$ 振幅变化频率等于$(\omega_1-\omega_2)$	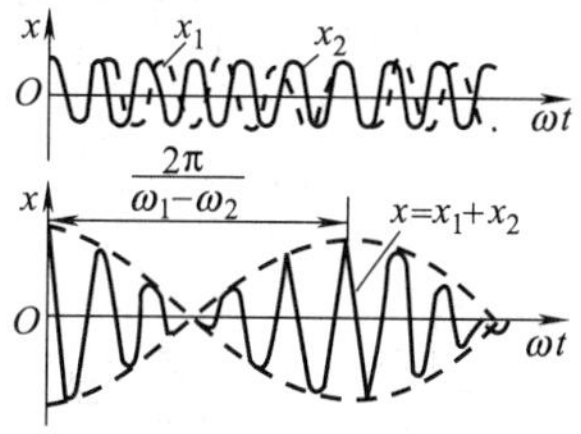

3.6　各种机械产生振动的扰动频率

除转数外，各种机械产生的高次扰动频率见表 27-3-12。

表 27-3-12　　各种机械产生的高次扰动频率

机械名称	扰动频率	机械名称	扰动频率
风机	轴转数×叶数	齿轮传动	轴转数×齿数(见说明)
泵	轴转数×叶数	滚动轴承	轴转数×$\frac{1}{2}$(滚珠数)
电动机	轴转数×极数	螺旋桨	轴转数×叶片数

注：轴承的脉冲频率是由轴承的故障产生的，一般按如下关系式确定。

① 内环剥落 $f_i=\frac{1}{2}Zf_0\left(1+\frac{d}{D}\cos\alpha\right)$

② 外环剥落 $f_i=\frac{1}{2}Zf_0\left(1-\frac{d}{D}\cos\alpha\right)$

③ 钢球剥落 $f_i=\frac{d}{D}f_0\left[1-\left(\frac{d}{D}\right)^2\cos\alpha\right]$

④ 内滚道不圆 $f_i=f_0$，$2f_0$，…，nf_0

⑤ 保持环不平衡 $f_i=\frac{1}{2}f_0\left(1-\frac{d}{D}\cos\alpha\right)$

式中，f_0 为轴旋转频率；d 为轴承内径；D 为轴承外径；Z 为滚珠数；α 为滚珠与内外环的接触角。

第 4 章　非线性振动与随机振动

4.1　非线性振动

4.1.1　非线性振动问题

在对一个振动系统进行研究时，一般情况下其阻尼、弹性恢复力和惯性力可线性化。然而，在振幅比较大的情况下，线性化的阻尼、弹性恢复力和惯性力不能反映其系统的振动特性，必须考虑其非线性项性质。构成非线性振动系统的原因很多，当振幅过大，材料超过线性弹性而进入非线性弹性，甚至超过弹性极限而进入塑性，这种由于材料本身的非线性特性而使系统成为非线性系统，通常称为材料非线性。另外由于几何上或构造上的原因，虽然材料本身仍符合线弹性，但由于位移过大，或变形过大而使结构的几何发生显著变化，而必须按变形后的关系建立运动方程，这样出现的非线性称为几何非线性。在机械系统中非线性力有非线性恢复力、非线性阻尼力和非线性惯性力。

表 27-4-1 为机械工程中的非线性振动问题的典型例子。

表 27-4-1　　非线性振动的力学模型、曲线及表达式

类型	力学模型及非线性力曲线	运动微分方程及非线性力表达式
非线性恢复力		单摆运动微分方程：$ml^2\ddot{\theta}+mgl\sin\theta=0$，当摆角 θ 较大时，将 $\sin\theta$ 展开成幂级数，即 $\sin\theta=\theta-\frac{\theta^3}{6}+\frac{\theta^5}{120}+\cdots$ 如果只取前两项，则非线性运动微分方程： $\ddot{\theta}+\frac{g}{l}\left(\theta-\frac{\theta^3}{6}\right)=0$ 这种恢复力系数随着角位移的增大而减小的性质，称为“软特性”
		非线性运动微分方程： $m\ddot{x}+Q_k(x,t)=Q(t)$ 其分段线性的非线性弹性恢复力为： $Q_k(x,t)=\begin{cases}K'x & -e\leqslant x\leqslant e\\ K'x+K''(x-e) & e\leqslant x<\infty\\ K'x+K''(x+e) & -\infty<x\leqslant -e\end{cases}$ 这里 K' 为中间弹簧的刚度，K'' 为上下两个弹簧的刚度和。这种弹性恢复力系数随着位移幅值的增长而分段增长的性质称为“硬特性”
非线性阻尼力		非线性运动微分方程：$m\ddot{x}-Q_c(\dot{x},t)+Kx=0$ 其库仑（干摩擦）阻尼： $Q_c(\dot{x},t)=\begin{cases}-\mu mg & \dot{x}>0\\ \mu mg & \dot{x}<0\end{cases}$ μ——摩擦因子；m——质量，kg

续表

类型	力学模型及非线性力曲线	运动微分方程及非线性力表达式
非线性惯性力	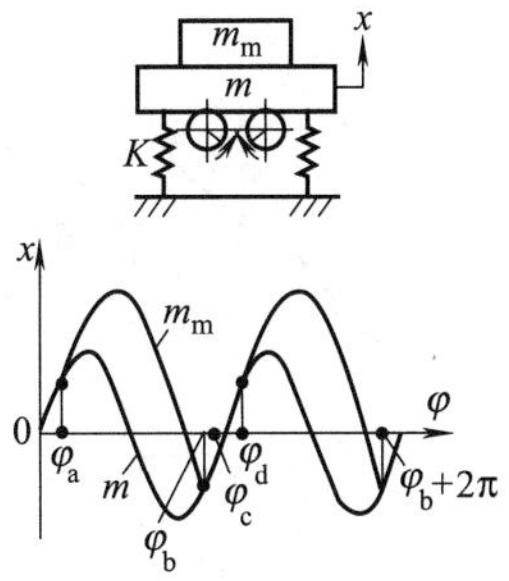 m_m, m, x, K；x, m_m, m, 0, φ, φ_a, φ_b, φ_c, φ_d, $\varphi_b+2\pi$	振动落砂机上质量为 m_m 的铸件做抛掷运动时，系统的运动微分方程： $$m\ddot{x}+Q_m(\ddot{x},\dot{x},t)+C\dot{x}+Kx=Q(t)$$ 其分段线性的非线性惯性力为： $$Q_m(\ddot{x},\dot{x},t)=\begin{cases}0 & \varphi_a\leqslant\varphi\leqslant\varphi_b\\ m_m(\ddot{x}+g) & \varphi_c\leqslant\varphi\leqslant\varphi_d\\ \dfrac{m_m(\dot{x}_m-\dot{x})}{\Delta t} & \varphi_b\leqslant\varphi\leqslant\varphi_c\end{cases}$$ φ_a——m_m 的抛始角；φ_b——m_m 的下落冲击始相位角；$\varphi_d=\varphi_a+2\pi$；$\varphi_c-\varphi_d=\omega t$；$\Delta t$——冲击时间(很短)；$\dot{x}_m$，$\dot{x}$——分别为 m_m 和 m 的运动速度

4.1.2 非线性恢复力的特性曲线

表 27-4-2 各种系统所常见的几种非线性恢复力的特征曲线

序号	系统说明	系统图例	力的特征曲线
1	以弹簧压于平面的物体	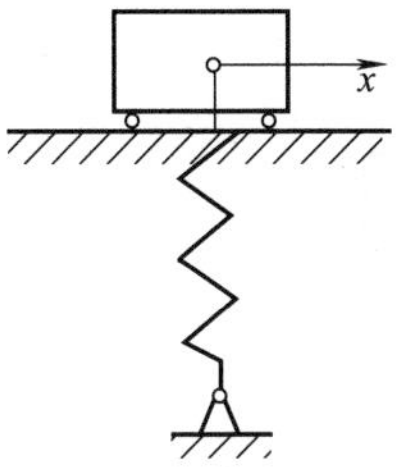 x	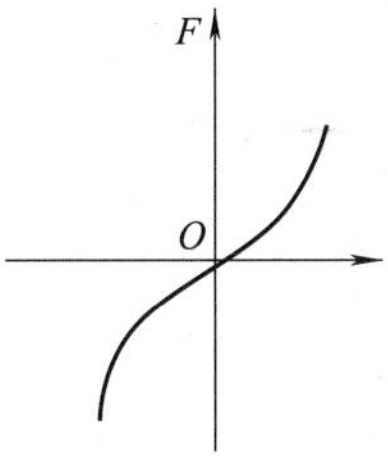 F, O
2	置于锥形弹簧上的物体	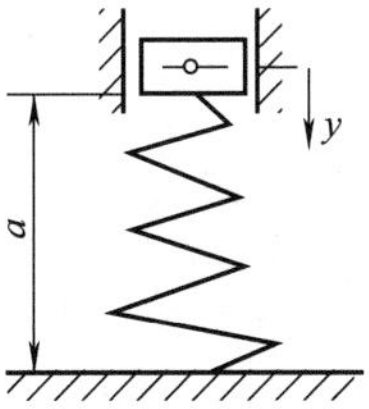 a, y	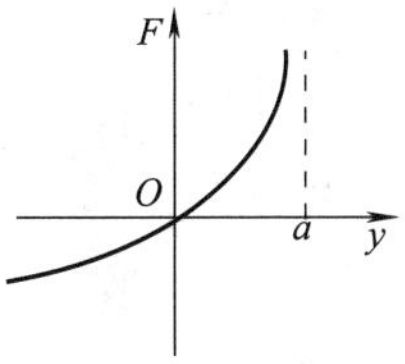 F, O, a, y
3	柔性弹性梁	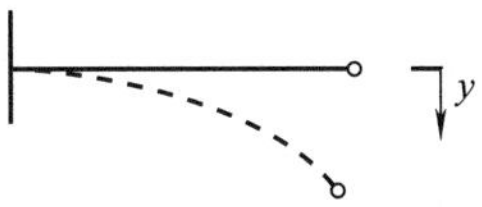 y	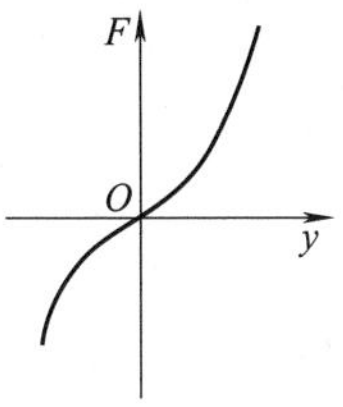 F, O, y
4	集中质量张紧弦的振动	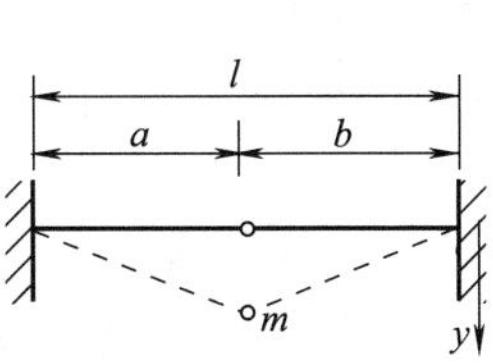 l, a, b, m, y	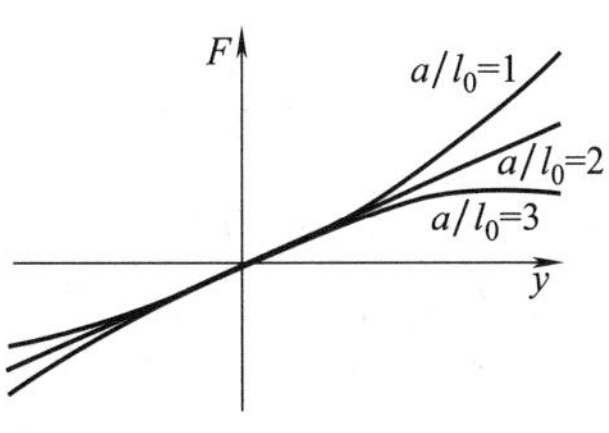 F, y, $a/l_0=1$, $a/l_0=2$, $a/l_0=3$ $F=SE\left(\dfrac{a-l_0}{l_0}\right)(1/ab)y+SE\left(\dfrac{2l_0-a}{l_0}\right)\left(\dfrac{a^3+b^3}{2a^3b^3}\right)y^3$ S——横截面面积；E——弹性模量

续表

序号	系统说明	系统图例	力的特征曲线
5	柔性弹性板、膜	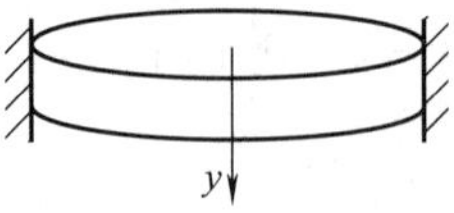 y	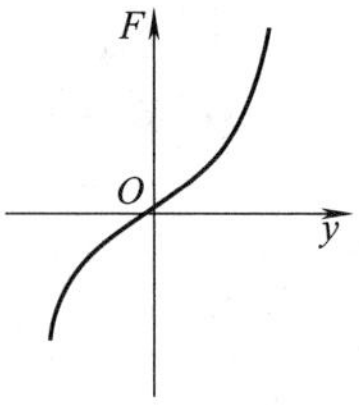 F O y
6	密闭缸内的气体上的重物	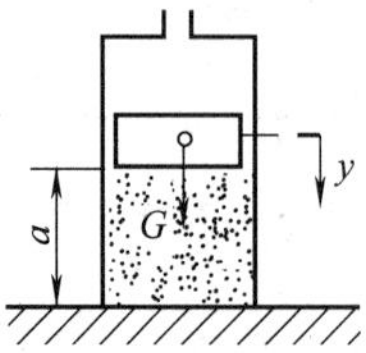 a G y	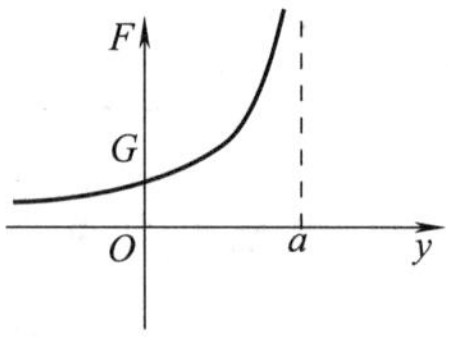 F G O a y
7	悬挂轴旋转的单摆	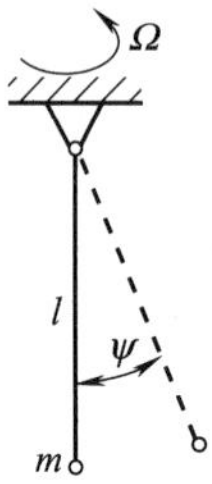 Ω l ψ m	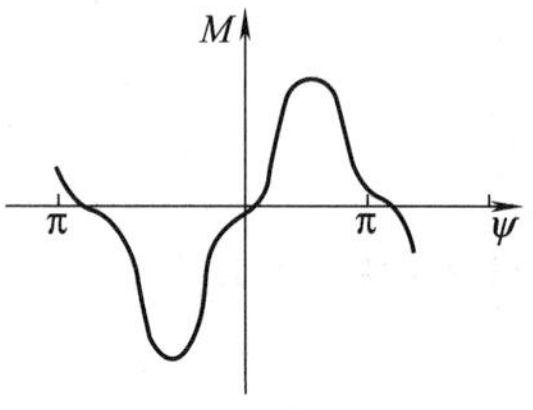 M π π ψ $M=mgl\sin\psi-m\Omega^2l^2\cos\psi\sin\psi$
8	曲面船垂直偏离平衡位置	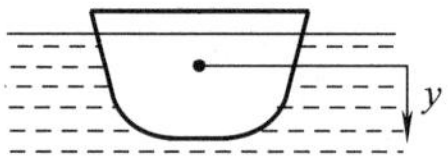 y	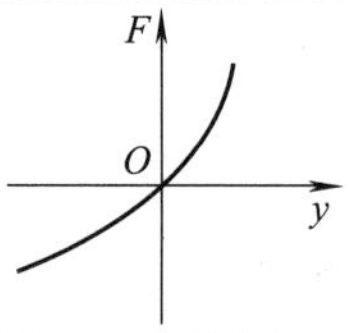 F O y
9	曲面船绕平衡位置转动	 ψ	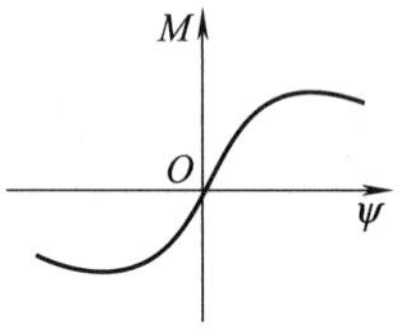 M O ψ
10	磁场中的电枢	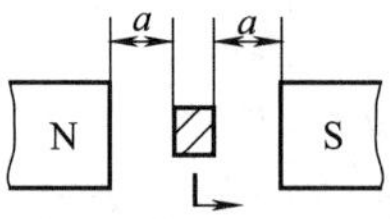 a a N S	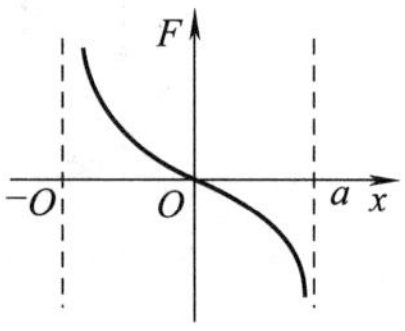 F $-O$ O a x
11	有间隙的弹簧	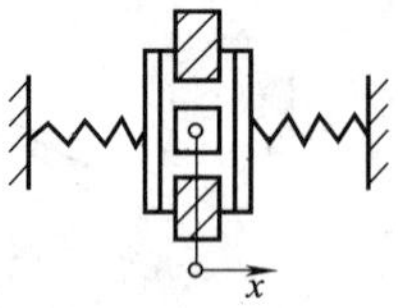 x	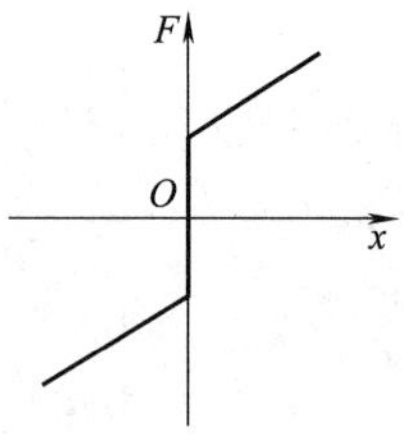 F O x

续表

序号	系统说明	系统图例	力的特征曲线
12	右纵向横槽的半圆柱体	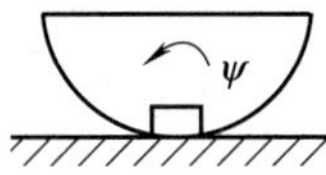	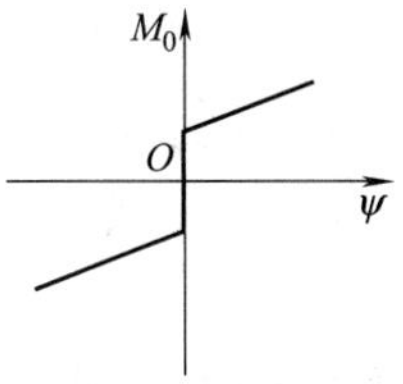
13	缸内有气压的活塞向下压	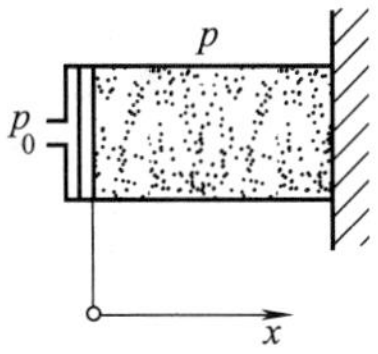	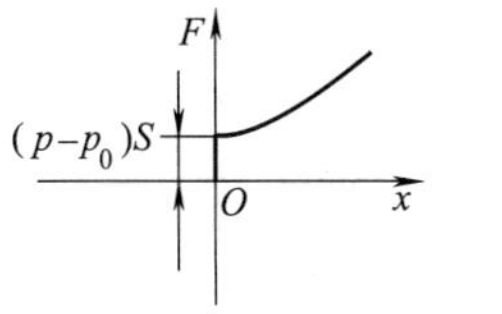 p、p_0——内部压力和大气压；S——气缸横断面积
14	具有间歇性接触运动的转子	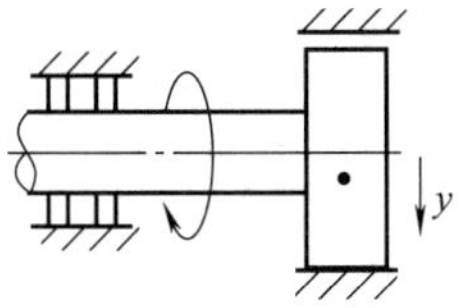	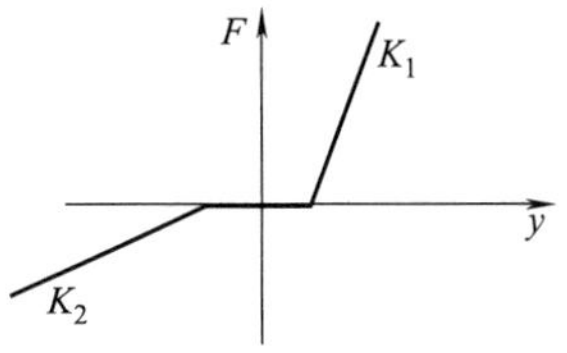

4.1.3　非线性阻尼力的特性曲线

振动系统中的阻尼因素比较复杂，大多数情况下具有非线性特性，目前对阻尼的机理研究还不甚清楚，流体阻尼、干摩擦阻尼、材料阻尼、滑移阻尼是其主要的几种表现形式。其中流体阻尼、干摩擦阻尼指周围的介质或固体外界环境引起的阻尼，该阻尼随着速度的增加，阻尼力不再是速度的线性函数。材料阻尼是由于系统内部的材料的内摩擦引起的，滑移阻尼是结构由于衬垫、铆接和用螺栓固定或其他方法连接在一起时，各部件之间由于界面相对滑动或表面层的剪切效应而产生的阻尼。材料阻尼和滑移阻尼统称为结构阻尼。

表 27-4-3　各种系统所常见的几种流体阻尼、干摩擦阻尼的特征曲线

序号	阻尼说明	阻尼力公式	力的特征曲线
1	幂函数阻尼	$F_1=b\|v\|^{n-1}v$	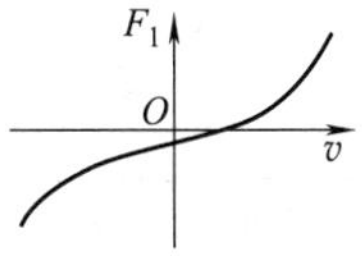
2	库仑摩擦 （1 中 $n=0$ 时） 干摩擦阻尼	$F_1=b_0\mathrm{sgn}(v)$	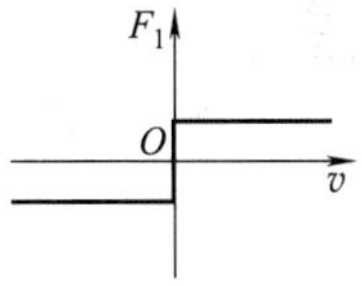
3	平方阻尼 （1 中 $n=2$ 时） 流体阻尼	$F_1=b_1\mathrm{sgn}(v)v^2$	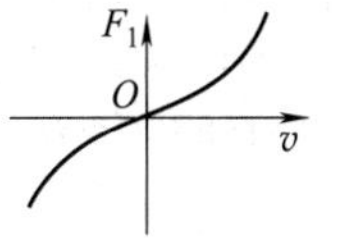

续表

序号	阻尼说明	阻尼力公式	力的特征曲线
4	线性和立方阻尼的组合	(1) $F_1=b_1v+b_3v^3$ (2) $F_1=b_1v-b_3v^3$ (3) $F_1=-b_1v+b_3v^3$	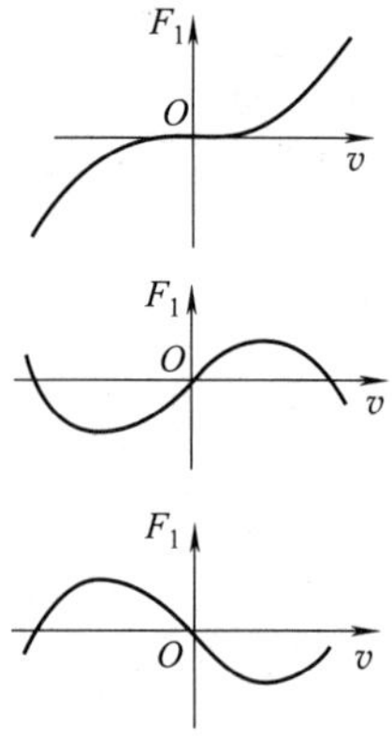 F_1 O v
5	线性与库仑阻尼的组合	(1) $F_1=b_0\frac{v}{\|v\|}+b_1v$ (2) $F_1=b_0\frac{v}{\|v\|}-b_1v$ (3) $F_1=-b_0\frac{v}{\|v\|}+b_1v$	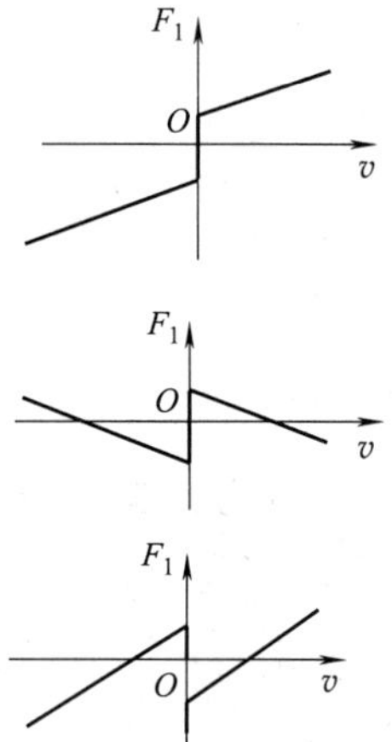 F_1 O v
6	干摩擦 (2 和 4 的一部分)	$F_1=b_0\frac{v}{\|v\|}-b_1v+b_3v^3$	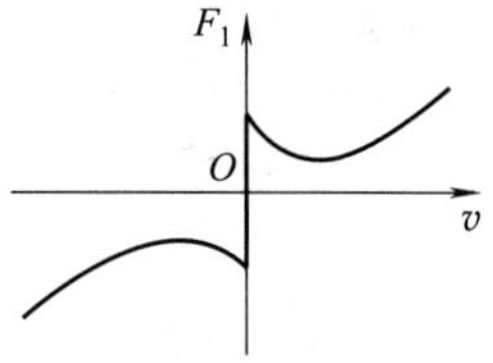 F_1 O v

注：v——速度；b_0，b_1，b_3——正常数。在线性振动系统中，一般采用等效黏性阻尼来处理。

表 27-4-4　　各种系统所常见的几种结构阻尼的特征曲线

序号	系 统 说 明	系 统 图 例	力的特征曲线
1	左右两块垫板和中间板之间有库仑摩擦，其恢复力为库仑摩擦力和板弹簧弹性力的组合	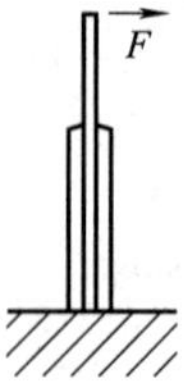 F	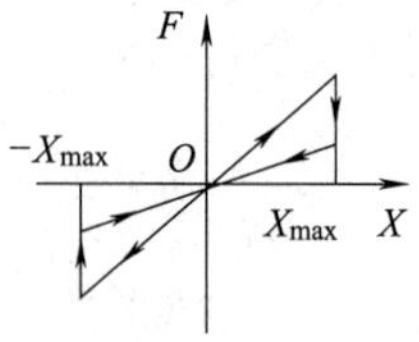 F $-X_{max}$ O X_{max} X

续表

序号	系统说明	系统图例	力的特征曲线
2	固定在螺栓弹簧上的圆盘，在旋转时由于弹簧拧紧，它与粗糙表面 A 或 B 压紧	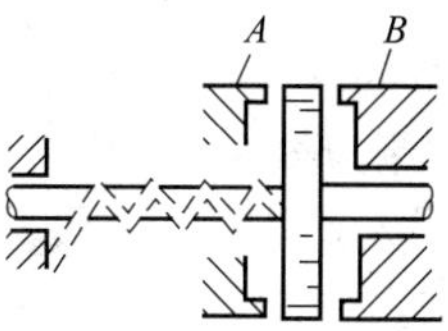 A　B	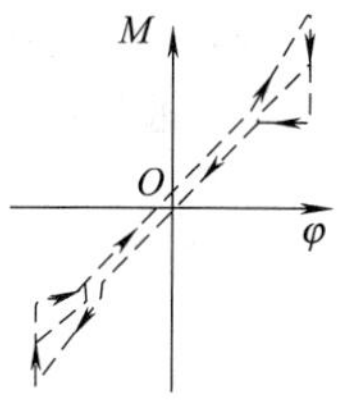 M　O　φ
3	弹簧-库仑摩擦系统	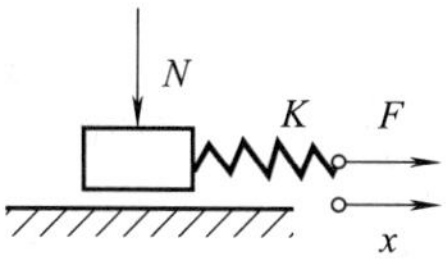 N　K　F　x	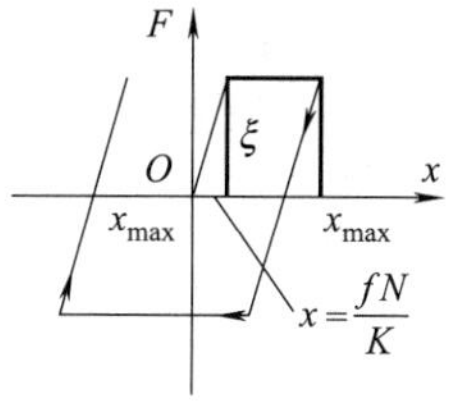 F　ξ　O　x　x_{max}　x_{max}　$x=\dfrac{fN}{K}$
4	以常压 p 压在粗糙表面上的弹性带钢	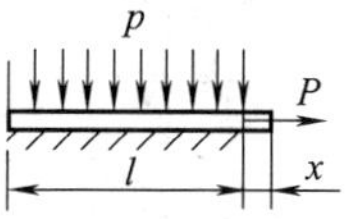 p　P　l　x $x_{max}=\dfrac{P_{max}^2}{2fpEFb}$ $P_{max}=fpbl$ E——弹性模量 F——截面面积 b——宽度 f——摩擦因数	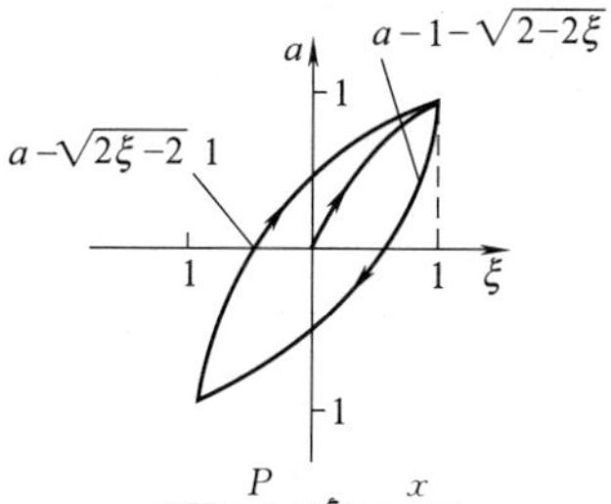 $a-1-\sqrt{2-2\xi}$　$a-\sqrt{2\xi-2}$　a　1　1　1　ξ　1 $\mu=\dfrac{P}{P_{max}};\xi=\dfrac{x}{x_{max}}$
5	具有材料内阻的杆	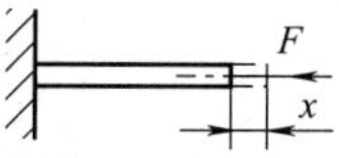 F　x	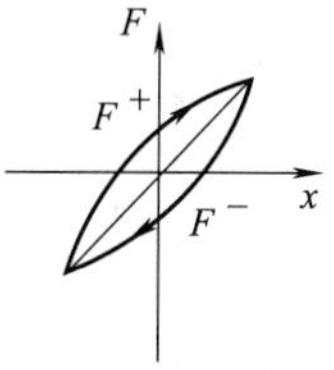 F　F^+　F^-　x

4.1.4　非线性振动的特性

非线性振动与线性振动相比，主要有如下几个方面的不同（其特性曲线与说明见表 27-4-5）。

1）在线性系统中，由于阻尼的存在，自由振动总是被衰减掉，只有在周期性的激振力作用下才有定常的周期振动；而在非线性系统中，无外激振力作用也有定常的周期振动，如自激振动系统。

2）在线性系统中，固有频率和初始条件、振幅无关；而在非线性系统中，固有频率则和振幅、相位以及初始条件有关。如表 27-4-5 中的第 2 项。

3）在缓慢改变激振力频率时，幅频曲线出现分岔点、跳跃和滞后现象，表中第 3 项为恢复力硬特性的非线性系统受简谐激振力作用时的响应曲线，第 4 项为恢复力软特性的响应曲线。

4）在非线性系统中，对应于平衡状态和周期振动的定常解一般有数个，必须研究解的稳定性问题，才能决定各个解的特性，如表 27-4-5 中的第 5 项。

5）线性系统中的叠加原理对非线性系统不适用，如表 27-4-5 中的第 6 项。

6）在线性系统中，强迫振动的频率和激振力的频率相同；而在非线性系统中，在简谐激励力作用下，其定常强迫振动解中，除有和干扰力同频的成分外，还有成倍数的频率成分存在。多个简谐激振力作用下的受迫振动有组合频率的响应，在一定条件下，某个组合频率的分量要比其他频率分量大很多，出现组合共振或次谐波组合共振，如表 27-4-5 中的第 7 项。

7）频率俘获现象：当非线性系统激振频率 ω 比较接近于固有角频率 ω_n 时，产生周期变化的拍振，对线性系统，随 ω 趋近于 ω_n，拍的周期无限增大。在非线性系统中，拍在 ω 达到某一值时就消失，而且出现不同于 ω_n 和 ω 的单一频率的同步简谐振动，这就是频率俘获现象。产生频率俘获现象的频带为俘获带。

8）广泛存在混沌现象。混沌是在非线性振动系统上有确定的激励作用而产生的不规则的振动。

9）系统激励受响应影响的系统称为非理想系统，一般来说，非理想系统指供应有限功率的系统。对该类系统，必须研究非线性微分方程才能对其振动规律进行分析，如表 27-4-5 中的第 8 项。

表 27-4-5 **非线性振动系统的特性**

序号	物 理 性 质	特征曲线(公式)	说 明
1	恢复力为非线性时，频率和振幅间的关系	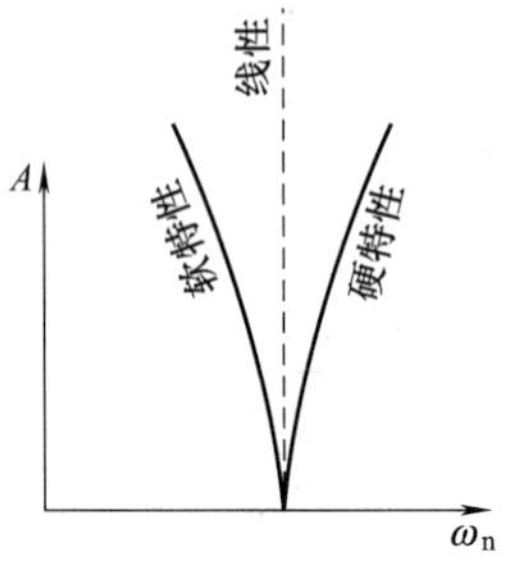	第 3、4 项的拐曲可参照
2	固有频率是振幅的函数	弹性恢复力： $f(x)=Kx+ax^2+bx^3$ 系统固有角频率： $\omega_n=\sqrt{\dfrac{K}{m}}\left(1+\dfrac{9Kb-10a^2}{24K}A^2\right)$	系统的固有角频率将随振幅 A 的增大而增大(硬特性)或减小(软特性) 非线性系统的运动微分方程： $m\ddot{x}+Kx+ax^2+bx^3=0$ m——质量，kg；K,a,b——分别为位移的一、二、三次方项的系数；A——位移幅值
3	幅频响应曲线发生拐曲	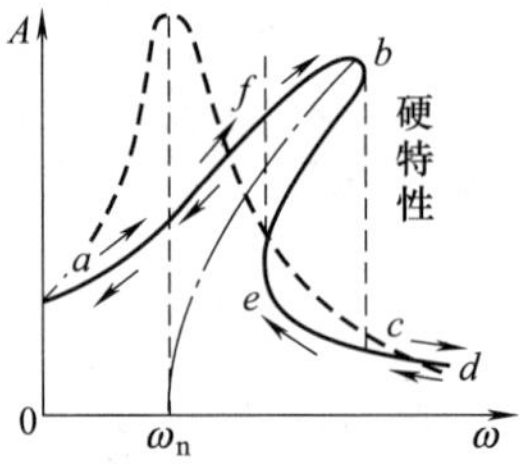	硬式非线性系统幅频响应曲线的峰部向右拐 软式非线性系统幅频响应曲线的峰部向左拐，见序号 1
4	受迫振动的跳跃和滞后现象	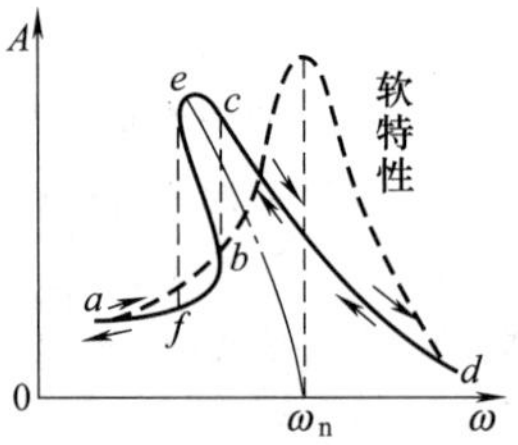 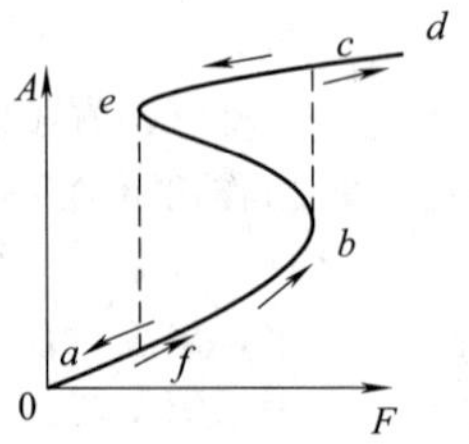	当激振力幅值(频率)不变时，缓慢改变激振频率(幅值)，则受迫振动的幅值 A 将发生如图所示的变化。当 $\omega(F)$ 从 0 开始增大时，则振幅将沿 afb 增大，到 b 点若 ω 再增大，则 A 突然下降(或增大)到 c，这种振幅的突然变化称为跳跃现象，然后若 ω 继续增大，则 A 沿 cd 减小。反之，当 ω 从高向低变化时，A 则沿 cd 方向增大，到达 c 点并不发生跳跃，而是继续沿 ce 方向增大，到 e 点，若 ω 再变小，则振幅又一次出现跳跃现象，这种到 c 不发生跳跃，而到 e 才发生跳跃的现象，称为滞后现象。从 e 点跳跃到 f 点后，振幅 A 将沿 fa 方向减小 除振幅有跳跃现象外，相位也有跳跃现象。下面是非线性系统的相频响应曲线(硬特性) 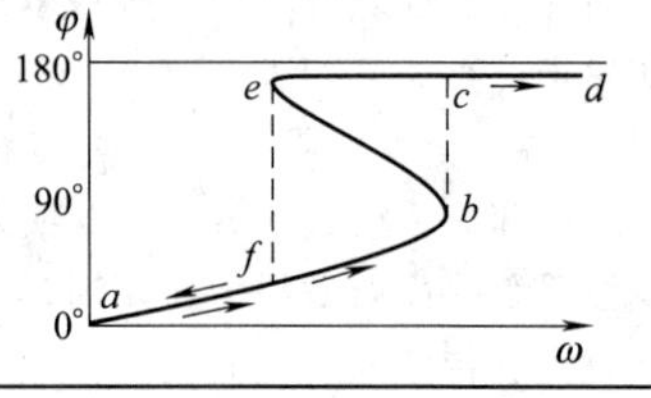

续表

序号	物理性质	特征曲线(公式)	说明
5	稳定区和不稳定区	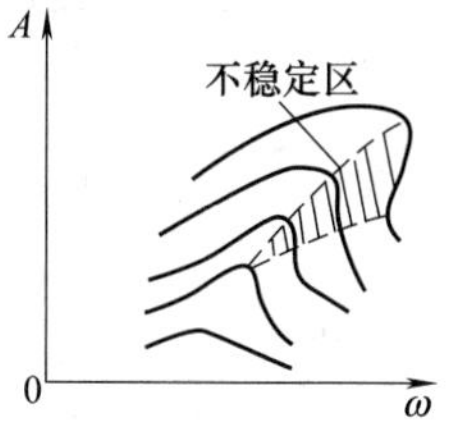 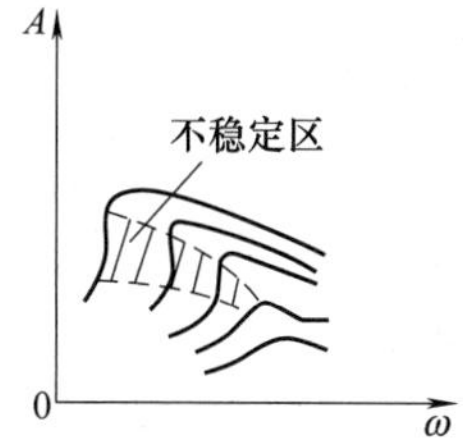	在非线性系统幅频响应曲线的滞后环(上面两图的 $bcef$)内,即两次跳跃之间,对应同一频率,有三个大小不同的幅值,也就是对应同一频率有三个周期解,其中对应 be 段上的解,无法用试验方法获取,该解就是不稳定的。多条幅频响应曲线对应的这一区域称为不稳定区。正因为如此,就需要对多值解的稳定性进行判别
6	线性叠加原理不再适用	$(x_1+x_2)^2 \neq x_1^2+x_2^2$ $\left[\dfrac{\mathrm{d}(x_1+x_2)}{\mathrm{d}t}\right]^2 \neq \dfrac{\mathrm{d}x_1^2}{\mathrm{d}t}+\dfrac{\mathrm{d}x_2^2}{\mathrm{d}t}$	
7	简谐激振力作用下的受迫振动有组合频率响应	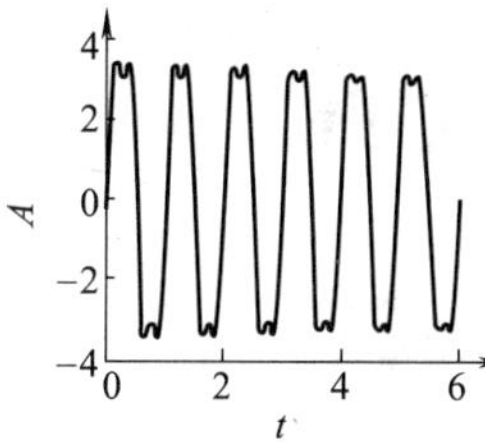 具有立方非线性系统在 $Q_1\sin\omega_1 t$ 作用下,出现角频率等于 $3\omega_1$ 的次谐波振动	非线性系统在 $Q_1\sin\omega_1 t$ 作用下,不仅会出现角频率为 ω_1 的受迫振动,而且还可能出现角频率等于 ω_1/n 的超谐波和角频率等于 $n\omega_1$ 的次谐波振动。当 $\omega=\omega_n$时,除谐波共振外,还可能有超谐波共振和次谐波共振。在 $Q_1\sin\omega_1 t$ 和 $Q_2\sin\omega_2 t$ 作用下,不仅会出现角频率为 ω_1 和 ω_2 的受迫振动,而且还可能出现频率为 $m\omega_1 \pm n\omega_2$(m、n 为整数)的受迫振动
8	非理想系统	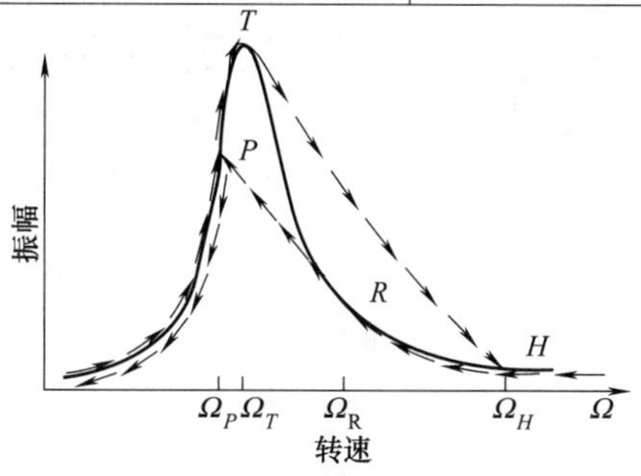 (a) 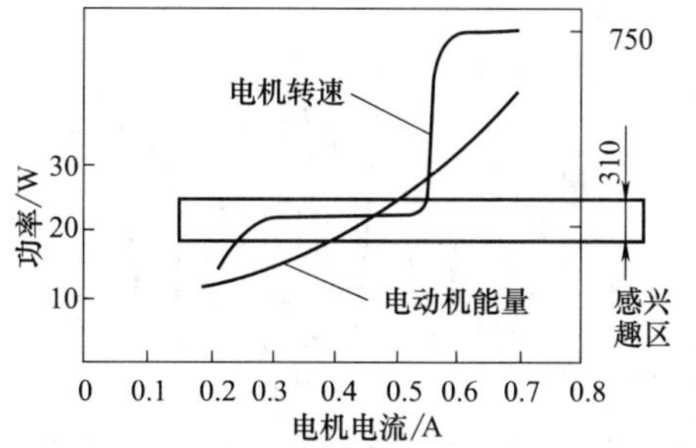 (b)	图(a)为一非理想系统的频率响应曲线,在频率响应曲线的左端,输入功率相对低,在 P 点和 T 点间,当输入功率增加时,响应振幅显著增加而频率只改变一点点。在 T 点,运动特性突然改变,此时输入功率的增加引起振幅显著减少而频率显著增加。图(b)为一在弹性支撑桌子上运行电机的 Sommerfeld 数据

非线性振动特性示例如表27-4-6所示。

表27-4-6 具有非对称刚度、间歇性接触运动的转子系统非线性响应

序号	物理性质	响应图	说明
1	幅频响应	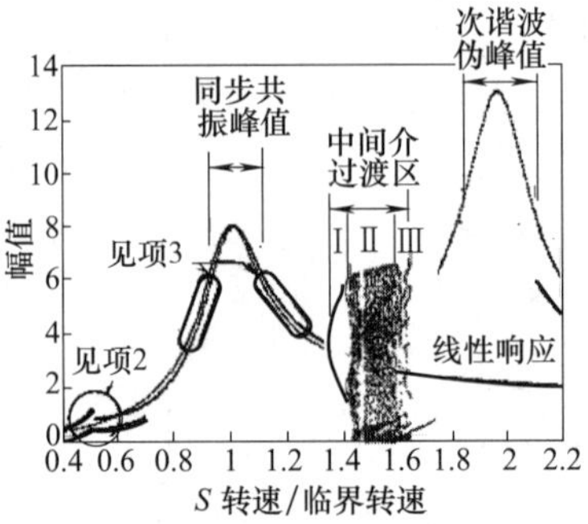	给定转子系统阻尼因子 z，不对称刚度比 $\beta=k_1/k_2$，缓慢改变转子转速(不平衡激励力频率)，则转子响应幅值 A 将发生如图所示变化。从图中可以发现，该系统响应具有超谐波、同步、次谐波共振区，具有典型的亚临界/临界/超临界状态
2	超谐波伪临界峰值和介次过渡区	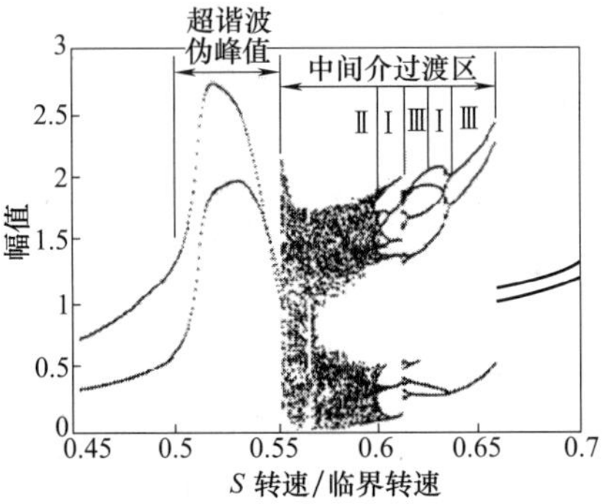	在超谐波共振区及中间介过渡区，出现倍周期、3倍周期、6倍周期、8倍周期、混沌运动等非线性现象
3	同步共振临界峰值和介次过渡区	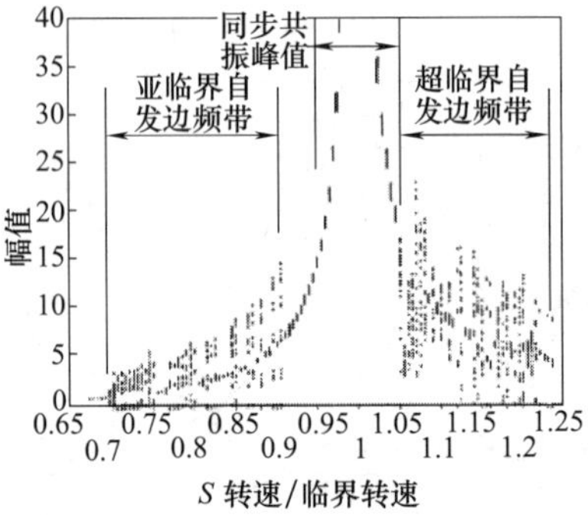	
4	亚临界超谐波响应	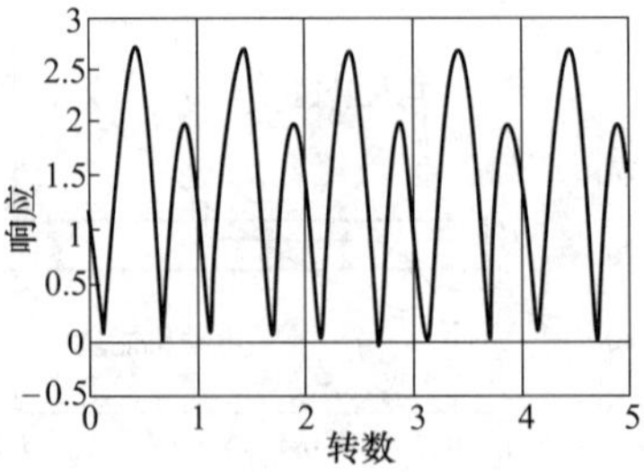	$S=0.525$，出现角频率为 $\omega_1/2$ 的超谐波振动

续表

序号	物理性质	响应图	说明
5	亚临界混沌过渡区	响应 / 转数 (a) 速度 / 位移 (b)	$S=0.56$，出现混沌振动。图(a)为时域，图(b)是庞卡莱截面
6	临界同步共振响应	响应 / 转数	$S=1.010$，出现周期振动
7	超临界亚谐波响应	响应 / 转数	$S=2.150$，出现超临界次谐波振动
8	张弛振荡	响应 / t	范德波振子中，系统运动快慢极端不匀，在运动缓慢变化部分，由负阻尼缓慢吸收能量而储存于系统弹簧中，到一定值后，能量又突然被释放出来，引起一段陡峭的变化

几个非线性系统的响应曲线见表 27-4-7。

表 27-4-7　　非线性系统的响应曲线

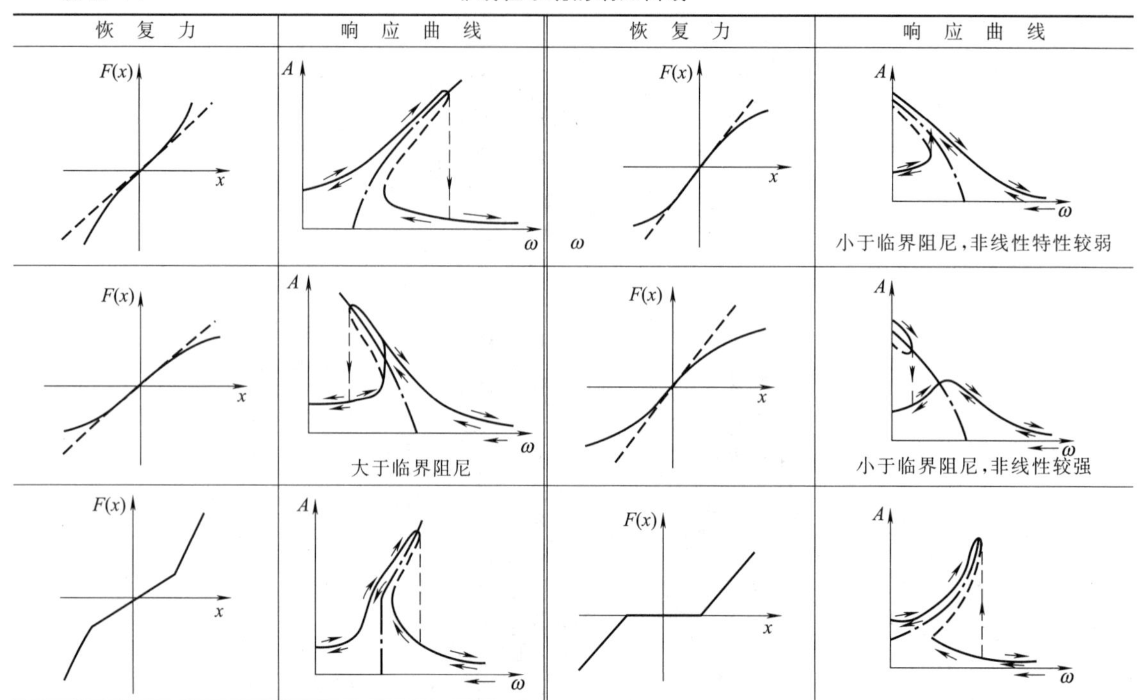

4.1.5　分析非线性振动的常用方法及示例

4.1.5.1　分析非线性振动的常用方法

表 27-4-8　　分析非线性振动的常用方法

分类		名称	适用范围及优缺点
精确解法		特殊函数法	可用椭圆函数或 T 函数等求得精确解的少数特殊问题
		缝接法	分段线性系统每段可以按线性系统求解，而后各段上按位移、速度相等的条件连接起来，得到精确解
近似方法	定性方法	相平面法	可研究强非线性自治系统
		点映射法	可研究强非线性系统的全局性态，并且是研究混沌问题的有力工具
		频闪法	求拟线性系统的周期解和非定常解，但必须将非自治系统化为自治系统
	定量方法	二级数法	求拟线性系统的周期解和非定常解，高阶近似较繁
		平均法	求拟线性系统的周期解和非定常解，高阶近似较简单
		小参数法	求拟线性系统的定常周期解
		多尺度解	求拟线性系统的周期解和非定常解
		谐波平衡法	求强非线性系统和拟线性系统的定常周期解，但必须已知解的谐波成分
		等效线性化法	求拟线性系统的定常周期解和非定常解，该方法和平均法本质上是一致的
		伽辽金法	求解拟线性系统，多取一些项也可用于强非线性系统
		数值解法	求解拟线性系统，强非线性系统的解，是研究混沌问题的有力工具

注：非线性系统运动微分方程中，$\dot{x}$、x 不显含 t 的系统称自治系统，其振动性状完全由系统性质决定，不受外部的影响而产生的自由振动和自激振动。

4.1.5.2　非线性振动的求解示例

求解图 27-4-1 所示受径向预拉力的弹性圆板，考虑其一阶模态，系统在谐波 $p_0\cos\Omega t$ 激励下的非线性振动方程为：

$$\ddot{\psi}+\omega^2\psi=\varepsilon\left[-\Gamma\psi^3-2\mu\dot{\psi}\right]+\varepsilon f\cos\Omega t \tag{27-4-1}$$

式中　ε——小参数，$\varepsilon=12(1-\nu^2)h^2/a^2$；

ν——泊松比；

a——圆板半径；

h——板厚；

ψ——一阶模态坐标；

ω——一阶固有频率；

Γ——与一阶振型、材料参数相关的非线性系数。

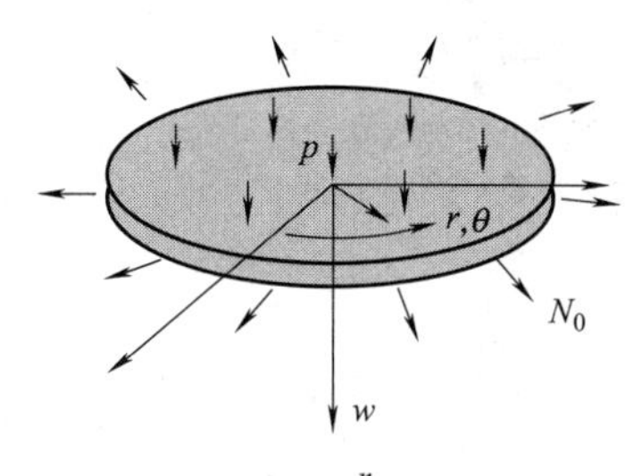

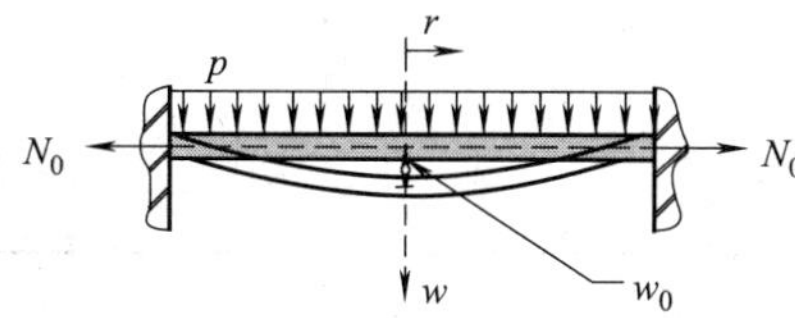

图 27-4-1　受径向预拉力的弹性圆板

利用多尺度法对其求解，把解用不同时间尺度表示为

$$\psi(t;\varepsilon)=\psi_0(T_0,T_1)+\varepsilon\psi_1(T_0,T_1)+\cdots \tag{27-4-2}$$

式中，$T_0=t$，$T_1=\varepsilon t$。

$$\frac{\mathrm{d}}{\mathrm{d}t}=\frac{\mathrm{d}}{\mathrm{d}T_0}\frac{\partial T_0}{\partial t}+\frac{\mathrm{d}}{\mathrm{d}T_1}\frac{\partial T_1}{\partial t}+\cdots=D_0+\varepsilon D_1+\cdots \tag{27-4-3}$$

$$\frac{\mathrm{d}^2}{\mathrm{d}t^2}=\left(\frac{\mathrm{d}}{\mathrm{d}T_0}\frac{\partial T_0}{\partial t}+\frac{\mathrm{d}}{\mathrm{d}T_1}\frac{\partial T_1}{\partial t}+\cdots\right)^2=D_0^2+2\varepsilon D_0D_1+\varepsilon^2(D_1^2+2D_0D_2)+\cdots \tag{27-4-4}$$

将式（27-4-2）～式（27-4-4）代入式（27-4-1）中，按 ε 幂次整理，并使考虑方程式 ε^0 和 ε^1 项系数等于零，可得

$$D_0^2\psi_0+\omega^2\psi_0=0 \tag{27-4-5}$$

$$D_0^2\psi_1+\omega^2\psi_1+2D_1D_0\psi_0+\Gamma\psi_0^3+2\mu D_0\psi_0-f\cos\Omega t=0 \tag{27-4-6}$$

式（27-4-5）的解为

$$\psi_0=A(T_1)\mathrm{e}^{iT_0\omega}+\overline{A}(T_1)\mathrm{e}^{-iT_0\omega} \tag{27-4-7}$$

式中，A、$\overline{A}$是一对共轭复数，引进一个解谐参数 σ，并让 $\Omega t=\omega t+\sigma T_1$，将式（27-4-7）代入式（27-4-6）可得

$$\begin{aligned}D_0^2\psi_1+\omega^2\psi_1=&-2\omega iD_1(A\mathrm{e}^{iT_0\omega}-\overline{A}\mathrm{e}^{-iT_0\omega})\\&-\Gamma(A^3\mathrm{e}^{i3T_0\omega}+\overline{A}^3\mathrm{e}^{-i3T_0\omega}\\&+3A^2\overline{A}\mathrm{e}^{iT_0\omega}+3\overline{A}^2A\mathrm{e}^{-iT_0\omega})\\&-2\mu\omega i(A\mathrm{e}^{iT_0\omega}-\overline{A}\mathrm{e}^{-iT_0\omega})\\&+\frac{f}{2}(\mathrm{e}^{iT_0\omega+\sigma T_1}+\mathrm{e}^{-iT_0\omega-\sigma T_1})\end{aligned} \tag{27-4-8}$$

为了消除 ψ_1 中的永期项，必须有

$$2\omega iD_1A+3\Gamma A^2\overline{A}+2\mu\omega iA-\frac{f}{2}\mathrm{e}^{i\sigma T_1}=0 \tag{27-4-9}$$

为对（27-4-9）求解，将 A 表达成

$$A=\frac{1}{2}a\mathrm{e}^{i\beta}\quad 和\quad \overline{A}=\frac{1}{2}a\mathrm{e}^{-i\beta} \tag{27-4-10}$$

式中 a 和 β 是 T_1 的实函数，代入（27-4-9）得

$$\omega i(a'\mathrm{e}^{i\beta}+ia\beta'\mathrm{e}^{i\beta})+\frac{\Gamma}{8}3a^3\mathrm{e}^{i\beta}+\mu\omega ia\mathrm{e}^{i\beta}-\frac{f}{2}\mathrm{e}^{i\sigma T_1}=0 \tag{27-4-11}$$

将实部和虚部分开，整理可得

$$-\omega(a'\sin\beta+a\beta'\cos\beta)+\frac{3\Gamma a^3\cos\beta}{8}-\mu\omega a\sin\beta-\frac{f}{2}\cos\sigma T_1=0 \tag{27-4-12a}$$

$$\omega(a'\cos\beta-a\beta'\sin\beta)+\frac{3\Gamma a^3\sin\beta}{8}+\mu\omega a\cos\beta-\frac{f}{2}\sin\sigma T_1=0 \tag{27-4-12b}$$

式（27-4-12a）和式（27-4-12b）可进一步简化为

$$\omega a'=\frac{\Gamma}{8}b^2a\sin(2\beta-2\gamma)-\mu\omega a-\frac{f}{2}\sin(\beta-\sigma T_1) \tag{27-4-13a}$$

$$\omega a\beta'=\frac{\Gamma}{8}\left[3a^3+b^2a\cos(2\beta-2\gamma)+2b^2a\right]-\frac{f}{2}\cos(\beta-\sigma T_1) \tag{27-4-13b}$$

设 $\theta=\beta-\sigma T_1$，可得 $\beta'=\theta'+\sigma$，并将其代入式（27-4-13），可简化为

$$\omega a'=-\mu\omega a-\frac{f}{2}\sin\theta \tag{27-4-14a}$$

$$\omega a(\theta'+\sigma)=\frac{3\Gamma a^3}{8}-\frac{f}{2}\cos\theta \tag{27-4-14b}$$

对于稳态运动，$a'=\theta'=0$，式（27-4-14）改写成

$$\mu\omega a=-\frac{f}{2}\sin\theta \tag{27-4-15a}$$

$$\frac{3a^3\Gamma}{8}-\omega a\sigma=\frac{f}{2}\cos\theta \qquad (27\text{-}4\text{-}15b)$$

这两个方程取平方后相加得

$$\left(\frac{3a^3\Gamma}{8}-\omega a\sigma\right)^2+(\mu\omega a)^2=\frac{f^2}{4} \qquad (27\text{-}4\text{-}16)$$

方程（27-4-16）是响应振幅 a 作为依赖于解谐参数 σ（激振频率）和激励幅值 f 的隐函数，其幅频曲线和力幅曲线如图 27-4-2 所示。该方程的一阶近似稳态解为：

$$\psi=a\cos(\Omega t-\theta)+O(\varepsilon) \qquad (27\text{-}4\text{-}17)$$

对于稳态解，式中 θ 是响应和激励的相位差为一常数。

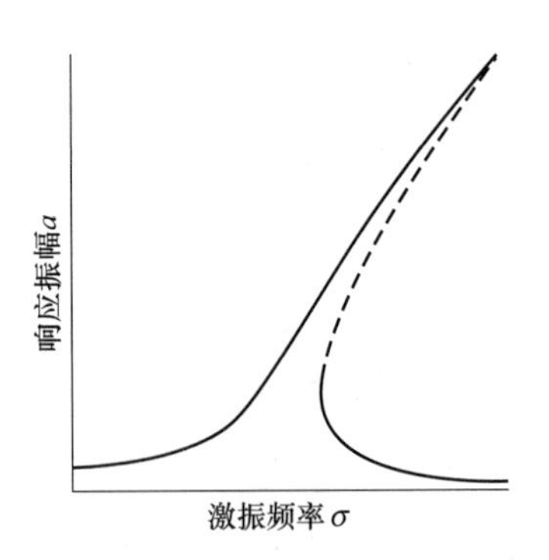

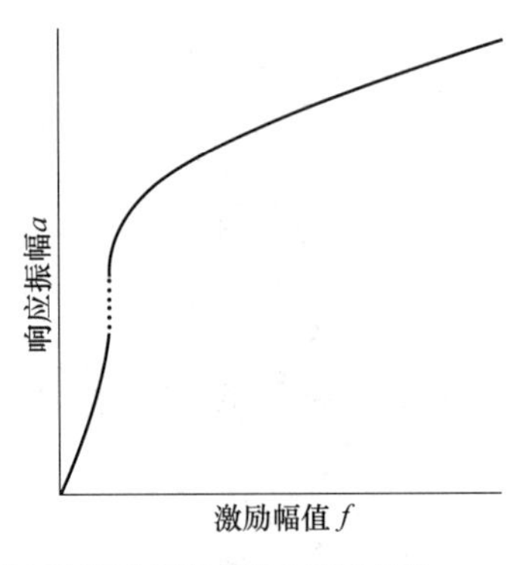

图 27-4-2　图 27-4-1 所示系统的一次近似解的幅频曲线和激励幅值-响应振幅曲线（其中实线表示稳定解，点线表示不稳定解）

4.2　自激振动

4.2.1　自激振动系统的特性

表 27-4-9　　自激振动系统的特性

项目	基本特性	说明
自激振动	自振是依靠系统自身各部分间相互耦合而维持的稳态周期运动。自激振动的稳定状态由能量平衡确定，即从能源送入振动系统的能量等于系统所消耗的能量。在这一点上可分为两种情形：如果自激振动的频率是给定的，那么能量平衡的条件就确定自激振动的稳定振幅；如果自激振动的振幅是给定的，那么能量平衡的条件就确定自激振动的频率	自振并非由周期性外力所引起的振动。在自激振动中，维持运动的交变力是由运动本身所产生或控制的，当运动停止时，此交变力也随之消失。在受迫振动中，维持运动的交变力的存在与运动无关，这是与稳态受迫振动的根本区别 无阻尼自由振动的振幅和固有频率与系统初始运动状态有关，这是无阻尼自由振动与自振的根本区别
自振系统	自激振动系统为能把固定方向的运动变为往复运动（振动）的装置，它由三部分组成：①能源，用以供给自激振动中的能量消耗；②振动系统；③具有反馈特性的控制和调节系统	能源向自振系统输入的能量，不是任意瞬时都等于系统所消耗的能量。当输入能量大于耗散能量，则振动幅值将增大。当输入能量小于耗散能量时，振动幅值将减小。但无论如何增大减小，最终都得达到输入和耗散能量的平衡，出现稳态周期运动
	自振系统是非线性系统，它具有反馈装置的反馈功能和阀的控制功能	线性阻尼系统没有周期变化外力作用产生衰减振动，只有非线性系统才能将恒定外力转换为激励系统产生振动的周期变化内力，并通过振动的反馈来控制振动

续表

项目	基　本　特　性	说　　明
自振与稳态受迫振动的联系	如果只将自振系统中的振动系统和作用于系统的周期力作为研究对象，则可将自振问题转化为稳态受迫振动问题	当考察各种稳态受迫振动时，如果扩展被研究系统的组成，把受迫振动周期变化的外力变为扩展后系统的内力，则会发现更多的自激振动
自振与参激振动的联系	当系统受到不能直接产生振动的周期交变力（如交变力垂直位移）作用，通过系统各部分间的相互耦合作用，使系统参数（如摆长、弦和传动带张力、轴的截面惯性矩或刚度等）作周期变化，并与振动保持适当相位滞后关系，交变力向系统输入能量，当参数变化角频率 ω_k 和系统固有角频率 ω_n 之比 $\omega_k/\omega_n=2、1、2/3、2/4、2/5$ 等时，可能产生稳定周期振动，这种振动是广义自激振动	例如荡秋千时，利用人体质心周期变化，使摆动增大，但是如果秋千静止，无论人的质心如何上下变化，秋千仍然摆动不起来，这是典型广义自振的例子 如果缩小研究对象的范围，可将广义自振问题转化为参激振动问题，相反，在考察某些参激振动问题时，如果进一步探索系统结构周期性变化的原因，也就是把结构变化的几何性描述转变为相应子系统的动力过程，就可将这类参激振动问题转变为自激振动问题
自振的控制及利用	自振系统往往在达到稳态周期运动之前，振动的幅值就超过了允许的限度，所以，应采取措施控制和防止。但像蒸汽机、风动撞击工具的活塞运动和钟表的擒纵机构运动等则是利用自振来工作的	

注：由于系统中某个参数作周期性变化而引起的振动称为参激振动。如具有周期性变刚度的机械系统、受振动载荷作用的薄拱、柔性梁等，都属于参激振动系统。此时描述该系统的微分方程是变系数的，对单自由度系统为：

$$m(t)\ddot{x}+C(t)\dot{x}+K(t)x=0$$

方程的系数是时间的函数。这些函数与系统的位置无关，且它们的物理意义取决于系统的具体结构和运动状况。

4.2.2　机械工程中的自激振动现象

表 27-4-10　　机械工程中常见的自激振动现象

自振现象	机械系统	振动系统和控制系统相互联系示意图	反馈控制的特性和产生自振条件的简要说明
机床的切削自振	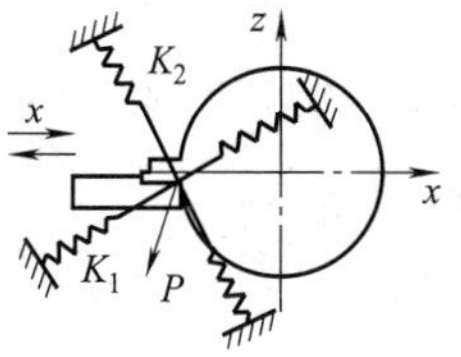 z、K_2、x、K_1、P	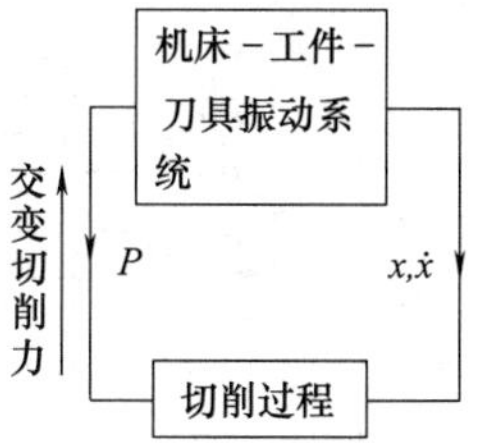 机床－工件－刀具振动系统；交变切削力；P；$x,\dot{x}$；切削过程	振动系统的动刚度不足或主振方向与切削力相对位置不适宜时，因位移 x 的联系产生维持自振的交变切削力 P 切削力具有随切削速度增加而下降的特性时，因速度 $\dot{x}$ 的联系产生交变切削力 P
低速运动部件的爬行	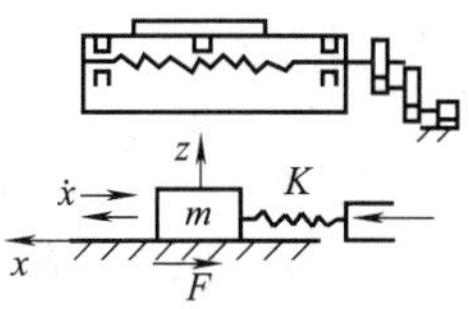 z、$\dot{x}$、m、K、x、F	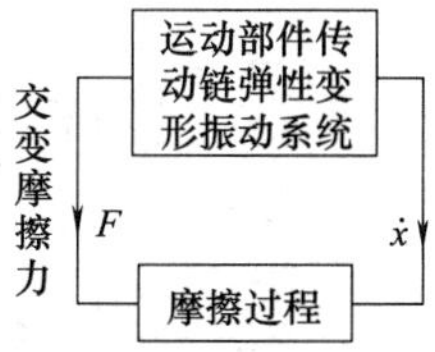 运动部件传动链弹性变形振动系统；交变摩擦力；F；$\dot{x}$；摩擦过程	摩擦力具有随运动速度增加而下降的特性时，因振动速度 $\dot{x}$ 和运动速度 v 的联系产生维持自振的交变摩擦力 F
液压随动系统的自振	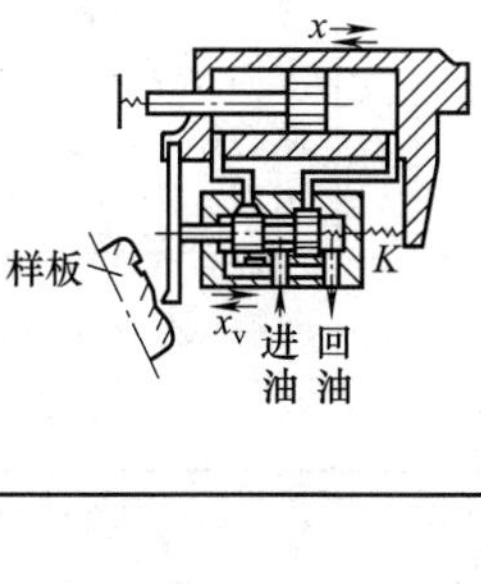 x、样板、K、x_v、进油、回油	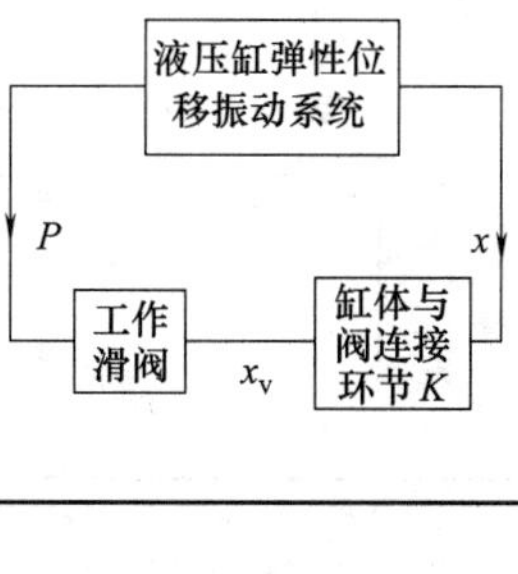 液压缸弹性位移振动系统；P；x；工作滑阀；x_v；缸体与阀连接环节 K	缸体与阀反馈连接的环节 K 的刚度不足或存在间隙时，缸体弹性位移会产生维持自振的交变油压力 P

续表

自振现象	机械系统	振动系统和控制系统相互联系示意图	反馈控制的特性和产生自振条件的简要说明
高速转轴的弓状回转自振	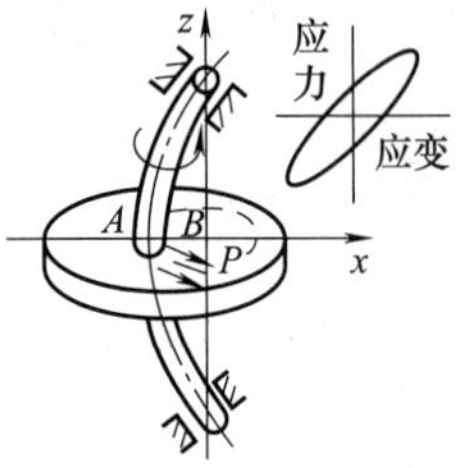 z　应力　应变　A　B　P　x	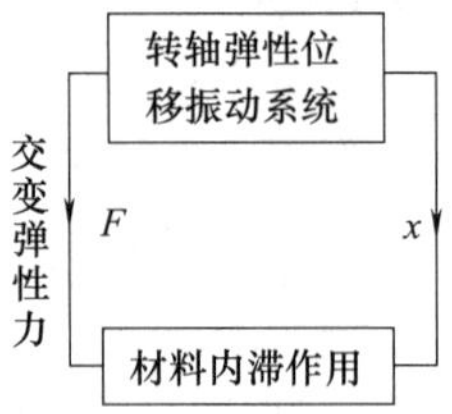 转轴弹性位移振动系统 交变弹性力　F　x 材料内滞作用	转轴材料的内滞作用使应力和应变不成线性关系。圆盘与轴配合较松时，内滞更加明显。轴转动时，轴上所受的弹性力 P 不通过中心 B，而使轴心 A 产生绕 B 点（轴线 Z）作弓状回转运动。转速大于轴的临界转速时产生自振，其频率等于临界转速
传动带横向自振	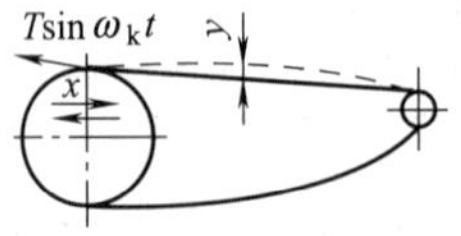 $T\sin\omega_k t$　y　x	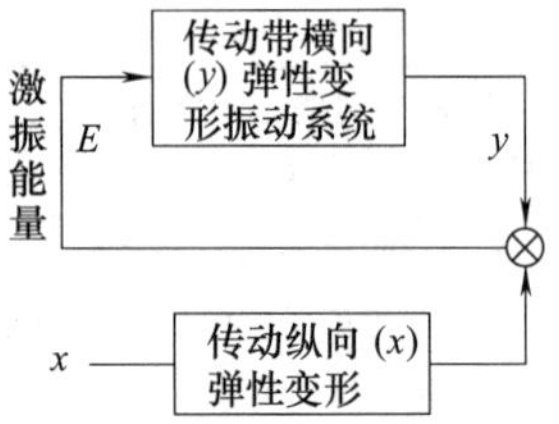 传动带横向 (y) 弹性变形振动系统 激振能量　E　y x　传动纵向 (x) 弹性变形	传动带轮振动位移引起传动带张力的变化，当 x 和 T 的振动角频率 ω_k 为传动带横向弹性变形振动系统的固有角频率 ω_k 的 2 倍时，产生横向 y 的参数自振，y 的振动角频率 ω_0
滑动轴承的油膜振荡	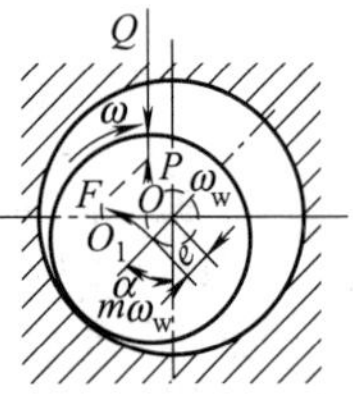 Q　ω　P　ω_w　F　O　O_1　α　e　$m\omega_w$	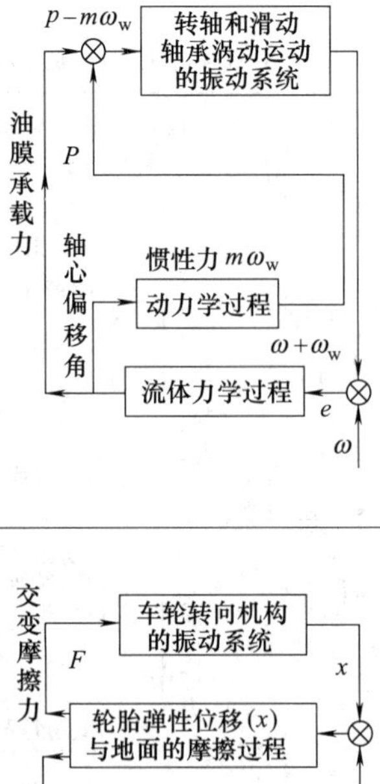 $p-m\omega_w$　转轴和滑动轴承涡动运动的振动系统 油膜承载力　P 轴心偏移角　惯性力 $m\omega_w$　动力学过程 $\omega+\omega_w$　流体力学过程　e　ω	轴承油膜承载力 P 与轴颈偏离所产生的惯性力 $m\omega_w$ 不平衡，其合力 F 使轴心 O_1 绕轴承中心做涡动运动。其方向与轴的转速 ω 方向相同，涡动角速度 $\omega_k=\frac{1}{2}\omega_0$，$\omega>2\omega_0$（$\omega_0$ 为轴的一阶临界速度）时，产生强烈的油膜振荡，振荡角频率 $\omega_w=\omega_0$，不随 ω 而变化
汽车车轮的闪动	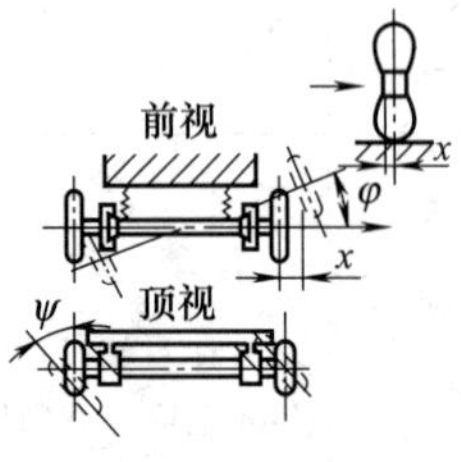 前视　x　φ　x ψ　顶视	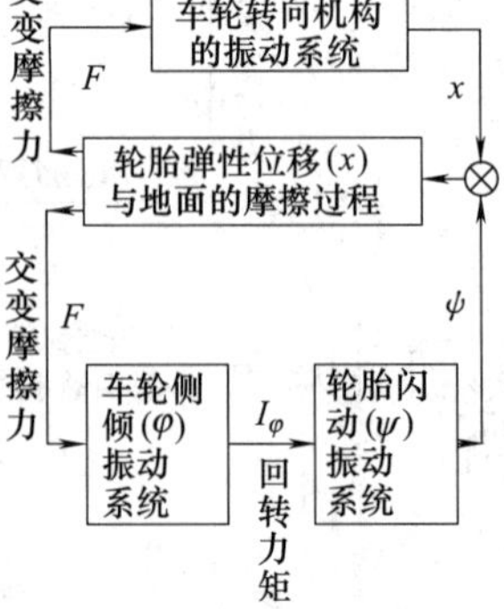 交变摩擦力　F　车轮转向机构的振动系统　x 轮胎弹性位移(x)与地面的摩擦过程 交变摩擦力　F　ψ 车轮侧倾(φ)振动系统　I_φ　回转力矩　轮胎闪动(ψ)振动系统	车轮的侧向位移 x、倾角 φ 和闪动角 ψ 三者相互关联，在一定的行驶速度范围内，产生维持自振的交变摩擦力 轮胎内气压和轮胎侧向刚度愈低，愈容易产生侧向位移；悬挂弹簧刚度愈低，侧倾愈大。侧向位移出现和侧倾的加大，使各振动的相互联系加强，因而愈易产生车轮闪动的自振 提高车轮转向机构的刚度和阻尼，可避免车轮闪动现象出现

续表

自振现象	机械系统	振动系统和控制系统相互联系示意图	反馈控制的特性和产生自振条件的简要说明
受轴向交变力作用的简支梁横向自振		梁横向振动系统 交变弯距 M y 变刚度过程	受轴向交变力 P 作用的简支架，由于 P 与振动位移 y 产生交变弯矩作用，使梁抗弯刚度有周期性变化，只要 P 的变化角频率 ω_k 和系统固有角频率 ω_n 之间保持一定关系（$\omega_k/\omega_n=2$、1、2/3、2/4、2/5 等），则梁可能产生横向自激振动
气动冲击工具的自振		活塞振动系统 交变力 P x 气体动力过程	气动冲击工具的活塞往复运动，通过配气通道交替改变活塞前后腔压力，使活塞维持恒频率恒振幅的稳态振动。压缩空气为活塞往复运动提供了能量，活塞本身完成了振动体、阀和反馈装置的全部职能

4.2.3 非线性振动的稳定性

对于线性系统，除了无阻尼共振的情况外，所有的运动都是稳定的。但是对于非线性系统，正像表 27-4-5 所表述的，可能出现许多不同的周期运动，如各种组合频率振动，其中有些振动是稳定的，有些振动是不稳定的。确定非线性系统运动稳定性是非常重要的，有时判断系统的运动稳定性比求得运动精确形态更重要。例如机床切削过程中常碰到的自激振动，重要的是判断系统在什么条件下会产生颤振及系统各参数对稳定性的影响，人们并不关心自激振动产生后的频率和振幅。

4.2.4 相平面法及稳定性判据

相平面法就是在相平面图上作出系统的运动速度和位移的关系，称相轨迹，以此了解系统可能发生的运动的情况。如表 27-4-8 所示，作为一种定性分析方法可以研究非线性系统在整个相平面上运动的全貌。例如，对于自治系统（见表 27-4-8 的注），非线性单自由度系统的微分方程式可写作：

$$\ddot{x}+f(x,\dot{x})=0$$

令

$$y=\dot{x}=\frac{\mathrm{d}x}{\mathrm{d}t}$$

上式可化为：$\dot{y}=-f(x,y)=Y(x,y)$

而 $\dot{x}=X(x,y)$

两式相除，得：$\dfrac{\dot{y}}{\dot{x}}=\dfrac{\mathrm{d}y}{\mathrm{d}x}=\dfrac{Y(x,y)}{X(x,y)}=m$

积分后，即为以 x，y 为坐标的相平面图上，由初始条件（x_0，y_0）开始画出的等倾线（以斜率 m 为参数）族，作出系统的相平面图。单自由度系统相平面及稳定性的几种主要情况见表 27-4-11。

表 27-4-11 单自由度系统相平面及稳定性

项 目	相轨迹方程及阻尼区划分	相 平 面	平衡点和极限环稳定性
无阻尼系统自由振动（以单摆大摆角振动为例）	单摆运动状态方程为 $\dfrac{\mathrm{d}x}{\mathrm{d}t}=y$，$\dfrac{\mathrm{d}y}{\mathrm{d}t}=-K\sin x$，$K=\dfrac{g}{l}$，将两个一阶方程相除，整理并积分得相轨迹方程： $y^2+2K(1-\cos x)=E$ 式中 $E=Y_0^2+2K(1-\cos x_0)$，决定于初始条件，这表明选定不同的初始状态，能绘制出互不相交的一族相轨迹。相同相轨线上系统总能量是一致的	y x π π 2π (a) 以 x、y 坐标轴构成的平面为相平面，相平面任意点 $P(x,y)$ 称为相点，表示了系统的一种状态，给定初始状态 $P_0(x_0,y_0)$，按照相轨迹方程可绘制出过该初始状态的相轨迹	当 $E<4K$ 时，相轨迹为封闭曲线，称为极限环，对应的运动状态为稳态周期运动。当 $E>4K$ 时，各相点的 y 值均不等于零，对应运动状态为回转运动 当 $x=y=0$ 时，系统处于静平衡。从微分方程可知平衡点 $(i\pi,0)$，$(i=0,\pm1\cdots)$。无阻尼自由振动系统受到扰动离开平衡状态，当扰动消失后，系统的状态始终保持在平衡状态附近，既不无限趋近它，也不远离它，这种平衡点称为稳定平衡点。一切稳定平衡点，在其附件的相轨迹是一族彼此不相交的封闭曲线。因此，可以依据平衡点稳定性的这一性质判定无阻尼自由振动是稳定的。对于无阻尼系统，所有平衡点都位于 x 轴，平衡点的稳定性还可由其对应的势能具有极大值或极小值来判定

续表

项　目	相轨迹方程及阻尼区划分	相　平　面	平衡点和极限环稳定性
线性阻尼(小阻尼)系统自由振动	线性阻尼系统运动微分方程：$\ddot{x}+2\alpha\dot{x}+\omega_n^2 x=0$ 方程解及其速度为： $x=A\mathrm{e}^{-\alpha t}\cos(\omega_d t+\varphi_0)$ $y=-A\mathrm{e}^{-\alpha t}[\alpha\cos(\omega_d t+\varphi_0)+\omega_d\sin(\omega_d t+\varphi_0)]$ A、φ_0、ω_d为系统的振幅、初始相位、有阻尼固有频率。 从 x 和 y 的关系可导出相轨迹方程： $y^2+2\alpha xy+\omega_n x^2=R^2\mathrm{e}^{\left[\frac{2\alpha}{\omega_d}\arctan\left(\frac{y_0+\alpha x_0}{\omega_d}\right)\right]}$ 其中：$R=\omega_d A\mathrm{e}^{\frac{\alpha\theta}{\omega_d}}$	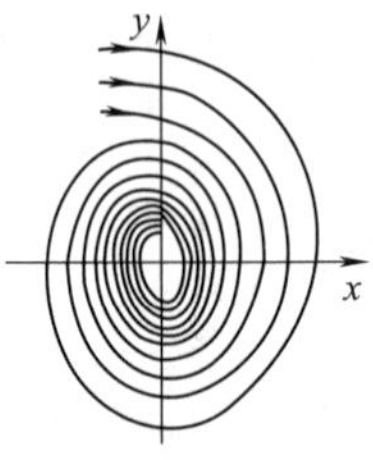 (b) 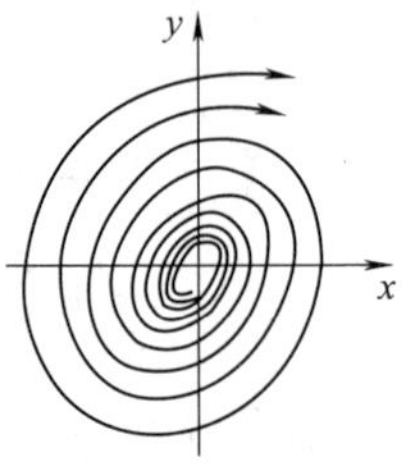 (c)	当 $0<\alpha<\omega_n$时，相轨迹为图(b)所示螺旋线，对应的运动状态为指数衰减振动。这种系统受初始扰动离开平衡状态，扰动消失后，系统状态能无限趋近此静平衡状态。这种平衡点称为渐近稳定平衡点 当$-\omega_n<\alpha<0$(负阻尼)时，相轨迹为图(c)所示螺旋线，对应的运动状态为指数发散振动。这种系统受扰动离开平衡状态，扰动消失后，由于负阻尼的作用，系统的状态越来越远离此平衡状态。这种平衡点称为不稳定平衡点
软激励自振(瑞利方程)	瑞利方程： $\frac{\mathrm{d}x}{\mathrm{d}t}=y,\frac{\mathrm{d}y}{\mathrm{d}t}=\varepsilon(1-\mu y^2)y-x$ 两式相除整理积分得相轨迹方程： $y^2-2(y-\mu y^3)x-x^2=E$ 式中 $E=y_0^2-2(y_0-\mu y_0^3)x_0-x_0^2$ 决定于初始条件 单位时间内非线性阻尼力对系统做功： $W=F_d y=\varepsilon(1-\mu y^2)y^2$	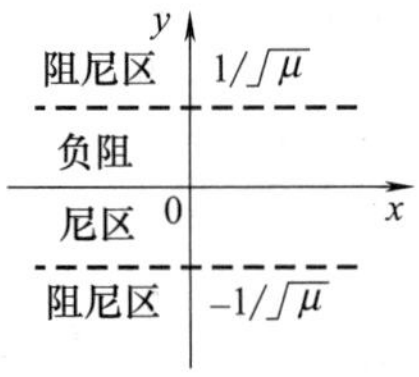 阻尼区 $1/\sqrt{\mu}$ 负阻尼区 0 阻尼区 $-1/\sqrt{\mu}$ (d) 按 W 表达式将相平面划分为如图(d)所示的正阻尼区和负阻尼区 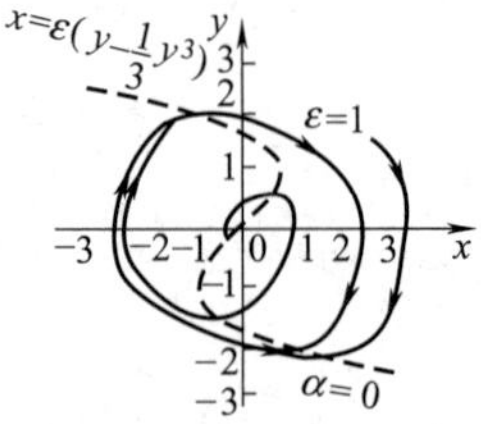 $x=\varepsilon(y-\frac{1}{3}y^3)$　$\varepsilon=1$　$\alpha=0$ (e)	瑞利方程描述的系统，以等速线将相空间分为正阻尼区和负阻尼区。原点附件是负阻尼区，给小扰动使系统离开平衡位置，其相轨迹必定向外扩展。进入正阻尼区后又会向原点趋近，因而相轨迹不会走向无穷远处。这就意味着距离原点不远不近区域存在一条封闭曲线，在该曲线内外的相轨迹都向它趋近，该相轨线称为极限环。极限环对应的运动状态为周期运动，上述的这种周期运动，称为渐近稳定的运动。于是，便可根据平衡稳定性和极限环，判定稳定周期运动自振能否发生。这种平衡点不稳定的自振系统受很小扰动就能激发的自振，称为软激励自振

续表

项　目	相轨迹方程及阻尼区划分	相　平　面	平衡点和极限环稳定性
软激励自振（范德波方程）	范德波方程： $\ddot{x}-\varepsilon(1-x^2)\dot{x}+x=0$ 上述方程描述系统承受的阻尼 $F_d=\varepsilon(1-x^2)y$ 单位时间内该力对系统做功： $W=F_d y=\varepsilon(1-x^2)y^2$ 按上式将相平面划分为如图(f)所示的正阻尼区和负阻尼区	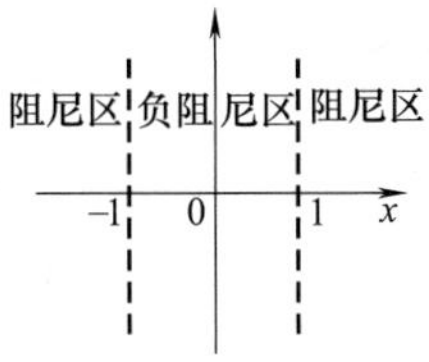 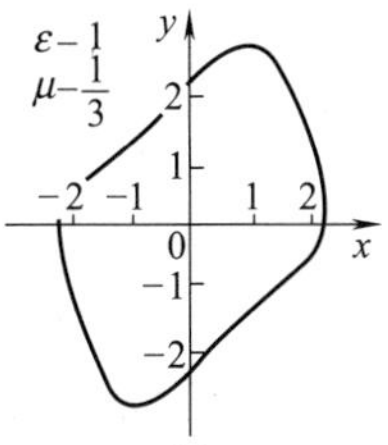 阻尼区 负阻尼区 阻尼区 (f) $\varepsilon-1$ $\mu-\frac{1}{3}$ (g)	和瑞利方程一样，范德波方程描述的系统以等位移线将相空间分为正阻尼区和负阻尼区
硬激励自振（以复杂阻尼系统为例）	自振系统运动方程： $\ddot{x}+\varepsilon(1-\dot{x}^2+\mu\dot{x}^4)\dot{x}+x=0$ 系统承受的阻尼力： $F_d=-\varepsilon(1-y^2+\mu y^4)y$ 单位时间内该力对系统做功： $W=F_d y=-\varepsilon(1-y^2+\mu y^4)y^2$ 按上式将相平面划分为如图(i)所示的正、负阻尼区	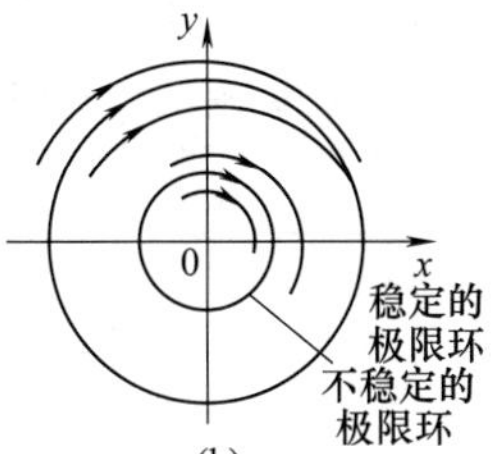  稳定的极限环 不稳定的极限环 (h) 2.979 正阻尼区 1.062 负阻尼区 正阻尼区 −1.062 负阻尼区 −2.979 正阻尼区 (i)	方程描述的系统原点位于正阻尼区，当系统受小扰动时，相轨迹必定无限趋近于它，平衡点为渐近稳定的。当系统受较大扰动时的相轨迹进入两个负阻尼区，相轨迹会充分向外扩展，对这一区域来说，运动是不稳定的。当扰动更大时，相轨迹进入了外面的两个正阻尼区，运动又变成渐近稳定的。在相平面正负阻尼分界处，肯定会有一封闭曲线极限环。该自振系统有两个分界处，相应也有两个极限环。外面极限环内外的相轨迹都趋近于极限环，称为渐近稳定的极限环。内侧极限环内外的相轨迹都远离该极限环，称为不稳定极限环。该系统受小的扰动后离开平衡位置，当干扰消失后，又会恢复平衡状态，不会发生自振。当系统受到足够强的扰动时，则系统的相点位于不稳定极限环之外，这时若干扰消失，系统就会发生自振。这样的自振系统称为硬激励系统

续表

项目	相轨迹方程及阻尼区划分	相平面	平衡点和极限环稳定性
非线性系统的受迫振动	运动微分方程： $m\ddot{x}+f(x,\dot{x})=Q(t)$ 状态方程： $\dfrac{dx}{dt}=X(x,y,t)$ $\dfrac{dy}{dt}=Y(x,y,t)$ 两式相除并积分得相轨迹方程	根据相轨迹方程绘制相轨迹，受迫振动相轨迹方程是 x、y 和时间 t 的函数	周期解的李亚普诺夫稳定性可定义如下：设初始条件为 (x_0,y_0) 的解为 $[\overline{x}(t),\overline{y}(t)]$，给初始一个扰动，即：初始条件为 (x_0+u_0,y_0+v_0) 的全部解 $[x(t),y(t)]$，经过任意时间 t 之后，仍然回到原来解 $[\overline{x}(t),\overline{y}(t)]$ 的近旁时，则该解 $[x(t),y(t)]$ 称为稳定解。反之，不管多靠近 (x_0,y_0) 的某一点 (x_0+u_0,y_0+v_0) 出发的解，在长时间的过程中，离开了原来的解 $[\overline{x}(t),\overline{y}(t)]$ 的近旁，这种情况只要一出现，则 $[\overline{x}(t),\overline{y}(t)]$ 称为不稳定的。若全部解 $[x(t),y(t)]$ 很接近上述稳定解，且当 $t\to\infty$ 时，均收敛于 $[\overline{x}(t),\overline{y}(t)]$，则解 $[\overline{x}(t),\overline{y}(t)]$ 称为渐近稳定的，周期解的稳定性也称为轨道稳定性

注：1. 表中 x 表示广义位移，用 y 表示广义速度；x_0，y_0 分别为初始位移和初始速度。

2. 相平面法可定性研究非线性系统全局运动，而对于平衡点、周期解附近的运动性质可采用摄动法得到非线性系统的首次近似方程，定量分析平衡点、周期解附近的运动性质。

4.3 随机振动

4.3.1 随机振动问题

随机振动是指系统的振动情况不可能用一个明确的函数表达式来描述，并且根据以往的记录也无法预测将来振动响应。它的特征是从振动的单个样本观察，有不确定性、不可预估性和相同条件下的各次振动的不重复性。各次振动记录是随机函数，这一类函数的集合称随机过程。随机振动的激励或响应过程的按统计规则性可分为平稳随机和非平稳随机过程；按记忆能力可分纯随机过程（白噪声），马尔可夫过程，独立增量过程，维纳过程和泊松过程。随机振动的系统还可以根据其动态特性分为线性系统和非线性系统。

表 27-4-12　　平稳随机振动及特性

项目	定义	统计特性	
随机振动	系统的振动情况不可能用一个明确的函数表达式来描述，并且根据以往的记录也无法预测将来振动响应。其特点是不能用简单函数或这些函数的组合来描述，而只能用概率和数理统计方法描述的振动称为随机振动	例如汽车、拖拉机、工程机械、船舶、石油钻井平台及安装在它们上面的机电设备等，在路面、波浪、地震等作用下的响应不能用确定性的时间与空间坐标的函数描述它们。这种振动特性：(1)不能预估一次振动观测记录时间 T 之外某时刻的振动状态；(2)在相同的试验条件下，各次观察结果不同，即各次记录曲线有不重复性	
随机过程	如果一次随机实验观察记录 $x_i(t)$ 称为样本函数，则随机过程是所有样本函数的总和，即 $X(t)=\{x_1(t),x_2(t),\cdots,x_n(t)\}$	$X(t)$ 在任一时刻 $t_i(t_i\in T)$ 的状态 $X(t_i)$ 是随机变量，于是可将随机过程和随机变量联系起来。$X(t)$ 也可以看成 x 和时间 t 的二元函数	$x_1(t)$ t_1 t_2 t $x_2(t)$ t $x_3(t)$ t ⋮ $x_n(t)$ T t
平稳随机过程	统计参数与时间 t 的原点选取无关的随机过程为平稳随机过程	机械工程中多数随机振动可以作为平稳随机过程，至少可以作为弱随机过程来处理	

续表

项目		定　义	统计特性	
幅值域描述	概率分布函数	$F(x)=P(X<x)$ 随机过程 $X(t)$ 小于给定 x 值的概率，描述了概率的累积特性	(1) $F(x)$ 为非负非降函数，即 $F(x)\geqslant 0$，$F'(x)>0$ (2) $F(-\infty)=0$，$F(\infty)=1$	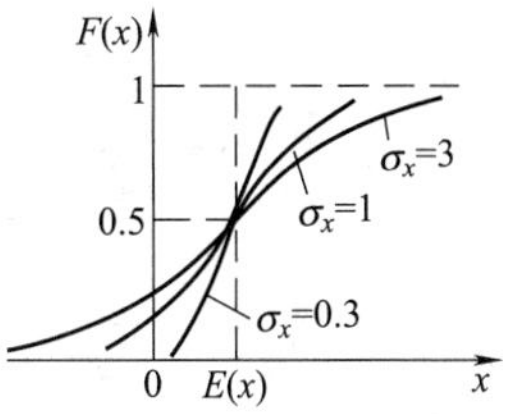
	概率密度函数	$f(x)=\lim\limits_{\Delta x\to 0}\dfrac{F(x+\Delta x)-F(x)}{\Delta x}$ $=F'(x)$	表示了概率分布的密度状况 (1) 非负函数即 $f(x)\geqslant 0$ (2) $\int_{-\infty}^{\infty}f(x)\mathrm{d}x=1$	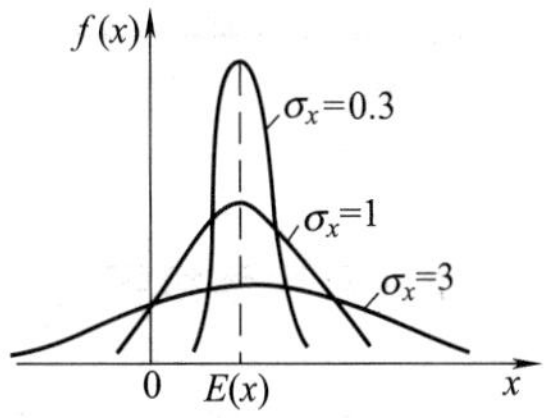 机械工程中的随机振动多数为具有高斯分布的随机过程，其概率密度函数为 $f(x)=\dfrac{1}{\sigma_x\sqrt{2\pi}}\mathrm{e}^{-\frac{(x-E[x])^2}{2\sigma_x^2}}$ 因此，只要求确定其均值 $E[x]$ 和标准差 σ_x，即可确定 $f(x)$，再通过从 $-\infty$ 到 x 的积分可得 $F(x)$
	均值	$E[x]=\int_{-\infty}^{\infty}xf(x)\mathrm{d}x$ $X(t)$ 的集合平均值	描述随机过程的平均发展趋势，对平稳随机过程，$E[x]$ 是一常数	
	均方差	$D[x]=\int_{-\infty}^{\infty}(x-E[x])^2f(x)\mathrm{d}x$ $\sigma_x^2=D[x]$	描述了 $F(x)$、$f(x)$ 围绕均值向两侧的平均分散度，对平稳随机过程 $D[x]$ 为一常数	
时域描述	自相关函数	$R_x(\tau)=E[x(t)x(t+\tau)]$ $=\lim\limits_{T\to\infty}\dfrac{1}{T}\int_0^T x(t)x(t+\tau)\mathrm{d}t$ 描述平稳随机过程 $X(t)$ 在 t 时刻的状态与 $(t+\tau)$ 时刻状态的相关性。t 为 $X(t)$ 的时间变量，τ 为延时时间	(1) $R_x(\tau)$ 为实偶函数，即 $R_x(\tau)=R_x(-\tau)$ (2) 在 $\tau=0$ 上取极大值，$R_x(0)=E[x^2(t)]$ (3) 当 $E[x(t)]=0$ 时，$R_x(\infty)=0$ (4) 当 $X(t)$ 的均值 $E[x(t)]=C\neq 0$ 时，可将各样本函数 $x(t)$ 分解为一恒定量 $E[x(t)]$ 和一均值为零的波动量 $\xi(t)$，即 $x(t)=E[x(t)]+\xi(t)$，则 $R_x(\tau)=\{E[x(t)]\}^2+R_\xi(\tau)$ (5) 自相关函数 $R_x(\tau)$ 可由功率谱密度函数 $S_x(\omega)$ 的傅里叶变换得到，即 $R_x(\tau)=\int_{-\infty}^{\infty}S_x(\omega)\mathrm{e}^{i\omega\tau}\mathrm{d}\omega$，$S_x(\omega)$ 见后 (6) 当 $S_x(\omega)=S_0$ 时，$R_x(\tau)=2\pi S_0\delta(\tau)$，$\delta(\tau)$ 为广义函数 $\delta(\tau)=\begin{cases}\infty & \tau=0\\ 0 & \tau\neq 0\end{cases}$ 且 $\int_{-\infty}^{\infty}\delta(\tau)\mathrm{d}\tau=1$，	
	互相关函数	$R_x(\tau)=E[x(t)y(t+\tau)]$ 描述了 $X(t)$ 的 t 时刻状态和 $Y(t)$ 的 $(t+\tau)$ 时刻状态的相关性	(1) $R_{xy}(\tau)=R_{yx}(-\tau)$ (2) $R_{xy}(\tau)=\int_{-\infty}^{\infty}S_{xy}(\omega)\mathrm{e}^{i\omega\tau}\mathrm{d}\omega$	
频域描述	自功率谱密度函数	$S_x(\omega)=\lim\limits_{T\to\infty}\dfrac{\pi}{T}[\,\lvert\overline{X}(\omega,T)\rvert^2]$ $\overline{X}(\omega,T)=\dfrac{1}{2\pi}\int_{-T}^{T}X(t)\mathrm{e}^{-i\omega t}\mathrm{d}t$	(1) $S_x(\omega)$ 是非负的实偶函数 (2) $S_x(\omega)=\dfrac{1}{2\pi}\int_{-\infty}^{\infty}R_x(\tau)\mathrm{e}^{-i\omega\tau}\mathrm{d}\tau$ (3) $E[x^2(t)]=\int_{-\infty}^{\infty}S_x(\omega)\mathrm{d}\omega$	

续表

项目		定义	统计特性
频域描述	互谱密度函数	$S_{xy}(\omega)=\frac{1}{2\pi}\int_{-\infty}^{\infty}R_{xy}(\tau)e^{-i\omega\tau}d\tau$, $S_{yx}(\omega)=\frac{1}{2\pi}\int_{-\infty}^{\infty}R_{yx}(\tau)e^{-i\omega\tau}d\tau$	(1) $S_{xy}(\omega)$是一个复值量 (2) $S_{xy}(\omega)$和$S_{yx}(\omega)$是复共轭的
	相干函数	$\tau_{X_1X_2}(\omega)=\frac{\mid S_{X_1X_2}(\omega)\mid}{[S_{X_1}(\omega)S_{X_1}(\omega)]^{1/2}}$ 两个平衡随机过程$X_1(t)$与$X_2(t)$之间的相关性在频域的表示	$0\leqslant\tau_{X_1X_2}(\omega)\leqslant1$ 通常当$\tau_{X_1X_2}(\omega)>0.7$时,认为$X_1(t)$与$X_2(t)$是相关的随机过程,噪声干扰较小

注：各参数的脚标 x 表示参数为随机过程 $X(t)$ 的对应参数，x 可以为位移、速度、加速度、干扰力等物理量，为区分也可用 x，$\dot{x}$，$\ddot{x}$，…表示。

4.3.2 平稳随机振动

4.3.3 单自由度线性系统的传递函数

1）频率响应函数（或复频响应函数）：描述系统在频率 ω 下的响应特性。

2）脉冲响应函数 $h(t)$：稳态、静止系统受到单位脉冲激励后的响应。

4.3.4 单自由度线性系统的随机响应

工程中窄带随机振动问题的处理方法和确定性振动问题相似，所以，通常将其转化为确定性振动来处理。对宽带随机过程，如果其功率谱密度在一定的频带范围内缓慢变化，为了分析方便，可以近似处理为白噪声过程，虽然白噪声是指在（$-\infty$，∞）整个频域功率谱密度为常数的随机过程，是一种理想状态。表 27-4-14 为单自由度系统响应。

$$\ddot{y}+2\zeta\omega_0\dot{y}+\omega_0^2y=x(t)$$

式中，$x(t)$ 是各态历经具有高斯分布的白噪声过程。

表 27-4-13　单自由度线性系统的传递函数

项目	数学表达式	动态特征
频率响应函数	$H(\omega)=\frac{1}{(\omega_0^2-\omega^2)+i2\zeta\omega_0\omega}$ $\mid H(\omega)\mid=\frac{1}{\sqrt{(\omega_0^2-\omega^2)^2+4\zeta^2\omega_0^2\omega^2}}$ $\alpha=\arctan\frac{2\zeta\omega_0\omega}{\omega_0^2-\omega^2}$	$\ddot{x}+2\zeta\omega_0\dot{x}+\omega_0^2x=\omega_0^2e^{i\omega t}$ 式中 $\omega_0=\sqrt{\frac{K}{m}}$　$\zeta=\frac{\alpha}{\omega_0}=\frac{C}{2\sqrt{mK}}$ $x(t)=H(\omega)\omega_0^2e^{i\omega t}$ $H(\omega)$可通过计算或测试得到
脉冲响应函数	$h(t)=\frac{\omega_0^2}{\omega_d}e^{-\zeta\omega_0t}\sin\omega_dt$ 其中 $\omega_d=\omega_n\sqrt{1-\zeta^2}$	上述方程的解： $x(t)=\int_0^t f(\tau)h(t-\tau)d\tau$（杜哈曼积分） 式中 $f(\tau)=\omega_0^2e^{i\omega\tau}$ 杜哈曼积分的卷积形式： $x(t)=\int_0^t h(\theta)f(t-\theta)d\theta$
$H(\omega)$和$h(t)$的关系	$H(\omega)=\frac{1}{2\pi}\int_{-\infty}^{\infty}h(t)e^{-i\omega t}dt$ $h(t)=\int_{-\infty}^{\infty}H(\omega)e^{i\omega t}d\omega$,	$H(\omega)$、$h(t)$都是反映系统动态特性的,它只与系统本身参数有关,与输入的性质无关

注：1. 频响函数为复数形式的输出（响应）和输入（激励）之比。

2. 系统的传递函数只反映系统的动态特性，与激励性质无关，简谐激励或随机激励都一样传递。

表 27-4-14　白噪声激励下的随机响应

项　　目	计 算 公 式	计算结果及说明
输入 $x(t)$	$E[x(t)]=0$ $S_x(\omega)=S_0$ $R_x(\tau)=2\pi S_0\delta(\tau)$	输入 $x(t)$ 是各态历经具有高斯分布的白噪声过程
响应的均值	$E[y(t)]=0$	
响应的自相关函数	$R_y(\tau)=\int_{-\infty}^{\infty}\int_{-\infty}^{\infty}h(\theta_1)h(\theta_2)R_x(\tau-\theta_2+\theta_1)\mathrm{d}\theta_1\mathrm{d}\theta_2$ $=\frac{2\pi S_0\omega_0^4}{\omega_d^2}\int_{-\infty}^{\infty}\int_{-\infty}^{\infty}\delta(\tau+t_1-t_2)\times$ $e^{-\zeta\omega_0(t_1-t_2)}\sin\omega_d t_1\sin\omega_d t_2\mathrm{d}t_1\mathrm{d}t_2$	$R_y(\tau)=\frac{2\pi S_0\omega_0}{4\zeta}e^{-\zeta\omega_0 t}\times(\cos\omega_d t\pm\frac{\zeta}{\sqrt{1-\zeta^2}}\sin\omega_d t)$ （当 $t\geqslant0$ 取正值，$t<0$ 取负值）
响应的自谱密度函数	$S_y(\omega)=H(\omega)H^*(\omega)S_x(\omega)=\|H(\omega)\|^2S_x(\omega)$	$S_y(\omega)=\frac{\omega_0^4S_0}{(\omega_0^2-\omega^2)^2+4\zeta^2\omega_0^2\omega^2}$
响应的均方值	$E[y^2(t)]=R_y(0)=\int_{-\infty}^{\infty}S_y(\omega)\mathrm{d}\omega$	$E[y^2(t)]=\frac{\pi S_0\omega_0}{2\zeta}=\sigma_y^2$
响应的概率密度函数	$f(y)=\frac{1}{\sigma_y\sqrt{2\pi}}e^{-\frac{y^2}{2\sigma_y^2}}$	输入具有高斯分布的，则输出也一定是具有高斯分布的

第 5 章 机械振动控制

振动的危害：影响机械设备的正常工作；降低机床的加工精度；加速机械设备的磨损，甚至导致机械结构破坏；同时振动产生噪声，污染工作和生活环境，危害人体健康。随着生产与工业技术的进步，新的高强度材料不断被采用，新的结构形式不断出现，对机械设备的运转速度、承载能力、工作精度、稳定性和工作环境等方面的要求越来越高，导致振动问题日益突出，对机械设备的振动控制越发迫切和重要。

5.1 振动控制的基本方法

5.1.1 常见的机械振动源

引起机械振动的原因很多，常见的典型机械振动源如下。

（1）运转机械的不平衡

一般机械可以分为旋转式机械和往复式机械两大类。旋转式机械，如泵、风机、电机等静、动平衡相对比较容易实现，但是由于加工、装配和安装精度等原因，不可避免地或多或少存在偏心，机器作旋转运动时产生不平衡离心惯性力是旋转式机械主要的振动源，不平衡引起转子的挠曲和内应力，使机器产生振动和噪声；而往复式机械，如柴油机、往复式空气压缩机的曲柄-滑块机构运动无法达到完全平衡，机器运转时总存在周期性的扰动力，特别是缸数少的柴油机常成为主要振动源。由运转机械的不平衡所引起的机械振动具有明显的规律性，其振动频率等于机械运转的转速或是其倍数。

（2）传动轴系振动

传动轴系的振动有：

① 由原动机的转矩不均匀引起的扭转振动；

② 由轴系不对中和过分的轴向间隙相结合、推进器非定常推力引起的轴系纵向振动；

③ 由轴系转子不平衡引起的横向振动。

（3）冲击运动引起的振动

如冲压设备、冲床、锻床引起的冲击力振动。

（4）管路振动

由原动机传递的管壁周期性振动和由流体脉动压力激发的管路振动。

（5）电磁振动

由电机定子、转子的各次谐波相互作用以及磁极气隙不均匀造成定子与转子间磁场引力不平衡等原因引起发电机、电动机的振动。

（6）其他

由外界激励，如风载、重型交通工具行驶诱发的机械设备的随机振动。

5.1.2 振动控制的基本方法

机械振动控制包含振动利用和振动抑制两个方面。前者指利用机械系统的振动以实现某种工程效用，例如各种振动机械，见第 6 章。后者则指抑制机械系统的振动以保证系统正常工作，本章所说的振动控制是指后者，是减小结构系统或各种设备的振动效应。振动控制的基本方法可分为主动控制和被动控制两个大类。减小和控制振动的方法可归纳为以下几种。

（1）减小或消除振动源激励

① 选择噪声低、振动小的机械设备，或重新设计机械设备结构以减小振动，如重新设计凸轮轮廓线，减少曲柄行程，减少摆动质量等。

② 改善机械设备内部平衡。采用静、动平衡改善机械设备的平衡性能。

③ 改进加工工艺，提高制造加工装配质量。严格质量检验，减小制造误差，提高平衡精度，保证安装质量。

④ 提高机械设备的结构阻尼，以减弱噪声振动激励。

（2）防止共振

① 改变机械设备振动系统的固有频率。如采用局部加强结构，改变轴颈尺寸等。

② 改变机械设备的扰动频率。如改变机器转速。

（3）隔振——隔离振动波的传递路径，减小或隔离机械设备的振动传递

① 隔离振源，即隔离机械设备本身的振动通过其机脚、支座传至基础或基座，目的是隔离或减小动力的传递。

② 隔离响应，即防止周围环境的振动通过支座、机脚传至需要保护的机械设备，目的是隔离或减小运动的传递。

（4）吸振——增设辅助性的质量弹簧系统，吸收振动能量

安装动力吸振器，扭振减振器。动力吸振器的作用是吸收振动能量。

（5）阻振——增加阻尼以增加振动能量耗散降低共振幅值

在机械设备结构表面粘贴黏弹性阻尼材料或敷设阻尼涂料以减小机械设备结构振动时共振响应的幅值。

5.1.3　刚性回转体的平衡

当回转体的工作转速远低于其一阶临界转速，此时不平衡离心力较小、回转体比较刚硬，不平衡力引起的转子挠曲变形很小（与转子偏心量相比），可以加以忽略，这种回转体称为刚体回转体。由于制造和装配误差产生的偏心；安装间隙不均匀，转动部件间的相对移动；材质不均匀；回转体存在初始弯曲等原因，实际回转体的中心惯性主轴或多或少地偏离其旋转轴线，因此当回转体转动时，回转体的各微元质量的离心惯性力所组成的力系不是一个平衡力系，这时回转体不平衡或失衡。由刚体回转不平衡产生振动的特点是振动的频率和回转体转动频率相同。

回转体不平衡的类型可分为四类：静不平衡；准静不平衡；偶不平衡；动不平衡。静不平衡和准静不平衡可合称为静不平衡。

刚性回转体的平衡是在回转体选定适当的校正平面，在其上加上适当的校正质量（或质量组），使得回转体（或轴承）的振动（或力）减小至某个允许值，方法有：单面平衡法和二平面平衡法。表 27-5-1 给出了一般刚性回转体的静平衡和动平衡的要求，它主要取决于刚性回转体的长度对其直径之比和工作转速。

表 27-5-1　　刚性回转体的平衡方式

长度与直径比	转速/$r \cdot min^{-1}$	平衡方式
<0.5	0～1000	静平衡
	>1000	动平衡
>0.5	0～150	静平衡
	>150	动平衡

5.1.4　挠性回转体的动平衡

挠性回转体的转速大于其第一阶临界转速，在高转速下会因偏心离心力的作用产生较大的弯曲变形，平衡时必须考虑自身变形的影响。挠性回转体应在高速平衡机上，使用特有的方法，例如振型平衡法、影响系数法进行平衡。

高速动平衡是一个多平面多转速的动平衡过程，回转体主要是在工作转速上的动平衡，把力与力偶的不平衡量以及所出现的各阶固有振型不平衡量依次降低到许可范围。挠性回转体的动平衡的方法基本上可归纳为两大类，第一类是模态平衡法，第二类是影响系数法。目前是趋于将以上两种方法结合起来对转子进行平衡，并应用计算机进行计算与数据处理以提高平衡自动化和精度水平。

5.1.5　往复机械惯性力的平衡

往复机械运转时所产生的往复惯性力和惯性力矩；旋转离心力及离心力矩；以及颠覆力矩的不平衡的简谐分量，将传递到往复机械的机体支承，这些力和力矩都是曲轴转角的周期函数，是一种周期性的激励。往复机械的平衡，就是采取措施抵消这三种激励力和力矩，或使它们减小到容许的程度。

为使往复机械有较好的静力平衡和动力平衡，在设计和制造过程中应使各缸活塞组的重量、连杆重量以及连杆组重量在其大端和小端的分配时控制在一定的公差带内。曲轴在装入往复机械以前，也应将其不平衡的质量（包括静平衡和动平衡）控制在规定的公差范围内。具体平衡方法，可查阅有关手册。

5.2　定性减少振动的一些方法和手段

振动控制方法很多，可根据不同情况、不同要求，而采用不同的措施。除上述振动控制基本方法外，还可以通过下述方法和手段定性减少机械设备的振动和振动传递。几种主要的振动控制措施是结构元件的刚化、谐振系统的解调或去耦、普通振动隔离、大阻尼隔振、动态振动吸振和加缓冲器。

（1）改变振源机械结构的固有频率

当机械设备发生局部振动时，采用刚化方法，提高结构元件的刚性，从而提高其谐振频率，使其具有较高的强度，以改善对振动环境的防护能力。

（2）加大机械设备和受振对象之间的距离

在动力设备布置时综合考虑，可将设备分别置于楼层中不同的结构单元，如设置在伸缩缝、抗震缝的两侧，起到增加传递路径作用；又如采用隔振沟可减少机械设备冲击或频率大于 30Hz 以上高频振动的传递。

（3）机械设备和管路系统的连接

在动力机械设备与管道之间采用柔性连接，如在水泵进出口处加装橡胶软接头，柴油机排气口与管道之间加装金属波纹管。在管道穿墙壁时，在管道与墙体之间应垫弹性材料，减少管道振动通过墙体传递给建筑结构。

（4）精密设备隔振

精密设备的工作台宜采用刚度大的钢筋混凝土水磨石工作台和混凝土地坪，必要时混凝土地坪大于 500mm。

（5）采用黏弹性高阻尼材料

对于具有薄壳机体的机械设备，宜采用黏弹性高阻尼材料增加设备结构阻尼，增加振动能量消耗，减小振动。

5.3　隔振原理及隔振设计

机械设备的隔振通常是采用一级隔振系统，有时也采用二级隔振系统。对于一般机械设备的一级隔振系统设计计算，仅考虑一个方向，通常是垂直方向，即为单自由度隔振系统；对于大型、重型机械设备和精密设备隔振系统，需考虑空间 6 个运动方向，即 6 个自由度系统，需采用计算机设计计算。

5.3.1　隔振原理及一级隔振动力参数设计

表 27-5-2　　一级隔振系统动力参数

项　目	积极（动力）隔振	消极（运动）隔振
隔振目的与适用对象	隔离或减小机械设备产生的振动通过机座、支座传递到基础，使周围环境或邻近结构不受机械设备振动的影响。适用回转机械、往复机械、冲床等各种运转机械设备	防止周围环境的振动通过支座、机座传到需要防护的机械设备。适用精密机械、贵重运输物品等
实施方法	积极隔振和消极隔振的概念不同，但是实施方法相同，即在被隔离机械设备和基础之间安装隔振器。其区别只是在积极隔振中使传递到基础上的力减小，周期性的激励力一部分由机器设备本身的惯性力抵消，另一部分由隔振器吸收耗散；而在消极隔振中，大部分的基础振动被隔振器吸收耗散，被隔离物体凭借惯性基本保持静止	
力学模型	m　$F_0e^{j\omega t}$　K　C　$F_{T0}e^{j(\omega t-\psi)}$	m　$X_0^{j(\omega t-\phi)}$　K　C　$U_0^{j\omega t}$
考核指标	传递到基础动载荷 $F_{T0}=T_AF_0$ 机械设备稳态响应幅值 $A=\frac{F_0}{k}\left\|\frac{1}{[1-(\omega/\omega_n)^2]}\right\|$	传递到机械设备位移幅值 $X_0=T_AU_0$
绝对传递系数 T_A 和影响因素	$T_A=\sqrt{\frac{1+(2\zeta\omega/\omega_n)^2}{[1-(\omega/\omega_n)^2]^2+(2\zeta\omega/\omega_n)^2}}$ 式中　ω_n——系统固有圆频率，$\omega_n=\sqrt{\frac{K}{m}}$； ω——激励力圆频率； ω/ω_n（或 f/f_n）——频率比，$\omega_n=2\pi f_n$； ζ——阻尼比，$\zeta=C/(2m\omega_n)$ 不论阻尼比 ζ 取何值，只有当 $\omega/\omega_n>\sqrt{2}$ 时，T_A 才会小于 1，才能达到振动隔离目的 绝对传递系数 T_A 的 3 个影响因素：隔振系统质量、刚度和阻尼。这 3 个基本参数各自的作用如下 质量：在固定激励力作用下，被隔离物体质量越大，其响应的振幅越小 刚度：在同一激励频率下，隔振器刚度小，隔振效果好，反之隔振效果差。刚度决定了整个系统的隔振效率，同时又关系到系统摇摆的程度 阻尼：在共振区减小共振峰，抑制共振振幅；但在隔振区为系统提供了使弹簧短路的附加连接，从而提高了支承的刚度，使隔振效率降低，工程中常用实际阻尼比 $\zeta=0.05\sim0.15$	

续表

项　　目	积极(动力)隔振	消极(运动)隔振
隔振效率	用于积极隔振中，其定义是激励力(力矩)幅值与隔振后传递力(力矩)幅值之差同激励力(力矩)幅值之比，用百分数表示：$I=\frac{F_0-F_{T0}}{F_0}=\frac{M_0-M_{T0}}{M_0}=(1-T_A)\times100\%$	
幅降倍数(或响应比)	用于消极隔振中，其定义是激励位移振幅与被隔离机械设备的位移振幅之比，代表隔振后机械设备振幅较之基础激励振幅降低的倍数，可用下式表示：$R=\frac{U_0}{X_0}=\frac{1}{T_A}$	
频率比选择	当 $\omega/\omega_n>\sqrt{2}$ 时，随着频率比增加，T_A 值减小，隔振效率提高，但频率比不宜过大，因为这要求隔振器静态压缩量大，即刚度小，这样机械设备容易摇晃，而且当频率比大于 5 以后，T_A 值变化很小，所以常选用频率比在 2.5～5 之间，隔振效率为 80%～95%。如果确实由于其他原因只能将频率比设计在小于$\sqrt{2}$的区域，那么尽量使频率比小于 0.4～0.6，相应的 T_A 值为 1.2～1.5，即将该激励频率下的振动放大了 20%～50%，此时隔振目的主要是隔离高频激励振动	
振级落差	用于积极隔振实际测试评价，其定义为机械设备在弹性安装情况下，隔振器上、下振动响应(加速度 a 或速度 v)之比，即 $L_D=20\lg\frac{a_{上}(v_{上})}{a_{下}(v_{下})}$(dB)	
插入损失	用于积极隔振实际测试评价，其定义为机械设备刚性安装时的基础响应与弹性安装时基础响应之比，即 $E_I=20\lg\frac{a_{刚}(v_{刚})}{a_{弹}(v_{弹})}$(dB)	

5.3.2　一级隔振动力参数设计示例

图 27-5-1 所示某柴油发电机组总质量 $m_1=10000\text{kg}$，转子的质量 $m_0=2940\text{kg}$，转子回转转速 1500r/min，偏心质量激振圆频率 $\omega=157\text{rad/s}$。多缸柴油发电机组（包括风机在内）的平衡品质等级为 G250，回转轴心与 m_1的质心基本重合，试设计一次隔振系统动力参数。

(1) 确定频率比 ω/ω_n和系统固有频率

选取绝对传递率 T_A 为 0.05，不计阻尼，隔振系统频率比为：

$$T_A=\left|\frac{1}{1-(\omega/\omega_n)^2}\right|,\ \frac{\omega}{\omega_n}=\sqrt{\frac{1}{T_A}+1}=\sqrt{\frac{1}{0.05}+1}=4.58$$

设计时取为 4.5，则

系统固有频率 $\omega_n=\omega/4.5=157/4.5=34.89\text{rad/s}$

(2) 隔振器总刚度 K_1

$$\omega_n=\sqrt{K_1/m_1}$$

$$K_1=m_1\omega_n^2=10000\times34.89^2=12172346\text{N/m}$$

采用 8 个橡胶隔振器、对称布置，每个隔振器刚度 K_1 为

$$K_1=K_1/8=12172346/8=1521543\text{N/m}$$

(3) 激振力幅值 F_0

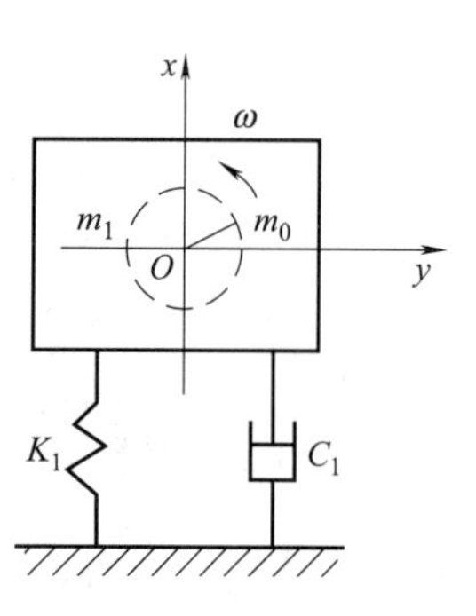

图 27-5-1　某柴油发电机组隔振系统力学模型

$$F_0=m_0e\omega^2=2940\times0.0016\times157^2=115949\text{N}$$

式中，转子质量偏心半径 $e=\frac{G}{\omega\times10^6}=\frac{250}{157\times10^6}=0.0016\text{m}$

(4) 稳态响应振幅幅值 A

$$A=\frac{F_0}{K_1}\left|\frac{1}{[1-(\omega/\omega_n)^2]}\right|=\frac{115949}{12172346}\times\left|\frac{1}{1-4.5^2}\right|=0.00049\text{m}$$

(5) 传给基础的动载荷幅值

$$F_{T0}=K_1A=12172346\times0.00049=5964\text{N}$$

5.3.3　二级隔振动力参数设计

一级隔振系统的振级落差一般为 10～20dB，若要提高振级落差，可考虑采用二级隔振系统，即在被隔离的机械设备和基础之间再插入一个弹性支承的中间基座（二次隔振架），二级隔振系统的振级落差，在低频区一般可达到 30～40dB，高频区可达 50dB 以上。二级隔振系统包括机械设备和中间质量两个部分，具有 12 自由度，即机械设备 6 自由度，中间质量 6 自由度，用计算机由专用程序实现设计计算。工程中通常关心的是垂直方向振动，这样可把二级隔振系统简化为两自由度振动系统。

表 27-5-3　　二级隔振系统动力参数

项　目	积极(动力)隔振	消极(运动)隔振
力学模型		
设计已知条件	当一次隔振满足不了隔振要求时，需采用二次隔振，所以，一次隔振器动力参数设计的已知条件以及一次隔振设计确定的动力参数均为二次隔振设计的已知条件，即已知系统的参数 m_1、K_1、C_1、激振力幅值 F_0 或支承运动幅值 U、激励圆频率 ω、传给基础的允许动载荷幅值 F_{T0} 或被隔振物体允许的位移幅值 A	
确定的动力参数	二次隔振设计所要确定的动力参数是中间基座质量 m_2 和二次隔振器刚度 K_2。为设计计算，引入四个物理量：$$S=\frac{K_2}{K_1}\quad \mu=\frac{m_2}{m_1}\quad \Delta=\frac{B_1}{B_2}\quad \omega_n=\sqrt{\frac{K_1}{m_1}}$$	
系统的固有频率	二次隔振系统无阻尼固有频率为 $$\omega_n^4-\left[\frac{K_1}{m_1}+\frac{K_2}{m_2}+\frac{K_1}{m_2}\right]\omega_n^2+\frac{K_1K_2}{m_1m_2}=0$$ $$\omega_{n1,2}=\sqrt{\frac{\omega_n^2}{2\mu}\left[(S+\mu+1)\mp\sqrt{(S+\mu+1)^2-4S\mu}\right]}$$	
系统稳态响应振幅	$$B_1=\frac{\omega_n^2[(S+1)\omega_n^2-\mu\omega^2]}{\mu(\omega^2-\omega_{n1}^2)(\omega^2-\omega_{n2}^2)}\frac{F_0}{K_1}$$ $$B_2=\frac{\omega_n^4}{\mu(\omega^2-\omega_{n1}^2)(\omega^2-\omega_{n2}^2)}\frac{F_0}{K_1}$$	$$B_1=\frac{\omega_n^4SU_0}{\mu(\omega^2-\omega_{n1}^2)(\omega^2-\omega_{n2}^2)}$$ $$B_2=\frac{\omega_n^2(\omega_n^2-\omega^2)SU_0}{\mu(\omega^2-\omega_{n1}^2)(\omega^2-\omega_{n2}^2)}$$
刚度比与质量比关系	$$S=\frac{K_2}{K_1}=K_s\frac{m_1+m_2}{m_1}=K_s(1+\mu)$$ 式中，K_s 为弹簧 1 静变形量 δ_{10} 与弹簧 2 静变形量 δ_{20} 之比，设计取值范围为 0.8～1.2。$\delta_{10}=m_1/K_1$，$\delta_{20}=(m_1+m_2)/K_2$。	
考核指标	传递到基础动载荷 $F_{T2}=\eta F_0$	传递到机械设备位移幅值 $B_1=\eta U_0$

续表

项 目	积极(动力)隔振	消极(运动)隔振
隔振系数 η	$\eta=\dfrac{\omega_n^4 S}{\mu(\omega^2-\omega_{n1}^2)(\omega^2-\omega_{n2}^2)}$ $=\dfrac{\omega_n^4}{\mu(\omega^2-\omega_{n1}^2)(\omega^2-\omega_{n2}^2)}\dfrac{K_2}{K_1}$	$\eta=\dfrac{\omega_n^4 S}{\mu(\omega^2-\omega_{n1}^2)(\omega^2-\omega_{n2}^2)}$ $=\dfrac{\omega_n^4}{\mu(\omega^2-\omega_{n1}^2)(\omega^2-\omega_{n2}^2)}\dfrac{K_2}{K_1}$
设计思想	在考察二次隔振与一次隔振传给基础的动载荷幅值之比K_p和二次隔振m_2与m_1振动位移幅值之比关系中,寻求在K_s给定条件下确定质量比μ的计算公式	消极隔振与积极隔振的隔振系数(绝对传递系数)完全一样,所以可将U_0看成F_0,将B_1看成F_{T2},按积极隔振确定质量比μ,不影响消极二次隔振的隔振效果
二次隔振与一次隔振传给基础动载荷幅值之比	$K_p=\dfrac{F_{T2}}{F_{T0}}=\dfrac{K_2B_2}{K_1B_1}=K_s(1+\mu)\|\Delta\|$	$K_p=\dfrac{B_1}{X_0}=\dfrac{K_2\lambda_2}{K_1\lambda_1}=K_s(1+\mu)\|\Delta\|$ 等效二次积极隔振稳态振幅 $\lambda_2=\dfrac{\omega_n^4}{\mu(\omega^2-\omega_{n1}^2)(\omega^2-\omega_{n2}^2)}\dfrac{U_0}{K_1}$ $\lambda_1=\dfrac{\omega_n^2[(S+1)\omega_n^2-\mu\omega^2]}{\mu(\omega^2-\omega_{n1}^2)(\omega^2-\omega_{n2}^2)}\dfrac{U_0}{K_1}$ 等效一次积极隔振稳态振幅 $\lambda=\dfrac{\omega_n^2U_0}{\omega^2-\omega_n^2}$
质量比	$\mu=\dfrac{1+K_s(1\mp1/K_p)}{(\omega/\omega_n)^2-K_s(1\mp1/K_p)}$ 式中正负号的选取应使μ取正值	
动力参数	中间基座质量 $m_2=\mu m_1$ 二次隔振器刚度 $K_2=K_s(1+\mu)K_1$	

5.3.4 二级隔振动力参数设计示例

某直线振动机二次隔振力学模型如图27-5-2所示,其质量$m_1=7360$kg,在与水平方向成α角的方向上施加激振力$F(t)=F_0\sin\omega t$,激振力幅值$F_0=258.3$kN,激振频率$\omega=83.78$rad/s。一次隔振器动力参数设计确定隔振器垂向(x)总刚度$K_{1x}=1.972\times10^6$N/m,水平向(y)总刚度$K_{1y}=1.399\times10^6$N/m,采用8只刚度为$K'_{1x}=2.465\times10^5$N/m,$K_{1y}=1.749\times10^5$N/m的隔振器,传给基础的动载荷幅值分别为$F_{Tx}=6508$N,$F_{Ty}=5500$N,该振动机安装在上层楼板后,由于激振频率ω和楼板的固有频率接近,楼板产生强烈的拍振。为减轻楼板振动,试进行二次隔振系统动力参数设计。

(1) 质量比

首先选取$K_s=1.05$,$K_p=1/7$,则

$$\mu=\frac{1+K_s(1\mp1/K_p)}{(\omega/\omega_n)^2-K_s(1\mp1/K_p)}$$

$$=\frac{1+1.05(1+7)}{(83.78/16.4)^2-1.05(1+7)}=0.54$$

式中 $\omega_{nx}=\sqrt{k_{1x}/m_1}=\sqrt{1972000/7360}=16.4$rad/s

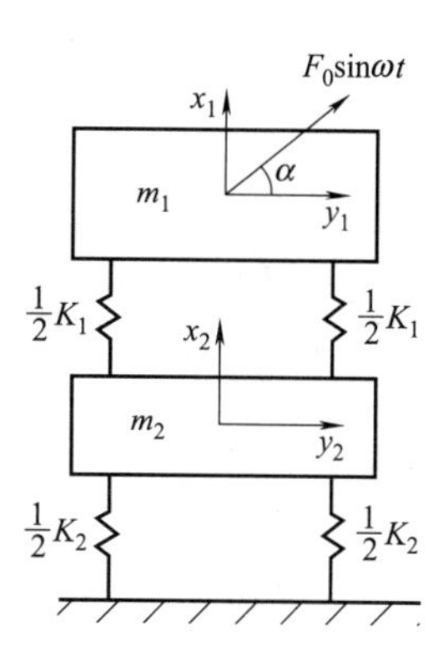

图27-5-2 直线振动机二次隔振力学模型

(2) 中间基座质量

$$m_2=\mu m_1=0.54\times7360=4120\text{kg}$$

(3) 二次隔振器刚度

$$K_{2x}=K_s(1+\mu)K_{1x}=1.05(1+0.54)1.972\times10^6$$
$$=3.168\times10^6\text{N/m}$$

为方便起见,选用14只一次隔振器,并对称振动机质心对称布置,所以最后确定的二次隔振器的刚度为

$$K_{2x}=14\times2.465\times10^5=3.451\times10^6\,\mathrm{N/m}$$

$$K_{2y}=14\times1.749\times10^5=2.449\times10^6\,\mathrm{N/m}$$

（4）系统的固有频率

x 向固有频率：

$$\left\{\begin{matrix}\omega_{nx1}\\ \omega_{nx2}\end{matrix}\right.=\omega_{nx}\sqrt{\frac{1}{2\mu}\left[(S_x+\mu+1)\mp\sqrt{(S_x+\mu+1)^2-4S_x\mu}\right]}$$

$$=16.4\sqrt{\frac{1}{2\times0.54}\left[(1.75+0.54+1)\mp\sqrt{(1.75+0.54+1)^2-4\times1.75\times0.54}\right]}$$

$$=\left\{\begin{matrix}12.59\\ 38.47\end{matrix}\right.\ \mathrm{rad/s}$$

式中　$S_x=K_{2x}/K_{1x}=3.451\times10^6/1.972\times10^6=1.75$

y 向固有频率：

$$\left\{\begin{matrix}\omega_{ny1}\\ \omega_{ny2}\end{matrix}\right.=\omega_{ny}\sqrt{\frac{1}{2\mu}\left[(S_y+\mu+1)\mp\sqrt{(S_y+\mu+1)^2-4S_y\mu}\right]}$$

$$=13.79\sqrt{\frac{1}{2\times0.54}\left[(1.75+0.54+1)\mp\sqrt{(1.75+0.54+1)^2-4\times1.75\times0.54}\right]}$$

$$=\left\{\begin{matrix}10.62\\ 32.34\end{matrix}\right.\ \mathrm{rad/s}$$

式中

$$S_y=K_{2y}/K_{1y}=2.449\times10^6/1.399\times10^6=1.75$$

$$\omega_{ny}=\sqrt{K_{1y}/m_1}=\sqrt{1.399\times10^6/7360}=13.79\,\mathrm{rad/s}$$

（5）稳态响应幅值

$$B_{x1}=\frac{\omega_{nx}^2\left[(S_x+1)\omega_{nx}^2-\mu\omega^2\right]}{\mu(\omega^2-\omega_{nx1}^2)(\omega^2-\omega_{nx2}^2)}\frac{F_0\sin40^\circ}{K_{1x}}$$

$$=\frac{16.4^2\times[(1.75+1)\times16.4^2-0.54\times83.78^2]}{0.54\times(83.78^2-12.59^2)(83.78^2-38.47^2)}\frac{258300\times\sin40^\circ}{1972000}$$

$$=-0.0034\,\mathrm{m}$$

$$B_{x2}=\frac{\omega_{nx}^4}{\mu(\omega^2-\omega_{nx1}^2)(\omega^2-\omega_{nx2}^2)}\frac{F_0\sin40^\circ}{K_{1x}}$$

$$=\frac{16.4^4}{0.54\times(83.78^2-12.59^2)(83.78^2-38.47^2)}\frac{258300\times\sin40^\circ}{1972000}$$

$$=0.0003\,\mathrm{m}$$

$$B_{y1}=\frac{\omega_{ny}^2\left[(S_y+1)\omega_{ny}^2-\mu\omega^2\right]}{\mu(\omega^2-\omega_{ny1}^2)(\omega^2-\omega_{ny2}^2)}\frac{F_0\cos40^\circ}{K_{1y}}$$

$$=\frac{13.79^2\times[(1.75+1)\times13.79^2-0.54\times83.78^2]}{0.54\times(83.78^2-10.62^2)(83.78^2-32.34^2)}\frac{258300\times\cos40^\circ}{1399000}$$

$$=-0.0039\,\mathrm{m}$$

$$B_{y2}=\frac{\omega_{ny}^4}{\mu(\omega^2-\omega_{ny1}^2)(\omega^2-\omega_{ny2}^2)}\frac{F_0\cos40^\circ}{K_{1y}}$$

$$=\frac{13.79^4}{0.54\times(83.78^2-10.62^2)(83.78^2-32.34^2)}\frac{258300\times\cos40^\circ}{1399000}$$

$$=0.00023\,\mathrm{m}$$

（6）传给基础的动载荷幅值

垂直向动载荷：$F_{Tx}=K_{2x}B_{x2}=3.451\times10^6\times0.0003=1035\mathrm{N}$

水平向动载荷：$F_{Ty}=K_{2y}B_{y2}=2.449\times10^6\times0.00023=563\mathrm{N}$

5.3.5　非刚性基座隔振设计

传统振动隔离理论是假设被隔振的机械设备是没有任何弹性的理想质量块；隔振器由无质量的理想弹簧和阻尼器组成；基础是绝对刚性、质量无限大。由此得到只要激励频率比隔振系统固有频率大$\sqrt{2}$倍就有隔振效果，且随激励频率增加，隔振效果越好。但是实际上隔振系统隔振效果达不到理论预估的结果，传递率曲线在高频时上翘，而且出现很多共振峰值。其原因是上述的三个假设与实际工程隔振系统有出入，其中基础的非刚性是最主要的影响因素。如安装在楼层上的机械设备，安装在钢质框架上的大型机械设备，基础都是非刚性的。

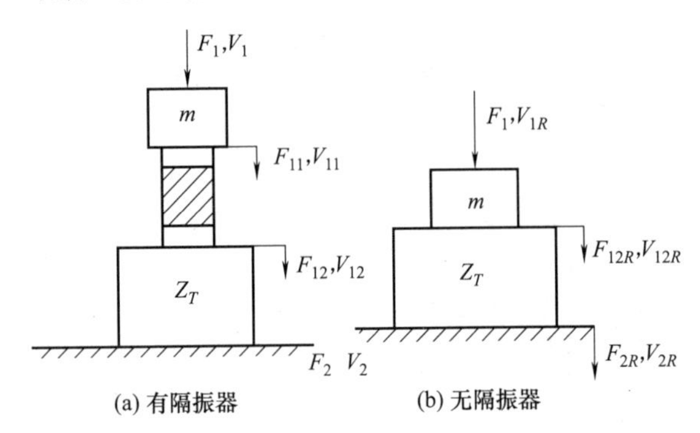

图 27-5-3　具有任意阻抗 Z 的非刚性基础的隔振装置

图 27-5-3 表示一个非刚性基础的隔振装置简图。这里假定被隔振的机械设备仍是一个理想质量块，而基础有一定的弹性，其阻抗为 Z。

一般采用响应比 R 作为衡量非刚性基础隔振效果的技术指标，其定义有三个含义：①安装隔振器后基础上方的振动速度与不安装隔振器时基础上方的振动速度之比；②安装隔振器后传给基础的传递力与不安装隔振器时传给基础的传递力之比；③安装隔振器后基础的输出力与不安装隔振器时基础的输出力之比。响应比由下式计算

$$R=\frac{M_m+M}{M_m+M_1+M}$$

式中，M_m为机械设备的导纳；M_1为隔振器的导纳；M 为基础的导纳。

由上式，考虑具有非刚性基础的机械设备隔振系统，为了提高和改善隔振性能，必须增大隔振器的导纳，或减小机械设备和基础的导纳。

5.3.6　隔振设计的几个问题

5.3.6.1　隔振设计步骤

一般机械设备的隔振设计，通常只考虑垂向振动，可按单自由度隔振系统计算，而不必像设计重型机械或精密设备那样按六自由度计算。隔振设计步骤大体相同。

(1) 隔振设计前的资料准备

① 机械设备的类型、规格及转速范围；

② 机械设备的质量、质心位置、安装位置及外形尺寸；

③ 安装基础的结构特性和环境条件。

(2) 激励力分析

首先判断是积极（动力）隔振还是消极（运动）隔振。若是消极隔振，则要分析所在环境的振动优势频率幅值及方向。对于机械设备来讲，绝大多数是属于积极隔振，则要计算分析机械设备最主要的激励力或激励力矩的频率、幅值和方向。

对于往复机械扰动力的估算，可查阅有关手册，旋转机械激励频率一般取旋转机械的最低转速，即

$$f=\frac{n}{60}(\mathrm{Hz})$$

式中　n——旋转机械的最低转速，r/min。

扰动力幅值 F_0，一般由制造厂提供，或按下式计算

$$F_0=m_0 r\left(\frac{2\pi n}{60}\right)^2$$

式中　F_0——旋转机械扰动力幅值，N；

m_0——设备主要旋转部件的质量，kg；

r——旋转部件的偏心距，m。

(3) 隔振系统固有频率确定

隔振系统的固有频率应根据设计要求，由所需的振动传递率 T_A 或隔振效率 I 来确定。各类机械设备的振动传递率推荐值可参考表 27-5-4。

(4) 隔振基座设计

为了减小被隔离物体的振幅和调整系统质心，通常是将机器安装在一个有足够刚度和质量的钢制或钢筋混凝土制成的隔振基座上，然后再弹性地支承在船舶基础上。对于各种机械设备隔振系统的隔振基座与机械设备质量之比，可采用表 27-5-5 内的推荐值，安装在楼层上的机械设备，采用推荐值的下限，安装在地面上的机械设备，尽可能取上限。

隔振基座的作用是：

① 使隔振元件受力均匀，设备振幅得到控制；

② 降低隔振系统质心，提高系统稳定性；

③ 减少因设备质心位置计算误差引起的耦合振动，使系统尽可能接近只有垂直方向振动；

④ 抑制机器通过共振转速时的振幅；

⑤ 作为局部能量吸收器减少噪声对基础直接传递。

表 27-5-4　机械设备隔振系统振动传递率的推荐值

1. 按机器功率分类

机器功率 /kW	振动传递率 T_A/%		
	底层	二楼以上（重型结构）	二楼以上（轻型结构）
≤7	只考虑隔声	50	10
10～20	50	25	7
27～54	20	10	5
68～136	10	5	2.5
136～400	5	3	1.5

2. 按机器种类分类

机器种类	振动传递率 T_A/%	
	地下室、工厂底层	二楼以上
泵	20～30	5～10
往复式冷冻机	20～30	5～15
密封式冷冻设备	30	10
离心式冷冻机	15	5
通风机	30	10
发电机	20	10
管路系统	30	5～10
空气调节设备	30	20
冷凝器	30	20
冷却塔	30	15～20

3. 按建筑物用途分类

场　　所	示　　例	振动传递率 T_A/%
只考虑隔声	工厂、地下室、仓库、车库	80
一般场所	办公室、商店、食堂	20～40
需注意的场所	旅馆、医院、学校、教室	5～10
特别的场所	音乐厅、录音房、高级宾馆	1～5

表 27-5-5　隔振基座与机械设备质量比的推荐值

机械设备	离心泵	离心风机	往复式空压机	柴油机
比值	1∶1	2∶1～3∶1	3∶1～6∶1	4∶1～6∶1

(5) 机器和隔振基座的质量和质心位置确定

对于仅考虑垂向振动的隔振系统，只需要求出机器和隔振基座的全部质量并确定公共质心位置。若要求同时考虑垂向（x 向）、纵向（y 向）和横向（z 向）3 个方向直线振动和绕 3 个方向的回转振动，则需要求出 3 根主惯性轴位置以及绕该 3 根轴的惯性矩。通过调整隔振基座的质量分布，尽可能使主惯性轴落在水平面和垂直面内。

(6) 机械设备的允许振动和机械设备隔振系统振幅的计算

精密设备和机械设备的允许振动的指标在出厂说明书或技术要求中给出。一般机械设备隔振后允许振动，推荐用10mm/s的振动速度为控制值；对于小型机械设备可用6.3mm/s的振动速度为控制值。振动速度与振动幅值，对于单一频率按下式换算

$$v_0=2\pi fA$$

式中　v_0——振动速度幅值，mm/s；

A——振动幅值，mm；

f——激励力频率，Hz。

机械设备隔振系统的振幅 A 由下式计算

$$A=\frac{F_0}{(2\pi f_n)^2 m}\left|\frac{1}{[1-(f/f_n)^2]}\right|\times1000$$

式中　F_0——激励力幅值，N；

m——机器和隔振基座总质量，kg。

如果计算的振幅 A 超过机器设备允许值时，通常采取加大隔振基座的质量，即增加 m 以减小 A 值。

(7) 隔振器选择和布置

隔振器选择主要考虑刚度和阻尼，耐环境条件的性能。为了安装维护方便，尽可能采用同一种类同一型号的隔振器。

隔振器布置应遵循下列原则：

① 在隔振装置中，尽可能选用相同型号的隔振器，并使每个隔振器受力相等，变形一致；

② 隔振器尽可能按机械设备的主惯性轴作对称布置，避免产生耦合振动；

③ 当机械设备的形状和质量分布特殊而不得不采用不同型号的隔振器时，应使隔振器的各个支承点的变形一致，以保证隔振系统在振动时保持垂直方向振动独立；

④ 为了克服计算误差引起隔振器静态压缩量不一致，可把隔振器安装位置部分设计成为活动的，安装时可以调整，以保证各隔振器静态压缩量一致。

(8) 其他部件的柔性连接

隔振系统的所有管道、动力线及仪表导线在隔振基座上、下连接必须是柔性的，以减少振动传递。

5.3.6.2　隔振设计要点

1) 隔振系统的固有频率确定应该同时考虑隔振效果和机组的稳定性。在满足隔振效率的前提下，固有频率宜设计得高一些，以增加隔振系统的稳定性。

2) 隔振系统的固有频率 f_n与激励频率 f 两者比值，原则上应在以下范围：$f/f_n=2.5\sim5$，当因为激励频率过低无法满足时，可将隔振系统的固有频率 f_n 设计成使频率比为0.4～0.6，这时在该激励频率下的振动放大了20%～50%，主要是隔离高频激励振动。

3) 考虑被隔离机械设备质量计算误差和设备运行时动载荷，隔振系统设计时隔振器所承受的载荷一般为其额定载荷的70%～80%。

4) 为防止隔振系统摇摆或在启动过程中通过共振区时振幅过大，可考虑安装阻尼器或振幅限位器。

5) 高压水泵、空压机、风机等机械设备运行时在出口处由高压头产生的反作用力将作用在设备的基座上，所以在隔振系统设计时，隔振器除承受设备的静载外，需考虑附加的作用力，同时隔振器布置位置按运行状态设定。

6) 检验和方案比较，在完成隔振设计后，要检查机械设备隔振系统是否符合设计指标，有时需要作几个不同的方案进行比较以满足经济性要求。

5.3.6.3　隔振系统的阻尼

从振动隔离的绝对传递系数分析阻尼对隔离高频振动是不利的，但在生产实际中，常遇见外界冲击和扰动。为避免弹性支承物体产生大幅度自由振动，人为增加阻尼，抑制振幅，特别是当隔振机械设备在启动和停机过程中需经过共振区时，阻尼作用就更为重要。隔振系统阻尼大，启动和停机时间就短，越过共振区的时间短，共振振幅就小，否则相反。综合考虑，从隔振效果来看，实用最佳阻尼比 ζ 在0.05～0.2，在此范围内，共振振幅不会很大，隔振效果也不会降低很多。通常采用橡胶隔振器可保证隔振系统的阻尼比大于0.05，当采用金属螺旋弹簧时需要附加阻尼器。

5.3.7　隔振元件材料、类型与选择

5.3.7.1　隔振元件材料、类型

隔振元件是指起支承作用、具有一定刚度和阻尼的弹性件，通常分成隔振垫和隔振器两大类。前者为橡胶隔振垫、海绵橡胶、毛毡、玻璃纤维及矿棉等；后者为金属螺旋弹簧、橡胶隔振器、钢丝绳隔振器、空气弹簧等。

描述隔振元件的静、动态力学性能的主要指标有静刚度、动刚度、阻尼系数以及额定载荷等。隔振元件的静刚度是指在静载荷条件下使隔振元件产生单位变形所需的力；如果载荷是动态的，即频率不等于零，这时的刚度称为动刚度。动刚度一般大于静刚度，而且频率越高，动刚度越大。通过测试隔振元件支承的隔振系统固有频率，按照单自由度系统固有频率 ω_n计算式，计算得到隔振器的动刚度，即

$$K_d=m\omega_n^2$$

式中，K_d为隔振器的动刚度；m 为系统质量；ω_n为系统固有频率。

表 27-5-6　**隔振元件材料和主要特性**

性能项目	橡胶隔振器	金属螺旋弹簧	钢丝绳隔振器	空气弹簧	金属丝网隔振器	橡胶隔振垫	海绵橡胶	毛毡	玻璃纤维及矿棉
频率范围/Hz	5～15	2～5	5～10	0～5	20～25	15～25	2～5	>15	>10
多方向性	▲	○	▲	○	○	▲	○	○	○
简便性	▲	○	▲	△	○	▲	○	○	○
阻尼性能	○	×	▲	▲	○	○	△	△	○
高频隔振及隔声	○	×	○	▲	△	○	○	○	○
载荷特性直线性	○	△	○	○	×	○	×	×	×
耐高、低温	△	▲	▲	△	▲	△	△	○	○
耐油性	△	▲	▲	△	▲	△	×	○	○
耐老化	△	▲	▲	△	▲	△	×	○	○
产品质量均匀性	△	▲	○	○	○	△	×	△	△
耐松弛	○	▲	○	○	△	○	△	△	○
耐热膨胀	△	▲	○	○	○	△	○	○	○
价格	中	中	高	高	中	便宜	便宜	便宜	便宜
质量	中	重	中	重	中	中	轻	轻	轻
与计算值一致性	○	▲	○	○	△	○	×	×	×
设计上难易程度	○	▲	○	×	△	○	○	○	○
安装上难易程度	○	△	○	×	○	○	▲	▲	○
寿命	△	▲	▲	○	○	△	×	△	△

注：▲—优；○—良；△—中；×—差。

由于橡胶材料具有蠕变特性，即在额定负荷下，橡胶隔振元件变形在一段时间内仍不断增加。通常48h的滞后变形可达蠕变的90%，所以对于有对中和外接件要求的机械设备，在设备加载到隔振器上后，必须48h以后再进行对中及外接件的安装，一般机械设备采用橡胶隔振元件，要求24h后再进行外接件的安装。

5.3.7.2　隔振元件选择

隔振元件一般按隔振系统固有频率进行选择。

当固有频率 $f_0 \geqslant 20 \sim 30$Hz，可选用毛毡、橡胶隔振垫及刚度大的橡胶隔振器、金属丝网隔振器。

当固有频率 $f_0 = 2 \sim 10$Hz，可选用金属弹簧、钢丝绳隔振器、橡胶隔振器、海绵橡胶及泡沫塑料等。

当固有频率 $f_0 = 0.5 \sim 2$Hz，可选用空气弹簧隔振器。

隔振元件选择另一个要点是载荷，一般应该使隔振元件所受到的静载荷为允许载荷的80%～90%，动载荷与静载荷之和不超过其最大允许载荷，对于隔振垫，允许载荷或推荐载荷是指单位面积的载荷，并力求各个隔振元件载荷均匀。

表 27-5-7　**常用隔振器特性和应用场合**

类型	特　性	应　用	注 意 事 项
橡胶隔振器	承载能力强，刚度大，阻尼比为0.05～0.15，可做成各种形状，能自由地选取三个方向的刚度，有蠕变效应	转速600r/min以上动力设备、机械设备的积极隔振	根据使用环境条件不同，如耐油、耐磨性、耐热性、耐酸碱性等，选用不同的防振橡胶胶料制作的隔振器
钢丝绳隔振器	具有较好的弹性和阻尼，承载能力强，抗冲击性能好，水平向两刚度相差较大	转速低于600r/min机械设备的积极隔振，电子仪器仪表的消极隔振，适用抗冲击环境	安装时采用交叉方向布置，以便使水平两个方向的刚度比较接近

续表

类型	特性	应用	注意事项
金属弹簧	承载能力强，变形量大，刚度小，阻尼比小，0.01以下，水平刚度较垂直方向小，容易摇晃	用于仪器仪表的消极隔振和大激振力机械设备的积极隔振	当需要较大阻尼时，可增加阻尼器或与橡胶隔振器联合使用
空气弹簧	刚度由压缩空气的内能决定，阻尼比为0.15～0.50	常用于特殊要求的精密仪器和机械设备的消极隔振	空气压力要求稳定，需要有恒压空气源
海绵橡胶	刚度小，富有弹性，阻尼比为0.1～0.15，承载能力小，性能不稳定，易老化	用于小型仪器仪表的消极隔振	许用应力很低，相对变形量应控制在20%～35%范围内，严禁日晒雨淋，防止接触酸、碱、油

5.3.8 橡胶隔振器

橡胶隔振器是机械设备隔振最常用的隔振器，其结构形式可以分为压缩型、剪切型、压缩-剪切混合型和组合型。压缩型橡胶隔振器承载能力大，固有频率高（15～30Hz）；剪切型橡胶隔振器承载能力较压缩型小，固有频率低（5～10Hz）；混合型兼有两者特点；组合型具有体积小、三向刚度相同的优点。橡胶隔振器的主要特点如下。

1）橡胶隔振器不仅在轴向，而且在横向和回转方向均具有隔离振动的性能，同一个橡胶隔振器，在三向刚度上，有很宽的选择余地。

2）作为机械设备的隔振器，具有重量轻、体积小的特点，橡胶容易与金属粘接，强度高，容易实现多个组合，每单位体积的橡胶，其能量吸收是弹性钢的两倍。

3）具有振动阻尼性能，橡胶内部阻尼比金属大。

4）可以隔离高频振动，隔声效果好。

5）设计合理时，可把载荷-变形曲线设计成非线性，如渐软特性和渐硬特性。

6）橡胶隔振器的缺点是，刚度不可能设计得很小，其固有频率下限约为4～6Hz，大于金属弹簧和空气弹簧；耐高温，耐低温性能差；有蠕变；在空气中容易老化等。

5.3.9 橡胶隔振器设计

5.3.9.1 橡胶材料的主要性能参数

橡胶可以分为天然胶和合成胶两大类。天然胶综合的物理力学性能好，缺点是耐油性及耐热性差。合成胶能满足某些特殊的要求，价格较便宜。通常用作隔振材料的合成胶料有丁腈胶、氯丁胶和丁基胶。丁腈胶主要优点是耐油性好，常作为一般动力机械设备的隔振器材料；氯丁胶主要优点是耐候性好，常用于对耐老化、抗臭氧要求高的环境，缺点是易发热；丁基胶主要优点是阻尼大、耐候性好，缺点是与金属粘接较困难。

表27-5-8 橡胶材料的主要性能参数

特性	橡胶的种类			
	天然胶	丁腈胶	氯丁胶	丁基胶
和金属的粘接性能	优	优	优	中
抗张力	优	优	良	中
伸长率	优	优	优	优
耐磨性	优	优	良	中
抗拉裂性	优	良	良	良
抗拉裂性(浸油后)	差	优	中	差
耐油性(润滑油)	差	优	良	差
抗阳光	中	良	优	优
抗臭氧	中	良	优	优
耐老化	良	优	优	优
耐热性	良	优	优	优
耐寒性	优	良	良	良
永久变形	优	良	良	中
加工性	优	良	良	良
阻尼比	0.025～0.075	0.075～0.15	0.075～0.15	0.12～0.20

续表

硬度	肖氏硬度 HA=30～70			
剪切弹性模量 G 弹性模量 E	HA=40～60 时 $G=(5\sim12)\times10^5\mathrm{N/m^2}$ $E=(15\sim38)\times10^5\mathrm{N/m^2}$	HA=55～70 时 $G=(10\sim17)\times10^5\mathrm{N/m^2}$ $E=(38\sim65)\times10^5\mathrm{N/m^2}$		
	橡胶弹性模量和硬度间的关系见图 27-5-4。橡胶隔振器制造时，硬度变化范围为±(3°～5°)，相应的弹性模量的变化为±(12～20)%。因此，设计制造时应控制硬度公差			
许用应力	受力类型	许用应力/$10^5\mathrm{N\cdot m^{-2}}$		
		静态	动态	冲击
	拉伸	10～20	5～10	10～15
	压缩	30～50	10～15	25～50
	剪切	10～20	3～5	10～20
	扭转	20	3～10	20
最大许用变形	静态载荷下：压缩变形≤15%，剪切变形≤25% 动态载荷下：压缩变形≤5%，剪切变形≤8%			
形状系数 m	表征弹性模量 E 和表现弹性模量 E_{ap} 两者关系，即 $E_{ap}=mE$，其值与隔振器外形特征及约束面与自由面之比相关：$m=f(n)$，n=约束面积/自由面积			
动态系数 d(动态弹性模量与静态弹性模量之比)	1.2～1.6	1.5～2.5	1.4～2.8	1.4～2.8

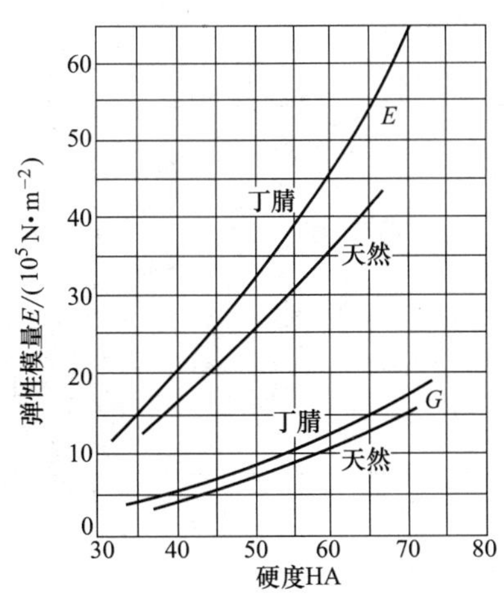

图 27-5-4　橡胶弹性模量和硬度间的关系曲线

5.3.9.2　橡胶隔振器刚度计算

表 27-5-9　橡胶隔振器的刚度计算

式样	简　　图	三 向 刚 度	计 算 说 明
圆柱形	x, y, z, H, D	$K_x=\dfrac{A_L m_x}{H}E$ $K_y=K_z=\dfrac{A_L m_y}{H}G$	$m_x=1+1.65n^2$ $m_y=\dfrac{1}{1+0.38(H/D)^2}$ $n=\dfrac{A_L}{A_p}$ $A_L=\dfrac{\pi d^2}{4}$ $A_p=\pi DH$ $\left(一般\dfrac{1}{4}\leqslant\dfrac{H}{D}\leqslant\dfrac{3}{4}\right)$

续表

式样	简　图	三向刚度	计算说明
环柱形	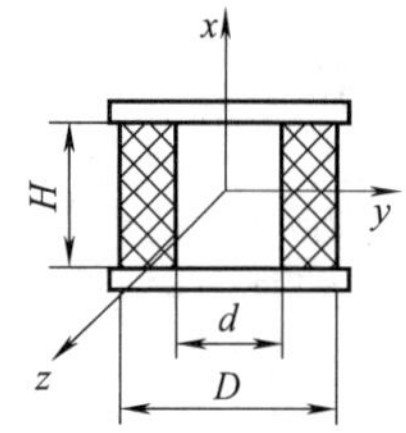	$K_x=\frac{A_L m_x}{H}E$ $K_y=K_z=\frac{A_L m_y}{H}G$	$m_x=1.2(1+1.65n^2)$ $m_y=\frac{1}{1+(4/9)(H/D)^2}$ $n=\frac{A_L}{A_F}$ $A_L=\frac{\pi(D^2-d^2)}{4}$ $A_F=\pi(D+d)H$
矩形	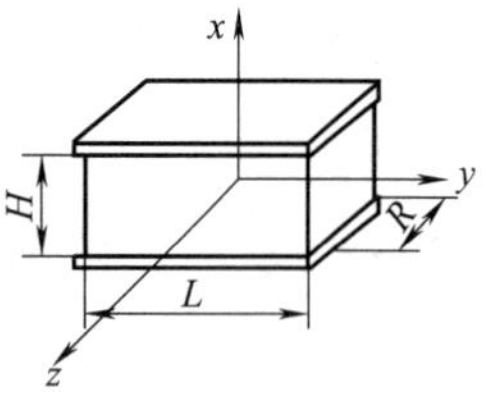	$K_x=\frac{A_L m_x}{H}E$ $K_y=\frac{A_L m_y}{H}G$ $K_z=\frac{A_L m_z}{H}G$	$m_x=1+2.2n^2$ $m_y=\frac{1}{1+0.29(H/L)^2}$ $m_z=\frac{1}{1+0.29(H/B)^2}$ $n=\frac{A_L}{A_F}$ $A_L=LB$ $A_F=2(L+B)H$
圆柱形	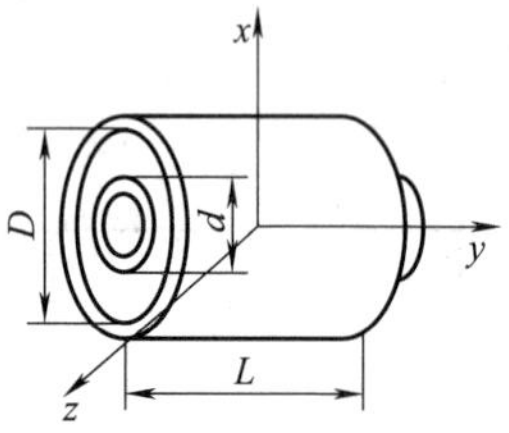	$K_x=\frac{\pi L}{\ln(D/d)}(mE+G)$ $K_y=\frac{2\pi L}{\ln(D/d)}G$ $K_z=K_x$	$m_x=1+4.67\frac{dL}{(d+L)(D-d)}$ 一般 $m=2\sim5$（硬度高、尺寸大者取大值）
圆筒形	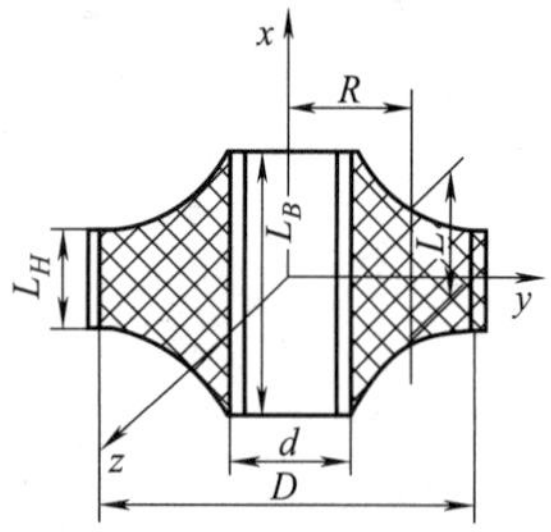	$K_x=\frac{2\pi DL_H}{D-d}G$　① $K_x=\frac{4\pi d^2L_B}{D^2-d^2}G$　② $K_y=K_z=(2\sim6)K_x$	① $LR=$常数，截面等强度设计，适宜于承受轴向载荷 ② $LR^2=$常数，适宜于承受扭矩载荷，此时切应力为常数
圆锥形	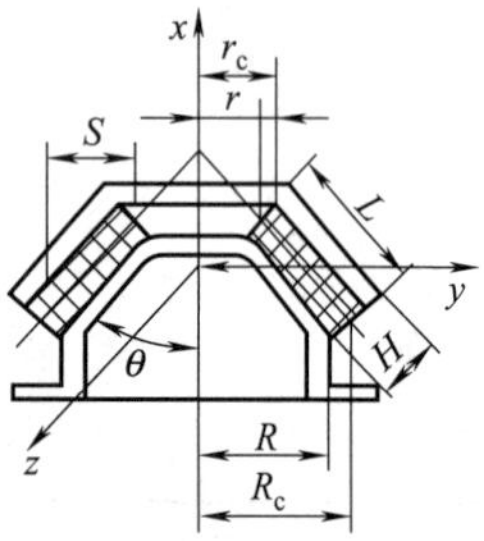	$K_x=\frac{\pi L(R_c+r_c)}{H}\times(Em\sin^2\theta+G\cos^2\theta)$ $K_y=\frac{\pi(R-r)}{\tan\theta\ln[1+2s/(R+r)]}\times(Em\eta+G)$ $K_z=K_y$	$E=3G$ $m=1=2.33\frac{L}{H}$ $\eta=\frac{2(1-\cos\xi)}{\sin^2\xi\cos\xi}$ $\sin\xi=\delta_y/S$ $\delta_y=F_y/K_y$（初估时可取 $\eta=1$）
剪切形	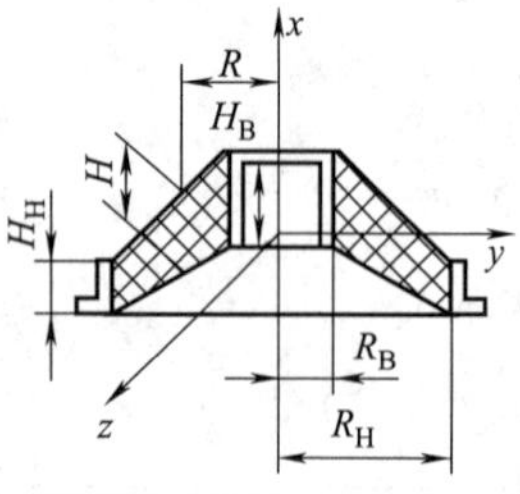	$K_x=\frac{2\pi R_B H_B}{R_H-R_B}G$　① $K_x=\frac{2\pi H}{\ln(R_H/R_B)}G$　② $K_x=\frac{2\pi(R_BH_H-R_HH_B)}{(R_H-R_B)\ln(R_BH_H/R_HH_B)}G$　③ $K_y=K_z=(2\sim6)K_x$	①$RH=$常数，截面等强度 ②$H=$常数，截面等高度 ③$RH\neq$常数，$H\neq$常数，截面不等，高度不等

续表

式样	简　　图	三向刚度	计算说明
剪切、压缩形		$K_x=2K_p\left(\cos^2\theta+\frac{1}{k}\sin^2\theta\right)$ $K_y=2K_q\left(\sin^2\theta+\frac{1}{k}\cos^2\theta\right)$ $K_z=2K_r$	$K_p=\frac{A_L m_x}{H}E$； $K_q=\frac{A_L m_y}{H}G$； $K_r=\frac{A_L m_z}{H}G$ $m_x=1+2.2n^2$ $m_y=\frac{1}{1+0.29(H/L)^2}$ $m_z=\frac{1}{1+0.29(H/B)^2}$ $n=A_L/A_F$，$A_L=LB$ $A_F=2(L+B)H$ $k=K_p/K_r$

注：1. 表中的 E、G 为橡胶材料的静态弹性模量，计算所得刚度为静刚度，乘上动态系数 d 为动刚度。

2. 表中计算的刚度为 20℃下的刚度，当环境温度偏差大时，应用温度影响系数修正。

3. 静刚度设计时，有三个独立尺寸，可先假设两个尺寸，求出第三个尺寸，然后计算刚度，若不满足设计要求，应重新假定尺寸，再进行计算，直至满足设计要求。

5.3.9.3　橡胶隔振器设计要点

1）应根据使用环境和条件，选用合适的橡胶。

2）注意橡胶与金属的粘接强度，避免有可能造成应力集中的结构，如采用圆角代替锐角。

3）通常橡胶隔振器的最大应力发生在橡胶与金属的粘接面上，因此在强度校核时，除了橡胶本身的许用应力外，必须考虑橡胶与金属间的粘接强度，取两者中的较小值作为设计的依据。

4）隔振器应避免长期在受拉状态下工作，橡胶的变形应按厚度控制在许可的百分比范围内。

5）对于圆筒形或剪切变形隔振器，为了消除橡胶的收缩应力，提高其耐久性，制造时在垂直剪切方向给予适当预压缩，这样压缩方向刚度变硬，剪切方向刚度变软，因此刚度的正确数值，要按产品实测为准。

6）由于有阻尼就要消耗能量，这部分损失的能量转换成热能，而橡胶是热的不良导体，为防止温升过高影响橡胶隔振器性能，第一，橡胶隔振器不宜做得过大，其次，从结构上应采取易于散热的措施，或选用生热较少的天然橡胶材料。

5.3.10　钢丝绳隔振器

5.3.10.1　主要特点

钢丝绳隔振器是用钢丝绳绕制而成的，将钢丝绳绕成弹簧状，固定在沿弹簧母线布置的两块金属板之间，典型结构见图 27-5-5。钢丝绳隔振器的特性由钢丝绳的直径、每匝中钢丝的数目、钢丝绳的长度和扭绞角度以及隔振器中的钢丝绳匝数而定。它广泛用于宇航、飞机、车辆、导弹、卫星、运载工具、舰船电器、舰用照明灯具及仪表仪器、海洋平台、高层建筑、核工业装置以及工业各类动力机械的隔振防冲。其主要特点如下。

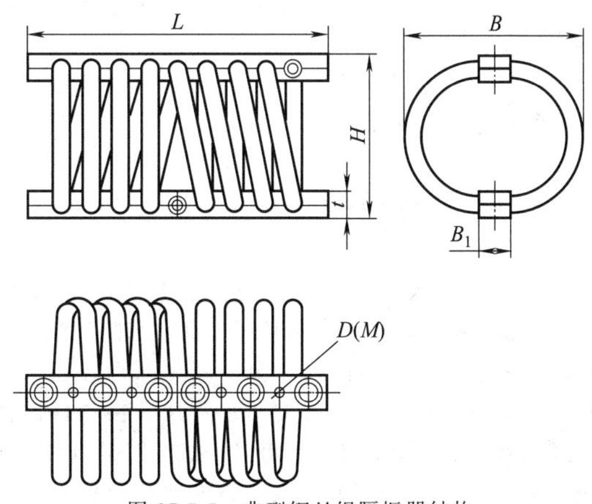

图 27-5-5　典型钢丝绳隔振器结构

1）金属材料制成，抗疲劳、耐辐射、耐高低温、耐油、抗臭氧、抗盐雾和水分的腐蚀，能长时间在振动状态下工作，寿命长、耐老化，可与被隔振设备同寿命。

2）承载范围宽（覆盖从 1～50000N 的静载荷），具有非线性软刚度特性，波动效应不明显，具有较好的隔离高频振动效果。

3）变阻尼特性当外界激励频率变化时减振器的

阻尼也随之发生变化。共振点阻尼比达0.15以上，有效地抑制共振峰，越过共振点后，阻尼迅速减小，从而具有良好的隔振效果。

4）钢丝之间有相当大的自由行程，相互之间的干摩擦使其具有较大的非线性阻尼，动力学性能尤其是冲击隔离性能较其他金属隔振器好，具有较好的隔冲效果。

5.3.10.2 选型原则与方法

1）在保证机械设备隔振系统稳定性前提下，尽量降低隔振系统动刚度，增大动变形空间。

2）机械设备隔振系统各个钢丝绳隔振器的安装位置尽可能使隔振系统的刚度中心与质量中心重合，有利于消除振动耦合。

3）隔振系统的技术条件，如在什么样的环境中使用以及它的振动频率、冲击频率，保证系统最大冲击输入能量和冲击力不大于钢丝绳隔振器许可值，并在设计隔振系统时使钢丝绳隔振器承受载荷为额定值的70%～80%，增加安全系数，使其既抗冲击又能隔离振动。

4）当隔振设备高宽（或深）之比大于1时，应考虑增设稳定用隔振器。

5.4 阻尼减振

现实的工程结构多为复杂的多自由度系统，且常处于宽频带随机激励的振动环境，其振动响应往往是很复杂的，单一的隔振技术难以满足振动控制的要求，还必须采用各种形式的阻尼，耗散振动体的能量，达到减小振动的目的。阻尼是指任何振动系统在振动中，由于外界作用和/或系统本身固有的原因引起的振动幅度逐渐下降的特性，以及此特性的量化表征。常用的人工阻尼技术包括阻尼结构、阻尼减振器，后者包括黏弹性阻尼、干摩擦（库仑）、流体阻尼及其他形式几种。阻尼的作用主要有以下几点。

1）阻尼有助于降低机械结构的共振振幅，从而避免结构因动应力达到极限所造成的破坏，增大阻尼是抑制结构共振响应的重要途径。

2）阻尼有助于机械系统受到瞬态冲击后，很快恢复到稳定状态。结构受瞬态激励后产生自由振动时，要使振动水平迅速下降，必须提高结构的阻尼比。

3）阻尼有助于减少因机械振动所产生的声辐射，降低机械噪声。

4）可以提高各类机床、仪器等的加工精度、测量精度和工作精度。

5）阻尼有助于降低结构传递振动的能力。

5.4.1 阻尼减振原理

阻尼是指系统损耗能量的能力。从减振的角度看，就是将机械振动的能量转变成热能或其他可以损耗的能量，从而达到减振的目的。对于振动阻尼产生的机理按物理现象的不同通常可分为五类。

1）材料的内摩擦，由材料内部分子或金属晶格间在运动中相互摩擦而损耗能量所产生的阻尼作用，又称之为材料阻尼。

2）摩擦，摩擦耗损振动能分为两个接合面间相对运动的摩擦和利用介质的摩擦耗能。

3）能量的传输，当机械振动能量从结构向外传输与能量耗损转变为热能有同样的减振作用。

4）电能与机械能的转换效应，通过把机械振动能转换为电能，再由电磁效应的磁滞损失耗散能量或由涡流的能量损失产生阻尼作用。

5）频率变换，当从原频率转换为另一种频率时，那么对机械产生的振动危害有可能被减弱，而且这种振动能量不再对原有频率有效，并且在频率转换之后能更易转变为热能。

5.4.2 阻尼类型

（1）材料阻尼

工程材料种类繁多，衡量其内阻尼的指标通常用损耗因子。通常金属材料的损耗因子很小，阻尼值低，阻尼合金的阻尼值比金属材料高出二至三个数量级，阻尼材料阻尼值高。

表27-5-10 常用阻尼材料分类表

<table>
<tr><td rowspan="8">阻尼材料</td><td rowspan="4">按用途分类</td><td>用于减振的平板型及压敏型材料</td><td></td></tr>
<tr><td>用于噪声控制的泡沫多孔材料</td><td></td></tr>
<tr><td>用于减振降噪的复合型材料</td><td></td></tr>
<tr><td>用于特殊工作环境的特种材料</td><td></td></tr>
<tr><td rowspan="4">按材料性质分类</td><td>黏弹类阻尼材料</td><td>阻尼橡胶
阻尼塑料</td></tr>
<tr><td>金属类阻尼材料</td><td>阻尼合金
复合阻尼钢板</td></tr>
<tr><td>液体阻尼涂料</td><td>阻尼油料
阻尼涂料</td></tr>
<tr><td>沥青型阻尼材料</td><td></td></tr>
</table>

(2) 黏性阻尼

黏性阻尼的阻尼力与振动速度成正比，常用在机械振动系统的建模和计算。

(3) 结构阻尼

结构阻尼是系统振动时材料内摩擦产生的阻尼，在一个周期中它耗散的能量与频率无关，而与振幅的平方成正比，亦称为迟滞阻尼。结构阻尼力的大小与位移成正比，其方向与速度方向相反。

(4) 流体阻尼

物体在流体中运动受到的阻力与运动速度的平方成正比，又称速度平方阻尼。

(5) 接合面阻尼与库仑摩擦阻尼

机械结构的两个零件表面接触并承受动态载荷时，能够产生接合面阻尼或库仑摩擦阻尼。接合面阻尼是由微观的变形产生，而库仑摩擦阻尼则由接合面之间相对宏观运动的干摩擦耗能所产生，通常库仑摩擦阻尼比接合面阻尼大一到两个数量级。

(6) 冲击阻尼

冲击阻尼是一种结构耗能，工程中可通过设置冲击阻尼器来获得冲击阻尼，例如，砂、细石、铅丸或其他金属块，以致硬质合金都可以用作冲击块，以获得冲击阻尼。

(7) 磁电效应阻尼

机械能转变为电能的过程中，由磁电效应产生涡流阻尼，涡流阻尼的能量损耗由电磁的磁滞损失和涡流通过电阻的能量损失组成。

5.4.3 材料的损耗因子与阻尼结构

5.4.3.1 材料的损耗因子

材料的损耗因子 β 是衡量其吸收振动能量的特征量，当材料受到振动激励时，损耗能量与振动能量之比为损耗因子

$$\beta=\frac{W_{\mathrm{d}}}{2\pi U}$$

式中 W_{d}——一个周期中阻尼所消耗的功；

U——系统的最大弹性势能，$U=\frac{1}{2}KA^2$；

K——系统刚度；

A——振幅。

常用工程材料的损耗因子见表 27-5-11。

5.4.3.2 阻尼结构

为了增加结构阻尼，常常采用黏弹阻尼材料与金属或非金属结构构成复合阻尼结构，其结构损耗因子可以达到 0.1～0.5，可以有效地抑制结构的谐振响应。

表 27-5-11 常用工程材料的损耗因子 β

材 料	损耗因子
钢、铁	0.0001～0.0006
铜、锡	0.002
铅	0.0006～0.002
铝、镁	0.0003
阻尼合金	0.02～0.2
混炼橡胶	0.1～2.0
软木塞	0.13～0.17
复合材料	0.2
有机玻璃	0.02～0.04
夹层板	0.01～0.13
木纤维板	0.01～0.03
塑料	0.005
砖	0.01～0.02
干砂	0.12～0.6
混凝土	0.015～0.05

典型的阻尼结构一般有两种形式。

(1) 自由阻尼层结构

自由阻尼层结构是直接将黏弹性阻尼材料粘贴或者喷涂在需要减振的结构元件的表面上，见图 27-5-6。当原结构件振动发生弯曲变形时，阻尼层以拉压变形的方式与构件的变形相协调，从而将机械振动能转变为热能耗散掉，达到阻尼减振的目的。自由阻尼层的阻尼效果，在附加质量为 20%～30% 的情况下，结构损耗因子可达到 0.05～0.2。自由阻尼层结构的优点是工艺简单、设计方便、费用低、容易实施等，但是在低频时阻尼减振效果较差。

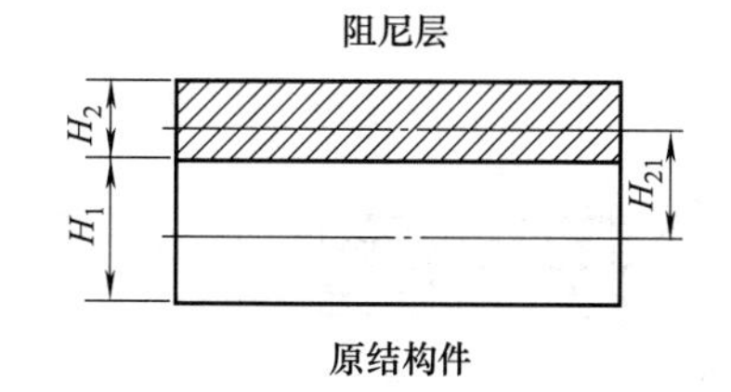

图 27-5-6 自由阻尼层结构

自由阻尼层结构组合梁的损耗因子与结构参数的关系式

$$\eta=\frac{eh(3+6h+4h^2)}{1+eh(5+6h+4h^2)}\beta$$

式中，h 为阻尼层厚度 H_2 与结构层厚度 H_1 之比，$h=H_2/H_1$；e 为阻尼层杨氏模量与结构层杨氏模量之比值，$e=E_2/E_1$；β 为阻尼材料的损耗因子；η 为组合梁结构的损耗因子。

（2）约束阻尼层结构

约束阻尼层结构由原结构件、阻尼材料层和弹性材料层（称约束层）构成，见图 27-5-7。当原结构件产生弯曲振动时，阻尼层上下表面各自产生压缩和拉伸变形，使阻尼层受剪切应力和应变，从而耗散结构的振动能量。弯曲变形时，由于约束层的作用使阻尼层产生较大的剪切变形可耗散较多的机械能，其减振效果比自由阻尼层结构大。约束阻尼层结构可分为对称型、非对称型和多层结构。用两种以上的阻尼材料构成多层结构，可提高阻尼性能。由于多层结构同时使用不同的玻璃态转变温度和模量的阻尼材料，这样可加宽温度带宽和频率带宽。

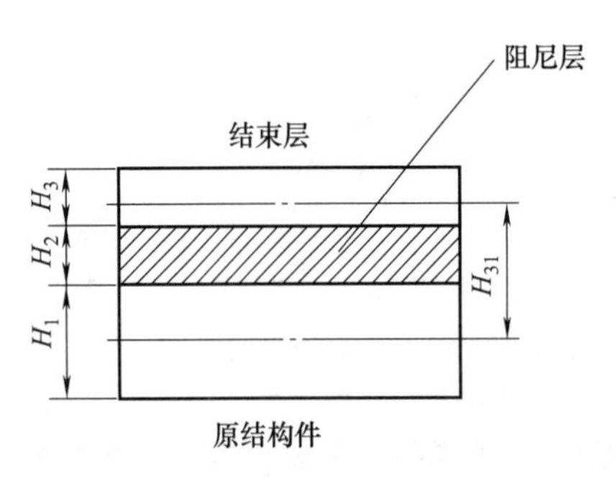

图 27-5-7 约束阻尼层结构

约束阻尼结构梁的损耗因子

$$\eta=\frac{XY}{1+(2+Y)X+(1+Y)(1+\beta^2)X^2}\beta$$

式中，β 为阻尼材料的损耗因子；η 为约束阻尼结构的损耗因子；X 为剪切参数；Y 为刚度参数。X 的表达式为

$$X=\frac{G_2 b}{k^2 H_2}\left(\frac{1}{K_1}+\frac{1}{K_3}\right)$$

式中，G_2 为阻尼层材料模量的实部；b 为约束阻尼梁的宽度；k 为约束阻尼梁弯曲振动的波数，$k=\omega\sqrt{m/D}$；D 为组合梁的弯曲刚度，$D=\frac{b}{12}(E_1H_1^3+E_3H_3^3)$；$H_1$，$H_2$ 和 H_3 分别为原结构层、阻尼层和约束层的厚度；K_1 和 K_3 分别为原结构层和约束层的刚度；E_1 和 E_3 分别为原结构层和约束层梁的杨氏弹性模量。

刚度参数 Y 的表达式为

$$Y=\frac{H_{31}^2}{D}\frac{K_1K_3}{K_1+K_3}$$

式中，H_{31} 是原结构层中性面至约束层中性面的距离，$H_{31}=(H_1+H_3)/2+H_2$。

图 27-5-8 给出典型的约束阻尼结构横截面。图 27-5-9为典型的外体-嵌入体-黏弹性材料组成的梁的横截面。

阻尼处理位置对于减振性能影响显著，有时在结构的全面积上进行阻尼处理可能会造成浪费，而实际工程结构通常也只能进行局部阻尼处理。如何使局部阻尼处理达到最佳的阻尼效果是阻尼处理位置的优化问题，可以根据不同阻尼结构的阻尼机理，相应地进行优化处理，以达到最佳的性能价格比。

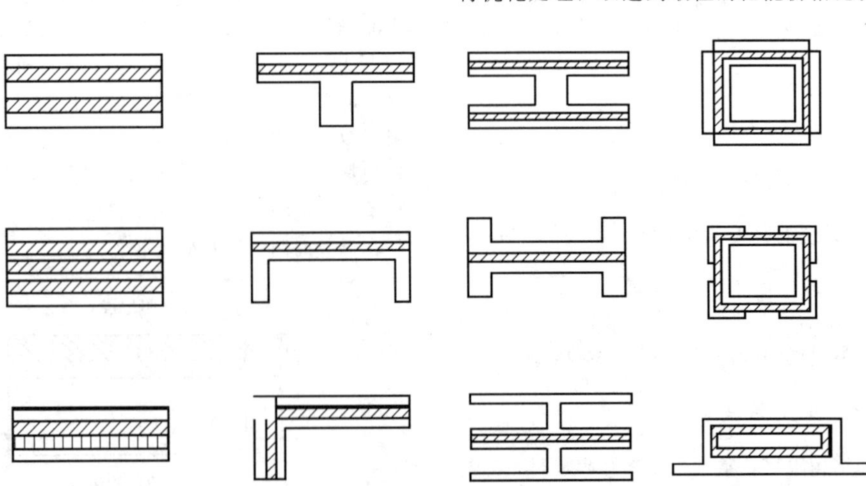

图 27-5-8 典型的约束阻尼层结构横截面

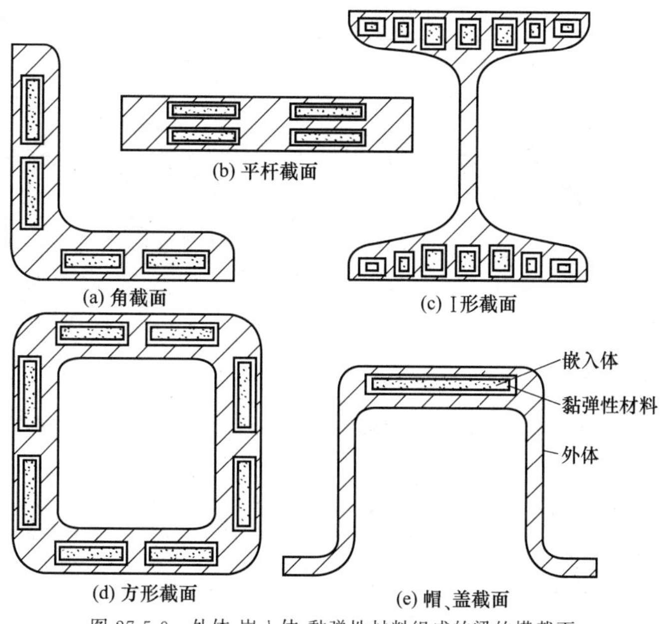

图 27-5-9　外体-嵌入体-黏弹性材料组成的梁的横截面

5.4.4　干摩擦阻尼

5.4.4.1　刚性连接的干摩擦阻尼

表 27-5-12　刚性连接的干摩擦阻尼

项　　目	摩擦(库仑)阻尼系统
力学模型	$F_0\sin\omega t$；m；x；K；F_f；F_T；(a)　m；x；K；F_f；u；$u=U\sin\omega t$；(b) F_f——极限摩擦力，$F_f=\mu N$； η_1——摩擦阻尼参数，(a)$\eta_1=\dfrac{F_f}{F_0}$，(b)$\eta_1=\dfrac{F_f}{KU}$
等效阻尼	等效线性阻尼比 $$\zeta_e=\sqrt{\frac{\left(\frac{2}{\pi}\eta_1\right)^2[1-(\omega/\omega_n)^2]^2}{(\omega/\omega_n)^2\left[(\omega/\omega_n)^4-\left(\frac{4}{\pi}\eta_1\right)^4\right]}}$$
传递系数	绝对传递系数 $T_A=\sqrt{\dfrac{1+\left(\frac{4}{\pi}\eta_1\right)^2\frac{12}{(\omega/\omega_n)^2}}{[1-(\omega/\omega_n)^2]^2}}$ 相对传递系数 $T_R=\sqrt{\dfrac{(\omega/\omega_n)^4-\left(\frac{4}{\pi}\eta_1\right)^2}{[1-(\omega/\omega_n)^2]^2}}$ 运动响应系数 $T_M=\sqrt{\dfrac{(\omega/\omega_n)^4-\left(\frac{4}{\pi}\eta_1\right)^2}{(\omega/\omega_n)^4[1-(\omega/\omega_n)^2]^2}}$

续表

项　　目	摩擦(库仑)阻尼系统
传递系数	力传递系数 $(T_A)_F=\sqrt{\dfrac{1+\left(\dfrac{4}{\pi}\eta_f\right)^2(\omega/\omega_n)^2[(\omega/\omega_n)^2-2]}{[1-(\omega/\omega_n)^2]^2}}$ η_f——力阻尼参数，$\eta_f=F_f/F_0$
频率比	$Z=\omega/\omega_n$ 摩擦阻尼器松动频率比 近似值：$Z_L=\sqrt{\dfrac{4}{\pi}\eta_1}=\sqrt{\dfrac{4}{\pi}\dfrac{F_f}{KU}}$ 精确值：$Z_L=\sqrt{\eta_1}=\sqrt{\dfrac{F_f}{KU}}$
隔振特征	(1)在“松动”刚开始的一段频率范围内，振动的一个周期内仍然交替地出现“松动”和“锁住”运动，所以，这一频带对应的 T_A、T_R 近似性较差，计算时应注意 (2)如果摩擦阻力小于临界最小值，即使系统有阻尼，共振时的位移传递系数也能达到无穷大。为避免共振时 T_A 达到无穷大，给出了摩擦力最小条件和最佳条件 $(F_f)_{min}=0.79KU$　$(F_f)_{op}=1.57KU$ (3)当激振频率较高时，T_A 与 ω^2 成反比

5.4.4.2 弹性连接的干摩擦阻尼

表 27-5-13 弹性连接的干摩擦阻尼

项　目	计 算 公 式	说　　明
力学模型	$F_0\sin\omega t$, m, x, K, F_f, SK, Δ, u, $u=U\sin\omega t$　(a) $F_0\sin\omega t$, m, x, SK', V, A, K', F_f, u, $u=U\sin\omega t$　(b)	
传递系数	$T_A=\sqrt{\dfrac{1+\left(\dfrac{4}{\pi}\eta_1\right)^2\left[\dfrac{S+2}{S}-2\dfrac{S+1}{S(\omega/\omega_n)^2}\right]}{[1-(\omega/\omega_n)^2]^2}}$ $T_R=\sqrt{\dfrac{(\omega/\omega_n)^4+\left(\dfrac{4}{\pi}\eta_1\right)^2\left[\dfrac{2}{S}(\omega/\omega_n)^2-\dfrac{S+2}{S}\right]}{[1-(\omega/\omega_n)^2]^2}}$ $T_M=\sqrt{\dfrac{1+\left(\dfrac{4}{\pi}\eta_1\right)^2\left[\dfrac{2}{S}(\omega/\omega_n)^2-\dfrac{S+2}{S}\right]/(\omega/\omega_n)^4}{[1-(\omega/\omega_n)^2]^2}}$ $(T_A)_F=\sqrt{\dfrac{1+\left(\dfrac{4}{\pi}\eta_f\right)^2(\omega/\omega_n)^2\left[\dfrac{S+2}{S}(\omega/\omega_n)^2-2\dfrac{S+1}{S}\right]}{[1-(\omega/\omega_n)^2]^2}}$ $\eta_1=\dfrac{F_f}{KU}$　$\eta_f=\dfrac{F_f}{F_0}$　$(T_A)_F=\dfrac{F_{T0}}{F_0}$	(1)无阻尼($\eta_1=0$)和无穷阻尼($\eta_1=\infty$)的情况下，只有弹簧起作用 (2)低阻尼(小于最佳阻尼)时，阻尼器松动频率也比较低，当松动频率低于固有圆频率时，即，$\eta_1<\pi/4$，共振 T_A 为无穷大 (3)松动和锁住频率比 $Z_L=\sqrt{\dfrac{(4\eta_1/\pi)(S+1)}{(4\eta_1/\pi)\pm S}}$ 取“+”时为松动频率，取“-”时为锁住频率，当根号内出现负值时，松动后不再锁住 (4)高频时，加速度传递系数与频率平方成反比，所以，高频加速度传递系数相对较小
最佳频率比	$Z_{OPA}=\sqrt{\dfrac{2+(S+1)}{S+2}}$　$Z_{OPR}=\sqrt{\dfrac{S+2}{2}}$	
最佳传递系数	$T_{OP}=T_{OPA}=1+\dfrac{2}{S}\approx T_{OPR}$	
最佳阻尼参数	$\eta_{OPA}=\dfrac{\pi}{2}\sqrt{\dfrac{S+1}{S+2}}$　$\eta_{OPR}=\dfrac{\pi}{4}\sqrt{S+2}$	

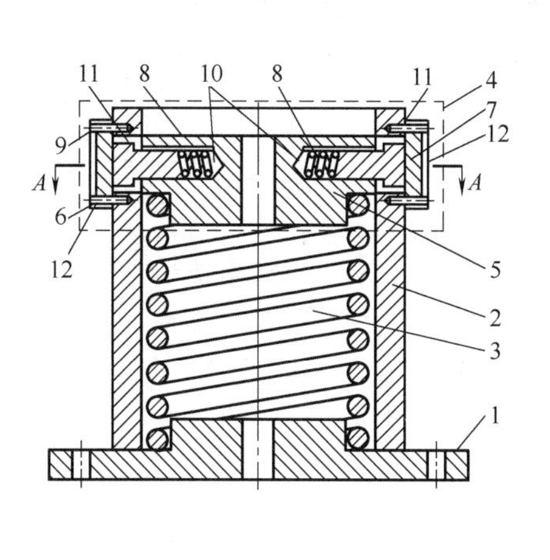

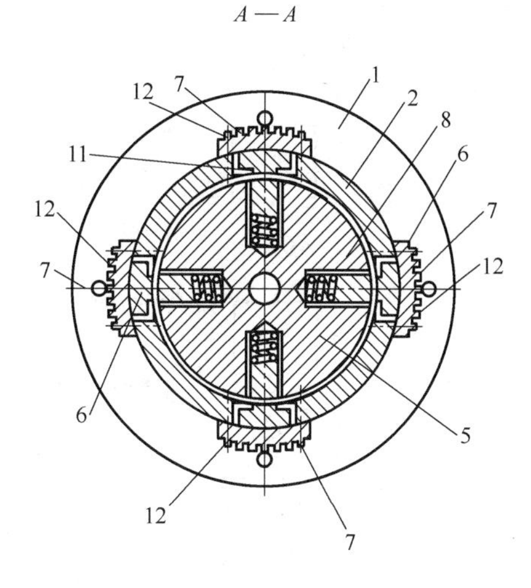

图 27-5-10　非线性干摩擦阻尼减振器

1—底座；2—外壳；3—减振弹簧；4—干摩擦阻尼器；5—摩擦顶盖；6—摩擦棒；7—摩擦板；8—顶紧弹簧；9—螺杆；10—摩擦棒孔；11—摩擦棒通孔；12—散热翅片

5.4.5　干摩擦阻尼减振器

摩擦阻尼器结构特征，一是选用合适的摩擦材料做摩擦片，二是对摩擦片施加足够的摩擦力，通常施加正压力方法有预压弹簧、气缸或油缸三种加压形式。图 27-5-10 为非线性干摩擦阻尼减振器（专利），该阻尼减振器结构概述如下：摩擦顶盖 5 内开有摩擦棒孔 10，外壳 2 的上部壳壁上开有摩擦棒通孔口，摩擦顶盖 5 的下端设置在减振弹簧 3 的上端，顶紧弹簧 8 设置在摩擦棒孔 10 的里端，摩擦棒 6 的杆端设在摩擦棒孔 10 内顶紧弹簧 8 的外端，摩擦棒 6 的摩擦端设在外壳 2 上的摩擦棒通孔 11 内，外壳 2 上摩擦棒通孔 11 的外壁上由螺杆 9 固定有摩擦板 7，摩擦棒 6 摩擦端的外端面与摩擦板 7 的内壁之间摩擦接触。减振原理是将振动能量转化为摩擦功，据称比常规阻尼减振器增大吸振能量二倍以上。摩擦棒及摩擦板可方便更换，大大提高了应用效果。据称寿命比常规橡胶阻尼减振器长三倍，比金属网阻尼减振器长二倍。

5.5　动力吸振器

利用附加的弹性元件、阻尼元件和辅助质量连接在主振动系统所产生的动力作用来减小主系统振动的方法称为动力吸振。该弹性元件、阻尼元件和辅助质量所构成的附加系统称为动力吸振器。

5.5.1　动力吸振器设计

5.5.1.1　动力吸振器工作原理

表 27-5-14　动力吸振器工作原理

项　目	模型示意图	说　明
无阻尼主系统	$f(t)=f_0\sin\omega t$ m_1 $x_1(t)$ 主系统 K_1 力激励系统	$X_1=\dfrac{f_0/K_1}{1-\omega^2/\omega_1^2}=\dfrac{x_{st}}{1-\lambda^2}$ 当激励频率 ω 接近于主系统的固有频率 ω_1，主系统的位移幅值很大

续表

项 目	模型示意图	说 明
安装无阻尼动力吸振器后的组合系统	m_2 $x_2(t)$ 动力吸振器 K_2 $f(t)=f_0\sin\omega t$ m_1 $x_1(t)$ 主系统 K_1 力激励系统	$X_1=\dfrac{x_{st}(\nu^2-\lambda^2)}{(1-\lambda^2)(\nu^2-\lambda^2)-\nu^2\lambda^2\mu}$ $X_2=\dfrac{x_{st}\nu^2}{(1-\lambda^2)(\nu^2-\lambda^2)-\nu^2\lambda^2\mu}$ 如果选取吸振器的参数 $\nu=\lambda$，则主系统的位移幅值 $X_1=0$，即按 $\omega_2=\omega$ 来设计动力吸振器即可消除主系统在频率为 ω 时的振动
		安装动力吸振器后的组合系统虽然能消除主系统在激励频率为 ω 时的振动，但组合系统在原始主系统的共振频率附近将出现两个新的共振频率，其频率比为 $\begin{cases}\lambda_1^2=\dfrac{1+\nu^2+\nu^2\mu}{2}-\dfrac{1}{2}\sqrt{(1+\nu^2+\nu^2\mu)^2-4\nu^2}\\ \lambda_2^2=\dfrac{1+\nu^2+\nu^2\mu}{2}+\dfrac{1}{2}\sqrt{(1+\nu^2+\nu^2\mu)^2-4\nu^2}\end{cases}$
	λ 1.5 1.0 0.5 0.0 0.2 0.4 0.6 0.8 1.0 μ	新出现的两个共振频率取决于质量比 μ，当 $\nu=1$ 时，λ 和 μ 之间的关系如左图所示。为了扩大减振的频率范围，希望两个新的共振频率相距较远，因此质量比不宜太小
符号定义	X_1 为主系统的位移幅值；X_2 为吸振器的位移幅值；x_{st} 为主系统的静位移，$x_{st}=\dfrac{f_0}{k_1}$；ω_1 为主系统的固有频率，$\omega_1=\sqrt{\dfrac{K_1}{m_1}}$；$\omega_2$ 为吸振器的固有频率，$\omega_2=\sqrt{\dfrac{K_2}{m_2}}$；$\mu$ 为质量比，$\mu=\dfrac{m_2}{m_1}$；λ 为激励频率比，$\lambda=\dfrac{\omega}{\omega_1}$；$\nu$ 为固有频率比，$\nu=\dfrac{\omega_2}{\omega_1}$	

5.5.1.2 动力吸振器设计

表 27-5-15 **动力吸振器设计步骤**

序号	设 计 步 骤	说 明
1	确定主系统的等效质量 m_1 和等效刚度 K_1；确定激励力频率 ω	如果 m_1，K_1 或 ω 未知，可通过试验确定
2	确定主系统的固有频率 ω_1 以及激励频率比 λ	$\omega_1=\sqrt{\dfrac{K_1}{m_1}}$，$\lambda=\dfrac{\omega}{\omega_1}$
3	确定吸振器的固有频率 ω_2	$\nu=\lambda$ 即 $\omega_2=\omega$，$\nu=\dfrac{\omega_2}{\omega_1}$
4	确定组合系统的两个新的共振频率比 λ_1 和 λ_2	如果没有明确要求，可自行针对具体问题来选取
5	根据 λ_1 和 λ_2，确定质量比 μ	$\begin{cases}\lambda_1^2=\dfrac{1+\nu^2+\nu^2\mu}{2}-\dfrac{1}{2}\sqrt{(1+\nu^2+\nu^2\mu)^2-4\nu^2}\\ \lambda_2^2=\dfrac{1+\nu^2+\nu^2\mu}{2}+\dfrac{1}{2}\sqrt{(1+\nu^2+\nu^2\mu)^2-4\nu^2}\end{cases}$
6	确定吸振器的等效质量 m_2，等效刚度 K_2	$\mu=\dfrac{m_2}{m_1}$，$\omega_2=\sqrt{\dfrac{K_2}{m_2}}$

5.5.1.3　动力吸振器设计示例

表 27-5-16　动力吸振器设计示例

某电机及机座质量为 24.5kg，电机转速为 $n=3000\mathrm{r/min}$，机座垂向刚度为 $2.45\times10^6\mathrm{N/m}$，电机转速的变化范围为 ±15%。针对此电机设计一动力吸振器

序号	设计步骤	说明
1	主系统的质量 $m_1=24.5\mathrm{kg}$，刚度 $K_1=2.45\times10^6\mathrm{N/m}$；激励力频率 $\omega=314.16\mathrm{rad/s}$	$\omega=2\pi n/60$
2	主系统的固有频率 $\omega_1=316.23\mathrm{rad/s}$；激励频率比 $\lambda=0.993\approx1$	$\omega_1=\sqrt{\dfrac{K_1}{m_1}}$，$\lambda=\dfrac{\omega}{\omega_1}$
3	吸振器的固有频率 $\omega_2=314.16\mathrm{rad/s}$	选取 $\nu=\lambda$ 即 $\omega_2=\omega$，$\nu=\dfrac{\omega_2}{\omega_1}$
4	两个新的共振频率比 $\lambda_1=0.85$ 和 $\lambda_2=1.15$	根据电机转速的变化范围选取两个新的共振频率比 把 λ_1 和 λ_2 代入 $\begin{cases}\lambda_1^2=\dfrac{1+\nu^2+\nu^2\mu}{2}-\dfrac{1}{2}\sqrt{(1+\nu^2+\nu^2\mu)^2-4\nu^2}\\ \lambda_2^2=\dfrac{1+\nu^2+\nu^2\mu}{2}+\dfrac{1}{2}\sqrt{(1+\nu^2+\nu^2\mu)^2-4\nu^2}\end{cases}$ 得到 $\mu=0.103$ 或 0.083，选取较大的值
5	质量比 $\mu=0.11$	
6	吸振器的质量 $m_2=2.7\mathrm{kg}$，刚度 $K_2=2.66\times10^5\mathrm{N/m}$	$\mu=\dfrac{m_2}{m_1}$，$\omega_2=\sqrt{\dfrac{K_2}{m_2}}$

5.5.2　有阻尼动力吸振器

5.5.2.1　有阻尼动力吸振器的动态特性

表 27-5-17　有阻尼动力吸振器的动态特性

项目	模型示意图	说明
安装有阻尼动力吸振器后的组合系统	m_2　$x_2(t)$　K_2　C_2　动力吸振器　$f(t)=f_0\sin\omega t$　m_1　$x_1(t)$　K_1　主系统 力激励系统	无阻尼动力吸振器仅适用于激励频率为常数或变化不大的情况。如果不满足这一要求，则加装吸振器不仅无效，还可能破坏主系统的动态特性。通过在吸振器中引入适当的阻尼，可以改善无阻尼动力吸振器的减振频率范围
位移幅值	$X_1=x_{st}\sqrt{\dfrac{\lambda^4+2(-1+2\zeta_2^2)\lambda^2\nu^2+\nu^4}{[(\nu^2-\lambda^2)(1-\lambda^2)-\lambda^2\nu^2\mu]^2+4\lambda^2\nu^2\zeta_2^2(1-\lambda^2-\mu\lambda^2)^2}}$ $X_2=x_{st}\sqrt{\dfrac{\nu^2(4\zeta_2^2\lambda^2+\nu^2)}{[(\nu^2-\lambda^2)(1-\lambda^2)-\lambda^2\nu^2\mu]^2+4\lambda^2\nu^2\zeta_2^2(1-\lambda^2-\mu\lambda^2)^2}}$	

续表

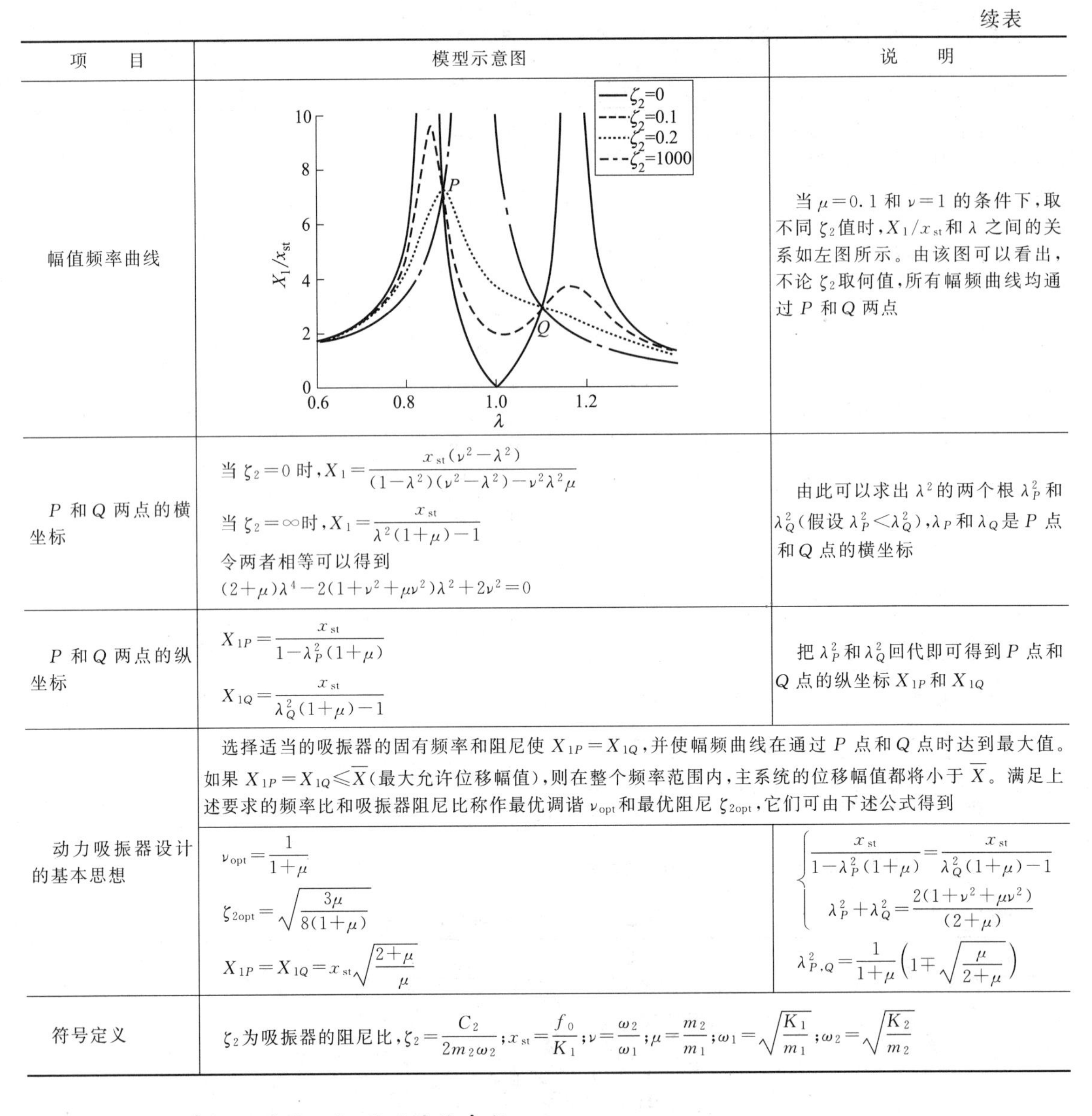

项　目	模型示意图	说　明
幅值频率曲线	（曲线图）	当 $\mu=0.1$ 和 $\nu=1$ 的条件下，取不同 ζ_2 值时，X_1/x_{st} 和 λ 之间的关系如左图所示。由该图可以看出，不论 ζ_2 取何值，所有幅频曲线均通过 P 和 Q 两点
P 和 Q 两点的横坐标	当 $\zeta_2=0$ 时，$X_1=\dfrac{x_{st}(\nu^2-\lambda^2)}{(1-\lambda^2)(\nu^2-\lambda^2)-\nu^2\lambda^2\mu}$ 当 $\zeta_2=\infty$ 时，$X_1=\dfrac{x_{st}}{\lambda^2(1+\mu)-1}$ 令两者相等可以得到 $(2+\mu)\lambda^4-2(1+\nu^2+\mu\nu^2)\lambda^2+2\nu^2=0$	由此可以求出 λ^2 的两个根 λ_P^2 和 λ_Q^2（假设 $\lambda_P^2<\lambda_Q^2$），λ_P 和 λ_Q 是 P 点和 Q 点的横坐标
P 和 Q 两点的纵坐标	$X_{1P}=\dfrac{x_{st}}{1-\lambda_P^2(1+\mu)}$ $X_{1Q}=\dfrac{x_{st}}{\lambda_Q^2(1+\mu)-1}$	把 λ_P^2 和 λ_Q^2 回代即可得到 P 点和 Q 点的纵坐标 X_{1P} 和 X_{1Q}
动力吸振器设计的基本思想	选择适当的吸振器的固有频率和阻尼使 $X_{1P}=X_{1Q}$，并使幅频曲线在通过 P 点和 Q 点时达到最大值。如果 $X_{1P}=X_{1Q}\leqslant\overline{X}$（最大允许位移幅值），则在整个频率范围内，主系统的位移幅值都将小于 $\overline{X}$。满足上述要求的频率比和吸振器阻尼比称作最优调谐 ν_{opt} 和最优阻尼 ζ_{2opt}，它们可由下述公式得到	
	$\nu_{opt}=\dfrac{1}{1+\mu}$ $\zeta_{2opt}=\sqrt{\dfrac{3\mu}{8(1+\mu)}}$ $X_{1P}=X_{1Q}=x_{st}\sqrt{\dfrac{2+\mu}{\mu}}$	$\begin{cases}\dfrac{x_{st}}{1-\lambda_P^2(1+\mu)}=\dfrac{x_{st}}{\lambda_Q^2(1+\mu)-1}\\ \lambda_P^2+\lambda_Q^2=\dfrac{2(1+\nu^2+\mu\nu^2)}{(2+\mu)}\end{cases}$ $\lambda_{P,Q}^2=\dfrac{1}{1+\mu}\left(1\mp\sqrt{\dfrac{\mu}{2+\mu}}\right)$
符号定义	ζ_2 为吸振器的阻尼比，$\zeta_2=\dfrac{C_2}{2m_2\omega_2}$；$x_{st}=\dfrac{f_0}{K_1}$；$\nu=\dfrac{\omega_2}{\omega_1}$；$\mu=\dfrac{m_2}{m_1}$；$\omega_1=\sqrt{\dfrac{K_1}{m_1}}$；$\omega_2=\sqrt{\dfrac{K_2}{m_2}}$	

5.5.2.2　有阻尼动力吸振器的最佳参数

表 27-5-18　　采用优化准则 1，有阻尼动力吸振器最佳参数

模型	力激励系统	位移激励系统
模型	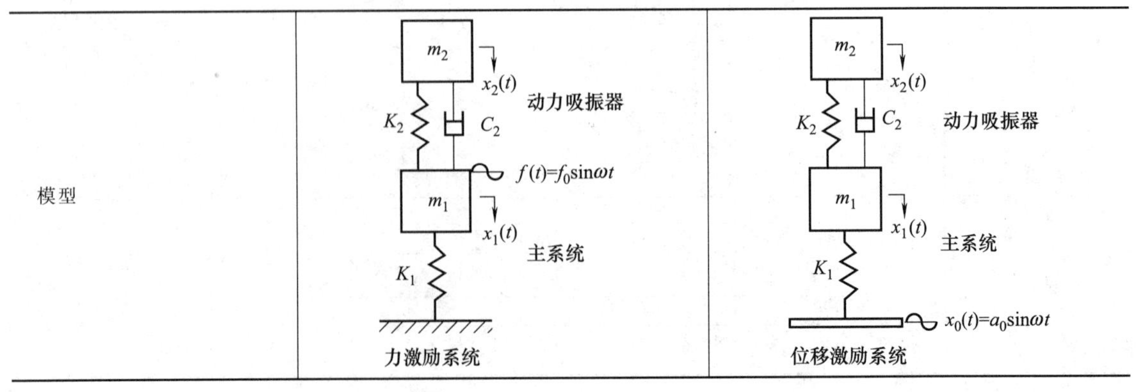	

续表

优化准则		H_∞ 优化，极小化主系统位移响应的最大幅值	
性能指标		$\left\|\frac{x_1}{x_{st}}\right\|_{max}$	$\left\|\frac{x_1}{x_0}\right\|_{max}$
最优调谐 ν_{opt}	近似解	$\frac{1}{1+\mu}$	
	精确解	$\frac{2}{1+\mu}\sqrt{\frac{2[16+23\mu+9\mu^2+2(2+\mu)\sqrt{4+3\mu}]}{3(64+80\mu+27\mu^2)}}$	
最优阻尼 ζ_{2opt}	近似解	$\sqrt{\frac{3\mu}{8(1+\mu)}}$	
	精确解	$\frac{1}{4}\sqrt{\frac{8+9\mu-4\sqrt{4+3\mu}}{1+\mu}}$	
性能指标的最优值	近似解	$\sqrt{\frac{2+\mu}{\mu}}$	
	精确解	$\frac{1}{3\mu}\sqrt{\frac{(8+9\mu)^2(16+9\mu)-128(4+3\mu)^{3/2}}{3(32+27\mu)}}$	
符号定义	x_1 为主系统的绝对位移；ζ_2 为吸振器的阻尼比，$\zeta_2=\frac{C_2}{2m_2\omega_2}$；$x_{st}=\frac{f_0}{K_1}$；$\nu=\frac{\omega_2}{\omega_1}$；$\mu=\frac{m_2}{m_1}$；$\omega_1=\sqrt{\frac{K_1}{m_1}}$；$\omega_2=\sqrt{\frac{K_2}{m_2}}$		

表 27-5-19　　采用优化准则 2，有阻尼动力吸振器最佳参数

模型	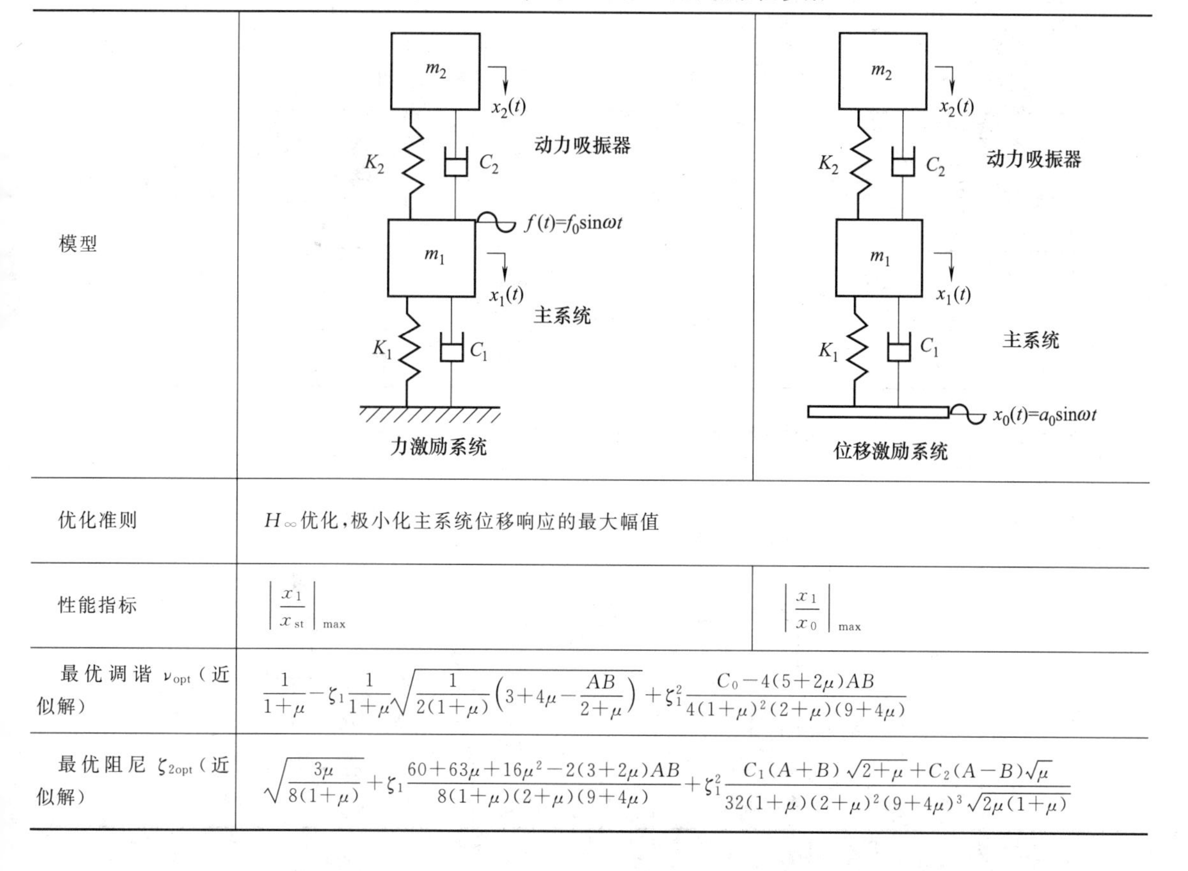	
优化准则	H_∞ 优化，极小化主系统位移响应的最大幅值	
性能指标	$\left\|\frac{x_1}{x_{st}}\right\|_{max}$	$\left\|\frac{x_1}{x_0}\right\|_{max}$
最优调谐 ν_{opt}（近似解）	$\frac{1}{1+\mu}-\zeta_1\frac{1}{1+\mu}\sqrt{\frac{1}{2(1+\mu)}\left(3+4\mu-\frac{AB}{2+\mu}\right)}+\zeta_1^2\frac{C_0-4(5+2\mu)AB}{4(1+\mu)^2(2+\mu)(9+4\mu)}$	
最优阻尼 ζ_{2opt}（近似解）	$\sqrt{\frac{3\mu}{8(1+\mu)}}+\zeta_1\frac{60+63\mu+16\mu^2-2(3+2\mu)AB}{8(1+\mu)(2+\mu)(9+4\mu)}+\zeta_1^2\frac{C_1(A+B)\sqrt{2+\mu}+C_2(A-B)\sqrt{\mu}}{32(1+\mu)(2+\mu)^2(9+4\mu)^3\sqrt{2\mu(1+\mu)}}$	

续表

常数定义	$A=\sqrt{3(2+\mu)-\sqrt{\mu(2+\mu)}}$，$B=\sqrt{3(2+\mu)+\sqrt{\mu(2+\mu)}}$	
	力激励系统	$C_0=52+41\mu+8\mu^2$ $C_1=-1296+2124\mu+6509\mu^2+5024\mu^3+1616\mu^4+192\mu^5$ $C_2=48168+112887\mu+105907\mu^2+49664\mu^3+11632\mu^4+1088\mu^5$
	位移激励系统	$C_0=52+113\mu+76\mu^2+16\mu^3$ $C_1=-1296+2124\mu+7157\mu^2+5924\mu^3+2032\mu^4+256\mu^5$ $C_2=48168+105111\mu+91867\mu^2+40172\mu^3+8784\mu^4+768\mu^5$
符号定义	ζ_1为主系统的阻尼比，$\zeta_1=\dfrac{C_1}{2m_1\omega_1}$；$x_{st}=\dfrac{f_0}{K_1}$；$\nu=\dfrac{\omega_2}{\omega_1}$；$\mu=\dfrac{m_2}{m_1}$；$\zeta_2=\dfrac{C_2}{2m_2\omega_2}$；$\omega_1=\sqrt{\dfrac{K_1}{m_1}}$，$\omega_2=\sqrt{\dfrac{K_2}{m_2}}$	

表 27-5-20　　**采用优化准则3，有阻尼动力吸振器最佳参数**

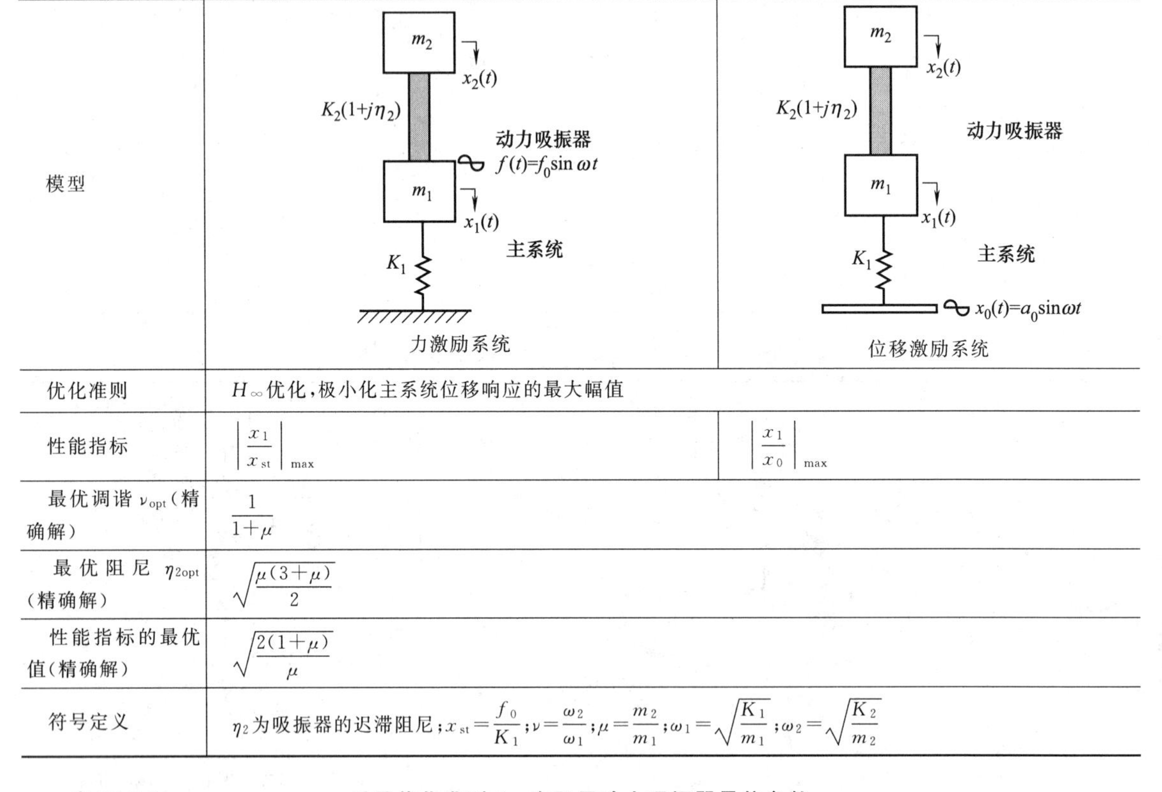

模型	力激励系统	位移激励系统
优化准则	H_∞优化，极小化主系统位移响应的最大幅值	
性能指标	$\left\|\dfrac{x_1}{x_{st}}\right\|_{max}$	$\left\|\dfrac{x_1}{x_0}\right\|_{max}$
最优调谐ν_{opt}（精确解）	$\dfrac{1}{1+\mu}$	
最优阻尼 η_{2opt}（精确解）	$\sqrt{\dfrac{\mu(3+\mu)}{2}}$	
性能指标的最优值（精确解）	$\sqrt{\dfrac{2(1+\mu)}{\mu}}$	
符号定义	η_2为吸振器的迟滞阻尼；$x_{st}=\dfrac{f_0}{K_1}$；$\nu=\dfrac{\omega_2}{\omega_1}$；$\mu=\dfrac{m_2}{m_1}$；$\omega_1=\sqrt{\dfrac{K_1}{m_1}}$；$\omega_2=\sqrt{\dfrac{K_2}{m_2}}$	

表 27-5-21　　**采用优化准则4，有阻尼动力吸振器最佳参数**

模型	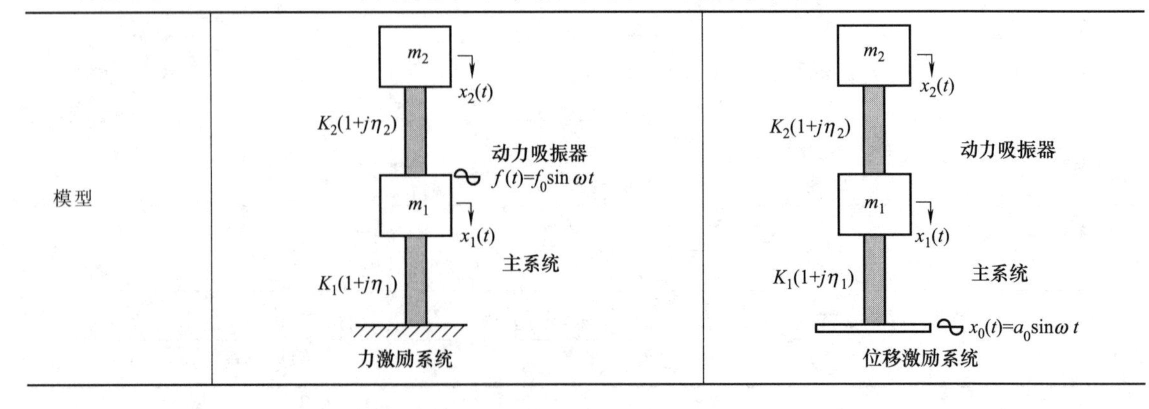	

续表

优化准则	H_∞优化，极小化主系统位移响应的最大幅值	
性能指标	$\left\lvert \dfrac{x_1}{x_{st}} \right\rvert_{max}$	$\left\lvert \dfrac{x_1}{x_0} \right\rvert_{max}$
最优调谐 ν_{opt}（精确解）	$\sqrt{\dfrac{1}{(1+\mu)(1-\mu)}}\sqrt{\dfrac{2(3+3\mu^2+2\mu^3)-4\mu^2(1-\mu)\eta_1^2-q_1}{6(1+\mu)(1+\eta_{2opt}^2)}}$	
最优阻尼 η_{2opt}（精确解）	$\dfrac{-b+\sqrt{b^2-4ac}}{2a}$	
性能指标的最优值（精确解）	$(1-\mu)\sqrt{\dfrac{6(1+\mu)}{q_1-2\mu(3+6\mu-\mu^2)+2(1-\mu)(3-\mu^2)\eta_1^2}}$	$(1-\mu)\sqrt{\dfrac{6(1+\mu)(1+\eta_1^2)}{q_1-2\mu(3+6\mu-\mu^2)+2(1-\mu)(3-\mu^2)\eta_1^2}}$
常数定义	$p_0=(3+\mu)^4-4(1-\mu)(3+\mu)(9-3\mu+2\mu^2)\eta_1^2+4\mu^2(1-\mu)^2\eta_1^4$ $p_1=-\mu(3+\mu)^6+3(1-\mu)(3+\mu)^3(9-9\mu+21\mu^2-5\mu^3)\eta_1^2$ $\quad-12\mu^2(1-\mu)^2(45-3\mu^2-2\mu^3)\eta_1^4-8\mu^4(1-\mu)^3\eta_1^6$ $q_0=\mu^2\{p_1-3(1-\mu)^2\eta_1\sqrt{3[-2\mu+(1-\mu)\eta_1^2][(3+\mu)^3+8\mu^2\eta_1^2]^3}\}$ $q_1=\dfrac{\mu^2 p_0}{q_0^{1/3}}+q_0^{1/3}$ $e_0=4\mu^2q_1^2+8\mu q_1[3-6\mu-6\mu^2-6\mu^3-\mu^4+\mu(1-\mu)(3+\mu^2)\eta_1^2]+$ $4(3-6\mu-6\mu^2-6\mu^3-\mu^4)^2-16\mu^2(1-\mu)(9-6\mu+12\mu^2+18\mu^3+$ $3\mu^4-4\mu^5)\eta_1^2+32\mu^4(1-\mu)^2(3-\mu^2)\eta_1^4$ $e_1=(1-\mu)^2[q_1+2\mu(3+\mu)^2+4\mu^2(1-\mu)\eta_1^2][q_1-2\mu(3+6\mu-\mu^2)+4\mu^2(1-\mu)\eta_1^2]$ $e_2=-2(1-\mu)\{\mu q_1^2-q_1[3+18\mu+6\mu^2+6\mu^3-\mu^4+2\mu^2(1-\mu)(3-\mu)\eta_1^2]+$ $2\mu(3+\mu)(9+15\mu+18\mu^2-6\mu^3-3\mu^4-\mu^5)+4\mu^2(1-\mu)(6-9\mu+3\mu^2+$ $9\mu^3+7\mu^4)\eta_1^2-8\mu^4(1-\mu)^2(3+\mu)\eta_1^4\}$ $e_3=12\mu(1+\mu)(1-\mu)^2\eta_1[q_1-2(3+3\mu^2+2\mu^3)+4\mu^2(1-\mu)\eta_1^2]$ $a=e_0e_1-e_3^2$ $b=e_3(3e_1-e_2)$ $C=e_1e_2-3e_3^2$	
符号定义	η_1为主系统的迟滞阻尼；$x_{st}=\dfrac{f_0}{K_1}$；$\nu=\dfrac{\omega_2}{\omega_1}$；$\mu=\dfrac{m_2}{m_1}$；$\omega_1=\sqrt{\dfrac{K_1}{m_1}}$；$\omega_2=\sqrt{\dfrac{K_2}{m_2}}$	

表 27-5-22　　采用优化准则 5，有阻尼动力吸振器最佳参数

模型	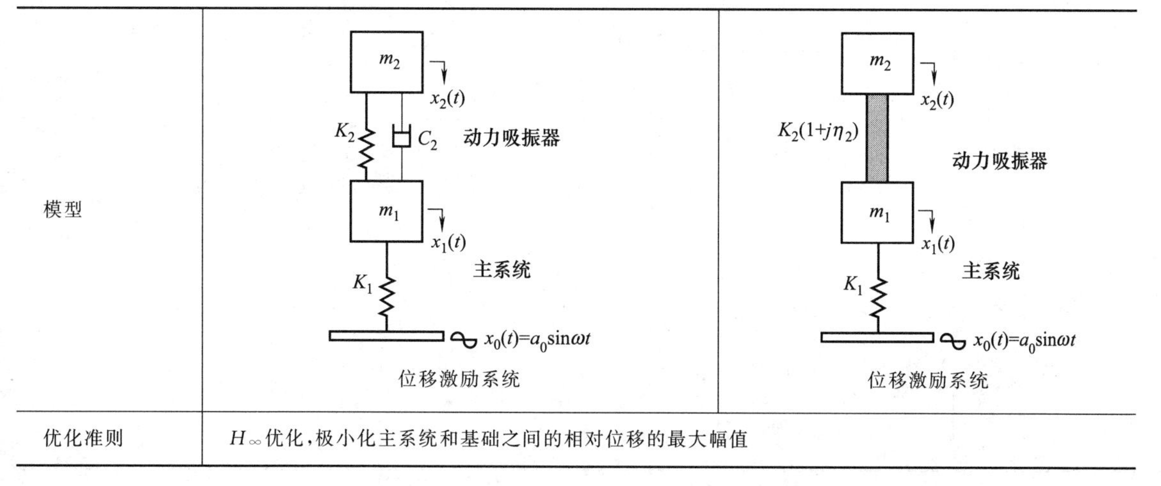
优化准则	H_∞优化，极小化主系统和基础之间的相对位移的最大幅值

续表

性能指标	$\left\|\dfrac{y_1}{x_0}\right\|_{\max}$	
最优调谐 ν_{opt}（精确解）	$\dfrac{1}{2(1+\mu)}\sqrt{\dfrac{1}{6}(16+9\mu+4\sqrt{4+3\mu})}$	$\sqrt{\dfrac{2}{(1+\mu)(2+\mu)}}$
最优阻尼 ζ_{2opt} 或 η_{2opt}（精确解）	$\dfrac{1}{4}\sqrt{\dfrac{8+9\mu-4\sqrt{4+3\mu}}{1+\mu}}$	$\sqrt{\dfrac{\mu(3+\mu)}{2}}$
性能指标的最优值（精确解）	$\dfrac{1}{3\mu}\sqrt{\dfrac{(8+9\mu)^2(16+9\mu)-128(4+3\mu)^{3/2}}{3(32+27\mu)}}$	$\sqrt{\dfrac{2(1+\mu)}{\mu}}$
符号定义	y_1 为主系统和基础之间的相对位移，$y_1=x_1-x_0$；$\nu=\dfrac{\omega_2}{\omega_1}$；$\mu=\dfrac{m_2}{m_1}$；$\zeta_2=\dfrac{C_2}{2m_2\omega_2}$；$\omega_1=\sqrt{\dfrac{K_1}{m_1}}$；$\omega_2=\sqrt{\dfrac{K_2}{m_2}}$	

表 27-5-23　　**采用优化准则 6，有阻尼动力吸振器最佳参数**

模型	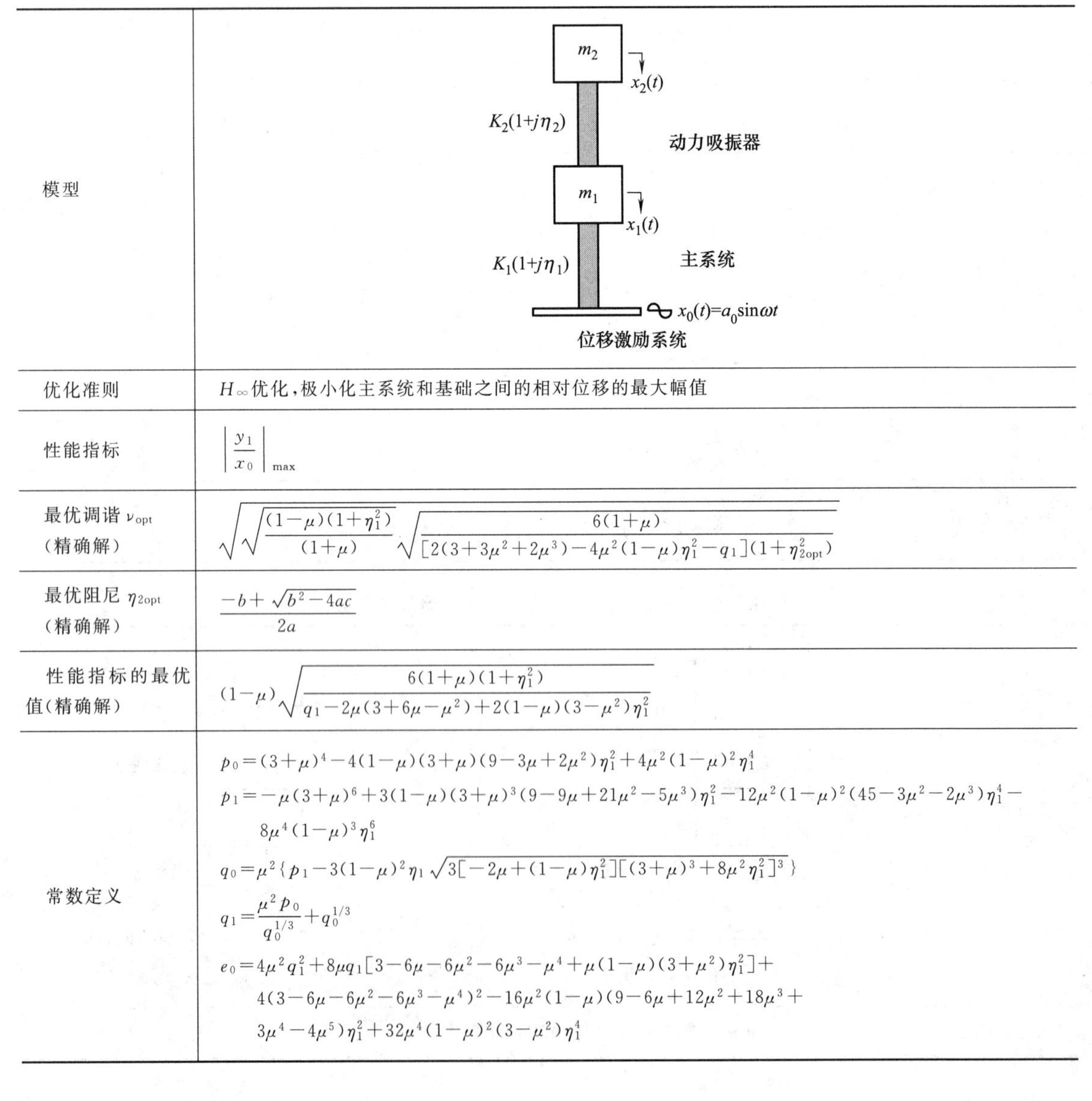
优化准则	H_∞ 优化，极小化主系统和基础之间的相对位移的最大幅值
性能指标	$\left\|\dfrac{y_1}{x_0}\right\|_{\max}$
最优调谐 ν_{opt}（精确解）	$\sqrt{\sqrt{\dfrac{(1-\mu)(1+\eta_1^2)}{(1+\mu)}}\sqrt{\dfrac{6(1+\mu)}{[2(3+3\mu^2+2\mu^3)-4\mu^2(1-\mu)\eta_1^2-q_1](1+\eta_{2opt}^2)}}}$
最优阻尼 η_{2opt}（精确解）	$\dfrac{-b+\sqrt{b^2-4ac}}{2a}$
性能指标的最优值（精确解）	$(1-\mu)\sqrt{\dfrac{6(1+\mu)(1+\eta_1^2)}{q_1-2\mu(3+6\mu-\mu^2)+2(1-\mu)(3-\mu^2)\eta_1^2}}$
常数定义	$p_0=(3+\mu)^4-4(1-\mu)(3+\mu)(9-3\mu+2\mu^2)\eta_1^2+4\mu^2(1-\mu)^2\eta_1^4$ $p_1=-\mu(3+\mu)^6+3(1-\mu)(3+\mu)^3(9-9\mu+21\mu^2-5\mu^3)\eta_1^2-12\mu^2(1-\mu)^2(45-3\mu^2-2\mu^3)\eta_1^4-8\mu^4(1-\mu)^3\eta_1^6$ $q_0=\mu^2\{p_1-3(1-\mu)^2\eta_1\sqrt{3[-2\mu+(1-\mu)\eta_1^2][(3+\mu)^3+8\mu^2\eta_1^2]^3}\}$ $q_1=\dfrac{\mu^2p_0}{q_0^{1/3}}+q_0^{1/3}$ $e_0=4\mu^2q_1^2+8\mu q_1[3-6\mu-6\mu^2-6\mu^3-\mu^4+\mu(1-\mu)(3+\mu^2)\eta_1^2]+4(3-6\mu-6\mu^2-6\mu^3-\mu^4)^2-16\mu^2(1-\mu)(9-6\mu+12\mu^2+18\mu^3+3\mu^4-4\mu^5)\eta_1^2+32\mu^4(1-\mu)^2(3-\mu^2)\eta_1^4$

续表

常数定义	$e_1=(1-\mu)^2[q_1+2\mu(3+\mu)^2+4\mu^2(1-\mu)\eta_1^2][q_1-2\mu(3+6\mu-\mu^2)+4\mu^2(1-\mu)\eta_1^2]$ $e_2=-2(1-\mu)\{\mu q_1^2-q_1[3+18\mu+6\mu^2+6\mu^3-\mu^4+2\mu^2(1-\mu)(3-\mu)\eta_1^2]+2\mu(3+\mu)(9+15\mu+18\mu^2-6\mu^3-3\mu^4-\mu^5)+4\mu^2(1-\mu)(6-9\mu+3\mu^2+9\mu^3+7\mu^4)\eta_1^2-8\mu^4(1-\mu)^2(3+\mu)\eta_1^4\}$ $e_3=12\mu(1+\mu)(1-\mu)^2\eta_1[q_1-2(3+3\mu^2+2\mu^3)+4\mu^2(1-\mu)\eta_1^2]$ $a=e_0e_1-e_3^2$ $b=e_3(3e_1-e_2)$ $C=e_1e_2-3e_3^2$
符号定义	$y_1=x_1-x_0;\nu=\dfrac{\omega_2}{\omega_1};\mu=\dfrac{m_2}{m_1};\omega_1=\sqrt{\dfrac{K_1}{m_1}};\omega_2=\sqrt{\dfrac{K_2}{m_2}}$

表 27-5-24　　采用优化准则7，有阻尼动力吸振器最佳参数

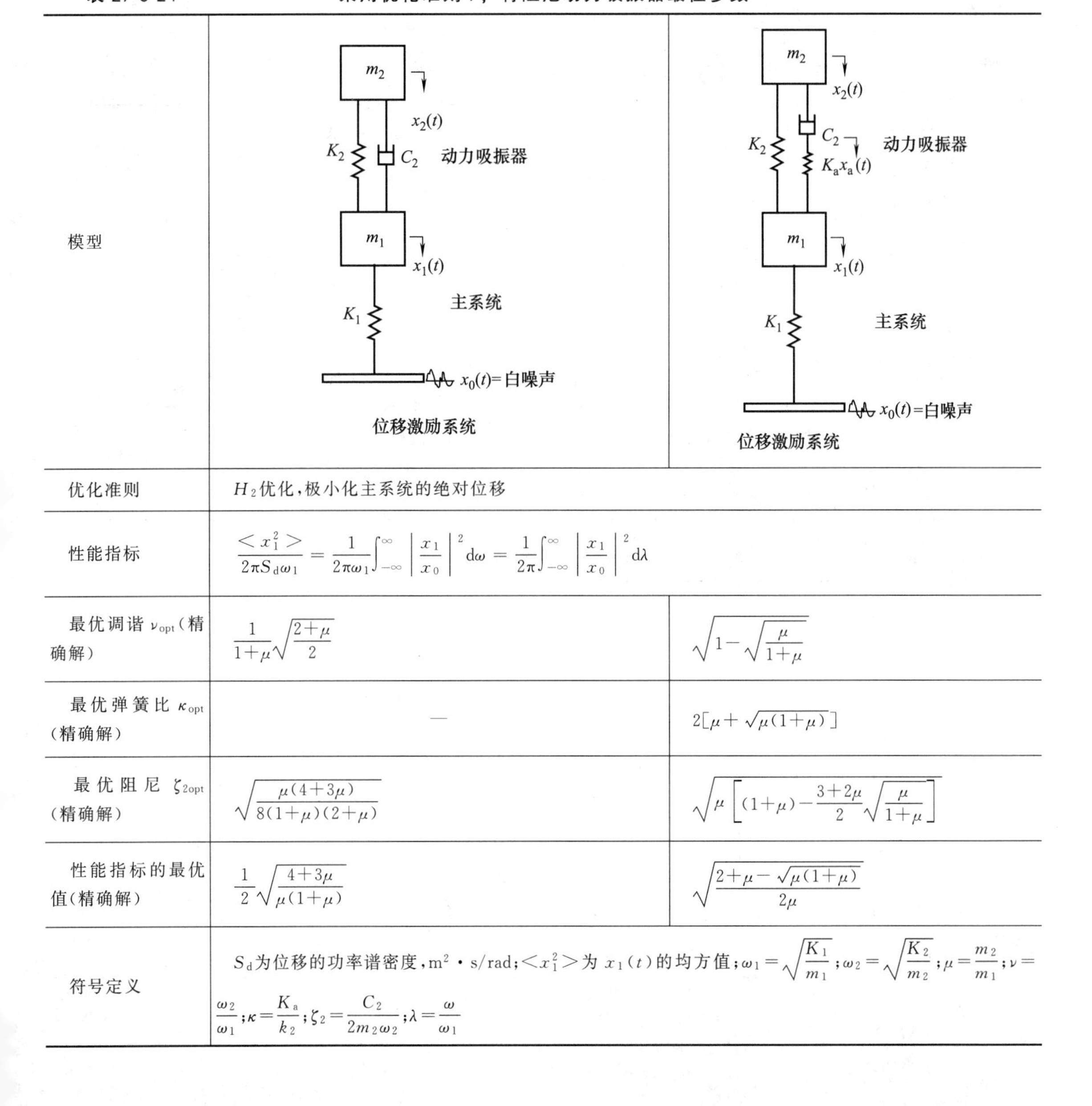

模型	位移激励系统	位移激励系统
优化准则	H_2优化，极小化主系统的绝对位移	
性能指标	$\dfrac{\langle x_1^2\rangle}{2\pi S_d\omega_1}=\dfrac{1}{2\pi\omega_1}\displaystyle\int_{-\infty}^{\infty}\left\|\dfrac{x_1}{x_0}\right\|^2\mathrm{d}\omega=\dfrac{1}{2\pi}\displaystyle\int_{-\infty}^{\infty}\left\|\dfrac{x_1}{x_0}\right\|^2\mathrm{d}\lambda$	
最优调谐 ν_{opt}（精确解）	$\dfrac{1}{1+\mu}\sqrt{\dfrac{2+\mu}{2}}$	$\sqrt{1-\sqrt{\dfrac{\mu}{1+\mu}}}$
最优弹簧比 κ_{opt}（精确解）	—	$2[\mu+\sqrt{\mu(1+\mu)}]$
最优阻尼 ζ_{2opt}（精确解）	$\sqrt{\dfrac{\mu(4+3\mu)}{8(1+\mu)(2+\mu)}}$	$\sqrt{\mu\left[(1+\mu)-\dfrac{3+2\mu}{2}\sqrt{\dfrac{\mu}{1+\mu}}\right]}$
性能指标的最优值（精确解）	$\dfrac{1}{2}\sqrt{\dfrac{4+3\mu}{\mu(1+\mu)}}$	$\sqrt{\dfrac{2+\mu-\sqrt{\mu(1+\mu)}}{2\mu}}$
符号定义	S_d为位移的功率谱密度，$m^2\cdot s/rad$；$\langle x_1^2\rangle$为$x_1(t)$的均方值；$\omega_1=\sqrt{\dfrac{K_1}{m_1}}$；$\omega_2=\sqrt{\dfrac{K_2}{m_2}}$；$\mu=\dfrac{m_2}{m_1}$；$\nu=\dfrac{\omega_2}{\omega_1}$；$\kappa=\dfrac{K_a}{k_2}$；$\zeta_2=\dfrac{C_2}{2m_2\omega_2}$；$\lambda=\dfrac{\omega}{\omega_1}$	

表 27-5-25 采用优化准则 8，有阻尼动力吸振器最佳参数

模型	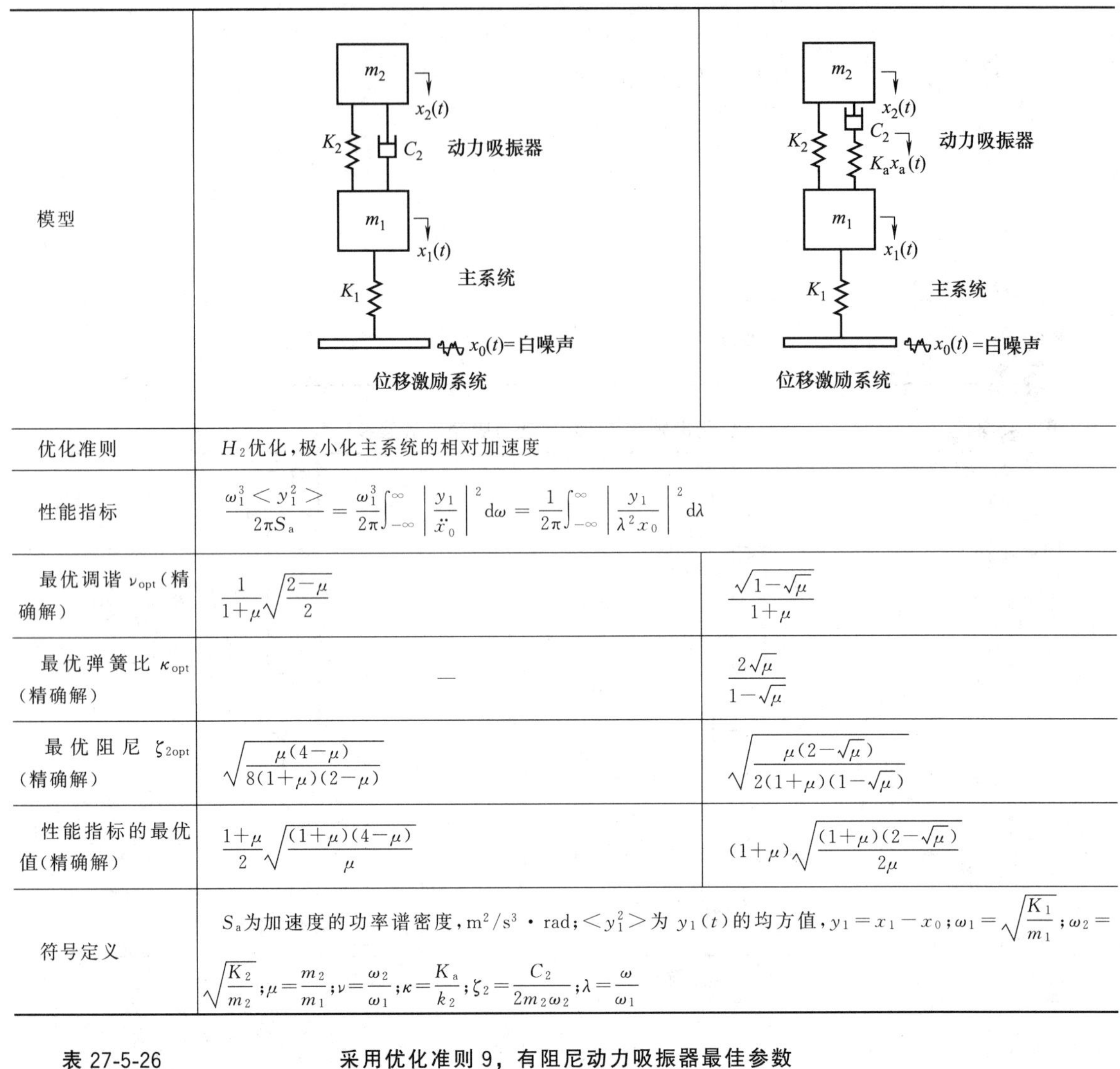	
优化准则	H_2优化，极小化主系统的相对加速度	
性能指标	$\dfrac{\omega_1^3 < y_1^2 >}{2\pi S_a} = \dfrac{\omega_1^3}{2\pi}\int_{-\infty}^{\infty}\left\lvert \dfrac{y_1}{\ddot{x}_0} \right\rvert^2 d\omega = \dfrac{1}{2\pi}\int_{-\infty}^{\infty}\left\lvert \dfrac{y_1}{\lambda^2 x_0}\right\rvert^2 d\lambda$	
最优调谐 ν_{opt}（精确解）	$\dfrac{1}{1+\mu}\sqrt{\dfrac{2-\mu}{2}}$	$\dfrac{\sqrt{1-\sqrt{\mu}}}{1+\mu}$
最优弹簧比 κ_{opt}（精确解）	—	$\dfrac{2\sqrt{\mu}}{1-\sqrt{\mu}}$
最优阻尼 ζ_{2opt}（精确解）	$\sqrt{\dfrac{\mu(4-\mu)}{8(1+\mu)(2-\mu)}}$	$\sqrt{\dfrac{\mu(2-\sqrt{\mu})}{2(1+\mu)(1-\sqrt{\mu})}}$
性能指标的最优值（精确解）	$\dfrac{1+\mu}{2}\sqrt{\dfrac{(1+\mu)(4-\mu)}{\mu}}$	$(1+\mu)\sqrt{\dfrac{(1+\mu)(2-\sqrt{\mu})}{2\mu}}$
符号定义	S_a为加速度的功率谱密度，$m^2/s^3 \cdot rad$；$< y_1^2 >$为 $y_1(t)$的均方值，$y_1 = x_1 - x_0$；$\omega_1 = \sqrt{\dfrac{K_1}{m_1}}$；$\omega_2 = \sqrt{\dfrac{K_2}{m_2}}$；$\mu = \dfrac{m_2}{m_1}$；$\nu = \dfrac{\omega_2}{\omega_1}$；$\kappa = \dfrac{K_a}{k_2}$；$\zeta_2 = \dfrac{C_2}{2m_2\omega_2}$；$\lambda = \dfrac{\omega}{\omega_1}$	

表 27-5-26 采用优化准则 9，有阻尼动力吸振器最佳参数

模型	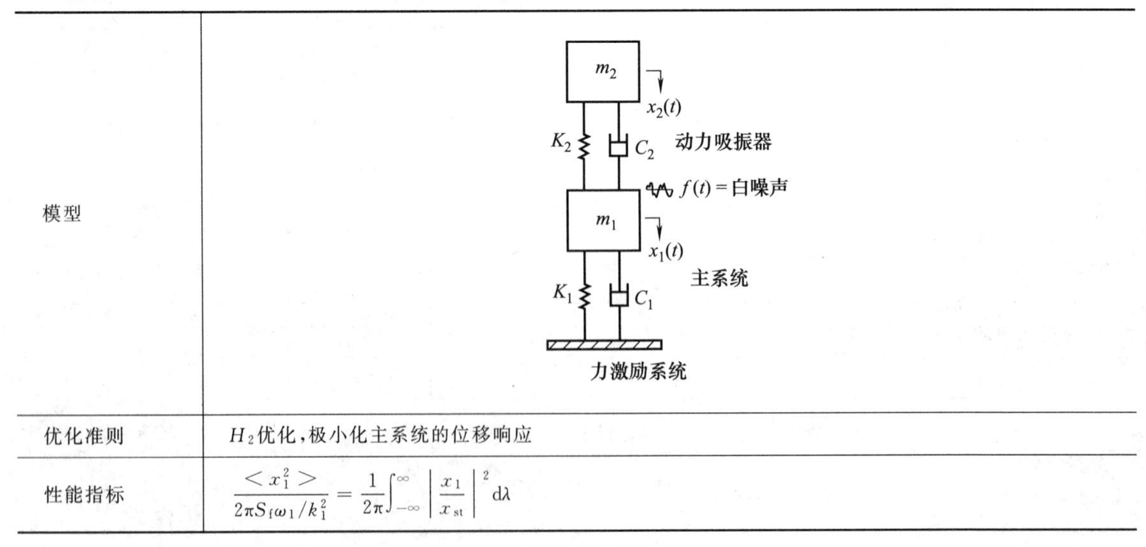
优化准则	H_2优化，极小化主系统的位移响应
性能指标	$\dfrac{< x_1^2 >}{2\pi S_f \omega_1 / k_1^2} = \dfrac{1}{2\pi}\int_{-\infty}^{\infty}\left\lvert \dfrac{x_1}{x_{st}} \right\rvert^2 d\lambda$

续表

最优调谐 ν_{opt}（近似解）	$\frac{1}{1+\mu}\sqrt{1+\frac{\mu}{2}}-\zeta_1(4+\mu)\sqrt{\frac{\mu}{8(1+\mu)^3(2+\mu)(4+3\mu)}}+\zeta_1^2\frac{\mu(192+304\mu+132\mu^2+13\mu^3)}{8(1+\mu)^2(4+3\mu)^2\sqrt{2(2+\mu)^3}}-\zeta_1^3\frac{b_1}{16}\sqrt{\frac{\mu^3}{2(1+\mu)^5(2+\mu)^5(4+3\mu)^7}}$
	$b_1=4096+13056\mu+15360\mu^2+8080\mu^3+1780\mu^4+101\mu^5$
最优阻尼 ζ_{2opt}（近似解）	$\sqrt{\frac{\mu(4+3\mu)}{8(1+\mu)(2+\mu)}}-\zeta_1\frac{\mu^3}{4(1+\mu)(4+3\mu)\sqrt{2(2+\mu)^3}}+\zeta_1^2\frac{-64-80\mu+15\mu^3}{32}\sqrt{\frac{2\mu^5}{(1+\mu)^3(2+\mu)^5(4+3\mu)^5}}+\zeta_1^3\frac{\mu^3 b_2}{32(1+\mu)^2(4+3\mu)^4\sqrt{2(2+\mu)^7}}$
	$b_2=2048+6912\mu+8064\mu^2+3616\mu^3+288\mu^4-125\mu^5$
符号定义	S_f为激励力的功率谱密度，$N^2\cdot s/rad$；$x_{st}=\frac{f_0}{K_1}$；$\mu=\frac{m_2}{m_1}$；$\nu=\frac{\omega_2}{\omega_1}$；$\zeta=\frac{C_1}{2m_1\omega_1}$，$\zeta_2=\frac{C_2}{2m_2\omega_2}$，$\lambda=\frac{\omega}{\omega_1}$，$\omega_1=\sqrt{\frac{K_1}{m_1}}$，$\omega_2=\sqrt{\frac{K_2}{m_2}}$

表 27-5-27　　采用优化准则 10，有阻尼动力吸振器最佳参数

模型	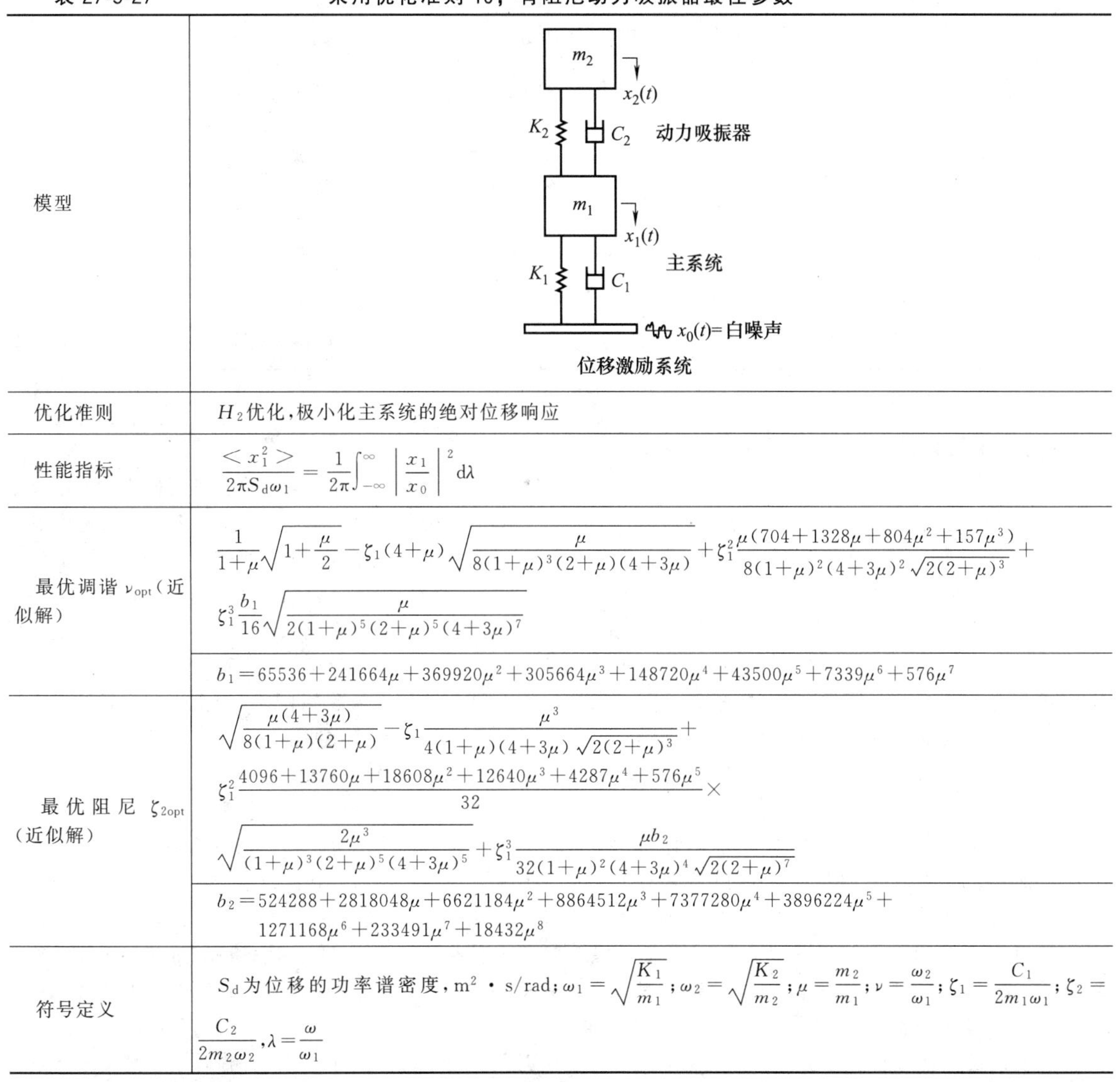 位移激励系统
优化准则	H_2优化，极小化主系统的绝对位移响应
性能指标	$\frac{\langle x_1^2\rangle}{2\pi S_d\omega_1}=\frac{1}{2\pi}\int_{-\infty}^{\infty}\left\|\frac{x_1}{x_0}\right\|^2 d\lambda$
最优调谐 ν_{opt}（近似解）	$\frac{1}{1+\mu}\sqrt{1+\frac{\mu}{2}}-\zeta_1(4+\mu)\sqrt{\frac{\mu}{8(1+\mu)^3(2+\mu)(4+3\mu)}}+\zeta_1^2\frac{\mu(704+1328\mu+804\mu^2+157\mu^3)}{8(1+\mu)^2(4+3\mu)^2\sqrt{2(2+\mu)^3}}+\zeta_1^3\frac{b_1}{16}\sqrt{\frac{\mu}{2(1+\mu)^5(2+\mu)^5(4+3\mu)^7}}$
	$b_1=65536+241664\mu+369920\mu^2+305664\mu^3+148720\mu^4+43500\mu^5+7339\mu^6+576\mu^7$
最优阻尼 ζ_{2opt}（近似解）	$\sqrt{\frac{\mu(4+3\mu)}{8(1+\mu)(2+\mu)}}-\zeta_1\frac{\mu^3}{4(1+\mu)(4+3\mu)\sqrt{2(2+\mu)^3}}+\zeta_1^2\frac{4096+13760\mu+18608\mu^2+12640\mu^3+4287\mu^4+576\mu^5}{32}\times\sqrt{\frac{2\mu^3}{(1+\mu)^3(2+\mu)^5(4+3\mu)^5}}+\zeta_1^3\frac{\mu b_2}{32(1+\mu)^2(4+3\mu)^4\sqrt{2(2+\mu)^7}}$
	$b_2=524288+2818048\mu+6621184\mu^2+8864512\mu^3+7377280\mu^4+3896224\mu^5+1271168\mu^6+233491\mu^7+18432\mu^8$
符号定义	S_d为位移的功率谱密度，$m^2\cdot s/rad$；$\omega_1=\sqrt{\frac{K_1}{m_1}}$；$\omega_2=\sqrt{\frac{K_2}{m_2}}$；$\mu=\frac{m_2}{m_1}$；$\nu=\frac{\omega_2}{\omega_1}$；$\zeta_1=\frac{C_1}{2m_1\omega_1}$；$\zeta_2=\frac{C_2}{2m_2\omega_2}$，$\lambda=\frac{\omega}{\omega_1}$

5.5.2.3 有阻尼动力吸振器设计示例

表 27-5-28 有阻尼动力吸振器设计示例

说明：设计步骤针对主系统无阻尼且吸振器黏性阻尼的力激励系统。示例中采用最优调谐、最优阻尼和最优性能指标的近似解。某电机及机座质量为 9.8kg，电机转速为 $n=960\text{r/min}$，机座垂向刚度为 $9.8\times10^4\text{N/m}$，电机引起的激励力幅值为 58.8N。针对此电机设计一动力吸振器。

序号	设计步骤	示例
1	确定主系统的等效质量 m_1 和等效刚度 K_1；确定激励力幅值 f_0 和频率 ω	$m_1=9.8\text{kg}$，$K_1=9.8\times10^4\text{N/m}$，$f_0=58.8\text{N}$，$\omega=2\pi n/60=100.5\text{rad/s}$
2	确定主系统的固有频率 ω_1 和静位移 x_{st} 以及激励频率比 λ	$\omega_1=\sqrt{\dfrac{K_1}{m_1}}=100\text{rad/s}$，$x_{st}=\dfrac{f_0}{K_1}=0.0006\text{m}$，$\lambda=\dfrac{\omega}{\omega_1}=1.005\approx1$
3	根据给定的主系统的最大允许位移幅值 $\overline{X}$，确定最优质量比 μ_{opt}；如果没有给定主系统的最大允许位移幅值，则根据具体情况选择适当的质量比 μ；从而确定吸振器的质量 m_2	给定 $\overline{X}=0.002\text{m}$，根据 $\overline{X}=x_{st}\sqrt{\dfrac{2+\mu}{\mu}}$ 得到 $\mu_{opt}=\dfrac{2}{\left[\left(\dfrac{\overline{X}}{x_{st}}\right)^2-1\right]}=0.198\approx0.2$， $m_2=\mu m_1=1.96\text{kg}$
4	确定最优调谐 ν_{opt}，从而确定吸振器的固有频率 ω_2 以及弹簧刚度 K_2	$\nu_{opt}=\dfrac{1}{1+\mu}=0.83$，$\omega_2=\omega_1\nu=83\text{rad/s}$，$K_2=\omega_2^2m_2=1.35\times10^4\text{N/m}$
5	确定最优阻尼 ζ_{2opt} 以及吸振器的黏性阻尼系数 C_2，从而选择适当的阻尼元件	$\zeta_{2opt}=\sqrt{\dfrac{3\mu}{8(1+\mu)}}=0.25$， $C_2=2m_2\omega_2\zeta_2=81.34\text{N}\cdot\text{s/m}$

5.6 缓冲器设计

5.6.1 设计思想

隔振系统所受的激励是振动，缓冲系统所受的激励是冲击，所以缓冲问题与隔振减振问题有所不同。隔振主要处理的是稳态的振动，振幅较小；缓冲则主要处理瞬态振动，振幅较大。由于振幅大，有时就必须考虑非线性问题。隔振器的设计，主要是寻求激振圆频率和系统固有圆频率间的关系，使传递系数控制在允许范围内。缓冲的主要问题是要求所设计的缓冲器能够储存冲击作用的能量，冲击结束后将此能量以系统作自由衰减振动的形式释放出来，使冲击波以较缓和的形式作用于基础和设备。隔振器与缓冲器都是要阻止或减少振动能量的危害，其基本理论是相同的，甚至有些设备都是相似的，例如车辆的缓冲器往往就被通俗地称作隔振器。

5.6.1.1 冲击现象及冲击传递系数

冲击是指一个系统在相当短的时间内（通常以毫秒计），受到瞬态激励，其位移、速度或加速度发生突然变化的物理现象。冲击特点：①冲击作用的持续时间非常短暂，因此剧烈的能量释放、转换和传递的时间很短，是骤然完成的。②冲击激励函数不呈现周期性。在冲击作用下，系统所产生的运动为瞬态运动，而振动激励函数一般都是周期性的，系统运动响应为稳态振动。③在冲击作用下，系统的运动响应与冲击作用的持续时间及系统的固有频率或周期有关。④冲击作用下系统的响应（位移、速度或加速度）在冲击持续时间内与冲击作用结束后是不同的。前者称作初始响应，后者称作残余响应。

图 27-5-11 是 5 种常见的冲击运动的加速度、速度和位移曲线。其中加速度脉冲和阶跃加速度是冲击运动的极限情况，是一种较为特殊的冲击脉冲或持续载荷。载荷持续的量级可以瞬时达到或经过有限时间达到。持续载荷之所以归入冲击环境，是由于激励力

或加速度从参考幅值变到最大持续力幅值或加速度幅值是以突然加载的方式进行的。半正弦脉冲加速度、衰减正弦加速度和复杂振荡型运动是工程中常遇到的冲击输入。半正弦冲击输入和矩形脉冲输入等都可以由二个符号相反、时间延迟为脉冲宽度的阶跃信号叠加而成。

缓冲问题是冲击隔离问题，因此，同隔振一样，可将缓冲分为积极缓冲和消极缓冲两类，缓冲系统的力学模型见图 27-5-12，在忽略阻尼和非线性影响以及冲击作用时间的条件下，可以得到两个数学意义相同的运动方程。

积极缓冲时

$$\begin{cases} m\ddot{x}+Kx=F(t) \\ F(t)=\begin{cases} F_m & 0\leqslant t\leqslant\tau \\ 0 & t>\tau \end{cases} \end{cases}$$

$$\tau=\frac{1}{F_m}\int_0^{t_1}F(t)\mathrm{d}t$$

式中　F_m——冲击力最大值。

消极缓冲时

$$\begin{cases} m\ddot{\delta}+K\delta=-m\ddot{u}(t) \\ \ddot{u}(t)=\begin{cases} \ddot{U}_m & 0\leqslant t\leqslant\tau \\ 0 & t>\tau \end{cases} \end{cases}$$

$$\tau=\frac{1}{\ddot{U}_m}\int_0^{t_1}\ddot{u}(t)\mathrm{d}t,\delta=x-u$$

式中　$\ddot{U}_m$——基础加速度冲击最大值。

评价缓冲器品质的重要指标是冲击传递系数。被缓冲器保护的基础或机械设备所受的最大冲击力为 N_m，无缓冲器时基础或机械设备所受的最大冲击力为 $N_{m\infty}$，则冲击传递系数 T_s：

积极缓冲时　$T_s=\dfrac{N_m}{N_{m\infty}}=\dfrac{N_m}{F_m}$

消极缓冲时　$T_s=\dfrac{N_m}{N_{m\infty}}=\dfrac{m\ddot{X}_m}{m\ddot{U}_m}=\dfrac{\ddot{X}}{\ddot{U}}$

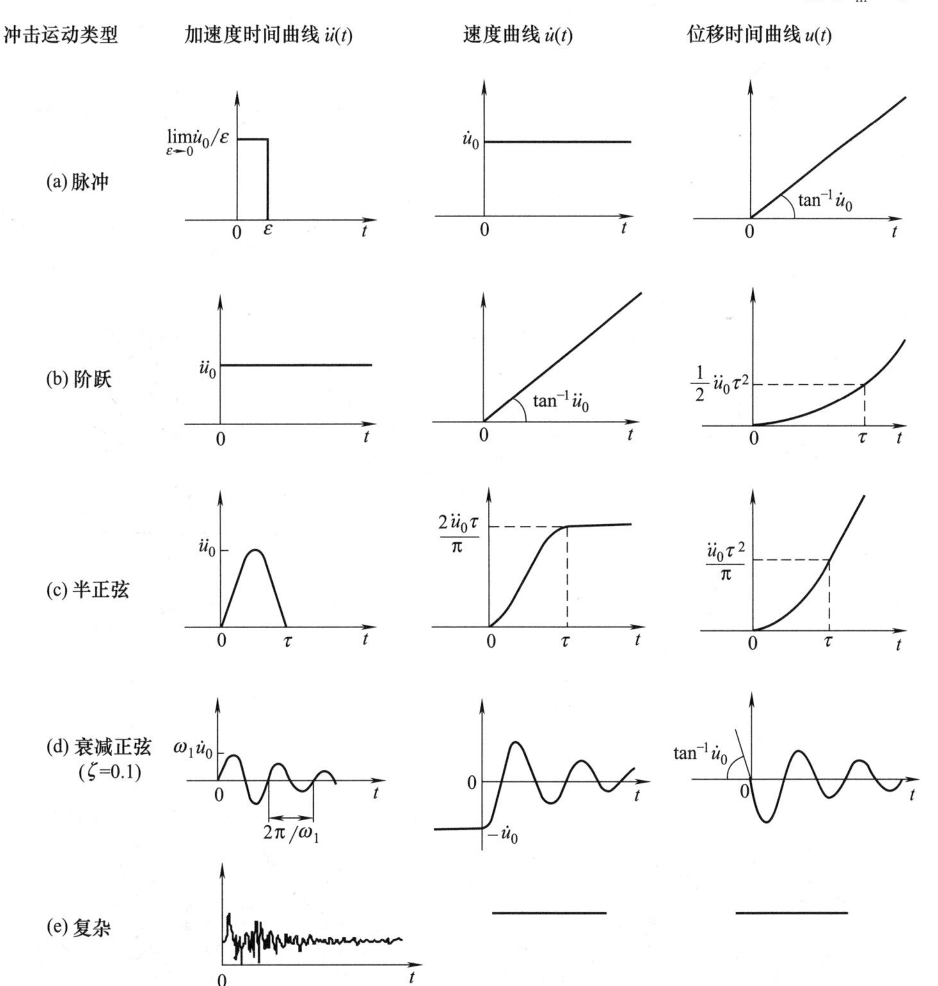

图 27-5-11　常见的冲击运动的加速度、速度和位移曲线

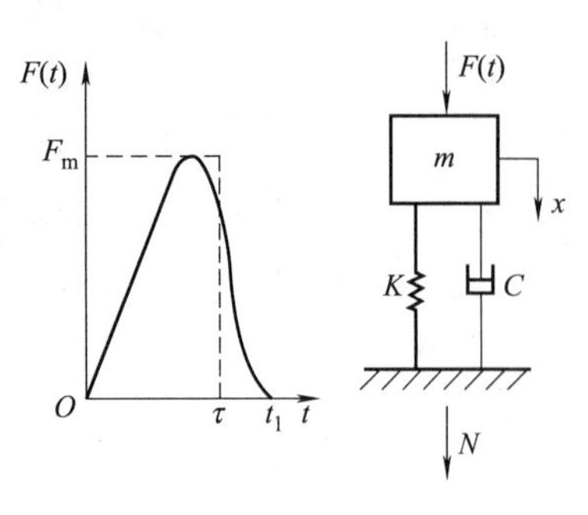

(a) 积极缓冲

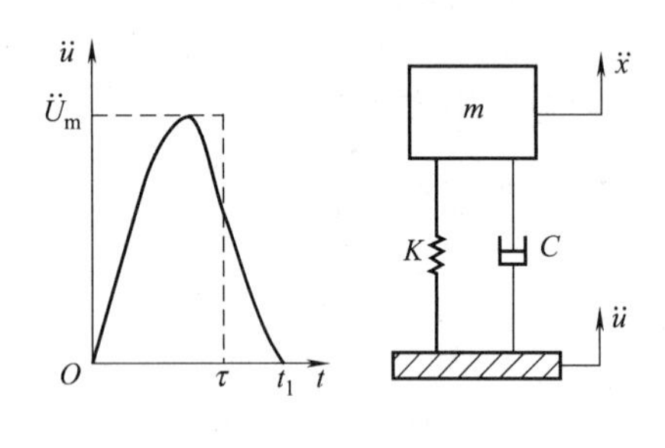

(b) 消极缓冲

图 27-5-12　缓冲系统的力学模型

从力学模型、运动微分方程和传递系数上看，缓冲和隔振非常相似。因此，缓冲问题也同隔振问题一样，从消极缓冲模型动力分析中所得出的结论会完全适用于积极缓冲。

5.6.1.2　速度阶跃激励

当冲击力作用的时间 τ 远小于缓冲系统固有周期 T（一般 $\tau<0.3T$）时，根据冲量定理，该力的冲击与此力的冲量所产生速度阶跃相同。同理，当加速度脉冲的持续时间 τ 远小于缓冲系统固有周期 T 时，也可将加速度脉冲近似地作为速度阶跃冲击。于是系统的运动方程和初始条件为：

$$\begin{cases} m\ddot{x}+F(\delta,\dot{\delta})=0 \\ \delta(0)=0,\ \dot{\delta}(0)=\dot{U}_m \end{cases}$$

式中　$F(\delta,\dot{\delta})$——缓冲器的恢复力和阻尼力函数。

由于缓冲器的固有圆频率一般都比较低，即固有周期 T 比较长，所以冲击作用时间一般要比 T 小得多，采用速度阶跃模型所得到的结果可满足工程计算要求。

5.6.1.3　缓冲弹簧的储能特性

表 27-5-29　　缓冲弹簧的储能特性

类型	线性弹簧	非线性弹簧	
		硬特性弹簧	软特性弹簧
特性曲线	$F_s(\delta)\ \ K\delta$	$F_s(\delta)=\frac{2Kd}{\pi}\tan\frac{\pi\delta}{2d}$	$F_s(\delta)=Kd_1\,\mathrm{th}\frac{\delta}{d_1}$
储能特性	当 $\delta=\delta_m$ 时 $\int_0^{\delta_m}F_s(\delta)\mathrm{d}\delta=\frac{1}{2}m\dot{U}_m^2$　δ_m——最大相对位移		
各参数间的关系	$\ddot{X}_m=\omega_n^2\delta_m$ $\ddot{X}_m=\omega_n^2\dot{U}_m$ $\dot{U}_m=\omega_n\delta_m$ $\omega_n=\sqrt{K/m}$	$\frac{\ddot{X}_m}{\omega_n^2 d}=\frac{2}{\pi}\tan\frac{\pi\delta_m}{2d}$ $\frac{\ddot{X}_m\delta_m}{\dot{U}_m^2}=\frac{\frac{\pi\delta_m}{d}\tan\frac{\pi\delta_m}{2d}}{4\ln\left(\sec\frac{\pi\delta_m}{2d}\right)}$ $\frac{\dot{U}_m^2}{\omega_n^2 d^2}=\frac{8}{\pi^2}\ln\left(\sec\frac{\pi\delta_m}{2d}\right)$ $\frac{\ddot{X}_m\delta_m}{\dot{U}_m^2}$、$\frac{\dot{U}_m}{\omega_n d}$与$\frac{\delta_m}{d}$的关系曲线见图 27-5-13	$\frac{\ddot{X}_m}{\omega_n^2 d_1}=\mathrm{th}\frac{\delta_m}{d_1}$ $\frac{\ddot{X}_m\delta_m}{\dot{U}_m^2}=\frac{\frac{\delta_m}{d_1}\mathrm{th}\frac{\delta_m}{d_1}}{\ln\left(\mathrm{ch}^2\frac{\delta_m}{d_1}\right)}$ $\frac{\dot{U}_m^2}{\omega_n^2 d_1^2}=\ln\left(\mathrm{ch}^2\frac{\delta_m}{d_1}\right)$ $\frac{\ddot{X}_m\delta_m}{\dot{U}_m^2}$、$\frac{\dot{U}_m}{\omega_n d_1}$与$\frac{\delta_m}{d_1}$的关系曲线见图 27-5-14

续表

类型	线性弹簧	非线性弹簧	
		硬特性弹簧	软特性弹簧
说明	当$\dot{U}_m$确定时，$\ddot{X}_m$与ω_n成正比，而δ_m与ω_n成反比，两者是相互制约的	K为曲线的初始斜率，即δ很小时的弹簧刚度。$\delta=d$为曲线的渐近线。ω_n为δ很小时的固有圆频率	K和ω_n的意义同左，Kd_1为曲线的渐近线
能量吸收率	$\eta=\dfrac{\ddot{X}_m\delta_m}{\dot{U}_m^2}=1$，能量吸收率为50% $\ddot{X}_m\delta_m$——弹簧中可能储存的最大能量 $\dot{U}_m^2$——弹簧中实际储存能量的二倍	$\eta>1$，能量吸收率小于50%，缓冲效果差，抗超载能力强	$\eta<1$，能量吸收率大于50%，缓冲效果较好，但最大量δ_m较大，小冲击能引起较大的$\ddot{X}_m$
典型弹簧	金属螺旋弹簧	泡沫塑料或橡胶弹簧	垂直方向预压缩的橡胶剪切弹簧或空气弹簧

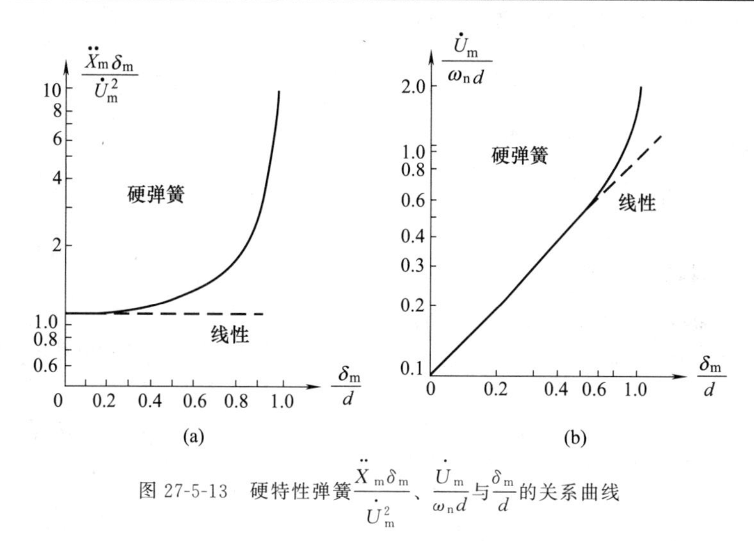

图 27-5-13　硬特性弹簧$\dfrac{\ddot{X}_m\delta_m}{\dot{U}_m^2}$、$\dfrac{\dot{U}_m}{\omega_n d}$与$\dfrac{\delta_m}{d}$的关系曲线

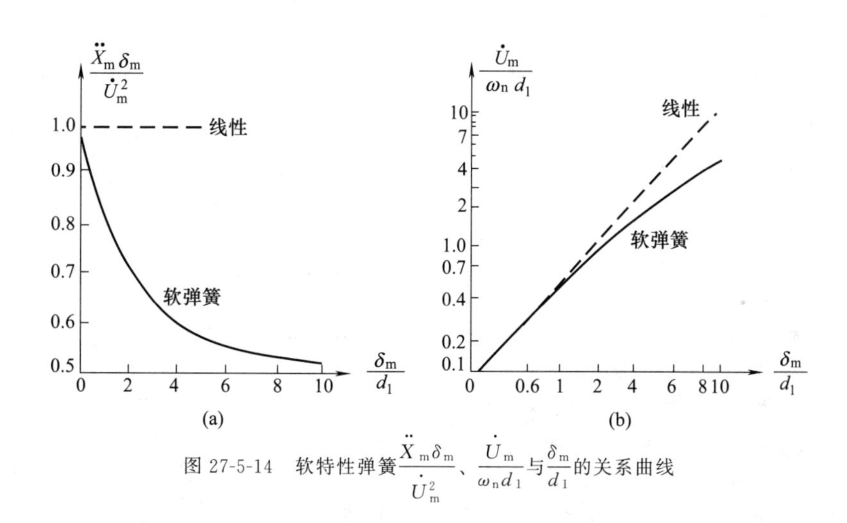

图 27-5-14　软特性弹簧$\dfrac{\ddot{X}_m\delta_m}{\dot{U}_m^2}$、$\dfrac{\dot{U}_m}{\omega_n d_1}$与$\dfrac{\delta_m}{d_1}$的关系曲线

5.6.1.4　阻尼参数选择

理论分析结果表明：

1）当 $\zeta=\frac{C}{2\sqrt{mK}}<0.5$ 时，$\frac{\ddot{X}_m}{\omega_n\dot{U}_m}<1$，从表 27-5-29 查得线性弹簧无阻尼时的最大加速度 $\ddot{X}_m=\omega_n\dot{U}_m$，$\frac{\ddot{X}_m}{\omega_n\dot{U}_m}=1$，说明阻尼的存在使最大加速减小，改善了缓冲效果，$\xi>0.5$ 则相反；

2）当 $\omega_n\dot{U}_m$ 确定时，$\ddot{X}_m$ 在 $\zeta=0.265$ 时取最小值，$\left(\frac{\ddot{X}_m}{\omega_n\dot{U}_m}\right)_{min}=0.81$，所以，$\zeta=0.265$ 为弹簧刚度固定时的最佳阻尼比；

3）当 $\dot{U}_m$、δ_m 确定时，$\ddot{X}_m$ 在 $\zeta=0.404$ 时取最小值，$\left(\frac{\ddot{X}_m}{\omega_n\dot{U}_m}\right)_{min}=0.52$，所以，$\zeta=0.404$ 为弹簧的最大变形量固定时的最佳阻尼。

5.6.2　一级缓冲器设计

5.6.2.1　缓冲器设计原则

1）由冲击激励性质分析，确定计算模型。冲击激励一般可以表达为力脉冲、加速度脉冲或速度阶跃。由于缓冲系统的固有振动周期比较长，而冲击的作用时间比较短，所以各种冲击作用一般可以简化为速度阶跃这一较理想的冲击模型，而不致有大的误差。这一模型可使设计计算简化，且偏保守。当需要用力脉冲或加速度脉冲作为冲击输入时，常见的各种形状的脉冲可以简化为等效的矩形脉冲，所得结果能满足工程的精度要求。

2）根据缓冲要求，确定缓冲器设计控制量，即缓冲器的最大压缩量 δ_m，所保护的对象受到的最大力 F_m 或最大加速度 $\ddot{X}_m$。

3）分析缓冲器的工作环境，看是否有隔振要求。若要求隔振，则设计就变得复杂。隔振器和缓冲器的设计侧重点不尽相同，应采用前述相应章节分析，进行综合设计。

4）阻尼的处理是缓冲器设计中的一个重要问题。阻尼的作用是耗散部分冲击能，从而减小冲击力。设计时，一般取相对黏性阻尼系数为 0.3，如果阻尼太大（如>0.5），反而使受保护设备所受的冲击增大。

5）根据缓冲对象及缓冲器工作空间环境要求，确定在所设计的缓冲器中是否需加限位器。

6）无论哪种缓冲器或减振器设计说明中都应标明其缓冲特性，并要求作特性的实测及调整记录。

5.6.2.2　设计要求

积极缓冲：在已知机械设备质量 m、最大冲击力 F_m 和作用时间 τ（已知 $\dot{U}_m=F_m\tau/m$）的条件下，要求通过缓冲器传给基础的最大冲击力 N_m、作用基础的最大冲量和缓冲器的最大变形量 δ_m 小于许用值。

被动缓冲：在已知机械设备质量 m、最大冲击加速度 $\ddot{U}_m$ 和持续时间 τ（已知 $\dot{U}_m=\ddot{U}_m\tau$）的条件下，要求通过缓冲器传递到机械设备最大冲击加速度 $\ddot{X}_m$，最大冲量和缓冲器的最大变形量 δ_m 小于许用值。

5.6.2.3　一次缓冲器动力参数设计

如果再已知最大允许加速度 $\ddot{X}_m$ 和最大允许变形 δ_m，可求缓冲弹簧的参数（线性弹簧 K；硬特性弹簧 K、d；软特性弹簧 K、d_1）。

线性弹簧：由 $\ddot{X}_m=\omega_n\dot{U}_m\leqslant\ddot{X}_a$，求出 ω_n 的最大允许值，再由 $\delta_m=\frac{\dot{U}_m}{\omega_n}\leqslant\delta_a$，求出 ω_n 的最小允许值，然后再在 ω_n 的最大允许值和最小允许值之间找到合适的值。由 ω_n 值求 K 值。

硬特性弹簧：$\frac{\ddot{X}_m\delta_m}{\dot{U}_m^2}$ 值在图 27-5-13（a）的曲线上查得 $\frac{\delta_m}{d}$ 值，再在图 27-5-13（b）中查得 ω_n 值，由 ω_n 值求 K 值。

软特性弹簧：根据 $\frac{\ddot{X}_m\delta_m}{\dot{U}_m^2}$ 值在图 27-5-14（a）的曲线上查得 $\frac{\delta_m}{d_1}$ 值，再在图 27-5-14（b）中查得 ω_n 值，由 ω_n 值求 K 值。

线性弹簧黏性阻尼可依照 5.6.1.4 节的方法，在弹簧刚度固定时，选取 $\zeta=0.265$，在最大变形固定条件下选 $\zeta=0.404$。阻尼比 ζ 若稍有变化对冲击传递系数影响不是很显著，但对限制最大变形量 δ_m 是很有益的。

5.6.2.4　加速度脉冲激励波形影响提示

当加速度脉冲 $\ddot{U}_m$ 的持续时间（或冲击力作用时间）$\tau>0.3T$ 时，再用速度阶跃激励则过于保守。甚至会得出完全错误的结果，需参考有关文献，考虑加速度脉冲形状对缓冲的影响。

5.6.3　二级缓冲器设计

表 27-5-30　二级缓冲器设计

项　目	基础运动冲击	外力冲击
力学模型及运动方程(忽略阻尼)	$m_2\ddot{\delta}_2+K_2\delta_2=K_1\delta_1-m_1\ddot{u}$ $m_1\ddot{\delta}_1+K_1\delta_1=-m_1\ddot{\delta}_2-m_1\ddot{u}$ $\delta_1(0)=\delta_2(0)=\dot{\delta}_1(0)=0$ $\dot{\delta}_2(0)=\dot{U}_m$ $\delta_1=x_1-x_2$　$\delta_2=x_2-\mu$ $\mu=m_2/m_1$　$S=\omega_2/\omega_1$ $\omega_1=\sqrt{K_1/m_1}$　$\omega_2=\sqrt{K_2/m_2}$	$\ddot{\delta}_1+\omega_1^2\delta_1=-\ddot{\delta}_2$ $\ddot{\delta}_2+\omega_2^2\delta_2=\mu\omega_1^2\delta_1$ $\delta_1(0)=\delta_2(0)=\dot{\delta}_2(0)=0$ $\dot{\delta}_1(0)=\dot{U}_m=I/m_1$ $I=\int_0^{\tau}F(t)\mathrm{d}t$ $\delta_1=x_1-x_2$　$\delta_2=x_2$ $\mu=m_2/m_1$　$S=\omega_2/\omega_1$ $\omega_1=\sqrt{K_1/m_1}$　$\omega_2=\sqrt{K_2/m_2}$
防冲效应	$\ddot{x}_{1m}=\dfrac{\dot{U}_m\omega_1}{\sqrt{(S-1)^2+\mu S^2}}$ $\delta_{2m}=\dfrac{\dot{U}_m[1+S(1+\mu)]}{\omega_2\sqrt{(1+S)^2+\mu S^2}}$	$\delta_{1m}=\dfrac{I}{m_1\omega_1\sqrt{1+\mu/(1+S)^2}}$ $N_m=\dfrac{I\omega_1}{\sqrt{(1-S)^2+\mu S^2}}$
参数设计	(1)给定 m_1、K_1(一次缓冲器设计确定),减小 K_2 时,能使 $\ddot{X}_{1m}$ 和 N_m 下降,提高缓冲能力 (2)给定 m_1、K_1、K_2,增加 m_2(μ 随着增加)时,使 $\ddot{X}_{1m}$ 和 N_m 下降。由于 μ 增加,则 S 下降,所以 $\ddot{X}_{1m}$ 和 N_m 又上升,其综合效果 $\ddot{X}_{1m}$ 和 N_m 是下降的,提高了缓冲能力,但第二级弹簧变形量增加	
阻尼比	$\zeta_1=\zeta_2=0.05$	

5.7　机械振动的主动控制

5.7.1　主动控制系统的原理

主动控制是指通过作动器对被控对象施加作用力来实现振动抑制的一类控制方法。主动控制系统构成如图 27-5-15 所示，对于开环控制，控制器根据预先设计的控制律向作动器发出控制指令，作动器将接收到的指令转化为控制力或力矩，施加于被控对象，达到抑制振动的目的；对于闭环控制，控制器接收由测量系统传来的被控对象的振动信息，按照预设的或在线调整的控制律将其转化为控制信号，并输出至作动器，作动器将接收到的指令转化为控制力或者力矩后，施加于被控对象，实现期望的振动控制性能。

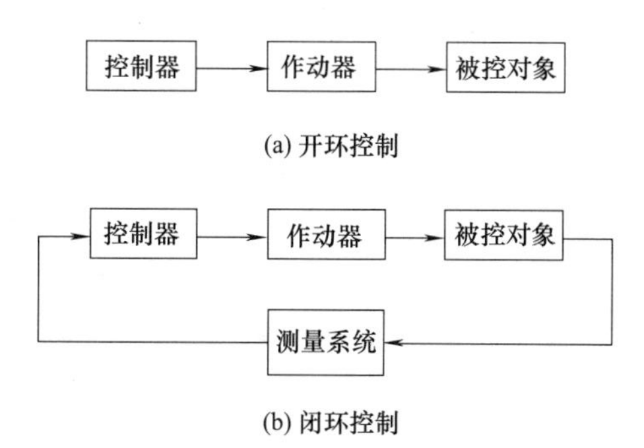

图 27-5-15　主动控制系统构成

5.7.2　主动控制的类型

按照控制原理分类，主动控制可分为开环控制和闭环控制两类。

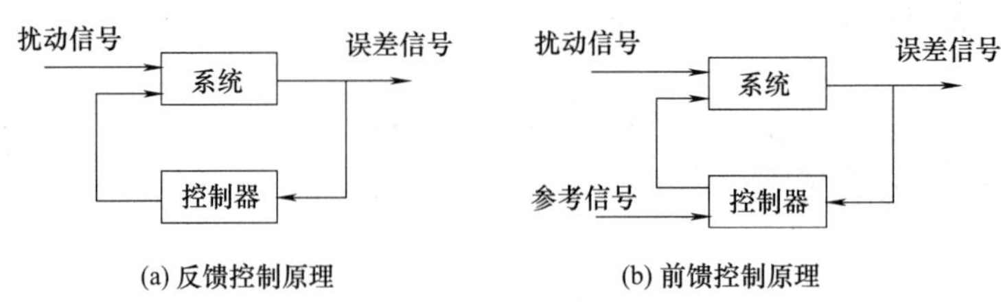

图 27-5-16　闭环控制原理

（1）开环控制

开环控制原理如图 27-5-15（a）所示，控制器根据预先设计好的控制律实施控制。这种方法不考虑被控对象的实时运动状态，当外界干扰不可忽略或者被控对象参数可变时，具有明显的局限性。虽然开环控制具有简单经济的优点，它只适用于被控对象具有确定的输入输出关系的情况。

（2）闭环控制

① 反馈控制　反馈控制原理如图 27-5-16（a）所示，反馈控制适用于被控对象存在外扰、参数不确定或可变的情况。反馈常以两种方式应用于结构的振动控制：主动阻尼和基于模型的反馈。前者用于抑制共振峰，后者使给定控制变量趋于期望值，主要包括 LQG、极点配置法（特征结构配置法）、H_∞ 控制方法等。

② 前馈控制　前馈控制原理如图 27-5-16（b）所示，需要使用与干扰信号相关的参考信号。如果能够获得强相关参考信号，前馈控制就能够取得较反馈控制更好的控制性能。与主动阻尼相比，前馈控制可以控制任意选定的频带内的振动。关于前馈和反馈控制的比较见表 27-5-31。

5.7.3　控制系统的组成

除被控对象外，主动控制系统还包括以下环节。

1）作动器　根据控制信号产生控制力或力矩，并将控制力/力矩作用于被控对象的装置，是联系控制器与被控对象的纽带。作动器按其工作原理主要分为两类，一类是基于机械原理实现致动的作动器，例如气动、液压、电磁作动器等；另一类是基于材料机敏性实现致动的作动器，例如压电材料、磁致伸缩材料、磁流变体作动器等。

2）测量系统　由传感器、适调器、放大器以及滤波器等组成，目的是拾取被控对象的运动状态，并将其转化为适于传送和处理的信号。

3）控制器　通过模拟电路/模拟计算机或者数字计算机实现控制律的硬件或者软件，将测量系统传送过来的振动信息（对于闭环）或将预先设定好的程序（对于开环）转变为控制信号，该信号作为作动器的动作指令，驱动作动器。

4）能源　包括电源、气源、液压油源等能够维持系统工作的外界能量。

表 27-5-31　　前馈控制和反馈控制的对比

控制类型	应用方式	优　点	缺　点
反馈	主动阻尼	简单、易实现、计算量小 不需要精确的被控对象模型 当作动器和传感器同位配置，易保证稳定性	仅在共振点效果明显
	基于模型 （LQG，H_∞…）	全局控制 需要被控对象的精确模型 可衰减控制带宽内的干扰	带宽受限制 时延需要补偿 未建模或者未精确建模的模态可能导致系统不稳定
前馈	参考信号的自适应滤波（Filtered-x LMS）	适用于窄带控制 不需要精确的被控对象模型 对模型的不精确估计以及传递函数的变化具有鲁棒性	需要参考信号 实时计算量较大 局部振动衰减可能导致其他位置的振动增强

5.7.4　作动器类型

(1) 气动/液压作动器

气动和液压作动器的工作原理相似，也分别称为工作介质受伺服控制的空气弹簧和液压缸，利用气/液体传动进行工作。这两种作动器适用于低频、控制力较大、对时滞和控制精度要求不高的场合，都需要较复杂的辅助系统。气动作动器质量轻，但是工作介质易压缩，控制带宽较低（小于 10Hz），主要应用于低频主动悬置。液压作动器的工作介质是液压油，工作介质可压缩性对动态性能的影响较小，常用于重型设备振动的主动控制。

(2) 电磁作动器

电磁作动器通常包含线圈和恒定磁场，当位于磁场中的线圈通过交变电流时，形成的交变电磁力将驱动线圈运动，输出控制力。电磁作动器具有频率范围宽、响应快、控制力大等优点。电磁作动器在宽频带内的输入输出特性呈线性关系，结构紧凑，易于安装，输出力与体积、质量的比值较大。

根据运动部件的不同，电磁作动器可分为动圈式和动铁式两种类型。

动圈式：动线圈通交变电流后，在永久磁场中受到周期变化的电磁激励力作用，带动与之相连接的机械部件作往复运动，如图 27-5-17 所示，实现振动控制。

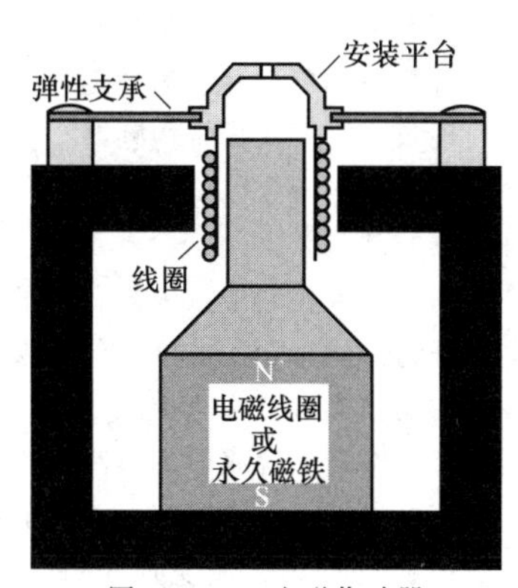

图 27-5-17　电磁作动器

动铁式：由带有线圈的电磁铁铁芯和衔铁组成，衔铁直接固定于需要控制的机械部件上。在励磁电流（直流电流）作用下，铁芯和衔铁间建立了恒定磁场；当控制电流（交流电流）通过交流线圈，衔铁受到交变磁场的作用，产生交变的控制力。

(3) 压电材料作动器

压电材料作动器利用逆压电效应，即在压电晶体上施加交变电场，使压电晶体产生交变的机械应变。压电材料作动器分为薄膜型和叠堆型，在主动隔振中主要应用叠堆型作动器，如图 27-5-18 所示，以保证控制力。压电材料作动器除位移较小外，突出优点是重量轻、机电转换效率高、响应速度快。

图 27-5-18　压电叠堆型作动器

(4) 磁致伸缩作动器

磁致伸缩材料也属于机敏材料，利用这种材料制成的磁致伸缩作动器具有伸缩应变大、机电耦合系数高、响应快、输出力大、工作频带宽、驱动电压低等特点，因而适于多种场合的主动隔振。磁致伸缩材料抗压能力较强，但是抗剪切和抗拉伸能力较差，所以在设计作动器时需要保证其始终处于受压状态。同时，作动器存在迟滞现象，其输入和输出之间有较强的非线性，因而对控制方法要求较高。

(5) 磁流变流体作动器

磁流变流体作动器使用磁流变液，磁流变液是由磁化的微米粒子悬浮在合适的母液当中形成的，在正常状态下可以流动。加入磁场后，液体中的可磁化粒子排列成链状结构，排列方向与磁力线方向一致，如图 27-5-19 所示。这种能固化的磁浮粒子限制流体流动，从而使流体产生一定的屈服强度。磁流变液的响应速度快，状态可逆、连续可变。

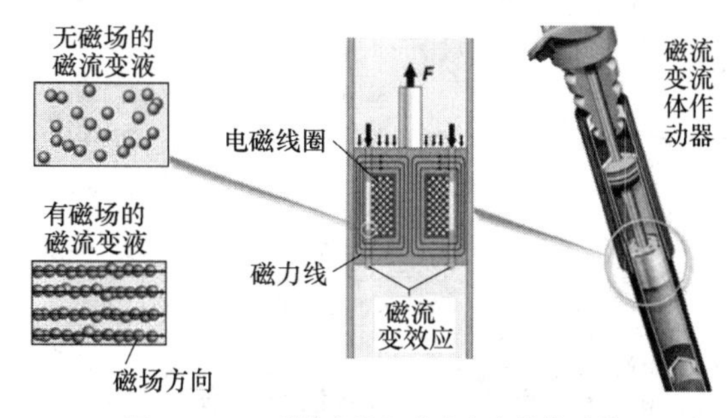

图 27-5-19　磁流变液与磁流变流体作动器

5.7.5　主动控制系统的设计过程

振动主动控制系统的设计过程大体分为以下几个

步骤（图 27-5-20）：

① 分析被控对象，确定动态特性、干扰和响应的类型；

② 采用理论分析、实验建模等方法获得被控对象的数学模型；

③ 如有必要，进行模型缩减，以便于控制器设计和分析；

④ 量化传感器和作动器要求，确定传感器和作动器的类型及安装位置；

⑤ 分析传感器和作动器对控制系统动态特性的影响；

⑥ 在性能指标和稳定性之间作出平衡；

⑦ 确定控制策略，并据此设计控制器；

⑧ 用模型进行仿真，评估控制方法满足控制要求的潜力；

⑨ 如果控制器不能满足指标要求，调整控制器参数或者更换其他类型的控制器；

⑩ 选用硬件和软件，并将它们集成为一个实验系统；

⑪ 设计实验进行系统辨识和模型更新；

⑫ 进行控制和系统测试，评估整体性能；

⑬ 如有必要重复以上过程。

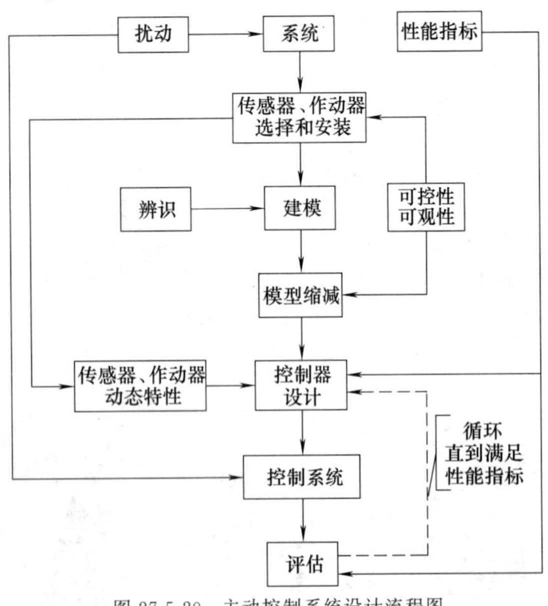

图 27-5-20　主动控制系统设计流程图

5.7.6　常用的控制律设计方法

为达到控制效果，需要综合根据被控对象、控制环境、控制目标等因素来选择和设计控制律。控制律的设计方法包括时域设计法、频域设计法和时频域联合设计法。时域设计法主要包括最优控制、极点配置（特征结构配置）、独立模态控制、自适应控制、智能控制等；频域设计法主要是基于频响函数的设计法；时域频率联合设计法，如基于 H_2、H_∞ 范数优化的鲁棒控制，兼顾时域和频域设计的优点。

（1）最优控制

最优控制方法是一种利用极值原理、最优滤波或动态规划等最优方法来求解结构振动最优控制的设计方法。通常采用被控对象的状态响应和控制输入的二次型

$$J=\int_0^T(\boldsymbol{X}^{\mathrm{T}}\boldsymbol{T}\boldsymbol{X}+\boldsymbol{U}^{\mathrm{T}}\boldsymbol{R}\boldsymbol{U})\,\mathrm{d}t$$

作为性能指标，用于同时保证被控对象的动态特性和控制经济性，导出使泛函 J 取极值并满足状态方程的控制向量 $\boldsymbol{U}$。在工程实际中，大多采用 LQG (linear quadratic gaussian) 控制。

（2）极点配置（特征结构配置）

极点配置法包括特征值和特征向量配置，它根据对被控对象的动态品质要求，确定系统的特征值与特征向量，通过状态反馈或输出反馈来改变极点位置，保证闭环系统的极点比开环系统的极点更加靠近需要的极点位置。但是，极点配置在工程实际中很难调整到合适的位置。

（3）独立模态控制

基本思想是将振动方程从物理坐标系通过线性变换转到模态坐标系，在模态空间进行解耦与控制，通过模态控制实现结构的振动控制。这种方法需要进行模态截断，从而产生没有控制的剩余模态。基于模态缩减的控制器可能破坏剩余模态的稳定性，为避免剩余模态的溢出现象，需要尽量将传感器、作动器布置在剩余模态振型的节点上。

（4）自适应控制

自适应控制常用来控制参数未知、不确定或缓变的系统，主要分为三类：①使被控对象与参考模型之间的误差最小的模型参考自适应控制；②以参数辨识为基础，利用特征结构配置或最优控制策略实现控制器设计的自校正控制；③基于跟踪滤波的前馈控制。

基于跟踪滤波的前馈控制实质是振动的主动对消，即与被控振动量有强相关性的参考信号通过自适应控制器，输出能够抵消被控振动量的控制信号。自适应控制器一般采用 FxLMS 原理，根据系统和环境的变化调整自身参数，以期始终保持系统的性能指标为最优。

（5）智能控制

智能控制主要包括神经网络控制和模糊控制。神经网络具有强大的非线性映射能力和并行处理能力，BP 算法、遗传算法常用于神经网络的结构设计、学习和分析。模糊控制理论作为一种处理不精确或者模

糊语言信息的方法发展起来，要求在预先选择模糊集数目和模糊逻辑的基础上进行控制，模糊集数目和模糊逻辑的确定性限制了模糊理论在可变外界激励下柔性结构的主动控制方面的应用。

（6）鲁棒控制

鲁棒控制致力于在被控对象模型和外部干扰不确定的情况下寻求控制性能和稳定性之间的折中和平衡，这些不确定性包括参数误差、模型阶数误差以及被忽略的扰动和非线性。鲁棒控制的价值在于设计出不依赖于这些不确定性控制器，使得闭环系统的稳定性和控制性能具有一定的抗干扰能力。H_∞ 控制理论和 μ 控制理论是目前比较成熟的鲁棒控制理论。H_∞ 控制通常只能在稳定鲁棒性与性能鲁棒性之间达成妥协，μ 方法可以保证系统在模型摄动下具有稳定鲁棒性与性能鲁棒性。

5.7.7　主动抑振

主动抑振是在被控对象上布置作动装置，作动器根据被控对象的振动施加主动控制力或力矩，作用于被控对象，以抑制被控对象振动的控制方法。主动抑振按被控对象的振动响应特征可分为随机振动控制和谐波振动控制。

5.7.7.1　随机振动控制

若系统受随机干扰或处于扰动因素较多且不可检测的情况，宜采用反馈控制方式抑制振动。随机振动控制多采用速度反馈（主动阻尼），根据被控对象的振动速度计算控制力，即 $f(t)=-G\dot{X}$，$G>0$ 为控制增益，$\dot{X}$ 为振动速度。这种控制方法主要用于抑制被控对象的固有振动响应，如图 27-5-21（a）所示。

5.7.7.2　谐波振动控制

若被控对象的振动表现为周期振动，从被控对象的振动信号提取主要的谐波分量，通过自适应控制等方法生成谐波控制力，抵消被控对象的谐波振动，实现振动控制。图 27-5-21（b）中的 PZT 作动层可产生与旋转激励相关的作用力，增大黏弹性层的耗散作用，抑制弹性板的周期振动。

5.7.8　主动吸振

主动吸振通过控制力改变吸振器的等效质量、刚度或阻尼参数，或按照一定规律直接驱动吸振器运动，使被控对象的振动转移到吸振器上，实现被控对象自身振动的消减。根据所改变的吸振器动力参数，主动吸振可分为惯性可调动力吸振和刚度可调动力吸振；根据吸振器固有频率是否随外界激励频率变化，

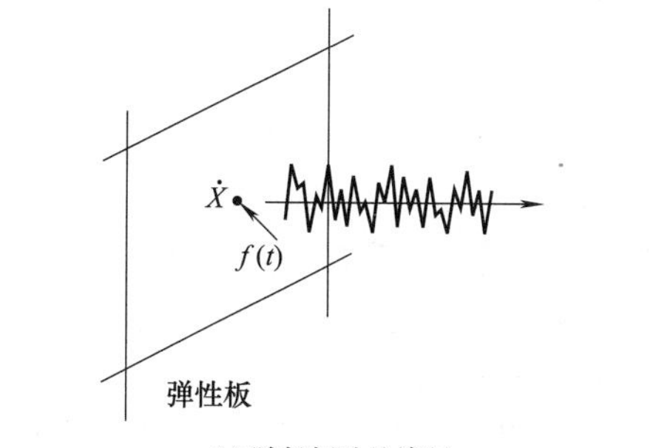

(a) 随机振动的控制

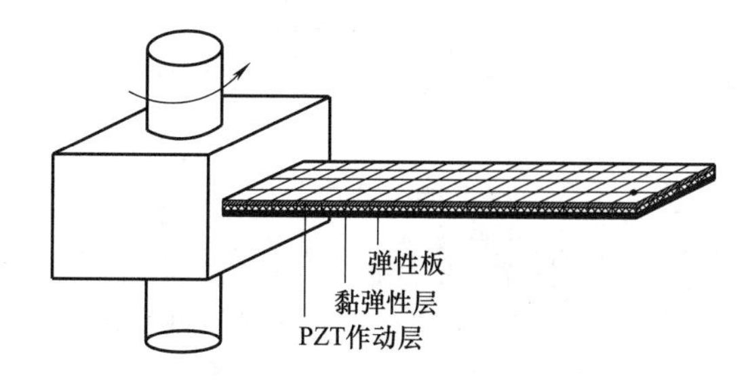

(b) 谐波振动的控制

图 27-5-21　随机振动与谐波振动的控制

主动吸振可分为频率可调式吸振和频率不可调式吸振。

5.7.8.1　惯性可调动力吸振

惯性可调动力吸振包括质量可调式和转动惯量可调式吸振。在图 27-5-22（a）所示的质量可调式动力吸振中，控制力使作动器附加质量 $2m$ 处于水平和垂直两个位置，附加质量在水平位置和垂直位置之间转

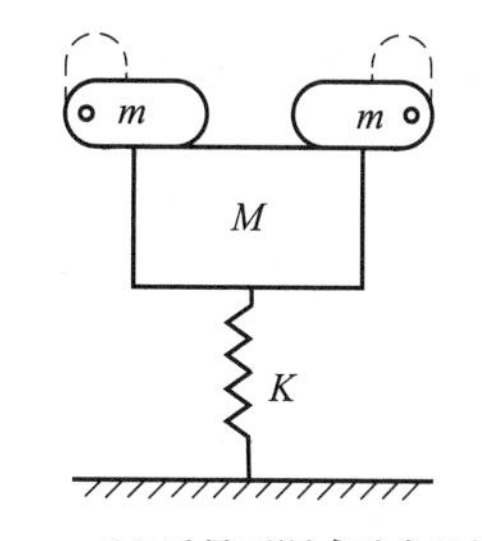

(a) 质量可调式动力吸振

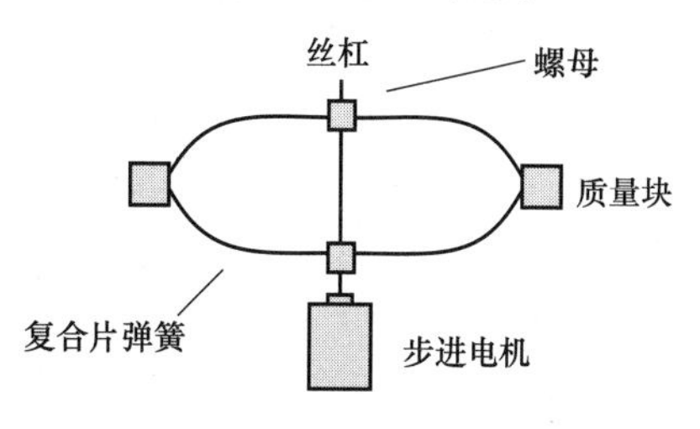

(b) 刚度可调式动力吸振

图 27-5-22　主动吸振

动，系统频率也随着等效质量的变化而变化，变化范围是

$$\sqrt{\frac{K}{M+2m}} \leqslant \omega \leqslant \sqrt{\frac{K}{M}}$$

5.7.8.2 刚度可调式动力吸振

振动频率、振幅与刚度有直接关系，所以刚度可调动力吸振在主动吸振中应用较广。在图 27-5-22 (b) 中，步进电机在控制信号驱动下，带动丝杠转动，使螺母间距发生变化，改变复合片弹簧的分开程度，进而改变两端对中心点的刚度，调整吸振频率。这种吸振器常用于控制旋转机械启动和停止时的振动控制。

5.7.9 主动隔振

隔振是在振源与被控对象之间安置适当的隔振器以隔离振源振动的直接传递，其实质是在振源与被控对象之间附加一个子系统，降低振动传递率。根据隔振过程是否需要外加能量，隔振可分为无源隔振（被动隔振）和有源隔振（主动隔振）。被动隔振是在振源与被控对象之间加入弹性元件、阻尼元件甚至惯性元件以及它们的组合所构成的子系统。主动隔振则是用作动器代替被动隔振装置的部分或全部元件，或是在被动隔振的基础上，并联或串联满足一定要求的作动器。

5.7.9.1 主动隔振原理

主动隔振的原理如图 27-5-23 所示，在干扰源与被控对象之间安装一个作动器，作动器的输出力可以根据控制指令任意变化，改变被控对象的振动状态。与被动隔振相比，主动隔振在低频段具有优越的控制效果，不足之处在于隔振系统较复杂，需要较多的能量输入，因而通常与被动隔振联合使用，以兼顾宽频带隔振性能。

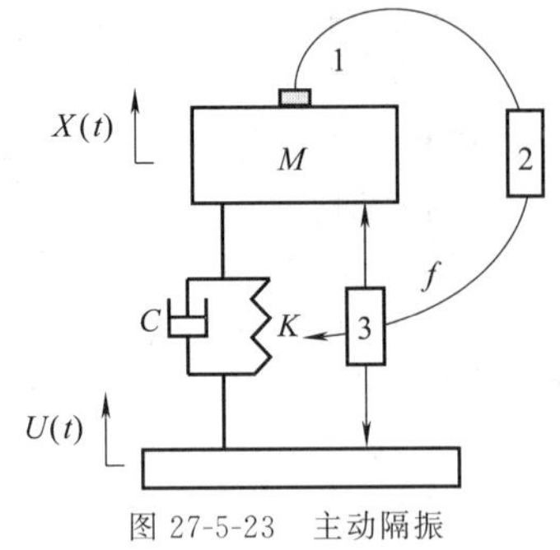

图 27-5-23 主动隔振
1—振动传感器；2—控制系统；3—作动器

5.7.9.2 半主动隔振原理

在保证控制性能相近的情况下，采用半主动隔振可降低隔振系统复杂性，降低能耗。采用可调阻尼器的半主动隔振原理如图 27-5-24 所示，作动器的控制力通过改变阻尼器节流孔径或流体特性实现。因此，为了保证振动控制效果，半主动控制需要实时调节作动器的控制力，其值为 $f_c = C_{sa} v_r$，其中

$$C_{sa} = \begin{cases} \min\left(\left|\dfrac{f_{opt}}{v_r}\right|, c_{max}\right), f_{opt} v_r < 0 \\ 0, \text{otherwise} \end{cases}$$

v_r 为被控对象与基础之间的相对速度，$f_{opt} = -\alpha \dot{x}$，$\alpha > 0$。

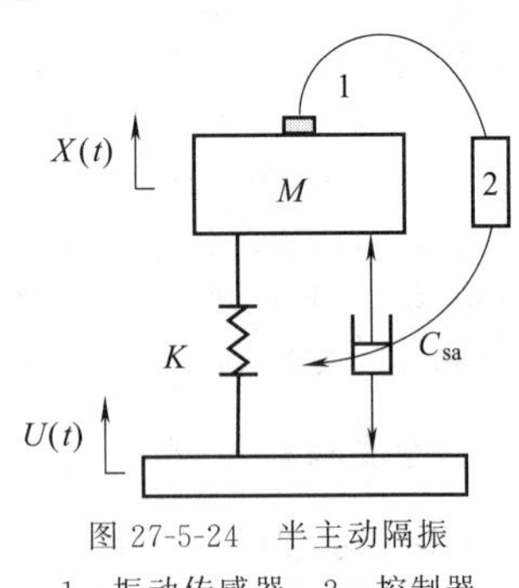

图 27-5-24 半主动隔振
1—振动传感器；2—控制器

第6章 典型设备振动设计实例

6.1 旋转机械的振动设计实例

目前国内应用最广泛的机组有 200MW 国产汽轮发电机组以及 300MW 基于引进技术的汽轮发电机组，本研究以这两种类型机组为研究对象，了解这两种机组的动力学线性设计方法，将为大机组非线性动力学设计打下基础，同时研究成果可作为非线性动力学设计的对比参考依据。

6.1.1 汽轮发电机组轴系线性动力学设计

6.1.1.1 建模

在实际的转子系统中，转子是一个连续部件，因此在进行转子动力学计算和分析之前，需要把实际的转子系统抽象化、离散化，得到一个能反映原来转子系统的动力学特性，而且能适合于计算和分析的具有有限个自由度的离散化力学模型。力学模型的建立是否正确直接影响计算结果的正确性，必须予以充分重视。建立合理的计算模型要考虑以下几个方面：①反映实际转子系统的结构和工作状态；②明确所要计算和分析的力学问题；③要适应现有的计算方法和计算工具。离散化处理的方法一般分为两类：一类是对物理模型进行离散化，再对离散化的模型进行分析，这类方法主要包括集总参数法和有限元法等。如集总参数法是把一个实际的转子视作为有一根变截面轴和多个圆盘组成的系统，也就是将连续的转子简化为由许多无质量弹性轴段连接多个集总质量（节点）所构成的系统；另一类方法是维持原有模型物理和几何形态的连续性，只对其运动的数学描述进行截断而离散化，Rayleigh-Ritz 法即是这类方法的典型代表。

汽轮发电机组轴系是由滑动轴承支承，滑动轴承产生动态油膜力支承轴系。油膜滑动轴承一般可线性化简化为一个具有四个刚度系数和四个阻尼系数的弹性阻尼支承，这八个系数称为油膜动力特性系数。在静平衡位置给轴颈以微小的位移或速度扰动，求解此时油膜的 Reynolds 方程得到油膜压力分布，然后加以积分，就可求得各油膜动力系数。轴承座一般可简化为一个有质量、阻尼和弹簧组成的单自由度系统。常把油膜的刚度、阻尼和轴承座的质量、刚度和阻尼综合成一个等效的弹性阻尼支承，并给出它的等效动力特性系数。

6.1.1.2 运动方程和求解方法

转子系统的运动微分方程式一般可写为：

$$\boldsymbol{M}\ddot{z}+(\boldsymbol{C}+\boldsymbol{G})\dot{z}+(\boldsymbol{K}+\boldsymbol{S})z=\boldsymbol{F}$$

式中，$\boldsymbol{M}$ 为质量矩阵；$\boldsymbol{C}$ 为阻尼矩阵，非对称阵；$\boldsymbol{G}$ 为陀螺矩阵，反对称阵；$\boldsymbol{K}$ 为刚度矩阵的对称部分；$\boldsymbol{S}$ 为刚度矩阵的不对称部分；$\boldsymbol{F}$ 为作用在系统上的广义外力。求解这样一个方程的特征值或响应等是很困难的，特别是当自由度较多时更为困难。在转子动力学近百年的历史，出现过许多计算方法，这都与当时的计算命题和计算工具相适应。发展到今天，现代的计算方法可以分为两大类：传递矩阵法和有限元法。传递矩阵法的特点是矩阵的阶数不随系统的自由度数增加而增加，因而编程简单，占内存少，运算速度快，适用于转子系统的动力学分析。传递矩阵法和与机械阻抗、直接积分等其他方法相结合，可以求解复杂转子系统的动力学求解问题。可以说传递矩阵法在转子动力学的计算中占据主导地位。有限元法在转子动力学的计算和分析中也有应用，这种方法的表达式简洁、规范，在求解复杂转子系统的问题时，具有很突出的优点，其缺点是往往计算时间很长。

6.1.1.3 临界转速的计算

临界转速的计算与设计是轴系线性动力学设计的传统内容，目前研究得较为成熟。其目的是使工作转速与临界转速有一定避开裕度。当临界转速与工作转速比较接近时，需要修改设计参数使轴系的临界转速偏离工作转速一定范围。

6.1.1.4 不平衡响应计算

研究不平衡响应的目的，主要用于研究转子在某些部位上的对不平衡量的敏感程度，为确定最终的设计参数提供依据。

6.1.1.5 稳定性设计

旋转机械的滑动轴承、汽封、叶尖不等蒸汽间隙等非线性因素在一定条件下可能导致转子失稳，而稳定性是制约机组能否安全运行的主要问题。动力学设计的首要任务就是通过一定的途径计算轴系的失稳转速，并使其偏离工作转速足够远。当机组的失稳转速不能精确确定，或者计算的失稳转速与工作转速比较接近，或者实际运行的机组发生了动力失稳现象，此时需要修改设计参数，提高失稳转速，以保证机组的安全。

临界转速、不平衡响应和稳定性三个内容是线性转子动力学设计的主要内容。

6.1.2 200MW汽轮发电机组轴系动力学线性分析

200MW汽轮发电机组是目前我国在役机组最多的一种类型，也是稳定性最差的一种，因此本研究首先以这一类型机组为研究对象。本节首先介绍200MW汽轮发电机组模型，然后介绍单跨转子及轴系临界转速，最后介绍轴系稳定性线性设计方法。

6.1.2.1 200MW汽轮发电机组轴系模型

200MW汽轮发电机组由高压缸、中压缸、低压缸、发电机及励磁机组成，相应的有5段转子，通过刚性联轴器连接，各段转子主要参数如表27-6-1所示。在本研究中，将200MW汽轮发电机组轴系分成151段，1～62段是高中压转子，63～89是低压转子，90～131是发电机转子，132～151是励磁机转子。

各缸体及支承情况如图27-6-1所示。转子由9个轴承支撑，高中压转子属三支承结构，低压转子、发电机转子及励磁机转子属双支承结构。

6.1.2.2 单跨轴段在刚性支承下的临界转速和模态

（1）高中压转子

高中压转子由三个轴承支承，用有限元方法将其划成62段，63个结点。表27-6-2是有限元和直接积分方法计算结果的对比，说明两种方法均可得到符合工程需要的结果。

（2）低压转子

低压转子共分为27段，28个结点，低压转子系统临界转速如表27-6-3所示。

（3）发电机转子

在转子轴承系统中，发电机转子长度最长，质量最大，油膜失稳通常发生在这段轴承上，所以研究发电机转子轴承系统的临界转速是非常重要的，其临界转速计算结果如表27-6-4所示。

（4）励磁机转子

励磁机转子轴承系统是轴系中长度最短、质量最轻的转子，临界转速如表27-6-5所示。

6.1.2.3 刚性支承轴系的临界转速及主模态

以上是轴系各个部分的临界转速，在此基础上，计算了转子轴系临界转速，如表27-6-6所示。轴系有151段，152个结点，9个刚性轴承支撑。

计算得到的轴系各阶模态如图27-6-2～图27-6-7所示。

表27-6-1　200MW汽轮发电机组转子系统基本参数

各段转子	高中压转子	低压转子	发电机转子	励磁机转子	整个轴系
长度/m	9.895	6.677	11.142	3.5585	31.2725
质量/kg	19804.8	30504	44028.3	2617.3	96954.4

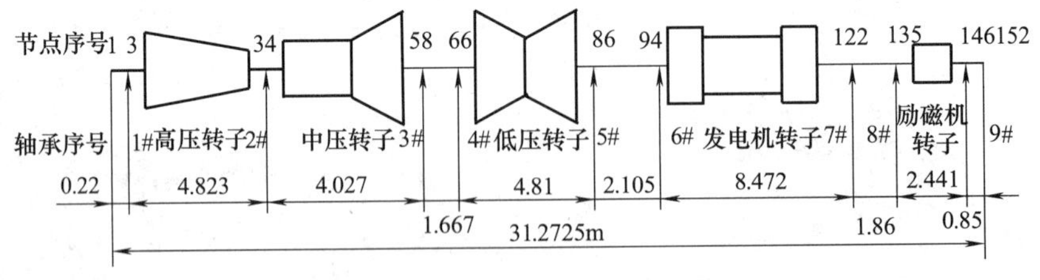

图27-6-1　200MW机组轴系的结构简图

表27-6-2　高中压转子临界转速　r/min

固有频率	一阶	二阶	三阶	四阶	五阶	六阶
有限元计算结果	1942.8	2480.7	7582.2	8464.8	11909	17356
传递矩阵结果	1875	2437.5	7687.5	8625	12000	17625
相对差值	3.5%	1.7%	1.4%	1.9%	0.8%	1.6%

表 27-6-3　低压转子系统临界转速　r/min

固有频率	一阶	二阶	三阶	四阶	五阶	六阶
有限元计算结果	1832.9	4890.5	7206.8	9759.6	18881	30313
传递矩阵结果	1875	4875	7125	9562.5	19500	30938
相对差值	2.4%	0.3%	1.1%	2.0%	3.3%	2.1%

表 27-6-4　发电机转子系统临界转速　r/min

固有频率	一阶	二阶	三阶	四阶	五阶	六阶
有限元计算结果	1308.9	3972	6369.6	7587	10793	19313
传递矩阵结果	1312.5	3937.5	6562.5	7687.5	10875	19500
相对差值	0.3%	0.9%	3.0%	1.3%	0.8%	1.0%

表 27-6-5　励磁机转子临界转速　r/min

固有频率	一阶	二阶	三阶	四阶	五阶	六阶
有限元计算结果	2078.7	6822.6	11777	25467	35926	41143
传递矩阵结果	2062.5	6750	11438	24000	35813	41813
相对差值	0.8%	1.1%	2.9%	5.8%	0.3%	1.6%

表 27-6-6　轴系临界转速　r/min

固有频率	一阶	二阶	三阶	四阶	五阶	六阶
有限元计算结果	1427.2	2003	2242.3	2707.1	4510	6940.2
传递矩阵结果	1416	1968	2256	2712	4512	6816
相对差值	0.8%	1.8%	0.6%	0.2%	0.04%	1.8%

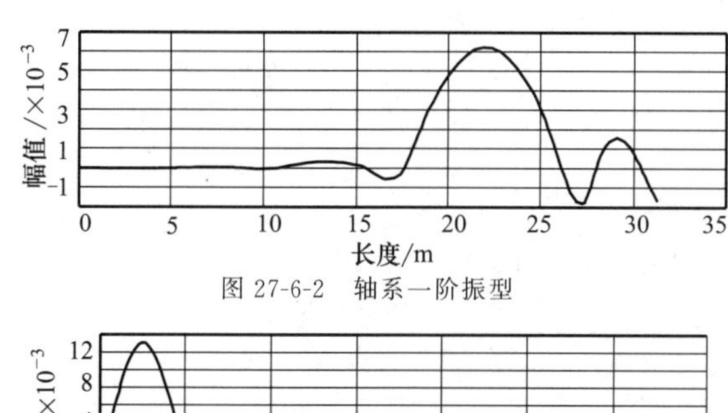

图 27-6-2　轴系一阶振型

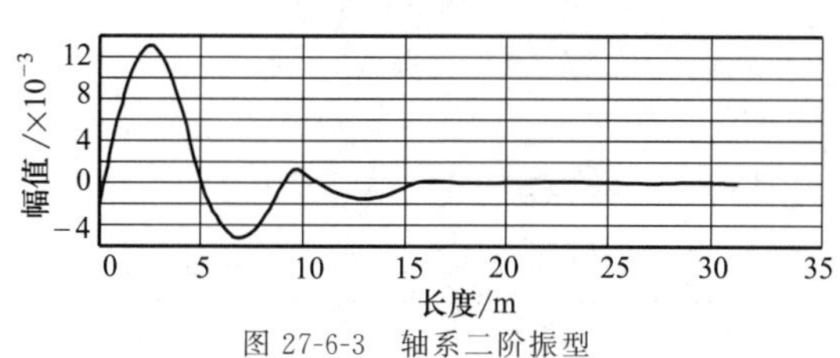

图 27-6-3　轴系二阶振型

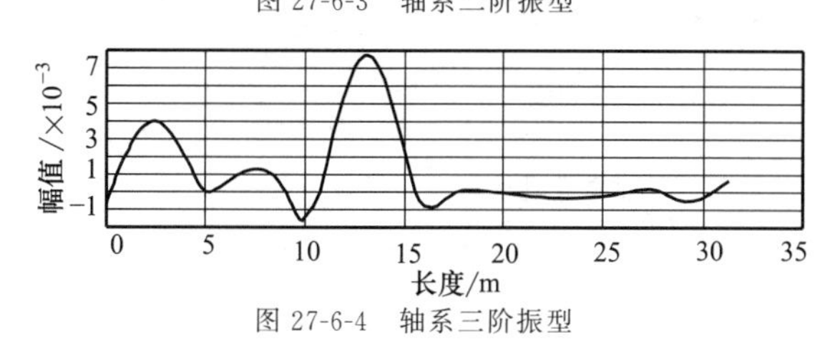

图 27-6-4　轴系三阶振型

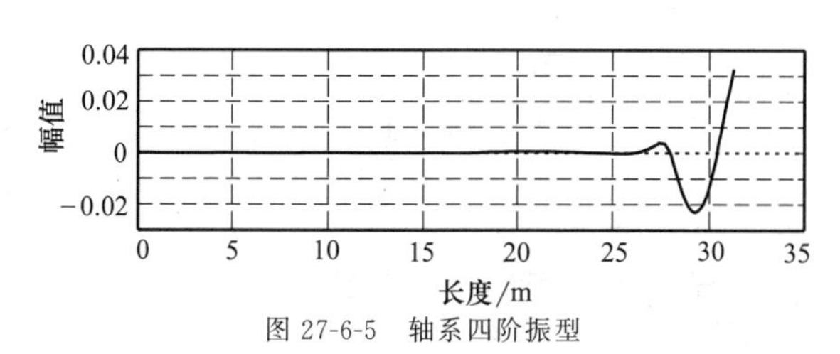

图 27-6-5　轴系四阶振型

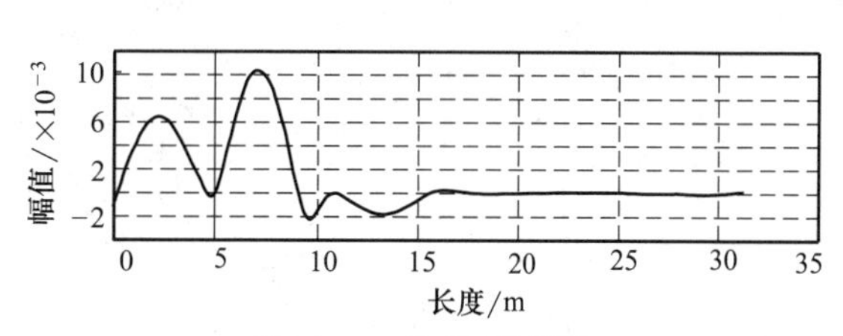

图 27-6-6　轴系五阶振型

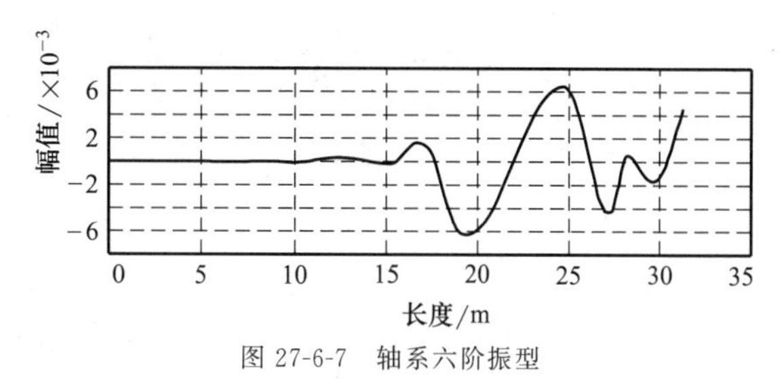

图 27-6-7　轴系六阶振型

6.1.2.4　弹性支承轴系的临界转速

在油膜轴承支承下，各支座支承刚度、油膜刚度及参振质量如表 27-6-7 所示。弹性支承下轴系临界转速如表 27-6-8 所示。

根据轴系线性设计准则，要求计算转子的转速避开率如表 27-6-8 最后一行所示。线性设计准则要求避开率为±10%，因此该临界转速设计是合理的。

图 27-6-8 为基于线性动力学理论的转子-轴承系统动力学设计框图。

表 27-6-7　　轴承支承刚度、油膜刚度及参振质量

轴　　承	单位	1 号轴承	2 号轴承	3 号轴承	4 号轴承	5 号轴承	6 号轴承	7 号轴承
支承刚度 $C_s \times 10^{-6}$	kgf/cm	1.67	1.67	2.76	2.76	2.76	4.8	4.8
油膜刚度 $P \times 10^{-6}$	kgf/cm	2	2	2	2	2.5	2.5	2.5
参振质量 M_s	kgf	2.9	2.9	3.65	3.65	3.65	14	14

表 27-6-8　　轴系临界转速　　r/min

各 段 转 子	高中压转子	低 压 转 子	电 机 转 子
刚性支承	2003	2242	1427
弹性支承	1895	1659	1263,3559
转速避开率	36.8%	44.7%	57.9%,18.6%

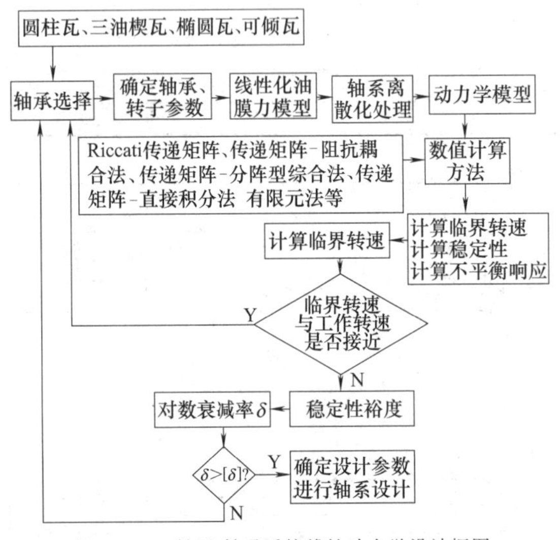

图 27-6-8　转子-轴承系统线性动力学设计框图

6.2　往复机械的振动设计实例——CA498 柴油机隔振系统设计与试验研究

往复式内燃机本身存在着引发振动的激振力源，故其振动是不可避免的。内燃机的振动不仅使机器自身的可靠性和寿命下降，而且噪声污染也很严重。随着内燃机向高速、大功率、轻型化方向发展，其振动也进一步加剧。因此，加强对内燃机隔振系统的设计研究显得非常重要。

6.2.1　柴油机振动扰动力分析

柴油机运转时产生的激励主要有两种：一是运动部件的惯性力形成的不平衡力和力矩，属于低阶激励，其激励幅值取决于运动部件的质量、发火顺序、缸数、冲程数、活塞行程及转速，激励频率取决于发火顺序、缸数、冲程数、活塞行程和；二是气缸内油气燃烧后产生气体压力和往复惯性力合成后导致的倾覆力矩，属于高阶激励，其激励幅值取决于缸径、活塞行程、工作压力、缸数、冲程数和转速，其频率取决于缸数、冲程数和转速。

对于 CA498 柴油机来说（基本参数见表 27-6-9），引发柴油机振动的主要扰动力包括往复惯性力及其力矩、倾覆力矩等不平衡量的简谐分量。由于其曲轴采用均匀镜像对称布置，其一阶往复惯性力和惯性力矩以及二阶往复惯性力矩都是平衡的，即：$\sum P_{j1}=0$；$\sum M_{j1}=0$；$\sum M_{j2}=0$；只有二阶往复惯性力 $\sum P_{j2} \neq 0$，以及倾覆力矩的不平衡分量 $\sum M_p \neq 0$。

表 27-6-9　　CA498 柴油机基本参数

名称	数据	名称	数据
连杆长度/mm	162	行程/mm	105
活塞组重/kg	1.265	缸心距/mm	110
额定功率/kW	62	连杆重/kg	1.384
最大扭矩/N・m	195～200	标定转速/r・min^{-1}	3600
柴油机净重/kg	245	发火顺序	1-3-4-2

二阶往复惯性力为：

$$\sum P_{j2}=4\lambda m_j R\omega^2 \cdot \cos 2\alpha$$

在标定工况下，其最大值为 3895.5N。倾覆力矩的不平衡分量为：

$$M_p=\sum P_{np} \cdot \sin(m\alpha+\varepsilon_n) \cdot A \cdot B+\sum P_{nw} \cdot A \times R$$

式中，P_{np} 为简谐分析中由气体力所引起的第 n

次切向力；P_{nw}为简谐分析中由往复惯性力所引起的第 n 次切向力；ε_n为第 n 次简谐扭矩的初始相位角；A 为活塞面积；R 为曲柄半径。

倾覆力矩的计算，取劳氏简谐系数，其 2、4、6 阶倾覆力矩的最大值分别为：491.9N·m、226.3N·m、84.3N·m。

6.2.2 柴油机隔振系统设计模型

在进行柴油机隔振系统分析计算时，必须先确定机器的重心，本例采用图 27-6-9 所示的柴油机安装简图，并以重心 G 为原点建立坐标系。X、Y、Z 方向分别为柴油机的水平、垂直和曲轴轴线方向。

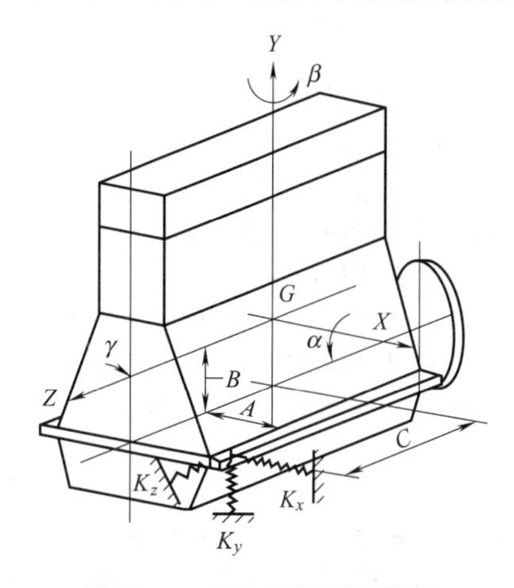

图 27-6-9 柴油机计算模型简图

由于 CA498 柴油机自身条件的限制，其减振器的安装位置不能任意选取，根据原先的设计，置于图中所示的坐标系中的坐标如表 27-6-10 所示。

表 27-6-10 减振器的安装位置坐标 mm

	X	Y	Z
1	218	−120	49
2	−218	−120	49
3	186	−220	−310
4	−186	−220	−310

6.2.3 隔振方案的选择

由 CA498 柴油机振动源的分析可知，其主要的振动是二阶往复惯性力所引起的 Y 向的垂直振动和倾覆力矩的不平衡分量所引起的 Y 方向的横摇振动，故应首先考虑将这两种振动分开，本例采用对称于柴油机轴线的斜支撑布置，这样可产生两组三联耦合振动：垂向-纵向-纵摇及平摇-横向-横摇。

因为各支撑点的载荷相差较大，本例采用两种不同型号的隔振器斜支承布置，为了达到良好的隔振效果，隔振装置的固有频率与相应的扰动频率之比，应小于 $1:\sqrt{2}\left(一般选用\frac{1}{2.5}:\frac{1}{4.5}\right)$。为达到 $\eta \geqslant 80\%$ 的隔振效率，频率比应为 2.5 左右。所以，隔振装置的固有频率 F_n不应大于：

$$F_{nmax}=\frac{1}{2.5}\times\frac{3600}{60}=24\text{Hz}$$

在不改变 CA498 柴油机原减振系统设计安装角度的基础上，对隔振器的特性进行分析试选，最终确定的四块减振垫的刚度如表 27-6-11 所示。

表 27-6-11 减振器的三向刚度值 N/mm

	K_x	K_y	K_z
1	630	810	200
2	630	810	200
3	250	433	100
4	250	433	100

根据以上刚度值对柴油机系统进行自由振动和强迫振动计算，可得到如表 27-6-12 所示结果。

表 27-6-12 六个自由度固有频率及一次临界转速

	固有频率 /Hz	一次临界转速 /r·min^{-1}
垂向 纵向 纵摇	16.24	974
	7.84	470
	14.15	849
平摇 横向 横摇	13.89	833
	13.38	803
	21.78	1307

通过进一步计算可以确定各转速下的减振效果，其垂向减振度如图 27-6-10 所示。

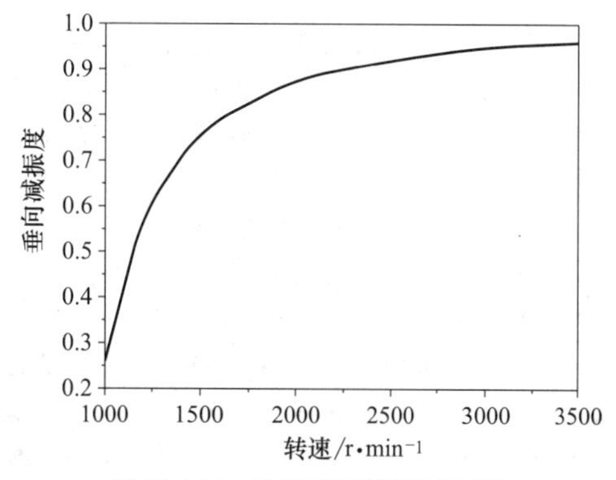

图 27-6-10 垂向减振度随转速变化

从图 27-6-10 可以看出，在转速超过 1600r/min 时，其垂向隔振效率都可以达到 80%。另外由于横摇方向的一次临界转速达到了 1307r/min，故在转速较低时可能引起平摇-横向-横摇耦合共振，但由于其振动的激振力矩不大，不会引起严重的后果。

6.2.4　结论

① CA498 柴油机在安装了上述减振系统后，其额定工况的振动烈度可以从原先的 D 级改善为 C 级，表明该减振系统的设计是成功的。

② 考虑到橡胶减振垫具有一定的阻尼，故在转速较低时，振动会由于阻尼的原因而得到一定程度的抑制。

③ 由于 CA498 柴油机具有较大的转速范围，仅仅靠安装减振垫很难做到在所有转速下的振动都符合标准。

④ 从分析结果来看，二阶往复惯性力是直列四缸机的主要激振源，故应力求减小二阶往复惯性力，例如加装二次往复惯性力的平衡装置等。

6.3　锻压机械的振动设计实例

锻压机械是指在锻压加工中用于成形和分离的机械设备。锻压机械包括成形用的锻锤、机械压力机、液压机、螺旋压力机和平锻机，以及开卷机、矫正机、剪切机、锻造操作机等辅助机械。锻锤是最常见、历史最悠久的锻压机械，由重锤落下或强迫高速运动产生的动能，对坯料做功，使之塑性变形。它结构简单、工作灵活、使用面广，但振动较大。因此，本节以锻锤为研究对象论述其隔振设计。

6.3.1　锻锤隔振计算

6.3.1.1　锻锤隔振的基本计算

如图 27-6-11 所示，锻锤的隔振系统应该属于两自由度质量-弹簧系统，基础块和基础箱简化为质量，隔振器和地基简化为弹簧。但当锻锤采取了隔振措施后，隔振器的刚度远远小于基础箱下地基的刚度，二者耦合作用小，故基础块（即隔振台座）和隔振器之间、基础箱和地基之间可以分别按单自由度质量-弹簧系统进行计算。

重锤（下落质量）m_0 以最大速度 v_0 与锻锤基础块相碰撞，使基础块获得初速度 v_1，从而引起隔振系统的自由振动。按图 27-6-11 所示的动力学模型列出基础块的运动微分方程为

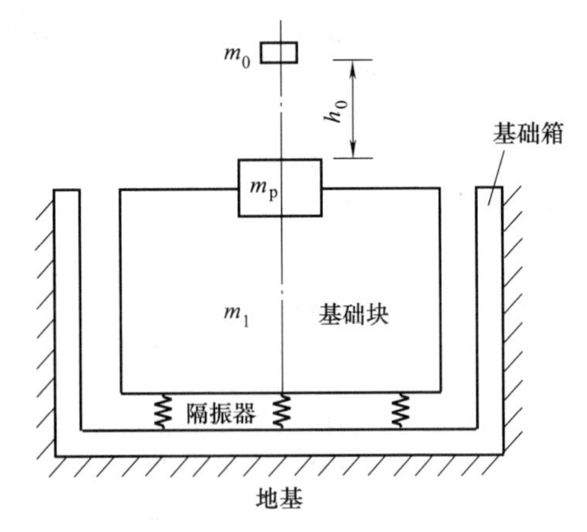

图 27-6-11　锻锤隔振计算简图

$$\begin{cases} m_1\ddot{z}(t)+K_z z(t)=0 \\ \dot{z}(0)=v_1 \\ z(0)=0 \end{cases} \tag{27-6-1}$$

式中　m_1——隔振器上面基础块、砧座、锤架等的总质量，kg；

K_z——隔振器总的垂向刚度，N/m；

v_1——基础块的初速度。

初速度 v_1 可由动量守恒定律得出

$$v_1=(1+e)\frac{m_0 v_0}{m_1+m_0} \tag{27-6-2}$$

式中　m_0——重锤（落下部分）质量，kg；

e——碰撞系数，亦称冲击回弹系数，取决于碰撞物体的材料：对于模锻锤，锻钢制品时 $e=0.5$，锻有色金属时 $e=0.25$；对于自由锻锤 $e=0.25$。

由式（27-6-1）和式（27-6-2）求出基础块的振幅为

$$A_z=(1+e)\frac{m_0 v_0}{(m_1+m_0)\omega_0} \tag{27-6-3}$$

$$\omega_0=\sqrt{\frac{K_z}{m_1+m_0}} \tag{27-6-4}$$

由于 m_0 通常远小于 m_1，所以 A_z 和 ω_0 可按下面两式近似计算

$$A_z=(1+e)\frac{m_0 v_0}{m_1\omega_0} \tag{27-6-5}$$

$$\omega_0=\sqrt{\frac{K_z}{m_1}} \tag{27-6-6}$$

锻锤的隔振效率 β 采用在隔振和不隔振情况下传递到基础的力进行评定，即

$$\beta=\left(1-\frac{A_z K_z}{A'_z K'_z}\right)\times 100\% \tag{27-6-7}$$

式中　A'_z，K'_z——不隔振情况下基础的振幅和地基刚度。

如果隔振基础与不隔振基础质量相等，则式(27-6-7)可写为

$$\beta=\left(1-\sqrt{\frac{K_z}{K_z'}}\right)\times100\% \tag{27-6-8}$$

锻锤基础隔振后所引起的锤击能量损失是很小的，可以不考虑。

6.3.1.2　砧座下基础块的最小厚度要求

安装在隔振器上面的基础块，其砧座下部的厚度不应小于表27-6-13中的规定值。当有足够的根据时，才允许将最小厚度适当减小。

表27-6-13　砧座下基础块的最小厚度

落体的公称质量/t	最小厚度/m
0.25	0.5
0.75	0.6
1.0	0.8
2.0	1.0
3.0	1.2
5.0	1.6
10.0	2.2
16.0	3.0

6.3.1.3　三心合一问题

机架、砧座和基础块的质心、落体打击中心和隔振器的刚度中心应在同一垂线上，以避免因偏心打击而出现回转振动。当不能满足这一要求时，基础块的质心、隔振器刚度中心和落体打击中心三者的偏离均不应大于偏离方向基础边长的5%，此时可按中心冲击理论进行计算。对于偏心锤（吨位小于1.0t），则应外调基础来满足三心合一的要求。

6.3.1.4　阻尼问题

锻锤隔振系统的阻尼比至少应大于0.10，一般应在0.15以上，最好在0.25左右。阻尼比大（一般不要超过0.30），能起到以下作用。

① 冲击过后，锻锤基础能迅速回到平衡位置。

② 在锻锤隔振中，增大阻尼比能起到相当于增加基础质量的作用，从而抑制振幅的大小。这也是实测振幅值一般总小于不考虑阻尼时理论计算值的主要原因。从这个意义上讲，阻尼能使振幅计算加上保险系数。另一方面，这也是在砧座下直接实施隔振措施的重要原因之一。

6.3.1.5　隔振基础的结构设计

1）锻锤隔振基础和基础箱均应为钢筋混凝土结构。隔振器一般采用支承方式装在基础块和基础箱之间，见图27-6-12。设计时必须设置能自由通向各个隔振器的通道，基础块侧边与基础箱侧边之间的宽度不应小于60cm，隔振器应布置在凸出基础箱的钢筋混凝土带条上。为便于检查和拆摸每个隔振器，在基础块底面和基础箱之间应留出不小于70cm的空间。

2）设计隔振锻锤基础块，应采取下列措施。

① 在基础块和基础箱之间铺设活动盖板，盖板下设置柔性衬垫。

② 在槽衬留出积水坑，以便排出水和油等液体。

③ 锤的导管连接做成柔性接头。

④ 安装隔振器的上、下部位应平整地设置钢板埋设件。

⑤ 基础块和基础箱之间设置水平限位装置，以避免基础滑动。水平限位装置可由厚钢板加型钢物件连接而成，其横向刚度比隔振器刚度小很多，不会影响隔振基础的隔振效果，而它的纵向刚度较大，可以限制基础的侧向位移，见图27-6-12。

6.3.2　锻锤隔振基础的设计步骤

6.3.2.1　搜集设计资料

进行锻锤隔振基础设计时，应具备下列资料：

① 锻锤的基本尺寸、类型、牌号和制造厂；

② 落体的质量；

③ 落体的最大速度；

④ 砧座和机架的质量；

⑤ 每分钟的冲击数；

⑥ 锻锤质量和基础箱的允许振幅或允许振动速度。

6.3.2.2　初步确定基础块的质量和几何尺寸

(1) 确定落体的下落速度（亦称锤击速度、冲击速度）v_0

落体（锤头）的锤击速度 v_0 一般可由说明书上查得。如果说明书上未说明，则可按式(27-6-9)或式(27-6-10)求得。

对自由落锤

$$v_0=0.9\sqrt{2gh_0} \tag{27-6-9}$$

对双动作用锤，其锤头下落时最大速度 v_0 为

$$v_0=0.65\times\sqrt{2gh_0\left(\frac{pA_s+W_0}{W_0}\right)} \tag{27-6-10}$$

式中　h_0——落体（锤头）最大行程，m；

W_0——落体重量，kN；

p——气缸最大进气压力，kPa；

A_s——气缸活塞面积，m^2；

g——重力加速度，m/s^2。

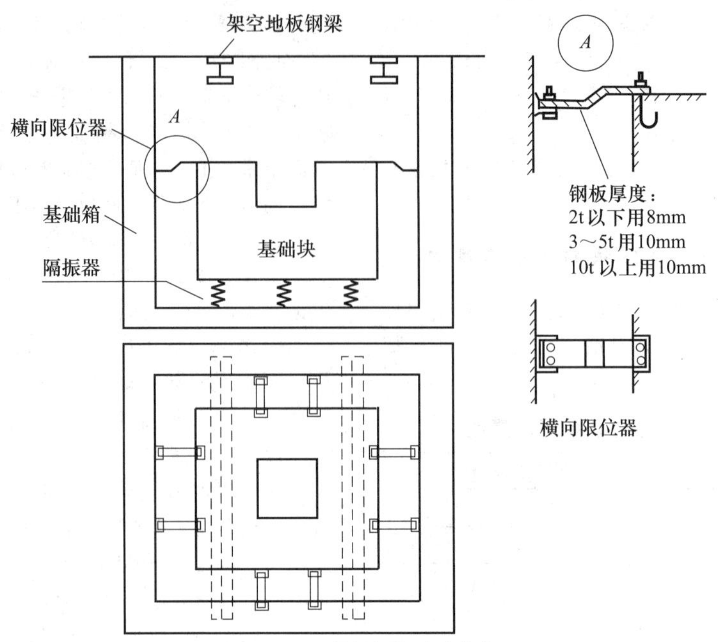

图 27-6-12 锻锤隔振基础结构

如果说明书中仅给出了打击能量 E_0，而未给出其他值，则 v_0 可以按式（27-6-11）计算

$$v_0=\sqrt{\frac{2.2E_0}{m_0}} \tag{27-6-11}$$

式中 E_0——打击能量，kN·m；

m_0——总体质量，t。

（2）确定基础块的质量

基础块的质量可按式（27-6-12）计算

$$m_3=\frac{m_0v_0(1+e)}{\omega_0[A_z]}-(m_0+m_p+m_2) \tag{27-6-12}$$

式中 m_p——砧座质量，t；

m_2——机架质量，t；

m_0——落体质量，t；

ω_0——基础的固有频率，rad/s；

e——碰撞系数，按式（27-6-2）下说明选取；

$[A_z]$——砧座允许垂向振幅，可按表 27-6-14 选用（目前研究成果允许振幅放宽，这将在后面讨论）。

表 27-6-14 砧座允许垂向振幅

落体的公称质量/t	允许垂向振幅/mm
≤1.0	1.7
2.0	2.0
3.0	3.0
5.0	4.0
10.0	4.5
16.0	5.0

（3）确定基础块的外形尺寸（略）

6.3.2.3 确定隔振器应具备的参数并选用或设计隔振器

① 确定基础固有频率。一般来说，基础固有频率可在 3～6Hz 范围选取。近些年又有新的选择，将在后面讨论。

② 由 $K_z=m_1\omega_0^2$ 决定隔振器的垂向刚度。

③ 阻尼比至少应大于 0.10，最好大于 0.15，则可以不考虑冲击隔振。

根据 K_z 和阻尼比 ζ 选用或设计隔振器。一般来说，多采用钢弹簧和橡胶并用，或钢弹簧和油阻尼器，或钢弹簧与黏滞性阻尼器，或钢弹簧和钢丝绳隔振器并用，还有采取蝶簧和阻尼器并用。

6.3.2.4 基础块振动验算

由式（27-6-3）计算的振幅 A_z 必须小于允许振幅 $[A_z]$。

6.3.2.5 砧座振幅验算

砧座振幅 A_{z1} 可由式（27-6-13）计算得到，其应该小于表 27-6-14 中的规定值。

$$A_{z1}=\psi_e W_0 v_0\sqrt{\frac{d_0}{E_1W_pS'}} \tag{27-6-13}$$

式中 A_{z1}——砧座振幅，mm；

ψ_e——冲击回弹影响系数，对模锻钢制品可取 0.5s/m$^{1/2}$；对模锻有色金属制品

可取 $0.35s/m^{1/2}$，对自由锻锤，可取 $0.4s/m^{1/2}$；

d_0——砧座下垫层的总厚度，m；

E_1——垫层的弹性模量，kPa；

W_p——对模锻应取砧座与锤架的总重力，对自由锻应取砧座的重力，kN。

6.3.2.6　基础箱的设计及振幅

根据基础块的外形尺寸，由静力计算和构造要求确定基础箱的外形尺寸及其质量。有关参数还要保证基础箱振幅 A'_z 小于允许的振幅。

$$A'_z=\frac{A_zK_z}{K'_z},K'_z=\alpha_zC_zS',\alpha_z=(1+0.4\delta_b)^2,\delta_b=\frac{h_t}{\sqrt{S'}} \tag{27-6-14}$$

式中　K'_z——地基抗压刚度；

S'——基础底面积，基础底面积可先由基础块外形确定，再验算；

α_z——基础埋深作用对地基抗压刚度的提高系数；

δ_b——基础埋深比，当 $\delta_b>0.6$ 时，取 $\delta_b=0.6$；

h_t——基础埋置深度。

6.3.3　设计举例 5t 模锻锤隔振基础设计

6.3.3.1　设计资料及设计值

(1) 锻锤原始资料

锤头质量　$m_0=5.79t$

砧座质量　$m_p=112.55t$

机架质量　$m_2=43.7t$

最大打击能量　$E_0=123kN\cdot m$

锤击次数　60 次/min

(2) 地质勘测资料

非湿陷性黄土状亚黏土　$R=198kN/m^2$，$\rho=17.66kt/m^3$

地基抗压刚度系数　$C_z=73550kN/m^3$

土壤内摩擦角　$\varphi=20°$，$\mu=0.49$

地下水位于地面下 14m 处。

(3) 设计要求

基础允许垂向振幅 $[A_z]\leqslant 3mm$

基础固有频率 $f_0\leqslant 3.5Hz$

砧座允许垂向振幅 $[A_{z1}]\leqslant 4mm$

基础箱允许垂向振幅 $[A'_z]\leqslant 0.2mm$

6.3.3.2　确定基础块的质量和几何尺寸

(1) 确定落体的下落速度

由式 (27-6-11) 确定落体的下落速度可得

$$v_0=\sqrt{\frac{2.2E_0}{m_0}}=\sqrt{\frac{2.2\times123}{5.79}}m/s=6.83m/s$$

(2) 确定基础块质量

取 $e=0.5$，$\omega_0=2\pi f_0=6.28\times3.5rad/s=22rad/s$，$[A_z]=0.003m$，则由式 (27-6-12) 可得基础块质量

$$m_3=\frac{m_0v_0(1+e)}{\omega_0[A_z]}-(m_0+m_p+m_2)$$
$$=\frac{5.79\times6.83\times(1+0.5)}{22\times0.003}-(5.79+112.55+43.7)$$
$$=736.73\ t$$

(3) 确定基础块外形尺寸

基础块为钢筋混凝土结构，故基础块所需体积 V_3 为：

$$V_3=\frac{m_3}{2.5}=\frac{736.73}{2.5}m^3=294.7m^3$$

基础块几何尺寸（长 L×宽 B×厚 H）取

$$LBH=10\times7\times4.25m^3=297.5m^3$$

实际质量

$$m_3=[10\times7\times4.25+(6.1+2.4)\times2\times0.4]\times2.5t$$
$$=760.75t>736.73t$$

总质量

$$m_1=m_0+m_p+m_2+m_3$$
$$=5.79+112.55+43.7+760.75t$$
$$=922.8t$$

6.3.3.3　隔振器的选用与设计

由 $K_z=m_1\omega_0^2$ 可得到

$$K_z=922800\times22^2kg/s^2=446640000kg/s^2$$
$$=4466400N/cm$$

全部载荷可由 40 个隔振器承担，每个隔振器的承载为

$$W_i=\frac{922.8\times9.8}{40}kN=226.1kN$$

每个隔振器的刚度

$$K_{zi}=\frac{K_z}{40}=\frac{44664}{40}N/cm=1116.1N/cm$$

6.3.3.4　基础块振动验算

设实际加工的钢弹簧隔振器的刚度为 103394N/cm，则

$$f_z=\frac{1}{2\pi}\sqrt{\frac{10339400\times40}{922790}}Hz=3.37Hz<3.5Hz$$

由式 (27-6-3) 可得

$$A_z=(1+0.5)\frac{5.79\times6.83}{922.8\times22}m=3.04\times10^{-3}m\approx3.0mm，允许$$

6.3.3.5　砧座振幅验算

砧座采用运输胶带，厚度为100mm，由《动力机器基础设计规范》GB 50040—1996 中表 8.1.21 知，$E_1=38000\text{kN/m}^2$，按式（27-6-13）有

$$A_{z1}=\psi_e W_0 v_0\sqrt{\frac{d_0}{E_1 W_p S'}}$$
$$=0.5\times5.79\times9.81\times6.83\times\sqrt{\frac{0.1}{38000\times(112.55+43.7)\times9.81\times2\times3.7}}\text{m}$$
$$=0.00295\text{m}=2.95\text{mm}<4\text{mm},允许$$

6.3.3.6　基础箱设计

由《隔振设计规范》GB 50463—2008 查得地基调整系数 $\alpha_z=2.67$。由式（27-6-14）可得

$$S'=\frac{A_z K_z}{\alpha_z A_z' C_z}=\frac{0.003\times413576000}{2.67\times0.0002\times73550000}\text{m}^2=31.59\text{m}^2$$

取 $S'=120\text{m}^2$ 允许，则基础箱底面尺寸应为 $12\times10\text{m}^2=120\text{m}^2$。

6.3.4　有关锻锤隔振新理论、新观念、新方法介绍

6.3.4.1　锻锤基础弹性隔振新技术

锻锤基础弹性隔振技术主要分为两大类：一类是砧座下直接隔振技术，将刚度较小的弹性元件及阻尼元件直接设在砧座下部以代替原有刚度很大的垫幕；另一类是大质量基础弹性隔振技术，即将锻锤安装在大质量块上，在质量块下面加弹性元件和阻尼元件，也有采用刚性浮筏结构的形式。

（1）砧座下直接隔振技术

在20世纪70年代，在国际上（以德国Gerb防振工程有限公司为代表）发展起砧座下直接隔振方式，即将刚度较小的弹性元件及阻尼元件直接设在砧座下部以代替原有刚度很大的垫幕。这种方式结构简单、施工方便、成本低、易于推广。由于在隔振器上部缺少了质量很大的基础块，故必然使砧座本身产生很大的振幅，影响打击效率、设备寿命和工作精度。国内外对此展开了一系列理论研究和工程实践，基本结论为：

① 在通常情况下，隔振系统的固有频率可以在5～8Hz范围内选取；砧座振幅允许在10～20mm之内。

② 无论是自由锻还是模锻锤，当砧座振动加大到10～20mm，也不会妨碍生产操作。手工操作时，操作者会很快适应砧座10～20mm幅度的低频晃动。

③ 由于锻锤砧座质量一般均在落下部分质量的15倍以上，砧座10～20mm的退让量不会影响打击效率。

④ 砧座10～20mm的振幅不会妨碍锻锤的正常运转，并且在某些情况下有助于改善应力，有助于保护设备和模具。

⑤ 阻尼在锻锤隔振中起着十分重要的作用。值得指出的是，合理的阻尼不仅能提高工作效率，而且还能抑制砧座振幅。一般情况应使阻尼比大于0.15，在0.15～0.30范围内选取为好。

（2）大质量基础弹性隔振技术

加大锻锤的基础质量，可以减小振幅。足够的质量提供了惯性力来平衡扰力。通常是通过加大基础几何尺寸的办法来实现加大质量，当然亦不可太大，一般视锻锤吨位而定。为避免与厂房基础干涉，对于小型锻锤可以加深基础，也可以加钢架、钢板以增加惯性质量，对于大中型锻锤设备则一般需要混凝土基础块，以避免与底座本身产生共振。

当前两类隔振技术研究的重点和难点均集中在弹性与阻尼元件（或系统）的设计开发上，主要分为以下几类：大载荷弹簧阻尼液隔振器、橡胶隔振器和橡胶隔振垫、空气弹簧、液压阻尼减振器和多层弹性体阻尼模块隔振系统。

（1）大载荷弹簧阻尼液隔振器

这种类型隔振器是由钢螺旋压缩弹簧与黏滞性阻尼并联而成，组合在一个箱体内，近年来已广泛用于大/中型锻锤、压力机、空压机等设备的隔振。

这类大载荷弹簧阻尼液隔振具有以下几个特点。

① 工作载荷范围大，工作载荷已可做到1000 kN。

② 固有频率范围宽，在同样工作载荷下，因有不同的刚度，固有频率范围为2～8 Hz，为不同类型设备隔振提供了很大选择余地。

③ 阻尼比大，在同样工作载荷和刚度情况下，阻尼比可以做到0.30以上，这对冲击运动的隔离十分有利。如将阻尼比选择在0.30左右，则既能提高冲击隔振效果，又能减少工作台面的位移。在体积不大的情况下，做到阻尼比0.30以上，并且温度适用范围宽。

④ 隔振器和阻尼器可以分开安装，如果二者并在一起装在一个箱体之内，则阻尼器不必单独固定。箱体往往做成预压状态，这样在维修与更换隔振器时，可以做到设备不动，更换过后，一般情况下设备水平无需再调整。

⑤ 隔振器寿命长，其寿命至少为15年以上。

但采用大载荷弹簧阻尼液隔振器也存在如下

缺点。

① 弹簧阻尼液隔振系统价格高昂，隔振系统容易损坏，主要是阻尼液对环境影响非常敏感，怕水和油，容易泄漏，而锻造行业的恶劣环境却又是难以控制和想象的。

② 弹簧容易被小颗粒和氧化皮等损坏，弹簧的疲劳及阻尼器的损坏又不断地需要修理和更换。

③ 安装弹簧隔振器需要大的水泥或钢铁配重来达到合格的锻锤垂直振幅，这是因为弹簧非常软或刚度过于小。

(2) 橡胶隔振器和橡胶隔振垫

砧座下直接隔振常采用橡胶隔振器和橡胶隔振垫。其优点是投资少，但难以做到隔振效率很高，另外其阻尼比最多做到0.15。研究表明，采用有孔的橡胶垫，其阻尼性能比普通橡胶垫要好一些。此种隔振方法投资少，故也会得到一定程度应用。但是橡胶元件的弹性是通过元件的形状变化而得到的，因此其变形量是有限的，所支承的系统固有频率也很高，由于它是非线性的，在大载荷时会变硬。在橡胶作为阻尼元件时，其阻尼效应引起的热量也会降低橡胶的弹性阻尼特性。

(3) 空气弹簧

该型减振器在锻锤弹性隔振上的应用主要以日本日野、三菱减振器为代表，其是一种帘线增强的橡胶囊，内充压缩空气，利用气体的可压缩性起弹簧作用的减振橡胶制品，有长枕式、葫芦式和隔膜式等类型。空气弹簧可以大致分为自由膜式、混合式、袖筒式和囊式空气弹簧，其橡胶囊结构与无内胎轮胎相似，由内胶层（气密层）、外胶层、帘布增强层及钢丝圈组成，其载荷主要由帘线承受。帘线的材质是空气弹簧的耐压性和耐久性的决定性因素，一般采用高强度的聚酯帘线或尼龙帘线，帘线层交叉并且和气囊的经线方向成一角度布置。与金属弹簧相比，气囊具有质量小、舒适性好、耐疲劳、使用寿命长等优点，它同时具有减振和消声作用，但其在使用时需要增设气站，增加了成本和空间。

(4) 液压阻尼减振器

由于液体阻尼的稳定性、即时性、紧凑性及可控性，以德国Gerb防振工程有限公司为代表开发了一系列液压阻尼器。其基本形式是由缸筒、活塞、阻尼材料和导杆等部分组成，活塞在缸筒内作往复运动，活塞上开有适量小孔作为阻尼孔，缸筒内装满流体阻尼材料。当活塞与缸筒之间发生相对运动时，由于活塞前后的压力差使流体阻尼材料从阻尼孔中通过，从而产生阻尼力。黏滞流体阻尼器对锻锤振动控制的机理是将结构的部分振动能量通过阻尼器中黏滞流体的阻滞作用耗散掉，达到减小设备振动的目的。

(5) 多层弹性体阻尼模块隔振系统（MRM）

由美国减振技术公司研发的多层弹性体阻尼模块隔振系统（MRM）是近年来锻锤弹性基础隔振的最新技术。MRM隔振系统耐油和水、耐热和防老化的物理特征佳。当弹性体模块构成MRM受压缩时，弹性体模块就开始以热能的形式散发热量，热量从弹性体阻尼模块传递到钢板中，然后又在环境的空气中散发掉。多层弹性体阻尼模块隔振系统（MRM）可提供约60%～85%的隔振效果，隔振系统固有的振动频率范围为8～15Hz。通常MRM的混凝土基础比弹簧隔振器的混凝土基础要小。

6.3.4.2 锻锤隔振系统的CAD二次开发与智能制造

锻锤隔振装置主要采用手工设计，设计效率低、直观性差、重复性工作多、往往要查阅手册、计算和校核许多数据、绘制大量图形。因此改变传统的设计方法，采用与CAD相结合的技术成为一种趋势。对于Pro/E这类通用软件，其自身标准与国内标准存在差异，而且缺乏锻锤隔振方面的专业模块，近年来不少学者提出了在Pro/E平台上对锻锤隔振CAD系统进行二次开发并以此开展智能制造的新思路。

随着计算机图形技术和三维CAD开发软件的成熟，基于AutoCAD和Pro/E软件作为二次开发平台，根据锻锤隔振的设计原理，利用VC++6.0的MFC和Pro/E自带的二次开发工具包Pro/TOOLKIT开发出一套界面友好、交互性强的锻锤隔振CAD系统，研究的重点方向如下。

① 解决Pro/E软件、VC++6.0编译器以及ACCESS数据库之间的通信及有关接口技术。分析Pro/TOOLKIT内部的基本数据结构、功能函数及其使用方法，研究基于OLE DB、DataGrid的方式将ACCESS数据库与VC++6.0连接，实现外部数据库与Pro/E软件的结合。

② 研究基于Pro/TOOLKIT的菜单设计技术以及Pro/TOOLKIT与MFC的混合编程技术，研究菜单资源文件、注册文件的建立方法，实现锻锤隔振CAD系统可视化界面设计。

③ 研究锻锤隔振CAD系统开发的关键技术，在基于特征的参数化、Pro/TOOLKIT应用程序设计的基础上，提出了基于三维模型的参数化自动建模技术。根据锻锤隔振的设计原理，设计板簧悬吊式隔振参数化系统、螺旋弹簧及橡胶阻尼器的承垫式、反压式、惯性块式隔振参数化系统。实现各类隔振系统零件、组件的三维模型及二维工程图的自动化生成。

④ 设计锻锤隔振系统标准件数据库，通过 ACCESS 创建的标准件库零件参数数据库来驱动模型参数，实现对所选标准件进行自动建模。

⑤ 对 Pro/E 进行合理配置并编写 BOM 格式文件，实现自动生成锻锤隔振 CAD 系统零部件的 BOM 清单功能。将零部件的信息（如质量、名称、图号、材料、备注等）通过清单形式进行出，实现智能制造。

6.3.4.3　锻锤基础隔振的参数优化设计方法

锻锤弹性基础的减振效果取决于弹簧刚度、阻尼器阻尼系数、基础块质量及外形尺寸等参数的选取，同时受约束于设计要求及其结构和工艺条件。由于影响因素多，且参数间关系复杂，传统设计方法无法满足设计要求，需要使用目标函数优化。参数优化设计方法通常遵循如下步骤。

（1）建立动力学微分方程

由于锻锤隔振所采用的隔振器的刚度远小于机架、砧座与惯性块之间的垫层刚度，因此无论是砧座下直接隔振还是质量块隔振，都可以简化为两自由度系统，如图 27-6-13 所示。

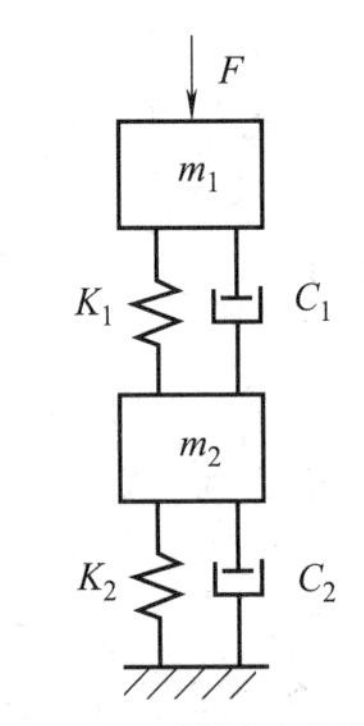

图 27-6-13　锻锤动力学模型

系统的运动微分方程为

$$\begin{bmatrix} m_1 & 0 \\ 0 & m_2 \end{bmatrix} \begin{Bmatrix} \ddot{x}_1 \\ \ddot{x}_2 \end{Bmatrix} + \begin{bmatrix} C_{11} & C_{12} \\ C_{21} & C_{22} \end{bmatrix} \begin{Bmatrix} \dot{x}_1 \\ \dot{x}_2 \end{Bmatrix} + \begin{bmatrix} K_{11} & K_{12} \\ K_{21} & K_{22} \end{bmatrix} \begin{Bmatrix} x_1 \\ x_2 \end{Bmatrix} = \begin{Bmatrix} F_1 \\ F_2 \end{Bmatrix} e^{i\omega t} \tag{27-6-15}$$

式中，K_1、K_2分别为隔振器弹簧刚度和土壤刚度；C_1、C_2分别为隔振器阻尼系数和土壤阻尼系数；x_1、x_2分别为砧座和基础块的位移；m_1为砧座质量（自由锻锤）或机身与砧座质量之和（模锻锤）；m_2为机架与基础块质量之和（自由锻锤）或基础块质量（模锻锤）。

（2）确定系统的初始条件

如锤击速度、土壤参数和设计要求等，具体确定方法已在 6.3.3 节给出。

（3）建立优化设计的数学模型

对锻锤弹性基础优化设计需要满足以下基本要求：基础和砧座的振幅在允许范围内；作用于地基上的动应力应在允许范围内。当锻锤参数及地基条件确定后可根据上述要求建立优化设计数学模型。

① 确定目标函数。可以根据实际的优化要求确定目标函数，可以对单参数也可以是多参数的，通常以基础的力传递率作为目标函数。

② 确定约束条件。一般为砧座的最大振幅约束、基础块的振幅和最大加速度约束、地基承受的最大动载约束、基础自振频率约束、振动衰减时间约束和设计变量的边界约束等。

③ 选取优化算法开展优化设计，常用的优化算法如序列二次规划法、时频域函数优化参数混合算法和遗传算法等。

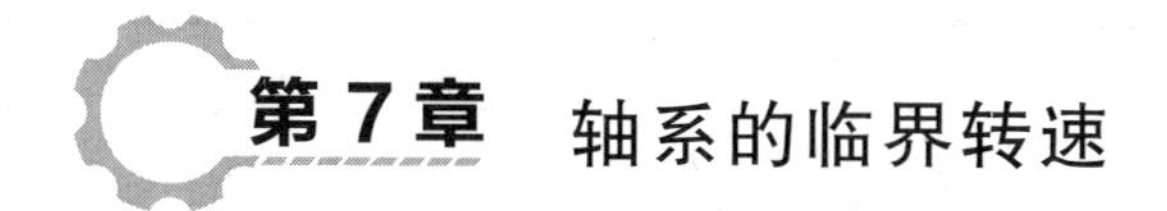

第 7 章　轴系的临界转速

7.1　概述

轴系由轴、联轴器、安装在轴上的传动件、转动件、紧固件等各种零件以及轴的支承组成。激起轴系共振的转速称为临界转速。当转子的转速接近临界转速时，轴系将引起剧烈的振动，严重时造成轴、轴承及轴上零件破坏，而当转速在临界转速的一定范围之外时，运转趋于平稳。若不考虑陀螺效应和工作环境等因素，轴系的临界转速在数值上等于轴系不转动而仅作横向弯曲振动的固有频率：

$$n_c = 60 f_n = \frac{30}{\pi}\omega_n \qquad (27\text{-}7\text{-}1)$$

式中　n_c——临界转速，r/min；

f_n——固有频率，Hz；

ω_n——固有角频率，rad/s。

由于转子是弹性体，理论上应有无穷多阶固有频率和相应的临界转速，按数值从小到大排列为 n_{c1}、n_{c2}、…、n_{ck}、…，分别称为一阶、二阶、…、k 阶临界转速。在工程中有实际意义的只是前几阶，特别是一阶临界转速。

为了保证机器安全运行和正常工作，在机械设计时，应使各转子的工作转速 n 离开其各阶临界转速一定的范围。一般的要求是，对工作转速 n 低于其一阶临界转速的轴系，$n<0.75n_{c1}$；对工作转速高于其一阶临界转速的轴系，$1.4n_{ck}<n<0.7n_{ck+1}$。

临界转速的大小与轴的材料、几何形状、尺寸、结构形式、支承情况、工作环境以及安装在轴上的零件等因素有关。要同时考虑全部影响因素，准确计算临界转速是很困难的，也是不必要的。实际上，常按不同设计要求，只考虑主要影响因素，建立简化计算模型，求得临界转速的近似值。

7.2　简单转子的临界转速

7.2.1　力学模型

表 27-7-1　力学模型

轴系组成	简化模型	说明
两支承轴	等直径均匀分布质量模型 m_0	阶梯轴当量直径：$D_m = a\dfrac{\sum d_1 \Delta l_1}{\sum \Delta l_1}$ 式中　d_1——阶梯轴各阶直径，m Δl_1——对应 d_1 段的轴段长度，m a——经验修正系数 若阶梯轴最初段长超过全长 50%，$a=1$；小于 15%，此段轴可以看成以次粗段直径为直径的轴上套一轴环；a 值一般可参考有准确解的轴通过试算找出，例如一般的压缩机、离心机、鼓风机转子 $a=1.094$
	两支承等直径梁刚度模型 EJ	
圆盘	集中质量模型 m_1	适用转子转速不高、圆盘位于两支承的中点附近回转力矩影响较小的情况

续表

轴系组成	简 化 模 型	说 明
支承	刚性支承模型。各种轴承刚性支承形式按下图选取： (a)　(b)　(c) (d)　(e)	图(a)为深沟球轴承；图(b)为角接触球轴承或圆锥滚子轴承；图(c)为成对安装角接触球轴承、双列角接触球轴承、调心球轴承、双列短圆柱滚子轴承、调心滚子轴承、双列圆锥滚子轴承；图(d)为短滑动轴承($l/d<2$)：当 $l/d \leqslant 1$ 时，$e=0.5l$，当 $l/d>1$ 时，$e=0.5d$；图(e)为长滑动轴承($l/d>2$)和四列滚动轴承 一般小型机组转速不高，支座总刚度比转子本身刚度大得多，可按刚性支座计算临界转速

7.2.2　两支承轴的临界转速

转轴 k 阶临界转速：

$$n_{ck}=\frac{30\lambda_k}{\pi L^2}\sqrt{\frac{EJL}{m_0}}\quad(\text{r/min})\qquad(27\text{-}7\text{-}2)$$

式中　m_0——轴质量，kg；

L——轴长，m；

E——材料弹性模量，Pa；

J——轴的截面惯性矩，m^4；

λ_k——计算 k 阶临界转速的支承形式系数，见表 27-7-2。

表 27-7-2　　等直径轴支承形式系数 λ_k

支座形式	λ_1	λ_2	λ_3	支座形式	λ_1	λ_2	λ_3
(两端铰支，L)	9.87	39.48	88.83	(两端固定，L)	22.37	61.67	120.9
(一端固定一端铰支，L)	15.42	49.97	104.2				

支座形式	λ_1											μ_2
	0	0.05	0.10	0.15	0.20	0.25	0.30	0.35	0.40	0.45	0.50	
两端外伸轴	9.87*	10.92*	12.11*	13.34*	14.44*	15.06*	14.57*	13.13*	11.50*	9.983*	8.716*	0
		12.15	13.58	15.06	16.41	17.06	16.32	14.52	12.52	10.80	9.37	0.05
			15.22	16.94	18.41	18.82	17.55	15.26	13.05	11.17	9.70	0.10
				18.90	20.41	20.54	18.66	15.96	13.54	11.58	10.02	0.15
					21.89	21.76	19.56	16.65	14.07	12.03	10.39	0.20
						21.70	20.05	17.18	14.61	12.48	10.80	0.25
							19.56	17.55	15.10	12.97	11.29	0.30
								17.18	15.51	13.54	11.78	0.35
									15.46	14.11	12.41	0.40
										14.43	13.15	0.45
											14.05	0.50

注：1. μ_1、μ_2为外伸端轴长与轴总长 L 的比例系数，μ_1和 μ_2之中有一值为零，即为一端外伸。

2. 表中只给出 $\mu_2=0$ 左端外伸时一阶支承形式系数 λ_1，见标记 * 值，当 $\mu_1=0$ 右端外伸只是把表中 μ_1 当成 μ_2，仍查标记 * 值。

7.2.3 两支承单盘转子的临界转速

表 27-7-3 两支承单盘转子的临界转速

支承形式	不计轴的质量 m_0	考虑轴的质量 m_0
	$n_{c1}=\dfrac{30}{\pi L^2}\sqrt{\dfrac{K}{m_1}}$	$n_{c1}=\dfrac{30\lambda_1}{\pi L^2}\sqrt{\dfrac{EJL}{m_0+\beta m_1}}$
	$K=\dfrac{3EJL}{\mu^2(1-\mu)^2}$	$\beta=32.47\mu^2(1-\mu)^2$
	$K=\dfrac{12EJL}{\mu^3(1-\mu)^2(4-\mu)}$	$\beta=19.84\mu^3(1-\mu)^2(4-\mu)$
	$K=\dfrac{3EJL}{\mu^3(1-\mu)^3}$	$\beta=166.8\mu^3(1-\mu)^3$
	$K=\dfrac{3EJL}{(1-\mu)^2}$	$\beta=\dfrac{1}{3}(1-\mu)^2\lambda_1{}^2$

注：m_1——圆盘质量，kg；m_0——轴的质量，kg；E——轴材料弹性模量，Pa；J——轴的截面惯性矩，m^4；λ_1——支座形式系数，见表 27-7-2；β——集中质量 m_1 转换为分布质量的折算系数；μ——轴段长与轴全长 L 之比的比例系数。

7.3 两支承多盘转子临界转速的近似计算

7.3.1 带多个圆盘轴的一阶临界转速

带多个圆盘并需计及轴的自重时，按如下公式可以计算一阶的临界转速 n_{c1}：

$$\frac{1}{n_{c1}^2}=\frac{1}{n_0^2}+\frac{1}{n_{01}^2}+\frac{1}{n_{02}^2}+\cdots+\frac{1}{n_{0n}^2} \qquad (27\text{-}7\text{-}3)$$

式中 n_0——只有轴自重时轴的一阶临界转速；

n_{01}，n_{02}，…，n_{0n}——分别表示只装一个圆盘（盘 1，2，…，n）且不考虑轴自重时的一阶临界转速。

应用表 27-7-2 及表 27-7-3 可以分别计算 n_0 及 n_{01}，n_{02}，…，n_{0n} 值，代入即可求得 n_{c1}。

对阶梯轴及复杂转子的轴则用下面的方法计算。

7.3.2 力学模型

将实际转子按轴径和载荷（轴段和轴段上安装零件的重力）的不同，简化成为如图 27-7-1 所示 m 段受均布载荷作用的阶梯轴。各段的均布载荷 $q_i=\dfrac{m_i g}{l_i}$（N/m），m_i为 i 段轴和装在该段轴上零件的质量，kg；l_i为该轴段长度，m；g 为重力加速度，$g=9.8\text{m/s}^2$。支承为刚性支承，各种形式支承的位置按表 27-7-1 中支承图选取。

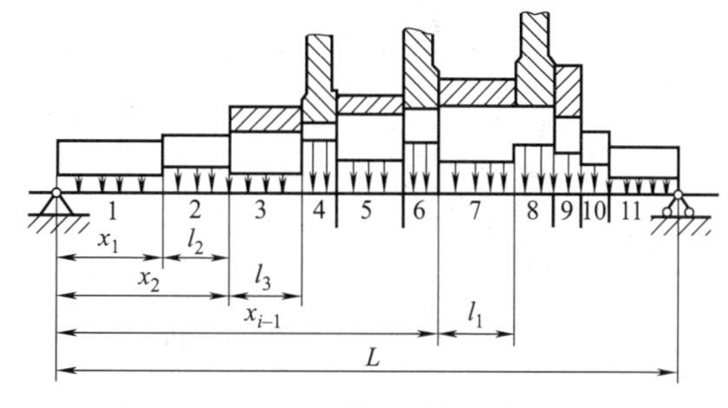

图 27-7-1 轴系的计算模型

7.3.3 临界转速计算公式

$$n_{ck}=\frac{2.95\times10^2 k^3}{L^2\sqrt{\left(\sum\limits_{i=1}^{m}q_i\Delta_i\right)\left(\sum\limits_{i=1}^{m}\dfrac{\Delta_i}{E_iJ_i}\right)}}$$

对于钢轴 $E=2.1\times10^{11}\mathrm{N/m^2}$，则

$$n_{ck}=\frac{4.28\times10^2k^3}{L^2}\sqrt{\frac{J_{max}\times10^{11}}{\left(\sum_{i=1}^{m}q_i\Delta_i\right)\left(\sum_{i=1}^{m}\frac{J_{max}}{J_i}\Delta_i\right)}}\tag{27-7-4}$$

式中　k——临界转速阶次，通常只计算一、二阶临界转速，用于计算高于三阶临界转速时误差较大；

L——转子两支承跨距，m；

q_i——第 i 段轴的均布载荷，$q_i=m_ig/l_i$，N/m；

J_i——第 i 段轴截面惯性矩，$J_i=\pi d_i^4/64$，$\mathrm{m^4}$；

J_{max}/J_i——最大截面惯性矩与第 i 段轴截面惯性矩之比；

d_i——第 i 段轴的直径，m；

Δ_i——第 i 段轴的位置函数，$\Delta_i=\phi(\lambda_i)-\phi(\lambda_{i-1})$，$\lambda_i=kx_i/L$，$\phi(\lambda_i)=\lambda_i-\frac{\sin2\pi\lambda_i}{2\pi}$，也可由表 27-7-4 查出。

7.3.4　计算示例

某转子系统简化成为如图 27-7-1 所示的 11 段阶梯轴均布载荷计算模型，已知条件、计算过程和按式（27-7-3）计算的 n_{c1} 和 n_{c2} 列于表 27-7-5。

表 27-7-4　　函数 $\phi(\lambda)$ 数值表

λ	$\phi(\lambda)$	λ	$\phi(\lambda)$	λ	$\phi(\lambda)$	λ	$\phi(\lambda)$	λ	$\phi(\lambda)$
0.000	0								
0.002	0.0000004	0.066	0.00188	0.175	0.0332	0.335	0.1980	0.495	0.4900
0.004	0.0000014	0.068	0.00204	0.180	0.0360	0.340	0.2056	0.500	0.5000
0.006	0.0000014	0.070	0.00226	0.185	0.0389	0.345	0.2134	0.505	0.5100
0.008	0.0000034	0.072	0.00245	0.190	0.0420	0.350	0.2212	0.510	0.5200
0.010	0.0000066	0.074	0.00266	0.195	0.0453	0.355	0.2292	0.515	0.5300
0.012	0.000011	0.076	0.00289	0.200	0.0486	0.360	0.2374	0.520	0.5400
0.014	0.000018	0.078	0.00312	0.205	0.0522	0.365	0.2456	0.525	0.5499
0.016	0.000027	0.080	0.00337	0.210	0.0558	0.370	0.2540	0.530	0.5598
0.018	0.000038	0.082	0.00362	0.215	0.0597	0.375	0.2625	0.535	0.5697
0.020	0.000053	0.084	0.00389	0.220	0.0637	0.380	0.2711	0.540	0.5796
0.022	0.00007	0.086	0.00418	0.225	0.0678	0.385	0.2797	0.545	0.5894
0.024	0.000091	0.088	0.00448	0.230	0.0721	0.390	0.2886	0.550	0.5992
0.026	0.000115	0.090	0.00479	0.235	0.0766	0.395	0.2975	0.555	0.6089
0.028	0.000144	0.092	0.00512	0.240	0.0812	0.400	0.3064	0.560	0.6186
0.030	0.000177	0.094	0.00545	0.245	0.0859	0.405	0.3155	0.565	0.6282
0.032	0.000215	0.096	0.00581	0.250	0.0908	0.410	0.3247	0.570	0.6378
0.034	0.000258	0.098	0.00619	0.255	0.0959	0.415	0.3340	0.575	0.6473
0.036	0.000306	0.100	0.00645	0.260	0.1012	0.420	0.3433	0.580	0.6567
0.038	0.00036	0.105	0.00745	0.265	0.1066	0.425	0.3527	0.585	0.6660
0.040	0.00042	0.110	0.00855	0.270	0.1121	0.430	0.3622	0.590	0.6753
0.042	0.000487	0.115	0.00975	0.275	0.1178	0.435	0.3718	0.595	0.6845
0.044	0.00056	0.120	0.0111	0.280	0.1237	0.440	0.3814	0.600	0.6935
0.046	0.00064	0.125	0.0125	0.285	0.1297	0.445	0.3911	0.605	0.7025
0.048	0.000725	0.130	0.0140	0.290	0.1358	0.450	0.4008	0.610	0.7114
0.050	0.00082	0.135	0.0156	0.295	0.1412	0.455	0.4106	0.615	0.7203
0.052	0.00092	0.140	0.0174	0.300	0.1486	0.460	0.4204	0.620	0.7289
0.054	0.00103	0.145	0.0192	0.305	0.1553	0.465	0.4302	0.625	0.7375
0.056	0.00115	0.150	0.0212	0.310	0.1620	0.470	0.4402	0.630	0.7460
0.058	0.00128	0.155	0.0234	0.315	0.1689	0.475	0.4501	0.635	0.7544
0.060	0.00142	0.160	0.0256	0.320	0.1760	0.480	0.4601	0.640	0.7626
0.062	0.00157	0.165	0.0280	0.325	0.1823	0.485	0.4700	0.645	0.7708
0.064	0.00172	0.170	0.0305	0.330	0.1905	0.490	0.4800	0.650	0.7788

续表

λ	ϕ(λ)	λ	ϕ(λ)	λ	ϕ(λ)	λ	ϕ(λ)	λ	ϕ(λ)
0.655	0.7866	0.755	0.9141	0.855	0.9808	0.922	0.99688	0.962	0.99964
0.660	0.7944	0.760	0.9188	0.860	0.9826	0.924	0.99711	0.964	0.999694
0.665	0.8020	0.765	0.9234	0.865	0.9844	0.926	0.99734	0.966	0.999742
0.670	0.8095	0.770	0.9279	0.870	0.9860	0.928	0.99755	0.968	0.999785
0.675	0.8168	0.775	0.9322	0.875	0.9875	0.930	0.99774	0.970	0.999823
0.680	0.8240	0.780	0.9363	0.880	0.9890	0.932	0.99796	0.972	0.999856
0.685	0.8311	0.785	0.9403	0.885	0.9902	0.934	0.99812	0.974	0.999885
0.690	0.8380	0.790	0.9441	0.890	0.9915	0.936	0.99828	0.976	0.999906
0.695	0.8447	0.795	0.9478	0.895	0.9926	0.938	0.99843	0.978	0.999993
0.700	0.8514	0.800	0.9514	0.900	0.99343	0.940	0.99858	0.980	0.999947
0.705	0.8578	0.805	0.9547	0.902	0.99381	0.942	0.99872	0.982	0.999962
0.710	0.8641	0.810	0.9580	0.904	0.99418	0.944	0.99885	0.984	0.999973
0.715	0.8704	0.815	0.9611	0.906	0.99455	0.946	0.99897	0.986	0.999982
0.720	0.8763	0.820	0.9640	0.908	0.99488	0.948	0.99908	0.988	0.999989
0.725	0.8822	0.825	0.9668	0.910	0.99521	0.950	0.99918	0.990	0.9999934
0.730	0.8879	0.830	0.9695	0.912	0.99552	0.952	0.999275	0.992	0.9999956
0.735	0.8935	0.835	0.9720	0.914	0.99582	0.954	0.99936	0.994	0.9999986
0.740	0.8988	0.840	0.9744	0.916	0.99611	0.956	0.99944	0.996	0.9999996
0.745	0.9041	0.845	0.9766	0.918	0.99638	0.958	0.999513	0.998	1
0.750	0.9092	0.850	0.9788	0.920	0.99663	0.960	0.99958	1.000	1

注：当 $\lambda>1$ 时，$\phi(\lambda)$ 的整数部分与 λ 的整数部分相等，小数部分由表中查得。

表 27-7-5　临界转速近似计算表

轴段号	已知条件				均布载荷 q_i /N·m^{-1}	截面惯性矩 J_i /10^{-6}m^4	$\frac{J_{max}}{J_i}$	$k=1$				
	质量 m_i /kg	轴段长 l_i /m	轴径 d_i /m	坐标 x_i /m				λ_i	$\phi(\lambda_i)$	Δ_i	$\frac{J_{max}}{J_i}\Delta_i$	$q_i\Delta_i$
1	4.16	0.16	0.065	0.16	254.8	0.876	11.62	0.123	0.0119	0.0119	0.138	3.03
2	8.85	0.168	0.085	0.328	516.3	2.562	3.97	0.252	0.0928	0.0809	0.321	41.77
3	7.74	0.155	0.09	0.483	489.4	3.221	3.16	0.372	0.2574	0.1646	0.520	80.56
4	54.08	0.06	0.105	0.543	8833	6.967	1.71	0.418	0.3396	0.0822	0.141	726.07
5	18.31	0.18	0.11	0.723	996.9	7.187	1.42	0.556	0.6108	0.2712	0.385	270.36
6	53.88	0.06	0.115	0.783	8800	6.585	1.55	0.602	0.6971	0.0863	0.103	759.44
7	18.75	0.15	0.12	0.933	1225	10.18	1	0.718	0.8739	0.1768	0.177	216.58
8	56.84	0.077	0.12	1.01	7234	10.18	1	0.777	0.9338	0.0599	0.060	433.32
9	20.75	0.08	0.11	1.09	2542	7.187	1.42	0.838	0.9734	0.0396	0.056	100.66
10	4.15	0.05	0.10	1.14	813.4	4.909	2.07	0.877	0.9881	0.0147	0.030	11.96
11	4.71	0.16	0.07	1.30	288.5	1.179	8.63	1	1	0.0119	0.103	3.43
总和	252.22	1.30									2.034	2647.18

续表

轴段号	n_{c1}/r · min^{-1}			$k=2$					n_{c2}/r · min^{-1}		
	近似	精确	误差	λ_i	$\phi(\lambda_i)$	Δ_i	$\frac{J_{max}}{J_i}\Delta_i$	$q_i\Delta_i$	近似	精确	误差
1				0.246	0.0869	0.0869	1.010	22.14			
2				0.564	0.6263	0.5394	2.141	278.49			
3				0.744	0.0030	0.2767	0.874	135.42			
4				0.836	0.9725	0.0895	0.153	790.55			
5				1.112	1.0090	0.0365	0.052	36.39			
6	3478	3584	2.96%	1.204	1.0515	0.0425	0.066	374	12788	13430	4.78%
7				1.436	1.3737	0.3222	0.322	394.7			
8				1.554	1.6070	0.2333	0.233	1687.69			
9				1.676	1.8182	0.2112	0.299	536.87			
10				1.754	1.9131	0.0949	0.196	77.15			
11				2	2	0.0869	0.750	25.07			
总和							5.863	4358			

7.4 阶梯轴的临界转速计算

可将阶梯轴简化为多质量集中参数的计算模型，使用本章介绍的传递矩阵法，做较准确的计算。

如果只需作近似的估算，则可用式（27-7-2）。但计算轴的截面惯性矩需用当量直径 D_m，阶梯轴的当量直径 D_m 可按式（27-7-5）作粗略计算。

$$D_m=\alpha\frac{\sum d_i\Delta l_i}{\sum\Delta l_i} \qquad (27\text{-}7\text{-}5)$$

式中 d_i——阶梯轴各阶的直径，m；

Δl_i——对应于 d_i 段的轴段长度，m；

α——经验修正系数。

若阶梯轴最粗一段（或几段）的轴长度超过全长的 50%时，可取 $\alpha=1$，小于 15%时，此段当作轴环，另按次粗段来考虑。在一般情况下，最好按照同系列机器的计算对象，选取有准确解的轴试算几例，从中找出 α 值。例如，一般的压缩机、离心机、鼓风机可取 $\alpha=1.094$。

7.5 轴系的模型与参数

7.5.1 力学模型

表 27-7-6 力学模型

轴系组成	简化模型	说明
圆盘	刚性质量圆盘模型 m_{ci} 和 $I_i(I_{pf})$	将转子按轴径变化和装在轴上零件不同分为若干段。每段的质量以集中质量代替，并按质心不变原则分配到该段轴的两端。两质量间以弹性无质量等截面梁连接，弯曲刚度 EJ_i 和实际轴段相等。对轴段划分越细，计算精度越高，但计算工作量也越大。有时为简化计算，还可略去轴的质量，仅计轴上件质量
转轴	离散质量模型 $m_i'=m_{i,i}'+m_{i,i+1}'(I_i'=I_{i,i}'+I_{i,i+1}')$	
	无质量弹性梁模型 EJ、l_i、J、a_i、GA_i	
支承	弹性支承模型：支承形式如下图，图(a)只考虑支承静刚度 K；图(b)同时考虑支承静刚度 K 和扭转刚度 K_θ；图(c)同是考虑支承刚度 K_2、油膜刚度 K_1 及参振质量为 m 的弹性支承；图(d)同时考虑支承静刚度 K 和阻尼系数 C 的弹性支承 (a) (b) (c) (d)	弹性支承的刚度可通过测试方法获得。对于大中型机组支承总刚度与转子刚度相近且较精确计算轴系临界转速时，支承必须按弹性支承考虑。特别是支承的动刚度随着转子转速的变化而变化，转速越高支座的动刚度越低，因此，在计算高速转子和高阶临界转速时，支承更应按弹性支承考虑
	刚性支承模型	刚性支承形式和支反力作用点及模型适用范围完全与表 27-7-1 刚性支承模型相同

7.5.2　滚动轴承支承刚度

表 27-7-7　**滚动轴承支承刚度**

<table>
<tr><th colspan="2">项　目</th><th>计算公式</th><th>公式使用说明</th></tr>
<tr><td colspan="2">单个滚动轴承径向刚度</td><td>$K=\frac{F}{\delta_1+\delta_2+\delta_3}$(N/μm)</td><td rowspan="5">F——径向负荷,N
δ_1——轴承的径向弹性位移,μm
δ_2——轴承外圈与箱体的接触变形,μm
δ_3——轴承内圈与轴颈的接触变形,μm
β——弹性位移系数,根据相对间隙 g/δ_0 从图 27-7-2 查出
δ_0——轴承中游隙为零时的径向弹性位移,μm,根据表 27-7-8 的公式进行计算
g——轴承的径向游隙,有游隙时取正号,预紧时取负号,μm
Δ——直径上的配合间隙或过盈,μm
H_1——系数,由图 27-7-3(a)根据 n 查出,$n=\frac{0.096}{\Delta}\sqrt{\frac{2F}{bd}}$
H_2——系数,由图 27-7-3(b)根据 Δ/d 查出,当轴承内圈与轴颈为锥体配合时,H_2 可取 0.05,间隙为零时,H_2 可取 0.25
b——轴承套圈宽度,cm
d——配合表面直径,cm,计算 δ_3 时为轴承内径,计算 δ_2 时为轴承外径</td></tr>
<tr><td rowspan="2">滚动轴承径向弹性位移</td><td>已经预紧时</td><td>$\delta_1=\beta\delta_0$(μm)</td></tr>
<tr><td>存在游隙时</td><td>$\delta_1=\beta\delta_0-g/2$(μm)</td></tr>
<tr><td rowspan="2">轴承配合表面接触变形(外圈或内圈)</td><td>有间隙的配合</td><td>$\delta_2=\delta_3=H_1\Delta$(μm)</td></tr>
<tr><td>有过盈的配合</td><td>$\delta_2=\delta_3=\frac{0.204FH_2}{\pi bd}$(μm)</td></tr>
</table>

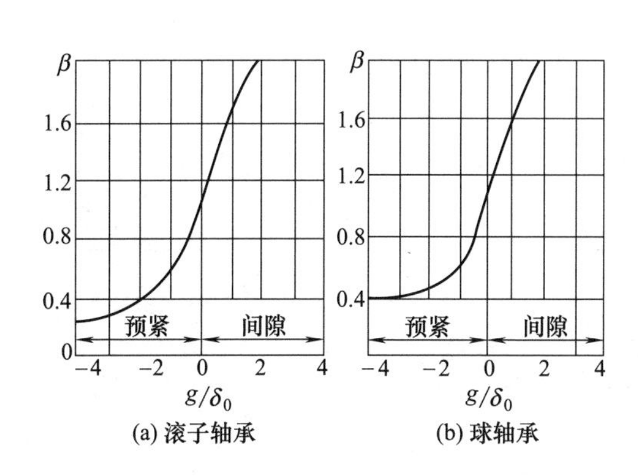

图 27-7-2　弹性位移系数

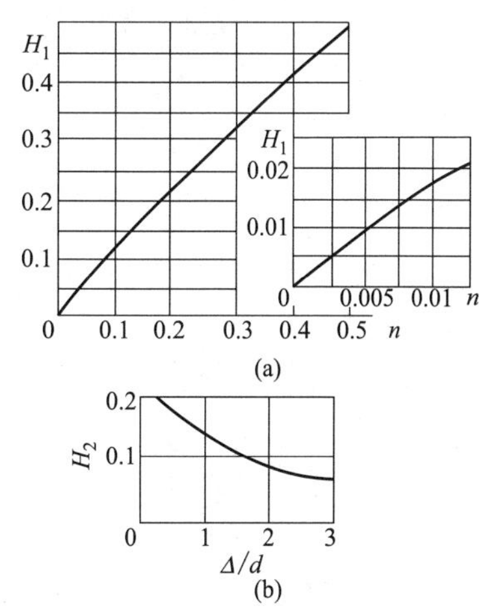

图 27-7-3　接触变形系数曲线

表 27-7-8　**滚动轴承径向弹性位移**

轴承类型	径向弹性位移 δ_0/μm	轴承类型	径向弹性位移 δ_0/μm
深沟球轴承	$\delta_0=0.437\sqrt[3]{Q^2/d_\delta}=1.277\sqrt[3]{\left(\frac{F}{z}\right)^2/d_\delta}$	角接触球轴承	$\delta_0=\frac{0.437}{\cos\alpha}\sqrt[3]{Q^2/d_\delta}$
调心球轴承	$\delta_0=\frac{0.699}{\cos\alpha}\sqrt[3]{Q^2/d_\delta}$	圆柱滚子轴承	$\delta_0=0.0769(Q^{0.9}/d_\delta^{0.8})=0.3333\left(\frac{F}{iz}\right)^{0.9}/l_n^{0.8}$
双列圆柱滚子轴承	$\delta_0=\frac{0.0625F^{0.893}}{d^{0.815}}$	内圈无挡边双列圆柱滚子轴承	$\delta_0=\frac{0.045F^{0.897}}{d^{0.8}}$
圆锥滚子轴承	$\delta_0=\frac{0.0769Q^{0.9}}{l_\alpha^{0.8}\cos\alpha}$	滚动体上的负荷	$\delta_0=\frac{5F}{iz\cos\alpha}$(N)

注：F——轴承的径向负荷，N；i——滚动体列数；z——每列滚动体数；d_δ——滚动体直径，mm；d——轴承孔径，mm；α——轴承的接触角，(°)；l_α——滚动体有效长度，mm，$l_\alpha=l-2r$；l——滚子长度，mm；r——滚子倒圆角半径，mm。

［例］ 某机器的支承中装有一个双列圆柱滚子轴承3182120（$d=100$mm，$D=150$mm，$b=37$mm，$i=2$，$z=30$，$d_\delta=11$mm，$l=11$mm，$r=0.8$mm）。轴承的预紧量为5μm（即$g=-5\mu$m），外圆与箱体孔的配合过盈量为5μm（即$\Delta=5\mu$m），$F=4900$N。求支承的刚度。

解 （1）求间隙为零时轴承的径向弹性位移δ_0

根据表27-7-8

$$\delta_0=\frac{0.0625F^{0.893}}{d^{0.815}}=\frac{0.0625\times4900^{0.893}}{100^{0.815}}$$

$$=2.89\mu\text{m}$$

（2）求轴承有5μm预紧量时的径向弹性位移δ_1

计算相对间隙：$g/\delta_0=-5/2.89=-1.73$

从图27-7-2查得：$\beta=0.47$，于是得

$$\delta_1=\beta\delta_0=0.47\times2.89=1.35\mu\text{m}$$

（3）求轴承外圈与箱体孔的接触变形δ_2

计算 Δ/D：$\Delta/D=5/15=0.333$，从图27-7-3（b）查得$H_2=0.2$，于是

$$\delta_2=\frac{0.204FH_2}{\pi bD}=\frac{0.204\times4900\times0.2}{\pi\times3.7\times15}=1.15\mu\text{m}$$

（4）求轴承内圈与轴颈的接触变形δ_3

$$\delta_3=\frac{0.204FH_2}{\pi bD}=\frac{0.204\times4900\times0.05}{\pi\times3.7\times10}=0.43\mu\text{m}$$

（5）求支承刚度

将δ_1、δ_2、δ_3代入刚度公式得

$$K=\frac{F}{\delta_1+\delta_2+\delta_3}=\frac{4900}{1.35+1.15+0.43}=1672\text{N}/\mu\text{m}$$

7.5.3 滑动轴承支承刚度

滑动轴承力学模型如图27-7-4所示。沿各方向的刚度：

$$K_{yy}=\frac{\overline{K}_{yy}W}{c}\ (\text{N/m})\quad K_{xx}=\frac{\overline{K}_{xx}W}{c}\ (\text{N/m})$$

$$K_{yx}=\frac{\overline{K}_{yx}W}{c}\ (\text{N/m})\quad K_{xy}=\frac{\overline{K}_{xy}W}{c}\ (\text{N/m})\qquad(27\text{-}7\text{-}6)$$

式中 W——轴颈上受的稳定静载荷，N；

c——轴承半径间隙，m；

$\overline{K}_{yy}$，$\overline{K}_{xx}$，$\overline{K}_{yx}$，$\overline{K}_{xy}$——量纲一刚度系数，可根据轴瓦形式、S、L/D和δ值由表27-7-9查得。

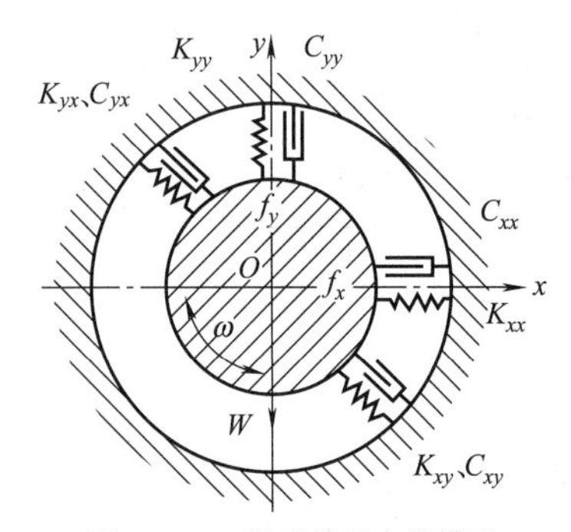

图27-7-4 滑动轴承力学模型

表27-7-9 几种常用轴瓦的参数值

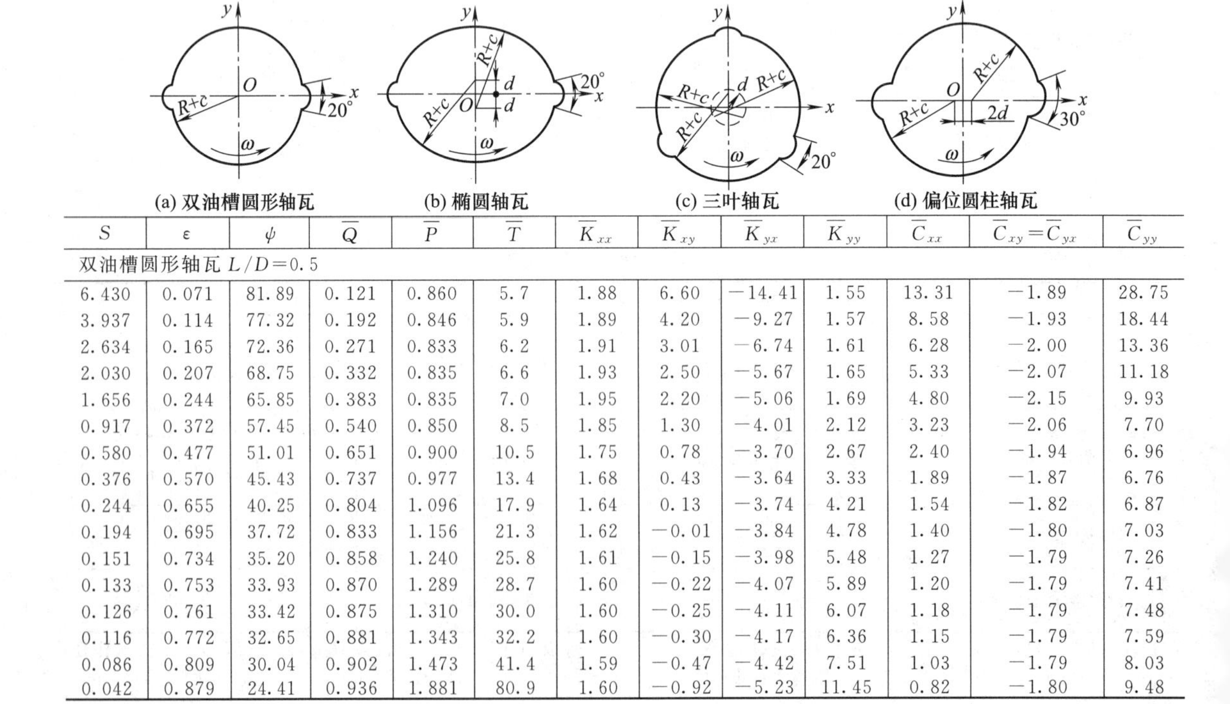

(a) 双油槽圆形轴瓦 (b) 椭圆轴瓦 (c) 三叶轴瓦 (d) 偏位圆柱轴瓦

S	ε	ψ	$\overline{Q}$	$\overline{P}$	$\overline{T}$	$\overline{K}_{xx}$	$\overline{K}_{xy}$	$\overline{K}_{yx}$	$\overline{K}_{yy}$	$\overline{C}_{xx}$	$\overline{C}_{xy}=\overline{C}_{yx}$	$\overline{C}_{yy}$
双油槽圆形轴瓦 $L/D=0.5$												
6.430	0.071	81.89	0.121	0.860	5.7	1.88	6.60	−14.41	1.55	13.31	−1.89	28.75
3.937	0.114	77.32	0.192	0.846	5.9	1.89	4.20	−9.27	1.57	8.58	−1.93	18.44
2.634	0.165	72.36	0.271	0.833	6.2	1.91	3.01	−6.74	1.61	6.28	−2.00	13.36
2.030	0.207	68.75	0.332	0.835	6.6	1.93	2.50	−5.67	1.65	5.33	−2.07	11.18
1.656	0.244	65.85	0.383	0.835	7.0	1.95	2.20	−5.06	1.69	4.80	−2.15	9.93
0.917	0.372	57.45	0.540	0.850	8.5	1.85	1.30	−4.01	2.12	3.23	−2.06	7.70
0.580	0.477	51.01	0.651	0.900	10.5	1.75	0.78	−3.70	2.67	2.40	−1.94	6.96
0.376	0.570	45.43	0.737	0.977	13.4	1.68	0.43	−3.64	3.33	1.89	−1.87	6.76
0.244	0.655	40.25	0.804	1.096	17.9	1.64	0.13	−3.74	4.21	1.54	−1.82	6.87
0.194	0.695	37.72	0.833	1.156	21.3	1.62	−0.01	−3.84	4.78	1.40	−1.80	7.03
0.151	0.734	35.20	0.858	1.240	25.8	1.61	−0.15	−3.98	5.48	1.27	−1.79	7.26
0.133	0.753	33.93	0.870	1.289	28.7	1.60	−0.22	−4.07	5.89	1.20	−1.79	7.41
0.126	0.761	33.42	0.875	1.310	30.0	1.60	−0.25	−4.11	6.07	1.18	−1.79	7.48
0.116	0.772	32.65	0.881	1.343	32.2	1.60	−0.30	−4.17	6.36	1.15	−1.79	7.59
0.086	0.809	30.04	0.902	1.473	41.4	1.59	−0.47	−4.42	7.51	1.03	−1.79	8.03
0.042	0.879	24.41	0.936	1.881	80.9	1.60	−0.92	−5.23	11.45	0.82	−1.80	9.48

续表

S	ε	ψ	$\overline{Q}$	$\overline{P}$	$\overline{T}$	$\overline{K}_{xx}$	$\overline{K}_{xy}$	$\overline{K}_{yx}$	$\overline{K}_{yy}$	$\overline{C}_{xx}$	$\overline{C}_{xy}=\overline{C}_{yx}$	$\overline{C}_{yy}$
双油槽圆形轴瓦 $L/D=1$												
1.470	0.103	75.99	0.135	0.850	5.9	1.50	3.01	−10.14	1.53	6.15	−1.53	20.34
0.991	0.150	70.58	0.189	0.844	6.2	1.52	2.16	−7.29	1.56	4.49	−1.58	14.66
0.636	0.224	63.54	0.264	0.843	6.9	1.56	1.57	−5.33	1.62	3.41	−1.70	10.80
0.358	0.352	55.41	0.369	0.853	8.7	1.48	0.97	−3.94	1.95	2.37	−1.63	8.02
0.235	0.460	49.27	0.436	0.914	11.1	1.55	0.80	−3.57	2.19	2.19	−1.89	7.36
0.159	0.559	44.33	0.484	1.005	14.2	1.48	0.48	−3.36	2.73	1.74	−1.78	6.94
0.108	0.650	39.72	0.516	1.136	19.2	1.44	0.23	−3.34	3.45	1.43	−1.72	6.89
0.071	0.734	35.16	0.534	1.323	27.9	1.44	−0.03	−3.50	4.49	1.20	−1.70	7.15
0.056	0.773	32.82	0.540	1.449	34.9	1.45	−0.18	−3.65	5.23	1.10	−1.71	7.42
0.050	0.793	31.62	0.541	1.524	39.6	1.45	−0.26	−3.75	5.69	1.06	−1.71	7.60
0.044	0.811	30.39	0.543	1.608	45.3	1.46	−0.35	−3.88	6.22	1.01	−1.72	7.81
0.024	0.883	25.02	0.543	2.104	89.6	1.53	−0.83	−4.69	9.77	0.83	−1.78	9.17
椭圆轴瓦 $\delta=0.5, L/D=0.5$												
7.079	0.024	88.79	0.512	1.313	9.8	1.29	57.12	−40.32	91.58	45.50	63.29	159.20
2.723	0.061	88.58	0.518	1.315	10.0	0.74	22.03	−15.77	35.54	17.80	23.96	61.63
1.889	0.086	88.33	0.525	1.318	10.3	0.71	15.33	−11.18	24.93	12.59	16.31	43.14
1.229	0.127	87.75	0.541	1.325	10.8	0.78	10.03	−7.66	16.68	8.57	10.11	28.65
0.976	0.155	87.22	0.555	1.332	11.2	0.84	7.99	−6.39	13.59	7.08	7.66	23.20
0.832	0.176	86.75	0.567	1.338	11.6	0.90	6.82	−5.69	11.88	6.23	6.23	20.14
0.494	0.254	84.36	0.624	1.371	13.5	1.00	3.99	−4.28	8.11	4.27	2.76	13.26
0.318	0.323	81.08	0.684	1.421	16.4	1.23	2.34	−3.82	6.52	3.15	0.81	10.03
0.236	0.364	78.09	0.723	1.468	19.4	1.31	1.49	−3.76	6.07	2.54	−0.11	8.80
0.187	0.391	75.18	0.747	1.515	22.6	1.37	0.92	−3.82	6.03	2.13	−0.66	8.23
0.153	0.410	72.26	0.762	1.562	26.1	1.41	0.52	−3.92	6.21	1.82	−1.02	7.98
0.127	0.424	69.31	0.770	1.612	30.1	1.45	0.21	−4.04	6.53	1.58	−1.26	7.91
0.090	0.444	63.24	0.772	1.727	40.1	1.50	−023	−4.33	7.55	1.23	−1.54	8.11
椭圆轴瓦 $\delta=0.5, L/D=1$												
1.442	0.050	93.81	0.309	1.338	10.8	−1.29	22.14	−22.65	38.58	18.60	28.14	79.05
0.698	0.100	93.12	0.320	1.345	11.2	−0.24	10.79	−11.25	18.93	9.40	12.97	38.73
0.442	0.150	91.97	0.338	1.357	11.9	0.26	6.87	−7.45	12.28	6.36	7.50	25.00
0.308	0.200	90.37	0.361	1.376	12.8	0.58	4.79	−5.58	8.93	4.82	4.50	17.99
0.282	0.213	89.87	0.368	1.382	13.1	0.66	4.38	−5.24	8.30	4.53	3.91	16.66
0.271	0.220	89.61	0.372	1.385	13.2	0.69	4.20	−5.09	8.03	4.40	3.64	16.08
0.261	0.226	89.37	0.375	1.388	13.4	0.72	4.03	−4.96	7.79	4.28	3.41	15.57
0.240	0.239	88.80	0.383	1.396	13.7	0.77	3.70	−4.70	7.31	4.04	2.93	14.54
0.224	0.250	88.28	0.389	1.403	14.1	0.82	3.43	−4.51	6.95	3.86	2.55	13.74
0.211	0.260	87.79	0.395	1.409	14.4	0.86	3.21	−4.36	6.65	3.70	2.23	13.09
0.161	0.304	85.29	0.423	1.445	16.2	1.01	2.32	−3.84	5.63	3.07	1.02	10.75
0.120	0.350	81.80	0.452	1.500	19.1	1.14	1.52	−3.54	4.99	2.49	0.01	9.04
0.097	0.381	78.65	0.470	1.554	22.1	1.21	1.01	−3.46	4.82	2.10	−0.56	8.26
0.081	0.403	75.63	0.479	1.607	25.4	1.26	0.65	−3.47	4.87	1.82	−0.92	7.87
0.069	0.419	72.65	0.484	1.664	29.1	1.31	0.38	−3.52	5.06	1.60	−1.17	7.71
0.060	0.432	69.69	0.485	1.724	33.4	1.34	0.16	−3.60	5.36	1.42	−1.34	7.67
0.045	0.451	63.70	0.478	1.867	44.3	1.40	−0.19	−3.83	6.25	1.16	−1.56	7.88

续表

S	ε	ψ	$\overline{Q}$	$\overline{P}$	$\overline{T}$	$\overline{K}_{xx}$	$\overline{K}_{xy}$	$\overline{K}_{yx}$	$\overline{K}_{yy}$	$\overline{C}_{xx}$	$\overline{C}_{xy}=\overline{C}_{yx}$	$\overline{C}_{yy}$
三叶轴瓦，预载 $\delta=0.5$，$L/D=0.5$												
6.574	0.018	55.45	0.250	1.420	8.2	31.32	46.78	−45.43	34.58	93.55	1.46	97.87
3.682	0.031	56.03	0.251	1.421	8.5	17.08	26.57	−25.35	20.35	51.73	1.35	56.10
2.523	0.045	56.57	0.252	1.423	8.9	11.48	18.48	−17.41	14.75	35.06	1.22	39.50
1.621	0.070	57.35	0.255	1.429	9.5	7.25	12.20	−11.38	10.53	22.25	1.01	26.81
1.169	0.094	57.95	0.259	1.437	10.2	5.26	9.06	−8.49	8.56	15.96	0.79	20.62
0.717	0.144	58.62	0.271	1.461	11.8	3.49	5.92	−5.85	6.85	9.93	0.37	14.74
0.491	0.192	58.63	0.285	1.497	13.8	2.77	4.34	−4.75	6.27	7.12	−0.02	12.07
0.356	0.237	58.14	0.300	1.543	16.2	2.41	3.35	−4.26	6.15	5.51	−0.36	10.67
0.267	0.278	57.30	0.315	1.599	19.1	2.19	2.63	−4.05	6.29	4.46	−0.66	9.87
0.203	0.314	56.18	0.331	1.665	22.8	2.04	2.05	−4.00	6.62	3.68	−0.91	9.43
0.156	0.347	54.85	0.345	1.742	27.6	1.90	1.55	−4.05	7.11	3.06	−1.12	9.23
0.141	0.360	54.26	0.352	1.776	29.8	1.85	1.36	−4.10	7.35	2.84	−1.20	9.20
1.121	0.377	53.31	0.361	1.830	33.6	1.78	1.09	−4.19	7.77	2.54	−1.30	9.20
0.093	0.402	51.55	0.379	1.931	41.6	1.67	0.67	−4.39	8.63	2.10	−1.44	9.30
0.055	0.441	47.10	0.419	2.182	66.1	1.49	−0.14	−4.94	11.07	1.29	−1.61	9.91
三叶轴瓦，预载 $\delta=0.5$，$L/D=1$												
3.256	0.020	59.21	0.132	1.424	8.8	25.25	43.40	−43.30	28.31	88.33	1.11	94.58
1.818	0.035	59.68	0.133	1.426	9.2	13.70	24.34	−24.39	16.74	48.27	0.98	54.59
1.243	0.050	60.09	134	1.429	9.6	9.18	16.72	−16.93	12.21	32.37	0.84	38.75
0.796	0.076	60.62	0.136	1.436	10.4	5.80	10.82	−11.26	8.82	20.18	0.61	26.62
0.574	0.103	60.95	0.139	1.447	11.2	4.24	7.90	−8.55	7.24	14.27	0.37	20.73
0.353	0.155	61.00	0.147	1.478	13.0	2.89	5.02	−6.07	5.91	8.70	−0.06	15.15
0.245	0.203	60.44	0.156	1.521	15.2	2.36	3.60	−5.01	5.48	6.16	−0.43	12.59
0.181	0.246	59.46	0.165	1.574	17.8	2.09	2.74	−4.49	5.41	4.73	−0.73	11.20
0.138	0.285	58.22	0.173	1.637	21.0	1.92	2.12	−4.22	5.54	3.81	−0.98	10.39
0.108	0.320	56.80	0.181	1.710	24.9	1.80	1.65	−4.10	5.83	3.16	−1.18	9.91
0.085	0.351	55.23	0.189	1.794	29.9	1.71	1.26	−4.08	6.25	2.67	−1.35	9.64
0.068	0.379	53.54	0.197	1.891	36.2	1.62	0.92	−4.13	6.82	2.29	−1.48	9.54
0.062	0.389	52.82	0.201	1.934	39.2	1.59	0.79	−4.17	7.09	2.16	−1.52	9.54
0.054	0.403	51.68	0.208	2.014	44.4	1.54	0.57	−4.25	7.56	1.92	−1.57	9.57
0.034	0.441	47.19	0.232	2.290	69.8	1.42	−0.11	−4.65	9.70	1.23	−1.67	10.03
偏位圆柱轴瓦，预载 $\delta=0.5$，$L/D=0.5$												
8.519	0.025	−4.87	1.664	0.971	7.7	64.74	−5.48	−82.04	47.06	59.71	−45.00	97.56
4.240	0.050	−4.82	1.664	0.972	8.0	32.32	−2.64	−41.06	23.60	29.94	−22.62	49.04
2.805	0.075	−4.72	1.664	0.975	8.4	21.49	−1.65	−27.42	15.81	20.06	−15.22	32.97
2.081	0.100	−4.59	1.664	0.978	8.8	16.05	−1.12	−20.61	11.93	15.15	−11.56	25.01
1.339	0.150	−4.14	1.660	0.988	9.7	10.56	−0.54	−13.79	8.08	10.25	−7.98	17.15
0.953	0.200	−3.47	1.649	1.002	10.8	7.78	−0.20	−10.39	6.18	7.83	−6.31	13.34
0.717	0.250	−2.76	1.641	1.023	12.1	6.15	0.05	−8.45	5.14	6.51	−5.43	11.29
0.555	0.300	−2.02	1.637	1.036	13.7	5.00	0.09	−7.20	4.63	5.38	−4.76	10.00
0.493	0.325	−1.78	1.637	1.052	14.2	4.53	−0.01	−6.72	4.56	4.74	−4.38	9.49
0.353	0.400	−1.70	1.645	1.108	16.5	3.53	−0.22	−5.78	4.63	3.40	−3.56	8.51
0.284	0.450	−2.00	1.656	1.154	18.4	3.08	−0.33	−5.40	4.85	2.79	−3.18	8.17
0.228	0.500	−2.51	1.671	1.210	21.0	2.74	−0.42	−5.15	5.18	2.34	−2.88	7.99
0.182	0.551	−3.19	1.690	1.276	24.4	2.48	−0.51	−5.01	5.65	1.98	−2.65	7.95
0.162	0.576	−3.58	1.700	1.314	26.5	2.37	−0.55	−4.97	5.93	1.82	−2.55	7.97
0.143	0.601	−4.02	1.711	1.357	28.9	2.27	−0.60	−4.95	6.26	1.69	−2.46	8.02
0.126	0.627	−4.49	1.723	1.404	31.9	2.19	−0.65	−4.95	6.64	1.56	−2.38	8.10

续表

S	ε	ψ	$\overline{Q}$	$\overline{P}$	$\overline{T}$	$\overline{K}_{xx}$	$\overline{K}_{xy}$	$\overline{K}_{yx}$	$\overline{K}_{yy}$	$\overline{C}_{xx}$	$\overline{C}_{xy}=\overline{C}_{yx}$	$\overline{C}_{yy}$
偏位圆柱轴瓦，预载 $\delta=0.5$，$L/D=0.5$												
3.780	0.025	−8.21	1.271	1.030	7.7	56.69	−8.14	−83.73	52.13	47.10	−42.08	113.96
1.883	0.051	−8.16	1.271	1.031	8.0	28.31	−3.99	−41.89	26.11	23.61	−21.13	57.20
1.247	0.076	−8.08	1.271	1.034	8.3	18.83	−2.57	−27.95	17.45	15.81	−14.19	38.38
0.927	0.101	−7.96	1.271	1.037	8.7	14.08	−1.83	−20.99	13.13	11.93	−10.75	29.04
0.596	0.151	−7.46	1.266	1.047	9.5	9.22	−1.05	−13.89	8.74	8.00	−7.33	19.61
0.418	0.201	−6.58	1.244	1.061	10.6	6.68	−0.62	−10.17	6.44	5.96	−5.64	14.73
0.316	0.251	−5.85	1.224	1.081	11.8	5.26	−0.33	−8.13	5.22	4.90	−4.78	12.18
0.248	0.301	−5.10	1.206	1.105	13.3	4.35	−0.11	−6.87	4.49	4.28	−4.30	10.71
0.198	0.351	−4.29	1.191	1.133	15.3	3.70	0.04	−6.02	4.08	3.83	−3.99	9.80
0.160	0.401	−3.59	1.179	1.168	17.4	3.17	−0.01	−5.40	4.00	3.22	−3.57	9.07
0.130	0.451	−3.27	1.171	1.223	19.6	2.76	−0.12	−4.96	4.13	2.65	−3.15	8.55
0.107	0.501	−3.28	1.166	1.289	22.4	2.46	−0.22	−4.68	4.37	2.22	−2.84	8.23
0.087	0.551	−3.54	1.165	1.369	26.1	2.23	−0.31	−4.50	4.74	1.89	−2.60	8.08
0.078	0.576	−3.76	1.166	1.415	28.5	2.14	−0.36	−4.45	4.98	1.75	−2.50	8.06
0.070	0.601	−4.03	1.167	1.466	31.2	2.06	−0.41	−4.42	5.25	1.63	−2.42	8.07

S 值的确定方法，一般是先预估轴瓦中油的温度，并确定润滑油的动力黏度 η，再算出 Sommerfeld 数，即 S 值：

$$S=\frac{\eta NDL}{W}\left(\frac{R}{c}\right)^2$$

式中　η——润滑油动力黏度，$N\cdot s/m^2$；

D——轴颈直径，m；

R——轴颈半径，m；

N——轴颈转速，r/s；

L——轴颈长，m。

查表用到的量值：

L/D——轴颈的长径比；

δ——量纲一预载，$\delta=d/c$；

d——轴瓦各段曲面圆心至轴瓦中心距离，不同形式轴瓦的预载详见表 27-7-9 的表头图。

根据轴瓦形式、L/D、δ 和预估油温条件下的 S 值，可由表 27-7-9 查出该轴瓦的量纲一值 $\overline{Q}$、$\overline{P}$、$\overline{T}$。若假定 80%的摩擦热为润滑油吸收，利用热平衡关系就能得到轴承工作温度：

$$T_{工作}=T_{供油}+0.8\frac{P}{c_V Q}T_{供油}+0.8\frac{\eta\omega}{c_V}\left(\frac{R}{c}\right)^2 4\pi\frac{\overline{P}}{\overline{Q}} \tag{27-7-7}$$

式中　$\overline{Q}$——量纲一边流，$\overline{Q}=Q/(0.5\pi NDLc)$，查表 27-7-9；

$\overline{P}$——量纲一摩擦功耗，$\overline{P}=Pc/(\pi^3\eta N^2 LD^3)$，查表 27-7-9；

$\overline{T}$——轴瓦量纲一温升，$\overline{T}=\Delta T/\eta\omega/c_V\left(\frac{R}{c}\right)^2$，查表 27-7-9；

c_V——单位体积润滑油的比热容，$J/(m^3\cdot ℃)$；

ω——轴颈的转动角速度，rad/s；

P——每秒消耗的摩擦功，$N\cdot m/s$。

油膜中的最高温度

$$T_{max}=T_{工作}+\Delta T=T_{工作}+\frac{\eta\omega}{c_V}\left(\frac{R}{c}\right)^2\overline{T} \tag{27-7-8}$$

所以，可用 T_{max} 作为确定润滑油黏度的温度。如果 T_{max} 与最初估计的温度值不同，就需要重新估计温度再按上述过程计算，直到两温度值基本一致为止，最后确定了正确的 S 值，按该 S 值从表 27-7-9 查得量纲一刚度系数 $\overline{K}_{yy}$、$\overline{K}_{xx}$、$\overline{K}_{yx}$、$\overline{K}_{xy}$，这些值虽有差别，但差别不大，所以，在计算轴系临界转速时，只考虑 $\overline{K}_{yy}$。

7.5.4　支承阻尼

各类支承的阻尼值，一般通过试验求得，目前尚无准确的计算公式，表 27-7-10 列出了各类轴承阻尼比的概略值。

表 27-7-10　各类轴承阻尼比的概略值

轴承类型		阻尼比 ζ
滚动轴承	无预负荷	0.01～0.02
	有预负荷	0.02～0.03
滑动轴承	单油楔动压轴承	0.03～0.045
	多油楔动压轴承	0.04～0.06
	静压轴承	0.045～0.065

注：滑动轴承阻尼系数也可从表 27-7-9 查得量纲一阻尼系数 $\overline{C}_{yy}$、$\overline{C}_{xx}$、$\overline{C}_{yx}$、$\overline{C}_{xy}$ 值，换算成有单位的阻尼系数，$C_{yy}=\overline{C}_{yy}W/c\omega$、$C_{xx}=\overline{C}_{xx}W/c\omega$、$C_{xy}=C_{yx}=\overline{C}_{xy}W/c\omega$。

7.6 轴系的临界转速计算

7.6.1 轴系的特征值问题

通常轴系支承在同一水平线上，由于转子的重力作用，未转动时，转轴发生了弯曲静变形，转动时，这种弯曲有可能加大。实际上当转子以 ω 的角速度回转时，由于不平衡质量激励，轴系只能做同步正向涡动，即圆盘相对于轴线弯曲平面的角速度（$\Omega-\omega$）为零，这种状态下，转轴不承受交变力矩，轴材料内阻不起作用，轴系的运动微分方程就是轴系的弯曲振动微分方程，轴系的临界转速问题即为轴系弯曲振动的特征值问题。

为计算轴系的临界转速，首先应将轴系按前节方法转化为质量离散化的有限元单元模型。将各质量单元（圆盘）和梁（转轴）单元自左向右编号，则有 m_i、I_i、I_{pi}（$i=1,2,\cdots,n$）和 l_i、EJ_i、$\alpha_i GA_i$（$i=1,2,\cdots,n-1$）；各支座自左至右编号，则有 K_{pj}、m_{bj}、K_{bj}（$j=1,2,\cdots,l$）；支座轴颈中心编号用数组 $S(j)$ 表示，对于 $l<n$ 系统，轴颈中心编号同有支座作用的质点编号是一致的，它是联系 i 和 j 的桥梁。现对第 i 个轴段进行分析，单元两端面的挠度 γ 和转角 θ 与图 27-7-5 所示弯矩 M 和剪力 Q 存在下列关系：

$$\begin{Bmatrix}\gamma\\ \theta\\ M\\ Q\end{Bmatrix}_{i+1}=\begin{Bmatrix}1 & l_i & l_i^2/2EJ_i & l_i^3(1-\upsilon_i)/6EJ_i\\ 0 & 1 & I_i/EJ_i & l_i^2/2EJ_i\\ 0 & 0 & 1 & l_i\\ 0 & 0 & 0 & 1\end{Bmatrix}_i\begin{Bmatrix}\gamma'\\ \theta'\\ M'\\ Q'\end{Bmatrix}_i \tag{27-7-9}$$

式中 $\upsilon_i=(6EJ_i/\alpha_i GA_i l_i^2)$

α_i 为与截面形状有关的因子，对于实心圆轴 $\alpha_i=0.886$，A_i 为截面积，G 切变模量。

再对第 i 个圆盘进行分析，当轴以 ω 的角速度作同步正向涡动时，由图 27-7-5 所示的第 i 个圆盘得：

$$Q_i^L-Q_i^R=K_{pj}(\gamma_j-\gamma_{bj})-m_i\gamma_i\omega^2=Q_i-Q_i' \quad (令\ Q_i=Q_i^L)$$
$$M_i^R-M_i^L=-(I_i-I_{pi})\omega^2\theta_i=M_i'-M_i \tag{27-7-10}$$

K_{pj} 为第 j 个支座的油膜刚度，γ_{bj} 为第 j 个支座质量 m_j 的位移。为使符号统一，将 ω 改为 ω_n，第 i 个单元的特征值方程为：

$$(K_i-\omega_n^2 m_i)X_{Mi}=\{0\} \tag{27-7-11}$$

式中 $$X_{Mi}=[\gamma_{i-1},\theta_{i-1},\gamma_{i+1},\theta_{i+1},\gamma_{bj}]^T \tag{27-7-12}$$

$$m_i=\begin{bmatrix}0 & 0 & m_i & 0 & 0 & 0 & 0\\ 0 & 0 & 0 & I_i-I_{\upsilon i} & 0 & 0 & 0\\ 0 & 0 & 0 & 0 & 0 & 0 & 0\\ 0 & 0 & 0 & 0 & 0 & 0 & m_{bj}\end{bmatrix} \tag{27-7-13}$$

$$K_i=\begin{bmatrix}-\beta_{1,i-1} & -\beta_{2,i-1} & \beta_{1,i-1}+\beta_{1,i}+K_{pj} & -\beta_{2,i-1}+\beta_{2,1} & -\beta_{1,i} & \beta_{2,i} & -K_{pj}\\ \beta_{2,i-1} & \beta_{3,i-1} & -\beta_{2,i-1}+\beta_{2,1} & \sum\limits_{s=i-1}^{i}(l_s\beta_{2,s}-\beta_{3,s}) & -\beta_{2,i} & \beta_{3,i} & 0\\ 0 & 0 & -K_{pj} & 0 & 0 & 0 & K_{pj}+K_{bj}\end{bmatrix} \tag{27-7-14}$$

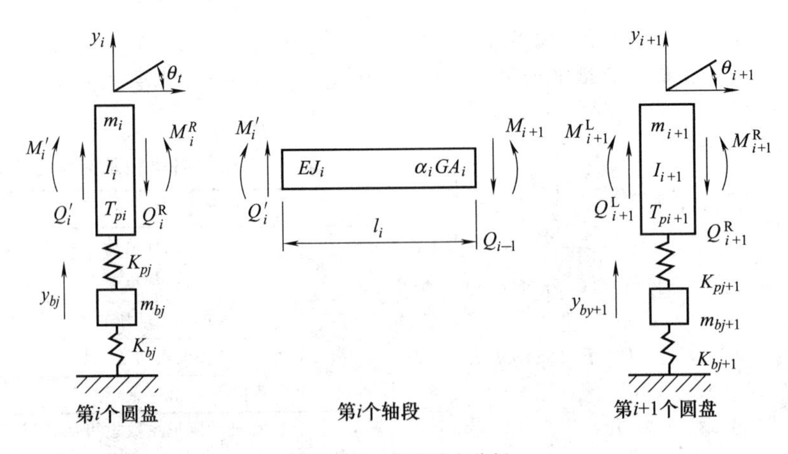

图 27-7-5 单元受力分析

式中

$$\beta_{1,i}=\frac{12EJ_i}{l_i^3(1+2\upsilon_i)},\beta_{2,i}=\frac{l_i\beta_{1,i}}{2},\beta_{3,i}=\frac{1}{6}l_i^2(1-\upsilon_i)\beta_{1,i} \tag{27-7-15}$$

如果第 i 个圆盘没有支承，则 γ_{bj}、K_{pj}、K_{bj}、m_{bj} 均可去掉，此时 K_{Mi} 为 6×1 阶列阵，$\boldsymbol{m}_i$ 和 $\boldsymbol{K}_i$ 为 2×6 阶矩阵。此处 υ_i 定义参阅式（27-7-9）及说明。

以上只是对 i 单元的分析，对其他各单元的分析可得到类似的式（27-7-11）及其相应的式（27-7-12）～式（27-7-15）。将各单元的公式进行组合，就可以得到轴系的（$2n+1$）个自由度的特征方程，求解之，就可得到 ω_n^2 的（$2n+1$）个解。特征值 ω_n^2 并不完全为正实数，除去负数，只有 ω_n^2 为正实数的特征值的平方根才是各阶同步正向涡动的临界角速度。由式（27-7-1）换算为临界转速。

以上只可能运用矩阵迭代法、QR 法等在计算上求解（已有现成软件）。

7.6.2　特征值数值计算实例

［例］　图 27-7-6 所示发电机转子简化模型，两支承参数相同，$K_P=2.45\times10^6$ kN/m，$K_b=3.92\times10^6$ kN/m，$M_b=17.64$t，转子数据见表 27-7-11。按上述原始数据以及某些数据做 15%的调整，根据参数的不同情况分别形成质量矩阵 $\boldsymbol{M}$、刚度矩阵 $\boldsymbol{K}$，用 QR 法计算该转子系统的一、二阶临界转速和振型。

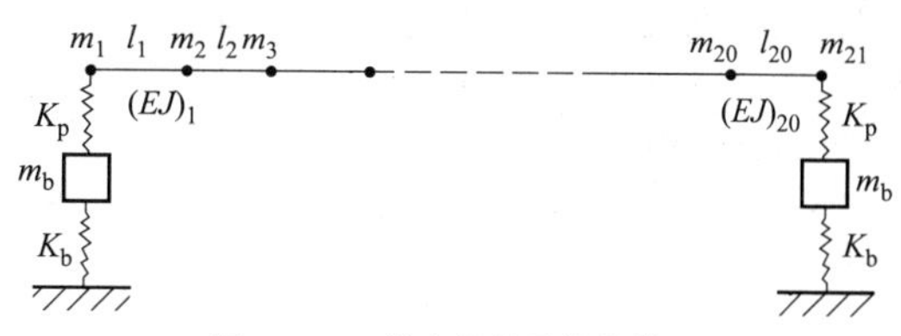

图 27-7-6　发电机转子简化模型

n_{c1}、n_{c2} 的计算结果列于表 27-7-12。其振型矢量由于过于复杂，计算结果未列出。

表 27-7-11　　转子各轴段和集中质量数据

轴段号	轴段长 l/m	$EJ/10^9$N·m	集中质量 m/t	质点号
1	0.275	0.3116	0.1500	1
2	0.505	0.6674	0.6595	2
3	0.365	0.7948	1.0976	3
4	0.475	1.5856	1.1682	4
5	0.580	1.7160	1.4406	5
6	0.100	6.6669	1.9600	6
7	0.650	7.1324	3.1850	7
8～13	0.650	6.9541	3.9984	8
14	0.650	7.1324	3.9984	9～14
15	0.100	6.6669	3.1850	15
16	0.580	1.5788	1.9404	16
17	0.275	1.4612	1.1476	17
18	0.365	0.7241	0.9486	18
19	0.295	0.5803	0.7791	19
20	0.285	0.3036	0.3989	20
			0.1500	

表 27-7-12　　调整部分参数值后轴系一、二阶临界转速计算结果

参数调整	用 QR 法计算		用灵敏度公式计算[①]	
	n_{c1}/r·min^{-1}	n_{c2}/r·min^{-1}	n_{c1}/r·min^{-1}	n_{c2}/r·min^{-1}
两支承的 K_P 和 K_b 都增加 15%	893	2678	893	2687
i=3,4,5,16,17,18 各轴段刚度 EJ 同时增大 15%	905	2695	906	2704
i=3,4,5,16,17,18 各轴段长度 l 同时增大 15%	816	2508	812	2508

① 灵敏度公式见表 27-7-17。

7.6.3　传递矩阵法计算临界转速

传递矩阵法适用于单跨或多跨、弹性支承或刚性支承、有外伸端或无外伸端等各种轴系，而且便于使用计算对轴系的临界转速进行较精确的运算。

把轴系分割成如图 27-7-7 所示的若干单元，每个单元可以是分布质量的轴段、无质量的轴段、集中质量和无质量轴段的组合、弹性支承等。各单元之间的特性也能够矩阵表示，即传递矩阵，再把这些矩阵相乘，求出整个轴系的传递矩阵，利用边界条件得到轴系的临界转速。

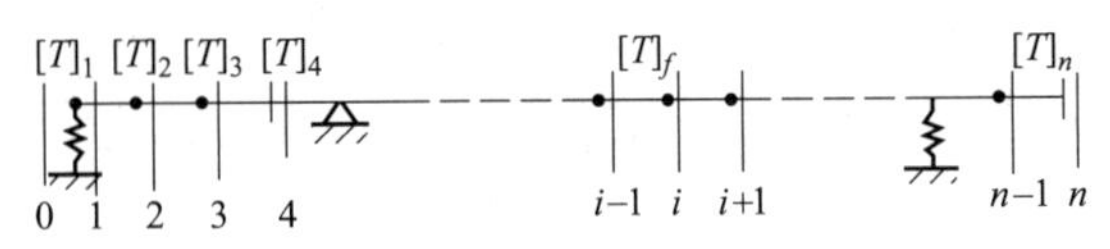

图 27-7-7　传递矩阵法计算模型

每个单元左右两端的状态用挠度 y、倾角 θ、弯矩 M 和剪力 Q 表示，简记为 $\{Z\}=[y、\theta、M、Q]^{\mathrm{T}}$，每个单元的传递关系为

$$\{Z\}_i=[T]_i\{Z\}_{i-1} \tag{27-7-16}$$

式中　$[T]_i$——各单元的传递矩阵。

整个轴系的传递方程为

$$\{Z\}_n=[T]_n[T]_{n-1}\cdots[T]_i[T]_{i-1}\cdots[T]_2[T]_1\{Z\}_0=[T]\{Z\}_0 \tag{27-7-17}$$

① 单元的传递矩阵　根据各种单元的特性推导出的传递矩阵见表 27-7-13。

② 频率方程　根据各单元的传递矩阵，按式(27-7-17) 求出整个轴系的传递方程为

$$\begin{Bmatrix} y \\ \theta \\ M \\ Q \end{Bmatrix}_n=\begin{bmatrix} t_{11} & t_{12} & t_{13} & t_{14} \\ t_{21} & t_{22} & t_{23} & t_{24} \\ t_{31} & t_{32} & t_{33} & t_{34} \\ t_{41} & t_{42} & t_{43} & t_{44} \end{bmatrix}\begin{Bmatrix} y \\ \theta \\ M \\ Q \end{Bmatrix}_0 \tag{27-7-18}$$

轴两端的支承形式不同，其边界条件不同，根据边界条件求出频率方程式，见表 27-7-14。求解频率方程得轴系的固有频率，再按式 (27-7-1) 求得轴系的临界转速。

表 27-7-13　　单元的传递矩阵

单元简图	传递矩阵$[T]_i$　$\{Z\}_i=[T]_i\{Z\}_{i-1}$
无质量轴段	$\begin{bmatrix} y \\ \theta \\ M \\ Q \end{bmatrix}_i=\begin{bmatrix} 1 & l & \dfrac{l^2}{2EI} & \dfrac{l^3}{6EI} \\ 0 & 1 & \dfrac{l}{EI} & \dfrac{l^2}{2EI} \\ 0 & 0 & 1 & l \\ 0 & 0 & 0 & 1 \end{bmatrix}_i \times \begin{bmatrix} y \\ \theta \\ M \\ Q \end{bmatrix}_{i-1}$
无质量轴段与集中质量的组合	$\begin{bmatrix} y \\ \theta \\ M \\ Q \end{bmatrix}_i=\begin{bmatrix} 1 & l & \dfrac{l^2}{2EI} & \dfrac{l^3}{6EI} \\ 0 & 1 & \dfrac{l}{EI} & \dfrac{l^2}{2EI} \\ 0 & 0 & 1 & l \\ m\omega^2 & ml\omega^2 & \dfrac{ml^2\omega^2}{2EI} & 1+\dfrac{ml^3\omega^2}{6EI} \end{bmatrix}_i \times \begin{bmatrix} y \\ \theta \\ M \\ Q \end{bmatrix}_{i-1}$
分布质量轴段	$\begin{bmatrix} y \\ \theta \\ M \\ Q \end{bmatrix}_i=\begin{bmatrix} S & \dfrac{T}{\lambda} & \dfrac{U}{EI\lambda^2} & \dfrac{V}{EI\lambda^3} \\ \lambda V & S & \dfrac{T}{EI\lambda} & \dfrac{U}{EI\lambda^2} \\ \lambda^2 EIU & \lambda EIV & S & \dfrac{T}{\lambda} \\ \lambda^3 EIT & \lambda^2 EIU & \lambda V & S \end{bmatrix}_i \times \begin{bmatrix} y \\ \theta \\ M \\ Q \end{bmatrix}_{i-1}$

续表

单元简图	传递矩阵$[T]_i$　　$\{Z\}_i=[T]_i\{Z\}_{i-1}$
$J_{\theta i}$　J_{pi}　m_i 圆盘	$\begin{bmatrix} y \\ \theta \\ M \\ Q \end{bmatrix}_i = \begin{bmatrix} 1 & 0 & 0 & 0 \\ 0 & 1 & 0 & 0 \\ 0 & (J_p-J_0)^2 & 1 & 0 \\ m\omega^2 & 0 & 0 & 1 \end{bmatrix}_i \times \begin{bmatrix} y \\ \theta \\ M \\ Q \end{bmatrix}_{i-1}$
$i-1$　m_i　i　C_i　K_i 弹性支承	$\begin{bmatrix} y \\ \theta \\ M \\ Q \end{bmatrix}_i = \begin{bmatrix} 1 & 0 & 0 & 0 \\ 0 & 1 & 0 & 0 \\ 0 & 0 & 1 & 0 \\ m\omega^2-iC\omega-K & 0 & 0 & 1 \end{bmatrix}_i \times \begin{bmatrix} y \\ \theta \\ M \\ Q \end{bmatrix}_{i-1}$
$i-1$　i　$K_{\theta i}$ 弹性铰链	$\begin{bmatrix} y \\ \theta \\ M \\ Q \end{bmatrix}_i = \begin{bmatrix} 1 & 0 & 0 & 0 \\ 0 & 1 & \frac{1}{K_\theta} & 0 \\ 0 & 0 & 1 & 0 \\ 0 & 0 & 0 & 1 \end{bmatrix}_i \times \begin{bmatrix} y \\ \theta \\ M \\ Q \end{bmatrix}_{i-1}$
说明	$\lambda^4=\frac{\omega^2\rho A}{EI}$；$S=(\text{ch}\lambda l+\cos\lambda l)/2$；$T=(\text{sh}\lambda l+\sin\lambda l)/2$；$U=(\text{ch}\lambda l-\cos\lambda l)/2$；$V=(\text{sh}\lambda l-\sin\lambda l)/2$ E——横向弹性模量，Pa；I——截面惯性矩，m^4；A——截面积，m^2；l——轴段长，m；ρ——单位体积的质量，kg/m^3；ω——角频率，rad/s；m——质量，kg；C——阻尼系数，N·s/m；K——刚度，N/m；K_θ——扭转刚度，N·m/rad；J_0——圆盘对直径轴的转动惯量，kg·m^2；J_p——极转动惯量，kg·m^2

表 27-7-14　　**频率方程式**

轴两端的支承形式	边界条件	频率方程式
自由 0 —— n 自由	$M_0=Q_0=0$ $M_n=Q_n=0$	$t_{31}t_{42}-t_{32}t_{41}=0$
简支 0 —— n 简支	$y_0=M_0=0$ $y_n=M_n=0$	$t_{12}t_{34}-t_{14}t_{32}=0$
固定 0 —— n 固定	$y_0=\theta_0=0$ $y_n=\theta_n=0$	$t_{13}t_{24}-t_{14}t_{23}=0$
简支 0 —— n 自由	$y_0=M_0=0$ $M_n=Q_n=0$	$t_{32}t_{44}-t_{34}t_{42}=0$
固定 0 —— n 自由	$y_0=\theta_0=0$ $M_n=Q_n=0$	$t_{33}t_{44}-t_{32}t_{42}=0$
固定 0 —— n 简支	$y_0=M_0=0$ $y_n=M_n=0$	$t_{13}t_{34}-t_{14}t_{33}=0$

续表

轴两端的支承形式	边界条件	频率方程式
0 自由 —— n 简支	$M_0=Q_0=0$ $y_n=M_n=0$	$t_{11}t_{32}-t_{12}t_{31}=0$
0 自由 —— n 固定	$M_0=Q_0=0$ $y_n=\theta_n=0$	$t_{11}t_{22}-t_{12}t_{21}=0$
0 简支 —— n 固定	$y_0=M_0=0$ $y_n=\theta_n=0$	$t_{12}t_{24}-t_{14}t_{22}=0$

7.6.4　传递矩阵法计算实例

某转子可以简化为图 27-7-8 所示集总质量系统，数据如下：

$m_1=m_{13}=2.94\text{t}\quad m_i=5.88\text{t}\quad (i=2,3,\cdots,12)$

$l_i=1.3\text{m}\quad (i=1,2,\cdots,12)$

$\left(\dfrac{l}{EI}\right)_i=2.9592\times10^{-6}(\text{kN}\cdot\text{m})^{-1}$

$i=1,2,\cdots,12$

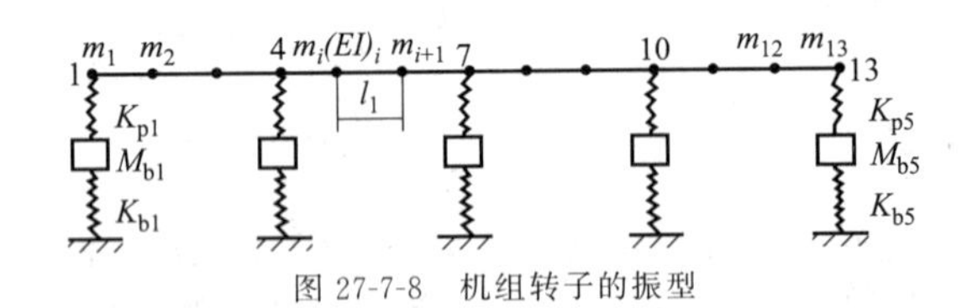

图 27-7-8　机组转子的振型

支承相应参数为：

$K_{pj}=1.9600\times10^6\,\text{kN}\cdot\text{m}^{-1}$，$K_{bj}=2.7048\times10^6\,\text{kN}\cdot\text{m}^{-1}$，$M_{bj}=3.577\text{t}\quad j=1,2,\cdots,5$

取第 i 个部件来分析，对 m_i 取分离体，由表 27-7-13 得

$$\begin{bmatrix} y\\ \theta\\ M\\ Q \end{bmatrix}_i^R=\begin{bmatrix} 1 & 0 & 0 & 0\\ 0 & 1 & 0 & 0\\ 0 & 0 & 1 & 0\\ m\omega^2-K_i & 0 & 0 & 1 \end{bmatrix}_i\times\begin{bmatrix} y\\ \theta\\ M\\ Q \end{bmatrix}_i^L$$

对轴段 l_i 取分离体，如果轴重不计，由表 27-7-13 可得

$$\begin{bmatrix} y\\ \theta\\ M\\ Q \end{bmatrix}_i^L=\begin{bmatrix} 1 & l & \dfrac{l^2}{2EI} & \dfrac{l^3}{6EI}\\ 0 & 1 & \dfrac{l}{EI} & \dfrac{l^2}{2EI}\\ 0 & 0 & 1 & l\\ 0 & 0 & 0 & 1 \end{bmatrix}_i\times\begin{bmatrix} y\\ \theta\\ M\\ Q \end{bmatrix}_{i-1}^R$$

两矩阵合并，即可建立第 i 点与第 $i-1$ 点状态向量之间的关系

$$\begin{bmatrix} y\\ \theta\\ M\\ Q \end{bmatrix}_i^R=\begin{bmatrix} 1+\dfrac{l^3}{6EI}(m\omega^2-K_i) & 1 & \dfrac{l^2}{2EI} & \dfrac{l^3}{6EI}\\ \dfrac{l^2}{2EI}(m\omega^2-K_i) & 1 & \dfrac{l}{EI} & \dfrac{l^2}{2EI}\\ l(m\omega^2-K_i) & 0 & 1 & l\\ (m\omega^2-K_i) & 0 & 0 & 1 \end{bmatrix}_i\times\begin{bmatrix} y\\ \theta\\ M\\ Q \end{bmatrix}_{i-1}^R$$

则系统的传递矩阵可写为

$$\begin{Bmatrix} y\\ \theta\\ M\\ Q \end{Bmatrix}_n=[T]_n\,[T]_{n-1}\cdots[T]_1\,[T]_0=\begin{bmatrix} t_{11} & t_{12} & t_{13} & t_{14}\\ t_{21} & t_{22} & t_{23} & t_{24}\\ t_{31} & t_{32} & t_{33} & t_{34}\\ t_{41} & t_{42} & t_{43} & t_{44} \end{bmatrix}\begin{Bmatrix} y\\ \theta\\ M\\ Q \end{Bmatrix}_0$$

若边界条件为 $Q_0^R=M_0^R=Q_n^R=0$，由表 27-7-14 可得满足此边界条件的频率方程为

$$t_{31}t_{42}-t_{32}t_{41}=0$$

由上式可得转子的临界转速如表 27-7-15 所示，振型如表 27-7-16 所示。

表 27-7-15　　传递矩阵法计算转子临界转速的结果

阶次	1	2	3	4	5	6
临界转速	1864.52	1885.91	2027.31	2122.59	3906.54	4477.20

表 27-7-16　　系统第二阶振型

节点号	1	2	3	4	5	6
振型	0.202966	1.00000	0.976781	0.264381	−0.262426	−0.369531

节点号	7	8	9	10	11	12	13
振型	−0.288419	−0.371316	−0.264176	0.264091	0.979204	1.002566	0.203533

7.7　轴系临界转速设计

7.7.1　轴系临界转速修改设计

当按初步设计图纸提出简化临界转速力学模型，用特征值计算方法求出各阶临界转速及对应的振型矢量以后，如发现某阶临界转速 n_{ci} 与轴系的工作转速接近，立即将计算得到的第 i 阶振型矢量进行正规化处理，求得正规化因子 μ_i，用 μ_i 去除振型矢量的各个值。然后利用轴系同步正向涡动的特征方程导出的第 i 阶临界转速对参数 S_j 的敏感度公式（见表 27-7-17），并给出参数微小变化量 ΔS_j（通常＜20%），计算出引起临界转速的变化量。通过对各种参数改变计算结果的比较，优化组合，选出最佳参数修改组合，对轴系临界转速进行修改设计。如果轴系有 n 个参数 S_j 同时有微小变化（$j=1,2,\cdots,n$），改变量分别为 ΔS_j，轴系第 i 阶临界转速的相对改变量：

$$\Delta n_{ci}=\sum_{j=1}^{n}\frac{\partial n_{ci}}{\partial S_j}\Delta S_j \tag{27-7-19}$$

参数修改后轴系的第 i 阶临界转速：

$$n_{ci}^{1}=n_{ci}+\Delta n_{ci} \tag{27-7-20}$$

结合图 27-7-6 所示系统实例，按三种不同参数变化组合，用敏感度公式计算轴系的一、二阶临界转速，计算结果列于表 27-7-12 中。将计算结果与用 QR 法计算结果的比较，可以看出用该方法进行修改设计的可靠性。

表 27-7-17　　临界转速对各种参数的敏感度计算公式

改变参数的前提	敏感度计算公式	敏感度说明
设 $S_j=EJ_j$，即考虑系统第 i 段轴的抗弯刚度有微小变化，但对该段轴两端的质量影响不大，并忽略不计	$\frac{\partial n_{ci}}{\partial(EJ_j)}=\frac{1800}{\pi^2 n_{ci}l_j^3}[3(\overline{Y}_j-\overline{Y}_{j+1})^2+3l_j(\overline{Y}_j-\overline{Y}_{j+1})(\overline{\theta}_j+\overline{\theta}_{j+1})+l_j^2(\overline{\theta}_j^2+\overline{\theta}_j\overline{\theta}_{j+1}+\overline{\theta}_{j+1})]$ $(i=1,2,\cdots;j=1,2,\cdots,n-1)$ $\overline{Y}_j$、$\overline{Y}_{j+1}$、$\overline{\theta}_j$、$\overline{\theta}_{j+1}$ 为第 i 阶正规化振型中，第 j 段轴两端质点的挠度值和转角值	
设 $S_j=l_j$，即对第 j 段轴的长度有微小变化，但对该段轴两端的质量影响不大，并忽略不计	$\frac{\partial n_{ci}}{\partial l_j}=\frac{1800}{\pi^2 n_{ci}}\left(\frac{EJ_i}{l_j^4}\right)[9(\overline{Y}_j-\overline{Y}_{j+1})^2+6l_j(\overline{Y}_j-\overline{Y}_{j+1})(\overline{\theta}_j+\overline{\theta}_{j+1})+l_j^2(\overline{\theta}_j^2+\overline{\theta}_j\overline{\theta}_{j+1}+\overline{\theta}_{j+1}^2)]$ $(i=1,2,\cdots;j=1,2,\cdots,n-1)$	
设 $S_j=m_j$，即考虑第 j 个圆盘的质量有微小变化，但不计由此引起圆盘转动惯量的变化	$\frac{\partial n_{ci}}{\partial m_j}=-\frac{n_{ci}}{2}\overline{\theta}_j^2$ $\begin{pmatrix}i=1,2,\cdots\\ j=1,2,\cdots,n\end{pmatrix}$	敏感度为负值，说明质量增加，n_{ci} 将下降；如果振型中 $\overline{Y}_j$ 较大，说明敏感，否则相反
设 $S_j=m_{bj}$，即考虑第 j 个轴承座的等效质量有微小变化	$\frac{\partial n_{ci}}{\partial m_{bj}}=-\frac{n_{ci}}{2}$ $\left(\frac{K_{pj}}{K_{pj}+K_{bj}-m_{bj}\omega_{nj}^2}\right)^2\overline{Y}_{s(j)}^2$ $\begin{pmatrix}i=1,2,\cdots\\ j=1,2,\cdots,l\end{pmatrix}\overline{Y}_{s(j)}$ 第 j 个支承轴质点 $S(j)$ 的挠度值	等效质量 m_{bj} 增加，临界转速 n_{ci} 降低
设 $S_j=K_{bj}$，即考虑第 j 个轴承座的等效静刚度有微小变化	$\frac{\partial n_{ci}}{\partial K_{bj}}=-\frac{450}{\pi^2 n_{ci}}$ $\left(\frac{K_{pj}}{K_{pj}+K_{bj}-m_{bj}\omega_{nj}^2}\right)^2\overline{Y}_{s(j)}^2$ $\begin{pmatrix}i=1,2,\cdots\\ j=1,2,\cdots,l\end{pmatrix}$	
设 $S_j=K_{pj}$，即考虑第 j 个轴承油膜刚度有微小变化	$\frac{\partial n_{ci}}{\partial K_{pj}}=-\frac{450}{\pi^2 n_{ci}}$ $\left(\frac{K_{bj}-m_{bj}\omega_{ni}^2}{K_{pj}+K_{bj}-m_{bj}\omega_{ni}^2}\right)^2\overline{Y}_{s(j)}^2$ $\begin{pmatrix}i=1,2,\cdots\\ j=1,2,\cdots,l\end{pmatrix}$	油膜刚度增加，临界转速上升
设 $S_j=K_j$，即支承为刚度系数是 K_j 的弹性支承，刚度有微小变化时	$\frac{\partial n_{ci}}{\partial K_j}=\frac{450}{\pi^2 n_{ci}}\overline{Y}_{s(j)}^2$ $\begin{pmatrix}i=1,2,\cdots\\ j=1,2,\cdots,l\end{pmatrix}$	支承刚度增加，临界转速上升

7.7.2　轴系临界转速组合设计

转子系统经常是由多个转子组合而成。组合转子系统和各单个转子的临界转速间既有区别又有联系，其间存在一定的规律。这种联系就是各轴系具有相同形式的特征方程。设A、B为两个不同转子，如图27-7-9（a）所示，各转子分别有r及s个圆盘，为简单起见，设各支承为等刚度支承，这一组合系统的特征值方程：

$$\begin{bmatrix}(\boldsymbol{K}_A-\omega_n^2\boldsymbol{M}_A) & 0\\ 0 & (\boldsymbol{K}_B-\omega_n^2\boldsymbol{M}_B)\end{bmatrix}=\begin{Bmatrix}\boldsymbol{x}_A\\ \cdots\\ \boldsymbol{x}_B\end{Bmatrix}=0 \tag{27-7-21}$$

式中

$$\boldsymbol{x}_A=[\gamma_{A1},\theta_{A1},\gamma_{A2},\theta_{A2},\cdots,\gamma_{Ar},\theta_{Ar}]^T$$

$$\boldsymbol{x}_B=[\gamma_{B1},\theta_{B1},\gamma_{B2},\theta_{B2},\cdots,\gamma_{Bs},\theta_{Bs}]^T$$

$\boldsymbol{K}_A$、$\boldsymbol{K}_B$、$\boldsymbol{M}_A$、$\boldsymbol{M}_B$分别为A、B两个转子的刚度矩阵和质量矩阵。

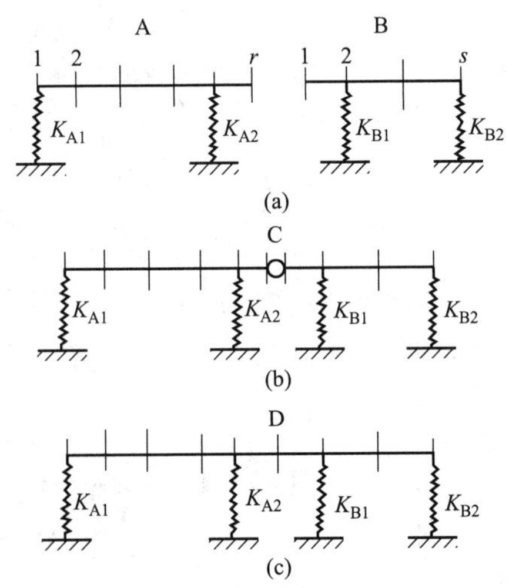

图27-7-9　轴系组合模型

当对系统坐标进行如下线性变换：

$$\left.\begin{aligned}q_{2i-1}&=\gamma_{Ai}\\ q_{2i}&=\theta_{Ai}\end{aligned}\right\}(i=1,2,\cdots,r)$$

$$q_{2(r+i)-1}=\gamma_{Bi}\ (i=2,3,\cdots,s)$$

$$q_{2(r+i)}=\theta_{Bi}\ (i=1,2,\cdots,s)$$

$$q_{2r+1}=\gamma_{Ar}-\gamma_{B1}$$

$$(\boldsymbol{K}'-\omega_n^2\boldsymbol{M}')\boldsymbol{q}=0$$

式中　$\boldsymbol{q}=[q_1,q_2,\cdots,q_{2(r+s)}]^T$

系统的频率方程：

$$\Delta(\omega_n^2)\,|\boldsymbol{K}'-\omega_n^2\boldsymbol{M}'|=0 \tag{27-7-22}$$

线性变化不改变系统的特征值。现将A、B两个转子端部铰接成如图27-7-9（b）所示的系统C，由连续性条件$\gamma_{Ar}=\gamma_{B1}$决定$q_{2r+1}=0$，系统C的频率方程实际上就是式（27-7-22）划去$2r+1$行和$2r+1$列的行列式$\Delta_{2r+1}(\omega_n^2)=0$。由频率方程根的可分离定理知，系统C的临界角速度应介于原系统A和B各临界角速度之间，这是组合系统与各单个转子临界角速度间的一条重要规律。同理再将系统C的铰接改为图27-7-9（c）所示的刚性连接系统D作同样变换，又会得出D系统的临界角速度介于C系统各临界角速度之间。综合以上结果，这一重要规律可概括为：如果将组合前各系统的所有阶临界角速度混在一起由大到小排列：

$$\omega_1^{A+B}<\omega_2^{A+B}<\cdots\omega_i^{A+B}<\cdots<\omega_{2(r+s)}^{A+B}$$

则按C系统组合后第i阶临界转速与组合前临界转速之间的关系为

$$\omega_i^{A+B}\leqslant\omega_i^C\leqslant\omega_{i+1}^{A+B}\quad[i=1,2,\cdots,2(r+s)-1]$$

按D系统组合后临界转速与组合前临界转速关系为

$$\omega_i^C\leqslant\omega_i^D\leqslant\omega_{i+1}^C\quad[i=1,2,\cdots,2(r+s)-1]$$

所以　$$\omega_i^{A+B}\leqslant\omega_i^D\leqslant\omega_{i+2}^{A+B}\quad[i=1,2,\cdots,2(r+s)-1] \tag{27-7-23}$$

现以200MW汽轮发电机组为例，组合前后都用数值计算方法计算系统低于3600r/min的各阶固有频率及振型矢量，转子临界转速的计算结果列于表27-7-15，组合后的各阶振型如图27-7-10所示。计算结果也验证

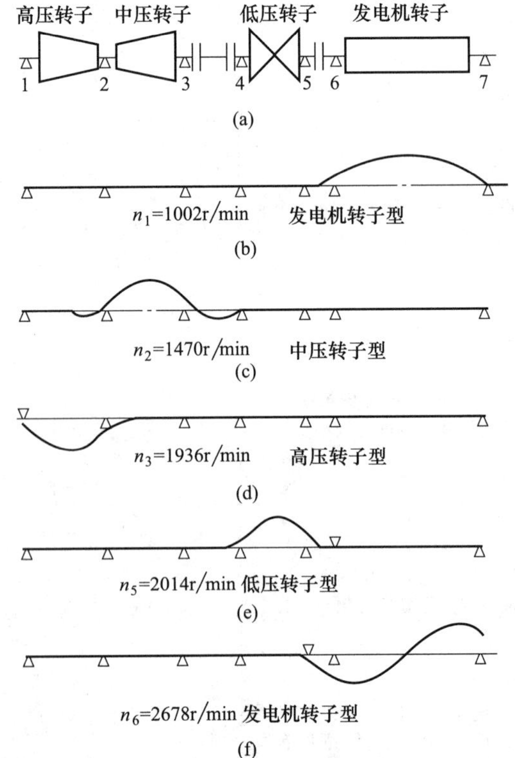

图27-7-10　机组转子的振型

了机组的临界转速介于各单机临界转速间，这就使得在设计中，有可能根据各个转子的临界转速去估计机组的临界转速的分布情况，也有助于判断机组临界转速计算是否合理，有无遗漏等。由图 27-7-10 中各阶主振型可以看出，机组的一阶主振型，发动机振动显著，其他转子振动相对较小，所以称一阶主振型为发电机转子型，这一结果对现场测试布点具有重要意义。

7.8　影响轴系临界转速的因素

7.8.1　支撑刚度对临界转速的影响

在常用的临界转速计算公式和近似计算方法中，都假定支承为绝对刚性的。实际上，轴承座、地基和滑动轴承中的油膜都是弹性体，其刚度不可能无穷大，支承刚度越小，临界转速越低。对于支承刚度比本身刚度大得多的情况，可以忽略支承刚度的影响，按刚性支座计算临界转速。反之，则应按弹性支座计算临界转速。对于传递矩阵法，把表 27-7-13 中列出的弹性支承的传递矩阵加入式（27-7-17）中，就计及支承刚度对临界转速的影响。

7.8.2　回转力矩对临界转速的影响

在常用的临界转速的计算公式及计算方法中，都把圆盘简化为集中质量点，即只计重量不计尺寸，只考虑圆盘的离心力。若圆盘处于轴中央部位，如图 27-7-11（a）所示，这种简化是适当的，此时，圆盘只在自身的平面内作振动或弓状回旋，圆盘的转动轴线在空间描绘出一个圆柱面，没有回转力矩的影响。而当圆盘不在轴的中央部位时，如图 27-7-11（b）所示，圆盘的转动轴线在空间描绘出一个圆锥面，圆盘的自身平面将不断地偏转。因此，应考虑由于圆盘的角运动而引起的惯性力矩，此力矩常称为回转力矩。当轴的转速较高，圆盘位置偏离中部或在悬伸端时，回转力矩较大。一般回转力矩是使转轴的轴线倾角减小，即增加了轴的刚度，提高了临界转速。对于多圆盘转轴，外伸臂式转轴，圆盘尺寸较大以及计算高阶临界转速时应考虑回转力矩的影响。

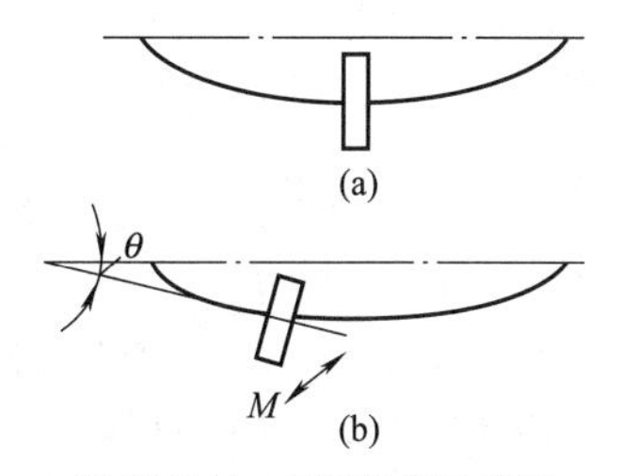

图 27-7-11　回转效应示意图

7.8.3　联轴器对临界转速的影响

在用联轴器把各轴联成轴线时，有时由于联轴器的位移约束作用，轴系比单轴的临界转速要高；有时由于联轴器的重量作用，轴系比单轴的临界转速低。因此，在计算有联轴器的临界转速时，应考虑联轴器的影响。应把联轴器作为一个单元，其左端到右端的传递矩阵见表 27-7-13，把相应的传递矩阵代入轴系的传递矩阵方程，计算出受联轴器影响的轴系临界转速。

7.8.4　其他因素的影响

影响临界转速的因素很多，例如，轴向力、横向力、温度场、阻尼、多支承轴中各支承不同心、转轴的特殊结构形式等。另外，由于转轴水平安装时受重力的影响，还会产生 1/2 的第一阶临界转速的振动。这些影响因素一般可忽略不计，在特殊情况下，应予考虑。可参考相应的振动理论进行处理。最终以实物测试来修正与确定其实在的临界转速。

7.8.5　改变临界转速的措施

当转轴的工作转速与其临界转速比较接近而工作转速又不能变动时，应采取措施改变轴的临界转速。

设计时，一般可采取以下措施：改变轴的刚度和质量分布；合理选取轴承和设计轴承支座。此外，对高速转轴的油膜振荡，对大型机组的基础刚度也要考虑它们对临界转速的影响。

机器运行中发生强烈振动时，首先要检查轴的弯曲变形、动平衡和装配质量等情况。当判别清楚强烈振动是因工作转速和临界转速接近而引起时，一般可采取以下措施：在结构允许的条件下附加质量；改变油膜刚度和轴瓦结构；改变轴承座刚度；采用阻尼减振、动力减振或其他减振措施。

第 8 章　机械振动的利用

8.1　概述

振动是日常生活和工程实际中普遍存在的一种现象，在某些场合是一种不需要的、有害的振动，应加以消除或隔离；而在有些场合又是需要的和有益的，应加以利用。振动的利用主要表现在几个方面。

1）各种振动机械。利用振动来完成工艺过程的机械设备，称为“振动机械”。如振动给料机、振动输送机、振动筛分机、振动脱水机、振动冷却机、振动破碎机、振动落砂机、振动成型机、振动压路机、振捣器、振动采油装置、振动离心摇床、振动刨床、诊断仪、时效机、光饰机和振动试验装置等。

2）检测诊断设备。利用振动来检测和诊断设备或零部件内部的状态或试验设备的工作状态。如振动测量仪、建筑声学分析仪和振动传感器等。

3）医疗及保健器械。利用机械振动原理制造的医疗器械，如 CT 机、核磁共振机、各种按摩器、生活用具、美容器械等。

由于振动机械具有结构简单、制造容易、重量轻、成本低、能耗少和安装方便等一系列优点，所以在很多工业部门中得到了广泛的应用。目前应用于工业各部门的振动机械品种已超过百余种。但有些振动机械存在着状态不稳定、调试比较困难、动载荷较大、零件使用寿命低和噪声大等缺点，这些正是设计中应当注意的问题。

本章主要介绍振动机械设备，简单介绍钢丝绳拉力的振动检测方法。

8.1.1　振动机械的组成

振动机械通常是由工作机体、弹性元件和激振器三部分组成，如图 27-8-1 所示。

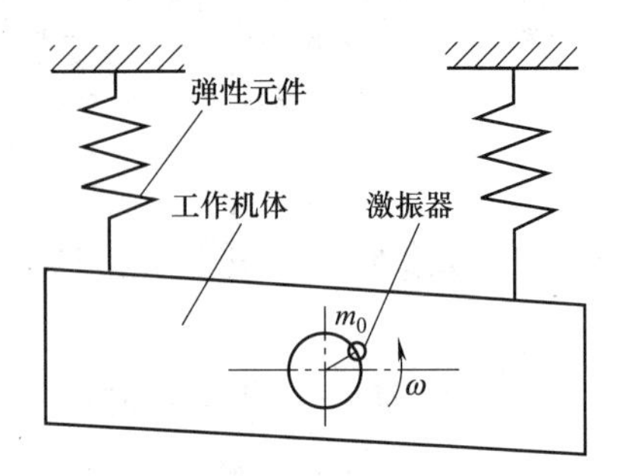

图 27-8-1　振动机械的组成

1）工作机体。如输送槽、筛箱、台面和平衡架体。

2）弹性元件。弹性元件包括隔振弹簧（其作用是支承振动体，使机体实现所要求的振动，并减小传给基础或结构架的动载荷）、主振弹簧（即共振弹簧或称蓄能弹簧）和连杆弹簧（传递激振力等）。

3）激振器。用以产生周期性变化的激振力，使工作机体产生持续的振动。最常见的激振器形式有惯性式、弹性连杆式、电磁式、电动式、液压式、气动式和电液式等多种。

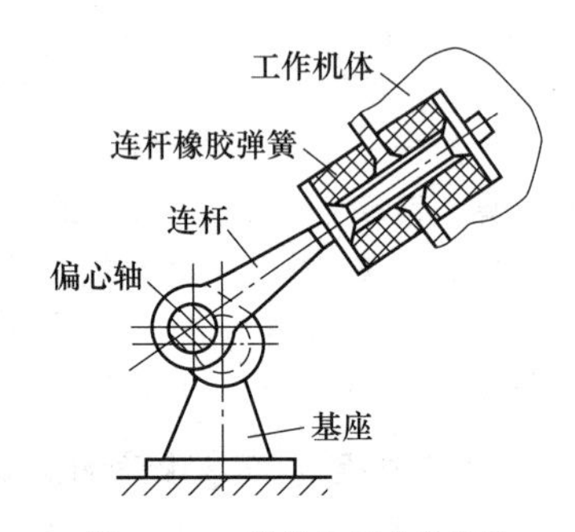

图 27-8-2　弹性连杆式激振器

① 弹性连杆式激振器　这类激振器由偏心轴、连杆和连杆端部的弹簧所组成，如图 27-8-2 所示。设偏心轴的角速度为 ω，偏心距为 r，弹性连杆的弹簧刚度为 K_0，则这类激振器的激振力 $F(t)=K_0 r\sin\omega t$。从振幅稳定性出发，一般取 K_0 为主振弹簧刚度 K_z 的 1/5～1/2。连杆弹簧的预压量应稍大于其工作时所产生的最大动变形，以避免工作中出现冲击，产生噪声。

② 惯性式激振器　这类激振器利用偏心质量旋转时产生的离心力作为激振力，它具有激振力大、结构简单、易于调节激振力等优点。当多轴联动或交叉轴安装时，可提供复合的激振力及激振力矩。当偏心块与电机同轴紧凑安装时，称为激振电机。各种惯性式激振器，见表 27-8-1。

③ 电磁式激振器　这类激振器利用电磁感应原理产生周期变化的电磁力作为激振力，激振频率与电磁线圈供电频率有关且易于调节。按线圈供电方式的不同，可分为五种励磁方式，其特点及力波形图，见表 27-8-2。

表 27-8-1　**惯性式激振器**

偏心质量形式			激振力幅值 F/N 激振力矩幅值 M/N·m	激振力性质
单轴式	圆盘偏心块	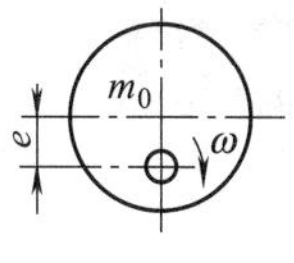	$F=m_0\omega^2 r$ $r=e$	圆周径向力
	扇形偏心块	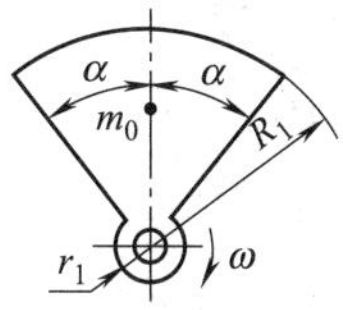	$F=m_0\omega^2 r$ $r=38.217\left(\frac{R_1^3-r_1^3}{R_1^2-r_1^2}\right)\frac{\sin\alpha}{\alpha}$	圆周径向力
	可调双半圆偏心块	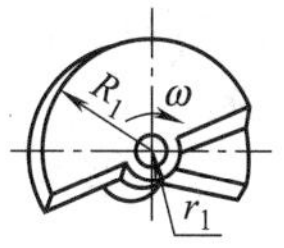	$F=m_0\omega^2 r$ $r=(0\sim0.424)\frac{R_1^3-r_1^3}{R_1^2-r_1^2}$	可调圆周径向力
双轴式	平面双轴式	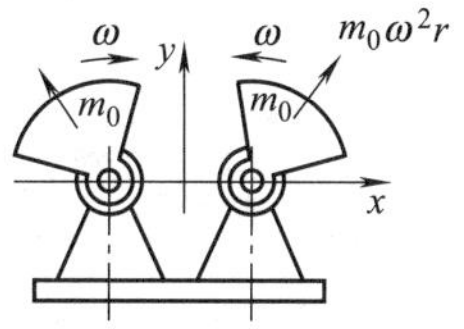	$F_y=2m_0\omega^2 r$ $F_x=0$	交变单向力
	空间平行双轴式	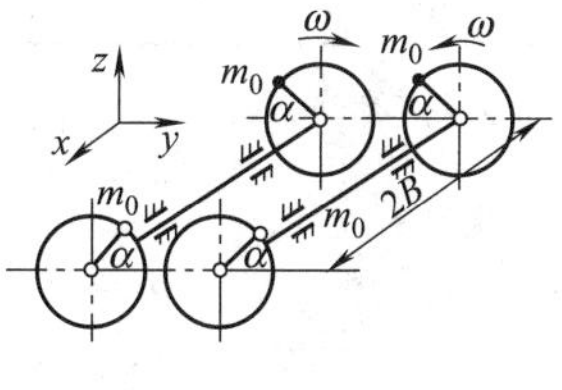	$F_z=4m_0\omega^2 r\sin\alpha$ $M_z=4m_0\omega^2 rB\cos\alpha$ α——偏心块回转至图示位置时与水平面的夹角	垂直方向交变力与绕垂直轴交变力矩 其幅值通过参数 α、B 可调整
	空间交叉双轴式	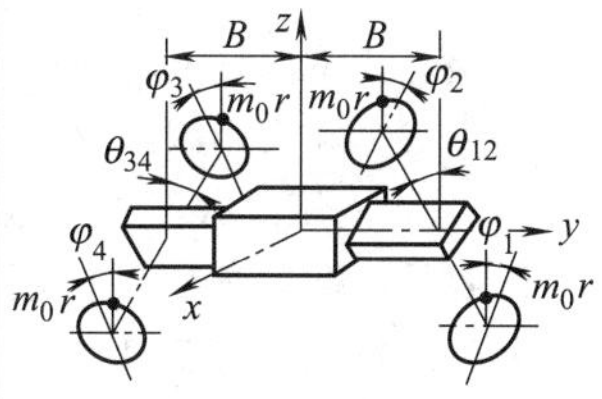	当 $\theta_{12}=\theta_{34}=\theta$ $\varphi_1=\varphi_2=\varphi_3=\varphi_4=\varphi$ 时 $F_z=4m_0\omega^2 r\sin\theta$ $M_z=4m_0\omega^2 rB\cos\theta$	垂直方向交变力 绕垂直轴交变力矩 其幅值通过参数 θ、B 可调整
多轴式	四轴谐波式	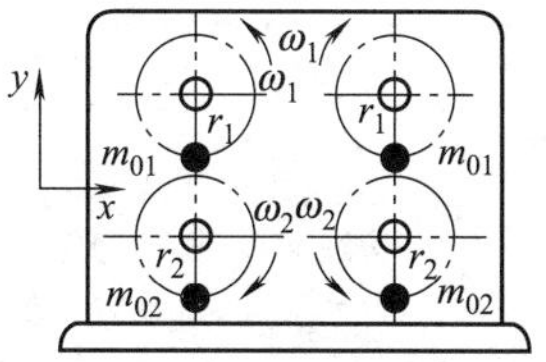	$F_x=0$ $F_y(t)=F_1(t)+F_2(t)$ $F_1=2m_{01}\omega_1^2 r_1$ $F_2=2m_{02}\omega_2^2 r_2$	$\omega_1\neq\omega_2$ 交变单向 非谐力

表 27-8-2　电磁式激振器的励磁方式

励磁方式	示意图	特点	力波图形
交流励磁		1. 激振频率为电源频率的 2 倍 2. 供电及调节最简单 3. 高频小振幅	
半波整流励磁		1. 激振频率等于电源频率 2. 供电及调节简单 3. 功率因数低	
半波加全波整流励磁		1. 激振频率等于电源频率 2. 功率因数高 3. 电路较复杂，控制设备较笨重	
降频励磁	降频	1. 激振频率为电源频率的 2 倍，但可无级调速 2. 易于调节最佳工作状态	ω可变
可控半波整流励磁		1. 激振频率等于电源频率 2. 功率因数低 3. 容易自动控制 4. 振幅调节容易，控制设备轻小，调节范围大	

电磁激振器的线圈通以励磁电流后，产生磁通，并经过电磁铁铁心和衔铁形成闭合回路，由于磁能的存在，铁心与衔铁之间就产生电磁力，其频率与励磁电流频率相同。如不计电路内阻及漏磁漏感等，计算电磁力大小的基本公式为：

$$F_a=\frac{SB_a^2}{\mu_0}=\frac{1}{\mu_0}\times\frac{2U}{W\omega S} \qquad (27\text{-}8\text{-}1)$$

式中　F_a——基本电磁力，N；

S——电磁铁铁心一个磁极的截面积（Ⅲ形铁心为中间磁极的截面积），m^2；

B_a——交流基本磁密，T，$B_a=\frac{\sqrt{2}U}{W\omega S}$；

μ_0——真空磁导率，$\mu_0=4\pi\times10^{-7}$，H/m；

U——励磁交流电压有效值，V；

ω——励磁交流电压圆频率，rad/s；

W——励磁线圈匝数。

励磁方式不同，电磁激振力的波形随之不同，即力的频率成分和大小因励磁方式而异（见表 27-8-2）。

④ 液压式激振器　这类激振器输出功率大，控制容易，振动参数调节范围广，效率高，寿命长。其分类及特点见表 27-8-3。

表 27-8-3　液压式激振器的分类及特点

分类	示意图	特点
无配流式	油马达	1. 构造简单，振动稳定 2. 惯性较大，振动频率低

续表

分　类	示　意　图	特　点
强制配流式	配油阀	1. 按配油阀又可分为转阀式和滑阀式 2. 按控制方式又分为机械式和电磁式 3. 惯性较大，振动频率＜17Hz，体积较大
反馈配流式	配油阀	1. 振动活塞反馈控制配油阀，易于调节 2. 按配油阀又可分为外阀式、套阀式、芯阀式，以芯阀式体积最小(配油滑阀置于空心活塞内部)
液体弹簧式		1. 靠液体弹性和活塞惯性维持振动，振动活塞兼作配流用，结构简单 2. 振动频率高，可达 100～150Hz 3. 效率高，噪声小，体积较大
射流式		1. 通过射流元件的自动切换，实现活塞振动 2. 结构简单，制造安装方便，工作稳定，维修容易
交流液压式		1. 液体不在回路中循环，可采用不同工作液 2. 回路中部分损坏时不影响整个系统，检修容易 3. 对工作液要求不高，选择范围大，效率偏低，要求防振

8.1.2　振动机械的用途及工艺特性

表 27-8-4　　振动机械的用途、工艺特性及实例

类　别	用途及工艺特性	实　例
振动输送	物料在工作机体内作滑行或抛掷运动，达到输送或边输送边加工的目的。对黏性物料和料仓结拱有一定疏松作用	水平振动输送机，垂直振动输送机，振动给料机，振动料斗，仓壁振动器，振动冷却机，振动烘干机等
振动分选	物料在工作体内作相对运动，产生一定的惯性力，能提高物料的筛分、选别、脱水和脱介的效率	振动筛，共振筛，弹簧摇床，振动离心摇床，振动离心脱水机，重介质振动溜槽跳汰机等
研磨清理	借工作机体内的物料和介质、工件和磨料、工件和机体间的相对运动和冲击作用，达到对机械零件的粉磨、光饰、落砂、清理和除尘的目的	振动球(棒)磨机，振动光饰机，振动落砂机，振动除灰机，矿车清底振动器等
成型紧实	能降低颗粒状物料的内摩擦，使物料具有类似于流体的性质，因而易于充填模具中的空间并达到一定密实度	石墨制品振动成型机，耐火材料振动成型机，混凝预制件振动成型机，铸造砂型振动造型机等
振动夯实	借振动体对物料的冲击作用，达到夯实目的。有时还将夯实和振动成型结合起来，从而提高振动成型的密实度	振动夯土机，振捣器，振动压路机，重锤加压式振动成型机等
沉拔插入	当某物体要贯入或拔出土壤和物料堆时，振动能降低插入拔出时的阻力	振动沉拔桩机，振动装载机，风动或液压冲击器等

续表

类　　别	用途及工艺特性	实　　例
振动时效	振动可加快铸件或焊接件内部形变晶粒的重新排列，缩短消除内应力的时间	时效振动台
振动切削	刀杆沿切削速度方向作高频振动，可以淬硬高速钢，软铅等特殊材料进行镜面切削，加工精度高	振动切削机床、刨床、镗床、铣床、振动切削滚齿插齿机、拉床、磨床等
振动加工	振动使加工能集中为脉冲形式，使材料得到高速加工，使加工表面光滑，拉、压的深度提高	如振动拉丝、振动轧制、振动拉深、振动冲裁、振动压印
振动采油	在油井附近地面上安装振动台激振一点振动，可使多口井收益	振动采油装置等
振动保健医疗	利用振动按摩脚、腰、背等部位，使血液正常循环，达到保健医疗目的	振动牙刷、振动按摩器、振动理疗床、离子渗透仪、CT机等
海浪发电	气室将海浪的波能转换成空气往复运动，利用这一气流带动发电机组发电	珠江口建造了我国第一座岸式波力电站
试验检测	回转零部件的动平衡试验，设备仪器的耐振试验，机器零部件的振动试验、耐疲劳试验	振动试验台，试验机，振动测量仪，各种检测装置、索桥钢丝绳拉力检测仪
状态监测与故障诊断	结构件、铸件的故障检测，回转机械、转子轴的状态监测与故障诊断	回转机械的振动监测与诊断设备，裂纹检测设备等

8.1.3　振动机械的频率特性及结构特征

表 27-8-5　　振动机械的频率特性及结构特征

类　　别	频　率　特　性	结　构　特　征	应　用　说　明
共振机械	频率比 $z=\dfrac{\omega}{\omega_n}=1$（共振） ω——激振角频率，rad/s ω_n——振动系统的固有角频率，rad/s		由于共振机械参振质量和阻尼（例如物料的等效参振质量和等效阻尼系数）及激振角频率的稍许变化，振动工况很不稳定，因此很少采用
弹性连杆式振动机	$z=0.75\sim0.95$（近低共振）	具有双振动质体、主振弹簧、隔振弹簧和弹性连杆激振器	振幅稳定性较好，特别是具有硬特性的弹簧具有振幅稳定调节作用，所需激振力小，功率消耗少，传给基础动载荷小等特点
惯性近共振振动机		激振器为惯性激振器，其他同上	
电磁式振动机		激振器为电磁激振器，其他同上	同上，但设计、制造要求较高
近超共振振动机	$z=1.05\sim1.2$（近超共振）	上述三种激振器均可，其他同上	当主振弹簧具有软特性时，振幅稳定性较好，但启动、停机过程中振动也较强烈，较少采用；当主振弹簧为硬特性时，振幅稳定性较差，无法采用
单质体近共振振动机	$z=0.75\sim0.95$ 或 $z=1.05\sim1.2$	具有单质体，无隔振弹簧，其他同上	传给基础的动载荷较大，使用受到限制，其他同上

续表

类　别	频率特性	结构特征	应用说明
惯性振动机	$z=2.5\sim8$(远超共振)	除二次隔振外,均具有单质体、隔振弹簧和惯性激振器	振幅稳定性好,阻尼影响小,隔振效果好,但激振力和功率消耗大,应用广泛
非惯性振动机			激振力很大,弹性连杆或电磁激振器均承受不了,很少采用
远低共振振动机	$z<0.7$		任何形式激振器均不能满足生产需要,不能采用

注:1. 通常所说的弹性连杆式振动机、惯性共振式振动机、电磁式振动机,如不加说明,均指双质体近低共振振动机。
2. 通常所说的惯性振动机,如不加说明,指的是远超共振振动机。

8.1.4　工程中常用的振动系统

表 27-8-6　工程中常用的振动系统

类　别	驱动装置	模型简图	特　点	振动机名称
惯性式振动系统	惯性激振器	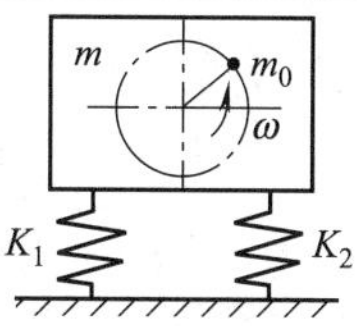	结构紧凑,质量小,制造容易,安装方便,易于实现复合振动,规格品种多	振动破碎机,振动球磨机,自同步振动筛,插入式振捣器,自同步振动给料机,振动成型机
弹性连杆式振动系统	弹性连杆激振器	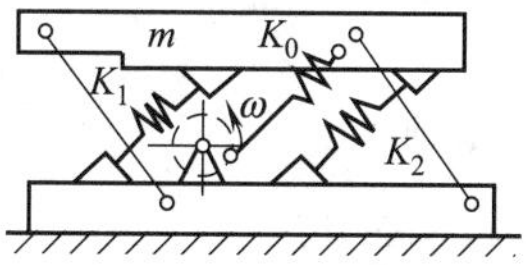	结构简单,制造方便,传动机构受力较小,易于采用双质体或多质体型式,平衡性能好	振动输送机,弹簧摇床,振动脱水机,重介质振动溜槽
电磁式振动系统	电磁激振器	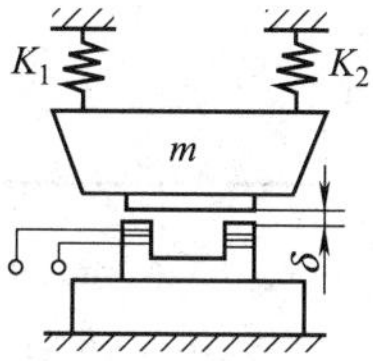	振动频率高,振幅和频率易于控制并能无级调节,用途广泛	电磁振动给料机,电磁振动试验台,电磁振动落砂机,振动按摩器,电动剃须刀
其他振动系统	液压激振器		输出功率大,控制容易	振动压路机
	凸轮激振器		结构简单,制造方便	冲击钻

8.1.5　有关振动机械的部门标准

表 27-8-7　有关振动机械的部门标准

标准号	标准名称
JB/T 5330—2007	三相异步电动机　技术条件(激振力 0.6～210kN)
JB/DQ 3185—1986	YZC 系列(IP44)低振动低噪声三相异步电动机技术条件(机座号 80～160)
JB/T 3002—2008	仓壁振动器型式、基本参数和尺寸
JB/T 6572—2008	振动料斗给料机　技术条件
JB/T 9022—2012	振动筛设计规范
JB/T 5496—2015	振动筛制造通用技术条件
JB/T 4042—2018	振动筛　试验方法
JB/T 8114—2008	电磁振动给料机

续表

标　准　号	标　准　名　称
JB/T 10375—2002	焊接构件振动时效工艺参数选择、技术要求和振动时效效果的评定方法
JB/T 5925.1—2005	机械式振动时效装置　第1部分:基本参数
JB/T 5925.2—2005	机械式振动时效装置　第2部分:技术条件
JB/T 5926—2005	振动时效效果评定方法
JB/T 9305—1999	光线示波器振动子
JB/T 9055—2015	机械振动类袋式除尘器　技术条件
JB/T 9981—2008	矩形槽或梯形槽电机振动给料机　型式和基本参数
JB/T 9983—2008	筒形槽电机振动给料机　型式和基本参数
JB/T 7555—2008	惯性振动给料机
JB/T 1806—2010	矿用单轴振动筛
JB/T 2444—2008	煤用座式双轴振动筛
JB/T 3687.1—2012	矿用座式振动筛　系列型谱
JB/T 3687.2—2012	矿用座式振动筛　第2部分:技术条件
JB/T 5508—2015	冷矿振动筛
JB/T 6388—2004	YKR型圆振动筛
JB/T 7891—2010	轴偏心式圆振动筛
JB/T 6389—2007	ZKR型直线振动筛
JB/T 7892—2010	块偏心直线振动筛
JB/T 20034—2017	药用旋涡振动式筛分机
JB/T 10460—2015	香蕉形直线振动筛
JB/T 9033—2010	SZR型热矿振动筛
JB/T 938—2010	煤用单轴振动筛
JB/T 8850—2015	振动磨
JB/T 21116—2007	液压振动台
JG/T 44—1999	电动软轴偏心插入式混凝土振动器
JB/T 5279—2013	振动流化床干燥机
JB/T 5280.1—1991	真空振动流动干燥机　型式与基本参数
JB/T 5280.2—1991	真空振动流动干燥机　通用技术条件
JB/T 3263—2000	卧式振动离心机
JB/T 7893.1—1999	立式振动离心机
JB/T 8584—1997	橡胶-金属螺旋复合弹簧

8.2　振动机工作面上物料的运动学与动力学

8.2.1　物料的运动学

8.2.1.1　物料的运动状态

物料的运动状态是由振动机的用途和结构形式所决定的。各类振动机具有不同的激振方式，其工作面有着不同的安装倾角 α、振动方向 δ、振动强度 K 等，因此形成了不同的物料运动状态，物料的不同运动状态见表27-8-8。

8.2.1.2　物料的滑行运动

在直线振动系统中，工作面的运动规律及物料的受力情况如图27-8-3所示。根据出现滑行运动时的受力平衡条件，可推出物料正向滑动（即物料相对工作面沿 x 方向相对工作面滑动）的条件为正向滑行指数 $D_k>1$，并有

$$D_k=K\frac{\cos(\mu_0-\delta)}{\sin(\mu_0-\alpha_0)} \tag{27-8-2}$$

而反向滑动的条件是反向滑行指数 $D_q>1$，并有

$$D_q=K\frac{\cos(\mu_0+\delta)}{\sin(\mu_0+\alpha_0)} \tag{27-8-3}$$

式中　K——振动强度（机械指数），$K=\lambda\omega^2/g$；

λ——工作面振幅，m；

ω——工作面振动角频率，rad/s；

g——重力加速度，$g=9.8\text{m/s}^2$；

α_0——工作面与水平面夹角；

δ——振动方向角，即振动方向线与工作面的夹角；

μ_0——静摩擦角，$\tan\mu_0=f_0$；

f_0——物料与工作面间的静摩擦因数。

表 27-8-8　　**物料的不同运动状态**

类别		运动状态	特点	振动机名称
按工作面运动规律分	简谐振动	物料近于简谐振动	易于实现	交流励磁电磁振动机、振动成型机
	非谐振动	物料的振动为各次谐波的合成	可以选别不同密度的物料	多轴惯性振动机 可控硅半波整流电磁振动机
按工作面的运动轨迹分	直线振动	物料的运动轨迹近于直线	常用于物料的输送、脱水、分级等，物件清理	振动输送机、振动落砂机、双轴惯性振动机
	椭圆振动	物料的运动轨迹近于椭圆或其他封闭曲线	常用于物料的筛分、破碎、紧实成型	单轴惯性振动筛 插入式振捣器
按物料相对工作面的运动形式分	滑行运动	物料与工作面保持接触面作相对滑动	用于易碎物料的输送，工作噪声小，工作面易磨损	振动溜槽
	抛掷运动	物料存在离开工作面而作抛物线运动的阶段，抛离与接触阶段相间发生	用于不怕碎物料的输送和筛分，工作效率高，工作面磨损大	共振筛、振动球磨机、振动输送机

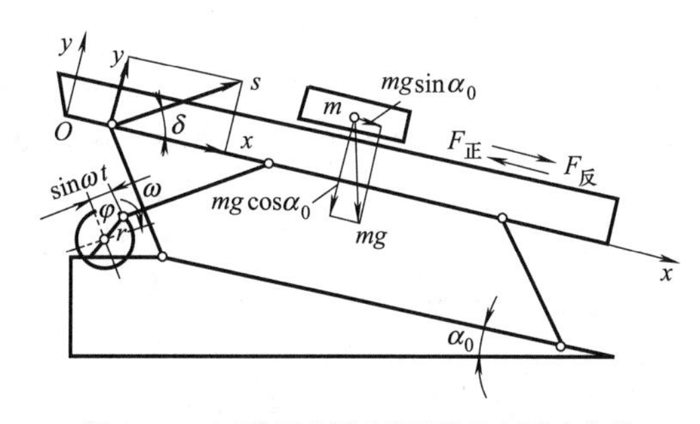

图 27-8-3　工作面的运动规律及物料受力分析

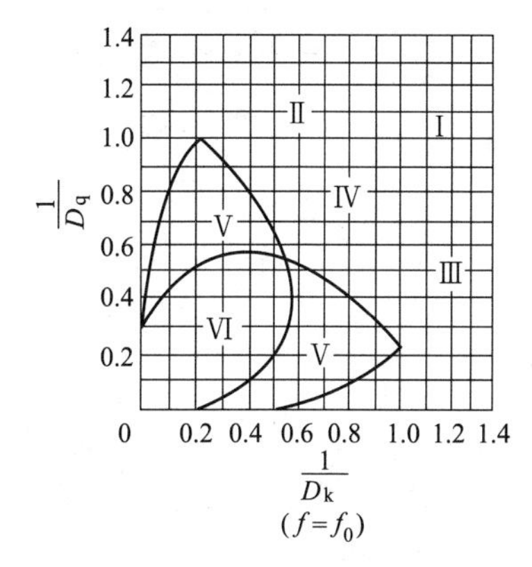

图 27-8-4　各种滑行运动状态区域图

由于运动学参数 ω、λ、α_0、δ 等的不同，滑行指数 D_k、D_q 会出现不同的值，因而出现图 27-8-4 所示的六种不同滑行运动状态，对应着图中的六个区域，分别为：状态Ⅰ，$D_k<1$、$D_q<1$，物料相对工作面相对静止，不会滑动，状态Ⅱ，$D_k>1$、$D_q<1$，物料只作正向滑动；状态Ⅲ，$D_k<1$，$D_q>1$，物料只作反向滑动；状态Ⅳ，$D_k>1$、$D_q>1$，物料正反向滑动并存，每次滑动后有一个相对静止；状态Ⅴ，物料正反向滑动并存，每两次滑动后有一个相对静止；状态Ⅵ，物料正反向滑动连续地交换进行。

对于少数振动机械，如槽式振动冷却机、低速振动筛，采用Ⅳ状态工作；其余大多数按滑行原理工作的振动机械，均采用状态Ⅱ工作，即 $D_k>1$、$D_q<1$。为保证工作效率，通常取 $D_k=2\sim3$，$D_q\leqslant1$，不希望出现反向滑动。

在设计计算中，首先根据工作要求、物料情况，选定 D_k、D_q、α_0 的具体数值，再进行如下计算。

（1）振动方向角 δ

$$\delta=\arctan\frac{1-C}{(1+C)f_0}\tag{27-8-4}$$

式中
$$C=\frac{D_q\sin(\mu_0+\alpha_0)}{D_k\sin(\mu_0-\alpha_0)}$$

（2）振动强度 K

$$K=\frac{\lambda\omega^2}{g}=D_k\frac{\sin(\mu_0-\alpha_0)}{\cos(\mu_0-\delta)}\tag{27-8-5a}$$

或
$$K=D_q\frac{\sin(\mu_0+\alpha_0)}{\cos(\mu_0+\delta)}\tag{27-8-5b}$$

（3）选定振幅 λ 后，计算每分钟振动次数 n

$$n=30\sqrt{\frac{Kg}{\pi^2\lambda}} \qquad (27\text{-}8\text{-}6)$$

(4) 选定振动次数 n/min，计算所需的单振幅 λ

$$\lambda=\frac{900gK}{n^2\pi^2} \qquad (27\text{-}8\text{-}7)$$

(5) 物料滑行运动的平均速度

正向滑行运动的平均速度 v_k 为

$$v_k=\omega\lambda\cos\delta(1+\tan\mu\tan\delta)\times\frac{P_{km}}{2\pi} \qquad (27\text{-}8\text{-}8)$$

其中 $P_{km}=\frac{b_m'^2-b_k'^2}{2b_k}-(b_m'-b_k')$

而 $\sin\varphi_k'=b_k'$，$\sin\varphi_m'=b_m'$，$\sin\varphi_k=b_k$

式中 P_{km}——物料正向滑动速度系数；

φ_k'——物料实际正向滑始角，$\varphi_k'=\arctan\frac{1-\cos2\pi i_k}{\frac{\sin\varphi_k}{\sin\varphi_k'}2\pi i_k-\sin2\pi i_k}$；

φ_m'——物料实际正向滑止角，$\varphi_m'=\theta_k+\varphi_k'$，$\theta_k=2\pi i_k$；

i_k——正向滑动系数，正向滑动时间与振动周期 $2\pi/\omega$ 之比称为正向滑动系数；

φ_k——假想物料正向滑始角，$\varphi_k=\arcsin\frac{\sin(\mu-\alpha_0)}{K\cos(\mu-\delta)}$；

μ——物料与工作面间的动摩擦因数。

反向滑行运动的平均速度 v_q 为

$$v_q=-\omega\lambda\cos\delta(1-\tan\mu\tan\delta)\times\frac{P_{qe}}{2\pi} \qquad (27\text{-}8\text{-}9)$$

其中 $P_{qe}=\frac{b_e'^2-b_q'^2}{2b_q}-(b_e'-b_q')$

而 $\sin\varphi_e'=b_e',\sin\varphi_q'=b_q',\sin\varphi_q=b_q$

式中 P_{qe}——物料反向滑动速度系数；

φ_q'——物料实际反向滑始角，$\varphi_q'=\arctan\frac{1-\cos2\pi i_q}{\frac{\sin\varphi_q}{\sin\varphi_q'}2\pi i_q-\sin2\pi i_q}$；

φ_e'——物料实际反向滑止角，$\varphi_e'=\theta_q+\varphi_q'$，$\theta_q=2\pi i_q$；

φ_q——假想物料反向滑始角，$\varphi_q=\arcsin\left(-\frac{\sin(\mu+\alpha_0)}{K\cos(\mu+\delta)}\right)$；

μ——物料与工作面间的动摩擦因数。

物料滑行运动的平均速度 v_{kq} 为

$$v_{kq}=v_k+v_q \qquad (27\text{-}8\text{-}10)$$

8.2.1.3　物料的抛掷运动

(1) 抛掷指数 D

如图 27-8-3 所示，由于物料被抛离了工作面，由出现抛掷运动状态时的受力平衡条件，可推出产生抛掷运动的条件为抛掷指数 $D>1$，而

$$D=\frac{\lambda\omega^2\sin\delta}{g\cos\alpha_0}=K\frac{\sin\delta}{\cos\alpha_0} \qquad (27\text{-}8\text{-}11)$$

对应物料出现抛掷运动时的相位角称为抛始角 φ_d，即

$$\varphi_d=\arcsin\frac{1}{D} \qquad (27\text{-}8\text{-}12)$$

抛掷运动终止的相位角称抛掷角 φ_z，$\theta_d=\varphi_z-\varphi_d$，称 θ_d 为抛离角，抛离时间与振动周期之比称为抛离系数 $i_D=\frac{\theta_d}{2\pi}$，抛离系数与抛掷指数 D 的关系为

$$D=\sqrt{\left(\frac{2\pi^2i_D^2+\cos(2\pi i_D)-1}{2\pi i_D-\sin(2\pi i_D)}\right)^2+1} \qquad (27\text{-}8\text{-}13)$$

i_D 值可根据给定的 D 值按式 (27-8-13) 求得，也可从图 27-8-5 查得。

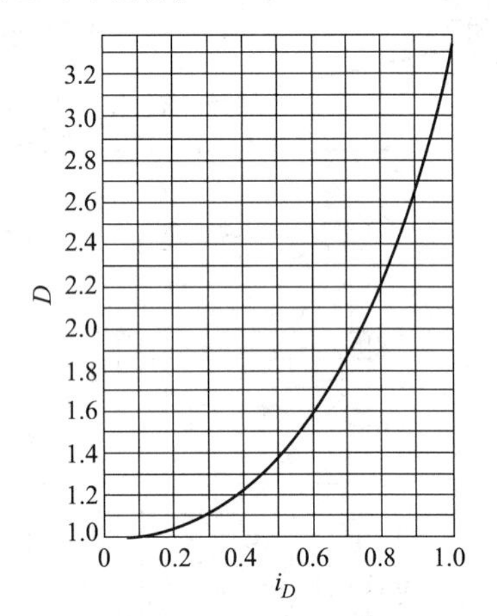

图 27-8-5　抛掷指数 D 与抛离系数 i_D 的关系

抛掷指数 D 的大小，决定着物料的腾空时间及抛掷强度与性质，见表 27-8-9、表 27-8-10。

表 27-8-9　抛掷指数 D 与抛掷情况

D	1	3.3	6.36	9.48
i_D	0	1	2	3
抛掷情况	临界态	振动一次，抛掷一次	振动两次，抛掷一次	振动三次，抛掷一次

表 27-8-10　**物料抛掷运动的分类**

D	1～1.75	1.75～3.3	>3.3
抛掷运动的分类	轻微抛掷运动	中速抛掷运动	高速抛掷运动

D	1～3.3 4.6～6.36 7.78～9.48	3.3～4.6 6.36～7.78 9.48～10.94
抛掷运动的分类	周期性抛掷运动	非周期性抛掷运动

(2) 振动次数 n

工业用的振动机械，大多选用周期性抛掷运动，通常取 $1<D<3.3$，使工作面每振动一次，物料出现一次抛掷运动。当选定振幅 λ 和抛掷指数 D 之后，所需振动次数 n 为

$$n=30\sqrt{\frac{Dg\cos\alpha_0}{\pi^2\lambda\sin\delta}} \quad (27\text{-}8\text{-}14)$$

(3) 振幅 λ

当选定振动次数 n 和抛掷指数 D 之后，则振幅 λ 为

$$\lambda=\frac{900Dg\cos\alpha_0}{n^2\pi^2\sin\delta} \quad (27\text{-}8\text{-}15)$$

(4) 物料抛掷运动的实际平均速度

物料抛掷运动的理论平均速度 v_d 为

$$v_d=\lambda\omega\cos\delta\frac{\pi i_D^2}{D}(1+\tan\alpha_0\tan\delta) \quad (m/s) \quad (27\text{-}8\text{-}16)$$

物料抛掷运动的实际平均速度 v_s 为

$$v_s=C_\alpha C_h C_m C_w v_d \quad (27\text{-}8\text{-}17)$$

式中各影响系数可由表 27-8-11～表 27-8-14 查得。式 (27-8-17) 只适用于计算 $1<D\leqslant3.3$ 时的 v_s。若 $D=4.6\sim6.36$，计算 v_s 时，上式的右端应乘以 0.5。

表 27-8-11　**倾角影响系数 C_α**

倾角 α_0/(°)	−15	−10	−5	0	5	10	15
C_α	0.6～0.8	0.8～0.9	0.9～0.95	1	10.5～1.1	1.3～1.4	1.5～2

表 27-8-12　**料层厚度影响系数 C_h**

料层厚度	薄料层	中厚料层	厚料层
C_h	0.9～1	0.8～0.9	0.7～0.8

注：通常筛分为薄料层，振动输送为中厚料层，振动给料为中厚或厚料层。

表 27-8-13　**物料性质影响系数 C_m**

物料性质	块状物料	颗粒状物料	粉状物料
C_m	0.8～0.9	0.9～1	0.6～0.7

注：物料的粒度、密度、水分、摩擦因数、黏度等都对物料输送速度有影响，由于影响因素多而复杂，目前尚缺乏充足的实验资料，表中只给出了约略的数值。

表 27-8-14　**滑动运动影响系数 C_w**

抛掷指数 D	1	1.25	1.5	1.75	2	2.5	3
C_w	1.18	1.16	1.15	1.1～1.15	1.05～1.1	1～1.05	1

注：物料平均运动速度是按抛掷运动进行计算的，在一个振动周期中，除完成一次抛掷运动外，还伴随有一定的滑行运动。

作圆和椭圆振动的系统，物料的滑行运动与抛掷运动基本规律不变，只是由于振动轨迹的复杂化，使计算方法有不同，可参阅文献 [15]。

8.2.2　物料的动力学

振动系统总是处理某种运动中的物料，完成一定的工艺过程，因此其动力学特性参数必然受到运动物料的影响。考虑这些影响的简便方法，就是把物料的各种作用力归化到惯性力与阻尼力之中，从而得出结合质量和当量阻尼，描述了运动物料的动力学影响。

8.2.2.1　物料滑行运动时的结合质量与当量阻尼

物料作滑行运动时对机体作用有惯性力和非线性摩擦力，利用谐波平衡法，可将它们的影响转化为物料结合质量 $K_m m_m$（其中 K_m 为结合系数，m_m 为物料质量）和物料当量阻尼系数 c_m。

(1) 结合系数 K_m

其结合系数按下式计算

$$K_m=\sin^2\delta-\frac{b_1}{m_m\omega^2\lambda}\cos\delta \quad (27\text{-}8\text{-}18)$$

式中　δ——振动方向角；

b_1——谐波平衡的一次谐波项系数，见文献 [15]。

当物料无滑动时或振动方向角 $\delta=90°$ 时，$K_m=1$，物料全部参与振动；出现滑动后，$K_m<1$，振幅增大时，K_m 减小。物料滑行运动时，一般有 $K_m=0.8\sim0.3$。

(2) 当量阻尼系数 c_m

当量阻尼系数 c_m 可按下式计算

$$c_m=\frac{a_1}{\omega\lambda}\cos\delta \quad (N \cdot s/m) \qquad (27\text{-}8\text{-}19)$$

当物料无滑动时或振动方向角 $\delta=90°$ 时，$c_m=0$，物料不产生附加阻尼；出现滑动后，$c_m>0$，振幅增大时，c_m 变化不大。物料滑行运动时，一般有 $c_m=0.2\sim0.3$。

8.2.2.2　物料抛掷运动时的结合质量与当量阻尼

抛掷运动的物料对机体作用着惯性力和非线性的断续摩擦力、冲击力等，情况更为复杂。通过理论与实验研究分析，K_m 值与抛掷指数 D、振动方向角 δ 有关，可根据图 27-8-6 由 D、δ 查出相应的 K_m 值。当抛掷指数 $D=2\sim3$ 时，当量阻尼系数 c_m 在 $(0.16\sim0.18)m_m\omega$ 之间变化。表 27-8-15 列出了对应于 $D=1.75\sim3.25$ 的 K_m 值。

对于振动成型机的加压重锤或振动落砂机上的铸件，$D=4.6\sim6.36$，K_m 变为负值，c_m 变化不大，此时主要计算垂直方向的数据，K_{my} 和 c_{my} 与 D 的关系见表 27-8-16。

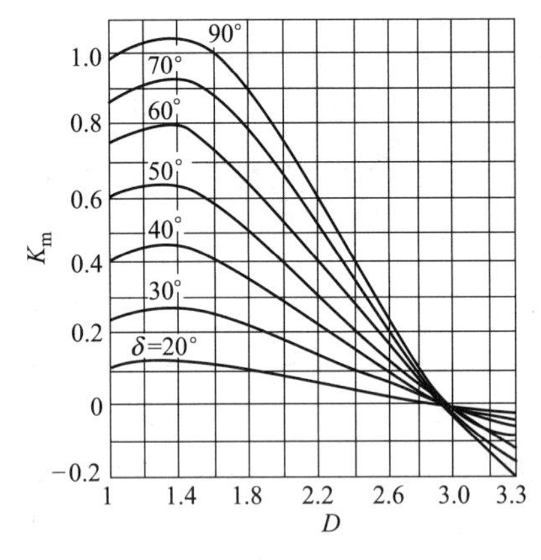

图 27-8-6　不同 δ 角时的 D-K_m 曲线

8.2.2.3　弹性元件的结合质量与阻尼

仿照物料的结合质量与当量阻尼，考虑弹性元件的质量影响和阻尼影响。利用能量法可求得弹性元件的质量结合系数 K_k，若弹性元件质量为 m_k，则其结合质量为 $K_k \cdot m_k$；其阻尼特性来自材料的内耗，可用耗损因子 η 表示。表 27-8-17 列出了不同弹性元件的 K_k 值和 η 值。

表 27-8-15　不同抛掷指数的物料等效参振质量折算系数 K_m 和等效阻尼系数 c_m

D	$\varphi_d/(°)$	$\varphi_z/(°)$	K_{my}	K_{mx}	K_m	c_{my}	c_{mx}	c_m
1.75	34.85	261.65	−0.902	−0.014	0.236			
2.00	30	289.2	−0.766	−1.805	0.192			
2.25	26.38	307.2	−0.600	−1.608	0.155	0.66V	0	0.16V
2.50	23.58	333.2	−0.328	−1.410	0.092	0.726V	0	0.18V
2.75	21.32	361.65	−0.044	−0.004	0.008	0.71V	0	0.17V
3.00	19.38	379.47	−0.002	0	0	0.66V	0	0.165V
3.25	17.92	395.92	0.360	0.005	−0.0086			

注：$K_{my}=b_{1y}/(m_m\omega^2\lambda_y)$，$K_{mx}=b_{1x}/(m_{mx}\omega^2\lambda_x)$，$V=m_m\omega$，$c_{my}=a_{1y}/(\omega\lambda_y)$，$c_{mx}=a_{1x}/(\omega\lambda_x)$。

表 27-8-16　不同抛掷指数的重物等效参振质量折算系数 K_{my} 和等效阻尼系数 c_{my}

D	$\varphi_d/(°)$	$\varphi_z/(°)$	K_{my}	c_{my}
4.6	12.56	577.56	0.361	0.007V
4.8	12.02	610.02	0.35	0.058V
5.0	11.54	635.54	0.343	0.134V
5.2	11.09	654.09	0.31	0.2V
5.4	10.67	669.67	0.26	0.254V
5.6	10.29	683.79	0.198	0.294V
5.8	9.93	696.43	0.133	0.318V
6.0	9.59	708.59	0.065	0.327V
6.2	9.28	719.78	0.001	0.322V
6.36	9.05	729.05	−0.05	0.311V

注：$V=m_m\omega$。

表 27-8-17　不同弹性元件的 K_k 值和 η 值

弹簧种类	安装方式	质量结合系数 K_k			耗损因子 η
		单质体振动机	双质体振动机		
			换算至 m_1	换算至 m_2	
金属板弹簧		$\frac{33}{140}$			0.005～0.02
		$\frac{13}{35}$			
	m_1 m_2		$\frac{17}{35}\times\frac{m_2}{m_1+m_2}$	$\frac{17}{35}\times\frac{m_1}{m_1+m_2}$	
金属螺旋簧	m_1 m_2	$\frac{1}{3}$	$\frac{1}{3}\times\frac{m_2}{m_1+m_2}$	$\frac{1}{3}\times\frac{m_1}{m_1+m_2}$	0.005～0.02
橡胶剪切簧	m_1 m_2	$\frac{1}{3}$	$\frac{1}{3}\times\frac{m_2}{m_1+m_2}$	$\frac{1}{3}\times\frac{m_1}{m_1+m_2}$	0.3～1.0

8.2.2.4　振动系统的计算质量、总阻尼系数及功率消耗

(1) 计算质量 m'

在考虑了物料结合质量、各弹性元件的结合质量之后，计算质量为

$$m'=m+K_m m_m+\sum K_{ki}m_{ki} \quad (27\text{-}8\text{-}20)$$

式中　m——振动机体质量，kg；

m_m——物料质量，kg；

m_{ki}——某弹性元件的质量，kg。

(2) 总阻尼系数 c

在考虑了物料运动当量阻尼、弹性元件内耗阻尼之后，总阻尼系数为

$$c=\sum c_{ki}+\sum c_{mi} \quad (27\text{-}8\text{-}21)$$

式中　c_{ki}——某弹性元件的阻尼系数，N·s/m；

c_{mi}——某当量阻尼系数，N·s/m。

振动系统的总阻尼系数 c，除了通过计算得到外，还可以通过振动试验实测得到。

(3) 激振力 F 的计算

激振力 F 可按下式计算

$$F=\sum m_0 r\omega^2 \quad (\text{N}) \quad (27\text{-}8\text{-}22)$$

式中　m_0——偏心块质量，kg；

r——偏心块回转半径，m。

(4) 消耗功率 P 的计算

振动阻尼所消耗功率 P_z：

$$P_z=\frac{C_0}{1000}c\omega^2\lambda^2 \quad (\text{kW}) \quad (27\text{-}8\text{-}23)$$

轴承摩擦所消耗功率 P_f：

$$P_f=f\sum m_0 r\omega^3\frac{d_1}{2000}=\frac{fF\omega d_1}{2000} \quad (\text{kW}) \quad (27\text{-}8\text{-}24)$$

总功率

$$P=\frac{1}{\eta}(P_z+P_f) \quad (\text{kW}) \quad (27\text{-}8\text{-}25)$$

式中　c——总阻尼系数，$c=(0.1\sim0.14)m\omega$；

η——传动效率，一般取 0.95；

d_1——轴承平均直径，$d_1=(D+d)/2$，m；

D，d——轴承外径和内径，m；

f——滚动轴承摩擦因数，一般 $f=0.005\sim0.007$；

C_0——系数。对非定向振动，例如单轴激振器系统、圆振动系统，$C_0=1$；对定向振动，例如双轴激振系统，直线振动系统，$C_0=0.5$。

在概算时，可选 $P_f=(0.5\sim1.0)P_z$。考虑振动状态参数的变化和计算的误差，实际选用功率应适当放大。在实际工作中，对恶劣条件下，例如矿用振动

放矿机，用最大可能功耗来决定电机最大功率，此时，

对非定向振动输送机

$$P=\frac{\sqrt{2}}{2000}F\omega\lambda \quad (\mathrm{kW}) \qquad (27\text{-}8\text{-}26)$$

对定向振动输送机

$$P=\frac{\sqrt{2}}{4000}F\omega\lambda \quad (\mathrm{kW}) \qquad (27\text{-}8\text{-}27)$$

式（27-8-26）和式（27-8-27）计算结果远大于式（27-8-23）和式（27-8-25）的计算结果。

8.3 常用的振动机械

利用合适的激振器，驱动工作面以实现要求的振动，有效地完成许多工艺过程，或用来提高某些机器的工作效率，这种应用振动原理而工作的机械称为振动机械。振动机械在矿山、冶金、化工、电力、建筑、石油、粮食、筑路等行业的各个部门中，发挥着极为重要的作用。

8.3.1 振动机械的分类

对振动机械进行分类的目的是：按照振动机械的类型，分别对它们进行分析研究，找出它们的共性与特性，便于了解与掌握各种振动机械的特点，以使它们得到更合理地使用。振动机械可以按照它们的用途、结构特点及动力学特性进行分类。

1）按用途分类　表 27-8-18 按用途对振动机械进行了分类，并列举了各种常见振动机械的名称。

2）按驱动装置（激振器）的形式分类　按驱动装置（激振器）的形式进行分类，见表 27-8-6。

3）按动力学特性分类　表 27-8-19 按照动力学特性对振动机械进行分类，分为线性非共振类振动机、线性近共振类振动机、非线性振动机、冲击式振动机。

8.3.2 常用振动机的振动参数

常用振动机的振动参数，见表 27-8-20。

表 27-8-18　振动机械按用途分类

类　别	用　途	机 器 名 称
输送给料类	物料输送、给料、预防料仓起拱、作闸门用	振动给料机，水平振动输送机，振动料斗，垂直振动输送机，仓壁振动器
选分冷却类	筛分、选别、脱水、冷却、干燥	振动筛，共振筛，弹簧摇床，惯性四轴摇床，振动离心摇床，重介质振动溜槽，振动离心脱水机，槽式振动冷却机，塔式振动冷却机，振动干燥机
研磨清理类	粉磨、光饰、落砂、清理、除灰、破碎	振动破碎机，振动球磨机，振动光饰机，振动落砂机，振动除灰机，矿车清底振动器
成型紧实类	成型、紧实	振动成型机，振动整形机，振动造粒机，振动固井壁装置
振捣打拔类	夯土、振捣、压路、沉拔桩、挖掘、装载、凿岩	振动夯土机，插入式振捣器，振动压路机，振动沉拔桩机，电铲振动斗齿，振动装载机，风动与液压冲击器
试验测试类	测试、试验	试验用激振器，振动试验台，动平衡试验机，振动测试仪器
其他	振动时效、振动采油、振动医疗、海浪发电	振动时效用振动台，振动采油装置，振动按摩器，离子渗透仪，振动理疗床，振动牙刷，CT 机，波力电站

表 27-8-19　振动机械按动力学特性分类

类　别	动力学状态的特性	常用激振器的形式	振 动 机 名 称
线性非共振类振动机	线性或近似于线性非共振（$\omega \gg \omega_n$）	惯性激振器，风动式激振器，液压式激振器	单轴或双轴惯性振动筛，自同步概率筛，自同步振动给料机，双轴振动输送机，双轴振动落砂机，单轴振动球磨机，惯性式振动光饰机，惯性振动成型机，振动压路机，插入式振捣器，惯性式振动试验台，惯性振动冷却机，双轴振动破碎机

续表

类　别	动力学状态的特性	常用激振器的形式	振 动 机 名 称
线性近共振类振动机	线性或近似于线性近共振($\omega \approx \omega_n$)	惯性式激振器，弹性连杆式激振器，电磁式激振器等	电磁振动给料机，惯性式近共振给料机，弹性连杆式、惯性式及电磁式近共振输送机，线性共振筛，槽式近共振冷却机，振动炉排，线性振动离心脱水机，电磁振动上料机
非线性振动机	非线性、非共振($\omega \gg \omega_n$)，或近共振($\omega \approx \omega_n$)	惯性式激振器，弹性连杆式激振器，电磁式激振器等	非线性振动给料机，非线性振动输送机，非线性共振筛，弹簧摇床，振动离心摇床，附着式振捣器，非线性振动离心脱水机，振动沉拔桩机
冲击式振动机	非线性、非共振($\omega \gg \omega_n$)，或近共振($\omega \approx \omega_n$)	惯性式激振器，电磁式激振器，风动式或液压式激振器等	蛙式振动夯土机，振动钻探机，振动锻锤机，冲击式电磁振动落砂机，冲击式振动造型机，风动冲击器，液压冲击器

表 27-8-20　　常用振动机的振动参数

激振形式		惯　性　式						弹性连杆式	
用　途		输　送			筛分和给料		成型密实落砂清理	输　送	筛　分
		长距离	上倾	下倾	单轴	双轴			
参数	频率 f/Hz	12～16					25～30	5～16	
	振幅 λ/mm	5～6			3～6	3～5	0.8～1.2	5～15	6～9
	方向角 δ/(°)	20～30	20～45	20～30		30～60 多用 45	90	25～35	30～60 多用 45
	倾角 α_0/(°)	0	−8～−3	5～15	12～20	0～10	0	0～10	0～10

注：1. 表内数据为大致范围，只供选择参考。

2. 输送速度近似与频率 $f\left(\omega=2\pi f=\frac{\pi n}{30}\right)$ 成反比，与$\sqrt{\lambda}$成正比，因此，采用低频大振幅可以提高输送速度。

3. 输送磨损性大的物料时，δ 宜取较大值；输送易碎性物料时，δ 可取得小些；筛分时，δ 可选得大些，最大 $\delta_{max}=65°$。

4. 上倾角 α_0 应小于静摩擦角；下倾角 α_0 加大时，可提高输送速度，但会增加槽体的磨损。

5. 垂直输送的螺旋升角和振动方向角与上倾输送相同。

8.4　惯性式振动机械的计算

振动机械的计算方法是：根据振动机械的具体结构特征，简化出力学模型，在确定出运动学参数后，进行计算质量、总阻尼系数、激振力、功率消耗等动力学参数的计算，再按力学定律，建立系统的运动微分方程，据此即可求解振动机械的运动规律及动态特性。

惯性式振动机械常用于筛分、脱水、给料、振捣、压路、破碎粉磨等工作，其结构简单，制造容易，安装维修方便，规格品种繁多，应用广泛。

8.4.1　单轴惯性式振动机

(1) 平面运动单轴惯性振动机

单轴式惯性激振器的径向激振力沿 x、y 两个方向的分量分别为 $F_x(t)=m_0\omega^2 r\cos\omega t$、$F_y(t)=m_0\omega^2 r\sin\omega t$，按激振力与振动机体的相互位置，又可分为激振力通过机体质心与激振力不通过机体质心两种情况。

① 激振力通过机体质心，弹簧刚度矩 $k_1l_1+k_2l_2=0$ 的情况，如图 27-8-7 所示。这类振动机的阻尼力远远小于机体的惯性力与激振力，近似计算中可求得机体的振幅为

$$\lambda_x \approx \lambda_y \approx \frac{m_0 r}{m'+m_0} \tag{27-8-28}$$

式中　m'——计算质量，kg，$m'=m+K_m m_m$，m 为机体质量；

m_0——偏心块质量，kg。

机体 x、y 两个方向振动的合成，近似于作圆运动。

② 激振力不通过机体质心，弹簧刚度矩$\sum k_i l_i \neq 0$ 的情况，如图 27-8-8 所示。此时机体不仅作 x、y

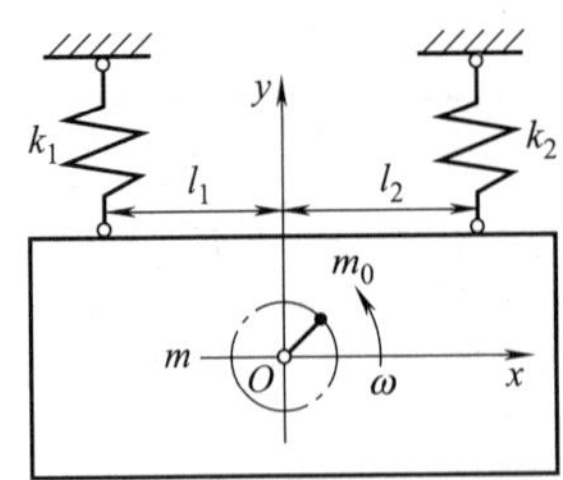

图 27-8-7　激振力通过机体质心的单轴惯性振动机

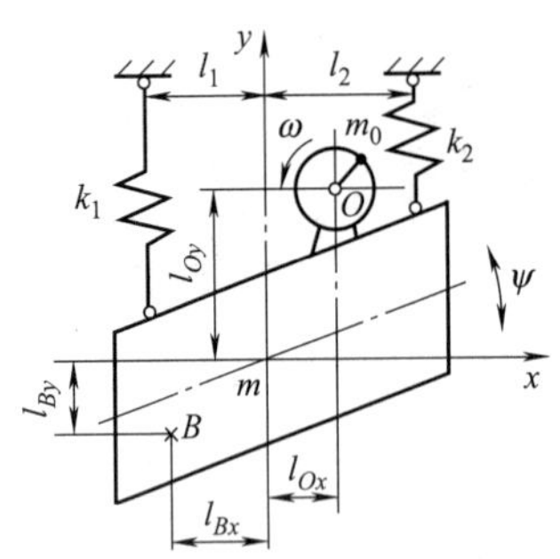

图 27-8-8　激振力不通过机体质心的单轴惯性振动机

两个方向的振动，还作绕其质心 m 的摆动。设机体与偏心块对质心的转动惯量分别为 J、J_O，l_{Ox}、l_{Oy} 为偏心块回转轴心 O 对质心的坐标，可解出机体的线振幅 λ_x、λ_y 和角振幅 ψ 为

$$\lambda_x \approx \lambda_y \approx \frac{m_0 r}{m'+m_0}$$

$$\psi = \frac{m_0 r}{J+J_O}\sqrt{l_{Ox}^2+l_{Oy}^2} \qquad (27\text{-}8\text{-}29)$$

机体上任意点 B（相对质心 m 的坐标为 l_{Bx}，l_{By}）的运动方程为

$$x_B = \frac{m_0 r l_{Ox}}{J+J_O} l_{By}\sin\omega t - \left(\frac{m_0 r}{m'+m_0}+\frac{m_0 r l_{Oy}}{J+J_O} l_{By}\right)\cos\omega t$$

$$y_B = \frac{m_0 r l_{Oy}}{J+J_O} l_{Bx}\cos\omega t - \left(\frac{m_0 r}{m'+m_0}+\frac{m_0 r l_{Ox}}{J+J_O} l_{Bx}\right)\sin\omega t$$

(27-8-30)

由式（27-8-30）可求出机体上任意点的轨迹方程，它们大部分为椭圆，而质心的运动轨迹是半径为 $\dfrac{m_0 r}{m'+m_0}$ 的圆。

（2）空间运动单轴惯性振动机

图 27-8-9 所示立式振动光饰机由单轴惯性激振器驱动。激振器的轴垂直安装。轴上下两端的偏心块夹角为 γ。因此，激振器产生在水平平面 xOy 内沿 x 方向和 y 方向合成的激振力 $F(t)$，以及由绕 x 轴和绕 y 轴的激振力矩所合成的激振力矩 $M(t)$ 分别为：

$$F(t) = \sum m_0 r\omega^2 \cos\frac{\gamma}{2}(\cos\omega t + i\sin\omega t)$$

$$= \sum m_0 r\omega^2 \cos\frac{\gamma}{2} e^{i\omega t}$$

$$M(t) = \sum m_0 r\omega^2 L e^{i(\omega t-\alpha)} \qquad (27\text{-}8\text{-}31)$$

其中 $L = \sqrt{\left(\frac{1}{2}l_0+l_1\right)^2\cos^2\frac{\gamma}{2}+\frac{1}{4}l_0^2\sin^2\frac{\gamma}{2}}$

$$\alpha = \arctan\frac{\tan\gamma}{1+\dfrac{2l_1}{l_0}}$$

式中　l_0——上下偏心块的垂直距离，m；
　　l_1——上偏心块至机体质心距离，m；
其他符号同前。

在忽略阻尼的情况下，机体水平振动稳态振幅 λ 和摇摆振动的幅值 λ_ψ 为：

$$\lambda = \frac{\sum m_0 r\cos\frac{\gamma}{2}}{m\left(\frac{1}{z^2}-1\right)},\ \lambda_\psi = \frac{\sum m_0 rL}{I\left(\frac{1}{z_\psi^2}-1\right)} \qquad (27\text{-}8\text{-}32)$$

式中　z，z_ψ——频率比，$z=\omega/\omega_n$，$\omega_n^2=K/m$，$z_\psi=\omega/\omega_{n\psi}$，$\omega_{n\psi}^2=K_\psi=I$，频率比 z、z_ψ 均在 3～8 的范围内选取；
　　m，I——机体的质量及对 x 轴和 y 轴的转动惯量，kg，kg·m²；
　　K，K_ψ——水平方向及摇摆方向的刚度，N/m，N·m/rad。

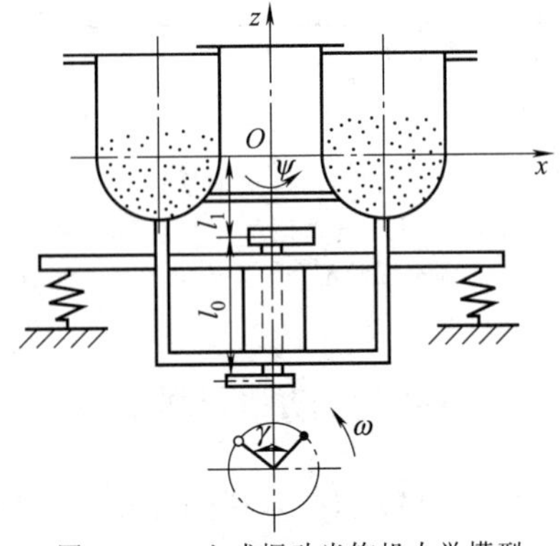

图 27-8-9　立式振动光饰机力学模型

为了提高工作效率，要合理选择偏心块夹角 γ。试验证明 $\gamma=90°$时，水平振动和摇摆振动都比较强烈，这种复合振动研磨效果最佳。

当机体 m、I 和工艺要求的振动参数 λ、λ_ψ、ω 已知，并由隔振设计确定了 K、K_ψ 的条件下，可从式（27-8-32）的前式求得$\sum m_0 r$，再根据式（27-8-32）的后式求得 L 值。根据$\sum m_0 r$ 设计偏心块，根据 L 值设计 l_0、l_1。

（3）单轴惯性振动机动力参数

单轴惯性振动机的动力参数（远超共振类），见表 27-8-21。

表 27-8-21 单轴惯性振动机的动力参数（远超共振类）

项目	计算公式	参数选择与说明
隔振弹簧总刚度	$K_y=\frac{1}{z^2}m\omega^2$（N/m） 物料对隔振弹簧的影响在频率比的选取中考虑	m——机体质量，kg ω——振动频率，rad/s 隔振弹簧与第 5 章隔振器设计相同，一般隔振器设计取 $z=3\sim5$，对于有物料作用的振动机，z 值可取得小些，物料量越多，z 值越小
等效参振质量	$m'=m+K_m m_m$ （kg） $m_m=QL/(3600v_m)$ （kg） $Q=3600hbv_m\rho$ （t/h）	Q——振动机的生产能力，t/h h——料层厚度，m b——工作面宽度，m v_m——物料平均速度，m/s L——工作面长度，m ρ——物料松散密度，t/m³ 物料 m_m 的等效参振质量折算系数 K_m 可参照表27-8-15 和表 27-8-16 选取
等效阻尼系数及相位差角	$c=(0.1\sim0.14)m\omega$ （N·s/m） $\alpha=\arctan\frac{c\omega}{K_y-m\omega^2}$	
激振力幅值及偏心质量矩	$\sum m_0r\omega^2=\frac{1}{\cos\alpha}(K_y-m\omega^2)\lambda\approx m\omega^2\lambda$ (N)	λ——振动的振幅，m m_0——偏心块质量，kg r——偏心半径，m 根据 $\sum m_0r$ 设计偏心块
电机功率	见 8.2.2.4 节	
稳态振幅	$\lambda=\frac{\sum m_0r\omega^2\cos\alpha}{K_y-m\omega^2}$ （m）	
传给基础的动载荷	$F_{dy}=K_y\lambda_y$，$F_{dx}=K_x\lambda_x$ 启动、停止时， $F'_{dy}=(3\sim7)F_{dy}$，$F'_{dx}=(3\sim7)F_{dx}$	K_y，K_x——分别为垂直方向和水平方向的刚度，N/m λ_y，λ_x——分别为垂直方向和水平方向的振幅，m 悬挂弹簧时，$F_{dx}\approx0$，$F'_{dy}=F_{dy}$

8.4.2 双轴惯性式振动机

双轴式单质体惯性振动机分平面双轴激振和空间双轴激振两种情况。

(1) 平面双轴激振情况

图 27-8-10 所示为平面双轴惯性振动机，当质量为 m_0 的两偏心块以 ω 的角速度同步反向回转，则沿 s 方向和 e 方向的激振力：$F_s=2m_0r\omega^2\sin\omega t$，$F_e=0$。单向激振力 F_s 作用于图 27-8-10 (b) 所示的振动机机体的质心，将使机体产生沿 s 方向的直线振动。因阻尼系数 $c\ll m\omega$，隔振弹簧沿 s 方向刚度 $k_s\ll m\omega^2$，偏心质量 $m_0\ll m$，在忽略阻尼、隔振弹簧和偏心块质量对振动影响的条件下，机体的振幅：

$$\lambda_s=-\frac{2m_0r}{m} \tag{27-8-33}$$

(2) 空间双轴激振情况

图 27-8-11 所示为螺旋振动输送机，螺旋振动输送机的惯性激振器有交叉轴式和平行轴式两种，如图 27-8-12 所示。空间双轴激振器能提供沿 z 方向的激振力 F_z 和绕 z 轴的激振力矩 M_z。当 z 轴通过机体质心时，机体的质量为 m，机体绕 z 轴的转动惯量为 J，与前相同，在忽略阻尼、隔振弹簧及偏心块的质量 m_0 和转动惯量 J_0 的条件下，很容易求得机体在 F_z 和 M_z 作用下，机体在 z 方向和绕 z 轴方向

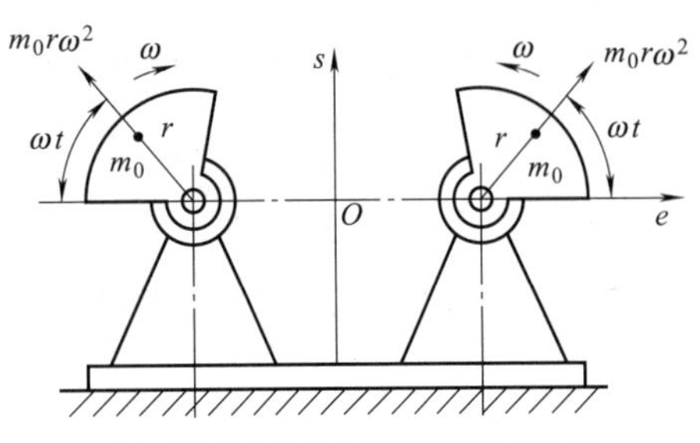

(a) 产生单向激振力的双轴惯性激振器

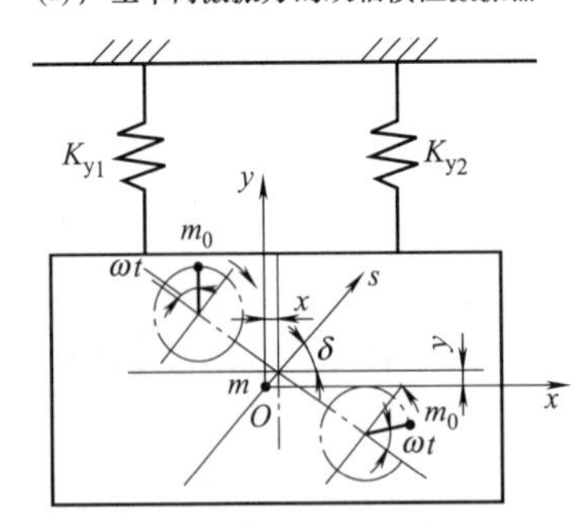

(b) 单向激振力双轴惯性振动机力学模型

图 27-8-10　平面双轴惯性振动机

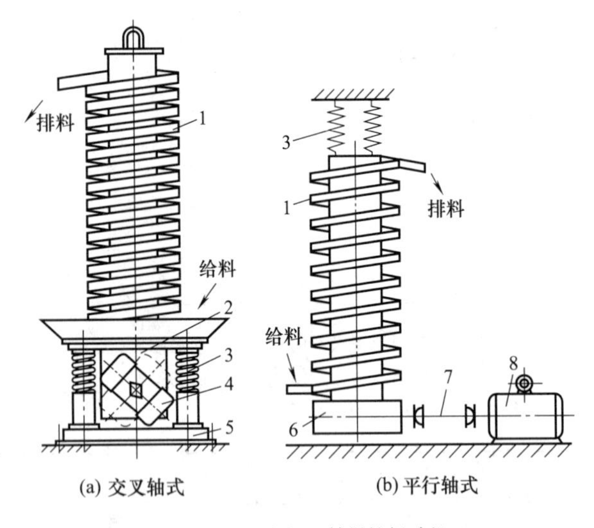

(a) 交叉轴式　　(b) 平行轴式

图 27-8-11　空间双轴惯性振动机

1—螺旋输送槽；2—激振器座；3—隔振弹簧；4—振动电机；5—机座；6—平行轴式激振器；7—万向联轴器；8—电机

上的振幅和振动幅角：

$$\lambda_z=\frac{4m_0r\sin\alpha}{m}$$

$$\theta_z=\frac{4m_0ra\cos\alpha}{J}\qquad(27\text{-}8\text{-}34)$$

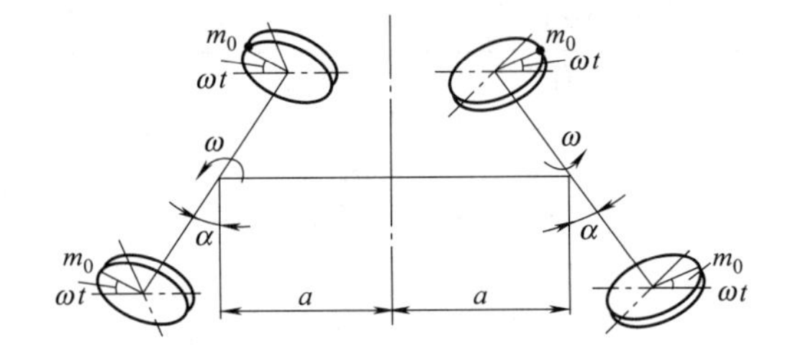

(a) 交叉轴式双轴惯性激振器

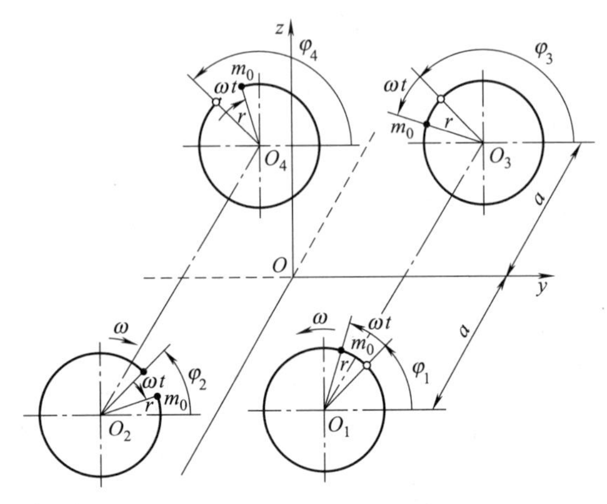

(b) 平行轴式双轴惯性激振器

图 27-8-12　双轴惯性激振器工作原理

按式（27-8-34）求得 λ_z 和 θ_z 后，可进一步求出机体上距 z 轴为 R 处的任一点的合成振幅 λ 和振动角 δ：

$$\lambda=\sqrt{\lambda_z^2+\theta_z^2R^2}\qquad\delta=\arctan\frac{\lambda_z}{\theta_zR}\qquad(27\text{-}8\text{-}35)$$

从式（27-8-35）可以看出，输送槽上的任意点，实际上都是在做直线振动。

由于平行轴式双轴惯性激振多采用强同步，因此，设计激振器时，首先根据工艺要求的合成振幅 λ 和振动角 δ，求得相应的 λ_z 和 θ_z，再从式（27-8-34）求得 $\sum m_0r$、a（同一轴上两偏心块距离之半）和 α（同一轴上两偏心块夹角之半）。装配时应保证各偏心块离心力作用线与 z 轴夹角为 α。

交叉轴式双轴惯性激振器常采用两台同型号振动电机作为激振器同步反向回转，靠自同步实现，所以，激振力和两激振器轴夹角都便于调整，这样就使设计参数 $\sum m_0r$、a、α 的匹配变得容易。计算公式相同。

（3）双轴惯性激振器动力参数

双轴惯性振动机的动力参数（远超共振类），见表 27-8-22。

表 27-8-22　**双轴惯性振动机的动力参数**

项　目	平面运动	空间运动：交叉轴式	空间运动：平行轴式
隔振弹簧总刚度	$K_y=\frac{1}{z^2}m\omega^2$	m——机体质量，kg z——频率比，$z=\omega/\omega_{ny}$，通常取 $z=3\sim5$ ω_{ny}——固有角频率，rad/s，$\omega_{ny}=\sqrt{\frac{\sum K_y}{m}}$	
等效参振质量	$m'=m+K_m m_m$ m_m 按表 27-8-21 中相关公式计算，K_m 可参照表 27-8-15 和表 27-8-16 选取	$m'=m+K_m m_m$ $J'=J+K_m m_m R^2$ m_m 按表 27-8-21 中相关公式计算，K_m 可参照表 27-8-15 和表 27-8-16 选取，R 为输送槽的平均半径，m	
等效阻尼系数及相位差角	$c=(0.1\sim0.14)m\omega$(N・s/m) $\varphi=\arctan\frac{c\omega}{K_s-m\omega^2}$ $K_s=K_y\sin^2\delta+K_x\cos^2\delta$	$c=c_y=(0.1\sim0.14)m\omega$ $c_\theta=(0.1\sim0.14)mR\omega$ $\varphi\approx\varphi_x\approx\varphi_\theta\approx\varphi_y=\arctan\frac{c_y\omega^2}{K_y-m\omega^2}$	
激振力、偏心质量矩及距离 a	$F=\sum m_0 r\omega^2$ $=\frac{\lambda}{\cos\varphi}(K_s-m\omega^2)$(N) $\sum m_0 r=F/\omega^2$(kg・m)	$F=\frac{\lambda}{\cos\varphi\sin\alpha}(K_y-m\omega^2)$ $\sum m_0 r=F/\omega^2$ $a=\frac{(K_\theta-l\omega^2)\theta_y}{F\cos\varphi_y\cos\alpha}$	$F=\frac{\lambda}{\cos\varphi\cos\alpha}(K_y-m\omega^2)$ $\sum m_0 r=F/\omega^2$ $a=\frac{(K_\theta-l\omega^2)\theta_y}{F\cos\varphi_y\sin\alpha}$
		K_θ——隔振弹簧绕 y 轴方向扭转刚度，N・m/rad，$K_\theta=K_x\rho_1$ K_x——隔振弹簧水平刚度，N/m ρ_1——隔振弹簧离 y 轴的距离，m 预定 λ 或 θ_y，给定 α 值计算出 $\sum m_0 r$、a，再根据 $\sum m_0 r$ 和 a，调整 α，重新计算 $\sum m_0 r$ 和 a，直至 $\sum m_0 r$、a、α 达到最佳匹配为止	
振幅和振动幅角	$\lambda=\frac{F\cos\varphi}{K_s-m\omega^2}$ $\lambda_y=\lambda\sin\delta$ $\lambda_x=\lambda\cos\delta$	$\lambda_y=\frac{F\sin\alpha\cos\varphi}{K_y-m\omega^2}$ $\theta_y=\frac{Fa\sin\alpha\cos\varphi}{K_\theta-J\omega^2}$	$\lambda_y=\frac{F\cos\alpha\cos\varphi}{K_y-m\omega^2}$ $\theta_y=\frac{Fa\sin\alpha\cos\varphi}{K_\theta-J\omega^2}$
		$\lambda_x=\rho_1\theta_y$ $\lambda_x=\sqrt{\lambda_y^2+\rho_1^2\theta_y^2}$	
电机功率	见本章 8.2.2.4 节		
传给基础的动载荷	$F_y=K_y\lambda_y$ $F_x=K_x\lambda_x$ 启动和停止时：$F'_y=(3\sim7)F_y$ $F'_x=(3\sim7)F_x$	说明：如为悬挂弹簧，$F'_y=K_y\lambda_y$，$F_x\approx0$ K_y、K_x、λ_y、λ_x 分别为垂直与水平方向刚度及振幅	

注：激振器偏转式自同步双轴惯性激振器虽然有力矩作用，但摆动不很大，可近似按产生单向激振力双轴惯性激振器进行程序设计。

8.4.3　多轴惯性振动机

多轴惯性振动机可以使物料获得非谐运动，实现不同性质混合物料的选分，如图 27-8-13 所示的四轴惯性摇床，设 $\omega_2=2\omega_1$，高速轴与低速轴相位差为 θ，则激振力 $F_y(t)=0$，$F_x(t)=F_1(t)+F_2(t)=2m_{01}\omega_1^2\times r_1\left[\sin\omega_1 t+\frac{4m_{02}r_2}{m_{01}r_1}\sin(2\omega_1 t+\theta)\right]$，忽略阻尼，应用叠加原理，可求出摇床工作面的运动为

$$x(t)=x_1(t)+x_2(t)=\frac{-2m_{01}r_1}{m+2m_{01}+2m_{02}}\times\left[\sin\omega_1 t+\frac{m_{02}r_2}{m_{01}r_1}\sin(2\omega_1 t+\theta)\right]\quad(27\text{-}8\text{-}36)$$

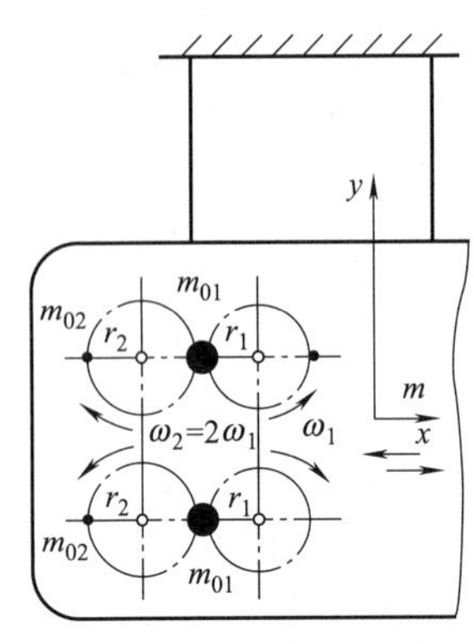

图 27-8-13 四轴惯性摇床

8.4.4 自同步式振动机

自同步惯性振动机的求解与惯性振动机相同，重要的是实现自同步运转及要求的振动状态。为实现同步运转，必须满足同步性条件。同步性条件包含两方面的内容，首先是两台电动机的特性要相近；其次是电动机转速、偏心质量矩、机体的质量分布等要满足一定的要求。这两方面分别通过电动机的选择及自同步设计来实现，统一由振动机的同步性指数 D_a来衡量自同步性能。

为了进一步获得要求的运动轨迹，还必须满足相应同步状态下的稳定性条件。稳定性条件一般由振动机机体的质量分布及激振电机的安装位置、各运动方向的阻尼系数及弹簧刚度来决定，由振动机的稳定性指数 W 来衡量。不同的 W 值，可获得不同的运动轨迹。

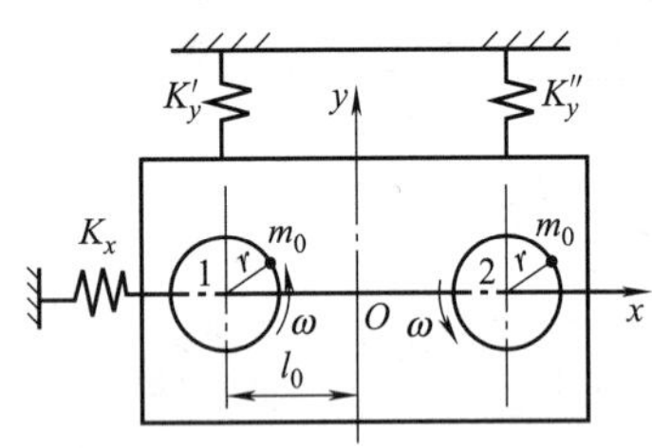

(a) 机体质心位于两轴心连线中点同向回转

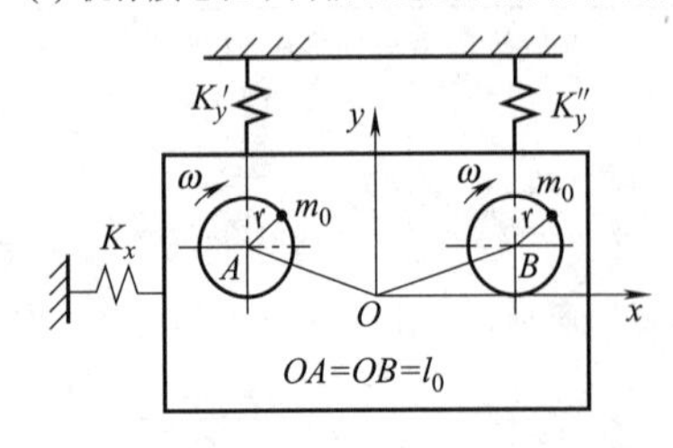

(b) 机体质心位于两轴心连线中垂线上同向回转

图 27-8-14 平面双轴单质体自同步振动机的力学模型

现以平面双轴单质体自同步振动机的对称安装同向回转情况（见图 27-8-14）为例来说明。此时机体质心位于两轴心连线的中点，或位于两轴心连线的中垂线上，通过求解机体沿 x、y 方向和绕质心 O 点的振动微分方程，可导出同步性条件为：

$$|D_a|=\left|\frac{m_0^2\omega^2r^2W}{\Delta M_g-\Delta M_f}\right|\geqslant 1 \tag{27-8-37}$$

而稳定性指数 W 为：

$$W=\frac{l_0^2}{J'}\cos^2\alpha_\psi-\frac{\cos^2\alpha_y}{m_y'}-\frac{\cos^2\alpha_x}{m_x'} \tag{27-8-38}$$

式中 ω——两轴的同步转速，rad/s；

m_0，r——每一根轴上的偏心块质量及偏心距，kg，m；

ΔM_g——两轴的电机转矩差，N·m；

ΔM_f——两轴的摩擦阻矩差，N·m；

l_0——轴 1 或轴 2 中心至机体质心 O 的距离，m；

J'——机体对质心 O 的计算转动惯量，kg·m²，$J'=J+\sum J_0-K_\psi/\omega^2$；

$J+\sum J_0$——机体（包括偏心块）对质心 O 的转动惯量，kg·m²；

K_y，K_x，K_ψ——y、x 和 ψ 方向的弹簧刚度，N/m，N/m，N·m/rad；

c_y，c_x，c_ψ——y、x 和 ψ 方向的阻尼系数，N·s/m，N·s/m，N·m·s/rad；

m_y'——y 方向的计算质量，kg，$m_y'=m+\sum m_0-K_y/\omega^2$；

m_x'——x 方向的计算质量，kg，$m_x'=m+\sum m_0-K_x/\omega^2$；

$m+\sum m_0$——振动体（包括偏心块）的质量，kg；

α_ψ——绕质心扭摆振动时激振力矩与角位移响应之间的相位差，$\alpha_\psi=\arctan\left(\frac{-c_\psi}{J'\omega}\right)$；

α_y——沿 y 方向振动时激振力与位移之间的相位差，$\alpha_y=\arctan\left(\frac{-c_y}{m_y'\omega}\right)$；

α_x——沿 x 方向振动时激振力与位移之间的相位差，$\alpha_x=\arctan\left(\frac{-c_x}{m_x'\omega}\right)$。

对于平面双轴单质体惯性振动机的这种情况，只要式（27-8-37）得到满足，即 $|D_a|>1$，两激振主轴就能实现自同步。而稳定性条件为：$W>0$，机体及其质心作近似圆形的椭圆运动；$W<0$，则机体绕质心作扭摆振动。

若振动机按非共振情况设计，则有 $c_\psi\approx c_y\approx$

$c_x \approx 0$，$J' \approx J+\sum J_0$，$m'_y \approx m'_x \approx m+\sum m_0$，则稳定性指数 W 简化为 $W=\dfrac{l_0^2}{J+\sum J_0}-\dfrac{2}{m+\sum m_0}$，稳定性条件变为：$l_0>\sqrt{\dfrac{2(J+\sum J_0)}{m+\sum m_0}}$，机体作椭圆运动时：$l_0<\sqrt{\dfrac{2(J+\sum J_0)}{m+\sum m_0}}$，机体作扭摆振动。

当机体质心偏离两轴心连线的中垂线安装时，同步性条件与稳定性条件基本不变，仅稳定性指数表达式有变化；质心偏移量增大，对于 $W>0$ 对应的机体椭圆振动不利，过大的偏移量会使椭圆振动不能形成。

当两激振主轴反向回转时，同步性条件 $|D_a|>1$ 仍然适用。而稳定性条件变为；$W>0$，机体作近似于 y 方向的直线振动，$W<0$，机体作扭摆振动加 x 方向的直线振动。

当两激振电机成交叉轴式安装时，同步性条件仍为 $|D_a|>1$，稳定性指数 W 的计算更为复杂。当 $W>0$ 时，机体可获得垂直振动与绕 z 轴扭转振动的组合。因此，$|D_a|>1$ 及 $W>0$，是交叉双轴式自同步垂直输送机使物料沿螺旋槽上升的条件。

8.4.5　惯性共振式振动机

8.4.5.1　主振系统的动力参数

图 27-8-15（a）所示为单轴惯性共振式振动机，该机在单轴惯性激振器激励下，会产生摆动，但与主系统振动相比，还是很小的。图 27-8-15（b）为双轴惯性共振式振动机，该振动机为直线振动。两机主振系统的力学模型如图 27-8-15（c）所示。动力参数设计见表 27-8-23。

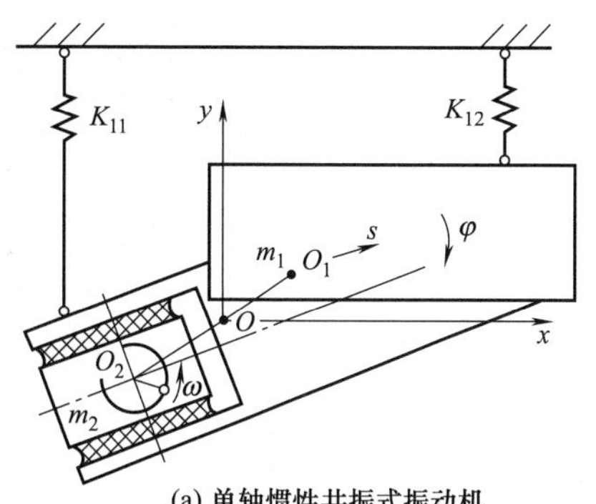

(a) 单轴惯性共振式振动机

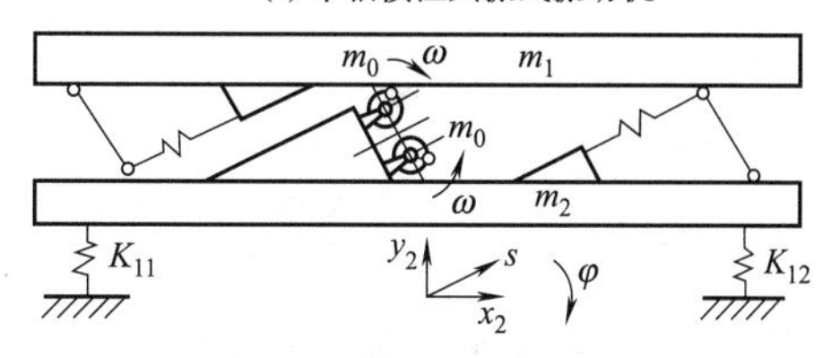

(b) 双轴惯性共振式振动机

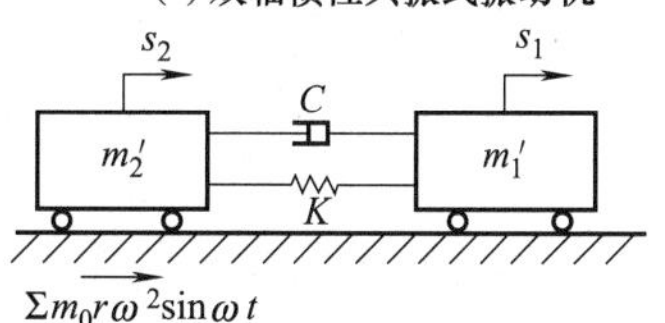

(c) 主振系统的力学模型

图 27-8-15　惯性共振式振动机及主振系统的力学模型

表 27-8-23　　惯性共振式与弹性连杆式动力参数设计计算

项　　目	惯性共振式	弹性连杆式
隔振弹簧总刚度	$K_y=\dfrac{1}{z_0^2}(m_1+m_2)\omega^2$　　z_0——频率比，通常取 $z_0=3\sim5$，对有物料作用振动机，z_0 可适当取小	
工作机体质量 m_1	根据振动机的工作要求（包括振动参数、λ_1、ω、Q 和机体尺寸等）及机体的强度和刚度确定	
质体 2 的质量 m_2	$m_2=(0.4\sim0.8)m_1$，m_2 为附加质量，应尽量减小。m_2 越小，则相对运动振幅 λ 越大，因此，m_2 在主振弹簧变形量允许的条件下，尽量选得小些	
诱导质量	$m_u=\dfrac{m'_1 m'_2}{m'_1+m'_2}$　　$m'_1=m_1+K_m m_m-\dfrac{K_1}{\omega^2}$　　$m'_2=m_2-\dfrac{K_2}{\omega^2}$ K_1，K_2——分别为作用于 m_1 和 m_2 上的隔振弹簧沿 s 方向的刚度，由 K_{11}、K_{12} 计算求得，K_2 在概算时可忽略	
主振弹簧总刚度	$K=\dfrac{1}{z^2}m_u\omega^2$　(N/m) 通常取 $z=0.75\sim0.95$	$k=m_u\omega^2$　(N/m) $m_u=\dfrac{m'_1 m'_2}{m'_1+m'_2}$，$m'_1=m_1-\dfrac{K_1}{\omega^2}$
连杆弹簧总刚度	线性振动机取 $z=0.82\sim0.88$ 非线性振动机取 $z=0.85\sim0.92$	$K_0=\left(\dfrac{1}{z^2}-1\right)m\omega^2=\left(\dfrac{1}{z^2}-1\right)K$

续表

项　　目	惯性共振式	弹性连杆式
相位差角	$\alpha=\arctan\dfrac{2\zeta z}{1-z^2}$ ζ——阻尼比,常取 $\zeta=0.02\sim0.07$ z——频率比,常取 $z=0.75\sim0.95$	$\alpha=\arctan\dfrac{2\zeta z}{1-z^2}$ 常取 $\zeta=0.02\sim0.07$ 在有载条件下:线性振动机取 $z=0.8\sim0.9$ 非线性振动机取 $z=0.85\sim0.95$
相对运动振幅	$\lambda=-\dfrac{m'}{m'_2}\times\dfrac{\sum m_0 r\omega^2\cos\alpha}{K-m'\omega^2}$ $=-\dfrac{m'}{m'_2}\times\dfrac{z^2\sum m_1 r\omega^2\cos\alpha}{K-m'\omega^2}$	$\lambda=\dfrac{K_0 r\cos\alpha}{K_0+K-m'\omega^2}$
绝对振幅	$\lambda_1=\dfrac{K\lambda}{m'_1\omega^2}$，　$\lambda_2=\left(\dfrac{K}{m'_1\omega^2}-1\right)\lambda$	$\lambda_1=\dfrac{(K_0+K)\lambda}{m'_1\omega^2}$　　$\lambda_2=\left(\dfrac{K_0+K}{m'_1\omega^2}-1\right)\lambda$
传给基础的动载荷	$F_{dx}=K_x\lambda_{1x}$　　$\lambda_{1x},\lambda_{1y}$——$x$、$y$ 方向的弹簧 K_1 的振幅 $F_{dy}=K_y\lambda_{1y}$　　K_x,K_y——弹簧 K_1 在 x、y 方向的刚度 说明:需另外加静载荷(总重量)	

8.4.5.2　激振器动力参数设计

表 27-8-24　　激振器动力参数设计

项　　目	计　算　公　式	概　算　公　式
激振力幅值和偏心质量矩	$\sum m_0 r\omega^2=-\dfrac{m'_2\lambda(K-m\omega^2)}{m\cos\alpha}$　(N) $\sum m_0 r=(\sum m_0 r\omega^2)/\omega^2$　(kg・m)	$\sum m_0 r=-\dfrac{m'_2\lambda(1-z^2)}{z^2}$ z——频率比,通常取 $z=0.75\sim0.95$
电机功率	振动阻尼所消耗的功率: $P_z=C\omega^2\lambda^2/2000$ 其中　$C=2\zeta m\omega/z$ 轴承摩擦所消耗的功率: $P_f=f_d\sum m_0 r\omega^3 d_1/2000$ 总功率:$P=(P_z+P_f)/\eta$	ζ——阻尼比,通常取 $\zeta=0.02\sim0.07$ f_d——轴承摩擦因数,通常取 $f_d=0.005\sim0.007$ d_1——轴承内外圈平均直径,m η——传动效率,通常取 $\eta=0.95$

注：概算公式只在假定参振质量 m 条件下试算中用。

8.5　弹性连杆式振动机的计算

曲柄连杆式振动机械，包括弹性连杆式和黏性连杆式。其中弹性连杆式振动机械最为常用，多应用于物料的输送、筛分、选别和冷却等。它结构简单、制造方便、工作时传动机构受力较小，当采用双质体或多质体形式时，机器平衡性好，因而应用较广。

8.5.1　单质体弹性连杆式振动机

(1) 弹性连杆式水平振动输送机

这类振动机械的简图及力学模型如图 27-8-16 所示。当 $r\ll l$ 时，可推出其运动微分方程为：

$$m'\ddot{x}+C\dot{x}+(K+K_0)=K_0 r\sin\omega t \qquad (27\text{-}8\text{-}39)$$

式中　m'——考虑了各种结合质量后的计算质量 (kg)，按式 (27-8-20) 求出；

C——总阻尼系数 (N・s/m)，按式 (27-8-21) 计算；

K——主振弹簧刚度 (N/m)，$K=K'+K''$。

解此受迫振动微分方程，求出机体的振幅为：

$$\lambda=\frac{K_0 r}{(K+K_0)\sqrt{(1-z^2)^2+4\zeta^2 z^2}} \qquad (27\text{-}8\text{-}40)$$

式中　z——频率比，$z=\omega/\omega_n=\omega/\sqrt{(K+K_0)/m'}$，一般取亚共振状态，$z=0.8\sim0.9$；

ζ——阻尼比，$\zeta=C/(2m'\omega_n)$，一般取 $\zeta=0.03\sim0.07$。

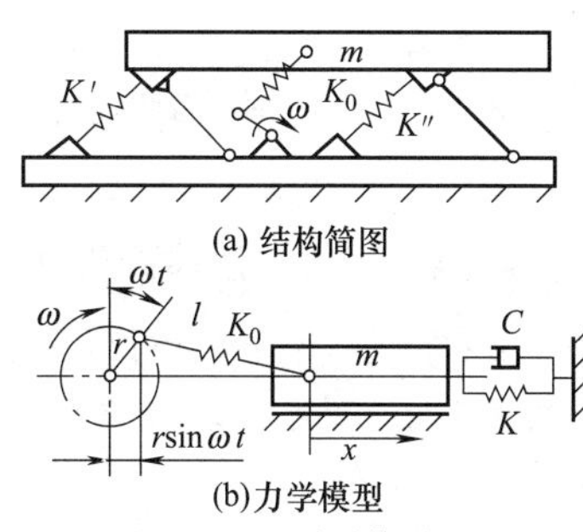

图 27-8-16　单质体弹性连杆式水平振动输送机

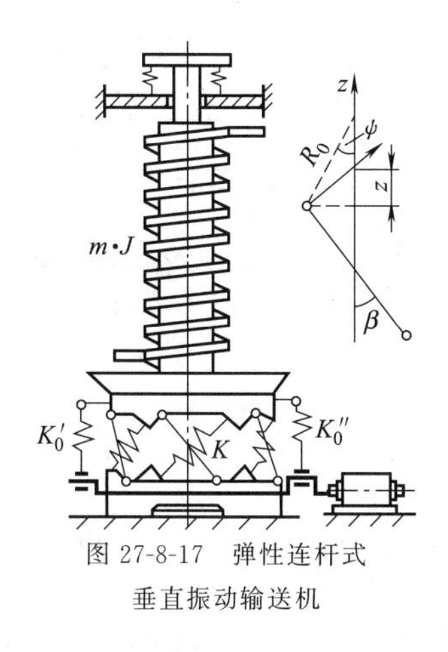

图 27-8-17　弹性连杆式垂直振动输送机

这类振动机械结构简单，但动力不平衡，传给地基的动载荷较大。

(2) 弹性连杆式垂直振动输送机

如图 27-8-17 所示，这类输送机的工作机体为一垂直安装螺旋形槽体，槽体的下方周边安装着沿圆周方向倾斜布置的主振弹簧及导向杆，槽体由水平偏心轴及弹性连杆驱动。由于槽体与基础之间主振弹簧及导向杆的作用，槽体的振动为垂直振动与旋转振动的叠加，可使物料沿螺旋槽向上运动，因而具有输送高度大、占地面积小的显著优点。

设导向杆端点至螺旋槽体轴线的距离为 R_0，导向杆与铅垂线的夹角为 β，则有几何关系：

$$\tan\beta=\frac{z}{R_0\psi} \tag{27-8-41}$$

此式联系了垂直振动位移 z 与旋转振动角位移 ψ。由此这类叠加振动可化为单自由度系统，求出垂直振幅为

$$\lambda_z=\frac{K_0 r}{\left(K_z+K_\psi\frac{1}{R_0^2\tan^2\beta}+K_0\right)\sqrt{(1-z^2)^2+4\zeta^2z^2}} \tag{27-8-42}$$

其中

$$z=\frac{\omega}{\omega_n}=\frac{\omega}{\sqrt{\left(K_z+K_\psi\frac{1}{R_0^2\tan^2\beta}+K_0\right)\left(m'+J\frac{1}{R_0^2\tan^2\beta}\right)^{-1}}},$$

$$\zeta=\frac{\left(C_z+C_\psi\frac{1}{R_0^2\tan^2\beta}\right)}{\left[2\omega_n\left(m'+J\frac{1}{R_0^2\tan^2\beta}\right)\right]}$$

式中　m'——螺旋槽体的计算质量，kg；

J——螺旋槽体对其轴线 z 轴的转动惯量，kg·m²；

K_z，K_ψ——垂直方向与圆周方向的弹簧刚度，N/m，N·m/rad；

K_0——连杆弹簧刚度，N/m，$K_0=K'_0+K''_0$；

C_z，C_ψ——垂直方向与圆周方向的阻尼系数，N·s/m，N·m·s/rad。

而旋转振动的振幅为：

$$\theta_\psi=\frac{\lambda_z}{R_0\tan\beta} \tag{27-8-43}$$

螺旋槽体上离轴线 z 距离不同的圆周上具有不同的振动方向角。在槽体外缘，即 $R=R_0$ 的圆周上，振动方向角 δ 等于导向杆与铅垂线的夹角 β。

8.5.2　双质体弹性连杆式振动机

(1) 不平衡式双质体弹性连杆振动机

为减小传给地基的动载荷，对图 27-8-16 所示的单质体振动水平输送机采取隔振措施，即除工作槽体 1 之外，再附加隔振质体 2 及隔振弹簧 K_2($K_2=K'_2+K''_2+K'''_2$)，形成如图 27-8-18 所示的不平衡式双质体弹性连杆振动机。它属于多自由度系统，近似计算可按诱导单自由度情况进行。即以质体 1 与质体 2 之间的相对运动为诱导坐标，简化为单自由度情况，此时诱导质量为：

$$m_u=\frac{m'_1m'_2}{m'_1+m'_2} \tag{27-8-44}$$

式中　m'_1——工作质体 1 的计算质量；

m'_2——隔振质体 2 的计算质量，$m'_2=m_2-K_2/\omega^2$。

类似地，诱导阻尼系数为

$$C=\frac{m'_1C_2}{m'_1+m'_2}=\frac{m'_2C_1}{m'_1+m'_2} \tag{27-8-45}$$

式中　C_1，C_2——质体 1、质体 2 的绝对阻尼系数。

由运动微分方程

$$m\ddot{x}+(C+C_{12})\dot{x}+(K+K_0)x=K_0r\sin\omega t$$

可求得相对振幅

$$\lambda=\frac{K_0r}{\sqrt{[(K+K_0)-m\omega^2]^2+(C+C_{12})^2\omega^2}} \tag{27-8-46}$$

式中　C_{12}——工作质体 1 相对于隔振体 2 的相对阻尼系数。

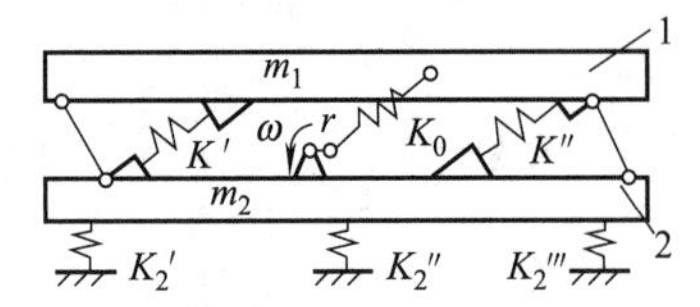

图 27-8-18　不平衡式双质体弹性连杆振动机
1—工作质体；2—隔振质体

而质体 1、质体 2 的绝对振幅为：

$$\lambda_1=\frac{m_u}{m'_1}\lambda$$

$$\lambda_2=\frac{m_u}{m'_2}\lambda \qquad (27\text{-}8\text{-}47)$$

(2) 双槽体平衡式弹性连杆振动机

减小单质体振动输送机传给地基动载荷的另一种方法是采用双槽体平衡法。即两个相类似的工作槽体 1、2 用橡胶链式导向杆连接，整个机器通过此导向杆的中间铰链及支架固定于基础上，两槽体之间有弹性连杆激振器及主振弹簧 $K(K=K'+K'')$。工作时两槽体作相反方向的振动，导向杆则绕其中点摆动，因而整机的惯性力可获得平衡，见图 27-8-19。

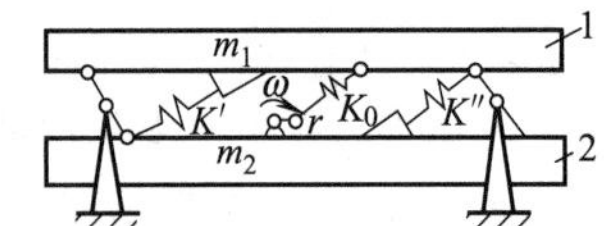

图 27-8-19　双槽体平衡式弹性连杆振动机
1,2—工作槽体

设槽体 1、2 沿振动方向的位移分别为 s_1、s_2，则有 $s_1=-s_2$，由此可将二自由度系统转化为诱导单自由度系统，并有诱导质量 m 和诱导阻尼系数 C 为

$$m=\frac{1}{4}(m'_1+m'_2)$$

$$C=\frac{1}{4}(C_1+C_2) \qquad (27\text{-}8\text{-}48)$$

式中　m'_1，m'_2——槽体 1、2 的计算质量，kg，可按式（27-8-20）计算；

C_1，C_2——槽体 1、2 的阻尼系数，N·s/m。

求解运动微分方程可得振幅

$$\lambda_1=\lambda_2=\frac{K_0 r}{\sqrt{[(K+K_0)-m_u\omega^2]^2+C^2\omega^2}} \qquad (27\text{-}8\text{-}49)$$

两槽体的相对振幅 $\lambda=2\lambda_1$，而整机传给地基的动载荷幅值为：

$$F_d=(m'_1-m'_2)\omega^2\lambda_1 \qquad (27\text{-}8\text{-}50)$$

显然，两槽体及其内物料分布相同时，可获得动力平衡。

8.5.3　隔振平衡式三质体弹性连杆振动机

当双质体平衡式弹性连杆振动机的两个槽体相差较大时，传给地基的动载荷仍较大，若对它再采取隔振措施，即附加隔振底架 3 及隔振弹簧 K_3（$K_3=K'_3+K''_3+K'''_3$），则形成图 27-8-20 所示的隔振平衡式三质体弹性连杆振动机。

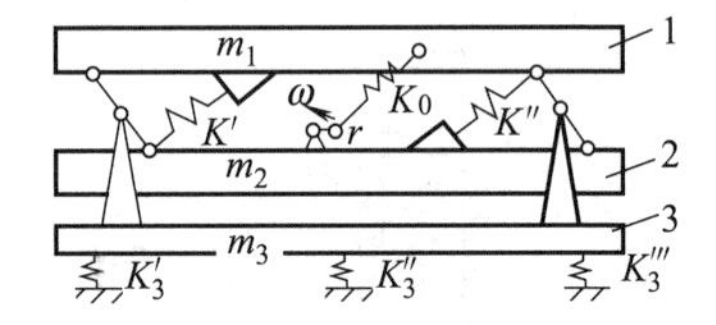

图 27-8-20　隔振平衡式三质体弹性连杆振动机
1,2—工作槽体；3—隔振底架

设 m'_1、m'_2分别为槽体 1、2 计入物料影响后的计算质量，m'_3为隔振底架计入隔振弹簧 K_3后的计算质量（$m'_3=m_3-K_3/\omega^2$），λ_1、λ_2、λ_3分别为槽体 1、2 及底架 3 沿振动方向的振幅。由运动几何条件，相对振幅 $\lambda=\lambda_1+\lambda_2$，而 $\lambda_3=|\lambda_1-\lambda_2|$。在相对运动诱导坐标 $x=x_1-x_2$下，其诱导质量为：

$$m_u=\frac{1}{4}\left[m'_1+m'_2-\frac{(m'_1-m'_2)^2}{m'_1+m'_2+m'_3}\right] \qquad (27\text{-}8\text{-}51)$$

求解该振动系统，得相对振幅 λ 和槽体 1、2 及底架 3 沿振动方向的绝对振幅 λ_1、λ_2、λ_3分别为：

$$\left.\begin{aligned}\lambda&=\frac{K_0 r}{K+K_0-m\omega^2}\\ \lambda_1&=\lambda\ \frac{2m'_2+m'_3}{2(m'_1+m'_2+m'_3)}\\ \lambda_2&=\lambda\ \frac{2m'_1+m'_3}{2(m'_1+m'_2+m'_3)}\\ \lambda_3&=\lambda\ \frac{m'_1-m'_2}{2(m'_1+m'_2+m'_3)}\end{aligned}\right\} \qquad (27\text{-}8\text{-}52)$$

8.5.4　非线性弹性连杆振动机

在双质体振动机的主振弹簧 K 之外，增加两个和振动质体 1 有一定间隙 e 的弹簧 ΔK_1、ΔK_2，形成非线性弹性力，可使工作时振幅稳定，并能采用共振工作状态，频率比 z 可取为 0.95，减少激振力与能量消耗，还可使槽体产生冲击加速度而提高工作效率。这种非线性弹性连杆振动机如图 27-8-21 所示。

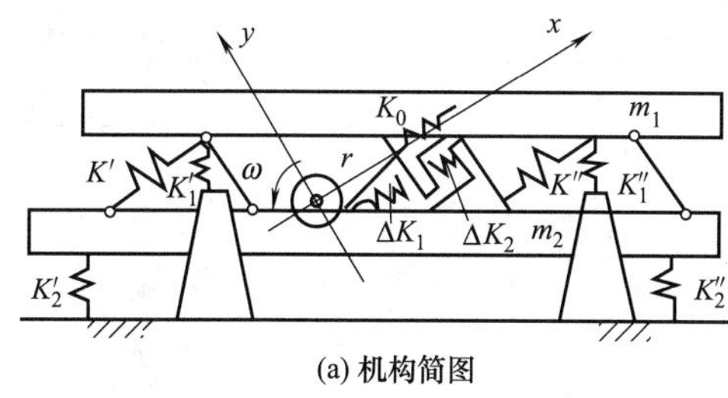

(a) 机构简图

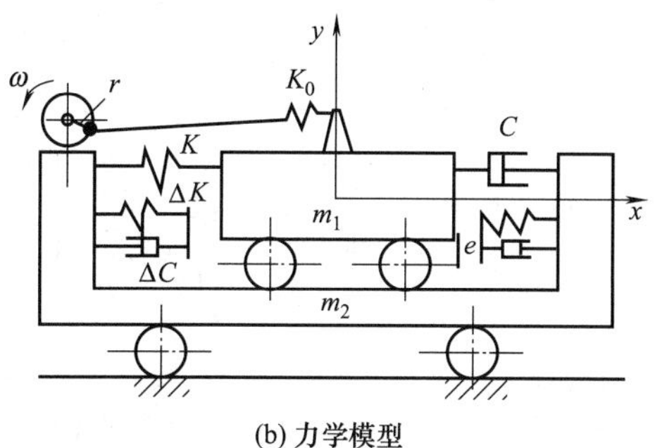

(b) 力学模型

图 27-8-21　非线性弹性连杆振动机

这类振动机的计算与双质体振动机相同，只需将非线性弹簧等效线性化，其等效刚度 K'_e 按非线性理论求出为：

$$K'_e=K+K_0+\Delta K\times\left\{1-\frac{4}{\pi}\times\frac{e}{\lambda}\left[1-\frac{1}{6}\left(\frac{e}{\lambda}\right)^2-\frac{1}{40}\left(\frac{e}{\lambda}\right)^4\right]\right\}\tag{27-8-53}$$

其中　$K=K'+K''$，$\Delta K=\Delta K_1+\Delta K_2$，$\frac{e}{\lambda}$ 为隙幅比，它决定着非线性的强弱，可按机器结构或工艺要求决定。在按双质体隔振式弹性连杆振动机的计算公式计算时，注意此时 $m'_1=m_1+k_m m_m-K_1/\omega^2$，$m'_2=m_2-K_2/\omega^2$，式中 $K_1=K'_1+K''_1$，$K_2=K'_2+K''_2$，而 $K+K_0$ 则代之以 K'_e。

8.5.5　弹性连杆振动机动力参数的选择计算

弹性连杆振动机动力参数的选择与计算公式，见表 27-8-25。

表 27-8-25　弹性连杆振动机动力参数的选择与计算公式

项目					计算公式	参数选择
振动机体的计算质量与诱导质量	计算质量				$m'_1=m_1+k_{m1}m_{m1}-K_{1g}/\omega^2$ $m'_2=m_2+k_{m2}m_{m2}-K_{2g}/\omega^2$ $m'_3=m_3-K_{3g}/\omega^2$	式中　m'_1,m'_2,m'_3——质体 1、2 和 3 的计算质量 m_1,m_2,m_3——质体 1、2 和 3 的实际质量 m_{m1},m_{m2}——质体 1 和质体 2 上物料质量 k_{m1},k_{m2}——质体 1 和质体 2 上物料结合系数，一般取 0.1～0.4 K_{1g},K_{2g},K_{3g}——质体 1、2 和 3 上隔振弹簧的刚度 当质体 2 上无物料，即作为平衡体使用时，$m_{m2}=0$，当质体 1、2 上无隔振弹簧时，$K_{1g}=K_{2g}=0$
	诱导质量	空载诱导质量 m_k	单质体	刚性底架	m	
				弹性底架	$\frac{m_1m'_2}{m_1+m'_2}$	
			双质体	刚性底架	$\frac{1}{4}(m_1+m_2)$	
				弹性底架	$\frac{1}{4}\left[m_1+m_2-\frac{(m_1-m_2)^2}{m_1+m_2+m_3}\right]$	
		有载诱导质量 m_f	单质体	刚性底架	$m+k_m m_m$	
				弹性底架	$\frac{m'_1m'_2}{m'_1+m'_2}$	
			双质体	刚性底架	$\frac{1}{4}(m'_1+m'_2)$	
				弹性底架	$\frac{1}{4}\left[m'_1+m'_2-\frac{(m'_1-m'_2)^2}{m'_1+m'_2+m'_3}\right]$	

续表

项目		计算公式	参数选择
主振固有频率和频率比	空载	$\omega_{nk}=\sqrt{\dfrac{K+K_0+K_e}{m_k}}$，$z_k=\dfrac{\omega}{\omega_{nk}}$	线性振动机：$z_k=0.75\sim0.85$，$K_e=0$ 非线性振动机：$z_k=0.82\sim0.88$
	有载	$\omega_{nf}=\sqrt{\dfrac{K+K_0+K_e}{m_f}}$，$z_f=\dfrac{\omega}{\omega_{nf}}$	线性振动机：$z_f=0.80\sim0.90$，$K_e=0$ 非线性振动机：$z_f=0.85\sim0.95$
隔振弹簧刚度		$K_{gc}=\sum m_j\left(\dfrac{\pi n_{0d}}{30}\right)^2=(m_1+m_2+\cdots+m_j)\left(\dfrac{\pi n_{0d}}{30}\right)^2$ $\sum m_j$——隔振弹簧支承的所有质量的总和 m_1,m_2,m_j——振动质体1、2和j的质量 K_{gc}——隔振弹簧在垂直方向上的总刚度	通常选取垂直方向上的低频固有频率n_{0d}为： $n_{0d}=150\sim300\text{r/min}$
连杆弹簧刚度和主振弹簧刚度		总刚度：$K_0+K+K_e=m_k\omega_{nk}^2=\dfrac{1}{z_k^2}m_k\omega^2=m_f\omega_{nf}^2=\dfrac{1}{z_f^2}m_f\omega^2$ 主振弹簧刚度：$K+K_e=m_f\omega^2$ 连杆弹簧刚度：$K_0=K_0+K+K_e-K-K_e=\left(\dfrac{1}{z_f^2}-1\right)m_f\omega^2$	K_0——连杆弹簧刚度，N/m $K+K_e$——主振弹簧刚度，N/m K_e——间隙弹簧等效线性刚度，N/m $K_e=\Delta K\left\{1-\dfrac{4}{\pi}\times\dfrac{e}{\lambda}\left[1-\dfrac{1}{6}\left(\dfrac{e}{\lambda}\right)^2-\dfrac{1}{40}\left(\dfrac{e}{\lambda}\right)^4\right]\right\}$
激振力与偏心距		相位角：$\alpha=\arctan\dfrac{2\zeta z_f}{1-z_f^2}$ 名义激振力：$K_0r=\lambda(K+K_0+K_e)(1-z^2)/\cos\alpha=K_0\lambda/\cos\alpha$ 偏心距：$r=\lambda/\cos\alpha$	ζ——阻尼比，对于大多数振动机，取$\zeta=0.05\sim0.07$
相对振幅	单质体振动机	$\lambda=\lambda_1$	λ——相对振幅 λ_1——质体1的绝对振幅 λ_2——质体2的绝对振幅
	弹簧隔振单槽双质体振动机	$\lambda=\dfrac{m'_1}{m}\lambda_1$	
	未隔振的双槽振动机	$\lambda=2\lambda_1=2\|\lambda_2\|$	
	弹簧隔振的双槽振动机	$\lambda=\dfrac{2(m'_1+m'_2+m'_3)}{2m'_2+m'_3}\lambda_1=-\dfrac{2(m'_1+m'_2+m'_3)}{2m'_1+m'_3}\lambda_2$	
非线性弹簧的隙幅比和刚度		$\Delta K=\dfrac{K'_e-K}{1-\dfrac{1}{4}\times\dfrac{e}{\lambda}\left[1-\dfrac{1}{6}\left(\dfrac{e}{\lambda}\right)^2-\dfrac{1}{40}\left(\dfrac{e}{\lambda}\right)^4\right]}$	e/λ——隙幅比，通常取$e/\lambda=0.3\sim0.5$ e——非线性弹簧的平均间隙 λ——相对振幅 ΔK——非线性弹簧的刚度 K'_e,K——主振弹簧等效刚度及其中的线性弹簧刚度

续表

项目	计 算 公 式	参 数 选 择
连杆作用力及传动轴转矩	$F_{lz}=K_0\sqrt{\lambda^2+r^2-2r\lambda\cos\alpha}$ 正常工作时： $M_{cz}=0.5K_0r(\sqrt{\lambda^2+r^2-2r\lambda\cos\alpha}-\lambda\sin\alpha)$ 启动时对于线性振动机： $F_{lq}=\dfrac{K_jK_{0j}}{K_j+K_{0j}},M_{cq}=\dfrac{1}{2}\times\dfrac{KK_0r^2}{k_dK_0+k_{0d}K}=\dfrac{1}{2}\times\dfrac{K_jK_{0j}r^2}{K_{0j}+K_j}$ 启动时对于非线性振动机： $F_{lq}=\dfrac{K_j+\Delta K_j}{K_{0j}+K_j+\Delta K_j}\left(r-\dfrac{\Delta K_j}{K_j+\Delta K_j}e\right)K_{0j}$ $M(\varphi_m)=\dfrac{K_{0j}(K_j+\Delta K_j)}{K_{0j}+K_j+\Delta K_j}\left(\dfrac{1}{2}\sin\varphi_m-\dfrac{\Delta K_j}{K_j+\Delta K_j}\times\dfrac{e}{r}\cos\varphi_m\right)$ 其中 $\varphi_m=\arcsin\left[\dfrac{\Delta K_je}{4(K_j+\Delta K_j)r}+\sqrt{\left(\dfrac{1}{4}\times\dfrac{\Delta K_j}{K_j+\Delta K_j}\times\dfrac{e}{r}\right)^2+0.5}\right]$	$K_j,K_{0j},\Delta K_j$——主振弹簧、连杆弹簧和间隙弹簧的静刚度 k_d,k_{0d}——主振弹簧与连杆弹簧的动刚度系数，启动时按静刚度计算 φ_m——最大转矩对应的相角
电机功率	正常运转时功率：$P_z=\dfrac{1}{2000\eta}C\lambda^2\omega^2$　(kW) 最大启动功率　线性振动机：$P_{max}=\dfrac{M_{cq}\omega}{1000\eta k_c}$　(kW) 最大启动功率　非线性振动机：$P_{max}=\dfrac{M(\varphi_m)\omega}{1000\eta k_c}$　(kW)	η——传动效率，$\eta=0.9\sim0.95$ ω——振动角频率，rad/s λ——相对振幅，m C——阻尼系数，kg/s k_c——启动转矩系数
传给基础的最大动载荷	垂直方向的动载荷值：$F_c=K_{gc}\lambda_d\sin\delta$ 水平方向的动载荷值：$F_s=K_{gs}\lambda_d\cos\delta$ 合成动载荷幅值 F_d：$F_d=\sqrt{F_c^2+F_s^2}$　(N)	λ_d——底架的振幅 K_{gc},K_{gs}——垂直与水平方向隔振弹簧刚度，取 $K_{gs}=K_{gc}/3$

8.5.6　导向杆和橡胶铰链

近共振类振动机主振系统采用的导向杆常见的有两种：一种是板弹簧导向杆（图 27-8-22），可用弹簧钢板、酚醛压层板、竹片或优质木材等制成，多用于中小型振动机；另一种是橡胶铰链导向杆，多用于大中型振动机。

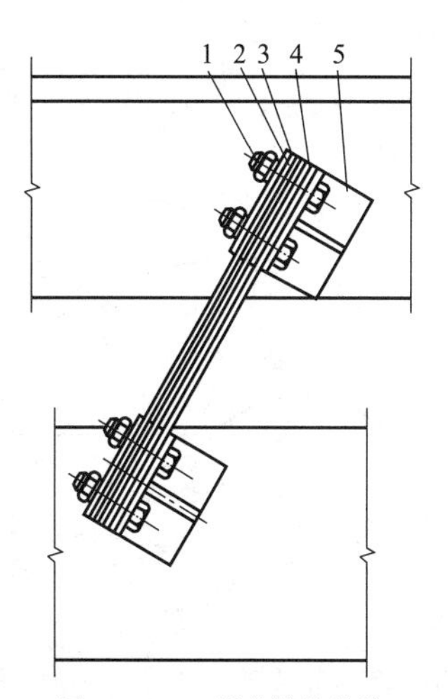

图 27-8-22　板弹簧的结构
1—紧固螺栓；2—压板；3—板弹簧；4—垫片；5—支座

图 27-8-23 是平衡式振动机的橡胶铰链式导向杆，能承受较大负荷，在导向杆的两端和中间部位有三个孔，孔中装有如图 27-8-24 所示的橡胶铰链，橡胶铰链可根据所受扭矩和径向力按有关文献设计。

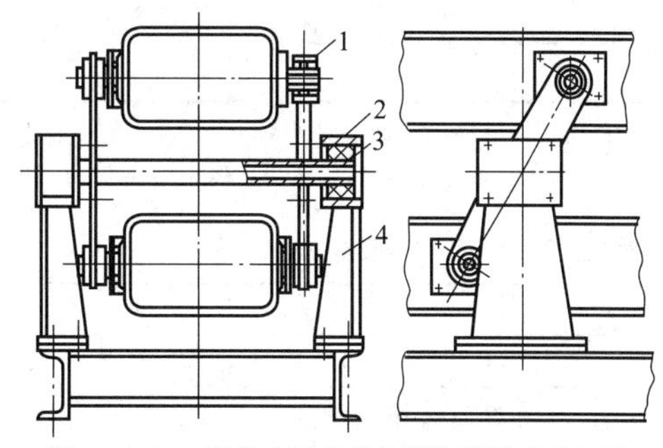

图 27-8-23　平衡式振动机的橡胶铰链式导向杆
1—两端橡胶铰链；2—滑块；3—中间橡胶铰链；4—支座

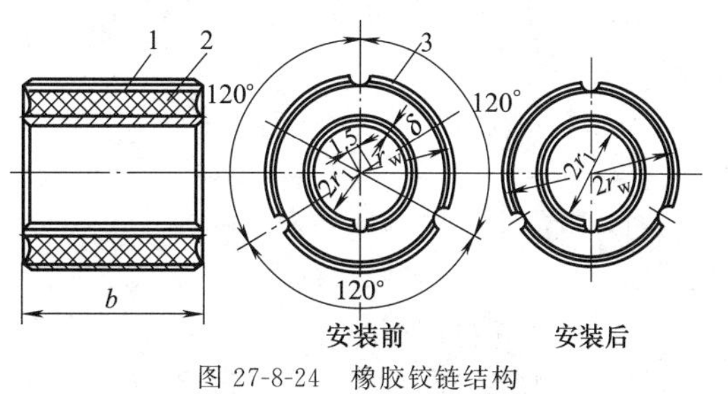

图 27-8-24　橡胶铰链结构
1—橡胶圈；2—内环；3—外环

8.5.7 振动输送类振动机整体刚度和局部刚度的计算

槽体的刚度计算是一项重要的工作。计算槽体的刚度，实际上是计算槽体横向振动的固有角频率。槽体横向振动固有角频率与工作频率一致时，就会使槽体的弯曲振动显著增大。更严重的是，当出现较大弯曲振动时，会使它的振幅和振动方向角发生明显变化；在槽体不同位置上物料平均输送速度有显著差异；某些部位物料急剧跳动，物料快速向前运动；另一些部位，物料仅轻微滑动，有时甚至会出现反方向运动，使机器难以正常工作。因此，在设计与调试时，必须避免槽体各阶弯曲振动的固有角频率与工作频率相接近。

各段槽体固有角频率按表 27-8-26 公式计算。通过对各段槽体固有角频率的计算，可以确定较为合理的支承点间距 l。支承点间距越小，固有角频率越高。因此，支承点间距要根据振动输送机工作频率高低及机器大小在 2.5m 的范围内进行选择。工作频率越高，支承点间距 l 越小；机器越小，即断面惯性矩 I_a 也越小，支承点间距 l 也应越小。通常振动强度 $K=4\sim6$ 及小型机器时，$l<1$m；振动强度 $K<4$ 及大机器时，$l=1\sim2.5$m；当支承点间有集中载荷时，应取较小值。

表 27-8-26 振动输送各段槽体的固有角频率

典　型　模　型	固有角频率/rad·s^{-1}	适用范围
l, m_c	$\omega_{n1}=\left(\frac{n\pi}{l}\right)\sqrt{\frac{EI_a}{m_c}}\ (n=1,2,3\cdots)$	振动输送机导向杆之间的各段槽体
l, l_1, m_c	$\omega_{n1}=\left(\frac{a_1}{l}\right)\sqrt{\frac{EI_a}{m_c}}$	振动输送机两端槽体段，系数 a_1 参见表 27-8-27
l, a, b, m_c, m	$\omega_{n1}=\sqrt{\frac{3EI_a}{(m/l+0.49m_c)a^2b^2}}$	振动输送机安装有传动部或给料口、排料口的槽体段。集中力为相应部分质量的惯性力
l, m_c, m	$\omega_{n1}=\sqrt{\frac{3EI_a}{(m/l+0.24m_c)l^4}}$	振动输送机两端有给料口或排料口槽体段

注：I_a——槽体的截面惯性矩，m^4；m——集中质量，kg；m_c——分布质量，kg/m；l——两支承的距离或悬臂长度，m；l_1——外伸端长度，m；a，b——集中质量与两端的距离。

表 27-8-27 系数 a_1

l_1/l	1	0.75	0.5	0.33	0.2
a_1	1.5	1.9	2.5	2.9	3.1

弹簧隔振双质体振动输送机总体出现弹性弯曲振动的固有圆频率：

$$\omega_{n1}=\sqrt{\left[\left(\frac{4.73}{l}\right)^4 E\Sigma I_1+\Sigma K_1\right]\frac{1}{\Sigma m_1}}$$

$$\omega_{n2}=\sqrt{\left[\left(\frac{7.853}{l}\right)^4 E\Sigma I_1+\Sigma K_1\right]\frac{1}{\Sigma m_1}}$$

$$\omega_{n3}=\sqrt{\left[\left(\frac{10.996}{l}\right)^4 E\Sigma I_1+\Sigma K_1\right]\frac{1}{\Sigma m_1}}\qquad(27\text{-}8\text{-}54)$$

式中 l——输送机长度，m；

ΣI_1——弯曲振动方向上总截面惯性矩，m^4；

Σm_1——单位长度上的总质量，kg；

ΣK_1——槽体单位长度上所安装的隔振弹簧刚度，N/m。

各阶固有角频率对应的振型如图 27-8-25 所示。

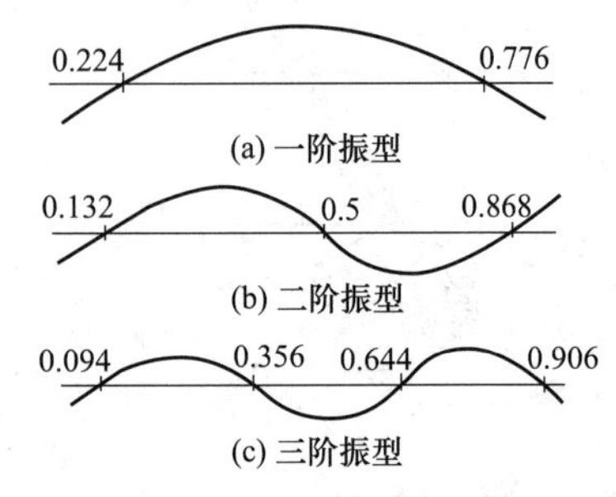

图 27-8-25 振动输送机弯曲振动的振型图

槽体出现弹性弯曲时，主要的调试方法是改变隔振弹簧刚度和支承点，或增减配重，使工作频率避开固有圆频率。

8.5.8　近共振类振动机工作点的调试

借助测试，可以了解近共振振动机的固有圆频率，确定怎样调试，向哪个方向调试。因此，设计时应考虑调试方法：①弹簧数目较多时，可通过改变刚度方法调试工作点；②弹簧数量少时，主要是通过增减配重来进行调试，设计时应留有增减配重的装置；③当激振器采用带传动时，可以适当修改传动带轮直径，改变工作转速可调节频率比，但改变不能太大，以免影响机械的工作性能；④弹性连杆激振器可通过改变连杆弹簧的预压量来改变总体刚度。

8.6　电磁式振动机械的计算

电磁式振动机械是由电磁激振器驱动的。它的振动频率高，振幅和频率易于控制并能进行无级调节，用途广泛。根据激振方式的不同，可分为电动式驱动与电磁式驱动两大类。

（1）电动式驱动类

如图 27-8-26 所示，它由直流电励磁的磁环或永磁环、中心磁极和通有交流电的可动线圈组成，可动线圈则与振动杆或振动机体相连接。这类电磁式振动机常用作振动台、定标台、试验台等。

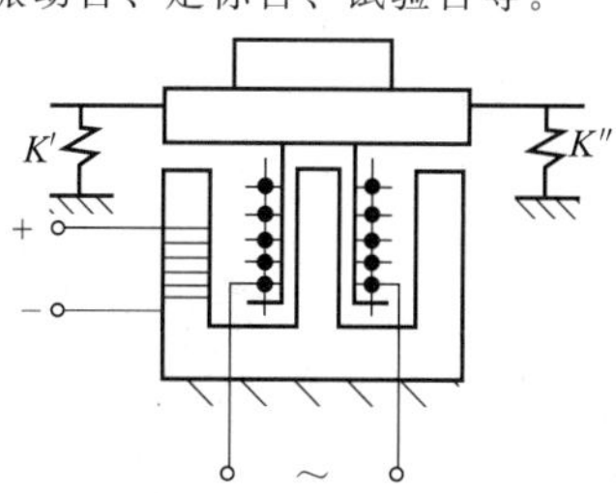

图 27-8-26　电动式驱动类

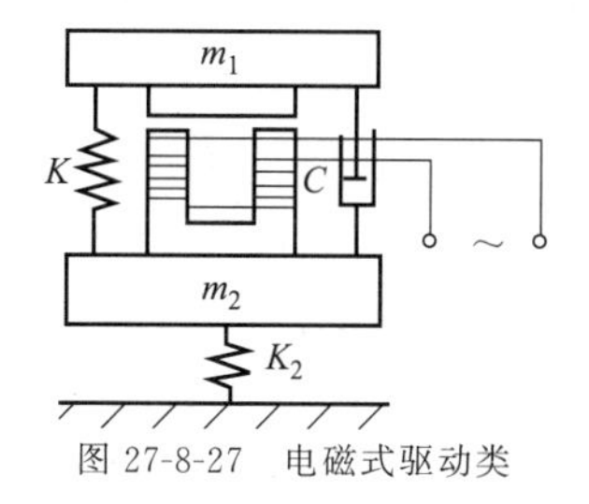

图 27-8-27　电磁式驱动类

（2）电磁式驱动类

如图 27-8-27 所示，它由铁芯、电磁线圈、衔铁和弹簧组成。铁芯通常与平衡质体固接，而衔铁则与槽体或工作机体固连。在工业用的电磁式振动机械中，广泛采用电磁式驱动类。

（3）双质体隔振式电磁振动机

电磁式振动机械一般采用近共振类，频率比 $z\approx 1$，为减小传给基础的动载荷，常采用双质体隔振式（见图 27-8-28）。它属于二自由度系统，正常工作时，槽体 1 及平衡质体 2 的计算质量为：

$$m_1'=m_1+k_m m_m+k_{k1}m_k-\frac{K_1}{\omega^2}$$

$$m_2'=m_2+k_{k2}m_k-\frac{K_2}{\omega^2} \qquad (27\text{-}8\text{-}55)$$

式中　m_m——槽体中的物料质量，kg；

k_m——物料质量结合系数，当抛掷指数 $D=2.7\sim3$ 时，$k_m=0.1\sim0.25$；

m_k——主振弹簧（$K=K'+K''$）的质量，kg；

k_{k1}，k_{k2}——换算至 m_1、m_2 的弹簧质量结合系数。

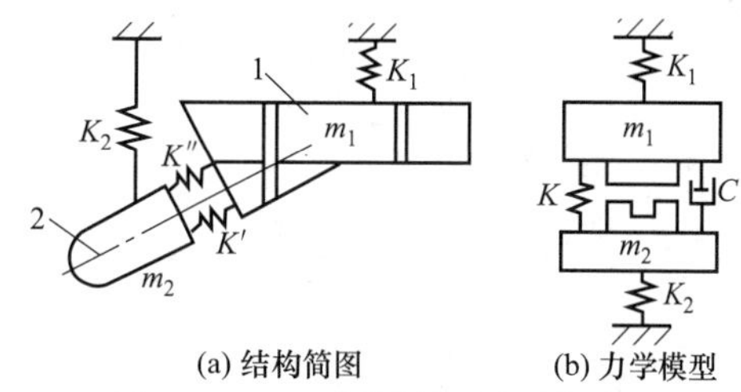

图 27-8-28　双质体隔振式电磁振动机
1—槽体；2—平衡质体

以槽体 1 与平衡质体 2 之间的相对运动 $x=x_1-x_2$ 为诱导坐标，可化为诱导单自由度系统，仅考虑主谐波激振力 $F\sin\omega t$，其计算与双质体隔振式弹性连杆振动机类似，见式（27-8-44）～式（27-8-47）。

8.7　振动机械设计示例

8.7.1　远超共振惯性振动机设计示例

8.7.1.1　远超共振惯性振动机的运动参数设计示例

［例 1］　某振动输送机的安装倾角 $\alpha_0=0°$，振动次数 $n=330$ 次/min，要求物料作滑行运动，物料对槽底的动摩擦因数和静摩擦因数分别为 0.6 和 0.95，试选择与计算其运动学参数。

（1）滑行指数的选择

选取正向滑行指数 $D_k=2\sim3$，反向滑行指数 $D_q\approx1$，抛掷指数 $D<1$。

（2）振动方向角的计算

当静摩擦因数 $f_0=0.95$ 时，则静摩擦角 $\mu_0=43.5312°$，按式 $C=[D_q\sin(\mu_0+\alpha_0)]/[D_k\sin(\mu_0-\alpha_0)]=0.5\sim0.33$，振动方向角 δ 按式（27-8-4）计算，则得

$$\delta=\arctan\frac{1-C}{f_0(1+C)}=\arctan\frac{1-0.5}{0.95\times(1+0.5)}\sim$$

$$\arctan\frac{1-0.33}{0.95\times(1+0.33)}=19°20'\sim27°56'$$

当 $D_k=2.5$ 时，振动方向角 $\delta=22°$。

(3) 振幅的计算

由式 (27-8-2) 可计算出振幅为

$$\lambda=\frac{900D_k g\sin(\mu_0-\alpha_0)}{n^2\pi^2\cos(\mu_0-\delta)}$$

$$=\frac{900\times2.5\times9800\sin(43.5312°-0°)}{330^2\pi^2\cos(43.5312°-22°)}$$

$$=15.19\text{mm}$$

取 $\lambda=15$mm

(4) 精算正向滑行指数、反向滑行指数和抛掷指数

振动强度为

$$K=\frac{\pi^2n^2\lambda}{900g}=\frac{330^2\pi^2\times15}{900\times9800}=1.828$$

正向滑行指数为

$$D_k=K\frac{\cos(\mu_0-\delta)}{\sin(\mu_0-\alpha_0)}=\frac{1.828\cos(43.5312°-22°)}{\sin(43.5312°-0°)}$$

$$=2.47$$

反向滑行指数为

$$D_q=K\frac{\cos(\mu_0+\delta)}{\sin(\mu_0+\alpha_0)}=\frac{1.828\cos(43.5312°+22°)}{\sin(43.5312°+0°)}$$

$$=1.099>1$$

有极轻微反向滑动。

抛掷指数为

$$D=\frac{K\sin\delta}{\cos\alpha_0}=\frac{1.828\sin22°}{\cos0°}=0.685<1$$

(5) 计算滑始角和滑止角，确定滑始运动状态

正向滑始角为

$$\varphi_{k0}=\varphi'_k=\arcsin\frac{1}{D_k}=\arcsin\frac{1}{2.47}=24°$$

反向滑始角为

$$\varphi_{q0}=\varphi'_q=\arcsin\left(-\frac{1}{D_q}\right)=\arcsin\frac{-1}{1.099}=294.5°$$

根据正向滑始角 φ_{k0} 和 φ'_k，按文献 [1] 中的图 27-2-3 查得正向滑止角 $\varphi'_m=233°$，因为 $\varphi'_m<\varphi_{q0}$，所以正向滑动终了与反向滑行开始还有一段时间间隔。再根据反向滑始角 φ_{q0} 和 φ'_q，按文献 [1] 中的图 27-2-3 查得反向滑止角 $\varphi'_e=320°$，因为 $(\varphi'_e-360°)<\varphi_{k0}$，所以物料反向滑行终了与正向滑行开始也是不连续的。物料运动状态属于正向滑行与反向滑行两次间断的运动状态。

(6) 滑行理论平均速度的计算

根据正向与反向滑始角 φ_{k0}、φ'_k 和 φ_{q0}、φ'_q，按文献 [1] 中的图 27-2-3 查得正向与反向滑行速度系数 $P_{km}=1.96$，$P_{qe}=0.07$。

物料正向滑行理论平均速度为

$$v_k=\omega\lambda\cos\delta(1+\tan\mu\tan\delta)P_{km}/2\pi$$

$$=\frac{2\pi\times330\times15}{60}\cos22°$$

$$(1+0.6\tan22°)\times\frac{1.96}{2\pi}$$

$$=186.3\text{mm/s}=0.1863\text{m/s}$$

物料反向滑行理论平均速度为

$$v_q=-\omega\lambda\cos\delta(1-\tan\mu\tan\delta)P_{qe}/2\pi$$

$$=\frac{-2\pi\times330\times15}{60}\cos22°$$

$$(1-0.6\tan22°)\times\frac{0.07}{2\pi}$$

$$=-4.06\text{mm/s}=-0.00406\text{m/s}$$

物料滑行运动的理论平均速度为

$$v_{kq}=v_k+v_q=0.1863-0.00406=0.1822\text{m/s}$$

[例 2] 已知某单管振动输送机，工作面倾角 $\alpha_0=0$，若选用抛掷运动状态，试确定该振动输送机的运动学参数。

(1) 选取抛掷指数 D 与振动强度 K

对于远超共振惯性振动输送机，通常取 $D=1.5\sim2.5$，现取 $D=2$。振动强度为 $K=3\sim5$，现取 $K=4$。

(2) 槽体振动方向角 δ 的选择

对于抛掷运动状态，当根据振动强度 $K=4$ 时，最佳振动方向角取 $\delta=30°$。

(3) 振幅 λ 与振动次数 n 的计算

若选取单振幅 $\lambda=7\sim8$mm，则按式 (27-8-14) 计算出振动次数为

$$n=30\sqrt{\frac{Dg\cos\alpha_0}{\pi^2\lambda\sin\delta}}=30\sqrt{\frac{2\times9.8\cos0°}{\pi^2\times(0.007\sim0.008)\sin30°}}$$

$$=(715\sim668)\text{次/min}$$

取 $n=680$ 次/min。根据选定的 n，按式 $K=\omega^2\lambda/g$ 和式 (27-8-11) 计算振动强度 K 与抛掷指数 D 分别为

$$K=\frac{\omega^2\lambda}{g}=\frac{\pi^2n^2\lambda}{900g}=\frac{3.14^2\times680^2\times0.008}{900\times9.8}=4.14$$

$$D=K\sin\delta=4.14\sin30°=2.07$$

(4) 物料运行的理论平均速度

当 $D=2.07$ 时，查文献 [1] 中图 27-2-7，得抛离系数 $i_D=0.77$。物料运行的理论平均速度为：

$$v_d=\omega\lambda\cos\delta\frac{\pi i_D^2}{D}(1+\tan\alpha_0\tan\delta)$$

$$=\frac{680\pi}{30}\times0.008\cos30°\times$$

$$\frac{3.14\times0.77^2}{2.07}(1+\tan0°\tan30°)$$

$$=0.444\text{m/s}$$

8.7.1.2 远超共振惯性振动机的动力参数设计示例

某自同步振动给料机，振动机体总质量为740kg，转速为$n=930\text{r/min}$，振幅$\lambda=0.5\text{cm}$，物料呈抛掷运动状态，给料量$Q=220\text{t/h}$，物料平均输送速度$v_m=0.308\text{m/s}$，槽体长$L=1.5\text{m}$，振动方向角$\delta=30°$，槽体倾角$\alpha_0=0°$，设计其动力学参数。

(1) 选取振动系统的频率比，计算隔振弹簧刚度

选振动系统的频率比：$z=2\sim10$

振动机的振动频率为：$\omega=n\pi/30=930\pi/30=97.34\text{rad/s}$

隔振弹簧总刚度为

$$\sum K=\frac{1}{z^2}m\omega^2=\frac{740}{2^2\sim10^2}\times(97.34)^2$$
$$=1752889\sim70116\text{N/m}$$

取$\sum K=300\text{kN/m}$，该振动机采用4只弹簧，每只弹簧的刚度为

$$K=\frac{\sum K}{4}=\frac{300}{4}=75\text{N/m}$$

(2) 振动质体的计算质量

物料的质量m_m为

$$m_m=\frac{QL}{3600v_m}=\frac{220\times10^3\times1.5}{3600\times0.308}=298\text{kg}$$

取物料结合系数$k_m=0.2$，由式$m=m_j+k_mm_m$可求出计算质量m为

$$m=m_j+K_mm_m=740+0.2\times298=799.6\text{kg}$$

(3) 振动系统的等效阻尼系数C

$$C=0.14m\omega=0.14\times799.6\times97.34=10896.6\text{kg/s}$$

(4) 所需要的激振力幅值及偏心块质量矩

折算到振动方向上的弹簧刚度K_s为

$$K_s=\sum K\sin^2\delta=300\sin30°=75\text{kN/m}$$

相位差角α

$$\alpha=\arctan\frac{c\omega}{K_s-m\omega^2}=\arctan\frac{10896.6\times97.34}{75000-799.6\times97.34^2}$$
$$=172°$$

激振力幅值为

$$\sum m_0\omega^2r=\frac{1}{\cos172°}(75000-799.6\times97.34^2)\times0.005$$
$$=37875\text{N}$$

采用双轴自同步激振器，每一激振器的激振力为$0.5\times37875=18937.5\text{N}$，每一激振器采用四片偏心块，每片偏心块的质量矩为

$$m_0r=\frac{18937.5}{4\times97.34^2}=0.5\text{kg}\cdot\text{m}$$

(5) 电机功率

若$C_x=C_y=C$，$\eta=0.95$，则振动阻尼所消耗的功率为：

$$P_z=\frac{1}{1000\eta}\left(\frac{1}{2}C_y\omega^2\lambda_y^2\sin^2\delta+\frac{1}{2}C_x\omega^2\lambda_x^2\cos^2\delta\right)$$
$$=\frac{1}{2000\eta}C\omega^2\lambda^2$$
$$=\frac{1}{2000\times0.95}10896.6\times(97.34)^2\times0.005^2$$
$$=1.359\text{kW}$$

轴直径$d=0.05\text{m}$，轴与轴承间的摩擦因数取0.007，则轴承摩擦所消耗功率为：

$$P_f=\frac{1}{1000\eta}f_d\sum m_0r\omega^2\frac{d}{2}\omega$$
$$=\frac{1}{1000\times0.95}\times0.007\times37875\times0.5\times0.05\times97.34$$
$$=0.679\text{kW}$$

总功率为

$$P=P_z+P_f=1.359+0.679=2.038\text{kW}$$

选用两台振动电机以自同步形式作为激振器，根据激振力、激振频率、功率要求，选取两台YZO-18-6型振动电机，激振力为$20\times2=40\text{kN}$，激振频率为950r/min，功率为$1.5\times2=3\text{kW}$，满足设计要求。

(6) 传给基础的动载荷

$$F_d=\sum K\lambda\sin\delta=300000\times0.005\sin30^2=750\text{N}$$

8.7.2 惯性共振式振动机的动力参数设计示例

惯性共振式振动机的运动参数设计与远超共振惯性振动机的运动参数设计类似，所以不再重复。下面仅介绍惯性共振式振动机动力参数设计示例。

某非线性惯性共振筛，振动质体1的质量为850kg，振动方向角$\delta=45°$，振动次数$n=800\text{r/min}$，振幅$\lambda_1=6.5\text{mm}$，质量比$m_2/m_1=0.7$，工作面上物料量为质体1质量的10%，试求动力学参数。

(1) 隔振系统频率比及隔振弹簧刚度

隔振系统频率比z_g选为3.2。

隔振弹簧刚度为：

$$\sum K_1=\frac{1}{z_g^2}(m_1+m_2)\omega^2=\frac{1}{3.2^2}(850+0.7\times850)\left(\frac{\pi\times800}{30}\right)^2$$
$$=990000\text{N/m}$$

采用4只弹簧，每只弹簧的刚度为

$$K_1=\sum K_1/4=990000/4=247500\text{N/m}$$

(2) 质体1和质体2的计算质量及系统的诱导质量

质体1的计算质量为：

$$m_1'=m_1+K_mm_m-\frac{\sum K_1\sin^2\delta}{\omega^2}$$

第27篇

$$=850+0.1\times850\times0.25-\frac{990000\sin45^\circ}{(3.14\times800/30)^2}$$

$$=771\text{kg}$$

质体 2 的计算质量为：

$$m_2=0.7\times850=595\text{kg}$$

诱导质量为：

$$m=\frac{m'_1m_2}{m'_1+m_2}=\frac{771\times595}{771+595}=336\text{kg}$$

(3) 主振系统的频率比及主振弹簧等效刚度

主振系统的频率比取 $z=0.9$。

主振弹簧等效刚度为：

$$K_e=\frac{1}{z^2}m\omega^2=\frac{1}{0.9^2}\times336\times\left(\frac{3.14\times800}{30}\right)^2$$

$$=2906915\text{N/m}$$

(4) 非线性弹簧的隙幅比及非线性弹簧刚度

隙幅比选为 $e/\lambda=0.6$。

非线性弹簧刚度为

$$\Delta K=\frac{K_e-K}{1-\frac{4}{\pi}\frac{e}{\lambda}\left[1-\frac{1}{6}\left(\frac{e}{\lambda}\right)^2-\frac{1}{40}\left(\frac{e}{\lambda}\right)^4\right]}$$

$$=\frac{2906915-0}{1-\frac{4}{\pi}\times0.6\times\left[1-\frac{1}{6}\times0.6^2-\frac{1}{40}\times0.6^4\right]}$$

$$=10244763\text{N/m}$$

(5) 振动系统的等效阻尼及相位差角

根据有关实验数据，等效阻尼比一般为 $\zeta=0.05$。

相位差角为

$$\alpha=\arctan\frac{2\zeta z}{1-z^2}=\arctan\frac{2\times0.05\times0.9}{1-0.9^2}=25^\circ$$

(6) 所需激振力幅及偏心块的质量矩

相对振幅为：

$$\lambda=\frac{m'_1\lambda_1}{m}z^2=\frac{771\times6.5\times0.9^2}{336}=12\text{mm}$$

偏心块的质量矩为：

$$\sum m_0r=\frac{m_2\lambda(1-z^2)}{z^2\cos\alpha}=\frac{595\times0.012\times(1-0.9^2)}{0.9^2\cos25^\circ}$$

$$=1.848\text{kg}\cdot\text{m}$$

所需激振力为：

$$\sum m_0r\omega^2=1.848\times\left(\frac{3.14\times800}{30}\right)^2=12957\text{N}$$

(7) 电机功率

等效阻尼系数为：

$$C_e=2\zeta m\omega_n=2\times0.05m\omega/0.9=0.11m\omega$$

等效阻尼所消耗的功率为：

$$P_z=\frac{1}{2000}C_e\omega^2\lambda^2=\frac{1}{2000}\times0.11m\omega^3\lambda^2$$

$$=\frac{1}{2000}\times0.11\times336\times\left(\frac{3.14\times800}{30}\right)^3\times0.012$$

$$=1.56\text{kW}$$

轴承摩擦所消耗的功率近似取

$$P_f=0.5P_z=0.5\times1.56=0.78\text{kW}$$

总功率为：

$$P=\frac{1}{\eta}(P_z+P_f)=\frac{1}{0.95}(1.56+0.78)=2.47\text{kW}$$

采用一台 3kW 的电机。

(8) 传给基础的动载荷为：

$$F_d=\sum K_1\lambda_1\sin\delta=990000\times0.0065\sin45^\circ=4550\text{N}$$

8.7.3　弹性连杆式振动机的动力参数设计示例

如图 27-8-18 所示的双质体隔振式振动水平输送机，槽长 $L=18\text{m}$，其质量为 $m_1=2000\text{kg}$，弹性底架质量为 $m_2=8000\text{kg}$，振动次数为 $n=700\text{r/min}$，振动方向角 $\delta=30^\circ$，输送物料量为 $Q=60\text{t/h}$，其抛掷状态下的物料速度为 $v_m=0.21\text{m/s}$。试确定系统的动力学参数。

(1) 隔振弹簧刚度的计算

仅在底架下安装隔振弹簧，通常取垂直方向的低频固有圆频率 $\omega_{nd}=\pi(150\sim300)/30$，则隔振弹簧在垂直方向的总刚度为

$$K_{gc}=(m_1+m_2)\omega_{nd}^2$$

$$=(2000+8000)\times\frac{3.14^2}{30^2}\times(150^2\sim300^2)$$

$$=2464900\sim9859600\text{N/m}$$

取 $K_{gc}=88\times10^5\text{N/m}$

(2) 振动质体的计算质量与诱导质量

① 槽体的计算质量 m'_1

$$m'_1=m_1+k_mm_m$$

物料质量 m_m 为

$$m_m=\frac{QL}{3600v_m}=\frac{60\times10^3\times18}{3600\times0.21}=1428\text{kg}$$

物料结合系数取 $k_m=0.25$，则槽体的计算质量 m'_1 为

$$m'_1=m_1+k_mm_m=2000+0.25\times1428=2357\text{kg}$$

② 底架的计算质量 m'_2　工作圆频率为 $\omega=700\times3.14/30=73.3\ 1/\text{s}$，振动方向上的隔振刚度 K_{gz} 为

$$K_{gz}=K_{gc}\sin^2\delta+0.3K_{gc}\cos^2\delta$$

$$=88\times10^5\sin^230^\circ+0.3\times88\times10^5\cos^230^\circ$$

$$=418\times10^4\text{N/m}$$

底架的计算质量 m'_2 为

$$m'_2=m_2-K_{gz}/\omega^2=8000-418\times10^4/73.3^2=7222\text{kg}$$

③ 有载时的诱导质量 m_{uf}

$$m_{uf}=\frac{m'_1m'_2}{m'_1+m'_2}=\frac{2357\times7222}{2357+7222}=1777\text{kg}$$

④ 空载时的诱导质量 m_{uk}

$$m_{uk}=\frac{m_1 m_2'}{m_1+m_2'}=\frac{2000\times7222}{2000+7222}=1566\text{kg}$$

（3）主振固有圆频率 ω_n 与频率比 z

有载时频率比取 $z_f=0.83$

有载时主振固有圆频率 ω_{nf} 为

$$\omega_{nf}=\omega/z_f=73.3/0.83=88.3\ 1/\text{s}$$

空载时频率比 z_k 为

$$z_k=\sqrt{\frac{m_{uk}}{m_{uf}}}z_f=\sqrt{\frac{1566}{1777}}\times0.83=0.78$$

空载时主振固有圆频率 ω_{nk} 为

$$\omega_{nk}=\omega/z_k=73.3/0.78=94\ 1/\text{s}$$

（4）主振弹簧与连杆弹簧的刚度

① 共振弹簧的刚度

$$K+K_0=m_{uf}\omega_{nf}^2=1777\times88.3^2=13855074\text{N/m}$$

② 主振弹簧的刚度

$$K=m_{uf}\omega^2=1777\times73.3^2=9547626\text{N/m}$$

③ 连杆弹簧的刚度

$$K_0=K+K_0-K=13855074-9547626=4307448\text{N/m}$$

（5）相位差角与相对振幅

① 相位差角　相对阻尼系数 ζ 取为 0.07 时的相位差角为：

$$\alpha=\arctan\frac{2\zeta z_f}{1-z_f^2}=\arctan\frac{2\times0.07\times0.83}{1-0.83^2}=20°29'$$

② 相对振幅　输送槽振幅 $\lambda_1=6\text{mm}$ 时，则相对振幅为：

$$\lambda=\frac{m_1'}{m_{uf}}\lambda_1=\frac{2357}{1777}\times6=7.96\text{mm}$$

（6）所需的计算激振力及偏心距

① 计算激振力为

$$K_0 r=K_0\lambda/\cos\alpha=4307448\times0.00796/\cos20°29'=36600\text{N}$$

② 偏心距为

$$r=\lambda/\cos\alpha=7.96/\cos20°29'=8.5\text{mm}$$

（7）电机的功率

① 正常运转时的功率消耗　正常运转时传动效率取 $\eta=0.95$，阻尼系数为

$$C=2\zeta m_{uf}\omega_{nf}=2\times0.07\times1777\times88.3=21967.274\text{kg/s}$$

正常运转时的功率消耗为

$$P_Z=\frac{1}{2000\eta}C\lambda^2\omega^2=\frac{1}{2000\times0.95}\times21967.274\times(0.00796)^2\times(73.3)^2=3.936\text{kW}$$

② 按启动条件计算所需功率　连杆弹簧动刚度系数取 $K_{0d}=1.12$，主振弹簧动刚度系数取 $K_d=1.05$，最大启动转矩为

$$M_{cq}=\frac{1}{2}\times\frac{KK_0r^2}{K_dK_0+K_{0d}K}=\frac{1}{2}\times\frac{9547626\times4307448\times(0.0085)^2}{1.05\times4307448+1.12\times9547626}=97.638\text{N}\cdot\text{m}$$

拟选定 Y 系列电机，起动转矩系数为 $k_c=1.8$，按启动转矩计算电机功率为

$$P_{cq}=\frac{M_{cq}\omega}{1000\eta k_c}=\frac{97.638\times73.3}{1000\times0.95\times1.8}=4.185\text{kW}$$

选用 Y132M2-6 型电动机，功率为 5.5kW，转速为 960r/min。

（8）连杆最大作用力及连杆弹簧预压力　启动时连杆最大作用力为：

$$F_{lmax}=\frac{K_0Kr}{K_dK_0+K_{0d}K}=\frac{4307448\times9547626\times0.0085}{1.05\times4307448+1.12\times9547626}=22974\text{N}$$

正常运转时连杆最大作用力为

$$F_{lz}=K_0\sqrt{\lambda^2-2\lambda r\cos\alpha+r^2}=4307448\times\sqrt{(0.00796)^2-2\times0.00796\times0.0085\cos20°29'+(0.0085)^2}=12811\text{N}$$

启动时连杆弹簧最大变形量 a_0 为

$$a_0=\frac{Kr}{K+K_0}=\frac{9547626\times0.0085}{9547626+4307448}=0.00586\text{m}$$

所以，连杆弹簧预压力应大于 a_0，可取 7mm。

（9）传给地基的动载荷幅值

传给地基垂直方向的动载荷幅值

$$F_c=K_{gc}(\lambda-\lambda_1)\sin\delta=88\times10^5\times(0.00796-0.006)\sin30°=8624\text{N}$$

传给地基水平方向的动载荷幅值

$$F_s=0.3K_{gc}(\lambda-\lambda_1)\cos\delta=0.3\times88\times10^5\times(0.00796-0.006)\cos30°=4481\text{N}$$

传给地基的合成动载荷幅值为

$$F_d=\sqrt{F_c^2+F_s^2}=\sqrt{8624^2+4481^2}=9719\text{N}$$

8.7.4 电磁式振动机的动力参数设计示例

如图 27-8-28 所示的电磁式振动给料机，槽体部有效质量（包括物料折算质量）$m_1=85\text{kg}$，电磁铁部有效质量 $m_2=136\text{kg}$，工作面倾角 $\alpha_0=0°$，振动方向角 $\delta=20°$，抛掷指数选取 $D=3$，采用半波整流激磁方式（$n=3000\text{r/min}$），试求动力学参数。

（1）隔振弹簧刚度 K_1+K_2

选取 $\omega_{nd}=300\pi/30=31.4\text{l/s}$，则隔振弹簧刚

度为

$$K_1+K_2=(m_1+m_2)\omega_{nd}^2=(85+136)\times(31.4)^2=217897\text{N/m}$$

$$K_1=\frac{m_1}{m_1+m_2}(K_1+K_2)=\frac{85}{85+136}\times217897=83807\text{N/m}$$

$$K_2=\frac{m_2}{m_1+m_2}(K_1+K_2)=\frac{136}{85+136}\times217897=134090\text{N/m}$$

（2）主振弹簧刚度 K

按电磁铁有漏磁，属于拟线性电振机，取 $z_f=0.92$，而实际弹簧刚度变化的百分比 $\Delta K_\delta=0.083$，则主振弹簧刚度 K 为

$$K=\frac{1}{z_f}\times\frac{m_1m_2}{m_1+m_2}\omega^2\frac{1}{1-\Delta K_\delta}=\frac{1}{0.92^2}\times\frac{85\times136}{85+136}\times(2\pi\times50)^2\times\frac{1}{1-0.083}=6644769\text{N/m}$$

（3）槽体1的振幅 λ_1 及相对振幅 λ

槽体1的振幅 λ_1 为

$$\lambda_1=\frac{900Dg\cos\alpha_0}{\pi^2n^2\sin\delta}=\frac{900\times3\times9810\cos0^\circ}{3.14^2\times3000^2\sin20^\circ}=0.87\text{mm}$$

相对振幅 λ 为

$$\lambda=\frac{m_1}{m_u}\lambda_1=\frac{m_1+m_2}{m_2}\lambda_1=\frac{85+136}{136}\times0.87=1.41\text{mm}$$

（4）所需的激振力 F_z、基本电磁力 F_a 和最大电磁力 F_m

诱导质量 m_u

$$m_u=\frac{m_1m_2}{m_1+m_2}=\frac{85\times136}{85+136}=52.3\text{kg}$$

取相对阻尼系数 $\zeta=0.07$，则 $\alpha=\arctan\frac{2\zeta z_f}{1-z_f^2}=\arctan\frac{2\times0.07\times0.92}{1-0.92^2}=39°59'$

半波整流电振机，特征数 $A'=1$，所以基本电磁力为

$$F_a=\frac{F_z}{2A'}=\frac{1722}{2}=861\text{N}$$

最大电磁力为

$$F_m=\frac{(1+A')^2}{2A'}F_z=2F_z=1722\times2=3444\text{N}$$

（5）电振机功率

电磁铁效率取 $\eta=0.9$，则

$$P=\frac{F_z^2z_f^2\sin2\alpha}{4000\eta m\omega(1-z_f^2)}=\frac{1722^2\times0.92^2\sin(2\times39°59')}{4000\times0.9\times52.3\times2\pi\times50\times(1-0.92^2)}=0.272\text{kW}$$

最大功率为：

$$P_m=\frac{P}{\sin2\alpha}=\frac{0.272}{\sin(2\times39°59')}=0.276\text{kW}$$

8.8 主要零部件

8.8.1 振动电机

已有部颁行业标准，但各厂家生产的产品都有自己的型号。并且，由于厂家可以根据用户的要求设计与制造振动电机，又给以一个号，所以号码较多。有单相的（电压为220V、380V），有三相的，有半波整流的。一般的使用条件：环境温度不超过40℃；海拔不超过1000m；源电压380V；频率50Hz；绝缘等级B级。部分厂家生产振动源电机范围见表27-8-28，ZG型振动电机和VBB、VB、VLB系列振动电机的技术参数及安装尺寸见表27-8-29～表27-8-32。

表27-8-28 部分厂家生产振动源电机范围

型 号	功率/kW	激振力/kN	质量/kg	生 产 厂 家
ZG	0.1～4.5	0.1～0.6	30～427	江苏海安市恒业机电制造有限公司
WXZG微型	0.095～0.125	1～2		
YZO-卧式	0.15～5.5	1.5～75	19～370	河南威猛振动设备股份有限公司
YZO-立式	0.4～7.5	5～100	40～635	河南威猛振动设备股份有限公司
YZU-系列	0.15～7.5	0.55～17.2	12～430	河南新乡市三田电机有限公司
YZUL-立式	0.25～22	3～30		
TZD-系列	0.15～10	1.5～125	19～830	河南太行振动机械厂
TZD-C(双轴伸型)	0.07～7.5	0.7～100	14～635	

续表

型号	功率/kW	激振力/kN	质量/kg	生产厂家
T系列	0.25～3	1.35～45.1	19～184	新乡新兰贝克振动电机有限公司
XVM-A系列通用型	0.15～14	0.7～160	12～610	
XMV系列通用型	0.15～14	0.7～180	12～780	
XVML立式系列	0.1～7.5	2.5～100	20～510	
VB系列	0.2～15	3～200	20～950	湖北省钟祥市新宇机电制造有限公司(原钟祥电机厂)
VBB系列(隔爆型)	0.5～7.5	5～100	45～500	
VLB系列	1.1～2.2	20～35	175～205	

表 27-8-29 ZG型振动电机（两极）技术参数

型号	振次/r·min^{-1}	额定激振力/kN	额定功率/kW	额定电流/A	机脚孔尺寸/mm	标记
ZG201	2900	1	0.09	0.32	75×100(宽)	Z G × × ×(末位)—激振力,kN ×—电机极数 G—惯性 Z—振动器
ZG202		2	0.18	0.59	75×100(宽)	
ZG203		3	0.25	0.78	205×165(宽)	
ZG205		5	0.37	1.1	205×165(宽)	
ZG210		10	0.75	1.96	205×165(宽)	
ZG220		20	1.5	3.67	140×190(宽)	
ZG230		30	2.2	5.10	140×190(宽)	
ZG250		50	3.7	8.43	205×310(宽)	
ZG263		63	4.5	10.31	205×310(宽)	

注：生产厂家为江苏海安市恒业机电制造有限公司。

表 27-8-30 ZG型振动电机（四极）技术参数

型号	激振力/kN	额定功率/kW	额定电流/A	振动频率/r·min^{-1}	效率/%	功率因数	质量/kg
ZG402	0～2	0.1	0.4	1450	65.94	0.667	30
ZG405	0～5	0.25	0.73	1450	70.24	0.752	46
ZG410	0～10	0.55	1.53	1450	75.02	0.728	81
ZG415	0～15	0.75	1.95	1450	76.77	0.760	90
ZG420	0～20	1.1	2.71	1450	76.85	0.801	129
ZG432	0～32	1.5	3.15	1450	79.13	0.819	145
ZG440	0～40	2.2	5.19	1450	78.48	0.815	234
ZG450	0～50	3.0	6.82	1450	80.68	0.822	245
ZG609	0～9	0.55	1.66	960	76.0	0.662	84
ZG612	0～12	0.75	2.14	960	77.5	0.684	94
ZG618	0～18	1.1	2.97	960	78.6	0.715	141
ZG625	0～25	1.5	3.84	960	80.0	0.740	159
ZG636	0～36	2.2	5.55	960	80.9	0.747	249.5
ZG645	0～45	3.0	7.82	960	82.6	0.756	268
ZG660	0～60	4.0	9.56	960	82.2	0.762	427
ZG820	0～20	1.5	4.36	725	80.0	0.652	185
ZG830	0～30	2.2	6.16	725	81.1	0.667	279
ZG840	0～－40	3.0	8.25	725	80.0	0.700	310

注：生产厂家为江苏海安市恒业机电制造有限公司。

表 27-8-31　ZG 型振动电机（四极）安装尺寸　mm

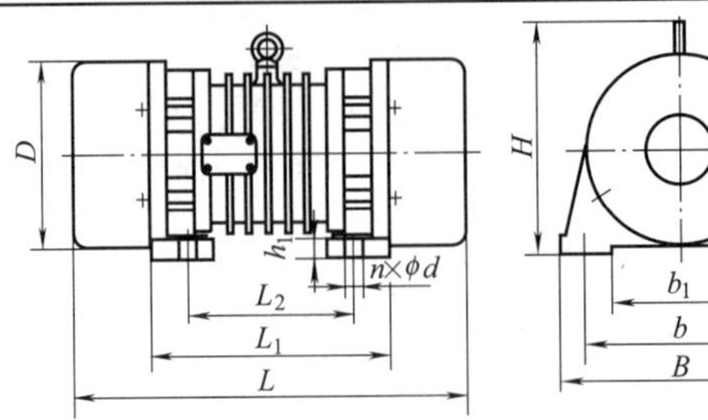

型　号	L	B	H	L1	L2	b	b1	h1	h2	D	n×φd
ZG402	348	210	212	176	130	170	110	18	90	160	4×18
ZG405	368	240	240	190	140	190	120	18	105	190	4×18
ZG410	470	320	303	296	200	260	180	27	140	250	4×26
ZG415	490	320	303	316	220	260	180	27	140	250	4×26
ZG420	537	380	365	333	205	310	210	32	165	303	4×32
ZG432	550	380	365	346	218	310	210	32	165	303	4×32
ZG440	618	450	430	371	227	350	230	45	195	359	4×44
ZG450	643	450	430	396	252	350	230	45	195	359	4×44
ZG609	480	320	303	296	200	260	180	27	140	250	4×26
ZG612	536	320	303	316	220	260	180	27	140	250	4×26
ZG618	537	380	365	333	205	310	210	32	165	303	4×32
ZG625	596	380	365	346	218	310	210	32	165	303	4×32
ZG636	617	450	430	379	227	350	230	45	195	359	4×44
ZG645	676	450	430	404	252	350	230	45	195	359	4×44
ZG660	796	560	512	472	276	430	280	45	240	440	4×50
ZG820	688	380	365	376	248	310	210	32	165	303	4×32
ZG830	724	450	430	404	252	350	230	45	195	359	4×44
ZG840	786	450	430	414	262	350	230	45	195	359	4×44

注：具体安装设计时应与厂方联系，下同。

表 27-8-32　VBB、VB、VLB 系列振动电机技术参数及安装尺寸

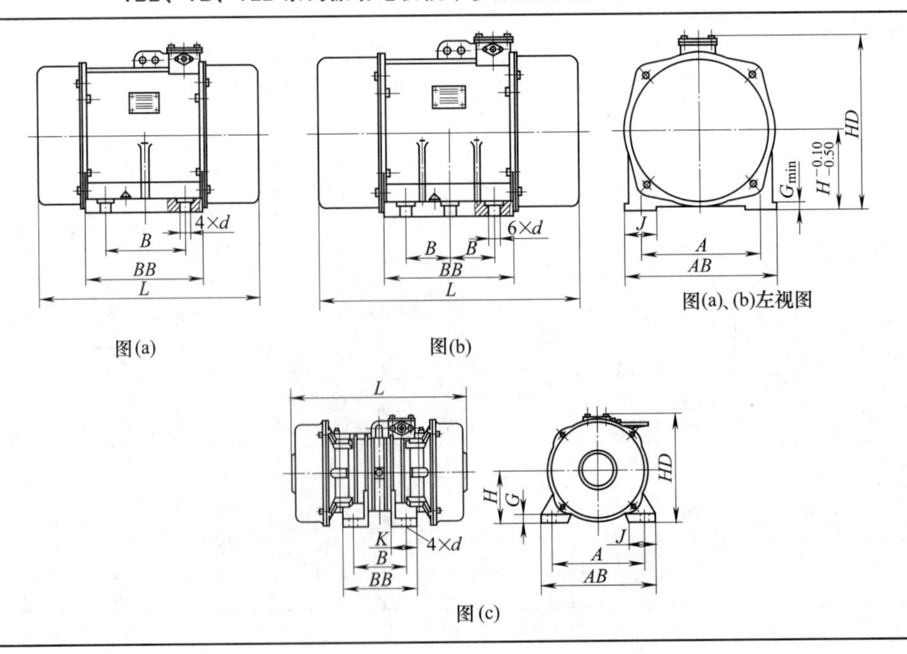

图(a)　图(b)

图(c)

续表

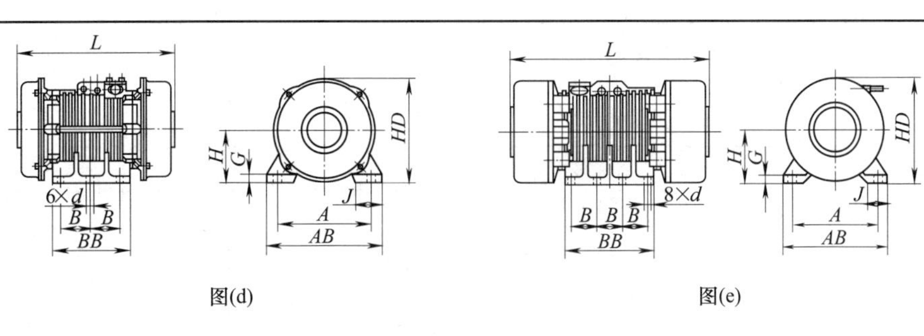

图(d)　　　　图(e)

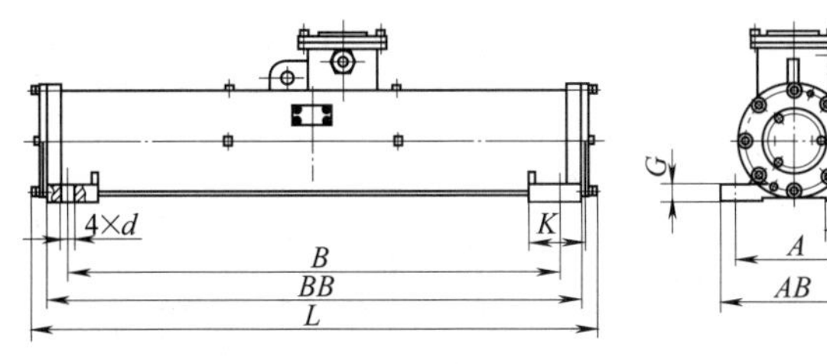

图(f)

类别	相极	型　号	最大激振力/N	转速/r·min^{-1}	额定功率/kW	额定电流/A	安装尺寸/mm										安装螺栓尺寸	质量/kg	外形图
							A	AB	J	B	BB	L	G	H	HD	d			
VBB系列隔爆型	3相2极	VBB-552-W	5000	2875	0.5	1.39	170	200	50	100	225	385	14	100	275	14	M12	45	图(a)
		VBB-10102-W	10000	2880	1.0	2.34	200	250	60	110	255	465	16	123	310	22	M20	66	图(a)
		VBB-20202-W	20000	2860	2.0	4.48	260	320	70	180	315	540	24	160	370	26	M24	140	图(a)
		VBB-40302-W	40000	2870	3.0	6.2	280	360	100	180	415	655	33	160	370	38	M36	160	图(a)
	3相4极	VBB-534-W	5000	1430	0.25	0.76	170	200	50	100	225	415	14	100	275	14	M12	46	图(a)
		VBB-1054-W	10000	1445	0.5	1.35	200	250	60	110	235	465	16	123	310	22	M20	66	图(a)
		VBB-20114-W	20000	1430	1.1	2.73	220	270	60	160	295	520	22	140	340	26	M24	110	图(a)
		VBB-32154-W	31500	1450	1.5	3.74	260	320	70	180	315	570	24	160	370	26	M24	133	图(a)
		VBB-52234-W	50000	1450	2.25	5.34	350	430	100	220	363	650	30	190	430	38	M36	210	图(a)
		VBB-75374-W	75000	1455	3.7	8.34	380	460	105	125	385	700	34	210	445	38	M36	350	图(b)
		VBB-84554-W	84000	1450	5.5	11.52	380	460	105	135	465	800	34	210	445	38	M36	370	图(b)
		VBB-100754-W	100000	1460	7.5	15.72	440	530	125	160	525	860	35	215	470	44	M42	500	图(b)
	3相6极	VBB-326-W	3000	950	0.2	0.81	170	200	50	100	225	440	14	100	275	14	M12	48	图(a)
		VBB-546-W	5000	955	0.38	1.24	200	250	60	110	235	485	16	123	310	22	M20	66	图(a)
		VBB-1076-W	10000	960	0.7	2.12	220	270	60	160	295	530	22	140	340	26	M24	99	图(a)
		VBB-20156-W	20000	965	1.52	3.96	260	320	70	180	315	595	24	160	370	26	M24	137	图(a)
		VBB-32246-W	31500	965	2.4	5.96	350	400	100	140	255	520	28	190	430	26	M24	185	图(a)
		VBB-45306-W	45000	975	3.0	7.41	350	430	100	220	363	700	30	190	430	38	M36	275	图(a)
		VBB-60376-W	60000	975	3.7	9.02	350	430	100	220	363	770	30	190	430	38	M36	310	图(a)
		VBB-80556-W	80000	970	5.5	12.1	440	530	125	125	445	840	35	215	470	44	M42	390	图(b)
		VBB-100756-W	100000	980	7.5	16.47	440	530	125	160	525	1000	35	215	470	44	M42	500	图(b)

续表

类别	相极	型号	最大激振力/N	转速/r·min^{-1}	额定功率/kW	额定电流/A	安装尺寸/mm											安装螺栓尺寸	质量/kg	外形图
							A	B	K	J	AB	BB	L	G	H	HD	d			
VB系列	3相2极	VB-322-W	3000	2600	0.20	0.55	160	90	—	50	190	130	325	14	70	180	14	M12	20	图(c)
		VB-552-W	5000	2875	0.50	1.39	170	120	—	55	220	170	370	16	85	202	18	M16	31	图(c)
		VB-10102-W	10000	2880	1.0	2.35	200	140	75	65	250	220	445	18	105	240	22	M20	54	图(c)
		VB-20202-W	20000	2850	2.0	4.52	260	200	—	70	320	290	520	22	140	300	26	M24	105	图(c)
		VB-40302-W	40000	2870	3.0	6.20	350	220	—	100	430	320	560	33	185	355	39	M36	150	图(c)
	3相4极	VB-314-W	2500	1400	0.12	0.57	160	100	55	40	190	150	295	12	92	212	14	M12	28	图(c)
		VB-534-W	5000	1400	0.25	1.02	180	110	—	65	220	140	310	15	112	253	14	M12	48	图(c)
		VB-634-W	6000	1450	0.30	0.93	200	110	—	60	250	160	340	16	112	240	18	M16	43	图(c)
		VB-1054-W	10000	1420	0.50	1.51	220	110	—	60	270	160	380	18	123	264	22	M20	58	图(c)
		VB-1264-W	12000	1440	0.60	1.82	220	145	65	60	270	195	415	18	123	258	22	M20	59	图(c)
	3相4级	VB-16144-W	16000	1440	1.40	3.41	290	280	60	78	340	340	500	52	145	295	27	M24	90	图(c)
		VB-20114-W	20000	1430	1.10	2.75	220	160	75	60	270	220	495	22	140	282	26	M24	80	图(c)
		VB-21164-W	21000	1440	1.60	3.82	290	280	60	78	340	340	500	52	145	295	27	M24	100	图(c)
		VB-32154-W	31500	1450	1.50	3.76	260	180	80	70	320	240	545	25	160	320	26	M24	116	图(c)
		VB-50234-W	50000	1450	2.25	5.55	350	220	—	100	430	370	650	33	192	390	39	M36	195	图(c)
		VB-75304-W	75000	1460	3.0	7.36	380	125	—	105	460	330	615	35	210	412	39	M36	250	图(d)
		VB-84554-W	84000	1455	5.5	11.5	380	125	—	140	460	390	720	35	210	415	39	M36	320	图(d)
		VB-100754-W	100000	1460	7.50	15.92	440	140	—	125	530	450	795	36	240	470	45	M42	440	图(d)
	3相6极	VB-326-W	3000	950	0.20	0.82	160	100	55	40	190	150	330	12	92	210	14	M12	30	图(c)
		VB-546-W	5000	955	0.38	1.21	200	110	—	60	250	160	360	16	123	251	22	M20	50	图(c)
		VB-1076-W	10000	960	0.70	2.14	220	160	75	60	270	220	475	22	140	282	26	M24	77	图(c)
		VB-20156-W	20000	965	1.52	3.99	260	180	80	70	320	240	565	25	160	320	26	M24	127	图(c)
		VB-32246-W	31500	965	2.40	5.99	350	220	—	100	430	370	650	33	192	390	39	M36	192	图(c)
		VB-50326-W	50000	970	3.20	7.83	350	250	—	100	430	400	760	33	192	390	39	M36	235	图(c)
		VB-75556-W	75000	970	5.50	12.60	380	125	—	105	480	385	755	35	240	467	39	M36	370	图(d)
		VB-100756-W	100000	980	7.50	17.12	440	140	—	125	530	450	865	36	240	470	45	M42	520	图(d)
		VB-135906-W	135000	980	9.0	19.2	480	140	—	125	570	510	985	38	265	520	45	M42	630	图(e)
		VB-1601106-W	160000	980	11.0	23.5	480	140	—	125	570	510	998	38	265	520	45	M42	700	图(e)
		VB-1801306-W	180000	986	13.0	27.8	520	140	—	125	610	510	970	38	290	570	45	M42	845	图(e)
	3相8级	VB-50308-W	50000	725	3.0	8.05	380	125	—	105	460	330	780	35	210	412	39	M36	330	图(b)
		VB-75558-W	75000	735	5.5	15.14	440	140	—	125	530	450	985	36	240	470	45	M42	595	图(b)
		VB-100758-W	100000	734	7.5	17.8	480	140	—	125	570	510	985	38	265	520	45	M42	650	图(e)
		VB-135908-W	135000	734	9.0	21.2	480	140	—	125	570	510	998	38	265	520	45	M42	750	图(e)
		VB-1601108-W	160000	739	11.0	25.8	520	140	—	125	610	510	1070	38	290	570	45	M42	800	图(e)
		VB-2001508-W	200000	743	15.0	34.9	520	140	—	125	610	510	1115	38	305	610	45	M42	950	图(e)

续表

类别	相极	型　号	最大激振力/N	转速/r·min^{-1}	额定功率/kW	额定电流/A	安装尺寸/mm										安装螺栓尺寸	质量/kg	外形图
							A	B	K	J	AB	BB	L	H	HD	d			
VLB系列	3相4极	VLB-20114-W	20000	1420	1.1	2.88	226±1.2	950±1.2	100	80	282	1030	1087	$114_{-0.50}^{0}$	320	26	M24	175	图(f)
		VLB-25134-W	25000	1400	1.3	3.39												185	
		VLB-30154-W	30000	1435	1.5	4.23							1115					195	
		VLB-35224-W	35000	1410	2.2	5.44												205	

8.8.2　仓壁式振动器

仓壁式振动器及 CZ 型仓壁式振动器技术参数，见表 27-8-33 和表 27-8-34。CZ 型仓壁式振动器安装尺寸见表 27-8-35，仓壁式振动器安装位置如图 27-8-29 所示。

表 27-8-33　　仓壁式振动器

型　号	功率/W	激振力/kN	质量/kg	生产厂家
LZF 型料仓振动防闭塞装置	120～2200	1.5～30	28～262	河南新乡市振动电机力矩电机调速电机专业制造商
CZ 型	20～200	0.1～8	2.6～119	江苏海安市恒业机电制造有限公司 该产品执行标准参照 JB 5330—2007
ZFB 型防闭塞装置	90～3700	1～50	1.1～280	

表 27-8-34　　CZ 型仓壁式振动器技术参数

型　号	激振力/N	适用料仓壁厚/mm	电压/V	有功功率/W	表示电流/A	振动频率/r·min^{-1}	质量/kg	配套控制箱	
								型　号	外形尺寸(长×宽×高)/mm
CZ10	100	0.6～0.8	220	20	≤0.3	3000	2.6	XKZ-V	196×120×281
CZ50	500	0.8～1.6		30	≤0.5		10		
CZ250	2500	4～8		65	≤1.0		35	XKZ-5G_2	280×168×402
CZ400	4000	6～10		65	≤1.0		62.5		
CZ600	6000	6～12		150	≤2.3		70	XKZ-10G_2	
CZ800	8000	6～14		160	≤3.8		110		

注：1. 适于安装料仓壁厚数值仅供参考。
2. 生产厂家为江苏海安市恒业机电制造有限公司。

表 27-8-35　　CZ 型仓壁式振动器安装尺寸

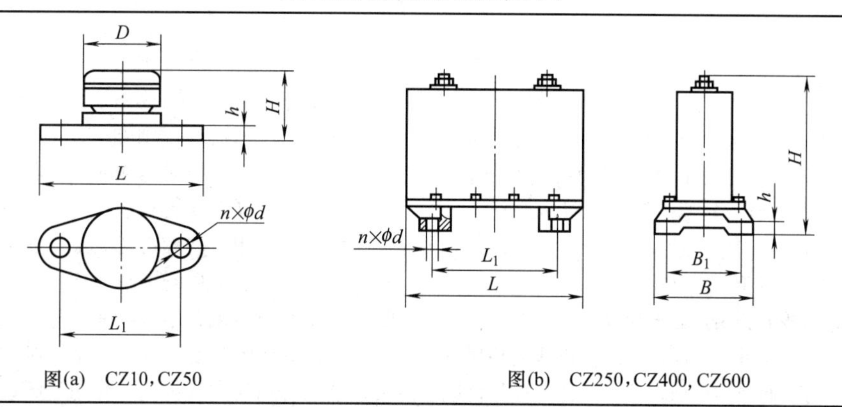

图(a)　CZ10，CZ50　　图(b)　CZ250，CZ400，CZ600

续表

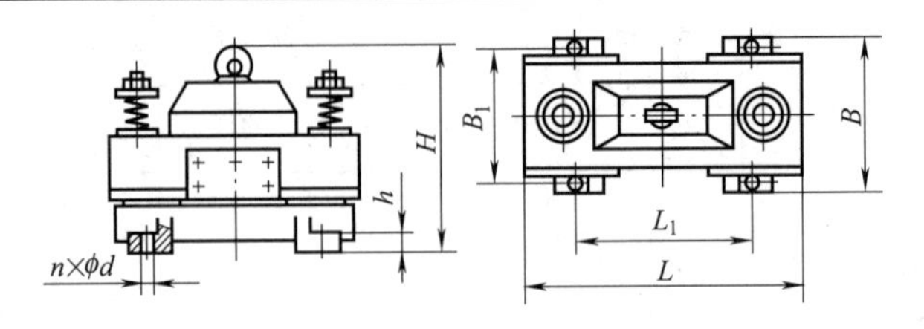

图(c) CZ800

型 号	L_1	L	B_1	B	h	H	D	$n\times\phi d$
CZ10	146	166	—	—	10	71	120	2×10
CZ50	250	280	—	—	12	115	180	2×13
CZ250	230	400	145	170	15	328	—	4×13
CZ400	230	400	210	245	16	331	—	4×13
CZ600	230	400	210	245	16	331	—	4×13
CZ800	200	512	306	346	23	380	—	4×13

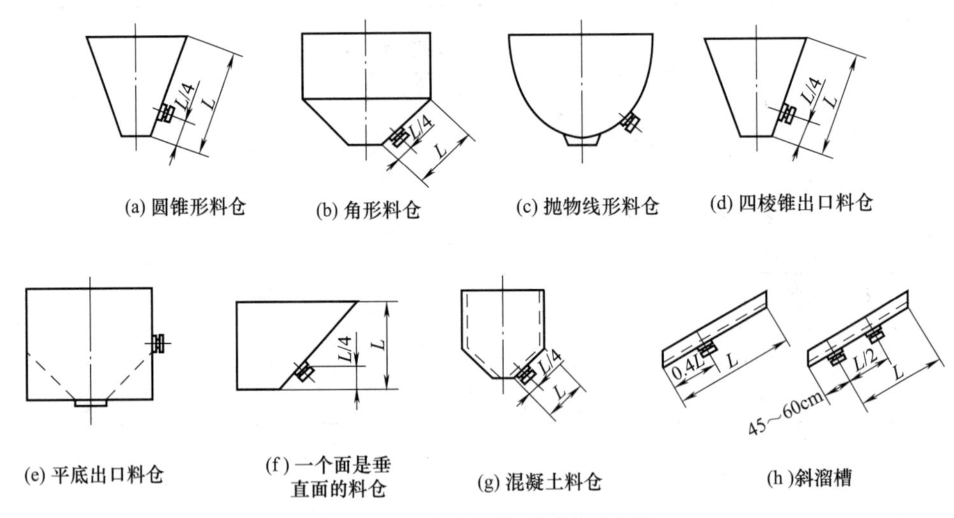

图 27-8-29 仓壁式振动器安装位置图

8.8.3 复合弹簧

复合弹簧是由金属螺旋弹簧与橡胶（或其他高分子材料）经热塑处理后复合而成的一种筒状弹性体。还可以利用高强度纤维与其他高分子材料做成复合材料弹簧。

(1) 复合弹簧的作用与特点

金属螺旋复合橡胶弹簧广泛地用作各类振动机械的弹性元件，一方面它支承着振动机体，使机体实现所需要的振动，另一方面起减振作用，减小机体传递给基础的动载荷。金属螺旋复合橡胶弹簧还可用作汽车前后桥的悬挂弹簧、列车车辆的枕弹簧和各类动力设备（如风机、柴油机、电动机、减速机等）的减振元件。

复合弹簧既有金属螺旋弹簧承载大、变形大、刚度低的特点，又有橡胶和空气弹簧的非线性、结构阻尼特性、各向刚度特性；既克服金属弹簧不适应高频振动、噪声大、横向刚度小、结构阻尼小的缺点，又克服了橡胶弹簧承载小、刚度不能做得很低，性能环境变化出现的不稳定等缺点；结构维护比空气弹簧简便，使用寿命比空气弹簧长。用于振动机械上可使振动平稳，横向摆动减小，起停机时间比金属弹簧缩短50%，过共振时振幅降低40%，减振效率提高，整机噪声减小。对于撞击等引起的高频振动的吸收作用，使得振动机械的机体焊接框架不易开裂，紧固体不易松动，电机轴承寿命得以延长，提高了设备的寿命和安全性。用作列车车辆的枕弹簧，可在路况不变的条件下，提高列车的蛇形运动速度，减小横向摆动以及由于列车启动、制动、溜放、挂靠等操作而引起的车辆加速度值的急剧增加。其对高频振动的吸收作用，使得列车运行更平稳，减振降噪，乘客（客车）更舒适。

（2）复合弹簧的尺寸、允许负荷与静刚度（见表27-8-36）

表 27-8-36　**复合弹簧尺寸、允许负荷与静刚度**

产品型号	外径 D_2/mm	内径 D_1/mm	自由高度 H_0/mm	受压时最大外径 D_m/mm	允许负荷/N		静态刚度 K /N·mm^{-1}
					F_A	F_B	
FB52 FB85	52	25	120	162	980	2250	78
	85	35	120	92	3530	8330	196
	85	35	150	92	3720	8820	167
	85	65	150	108	1860	4510	59
FB102	102	60	255	120	980	2250	52
	102	60	255	120	1470	3430	64
	102	60	255	120	1960	4510	74
	102	60	255	120	2450	5680	98
	102	60	255	120	2940	6860	123
FC135	135	60	150	150	1960	4410	74
	135	60	150	150	2550	5880	98
FA148	148	80	270	170	7840	12050	196
	148	80	270	170	2450	19600	245
	148	92	250	170	20090	32340	342
FA155	155	62	290	180	6270	14410	157
	155	62	290	180	7450	17150	186
	155	62	290	180	8330	19210	206
	155	62	290	180	9800	22540	235
	155	62	290	180	10780	24790	265
	155	62	290	180	11760	27050	294
FC196	196	80	290	220	9800	24500	372
	196	90	270	220	11760	27440	392
	196	100	250	220	13720	31360	412
FA260	260	120	429	310	12740	2940	230
	260	120	429	310	14700	34300	284
	260	120	429	310	19600	45080	392
FA310	310	150	400	370	29400	67620	588

注：1. F_A 为复合弹簧的安装负荷；F_B 为复合弹簧的最大负荷。

2. 生产厂家为新乡市太行橡胶制品厂。

8.9　利用振动来监测缆索拉力

随着大跨度桥梁设计的轻柔化以及结构形式与功能的日趋复杂化，大型桥梁结构安全监测已成为国内外工程界和学术界关注的热点。特别是利用振动法对悬索桥和斜拉桥的钢丝绳拉力的监测方法有许多的研究。这里重点作如下介绍。

对于两端固定的架空索道承载索是完全可以利用振动的方法来检测的。

用于缆索拉力监测的装置有以下几种。

① 电阻应变仪　一般的应力应变监测采用电阻应变传感器。但电阻式应变仪的零漂、接触电阻变化以及温漂等，给系统带来一定的误差。其主要问题是寿命较短，易损坏。并且应变/应力是一个相对量，从长期监测和信号传输等方面考虑，难以准确复现钢丝绳中的真实应力状态。

② 钢丝振弦应变仪　它就是利用振动来测量钢丝绳的拉力，比电阻应变仪准确。振动法测索力是目前测量斜拉桥索力应用最广泛的一种方法。在这种方法中，以环境振动或强迫激励拉索，传感器记录下时程数据，并由此识别出索的振动频率。而索的拉力与其固有频率之间存在着特定的关系，于是索力就可由测得的频率经换算而间接得到。由于电子仪器的日趋小型化，整套仪器携带、安装均很方便，测定结果可信，所以振动法测索力得到了广泛的应用。

③ 磁致弹性测力仪　采用磁致弹性测力仪是较好的选择，它在欧洲应用较为普遍。磁致弹性测力仪是一个环形装置，它缠绕在索股上，利用磁通量的变化与钢丝绳的应力改变有关的原理进行测量。

本手册仅介绍利用振动的原理来测量钢丝绳应力的问题。

8.9.1　测量弦振动计算索拉力

8.9.1.1　弦振动测量原理

根据弦的振动原理，波在弦索中的传播速度可由下式表示：

$$c=\sqrt{\frac{F}{q}} \tag{27-8-56}$$

式中　F——索的拉力，N；

q——弦索的单位长度质量，kg/m。

令 L 为索的计算长度；f 为振动频率，用下标 $n=1,2,\cdots$ 表示第 n 阶的固有频率 f_n。则波在弦索中从一端传播至另一端再返回来的时间 t 为：

$$t=2L/c,\quad 即\ c=2L/t \tag{27-8-57}$$

式中　c——波在弦索中的传播速度，m/s。

将 $c=2L/t$ 代入式（27-8-56），则得：

$$F=4qL^2/t^2=4qL^2f^2 \tag{27-8-58a}$$

或

$$F=4KqL^2f_n^2/n^2 \tag{27-8-58b}$$

式中　K——考虑钢丝绳与弦的特性不同而修正的系数，由实验确定。

实际应用中，拉索由于自重具有一定垂度和抗弯刚度，为准确使用振动法测定索力，必须考虑垂度、抗弯刚度及边界条件等影响因素，对弦公式进行修正。有的学者用差分法和有限元法很好地解决了这个问题，不仅同时考虑了以上因素，而且还考虑了拉索上装有阻尼减振器等的影响。特别是桥梁的斜拉索，由于长度较短，一阶频率（基频）不容易测量准确，而采用频差法。而对于大跨度架空索道的钢丝绳来说测量一阶频率是不会有问题的。

8.9.1.2　MGH 型锚索测力仪

MGH 型锚索测力仪（山东科技大学洛赛尔传感技术有限公司研制）用于钢索斜拉桥、大坝、岩土工程边坡、大型地基基础、隧道等处对锚索或锚杆拉力进行检测，及对其应力变化情况进行长期监测；还可用于预应力混凝土桥梁钢筋张拉力的检测和波纹管摩阻的测定，以保证安全和取得准确数据。

（1）结构原理

MGH 型锚索测力仪由 MGH 型锚索测力传感器与 GSJ-2 型检测仪、GSJ-2 型便携式检测仪或 GSJ-2A 型多功能电脑检测仪配套使用，直接显示锚索拉力。

锚索拉力施压于油缸，使其内部油压升高，油压经过油管传到振弦液压传感器的工作膜，膜挠曲使弦张力减小，固有振动频率降低。若其电缆接 GSJ-2 型检测仪，启动电源，因其内部装有激发电路，则力、油压被转换为频率信号输出。GSJ-2 型的测频电路测定频率 f 后，单片机按以下数学模型计算出拉力 F 并直接数字显示。

$$F=A(f^2-f_0^2)-B(f-f_0) \tag{27-8-59}$$

式中　A，B——传感器常数；

f_0——初频（力 $F=0$ 时的频率）；

f——为 F 时的输出频率。

（2）性能特点

振弦液压传感器的设计精度较高；具有良好的抗振能力，经过老化处理，故在大载荷作用下具有良好的长期稳定性；当温度不同于标定温度时，只要将传感器放在现场 2h，待热平衡后，测定现场温度的初频作为 f_0 输入式（27-8-59），则由 f 计算 F 仍然准确。对于长期埋设的传感器，若要求精度较高，可事先实测出初频 f_0 与温度 t 的关系曲线，检测时测定传感器的温度 t，找出对应的 f_0 输入式（27-8-59），即可完成温漂修正，获得比较准确的结果。已实现温度补偿。工程上若允许误差在2%以内，不需进行温漂修正。

（3）主要技术参数（FS—频率标准）

量程　200～10000kN

准确度（%FS）　0.5、1.0

重复性（%FS）　0.2、0.4

分辨率（%FS）　0.1～0.01

温度系数　≤0.025%FS/℃

8.9.2　按两端受拉梁的振动测量索拉力

8.9.2.1　两端受拉梁的振动测量原理

把钢丝绳当作一根两端固定并承受拉力的梁，测量其振动频率来计算实际拉力也是一个有效的方法。

两端固定并承受拉力的梁的固有振动角频率为：

$$\omega=\left(\frac{i\pi}{L}\right)^2\sqrt{\frac{EI}{\rho_l}}\sqrt{1+\frac{PL^2}{EJi^2\pi^2}}\quad(i=1,2,\cdots)\tag{27-8-60}$$

式中　E——梁的弹性模量，Pa。

I——截面惯性矩，m^4。

令 $P=F$；$\rho_l=q$；$\omega=2\pi f_n$（参数符号同8.9.1节）代入，整理后可得：

$$F=\frac{4f_n^2L^2q}{i^2}\left(1-\frac{EIi^4\pi^2}{4f_n^2L^4q}\right)\tag{27-8-61}$$

高屏溪桥斜张钢缆的检测基本采用这个原理。

8.9.2.2　高屏溪桥斜张钢缆检测部分简介

高屏溪河川桥主桥系采单桥塔非对称复合式斜张桥设计。桥长510m，主跨330m为全焊接箱型钢梁，侧跨180m则为双箱室预力混凝土箱型梁。两侧单面混合扇形斜张钢缆系统分别锚碇于塔柱及箱梁中央处。钢筋混凝土桥塔高183.5m，采用造型雄伟且结构稳定性高的倒Y形设计。

斜张钢缆受风力作用时，其反复振动将可能引起钢绞索产生疲劳现象或支承处产生裂缝破坏，降低其耐久性与安全性。钢缆的风力效应主要包括有涡流振动、尾流驰振及风雨诱发振动等。当涡漩振动的频率与结构的固有频率近似或相等时，便会产生共振现象，此时结构会有较大的位移振动。经计算斜张钢缆的固有频率即可得发生涡流振动时的临界风速，通常，临界风速多发生在第一模态，且此时具有最大的振幅。

在分析高屏溪桥自编号F101最长钢缆及至编号F114最短钢缆时，发现其固有频率为第一模态时，仅有编号B114钢缆在风速1.5m/s时会发生共振现象。但由于此时风速极低，几乎无法扰动钢缆。因此，在斜张钢缆上装设一速度测振计，当钢缆受自然力扰动而产生激振反应时，速度计可将此振动传送到FFT分析器，经快速傅里叶转换解析，判定振动波形内稳态反应的振动频率后，通过计算即可求得钢缆的受力，亦即钢缆索力大小。

考虑斜张钢缆刚度（含外套管刚度），使用轴向拉力梁理论，当受弯曲梁含轴向拉力时的自由振动运动方程式为：

$$EI\frac{\partial^4 y}{\partial x^4}+F\frac{\partial^2 y}{\partial x^2}+q\frac{\partial^2 y}{\partial t^2}=0\tag{27-8-62}$$

令

$$\xi=\sqrt{\frac{F}{EI}}\times L,\ c=\sqrt{\frac{EI}{qL^4}},$$

$$\Gamma=\sqrt{\frac{qL}{128EK\delta^3\cos^5\theta}}\times\frac{0.31\xi+0.5}{0.31-0.5}\tag{27-8-63}$$

式中　F——轴向拉力；

q——单位长度的质量；

δ——中垂度与钢缆长度之比；

L——钢缆长度；

θ——钢缆的倾斜角；

I——截面惯性矩。

1）钢缆具有较小垂度时，即 $\Gamma\geqslant3$，则适用于下列力与第一振动频率的关系式（这里已代入钢丝绳的具体数据，且考虑到阻尼）：

$$F=4m(f_1^BL)^2\left[1-2.2\left(\frac{c}{f_1^B}\right)-0.55\left(\frac{c}{f_1^B}\right)^2\right]$$

（当 $\xi\geqslant17$ 时）

$$F=4m(f_1^BL)^2\left[0.865-11.6\left(\frac{c}{f_1^B}\right)^2\right]$$

（当 $6\leqslant\xi\leqslant17$ 时）

$$F=4m(f_1^BL)^2\left[0.828-10.56\left(\frac{c}{f_1^B}\right)^2\right]$$

（当 $0\leqslant\xi\leqslant6$ 时）　（27-8-64）

2）钢缆具有较大垂度时，即 $\Gamma\leqslant3$，则适用于下列力与第二振动频率的关系式：

$$F=m(f_2^BL)^2\left[1-4.4\left(\frac{c}{f_2^B}\right)-1.1\left(\frac{c}{f_2^B}\right)^2\right]$$

（当 $\xi\geqslant60$ 时）

$$F=m(f_2^BL)^2\left[1.03-6.33\left(\frac{c}{f_2^B}\right)-1.58\left(\frac{c}{f_2^B}\right)^2\right]$$

（当 $17\leqslant\xi\leqslant60$ 时）

$$F=m(f_2^BL)^2\left[0.882-85\left(\frac{c}{f_2^B}\right)^2\right]$$

$$(\text{当}0\leqslant\xi\leqslant17\text{时})\qquad(27\text{-}8\text{-}65)$$

3）钢缆长度较长时，适用于下列力与频率的关系式：

$$F=\frac{4m}{n^2}(f_n^BL)^2\left[1-2.2\left(\frac{nc}{f_n^B}\right)^2\right]$$

$$(\text{当}n\geqslant2,\xi\geqslant200\text{时})\qquad(27\text{-}8\text{-}66)$$

式中 f_1^B、f_2^B、f_n^B——第1、第2、第n阶振动频率。

此桥斜张钢缆对涡漩振动不甚敏感。此外，由于钢缆涡流振动、尾流驰振及风雨诱发振动等风力因素相当复杂，若仅欲以数值分析探讨其行为模式似嫌粗糙且不可靠，因此钢缆风力现象仍主要以经验法则配合钢缆频率与阻尼量测值进行综合研判，且研判时机通常选择设定于施工期间与完工后较佳。

由于斜张钢缆在长期预拉力、风力、地震力及车行动载荷下，将随时间变化产生应力松弛现象，造成斜张桥整体结构系统应力的重新分配，如此将影响桥梁的结构静力及动力特性。根据国内外相关施工经验得知，监测系统在斜张桥完工后均规划有定期检测钢缆实存索力的作业，以检核结构系统的稳定性。该桥在检核斜张钢缆受力情形或预力变化时，采用自然振动频率法进行量测。

通常选择较不受乱流干扰的第二振动频率，即可经式（27-8-66）求得钢缆拉力F，亦即钢缆的索力值。

检测结果如下：

① 本桥在斜张钢缆进行预力施拉作业时，配合液压泵实际输出压力读数对照式（27-8-66）计算所得钢缆索力值时，发现两者相当接近；

② 在钢缆施拉预力作业时，随机挑选某一钢绞索装设单枪测力器检核钢缆的实际索力；

③ 另外在主跨钢缆锚碇承压板内侧及侧跨钢缆锚碇螺母处装设有钢缆应变计，亦可同时量测钢缆索力的变化情况。

经由相互比较结果发现，液压泵实际输出压力读数、单枪测力器测量值、钢缆应变计读数以及固有振动频率计算值等，彼此间数值差异并不大。因此推论日后桥梁维护计划中有关钢缆索力变化检核作业应可藉由固有频率振动法及钢缆应变计进行综合监测。

下面介绍钢缆振动试验（动静态服务载重试验）。

基于阻尼值为判断钢缆抗风稳定性的关键因素，为求得较正确的阻尼值，本工程进行强制振动借以求得较合理的振幅。

该工程钢缆强制振动试验系利用大型吊车以绳索拖拉的方式提供钢缆初始变位值，并利用角材提供临时支撑，再以卡车迅速将角材支撑拖离，让钢缆产生激振反应，并逐渐衰减至停止。试验主要以主跨外侧钢缆为对象，共计七根钢缆，每根钢缆进行二次试验。

按主跨最外侧五根钢缆强制振动试验计算资料，其值显示所有钢缆的对数阻尼衰减值均大于5%，参考前述相关的稳定度判读原则，则可推估所有钢缆均具有相当高的抗风稳定度，此结果与现场观测结果相当接近。

经由长时间的观测结果初判该桥钢缆系统抗风稳定性相当高。虽然强风期间外侧较长钢缆产生振动，但振动行为相当稳定，且振幅不大，对于钢缆服务寿命并无任何影响。但考虑钢缆风力行为不确定因素繁多，故仍规划在桥梁通车后持续进行观测。若发现钢缆产生不稳定振动，则建议于钢缆锚碇处附近安装黏性剪力型阻尼器，以提供抗风所需的额外阻尼量。

8.9.3 索拉力振动检测的最新方法

对于斜拉桥拉索的建模，大致有等效弹性模量法、多段直杆法和曲线索单元法三种方法。这些方法有关的书籍和论文都可以查到。下面介绍我国在这方面的研究成果之一。

（1）考虑索的垂度和弹性伸长Δl

$$\Delta l^2=\left(\frac{ql}{F}\right)^2\frac{ES}{FL_s}\qquad(27\text{-}8\text{-}67)$$

式中 L_s——索线的弧长；

F——索平行于弦的拉力；

S——索的截面积；

其他参数同前。

根据研究分析，考虑索的垂度、弹性的影响等因素，索的拉力与索的基频的实用关系可以采用以下公式计算，其计算误差都保证在1%以内：

$$\omega=\frac{\pi}{l}\sqrt{\frac{F}{q}}\ (\text{当}\ \Delta l^2\leqslant0.17\text{时})$$

$$\omega^2=\pi^2\frac{F}{ql^2}+0.777\frac{ES}{q}\left(\frac{q}{F}\right)^2(\text{当}0.17\leqslant\Delta l^2\leqslant4\pi^2\text{时})$$

$$\omega=\frac{2\pi}{l}\sqrt{\frac{F}{q}}\ (\text{当}4\pi^2\leqslant\Delta l^2\text{时})\qquad(27\text{-}8\text{-}68)$$

或由式（27-8-68）计算得：

$$F=4ql^2f^2\ (\text{当}\ \Delta l^2\leqslant0.17\text{时})$$

$$F^3=4ql^2f^2F^2+0.0787ESq^2l^2=0$$

$$(\text{当}0.17\leqslant\Delta l^2\leqslant4\pi^2\text{时})$$

$$F=ql^2f^2\ (\text{当}4\pi^2\leqslant\Delta l^2\text{时})\qquad(27\text{-}8\text{-}69)$$

索的抗弯刚度的影响较小，从略。

（2）频差法

振动在某个较高的阶数之后，频差将趋于稳定，即为一常数，而且是弦理论的基频。令该稳定的频差

为 $\Delta\omega$，则

$$\Delta\omega=\frac{\pi}{l}\sqrt{\frac{F}{q}}$$

即

$$F=4ql^2\Delta f^2 \tag{27-8-70}$$

如测得索的高阶频差，索力就可方便地确定，而不必考虑是否有垂度的影响。

(3) 拉索基频识别工具箱

拉索基频识别工具箱 GUI，用于福建闽江斜拉桥的检测。原理是当索力一定时，高阶频率是基频的数倍，表现在功率谱上是出现一系列等间距的峰值。峰值的间距就是基频。拾取这一系列峰值，求相邻峰值间距的平均数，即为基频，这是功率谱频差法。由于环境振动测试得到的功率谱结果不够理想，还采用倒频谱分析作为功率谱峰值法的补充。所以该工具箱可绘制自功率谱和倒频谱，各种参数可随时调整。可用鼠标精确捕捉峰值（频谱值），并自动计算差值。亦即所要识别的基频。

鉴于架空索道承载索跨度大，测量基频就能达到目的。

第 9 章 机械振动测量

9.1 概述

9.1.1 机械振动测量意义

生活中的振动现象人们并不陌生，家用电器的运转、交通工具的颠簸、动力机械设备的运行无不产生机械振动。人们在长期生活和生产实践中积累了大量的振动测试技术。随着科学技术的进步，振动测试仪器和计算机分析软件系统得到广泛的应用和飞速发展，为振动的测量提供了必要的手段。

机械振动测量具有重要的实际意义。首先，在机械振动系统的设计中，振动参数的数值直接影响振动系统和振动元件的设计质量，而振动测量是准确获取这些振动参数的重要手段。其次，在工程上也依靠测量手段获得原始设计参数，通过振动测量和测量数据的分析作为机械振动系统评价依据。最后，工程中的设计计算和理论分析可以通过模拟试验或测量来验证理论的正确性。

9.1.2 振动的测量方法

9.1.2.1 振动测量的内容

表 27-9-1 振动测量的内容

振动测量参数	振动测量内容
振动量	振动体上选定点的位移、速度、加速度的大小;振动时间历程曲线、频率、相位、频谱、激励力等
系统的特征参数	系统的刚度、阻尼、固有频率;振动模态、动态响应特性(系统的频率响应函数、脉冲响应函数)等
机械结构或零部件的动力强度	对机械或零部件进行模拟环境条件的振动或冲击试验;检验其耐振寿命、性能的稳定性;设计、制造、安装、包装运输的合理性
设备、装置或运行机械的振动监测	在线监测、测取振动信息;诊断其运行状态与故障发生的可能性;及时作出处理以保证其可靠的运行

9.1.2.2 测振原理

图 27-9-1 是测振仪原理图，测振仪采用线性阻尼系统，由一个单自由度振动系统构成，包括一个质量块 M，一组刚度为 K 的弹簧和材料内部的摩擦或其他的阻尼 C。测振仪机壳固定于振动物体，随其一起振动；拾振物体相对于壳体作相对运动。系统输入的是壳体运动引起的惯性力，输出的是质量的位移。输出信号与振动量成正比。

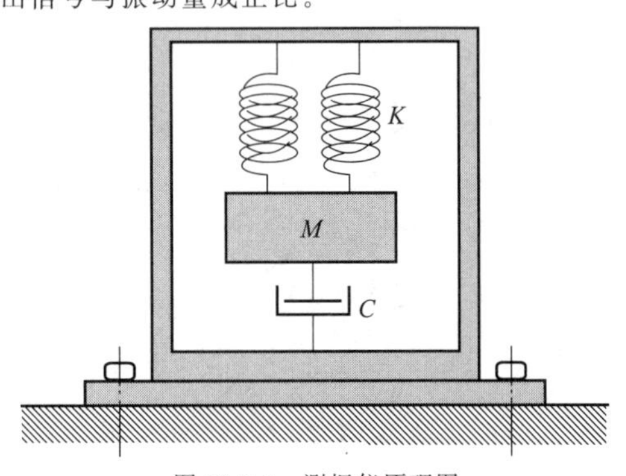

图 27-9-1 测振仪原理图

9.1.2.3 振动量级的表述方法

振动测量的基本参数——振幅、频率和相位。它们既是谐振振动的标征，也是研究复杂振动的基础。一个简谐振动可以用位移 d、速度 v 或加速度 a 来表示。

位移： $$d=d_{\rm m}\sin\omega t \quad ({\rm m}) \tag{27-9-1}$$

式中 $d_{\rm m}$——位移最大值。

速度： $$v=v_{\rm m}\sin(\omega t+\pi/2) \quad ({\rm m/s}) \tag{27-9-2}$$

式中 $v_{\rm m}$——速度最大值。

加速度： $$a=a_{\rm m}\sin(\omega t+\pi) \quad ({\rm m/s^2}) \tag{27-9-3}$$

式中 $a_{\rm m}$——加速度最大值。

对于简谐（正弦）振动，位移、速度、加速度的数值可以运用如下公式进行简单的换算：

$$a_m=-\omega v_m=-\omega^2 d_m \tag{27-9-4}$$

振动单位有两种表示方法。

(1) 绝对单位制

绝对单位制能客观地评定振动的大小，见表 27-9-2。

(2) 相对单位制

相对单位制用对数级表示，其定义为待测量与基准量之比取对数，基准量按 ISO 1683 标准执行，单位为 dB，见表 27-9-3。

表 27-9-2　绝对单位制

振动量	单位	适用范围
位移	m 或 mm、μm	建筑、桥梁、水坝、构件等的变形；10Hz 以下的低频振动，测量时会出现明显的变形，适用于位移表达式
速度	m/s 或 mm/s	振动速度与能量成正比；在评定机械设备的振动烈度时选用速度表达式
加速度	m/s^2 或 g ($1g=9.81m/s^2$)	人体对振动加速度比较敏感，在评定人体振动响应时使用加速度值；高频振动和宽频带振动测量、冲击试验、频谱分析时选用加速度的表达方式

表 27-9-3　相对单位制

相对单位制	对数表达式/dB	基数
位移级	$L_d=20\lg\frac{d}{d_0}$	$d_0=10^{-12}m$
速度级	$L_v=20\lg\frac{v}{v_0}$	$V_0=10^{-9}m/s$
加速度级	$L_a=20\lg\frac{a}{a_0}$	$a_0=10^{-6}m/s^2$

9.1.3　振动测量系统

振动测量系统可分为振动激励设备和振动测试仪器两部分，振动激励设备布置框图见图 27-9-2，振动测试仪器布置图见图 27-9-3。按照测试的需求可以灵活地运用。

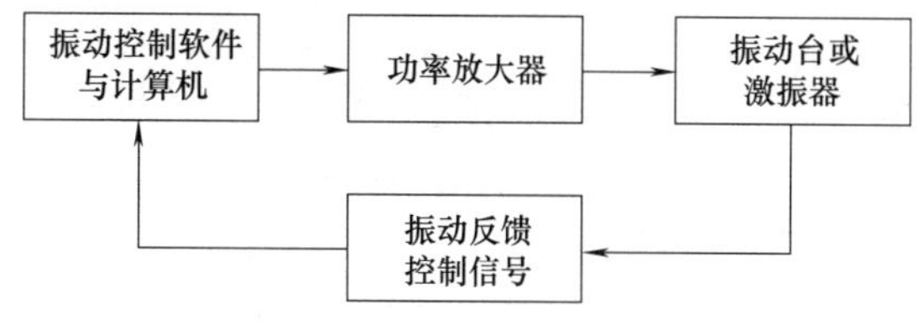

图 27-9-2　振动激励设备布置框图

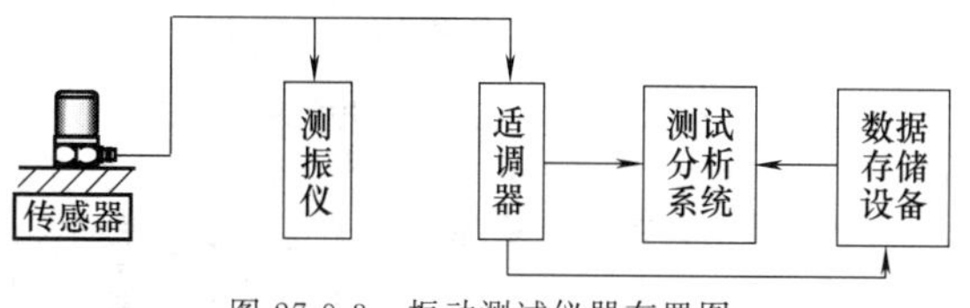

图 27-9-3　振动测试仪器布置图

在测试系统中，接地是抑制噪声、防止干扰的主要方法。具体的做法是将整个测量系统的仪器外壳用导线连接后单点接地。单点接地要求做到以下几点：

① 安装加速度计时做好传感器与测点之间的绝缘；

② 单点接地点的接地电阻状况良好；

③ 若采用交流电源的接地用作单点接地的接地端，只要连接所有仪器外壳即可，避免形成多点接地的状况。因多点接地，电流会通过大地形成回路，产生干扰源，图 27-9-4 为二点接地示意图；

④ 信号屏蔽线的破损、加速度计接插件接触不良也会造成系统干扰。

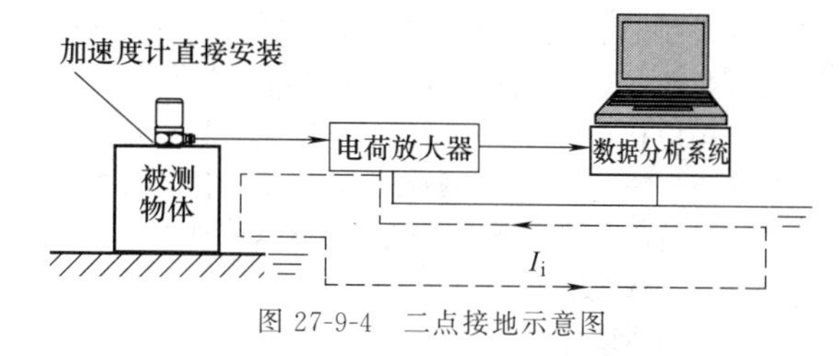

图 27-9-4　二点接地示意图

9.2　振动测量传感器

传感器是能将振动信号或者其他物理信息转换成电信号的重要敏感元件。在振动测量系统中，经常用到的传感器按测量参数的不同可分为加速度计、速度传感器、位移传感器、力传感器等。

9.2.1　加速度传感器

加速度传感器是利用晶体的压电效应原理制成的加速度计，它输出的电量与它承受的加速度值成正比。加速度计由于具有体积小、频响宽、相频特性好等优点，是目前使用最广泛的振动测量传感器。

9.2.1.1　加速度计的原理和结构

压电式加速度计的结构有外缘固定型、中间固定型、倒置中间固定型、剪切型多种形式（见图 27-9-5）。

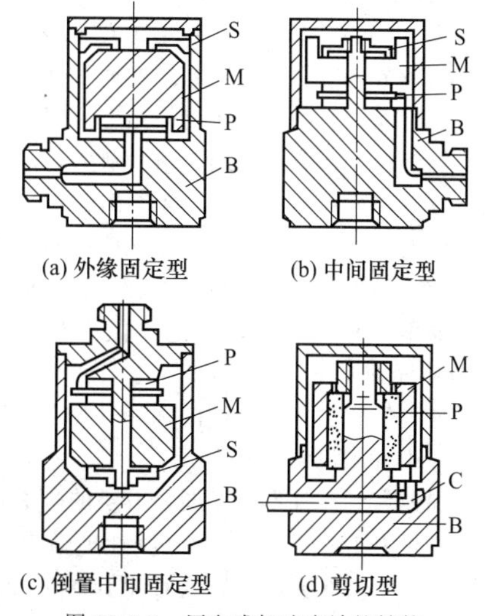

图 27-9-5　压电式加速度计的结构

相比之下剪切型结构的加速度计性能较好，得到广泛的运用，剪切型分为环形剪切和三角形剪切。环形剪切的结构是将压电材料 P 制成圆筒状，并粘接在中心架上，其外圆周粘接一个圆筒状的质量块 M。当加速度计沿其轴线振动时，压电材料将受到剪切变形而呈现电荷。这种结构可以较好避免外界条件的影响，并有利于结构的小型化。三角形剪切用三块压电材料，每块都附加质量块，并以三角形剪切模式排列，外围用高张力预紧环紧固。这种结构具有较高的谐振频率和稳定性能，灵敏度高，压电元件具有良好的隔离、较小的温度瞬变灵敏度，但结构复杂。目前多数加速度计都采用此种结构形式。

用作加速度计的压电材料有两大类，见表27-9-4。

表 27-9-4　加速度计的压电材料

压电材料	性　能	用　途
压电晶体石英	天然的石英性能稳定，机械强度高，绝缘性能好，耐高温	制造标准加速度计
压电陶瓷	压电陶瓷是人工合成，如钛酸钡、锆钛酸铝等。容易获得，压电常数高	制成各种用途的加速度计
压电薄膜	有机压电材料，如聚偏氟乙烯(PVDF)。材质柔韧，密度低，阻抗低，压电常数高	制成各种用途的加速度计

9.2.1.2　加速度计的类型

加速度计分为压电式加速度计和电压式加速度计。压电式加速度计也称为电荷式加速度计，电压式加速度计简称 ICP (integrated circuits piezoelectric) 传感器。上一节详细介绍了压电式加速度计的工作原理和结构。压电式加速度计输出的是电荷信号，其特点是高阻抗信号，不能直接用于信号放大，需要和电荷放大器或电压放大器（9.3.1 节作详细介绍）配套使用。电压式加速度计在压电式加速度计的结构上增加了内置微型阻抗变换器，将高阻抗的电荷信号转换成低阻抗的电压信号输出，与电源供给器配套使用（9.3.2 节作详细介绍）。表 27-9-5 详细列举了压电式加速度计与电压式加速度计的区别，表中有关内容在后面的章节中详细说明。

两种加速度计在外形上相同，分辨的方法看加速度计灵敏度的单位。压电式加速度计电荷灵敏度单位：pC/(m/s^2)；电压式加速度计电压灵敏度单位：mV/(m/s^2)。

表 27-9-5　压电式加速度计与电压式加速度计的区别

	压电(电荷)式加速度计	电压式加速度计(ICP)
仪器匹配要求	电荷放大器	4mA 恒流源
输出信号	电荷信号	电压信号
输出阻抗	高阻抗	低阻抗
灵敏度单位	电荷灵敏度 pC/(m/s^2)	电压灵敏度 mV/(m/s^2)
测量范围	大	小
时间常数	可变	固定
随机稳态振动	可选用	可选用
强冲击试验	可选用	不可选用
价格	高价格	低价格
连接电缆	低噪声电缆	无需特殊电缆
电缆长度	电缆长度有限制	允许较长的传输距离

9.2.1.3　加速度计的主要性能指标

1）灵敏度　加速度计的灵敏度是指在一定的频率和环境条件下，承受一定加速度值时，输出电荷量或电压量的大小。或者使用重力加速度单位，电荷灵敏度单位：pC/g；电压灵敏度单位：mV/g。

2）频率响应　当加速度计承受恒定加速度值时，灵敏度随频率变化的情况，通常以曲线的形式表示。见图 27-9-6，生产厂家提供的频响曲线。

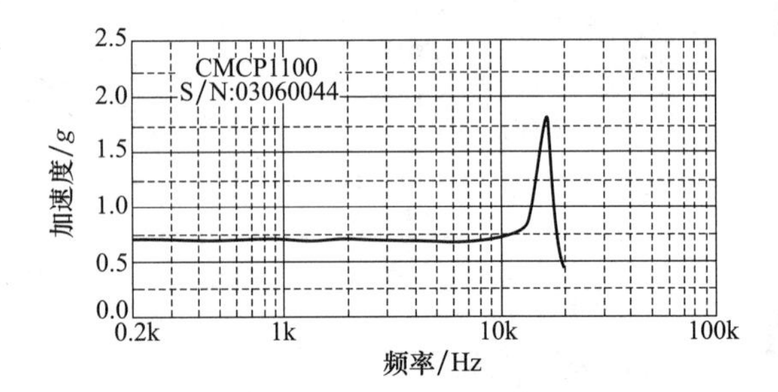

图 27-9-6　某加速度计频响曲线

加速度计的压电效应是静电现象，微弱的电荷量不可避免地会产生泄漏，因此加速度计不适合测量恒定加速度这类单向运动，使用频率下限设在 0.2～0.5Hz。

从频响曲线可看到，加速度计的工作频响范围很宽，并且灵敏度前端平整；只有在接近共振频率 f_0 时，才会发生急剧变化。使用频率上限设在共振频率 f_0 的 1/5 频段时，灵敏度的偏差为±5%；设在共振

频率 f_0 的 1/3 频段时，灵敏度的偏差为±10%。

3）横向灵敏度　横向灵敏度是与主轴方向成直角的灵敏度，以加速度计灵敏度的百分数表示。一般应控制在 2%～5%。

4）长期稳定性　长期稳定性是灵敏度随时间变化的情况，年变化率应小于 2%。稳定性指标的好坏是衡量加速度计质量的主要因素。

5）最高工作温度　常用加速度计最高工作温度大致分为两种：125℃、250℃。

9.2.1.4　加速度计的安装

共振频率 f_0 是指加速度计本身的自然谐振频率。在实际使用中加速度计是被安装在被测物体表面上，由于加速度计的安装方法不同，其安装自然谐振频率 f_1 相对于共振频率 f_0 不同程度地下降，导致测试系统的频响特性大有差异。安装方法包括螺栓安装、绝缘安装、粘贴、磁铁、蜂蜡、探针、机械滤波器，采用哪种安装方法取决于加速度计和试验结构的形式。尽可能地减小加速度计安装对频率响应的影响，机械滤波器方法除外。

1）螺栓安装　安装加速度计的最好方法是螺栓连接（图 27-9-7），它的安装自然谐振频率 f_1 接近于共振频率 f_0。安装时注意确保安装螺纹必须与表面垂直，且无毛刺；两个安装表面平滑耦合，在安装表面涂少量油脂有助于改善冲击和高频段的响应。因为要在被测物体上打孔，这种安装方法在实际使用中受到很大限制。在高频测量和冲击测试时，螺栓安装是唯一的安装方法。

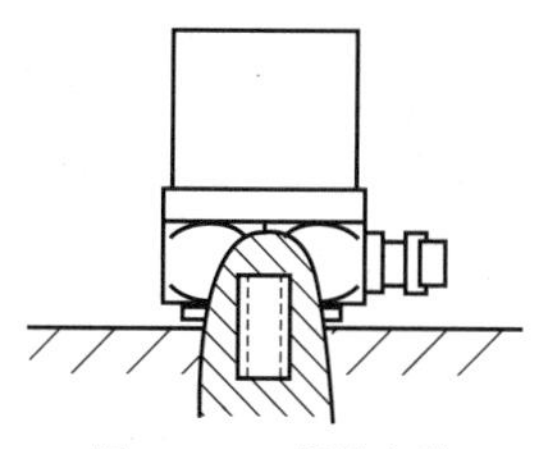

图 27-9-7　螺栓安装

加速度计安装时，安装扭矩要求适当；螺栓安装不要完全拧满加速度计的螺孔，以确保加速度计的安装底座不产生过大的应力和变形而影响灵敏度。

2）绝缘安装　当加速度计和被测物体之间要求进行电气绝缘和控制接地回路噪声时，可以使用绝缘螺栓和云母垫片的安装方法，绝缘材料可采用尼龙、塑料等（图 27-9-8）。绝缘安装的方法只适用于 10kHz 以下的测量。有些产品在加速度计底部加装了强阳极氧化铝粘接垫，成功地解决了加速度计与地之间的绝缘问题。

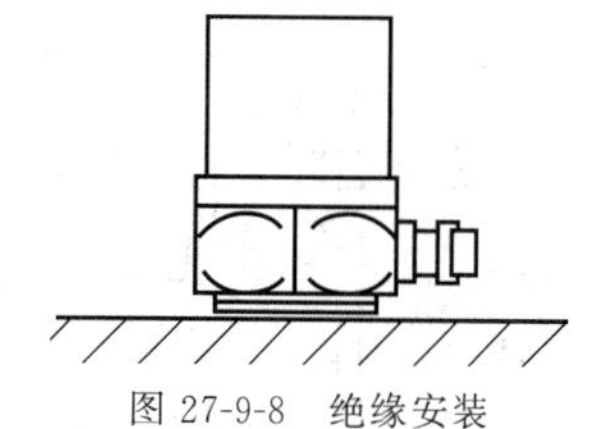

图 27-9-8　绝缘安装

3）磁铁　如果被测表面是钢铁制品，可以将加速度计旋在永久磁铁座上，直接吸附在测点上进行测量。这种安装方法对若干不同测点的交替快速测量非常便利。测量的频率上限视永久磁铁的性能而定，一般在 5kHz 左右。

选用附加质量较轻的磁铁座，以减轻附加质量对系统特性的影响。此种安装方法的振动测量范围不得大于 50g；测点表面温度不得高于 150℃，因为磁铁内部的粘接剂在高温下会老化失效。

4）粘贴　常用的方法是使用 502 胶（氰基丙烯酸酯快干胶）将加速度计直接粘贴在测点上，工作温度－10～＋80℃，耐水、酸、碱能力差。具体操作步骤：

先将测点表面的油漆杂质清除（测点表面的油漆会造成高频信号的衰减）；用细砂皮打磨平整；使用干净的纱布蘸取丙酮，清洗加速度计底部和测点表面的油渍（丙酮属易燃品，注意安全使用）；取少量 502 胶水涂抹在加速度计底座表面；迅速地将加速度计按在测点上，并适当地来回旋转两下，达到排除其间多余胶水和气泡的目的，以求达到最佳粘贴效果；等 502 胶干透后，即可进行试验。试验结束后，使用活络扳手横向扳动加速度计的底部，即可轻松地取下加速度计。502 胶粘贴的方法只适用于 5kHz 以下的振动测量。不宜在潮湿的环境中使用。

5）蜂蜡　使用蜂蜡将轻型加速度计粘接安装，这种方法适用于试验结构不允许进行任何安装改动的模态和结构分析试验。频率范围在 5kHz 以下。测点表面温度在 50℃ 以上，蜂蜡会明显软化而无法进行测试。

6）探针　在某些特殊的场合，一般的安装方法因现场条件限制无法使用，可用安装在加速度计底部的金属探针进行测量；或者干脆将加速度计直接按在被测点上；常用于巡回检测，具有简单、方便、灵活的优点。频率范围在 1kHz 以下。探针是便携式测振仪常用配置，见图 27-9-9 探针测量。

7）机械滤波器　机械滤波器属低通滤波器，频率上限为 1kHz，安装在测点与加速度计之间，两端采用螺栓安装。机械滤波器的结构是在两块金属之间

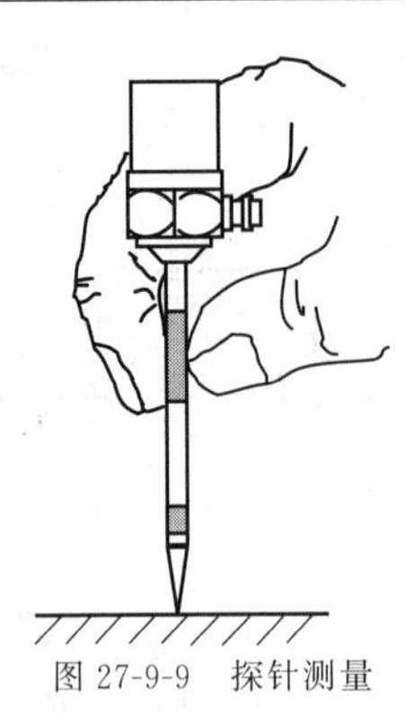
图 27-9-9　探针测量

夹着一层橡胶（见图 27-9-10），利用橡胶的阻尼作用，特意将测点振动信号中高于 1kHz 的高频分量滤除，达到测量的特殊要求，常用于强冲击试验。

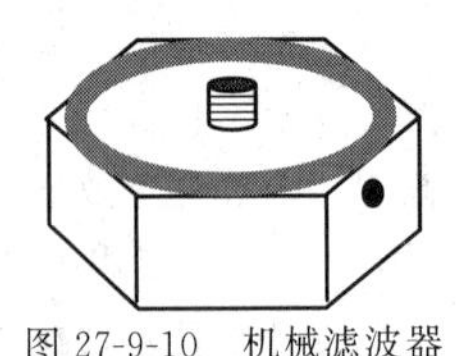
图 27-9-10　机械滤波器

使用机械滤波器时，必须将配套的安装栓插入安装孔内方可装卸加速度计，以免损坏机械滤波器的橡胶层。

8）导线固定问题　加速度计的连接电缆应固定在加速度计的安装表面上，从而减少试验过程中因晃动而造成信号的干扰或丢失，特别是在强冲击试验中，巨大的冲击力甚至会拉断连接导线。导线连接见图 27-9-11。

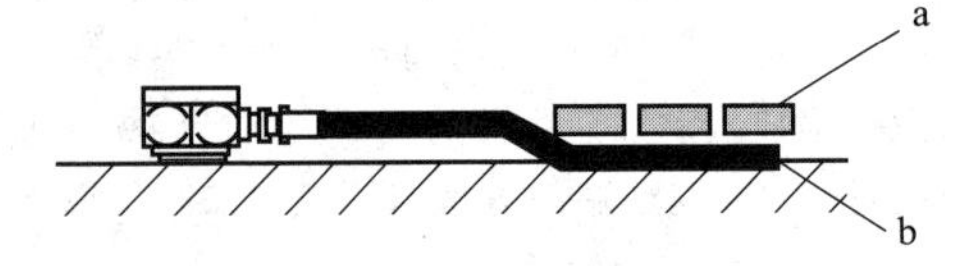

图 27-9-11　导线连接示意图
a—错误的；b—正确的（用蜡、带子或其他方法固定）

9.2.1.5　加速度计的选择

（1）稳态振动测量

稳态振动测量常用压电式加速度计或电压式加速度计。表 27-9-6 列举了三种不同型号的压电式加速度计进行比较，表 27-9-7 列举了同一系列不同规格的电压式加速度计进行比较。

（2）冲击振动测量

冲击加速度计采用压电式加速度计，具有灵敏度低、测量范围大、频率响应宽、质量轻、加速度计本身带有固定螺栓等特点。表 27-9-8 列举了二种不同型号的冲击加速度计进行比较。

表 27-9-6　三种不同型号的压电式加速度计

压电式加速度计	单位	A	B	C
灵敏度 10%	pC/(m/s²)	10	3	1
频率响应	kHz	4.8	8.4	12.6
安装谐振频率	kHz	16	28	42
质量	g	54	17	11
直径尺寸	mm	21	15	14
高度	mm	28	27	24
最高工作温度	℃	250	250	250
适用范围		测量微弱振动信号	一般稳态振动测量	轻型结构振动测量
选择方法	加速度计的选择应从灵敏度、频率响应和加速度计附加质量三个因素，结合整体测量方案、被测物体的情况、现场具体条件等多方面因素全盘考虑			

表 27-9-7　同一系列不同规格的电压式加速度计

电压式加速度计	单位	D	E	F
测量范围(加速度)	g	±25	±50	±100
灵敏度	mV/g	200	100	50
频率响应 5%	Hz	1.0～8K	0.5～10K	0.5～10K
阈值(加速度)	g	0.002	0.004	0.006
质量	g	7.5	7.5	7.5
最高工作温度	℃	100	100	100
选择方法	考虑测量范围与灵敏度之间的关系，测量范围愈大，则灵敏度愈小			

表 27-9-8　不同型号的冲击加速度计

冲击加速度计	单位	G	H
灵敏度 10%	pC/(m/s²)	0.3	0.004
频率响应	kHz	16.5	54
安装谐振频率	kHz	55	180
最高冲击加速度	km/s²	250	1000
质量	g	2.4	3
直径尺寸	mm	7.5	7
高度	mm	11	16.3(含螺栓高度)
最高工作温度	℃	140	180
适用范围		一般冲击试验	强冲击试验
安装方式	螺栓安装		

9.2.1.6　适用于不同场合的加速度计

（1）微型加速度计

微型加速度计本身的质量很小，是专为测量小巧轻盈结构设计的加速度计，可用于高频测量。使用时需采用蜂蜡粘贴安装。

（2）高灵敏度加速度计

高灵敏度加速度计具有极高的灵敏度；内部配备了线路驱动前置放大器和低通滤波器；通过适配器后输出信号电压灵敏度 300mV/(m/s^2)；频率范围 0.1～1000Hz；适用于大型结构的低频低振级的测量，如大规模集成电路光刻机基础地面微振动测量；高灵敏度加速度计的测量范围有严格限制，不得使用在大于 10m/s^2 的场合。

(3) 高温加速度计

一般加速度计的工作温度为 250℃以下，高温加速度计的工作温度为 400℃以下，外壳和引出导线具有隔热功能。

(4) 三向加速度计

三向加速度计是在三个正交方向上各安装一个独立的加速度计，适合在三个方向上同时进行振动测量。常用于模态试验。

(5) 电容式加速度计

一般的加速度计的频率下限为 0.1Hz，电容加速度计的频率范围 DC～300 Hz。电容式加速度计采用"变电容"设计原理：结构是由一个振动膜片位于二个电极中间，形成弹簧质量系统中的惯性质量；二个电极与振动膜片之间的间隙分别形成二个电容；当振动膜片由于加速度的作用偏离中心位置时，二个电容值就会出现电容差；这电容差在一定幅值范围内与运动加速度成线性比例；通过电桥电路转换成电压输出；由于二个电容器的工作状态互补，使用差动电路的设计方案产生抗环境干扰。长期稳定性好，适用于低频、静态加速度测试。见图 27-9-12 和表 27-9-9。

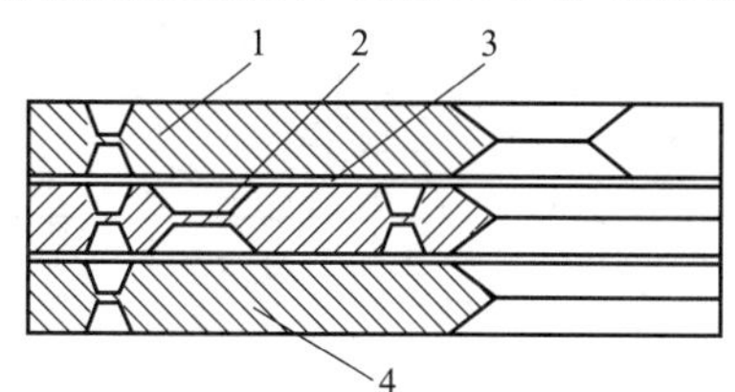

图 27-9-12　电容式加速度计结构图

1—顶电极；2—弹簧；3—质量；4—底电极

表 27-9-9　电容式加速度计

电容式加速度计	单位	M	N
测量范围(加速度)	g	±2	±10
灵敏度 5%	mV/g	1000	200
零点输出	mV	±30	±30
频率响应	kHz	0～300	0～180
电源	mA	1.3	1.3
质量	g	17	17
尺寸	mm	23×23×11	23×23×11
工作温度	℃	85	85

(6) 石英标准加速度计

天然的石英性能稳定，机械强度高，绝缘性能好，耐高温，适用于制造标准加速度计。用于对其他加速度计进行精密的背靠背比较校准（见表27-9-10）。

表 27-9-10　各种特殊用途的加速度计

特殊用途的加速度计	单位	微型加速度计	高灵敏度加速度计	石英标准加速度计
灵敏度	pC/(m/s^2)	0.11	316	0.125
频率响应 10%	kHz	26	1	4.5(2%)
安装谐振频率	kHz	85	6.5	32
质量	g	0.65	470	40
测量范围	m/s^2	—	10	—
直径尺寸	mm	3	41	16
高度	mm	6	58.3	28
最高工作温度	℃	250	85	200

9.2.1.7　加速度计的标定

加速度计的标定按标定精度可分为绝对校准方法和相对校准方法。绝对校准精度为 0.5%；校准设备昂贵复杂，一般用于产品出厂检验和针对标准加速度计进行标定。相对校准方法使用经过绝对校准的仪器去标定工程上使用的加速度计，校准精度为 2%。本章节主要介绍加速度计灵敏度的相对校准方法。

加速度计灵敏度的相对校准方法有标准加速度计比较法和激励器校准法二种。

(1) 标准加速度计比较法

这种校准法也称为"背靠背"校准法，具体仪器布置见图 27-9-13。振动台产生已知幅值和频率的正弦波振动，使用石英标准加速度计作为基准值来校准其他的加速度计，获得被校加速度计灵敏度的修正值。

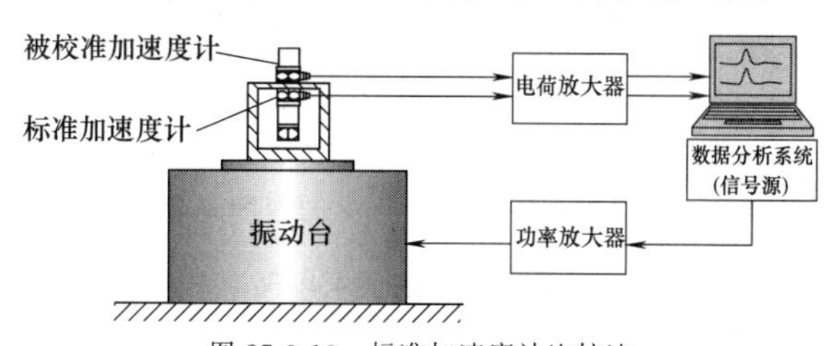

图 27-9-13　标准加速度计比较法

(2) 激励器校准法

将信号源、功放与振动台组合成便携式振动校准激励器（见图 27-9-14），激励器的加速度值 10m/s^2(单峰值)、频率 79.6Hz。校准压电式加速度计时，通过调整被测加速度计的电荷灵敏度值来控制电荷放大器的输出电压值。校准电压式加速度计时，可直接获得电压灵敏度值。

小型手持式激励器用于加速度计的校准；加速度值 10m/s^2（均方根值）、频率 159.2Hz。

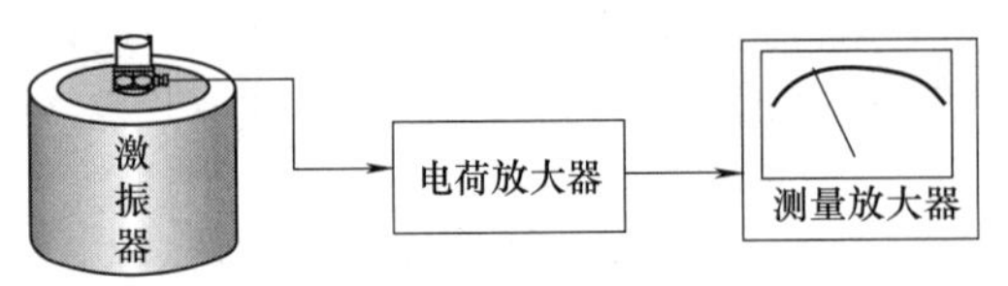

图 27-9-14 激励器校准法（压电式加速度计）

加速度计出厂前均进行校准，随加速度计提供一份检测报告。一年后，每年应到国家认可的计量部门进行校准。

9.2.2 速度传感器

9.2.2.1 磁电式速度传感器

常用的速度传感器（图 27-9-15）属磁电式传感器，工作原理由线圈、芯轴、阻尼环组成一个质量元件；通过弹簧片将质量固定在壳体上，组成一个单质量振动系统；当外壳固定在被测设备上，随被测物振动时，质量—弹簧系统受强迫振动，在线圈中感应电动势产生信号。

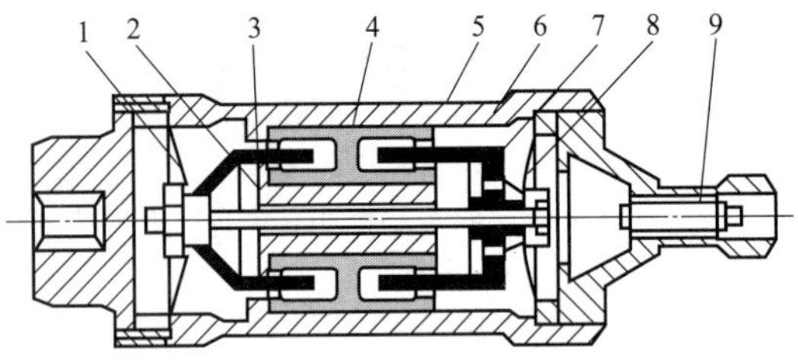

图 27-9-15 速度传感器

1—弹簧片；2—永久磁铁；3—阻尼环；4—铝架；5—芯杆；6—壳体；7—线圈；8—弹簧片；9—输出头

磁电式速度传感器频率范围在 10～500Hz、振幅范围小于 1.5mm、加速度值小于 10g。因为速度传感器存在频率范围窄、附加质量重等缺点，现在速度传感器测量已被加速度计测量替代。加速度信号通过积分得到速度值，适用于 3Hz 以上的速度测量。

9.2.2.2 多普勒激光测速仪

也可以利用激光法测量振动速度，其中应用较多的是利用光波的多普勒频移原理。一束光源打在被测物体上时，如果被测物体有运动速度，则被反射回的光源频率与原入射光源频率 f 存在一个频率差 Δf，该频率差称为多普勒频移，其表达式为：

$$\Delta f = 2fv/c \tag{27-9-5}$$

式中，v 为运动物体在激光入射方向的速度分量；c 为光速。

因此，只要测量出激光的多普勒频移大小，即可换算出物体的运动速度。图 27-9-16 是激光多普勒测速系统原理图，光学系统测量运动物体，产生多普勒频移信号，光电检测器完成信号的收集及光电转换，经过放大及滤波等信号处理，最后在计算机上计算出多普勒频移大小与被测物体速度。

光学系统 ⇒ 光电检测器 ⇒ 信号处理 ⇒ 计算机数据处理

图 27-9-16 激光多普勒测速系统原理图

这种方法属于非接触式测量，因此不会对被测物体产生影响，工作距离可在 1m 以上。其频率测量范围在 0.2～20kHz，测量最大振动速度高达 5m/s。同时，其抗干扰能力强，误差通常＜2%。但是这种方法测量设备昂贵，体积大，安装烦琐，不便于复杂现场的测量。

9.2.3 位移传感器

9.2.3.1 电涡流传感器

电涡流传感器采用的是感应电涡流原理（见图 27-9-17）。当带有高频电流的线圈靠近被测金属时，线圈上的高频电流所产生的高频电磁场便在金属表面上产生感应电流——电涡流。电涡流效应与被测金属间的距离及电导率、磁导率、几何尺寸、电流频率等参数有关，通过相关电路可将被测金属相对于传感器探头之间距离的变化转变成电压信号输出。

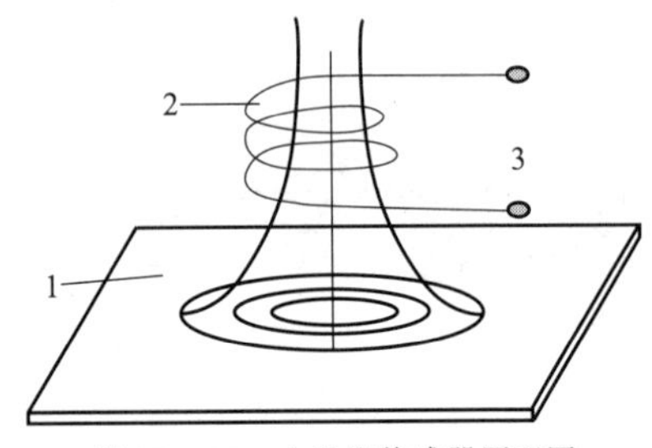

图 27-9-17 电涡流传感器原理图

1—金属板；2—线圈；3—高频电流

电涡流常用的工作电压－24V；输出交流信号是叠加在安装点的输出直流电压之上，图 27-9-17 中所用电涡流传感器的安装间隙 1mm，测点材料 45 钢，相对应的直流电压－8VDC；输出信号的电压范围 0～－20V 之间。进行信号处理时应采用交流耦合的输入方式，滤除信号中的直流分量。电涡流传感器在产品出厂时附有一份检定报告，输出信号与被测导体之间的位移特性曲线图（见图 27-9-18）。不同的被测导体灵敏度不同，测点的金属材料改变时，应重新进行电涡流灵敏度的检定。

电涡流检定结果：

线性范围：0.50～2.50mm　线性中点：1.00mm

灵敏度：8.00V/mm　　工作电压：−24V (DC)

被测材料：45 钢　　温度：24℃

湿度：60％

间距/mm	输出/V	误差/V
0.50	−3.98	+0.02
0.75	−6.02	−0.02
1.00	−8.01	−0.01
1.25	−9.98	+0.02
1.50	−11.96	+0.04
1.75	−13.99	+0.01
2.00	−15.95	+0.05
2.25	−17.99	+0.01
2.50	−19.93	+0.07

(a) 检定数据

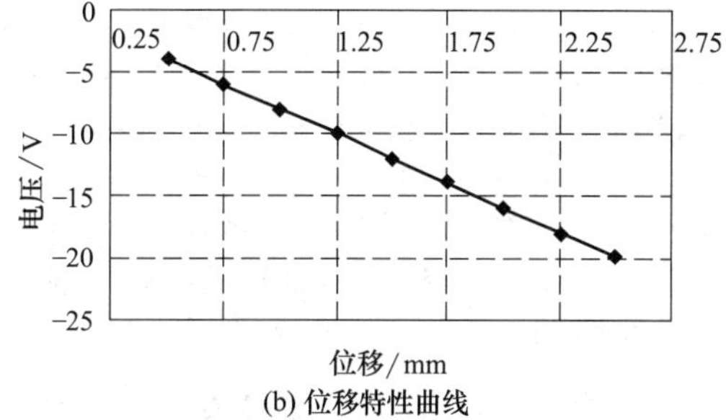

(b) 位移特性曲线

图 27-9-18　电涡流检定结果——位移特性曲线图

电涡流传感器的支架要求安装在质量大的基础上，保证位移测量的精确度。现场经常找不到理想的基准面，所测到的是相对位移量。

9.2.3.2　激光位移传感器

激光位移传感器具有一般位移传感器无法比拟的优点，通常具有 50kHz 的采样频率，100nm 的分辨率，根据被测物体的位移大小，可在 PC 上通过 USB 进行灵敏度设置，且不受被测物体材料所限制，对透明、半透明、轻薄及旋转等物体均可实现高精度的无损检测。

9.2.4　其他传感器

9.2.4.1　力传感器

力传感器是利用石英晶体的纵向压电效应。力传感器结构（见图 27-9-19）由顶盖、石英片、导电片、基座和输出插座组成；导电片夹在二个石英晶片之间；石英晶片有中心螺钉施加适当的预紧力。当外力通过顶盖传递到石英晶片上时，在晶体两端表面产生电荷，产生的电荷信号通过插座输出。

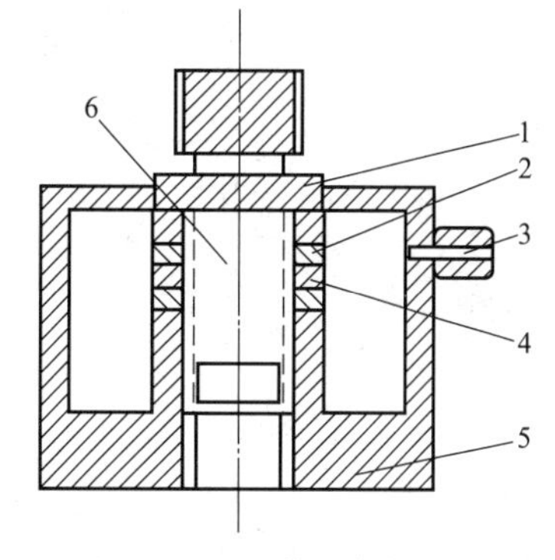

图 27-9-19　石英力传感器结构

1—顶盖；2—石英片；3—输出插座

4—导电片；5—基座；6—中心螺钉

9.2.4.2　阻抗头

阻抗头是由加速度计与力传感器同轴安装构成的传感器，装在激振器顶杆与试件之间（图 27-9-20）。用来测量原点导纳或原点阻抗，能保证响应的测量点就是激励点。阻抗头只能承受轻载荷，适用于轻型结构。在测量刚度大的重型结构阻抗时还得分别使用加速度计与力传感器。

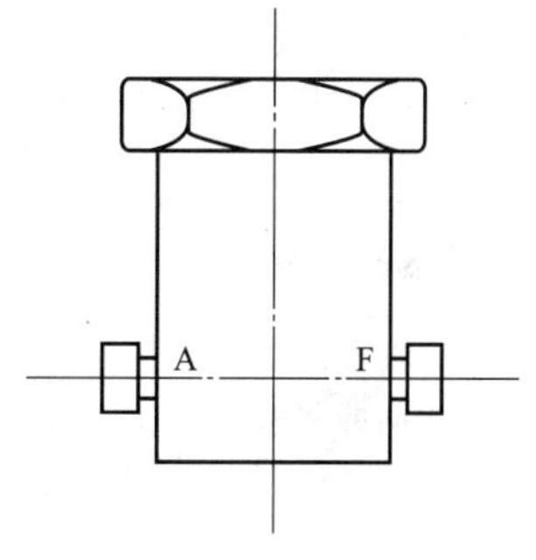

图 27-9-20　阻抗头

9.2.4.3　扭振/扭矩传感器

扭振测试系统通常由磁电式扭振传感器（又称为感应式扭振传感器）、测试齿盘以及安装支架组成。当轴系以某一恒定转速旋转时，扭转振动的存在将使轴系转速产生波动。通过磁电式传感器检测一定时间内测试齿盘的脉冲个数，从而可以计算出轴系扭转振动角速度，并最终得到轴系的扭转振动角。这种测试方法测试范围一般在 0.05°～50°，转速范围为 0～120000r/min，测量误差在 0.5％以内。

扭矩测量时，除了经典的应变片方法，也可以用这种方法测量。通常采用两个磁电式扭振传感器以及两个测试齿盘固定安装在轴的两端，通过测量两个端面的扭振角，从而计算出轴系的扭矩，见图 27-9-21。

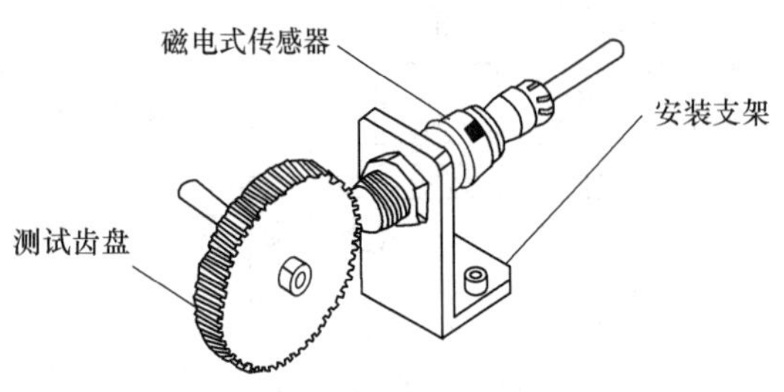

图 27-9-21 扭转振动测量示意图

9.2.4.4 光纤振动传感器

光纤振动传感器的基本工作原理是将光信号经过光纤送入调制器，使待测参数与进入调制区的光相互作用后，导致光的光学性质（如光的强度、频率、相位、波长、偏振态等）发生变化，成为被调制的信号源，再经过光纤送入光探测器，经解调后，从而获得被测参数。光纤振动传感器可用于位移、速度、加速度、压力、应变、声场等的测量。

光纤振动传感器具有很多优异的性能。比如：灵敏度高；几何形状具有多方面的适应性，可以制成任意形状的光纤传感器；可以用于高压、高温、腐蚀或其他的恶劣环境；具有抗电磁和原子辐射干扰的性能等。同时光纤具有径细、质软、重量轻的力学性能，绝缘、无感应的电气性能以及耐水、耐高温、耐腐蚀的化学性能等。

9.2.5 传感器标定

传感器标定是指通过实验测量方法，确定传感器输入量与输出量之间的关系，并且明确不同工作条件下传感器的输出误差范围等。因此，传感器在出厂前，或者使用一段时间后，或在重要试验前，都要对其各项性能指标进行实验，以确定其误差范围。

9.2.5.1 标定内容

对于不同传感器，标定内容可能会有细微差别，对于加速度传感器需包含以下几个方面。

① 灵敏度（定义参考 9.2.1.3 节）。

② 频率特性（定义参考 9.2.1.3 节）。

③ 线性范围：是指传感器的输出电信号与输入机械量能否像理想系统那样保持比例关系（线性关系）的一种度量，是描述传感器静态特性的一个重要指标。

④ 动态范围：是指在保证一定的测量精度下，加速度传感器可以测量的最大、最小加速度值范围。

⑤ 横向灵敏度（定义参考 9.2.1.3 节）。

⑥ 安装共振频率：是指传感器在规定的安装条件下校准得到的共振频率。

⑦ 环境因素的影响，包括高温、高压、强磁等环境。比如传感器在不同温度下工作时，要考虑温度对传感器性能的影响，并给出相应的修正曲线。

9.2.5.2 标定方法

传感器常用的标定方法有相对校准法和绝对校准法两类。

(1) 相对校准法

相对校准法是用一个精度较高的传感器（如激光传感器）去校准另一个传感器，也称为“背靠背”校准法。用相对校准法时，应把标准传感器和被校传感器固定在一起后，再安装在振动台上，以便使它们感受相同的振动量。这种校准方法的准确度主要取决于标准传感器的精度。因此标准传感器的灵敏度、频响、线性度等一定要用绝对校准法校准。

(2) 绝对校准法

绝对校准法的主要工作是用精密设备进行长度和时间两个基本参数的测量，继而计算出速度和加速度，再用电子仪器测量出电参量，然后对需要标定的参数进行计算。绝对校准法所得到的校准准确度主要取决于测量设备的精度以及操作者的水平。这种方法要求高精度的测量设备，且校准技术复杂、周期长，因此常用于计量部门。

9.2.5.3 加速度传感器标定

本节以加速度传感器为例，简单阐述其标定过程，具体过程见 9.2.1.7 节。

9.3 其他测试仪器

9.3.1 信号放大器

压电式传感器是一种能产生电荷的高阻抗发电元件。通常产生的电荷量很小，如果用一般的测量仪器直接测量，则由于测量仪器的输入阻抗有限，而导致压电材料上的电荷通过其输入阻抗放掉。因此欲测量该电荷量，需要采用输入阻抗很高的测量仪器。通常有两种方法：一种是直接测量电荷量，称之为“电荷放大器”；另一种是把电荷量转换为电压，然后测量电压值，称为“电压放大器”。下面对这两种常用信号放大器进行介绍。

9.3.1.1 电荷放大器

压电式加速度计接上电荷放大器组成一个最简单的振动测量系统。电荷放大器是由阻抗变换器、归一化电压放大器、积分电路、高低通滤波器、输出放大器组成（图 27-9-22）。

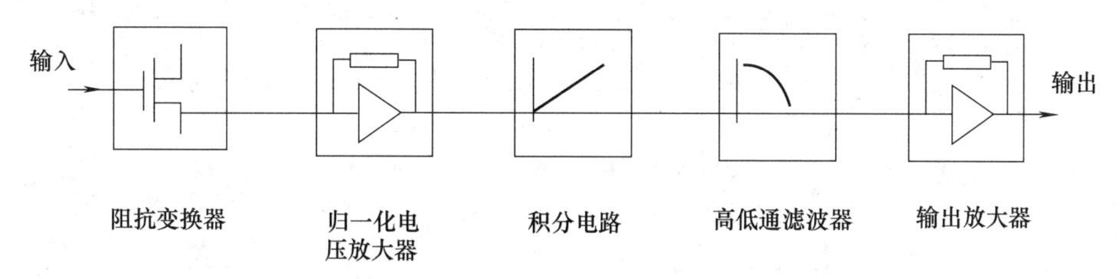

图 27-9-22　电荷放大器框图

由场效应管组成的阻抗变换器将高阻抗的电荷信号转换成低阻抗的电压信号。归一化电压放大器又称适调放大器。归一化的含义：当被测加速度恒定时，同时使用多个不同灵敏度的加速度计进行测量，会得到相同的电压输出，便于测量和简化数据分析的这种换算被称为“归一化”。运用积分电路可得到速度或位移信号。高低通滤波器可以滤除不需要的频率分量。通过改变放大器增益达到调节测量范围的目的。

压电效应所产生的电荷量极其微弱，连接压电式加速度计的导线必须使用经过石墨处理的低噪声电缆，它能有效地克服因电缆晃动造成导线内部材料之间摩擦产生的附加电荷，有效抑制干扰噪声。

电荷放大器的输入阻抗特别高，必须将加速度计用低噪声电缆连接电荷放大器后，方能接通电源。避免造成电荷放大器输入端场效应管的击穿损坏。

9.3.1.2　电压放大器

图 27-9-23 是电压放大器的原理框图。输入信号经电容衰减器衰减到合适的幅度，然后由阻抗变换器变换成低阻抗输出信号，经主放大器放大后，送至积分器，再经输出放大器放大，使信号具有一定的功率输出。其中主放大器设一反馈电阻，调节它的大小可改变放大器增益。

与电荷放大器不同的是当使用电压放大器时，电缆长度以及阻抗都将对加速度灵敏度产生影响，因此需要使用与其相匹配的电缆，以免加速度灵敏度发生改变。

与电荷放大器相比，电压放大器线路图简单，但是其带宽、灵敏度受传感器线路以及电容量限制，且输出信噪比低。

9.3.2　电源供给器

电源供给器提供 4mA 恒流源，用作电压式加速度计内置微型阻抗变换器的工作电压。有些型号的电源供给器带有信号放大功能，仅仅对输入的电压信号进行放大，不能像电荷放大器那样通过改变放大器增益达到调节测量范围的目的［电压式加速度计的测量范围是固定值（见表 27-9-7）］。

现在数据采集分析系统的输入端具有提供 4mA 恒流源的功能，测试时直接将电压式加速度计连接到数据采集器的输入端即可进行振动测试。

9.3.3　数据采集仪

数据采集仪是将传感器所测得的振动信号及其变化过程显示并存储下来的设备。数据显示可以用各种表盘、电子示波器或者显示屏来实现。数据存储则可以采用模拟式的磁带记录仪、光线记录示波器或者电脑等设备来实现。而在现代测试工作中，越来越多的是采用虚拟仪器直接记录存储在硬盘上。

通常数据采集仪按其信号传输方式可以分为有线数据采集仪和无线数据采集仪两类。下面分别介绍。

9.3.3.1　有线数据采集仪

有线数据采集仪是指传感器采集的振动信号在传输至存储设备的整个过程中，均是通过电缆传输。目前绝大多数采集系统均是此种类型。

其通常由多路模拟开关、采样保持器、信号调理模块、A/D 转换模块、I/O 扩展口模块以及存储显示设备等组成。见图 27-9-24。

这类数据采集仪采样频率范围宽、通道数多、抗干扰能力强。

9.3.3.2　无线数据采集仪

在某些特殊测试场合，有线数据采集仪无法满足要求。比如测量旋转轴系的振动加速度，此时需要无线数据采集仪。目前无线数据采集仪主要分为两大类：第一类是传感器采集的振动信号在传输给数据采集仪的中间过程使用无线传输方式；第二类是传感器采集的振动信号在传输给数据采集仪后再使用无线传输方式传输给存储设备。

第一类的组成框图如图 27-9-25 所示，通常数据发射模块与数据接收模块间的无线传输方式通过感应线圈进行。由于信号经过整流电路后直接通过电缆传输给数据采集仪，因此这类无线采集系统中，数据采集仪无需特殊定制，使用普通的有线数据采集仪即可。

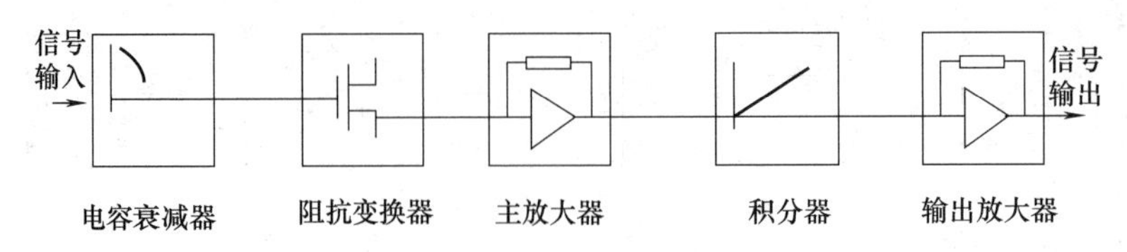

图 27-9-23　电压放大器原理框图

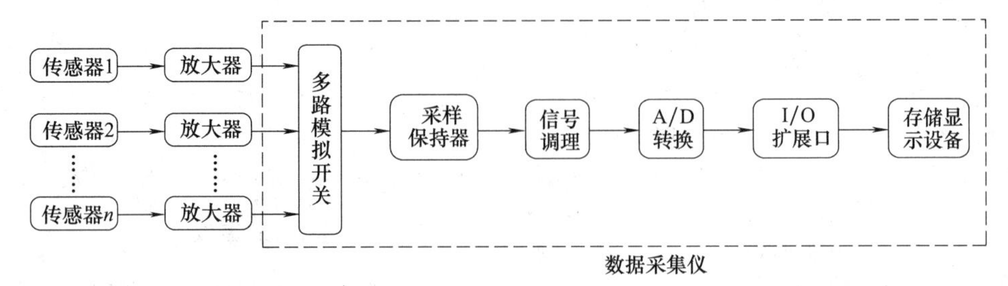

图 27-9-24　有线数据采集仪组成框图

图 27-9-25　第一类无线数据采集系统组成框图

第二类的组成框图如图 27-9-26 所示，通常传感器信号传输给数据采集仪后，通过无线网络的方式与存储设备进行通信，因此这类数据采集仪中含有信号发生模块。这类系统中，由于数据采集仪需与传感器一起安装在旋转设备上，因此其体积通常很小，重量较轻，通道数一般不超过三个。而且由于体积小，电路设计一般比较简单，导致其抗干扰能力较弱。

第一类无线数据采集系统由于使用普通的有线数据采集仪，因此在抗干扰能力、通道数目方面都优于第二类无线数据采集系统。但是其价格昂贵，且安装复杂，对安装人员有很高的技术要求。

图 27-9-26　第二类无线数据采集系统组成框图

9.3.4　便携式测振仪

便携式测振仪由加速度计、放大电路、分析软件、存储器组成；能够进行加速度、速度、位移的测量；具有简单的数据分析存储功能；频率范围在 1kHz 以下，有些测振仪在放大电路中采用了过补偿技术，使得频率范围得到提高；便携式测振仪具有小巧便携，易于操作等特点，适用于现场巡回检测。

9.4　激振设备

激振设备是能按照人们的意志产生干扰力，使结构件发生振动的装置。可进行机械、仪器、仪表等设备的固有频率、固有振型以及产品的例行试验，包括振动强度、振动稳定性、运输颠振试验。激励设备可大致分为力锤、激振器、振动台、冲击试验机等。

9.4.1　力锤

力锤是手握式冲击激励装置，模态分析试验中经常采用的激励设备。力锤由锤帽、锤体和力传感器组成（见图 27-9-27）。当用力锤敲击试件时，冲击力的大小与波形由力传感器测得。使用不同的锤帽材料可以得到不同脉宽的力脉冲，相应的力谱也不同。常用的锤帽材料有橡胶、尼龙、铝、钢等。橡胶锤帽的带宽窄、尼龙次之、钢最宽。因此要根据不同的结构和分析带宽选用不同的锤。常用力锤的锤体重几十克到几十千克，冲击力可达数万牛顿。由于力锤结构简单，使用方便，避免使用昂贵的激励设备，力锤被广泛应用于现场的激励试验。

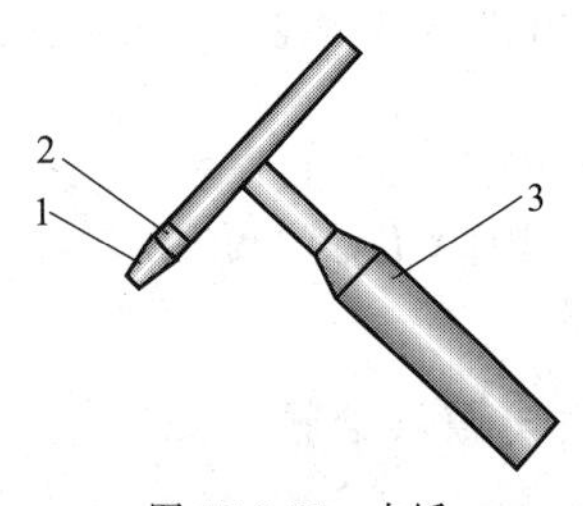

图 27-9-27　力锤
1—锤帽；2—力传感器；3—锤体

脉冲锤击激励法是采用力锤敲击试件，试验系统示意图见图 27-9-28。激励点要求选在刚度大的地方，锤击时要求动作干脆利落，使得激励力谱尽量宽，力谱频率上限以幅值下降 3dB 为限。冲击力函数和频谱图见图 27-9-29。

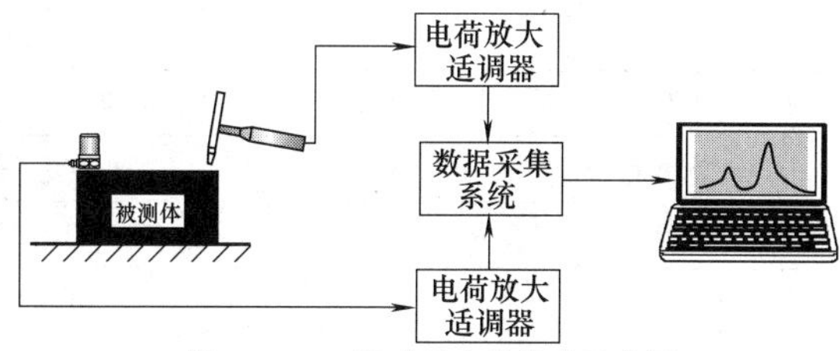

图 27-9-28　脉冲锤击激励法示意图

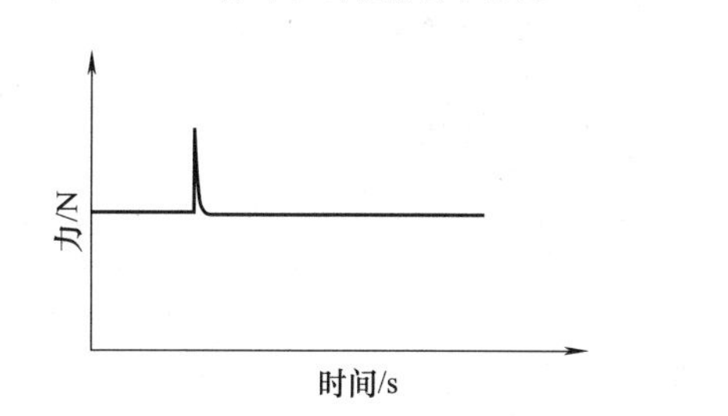

(a) 冲击力函数

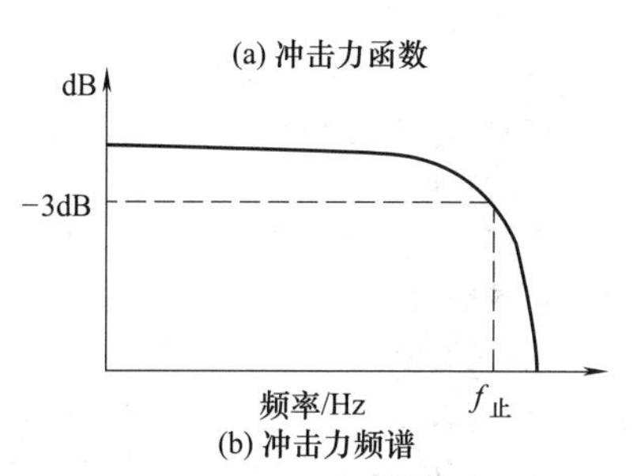

(b) 冲击力频谱

图 27-9-29　冲击力函数和频谱图

9.4.2　电磁式激振设备

电磁式激振设备是将置于磁场间隙中的线圈与振动物体相连，磁场可以采用永磁或者是直流励磁线圈形成的磁场，交变电流通过磁场中的线圈产生往返变化的运动，带动线圈框架或台面产生往复振动。电磁式激振设备可分为电磁激振器和电磁振动台。两者在原理上相同，结构和使用方法上存在差异。激振器是传递力，振动台是传递运动。电磁式激振设备的组成见图 27-9-30。

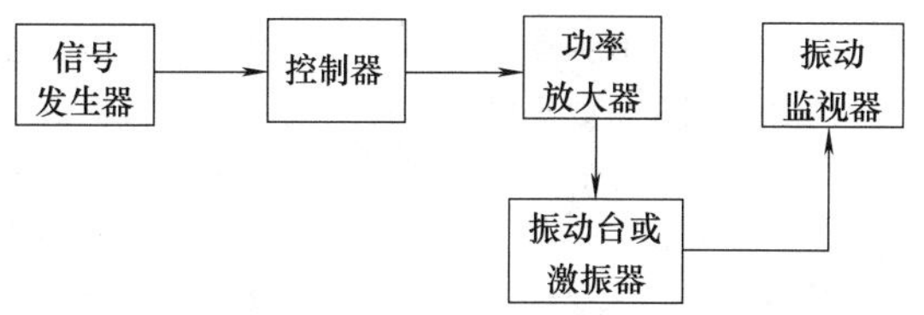

图 27-9-30　电磁式激振设备的组成

9.4.2.1　电磁式激振器

电磁式激振器使用顶杆将激励力传递给试件。顶杆由两端焊接连接螺栓的钢丝做成，顶杆长度一般控制在 150mm 左右，连接激振器和被激励点。安装时要求将激励器位置调整到顶杆两端处于不受力的状态，这点很重要，不仅达到被测系统不受外力影响的目的，同时确保激振器的安全使用。安装方法见图 27-9-31。

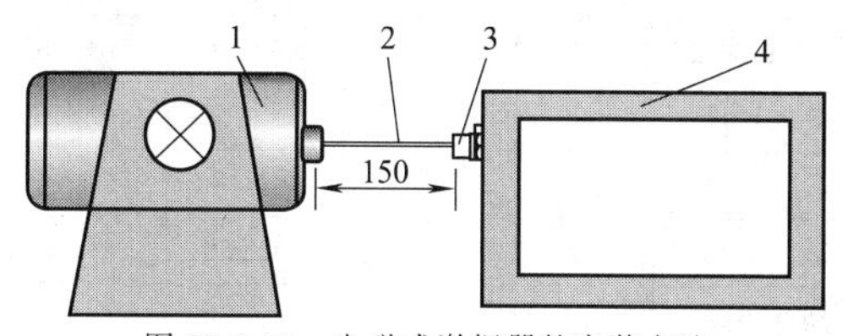

图 27-9-31　电磁式激振器的安装方法

1—电磁式激振器；2—顶杆；3—力传感器；4—被激体

从表 27-9-11 中可看到激振器性能指标中输出力大，加速度和位移就大，激振器重量增加，第一谐振频率下降，相对应的带宽变窄。试验时根据试件的重量、固有频率的分布、所需激励力的大小选用合适的激振器。频率范围处于第一谐振频率的 1/5～1/3 频段，与加速度计的频率响应概念相似。

表 27-9-11　电磁式激振器

型号	单位	A	B	C	D	E
力	N	10	45	112	445	1780
最大加速度峰值	m/s^2	500	736	700	981	1450
最大速度峰值	m/s	—	—	—	1.14	1.3
最大位移峰值	mm	6	8	12.7	12.7	19
第一谐振频率	kHz	18	20	12	7.2	5.5
质量	kg	1.1	8.3	35	88	232
励磁方式		小型永磁振动激励器			电磁振动激励器	

9.4.2.2　电磁式振动台

振动台与激振器的最大区别在于激振器仅能提供激励力，在使用过程中不能承受负载。振动台具有一个可运动的平台，被测物件直接安装在运动平台上。为了降低振动台频率下限，平台下方安装有空气弹簧，降低了弹簧刚度，同时采用较大阻尼增加横向振动的稳定性。表 27-9-12 所示振动台技术指标中针对最大载荷作了限定。

选择振动台型号的主要性能指标是额定推力、加速度、速度、位移。负载的选择最终取决于振动台额定推力的大小。电磁式振动台主要运用于高频振动试验。配备了水平滑台后能够分别在 Y、Z 两个方向上进行振动试验。

表 27-9-12　　电磁式振动台

型号	单位	F	G	H	J	K	L
振动频率范围	Hz	5～5000	5～3000	5～3000	5～2500	5～2500	5～2500
额定随机推力	kN	5.88	9.8	21.56	39.2	49	58.8
最大加速度	m/s^2	980	980	980	980	980	980
最大速度	m/s	2	2	2	2	2	2
最大位移	mm p-p	51	51	51	51	51	51
最大载荷	kg	200	200	300	500	1000	1000
运动部件质量	kg	6	10	22	38	50	58
台面直径	mm	200	240	320	400	445	445
冷却方式		强制风冷					

9.4.3　电液伺服振动台

电液伺服振动台通常称为液压振动台，液压振动台的主要优点是工作频率可低至0.1Hz、负载大、台面大、运动行程大（见表27-9-13）。电液伺服振动台广泛用于道路模拟试验、建筑、桥梁振动特性及模态实验研究、地震研究和大型机电产品的振动试验。

振动台的工作原理由驱动信号来控制小型电动式激振器，带动伺服油阀以驱动油缸，油缸带动振动台面产生相对应的振动波形。同时，高压容器用以提供高压油液，调节高压容器通过伺服阀压力的高低，进而控制振动台的振动幅值。同样也配备了水平滑台，供 Y、Z 两个方向上分别进行振动试验。

表 27-9-13　　电液伺服振动台

型号	单位	M	N	O	Q	R
最大推力	kN	10	50	100	300	500
频率范围	Hz	0.5～120	0.5～100	0.5～80	0.5～50	0.5～50
最大试验负载	kg	300	1000	2000	8000	10000
额定加速度	m/s^2	40	40	40	40	40
额定速度	m/s	0.5	0.5	0.5	0.5	0.5
额定位移	mm	50	51	51	51	51
工作台尺寸	mm	600×600	800×800	1000×1000	1200×1200	1500×1500
冷却方式		水冷				

9.4.4　冲击试验机

冲击试验机采用古典力学自由落体方式，适用于试件的抗冲击试验（见表27-9-14）。冲击波形可以选择半正弦波、后峰锯齿波、梯形波。采用强力摩擦抱闸防二次冲击机构。

表 27-9-14　　冲击试验机

型号	单位	S	P	Q	R	S
最大试验负载	kg	50	100	300	500	1000
脉冲持续时间	ms	50	50	30	18	18
半正弦波峰值加速度	m/s^2	150～6000				150～2000
后峰锯齿波峰值加速度	m/s^2	150～1000		150～500		

9.4.5　压电陶瓷

压电陶瓷是一种能够将机械能和电能相互转换的陶瓷材料。压电陶瓷属于无机非金属材料，具有压电效应的材料，诸如氧化铝、氧化钡、氧化锆、氧化钛、氧化铌、氧化钠等。

在外力的作用下，压电陶瓷产生形变，引起介质表面带电，称为正压效应。可以将极其微弱的机械振动转换成电信号，输出电压与作用力成正比，亦即与试件的加速度成正比。

反之，在压电陶瓷施加激励电场（图27-9-32），介质将产生机械变形，称逆压电效应。通常将贴在试件上的压电陶瓷晶体片通以交流电流，产生压电的反效应致使试件振动。适用于小型、薄壁试件，使用方便。所用的功率放大器选择专用的"压电陶瓷驱动电源"，压电陶瓷驱动电源输出的两个电极要求对地绝缘。

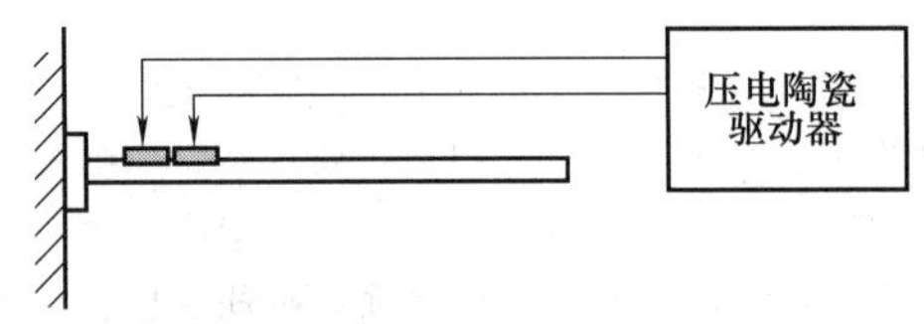

图 27-9-32　压电陶瓷激励图

9.5　数据处理与分析

振动测试得到的原始数据需经过处理才能为工程所参考和应用。从数据的表现形式上可分为模拟信号和数字信号，相应的数据处理方法也分为模拟信号分析（模拟信号相关分析、模拟信号自功率谱分析）和数字信号分析。从数据的规律上可分为周期信号和非周期信号（如非平稳信号、瞬态信号和随机信号等），相应的数据分析方法也分为频谱分析（傅里叶变换、小波变换、线调频小波变换、参数化时频分析、经验模式分解等）、统计分析（期望、方差和概率分布函数等）和相关分析（自相关函数、互相关函数等）等。

9.6　振动测量方法举例

9.6.1　系统固有频率的测定

固有频率是振动系统的一项重要参数。它取决于振动系统结构本身的质量、刚度及分布。确定系统固有频率可以通过理论计算或振动测量得到。对较复杂系统只能通过测量才能得到较准确的系统固有频率。确定系统固有频率的方法是采用振动激励的方法、加速度计信号拾取、使用动态信号测试分析系统得到频率响应函数，其峰值点对应的频率即为固有频率。

振动激励方法采用力锤或电磁式激振器，具体内容可参见 9.4.1 节、9.4.2.1 节的内容。

9.6.2　阻尼参数的测定

阻尼是影响振动的重要因素之一。确定系统的阻尼系数运用实测方法。和固有频率的测定方法相同，采用振动激励的方法、加速度计信号拾取、使用动态信号测试分析系统得到系统的共振曲线（见图 27-9-33）。从共振频率 f_0 峰值下降 3dB 找到对应的 f_1 和 f_2，运用式（27-9-6）求出阻尼比。

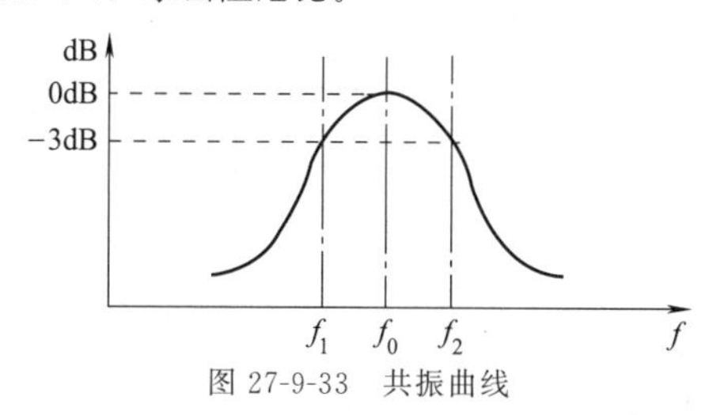

图 27-9-33　共振曲线

阻尼比计算公式：

$$\zeta=\frac{f_2-f_1}{2f_0} \tag{27-9-6}$$

阻尼比测试中 f_1 和 f_2 两个频率相差较大时能保证计算所得阻尼比精度。如果共振曲线较窄，在采样分析数据时应提高分辨率，保证阻尼比的计算精度。

9.6.3　刚度和柔度测量

静载荷下抵抗变形的能力称为静刚度，动载荷下抵抗变形的能力称为动刚度，即引起单位振幅所需要的动态力。静刚度一般用结构在静载荷作用下的变形多少来衡量，动刚度则是用结构振动的频率来衡量。刚度的定义为施加的力与所产生变形量的比值，单位为 N/mm。刚度的倒数称为柔度。

静刚度的测量比较简单，对被测物体加以稳态力的同时测量相对应的变形量，所施加的力从小到大，绘出静刚度曲线（见图 27-9-34）。

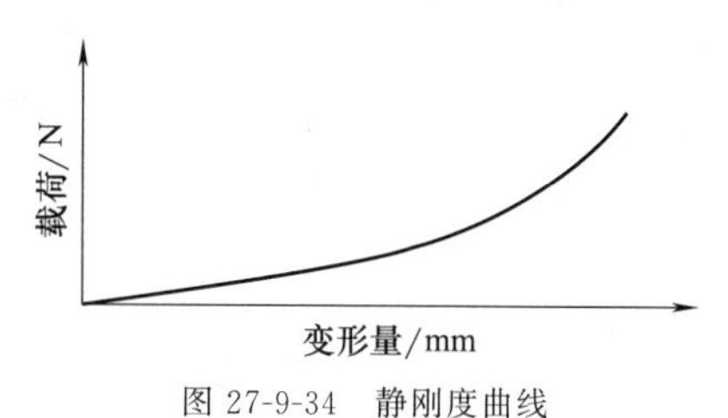

图 27-9-34　静刚度曲线

动刚度的测量采用力锤激励（见 9.4.1 节）或者电磁式激振器激励（见 9.4.2.1 节），采用电磁式激励器激励时，在激励点安装力传感器或阻抗头；安装加速度计，运用动态信号测试分析系统，将拾取的加速度信号经过二次积分后得到该测点的位移；通过力信号与位移信号传递函数求得动刚度曲线（见图 27-9-35）。

当外来作用力的频率与结构的固有频率（见图 27-9-36）相近时，系统可能出现共振现象，此时动刚度最小、变形量最大。

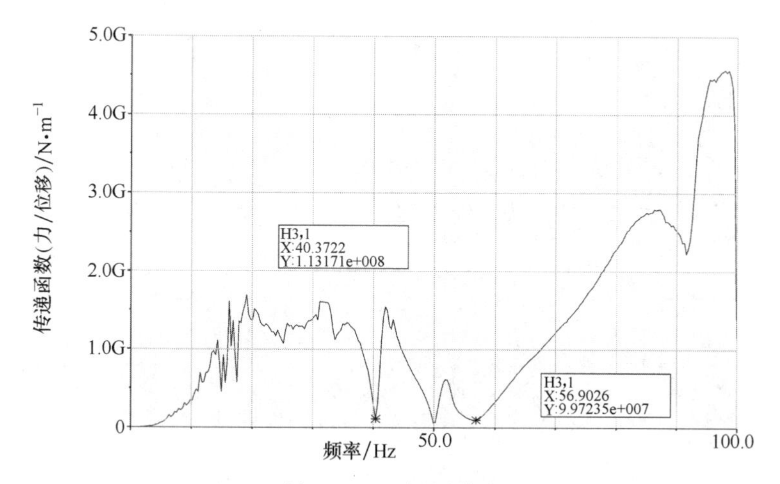

图 27-9-35　动刚度曲线

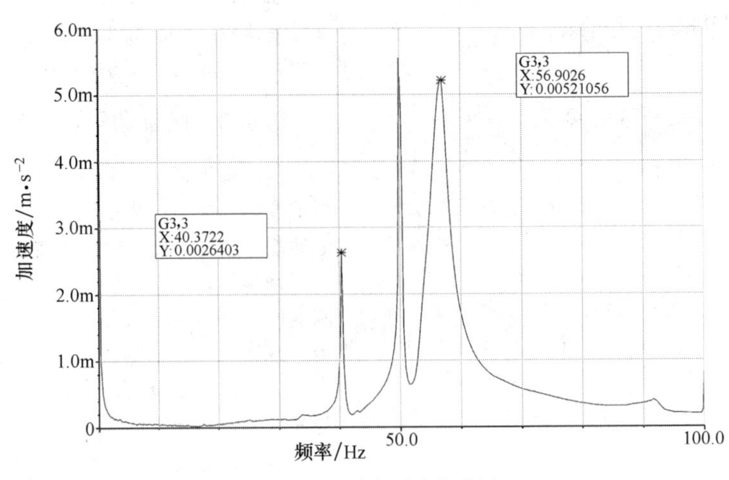

图 27-9-36　测点加速度频谱图

第10章　机械振动信号处理与故障诊断

10.1　概述

10.1.1　机械故障诊断概述

在工业工艺和制造等过程中，大约有一半的操作成本都是由设备的维护而产生的。因此，任何能够降低维护成本的方法在工业生产过程中都得到了极大的关注。机械设备状态监测与故障诊断是其中一个重要的分支。机械状态监测与故障诊断定义为：通过对特定物理量的观测，结合机械设备本身的运行特征及参数，对机械设备完整性进行判断的技术领域。一旦估计出机械设备的完整性特征，这些信息将被用于多种不同的目的。其中，设备负荷和维护活动可以最直接地通过这一技术中获得的信息进行确定并实施；而且这两方面也是工业生产过程中最重要的任务。除了上述直接的功能外，还可以根据从机械设备的状态监测与故障诊断技术获取的信息来提高工业生产最终产品的质量控制。因此该技术也可以被认为是一种有效的产品工艺监测手段。

10.1.2　机械故障

大部分机械设备需要在一个相对比较窄的范围内运行。这一范围，或者称之为运行状态，是为了保证机械设备安全运转并且保证在设备本身的参数指标内运行而设计的。它们通常可以保证在可承受负荷的范围内优化最终产品的质量。通常来说，这就意味着设备将在一个特定的速度范围内运转。这一定义包括了稳态运转和变速运转。偶尔，机械设备需要在规定的运转参数范围内进行运转（例如启停机过程和有计划的过载荷运转）。

采用机械设备状态监测与故障诊断技术的主要原因是提供设备当前运行状况的正确的、足够的信息：

① 机械设备是否能承受所施加的负荷（载荷）？

② 机械设备是否需要现在或者稍后的将来进行维护？

③ 需要进行什么样的维护？

④ 设备将在什么时候出现故障？

⑤ 故障模式是什么？

机械故障可以定义为机械不能实现其所要求功能的状态。针对不同的设备，其故障的形式是不同的。例如：传送带装置中的轴承可能长期使用并造成磨损，但只要轴承还能够运转，则不能称之为故障/失效。但对于其他形式的轴承，例如计算机的磁盘驱动器，一个很小的磨损则可能导致该机构的故障。

（1）故障的诱因

除了上述的磨损，还有很多造成机械故障的诱因，例如设计缺陷、材料或工艺、不当装配、不当维护和过多的操作指令都可以造成机械设备或系统的早期故障。

（2）故障的种类

考虑到上述多种故障的诱因，那么故障的种类也可能是千变万化的。在这里，所有这些故障种类都被划分为两类：①突发于设备整体的灾难性故障；②逐渐发展于设备局部的早期故障。通常，绝大部分的灾难性故障都有一个发作和明显的早期故障阶段。机械状态监测与故障诊断的目标就是监测这一故障的发作、诊断其状态和故障发展的整个过程，这有助于制定相应的计划以避免灾难性事故的发生。

（3）故障率

故障率可以定义为 $\lambda(t)=n/t$，即在一定的机械设备服役期间 t 内所发生故障的次数 n。机械设备在整个服役周期中故障发生的频率可以用典型的“浴缸曲线”来表示，如图 27-10-1 所示。机械设备服役周期的开始阶段通常也是故障的高发期。这一阶段定义为机械设备的磨合期。机械设备在磨合期的故障通常是由于诸如设计误差、制造缺陷、装配失误、安装问题和试车失误等原因造成的。之后，机械设备进入一个相对比较长时间的运行周期（正常磨损期）。在此期间，当设备符合操作规范的前提下进行运行时，故障率则相对较低。当机械设备逐渐接近其设计寿命的极限阶段时，设备的故障率则再次增加。这一阶段被称之为磨损期。这一时期所发生的故障通常是由于金属疲劳、活动部件之间的磨损、腐蚀和性能衰退等造

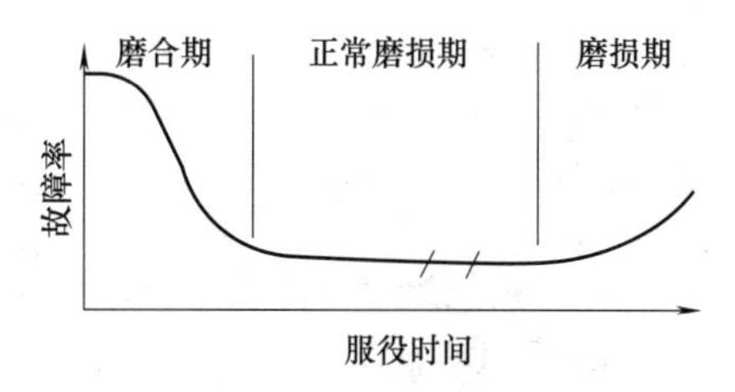

图 27-10-1　典型的浴缸曲线

成的。“浴缸曲线”中磨损期曲线的斜率通常对于不同的机械设备是不同的。它取决于机械设备本身的设计及其服役期间的操作历程。常见机械设备部件的故障率如表 27-10-1 所示。

表 27-10-1　常见机械设备部件的故障率

机械部件	故障率 λ/次 · h^{-1}
球轴承	1.64×10^{-6}
滑动轴承	2.38×10^{-6}
传送带	19.72×10^{-6}
耦合器	5.54×10^{-6}
齿轮	4.69×10^{-6}
泵	43.65×10^{-6}
密封垫	5.47×10^{-6}
阀、水压闸	8.83×10^{-6}

(4) 设备部件故障率统计

交流电机的部件故障率统计如表 27-10-2 所示。从表中可以看出轴承（伴随着撕裂和点蚀的材料疲劳、磨损、腐蚀、塑性变形或者在装配和冷却过程中产生的故障）、定子线圈和笼型转子是该设备中最容易发生故障的部件。

表 27-10-2　交流电机部件故障率统计

故障部件	轴承	定子线圈	外部设备	保持架	轴离合器	其他
故障比率/%	51.1	15.8	15.6	4.7	2.4	10.4

类似地，化学工业、水和污水处理工业中最常用的循环泵中机械部件的故障率统计如表27-10-3所示。

表 27-10-3　循环泵中机械部件故障率统计

故障部件	滑环密封	球轴承	泄露	电机驱动器	转子	其他
故障比率/%	31	22	10	10	9	18

10.1.3　基本维护策略

机械设备的维护策略可以分为三种：①故障时维护；②定期维护；③基于状态的维护。每种维护策略都有其明显的优点和缺点。针对不同的工业与设备的特定情况可能需要不同的设备维护策略。因此不能肯定地说上述三种维护策略中哪种更优越。

(1) 故障时维护

故障时维护意为当机械设备由于故障发生而无法继续工作的情况下才进行设备维护的策略。通常，故障时维护通常在下述的情况存在时实施才合适：

① 有冗余设备；

② 低备用成本；

③ 生产过程是可中断的或者有库存产品；

④ 所有已知的故障模式都是安全的；

⑤ 平均故障周期是已知的；

⑥ 由故障引起的成本足够低；

⑦ 迅速修复或替换能力。

图 27-10-2 显示了故障时维护策略中设备运行时间与设备性能和负荷的关系。当预估设备性能曲线与设备负荷曲线产生交叉时，则需要对设备进行维护。当工业现场状况与上述曲线相符合时，则可以最大限度地降低机械设备的维护成本。

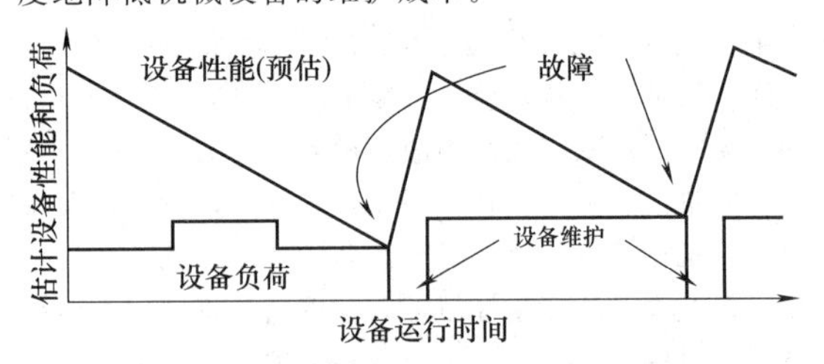

图 27-10-2　机械设备运行时间与设备性能和负荷的关系（故障时维护）

(2) 定期维护

定期维护就是设定机械设备的维护时间间隔的维护策略。在下述情况下，定期维护的策略最为有效：

① 可以获得故障发生率的统计数据；

② 故障分布较窄，即故障平均发生时间间隔可正确估计；

③ 维护范围可以覆盖整个设备完整性；

④ 有单一、已知的主要故障存在；

⑤ 定期维护成本较低；

⑥ 不能预期的停机所造成的损失较大，同时定期停机的损失相对较小；

⑦ 备品成本较低；

⑧ 单一故障可能引发相对严重故障的发生。

(3) 基于状态的维护

基于状态的维护策略要求某种可以评估机械设备实际运行状况的辅助仪器、设备或系统的存在，从而可以优化机械设备的维护计划，以实现最大限度地进行生产并可以避免不能预期的灾难性事故的发生。在下述情况下可以实现基于状态的维护：

① 所监测的设备为昂贵或者整个企业的关键设备；

② 维护所需要的时间较长，同时又无备品；

③ 在工业流程中，该机械设备无法中断运行；

④ 设备的大修成本较高，并且需要专业人员才能实现；

⑤ 可以减少专业维护人员的人数；

⑥ 可以构建有效的监测系统；

⑦ 故障一旦发生则极为危险；

基于以上分析，可以从以下几个方面来确定企业机械设备的维护策略：

① 对企业机械设备进行分类（大小、类型）；

② 设备的重要性；

③ 替换整套机械设备的成本；

④ 替换整套机械设备所需要消耗的时间；

⑤ 设备制造商的建议；

⑥ 故障数据、设备平均故障周期等数据的可利用性；

⑦ 冗余性；

⑧ 安全性（对企业员工、社区和环境）；

⑨ 人力成本和状态监测与故障诊断系统的运行成本。

10.1.4　故障特征参量

通常来说，机械故障检测和诊断是通过两方面来实现的，即由仪器测量得到的物理量和由操作者所观测到的物理量及状态。其中，由仪器所测量到的物理量需要应用各种不同的信号/信息分析和处理的方法来实现故障特征参量的提取，即故障的解析特征；另一方面，通过操作者观测所获得的物理量及状态则需要以观测者或者相关专家的专业经验知识为基础，即故障的经验特征。因此，故障检测和诊断也可以被认为是基于知识的方法。

（1）解析特征的产生

关于工业过程的解析知识可以用来产生可计量和可解析/分析的信息。要实现这一过程，需要对从机械设备上测量的设备运行信息/数据/信号进行处理和特征参量提取，从而通过以下方式获得特征值：

① 直接通过原始信号的观测实现特征参量的提取；

② 直接对所采集的原始信号应用诸如相关函数、频谱、自相关移动平均或者特征值（例如方差、幅值、频率或者模型参数）等分析方法进行分析，从而获取故障特征参量；

③ 将数学处理方法和参数估计、状态估计和奇偶方程法相结合进行分析所得到的故障特征参量为参数、状态变量或残差。

在有些情况下，可以从通过上述方法获得的特征参量中获得特殊的特征，例如过程系数和特殊的经过滤波或变换的残差等。将这些特殊特征参量与机械设备没有发生故障时的相应参量进行比较，从而通过这些参数的变化进行故障检测和诊断。这些由故障导致的、经过一定的解析方法获得的、可以表明机械故障存在的参量即为该机械设备/系统解析特征。

（2）经验特征的产生

除了上述的定量信息，还有一种故障特征是通过长时间积累的专家经验而产生的定性的信息，这种信息被称之为经验特征。专业人员可以通过长期的观测和检测，获得以特别的噪声、颜色、味道、振动和磨损等形式存在的经验特征值。同时，将这些特征与相应机械设备的维护、维修、故障历史、服役周期和负荷检测相结合，就可以构成一个强大的经验信息库。这些即为经验特征参量。这些经验特征参量有时候并不是以明确的数值或者变量的形式存在的。

目前，有多种不同的物理量可以被用于评估机械设备的运行状态，例如润滑分析（油/油脂的质量、污染物），磨损颗粒监测与分析，力、声、温度、最终产品质量、气味和目视检测等。本章专注于基于机械设备振动数据的状态监测与故障诊断。几乎所有的机械设备在运行过程中都在振动。机械设备的振动可以很容易地被大部分人感受到，例如人们可能会由于机械振动的影响而感到疲劳或者烦躁，甚至是恐惧。将手放在运行中的机械设备上，就可以直接感受到机械振动的存在。这些振动包含了机械设备运行状态的最有价值的信息。通过分析从机械设备中获得的振动信息，就可以预报/预知这些机械设备中是否蕴含着损伤的存在和发展趋势，并可以因此尽可能地避免突发性停机以及灾难性事故等的发生。因此基于振动的机械设备故障诊断在该领域具有举足轻重的地位。此外，与传统的定期维护相比，可以通过所捕获的设备运行状态信息制定维护计划，从而最优化地使用机械设备。以加拿大一家造纸厂为例，应用基于振动的设备状态监测与故障诊断系统后，设备的维护停机小时数每月减少了 80％以上。

10.1.5　机械振动信号的分类

振动存在于机械系统的很多方面。以一架正在飞行的飞机为例，在这一动态系统中有许多激励源，例如飞机引擎和机翼控制面是整个飞机产生振动的主动激励源，而空气动力的扰动则是致使飞机产生振动的非主动激励源。这些激励源可以控制飞机进行多自由度的运动。

虽然一个机械系统的输入和输出（激励和响应）是时间的函数，它们也可以通过傅里叶变换以频率的形式表现出来。傅里叶频谱可以解释为一个原始信号中所包含的频率分量/成分。信号的频谱有时可以更加明显地反映原始信号的成分特征（关于信号的频域分析和表示详见本章 10.4 节）。为了对信号进行分类，需要同时用到信号时域和频域的概念。

信号可以根据其特征分为很多种类。值得注意的是，当提到一个信号时，通常指的是时域信号；但上面提出，信号的频域表示有时可以更加清晰地反映信号的特征。对我们来说，一个振动系统的激励和响应则更为重要。根据要处理的振动的不同，振动信号通常可以分为确定性信号和随机信号。

考虑一个如图 27-10-3 所示有阻尼的悬臂结构，其基础部分受到如图所示的横向正弦激励。在稳定状态下，结构的顶端会产生同频率不同振幅的振动，同时也会产生相位偏移。在激励频率和悬臂结构材料特征确定的情况下，顶端振动的振幅和相位可以完全地被确定下来。在这种情况下，当用相同的激励进行多次试验的重复时，顶端的振动也具有可重复性。同时，顶端振动的响应也可以应用数学方法和力学关系唯一地推导出来。由这种振动产生的信号称之为确定性信号。随机信号是不具确定性的信号。它们的数学特征需要用概率的方法来获得。此外，如果应用相同的激励进行重复试验，随机信号中总会有不确定的成分存在。

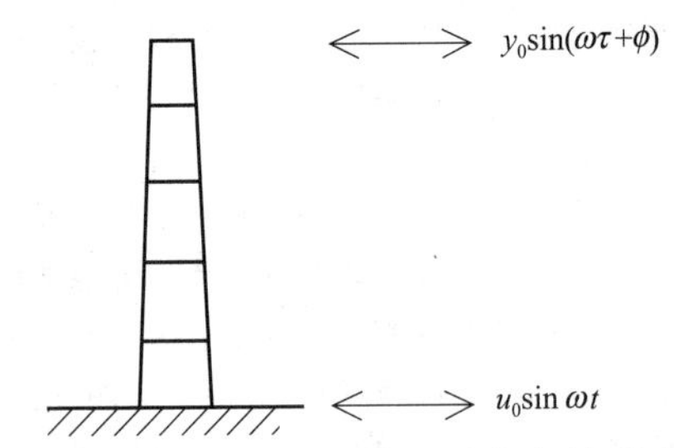

图 27-10-3　有阻尼悬臂结构基础激励引起的响应

确定性信号又可以分为周期信号、准周期信号和瞬态信号。周期信号是指以相同的时间间隔为单位进行重复的信号。周期信号的频域频谱是一系列等间隔的脉冲。这也意味着周期性信号可以用一系列频率比为有理数的正弦信号的和来表示。准周期信号在频域也是离散的频谱，但是这些离散频谱脉冲的间隔是不相等的。瞬态信号在频率域具有连续的频谱，这类信号不能用一系列正弦信号的叠加来表示。所有不能称之为周期信号和准周期信号的信号都可以称之为瞬态信号。表 27-10-4 列出了三种确定性信号的例子。图 27-10-4 为相关的频谱表示。信号的分类和举例列于表 27-10-5 中。

表 27-10-4　确定性信号

确定性信号	傅里叶频谱的特性	举例
周期信号	离散、等间隔	$y_0\sin\omega t+y_1\sin\left(\frac{5}{3}\omega t+\phi\right)$
准周期信号	离散、非等间隔	$y_0\sin\omega t+y_1\sin(\sqrt{2}\omega t+\phi)$
瞬态信号	连续	$y_0\exp(-\lambda t)\sin(\omega t+\phi)$

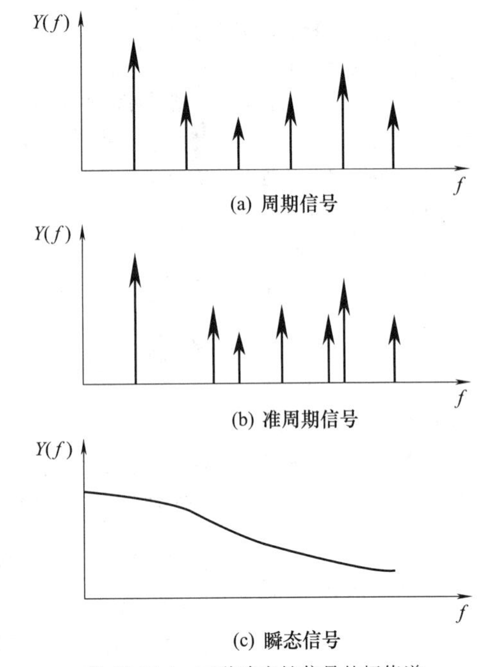

图 27-10-4　三种确定性信号的幅值谱

表 27-10-5　信号的分类和举例

信号类别

确定性信号：周期信号、瞬态信号

随机信号（不能根据有限的观测和分析来精确预估将来的信息）

周期信号举例	瞬态信号举例	随机信号举例
1. 涡轮机在恒定转速的情况下叶片的通过信号 2. 无阻尼摇摆器的单步响应 3. 正弦激励下阻尼系统的稳态响应	1. 已知脉冲激励下的冲击波响应 2. 有阻尼摇摆器的单步响应 3. 变速运转转子的响应	1. 机床的振动 2. 飞机引擎噪声 3. 空气动力中的强风作用 4. 路面不平整性的干扰

10.2　振动信号处理基础

如前所述，即使一个振动系统的输入和输出都是时间的函数，它们也可以在频率域通过傅里叶变换进行描述。一个时域信号的傅里叶变换可以用于表示原始信号中所包含的频率成分。这种频率域的信号描述可以更加明显地表示信号中主要成分的特征。因此，信号的频域表示方法，尤其是傅里叶分析，已经被广泛应用于数据的采集和描述、故障诊断、信号检测等领域。而且，信号频域表示方法在机械振动的分析领域占有举足轻重的地位。

10.2.1　频谱

由于某一系统的激励是随着时间而变化的，因此其系统响应也是随着时间而变化。这种响应即为可采集的信号，并且所采集的信号是时间历程的函数。在这种情况下，信号可以通过时间域来描述。通常，从时间域可获得的信号信息是有限的。这里以图 27-10-5 所示的假设时间域信号为例进行说明。根据图示的时间域信号，可以获得以下信号特征：

a_p：信号的峰值；

T_p：两个相邻峰值之间的时间间隔；

T_e：所采集信号总时间长度；

T_s：强响应的时间长度（例如信号中峰值大于 $a_p/2$ 的信号成分的时间长度）；

N_z：在 T_s 的区间内信号通过时间轴的次数。

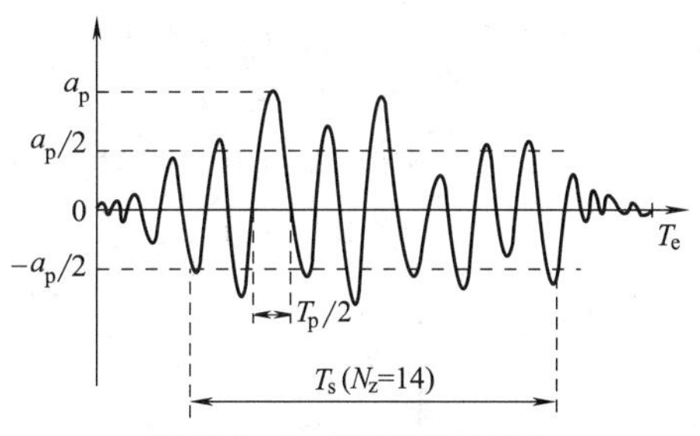

图 27-10-5　信号时间域表示

很明显，要记录上述所有信息是一件复杂的工作，同时，上述参数在描述信号特征时的重要性也不尽相同。但是，值得注意的是上述所有参数都与幅值或者在一定时间内通过时间轴（即值为 0）的次数有关。这就意味着频率在描述一个信号特征时的重要性。上述参数也表明在进行信号的频率域描述时的重要参数，即幅值和频率。此外，信号的相位也是描述一个信号特征的重要参数。

（1）频率

假设如图 27-10-6 所示的时域信号，其周期为 T。该信号由两个周期分别为 T 和 $T/2$ 的谐波（正弦）信号叠加而成。这两个信号分量的周期频率（单位：周期/s，或 Hz）分别为 $f_1=1/T$ 和 $f_2=2/T$。如果要描述信号的角频率（单位：rad/s），上述周期频率需要乘以 2π。

（2）幅值谱

图 27-10-6 中的周期性信号特征可以用图 27-10-7 中谱线来描述。在该图中，图 27-10-6 中周期性信号

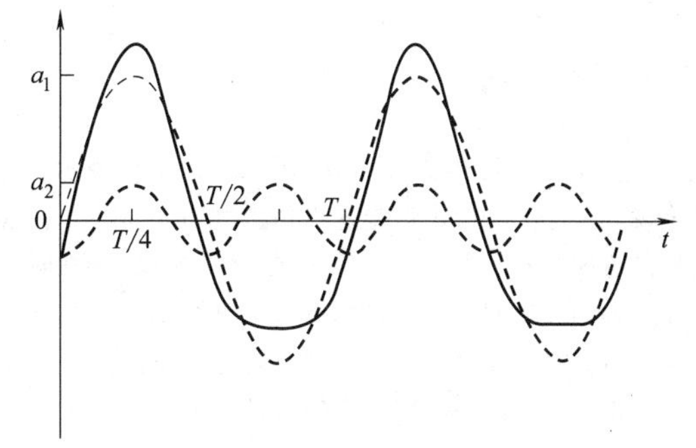

图 27-10-6　周期性信号的时间域表示

的两个正弦信号分量的幅值可以在频域很明显地表示出来，这就是所谓的时域信号的幅值谱。可以看出原始信号的特征可以很明显地通过幅值谱描述出来。

（3）相位角

图 27-10-7 所示的幅值谱并不能完全地反映图 27-10-6 中原始信号的特征。例如，假设原始信号中的半频分量平移半个周期（$T/4$），所得到的信号如图 27-10-8 所示。我们可以很明显地看出平移后图 27-10-8 中的时域信号与图 27-10-6 中的原始时域信号是不同的。但是由于平移后时域信号中正弦信号分量的幅值和频率与原始信号中的信号分量完全相同。因此它们的幅值谱也是完全相同的，如图 27-10-7所示。也就是说信号的幅值谱中缺乏了描述原始信号中表示信号起点的信息，也即相位信息。我们可以通过将离开时间原点的第一个正峰值的到达时间乘以 $2\pi/T$，即可得到一个角度值。该角度值即为正弦信号分量的相位角。

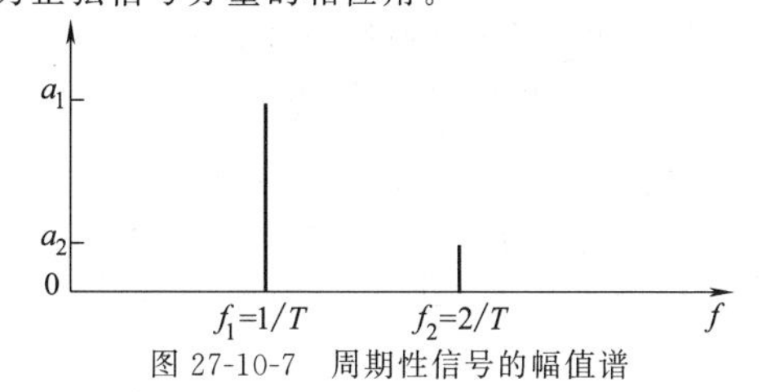

图 27-10-7　周期性信号的幅值谱

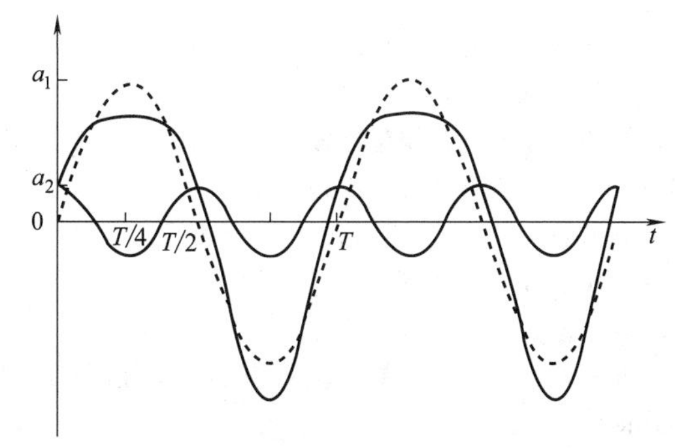

图 27-10-8　与图 27-10-6 中信号具有相同幅值谱的时域信号

（4）谐波信号的矢量图表示

谐波信号通常用下述公式表示：

$$y(t)=a\cos(\omega t+\phi) \tag{27-10-1}$$

这一信号的描述方式可以用图 27-10-9 来表示。具体来说，考虑到一个半径臂 a 以角速度 ω（rad/s）按逆时针的方向旋转。假设该半径臂在时间起点 $t=0$ 时相对于 y 轴（逆时针方向）的转动起点角度是 ϕ，则从图 27-10-9（a）中可以很明显地看出转动的半径臂在 y 轴上的投影即为式（27-10-1）所示的信号 $y(t)$。

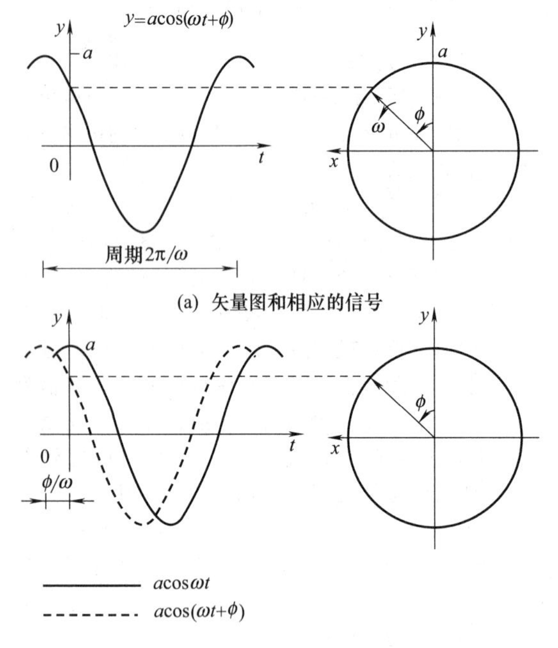

图 27-10-9　正弦信号的矢量表示

图 27-10-9 即为一个信号的矢量图表示，其中：

信号的幅值＝矢量（半径臂）的长度；

信号的频率＝矢量转动的角速度；

信号的相位角＝矢量转动起始点相对于 y 轴的角度（逆时针方向）。

上述振动信号的矢量图表示法通常应用于两个或多个信号进行相位比较的场合。如图 27-10-9（b）所示，在两个信号进行相位比较时，将其中一个信号的起点设为正峰值的位置（即初始相位 $\phi=0$），并因此可以获得另外一个待比较信号的初始相位。另外，两个待比较信号的时移（ϕ/ω）也可以用于比较两个信号的相位差。

此外，也可以应用复数来描述一个信号的相位，即：

$$y(t)=a\mathrm{e}^{j(\omega t+\phi)}=a\cos(\omega t+\phi)+ja\sin(\omega t+\phi) \tag{27-10-2}$$

其中的实部表示信号的有用成分。根据图 27-10-9（b），如果用 y 轴表示式（27-10-2）中的实部，x 轴表示公式的虚部，那么式（27-10-2）则可以确实地描述一个矢量。振动信号分析方法中一些重要特征可以通过应用式（27-10-2）对一个谐波的复数描述进行推理。在实际应用中只要明白：任何实际的振动信号都是“实”信号，无论用什么数学或者信号处理方法对原始振动信号进行处理，任何复振动信号中只有其实部才可以真正描述振动信号的物理特征。

（5）均方根幅值谱

如果对一个谐波（正弦）信号 $y(t)$ 在周期 T 的时间区间内进行平均，那么得到的均值将会为 0。因此，均值通常不能用于描述一个信号的“强度”。为了定义描述信号的强度指标，定义了一个信号的均方根（RMS）值为：

$$y_{\mathrm{RMS}}=\left[\frac{1}{T}\int_0^T y^2(t)\mathrm{d}t\right]^{\frac{1}{2}}=\frac{a}{\sqrt{2}} \tag{27-10-3}$$

因此，一个信号的均方根幅值谱可以通过将信号的幅值谱除以$\sqrt{2}$得到。例如，图 27-10-6 和图 27-10-8 中的时域信号的均方根幅值谱如图 27-10-10 所示。

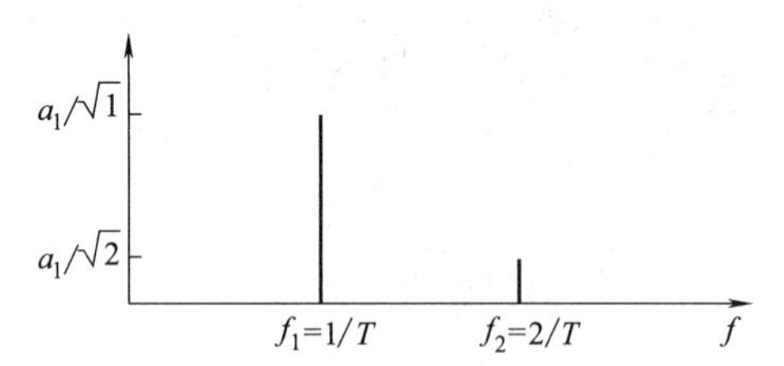

图 27-10-10　周期性信号的 RMS 幅值谱

（6）单边和双边谱

一个信号的均方幅值谱可以通过计算信号的均方值在频率域的表示获得。当信号的变量如果为诸如电压和速度之类的物理量时，信号的平方通常可以用于描述信号的功率或能量，因此信号的均方幅值谱有时也称为功率谱。在工程实际中，由于只用到正的频率坐标，因此只有单边谱才有实际意义。但是，从数学角度考虑，有时候也不得不考虑负频率。此时就出现了双边谱的概念。在这种情况下，在每个频率值下的谱成分就应该等分成正负频率值下的两份（因此，数学意义上的频谱是对称的）。

值得注意的是，虽然可以解释负时间（即过去，在考虑的时间起点之前的信号成分）的存在，但考虑负频率其实是没有任何实际意义的。这里之所以提到负频率和双边谱仅仅是为了便于信号的分析和信号处理方法的解释。

10.2.2　模数（A/D）转换

科学与工程实际中直接遇到的信号通常是连续信号，例如机械设备运转过程中连续不间断的振动信号等。如果需要对这些信号应用计算机技术进行处理，就需要将这些连续的模拟量信号转换为数字信号，即所谓的模数（A/D）转换。数字信息与连续信息的区别在于两个方面：采样和量化。这两个方面确定了一个数字信号所能包含的、所对应的连续信号的信息量。图 27-10-11 显示了数模转换的过程，显然，它包括三个步骤，即采样、量化和编码。

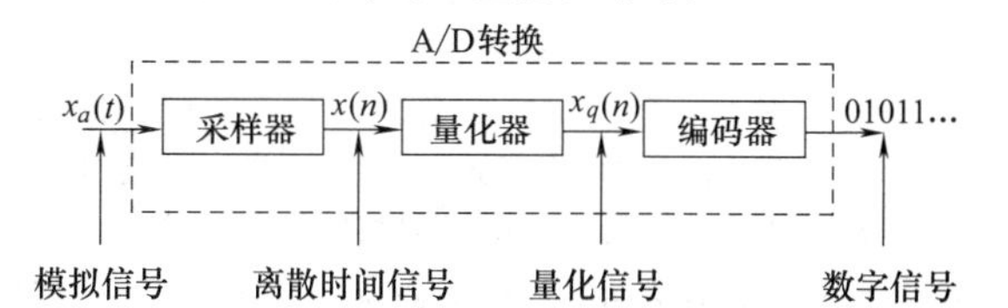

图 27-10-11　模数（A/D）转换器的基本流程图

① 采样　该过程将连续时间信号转换成离散时间信号。因此，如果 $x_a(t)$ 是输入到采样器的连续模拟信号，那么其输出 $x_a(nT) \equiv x(n)$，其中 T 为采样时间间隔。

② 量化　该过程将离散时间、连续值信号转换为离散时间、离散值的信号，即数字信号。在该过程中，采样过程中捕获的每个数据样本的值通过一系列计算机可识别的数值来表示。未经过量化的样本 $x(n)$ 与量化输出 $x_q(n)$ 之间的差称为量化误差。

③ 编码　在该过程中，每个离散的值 $x_q(n)$ 应用 b 位的二进制序列表示出来。

图 27-10-12 简单地说明了 A/D 转换的过程；图 27-10-13 给出了 A/D 转换中的量化过程和概念；图 27-10-14 以示例的形式给出了信号 A/D 转换的整个过程。在确定基于振动信号的机械设备状态监测与故障诊断系统的参数时，首先要根据机械设备本身的振动特征和精度，选择合适的信号采样频率和 A/D 转换器的位数。

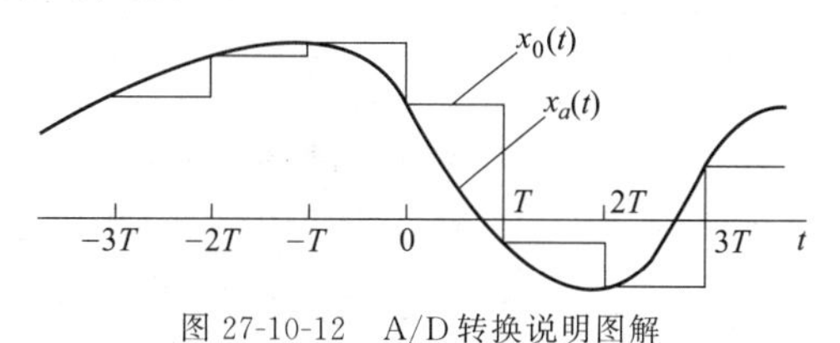

图 27-10-12　A/D 转换说明图解

10.2.3　模拟信号采样

对模拟信号的采样有多种，其中最常用的是等周期采样。连续两个采样点之间的时间间隔 T 称为采样周期或者采样间隔，其倒数 $1/T = f_s$ 称为采样频率（Hz）。

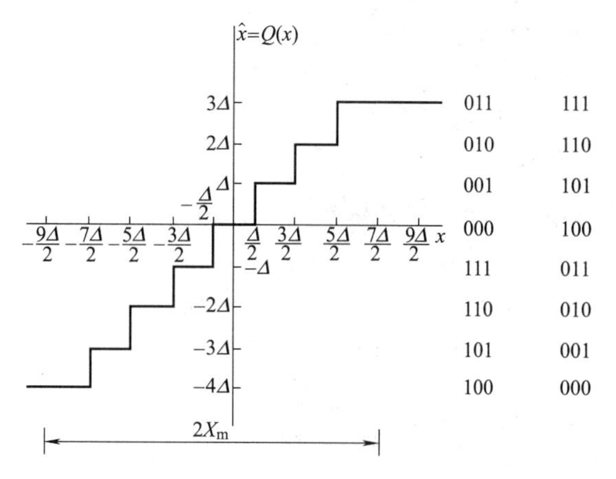

图 27-10-13　A/D 转换中典型的量化器

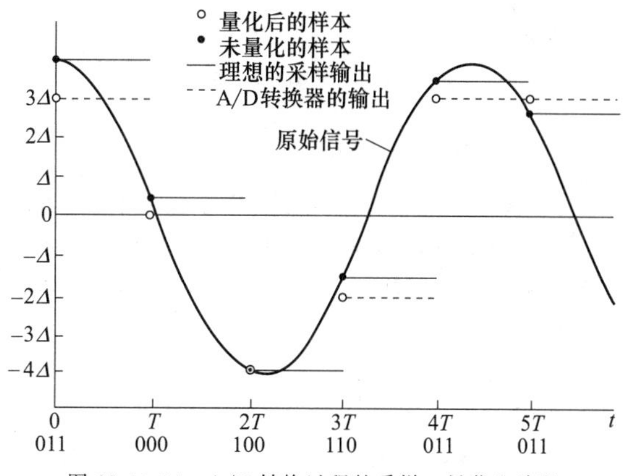

图 27-10-14　A/D 转换过程的采样、量化和编码

图 27-10-15（a）给出了对于同一连续信号，采用不同采样间隔情况下的采样示例；图 27-10-15（b）给出了在不同采样频率下，对同一连续信号采样后的输出序列。从图中可以看出，改变采样频率会改变数字信号中所包含的原始连续信号中的信息量。因此，在基于振动信号的机械设备状态监测与故障诊断技术

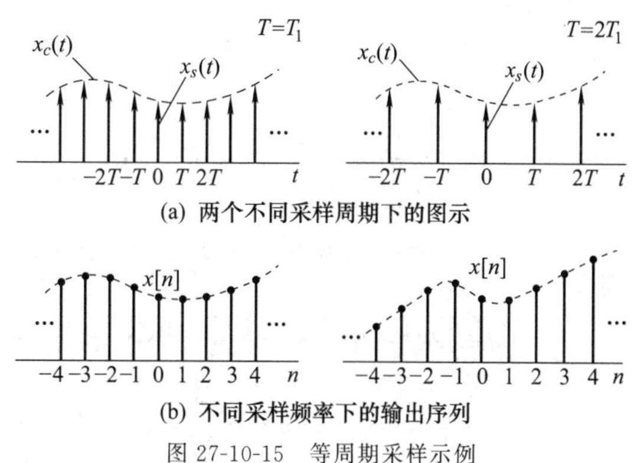

图 27-10-15　等周期采样示例

中，需要首先掌握机械设备本身的运行参数以及不同机械故障所对应振动信号的时、频域特征。这也是本章机械振动信号处理与故障诊断技术的目的和关键所在。

10.2.4 量化误差

由图 27-10-13 和图 27-10-14 可以看出，采样过程中的量化样本 $\hat{x}[n]$ 与实际的采样值 $x[n]$ 是不一定完全相同的。它们之间的差值被称为 A/D 转换过程中的量化误差 $e[n]=\hat{x}[n]-x[n]$。

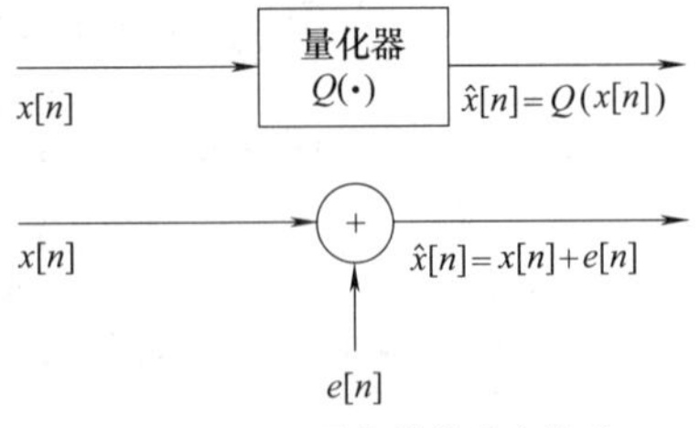

图 27-10-16 量化器的噪声模型

为简化起见，可以将量化误差看成是由量化器而加入的噪声分量，其模型如图 27-10-16 所示。在信号处理中，通常认为量化误差的统计信息满足下述假设条件：

① 量化误差序列为平稳随机过程；

② 量化误差序列与原始信号的采样序列无关；

③ 量化误差为白噪声；

④ 误差过程的概率分布在量化误差范围内保持不变。图 27-10-17 以正弦信号的量化过程为例简要说明了量化误差（其中量化器的位数分别为 3 位和 8 位，详细说明如图所示）。

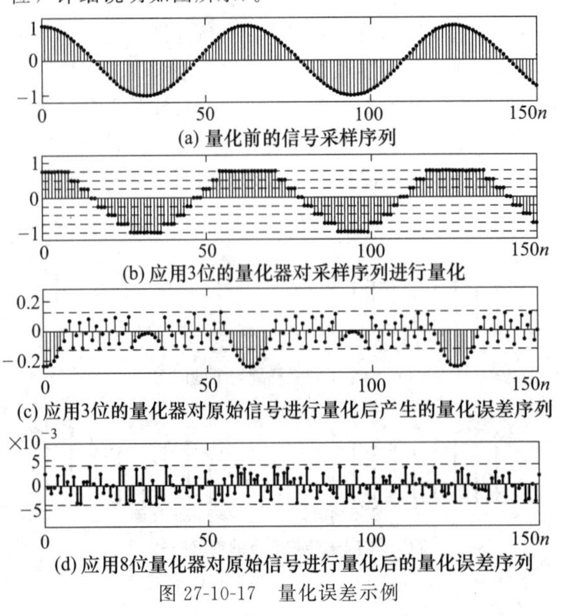

图 27-10-17 量化误差示例

10.2.5 混叠与采样定理

如前所述，对连续信号进行等周期采样的过程就是将原始连续信号与等周期的脉冲进行时域乘积的结果。这一结果在频率域的表示即为：采样后离散信号的傅里叶变换为原始连续信号傅里叶变换在频率域的等周期延伸（复制）；其复制移动步长为信号的采样频率（即采样后信号的傅里叶变换是原始连续信号傅里叶变换以采样频率的整数倍在频域进行延拓的结果）。具体过程如图 27-10-18 所示，其中：$X_c(j\Omega)$ 表示原始连续信号的频谱；Ω_N 表示原始连续信号频率的最大值；Ω_S 表示采样频率。从图中可以看出当 $\Omega_S>2\Omega_N$ 时，不会产生原始连续信号延拓频谱的交叠；而当 $\Omega_S<2\Omega_N$，相邻延拓频谱则产生了交叠现象。很明显，这种由于采样频率与原始连续信号中最高频率成分的关系而造成的交叠现象将影响最终数字信号处理中对原始信号的解释。这种现象称为混叠失真，或简称为混叠。

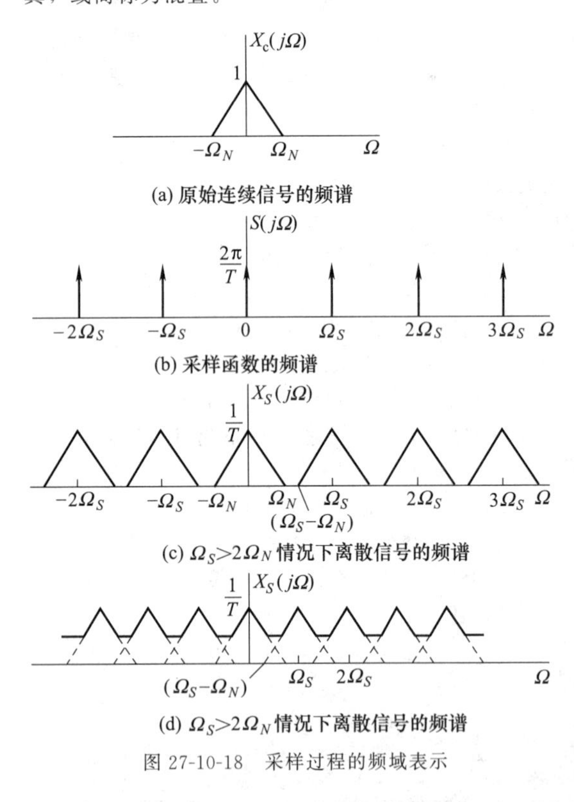

图 27-10-18 采样过程的频域表示

为了避免上述由于连续信号离散化而产生的混叠现象，就需要对原始信号进行滤波，消除原始信号中不感兴趣的高频分量，然后再对信号进行采样。有关对信号的滤波见下节所述。

同时，上述讨论也同样可以看出采样频率的选择对最终数字信号的影响。因此，在进行 A/D 转换时，所选择的采样频率应该满足采样定理，奈奎斯特采样定律，即：在进行连续信号的离散采样时，采样频率需要大于原始信号中最高频率成分频率的 2 倍。其中原始信号中最高频率成分的频率称为奈奎斯特频率；奈奎斯特频率 2 倍的频率称为奈奎斯特率。

10.2.6　滤波器

滤波器的功能有两个，即信号分离与信号修复。滤波器可以分为两大类：模拟滤波器和数字滤波器。模拟滤波器具有成本低、快速且具有大的幅频响应区间。但是，数字滤波器由于其是通过计算机来实现，因此其滤波参数范围可以设置成非常小或者尽可能地大。而模拟滤波器的参数的最小值则通常受到电子元器件性能本身的限制。在实际的机械设备振动信号处理中，通常需要根据应用需求选择合适的滤波器。例如对原始振动信号进行预处理时通常需要应用模拟滤波器，而对采样后的数字信号进行降噪或信号分离等处理时则需要用到数字滤波器。根据其频率响应，常用滤波器的分类如表 27-10-6 所示。

表 27-10-6　常用滤波器的分类

滤波器分类	频域波形表示
低通滤波器	通带　过渡带　阻带　幅值　频率
带通滤波器	幅值　频率
高通滤波器	幅值　频率
带阻滤波器	幅值　频率

从上表可以看出，在进行上述的 A/D 转换时，为了避免混叠现象的发生，通常需要在 A/D 转换之前加入抗混叠的低通滤波器，将原始振动信号中对故障诊断没用的高频信号分量滤除。然后选择合适的采样频率对振动模拟信号进行采样，并进行其他采样过程。

10.2.7　振动传感器的选择

由于基于振动信号的机械设备故障诊断技术的信息源是设备的振动信号，因此传感器在该技术中占有举足轻重的地位。传感器是将信号源的模拟量放大并转换成电信号装置。常用的振动测试传感器分为三类：

① 非接触式位移传感器（也即所谓的接近度传感器或者电涡流传感器）；

② 速度传感器（机电式或压电式）

③ 加速度传感器（压电式）

图 27-10-19 显示了不同振动传感器类型与其响应幅值和频率的对应关系。从图中可以看出，位移传感器通常对于低频振动信号较为敏感；而加速度传感器则对于高频振动信号更加敏感；而速度传感器对宽频带的振动信号的灵敏度相对较为平均。对三种振动传感器特点的总结如表 27-10-7 所示。

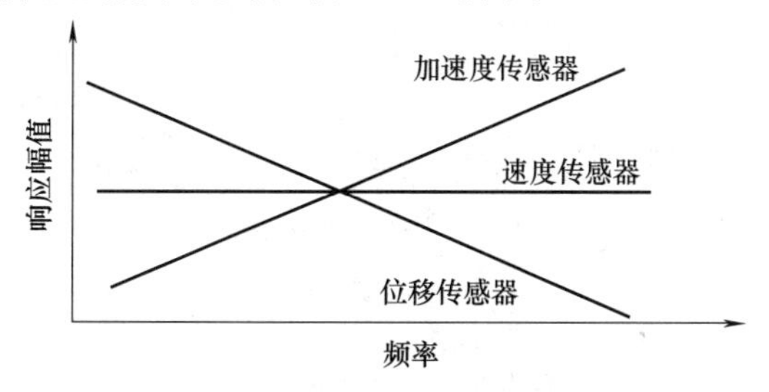

图 27-10-19　不同振动传感器频率与响应幅值的对应关系

10.2.8　测试位置的选择

机械振动测试位置（振动传感器的安装位置）在机械设备状态监测与故障诊断中重要性不言而喻。在进行振动测试位置的选择时，需要考虑以下因素：

① 机械的独立性；

② 振动的传递路径；

③ 固有频率容易被激起的位置（柔性部件或附件处）。

在离线监测的情况下，作为通用准则，通常需要对轴承的振动进行如下测试：

① 在可测试轴承的径向测试其振动；

② 对于推力轴承，则需要测试其轴向振动；

③ 通常没必要同时测试其水平和垂直两个方向的振动。

表 27-10-7 各种振动传感器的特点

传感器类型	特点	应用
位移传感器	1. 测量悬浮于油膜的轴承振动 2. 成 90°安装时可以得到转轴的轴心振动轨迹 3. 可同时用于静态和动态测试 4. 针对不同的材料，其线性和灵敏度会发生变化 5. 需要调整其初始位置，以保证振动测量范围位于其线性区域	主要用于具有油膜的轴向（滑动）或推力轴承的振动测试中
速度传感器（以机电式速度传感器为例说明）	1. 常用于低频带的振动测试（例如 10～1500Hz） 2. 力学性能随使用时间的推移而衰减 3. 测量通常仅限于垂直和水平两个方向的振动 4. 在其固有频率周围进行测试时会影响其结果分析	机械设备状态监测与故障诊断系统中应用范围相对较窄
加速度传感器	1. 应用最广泛的振动测量传感器 2. 测量范围较宽（0.5Hz～20kHz，甚至 50kHz） 3. 包含更多的振动源的振动信息 4. 测试时需紧固在刚性座上 5. 由于其宽带信息的敏感性，环境噪声也可影响最终的振动信号输出 6. 对温度的变化较为敏感，容易造成信号的失真 7. 压电晶体受湿度的影响较大	常用于轴承和齿轮振动的信号测试及其故障诊断系统

在在线监测的情况下，需要在掌握各轴承振动频谱的情况下，选择合适的振动测量位置，以满足故障诊断的要求。

10.3 机械振动信号时域分析与故障诊断

振动信号可以通过多种不同的方式进行表示，每种方式都有其优点和缺点。但通常来说，对一个动态振动信号进行的处理越多，越能够获得更加明确和精密的信息，同时去除更多无关信息对信号特征（故障特征）的影响。表 27-10-8 列出了常用振动分析方法在故障诊断中的典型应用。

表 27-10-8 常用振动分析方法在故障诊断中的典型应用

振动分析方法	应用	故障/机械
缩放	1. 分离近距离部件 2. 提高信噪比	发电机，齿轮箱，汽轮机/透平机
相位	1. ODS（Operational deflection shapes）分析 2. 轴中裂纹扩展检测 3. 平衡	
时域信号	波形扭曲检测	摩擦，冲击，削顶失真，裂纹齿
倒频谱	1. 识别和区分谐波序列 2. 识别和区分边带序列	滚动轴承，齿轮箱
包络分析	1. 幅值解调 2. 观测发生在高频信号中的低频调幅分量	滚动轴承，发电机，齿轮箱
同步时域平均	1. 提高信噪比 2. 波形分析 3. 分离相邻机械的影响 4. 分离不同轴之间的影响 5. 分离由于电和机械导致的振动	发电机，往复机械，齿轮箱等
冲击测试	共振测试	基础，轴承，联轴器，齿轮
扫描分析	非平稳信号的分析	机械升降速过程的振动分析

10.3.1 时域特征与故障检测

在进行时域特征描述时，振动信号是时间的函数。这种分析方法的主要优点是：在进行分析之前，原始振动信号中几乎没有任何信息或者数据被遗失。因此也使得大量的详细分析成为可能。但是，振动信号时域分析方法的缺点是通常有过多的信号需要进行分析以进行故障识别。表 27-10-9 列出了振动信号常用的时域分析方法。其中部分振动信号时域分析方法的计算公式如表 27-10-10 所示。

表 27-10-9 振动信号常用时域分析方法

时域分析方法	特点	备注
时域波形分析	1. 用于识别信号的直观特征，例如正弦、随机、重复和瞬态（冲击）等 2. 识别机械设备运行的非稳态工况，例如启停机过程 3. 高速采样情况下可识别诸如齿轮断齿和裂纹轴承圈等故障 4. 通过关闭电气设备的电源来识别由电气引起的振动幅度 5. 缺点是信息量过大，并且时域波形中许多信息均为无用信息	图 27-10-20 显示了正常轴承与故障轴承振动信号的区别

续表

时域分析方法	特　点	备　注
时域波形指标	1. 时域波形指标是基于原始振动信号所计算出的、用于进行趋势分析和比较的量 2. 常用的指标包括峰值 P（最大值）、平均值、均方根（RMS）值（$P/\sqrt{2}$，降低由于噪声或瞬态信号对峰值指标的影响）、峰峰值 P-P（最大值与最小值之差），当多个机械部件对所测试的振动信号都有影响时，上述指标通常会增大 3. 峰值因子（P/RMS）通常用于检测振动信号中的冲击、脉冲响应和短支撑瞬态分量，因此可以用于识别滚子轴承早期故障；由于振动信号的 RMS 值随着故障的扩展而增大，该因子随着故障的扩展而降低	正弦信号的峰值因子为 1.414；随机噪声的峰值因子通常小于 3。正常轴承振动信号的峰值因子为 2.5～3.5；故障轴承的峰值因子通常＞3.5；当峰值因子～7 时，则为轴承损坏的前兆。详细分析见轴承故障诊断部分。图 27-10-21 显示了机械设备运转速度与振动幅值的基本对应关系
时域同步平均	1. 减弱背景噪声和非同步瞬态（随机瞬态）对原始振动信号的影响 2. 适用于当机械设备在工作速度变化不大、振动信号非常接近的情况下的信号分析 3. 通常需要一个参考信号（例如来自转速计）作为每个振动信号的触发采集起点	在正常负荷及工况情况下，对从机械设备中采集到的时域振动信号进行平均的方法称为时域同步平均分析，示例如图 27-10-22 所示
反时域同步平均	当将某一机械设备或者设备中某一部件从其他振动源中隔离的情况下，通常选择反时域同步平均分析法进行振动信号分析与设备故障诊断	该分析法的步骤是：选择基准信号；将经同步采集的振动信号减去基准信号，暴露该信号中的噪声成分和瞬态分量
轨迹分析	1. 轨迹的形式在显示滑动轴承的相对运动方面极为有效，例如轴承磨损、轴不对中、轴不平衡、润滑油膜不平稳（油膜涡动、油膜振荡）和密封圈摩擦等 2. 通常用于在相对低速情况下运转的机械设备	轨迹分析是通过将某一振动源安装角度成 90°的 x 方向的振动位移量与 y 方向的振动位移量在同一曲线上进行表示的方法，示例如图 27-10-23 所示
概率密度函数	1. 当故障发生时，振动信号的幅值概率密度函数形状和/或幅值将会发生变化 2. 不同故障情况下，振动信号的幅值概率密度函数的形状和/或幅值也不相同	信号中某一幅值在一幅值范围内出现的概率定义为概率密度函数。典型振动信号的概率密度满足高斯分布，示例如图 27-10-24～图 27-10-26 所示
概率密度矩	1. 其中最有用的概率密度指标为峭度指标 2. 峭度指标对信号中冲击脉冲分量较为敏感，因此可以用于识别滚动轴承故障 3. 当轴承中出现早期故障时，其振动信号的峭度指标增大；然后，随着故障的进一步扩展，其振动信号的峭度指标逐渐减小 4. 正常轴承振动信号的峭度值约为 3，当峭度值＞4 时，说明轴承中有损伤出现，图 27-10-27 示例了一个轴承从正常到失效过程中峭度指标的变化 5. 当轴承中损伤情况变严重时，振动的随机性变大，振动信号中的脉冲分量变得相对较弱，峭度值减小，因此峭度指标不适合于进行故障变化趋势分析	概率密度矩与上述时域波形指标类似，也是一个标量。其中奇数阶矩（1 阶和 3 阶，分别对应均值和斜度）反映了概率密度函数的峰值相对于均值的位置，其中斜度表明振动信号幅值概率密度函数的对称程度；偶数阶矩（2 阶和 4 阶，分别对应标准差和峭度）正比于概率密度函数分散的程度，正弦信号与高斯分布的峭度值分别为 1.5 和 3

表 27-10-10　振动信号时域分析方法的计算公式

指标或方法	公　式	备　注
均值	$E[x]=\frac{1}{N}\sum_{i=1}^{N}x(i)$	N：离散信号的总离散点数
均方值	$E[x^2]=\frac{1}{N}\sum_{i=1}^{N}x^2(i)$	
标准差	$\sigma=E[x^2]-\{E[x]\}^2=\frac{1}{N}\sum_{i=1}^{N}x^2(i)$	
斜度	$S=\frac{1}{\sigma^3 N}\sum_{i=1}^{N}x^3(i)$	
峭度	$K=\frac{1}{\sigma^4 N}\sum_{i=1}^{N}x^4(i)$	

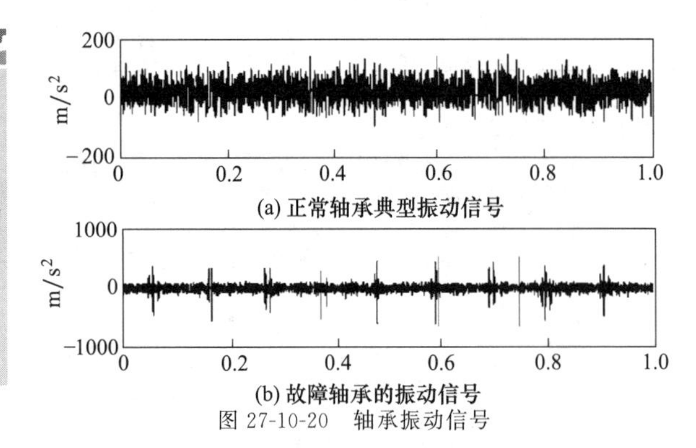

图 27-10-20 轴承振动信号

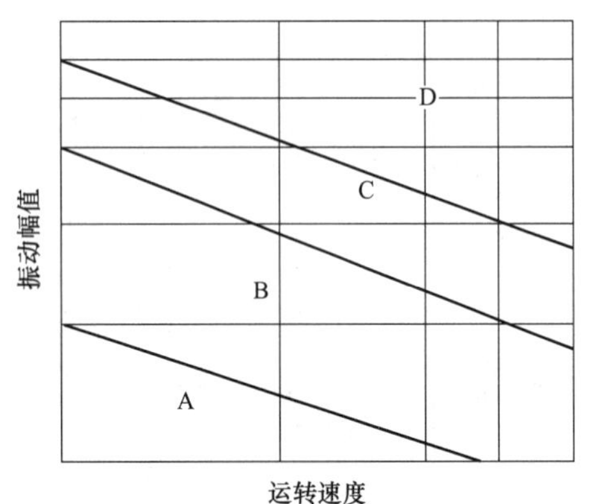

图 27-10-21 振动幅值与设备运转速度的关系（A 区域：新设备；B 区域：可接受振动；C 区域：需频繁观测振动；D 区域：故障发生）

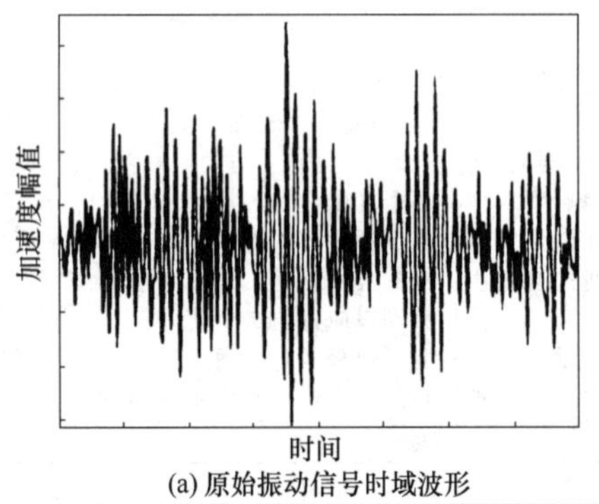

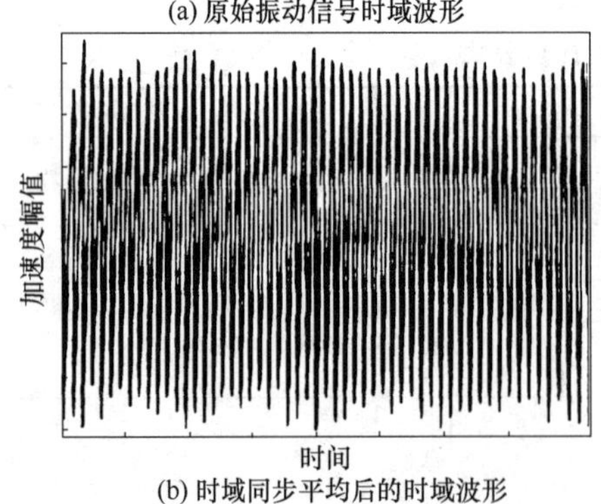

图 27-10-22 某电机轴承振动信号的时域波形

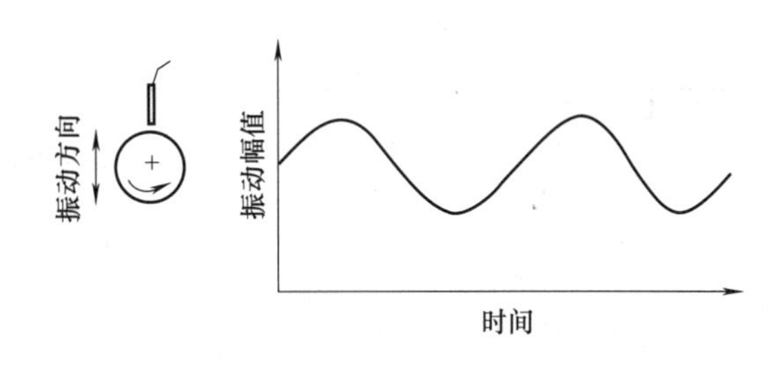

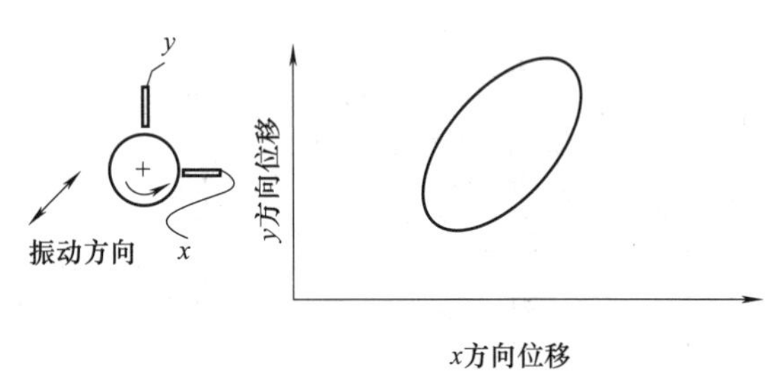

图 27-10-23 振动轨迹分析

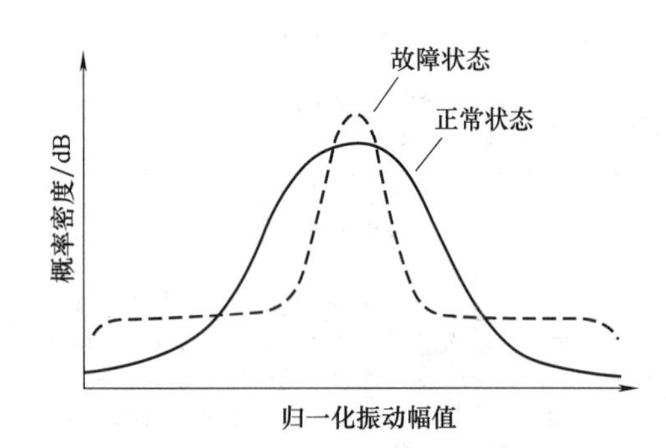

图 27-10-24 正常状态与故障状态下机械设备的概率密度函数曲线

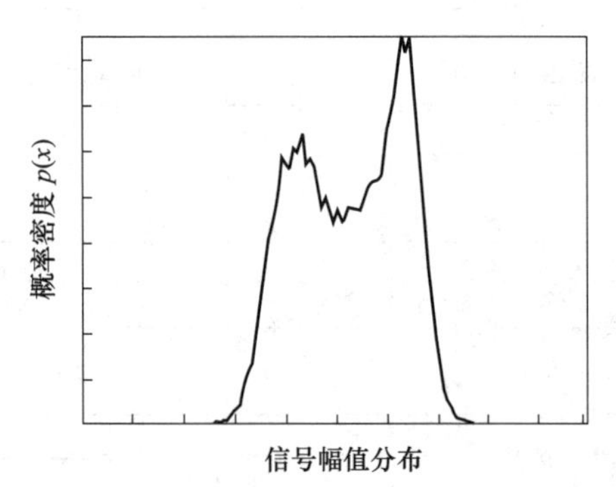

图 27-10-25 图 27-10-22（b）中所示时域振动信号的概率密度

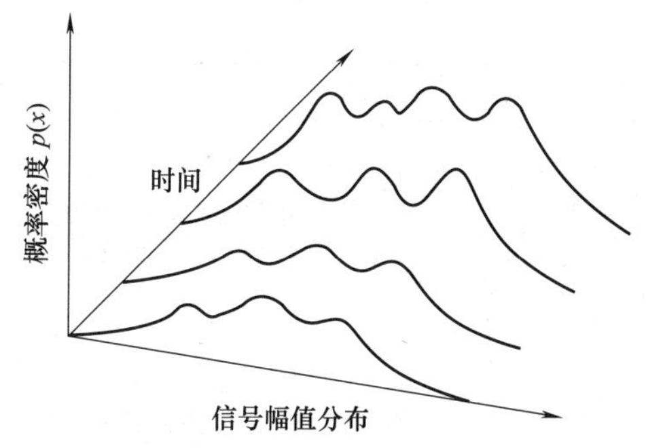

图 27-10-26　某部件振动信号的概率密度变化趋势

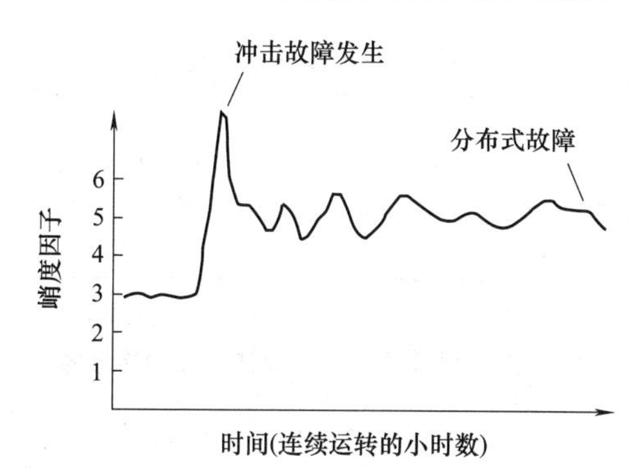

图 27-10-27　峭度随运行时间变化趋势

10.3.2　相关分析

相关分析的理论计算公式：

$$R_{xy}(\tau)=\lim_{T\to\infty}\frac{1}{T}\int_0^T x(t)y(t+\tau)\mathrm{d}t \tag{27-10-4}$$

即：

$$R_{xy}(\tau)=E\left[x(t)y(t+\tau)\right] \tag{27-10-5}$$

对于数字信号：

$$R_{xy}(\tau)=\frac{1}{N}\sum_{n=1}^{N}x_n(t)y_n(t+\tau) \tag{27-10-6}$$

当 $x(t)$ 与 $y(t)$ 为同一信号时，称为自相关函数；当 $x(t)$ 与 $y(t)$ 为不同的两个信号时，称之为互相关函数。在基于振动信号的机械设备故障诊断中，自相关函数的应用范围相对较广，这里以自相关函数为例进行说明。

理论上来讲，相关分析的优势在于检测两个函数是否在时域有关系或者两个信号中是否有相似的频率分量。自相关函数的特征在于：

① 对于周期性信号而言，$R_{xy}(\tau)$ 也是周期性的；

② 对于随机信号而言，当 τ 足够大时 $R_{xy}(\tau)$ 趋于 0；

③ $R_{xy}(\tau)$ 总是在 $\tau=0$ 时达到峰值；

④ 在 $\tau=0$ 时，$R_{xy}(\tau)$ 为原始信号的均方值；

⑤ 自相关分析减弱了原始信号中非主要频率分量的影响，并更加突出其中主要频率成分的影响，因此，当一个信号经过相关分析后，其相关函数的主要频率成分与原始信号中主要频率成分相同，但原始信号中其高频谐波分量在其相关函数中得到了压缩。

图 27-10-28 显示了从一发动机外壳不同位置采集的振动加速度信号 A 和 B 的自相关函数及其与安装在发动机外壳另外位置的参考信号的互相关函数波形。根据自相关函数，可以验证上述相关函数的特征。此外，根据 A 和 B 的互相关函数可以看出，图 27-10-28（c）中的相关函数幅值大于图 27-10-28（d）中的相关函数幅值。因此可以证明振动信号 A 与参考信号的相关性较大，也即其振动可能源于同一激励源；相比较地，振动信号 B 与参考信号的相关函数幅值相对较小，也即说明其振动的激励源与参考信号的激励源相关性不大。

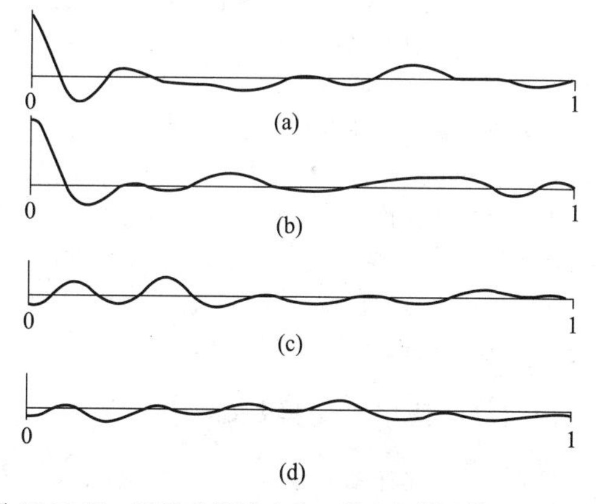

图 27-10-28　两振动信号 A 和 B 的自相关函数（a）、（b），及它们与参考信号的互相关函数（c）、（d）

通常相关函数分析可以作为机械设备状态和振动的粗略识别方法。如果需要进一步的详细信息，需要应用傅里叶变换等振动信号分析方法，对相关分析的结果做进一步地处理。

10.4　机械振动信号频域分析与故障诊断

频域分析是将振动信号作为频率的函数进行显示和分析的过程。通常需要通过傅里叶变换（最常用的为快速傅里叶变换，Fast Fourier Transform，FFT）将一个时域振动信号转换为频域表示。这一分析方法的最主要优点是可以将一个振动信号中重复的特征在频谱中以一个清晰的谱线峰值来描述；而峰值在频率

表 27-10-11 三类傅里叶变换

变换类型		计算公式	备注
傅里叶积分变换	变换	$X(f)=\int_{-\infty}^{\infty} x(t)\exp(-j2\pi ft)\mathrm{d}t$	通常 $x(t)$ 为实信号，但 $X(f)$ 为复函数，因此信号的频谱可以用傅里叶变换的幅值 $\lvert X(f)\rvert$ 和相位 $\angle X(f)$ 来表示。当然，也可以仅仅用 $X(f)$ 的实部或者虚部来表示原始信号的频谱
	逆变换	$x(t)=\int_{-\infty}^{\infty} X(f)\exp(j2\pi ft)\mathrm{d}f$	
傅里叶序列扩展	变换	$A_n=\int_0^T x(t)\exp(-j2\pi nt/T)\mathrm{d}t$	该变换用于周期性信号，T 为原始信号的周期，$\Delta F=1/T$。FSE 变换是 FIT 变换的特殊情况
	逆变换	$x(t)=\Delta F\sum_{n=-\infty}^{\infty} A_n\exp(j2\pi nt/T)$	
离散傅里叶变换	变换	$X_n=\Delta T\sum_{m=0}^{N-1} x_m\exp(-j2\pi nm/N)$	其中 N 为原始离散信号的总采样点数，ΔT 为采样间隔，总采样时间长度 $T=N\cdot\Delta T=1/\Delta F$ 离散傅里叶变换的定义假设了原始离散信号是周期为 N 的周期性信号，即：$X_n=X_{n+iN}$，$x_m=x_{m+iN}$，$i=\pm1,\pm2,\cdots$
	逆变换	$x_m=\Delta F\sum_{n=0}^{N-1} X_n\exp(j2\pi nm/N)$	

域的位置即为该信号重复发生的频率。这也使其能够检测振动信号中由于故障而激励起来的信号成分，从而早期、正确识别出机械设备中存在的故障以及其随时间而发生、发展的过程和趋势。但是，与此同时，应用频谱分析的主要缺点是：该分析方法在变幻过程中，振动信号中的瞬态、非重复性信号分量被削弱甚至无法应用频谱分析检测出来。而这些瞬态和非重复性信号通常更能反映机械设备的故障特征。迄今为止，基于振动信号的机械设备故障诊断中应用最广泛的仍然是频谱分析。

10.4.1 傅里叶变换基础

傅里叶分析是振动信号频域分析的关键。一个时域信号的频域表示是通过傅里叶变换获得的。傅里叶变换最直接的优势在于它可以将复杂的微积分运算转换成相对比较简单的乘除数学运算。傅里叶变换包括三类逐次数字化的变换，分别为傅里叶积分变换（FIT）、傅里叶序列扩展（FSE）和离散傅里叶变换（DFT）。傅里叶变换的计算公式分别如表 27-10-11 所示；傅里叶变换的重要性质如表 27-10-12 所示。

表 27-10-12 傅里叶变换的重要性质

时域函数	傅里叶频谱
$x(t)$	$X(f)$
$k_1x_1(t)+k_2x_2(t)$	$k_1X_1(f)+k_2X_2(f)$
$x(t)\exp(-j2\pi ta)$	$X(f+a)$
$x(t+\tau)$	$X(f)\exp(j2\pi f\tau)$
$\dfrac{\mathrm{d}^n x(t)}{\mathrm{d}t^n}$	$(j2\pi f)^n X(f)$
$\int_{-\infty}^{t} x(t)\mathrm{d}t$	$\dfrac{X(f)}{j2\pi f}$

10.4.2 利用频谱分析进行故障诊断

（1）频谱变化与机械状态的关系

只有将相似/同操作状态下的振动信号的频谱进行比较才能获得机械状态变化的真实信息。针对不同的机械设备，其运行状态（例如设备转速、负荷和温度）对振动参数的影响有很大的区别。通常情况下，机械设备的转速变换在 10% 以内时，转速对振动的影响通常可以忽略，因此在这种情况下可以进行设备振动信号频谱的比较。如果设备的转速变换超过这一限度，则有必要认为机械设备的运行状态已经发生了变化。如果要进行频谱比较，则需要选择新的运行状态下的基准信号频谱进行比较。对于新的机械设备，由于其运转部件处于磨合磨损期，因此不能将此时的振动信号频谱作为基准。基准频谱应该从机械设备在过了磨合期后的稳定运行状态下的振动信号获得。而确定频谱变化与机械状态的关系的主要难度在于建立频谱变换到什么程度的情况下需要进行机械设备的停机维护。

（2）频谱解释与故障诊断

快速傅里叶变换（FFT）是迄今为止应用最广泛、相对最有效的振动信号处理方法。它们也可以在分析频带实现较高的分辨率。此外，FFT 也可以提供诸如同步时域平均、倒频谱分析，或者应用希尔伯特变换进行幅值或相位解调分析。表 27-10-13 列出了不同故障在振动信号频谱中的特征分类。

（3）带通分析

带通分析是借助于滤波器技术（见 10.2.6）对

表 27-10-13　　不同故障在振动信号频谱中的特征频率

故障类型	主要振动频率 Hz=工作转速/60	方向	备　注
旋转部件的不平衡	1×*rpm*	径向	机械设备中引起振动超标的常见因素
不对中和轴弯曲	通常 1×*rpm* 经常 2×*rpm* 有时 3&4×*rpm*	径向和轴向	常见故障
滚动轴承故障(滚子、内圈和外圈等)	对于单一轴承组件的冲击率	径向和轴向	非平稳振动级别,经常伴随着冲击 冲击率 f(Hz);BD:滚子直径;PD:节圆直径 n:滚子数;f_r:内外圈相对转动频率;β:接触角 外圈故障: $f(\mathrm{Hz})=\frac{n}{2}f_r\left(1-\frac{BD}{PD}\cos\beta\right)$ 内圈故障: $f(\mathrm{Hz})=\frac{n}{2}f_r\left(1+\frac{BD}{PD}\cos\beta\right)$ 滚子故障: $f(\mathrm{Hz})=\frac{PD}{BD}f_r\left[1-\left(\frac{BD}{PD}\cos\beta\right)^2\right]$
滑动轴承在轴承座中的松动	轴转速的谐波,通常为 1/2 或 1/3 倍频	径向为主	松动可能只在工作转速和温度的情况下发生(例如涡轮机组)
滑动轴承的油膜涡动	略小于轴转动频率的半频(0.42~0.48 倍频)	径向为主	在高速旋转设备中较为常见
迟滞涡动	轴临界转速	径向为主	由于通过转子系统临界转速时引起的振动在更高转速的情况下继续保持。有时可以通过紧固转子部件来防止
齿轮故障和磨损	齿的啮合频率(n 倍频,n 为齿数)及其谐波	径向和轴向	齿啮合频率的边带。通常只能通过窄带分析和倒频谱分析进行识别
机械性松动	2 倍频		滑动轴承在轴承座的松动情况见本表相应部分
传动带故障	传动带的 1,2,3,&4 倍频	径向	
不平衡往复力和力偶	1 倍频 高阶不平衡时的高倍频	径向为主	
由电所导致的振动	1 倍频或 1 倍或 2 倍电激励源频率	径向和轴向	关闭电激励源后与之相关的振动将消失

原始振动信号进行滤波，从而获得感兴趣频带的型号，然后进行傅里叶变换而实现的频谱分析方法。该方法应该是频域分析中最基本的分析方法。它可以消除原始信号频谱中大量冗余信息的影响，而只对由故障引起的预期振动信号分量进行分析和显示。由于机械设备本身引起的其他频率成分的改变不会影响对带通内信号成分的分析。

(4) 尖峰能量法（冲击脉冲法）

当加速度传感器的固有频率与机械设备中由于某种故障而导致振动的频率相接近时，所测得振动信号在某个频率带的能量突然增大，这种现象称为冲击脉冲；该频率带内信号成分的能量特征指标定义为尖峰能量。该方法通常适用于由故障导致的振动信号分量的频率值可预估情况下的机械设备状态监测与故障诊断，例如滚动轴承内圈、外圈和滚子的故障诊断（其故障特征频率如表 27-10-13 所示），与齿轮箱齿轮啮合频率相关的故障诊断等。应用该方法进行故障诊断所监测的振动信号频谱区域通常在大于 5kHz 的高频范围内。表 27-10-14 以滚动轴承为例说明了尖峰能量法（此时单位为 gSE）用于故障诊断的过程。

表 27-10-14 基于尖峰能量法的滚动轴承故障发生、发展监测示例

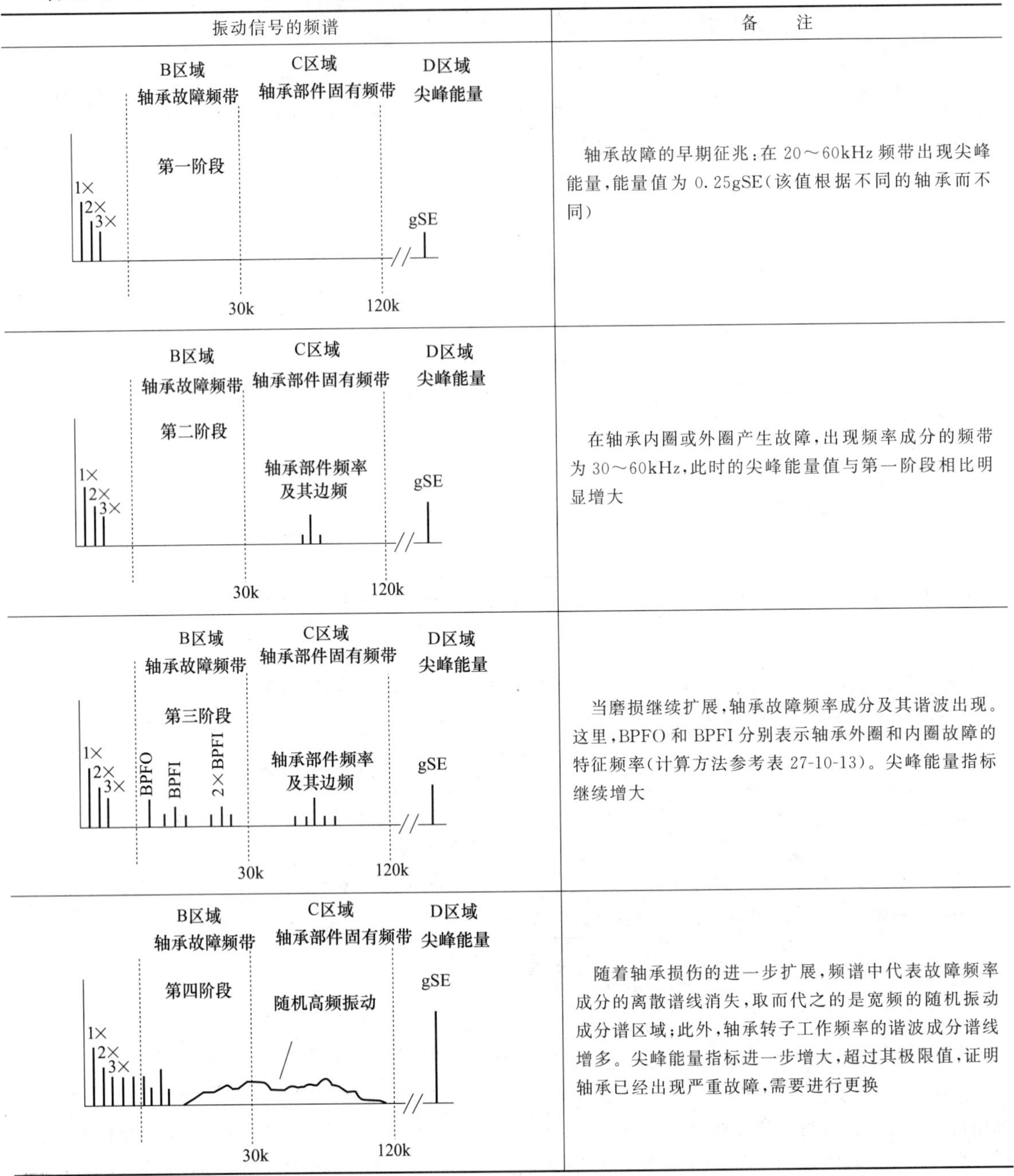

振动信号的频谱	备　　注
第一阶段	轴承故障的早期征兆：在 20～60kHz 频带出现尖峰能量，能量值为 0.25gSE（该值根据不同的轴承而不同）
第二阶段	在轴承内圈或外圈产生故障，出现频率成分的频带为 30～60kHz，此时的尖峰能量值与第一阶段相比明显增大
第三阶段	当磨损继续扩展，轴承故障频率成分及其谐波出现。这里，BPFO 和 BPFI 分别表示轴承外圈和内圈故障的特征频率（计算方法参考表 27-10-13）。尖峰能量指标继续增大
第四阶段	随着轴承损伤的进一步扩展，频谱中代表故障频率成分的离散谱线消失，取而代之的是宽频的随机振动成分谱区域；此外，轴承转子工作频率的谐波成分谱线增多。尖峰能量指标进一步增大，超过其极限值，证明轴承已经出现严重故障，需要进行更换

(5) 包络谱分析

基于频谱的另外一个有效的故障诊断方法为包络谱分析。它通常用于检测振动信号中由于冲击造成的振动响应信号分量。相对于振动信号本身的主要振动成分，该分量通常具有较高的频率。包络谱分析的步骤为：高通滤波→信号提纯和求包络→计算包络信号的频谱。其中，高通滤波采用本章前面所述的高通滤波器实现，包络分析通常采用希尔伯特变换（详见10.8节）实现。图 27-10-29 以示例的形式说明了包络谱分析的处理过程。图 27-10-30 以轴承外圈故障振动信号为例说明了包络谱分析的应用。值得注意的是，在轴承振动过程中，随着轴承磨损程度的大幅度增加，振动信号中的冲击响应信号成分会逐渐减弱。因此，包络谱分析通常用于检测轴承早期故障或其他振动信号中含有冲击响应信号成分的机械设备/部件的故障诊断。

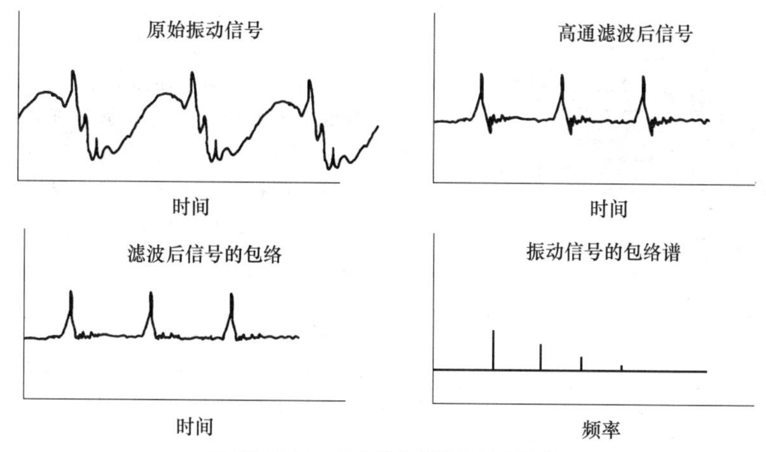

图 27-10-29　包络谱分析数据处理过程

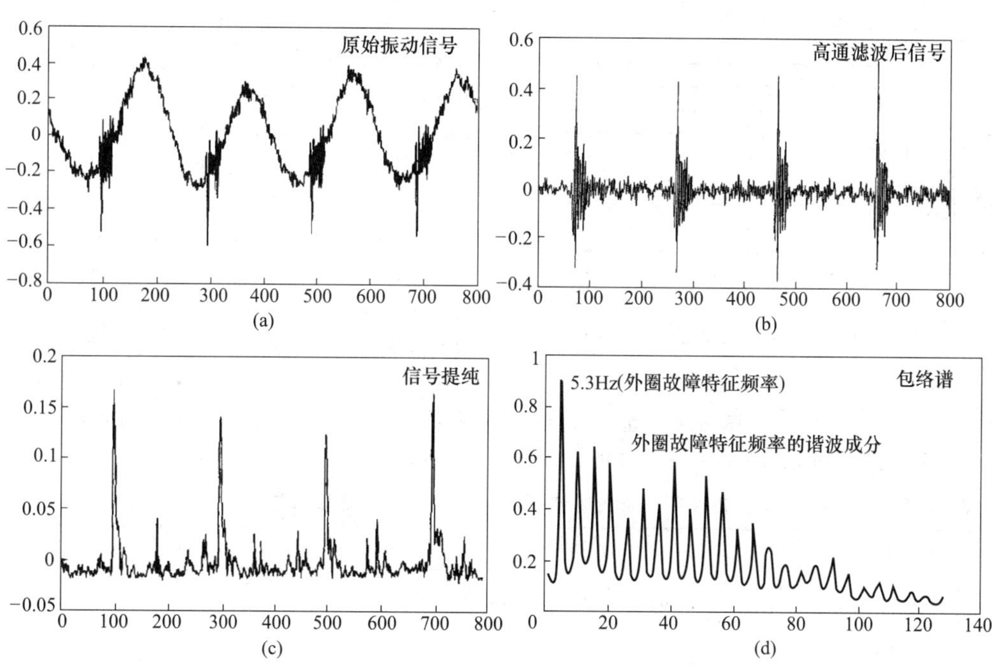

图 27-10-30　轴承外圈故障时振动信号的包络谱分析

（6）标准谱

标准谱是从全新设备或者刚经过大修的机械设备提取的相关振动信号的频谱。由于该工况为设备全新工作状态的开端，因此可以以这些信号的频谱为设备振动的标准谱。在同一工作状态下设备今后的频谱都可以与该标准谱进行比较，以确定机械设备是否存在故障等。通常可以采用直接观察、比较谱指标等方法进行故障诊断。

（7）瀑布图

瀑布图是在时间-频率域的三维谱图，表明机械设备振动信号的频谱随运行时间的变化关系。根据瀑布图可以很明显地看出随着机械设备的运行，振动信号的频谱是否发生了变化以及变化的趋势等信息。瀑布图也可以用于描述机械设备瞬态工况的变化趋势，如机械设备的启停机过程等，此时可以将机械设备的运转速度代替时间坐标，与频率轴构成三维谱图。图 27-10-31（a）和（b）分别显示了典型的瀑布图和带有滑动轴承的旋转机组启动过程的瀑布图。

（8）频域指标

在基于振动信号的机械设备状态监测与故障诊断技术中，频域的频谱对由机械故障引起的振动信息更加敏感。因此，对应于时域诊断中的时域指标，也可以应用频谱指标进行故障诊断；而且，振动信号频域指标对于机械设备的状态变化更为敏感。因此可以通

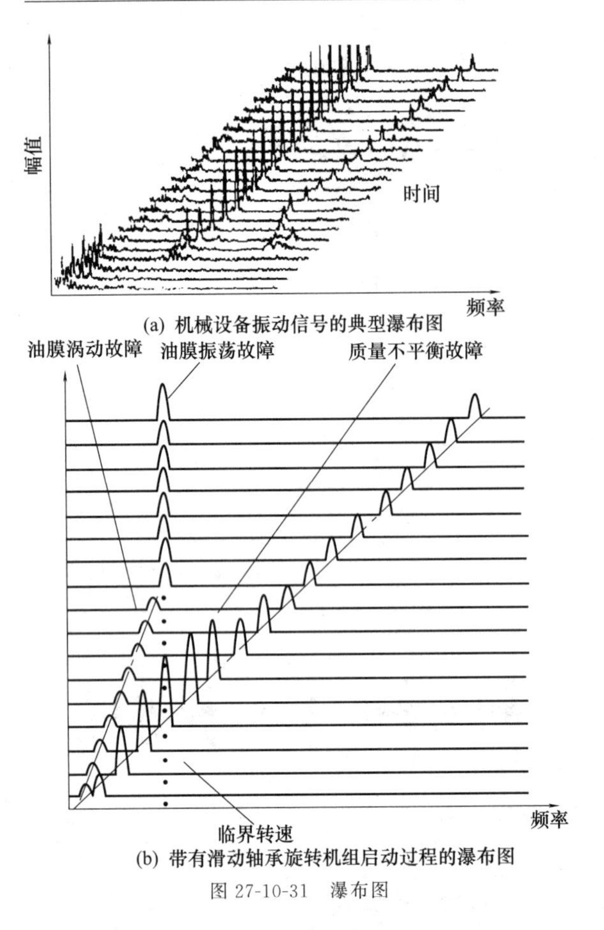

(a) 机械设备振动信号的典型瀑布图

(b) 带有滑动轴承旋转机组启动过程的瀑布图

图 27-10-31　瀑布图

过将机械设备当前工况下振动信号的频域指标与标准谱的频域指标进行比较实现故障诊断。常用的频域指标及其计算方法如表 27-10-15 所示。

很明显，不同机械设备、不同设备的不同部件在不同的工况下的上述参数指标是不同的。作为示例，表 27-10-16 以某滚动轴承为例列出了其无故障、外圈故障（ORF）、滚子故障（REF）及内圈故障（IRF）时的频域指标参数。根据其原始数据可以看出，当轴承出现损伤时，其频域指标参数与无损伤情况下相比有明显的变化。此外，在无损伤轴承情况下，同一频域指标参数的变化很小，同时，在轴承发生损伤情况下，同一频域指标参数的变化也很小。因此，表 27-10-16 同时列出了这些频域指标参数在有损伤和正常情况下的平均值。

10.4.3　倒谱（cepstrum）分析基础

倒谱定义为：功率谱对数的傅里叶逆变换。振动信号进行倒谱分析的数据处理过程如图 27-10-32 所示。

根据算法可以看出，倒谱分析的优点在于它可以将功率谱中由于信号成分的相乘而造成的影响转换成对数功率谱中的相加运算。考虑到数字信号处理中信号与系统的卷积关系，因此倒谱分析可以分离由于振动的传递路径而造成的、对信号频谱的最终的影响。倒谱分析在经常会发生信号成分调制（即高频信号分量重出现边频带的现象）的齿轮箱振动信号处理和故障诊断中非常有效；此外，倒谱分析也可以用于检测振动信号频谱中的诸如谐波成分等的周期性影响（例如检测涡轮叶片失效等故障）。

表 27-10-15　各种应用于故障诊断的频域指标及其计算方法

频域指标	计算公式	备　注
算术平均(Amn)	$20\lg\left\{\left(\frac{1}{N}\sum_{i=1}^{N}A_i\right)/10^{-5}\right\}$	A_i——第 i 个频率分量的幅值 N——频率分量的总数 $A_i(\text{ref})$——参考频谱(标准谱)的第 i 个频率分量的幅值 L_{ci}——第 i 个分量的幅值(dB) L_{oi}——参考频谱(标准谱)第 i 个分量的幅值(dB)
几何平均(Gmn)	$\frac{1}{N}\left\{\sum_{i=1}^{N}20\lg\left[\left(\frac{A_i}{\sqrt{2}}\right)/10^{-5}\right]\right\}$	
匹配滤波器均方根(Mfrms)	$10\lg\left\{\frac{1}{N}\sum_{i=1}^{N}\left(\frac{A_i}{A_i(\text{ref})}\right)^2\right\}$	
谱差值均方根(Rdo)	$\left\{\frac{1}{N}\sum_{i=1}^{N}(L_{ci}-L_{oi})^2\right\}^{1/2}$	
差值平方和(So)	$\left\{\frac{1}{N}\sum_{i=1}^{N}[(L_{ci}+L_{oi})\times\lvert L_{ci}-L_{oi}\rvert]^{1/2}\right\}$	

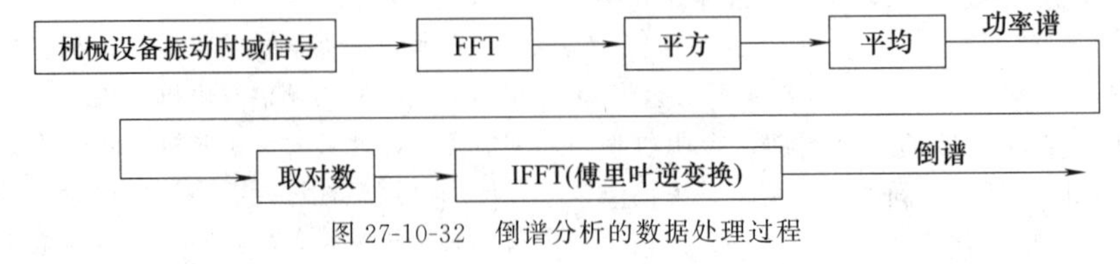

图 27-10-32　倒谱分析的数据处理过程

表 27-10-16　示例轴承的频域指标结果

频域指标		计算值			均值
算术均值	无故障	73.4	73.1	73.7	73.4
	外圈故障	84.4	83.8	84.5	84.9
	滚子故障	85.2	85.4	85.5	
	内圈故障	85.1	85.5	84.6	
几何均值	无故障	69.9	69.7	69.8	69.8
	外圈故障	79.3	81.1	79.9	80.7
	滚子故障	81.4	80.6	80.9	
	内圈故障	81.4	81.4	80.0	
匹配滤波器均方根	无故障	0.15	0.19	0.14	0.16
	外圈故障	10.8	10.1	10.8	10.5
	滚子故障	10.6	10.8	10.5	
	内圈故障	9.8	10.6	10.2	
谱差值均方根	无故障	1.14	1.08	1.04	1.09
	外圈故障	10.1	10.2	9.8	9.3
	滚子故障	8.7	8.8	9.2	
	内圈故障	8.6	8.8	8.6	
差值平方和	无故障	11.7	11.3	11.3	11.4
	外圈故障	35.3	35.5	34.8	36.5
	滚子故障	37.4	36.9	37.5	
	内圈故障	36.9	36.6	37.0	

倒谱分析的缺点在于：压缩了原始振动信号中始终出现的、主要信号分量的影响。因此，在实际应用中，通常需要将频谱分析与倒谱分析相结合使用，以进行机械设备状态监测与故障诊断。

10.4.4　利用倒谱分析进行故障诊断

值得注意的是：进行信号倒谱分析时，倒谱曲线的横坐标为时间（或称为倒频率）而非频率。图 27-10-33显示了从齿轮箱采集的振动信号的频谱和倒谱。由于测试过程中大量背景噪声以及信号调制现象的存在，很难从其振动信号的频谱中获得振动信号的特征［如图 27-10-33（a）所示］。通过倒谱分析，如图 27-10-33（b）所示，可以很明显地显示齿轮箱中两齿轮的振动工作频率，即分别为 85Hz 和 50Hz，同时，倒谱分析还证明了原始振动信号中还存在两齿轮工作频率的谐波存在。

下面将以电机振动信号（测试点为轴承）为例说明倒谱分析在故障诊断中的应用。在某交流电机（该电机在运转过程中带动一冷却池的离心泵工作）转子的运转过程中，在其振动信号中发现了一个频率约为 1400Hz 的振动分量，并成为所测试轴承振动信号中的主要信号成分。而且，随着电机负荷的增大，该分量的幅值也逐渐增大。该振动信号的频谱如图 27-10-34（a）所示，频谱图中标示出了最大的信号分量。

此后，对此频谱进行了倒谱分析，结果如图 27-10-34（b）所示。在倒谱分析结果中，最大峰值出现的位置在 0.72ms 处，该峰值对应的频率值为 1389Hz。在电机转子中常见的振动源包括：①机械的；②空气动力学的；③电磁的。本章前面已经阐述，验证电机的振源是否是由电磁导致的方法是：当关闭电机所带动的机械设备时，检测振动信号中该频率成分是否依然存在；如果不存在则证明该信号成分是电磁所致。经验证，在本振动信号中出现在 1400Hz 附近的信号成分是由电磁所致。经过计算，电机槽的谐波频率应该为 1300Hz、1400Hz、1500Hz……因此，原始振动信号的频谱中出现在 1400Hz 的频率成分的实际频率应该为 1389Hz。其中理论电机槽的谐波频率 1400Hz 与实际的 1389Hz 之间 11Hz 的频率差应该是由电机的磁场旋转速度与电机电枢转动速度之间的滑动造成的。

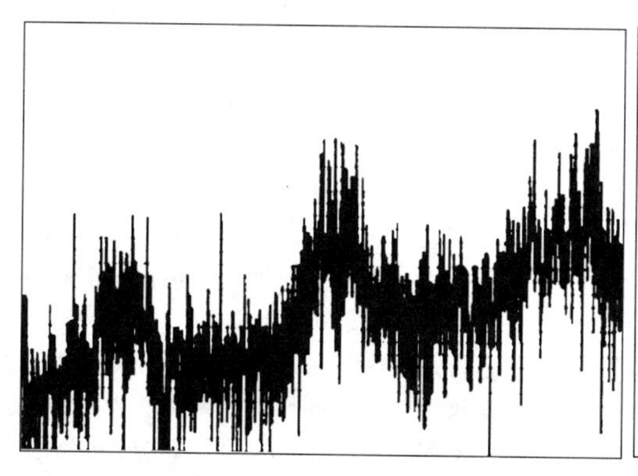

(a) 某齿轮箱振动信号的频谱

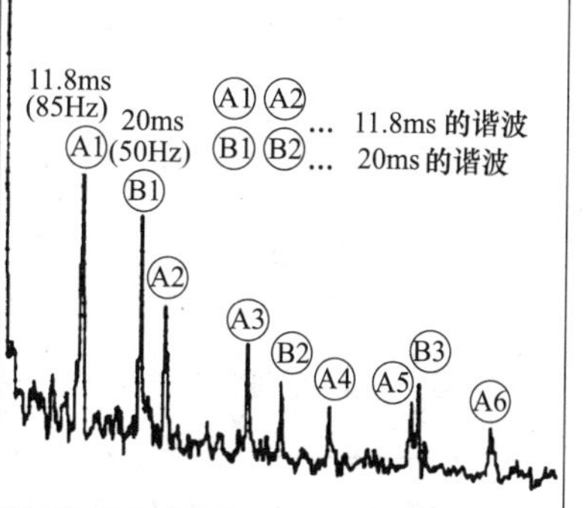

(b) 该振动信号的倒谱

图 27-10-33　从齿轮箱采集的振动信号的频谱和倒谱

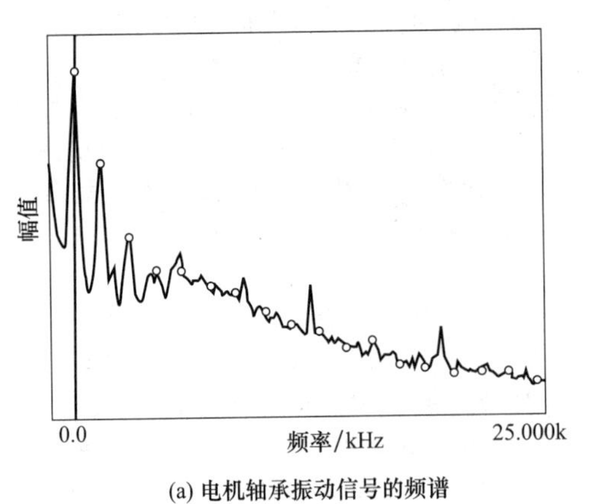

(a) 电机轴承振动信号的频谱

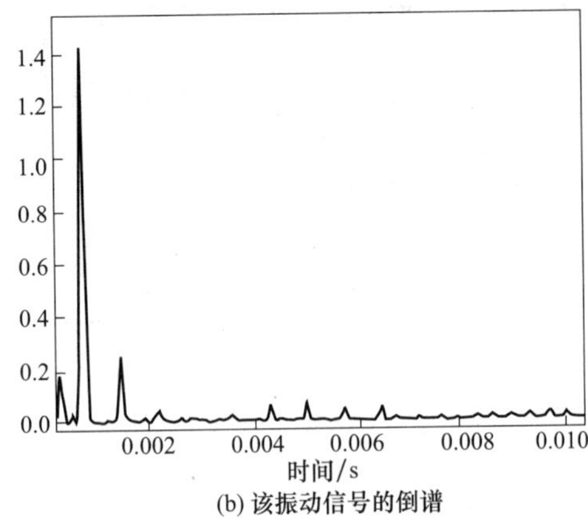

(b) 该振动信号的倒谱

图 27-10-34 从电机采集的振动信号的频谱和倒谱

10.5 旋转机械振动与故障诊断

基于振动的机械设备（例如齿轮、转子和轴、滚动轴承、滑动轴承、柔性耦合器和电动机械设备等）状态监测与故障诊断技术受以下几方面因素的影响：①部件/设备的旋转速度；②背景噪声和/或振动的等级；③监测用传感器的安装位置；④部件/设备的载荷分布特征；⑤被监测部件/设备和与其相连的其他部件/设备之间的相互动态关系。研究表明，对于齿轮故障诊断，其关键因素为上述的①、③和⑤；对于转子故障诊断，其关键因素为上述的①、④和⑤；对于轴承故障诊断，其关键因素为上述的①、②和③。在基于振动信号的机械设备状态检测与故障诊断技术中，通常可检测的设备/部件的故障如表 27-10-17 所示。

表 27-10-17 基于振动信号的故障诊断技术通常可检测的设备/部件的故障

设备/部件	故 障
齿轮	齿啮合故障；不对中；齿裂纹或/和磨损；偏心齿轮
转子和轴	不平衡；轴弯曲；不对中；轴颈偏心；部件松动；摩擦；临界转速；轴裂纹；叶片松动；叶片共振
滚动轴承	轴承圈和滚子的点蚀；剥落；其他滚子故障
滑动轴承	油膜涡动；椭圆或筒状轴颈；轴颈或轴承的摩擦
柔性耦合器	不对中；不平衡
电动机械	不平衡磁拉力；电机转子断条；气隙形状变化

基于振动信号的故障诊断技术是目前旋转机械设备（特别是转子和轴）最主要的状态监测与故障识别的工具。常见旋转机械可以分为以下三类，如表 27-10-18所示。

表 27-10-18 常见旋转机械的分类及特征

旋转机械分类	特 征
刚性转子旋转机械	1. 通常采用滚动轴承作为支撑 2. 由于转子的振动可以通过轴承传递到轴承座，因此其振动可以通过安装在轴承座上的传感器进行测量
柔性转子旋转机械	1. 通常采用滑动轴承作为支撑 2. 转子的振动只能采用非接触式传感器（如电涡流传感器）进行测量 3. 设备在启动过程中存在临界转速的问题
准刚性转子旋转机械	1. 通常为专业机械设备 2. 可以采用通过轴承振动测试转子振动的方法，但振动信号与转子/轴的真实振动可能存在不一致的情况

10.5.1 旋转机械振动的基本特征

振动是所有旋转机械运转过程中的内在特征之一。不可避免的残余不平衡质量和旋转机械设备动、静部件之间的交互力是导致旋转机械设备振动的诱因。研究旋转机械振动的目的是找到振动源并尽可能地对振动进行控制，从而使振动降低到设备的设计指标以内。考虑到运行成本等因素，当前旋转机械设备逐渐向高速、高功率、轻量和紧凑的方向发展。这使得大型旋转机械设备通常在高于其临界转速的情况下运行，因此更需要发展旋转机械的振动技术，以保证这些设备安全、可靠地运行。虽然旋转机械的振动是其运行过程中不可避免的一部分，但也可以利用这些振动来评估它们的性能、耐久性和可靠性。

不同领域的工程师可能对旋转机械振动研究的目的不同。本章重点关注应用旋转机械振动来监测设备的健康性，以便对振源进行及时的维护和维修，同时减少对设备不必要的维护、增长机械设备运行周期并缩短维修时间等，从而提高机械设备的运行效率。

旋转机械中的振动可以分为两大类：强迫振动和自激振动。其中，所谓的激励源必须具有能够激励并保持转子振动的特征。当激励源是一力现象（例如转子中的不平衡质量）时，它将会产生一个类似于受到线性力激励的弹簧-质量系统的强迫挠性振动，即所谓的强迫振动。对于自激振动（自激不稳定性）而言，通常不需要激励力。

10.5.1.1 强迫振动

旋转力向量（例如不平衡）、稳定的方向性力（例如重力）或者周期性的力（例如由泵的叶轮和扩散器之间交互而产生的力）都可以使旋转机械中产生振动。转子的响应取决于这些力函数的特征以及它们是如何影响转子运行的。具体如表 27-10-19 所示。

10.5.1.2 自激振动

旋转机械设备的不稳定性是一种由机械设备本身引起的激励现象，有时又称为持续性瞬态行为。在不稳定性的初期，转子变形随着转速的增加而积累，在临界转速共振区域，这种积累达到最大值；然后，随着转子转速通过临界转速共振区域，转子变形则逐渐降低。如果转子转速的增高使得不稳定性累积到其极限值时，则导致机械发生故障。与旋转设备的强迫振动不同，转子的不稳定性是由于自身激励所引起的，它不需要一个持续的力来维持振动的发生。需要注意的是：转子的涡动频率与转动频率是不同的。

表 27-10-19 强迫振动及其特征

强迫振动源	特　征
不平衡响应/同步转动	1. 典型的不平衡响应模型如图 27-10-35 所示，其中： C——转盘几何中心；β——相位角；M——转盘质量中心；O——轴承中心；r——转子与远点之间的转向角；θ——旋转角度；ω——转子的角速度 $\omega=\dot{\theta}+\dot{\beta}$；$\omega_N$——无阻尼情况下转子的固有频率 2. 图 27-10-36 显示了上述转子模型不平衡响应随转速的变化关系 3. 图 27-10-37 显示了相位角 β 随转速的变化关系，从图中可以看出，相位角从低转速时的 0°逐渐变化到高转速时的 180°；在临界转速 ω_N 时，$\beta=90°$ 4. 在 0 阻尼比的情况下，转子的偏转角和轴承力为无限大；而在其他情况下，转子偏转角与轴承力则是有限的，并且它们的幅值取决于阻尼比 5. 当转子以极快的速度通过其临界转速时，图 27-10-36 和图 27-10-37 中临界转速的情况通常没有足够的时间发生 6. 转子的临界转速并非一固定值，它会随阻尼比而发生微弱微弱的变化，临界转速与阻尼比的关系为： $\omega_{cr}=\dfrac{\omega_N}{\sqrt{1-2\zeta^2}}$，$\zeta$ 为阻尼比
轴弯曲	1. 当轴发生弯曲时，其振动激励响应与轴不平衡质量类似 2. 当转轴转速远大于其临界转速时($\omega\gg\omega_{cr}$)，与不平衡相比(如图 27-10-36 所示)，转轴弯曲引起的振动响应将被削弱，如图 27-10-38 所示 3. 当轴弯曲与质量不平衡同时发生在同一转轴时，其振动响应取决于不平衡质量与轴弯曲的矢量合成
重力临界	1. 由于重力作用而引起的强迫振动 2. 通常发生在本身质量较大而阻尼又很小的转子上 3. 重力临界的通常发生在转子临界转速一半的转速附近
转子惯性和陀螺效应的影响	1. 图 27-10-35 的转子模型中没有考虑到转子惯性的影响，但实际上，转子惯性和陀螺效应对转子的固有频率、临界转速、转子的不平衡响应是有影响的 2. 惯性影响可能产生前向或后向涡动的现象 3. 前向涡动将增加转子的临界转速；相反，后向涡动将降低转子的临界转速 4. 对于前向临界转速，由于不平衡会产生大的涡动振幅 5. 后向涡动对转子不平衡的影响则不敏感
环形间隙引起的转子响应	1. 转子变形超过了环形间隙时，转轴定子与转子之间会产生连续的摩擦 2. 当弱的接触摩擦力产生时，将出现不平衡力产生的前向涡动 3. 当产生强的接触摩擦力时，将阻碍转子在定子(滑动轴承瓦等)里面的滑动，并因此产生后向涡动 4. 在某转速下的前向涡动会产生由于转子与定子的啮合而导致的不平稳现象
强迫振动响应的非线性和非对称性的影响	1. 上述响应都是在刚度和阻尼为现行和对称的假设下，响应正比于转子的变形的转速 2. 对于非线性和非对称的情况，上述振动响应将产生严重失真和畸变现象

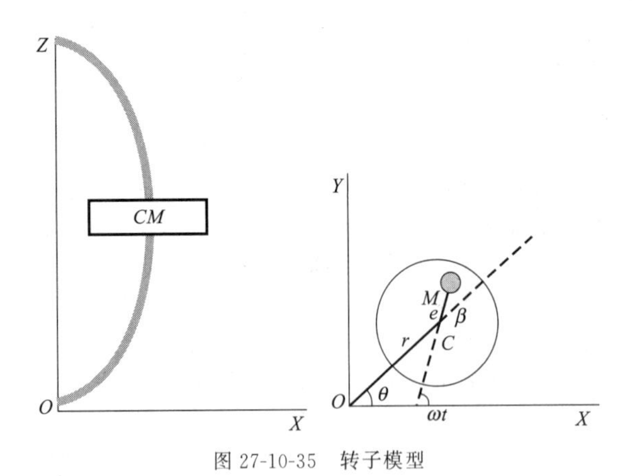

图 27-10-35　转子模型

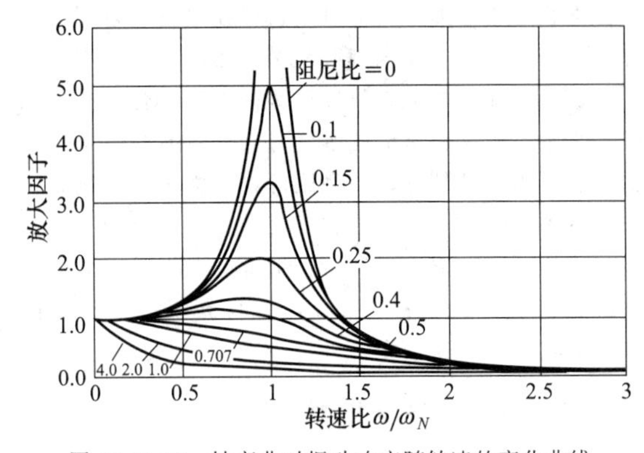

图 27-10-38　轴弯曲时振动响应随转速的变化曲线

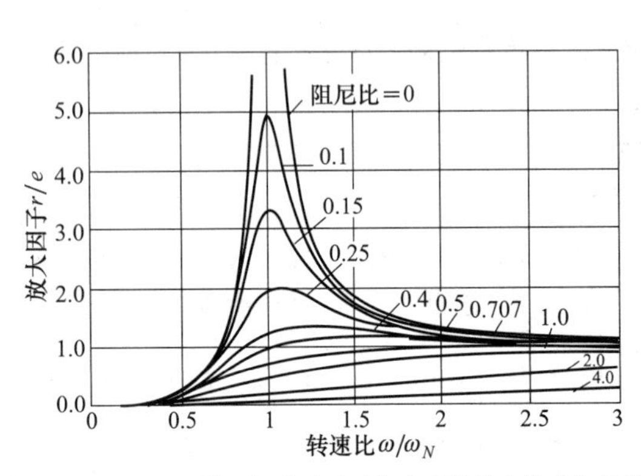

图 27-10-36　转子模型的质量不平衡响应随转速的变化曲线

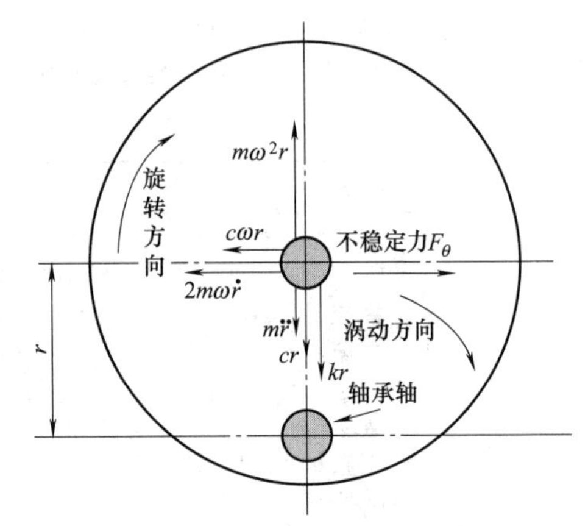

图 27-10-39　转子非平稳性的产生

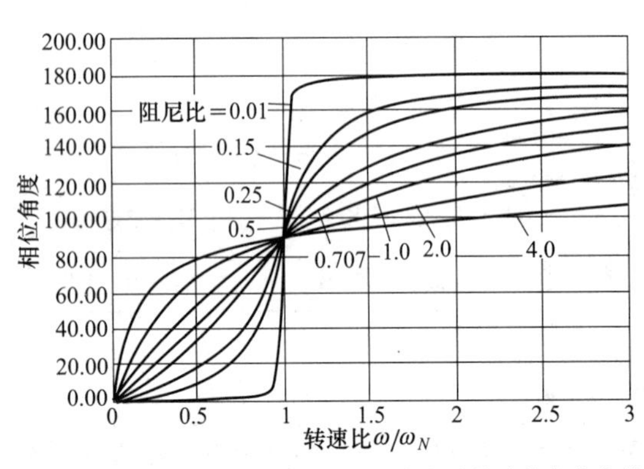

图 27-10-37　转子模型的不平衡相位角度随转速的变化曲线

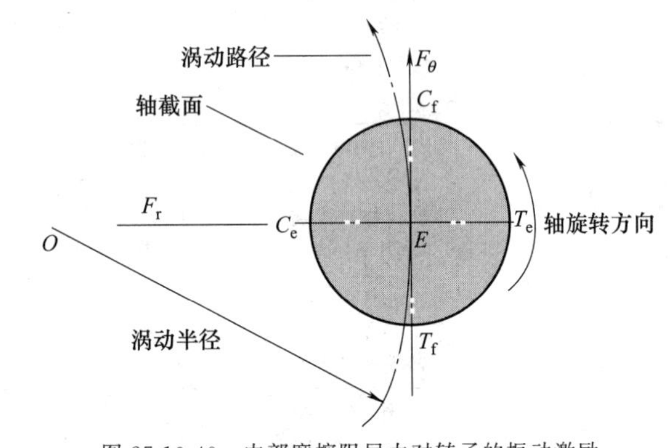

图 27-10-40　内部摩擦阻尼力对转子的振动激励

一般而言，转子的不稳定性是与切向力向量的存在密切相关的。这一切向力向量与转子变形向量垂直并与阻尼力向量反向。具体如图 27-10-39 所示。其中切向力 F_θ 的特征是其幅值正比于转子的变形。从切向力与阻尼力开始相等那一刻起，由于使得转子平稳的力失效，转子不平稳开始发生，随着切向力幅值的增加，产生转子涡动现象。产生上述切向力的可能因素如表 27-10-20 所示。由于转子动力学本身的复杂性，所列出的可能只是部分导致因素，还可能有其他因素存在。

10.5.2　旋转机械常见故障机理与诊断

10.5.2.1　振动测量与技术

振动测量中最常用的单位如表 27-10-21 所示。

对旋转机械设备中振动的定量评估可以通过幅值、速度、加速度或力的幅度来衡量。振动信号的频率、相位角和时变特征则用来描述这些评估量。由于

表 27-10-20　常见旋转机械设备振动的自激振动源及其特征

自激振动源	特　征
内部摩擦阻尼	1. 图 27-10-39 为转子转动模型的截面图 2. 由于变形，轴左半侧受到挤压 C_e 而右半侧受到拉伸 T_e 作用，见图 27-10-40 3. 上述拉伸和挤压力增大了轴的强度，并产生一个与离心力反向的恢复力 F_r 4. 由于轴中拉伸和挤压的作用，使得在轴截面上产生一系列的摩擦力 T_f 和 C_f 5. 最终，上述力的联合作用产生了与转子涡动方向相同，但与阻尼方向相反的涡动作用力 F_θ 6. 在不平稳性的临界值处，阻尼力与涡动力相互抵消；随着涡动力的增大，产生涡动自激振动现象
叶顶间隙激励(Alford 力)	1. 定义：由于转子偏心现象而引起的上下径向间隙不对称而导致的非平稳力，又称为 Alford 力 2. 这一非平稳力是由于叶顶与定子之间的振动造成的，即：当该叶顶间隙缩小，导致泄漏减小，从而功率增加，导致转子的扭矩大于其扭矩的均值；反之则相反，如图 27-10-41 所示 3. 此外，如前所述，转子变形增大会导致非平稳力增加，这也会缩小叶顶间隙
叶轮扩压器激励力	主要导致原因为叶轮箱与盖板之间较窄的缝隙区域
推进器涡动	1. 推进器涡动是飞行器中常见的另外一种非稳定性现象，当推进器的角速度与飞行器的线速度不匹配时，就会出现这种非稳定现象 2. 它的幅值与角度不匹配程度和飞行器的线速度都成正比
干摩擦	1. 干摩擦是由于接触的发生而阻碍了定子与转子之间的滑动 2. 这种接触可能是由于转子不平衡力而引起的转子变形所造成的 3. 干摩擦引起的涡动与转子转动方向相反，而与转子涡动方向相同，因此干摩擦会增大涡动的幅度 4. 干摩擦涡动产生的另外一个原因是涡动的速度接近转子与定子的耦合固有频率 5. 干摩擦通常可能发生在滑动轴承、密封、磨损环和其他动静件之间存在间隙的部件中
转矩涡动/负载转矩	1. 当转盘的轴心线与轴承的轴心线不在同一直线上时，由于不对中而引起的负载转矩与驱动转矩会导致转子的非同步涡动现象，即所谓的转矩涡动 2. 该涡动现象通常发生在细长轴且扭转负载较大的情况下
油膜涡动/振荡	1. 油膜涡动的速度约为转子转速的一半 2. 当转子以 2 倍的临界转速运转时，将可能发生油膜涡动速度与转子临界转速接近的情况，从而导致旋转机械振幅大幅增加
轴承与支撑对转子非平稳性的影响	由于轴承刚性和轴承阻尼而诱发的旋转机械设备的振动

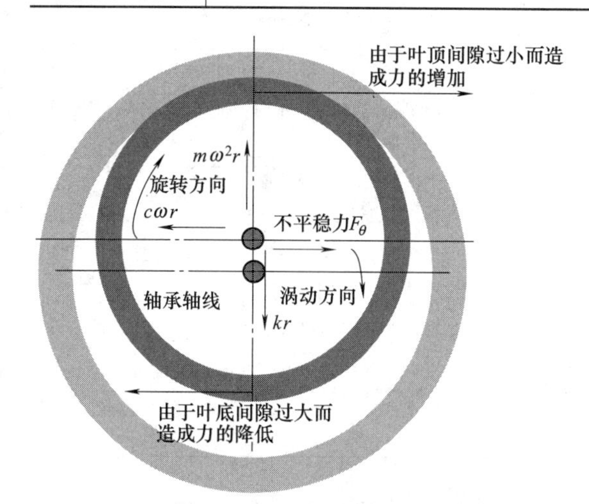

图 27-10-41　叶顶间隙激励

常见的振动信号并非纯的正弦信号，因此需要用诸如峰值、峰峰值或者均方根值（RMS）来衡量这些振动信号的幅度。在工业实际中，这些参数通常根据机械设备的特性、复杂性、设备类型和设备应用目的来确定。工业实际中对旋转机械设备的振动测量参数和技术指标的确定如表 27-10-22 所示。

表 27-10-21　振动测量中的常用单位

振动量	单位
位移(峰峰值)	mm
速度(峰值、均方根值 RMS)	mm/s
加速度(均方根值 RMS)	g 或 m/s^2
频率	Hz 或 r/min
相位角	弧度或角度

10.5.2.2　振动标准

所谓振动标准就是解决基于振动信号的故障诊断问题中“多大才是过大”的标准问题。这一问题针对不同的决策者、设备制造商、最终用户等因素而不同。由于振动问题在旋转机械故障诊断中占有举足轻重的地位，因此设备的最终用户为了达到安全操作的目的，通常会制定标准、报警和停机等振动级别。表 27-10-23～表 27-10-25 和表 27-10-26、表 27-10-27 依据相关的国际标准，分别列出了常用旋转机械设备中非转动部件和转轴的振动标准等级。

表 27-10-22 **振动测量参数与技术指标**

测试量/技术指标		定义	应用场合
加速度(RMS)		需要检测高频分量或者振动力	齿轮箱、滚动轴承、燃气/蒸汽透平机
波德/奈奎斯特图		振动位移的幅值和相位与速度的关系图	观测滑动轴承转子系统中临界转速和非平稳性
倒谱分析		功率谱对数的逆傅里叶变换	检测齿轮箱、滑动轴承和电机振动信号中谐波和边频带
实时状态监测		分析机械设备振动信号以确定其连续或者周期性的运行状态	工业现场的最关键设备，目的是减少对设备备品的需求
位移峰峰值	绝对值	转子振动的绝对振动位移量	转子质量远大于定子质量时，例如大型电机、发电机和鼓风机
	相对值	转子振动的相对位移量	应用滑动轴承或者小蜜蜂间隙的机械设备
	外部振动	定子部件振动的绝对振动位移量	低速机械设备(低于 1000r/min)
模型分析		测试结构对外力的振动响应	确定模型结构的质量、刚度、阻尼特性，也可用于计算结构的固有频率
轨迹分析		转轴在旋转过程中中心线的运动路径	具有滑动轴承的旋转机械的故障诊断，可以显示轴承运动的图像
极坐标图		机械不同转速下振动幅值的极坐标图	与波德图类似，用于检测临界转速和非平稳性，也可用于提取模型的特性
相位角		振动信号的相位	在平衡、诊断临界转速和不对中问题等应用中有效
滚动轴承分析	加速度	检测轴承加速度信号中的通过和离散频率	当故障恶化以至于可以目测到振动信号中噪声成分幅值增加时，可用频率范围为 5～5000Hz
	冲击脉冲法	与传感器固有频率相调制的高频振动响应	故障早期检测、测试超声噪声成分，为相对较专用的技术
	包络技术	轴承故障造成的周期性冲击，该冲击使得轴承部件产生共振，用于检测冲击的频率	用于检测轴承早期故障和晚期故障
	尖峰能量法	检测 5～45000Hz 范围内的宽带加速度信号	用于检测轴承早期故障和晚期故障
	峭度法	振动信号的四阶矩	用于检测轴承早期故障和晚期故障
启停机分析(瀑布图分析)		时间(转速)-频率-幅值域的三维图	用于检测各种基于振动的故障问题，对于分析瞬态信号尤为有效
频谱分析		振动信号的频率-幅值曲线	确定频率、谐波、边频带、敲击、传递函数等各种诊断问题
趋势分析		在时间域显示周期性采集的振动信号的特征	在机械状态评估中用于预测维护时间及策略
时间平均		同步采样中对采集的振动信号进行平均	用于齿轮箱故障诊断，降低振动信号中非同步振动分量对信号的影响，提高信噪比
时域分析		振动幅值随时间的变化关系	观测信号幅值、冲击、瞬态和相位角
速度幅值或 RMS 值		振动信号的速度幅值	工业实际中常用的监测振动的特征量，幅值和 RMS 分别对应振动的幅度和能量

表 27-10-23 **旋转机械中非转动部件可接受的振动等级**

机械类型	功率等级	转速范围/$r \cdot min^{-1}$	振动等级	
			刚性支撑	柔性支撑
蒸汽透平机组	$15 \leqslant P \leqslant 300kW$	$120 \leqslant N \leqslant 15000$	V1 和 D3	V3 和 D7
	$300kW < P \leqslant 50MW$	$120 \leqslant N \leqslant 15000$	V3 和 D5	V6 和 D8
	$P > 50MW$	$N < 1500$ 或 $N > 3600$	V3 和 D5	V6 和 D8
	$P > 50MW$	$N = 1500$ 或 1800	V5	V5
	$P > 50MW$	$N = 3000$ 或 3600	V7	V7

续表

机械类型		功率等级	转速范围/r·min^{-1}	振动等级	
				刚性支撑	柔性支撑
燃气透平机组		15≤P≤300kW	120≤N≤15000	V1 和 D3	V3 和 D7
		300kW≤P≤3MW	120≤N≤15000	V3 和 D5	V6 和 D8
		P>3MW	3000≤N≤20000	V8	V8
水力和泵透平机组	水平式机组	P>1MW	60≤N≤300	N/A	V4
		P>1MW	300<N≤1800	V2 和 D6	N/A
	垂直式机组	P>1MW	60<N≤1800	V2 和 D6	N/A
		P>1MW	60<N≤1800	V2 和 D6	V4 和 D9
离心泵	分离式驱动	P>15kW	120≤N≤15000	V3 和 D2	V6 和 D4
	一体式驱动	P>15kW	120≤N≤15000	V1 和 D1	V3 和 D7
发电机(不包括水力发电机)		15≤P≤300kW	120≤N≤15000	V1 和 D3	V3 和 D7
		300kW<P≤50MW	120≤N≤15000	V3 和 D5	V6 和 D8
		P>50MW	N<1500 或 N>3600	V3 和 D5	V6 和 D8
		P>50MW	N=1500 或 1800	V5	V5
		P>50MW	N=3000 或 3600	V7	V7
水力发电机中的发电机和电动机	水平式机组	P>1MW	60≤N≤300	N/A	V4
		P>1MW	300<N≤1800	V2 和 D6	N/A
	垂直式机组	P>1MW	60<N≤1800	V2 和 D6	N/A
		P>1MW	60<N≤1800	V2 和 D6	V4 和 D9
压缩机和鼓风机		15≤P≤300kW	120≤N≤15000	V1 和 D3	V3 和 D7
		300kW<P≤50MW	120≤N≤15000	V3 和 D5	V6 和 D8

表 27-10-24　各等级的最大振动速度极限（RMS 值）　mm/s

振动等级	A	B	C	报警	停机	振动等级	A	B	C	报警	停机
V1	1.4	2.8	4.5	3.5	5.6	V5	2.8	5.3	8.5	6.6	10.6
V2	1.6	2.5	4.0	3.1	5.0	V6	3.8	7.1	11.0	8.9	13.8
V3	2.3	4.5	7.1	5.6	8.9	V7	3.8	7.5	11.8	9.4	14.8
V4	2.5	4.0	6.4	5.0	8.0	V8	4.5	9.3	14.7	11.6	18.4

表 27-10-25　各等级的最大振动位移极限（RMS 值）　μm

振动等级	A	B	C	报警	停机	振动等级	A	B	C	报警	停机
D1	11	22	36	28	45	D6	30	50	80	63	100
D2	18	36	56	45	70	D7	37	71	113	89	141
D3	22	45	71	56	89	D8	45	90	140	113	175
D4	28	56	90	70	113	D9	65	100	160	125	200
D5	29	57	90	71	113						

注：A 区域——新投入使用的机械设备应归属于该区域；
B 区域——机械振动为可接受的，并且可以认为机械设备可以在该状态下长期使用的情况；
C 区域——通常认为机械的振动相对较大，该状态不可以继续长期使用的情况；
报警——该区域的值通常为经验值，建议机械设备不能在该区域振动值的状态下继续运行；
停机——在该状态下，通常认为机械设备系统已经出现故障，需要停机维修。

表 27-10-26　旋转机械中转轴可接受的振动等级

机械类型	功率等级	转速范围/r·min^{-1}	振动等级	
			相对位移	绝对位移
蒸汽透平机组	P≤50MW	1000≤N≤30000	D8	—
	P>50MW	N=1500	D5	D7
	P>50MW	N=1800	D4	D6
	P>50MW	N=3000	D2	D5
	P>50MW	N=3600	D1	D3

续表

机械类型	功率等级	转速范围/$r \cdot min^{-1}$	振动等级	
			相对位移	绝对位移
燃气透平机组	$P>3MW$	$3000 \leqslant N \leqslant 30000$	D8	—
	$P \leqslant 3MW$	$1000 \leqslant N \leqslant 30000$	D8	—
水力和泵透平机组	$P>1MW$	$60 \leqslant N \leqslant 1800$	D9	D9
离心泵	所有功率	$1000 \leqslant N \leqslant 30000$	D8	—
电机	所有功率	$1000 \leqslant N \leqslant 30000$	D8	—
发电机(不包括水力发电机)	$P \leqslant 50MW$	$1000 \leqslant N \leqslant 30000$	D8	—
	$P>50MW$	$N=1500$	D5	D7
	$P>50MW$	$N=1800$	D4	D6
	$P>50MW$	$N=3000$	D2	D5
	$P>50MW$	$N=3600$	D1	D3
水力发电机中的发电机和电动机	$P>1MW$	$60 \leqslant N \leqslant 1000$	D9	D9
	$P>1MW$	$1000<N \leqslant 1800$	D8	—
压缩机和鼓风机	所有功率	$1000 \leqslant N \leqslant 30000$	D8	—

表 27-10-27 各等级的最大振动峰峰值极限

μm

振动等级	A	B	C
D1	75	150	240
D2	80	165	260
D3	90	180	290
D4	90	185	290
D5	100	200	320
D6	110	220	350
D7	120	240	385
D8	$4800/\sqrt{n}$	$9000/\sqrt{n}$	$13200/\sqrt{n}$
D9	$10^{(2.3381-0.0704\lg n)}$	$10^{(2.5599-0.0704\lg n)}$	$10^{(2.8609-0.0704\lg n)}$

10.5.2.3 旋转机械振动信号特征与故障诊断

振动是所有旋转机械的基本内在特征。旋转机械的振动可以有很多因素所导致，例如不正确的设计、实际制造精度限制、安装过程误差、系统环境影响、部件性能衰退、操作过程误差或者是以上因素的组合。在机械故障诊断的过程中，由于设备故障导致因素的多样性和组合型，精确地确定旋转机械的故障（振动激励源）是非常困难的。然而，可以通过设备振动信号的一些特征进行故障诊断。表 27-10-28 列出了常见旋转机械设备振动信号的特征与故障的对应关系。

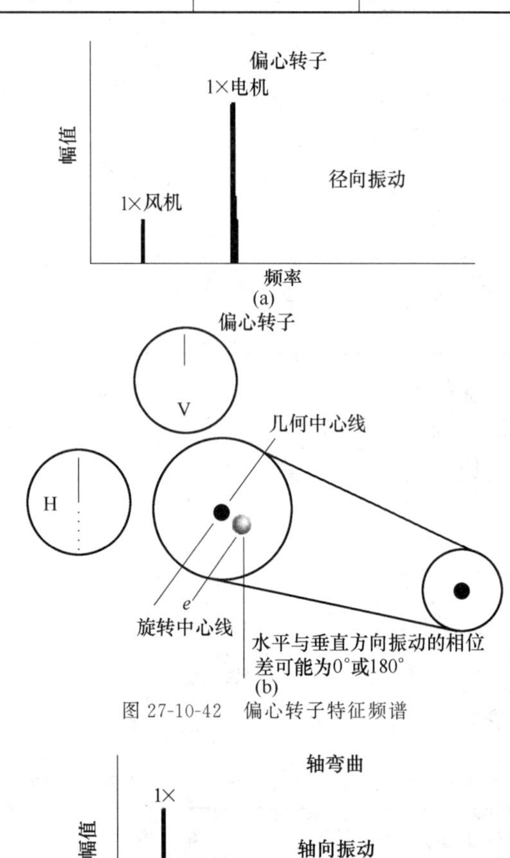

图 27-10-42 偏心转子特征频谱

图 27-10-43 轴弯曲特征频谱

表 27-10-28　常见旋转机械设备振动信号的特征与故障诊断

故障	主要频率成分	频谱、时域或轴心轨迹的形状	特征和建议
质量不平衡	1 倍频	极大的 1 倍频分量，并伴随有幅值很小的谐波成分；轴心轨迹为圆形或椭圆形	应用动/静平衡法降低振动
偏心转子	1 倍频	幅值随转速的变换而变化	在常见的不平衡故障中，当测试位置从水平变为垂直时，其测量信号的也会相应地产生 90°的相位差。但是在偏心转子中，水平和垂直测量信号的相位差可能为 0°或者 180°。因此，当试图对偏心转子进行平衡时，通常会造成使一个方向的振动降低的同时，却增加了另外一个方向的振动的现象。特征频谱如图 27-10-42 所示
轴弯曲	1 倍频和 2 倍频	轴的轴向和径向的振动会同时增大。有时候轴向振动甚至大于径向振动。振动信号中通常会同时出现转动频率的 1 倍频和 2 倍频	如果 1 倍频的幅值为振动信号的主要振动分量，那么弯曲通常发生在轴的中心部；如果 2 倍频的幅值为振动信号的主要振动分量，那么弯曲通常发生在轴的端部；此时轴向振动和径向振动的相位差通常为 180°。特征频谱如图 27-10-43 所示
不对中	1 倍频和 2 倍频，有时还出现 3 倍频； 8 字形轴心轨迹	角度不对中：角度不对中主要会产生驱动轴和被驱动轴的轴向工频振动。角度不对中的各种情况如图 27-10-44 所示。但角度不对中发生时通常为几种不对中情况的组合。因此角度不对中故障发生时，不仅仅是轴向的 1 倍频出现，通常还伴随着轴向的 1 倍频和 2 倍频同时出现。有时候还伴随着 1、2 和 3 倍频同时出现，当然这与由于耦合问题（例如松动）产生的故障特征类似 平行不对中：通常会产生径向 2 倍频的振动分量。平行不对中通常也不会单独出现，有时可能伴随着角度不对中等故障。因此振动信号中通常会同时出现 1 倍频与 2 倍频分量。当平行不对中故障影响大时，其 2 倍频分量通常大于 1 倍频分量。但通常也受到耦合及结构本身的影响	角度不对中：通常当在两轴耦合处的两个轴侧测量其轴向振动时，它们的振动信号相位差通常为 180° 当角度和平行不对中故障程度都比较大时，从 3 倍频到 8 倍频甚至是所有谐波分量的高频振动将被激励出来。当不对中故障程度严重时，耦合的结构通常对频谱的形状影响较大 平行不对中发生时，耦合两侧径向振动振动 180°相位差 具体如图 27-10-44 所示
滑动轴承磨损	1 倍频和 1/2 倍频	两主要频率成分幅值相当	难以通过平衡矫正
重力临界	2 倍频	停机过程中在 1/2 倍临界转速处出现振动激励	可以通过平衡矫正
非对称轴	2 倍频	停机过程中在 1/2 倍临界转速处出现振动激励	通常出现在级联轴系中
轴裂纹	1 倍频和 2 倍频	高的 1 倍频分量，停机过程中在 1/2 倍临界转速处出现振动激励	需要应用超声检测进行裂纹定位
部件松动	1 倍频、高次谐波、子谐波		对所有旋转机械，其机械松动通常发生在：①内部装配松动；②机械与底座之间的松动；③结构松动。详细内容参见表下内容
耦合自锁	1 倍频和 2 倍频	主要频率分量幅值相当，8 字形轴心轨迹	
热不稳定性	1 倍频	1 倍频峰值随温度发生变化，相位角在此过程中可能发生变化	
油膜涡动	小于 1/2 倍频，特别是 0.35 到 0.47 倍频	升速过程会出现 1/2 倍频的增加过程，并且始终处于小于 1/2 倍频的位置	可以通过调整轴瓦维修

续表

故障	主要频率成分	频谱、时域或轴心轨迹的形状	特征和建议
内部摩擦	1/4、1/3、1/2、3、4 倍频等	降速过程可以看到该幅值逐渐减小直至消失；轴心轨迹为环状	可能会引起转轴故障的发生
滚动轴承故障	滚动轴承故障特征频率处	频谱中在故障频率处出现峰值	冲击脉冲测试装置也可用于检测滚动轴承故障
齿轮故障	齿轮啮合频率	齿轮啮合频率处出现谱峰值及其边频带，时域信号中也可能出现脉冲	
电机问题	1 倍频和 2 倍频	1 倍频和 2 倍频附近出现边频带；当电机电源关闭后，该振动分量消失	
管道力	1 倍频和 2 倍频	两主要频率分量幅值相当	可能导致轴承或耦合件的不对中
转子和轴承临界	1 倍频	高的 1 倍频，降速过程中 1 倍频迅速降低，并可能伴有大的相位变化	
结构共振	1 倍频和 2 倍频	高的 1 倍频，2 倍频成分稍低，降速过程中可以识别结构共振	改变（增加或降低）结构强度或结构质量，从而改变结构的固有频率
转子迟滞	0.65 ～ 0.85 倍频	在主要频率成分区域有大的谱值	常发生在带有过渡配合的组合式转子系统中
液压力	1 倍和 2 倍的叶片通过频率	主要频率成分的频谱幅值较大	离心泵中较常见，是由于流动再循环或者叶轮与缸体之间的空隙不足造成的

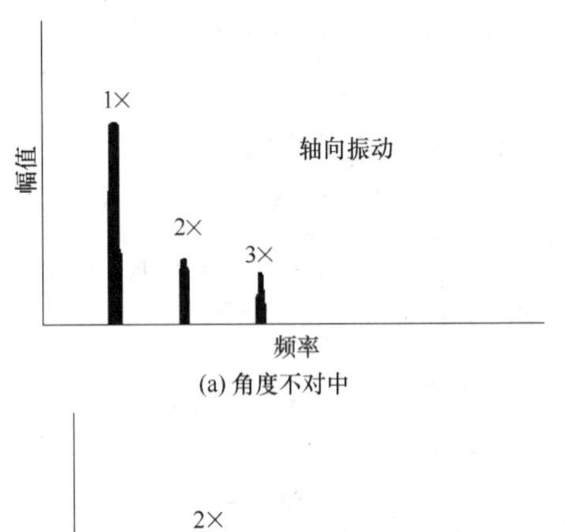

(a) 角度不对中

(b) 角度不对中时的相位特征

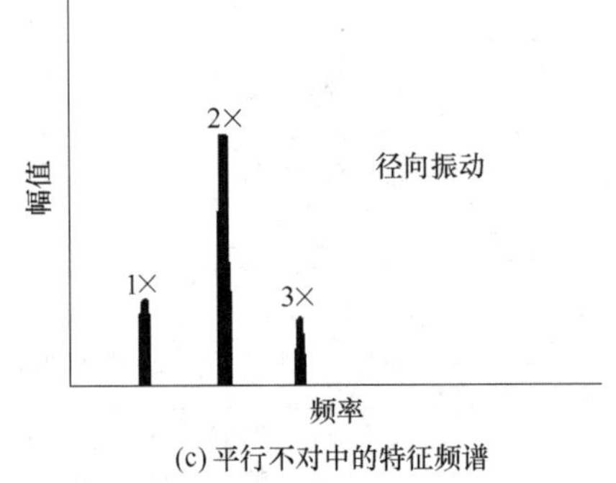

(c) 平行不对中的特征频谱

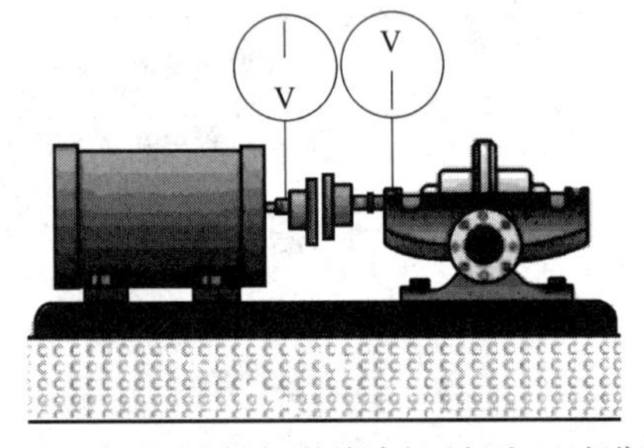

(d) 平行不对中耦合两侧径向振动振动180° 相位差

图 27-10-44　不对中故障特征

（1）不平衡

不平衡故障是由于旋转部件的质量中心与转动几何中心不重合所造成的。在实际制造过程中，几乎不可能使转子完全平衡。因此，不平衡故障是所有旋转机械设备转子中的最常见故障。

不平衡故障通常会导致幅值几乎保持不变的周期性振动信号。其径向振动的特征频率为转子的转动频率，即 1 倍频。当转子为垂直运转时，转子径向振动频谱中也会出现幅值最大的 1 倍频振动信号分量。不平衡故障对旋转机械设备的影响取决于转子的转速，转速越大，不平衡故障引起的振动幅值就越大。当转子低速运转时，其轴振动的最大位移处与不平衡位置一致；随着转速的增加，振动最大位移会逐渐滞后于不平衡的位置；当通过第一阶临界转速时，滞后达到

90°；当通过第二阶及以后更高阶的临界转速后，滞后达到 180°。

（2）不对中

不对中故障的特征如表 27-10-29 所示。用于识别不平衡与不对中故障的特征如表 27-10-29 所示。

表 27-10-29　不平衡与不对中故障识别特征

不平衡	不对中
频谱中 1 倍频幅值最大	1 倍频的谐波幅值较大
轴向振动幅值相对较低	轴向振动幅值较高
在不同位置测试的振动信号的相位角与其测试位置有对应关系	不同测试位置的振动信号区别较大
振动级别与温度无关	振动级别随温度的变化而变化
1 倍频处的振动级别随着转速的增加而增大。离心力与轴转速的平方成正比	振动级别随转速的变化几乎改变不大。由于不平衡而导致的力几乎没变化

（3）机械松动

对所有旋转机械，其机械松动通常发生在：①内部装配松动；②机械与底座之间的松动；③结构松动。

内部装配松动：通常包括诸如轴承瓦和轴承盖、滚动轴承的滚子与沟槽、轴上的叶轮等。这主要是由于部件的非正常配合造成的。由于转子激励器的松动部件的振动，通常会在 FFT 谱中产生许多谐波分量。信号的时域信号通常会出现截断情况，因此造成 FFT 中的许多谐波成分。时域信号的相位通常不稳定。这种松动所造成的设备振动的方向性很强，可以采用在不同方向多布置传感器的方法来检测。此外，这种松动还可能产生子谐波成分，即：1/2×、1/3×等。其特征频谱如图 27-10-45 所示。

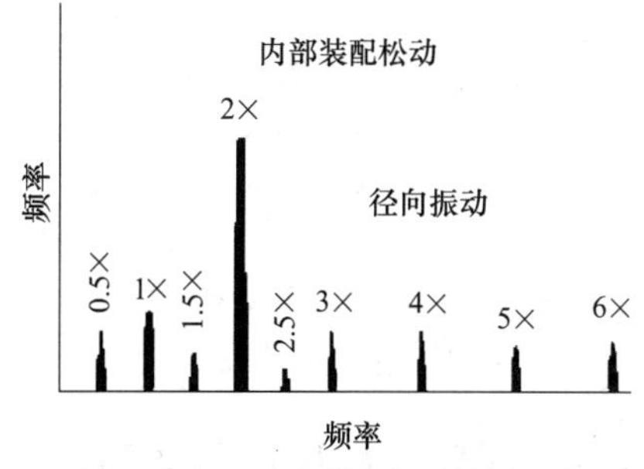

图 27-10-45　内部装配松动特征频谱

设备与底座之间的松动：通常由于底座螺钉松动、结构裂纹或轴承基座造成的。其特征也为高频谐波分量，其特征频谱如图 27-10-46 所示。

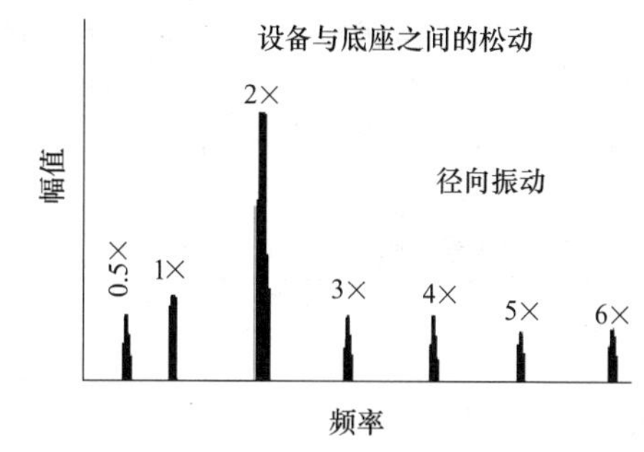

图 27-10-46　设备与底座之间松动的特征频谱

基础结构松动：通常由于结构本身的松动或机械设备基础等本身的缺陷造成的。也有可能是水泥、固定螺钉等本身强度低造成的。此时，底座与机械设备本身的振动可能产生 180°的相位差。其结构示意图和振动特征频谱如图 27-10-47 所示。

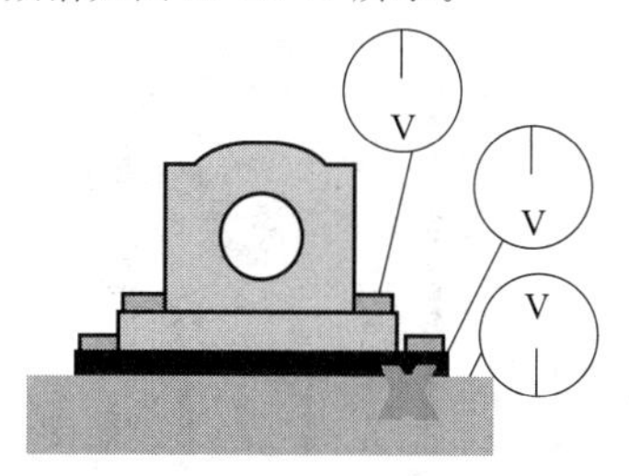

(a) 结构松动引起的180°相位差示意图

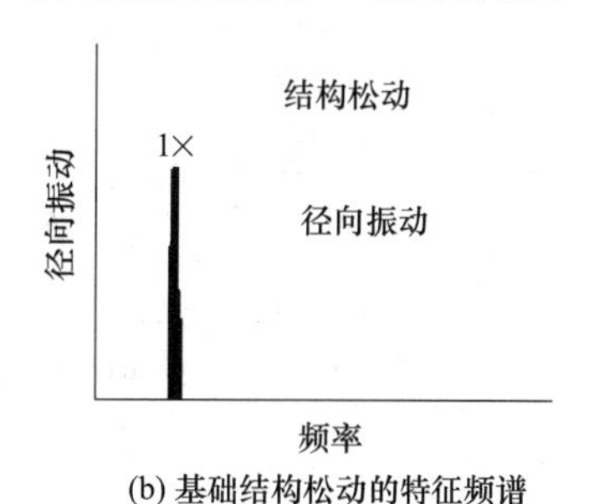

(b) 基础结构松动的特征频谱

图 27-10-47　底座结构示意图和振动特征频谱

另外一种诊断机械松动的方法是通过旋转机械设备振动信号的振动趋势变化来进行，即：机械松动的初期阶段，振动信号中 1 倍频的频率成分最强，此阶段的振动特征与不平衡故障相似；随着机械松动故障的恶化，振动信号中的谐波成分逐渐增强，同时 1 倍频分量幅值降低，振动时域信号的 RMS 值也可能降低；在机械松动的最后阶段，分谐波成分 $\left(1/2,\ 1/3,\ 1\frac{1}{2},\ 2\frac{1}{2}\text{等}\right)$ 的幅值也逐渐增大。

（4）转子摩擦

转子摩擦的频谱与机械松动的频谱特征相似。摩擦可能发生在转子转动周期的某一段或者整个转动周期。因此，它可以激励起多种频率成分，并且有可能激励起一个或多个固有频率。有时会发出类似与粉笔在黑板上划时所产生的声音，并且在产生强的高频噪声。同时有可能产生整数的子谐波（1/2、1/3、1/4、…）。它们可能满足下述关系（N：转子工作转速；N_c：转子临界转速）：

1×：	当 $N<N_c$；
1/2×或者 1×：	当 $N>2N_c$；
1/3×、1/2×或者 1×：	当 $N>3N_c$；
1/4×、1/3×、1/2×或者 1×：	当 $N>4N_c$；

相对于轴摩擦到密封等故障，当转轴摩擦轴瓦时，其故障较为严重，其频谱和波形如图 27-10-48 所示。

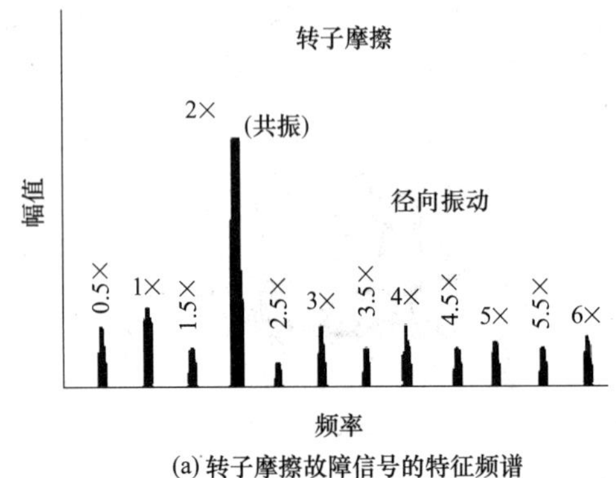

(a) 转子摩擦故障信号的特征频谱

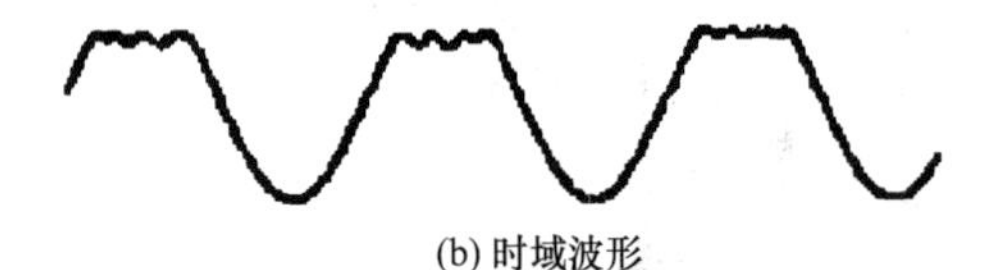
(b) 时域波形

图 27-10-48　转轴摩擦轴瓦的频谱和波形

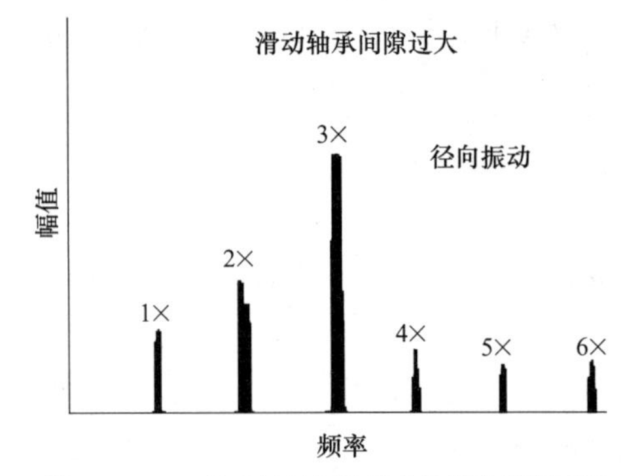

图 27-10-49　滑动轴承间隙过大故障的特征频谱

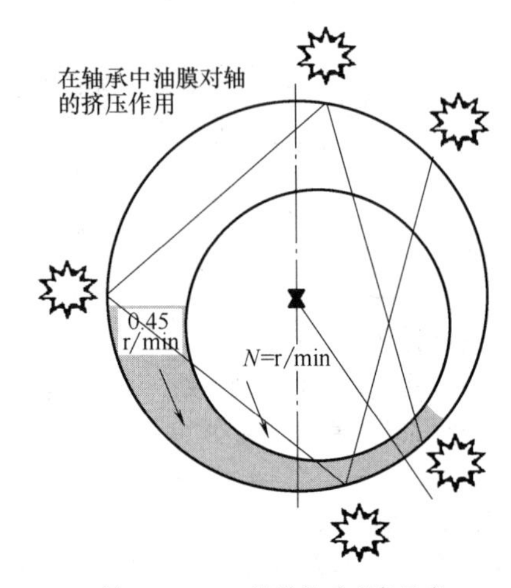

图 27-10-50　油膜涡动现象示意

（5）滑动轴承

滑动轴承中间隙过大故障：滑动轴承磨损到一定程度时将会出现动静子之间较大的空隙。该故障发生时，其 FFT 频谱与机械松动故障相似。甚至会出现 10×、20×的高频振动分量。这是由于空隙增大使得油膜强度降低的缘故造成的。其频谱如图 27-10-49 所示。

（6）油膜涡动

油膜涡动是由油膜激励引起的振动，它发生在高速旋转的滑动轴承中。假设转轴以转速 N 运转时，在轴与轴瓦之间会产生压力润滑油膜。靠近转子的油膜部分与转子一起运动，而其轴瓦（定子）为静止。因此转轴与轴瓦之间的楔形油膜的转速应该为 $1/2N$。但摩擦等因素使得油膜的实际速度为 0.42～0.48 倍频。通常情况下，油膜如图 27-10-50 所示运动。

在某种工况下，油膜的压力可能会大于支撑转子所需要的压力，这种情况下，就会激励起转子额外的振动，即所谓的油膜涡动。油膜涡动可以通过改变油膜速度、润滑油压力和施加外部预载荷等方法减弱或消除。油膜涡动的特征频率为 0.42～0.48 倍频，而且振动幅值较大。

（7）油膜振荡

油膜振荡是由于轴没有油膜支撑而造成的，而且当旋转速度与临界转速一致时，这种振动变得非常不平稳。油膜振荡对旋转机械设备的影响远大于油膜涡动。这是由于当油膜振荡发生时，这种涡动频率（临界转速频率）即使在机械设备转速继续提高时仍然存在，可能会对整个机械设备造成不可估量的损坏。油膜涡动、油膜振荡与质量不平衡的振动特征如图 27-10-31（b）中的瀑布图所示。

10.6　往复机械振动与故障诊断

10.6.1　往复机械振动的基本特征

与旋转机械设备相比，往复机械中所激励出的振动成分更复杂而且更加难以进行振动信号的分析与处理。所有应用活塞驱动进行工作的机械都可以被称为往复机械，例如汽油或柴油机、蒸汽发动机、压缩机和泵等。曲轴的扭转振动是往复机械设备中最主要的振动因素。虽然在工作过程中，曲轴的扭矩是一个周期性的运动（振动）过程，但在其运动周期中，其振动通常极其暴烈，这也使得往复机械振动比常见的旋转机械振动更为复杂。通常可以应用发动机转速及其谐波成分来描述往复机械的振动。但由于发动机及其带动部件（例如泵等）通常采用柔性耦合进行连接，因此整套机械设备的固有频率很少会落入到发动机工作转速或与其不同的谐波成分之内。

通常情况下，往复式发动机在其 1 倍工作频率及其谐波成分处的振动幅值较大。这些振动是由于气体压力和不平衡造成的；其中气体压力是由于油气在燃烧室内的燃爆造成的；而不平衡则来源于活塞与连杆连接而造成的连续改变的偏心质量半径。这种振动只可以部分地被平衡锤所抵消。对于 4 冲程发动机来讲，1/2 倍频成分通常也会出现在所采集的振动信号中，这是由于在发动机工作过程中，凸轮轴以曲轴 1/2 的转速在旋转。因此，通常情况下，往复机械振动信号中出现幅值较大的工频、半频以及它们的谐波分量时，并不一定代表机械设备中出现了故障。

许多发动机通常在变转速的情况下进行工作，这使得在往复机械运转的过程中有大的力施加于设备部件或者基础结构上。由于运转问题也能产生往复机械的振动，例如点火失败、活塞敲击和压缩泄漏等。这些问题会导致 1/2 倍频振动的产生，当只有一个气缸受影响时，发动机的效率和功率输出都将降低。另外，轴承和齿轮故障也可能发生在往复机械设备中，但通常这类故障的特征频率都在高频带，因此在频谱域通常对发动机本身故障特征影响不大。

在所有往复机械（例如活塞发动机、压缩机和往复泵）的曲轴上都存在扭振现象。扭振是在一根轴上发生的扭曲摆动。图 27-10-51 显示了扭振示例。当图中摆动部分做左右的摆动振动时，B 点和 C 点之间所发生的振动为轴的扭振；但是，在 A 点与 B 点之间的轴段虽然也处于整个轴上，但由于此区间不存在扭转的力，因此，此区间不存在扭振现象。也就是说，只有同一转轴上不同轴段的旋转振动不同时才可能发生扭振。

往复机械中导致扭振的原因也包括两类，即：

① 气体压力；

② 连杆上的不平衡质量。

扭振造成了转轴上的切向力，从而有可能导致在转轴的不连续几何点/面处出现裂纹等故障。这种连

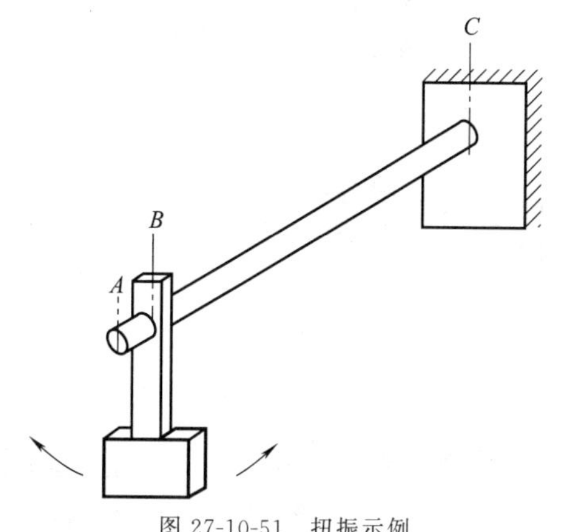

图 27-10-51　扭振示例

续、周期性的扭振最终可能导致转轴出现疲劳损伤。疲劳裂纹的表面通常与轴心线成 45°角。通常情况下，扭振的测量比较困难，如果进行扭振测量，需要：

① 在轴上贴应变片，并采用滑动环或者遥测技术输出所测试的振动信号；

② 齿轮调制法，即在需要测试扭振的位置安装一个质量尽可能轻的齿轮，然后采用光或者非接触式传感器检测齿轮中每个齿的通过，将轴的扭振转化为高频的调制信号，然后应用解调器对所采集的信号进行解调，从而实现扭振测试的目的；

③ 光学方法，即在所需要测试轴扭振的位置贴上一片带子，然后利用测光装置测试该带子通过时的反射和轴表面通过时的无反射信号，然后应用齿轮调制法的相同步骤对所采集的信号进行处理获得轴扭振的测试方法。

10.6.2　往复机械故障诊断

往复机械中的振动问题通常包括共振和运转两类。

往复机械的运转问题（例如内燃机点火失败）故障可以通过监测振动信号幅值的变换趋势来诊断。这种方法在被监测设备在同样的速度和负载下进行工作时，在同样的振动测试点测得的信号相比较时才有效。

图 27-10-52（a）为在某正常运转状况下的内燃机阀盖上所测得振动加速度信号的频谱。此时，所有气缸的点火都正常。图 27-10-52（b）显示的为同一内燃机的其中一个火花塞连接线断开时振动加速度信号的频谱。很明显，此时振动信号中的谐波成分及其 1/2 谐波成分的振动幅值增大。图 27-10-52（c）显示了内燃机的两个火花塞连接线断开时振动加速度信号的频谱。此时，振动信号的谐波成分及其 1/2 谐波成分的振动幅值进一步增大。在测试过程中，节流阀的

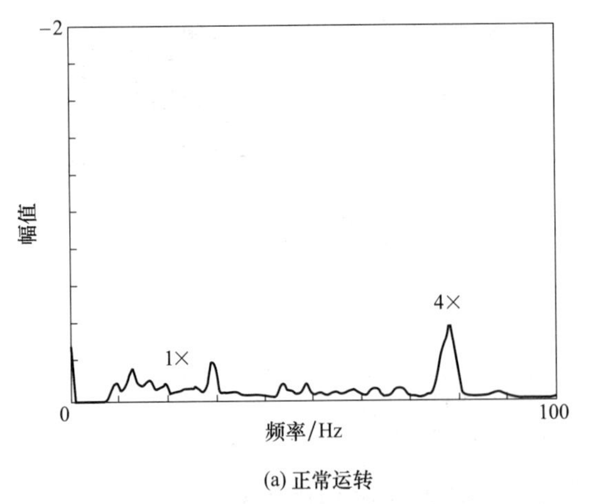

(a) 正常运转

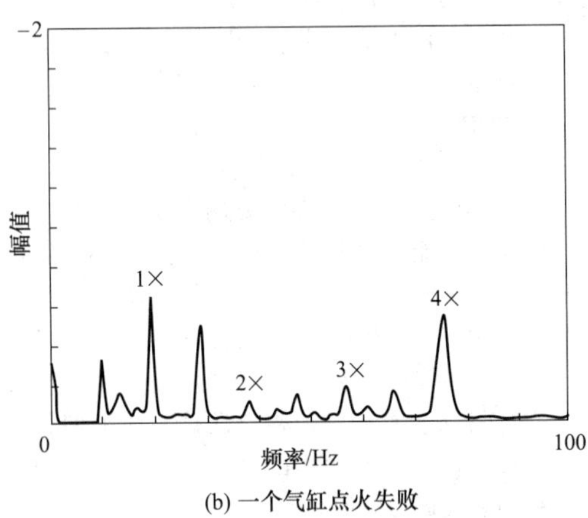

(b) 一个气缸点火失败

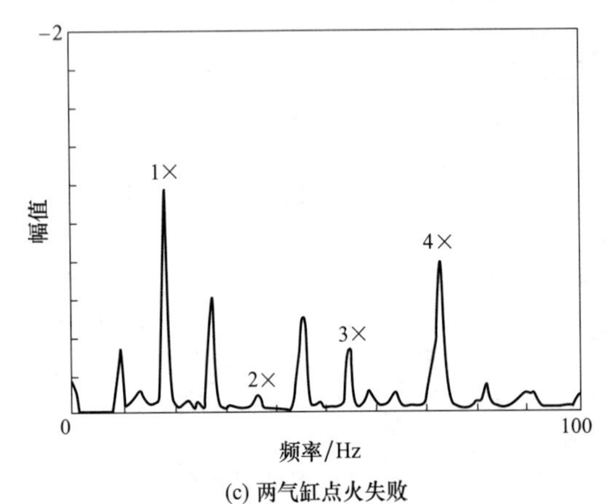

(c) 两气缸点火失败

图 27-10-52　内燃机振动加速度信号的频谱

位置保持不变。由于其振动信号的复杂性，在往复机械运转过程中，测试其正常状态下的振动并作为标准信号在往复机械故障诊断中极其重要。

针对往复机械中缝隙过大的故障，可以通过对机械加速或减速时监测其振动幅值来实现，此时，振动信号的幅值有明显的增加。

气体压力会导致曲轴产生扭振。这些扭振与线性模式密切相关，因此当扭振发生时，可能导致非常明显的线性振动。由于气体压力导致的振动在 4 冲程内燃机中通常会导致 1/2×倍频及谐波倍频的振动。

不平衡力可以在往复机械的运转频率分量处产生明显的振动幅值。对于一个全新的内燃机而言，其平衡状况通常较好；但是当维修以后，如果替换了不同质量的活塞或者连杆，那么由不平衡力导致的振动会明显增大。最好的办法是比较维修前和维修后的振动信号，从而判断维修的质量。

振动信号时域信号处理方法是其中一个比较重要的信号分析方法。经过长时间对往复机械振动信号的观察，现场状态监测工程师可以直接通过振动信号的时域波形看出每个气缸的燃爆，阀的开、关过程。发动机运行的每一个冲程都是一个冲击振动，因此在振动信号中通常会表示为一个冲击响应信号的波形成分。

由于往复机械振动本身的复杂性，因此要使得故障诊断过程更加有效，通常需要在机械设备正常的情况下，采集相应的振动信号并获得信号的频谱曲线，并以此时的频域信号作为在该工作条件下该机械设备振动的标准信号。在机械设备以后的工作过程中，将设备当前振动信号与标准振动信号进行比较，从而判断往复机械设备的健康状况。

图 27-10-53 显示了一个压缩机在正常和故障状态下的振动信号。通过比较，可以很明显地发现压缩机在不同健康状态下振动信号的区别。

此外，往复机械中许多典型的故障都是由于机械松动造成的，这些机械松动在振动信号中通常表现为碰撞或冲击。这些冲击或碰撞所造成的响应信号的持续时间通常很短，它们通常对整个振动信号的振动级别的影响比较小。因此旋转机械故障诊断中的趋势等分析方法通常对往复机械早期故障诊断的效果不明显。旋转机械中的最主要故障包括：

① 螺栓松动或断裂；

② 杆状螺帽的松动或断裂；

③ 连接杆或者活塞杆的裂纹；

④ 十字头或滑块的间隙过大；

⑤ 连接销的间隙过大；

⑥ 气缸中出现液体或碎屑；

⑦ 气缸中的腐蚀洞；

⑧ 其他部件的裂纹或断裂。

如前所述，振动幅值也可以表示一套机械设备的健康状况。图 27-10-54 总结了常见往复机械设备振动幅值与健康状况的关系。

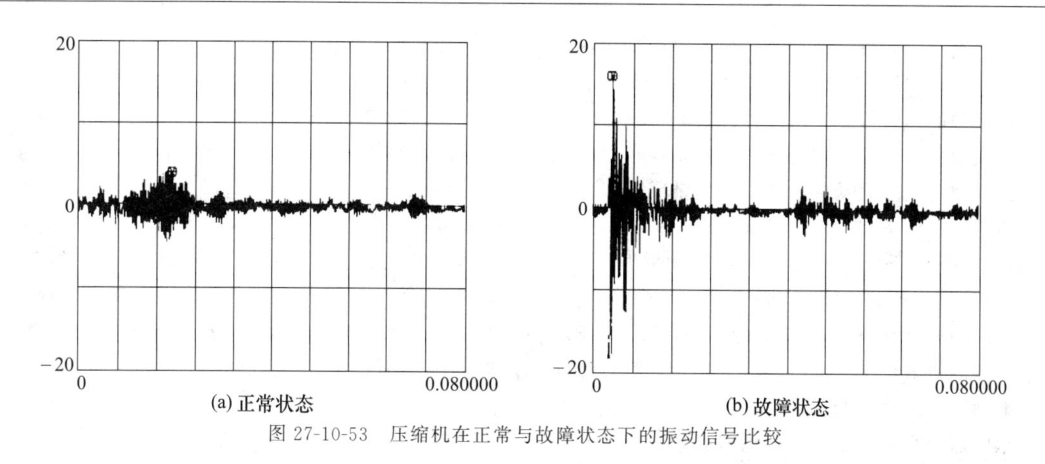

图 27-10-53　压缩机在正常与故障状态下的振动信号比较

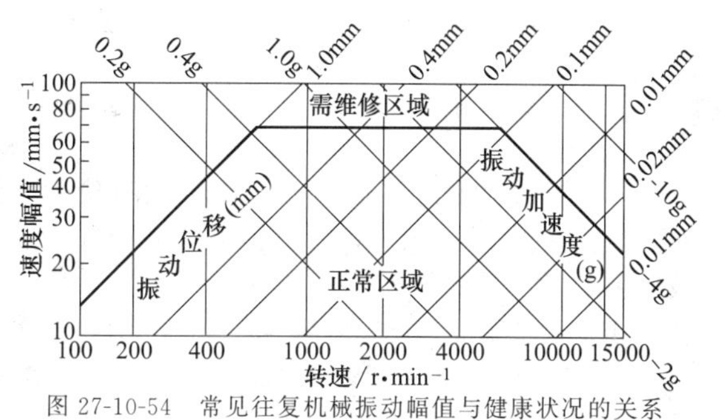

图 27-10-54　常见往复机械振动幅值与健康状况的关系

10.7　滚动轴承和齿轮故障诊断

10.7.1　滚动轴承故障诊断

10.7.1.1　滚动轴承故障诊断方法及应用

无故障滚动轴承在运行过程中的振动级别通常较低，而且当滚动轴承发生故障时，其故障特征频率通常是可以预见的。因此，滚动轴承的故障诊断相对更容易一些。此外，由于滚动轴承中的故障从发生到恶化通常是一个渐变的过程，这也使得滚动轴承的故障诊断更简单。由于正常使用而造成的滚动轴承故障通常从由金属疲劳导致的轴承中某一个部件（内外圈或一个滚子）的损伤出现开始，故障轴承的振动特征通常为振动信号中出现由于轴承部件损伤导致的振动冲击响应信号成分。图 27-10-55 简单说明了一个滚动轴承从正常到故障发生再到恶化的渐变过程中振动信号的时域波形和频谱。随着轴承中故障的出现，振动信号的频谱中与滚动轴承故障相关的特征频率成分出现；而且随着故障的进一步恶化，特征频率成分的幅值降低，同时宽频带噪声的能量迅速提高。当机械设备中存在其他振动时，上述的轴承故障特征频率成分有可能被淹没在振动信号中。此时可以考虑应用信号处理中的峰值因子或者峭度指标进行故障诊断（详见 10.3 和 10.4 的相关内容）。

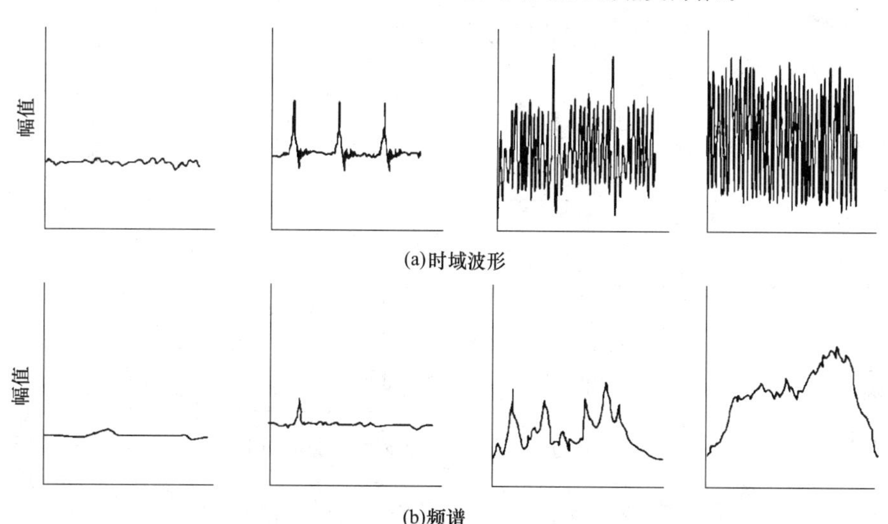

图 27-10-55　滚动轴承运行周期的振动信号时域波形与频谱

正确检测和诊断滚动轴承故障的关键因素是选择合适的振动测试位置。当出现故障时，轴承振动信号中会出现高频的信号分量。因此，在滚动轴承故障诊断中需要应用加速度传感器，并把它们安装在尽可能靠近载荷集中区域的滚动轴承外圈处的轴承座上。

常用的滚动轴承包括两类，即：点接触和线接触滚动轴承。此外，轴承的负荷有可能仅加载在径向（例如径向球或滚子轴承），也有可能同时加载在径向和轴向（滚子或球角轴承）。滚动轴承的故障诊断难度根据不同的机械设备而不同，例如涡轮发电机和电动机中滚动轴承故障诊断相对比较简单，航空发动机主轴轴承则需要采用诸如缩放、通带频谱和包络功率谱等先进的信号处理方法才能达到诊断的目的。这主要是由于后者的应用中噪声和振动的等级较高，诸如RMS、峰值因子和峭度等相对简单的指标难以识别由轴承故障导致的故障特征。

从滚动轴承座上测量得到的振动信号主要包括以下四个振动源：

① 轴承部件的旋转；

② 轴承单元和与之关联的机械设备部件的共振；

③ 声发射；

④ 干扰振动。

轴承单元旋转过程中能够产生一系列的振动，这些振动的频率成分是轴承几何尺寸和旋转速度的函数。它们分别对应于轴承的内圈、外圈和滚子故障。轴承振动的特征频率计算公式如表 27-10-30 所示。

表 27-10-30 列出了滚动轴承运转过程中所有特征频率的计算方法。在轴承实际运行过程中，通常上述频率成分的谐波频率成分也会被激励出来，并被采集到振动信号中。因此倒谱分析对于识别上述各频率成分的谐波周期非常有效。在上述 11 种滚动轴承特征频率中，最重要的特征频率为：

① 轴承滚子在外圈的通过频率 f_{repfo}，它与轴承外圈故障关联；

② 轴承滚子在内圈的通过频率 f_{repfi}，它与轴承内圈故障关联；

③ 轴承滚子自转频率 f_{resf}，它与滚子或滚子保持架故障相关联。

当上述故障发生时，轴承振动信号的频谱相关频率区域中会出现一个窄带的谱峰。当由于强背景噪声和/或大量故障使得上述频率分量的辨识变得非常困难时，就要用到一些现代信号处理方法。在滚动轴承故障诊断中，并没有总是有效的信号处理方法。信号处理方法在滚动轴承故障诊断中的应用如表 27-10-31 所示。

表 27-10-30　　　　滚动轴承特征频率汇总

特征频率	计算公式	说明
轴转动频率 f_r	$f_r=N/60$	N——轴的旋转速度，r/min d——滚子直径 D——轴承的节圆直径 ϕ——轴承中滚子与沟道的接触角（$\phi=0°$时为径向球轴承） Z——滚子数
具有固定外圈的轴承保持架旋转频率 f_{bcsor}	$f_{bcsor}=\frac{f_r}{2}\left(1-\frac{d}{D}\cos\phi\right)$	
具有固定内圈的轴承保持架旋转频率 f_{bcsir}	$f_{bcsir}=\frac{f_r}{2}\left(1+\frac{d}{D}\cos\phi\right)$	
某个滚子转动频率 f_{re}	$f_{re}=\frac{f_r}{2}\cdot\frac{D}{d}\left[1-\left(\frac{d}{D}\right)^2\cos^2\phi\right]$	
具有固定外圈的轴承滚子的通过频率 f_{repfo}	$f_{repfo}=\frac{Zf_r}{2}\left(1-\frac{d}{D}\cos\phi\right)$	
具有固定内圈的轴承滚子的通过频率 f_{repfi}	$f_{repfi}=\frac{Zf_r}{2}\left[1+\frac{d}{D}\cos\phi\right]$	
滚子自转频率(即滚子上以固定点与内外圈接触的频率) f_{resf}	$f_{resf}=f_r\cdot\frac{D}{d}\left[1-\left(\frac{d}{D}\right)^2\cos^2\phi\right]$	
外圈固定轴承中保持架与旋转内圈之间相对转动的频率 f_{rciso}	$f_{rciso}=f_r\left[1-0.5\left(1-\frac{d}{D}\cos\phi\right)\right]$	
内圈固定轴承中保持架与旋转外圈之间相对转动的频率 f_{rcosi}	$f_{rcosi}=f_r\left[1-0.5\left(1+\frac{d}{D}\cos\phi\right)\right]$	
外圈固定轴承中某滚子上某一固定点与内圈接触的频率 f_{recri}	$f_{recri}=Zf_r\left[1-0.5\left(1-\frac{d}{D}\cos\phi\right)\right]$	
内圈固定轴承中某滚子上某一固定点与外圈接触的频率 f_{recro}	$f_{recro}=Zf_r\left[1-0.5\left(1+\frac{d}{D}\cos\phi\right)\right]$	

表 27-10-31 信号处理方法在滚动轴承故障诊断中的应用

信号处理方法	应用
峰值因子	仅当振动信号中出现明显的冲击响应信号成分时才有效；无故障轴承的典型峰值因子范围为 2.5～3.5；当振动信号中出现冲击故障时，峰值因子会达到 11。通常来说，当峰值因子大于 3.5 时，即可认为轴承中出现故障。当转速可以使得轴承振动等级高于背景噪声，而且载荷可以使得轴承完全接触的情况下，振动信号的峰值因子对轴承转速和负荷不敏感。随着设备转速的提高，振动信号的峰值和 RMS 值成比例的增大，但峰值因子几乎保持不变。当振动信号中没有明显的冲击响应信号成分时，峰值因子则不适合于轴承故障诊断
峭度因子	与峰值因子类似，当振动信号中出现冲击响应时该方法有效。根据轴承健康状态的不同，轴承振动信号典型的峭度因子值的范围为 3～45。通常来说，当峭度因子值大于 4 时，就说明轴承中发生故障。与峰值因子相似，峭度因子也对转轴转速和设备负荷的变化不敏感
频谱分析	频谱分析是轴承故障诊断中最有效的诊断和信号分析方法。但该方法要求掌握轴承的几何参数和操作工况。如果轴承的振动信号没有完全淹没在背景噪声中，可以通过上述的轴承振动特征频率进行故障检测和诊断。通常情况下，滚动轴承外圈故障更容易被检测出来，这是由于外圈振动传递到传感器的路径最短。随着损伤程度的加深，振动幅值增大
倒谱分析	倒谱分析是对频谱分析方法的一个非常有意义的补充。它可以用于识别所有不同的谐波和边频带成分。倒谱分析也可以将分离轴承内部振动与传递到传感器的传递函数分离。通常，倒谱分析不会单独使用，这是由于该方法压缩了原始信号中主要频率成分
包络谱分析	该方法也成为高频共振技术。当振动信号中出现强的背景噪声的情况下，该分析方法比较有效。当轴承中没有故障发生时，其振动幅值通常相对较低，同时频谱中信号频率成分类似于一个随机分布。当包络谱中不存在较明显的非谐波峰值时，该轴承可能为无故障轴承，也可能是轴承故障已经恶化到非常极端的程度
在实际的工程应用中，通常需要将上述 5 种方法结合使用，才能更有效、正确地识别滚动轴承的健康状态	

10.7.1.2 锥形滚子轴承故障诊断示例

下面以锥形滚子轴承为例说明轴承故障诊断方法。轴承参数为：节圆直径 $D=34\text{mm}$；滚子直径 $d=6\text{mm}$；接触角 $\phi=12.96°$；滚子数 $Z=15$。典型的无故障轴承振动加速度信号的频谱如图 27-10-56 所示。从图中可以清晰地识别出轴的转动频率及其谐波成分。该信号的重要特征在于所有频谱中的谱线都与轴转动的基础频率及其谐波成分相关。外圈故障时轴承振动加速度信号的频谱如图 27-10-57 所示。其中的主频率成分为滚子通过外圈的通过频率 f_{repfo} 及其谐波成分，计算方法如表 27-10-30 所示。滚子故障的振动加速度信号的频谱如图 27-10-58 所示；此时滚子的自转频率成分 f_{resf} 并不明显，但其谐波成分则非常明显。此外，如果轴承中同时出现外圈和滚子故障，通常振动信号中外圈故障的特征更加明显，而滚子故障特征有可能被淹没。这是由于外圈距离测量点更近，它的振动特征更容易传输给传感器。图 27-10-58 中振动信号的倒谱如图 27-10-59 所示。倒频率峰值所在位置为 17.5ms，它与滚子故障的特征频率相对应。

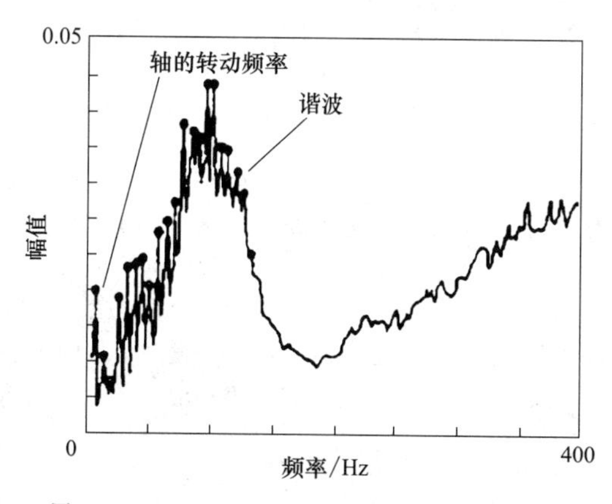

图 27-10-56 无故障轴承的振动加速度信号的频谱

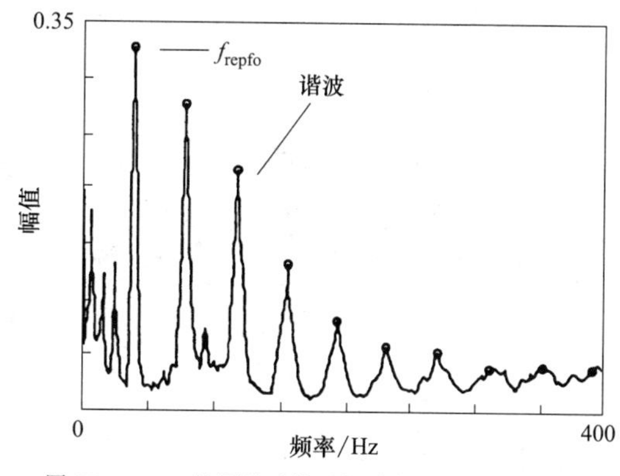

图 27-10-57 外圈故障轴承振动加速度信号的频谱

当轴承中存在早期外圈故障时，通常很难从其频

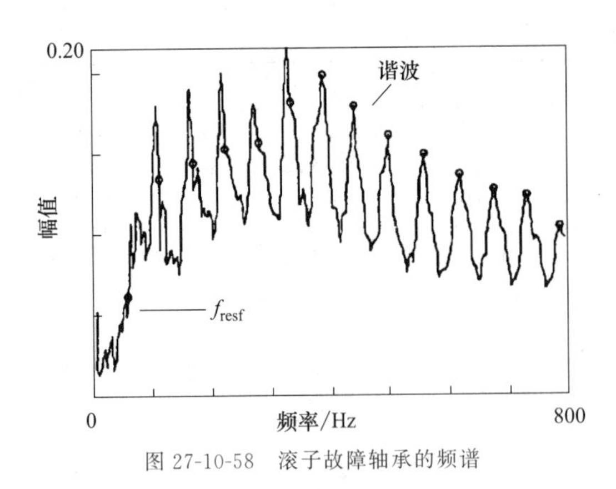

图 27-10-58　滚子故障轴承的频谱

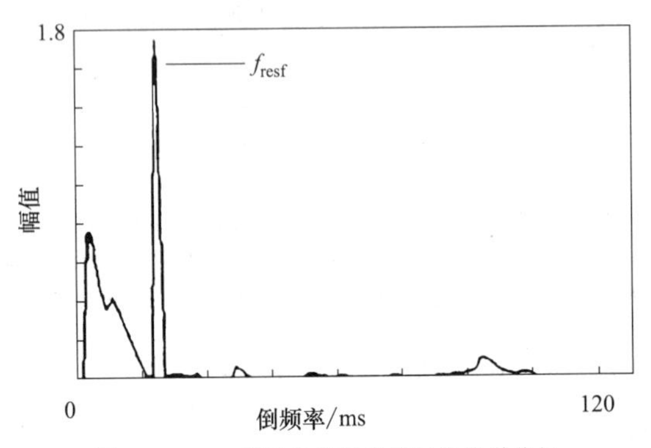

图 27-10-59　滚子故障振动信号的倒谱分析

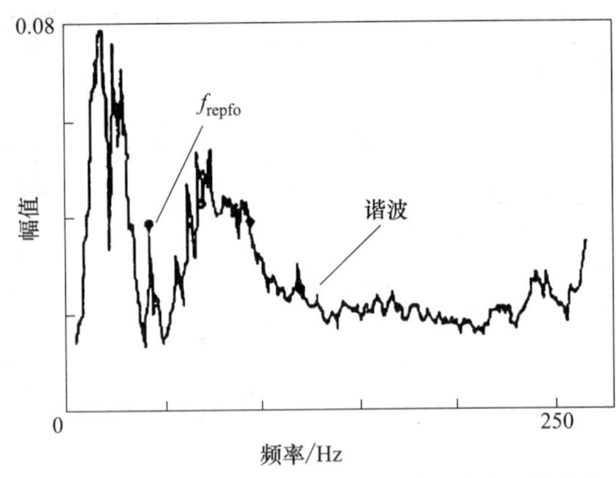

图 27-10-61　早期外圈故障振动加速度信号的频谱分析

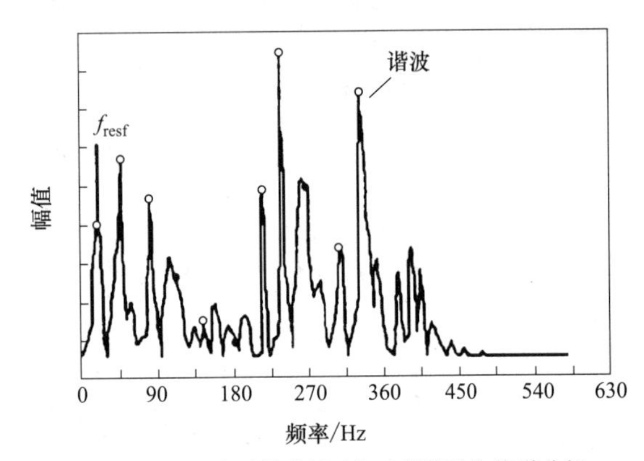

图 27-10-62　滚子故障振动加速度信号包络谱分析

域表示中识别其故障特征频率。在这种情况下，可以采用包络功率谱来识别。具有早期外圈故障振动加速度信号的包络谱如图 27-10-60 所示，从图中可以识别出其故障特征。对应地，从图 27-10-61 的频谱图中可以看出其信号特征在频谱曲线中太弱以至于无法识别。

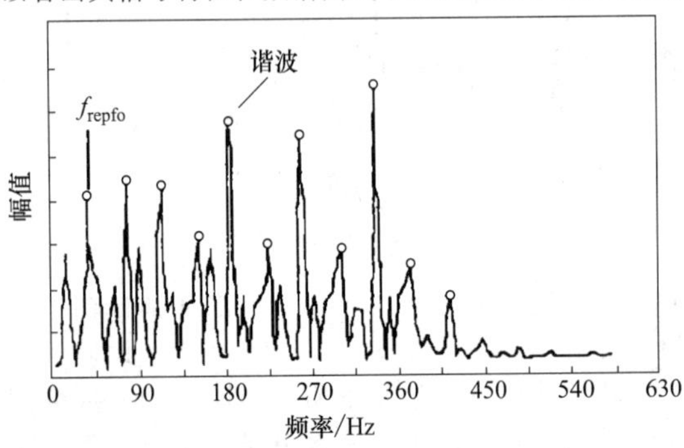

图 27-10-60　早期外圈故障振动加速度信号的包络谱分析

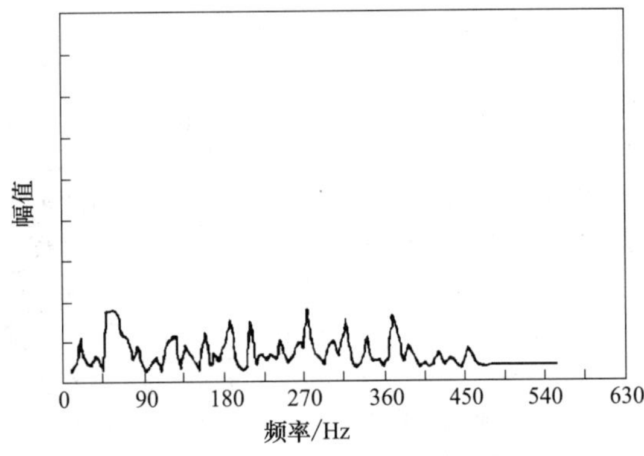

图 27-10-63　无故障轴承振动加速度信号的包络谱分析

轴承滚子故障的振动加速度信号的包络谱如图 27-10-62 所示，在该包络谱分析中，滚子自转频率特征及其谐波成分可以清晰地识别出来。因此，包络谱分析在轴承早期故障诊断中更有效。但包络谱分析也仅仅对于识别轴承早期故障特征有效，这是由于它们可以突出原始信号中各种不同的冲击响应以及它们的谐波成分。当轴承中没有故障发生时，它的振动信号包络谱为一相对平坦的谱线，如图 27-10-63 所示。此外，当轴承故障恶化，以至于其故障称为分布式故障时，其振动信号所表现出来的频谱通常也表现为宽频带分布式的特征，在这种情况下，振动信号的包络谱与轴承无故障时的信号包络谱很相似。

10.7.2　齿轮故障诊断

由于齿轮的功能是从一个旋转轴向另外一个旋转

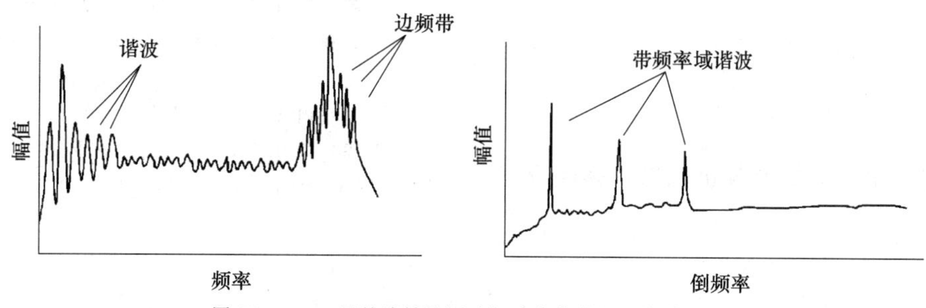

图 27-10-64　无故障轴承振动加速度信号的包络谱分析

轴传递功率，因此在齿轮的啮合齿之间会产生较大的力。负荷及负荷卸载后的回弹等因素会导致齿轮啮合齿的故障。此外，齿轮齿啮合表面上较高的局部应力也会使齿面及齿根产生疲劳损伤。关于基于振动信号的齿轮故障诊断，在 10.3 节和 10.4 节中已经做了初步的介绍。齿轮箱振动信号的时域、频谱和倒谱等分析方法都可以用于齿轮箱的故障诊断。图 27-10-64 为无故障齿轮情况下振动信号的频谱与倒谱，可以看出，当齿轮发生故障时，会在其振动信号中出现谐波或边频带等信号特征分量。

通常情况下，齿轮故障将会调制齿轮的啮合频率（齿轮的齿数与轴转动频率的乘积），在振动信号的频谱中显示为在工频谱峰周围出现边频带。因此，倒谱方法非常适用于齿轮箱振动信号分析与故障诊断。此外，即使是在没有故障发生的情况下，由于齿轮运转过程中频繁的碰撞和齿与齿之间的摩擦等作用。齿轮箱振动信号中也会出现冲击响应和大量噪声成分。

齿轮箱故障通常是由以下一种或几种故障的组合：

① 齿轮齿的不规则性，为局部故障；

② 整个齿轮中存在的磨损，为分布性故障；

③ 由于强的外部动态载荷而导致的齿故障。

如前所述，齿轮啮合频率是齿轮箱故障诊断中一个重要的特征参数，它可以用公式 $f_m = N \cdot f_r$ 来计算，其中 N 表示齿轮的齿数，f_r 为转轴的转动频率。用于故障诊断的齿轮箱振动信号可以在齿轮箱轴的径向或轴向测试。当出现故障时，齿轮箱啮合频率及其谐波频率处的频谱峰值都会相应增大，如图 27-10-65 所示。

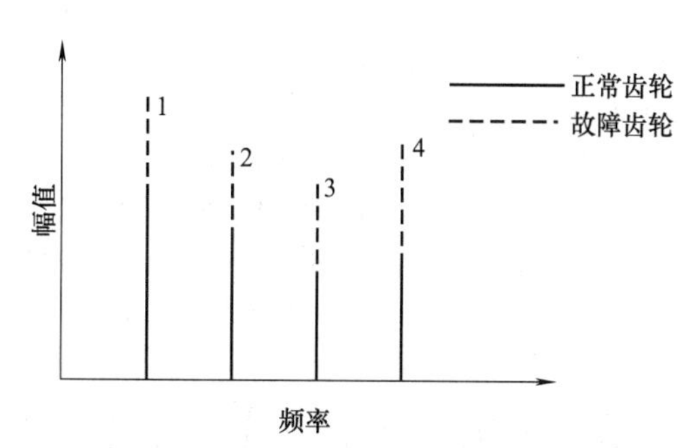

图 27-10-65　齿轮箱振动频谱示意

当齿轮箱中多个齿轮存在，而且背景噪声相对较强的情况下，通常难以直接从振动信号的频谱中识别出齿轮的啮合频率峰值。此时可以用诸如同步时间平均或者倒谱等振动信号分析方法来检测这些周期性信号分量。图 27-10-33 以示例的形式说明了应用倒谱分析进行齿轮箱故障诊断的方法。

齿轮中最常见的故障为齿序列中存在有损伤或缺口齿。当仅仅只有一个故障发生时，振动信号中通常以噪声和轴的转动频率分量及其谐波为主；此外还存在有齿轮啮合频率及其谐波分量存在。其特征频谱如图 27-10-66 所示。

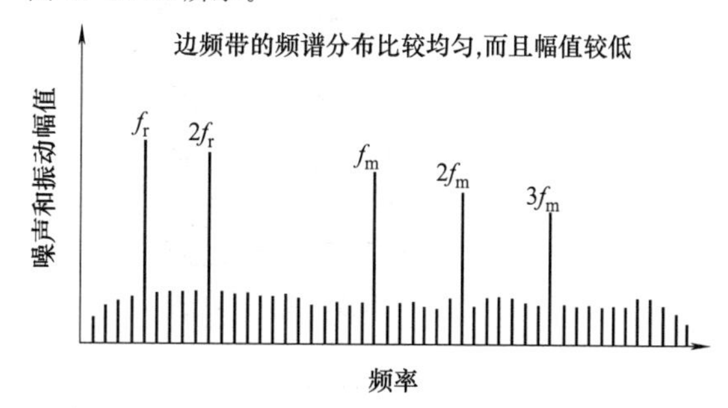

图 27-10-66　具有不规则齿故障的齿轮箱振动频谱特征

对于上述的分布式故障发生时，例如齿轮齿的整体磨损等，边频带的振动幅值与图 27-10-65 中相比会大幅增加，如图 27-10-67 所示。

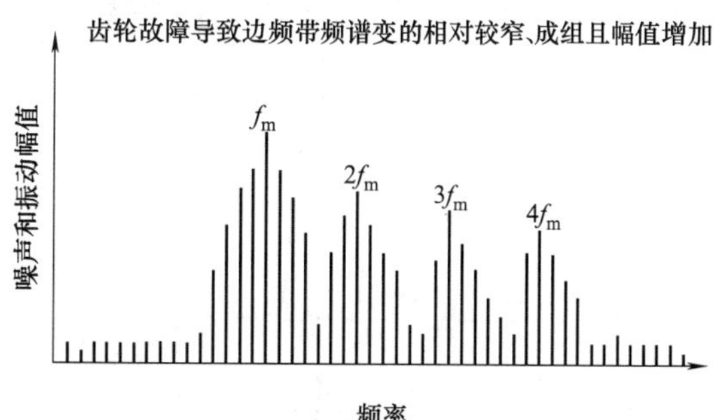

图 27-10-67　齿轮中出现分布式故障时振动信号的频谱特征

10.8 机械故障诊断中的现代信号处理方法

10.8.1 小波变换及其机械故障诊断应用

基于小波基函数的信号表示是对于信号局部特征进行描述的最重要的信号处理方法。这种基于小波基函数的信号变换与处理方法称为小波变换（或小波分析）。实现这一方法的原理是在时间域对小波基函数（也称为母小波）进行伸缩和平移，构成小波函数序列，应用该序列对原始信号进行分析的数字信号处理方法。从原理上讲，小波变换源于傅里叶变换。

从本章前述信号处理及各种不同机械设备故障诊断方法来看，傅里叶变换在基于振动信号的机械设备状态监测与故障诊断中占有举足轻重的地位。傅里叶变换的特征为：

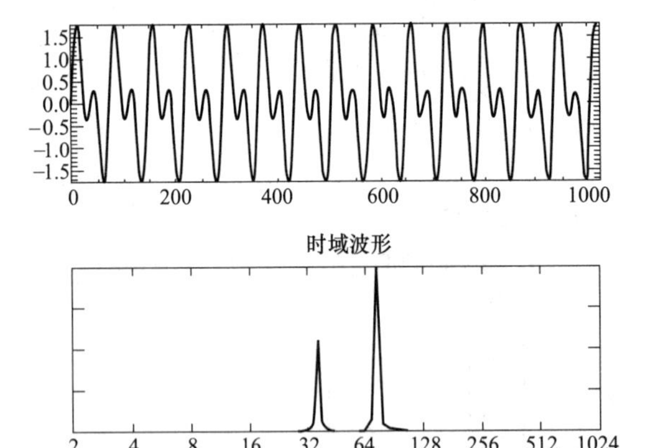

(a) 平稳信号

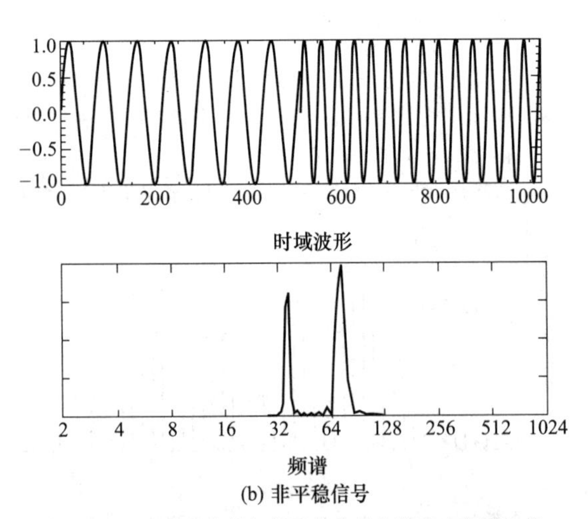

(b) 非平稳信号

图 27-10-68 平稳信号与非平稳信号的傅里叶变换比较

① 用一组正弦信号的叠加来表示任意信号；

② 仅仅在频率域对一个时域信号的特征进行描述；

③ 傅里叶变换不能描述信号的时域特征；

④ 当原始信号中出现局部不连续特征时，在其傅里叶变换中则表示为一序列的信号频率分量；

⑤ 傅里叶变换不能用来准确地描述非平稳信号的特征，示例如图 27-10-68 所示，即：图 27-10-68（a）中平稳信号的频谱与图 27-10-68（b）中的非平稳信号在傅里叶变换后的频域表示中几乎相同，但实际上其信号特征则完全不同。

为了描述信号的瞬态（局部）特征，就需要在时间-频率域（简称时频域）对信号进行描述和表示。1946 年，Gabor 在其研究中提出基于时间窗的傅里叶变换（也称为 Gabor 变换或者短时傅里叶变换），即：

$$G_x(\omega, t_0) = \int_{-\infty}^{\infty} x(t) g^*(t - t_0) \mathrm{e}^{-j\omega(t-t_0)} \mathrm{d}t \tag{27-10-7}$$

式中，$g(t)$ 为窗函数；* 表示函数的共轭。其分析过程如图 27-10-69 所示。具有不同中心频率的三个短时傅里叶变换的基函数（也称为时频因子）如图27-10-70所示。从图 27-10-69 和图 27-10-70 可以看出，短时傅里叶变换的过程也即某一时域信号 $x(t)$ 在某一时间点 t_0 周围局部信号的傅里叶变换。因此，应用短时傅里叶变换可以在时频域对信号进行描述，其特征为：

① 短时傅里叶变换是傅里叶变换的扩充；

② 它可以同时描述信号在时间域和频率域的特征；

③ 信号分析的精度取决于分析中所选择窗函数

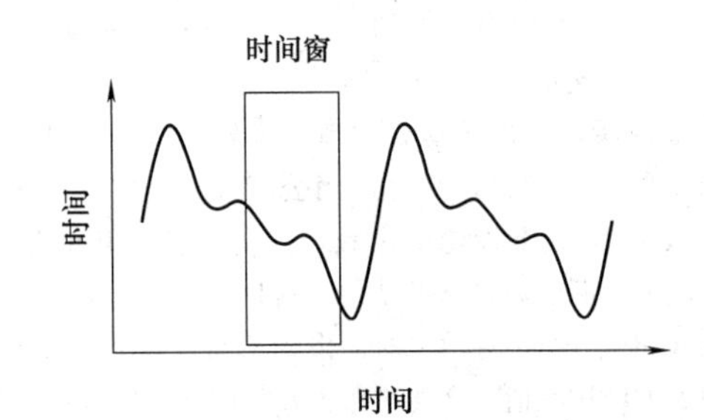

图 27-10-69 短时傅里叶变换分析

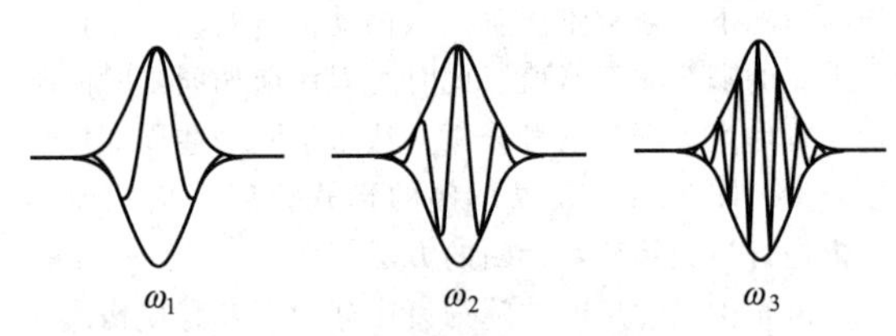

图 27-10-70 短时傅里叶变换的时频因子

的尺寸；

④ 一旦窗函数尺寸确定后，对于整个时间域信号，其分析精度完全一致；因此，为了获得高频率信号成分的特征，通常必须选择窄的窗函数，这将会导致低频率成分的分辨率降低；反之则相反。

基于上述分析，Jean Morlet 和 Stephane Mallat 与 Yves Meyer 分别提出了连续小波变换与离散小波变换方法，即：

$$W_x(a,b)=\frac{1}{\sqrt{a}}\int_{-\infty}^{\infty}x(t)\psi^*\left(\frac{t-b}{a}\right)\mathrm{d}t \tag{27-10-8}$$

式中，$\psi(t)$ 为小波基函数（也称为母小波）；a 和 b 分别为小波基函数的尺度（伸缩）因子和平移因子。

从公式中可以看出小波变换中同时包括两个因子，即伸缩因子和平移因子。图 27-10-71 列出了 3 个分别采用不同伸缩因子的小波基函数波形。小波变换过程如图 27-10-72 所示。

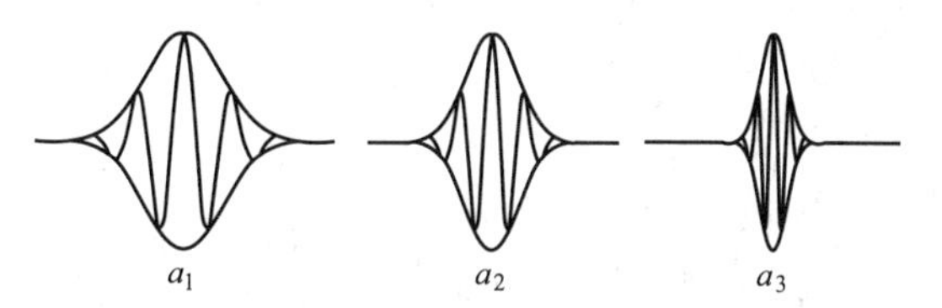

图 27-10-71　经过伸缩的小波基函数波形

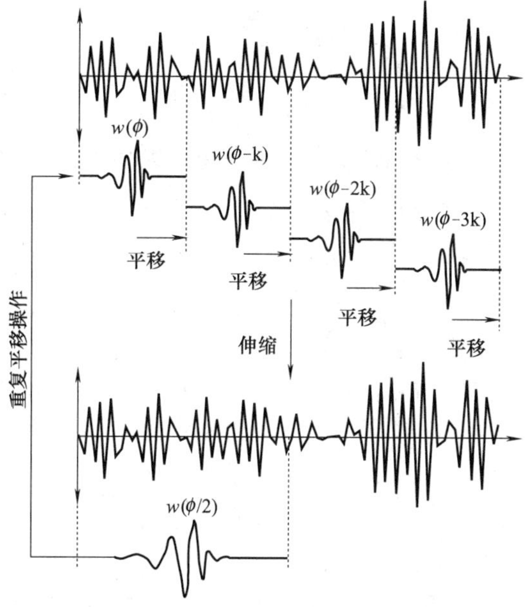

图 27-10-72　小波变换过程

从上面描述可以看出小波变换的特征：

① 小波变换可以通过伸缩和平移同时改变某一信号局部的时域和频域分辨率；

② 它可以实现对信号的多分辨率分析；

③ 当信号中出现局部瞬态时，其特征仅仅会反映在少数几个小波变换系数中，而不会像傅里叶变换在许多频谱区域都有幅值；

④ 图 27-10-68 中两信号的连续小波变换结果分别如图 27-10-73（a）和（b）所示。

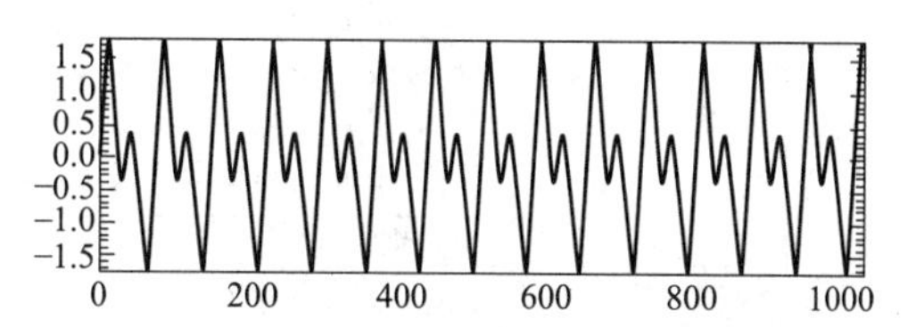

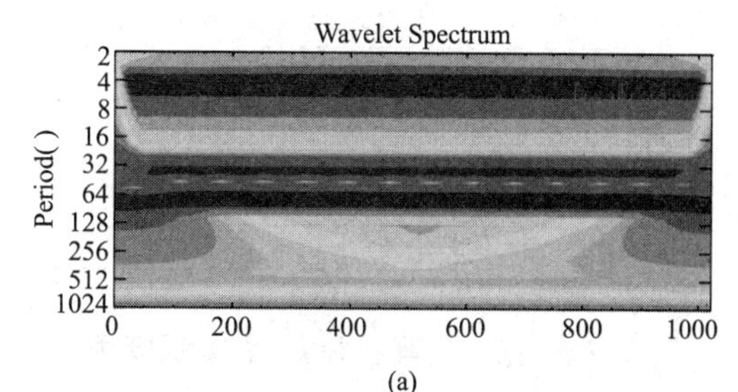

(a)

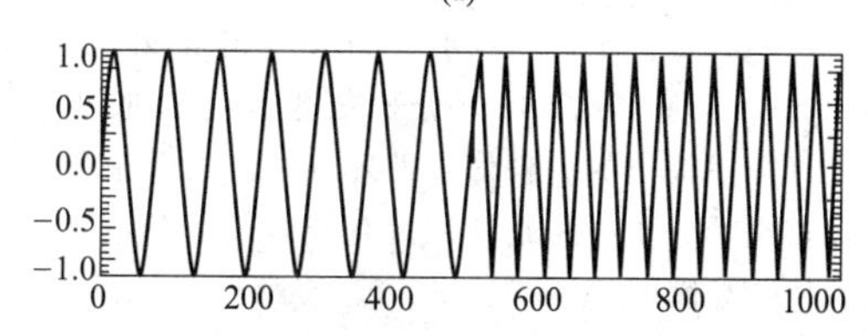

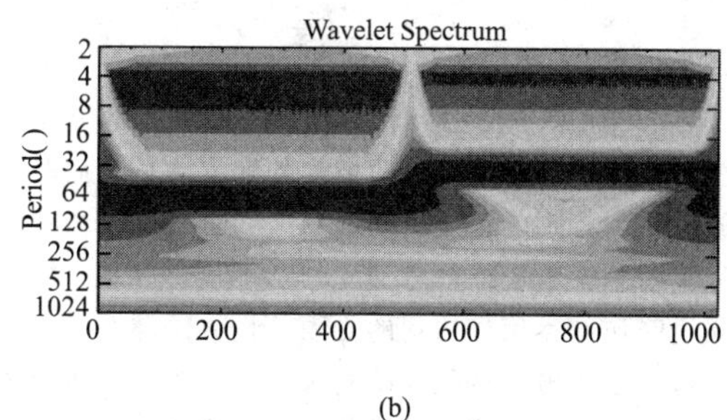

(b)

图 27-10-73　小波变换结果示例

当式（27-10-8）中伸缩和平移因子为离散化值时，即为离散小波变换。离散小波变换的计算公式为：

$$W_x(i,k)=\frac{1}{\sqrt{a_0^i}}\int_{-\infty}^{\infty}x(t)\psi^*(a_0^{-i}-kb_0)\mathrm{d}t \tag{27-10-9}$$

当离散小波变换中尺度因子为 2 时，即所谓小波变换的 Mallat 算法或者称为金字塔算法。

在小波变换中，小波基函数对最终小波变换结果影响最大，常用的小波基函数包括实小波基函数和复小波基函数，如表 27-10-32 所示。

表 27-10-32　常用小波基函数

小波基函数		特征
实小波基函数	Daubechies 小波	正交小波序列 时频域均紧支撑 小波函数非对称 适合于连续与离散小波变换
	Meyer 小波	正交小波序列 频域紧支撑而时域非紧支撑 小波函数对称 适合于连续与离散小波变换
	墨西哥草帽小波	时频域均非紧支撑 小波函数对称 仅适合于连续小波变换
	双正交小波	小波函数对称 适合于连续和离散小波变换
复小波基函数	谐波小波	
	复高斯小波	
	复 Morlet 小波	

10.8.2　EMD 及其机械故障诊断应用

与小波变换类似，EMD（empirical mode decomposition，经验模式分解）分析法也是为提取非平稳信号特征而提出的一种信号处理方法。对非平稳信号比较直观的分析方法是使用具有局域性的基本量和基本函数，如瞬时频率。1996 年，美籍华人 Norden E. Huang 等人在对瞬时频率的概念进行了深入研究之后，创造性地提出了本征模式函数（intrinsic mode function，IMF）的概念以及将任意信号分解为本征模式函数组成的基于经验的模式分解方法，从而赋予了瞬时频率合理的定义、物理意义和求法，初步建立了以瞬时频率为表征信号交变的基本量，以基本模式分量为时域基本信号的新的时频分析方法体系，并被迅速应用于机械设备故障诊断领域。在机械设备故障诊断领域，本征模式函数又称作基本模式分量。

基本模式分量的概念是为了得到有意义的瞬时频率而提出的。基本模式分量 $f(t)$ 需要满足的两个条件为：

① 在整个数据序列中，极值点的数量 N_e（包括极大值点和极小值点）与过零点的数量 N_z 必须相等，或最多相差不多于一个；

② 在任一时间点 t_i 上，信号局部极大值确定的上包络线 $f_{max}(t)$ 和局部极小值确定的下包络线 $f_{min}(t)$ 的均值为零。

第一个限定条件类似于传统平稳高斯过程的关于“窄带”的定义；第二个条件把传统的全局性的限定变为局域性的限定。这种限定是必需的，可以去除由于波形不对称而造成的瞬时频率的波动。

经验模式分解的前提假设为：任何信号都是由一些不同的基本模式分量组成的；每个模式可以是线性的，也可以是非线性的，满足 IMF 的两个基本条件；任何时候，一个信号可以包含多个基本模式分量；如果模式之间相互重叠，便形成复合信号。

基于基本模式分量的定义，可以提出信号的模式分解原理，信号模式分解的目的就是要得到使瞬时频率有意义的时间序列－基本模式分量。其分解原理如下。

① 把原始信号 $x(t)$ 作为待处理信号，确定该信号的所有局部极值点（包括极大值和极小值点），然后将所有极大值点和所有极小值点分别用三次样条曲线连接起来，得到 $x(t)$ 的上、下包络线，使信号的所有数据点都处于这两条包络线之间。取上、下包络线均值组成的序列为 $m(t)$。如图 27-10-74 所示，N 表示数据点数，A 表示幅值，实线为原始信号 $x(t)$，“○”和“*”分别表示了原始信号中的极大值和极小值，双划线和点划线分别表示用这些极大、极小值拟合的上、下包络线，虚线表示均值序列 $m(t)$。

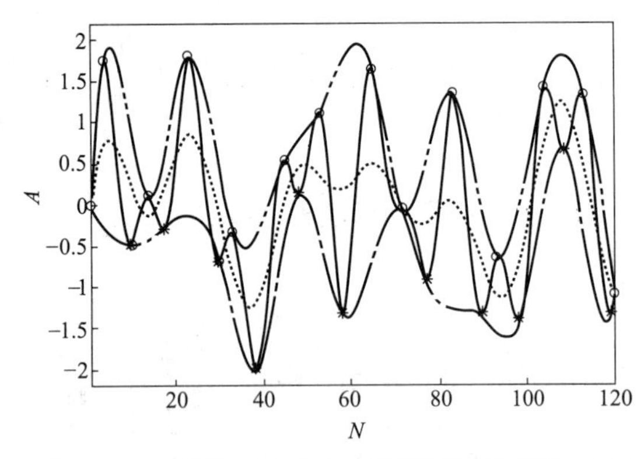

图 27-10-74　信号 $x(t)$ 的上、下包络线及其均值 $m(t)$

② 从待处理信号 $x(t)$ 中减去其上、下包络线均值 $m(t)$，得到 $h_1(t)=x(t)-m(t)$。检测 $h_1(t)$ 是否满足基本模式分量的两个条件。如果不满足，则把 $h_1(t)$ 作为待处理信号，重复上述操作，直至 $h_1(t)$ 是一个基本模式分量，记 $c_1(t)=h_1(t)$。

③ 从原始信号 $x(t)$ 中分解出第一个基本模式分量 $c_1(t)$ 之后，从 $x(t)$ 中减去 $c_1(t)$，得到剩余值序列 $r_1(t)=x(t)-c_1(t)$。

④ 把 $r_1(t)$ 作为新的“原始”信号重复上述操作，依次可得第二、第三直至第 n 个基本模式分量，记为 $c_1(t)$，$c_2(t)$，…，$c_n(t)$，这个处理过程在满足预先设定的停止准则后即可停止，最后剩下原始信号的余项 $r_n(t)$。

这样就将原始信号 $x(t)$ 分解为若干基本模式分量和一个余项的和，即：$x(t)=\sum\limits_{i=1}^{n}c_i(t)+r_n(t)$。

上述第④步中的停止条件被称为分解过程的停止准则，它可以是如下两种条件之一：①当最后一个基本模式分量 $c_n(t)$ 或剩余分量 $r_n(t)$，变得比预期值小时便停止；②当剩余分量 $r_n(t)$ 变成单调函数，从而从中不能再筛选出基本模式分量为止。

观察 IMF 提取过程可以得知，在每次求均值曲线时极大值点（或极小值点或过零点）间的时间间隔是不断增大的，这就意味着每次分解都提取出一个细节信号（基本模式分量）和一个频率低于细节的低频分量。也就是信号震荡周期相对最短的分量（即频率最高分量）先提取出来，剩余信号的频率低于所有已经提取出来的信号频率。最终得到 n 个基本模式分量 $c_i(t)$ 和一个余项 $r_n(t)$，其频率从大到小排列，$c_1(t)$所含频率最高，$c_n(t)$ 所含频率最低，$r_n(t)$ 是一个非震荡的单调序列。图 27-10-75（a）、（b）分别为小波变换与 EMD 方法对信号频带进行划分的过程，其中 EMD 方法中忽略了余项 $r_4(t)$。由图可知，常用的二进小波在对信号进行分解时，由于其尺度是按二进制变化的，每次分解得到的低频逼近信号和高频细节信号平分被分解信号的频带，二者带宽相等。而 EMD 方法则是根据信号本身具有的特性对其频带进行自适应划分，每个基本模式分量所占据的频带带宽是不确定的。当然，小波变换通过给定分解次数来控制各分解后信号的带宽，EMD 方法则缺乏这方面的灵活性。

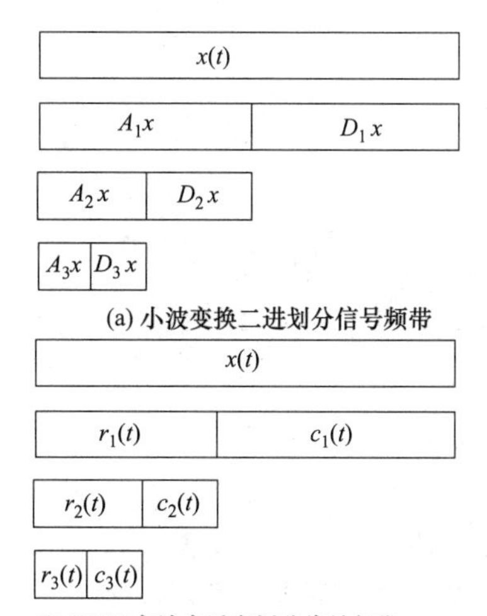

图 27-10-75　小波变换与 EMD 方法划分的信号频带比较

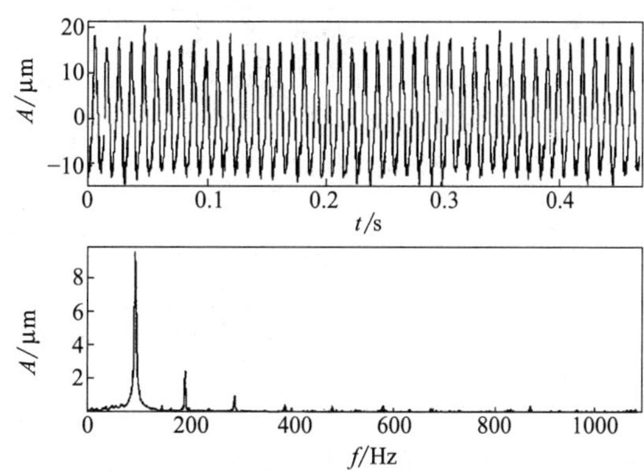

图 27-10-76　某测试点的振动信号时域波形及其频谱

下面以某炼油厂重催三机组的振动信号为例说明 EMD 方法在故障诊断中的应用。测试点为滑动轴承，所采用传感器为电涡流传感器，所测试的物理量为振动的位移量。振动信号的时域波形及其频谱如图27-10-76所示。采用 4 层 EMD 分析方法得到的 $c_1(t)$、$c_2(t)$、$c_3(t)$、$c_4(t)$ 的时域波形与频谱如图 27-10-77 所示。

由频谱可见，前两个 IMF$c_1(t)$ 和 $c_2(t)$ 为高频分量和噪声成分，第三个 IMF$c_3(t)$ 为工频信号，而分解得到的第四个 IMF$c_4(t)$ 能量较小，且频率与工频的一半相当，这是机组发生摩擦故障的特征，由此初步判断烟机出现了摩擦故障。在之后的停机修理中发现，烟机二级静叶上的气封与动叶轮毂上存在明显的划痕，证明烟机确实发生了动静摩擦故障，摩擦部位在烟机 1# 瓦附近。

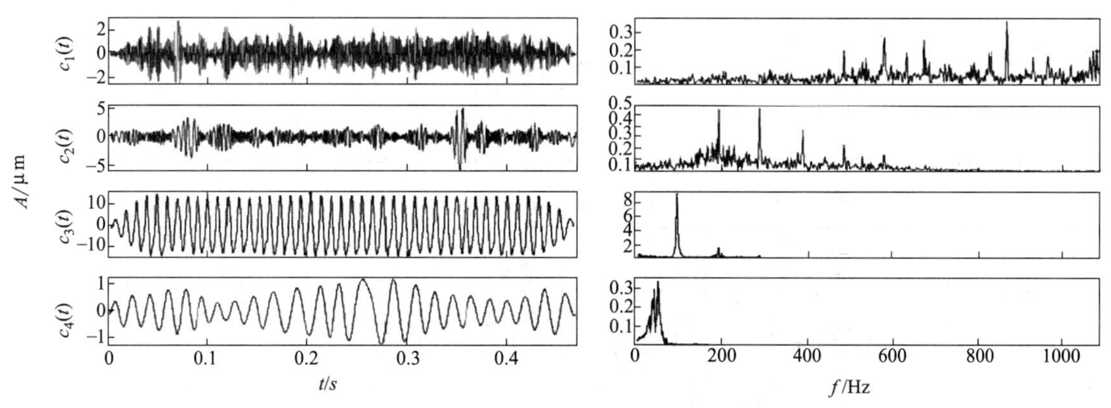

图 27-10-77　4 层 EMD 分析后的时域波形及其频谱

第 11 章　机械噪声基础

11.1　声学基本知识

11.1.1　声波的特性

声音是日常生活中常见的物理现象，声音由声源的机械振动产生，声源的振动状态通过周围介质向四周扩散传播就形成了声波。声波必须通过介质才能传播，不能像电磁波一样在真空中传播。因此产生声波的条件有两个，一是要有声源（固体、气体、液体均可以），如机械振动物体、压缩机的进排气、水流、炸药爆炸等；二是要有传播机械振动的介质。

声波是物质波，是在弹性介质（气体、液体和固体）中传播的压力、应力、质点运动等的一种或多种变化。在气体和液体中传播的声波是纵波，质点运动方向和传播方向相同；在固体中传播的声波包含纵波外，还包含有横波，横波的质点运动方向与传播方向垂直。

本章主要描述空气中的声波特性以及相应的一些基本知识，其余流体中的声波特性具有类似的性质。

11.1.2　描述声场与声源的物理量

媒质中有声波存在的地方称为声场。对于声场和激发出声场的声源，需要用物理量描述这两者的特性。通常，可以用声压、质点速度和压缩量来描述声场的特性，这三个物理量都表示介质受到声波的扰动之后产生的变化。声压、质点速度和压缩量之间的关系可以通过连续介质的基本特性推导得出。对于声波的描述，声速、波长和频率也是经常要提及的物理量。

表 27-11-1　　基本声学物理量

项目	表　达　式	说　　明
声压	受到声波的扰动后，各点介质产生压缩或者扩张，引起压力的变化，单位帕斯卡(Pa)： $p(x,y,z,t)=P(x,y,z,t)-P_0(x,y,z,t)$	$P_0(x,y,z,t)$——介质静压力 $P(x,y,z,t)$——压强
质点速度	介质受到声波扰动后产生的速度变化： $\vec{u}(x,y,z,t)=\vec{U}(x,y,z,t)-\vec{U}_0(x,y,z,t)$	$\vec{U}_0(x,y,z,t)$——未受声波扰动静态流速 $\vec{U}(x,y,z,t)$——扰动后介质流速
压缩量	介质密度变动量的相对变化量： $s(x,y,z,t)=\dfrac{\rho(x,y,z,t)-\rho_0(x,y,z,t)}{\rho_0(x,y,z,t)}$	$\rho_0(x,y,z,t)$——未受声波扰动的介质密度 $\rho(x,y,z,t)$——扰动后介质密度
波长	声波在一个周期内传播的距离叫波长	声压幅值　λ　源
频率	声源在一秒钟内波动的次数，用字母 f 表示，单位 Hz	
声速	声波在单位时间内传播的距离称为声速： $c_0=f\lambda$	

表 27-11-2　　部分介质密度与声速

名　称	温度 t/℃	密度 /kg·m^{-3}	声速 c/m·s^{-1}	名　称	温度 t/℃	密度 /kg·m^{-3}	声速 c/m·s^{-1}
空气	20	1.205	344	木材		0.5×10^3	2400
水	20	1×10^3	1450	橡胶		$1\sim2\times10^3$	40～150
玻璃	20	2.5×10^3	5200	混凝土		2.6×10^3	4000～5000
铝	20	2.7×10^3	5100	砖		1.8×10^3	2000～4300
钢	20	7.8×10^3	5000	石油		780	1330

11.1.3 声学物理量的关系及波动方程

在研究理想流体介质中的声波特性时，需要做一些基本的假设。首先介质是“理想的流体介质”，理想指介质运动过程中没有能量损耗，介质团和周围的介质不发生热交换，即忽略介质的热传导作用，介质的形变过程是可逆的过程，也就是将形变的过程视为热力学中的等熵绝热过程。其次，介质是连续的，介质的分子间空隙将不予考虑，研究的是分子运动的整体平均特性。最后假设介质是均匀而且是静态的，即认为流体本身的流动速度远小于声波传播速度。在本章中叙述的内容都是按照上述假设来处理的。按照上述假设，可以获得声学物理量间的关系式，并推导出重要的波动方程。

表 27-11-3 声学基本方程

项目	公式	说明
质量守恒方程	$\dfrac{\partial\rho}{\partial t}+\rho_0\nabla\vec{u}=0$	$\nabla=\vec{i}\dfrac{\partial}{\partial x}+\vec{j}\dfrac{\partial}{\partial y}+\vec{k}\dfrac{\partial}{\partial z}$——汉密尔顿算子
运动方程	$\rho_0\dfrac{\partial\vec{u}}{\partial t}+\nabla p=0$	也称欧拉公式
热力学物态方程	$p=c_0^2\rho, c_0^2=\dfrac{\gamma P_0}{\rho_0}$	c_0——声速 γ——热力学系数，表示等压比热容和等容比热容的比值
波动方程	$\nabla^2 p-\dfrac{1}{c_0^2}\dfrac{\partial^2 p}{\partial t^2}=0$	∇^2——拉普拉斯算子

11.1.4 平面、球面和柱面声波

表 27-11-4 平面、球面和柱面声波

名称	示意图	速度和声压	说明
平面波	x	通解：$p=f_1(x-c_0t)+f_2(x+c_0t)$ 三角函数形式： $p=p_0\cos(\omega t-kx)$ $u=\dfrac{p_0}{\rho_0c_0}\cos(\omega t-kx)=u_0\cos(\omega t-kx)$ 复数形式： $p=p_0e^{j(\omega t-kx)}$ $u=\dfrac{p_0}{\rho_0c_0}e^{j(\omega t-kx)}=u_0e^{j(\omega t-kx)}$	f_1和f_2是任意函数，具有一次和二次微分，并且连续 $f_1(x-c_0t)$代表向x正向传播的声波 $f_2(x+c_0t)$表示向x负向传播的声波
球面波	z θ r y φ x	$p=\dfrac{A}{r}e^{j(\omega t-kr)}$ $u=\dfrac{A}{j\rho_0\omega r^2}(1+jkr)e^{j(\omega t-kr)}$ 其中：$A=\dfrac{j\rho_0\omega a^2v_0}{1+jka}e^{jka}$	声源是半径为a的脉动球
柱面波	z y x	$p(r,t)=[AH_0^{(2)}(kr)+BH_0^{(1)}(kr)]e^{j\omega t}$ 其中：$AH_0^{(2)}(kr)e^{j\omega t}$表示向外扩张的柱面波，$BH_0^{(1)}(kr)e^{j\omega t}$表示向中心轴收缩的柱面波。$H_0^{(1)}(kr)$和$H_0^{(2)}(kr)$是第一和第二类汉克尔函数，$A$和$B$是系数	柱面坐标系(r,θ,z)，r是计算点到z轴的垂直距离，θ是向径在xy平面上的投影与x轴所成的角度，z是坐标点的z轴坐标

11.1.5 声波的传播

11.1.5.1 反射、折射和透射

当声波从介质Ⅰ中入射到与另一种介质Ⅱ的分界面时，在分界面上一部分声能反射回介质Ⅰ中，其余部分穿过分界面，在介质Ⅱ中继续向前传播，前者是反射现象，后者是折射现象。如图 27-11-1 所示，入射声压 p_i，反射声压 p_r，折射（透射）声压 p_t，入射角和反射角都等于 θ_1，折射角等于 θ_2，其计算公式如表 27-11-5 所示。

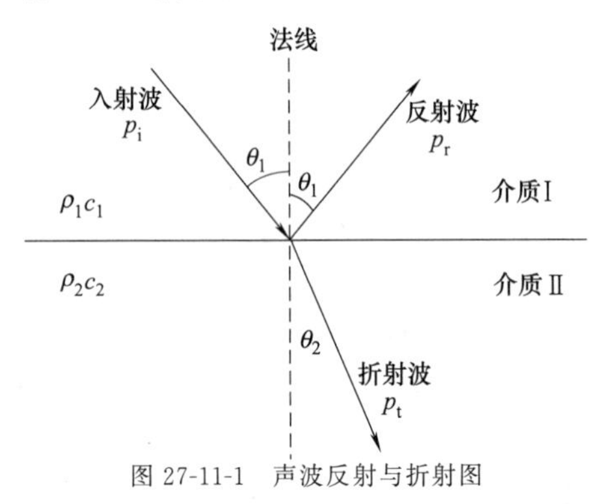

图 27-11-1 声波反射与折射图

当声波遇到介质层阻挡时，声波可能会因为透射而部分穿过介质层。以图 27-11-2 中的垂直入射波为例，介质层中的入射波和反射波为 p_a 和 p_b。在介质层的前表面（$x=0$）和后表面（$x=L$）上声压和法向质点速度连续。表 27-11-6 中集中说明了介质层的声压反射系数、声压透射系数、能量透射系数。

表 27-11-5 声波反射与折射

项目	公式	说明
折射率	$n_{12}=\dfrac{c_2}{c_1}=\dfrac{\sin\theta_1}{\sin\theta_2}$	称为斯涅耳(Snell)定律
声压反射系数	$R=\dfrac{p_r}{p_i}=\dfrac{\rho_2c_2\cos\theta_1-\rho_1c_1\cos\theta_2}{\rho_2c_2\cos\theta_1+\rho_1c_1\cos\theta_2}$	
声压折射系数	$T=\dfrac{p_t}{p_i}=\dfrac{2\rho_2c_2\cos\theta_1}{\rho_2c_2\cos\theta_1+\rho_1c_1\cos\theta_2}$	
能量吸声系数	$1-\lvert R\rvert^2$	
能量反射系数	$\lvert R\rvert^2$	

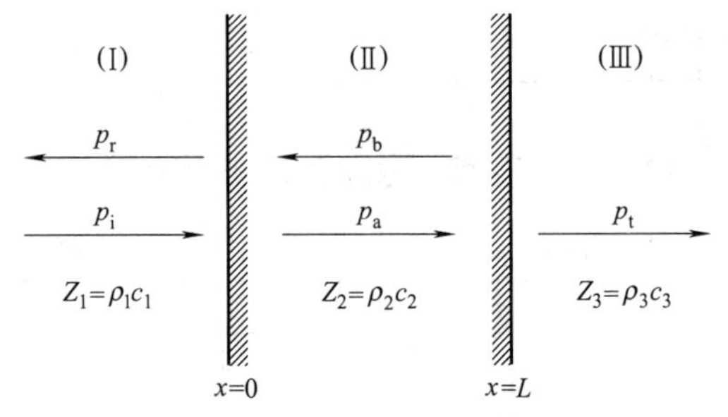

图 27-11-2 介质层中声波透射示意图

表 27-11-6 介质层中声波透射

名称	表达式	说明
介质Ⅰ中的速度和声压	$\begin{cases}p_1(x)=A_1e^{-jk1x}+B_1e^{jk1x}\\ u_1(x)=\dfrac{1}{Z_1}(A_1e^{-jk1x}-B_1e^{jk1x})\end{cases}$	A_1,B_1——常系数 Z_1——声阻抗，$Z_1=\rho_1c_1$
介质Ⅱ中的速度和声压	$\begin{cases}p_2(x)=A_2e^{-jk2x}+B_2e^{jk2x}\\ u_2(x)=\dfrac{1}{Z_2}(A_2e^{-jk2x}-B_2e^{jk2x})\end{cases}$	A_2,B_2——常系数 Z_2——声阻抗，$Z_2=\rho_2c_2$
介质Ⅲ中的速度和声压	$\begin{cases}p_3(x)=A_3e^{-jk3(x-L)}\\ u_3(x)=\dfrac{1}{Z_3}A_3e^{-jk3(x-L)}\end{cases}$	A_3——常系数 Z_3——声阻抗，$Z_3=\rho_3c_3$
介质层声压反射系数	$R=\dfrac{B_1}{A_1}$ 或 $R=\dfrac{Z_{21}-Z_1}{Z_{21}+Z_1}$	Z_{21}——层输入阻抗 $Z_{21}=\dfrac{p_2(x)}{u_2(x)}\Big\rvert_{x=0}=Z_2\dfrac{A_2+B_2}{A_2-B_2}$
介质层声压透射系数	$D=\dfrac{A_3}{A_1}$ 或 $D=\dfrac{4Z_2Z_3}{(Z_3+Z_2)(Z_2+Z_1)e^{jk2L}+(Z_3-Z_2)(Z_2-Z_1)e^{jk2L}}$	
介质层能量透射系数	$T=\dfrac{I_3}{I_1}=\dfrac{A_3^2/Z_3}{A_1^2/Z_1}=D^2\dfrac{Z_1}{Z_3}$	

11.1.5.2 声波的干涉

表 27-11-7 声波的干涉

名称	定 义	说 明
干涉	两个频率相近的声音同时在一个方向传播时，声波之间将产生干涉，使得声音不像是两个声音，而是一个强弱不断变化的声音	
拍	两个声压分别是 $p_1=P\cos\omega t$ 和 $p_2=P\cos(\omega+\Delta\omega)t$，干涉后的声压为：$p=p_1+p_2=2P\cdot\cos\left(\frac{1}{2}\Delta\omega t\right)\cdot\cos\left(\omega+\frac{1}{2}\Delta\omega\right)t$。干涉后的声压产生"拍"现象 拍信号的包络曲线为 $\pm 2P\cdot\cos\left(\frac{1}{2}\Delta\omega t\right)$，形成以频率差为变化频率的强弱变化，在 $\frac{1}{2}\Delta\omega t=\frac{1}{2}\pi,\frac{3}{2}\pi,\frac{5}{2}\pi\cdots\cdots$ 时出现零点。假设包络线出现零点的时间间隔为 Δt，满足 $\Delta\omega\cdot\Delta t=2\pi$	p t 拍现象示意图
测不准原理	从拍现象中发现 $\Delta\omega\cdot\Delta t=2\pi$，该公式说明在声学测量中，采样时间 T 必须大于分辨率 Δf 对应的 ΔT 才可能有效分析声学信号，确保分析结果可以分辨两个频率差不小于 Δf 的两个信号	

11.1.5.3 散射、绕射和衍射

声波在传播过程中遇到阻碍物时，或者介质不均匀处会发生散射现象，从不均匀处向各方向发射散射波。遇到的障碍物大小与波长差不多，则当声波入射时，就产生各个方向几乎均匀的反射；声波传播到界面上时出现反射和折射，如果界面粗糙，则会出现漫反射，这些现象都是散射。

声波传播过程中，遇到障碍物或孔洞时，声波会产生绕射现象，即传播方向发生改变。绕射现象与声波的频率、波长及障碍物的尺寸有关。当声波频率低、波长较长、障碍物尺寸比波长小很多时，声波将绕过障碍物继续向前传播。如果障碍物上有小孔洞，声波仍能透过小孔扩散向前传播。

所谓的衍射现象是指在物体表面附近，入射波和物体表面反射回来的散射波相互作用，形成复杂的干涉声场。这种现象称为衍射，物体附近的声场称为衍射场。

其实，不论是散射、衍射和绕射，从波动原理考虑，三者没有区别，只是名称上的不同而已。

11.1.5.4 声波导

声波导是在三维空间结构的一维或者二维方向上无限延伸，沿着这些延伸的方向声波能够传播的结构，具体见表 27-11-8 管内声场。

单个突变截面管内声波传播具体见表 27-11-9。

旁支管内声波传播见表 27-11-10。

截面连续变化管内的声波传播见表 27-11-11。

一般声源在无界空间辐射的常常是波阵面逐渐发散的球面波，并将声的辐射束缚在管中，则管子形状、尺寸、管壁材料及声源状态都会对管中声波传播产生影响。接下来介绍矩形和圆柱形声波导管理论。

矩形声波导管理论见表 27-11-12。

圆柱形声波导管理论见表 27-11-13。

表 27-11-8 管内声场

项目	名称	介 绍	说 明
1	声学负载与声阻抗	管末端有声学负载，发生声波反射、透射现象，一部分声波要受到反射；另一部分要透射，即被声学负载所吸收。声学负载的声学特性是由其表面法向声阻抗 Z_a 或表面法向声阻抗率 Z_s 来表征，通常为复数，称为管末端声阻抗及管末端声阻抗率	声阻抗定义为 $Z_a=\frac{p}{U}$，其中 p 为声压，U 为体积速度。声阻抗率为 $Z_s=\frac{p}{v}$，其中 v 为质点速度

续表

项目	名称	介　绍	说　明
2	管内平面波假设	如右图所示，入射波为 $p_i = p_{ia}e^{j(\omega t - kx)}$，反射波为 $p_r = p_{ra}e^{j(\omega t + kx)}$，则声压反射系数为： $$r_p = \frac{p_r}{p_i} = \frac{p_{ra}}{p_{ia}} = \|r_p\|e^{i\sigma\pi}, \|\sigma\| \leqslant 1$$ 总声压为： $$p = p_i + p_r = p_{ia}(e^{ikx} + \|r_p\|e^{j(kx+\sigma\pi)})e^{j\omega t} = \|p_a\|e^{j(\omega t+\psi)}$$ 其中，$\|p_a\| = p_{ia}\sqrt{1+\|r_p\|^2+2\|r_p\|\cos 2k\left(x+\sigma\frac{\lambda}{4}\right)}$	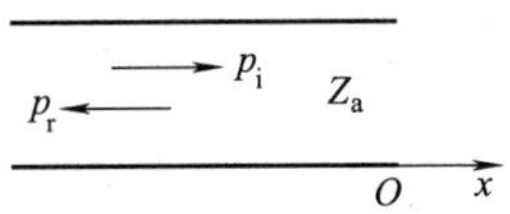 设平面声波在有限长、截面积均匀的管子中传播，其中，管的截面积为 S，入射声压为 p_i，反射声压为 p_r，管末端有一声阻抗 Z_a，$\sigma\pi$ 是反射波与入射波在界面的相位差，λ 为波长
3	驻波比和反射系数	驻波比：$G = \frac{\|p_a\|_{max}}{\|p_a\|_{min}} = \frac{1+\|r_p\|}{1-\|r_p\|} \Rightarrow$ 反射系数 $\|r_p\| = \frac{G-1}{G+1}$； 在全吸声端：$\|r_p\| = 0 \Rightarrow G = 1, p = p_i$，只存在入射平面波； 全反射端：$G = \infty, p = 2p_{ia}\cos(kx)e^{j\omega t}$，纯粹的驻波，即定波	
4	阻抗图	阻抗图描述声反射系数与管末端负载的声阻抗之间的关系，下图为一示例 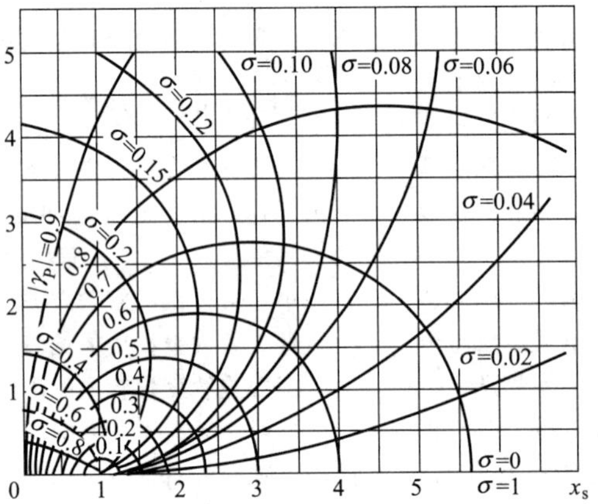	管末端声学负载的声学特性是由阻抗 Z_a 或阻抗率 Z_s 表征，因而管末端的声波反射系数应与声阻抗有关。由此可通过已知表面法向声阻抗确定负载的声压反射系数及吸声系数，或反之
5	驻波管法	驻波管法是用来测量材料吸声系数的。其理论依据为：由驻波比的测量确定声负载的声压反射系数，进而求得负载的声能透射系数（或称吸声系数） $$\alpha_0 = 1 - r_1 = 1 - \|r_p\|^2 = \frac{4G}{(1+G)^2}$$ 测量装置： 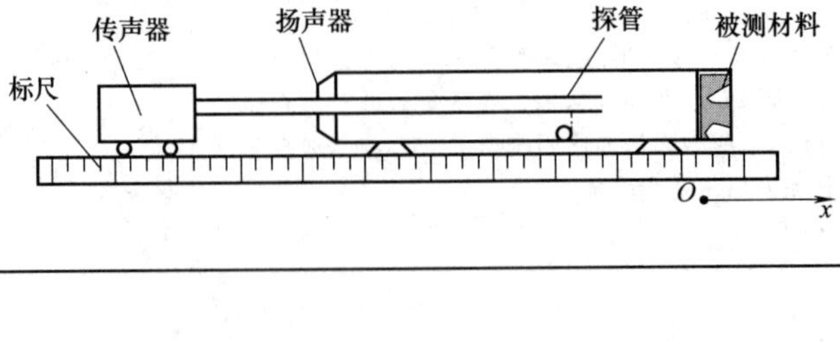	式中，r_1 为声压透射系数；r_p 为反射系数；G 为驻波比

表 27-11-9　**单个突变截面管内声波传播**

名称	表达式	说明
单个突变截面管内声场	如右图所示，其边界条件为： ①截面声压连续，即： $p_i+p_r=p_t$ ②截面体积速度连续，即： $S_1(u_i+u_r)=S_2u_t$ 可以求出其声压反射系数为： $r_p=\frac{p_r}{p_i}=\frac{p_{ra}}{p_{ia}}=\frac{S_1-S_2}{S_1+S_2}=\frac{S_{21}-1}{S_{21+1}}=\frac{1-S_{12}}{1+S_{12}}$ 扩张比为：$S_{21}=\frac{S_1}{S_2}$，$S_{12}=\frac{S_2}{S_1}$ 声强反射系数：$r_1=\left(\frac{S_{21}-1}{S_{21}+1}\right)^2$， 声强透射系数为：$t_1=\frac{I_t}{I_i}=\frac{\frac{\|p_t\|^2}{2\rho_0c_0}}{\frac{\|p_i\|^2}{2\rho_0c_0}}=\frac{4}{(1+S_{12})^2}$ 声功率透射系数为：$t_W=\frac{I_tS_2}{I_iS_1}=t_1\frac{S_2}{S_1}=\frac{4S_1S_2}{(S_1+S_2)^2}$	S_1 p_r p_i p_t S_2 O x 图中，p_i 为入射声压，p_r 为反射声压，p_t 为透射声压，S_1、S_2 为截面积 式中，u_i 为入射声波的振速，u_r 为反射声波的振速，u_t 为透射声波的振速；I_t、I_i 为透射声强和入射声强，ρ_0、c_0 为介质密度和介质中的声速

表 27-11-10　**旁支管内声波传播**

项目	名称	表达式	说明
1	旁支管	如右图所示，设有一平面波从主管中传来，由于旁支口的影响，主管中将产生反射波及透射波，在旁支中会产生漏入波。如果旁支口线度远比声波波长小，则可把旁支口看作一点。声压反射系数：$r_p=\frac{p_r}{p_i}=\frac{p_{ra}}{p_{ia}}=\frac{\frac{-\rho_0c_0}{2S}}{\frac{\rho_0c_0}{2S}+Z_b}$ 声强透射系数：$t_1=\left(\frac{p_{ta}}{p_{ia}}\right)^2=\frac{R_b^2+X_b^2}{\left(\frac{\rho_0c_0}{2S}+R_b\right)^2+X_b^2}$ 声强透射系数：$t_1=\frac{I_t}{I_i}=\frac{\frac{\|p_{ta}\|^2}{2\rho_0c_0}}{\frac{\|p_{ia}\|^2}{2\rho_0c_0}}=\frac{4}{(1+S_{12})^2}$	S_b p_b S p_r p_i p_t O x 如图所示，S、S_b 为管道和旁支管的截面积；在公式中，R_b 为声阻，X_b 为声抗；I_t、I_i 为透射声强和入射声强，ρ_0、c_0 为介质密度和介质中的声速
2	共振式消声器	右图为一赫姆霍兹共鸣器，声阻可以忽略。声抗为： $X_b=\omega M_b-\frac{1}{\omega C_b}=\frac{\omega l\rho_0}{S_b}-\frac{\rho_0c_0^2}{\omega V}$ 共振频率为：$f_r=\frac{1}{2\pi}\sqrt{\frac{1}{M_bC_b}}=\frac{c_0}{2\pi}\sqrt{\frac{S_b}{lV_b}}$ 共振式消声器的消声原理：共鸣器共振时，$t_1=0$，入射声波被共鸣器旁支阻拦，旁支起滤波作用 假设旁支声阻为零不耗能，仅对声波起到阻拦作用，即为抗性消声器，同扩张管式消声器类似 消声量为：$TL=10\lg\frac{1}{t_1}=10\lg\left(1+\frac{\beta^2z^2}{(z^2-1)^2}\right)$　(dB) 其中：$\beta=\frac{\pi f_rV_b}{c_0S}$，$z=\frac{f}{f_r}$，$f_r=\frac{1}{2\pi}\sqrt{\frac{1}{M_aC_a}}$	C_b M_b l S_b S 其中，X_b 为声抗；ω 为角频率；M_b 为声质量；C_b 为声容；S、S_b 为管道和旁支管的截面积；ρ_0、c_0 为介质密度和介质中的声速；V_b 为共振腔体积；t_1 为声强透射系数

表 27-11-11　**截面连续变化管内的声波传播**

项目	名称	表达式	说明
1	截面连续变化管内声场	设有一管子，其截面积是管轴坐标 x 的函数，即 $S=S(x)$，为简单起见，假设其中传播的声波，其波阵面也按截面的规律变化。显然，此时声的传播规律应遵循特殊形式的波动方程 $$\frac{d^2p(x)}{dx^2}+\frac{S'}{S}\frac{dp}{dx}+k^2p(x)=0$$	S_0　$S(x)$　S_1　O　x
2	有限长指数号筒	有限长指数号筒其截面的变化曲线为：$S(x)=S_0e^{\delta x}$ 号筒喉部声阻抗：$$Z_{a0}=R_{a0}+jX_{a0}=\frac{\rho_0c_0}{S_0}\sqrt{1-\left(\frac{\delta}{2k}\right)^2}+j\frac{\rho_0c_0^2\delta}{2S_0\omega}$$其实部声阻的存在表示将出现辐射损耗：$$\overline{W}=\frac{1}{2}(R_{a0}S_0^2)u_a^2=\frac{1}{2}\rho_0c_0S_0\sqrt{1-\left(\frac{\delta}{2k}\right)^2}u_a^2$$一个声源要在指数号筒中辐射声音是有条件的，仅当它的频率大于号筒截止频率时，号筒才起传输声波的作用	R_{a0}、X_{a0} 为 Z_{a0} 的实部和虚部，分别为声阻和声抗；δ 为蜿蜒指数，u_a 为声源的速度振幅，ω 为角频率，k 为波数，由于是理想媒质，这里损耗功率只代表声辐射，损耗功率越大，表示声源向号筒输送的声能越多
3	无限长指数号筒	无限长指数号筒其截面的变化曲线同样为：$S(x)=S_0e^{\delta x}$，只是其末端无限延伸，则号筒声阻抗为：$$Z_a(x)=\frac{p}{vS}=\frac{j\rho_0c_0k}{S\left(\frac{\delta}{2}+j\sqrt{k^2-\frac{\delta^2}{4}}\right)}=R_a(x)+jX_a(x)$$ $$R_a(x)=\frac{\rho_0c_0}{S}\sqrt{1-\left(\frac{\delta}{2k}\right)^2},X_a(x)=\frac{\rho_0c_0^2\delta}{2S\omega}$$	各参数说明同上

表 27-11-12　**矩形声波导管理论**

项目	名称	定义或公式	说明
1	波导管内声波传播	声场在 x、y、z 方向不均匀，声波方程应采用三维形式：$$\frac{\partial^2p}{\partial x^2}+\frac{\partial^2p}{\partial y^2}+\frac{\partial^2p}{\partial z^2}+k^2p=0$$波动方程通解：$$p=\sum_{n_x=0}^{\infty}\sum_{n_y=0}^{\infty}A_{n_xn_y}\cos k_xx\cos k_yy\exp j(\omega t-k_zz)=\sum_{n_x=0}^{\infty}\sum_{n_y=0}^{\infty}p_{n_xn_y}$$ $p_{n_xn_y}$ 表示与每一组数值对应的波动方程的一个特解，表示在声波导管中可能存在的沿 z 方向传播的一种声波，称为简正波 声波导管中传播波正是由无数这样的简正波组成。其沿管子 z 方向的传播速度为：$c_z=\omega/k_z$。简正频率 $f_{n_xn_y}$ 为：$$f_{n_xn_y}=\frac{c_0}{2}\sqrt{\left(\frac{n_x}{l_x}\right)^2+\left(\frac{n_y}{l_y}\right)^2}$$矩形声管截止频率 $f_c=\dfrac{c_0}{2}\dfrac{1}{\max(l_x,l_y)}$	x　l_x　O　z　l_y　y 图中，矩形管宽度为 l_y，高度为 l_x，管长用 z 坐标表示，设管口取在 $z=0$ 处，另一端延伸到无限远。式中，c_0 为介质声速；圆频率为 ω；n_x、$n_y=0,1,2\cdots$

续表

项目	名称	定义或公式	说　明
2	管中高次波的传播	对于不同的一组(n_x, n_y)数值将得到不同的波，称为(n_x, n_y)次的简正波。通常称(0,0)次波为主波，除(0,0)次以外的波称为高次波。只有声源的激发频率 f 高于某个简正频率 $f_{n_x n_y}$ 时，才能激发出对应的(n_x, n_y)次波 右图表示$(n_x, 0)$次波的传播，对于$(n_x, 0)$次波，其声压可表示为： $p=\frac{1}{2}A_{n_x0}e^{j\left(\omega t-\frac{\omega}{c0}(z\sin\theta+x\cos\theta)\right)}+\frac{1}{2}A_{n_x0}e^{j\left(\omega t-\frac{\omega}{c0}(z\sin\theta-x\cos\theta)\right)}$ 两束平面波的叠加：一束向与 x 轴成θ角方向传播，另一束向与负 x 轴成θ角方向传播。类似的，$(0, n_y)$次波是一个与 y 轴交角斜向传播的平面波，(n_x, n_y)次波是两个斜向传播的平面波的叠加	式中 θ 有如下关系： $\frac{n_x\pi}{l_x}=\frac{\omega}{c_0}\cos\theta \Rightarrow \sin\theta=\sqrt{1-\frac{n_x^2\pi^2c_0^2}{l_x^2\omega^2}}$
3	声管中高次波的传播速度	高次波的速度有相速和群速。 相速 c_z 代表的是高次波的相位传播速度，其计算公式为： $c_z=\frac{c_0}{\sin\theta}=\frac{c_0}{\sqrt{1-\frac{\pi^2c_0^2}{\omega^2}\times\frac{n_x^2}{l_x^2}}}$ 由公式可得高次波的相速恒大于自由平面波的传播速度 c_0 群速代表能量传播速度，其计算公式为： $c_g=c_0\sin\theta=c_0\sqrt{1-\frac{\pi^2c_0^2}{\omega^2}\times\frac{n_x^2}{l_x^2}}$	各符号说明同 1

表 27-11-13　　圆柱形声波导管理论

项目	名称	定义或公式	说　明
1	波导管内声波传播	柱面坐标波动方程为： $\frac{1}{r}\times\frac{\partial}{\partial r}\left(r\frac{\partial p}{\partial r}\right)+\frac{1}{r^2}\times\frac{\partial^2 p}{\partial\theta^2}+\frac{\partial^2 p}{\partial z^2}=\frac{1}{c^2}\times\frac{\partial^2(rp)}{\partial t^2}$	
2	波导管内声压、振速	管内的声压表达式： $p=\sum_{m=0}^{\infty}\sum_{n=0}^{\infty}A_{mn}J_m(k_{mn}r)\cos(m\theta-\varphi_m)e^{j(\omega t-k_z z)}$ 对应的径向振速表达式： $u_{rm}=\frac{j}{\rho_0\omega}\times\frac{\partial p_m}{\partial r}=A_m\frac{jk_r}{\rho_0\omega}\times\frac{dJ_m(k_r r)}{d(k_r r)}\cos(m\theta-\varphi_m)e^{j(\omega t-k_z z)}$	式中；$k_z=\sqrt{k^2-k_{mn}^2}$；ρ_0、c_0 为介质密度和介质中的声速；J_m 为 m 阶柱贝塞尔函数
3	主波和其他高次波	声管内的(m, n)次简正波为： $p_{mn}=A_{mn}J_m(k_{mn}r)\cos(m\theta-\varphi_m)e^{j(\omega t-k_z z)}$ 主波沿 z 轴传播的(0,0)次波，其声压为 $p_{00}=A_{00}e^{j(\omega t-kz)}$，其余的称为高次波，例如（0，1）次波可以表示为：$p_{01}=A_{01}J_0(k_{01}r)e^{j(\omega t-\sqrt{k^2-k_{01}^2}z)}$	
4	截止频率	$f_c=f_{10}=k_{10}\frac{c_0}{2\pi}=1.841\frac{c_0}{2\pi a}$	a 为声管半径

11.1.6 自由声场和混响声场

表 27-11-14 自由声场和混响声场

名 称	定义或公式	说 明
自由声场	自由声场是没有边界的、媒质均匀且各向同性的声场	
消声室	声源所在的房屋六面都铺设吸声材料，以实现自由声场条件的房间称为消声室	在室外安静的高空，由于所发出的声音不受周围反射的影响，也可以认为是自由声场条件
半消声室	房间内的五个面是完全吸声边界条件，只有地面存在反射，称为半消声室	实验房屋的空间尺寸很大，以致四周墙面和顶面的反射可以忽略，只剩下地面的反射，此时可近似认为是半自由场条件
直达声场	由声源直接辐射到室内空间，未经任何反射的声场	
混响声场	直达声经过室内界面多次反射，并在室内形成稳定的声场，此时声源若停止发声，由于声音的多次反射或散射而使声音延续的现象，称为混响。在室内形成的声场则称为混响声场	
混响室	一个能在所有边界上全部反射声能，并在其中充分扩散，形成室内各处能量密度均匀、在各传播方向作无规则分布的扩散场的房间	
混响时间	混响时间是室内声音达到稳定状态，声源停止发声后残余声音在房间内反复经吸声材料吸收，平均声能密度自原始值衰变到百万分之一(声能密度衰减 60dB)所需的时间，用 T_{60} 表示。通常用赛宾公式计算室内混响时间	
赛宾公式(Sabine)	$T_{60}=\dfrac{0.163V}{\sum\limits_{(n)}S_i\alpha_i}$	V——体积 S_i——吸声系数为 α_i 的面积
混响半径	在室内声场中，可以找到一个临界距离，在这一距离上的各点，直达声场与混响声场的作用相等，这一距离称为临界距离或混响半径。混响半径可用下式计算： $r_0=0.1\sqrt{\dfrac{V}{\pi T_{60}}}$	

11.1.7 声源模型介绍

11.1.7.1 简单声源模型

表 27-11-15 简单声源模型

名 称	定 义	指向性图
单极子源	脉动球半径 $a \ll \lambda$ 时，该声源就是点源，或称单极子源。设脉动球表面作径向匀速振动 $v=v_0e^{j\omega t}$，体积振动速度为 $q=4\pi a^2v=Qe^{j\omega t}$。单极子源产生的声压为：$p=j\rho_0\omega\dfrac{Q}{4\pi r}e^{j(\omega t-kr)}$	90 1 120 60 0.5 150 30 180 0 210 330 240 270 300 单极子

续表

名　称	定　　义	指向性图
偶极子源	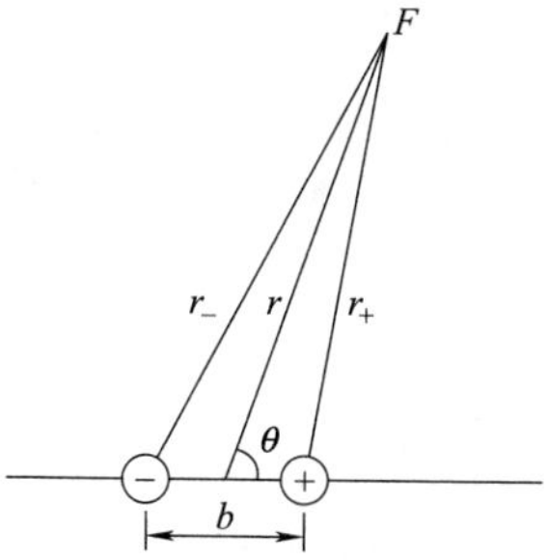 两个相位相差180°的单极子相距很近(相对于波长),就可以组成偶极子。其声压为(略去时间因子 $e^{j\omega t}$): $p=\frac{j\rho_0\omega Q}{4\pi r_+}e^{-jkr_+}-\frac{j\rho_0\omega Q}{4\pi r_-}e^{-jkr_-}=\frac{j\rho_0\omega Q}{4\pi}\left(\frac{e^{-jkr_+}}{r_+}-\frac{e^{-jkr_-}}{r_-}\right)$ $=\frac{j\rho_0\omega Qb}{4\pi}\frac{1+jkr}{r^2}e^{-jkr}\cos\theta$	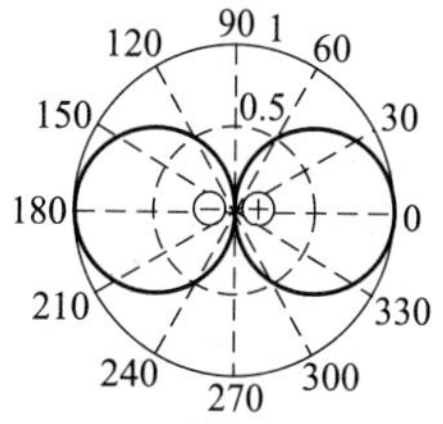 偶极子
同相小球源	两个振幅相等,频率相等,振动相位相等的小脉动球源组成,是构成声柱和声阵辐射的最基本模型 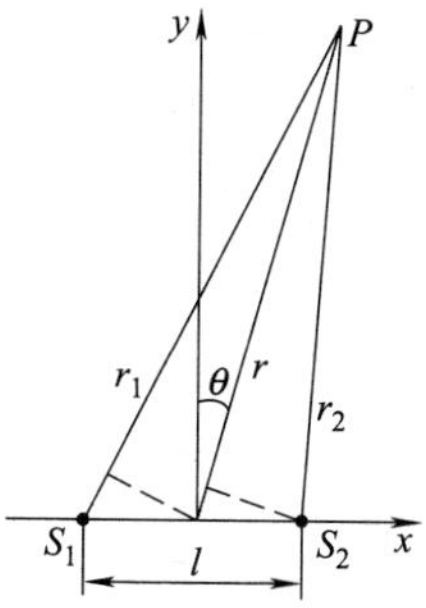 其声压为: $p\approx\frac{A}{r}e^{j(\omega t-kr)}(e^{jk\Delta}+e^{-jk\Delta})=\frac{A}{r}e^{j(\omega t-kr)}\cdot 2\cos(k\Delta)$ $=\frac{A}{r}\times\frac{\sin(2k\Delta)}{\sin(k\Delta)}e^{j(\omega t-kr)}=P(r,\theta)e^{j(\omega t-kr)}$ 其指向性为: $D(\theta)=\frac{(p_a)_\theta}{\max\{(p_a)_\theta\}}=\frac{(p_a)_\theta}{(p_a)_{\theta=0}}=\left\|\frac{\sin(2k\Delta)}{2\sin(k\Delta)}\right\|=\|\cos(k\Delta)\|$ 当 l/λ(λ 为波长)不同时,指向性也不同。 主声束张角为 $\bar{\theta}=2\arcsin(\lambda/2l)$	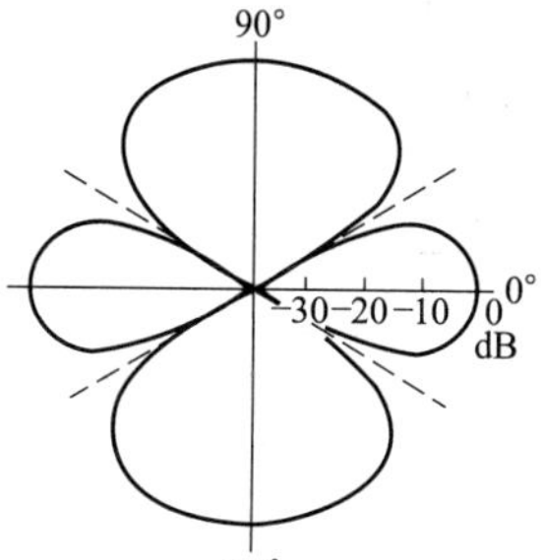 $t=\lambda$ $l/\lambda=1$ 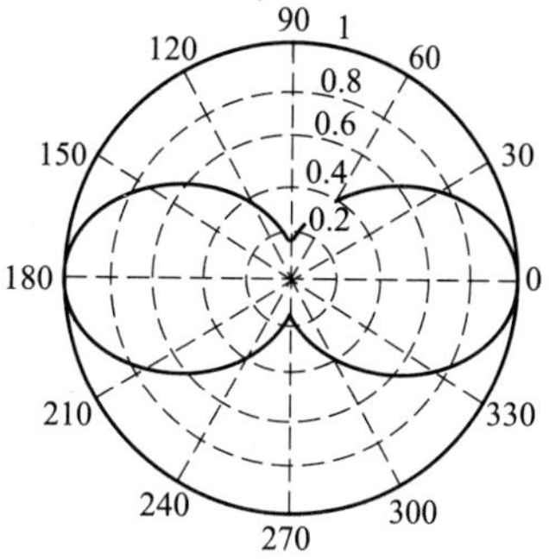 $l/\lambda=0.45$ 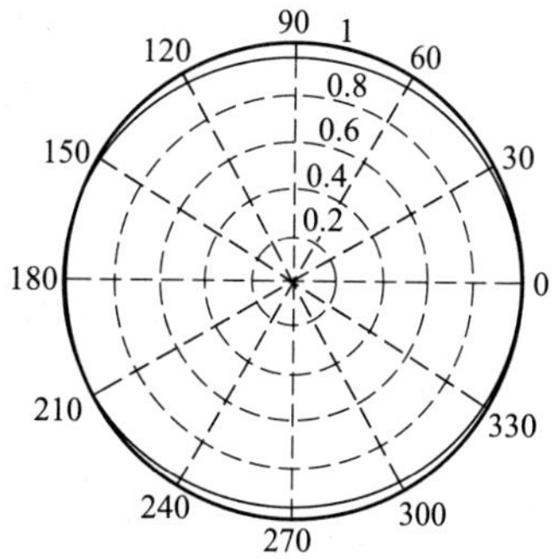 $l/\lambda=0.1$

续表

名　称	定　　义	指向性图
四极子源	将两个偶极子摆放在相距很小的一个距离间，就得到了一个四极子。两个偶极子矩为 Qb 的偶极子，相距 $b \ll \lambda$。四极子的声压表达式为（略去时间因子 $e^{j\omega t}$）：$p=\dfrac{k^3\rho_0 c_0 Qb^2\cos\theta\sin\theta}{4\pi r}e^{-jkr}$	120 90 1 60 150 0.5 30 180 0 210 330 240 270 300 四极子

11.1.7.2　组合声源

主要介绍以声柱表示的组合声源，具体见表 27-11-16。

11.1.7.3　平面声源

主要以无限大障板上圆面活塞介绍平面声源，具体见表 27-11-17 平面声源。

11.1.7.4　声模态与声辐射模态

通过声辐射功率的表达式，可以构造出辐射算子。辐射算子的特征向量称为声辐射模态，特征值正比于声辐射模态的辐射效率。声辐射模态仅与结构的外表面几何形状及分析频率有关。结构的辐射模态是分布于结构表面的相互独立且正交的速度模式。各个模态独立地向外辐射能量，不会产生耦合。具体见表 27-11-18。

表 27-11-16　　声柱及其特性

项目	名称	定　　义	说　　明
1	声柱	设 n 个体积速度相等、相位相同的小脉动球源均布在一直线上，如右图所示。小球源间距 l，声柱总长 $L=(n-1)l$，	P　S_1　r_1　r　r_n　θ　L　l　S_n
2	声柱声压	合成声压为各小球源辐射声压的叠加，其声压为：$p=\sum\limits_{i=1}^{n}\dfrac{A}{r_i}e^{j(\omega t-kr_i)}$	r_i 为第 i 个小球源距离 P 点的距离，k 为波数，ω 为角频率，A 为振幅
3	声柱的指向性	其指向性为 $D(\theta)=\dfrac{p_a\mid_\theta}{p_a\mid_{\theta=0}}=\left\lvert\dfrac{\sin nk\Delta}{n\sin k\Delta}\right\rvert$。当 $l\sin\theta=m\lambda$ $(m=0,1,2\cdots)$ 的时候，声压幅值出现极大值，出现极大值的方向为：$\theta=\arcsin\dfrac{m\lambda}{l}$，其中对应于 $\theta=0°$ 的为主极大值，其余的称为副极大值 消除第一个副极大的条件：小球源的间距小于波长，即 $l<\lambda$ 当 $l\sin\theta=\dfrac{m'}{n}\lambda$，$m'$ 为除了 n 的整数倍以外的整数，$D(\theta)=0$，在这些方向上声压抵消为零，如右图所示	$D(\theta)$　1　主极大　副极大　次极大　O　$\frac{\lambda}{n}$　λ　$l\sin\theta$ λ 为波长，n 为小球源的个数，l 为小球源间距
4	主声束角	第一次出现零辐射角度的 2 倍，公式为： $\bar{\theta}=2\arcsin\dfrac{\lambda}{nl}$	

续表

项目	名称	定　义	说　明
5	不同 L 下指向性	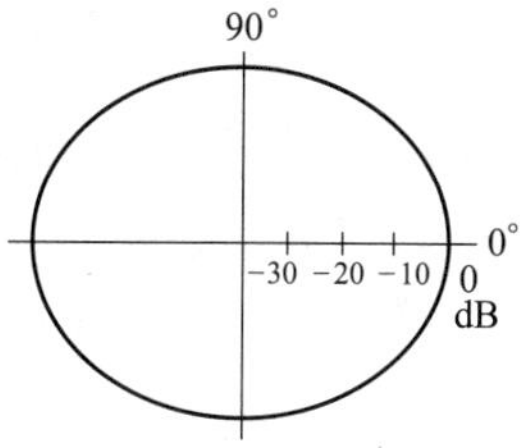 $L=\frac{1}{2}\lambda$ 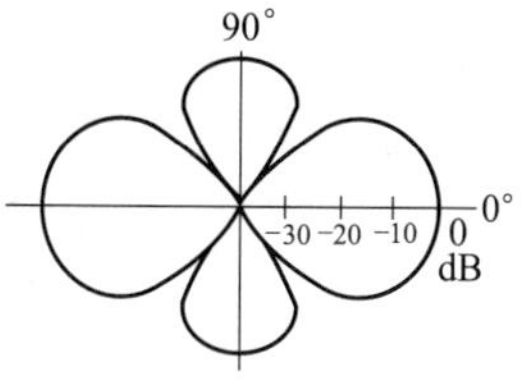　$L=\lambda$ 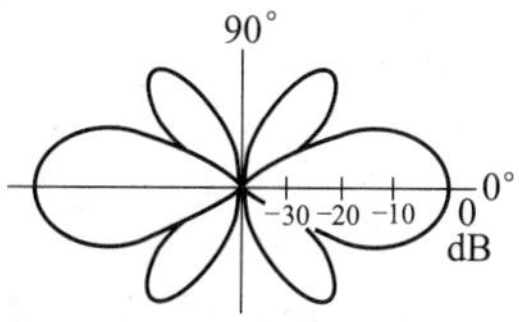　$L=\frac{3}{2}\lambda$ 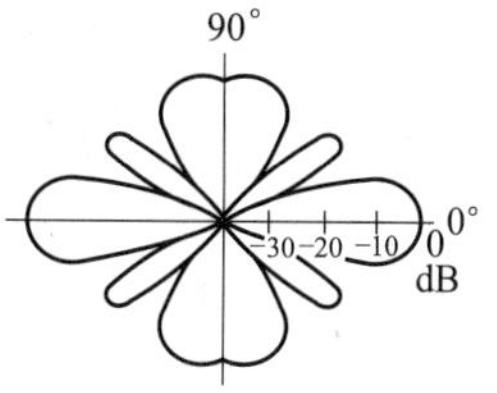　$L=2\lambda$	由于都满足 $l<\lambda$，故都不出现副极大，仅出现次极大。增加声柱总长度可减小主声束宽度，但须同时增加小球源的数量，保证不出现副极大；而当总长度一定时，增加小球源的个数可减小次极大的峰值
6	声柱的能量	每个小球源在观察点的声压幅值为 $P_a=A/r$，各小球源对远场观察点声压的总贡献为： $p=\frac{A}{r}e^{j(\omega t-kr)}\frac{\sin nk\Delta}{\sin k\Delta}\Rightarrow p=np_a e^{j(\omega t-kr)}\frac{\sin nk\Delta}{n\sin k\Delta}$ 在远场的声强为： $I=\frac{\lvert p\rvert^2}{2\rho_0 c_0}=\frac{n^2 p_a{}^2}{2\rho_0 c_0}D^2(\theta)\Rightarrow I\mid_{\theta=0^\circ}=\frac{n^2 p_a{}^2}{2\rho_0 c_0}$	Δ 为相邻小球源到观测点的距离的差值；ρ_0、c_0 为介质密度和介质中的声速
7	声柱辐射的特点	强指向性：$I\mid_{\theta=0^\circ}=\frac{n^2 p_a^2}{2\rho_0 c_0}$，能量聚集于 $q=0°$方向	n 个小球源组成声柱以后，在 $q=0°$方向上的声强比 n 个小球源未作成声柱而是分散使用时的声强提高 n 倍，因为后者只是能量简单相加

表 27-11-17　　平面声源

项目	名称	定　义	说　明
1	活塞式声源	指一种平面状的振子，当它沿平面的法线方向振动时，其面上各点的振动速度幅值和相位相同。许多常见声源如扬声器纸盆、共鸣器或号筒开口处的空气层，在低频时都可以近似看作为活塞辐射	
2	无限大障板	除安装声源部分外，其他表面刚性，用于将无限大空间中媒质分为两部分，两部分媒质无法发生交流。实际中，只要障板尺寸比媒质中的声波波长大很多，就可认为是无限大障板	
3	圆面活塞辐射声场基本特点	活塞面半径与波长相当或大于波长时，各面元辐射波到观察点 P 处的振动不同相，改变场点位置时，各面元辐射声波的声程差也改变，场点声压是空间坐标的函数	
4	近远场临界距离	近远场临界距离为出现最后一个极大值的位置，公式为：$z_g=\frac{a^2}{\lambda}$	a 为圆形活塞半径，λ 为波长

续表

项目	名称	定　义	说　明
5	圆面活塞辐射的远场指向性	声远场特性($r\gg a, r\gg a^2/l$) 声压为: $p=\frac{j\omega\rho_0 u_a a^2}{2r}\left(\frac{2J_1(ka\sin\theta)}{ka\sin\theta}\right)e^{j(\omega t-kr)}$ 指向性的特点: $\left.\frac{J_1(x)}{x}\right\|_{x=0}=\frac{1}{2}$, $D(\theta)=\frac{P_a(\theta)}{P_a(\theta)\|_{\theta=0}}=\left\|\frac{2J_1(ka\sin\theta)}{ka\sin\theta}\right\|$ 当 $ka<1$ 时, $\left.\frac{J_1(x)}{x}\right\|_{x\to 0}\approx\frac{1}{2}\Rightarrow D(\theta)\approx 1\Rightarrow p=\frac{j\omega\rho_0 u_a a^2}{2r}e^{j(\omega t-kr)}$ 低频辐射时,活塞与半空间辐射点源相同,指向性近似为一个球 低频辐射声强为: $I=\frac{\rho_0 c_0 u_a^2(ka)^2a^2}{8r^2}=\frac{p_a^2}{2\rho_0 c_0}$	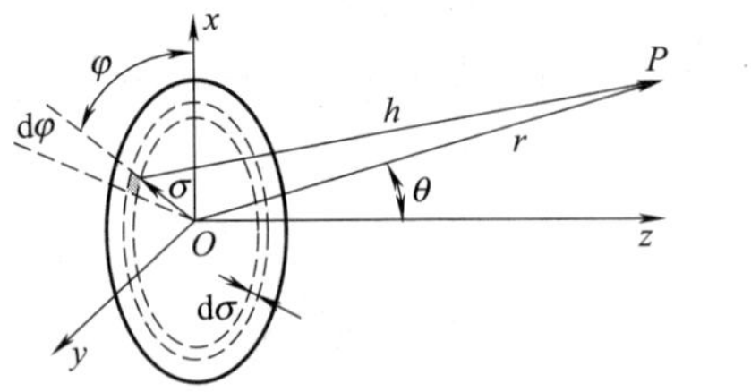 式中,ρ_0、c_0 为介质密度和介质中的声速,k 为波数,u_a 为振速,h 是极径 σ 与极角 φ 的函数,即面元不同,σ 及 φ 不同,面元到观察点的距离 h 也不同 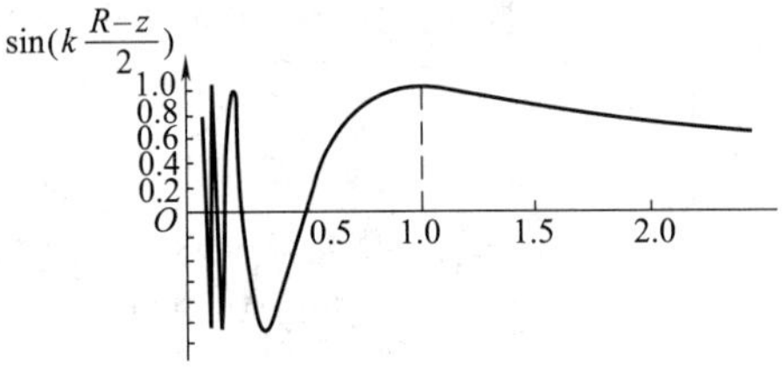
6	圆面活塞辐射的近声场特性	P 点的总声压为: $P=2\rho_0 c_0 u_a\sin\left(k\frac{R-z}{2}\right)e^{j\left(\omega t-k\frac{R+z}{2}-\frac{\pi}{2}\right)}$ 其中:$R=\sqrt{a^2+z^2}$ 活塞轴上声场特性分析: 如右图所示,当 z 很小即: $k(R-z)/2=n\pi(n=1,2,\cdots)$ 声压幅值为 0;在 $k(R-z)/2=(n+0.5)\pi(n=1,2,\cdots)$ 的位置,声压幅值最大	$\sin\left(k\frac{R-z}{2}\right)$

表 27-11-18　　**无限大障板上圆面活塞的声辐射**

项目	名称	公　式	说　明
1	辐射声功率	一结构表面 S 以法向速度 v 在振动,向外部区域 E 中辐射能量,结构的表面法向如右图所示,由区域 E 指向内部。一般使用平均辐射声功率来描述振动结构向外辐射能量的大小,即为: $W=\frac{1}{2}Re\int_S p(x)v(x)^*\,dS(x)$ 其中,"$*$"对于标量表示复共轭,对于向量表示复共轭转置,$p(x)$、$v(x)$ 表示点 x 处的声压和法向速度	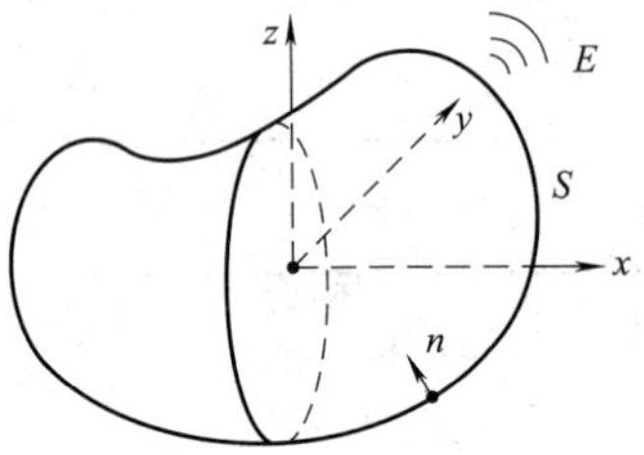
2	声辐射效率与瞬时声强	声辐射效率为 $\sigma=\frac{W^2}{\rho cS\|v\|^2}$ 声场中某点处,与质点速度方向垂直的单位面积上在单位时间内通过的声能,称为瞬时声强	S 为结构表面积,均方速度为 $\|\hat{v}\|^2=\frac{1}{2S}\int_S\|v(x)\|^2dS$
3	声辐射模态	声辐射模态为一组分布在结构封闭表面上的、相互独立且正交的速度模式。它只与结构外表面形状、频率及声学介质特性有关 欧拉方程为:$\frac{\partial}{n(x)}p(x)=ik\rho cv(x)$ 以常数单元为例,其声功率离散形式为: $p=ik\rho c\boldsymbol{F}^{-1}\boldsymbol{G}v;W=Re(v^*\boldsymbol{R}v)$ 其辐射算子为:$p=-ik\rho c\boldsymbol{A}_s\boldsymbol{F}^{-1}\boldsymbol{G}/2$ 其辐射算子 $\boldsymbol{R}$ 一般是非对称、满的一般复数矩阵	$\boldsymbol{G}$、$\boldsymbol{F}$ 矩阵为边界积分方程离散后表面振速和声压前的系数矩阵

续表

项目	名称	公式	说明
4	球的声辐射模态	球调和函数： $Y_n^m(\theta,\varphi)=\frac{1}{\sqrt{2\pi}}\overline{P}_n^m(\mu)e^{im\varphi},n=1,2\cdots,-n\leqslant m\leqslant n$ 球的解析声辐射模态为： $q_l^t(x)=\frac{\partial}{n(x)}p_l^t(x)=\frac{\partial}{n(x)}h_l(kr_x)Y_l^t(\theta,\varphi)$ 对应的辐射声压即为： $p_l^t(x)=h_l(kr_x)Y_l^t(\theta,\varphi)$ 相应某阶模态的辐射声功率为： $W=\frac{-r^2}{2\rho c}\mathrm{Im}[h_n(kr)h_n'(kr)^*]$ 又由 $\mathrm{Im}[h_n(kr)h_n'(kr)^*]=-i\gamma_n(ka)^{-2}=-(ka)^{-2}$ 代入公式可得： $W=\frac{1}{2\rho ck^2}$ 辐射效率为： $\sigma_l^t=\frac{1}{(ka)^2a_{l-1}\|h_{l-1}(ka)\|^2+(ka)^2b_{l+1}\|h_{l+1}(ka)\|^2-c_l\|h_l(ka)\|^2}$	(0.0) (1.0) (1.1) (2.0) (2.1) (2.2) (3.0) (3.1) (3.2) (3.3) (4.0) (4.1) (4.2) (4.3) (4.4) (10.0) (10.5) (10.10) Zonal Tesseral Sectorial z y x 声辐射功率与模态的阶数和尺寸无关，仅与频率和声学介质属性有关 $a_{l-1}=\frac{l}{2l+1};b_{l+1}=\frac{l+1}{2l+1};$ $c_l=l(l+1)$ $\|h_l(x)\|^2=j_l^2(x)+y_l^2(x)$ $=\frac{1}{x^2}\sum_{k=0}^{l}\frac{(2l-k)!\ (2l-2k)!}{k!\ [(l-k)!]^2}(2x)^{2k-2l}$
5	映射声辐射模态	定义球坐标基本解为非球形结构的映射声辐射模态，它不能对辐射算子进行对角化，但可以作为一组独立的速度分布模式对任意速度进行分解	球在其辐射模态（球坐标基本解）下振动，在任意封闭面上所产生的声场也为球坐标基本解。反之任意结构按球坐标基本解的速度分布振动，可在其内部找到一个等效球体，使其按同阶辐射模态振动，所产生的声场相同

11.1.8　声辐射

声音由于物体的表面振动而产生。声场中的声源尺寸小于波长的 1/6 时，声源可以近似地认为是点源，此时声源的外形对声场的分布几乎没有影响。简单声源以及简单声源的组合可以用来描述其他声源辐射的声场，现实中很多的声源产生的声场都可以用一组单极子或偶极子的声场叠加来代替（见表 27-11-19）。

表 27-11-19　　声源声辐射

名 称	示 意 图	说 明
脉动球		$Z=\frac{p}{u}=\rho_0c_0\left(1+\frac{1}{jkr}\right)$
摆动球	$u_r(a,\theta,t)$ θ $u(a,\theta,t)$ O θ x	一个表面刚硬的球（半径 a）在 x 方向作往复微幅振动，振速为 $u_0\cos\omega t$。其特性和偶极子源类似 等效偶极子矩：$A=\frac{4\pi a^3u_0}{(2-k^2a^2)+j2ka}e^{jka}$； 声压：$p(a,\theta)=\frac{\rho_0c_0u_0jka(1+jka)}{(2-k^2a^2)+j2ka}\cos\theta$； 声阻抗：$Z_s=\frac{\rho_0c_0}{3}4\pi a^2\frac{jka(1+jka)}{(2-k^2a^2)+j2ka}$

续表

名 称	示 意 图	说 明
亥姆霍兹面积分定理	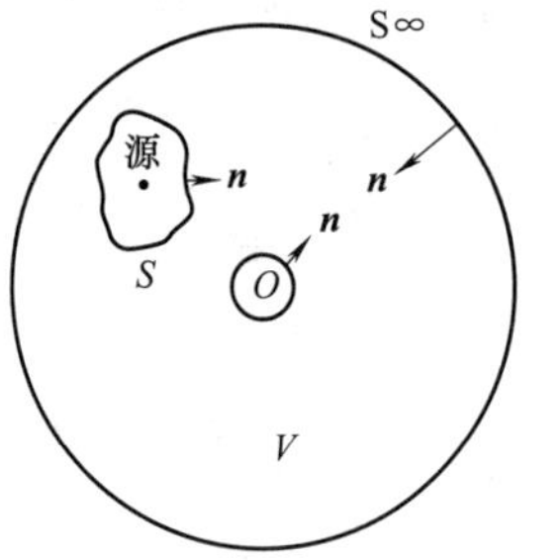	声压：$p(\boldsymbol{r}_0)=\iint\limits_S\left(p\dfrac{\partial G}{\partial \mathrm{n}}-G\dfrac{\partial p}{\partial \mathrm{n}}\right)\mathrm{d}s$ 当时间项为 $\mathrm{e}^{j\omega t}$ 时，格林函数：$G=\dfrac{\mathrm{e}^{-jkr}}{4\pi r}$，其中 $r=\|r_1-r_2\|$ 从亥姆霍兹积分方程可知，声场中一点的声压为新波面上次声源发射的元波在该点产生的声压叠加
活塞声源	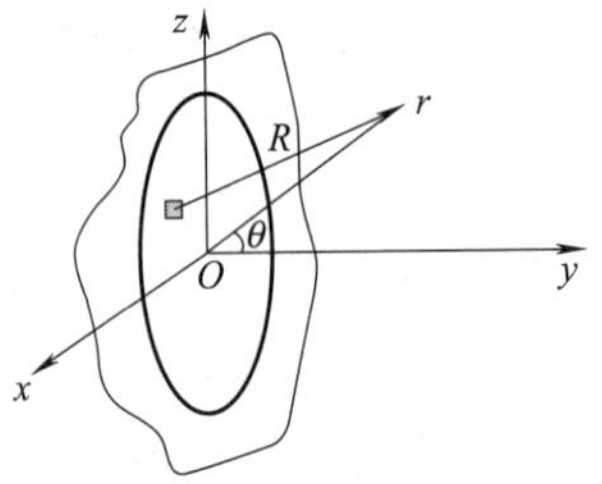	以无限大障板中的圆形活塞声源为例，活塞半径为 a，外部场点 r 和活塞上小振动块的距离是 R，$\overrightarrow{or}$ 和活塞中心轴的夹角为 θ。活塞上每个小振动块产生的声压由于障板的作用而加倍，场点的声压可以通过积分获得： $p(r)=\dfrac{2j\rho ck}{4\pi}\iint\limits_S u(r_s)\dfrac{1}{R}\mathrm{e}^{-jkR}\mathrm{d}S$ 当活塞的表面每处的振动速度都是 u_0，场点与中心的距离比活塞半径和波长均要大很多时 $p(r)=\dfrac{j\rho cku_0(\pi a^2)}{4\pi\|\overrightarrow{or}\|}\left[\dfrac{2J_1(ka\sin\theta)}{ka\sin\theta}\right]e^{-jk\|or\|}$

11.2 噪声的评价

描述噪声的声学量有声压、声强、声功率等。噪声的强弱需要用数值表示，人们通常用分贝（dB）来表示。分贝是对声学量除以参考量并求对数，再乘以一个常数后得到的值。不用声学物理量的线性值直接评价噪声，主要有两个原因。首先，由于人耳听觉对声信号强弱刺激的反应不是线性的，而是成对数比例关系。所以采用对数形式的分贝值可以适应听觉的特点。其次，日常遇到的声音，若以声学量的线性值表示，变动范围很宽，而用对数换算为分贝值就可以缩小声压变化的范围，使之便于评价日常生活中的噪声。常用的评价量有声压级、声强级和声功率级。

11.2.1 声压级、声强级和声功率级

声压级、声强级和声功率级公式见表 27-11-20。

11.2.2 声级的综合

在声场中，有时存在着多个声源，声场中测量到的声级是各个声源辐射声级叠加后的结果。由于前述的声压级、声强级、声功率级都是通过对数运算得来的，不是线性变化的，因此各个声源辐射声级的叠加不能采用直接相加的方式计算。能进行相加运算的，只能是声音的能量，见表 27-11-21。

表 27-11-20 声压级、声强级和声功率级公式

项目	名 称	公 式	说 明
1	声压级	$L_p=20\lg\dfrac{p_e}{p_{ref}}$	p_e——声压有效值； P_{ref}——参考声压，$p_{ref}=2\times10^{-5}\mathrm{Pa}$
2	声强	$\boldsymbol{I}(t)=p(t)\boldsymbol{u}(t)$	声场中某点处，与质点速度方向垂直的单位面积上在单位时间内通过的声能，称为瞬时声强
3	声强级	$L_I=10\lg\dfrac{I}{I_{ref}}$	I_{ref}——参考声强，$I_{ref}=1\mathrm{pW/m^2}=10^{-12}\mathrm{W/m^2}$
4	声功率	$W=Is$	单位时间内声波通过垂直于传播方向指定面积的声能量
5	声功率级	$L_W=10\lg\dfrac{W}{W_{ref}}$	W_{ref}——参考声功率，$W_{ref}=1\mathrm{pW}=10^{-12}\mathrm{W}$

表 27-11-21　声级的综合

名称	公　　式	算　　例
声压相加	N 个声压级，分别为 $L_{p1}, L_{p2}, \cdots L_{pN}$，则总声压级为：$L_p=20\lg\dfrac{p}{p_0}=10\lg\dfrac{p^2}{p_0^2}$ $=10\lg\dfrac{p_1^2+p_2^2+\cdots+p_N^2}{p_0^2}=10\lg\left(\sum_{i=1}^{N}10^{\frac{L_{pi}}{10}}\right)$	厂房中有 10 台机器，每台机器辐射的噪声声压级是 100dB，那 10 台机器辐射的总噪声级可以用下式计算：$L_p=20\lg\dfrac{p}{p_0}=10\lg\dfrac{p^2}{p_0^2}$ $=10\lg\dfrac{p_1^2+p_2^2+\cdots+p_{10}^2}{p_0^2}=10\lg\dfrac{10p_1^2}{p_0^2}$ $=10\lg\dfrac{p_1^2}{p_0^2}+10\lg10=100+10=110\text{dB}$
平均声压	N 个声压级，分别为 $L_{p1}, L_{p2}, \cdots L_{pN}$，则平均声压级为：$\overline{L}_p=10\lg\left(\dfrac{1}{N}\sum_{i=1}^{N}10^{\frac{L_{pi}}{10}}\right)$	2 台机器，机器辐射的噪声声压级分别是 100dB 和 110dB，机器辐射的平均声压级可以用下式计算：$\overline{L}_p=10\lg\left[\dfrac{1}{2}\left(10^{\frac{100}{10}}+10^{\frac{110}{10}}\right)\right]$ $=107.4\text{dB}$
声压相减	$L_{ps}=10\lg\dfrac{p^2-p_{\text{bkg}}^2}{p_0^2}$ $=10\lg\left(10^{\frac{L_p}{10}}-10^{\frac{L_{\text{pbkg}}}{10}}\right)$	在背景噪声级 L_{pbkg} 为 92dB 的情形下，测试一台机器辐射的噪声声压级是 100dB，机器辐射的声压级可以用下式计算：$L_{ps}=10\lg\left(10^{\frac{100}{10}}-10^{\frac{92}{10}}\right)=99.3\text{dB}$

11.2.3　等效声级

等效声级示意见图 27-11-3，等效声压级计算见表 27-11-22。

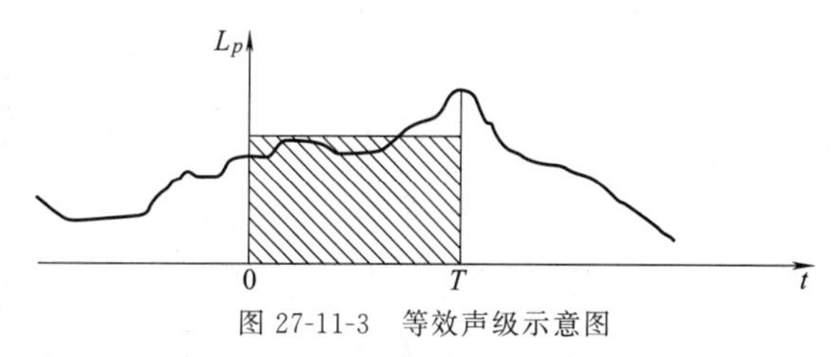

图 27-11-3　等效声级示意图

11.2.4　人耳的听觉特性

人耳听觉非常敏感，0dB 是人耳能听到的最小声压级，正常人能够察觉 1dB 的声音变化，3dB 的差异将感到明显不同。人耳存在掩蔽效应，当一个声音高于另一个声音 10dB 时，较小的声音因掩蔽而难以被听到和理解。由于掩蔽效应，在 90～100dB 的环境中，即使近距离讲话也会听不清。人耳有感知声音频率的能力，频率高的声音人们会有“高音”的感觉，频率低的声音人们会有“低音”的感觉，人耳正常的听觉频率范围是 20～20kHz。人耳耳道类似一个 2～3cm 的小管，由于频率共振的原因，在 2000～3000Hz 的范围内声音被增强，这一频率在语言中的辅音中占主导地位，有利于听清语言和交流，但人耳最先老化的频率也在这个范围内。一般认为，500Hz 以下为低频，500～2000Hz 为中频，2000Hz 以上为高频。语言的频率范围主要集中在中频。人耳听觉敏

表 27-11-22　等效声压级计算

名　　称	定义与公式	说　　明
等效连续声压级	某一段时间内的声压级按能量的平均值称为等效连续声压级，简称等效声级或平均声级 $L_{\text{eq}}=10\lg\left(1/T\int_0^T\dfrac{p^2(t)}{p_0^2}\text{d}t\right)$	如果使用 A 声级的 L_{eq}，那么就是 L_{Aeq}，此时公式中的声压是 A 计权声压
声暴露级	将 T 时间内的总能量分摊到 1s 时间内，则称为声暴露级 $L_{\text{eq}}=10\lg\left(1/T_0\int_0^T\dfrac{p^2(t)}{p_0^2}\text{d}t\right)$	$T_0=1\text{s}$。声暴露级和等效连续声压级都是对能量的平均，不同之处在于平均的时间长度不同
小时等效连续声压级	$L_{\text{eq}}=10\lg\left(1/T\int_0^T\dfrac{p^2(t)}{p_0^2}\text{d}t\right)$	$T=1\text{h}$
24 小时噪声暴露级	全天的噪声事件总能量均匀分摊到每一时刻，同时考虑了夜间噪声敏感性的修正因素 $L_{\text{dn}}=10\lg\left[15\times10^{(L_{\text{Aeq(day)}}/10)}+9\times10^{(L_{\text{Aeq(night)}}+10/10)}\right]-13.8$	夜间小时等效连续声压级 L_{Aeq}(night)增加 10dB 进行修正

感性由于频率的不同有所不同，频率越低或越高时敏感度变差，也就是说，同样大小的声音，中频听起来要比低频和高频的声音响。

对于人耳能感受的听觉频率，有一个刚好能引起听觉的最小声压级，称为听阈。当声强度在听阈以上继续增加时，听觉的感受也相应增强，但当振动强度增加到某一限度时，它引起的将不单是听觉，同时还会引起耳朵鼓膜的疼痛感觉，这个限度称为最大可听阈。人耳能承受的最大声压级是 120dB。听阈与最大可听阈之间的范围，称为听觉区域。

11.2.5　噪声的频谱分析

噪声通常包含许多频率成分，将噪声的声压级、声级或声功率级按频率顺序展开，使噪声强度成为频率的函数并考查其谱形，这就是频谱分析，频谱分析有时也叫频率分析。频率展开的方法是使噪声信号通过一定带宽的滤波器，通带越窄，频率展开越详细。反之，通带越宽，展开越粗略。经过滤波后各通带对应的声压级、声级或声功率级分贝值的包络线（即轮廓）叫噪声谱。

声音的本质在于它的频谱。实际的声音中，纯音很少，一般声音都包含了若干频率。噪声具有连续频谱，分不出单个频率，要按频带分析。频带有两种，固定带宽和比例带宽。固定带宽分析得到的是通带声压级。用带宽的对数除，即得到 1Hz 带宽内的声压级，称为声压谱密度级。通常所说的倍频带、1/2 倍频带或者更加细的 1/3 倍频带等，指的是比例带宽。假如带宽的下限频率和上限频率分别是 f_1 和 f_2，则 n 倍频带满足下式

$$\log_2 \frac{f_2}{f_1}=n\ ,\quad \left(n=1,\frac{1}{2},\frac{1}{3}\cdots\right) \qquad (27\text{-}11\text{-}1)$$

倍频带的中心频率 f 满足 $f_1=f/2^{n/2}$ 和 $f_2=f\ 2^{n/2}$。

11.2.6　计权声级

为了模拟人耳听觉在不同频率有不同的灵敏性，在声级计内设有一种能够模拟人耳的听觉特性，把电信号修正为与听感近似值的网络，这种网络叫作计权网络。通过计权网络测得的声压级，已不再是客观物理量的声压级（叫线性声压级），而是经过听感修正的声压级，叫作计权声级或噪声级。

为了将测量值与主观听感统一起来，人们用均衡网络，或者叫加权网络，对低频和高频都加以适度的衰减，使中频更突出。把这种加权网络接在被测器材和测量仪器之间，于是器材中频噪声的影响就会被该网络“放大”，换言之，对听感影响最大的中频噪声被赋予了更高的权重，此时测得的信噪比就叫计权信噪比，它可以更真实地反映人的主观听感。

根据所使用的计权网不同，分别称为 A 声级、B 声级和 C 声级，单位记作 dB（A）、dB（B）和 dB（C）。A 计权声级是模拟人耳对 55dB 以下低强度噪声的频率特性，B 计权声级是模拟 55dB 到 85dB 的中等强度噪声的频率特性，C 计权声级是模拟高强度噪声的频率特性。三者的主要差别是对噪声低频成分的衰减程度，A 衰减最多，B 次之，C 最少。A 计权声级由于其特性曲线接近于人耳的听感特性，因此是目前世界上噪声测量中应用最广泛的一种，许多与噪声有关的国家规范都是按 A 声级作为指标的。C 计权声级主要用于工业噪声的评价。B 声级用处不大，几乎很少被使用。表 27-11-23 和图 27-11-4 分别是 A 和 C 声级的计权系数表及曲线图。

表 27-11-23　　声级计权系数表

标称频率/Hz	频率计权/dB	
	A	C
10	−70.4	−14.3
12.5	−63.4	−11.2
16	−56.7	−8.5
20	−50.5	−6.2
25	−44.7	−4.4
31.5	−39.4	−3.0
40	−34.6	−2.0
50	−30.2	−1.3
63	−26.2	−0.8
80	−22.5	−0.5
100	−19.1	−0.3
125	−16.1	−0.2
160	−13.4	−0.1
200	−10.9	0.0
250	−8.6	0.0
315	−6.6	0.0
400	−4.8	0.0
500	−3.2	0.0
630	−1.9	0.0
800	−0.8	0.0
1000	0.0	0.0
1250	0.6	0.0
1600	1.0	−0.1
2000	1.2	−0.2
2500	1.3	−0.3
3150	1.2	−0.5
4000	1.0	−0.8
5000	0.5	−1.3
6300	−0.1	−2.0
8000	−1.1	−3.0
10000	−2.5	−4.4
12500	−4.3	−6.2
16000	−6.6	−8.5
20000	−9.3	−11.2

注：标称频率由 GB/T 3240—1982 中给出。

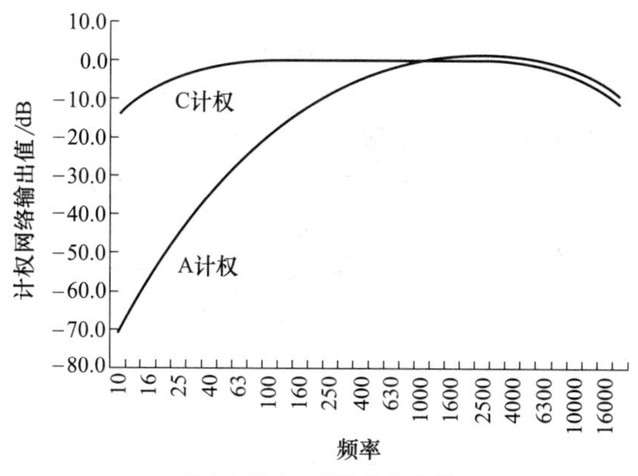

图 27-11-4　声级计权曲线

11.2.7　噪声评价数 NR

噪声评价曲线是国际推荐的评价环境噪声的曲线族。它的特点是强调了噪声的高频成分比低频成分更为烦扰人的特性，故成为一组倍频程声压级由低频向高频下降的倾斜线，每条曲线在 1000Hz 频带上的声压级即叫该曲线的噪声评价数，见图 27-11-5。

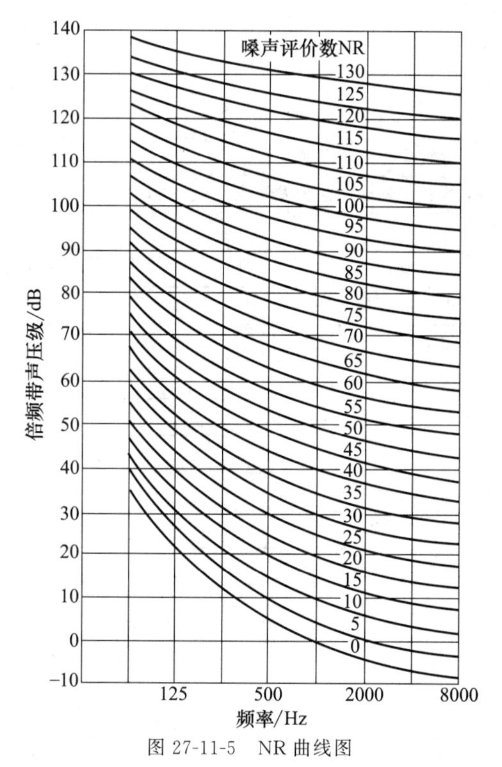

图 27-11-5　NR 曲线图

噪声评价数 NR 曲线如图 27-11-5 所示，NR 数指噪声评价曲线的分数，它是中心频率等于 1000Hz 时倍频带声压级的分贝数，它的噪声级范围是 0～130dB，适用于中心频率从 31.5～8000Hz 的 9 个倍频带。在同一条 NR 曲线上各倍频带的噪声级对人的影响是相同的。

求某一噪声的噪声评价数 NR 的方法如下：先测出噪声八个倍频带宽声压级谱，再把谱画到附图上，再把所测得的噪声频谱曲线叠合在 NR 曲线图上（坐标对准），以频谱与 NR 曲线在任何地方相交的最高 NR 曲线表示该声环境的 NR 数。在听力保护和语言可懂度有关的计算中，只用 500Hz、1000Hz、2000Hz 三个倍频带声压级即可。

噪声评价数 NR 在数值上近似地可写成：

$$NR = \mathrm{dB(A)} - 5\mathrm{dB} \qquad (27\text{-}11\text{-}2)$$

即用 A 计权声级减去 5dB 来表示，但这样估计可能引起 10dB 的误差。

11.3　噪声标准与规范

11.3.1　噪声的危害

噪声使人感到烦躁、令人讨厌。随着现代社会的发展，噪声已经成为影响我们生活和健康的重要环境问题，又被称为城市新公害。噪声，被称作看不见的敌人，它对人体危害的主要表现有四方面，详见表 27-11-24。

11.3.2　噪声标准目录

噪声标准一般可以分为三类：一是关于人的听力和健康保护的标准；二是环境噪声允许标准；三是工程机械、机电设备及其他产品的噪声控制标准。

表 27-11-24　　噪声的危害

危害结果	危害表现
影响睡眠和休息	噪声会影响人的睡眠质量，当睡眠受干扰而不能入睡时，就会出现呼吸急促、神经兴奋等现象。长期下去，就会引起失眠、耳鸣、多梦、疲劳无力、记忆力衰退等
损害听力	噪声可以造成人体暂时性和持久性听力损伤。一般来说，85dB 以下的噪声不至于危害听觉，而超过 100dB 时，将有近一半的人耳聋
引起其他疾病	噪声对人的神经系统、心血管系统都有一定影响，长期的噪声污染可引起头痛、惊慌、神经过敏等，甚至引起神经官能症。噪声也能导致心跳加速、血管痉挛、高血压、冠心病等。极高强度的噪声（如 140dB）甚至会导致人死亡
干扰人的正常工作和学习	当噪声低于 60dB 时，对人的交谈和思维几乎不产生影响。当噪声高于 90dB 时，交谈和思维几乎不能进行，它将严重影响人们的工作和学习

噪声标准的制定必须考虑物理声学、心理学、生

理学、卫生学等多门学科的知识，并且要结合本国的实际情况，使得标准即能保证人们的日常生活和身心健康，又要使标准能够兼顾当下经济活动的开展。标准的制定还要兼顾可操作性，使科研人员、工程人员、监管部门能够按章操作。本节列出了一些常见的声学方面国家标准。

（1）听力和健康保护的标准

《工业企业噪声卫生标准（试行草案）》1980 年 1 月 1 日起实施。

（2）环境噪声标准目录

表 27-11-25　　环境噪声标准目录

类别	标准编号	标准名称
声环境质量标准	GB 3096—2008	声环境质量标准
	GB 9660—1988	机场周围飞机噪声环境标准
环境噪声排放标准	GB 12348—2008	工业企业厂界环境噪声排放标准
	GB 22337—2008	社会生活环境噪声排放标准
	GB 14892—2006	城市轨道交通列车噪声限值和测量方法
	GB 4569—2005	摩托车和轻便摩托车定置噪声排放限值及测量方法
	GB 16169—2005	摩托车和轻便摩托车加速行驶噪声限值及测量方法
	GB 19757—2005	三轮汽车和低速货车加速行驶车外噪声限值及测量方法(中国Ⅰ、Ⅱ阶段)
	GB 1495—2002	汽车加速行驶车外噪声限值及测量方法
	GB 16170—1996	汽车定置噪声限值
	GB 12523—2011	建筑施工场界环境噪声排放标准
	GB 12525—1990	铁路边界噪声限值及其测量方法
相关监测规范、方法标准	GB 12348—2008	工业企业厂界环境噪声排放标准
	GB 22337—2008	社会生活环境噪声排放标准
	GB 4569—2005	摩托车和轻便摩托车定置噪声排放限值及测量方法
	GB 16169—2005	摩托车和轻便摩托车加速行驶噪声限值及测量方法
	GB 19757—2005	三轮汽车和低速货车加速行驶车外噪声限值及测量方法(中国Ⅰ、Ⅱ阶段)
	HJ/T 90—2004	声屏障声学设计和测量规范
	GB 1495—2002	汽车加速行驶车外噪声限值及测量方法
	GB/T 14365—2017	声学　机动车辆定置噪声声压级测量方法
	GB 12525—1990	铁路边界噪声限值及其测量方法
	GB/T 10071—1988	城市区域环境振动测量方法
	GB/T 9661—1988	机场周围飞机噪声测量方法
已被替代标准	GB 1495—1979	机动车辆允许噪声标准
	GB 3096—1982	城市区域环境噪声标准
	GB 11339—1989	城市港口及江河两岸区域环境噪声标准
	GB 16169—1996	摩托车和轻便摩托车噪声限值
	GB/T 4569—1996	摩托车和轻便摩托车噪声测量方法
	GB 4569—2000	摩托车噪声限值及测试方法
	GB 16169—2000	轻便摩托车噪声限值及测试方法
	GB 3096—1993	城市区域环境噪声标准
	GB/T 14623—1993	城市区域环境噪声测量方法
	GB 12348—1990	工业企业厂界噪声标准
	GB/T 12349—1990	工业企业厂界噪声测量方法
	GB/T 14892—1994	地下铁道电动车组司机室、客室噪声限值
	GB/T 14893—1994	地下铁道电动车组司机室、客室内部噪声测量

（3）机电设备和其他产品噪声标准

表 27-11-26　机电设备和其他产品噪声标准

类　别	标准编号	标准名称
交通运输与动力设备类	GB 18321—2001	农用运输车噪声限值
	GB 6376—1995	拖拉机噪声限值
	GB 13669—1992	铁道机车辐射噪声限值
	GB 11871—2009	船用柴油机辐射的空气噪声限值
	GB/T 14097—2018	往复式内燃机 噪声限值
	GB 14892—2006	城市轨道交通列车噪声限值和测量方法
	GB 4569—2005	摩托车和轻便摩托车定置噪声排放限值及测量方法
	GB 16169—2005	摩托车和轻便摩托车加速行驶噪声限值及测量方法
	GB 19757—2005	三轮汽车和低速货车加速行驶车外噪声限值及测量方法(中国Ⅰ、Ⅱ阶段)
	GB 1495—2002	汽车加速行驶车外噪声限值及测量方法
	GB 16170—1996	汽车定置噪声限值
	GB 12525—1990	铁路边界噪声限值及其测量方法
农用机械与设备	GB 19997—2005	谷物联合收割机噪声限值
加工机械或设备	JB/T 9952—2018	木工平刨床噪声声功率级限值
	JB 9967—1999	液压机噪声限值
	JB 9968—1999	开式压力机噪声限值
	JB 9969—1999	棒料剪断机、鳄鱼式剪断机、剪板机噪声限值
	JB 9970—1999	冲型剪切机、联合冲剪机噪声限值
	JB 9971—1999	弯管机、三辊卷板机噪声限值
	JB 9972—1999	滚丝机、卷簧机、制钉机噪声限值
	JB 9973—1999	空气锤噪声限值
	JB 9974—1999	闭式压力机噪声限值
	JB 9975—1999	自动镦锻机、自动切边机、自动搓丝机、自动弯曲机噪声限值
	JB 9976—1999	板料折弯机、折边机噪声限值
	JB 9977—1999	双盘摩擦压力机噪声限值
	JB/T 9048—2017	冷轧管机噪声测量与限值
	JB/T 10046—2017	机床电器噪声的限值及测定方法标准
	QB/T 2366—1998	皮革机械噪声声功率级限值
	JB/T 8690—1998	工业通风机噪声限值
工程机械	GB 16710—2010	土方机械 噪声限值
	GB/T 20062—2017	流动式起重机作业噪声限值及测量方法
家用和类似用途电器	GB 19606—2004	家用和类似用途电器噪声限值
	GB 10069—2006	旋转电机噪声测定方法及限值

11.3.3　机械设备噪声限值

表 27-11-27　机床噪声允许限值

机床类型	噪声允许限值 /dB(A)
高精度机床	＜75
精密机床和普通机床	＜85

表 27-11-28　　机动车辆定置噪声限值

车辆种类	排量、燃料或功率	定置最大声级　/dB(A)	
摩托车和轻便摩托车见 GB/T 4569—2005	发动机排量	2005年7月1日前生产	2005年7月1日起生产
	≤50	85	83
	>50且≤125	90	88
	>125	94	92
汽车类		1998年1月1日前生产	1998年1月1日起生产
轿车	汽油	87	85
微型客车、货车	汽油	90	88
轻型客车、货车，越野车	汽油，转速≤4300r/min	94	92
	转速>4300r/min	97	95
	柴油	100	98
中型客车、货车大型客车	汽油	97	95
	柴油	103	101
重型货车	≤147kW	101	99
	>147kW	105	103

表 27-11-29　　机动车辆加速噪声限值

车辆种类	噪声限值/dB(A)	
	2002年10月1日～2004年12月31日间生产	2005年1月1日起生产
M1	77	74
M2(GVM≤3.5t)，N1(GVM≤3.5t)：		
GVM≤2t	78	76
2t<GVM≤3.5t	79	77
M2(3.5t<GVM≤5t)，M3(GVM>5t)：		
P<150kW	82	80
P≥150kW	85	83
N2(3.5t<GVM≤12t)，N3(GVM>12t)：		
P<75kW	83	81
75kW≤P<150kW	86	83
P≥150kW	88	84

M类：至少有四个车轮并且用于载客的机动车辆；
M1类：包括驾驶员座位在内，座位数不超过九座的载客车辆；
M2类：包括驾驶员座位在内座位数超过九个，且最大设计总质量不超过5000kg载客车辆；
M3类：包括驾驶员座位在内座位数超过九个，且最大设计总质量超过5000kg的载客车辆；
N类：至少有四个车轮且用于载货的机动车辆；
N1类：最大设计总质量不超过3500kg的载货车辆；
N2类：最大设计总质量超过3500kg，但不超过12000kg的载货车辆；
N3类：最大设计总质量超过12000kg的载货车辆；
GVM：最大总质量，t；
P：发动机额定功率，kW

表 27-11-30　家用电器噪声限值（GB/T 19606—2004）　dB（A）

	额定制冷量/kW		＜2.5	≥2.5～4.5	＞4.5～7.1	＞7.1～14	＞14～28
空调器	室内噪声	整体式	52	55	60		
		分体式	40	45	52	55	63
	室外噪声	整体式	57	60	65		
		分体式	52	55	60	65	68
洗衣机	洗涤噪声 62			脱水噪声 72			
微波炉	68						
吸油烟机	风量/m³・min⁻¹		≥7～10	≥10～12		≥12	
	噪声		71	72		73	
电风扇	台扇、壁扇、台地扇、落地扇			吊　扇			
	规格/mm		噪声	规格/mm		噪声	
	≤200		59	≤900		62	
	≥200～250		61	≥900～1050		65	
	≥250～300		63	≥1050～1200		67	
	≥300～350		65	≥1200～1400		70	
	≥350～400		67	≥1400～1500		72	
	≥400～500		70	≥1500～1800		75	
	≥500～600		73				
电冰箱			直冷式	风冷式		冷柜	
	容积≤250L		45	47		47	
	容积＞250L		48	52		55	

11.3.4　工作场所噪声暴露限值

1971 年，国际标准化组织（ISO）公布了噪声允许标准：规定每天工作 8 小时，允许的等效连续 A 声级为 85～90dB；时间减半，允许噪声提高 3dB（A）。ISO 标准的制定以人每天接受噪声辐射的总能量相同为指标，即受噪声影响的暴露时间减半，声级提高 3dB（A）。执行这个标准，一般可以保护 95% 以上的工人长期工作不致耳聋，绝大多数工人不会因噪声而引起血管和神经系统等方面的疾病。

为了贯彻安全生产和“预防为主”的方针，防止工业企业噪声的危害，保障工人身体健康，促进工业生产建设的发展，国家卫生部和国家劳动总局于 1979 年 8 月 31 日制定了《工业企业噪声卫生标准（试行草案）》，并从 1980 年 1 月 1 日起实施。我国的噪声卫生标准参考了 ISO 标准。标准适用于工业企业的生产车间或作业场所。标准分适用于新建、扩建、改建企业的标准和适用于现有企业的标准，噪声标准见表 27-11-31 和表 27-11-32。

表 27-11-31　新建、扩建、改建企业噪声允许标准

每个工作日接触噪声时间/h	8	4	2	1	
允许噪声/dB(A)	85	88	91	94	最高限值 115

表 27-11-32　现有企业噪声允许标准

每个工作日接触噪声时间/h	8	4	2	1	
允许噪声/dB(A)	90	93	96	99	最高限值 115

11.4　机械工程中的噪声源

工业生产离不开机械的使用，机械运行过程中会发生各种噪声、这些噪声大致可以分为机械噪声、空气动力性噪声和电磁噪声。其中电磁噪声可以归类到

机械噪声中，电磁噪声引起固体结构的振动，继而使结构辐射噪声。

11.4.1　机械噪声

机械噪声是由固体振动产生的，在撞击、摩擦、交变机械应力或磁性应力等作用下，因机械的金属板、轴承、齿轮等发生碰撞、冲击、振动而产生机械性噪声。机械噪声的分类及特性如表27-11-33所示。机床、球磨机、粉碎机械、内燃机、超重运输机械、织布机、电锯等，以及多种运动部件，如齿轮传动部件、曲柄活塞连杆部件、液压传动系统部件、轴承部件、轮轨部件等所产生的噪声均属此类。按照激励力的不同，机械性噪声声源可以分为：来自冲击力影响的撞击噪声、受周期性力激励及随机性力激励的噪声。

11.4.2　齿轮噪声

齿轮在传动系统中占有重要地位，齿轮噪声是由机械振动形成，是机械性噪声中的主要噪声。在激励过程中，齿轮可以看成板弹簧，轮体可视为质量，一个齿轮就是由板弹簧、质量组成的振动系统。当齿轮在交变激励力作用下，产生圆周、径向以及轴向的振动，由振动产生的噪声通过激励齿轮箱辐射到外部，也有一部分从缝隙中通过空气媒质直接传播出去。齿轮产生振动和噪声主要包括4个方面：①啮合噪声；②偏心力产生的噪声；③摩擦噪声，这是由于齿面的不光滑在接触过程中摩擦产生的；④齿轮振动噪声，当激励力和齿轮的自身固有频率相接近时，齿轮产生共振现象，辐射出噪声。

表27-11-33　　机械噪声的分类及特性

分　类	特　性
撞击噪声	材料和材料的撞击，如金属和金属的撞击，有一部分能量会转化为声音，这些声音称为撞击噪声。这是由于固态物体的撞击激励而发声，例如，打桩机、锤击、汽车制动、飞机着陆、包装物起吊或跌落等发出的声音。在液态和气态的介质中，爆炸产生的声音也是撞击激励的作用 撞击噪声是不连续的脉冲噪声，其作用时间短，产生的峰值比均值要高出很多。当撞击过程是规律的，例如每秒钟1次，此时的撞击噪声也可以认为是周期性力激发的噪声 撞击过程中系统之间动能传递的时间很短；撞击激励因数是非周期性的；在撞击作用下系统所产生的运动与冲击函数（力的时间、空间的分布）及系统的材料和结构有关。撞击响应的最大值可能出现在撞击持续时间内也可能出现在撞击停止后，决定于系统固有周期 T 和撞击持续时间 t 的比值 t/T。控制撞击噪声最有效的方法是对撞击的隔离，这种从源头控制噪声的方法实质是通过隔离器变形将撞击能量贮存起来，然后平缓地释放，降低撞击噪声
周期力激发的噪声	机械系统中广泛地应用旋转机构、往复机构而产生周期性的激励力，电机中电场或磁场周期性交变力的作用，压缩机、水泵、螺旋桨、内燃机排气等周期性压力起伏，这些都是产生周期力激发噪声的因素。周期力激发的噪声频谱具有比较明显的谱线以及其倍频谱线存在
摩擦噪声	在固态物体上摩擦或滚轧时，由于表面粗糙产生随机性力的作用而发声，如轮子、滚动轴承、滑动轴承、滑轨等。在液态和气态媒质中，由于形成紊流的流动过程而发声，如管道内的流动噪声、汽车行驶时的风声、喷气发动机的喷注噪声等。摩擦力具有随机性，因此摩擦噪声是随机性的噪声
结构振动辐射的噪声	噪声的辐射有直接从机械罩壳缝隙中泄漏出去的空气噪声，也有激励力作用到罩壳引发振动，从罩壳表面辐射到空气中去的噪声。各种机械设备的罩壳是与空气接触面积最大的部分，面积越大，辐射噪声的能力越大。这部分由激励力作用到机械设备罩壳引发振动，从而辐射的噪声称为结构振动辐射噪声。机械的罩壳振动越大，噪声也就越强，因此控制机械设备罩壳的结构振动是控制噪声辐射的重要手段 当罩壳与机械振动源直接相连时，振源的振动就直接传递给罩壳使其受激振动，变成一次空气声发射出去，这是固体传声过程。当壳形件与振动源有空气隔离而非直接相连时，则振动源在内部先辐射一次空气声作用到壳壁上，使其受激振动，再形成二次空气声发射出去，这是空气传声过程 罩壳有固有频率，一种最不理想的状况就是振动源的频率和罩壳的固有频率已知或很接近，此时将引起共振，辐射出很大的噪声，甚至还会对机械、仪器的使用产生巨大影响。对于齿轮变速箱体，以箱壁作为辐射面，固体传声所辐射的一次空气声占总辐射声功率的95%左右，空气传声只占很小一部分能量。因此，有效控制罩壳的受激振动响应，就能大幅降低噪声辐射功率。在设计过程中，往往将齿轮变速箱体的固有频率设计为远远高于激励力的频率，这可以通过加厚壳壁，改变构型和选择材料来实现。对于其他机械，也是同样适用的

在齿轮啮合过程中，齿与齿之间的连续冲击，使齿轮产生啮合频率的受迫振动，啮合频率可由下式计算：

$$f_z = nZ/60 \tag{27-11-3}$$

式中，n 为齿轮的转速，r/min；Z 是齿轮的齿数。齿轮转速越高，啮合频率也越高。

在啮合的过程中，由于安装或其他因素导致齿轮偏心，偏心力将导致不平衡性，产生与转速相一致的低频振动，其振动的频率和啮合频率相同。

一般地，控制齿轮的噪声主要可以从以下几个方面着手：①改进齿轮的结构设计参数（如模数、齿数、齿宽、啮合系数等）；②提高齿轮的加工和装配精度；③其他噪声控制措施，如齿轮修缘，合理选择齿轮材料，应用阻尼材料减振降噪，提高齿轮间的润滑等。

11.4.3　滚动轴承噪声

轴承可分为滑动轴承和滚动轴承两大类。滑动轴承运动较平稳，振动小，噪声低，多根据具体结构自行设计。普通滑动轴承由于有可能在启动时无足够的油膜而形成干摩擦，产生很大的噪声并使轴承损坏。因此，在一般机床的重要传动轴中不采用滑动轴承。下面主要介绍滚动轴承的噪声控制。

滚动轴承通常由外环、内环、滚动体和保持器四部件组成。轴承内有滚动体，在内外套圈之间的滚道上滚动，内外圈受力后有变形。在高速旋转时，内外圈本身的变形可能产生径向和轴向振动，其中轴向振动较强烈，这些振动称为弹性振动。当滚动体通过受力区时，滚动体的弹性变形又加剧内外圈的弹性振动，增加了轴承的轴向、径向、轴承座的振动。当内外圈之间的间隙较大时，这种振动与传动轴和齿轮，或其他回转体的弯曲振动或扭转振动发生共振，辐射出强烈的噪声。控制这种本身结构振动引起的噪声，其有效方法是提高轴承刚度、减小变形，即通过调整径向和轴向间隙，增加预紧载荷，可以减少轴承振动和噪声。

轴承的制造、安装、选型对于控制滚动轴承的噪声十分重要。影响滚动轴承噪声的主要因素是轴承精度与滚动轴承类型。有试验对比了球轴承和圆锥滚子轴承，结果表明球轴承的工作噪声较低，而且对轴承零件几何精度及装配质量等反应不敏感，而圆锥滚子轴承就较敏感。从降低噪声要求，应选取球轴承。另外，对于同类型的支承，轴承的内径越大，引起的振动和噪声也越大。根据试验证明，轴承滚动体、内环、外环各自精度提高，轴承噪声降低，而滚动体精度是影响轴承噪声的主要因素。为降低轴承振动的噪声，可采用精研球工艺方法取代串光球的工艺方法。这样振动平均降低 9～17dB。

对于滚动轴承噪声的一些频率，可以按照以下的公式计算。

1）由转动不平衡引起回转基频

$$f_r = n/60 \tag{27-11-4}$$

式中　n——环转动频率，r/min。

2）保持架的转动频率（即滚动体绕轴承中心的转动频率），这些频率的噪声表明滚动体或保持架的不规则性。

当内环转动，外环固定时：

$$f_t = \frac{f_r}{2}\left(1 - \frac{d}{E}\cos\beta\right) \tag{27-11-5}$$

当内环固定，外环转动时：

$$f_t = \frac{f_r}{2}\left(1 + \frac{d}{E}\cos\beta\right) \tag{27-11-6}$$

式中，d 为滚动体直径，mm；E 为轴承节径，mm；β 为接触角，(°)。

3）滚动体的自转频率：

$$f_s = \frac{E}{2d} f_r \left[1 - \left(\frac{d}{E}\right)^2 \cos^2\beta\right] \tag{27-11-7}$$

当滚动体上有一个粗糙斑点或凹陷时，粗糙斑点分别与内环和外环各接触一次，由此引起的噪声频率成分为 $2f_s$。

4）保持架与轴承转动环之间的相对运动频率：

$$f'_t = f_r - f_t \tag{27-11-8}$$

设滚动轴承的滚动体数为 N，轴承转动环的轨道不规则，其噪声频率为 Nf'_t，若轴承固定环的轨道不规则时，其频率为 Nf_t。

11.4.4　液压系统噪声

液压系统的噪声主要由液压泵流量脉动引起的噪声、液压阀开闭噪声以及液压系统的机械噪声组成。

11.4.4.1　液压泵噪声

液压传动中噪声产生的原因错综复杂，涉及整个液压系统的设计、液压元件的设计与选配及实际工作中的使用和维护。在液压传动系统中液压泵是主要的噪声源，有大约 70% 的噪声和振动起源于液压泵。液压泵的噪声主要因压力脉动现象和困油气穴现象产生。

液压泵在排油过程中，瞬时流量是不均匀的，每个工作油腔的体积会产生周期性的变化，在吸油区，体积从小变大，在压油区，体积从大变小。当液压泵的转速恒定时，每转的瞬时流量却按同一规律变化，这种固有的流量脉动引起了油液压力的周期脉动现象将会引起泵壳管道振动而发出噪声。

齿轮泵要平稳地工作，齿轮啮合的重叠系数必须大于1，即总有两对齿轮同时啮合。因此有一部分油液被围困在两对齿轮所形成的封闭腔之内，这个封闭腔的容积先随齿轮转动逐渐减小以后逐渐增大，由于液体的可压缩性很小，封闭腔容积由大变小时会使被困油液受挤压而产生高压，且远远超过齿轮泵的输出压力，使轴承等受到附加的不平衡负载作用，增加了功率损失，并导致油液发热。封闭腔容积的增大又会造成局部真空，使溶于油液中的气体分离，产生气穴。这些都会引起噪声和振动，这就是困油现象，它与液压阀的气穴现象是相互关联的。

11.4.4.2 液压阀噪声

最常见的是因气穴现象而产生的“嘘嘘”高速喷流声。油液通过阀口节流将产生200Hz以上的噪声；在喷流状态下，油液流速不均匀形成涡流或因液流被剪切产生噪声。解决办法是，提高节流口的下游背压，使其高于空气分离压力的临界值，一般可用二级或三级减压的办法，以防产生气穴现象。

液压泵的压力脉动会使阀产生共振（阀开口很小时发生），增大总的噪声；阀芯拍击阀座也会产生很响的蜂鸣声；突然开、关液压阀，会造成液压冲击，引起振动和噪声；因液压阀工作部分的缺陷或磨损而发出尖叫声。

11.4.4.3 机械噪声

产生液压系统机械噪声的原因包括机械结构运动副的冲击及弹性变形、液压冲击、气穴现象及流体的速度能对机械结构的冲击激励。系统中转动件因设计、制造、安装的误差造成偏心，产生周期性的振动并辐射出恒定的噪声。因此，在制造和安装过程中，应尽量减小转动件的偏心量，以保证转动件的平衡，减少管道的振动（共振）引起的噪声，电动机的电磁噪声，轴承损坏引发的噪声，联轴器的振动或撞击引发的噪声和其他机械部位引发的噪声等。

11.4.5 电磁噪声

电磁噪声属于机械性噪声。由于电动机或发电机空隙中磁场脉动、定子与转子之间交变电磁引力、磁致伸缩引起电机结构振动而产生的倍频声。交变力与磁通密度的平方成正比。它的切向矢量形成的转矩有助于转子的转动，而径向分量引起噪声。噪声频率与电源频率有关，电机的电磁振动一般在100～4000Hz频率范围内。电磁噪声的大小与电动机的功率及极数有关。对于一般小型电动机功率不大，电磁噪声并不突出，但对于大型电机，功率很大，电磁噪声则不可忽略。

电磁噪声主要包括感应电机噪声、沟槽谐波噪声和槽噪声。

感应电机噪声是电机中发出的嗡嗡声，其频率为电源频率 $f_1=50\text{Hz}$ 的两倍，即为 $2\times50=100\text{Hz}$，它是由定子中磁带伸缩引起的。

当转子的导体通过定子磁板时，作用在转子和定子气隙中的整个磁动势将发生变化而引起噪声，这就是沟槽谐波噪声，其频率表达式为：

$$f_r=Rn/60 \quad 或 \quad f_r=Rn/60\pm2f_1 \tag{27-11-9}$$

式中，R 为转子槽数；n 为转速，r/min；f_1 是电源频率。

槽噪声是由于定子内廓引起的气隙的突然变化，使空气压力脉动，从而引起噪声，其频率为：

$$f_s=R_sn/60 \tag{27-11-10}$$

式中，R_s为定子槽数；n 为转子转速，r/min。

电源电压不稳时，最容易产生电磁振动和电磁噪声。由于转子在定子内有偏心，引起气隙偏心，对电磁噪声也有影响。开式电动机的通风是使气流径向通过转子槽，横越气隙并通过定子线包，气流突然中断时，由于空气流的断续，也会引起噪声。

稳定电源电压、提高电机的制造装配精度以及改变槽的数量可明显降低电磁噪声。

11.4.6 空气动力噪声

空气动力性噪声是气体的流动或物体在气体中运动引起空气的振动产生的，如风扇、风机、空气压缩机、内燃机的燃烧和排气、喷气飞机、火箭、高速列车、锅炉排气放空以及气动传动系统的放空等所产生的噪声均属此类。在空气动力机械中，空气动力性噪声一般高于机械性噪声，而且影响范围广、危害也较大。

一些机械有吸排气过程，由于气体非稳定流动，即气流的扰动，气体与气体及气体与物体相互作用产生噪声。以风机为例，从噪声产生的机理来看，它主要由两种成分组成，即旋转噪声和涡流噪声。如风机出口直接排入大气，还有排气噪声。旋转噪声是由于工作轮旋转时，轮上的叶片打击周围的气体介质、引起周围气体的压力脉动而形成的。对于给定的空间某质点来说，每当叶片通过时，打击这一质点气体的压力便迅速起伏一次，旋转叶片连续地逐个掠过，就不断地产生压力脉动，造成气流很大的不均匀性，从而向周围辐射噪声。涡流噪声主要是气流流经叶片界面产生分裂时，形成附面层及旋涡分裂脱离，而引起叶片上压力的脉动，辐射出一种非稳定的流动噪声。

产生空气动力性噪声的声源一般可分为三类，分别可以用简单模型表示，即单极子、偶极子和四极子。

单极子声源可认为是一个脉动质量流的点源，类似于一个球作呼吸脉动，产生一个球面波。常见的单极子声源有爆炸、质点的燃烧等，空压机的排气管端，当声波波长大于排气管直径时也可以看成一个单极子声源。

偶极子源可认为是由于气体给气体一个周期力的作用而产生的。常见的机翼和风扇叶片的尾部涡流脱落可以认为是偶极子源。偶极子源有辐射指向性。

四极子源由两个具有相反相位的偶极子源组成。因为偶极有一个轴，所以偶极的组合可以是侧向的，也可以是纵向的。侧向四极子代表切应力造成的，而纵向四极子则表示纵向应力造成的。四极子源既没有净质量流量，也没有净作用力存在。因此四极子源是在自由紊流中产生的。如喷气噪声和阀门噪声等都是四极子声源，四极子源也有辐射指向特性。

根据空气动力性噪声产生的原因，其基本控制原则有：①防止气流压力突变，消除湍流噪声、喷注噪声和激波噪声；②降低气体流速，减小气体压降和分散压降，改变噪声的峰值频率；③设计高效消声器，在进气口和排气口安装消声器；④降低气流管道噪声，如改变管道支撑位置等。

第12章 机械噪声测量

12.1 噪声测量概述

12.1.1 测量目的

噪声测量是噪声控制的重要步骤，通过测量各种机械设备的辐射噪声，可以评价其本身的质量，还可以评估机械设备在运行状态下对个人、对环境的影响。只有充分了解机械设备在不同运行工况下的噪声情况，通过分析声压级大小、声功率大小、频谱特性等，辨识主要噪声源，才能提出控制噪声的有效方法。

噪声测试的第一步就是根据测试对象和目的，选择合适的噪声测量仪器。传声器是噪声测量中的重要传感器，通过它可以测得噪声声压，进而计算出声压级、声功率级等。两个传声器可以组成声强探头，通过它可以测量声强。声级计是噪声测量的基本仪器，它是将传声器、放大器、处理器、显示器集成在一起的设备，体积小便于携带，适合环境监测、车辆噪声测试等现场噪声测试。

根据测试目的，需要选择合适的评价噪声的指标。比较常用的有噪声A计权声压级、A计权声压级1/3频谱。当需要对各种机械设备的噪声情况做对比时，需要测试声功率级。当需要评价噪声对人的影响时，可以测试心理声学指标，如响度、粗糙度、抖动度、尖锐度等。根据测试的实时性，可以选择现场实时分析或现场数据采集和事后分析。

12.1.2 测量注意事项

12.1.2.1 测点的选择

在现场进行机械设备噪声测量时，由于机械设备所在的环境不是消声室、混响室等声学环境，机械设备辐射的噪声随着离机械设备的距离而变化。靠近机械设备附近是近场区，当测量距离小于机械设备所发射噪声的最低频率的波长时，或者小于机械设备最大尺寸的两倍时，认为是近场区。近场区的声场不太稳定，测量时应避免在这一区域。近场区以外是自由场区，在这一区域内随着离开声源的距离增加一倍，声压降低6dB，现场测量应选择在这个区域进行。当测点离声源太远且距离墙壁或其他物体太近时，反射很强，这个区域称为混响区，也要避免在这一区域内进行测量。

12.1.2.2 背景噪声的修正

噪声测量时，被测声源停止发声后，还有其他噪声存在，这种噪声叫背景噪声。背景噪声会影响到测量的准确性，但可以修正，修正值见表27-12-1。当总噪声与背景噪声之差大于10dB时，背景噪声的影响可以忽略；但如果两者之差小于3dB，最好采取措施降低背景噪声，或者移到背景噪声较小的场所进行测量，否则测量误差较大。

12.1.2.3 环境的影响

当环境温度、湿度和大气压力变化时，传声器的灵敏度可能会受到影响。一般要求，当大气压力变化10%时，对1型声级计，整机灵敏度变化不大于0.7dB，对2型声级计不大于1.0dB。在规定的温度范围内，相对20℃，1型声级计灵敏度变化不大于±0.8dB，2型声级计灵敏度变化不大于±1.3dB。另外，在规定的湿度范围内，以65%相对湿度为参考，对1型声级计，灵敏度变化不大于±0.8dB，对2型声级计灵敏度变化不大于±1.3dB。

强的电磁场可能会对声级计有干扰，影响测量的准确性。当现场有磁场干扰时，应当变换声级计的位置或在远离磁场的地方进行测量。

振动也会影响测量的准确性，当振动方向与传声器膜片垂直时，影响尤其严重，也要尽量避免。

12.1.2.4 测量仪器的校准

为了保证测量的准确性，测试前和测试后都要对仪器进行校准。可以用活塞发生器、声级校准器或其他声压校准仪器进行声学校准，这样能对从传声器、前置放大器、电缆、放大器到采集系统等整个噪声测量仪器进行校准。

表27-12-1 背景噪声的修正值

总噪声与背景噪声的差值/dB	3	4	5	6	7	8	9
测量结果要减去的修正值/dB	3	2	2	1	1	1	1

12.2　噪声测量仪器

12.2.1　噪声测量基本系统

最基本的噪声测试系统由三部分组成，如图27-12-1所示。

传声器把声信号转变成电信号，测试用的传声器大多为电容传声器。由于电容传声器输出阻抗高，对信号放大用的放大器有一些特殊要求。通常放大器由两部分组成：前面部分紧接传声器的称作前置放大器，主要是起阻抗变换作用，其输出是低阻抗的电压信号，可以接较长的电缆；其后才是一般电压放大器，经放大后的信号，可以用磁带机记录或由数据采集卡采集到计算机内，最终由计算机进行处理运算并显示在屏幕上。

12.2.2　传声器

噪声测量的主要传感器是传声器，也叫话筒或者麦克风（microphone），它将声信号转换为电信号。传声器的种类很多，它的构造、外形尺寸、测量范围、适用场合等都不尽相同，为了获得准确的噪声信号，需要根据测量要求选择合适的传声器。

12.2.2.1　传声器的性能指标

（1）频率响应特性

传声器将声压信号转换成电信号，输出电信号对频率的响应，叫做频率响应特性。理想的状况，传声器的频率响应曲线在声频范围内平直，但实际很难做到这一点。如图27-12-2所示，低频低一些，高频高一点。这种随频率波动的响应特性，叫做频率不均匀度。通常以1000Hz时的频率为基准，相差多少dB进行比较。

（2）灵敏度

传声器的灵敏度是指传声器的输出端开路电压与声压之比，也称开路灵敏度。声压的单位为帕（$Pa=N/m^2$），输出电压为mV，则灵敏度的单位用mV/Pa表示。也可以用dB表示传声器的灵敏度，以1000mV/Pa为参考灵敏度，即0dB，则1mV/Pa对应－60dB。

（3）动态范围

传声器的动态范围是指传声器所能测到的由最低声压和最高声压确定的声压范围。传声器的动态范围很大程度上与灵敏度相关。一般来说，高灵敏度传声器可以测较低声压，但不能测很高的声压；低灵敏度传声器可以测较高声压，但不能测很低的声压。

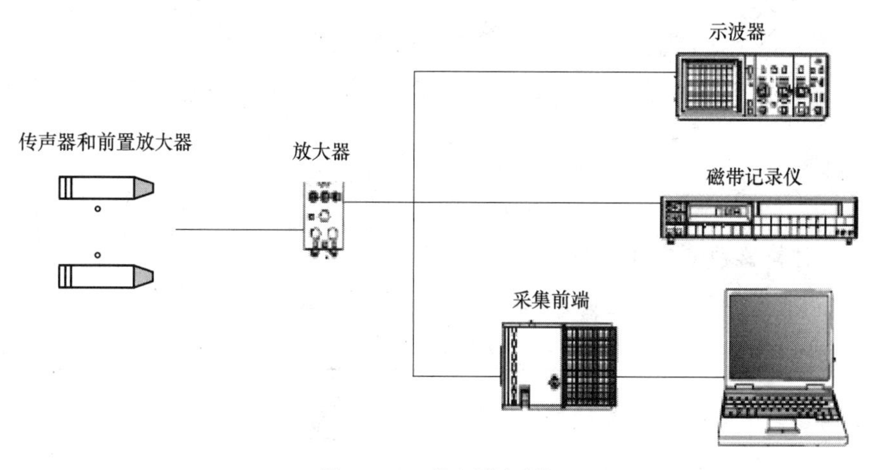

图27-12-1　噪声测试系统

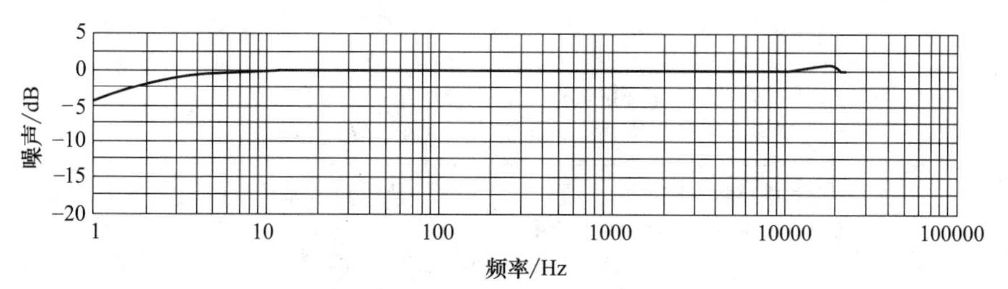

图27-12-2　传声器频率响应特性

(4) 固有噪声

在一个绝对安静的环境下，没有声波作用在传声器上时，由于周围空气压力的起伏和传声器电路的热噪声，在传声器前置放大器输出端引起一定的噪声声压，称为固有噪声，通常用等效 A 声级来表示。固有噪声也决定传声器所能测到的最低声压级。

(5) 指向性

传声器的响应随着声波入射的到传声器的角度不同而变化，称为传声器的指向性。传声器响应随声波入射的角度而变化的图，通常以极坐标图表示。如图 27-12-3 所示。

(6) 非线性失真

声压很高时，传声器的输出不呈线性，称为非线性失真。使传声器的失真度达到 3%的声压级，一般定义为传声器能测到的最高声压级。

(7) 输出阻抗

不同类型的传声器有不同的输出阻抗。例如动圈式传声器的输出阻抗只有几十欧姆到几百欧姆，可以直接与一般放大器连接；而电容传声器的输出阻抗高达几兆欧姆，不能直接与放大器连接，所以需要使用高输入阻抗的前置放大器来配合。

(8) 稳定性

温度、湿度、气压、振动、冲击等环境因素对传声器的工作稳定性有较大的影响。通常电容传声器可以在－30～150℃的环境下使用，温度变化系数大约是 0.008dB/℃；大气静压的影响大约是 0.1dB/kPa。

(9) 几何尺寸

传声器的外形尺寸对声场有干扰。特别当传声器的直径与入射声波的波长相当时，被传声器散射的声波与入射声波会产生干涉，影响测量的准确。

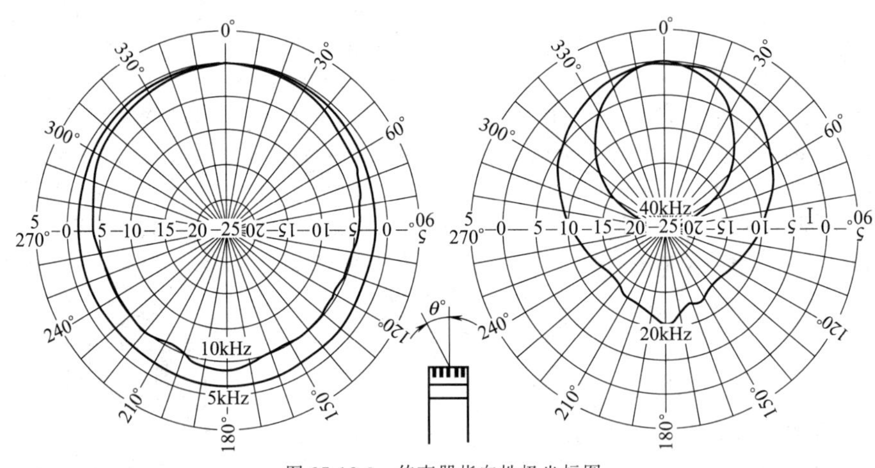

图 27-12-3　传声器指向性极坐标图

12.2.2.2　传声器种类及特点

按照换能原理和结构的不同，传声器大致可以分为：电容式传声器、电动式传声器和压电式传声器。见表 27-12-2。

表 27-12-2　　传声器的分类

传声器类型	特　　点
电容传声器	噪声测量中几乎都用电容传声器，它具有灵敏度高、频率响应平直、稳定性高等优点。但电容传声器需要极化电压，制造工艺复杂，成本高，容易损坏。根据极化电压的不同，电容传声器分为外极化电容传声器和预极化电容传声器
电动式传声器	电动式传声器也叫动圈式传声器，主要由跟线圈连在一起的振膜和磁体构成。当传声器接收到声波后，引起振膜振动，带动线圈在磁场中运动，产生交变电压输出。电动式传声器的固有噪声较小，输出阻抗低，不需要阻抗变换器，可以直接连接到放大器，因此电路比较简单。但它的体积较大，频率响应不平直，容易受到电磁干扰，现在已较少采用
压电传声器	按压电材料不同，压电传声器分成三类：①压电晶体传声器；②压电陶瓷传声器；③高聚物压电传声器。压电传声器靠具有压电效应的材料在声波作用下变形引起电压输出。这种传声器结构简单，价格便宜，频率响应也较平直，但受温度变化影响较大，所以稳定性差，一般用在普通声级计上

12.2.2.3　电容传声器

(1) 电容传声器的结构和原理

电容传声器主要由张紧的振膜和与它靠得很近的背极组成，见图 27-12-4。振膜是一层很薄的膜片，一般是不锈钢镍片。振膜和背极在电气上互相绝缘，从而构成一个以空气为介质的电容器两个极板，一个直流电压加在两个极板上，电容器就充电，所加电压称为极化电压。当有声压入射到膜片上时，张紧的膜片将产生与外界信号一致的振动，使膜片与背极之间的距离改变，引起电容量变化，在负载电阻 R 上将有一个交变电压输出。对于同一传声器，在极化电压、负载等不变的情况下，所产生的交变电压大小和波形由作用在膜片上的声压来决定。输出电压 ΔE 与电容膜片和背极之间的距离变量 ΔX 成正比。

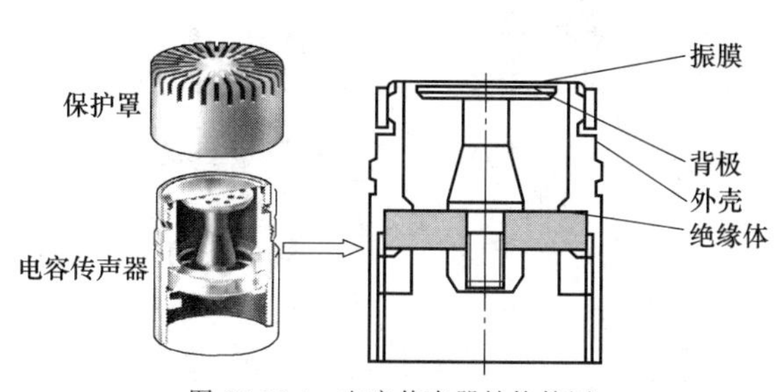

图 27-12-4　电容传声器结构简图

传声器是很精密的传感器，膜片很薄，膜片与后极板的距离只有几十微米。使用时要小心谨慎，一般不要拧开前面的保护罩。安装的时候确保传声器不要从高处摔落地上，以免损坏传声器。同时传声器的灵敏度受温度、湿度变化影响，为避免传声器受潮，可以使用干燥瓶存放传声器。

(2) 电容传声器的性能指标（表 27-12-3）

表 27-12-3　电容传声器的性能指标

传声器类型	特　点
灵敏度	灵敏度主要由传声器的尺寸和膜片的张力决定。大尺寸的传声器,膜片松弛,灵敏度高;小尺寸的传声器,膜片绷紧,灵敏度低。传声器灵敏度有 50mV/Pa、12.5mV/Pa、4mV/Pa 等
频率范围	目前,传声器的频率范围下限可以低到 1Hz 左右,上限可以高到 140kHz。传声器的上限频率与传声器直径有关,传声器的直径越小,可测的频率越高
动态范围	电容传声器的动态范围较宽。大直径的传声器,灵敏度高,可以测较低声压,但不能测很高的声压;小直径的传声器,灵敏度低,可以测较高声压,但不能测很低的声压。例如 1in 的传声器,动态范围在 15dB(A)～140dB;而 1/8in 的传声器固有噪声有 50dB,所以动态范围在 50dB(A)～180dB

(3) 传声器的灵敏度

电容传声器的灵敏度有自由场灵敏度 S_m、声压灵敏度 S_R 和混响场灵敏度 S_d 三种。

灵敏度随频率改变的关系曲线称为频率响应曲线。如图 27-12-5 所示。

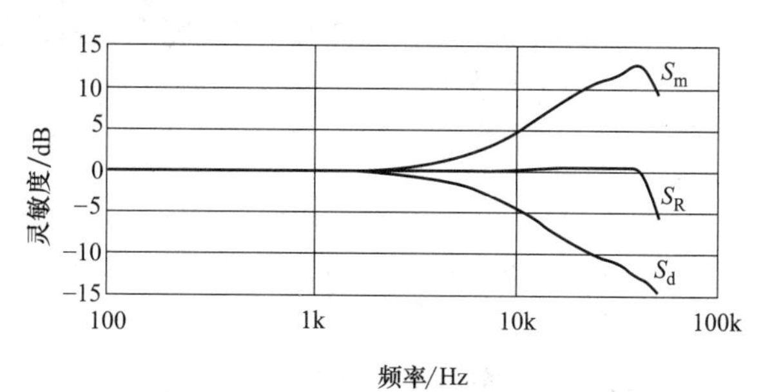

图 27-12-5　电容传声器灵敏度的频率响应曲线

每种电容传声器都有三种灵敏度。根据频率特性，如果自由场灵敏度曲线是平的，称为自由场传声器；如果声压灵敏度曲线是平的，称为声压型传声器；如果混响场灵敏度曲线是平的，称为扩散场传声器。

12.2.2.4　传声器的使用

按测试环境、测试要求、测试目的来选择不同型号的传声器。

(1) 按声场条件

① 自由场　噪声主要来自一个方向，反射声不大，近似自由声场，所用的传声器要求是平直的自由场传声器，且需使声波 0°入射。若用声压型传声器，必须 90°入射，才可使声压型传声器的自由场响应曲线在高频接近平直。

② 混响场　在混响室或具备混响条件的场合，需使用扩散场传声器。

③ 一般室内的近似扩散声场　如果室内有多个反射面，而且噪声来自各个方向，近似一个扩散声场，可选用扩散场传声器。若用自由场传声器，可加入一个无规入射矫正器，起到无规入射修正。上述三种情况可归纳为图 27-12-6。

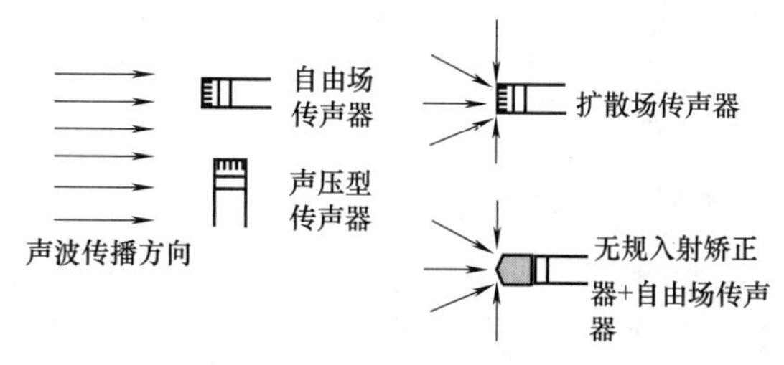

图 27-12-6　不同传声器的选用

(2) 按声级高低

传声器的灵敏度与外形尺寸有关，1in传声器灵敏度最高，可以测量较低的声压。相反，1/4in和1/8in传声器灵敏度低很多，可以测量很高的声级。

(3) 按测量目的

① 做量级评定或噪声源辨识　评定某一设备的噪声量级大小，要避免其他噪声源的影响，需选用指向性好的自由场传声器，正对声源。声源辨识时，也可以选用自由场传声器。

② 环境噪声测定　要求把来自各个方向的声源产生的声波都能接收到，且有平直的响应，可选用方向性不强的声压型传声器。

12.2.2.5　特殊传声器

表27-12-4　　特殊传声器

传声器类型	特　　点
表面传声器	由于独特的外形和尺寸，表面传声器可以直接吸附在一个平面上，如飞机、汽车表面，尽量消除传声器本身对声场的影响，测得压力脉动
声阵列传声器	传声器阵列是由许多传声器按一定方式排列组成的阵列，具有强指向性，可用来测定声源的空间分布，即求出声源的位置和强度，组成这种阵列的传声器称为声阵列传声器。声阵列传声器通常是预极化电容传声器，价格比较便宜，尺寸也做得较小

12.2.2.6　前置放大器

电容传声器输出的是高阻抗信号，需要一个输入高阻抗和输出低阻抗的变换器，这个变换器称为前置放大器。

有两种前置放大器，一种是与外极化传声器配套的传统型前置放大器，连接的电缆是7芯电缆；需要电压驱动，电缆上负载的电压信号最高可以达到50Vpeak。另一种是与预极化传声器配套的恒流源前置放大器，需要2～20mA的电流（通常是4mA）供给。取代复杂的7芯电缆，恒流源前置放大器可以使用简单的同轴电缆。电缆上负载的电压信号最高可以达到8Vpeak。

12.2.3　声级计

声级计（sound level meter）是噪声测量中常用的仪器，它将传声器、前置放大器、分析显示集成在一台设备上，便于携带，非常适合环境噪声评估和监测、车辆噪声测量、建筑声学监测和机械设备噪声测量等应用。

12.2.3.1　声级计的原理及分类

传统模拟声级计主要由传声器、放大器、衰减器、频率计权网络以及有效值指示表头组成。随着数字信号处理技术的发展，数字声级计精度更高、运算速度更快、结果显示更加清晰直观，有渐渐取代模拟声级计之势。数字式声级计主要由下列单元组成，见图27-12-7。

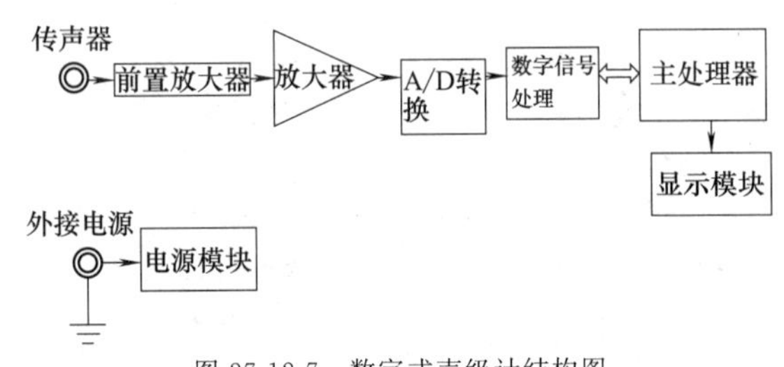

图27-12-7　数字式声级计结构图

按照测量精度要求和实际测量目的等要求，需要选择合适的声级计进行声学测量。声级计按精度高低分类见表27-12-5，声级计按用途分类见表27-12-6。

表27-12-5　　声级计按精度高低分类

声级计类型	特　　点
1型声级计	实验室用精密声级计，精度为±0.7dB
2型声级计	一般用途的普通声级计，精度为±1.0dB

表27-12-6　　声级计按用途分类

声级计类型	特　　点
一般声级计	用作现场实测
脉冲声级计	具有测量脉冲噪声的功能
积分声级计	能够测量某段时间内噪声的等效连续声级
噪声暴露计	用于测量声暴露的仪器
统计声级计	用来测量噪声声级的统计分布
频谱声级计	可以进行频谱分析并显示

12.2.3.2　声级计的主要性能

(1) 频率计权

声级计中的计权滤波器根据国际标准IEC 61672《声级计》中规定的频率计权特性（A、C、Z）的要求而设计。A计权应用最广泛，一般声级计中都有A

计权功能，有的也有 C 计权。如果声级计具有“线性”频率响应，这时的声级计在频率范围内的频率响应是平直的，不随频率变化，即 Z 计权。为了测量航空噪声，有的声级计具有 D 计权功能，在 IEC537《用于航空噪声测量的频率计权（D 计权）》标准中规定了 D 计权的要求。A、C、Z、D 四种频率计权特性的频率响应见表 27-12-7。

表 27-12-7　A、C、Z、D 计权响应

频率/Hz	A 计权	C 计权	Z 计权	D 计权
10	−70.4	−38.2	0	−26.6
12.5	−63.4	−33.2	0	−24.6
16	−56.7	−28.5	0	−22.6
20	−50.5	−24.2	0	−20.6
25	−44.7	−20.4	0	−18.7
31.5	−39.4	−17.1	0	−16.7
40	−34.6	−14.2	0	−14.7
50	−30.2	−11.6	0	−12.8
63	−26.2	−9.3	0	−10.9
80	−22.5	−7.4	0	−9.0
100	−19.1	−5.6	0	−7.2
125	−16.1	−4.2	0	−5.5
160	−13.4	−3.0	0	−4.0
200	−10.9	−2.0	0	−2.6
250	−8.6	−1.3	0	−1.6
315	−6.6	−0.8	0	−0.8
400	−4.8	−0.5	0	−0.4
500	−3.2	−0.3	0	−0.3
630	−1.9	−0.1	0	−0.5
800	−0.8	−0.0	0	−0.6
1000	0.0	0.0	0	0.0
1250	0.6	−0.0	0	2.0
1600	1.0	−0.0	0	4.9
2000	1.2	−0.1	0	7.9
2500	1.3	−0.2	0	10.4
3150	1.2	−0.4	0	11.6
4000	1.0	−0.7	0	11.1
5000	0.5	−1.2	0	9.6
6300	−0.1	−1.9	0	7.6
8000	−1.1	−2.9	0	5.5
10000	−2.5	−4.3	0	3.4
12500	−4.3	−6.1	0	1.4
16000	−6.6	−8.4	0	−0.7
20000	−9.3	−11.1	0	−2.7

声级计的频率计权特性是声级计在自由声场中在参考入射方向上的相对响应，不仅与计权滤波器的频率特性有关，也与传声器的频率响应、放大器和检波指示器的频率响应有关。由于传声器的频率响应基本是平直的，所以可以用电信号测量声级计的电响应来代替自由场响应。在高频测量时，可根据传声器频率响应对测量进行修正。

（2）时间计权

声级计还需要有时间计权特性，才能使测量结果反映人的主观感受。所谓时间计权，就是时间平均特性。声级计一般包括三种时间计权：“快”（F），“慢”（S）及“脉冲”（I）。

快、慢时间计权主要用于对连续稳定声波的测试，“快”挡时间常数为 125ms，“慢”挡时间常数为 1000ms。测量稳定的连续声时，使用“快”“慢”一般没有差别。但如果测量的声波有较大的起伏，则用“慢”挡平均起伏比较小，峰值测量会有误差。如果需要准确的了解声波的波峰和波谷，用“快”挡平均比较好。

因为人耳对短促的脉冲声的响度感觉与对稳态声的响度感觉不一样。脉冲声持续时间很短，重复出现的间隔时间可能很长，甚至在一段时间内只出现一次，脉冲声具有很高的峰值因数。脉冲声对人耳和听力损伤的危险性也与稳态声不一样。脉冲时间计权是一种快上升慢下降的特性，能指示短时间有效值的最大值。对于连续的稳态声，脉冲计权特性与“快”“慢”计权特性的测量结果一致。但对于脉冲声，“脉冲”计权的测量结果通常比“快”“慢”计权的结果大，最大时可能达到 20dB。因此，对于脉冲声，不能用一般声级计进行测量，否则会有较大的误差。

（3）指向特性

声级计最好是全方向性，这是理想状态。首先传声器有方向性，其次其本身尺寸比传声器大很多，对声场的干扰也严重很多。只有当声波的波长比声级计的尺寸大很多时，才可以认为是全方向性的。因此，测量低频噪声时，声级计的方向性不成问题；但对于高频噪声，如 3000Hz 以上，必须考虑方向性。

对于单一声源，测量时一般总是把声级计正对声源，指向性不成问题。但对于多声源或声源在不定的移动状态，且高频成分比较明显时，必须注意指向性。

改善声级计指向性的方法有：

① 使用延伸杆或延长电缆，把传声器与声级计本体分离开；

② 用无规入射矫正器，改善传声器的指向性性能；

③ 选用比较小的传声器。

12.2.3.3 积分声级计

实际应用中，尤其对非稳定噪声，需要测量噪声的等效连续声级 L_{eq}，其公式如下：

$$L_{eq} = 10\lg\left[\frac{1}{10}\int\left(\frac{P}{P_0}\right)^2 dt\right] \quad (27\text{-}12\text{-}1)$$

一般声级计不能直接测量等效连续声级，只能通过测量不同声级的暴露时间，然后计算等效连续声级。使用积分声级计就能够直接测量并显示某一测量时间内被测噪声等效连续声级。

积分声级计又称积分平均声级计或平均声级计。积分声级计和一般声级计都是对频率计权声压进行平均，但平均过程不一样。第一，一般声级计的平均是对相对较短的时间段内进行指数平均，如前面所讲到的“快”（125ms）挡、“慢”（1000ms）挡。积分声级计是对相对较长的时间段内进行线性平均，时间可达几分钟或几小时。第二，积分声级计对发生在指定时间内的所有声音同样重视，而一般声级计则对最新发生的声音比先前发生的声音要重视。积分声级计采用的是线性平均，一般声级计采用的是指数衰减平均。

积分声级计主要用在以下几个应用中：

① 能引起听力损伤或烦恼的工业噪声测量；

② 公共噪声（交通、居民住宅区、工业区及机场）测量；

③ 测量机械设备声源的平均声压级。

12.2.3.4 噪声暴露计

噪声的危害不仅与噪声的强度有关，还与噪声的暴露时间有关。为了衡量噪声对人耳听觉损伤危害程度，一些国家按照噪声的强度和暴露时间制定了有关噪声标准。我国的《工业企业噪声卫生标准》，也按此原则规定了每个工作日八小时噪声暴露量不得超过 85dB（A）。

噪声 A 计权噪声声压平方的时间积分称为噪声暴露量：

$$E = \int_0^t P^2 \quad (27\text{-}12\text{-}2)$$

如果声压 P 在测试时间内保持不变，则：

$$E = P^2 T \quad (27\text{-}12\text{-}3)$$

式中 P——A 计权声压，Pa；

T——测试时间，h；

E——噪声暴露值，$Pa^2 \cdot h$。

$1Pa^2 \cdot h$ 的暴露值，相当于 85dB（A）暴露八小时，恒定声级积分时间加倍（或减半），噪声暴露量加倍（或减半）；同样的，对恒定积分时间声级增加（或减小）3dB（A），噪声暴露量加倍（或减半）。

对于某一时间内的等效连续声级 L_{eq} 与噪声暴露值之间的关系如下式：

$$L_{eq} = 10\lg\left(\frac{E}{TP_0}\right) \quad (27\text{-}12\text{-}4)$$

式中 T——积分时间，h；

P_0——基准声压，2×10^{-5} Pa。

噪声暴露值与噪声暴露级 L_{AX} 的关系为：

$$E = 10^{0.1(L_{AX}-129.5)} \quad (27\text{-}12\text{-}5)$$

佩戴在人身上的噪声暴露计叫个人噪声暴露计。个人噪声暴露计主要是测量人头部附近的噪声暴露，并由此可按国际标准 ISO 1999 来评估可能的听力损失。

另一种测量噪声暴露的仪器叫噪声剂量计，用来指示法定噪声暴露限定的百分比的噪声剂量（DL）。例如规定每天工作 8 小时的工人，容许噪声标准为 90dB，也就是声暴露为 $3.2Pa^2 \cdot h$，此时的噪声剂量为 100%，其他不同的声暴露都与其比较并用百分数表示。对于 1.6 $Pa^2 \cdot h$，噪声剂量计上的度数为 50%，对于 6.4 $Pa^2 \cdot h$，噪声剂量计上的度数为 200%。

12.2.3.5 统计声级计

当需要测量噪声的变化情况，需要用到统计的方法。例如在道路交通噪声或室外环境噪声检测时，噪声都是在不断变化中，需要用到统计声级计。

统计声级计是用来测量噪声声级的统计分布，并指示 L_n（L_5、L_{10}、L_{50}、L_{90}、L_{95} 等）的一种声级计。例如在某段时间内读得的声级共 $n=200$ 个，以声级大小依次排序，从高声级数起，累积数到达 20 的这个声级，称为百分之 10 的声级，即 L_{10}，如果第 20 个声级是 90dB，则 $L_{10}=90$dB，表示有 10%个数超过 90dB。同样的，累积数数到 100 个的声级值为累积百分声值 L_{50}，数到 180 个的声级值为累积百分声级 L_{90}。比较常用的是 L_{10}、L_{50}、L_{90}，分别代表高峰、中值和“环境”声级。

12.2.3.6 频谱声级计

随着硬件和软件的发展，声级计功能越来越很强大，如频谱声级计可以显示噪声倍频程频谱、1/3 倍频程频谱等，并可以进行数据存储数据、数据输出、事后分析、数据打印等多项功能。

12.2.4 附件的使用

除了传声器和前置放大器外，还需要选择合适的附件才能确保噪声测量的准确，附件的使用如表 27-12-8 所示。

表 27-12-8　附件的使用

附　件	外　形　图	特　　点
延伸电缆	(a) LEMO 接头电缆 (b) BNC接头电缆 (c) SMB 接头电缆 (d) Microdot接头电缆	延伸电缆是噪声测量的重要附件之一。高质量的延伸电缆提供高性能的噪声屏蔽、低电量、最大的电缆长度和使用的方便性，从而保障噪声测量的准确 根据噪声测试距离，可以选择 3m、10m、20m、30m、50m、100m 和 200m 等不同长度的电缆 根据传声器和前置放大器的种类，电缆连接前置放大器的一端的接头有多种类型，包括 7 芯 LEMO、BNC、SMB。外极化传声器需要使用 7 芯 LEMO 电缆，预极化传声器需要使用 BNC 电缆，声阵列传声器需要使用 SMB 电缆。还有一种接头叫 10-32UNF，也叫“Microdot”，在振动测试中应用比较广泛
风罩		风罩的材料是多孔聚氨酯泡沫塑料，有球形和椭圆形，可以直接套在传声器上，降低风噪声的影响，适用于室外噪声测量。当风速在 1m/s 以下时，可不用；当风速在 1～8m/s 时，可以用；当风速大于 8m/s 时，必须用
转接头	可弯曲的延伸杆	转接头是把前置放大器和延伸杆转接到不同尺寸的传声器上。例如把 1in 传声器转接到 1/2in 前置放大器，1/4in 传声器转接到 1/2in 前置放大器，1/8in 传声器转接到 1/4in 前置放大器，或将传声器延伸出来等，就需要使用相应的转接头或延伸杆
鼻锥		当传声器在某个方向遇到很高的风速时，例如在风洞噪声测试或管道内的噪声测试时，为了降低传声器自身引起的空气动力学噪声，需要使用鼻锥。鼻锥前端设计成流线型的外形，表面非常光洁，使用时用鼻锥代替一般的传声器保护栅罩，尽可能地减少空气阻力。当风速大于 8m/s 时，最好选用鼻锥。尤其是在高速气流时，一定要用

续表

附　件	外　形　图	特　　点
无规入射矫正器		为了使来自四面八方的噪声都能在传声器上正确反应，要求传声器有良好的全方向性。但是自由场传声器的灵敏度频率特性与入射角有关，0°入射和无规入射在高频段的差值，最大可达 4～6dB，为此可使用无规入射矫正器，代替传声器原来防护罩，使来自各方向的声波都能被传声器膜片接受，这样就改善了传声器的全方向性
三脚架		三脚架也是噪声测量中经常使用的附件之一，用来支撑固定传声器或声级计，便于调节测量高度和水平位置

12.2.5　记录及分析仪

12.2.5.1　数据记录与采集

传声器将声压信号转变成电压信号，该电压信号经放大后，首先要记录下来。磁带记录仪是声学测量中常用的记录仪器，它具有如下特点：

① 记录的信号能长期保存；

② 能通过改变时间基准的方法（即快速记录慢速回放或相反）改变信号的频率；

③ 使用方便，磁带可以循环重放；

④ 工作频率很宽，可以记录低至直流高至1MHz 的信号；

⑤ 可以记录不同通道信号，并保证不同通道之间的同步；

⑥ 记录质量高。

但磁带记录仪在信号实时分析处理方面不具有优势，特别在测试现场要求所有通道都能实时监测的情况下，所以磁带记录仪比较适合实时分析要求不高的测试中使用，先记录数据再事后分析。

随着信号采集硬件的发展、计算机的普及和软件功能的支持，越来越多的测试可以实现数据采集和数据分析同时完成，如数字式分析仪。

12.2.5.2　数字式分析仪

数字信号处理技术的发展速度快，应用广泛，可以通过软件在计算机上进行，与模拟信号分析相比具有精度高、灵活性大、可靠性高、可同时处理多个通道等优点。所以数字式分析仪在声学测试中被广泛地应用。在声学测试中，常用的数字式分析仪有两种：以 FFT 硬件为中心的频谱分析仪和将软件和硬件集成在一起的动态信号分析仪。

（1）频谱分析仪

频谱分析仪大多有两个输入通道。数据采集系统的每个通道由放大器、抗混叠滤波器、采样/保持器和模数转换器组成。频谱分析仪核心运算时 FFT 和加窗处理，大多由数字信号处理器（DSP）实现。功率谱估计和各种平均运算等，则由浮点运算处理器（FPP）完成。

频谱分析仪的主要功能是对噪声信号进行时域和频域分析。时域分析包括瞬态时间波形、平均时间波形、自相关函数、互相关函数、脉冲响应函数等；频域分析包括线性谱、1/3 倍频程谱、功率谱、互功率谱密度、频率响应函数、相干函数等。

如图 27-12-8 所示，只要配有声强探头（p—p 形式），就可以利用频率分析仪来计算声强值。

（2）动态信号分析仪

动态信号分析仪除了数据采集和信号分析外，还具有多功能信号发生器，见图 27-12-9。动态分析仪与频谱分析仪相比，有以下优点。

① 可实现多通道测试。频谱分析仪一般只有两个输入通道，而动态信号分析仪的输入可以达到16～48 通道，甚至更多，信号输出可以有 1～4 个通道。

② 硬件配置灵活。板卡式、机箱式的硬件，使得可以任意选择不同类型输入信号的通道配置方案。

③ 分析功能易于扩展。基于计算机软件的动态分析系统的功能可以进一步开发，随着测试技术的发展和要求的变化，可以增加新的软件模块，甚至用户自己开发。

噪声测试中测点通常较多，特别是在声阵列测试

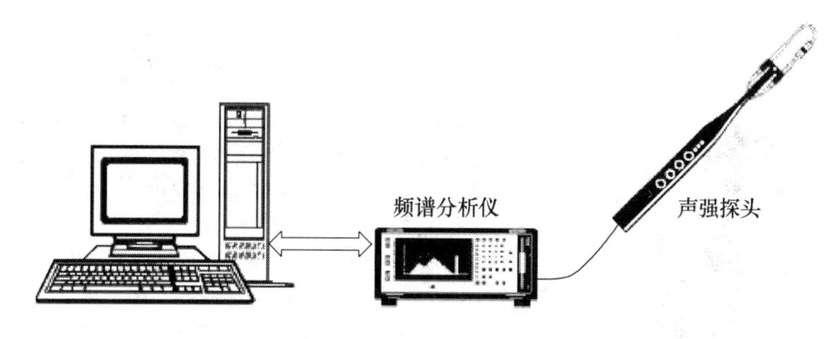

图 27-12-8　声强探头与频谱分析仪组成声强测试系统

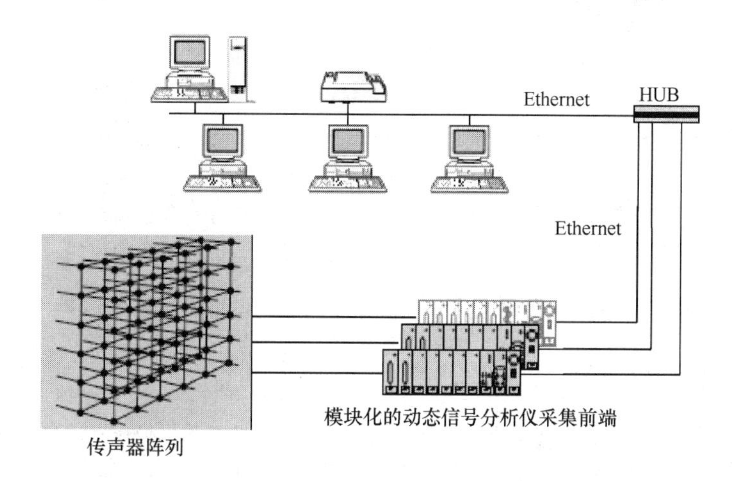

图 27-12-9　动态信号分析仪在声阵列测试中的应用

中要求多个甚至是几十个传声器，而且实时分析的要求也越来越高，需要分析的函数功能也越来越多，所以动态信号分析仪在噪声测试中应用得越来越广泛。

12.2.6　声校准器

电容传声器的校准，按照精度要求，大致可以分为两类：第一类是精确校准方法，也是绝对校准方法，采用互易校准技术，只在个别高级精密实验室才能完成这类校准；第二类是工程实用校准方法，采用校准器产生的声压做参考标准，虽精度没有第一类高，但足以满足工程测量精度，因此广泛被一般实验室和工程试验实际采用。校准器有活塞发生器和声级校准器两种，见表 27-12-9。

表 27-12-9　　噪声测量中的校准器

校准器	图　　示	特　　点
活塞发生器	活塞发生器校准声强探头	活塞发生器的优点是精度高，精度可达±0.2dB，结构简单，使用方便。缺点是频率较高时，腔内会产生驻波，无法校准传声器；频率很低时，腔体泄漏后造成较大误差 活塞发生器的非线性畸变规定小于3%。产生畸变的原因主要是长期运转后活塞和凸轮的磨损，以及润滑不良、弹性失调等。因此使用时，不要随意拆卸内部结构，保持适当的润滑，并进行定期的精度校准。当大气压力不是一个标准大气压(760mmHg)时，活塞发生器产生的声压必须进行修正，修正值 AL_p 可由随活塞发生器出厂的气压表查到 另外，当校准不同型号的传声器时，即使外径尺寸相同，但它们的等效容积可能不同，因此，也需要进行修正，并将修正值 ΔL_V 加到活塞发生器标准声压级上去

续表

校准器	图示	特点
声级校准器	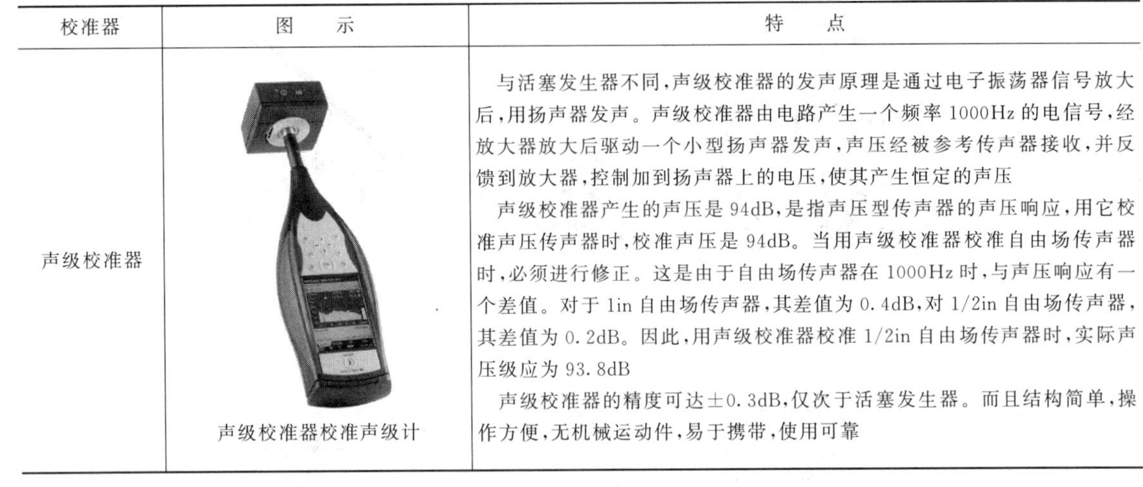 声级校准器校准声级计	与活塞发生器不同，声级校准器的发声原理是通过电子振荡器信号放大后，用扬声器发声。声级校准器由电路产生一个频率 1000Hz 的电信号，经放大器放大后驱动一个小型扬声器发声，声压经被参考传声器接收，并反馈到放大器，控制加到扬声器上的电压，使其产生恒定的声压 声级校准器产生的声压是 94dB，是指声压型传声器的声压响应，用它校准声压传声器时，校准声压是 94dB。当用声级校准器校准自由场传声器时，必须进行修正。这是由于自由场传声器在 1000Hz 时，与声压响应有一个差值。对于 1in 自由场传声器，其差值为 0.4dB，对 1/2in 自由场传声器，其差值为 0.2dB。因此，用声级校准器校准 1/2in 自由场传声器时，实际声压级应为 93.8dB 声级校准器的精度可达±0.3dB，仅次于活塞发生器。而且结构简单，操作方便，无机械运动件，易于携带，使用可靠

12.3 噪声测量方法

12.3.1 声级测量

12.3.1.1 试验目的

工业噪声的现场测量往往用便携式的声级计来进行，在实验室测量除了用声级计外，还可以用传声器与动态信号分析仪组成噪声测量系统，测试噪声声级，并可进行频谱分析，得到噪声源的各频率分量。按此找出主要声源，借以提出改进措施或选用合适的噪声控制方法。

12.3.1.2 试验原理

噪声测量系统见图 27-12-10。用传声器接受声源辐射的声压信号，并转换成电压信号。经放大、滤波等调理后，可以用示波器直接看声压信号的变化，也可以用信号分析仪记录声压信号并进行实时分析。这样的系统，做成专用的仪器，就是声级计。

12.3.1.3 测点选择

现场测量时，按照噪声源的形状和大小，决定测量位置和点数，一般要求前后左右上，分别测量五点，或按照有关机械设备的噪声测试标准进行。若机器尺寸大于 1m，传声器布置在距离机器表面 1m 处；若机器尺寸小于 1m，则传声器布置在距离机器表面 0.5m 处。可用三脚架固定传声器，以避免测量时人体反射的影响。

12.3.1.4 测试内容

(1) 稳态噪声测量

稳态噪声的声压级用声级计测量。对于起伏小于 3dB 的噪声可以测量 10s 时间内的声压级；如果起伏

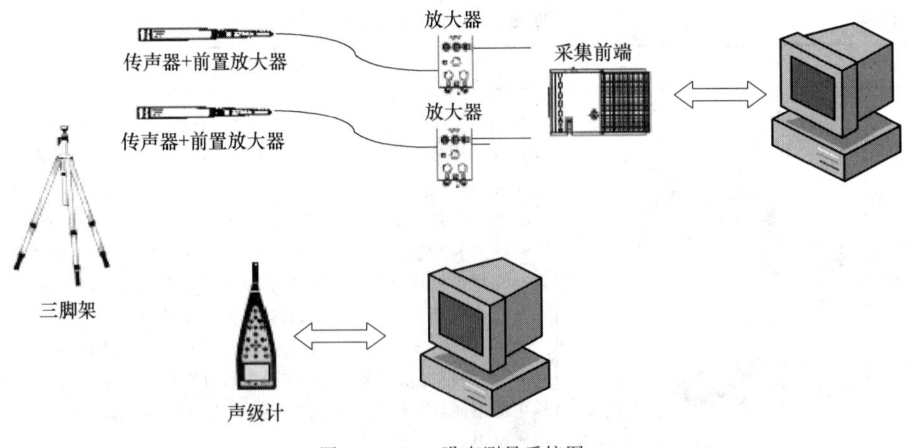

图 27-12-10 噪声测量系统图

大于 3dB 但小于 10dB，则每 5s 读一次声压级并求出平均值：

$$\overline{L}_p = 20\lg \frac{1}{N}\sum_{i=1}^{N} 10^{L_i/20} \qquad (27\text{-}12\text{-}6)$$

对于 N 个分贝数非常接近的声压级求平均，可以根据下面的近似公式求平均值：

$$\overline{L}_p = \frac{1}{N}\sum_{i=1}^{N} L_i \qquad (27\text{-}12\text{-}7)$$

A 声级是 A 计权声压级，是噪声的主观评价指标之一，可以用 A 计权网络直接测量，也可以由测得的倍频程或 1/3 倍频程声压级转换为 A 声级，转换公式如下：

$$L_A = 10\lg \sum_{i=1}^{N} 10^{-0.1(R_i+\Delta_i)} \qquad (27\text{-}12\text{-}8)$$

式中 R_i——测得的 1/3 倍频程声压级；

Δ_i——校正值，由表 27-12-10 给出。

表 27-12-10 1/3 倍频程声压级换算为 A 声级的校正值

中心频率/Hz	校正值/dB	中心频率/Hz	校正值/dB
20	−50.5	630	−1.9
25	−44.7	800	−0.8
31.5	−39.4	1000	0
40	−34.6	1250	+0.6
50	−30.2	1600	+1.0
60	−26.2	2000	+1.2
80	−22.5	2500	+1.3
100	−19.1	3150	+1.2
125	−16.1	4000	+1.0
160	−13.4	5000	−0.5
200	−10.9	6300	−0.1
250	−8.6	8000	−1.1
315	−6.6	10000	−2.5
400	−4.8	12500	−4.3
500	−3.2	16000	−6.6

（2）非稳态噪声测量

对于不规则噪声，可以测量声压级的时间-频率分布特性，具体包括：最大值、最小值、平均值；声压级的统计分布；等效连续声级和噪声的频谱分布。

测量声压级的时间分布特性时，可每隔 5s 读一次声压级，获得 100 个数值，可以计算出最大值、最小值、平均值以及累计百分声级，如 L_{10}、L_{50}、L_{90} 等。

等效连续 A 声级的计算公式如下：

$$L_{\mathrm{Aeq}} = 10\lg \frac{1}{T}\int_0^T 10^{0.1L_A}\,\mathrm{d}t \qquad (27\text{-}12\text{-}9)$$

式中 T——测量的总时间（s）；

L_A——瞬时 A 声级，dB（A）。

测量声压级的频率特性，可以用倍频程或 1/3 倍频程声压级谱来表示。

（3）脉冲噪声测量

脉冲噪声是指大部分能量集中在持续时间短于 1s 而间隔时间长于 1s 的猝发噪声。脉冲噪声对人的影响通常是能量而不是峰值、持续时间和脉冲数量。因此，对连续的猝发声应该测量声压级和功率，对于有限数目的猝发声则测量暴露声级。

12.3.2 声功率测量

12.3.2.1 试验目的

声压或声压级可以衡量噪声能量的大小，但声压或声压级与测量距离有关，因此不利于相互比较。为此，国际和国内都用声功率来衡量机器噪声量级的大小。所以，掌握声功率的测量方法是噪声测试重要的内容。

12.3.2.2 试验原理

机器辐射的声功率在稳定工况下是恒定的，用声功率来表示机械设备的噪声大小比较合理，而且也便于对不同机器进行比较。

ISO 3741～ISO 3746 和国家标准详细规定了机器噪声声功率的测试方法。有在消声室测定的方法，也有在混响室测定的方法，还有在现场用的工程法和简易法。对于某一种产品，各个国家相关工业部门也制定了各种产品的声功率测定标准，如冰箱、空调、电动工具等。因此，声功率测量方法已经形成规范，但归纳起来为标准声源法和包络面法两种方法。

（1）标准声源法

标准声功率源是一种专用的声源，它能在一定的频带内辐射比较均匀的声功率谱。

首先，把标准声源放在消声室中进行标定，由于消声室内的声场为自由声场，声压级与声功率级有如下关系：

$$L_p = L_w - 20\lg r - 8 \qquad (27\text{-}12\text{-}10)$$

式中 L_p——声压级，dB；

L_w——声功率级，dB；

r——离开声源的距离，m。

只要测得离标准声源一定距离 r 处的平均声压级 L_p，就可获得标准声源的声功率级。一般标准声功率源在产品出厂时已经经过了测试，L_w 已知，所以这一步可以省略。

然后，在现场，测出离被测机器一定距离 r 处的平均声压级 L'_p；再搬走被测机器（若被测机器不能移动，允许将标准声源放在被测机器上面）；把标准声源放在被测机器同一位置上，使标准声源代替机器发声。测得离标准声源 r 距离处的平均声压级 L_p，由于环境条件相同，被测机器的声功率级：

$$L'_w=L'_p-L_p+L_w \qquad (27\text{-}12\text{-}11)$$

式中 L'_p——距被测机器 r 处平均声压级，dB；

L_p——距标准声源 r 处平均声压级，dB；

L_w——标准声源声功率级，dB。

（2）包络面法

包络面法已纳入国家标准，包括精密法、工程法和简易法三种。其中精密法适用于半消声室和消声室内测试，而工程法和简易法适用于现场测试。现把三种标准列表如表 27-12-11 所示。

包络面是一种假想的包围声源的表面，由于声源大小和形状不同，可以分为两种包络面：半球面和矩形六面体。对于小型机器设备，优先选用半球面。测量点布置在包络面上。

表 27-12-11 声功率测量的三种标准对比

内　容	精　密　法	工　程　法	简　易　法
方法等级	精密级	工程级	一般等级
参考 ISO 标准	ISO 3745	ISO 3744	ISO 3746
测试环境	半消声室	现场、要求大房间或广阔室外	现场、一般室内或室外
声源体积	小型声源，最好小于测试房间体积的 0.5%	无限制	无限制
噪声类别	稳态、非稳态、窄带或宽带	稳态、非稳态、窄带或宽带	稳态、非稳态、窄带或宽带
不确定度	标准偏差小于 1.5dB	标准偏差小于 3dB	标准偏差小于 4dB
背景噪声级	$\Delta L\leqslant$10dB	$\Delta L\leqslant$6dB	$\Delta L\leqslant$3dB
测试仪器精度	Ⅰ型以上	Ⅰ型以上	Ⅱ型以上
仪器校准	测试前后校准 校准器精度±0.2dB	测试前后校准 校准器精度±0.3dB	测试前后校准 校准器精度±0.3dB
机器安装	典型安装，最好弹性安装	典型安装，最好弹性安装	典型安装
机器运行状况	各种工况	各种工况	各种工况
测点数量	10 个以上	9 个以上	5 个以上
背景噪声修正	$K_1\leqslant$0.4dB	$K_1\leqslant$1.3dB	$K_1\leqslant$3dB
测试环境修正	$K_2\leqslant$0.5dB	$K_2\leqslant$2dB	$K_2\leqslant$7dB

12.3.2.3 测点布置

1）当包络面选择半球面时，测点的布置见图 27-12-11，半球面半径 R 为 2～5 倍被测声源尺寸，通常不应小于 1m。

测出各点的 A 声级，然后按公式计算声功率级，计算公式如下：

$$\overline{L}_{pA}=10\lg\frac{1}{n}\sum_{i=1}^{n}10^{0.1L_{pi}} \qquad (27\text{-}12\text{-}12)$$

$$L_w=(\overline{L}_{pA}-K_1-K_2)+10\lg\frac{S}{S_0} \qquad (27\text{-}12\text{-}13)$$

式中 L_{pi}——各测点 A 声级，dB（A）；

K_1——背景噪声修正值；

K_2——环境噪声修正值；

S——测量表面面积，m^2；

S_0——基准面积，取 $S_0=1\text{m}^2$。

其中，背景噪声修正值 K_1，可根据表 27-12-1 计算；环境噪声修正值 K_2，可根据公式 $K_2=10\lg(1+4/AS^{-1})$ 计算，$A=0.161V/T_{60}$，V 为房间体积，S 为房间吸声面积，T_{60} 为混响时间。

2）当测量表面选择矩形六面体时，测点布置见图 27-12-12。图中参考箱是恰好罩住待测声源的假想矩形体，其长、宽、高分别是 $2a$、$2b$、c，并且 $2a=l_1+2d$，$2b=l_2+2d$，$c=l_3+d$。距离 d 通常取 1m，l_1、l_2、l_3 分别是参考箱的长、宽、高，基本测点是如图 27-12-12 所示的 9 点，如相邻测点之间声压级变化较大时，应增加测点。

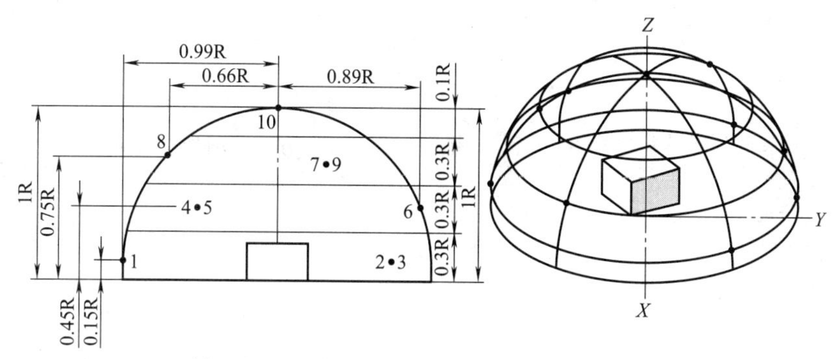

图 27-12-11　半球面测量噪声声功率时测点布置图

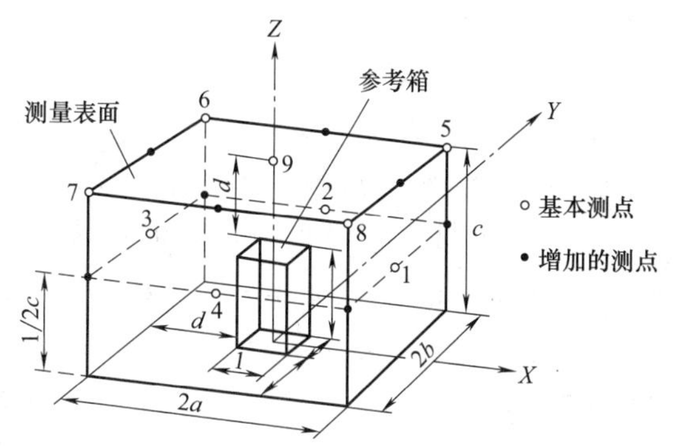

图 27-12-12　矩形六面体测量噪声声功率时测点布置图

12.3.3　声强测量

12.3.3.1　试验目的

声强测量具有受环境影响小的优点，不像声压测量受环境的影响（背景噪声、反射声）较大，因此声强测量能够有效地解决许多现场声学测量问题，成为噪声研究的一种有力工具。

声强测量的主要应用有以下几个方面。

① 用分布测点法现场测试声源的声功率。

② 用扫描法现场测试声源的声功率。

③ 辨识声源。

④ 测试材料的声阻抗率和吸声系数。

⑤ 测试声能传递损失。

⑥ 测试振动表面声辐射效率。

12.3.3.2　试验原理

声能流密度 w，定义为

$$w=pu \qquad (27\text{-}12\text{-}14)$$

式中　p——声场中该质点声压，Pa；

u——声场中该质点振速，m/s^2。

声场中任意一点的声波强度称为声强，等于通过与能流方向垂直的单位面积的声能量的时间平均值，通常用符号 I 表示，其单位为 W/m^2。

$$I=\frac{1}{T}\int_0^T pu\,dt \qquad (27\text{-}12\text{-}15)$$

声能流密度实际上是声强的瞬时值，即 $w=I(x,t)$。

声强级 L_I，定义为

$$L_I=10\lg\frac{I}{I_0} \qquad (27\text{-}12\text{-}16)$$

式中　I——待测声强；

I_0——基准声强，$I_0=10^{-12}$ W/m^2。

瞬时声强是瞬时声压和瞬时质点振度的乘积，声压可以用传声器测量，而质点速度只能间接测量近似估算。根据质点振度的测量方法，声强测量技术可以分为两大类：一类是将传声器和直接测量质点振速的传感器相结合，简称 $p-u$ 法；另一类是双传声器法，简称 $p-p$ 法。

(1) $p-u$ 法

这种声强探头有两对超声波发射器 S，可同时发射两个方向平行但方向相反的超声波波束，并在等距离处有各自的接收器 R，探头中心装有传声器 M，如图 27-12-13 所示。当在同向上存在声波时，两个接收器所收到的信号存在相位差，可以测出质点振速，传声器测声压，两者相乘后可以得到瞬时声强，在求时间的平均值可以得到有功声强。

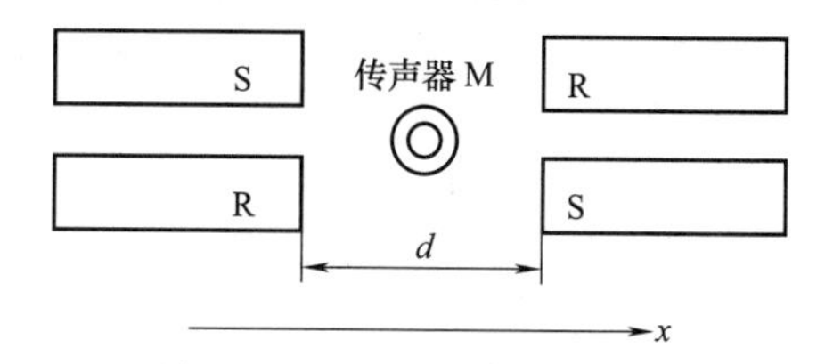

图 27-12-13　$p—u$ 法探头原理图

设超声波发射器和接收器之间的距离为 d，没有声波时超声波由发射到接收所经历的时间为 $t_0=d/c_0$。若存在声波，其质点速度为 u_x，则两个超声波束所经历的时间各自变成

$$t_{+}=\frac{d}{c+u_x} \tag{27-12-17}$$

$$t_{-}=\frac{d}{c-u_x} \tag{27-12-18}$$

两超声波束到达接收器时的相位差为：

$$\Delta\varphi=\omega_n t=\left(\frac{1}{c-u_x}-\frac{1}{c+u_x}\right)\omega_n d=\frac{2u_x\omega_n d}{c^2-u_x^2} \tag{27-12-19}$$

式中，ω_n 为超声波角频率，当 $u_x \ll c$，式（27-12-19）可简化为：

$$\Delta\varphi\approx\frac{2u_x\omega_n d}{c^2} \tag{27-12-20}$$

由此可以计算出质点振速：

$$u_x\approx\frac{c^2}{2\omega_n d} \tag{27-12-21}$$

目前市场上已经开发出体积较小的 $p-u$ 探头，能够满足实际测量的需求。

（2）$p—p$ 法

声场中某点的质点速度可以通过两个传声器组成的探头来测量。图 27-12-14 所示就是典型的面对面式双传声器探头。

两传声器 A 和 B 之间有一小段距离 d，两传声器测出的声压分别是 $p_A(t)$ 和 $p_B(t)$。声波传播方向上，质点速度与声压梯度的积分成正比，即

$$\frac{\partial p}{\partial x}=-\rho_0\frac{\partial u}{\partial t} \tag{27-12-22}$$

则
$$u(t)=-\frac{1}{\rho_0}\int\frac{\partial p(t)}{\partial x}\mathrm{d}t \tag{27-12-23}$$

式中 ρ_0——空气密度。

当 d 远小于波长 λ 时，$\frac{\partial p(t)}{\partial x}$ 可以近似地改写成 $\frac{p_B(t)-p_A(t)}{d}$，于是上式可改写成

$$u(t)=-\frac{1}{\rho_0 d}\int[p_B(t)-p_A(t)]\mathrm{d}t \tag{27-12-24}$$

两传声器之间中点的声压可以认为是 $p_A(t)$ 和 $p_B(t)$ 的平均值

$$p(t)=\frac{p_B(t)+p_A(t)}{2} \tag{27-12-25}$$

则 x 方向上测量点的瞬时声强为

$$\begin{aligned}I_x(t)&=p(t)\cdot u(t)\\&=\frac{1}{2\rho_0 d}[p_A(t)+p_B(t)]\int[p_A(t)-p_B(t)]\mathrm{d}t\end{aligned} \tag{27-12-26}$$

取其时间平均就可以得到 x 方向上的有功声强：

$$I_x(t)=\frac{p_{aA}p_{aB}\sin(\phi_A-\phi_B)}{2\rho_0\omega d} \tag{27-12-27}$$

当 $\phi_A-\phi_B$ 很小时，

$$I_x(t)\approx\frac{p_{aA}p_{aB}(\phi_A-\phi_B)}{2\rho_0\omega d} \tag{27-12-28}$$

对于噪声控制，平均声强在频域上的谱分析也非常重要，所以声强测量仪器需要将时域信号变换成频域信号。声压 p 和质点振速 u 之间的互相关函数是：

$$R_{pu}(\tau)=\lim_{T\to\infty}\left(\frac{1}{T}\right)\int_0^T p(t)i(t+\tau)\mathrm{d}\tau \tag{27-12-29}$$

平均声强：

$$I=R_{pu}(0)=\int_{-\infty}^{\infty}S_{pu}(\omega)\mathrm{d}\omega \tag{27-12-30}$$

$S_{pu}(\omega)$ 简称互谱，它表示平均声强的频率分布。$S_{pu}(\omega)$ 是个复数，其实部是偶函数，代表有功声强；虚部是奇函数，代表无功声强，其积分为零。$G_{pu}(\omega)$ 是 $S_{pu}(\omega)$ 的单边谱，则有：

$$\begin{aligned}I(\omega)&=S_{pu}(\omega)+S_{pu}(-\omega)=2\mathrm{Re}[S_{pu}(\omega)]\\&=\mathrm{Re}[G_{pu}(\omega)]\end{aligned} \tag{27-12-31}$$

当使用 $p-u$ 探头进行测量时，根据式（27-12-30），只需要将测得的 $p(t)$ 及 $u(t)$ 信号，输入双通道 FFT 分析仪，就可直接得到所测方向的 $I(\omega)$。设 $p(t)$ 和 $u(t)$ 的傅里叶变换分别是 $P(\omega)$ 和 $U(\omega)$，由式（27-12-24），有

$$P(\omega)=\frac{P_A(\omega)+P_B(\omega)}{2} \tag{27-12-32}$$

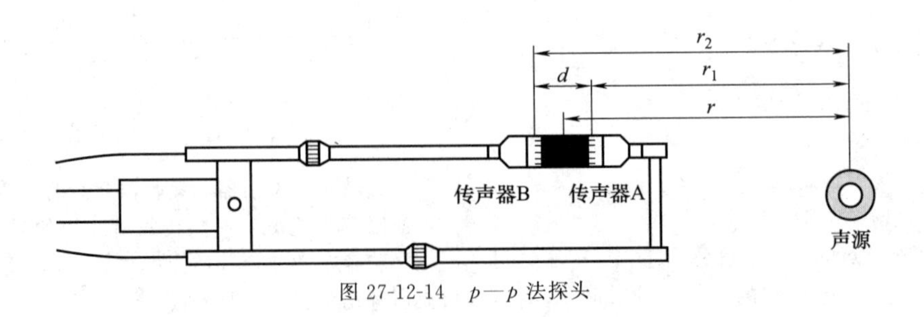

图 27-12-14 $p—p$ 法探头

由式（27-12-34），有

$$U(\omega)=\frac{1}{j\omega\rho_0 d}[P_A(\omega)-P_B(\omega)] \quad (27\text{-}12\text{-}33)$$

$$I(\omega)=\mathrm{Re}[G_{pu}(\omega)]=-\frac{\mathrm{Im}[G_{AB}]}{\omega\rho_0 d} \quad (27\text{-}12\text{-}34)$$

也就是说，用 $p-p$ 探头进行测量时，只要得到两个声压互谱的虚部，就得到有功声强的频率分布 $I(\omega)$。总的平均声强为：

$$I=\int_0^{\omega}\frac{\mathrm{Im}[G_{AB}]}{\omega\rho_0 d}\mathrm{d}t \quad (27\text{-}12\text{-}35)$$

12.3.3.3　双传声器探头

在 $p-p$ 法中由两个传声器组成的声强探头是声强测量系统的重要组成部分，通常有四种形式：并列式、顺置式、背靠背式和面对面式。如表 27-12-12 所示。

两个传声器应具有相同相位响应以及平直的频率响应曲线。正确选择两传声器之间的间距 d 对测量精度有很大影响。表 27-12-13 给出了不同间距的声强探头的频率响应。从表中可以看出，间隔越小，上限频率越高，下限频率也越高。

一种特制的“在位”校准的双静电激发器结构，可以在整个频率和灵敏度范围内同时校准两个传声器，也可以利用活塞发生器或其他声源在专门耦合腔内进行校准。

12.3.3.4　声强信号处理方法

双传声器声强测量仪的信号处理方法可以分为用模拟电路的直接法和用 FFT 计算的间接法两种，见表 27-12-14。

表 27-12-12　$p-p$ 法探头中传声器排列方式

双传声器布置方式	图　例	说　明
面对面式		面对面式声强探头把两个传声器面对面地布置在一轴线上，测量时传声器中线轴线与声波传播方向一致。传声器之间装有分隔垫块，声波只能沿传声器的径向边缘入射
顺置式		顺置式声强探头的两个传声器前后布置在一轴线上，声波对传声器方向入射。这种形式能够产生较大的声压梯度，但前置放大器要与传声器分开安装
背靠背式		背靠背式声强探头的安装方式仅仅适用于采用薄型的传声器，不然传声器之间的距离不可能做得很小
并列式		并列式声强探头的两个传声器的中心轴线平行排列，测量时传声器轴线与声波传播方向垂直。这种形式易于安装前置放大器，在测量中易于变换位置以消除测量通道之间的相位误差。主要缺点是对测量轴线不易做到完全几何对称，两传声器之间的声学距离与几何尺寸的距离偏差较大，在高于某一频率时对相位响应产生不利影响，传声器之间距离不能小于传声器的外径

表 27-12-13　不同 d 的声强探头的频率范围

d/mm 传声器尺寸	6	12	25	50
1/4in	250Hz～10kHz	125Hz～5kHz	—	—
1/2in	—	125Hz～5kHz	63Hz～2.5kHz	31.5Hz～1.25kHz

表 27-12-14　声强测量仪的信号处理方法

信号处理方法	特　点
用模拟电路的直接法	直接将双传声器测得的信号，经过运算电路，按式(27-12-25)计算出声强。直接法的优点是可以实时处理，可以直接输出质点速度信号，在测量声阻抗等情况下很有用，但全套仪器价格比较昂贵
用 FFT 计算的间接法	间接法就是根据式(27-12-33)，将双传声器测得的信号输入双通道的 FFT 分析仪，算出其互谱的虚部就可以得到声强。间接法的优点是可以利用通用的 FFT 分析仪进行处理，可以使一台仪器有多种用途，提高了仪器的使用率。另一个优点是比较容易修正两通道间的相位误差 间接法的 FFT 计算也可以用专用软件在计算机上实现，这是目前比较常用的方法。虽然在计算机上进行 FFT 运算的速度比不上专门仪器，尤其比不上直接法，但对于比较平稳的声场，这种方法经济、通用

12.3.4　声品质评价

12.3.4.1　评价目的

数十年来，在机电设备噪声的声学测量工作中，过去主要考虑对人耳听力的影响，A 声级是最主要的评价量，所以降低 A 声压级是主要的噪声控制指标。但是，由于声音物理特性和人体主观感知的差异性，具有相同 A 声级的噪声由于频谱结构的差异，引起人耳听觉感受也不同。例如传统的车内噪声评价主要是 A 声级，但是人们发现，相同声压级的噪声经常给人不同的听觉体验，单用 A 声级不能客观地反映车内噪声给人的听觉感受，还需要考虑频谱特性、时域特性、人耳对声音的各种反应等。所以声学工程师提出了车内声品质的概念，成为评价声音适宜性的主要指标。

声品质是一种主观判断的结果。当声音产生了一种令人不悦的、烦恼的听觉感受时，我们就说声品质不好，或者说声品质和产品不协调。相反，如果声音产生了令人愉悦的听觉感受，或者与产品有积极的联系，我们就说起声品质好。声品质反映了人对噪声的主观感受，对产品使用者的购买心理起到了越来越关键的作用，尤其在汽车领域，研究车内声品质，改善车内声品质，提高汽车乘坐舒适性和市场竞争力，日益受到汽车界的高度重视。声品质的研究，实际上提出了现代噪声控制的全新概念，即噪声控制不仅要降低噪声的声压级，还要能够调节产品的声音特性，消除总体噪声中令人烦躁的成分，保留令人愉悦的成分，使得产品符合消费者主观感受的要求。声品质的准确评价是声品质改进和设计的前提基础。

评价声品质的方法有两种：客观评价和主观评价。客观评价通过试验测量并分析车品质评价指标：响度、尖锐度、抖动度、粗糙度等；主观评价试验组织多名评价人员在实验室内通过监听噪声样本，利用打分或对比的方法评价噪声样本，运用统计的数学方法获得主观评价结果。

12.3.4.2　客观评价

(1) 响度

人耳对声波响度的感受，不仅和声压相关，也和频率相关，声压级相同而频率不同的声音听起来可能不一样响。为了既考虑到声音的物理量能量，又考虑到人耳对声音的生理感受，提出了响度级的概念，单位为方(phon)。使用等响度实验方法，以 1000Hz 某一声压级的声压为基准，进行不同频率的响度对比，可以提出不同频率、不同声压级的等响度曲线，见图 27-12-15。

响度级虽然定量地确定了响度感受与声压级、频率的关系，但是却未能确定这个声音比那个声音响多少。为此，1947 年国际标准化组织采用了一个与主观感受成正比的参量：响度（loudness），单位宋(sone)，符号为 N，并规定响度级 40 方为 1 宋。经实验得到，响度与响度级的关系为：

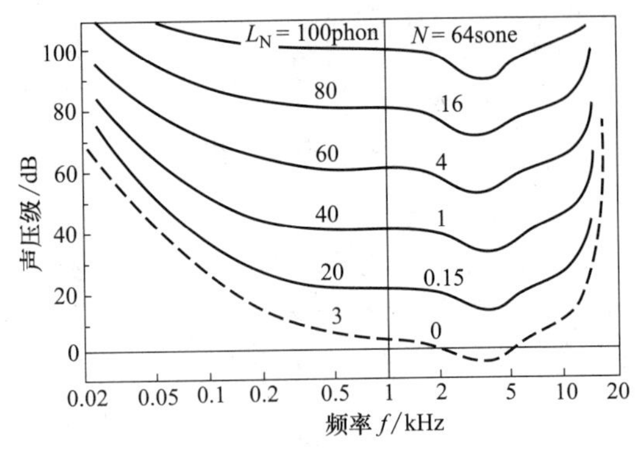

图 27-12-15　自由场纯音等响度曲线

$$\begin{cases} L_N = 40 + \log_2 N & \text{(phon)} \\ N = 2^{0.1(L_N - 40)} & \text{(sone)} \end{cases} \tag{27-12-36}$$

式中，N 是响度（宋）；L_N 是响度级（方）。

考虑了时域特性的响度计算目前还没有统一的国际标准。关于稳态噪声的响度计算，国际标准 ISO 532 规定了 A、B 两种计算方法，均考虑了不同频率噪声之间的掩蔽效应。A 方法：由斯蒂文斯（Stevens）提出，详细内容参见标准 ISO 532-A-1975 和 ANSIS 3. 4-1980。它以倍频程带或 1/3 倍频程声压级数据为基准，适用于具有光滑、宽频带频谱的扩散声场。此方法根据实验得出等响度指数曲线，见图 27-12-16。

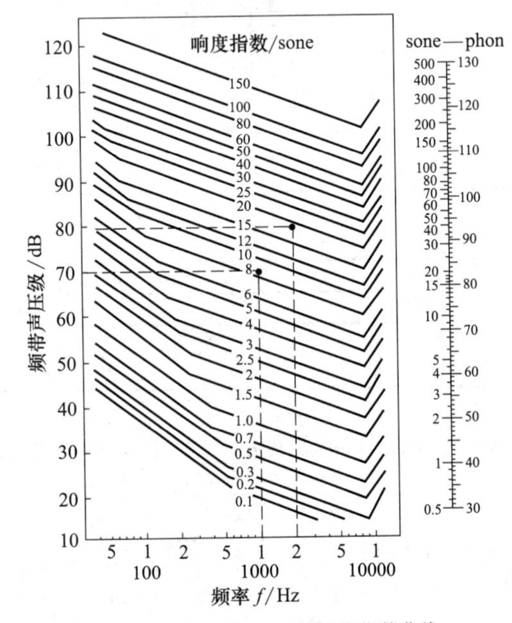

图 27-12-16　Stevens 等响度指数曲线

对带宽掩蔽效应考虑了计权因素，认为响度指数最大的频带贡献最大，而其他频带由于最大响度指数频带声音的掩蔽，它们对总响度的贡献应乘上一个小于 1 的修正因子，这个修正因子和频带宽度的关系见表 27-12-15。

表 27-12-15　总响度修正因子

频带宽度	被频带	1/2 被频带	1/3 被频带
修正因子 F	0.3	0.2	0.15

具体的计算方法为：①测出频带声压级（被频带或 1/3 被频带）；②从图 27-12-16 上查出各频带声压级对应的响度指数；③找出响度指数中的最大值 S_m，将各频带响度指数总和中扣除最大值 S_m，再乘以相应带宽修正因子 F，最后与 S_m 相加即可计算响度，用数学表达式可表示为：

$$S = S_m + F\left(\sum_{i-1}^{n} S_i - S_m\right) \quad (\text{sone}) \tag{27-12-37}$$

B 方法：由茨威格（Zwicker）提出，详细内容参见 ISO 543B。使用 1/3 倍频程作为基础数据，引入特征频带对人耳的掩蔽效应修正，适用于自由声场或扩散声场。由于临界频带对响度计算有很大影响，因此在构造响度模型时，把激励声压级对临界频带率（critical band ratio）模式作为基础，将总响度看作是特征响度临界频带率的积分。可将 B 方法的计算过程归纳为以下四个步骤。

① 求各临界频带的总声压级　人耳的频率选择特性是通过临界频带滤波器来模拟的，由于 300Hz 以上 1/3 倍频程与临界频带比较接近，常用其代替临界频带滤波器，对于 300Hz 以下的低频两者差别较大，解决的办法就是把中心频率 25～80Hz、100～160Hz 和 200～250Hz 分别合并为一个临界频带，如表 27-12-16 所示。

除进行频带修正外，对中心频率 f_T 小于 250Hz 的 1/3 倍频带声压级 L_T 还需要依据等响曲线表 27-12-17进行修正，ΔL 为修正值。在以上修正的基础上，得到各临界频带的总声压级。

② 求各个临界频带的修正声压级　将第一步计算得到的各频带声压级加上外耳和中耳的传输因子 α_0（表 27-12-18），即可得到各临界频带的修正声压级 L_E。

表 27-12-16　倍频带近似临界频带

f_c/Hz	25 32 40 50 63 80				100 125 160			200 250		315	400	500	630
z/Bark	1				2			3		4	5	6	7
f_c/kHz	0.8	1.0	1.3	1.6	2.0	2.5	3.2	4	5	6.3	8	10	7
z/Bark	8	9	10	11	12	13	14	15	16	17	18	19	20

表 27-12-17　中心频率小于 250Hz 的 1/3 倍频带声压级 L_T 的修正

$L_T+\Delta L\leqslant$/dB \ f_T/Hz	25	32	40	50	63	80	100	125	160	200	250
45	−32	−24	−16	−10	−5	0	−7	−3	0	−2	0
55	−29	−22	−15	−10	−4	0	−7	−2	0	−2	0
65	−27	−19	−14	−9	−4	0	−6	−2	0	−2	0
70	−25	−17	−12	−9	−3	0	−5	−2	0	−2	0
80	−23	−16	−11	−7	−3	0	−4	−1	0	−1	0
90	−20	−14	−10	−6	−3	0	−4	−1	0	−1	0
100	−18	−12	−9	−6	−2	0	−3	−1	0	−1	0
120	−15	−10	−8	−4	−2	0	−3	−1	0	−1	0

表 27-12-18　传输因子 α_0

临界频带数	1	2	3	4	5	6	7	8	9	10	11	12	13	14	15	16	17	18	19	20
传输因子 α_0	0	0	0	0	0	0	0	0	0	0	−0.5	−1.6	−3.2	−5.4	−5.6	−4	−1.5	2	5	12

③ 求各临界频带的特征响度　根据 ISO 532.1975 推荐的计算特征响度的计算公式：

$$N'=K_1\cdot10^{0.1e_1L_{HS}}\left[(0.75+0.25\times10^{0.1(L_E-L_{HS})})^{e_1}-1\right]\quad(\text{soneG/Bark})\tag{27-12-38}$$

式中，指数 e_1 为 0.25；常数 K_1 的计算结果为 0.0635；L_E 为上一步求得的修正声压级；L_{HS} 为静阈值，可根据下式求得：

$$L_{HS}=3.64e^{0.8\ln f}-6.5e^{-0.6(f-33)^2}+0.001f^4\quad(\text{dB})\tag{27-12-39}$$

④ 求整个频带的总响度　在 Bark 域上积分特征响度 N' 可得到噪声的总响度，即

$$N=\int_0^{24\text{Bark}}N'(z)\text{d}z\quad(\text{sone})\tag{27-12-40}$$

另外，在完成第一步工作后，也可以将各临界频带的总声压级等效画在 Zwick 响度计算曲线（图 27-12-17）上，连接各数据点并求出数据点和横轴围成的面积的平均高度，用此高度对照右侧的列线图即可求出噪声的响度和响度级。

（2）尖锐度

尖锐度（Sharpness）是描述高频成分在声音频谱中所占比例的物理量，反映了人们对高频声音的主观感受。影响尖锐度的因素有窄带噪声的中心频率、带宽、声压级和频率包络。

尖锐度的符号是 Sh，单位是 acum，规定中心频率为 1kHz、宽带为 160Hz 的 60dB 窄带噪声的尖锐度为 1acum。目前，尖锐度计算还没有统一的国际标准，常用的尖锐度计算模型有以下几种。

Zwicker 提出的尖锐度模型：

$$Sh=0.11\times\frac{\int_0^{24\text{Bark}}N'(z)zg(z)\text{d}z}{\int_0^{24\text{Bark}}N'(z)\text{d}z}=0.11\times\frac{\int_0^{24\text{Bark}}N'(z)zg(z)\text{d}z}{N}\quad\text{acum}\tag{27-12-41}$$

式中，N 为总响度；N' 为临界频带 z 上的特征响度；$g(z)$ 为 Zwicher 依据不同临界频带设置的响度计权函数，其值为：

当 $z<16$ 时，$g(z)=1$；

当 $z\geqslant16$ 时，$g(z)=0.066e^{(0.171z)}$。

Aures 提出的尖锐度模型：

$$Sh=0.11\times\frac{\int_0^{24\text{Bark}}N'(z)e^{0.171z}\text{d}z}{\log(0.05N+1)}\quad\text{acum}\tag{27-12-42}$$

Bismarck 提出的尖锐度模型：

$$Sh=0.11\times\frac{\int_0^{24\text{Bark}}N'(z)zg(z)\text{d}z}{\int_0^{24\text{Bark}}N'(z)\text{d}z}=0.11\times\frac{\int_0^{24\text{Bark}}N'(z)zg(z)\text{d}z}{N}\quad\text{acum}\tag{27-12-43}$$

当 $z<14$ 时，$g(z)=1$；

当 $z\geqslant14$ 时，$g(z)=1+\frac{1}{1000}(z-14)^3$。

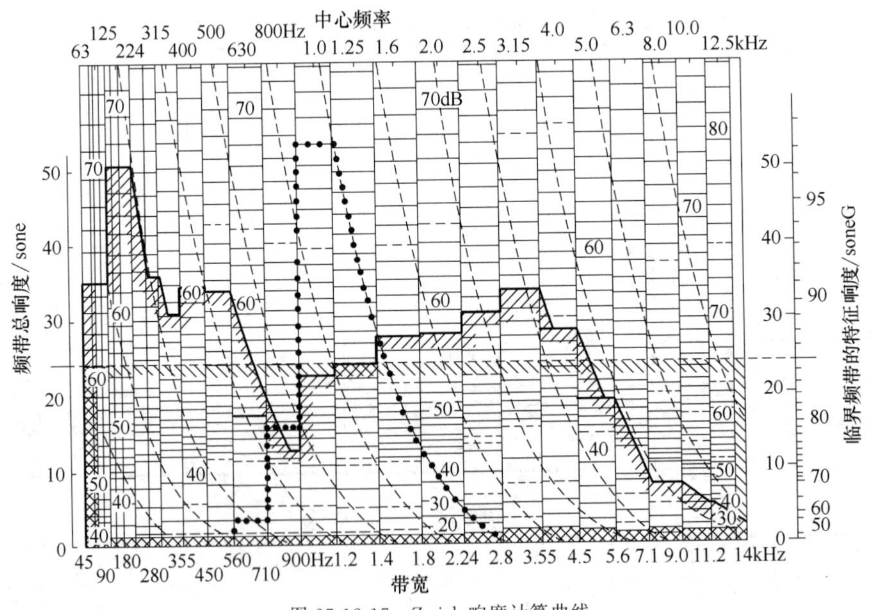

图 27-12-17　Zwick 响度计算曲线

（3）抖动度

声音的时域变化可以使人类听觉系统形成两种不同的感觉，即粗糙度和抖动度，这取决于调制频率。当调制频率在 20Hz 以下时抖动占主导地位，其最大值出现在调制频率为 4Hz 的时候，调制频率继续升高，波动强度下降。影响抖动度的主要因素有调制频率、调制幅度和声压级等。

用 4Hz 的纯音对 60dB、1kHz 的纯音进行 100% 的幅值调整，此时的抖动度为 1vacil。

（4）粗糙度

当调制频率从 15Hz 上升到 300Hz 时，人对抖动度的感觉就变成了对粗糙度的印象，调制频率为 70Hz 时人对粗糙度的感觉达到最大值，随后随调制频率的升高而下降。声音的粗糙特性通常会给人一种不愉快的听觉感受，影响粗糙度的主要因素有调制频率、调制幅度和声压级等。

用 70Hz 的纯音对 60dB、1kHz 的纯音进行 100% 的幅值调整，粗糙度为 1asper。

12.3.4.3　主观评价

（1）样本

传统的单通道声信号记录方式不适合声品质评价。为了在主观评价中获得与实际情况相一致的声事件感觉，一般会选择人工头记录数据，再使用专业的回放系统播放。人工头可以对声音事件进行双耳记录，这种记录基本保持了人耳听觉感知的所有特性，尤其是空间听觉特性，这也是在回放中获得正确听觉印象的条件。

（2）评价主体

主观评价实验中的测听者称为评价主体。声品质主观评价结果的优劣和评价主体对评价内容和评价方法的理解程度及主体的综合表现密切相关。因此，主体的选择和培训是主观评价实验结果可靠性、有效性的保证。

评价主体的数量取决于是否需要进行主体的培训及评价实验的难度。理论上主体个数可由测试结果的分布状况及测量精度确定。具体测量时的主体个数只能根据主观评价的经验来确定。研究表明，对于大多数心理声学评价测试，20 名主体就已经足够了。

对评价主体的构成考虑三个方面的因素。一是在噪声主观评价方面的经验；二是评价主体对评价产品的熟悉程度；三是主体的结构要符合相应的人口统计学规律（如年龄、性别、文化背景、职业、经济状况等）。

（3）评价方法

主观评价的方法很多，主要有排序法、等级打分法、成对比较法、语义细分法等。

① 排序法（Rank order）是最简单的主观评价方法之一。实验要求评价主体针对某个或者几个评价指标（如偏好性、烦恼度等）根据听到的所有声音样本进行排序。声音样本是连续播放的。评价过程中，评价者可以根据自身需要对某个声音样本进行多次重放。然而，由于排序工作的复杂性是随着评价样本数量的增加而增加的，所以样本数量通常比较少（6 个或者更少）。该方法的主要缺点是无法给出具体的比例尺度信息，只能得出声音 A 比声音 B 更好，但是具体好多少就无从得知了。因此，只有在人们想快速得到某些声音的简单比较结果时才用到排序法。

② 等级打分法（Rating scales）是评价者在规定的评分范围内对听到的声音进行打分，常用的是 1～10 级打分。评价中声音样本顺序播放，且不能重放。因此，该方法简便快捷，可以直接得到评分结果。但是对于没有声学经验的评价者操作起来比较困难。

③ 成对比较法（Paired comparison methods）又称 A/B 比较法，它是将声音样本成对播放，评价者据此做出相关评判。由于评判是相对的，而不是绝对的，评价者可以不用顾忌地做出评价，因此成对比较法很适合无经验者使用。但该法的一个缺点就是比较对的数量相当大，因为它是按照样本数量的平方增长的。这就意味着假如有大量的样本，那么评价势必会相当冗长，容易引起评价者的疲劳。

④ 语义细分法（Semantic differential）是让评价者运用意义相反的形容词对所听到的声音进行等级描述，可以是属性方面的形容词（安静的/响的、平滑的/粗糙的），也可以是主观印象方面的形容词（便宜的/昂贵的、有力的/弱的）。把这些形容词安置在等级的两端，中间使用一些量度性的副词，评价者可以根据对声音的主观感受做出评判。评价等级可以分为 5 级、7 级或者 9 级。成对比较法关注声音的一个属性（偏好性、烦恼度、相似性等），而语义细分法则可以进行多种属性的评价。

⑤ 幅值估计（Magnitude estimation）就是主观评价实验中评价主体就声音的某一特性（例如声音的喧闹或者是愉悦程度）给出一个具体的数值。通常情况下对主体所使用的数值范围没有限制。与打分法或语义细分法相比，这种方法的优点是主体不需要考虑评分越界的问题。而其主要的缺点则是不同的主体可能会给出差异巨大的估计结果。解决这一问题的关键是对评价主体进行良好的培训。起初，主体完成幅值估计这一任务会比较困难，在正式评价之前必须让他们经过一段时期的试验和练习，因此这种方法更适合于那些专家级的评价者。

12.3.5 声成像测试

声成像测试技术可以对设备声辐射进行照相，用图像的方式直观地显示声源的位置和强度，是近年来噪声源辨识领域的研究热点。目前，声成像测试技术已经日趋成熟，工程应用也日益增多。声成像测试技术是基于传声器阵列的测试方法，根据成像原理划分，有近场声全息（near-field acoustic holography，NAH）、波束成型阵列测量（beam forming）等技术。

12.3.5.1 波束成型阵列测试技术

Beamforming 是基于传声器阵列的指向性原理的一种声成像技术。该技术假设所需辨识的声源由位于某个已知平面上的一系列非相干的分布点源组成，各传声器的输出乘以相应的时延与权重函数后相加（称为延迟求和算法），从而获得某个特定方向传来的声音。

轨道交通噪声常用的测量传声器阵列形式包括线型阵列，X 形阵列，环形阵列，L 形阵列，星形阵列，平面阵列，球面阵列等。根据分辨率的要求，所需的传声器数量从十几到几十不等。Beamforming 技术重建的分辨率受到最高分析频率对应的声波波长的限制，无法分辨半波长内的声源。Beamforming 在测量过程中无需移动传声器阵列，通过适当的数据处理算法可以使传声器阵列聚焦在固定的声源位置，并对需要的声源范围进行扫描获得声源的分布，实现声源辐射成像，适合于分析中高频噪声源的定位问题，尤其适合研究高速运动的噪声源定位，如飞机起飞降落噪声、汽车及轨道列车的通过噪声等。常用 Beamforming 阵列及其工程应用如图 27-12-18 所示。

12.3.5.2 近场声全息测试技术

NAH 利用传声器阵列在包围源的全息测量面上测量复声压信息，然后借助源表面和全息面之间的空间场变换关系，由全息面声压重建源面或其他重建面处的声场信息，如声压、法向振速及声强等。常见的重建算法有空间傅里叶变换、边界元法、波叠加法及 HELS 方法等。由于 NAH 在紧靠声源的测量面上（距离小于半波长）记录全息数据，因而它不仅能接收到传播波，还能接收到随垂直于源面方向上的距离很快衰减的“倏逝波”成分，因此，其重建的分辨率不受辐射声波波长的限制。

NAH 采用的传声器阵列有平面、柱面及任意形曲面等面阵列。NAH 具有很高的辨识精度，远高于 Beamforming 技术，但是存在以下缺陷：

① 需要很多的测量通道。该技术要求传声器间距小于最高分析频率对应的半波长，同时，要求全息面必须完整的包围源面，当声源尺寸很大，或辐射噪声频率较高时，所需测量通道通常多达数百个。为了减少测量通道的数目，可以采用阵列扫描技术，即采用少数传声器组成子阵列在测量面上逐步移动以完成声压测量，但是，需要寻找合适的参考声源。

图 27-12-18 常用 Beamforming 阵列及其工程应用

② 难以分析运动声源。因此，NAH 适合于中低频（100Hz～2kHz）的小型或中型非运动声源的精细声学成像，如发动机、压缩机、轮胎、小型飞机机舱等。常用 NAH 阵列及其工程应用如图 27-12-19 所示。

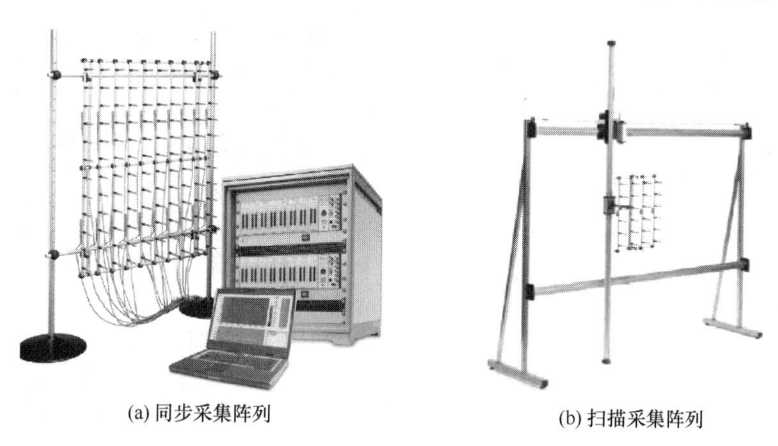

(a) 同步采集阵列　(b) 扫描采集阵列

图 27-12-19　常用 NAH 阵列及其工程应用

第13章 机械噪声控制

13.1 噪声源控制

根据产生噪声的媒质不同，噪声源可分为机械噪声源（固体结构）及流体噪声源（空气、液体）两大类；根据噪声传播媒质的不同，噪声传播途径可分为流体声传递及结构声传递。

13.1.1 噪声控制原则与方法

噪声控制一般需从三个方面考虑：噪声源的控制，传播途径的控制，接受者（点）的防护。

13.1.1.1 噪声源的控制

直接对噪声源进行处理以降低噪声是噪声控制的最有效方法，主要措施如下。

① 合理选择材料。例如，采用高分子材料等高阻尼材料代替一般金属材料。

② 改进机械设计。例如，用皮带传递代替齿轮传递，优化喷嘴设计等。

③ 减小激振力。例如，减小或避免运动零部件的冲击，减小不平衡惯性力，提高运动零部件间的接触性能等。

④ 降低噪声辐射部件对激振力的响应。例如，减小声辐射面积，增加刚度和阻尼，以尽量避免共振等。

13.1.1.2 传播途径的控制

噪声源传播途径的常见控制措施见表27-13-1。

表27-13-1 噪声源传播途径的常见控制措施

措施	噪声控制原理	应用范围	降噪效果/dB(A)
吸声	利用吸声材料或结构，降低厂房、室内反射声，如悬挂吸声体等	车间内噪声设备多且分散	4～10
隔声	利用隔声窗、隔声罩、隔声屏等隔声结构，将噪声源和接受点隔开	车间少量噪声源，交通噪声等	10～40
消声器	利用阻性、抗性、小孔喷注和多孔扩散等原理，消减气流噪声	气动设备的空气动力性噪声及排空噪声	15～40
隔振	把刚性接触的振动设备改为弹性接触，隔绝固体声传播，如隔振器等	设备振动厉害，固体声传播远，干扰居民	5～25

13.1.1.3 噪声接受者（点）的防护

控制噪声的最后一环是接受者（点）的防护。在其他技术措施不能奏效时，个人防护是一种有效的噪声控制方法。特别是在冲击、风动工具等设备较多的高噪声车间内，就必须采取个人防护措施，如耳塞、耳罩、防声头盔等。

13.1.2 机械噪声源控制

机械噪声是由固体振动产生的。在冲击、摩擦、交变应力或磁性应力等作用下，引起机械设备的构件（杆、板、块）及部件（轴承、齿轮）碰撞、摩擦、振动，而产生机械噪声。表27-13-2给出了常见机械噪声的声源控制措施，表27-13-3给出了声传播途径的常见控制措施。

表27-13-2 常见机械噪声的声源控制措施

噪声种类	控制措施
撞击噪声	增加撞击时间；降低撞击速度；降低自由撞击体的质量；增加固定体的质量；避免有交替负荷的松动部件
齿啮合噪声	增加接触时间；使用斜齿轮；增加啮合齿的数量；提高加工精度（对准、齿形）；采用高阻尼材料齿轮
滚动噪声	保持滚动面光滑；使用合适的润滑剂；使用高精度滚动轴承；减小机架公差；使用滑动轴承代替；增加接触面的弹性
摩擦噪声	采用合适的润滑剂；增加可自激结构的阻尼
电磁噪声	选择合适的磁隙数避免转子和定子中的共振；避免磁隙与磁极平行；使磁芯位置公差最小以获得磁场对称；优化磁极形状；选择合适的变压器铁芯材料

表27-13-3 机械噪声的声传播途径的常见控制措施

传播媒质	控制措施	基本原则
空气	消声器	对宽带噪声采用阻性或阻-抗复合消声器，且保证流动媒质的速度在20m/s以内；对低频噪声采用抗性消声器
	隔声罩	完全隔离噪声源，即使缝隙和小洞也必须密封；外壳采用隔声材料；内部使用吸声材料；避免机器与隔声罩之间刚性连接，减少安装点的数量；在通风口及电缆、管道的开口处使用消声器
固体	隔振	隔振元件的弹性足够大；底座的刚度和质量足够大；避开共振区域
	阻尼	当原阻尼小时增加额外阻尼；在共振响应区域应用阻尼降低振动传递；在声源附近应用阻尼

13.1.3　空气动力噪声源控制

空气动力噪声是由于空气的湍流、冲击和脉动引起的，常见于空气动力机械（风机、空压机、锅炉等）。随着现代工业的发展，空气动力机械越来越向大功率、高转速的方向发展，空气动力噪声危害也日益严重。

空气动力机械结构形式不同，空气动力噪声产生机理也不尽相同，所以，控制方法也各有不同。但是，从噪声源控制这类噪声时应遵循以下基本原则：①降低工作压力；②降低压降；③最小化流速；④优化喷嘴出口，减小流经喷嘴的速度变化；⑤降低叶片边缘的速度；⑥避免流体中的障碍物；⑦改善流体流态。以离心风机为例，可采取增加风机叶片数目，增大转子尺寸，采用扩压器以减少吸气边的压力损失，避免蜗舌间隙太小及吸气边上有障碍物和扰动，使吸气边上有低紊流度的良好流动等措施从噪声源控制风机噪声。

空气动力性噪声通常非常大，仅靠控制噪声源，在保证工作性能的同时难以达到噪声控制需求，这就需要从噪声传播途径上控制噪声。在空气动力机械的输气管道中或进、排气口上安装合适的消声器，是控制空气动力性噪声的主要技术措施，广泛用于各种风机、内燃机、空气压缩机、燃气轮机及其他高速气流排放的噪声控制中。

13.2　隔声降噪

用材料、构件或结构来隔绝空气中传播的噪声，从而获得较安静的环境称为隔声。上述材料（构件、结构）称为隔声材料（隔声构件、隔声结构）。构件的设置部位，可以在声源附近、接受者周围或在噪声传播的途径上。例如，在工矿企业中常用隔声罩将高噪声源封闭起来，以防止噪声扩散危害操作工人的健康和污染环境；在民用建筑中要求围护结构如墙、楼板、门窗等具有一定的隔声能力，目的是保证室内环境的安静；在高速公路或轨道交通的两侧筑起隔声屏障，以减少交通噪声对环境的污染等。

13.2.1　隔声性能的评价与测定

13.2.1.1　隔声量

构件的隔声能力用隔声量 R 表示，其定义为入射到构件表面上的声功率 W_1 与透过构件的透射声功率 W_2 的分贝数之差，即

$$R=10\lg(W_1/W_2)\quad(\text{dB})\qquad(27\text{-}13\text{-}1)$$

构件的隔声性能是频率的函数，通常可采用隔声量随频率的变化曲线，即隔声频率特性曲线来表示构件的隔声性能。但为了便于对构件之间的隔声性能进行比较，也可采用单值评价指标来表示构件的隔声量，如平均隔声量 $\overline{R}$，500Hz 隔声量 R_{500}，计权隔声量 R_W 等。

13.2.1.2　计权隔声量 R_W

计权隔声量 R_W 是国际标准化机构 ISO 规定的单值评价指标。它是将已测得的构件隔声频率特性曲线与规定的参考曲线进行比较确定的，采用倍频程或 1/3 倍频程，频率范围为 100～3150Hz。参考曲线特性如图 27-13-1 所示，100～400Hz 之间以每倍频程增加 9dB 的斜率上升，400～1250Hz 之间以每倍频程增加 3dB 的斜率上升，1250～3150Hz 之间是一段水平线。

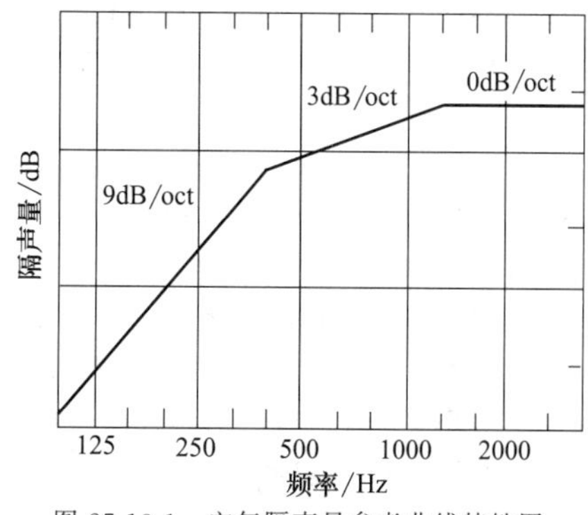

图 27-13-1　空气隔声量参考曲线特性图

确定计权隔声量的步骤：首先将测得的隔声构件各频带的隔声量画在横坐标为频率、纵坐标为隔声量的坐标纸上，并连成隔声频率特性曲线。然后将评价计权隔声量的参考曲线画在具有相同坐标刻度的透明纸上，把透明的参考曲线图放在隔声频率特性曲线图的上面，对准两图的频率坐标，并沿垂直方向上下移动，直至满足以下两个条件：

① 隔声频率特性曲线各频带在参考曲线之下不利偏差的 dB 数总和不大于 32dB（1/3 倍频程）或 10dB（倍频程）；

② 隔声频率特性曲线任一频带的隔声量在参考曲线之下不利偏差的最大值不超过 8dB（1/3 倍频程）或 5dB（倍频程）。

当参考曲线移动到满足上述条件的最高位置时，参考曲线上 500Hz 对应的隔声量读数（以整 dB 数为准）即为该构件的计权隔声量 R_W。

更加详细的隔声量性能评价可参阅 GB/T 50121—2005 建筑隔声评价标准。

13.2.1.3 空气声隔声量的实验室测定

在不同的场合或采用不同的测试方法，隔声构件的隔声效果不同。常用的隔声测试标准如下：

GB/T 19889.3—2005/ISO 140-3：1995 声学 建筑和建筑构件隔声测量 第 3 部分：建筑构件空气声隔声的实验室测量

GB/T 19889.4—2005/ISO 140-4：1998 声学 建筑和建筑构件隔声测量 第 4 部分：房间之间空气声隔声的现场测量

GB/T 19889.5—2006/ISO 140-5：1998 声学 建筑和建筑构件隔声测量 第 5 部分：外墙构件和外墙空气声隔声的现场测量

GB/T 19889.6—2005/ISO 140-6：1998 声学 建筑和建筑构件隔声测量 第 6 部分：楼板撞击声隔声的实验室测量

GB/T 19889.7—2005/ISO 140-7：1998 声学 建筑和建筑构件隔声测量 第 7 部分：楼板撞击声隔声的现场测量

GB/T 19889.10—2006/ISO 140-10：1991 声学 建筑和建筑构件隔声测量 第 10 部分：小建筑构件空气声隔声的实验室测量

其中，隔声构件隔声量的实验室标准测量方法为混响室法，具体内容参见 GB/T 19889.3—2005/ISO 140-3：1995 声学 建筑和建筑构件隔声测量 第 3 部分：建筑构件空气声隔声的实验室测量。

13.2.2 单层均质薄板的隔声性能

13.2.2.1 隔声频率特性曲线

单层均质薄板的隔声性能主要由板的面密度、板的刚度及材料的阻尼决定。均质薄板隔声频率特性曲线的理论结果如图 27-13-2 所示。

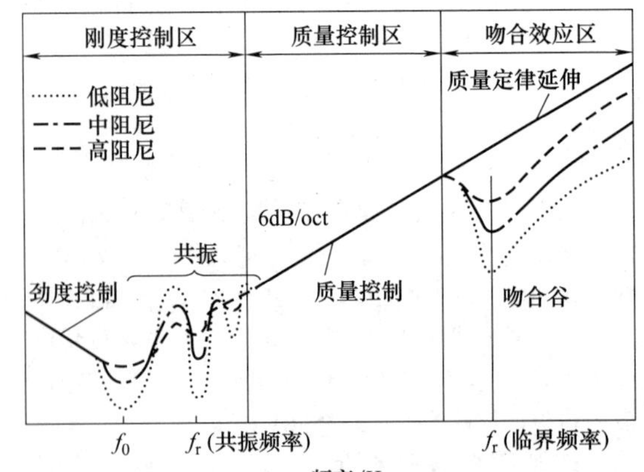

图 27-13-2 典型均质薄板隔声频率特性曲线

(1) 刚度控制区

频率很低时，板受刚度控制，隔声量随频率升高而降低，斜率为－6dB/oct（倍频程）。而且，刚度加倍，特性曲线向上方平移 6dB，隔声量增加 6dB。频率再升高，质量开始起作用，在刚度和质量共同的作用下，板将产生一系列共振，阻尼增加，共振响应降低，隔声量增加。

(2) 质量控制区

隔声量随频率升高而增加，斜率为 6dB/oct。而且，质量加倍，特性曲线向上方平移 6dB，满足质量定律。

(3) 吻合效应控制区

薄板出现吻合效应，在临界频率（又称吻合频率）f_c 处，产生隔声低谷。吻合谷的深浅随着板的阻尼不同而不同，阻尼高时谷较浅，反之则深。隔声低谷之后频率特性曲线将以 10dB/oct 的斜率上升。经过一段频率后上升斜率又回复到 6dB/oct，称为质量定律延伸。

13.2.2.2 隔声量计算

(1) 理论公式

根据质量定律，质量控制区隔声量计算的理论公式如下。

声波垂直入射时：

$$R_0 = 20\lg m + 20\lg f - 42.5 \quad (\text{dB}) \tag{27-13-2}$$

式中 m——板的面密度，kg/m^2；

f——隔声频率。

声波无规入射时（入射角 0°～90°）。

$$R_r = R_0 - 10\lg(0.23R_0) \quad (\text{dB}) \tag{27-13-3}$$

声波现场入射时（入射角 0°～80°）：

$$R_f = R_0 - 5 \quad (\text{dB}) \tag{27-13-4}$$

(2) 经验公式

板实际的隔声量达不到理论值。大量实验数据表明，在质量控制区，面密度增加一倍时，隔声量增加 5dB 左右；频率提高一倍频程时，隔声量增加 4dB 左右。通过长期经验积累，总结出质量控制区隔声量计算的两个常用经验公式：

$$R = 18.5\lg m + 18.5\lg f - 47.5 \quad (\text{dB}) \tag{27-13-5}$$

$$R = 16\lg m + 14\lg f - 29 \quad (\text{dB}) \tag{27-13-6}$$

100～3150Hz 的平均隔声量经验公式为

$$\overline{R} = \begin{cases} 16\lg m + 8 & (m \geqslant 200\text{kg/m}^2) \\ 13.5\lg m + 14 & (m < 200\text{kg/m}^2) \end{cases} \quad (\text{dB}) \tag{27-13-7}$$

图 27-13-3 绘出了式（27-13-7）中的平均隔声量经验公式曲线和部分构件的隔声量实测结果。

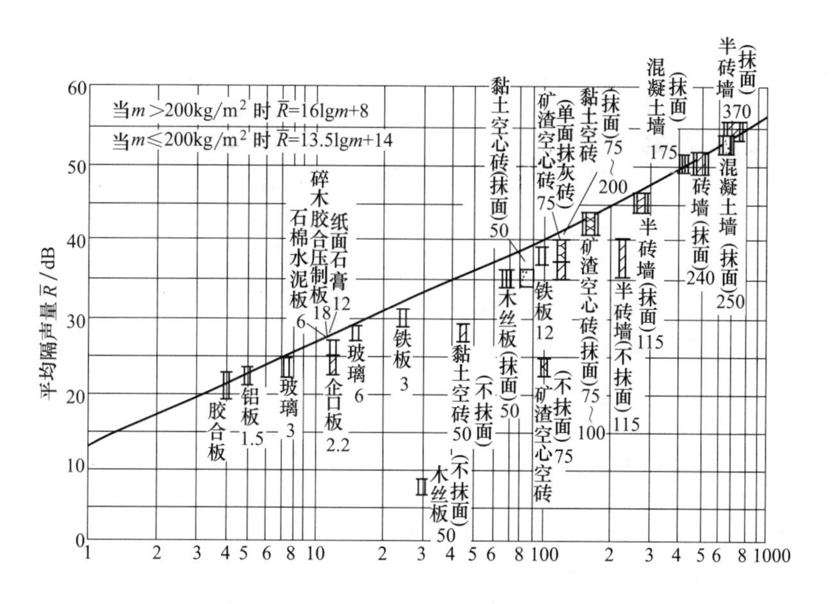

图 27-13-3　墙的面密度与平均隔声量的关系曲线（图中名称下面的数字是厚度，mm）

13.2.2.3　常用单层板结构隔声量

表 27-13-4　　常用单层板结构隔声量　　dB

材料及构造尺寸/mm	面密度/kg·m^{-2}	频率/Hz							
		125	250	500	1000	2000	4000	$\bar{R}$	R_w
铝板 $t=1$	2.6	13	12	17	23	29	33	21	22
钢板 $t=1$	7.8	19	20	26	31	37	39	28	31
钢板 $t_1=1$+,钢板 $t_2=0.5$	11.4	20	22	26	29	37	45	29	30
钢板 $t_1=1$,石棉板 $t_2=3$	9.6	21	22	27	32	39	45	30	32
镀锌薄钢板 $t=1$	7.8	—	20	26	30	36	43	29	30
彩色复钢板:彩色钢板 $t_1=0.6$+,聚苯板 $t_2=100$+,彩色钢板 $t_3=0.6$	13	14	24	23	26	53	51	—	21
纤维板 $t=5$	5.1	21	21	23	27	33	36	26	28
五合板 $t=5$	3.4	16	17	19	23	26	23	21	22
刨花板 $t=20$	13.8	22	25	28	34	29	34	29	31
聚氯乙烯塑料板 $t=5$	7.6	17	21	24	29	36	38	27	29
纸面石膏板 $t=12$	8.8	14	21	26	31	30	30	25	28
全聚碳酸酯蜂窝板 $t=6$	3.0	12	8	11	16	19	—	—	16
全铝制蜂窝板(无边框)$t=20$	8.6	18	12	15	20	26	—	—	20
五合板纸蜂窝板 $t=50$	10.8	18	20	30	35	40	38	30	32
砖墙(两面抹灰)$t=240$	480	42	43	49	57	64	62	53	55
加气混凝土墙(条板、喷浆)$t=200$	160	31	37	41	45	51	55	43	46
硅酸盐砌块墙(两面抹灰)$t=200$	450	35	41	49	51	58	60	49	52
黏土空心砖 $t=240$(抹灰共 30)	380	42	45	46	51	60	—	—	51

注：t 为厚度，不含抹灰，单位 mm；+号表示两块板叠合。

13.2.3　双层板结构的隔声性能

均质单层板的隔声性能基本上遵循质量定律，板的厚度（即面密度）增加一倍时隔声量提高约 5dB。但是，只靠增加厚度提高隔声量并不十分显著，且不经济。实践证明，中间夹有一定厚度空气层的双层结构，要比没有空气层的单层结构隔声量大得多，例如半砖墙加 10cm 空气层再加半砖墙的隔声量，比一砖墙的隔声量要高 8～12dB 左右。

13.2.3.1　隔声频率特性曲线

双层板结构的隔声频率特性曲线如图 27-13-4 所示。单双层板的构造形式“板-空气-板”正如一个“质量-弹簧-质量”弹性系统，当外界声波的频率与弹性系统的固有频率相一致时，双层板就会产生共振，此时，声能很容易透过双层板，隔声频率特性曲线在频率 f_0 处形成一个低谷，f_0 称为第一共振频率。当入射频率远低于 f_0 时，隔声曲线为 6dB/oct 的上升斜率，空气层不起作用，隔声值仅相当于两层板面密度和（m_1+m_2）的质量定律隔声量。当 $f>\sqrt{2}f_0$ 时，隔声曲线将以 18dB/oct 的斜率急剧上升；频率再升高，两板将产生一系列驻波共振和 f_0 的谐波共振，使隔声曲线趋势转为平缓，并会出现临界频率 f_c，在 f_c 处又是一个隔声低谷。图 27-13-4 中阴影区域就是表示双层板结构隔声性能优于同质量单层板的部分。

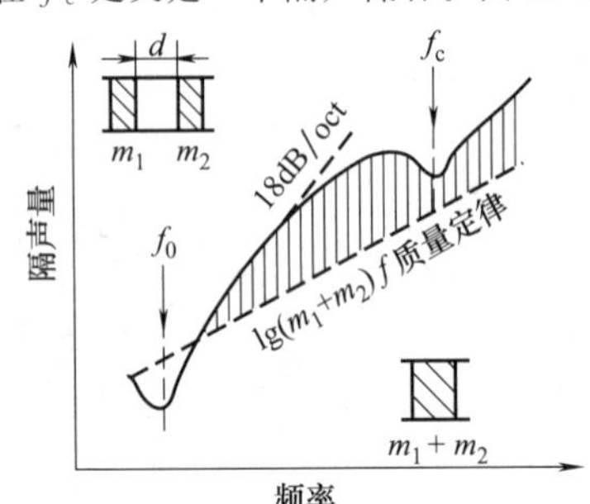

图 27-13-4　双层板结构的隔声频率特性曲线

13.2.3.2　隔声量计算的经验公式

双层板在某个频率下的隔声量的经验公式为：

$$R=16\lg\left[(m_1+m_2)f\right]-30+\Delta R\quad(\mathrm{dB})\tag{27-13-8}$$

平均隔声量的经验公式为：

$$\overline{R}=\begin{cases}16\lg(m_1+m_2)+8+\Delta R & (m_1+m_2)\geqslant 200\mathrm{kg/m^2}\\13.5\lg(m_1+m_2)+14+\Delta R & (m_1+m_2)<200\mathrm{kg/m^2}\end{cases}\quad(\mathrm{dB})\tag{27-13-9}$$

式中　ΔR——空气层附加隔声量，dB，可由图 27-13-5查得。

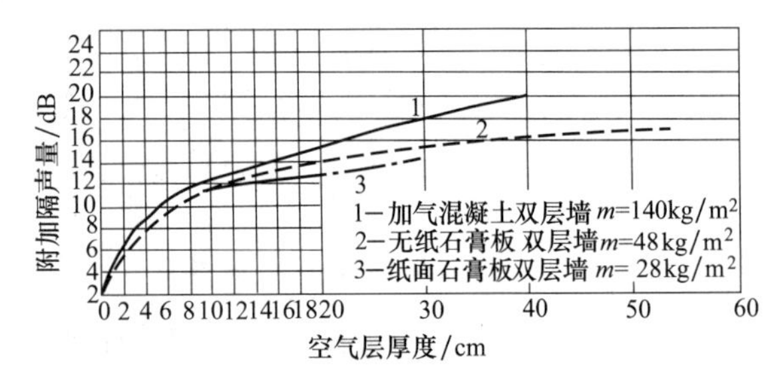

图 27-13-5　双层板空气层的附加隔声量与空气层厚度的关系

图 27-13-5 中的关系曲线是在实验室中通过大量实验得出的，对于不同面密度材料的双层构造，其 ΔR 值不完全相同。在空气层厚度较小时相差不大，反之相差就大些；面密度大的双层构造其 ΔR 要高一些。在实际使用时，重些的双层构造的 ΔR 可选用曲线 1，轻的双层构造可取曲线 3。

常用中空双层板结构的隔声量见表 27-13-5。

表 27-13-5　常用中空双层板结构的隔声量　dB

材料及构造尺寸/mm	面密度/kg·m^{-2}	频率/Hz							
		125	250	500	1000	2000	4000	$\overline{R}$	R_W
$a=b=2$ 铝板，$d=70$，槽钢龙骨	5.2	17	12	22	31	48	53	30	26
$a=b=1$ 钢板，$d=80$，槽钢龙骨	15.3	25	29	39	45	54	56	40	41
$a=b=5$ 纤维板，$d=80$，木龙骨	10.2	25	25	37	44	53	55	39	38
$a=b=5$ 三合板，$d=80$，木龙骨	5.2	16	18	28	34	40	33	28	30
$a=50$，$b=30$，五合板纸蜂窝板，$d=56$	19.5	21	27	35	40	46	53	36	39
$a=b=12$ 纸面石膏板，$d=80$，木龙骨	25	27	29	35	43	42	44	36	38
$a=b=12$ 纸面石膏板，$d=75$，轻钢龙骨	21	16	32	39	44	45	—	35	37
$a=b=20$ 钢板网抹灰双层墙，$d=80$	—	34	39	52	56	64	67	52	52
$a=b=75$ 加气混凝土双层墙，$d=100$	140	40	50	50	57	65	70	55	55

续表

材料及构造尺寸/mm	面密度/kg·m^{-2}	频率/Hz							
		125	250	500	1000	2000	4000	$\overline{R}$	R_W
$a=b=240$ 双层砖墙，$d=150$	800	50	51	58	71	78	80	64	63
$a=b=2$ 铝板，$d=70/70$ 超细棉	12	19	27	40	42	48	53	37	39
$a=b=1$ 钢板，$d=80/80$ 超细棉	19.1	28.4	42	50	57	58	60	48	51
$a=b=5$ 纤维板，$d=80/80$ 超细棉	13.3	24	36	48	58	63	63	47	46
$a=50$，$b=30$，五合板纸蜂窝板，$d=56/56$ 矿棉	22	22	36	45	52	56	55	44	46
$a=b=12$ 纸面石膏板，$d=80/50$ 矿棉毡（波形置放），木龙骨	29	34	40	48	51	57	49	45	49
$a=b=12$ 纸面石膏板，$d=75/30$ 超细棉，轻钢龙骨	22	28	44	49	54	60	—	47	47

注：a，b 为两块板（墙）的厚度；d 表示两板间距，单位 mm。当中空里面填有吸声材料时，在 d 的尺寸后面用“/”分隔，后面标注吸声材料的名称、厚度。

13.2.4　轻型组合结构的隔声性能

13.2.4.1　各类轻型组合结构的隔声特性

表 27-13-6　各类轻型组合结构的隔声特性

名称	构造	隔声特性曲线	说　明
单层板		隔声量 5dB/oct 质量定律 f_c 频率	轻质单层板墙，隔声性能差，$\overline{R}\approx 25\sim 35$dB，$f_c$ 一般在高频。若板拼缝未处理，则 $\overline{R}<20$dB（图中虚线为质量定律结果）
叠合板		f_c	隔声性能与单层板相似，增加一叠合层，$\overline{R}$ 约增加 4dB。f_c 取决于各单层板，若两板胶合成一体，相应于增加板厚，f_c 一般下移
阻尼约束板		f_c	敷设高阻尼因子材料层，减少结构共振，并在所有频率范围内提高隔声量，一般用于金属板隔声构件
空心板			空心部分减轻墙板重量，但对隔声不利，f_c 一般下移，出现了宽钝的吻合谷
刚性夹心板		f_c	用轻质刚性材料黏合两面层板以提高抗弯刚度和稳定性，但 f_c 一般下移，出现了宽钝的吻合谷，隔声性能并无优势

续表

名称	构造	隔声特性曲线	说　明
蜂窝夹心板			用轻质蜂窝芯材黏合两面层板，以提高结构强度，隔声性能与刚性夹心板相似
弹性夹心板		f_c	用柔性不通气发泡材料，黏合两面层板，以提高结构的强度、稳定性和保温性能。在中频范围出现较大隔声低谷
中空板		f_c f_0	轻质薄板固定在支撑龙骨上，有较好的结构强度，隔声性能一般较好。采用不同的龙骨，不同的安装方法，有不同的隔声效果。在尽量减少声桥影响后，可得到相当高的隔声量
中空填棉板		f_c f_0	在中空板填充一定的吸声材料，以消除空腔中的驻波共振以及降低空腔的声压。性能比中空板更好，填充较厚的吸声材料时，隔声量在全频带范围内有显著提高

13.2.4.2　轻型构造中的声桥和提高轻型构造隔声量的方法

在轻型构造的两层板间若有刚性连接物（如龙骨等）时，轻型构造的隔声性能将会下降。这些刚性连接物称为“声桥”，声桥的刚性愈大，隔声量下降也就愈多。虽然声桥会降低隔声量，但是，为了保证轻型构造的强度，龙骨是不可避免的。为了提高轻型结构隔声量，可采取以下措施：

① 龙骨的厚度应大于 7cm，两龙骨之间的距离不应小于 60cm；

② 以轻钢龙骨代替木龙骨约能提高 4dB 的隔声量。在龙骨与板之间加弹性材料，可减少声桥效应，对轻钢龙骨可提高 6～9dB 隔声量。

③ 双层轻板外加一层板，可提高隔声量 5～6dB，但再加一层板只能再增加 2～4dB。

④ 在空气层内填放多孔性吸声材料，如矿棉、玻璃纤维之类，对轻钢龙骨双层板可提高 5dB，对木龙骨可提高 8dB，此时再增加面板的层数，隔声量提高较小。

⑤ 避免共振，为此，保证入射声频率大于$\sqrt{2}f_0$。

以上措施的效果不能简单叠加，在设计高隔声量双层构造时要全面适当地考虑构造形式。

13.2.5　隔声罩

隔声罩是用隔声构件将噪声源罩在一个较小的空间，隔断噪声传播途径，降低噪声干扰的一类隔声设备。

13.2.5.1　隔声罩和半隔声罩的常用形式（见图 27-13-6）

13.2.5.2　隔声罩隔声效果计算公式（见表 27-13-7）

13.2.5.3　隔声罩设计步骤

① 了解或测量噪声源的声级和频谱；

② 根据①和环境安静要求的指标值，确定声源的衰减量和各频段（1/3 或倍频程）的隔声量；

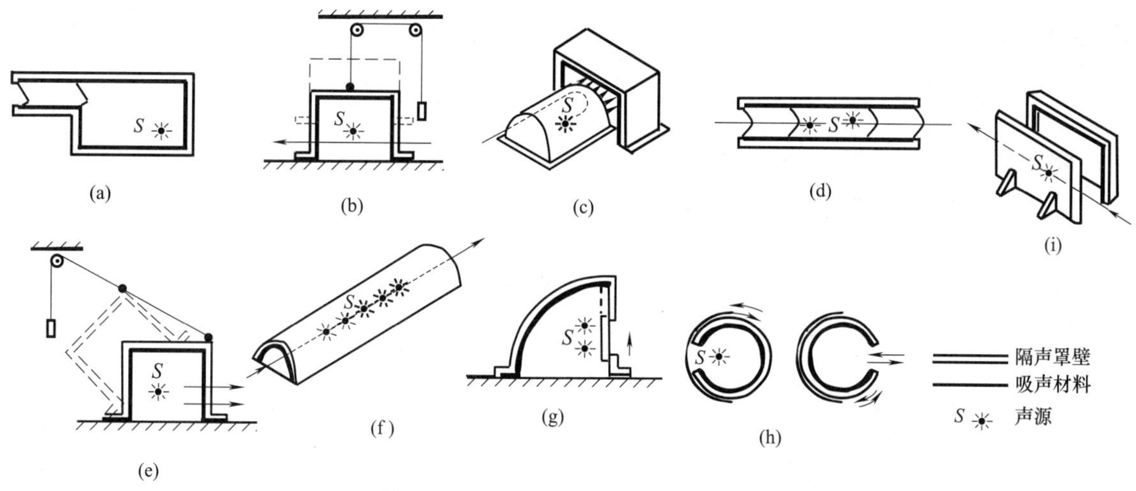

图 27-13-6　隔声罩与半隔声罩的常用形式

表 27-13-7　**隔声罩隔声效果计算公式**　dB

适用情况	计算内容	公式
隔声罩	室内混响声场的噪声衰减	$NR=L_{p1}-L_{p2}=R_1-10\lg\frac{S_1}{S_2\alpha_2}$ 未包括因加隔声罩后罩内声压级 L_{p1} 的增加
	室内混响声场的插入损失	$IL=10\lg\left(\frac{\alpha_1+\tau_1}{\tau_1}\right)=R_1+10\lg(\alpha_1+\tau_1)$ 右方第二项为负值，因此，IL 小于 R_1
局部隔声罩	室内混响声场的插入损失	$IL=10\lg(W/W_r)=10\lg[(S_0/S_1+\alpha_1+\tau_1)/(S_0/S_1+\tau_1)]$

注：1. 表中公式符号：NR 为噪声衰减量，dB；L_{p1}、L_{p2} 为罩内外声压级，dB；S_1、S_2 分别为罩内表面积和室内表面积，m^2，见图 27-13-7；α_1、α_2 为上述表面的平均吸声系数；τ_1 为罩的透射系数；R_1 为罩的隔声量，dB；IL 为罩的插入损失，dB；W 为噪声源的声功率，W；W_r 为透过隔声罩辐射出来的声功率，W；S_0 为局部隔声罩开口面积，m^2。

2. 上列符号中注脚 1 代表罩内，注脚 2 代表室内混响声场。当为局部隔声罩时，罩的面积 S_1 需扣除开口面积 S_0

③ 利用表 27-13-7 挑选合适的隔声材料。

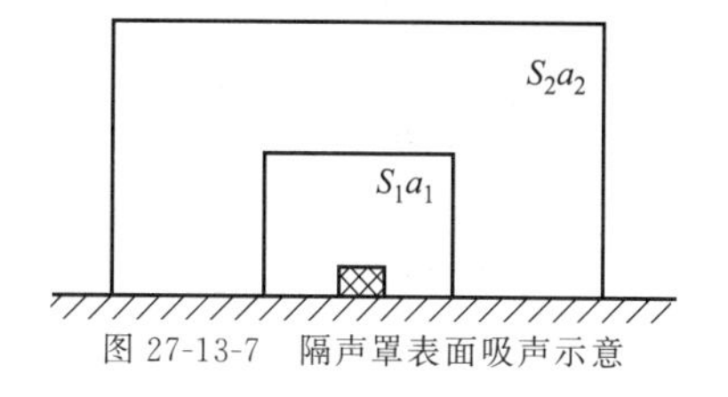

图 27-13-7　隔声罩表面吸声示意

13.2.5.4　隔声罩设计注意事项

① 罩的内壁面与机器设备应留有较大空间，通常应留设备所占空间的 1/3 以上，内壁面与设备间的距离不小于 10cm。

② 隔声罩内应有良好的吸声处理。

③ 隔声罩和声源设备不得有任何刚性连接，并且两者的基础必须有一个作隔振处理。

④ 在使用金属薄板制作隔声罩时，金属板上应涂覆一定厚度的阻尼材料。

⑤ 注意防止缝隙孔洞漏声，做好结构上节点的连接。

⑥ 对于一些有动力、热源的设备，隔声必须考虑通风散热的问题。

13.2.6　隔声屏

隔声屏障是采用吸声材料和隔声材料制造出特殊结构，设置在噪声源与接受点之间，阻止噪声直接传播到接受点的降噪设施。隔声屏障主要用于交通噪声的治理，例如高速公路、轻轨、铁路等。

13.2.6.1　隔声屏类型

隔声屏类型繁多，在降噪效果、造价、景观方面各有特点。隔声屏类型如表 27-13-8 所示。

13.2.6.2　隔声屏降噪效果

隔声屏的降噪效果用插入损失描述，普遍在 5～12dB 之间。各种结构形式隔声屏的降噪效果对比见表 27-13-9。

表 27-13-8 按照结构形式分类的隔声屏

	名称	图样	特点
开放结构形	直立形		结构简单，占用空间小，设计与安装简单，维修保养方便
	逆 L 形		结构较为简单，占用空间较大，设计与安装较为简单，维修保养较为方便，降噪效果较直立形有所提高
	T 形		
	Y 形		结构较为复杂，占用空间大，设计和安装较为烦琐，降噪效果好于逆 L 形
	鹿角形		内部结构远比逆 L 形和 Y 形复杂，占用空间大，设计与安装烦琐，维修保养不便，防腐能力差，但降噪效果好
	水车形		结构过于复杂，设计与安装极其烦琐，维修保养困难
	变形 T 形	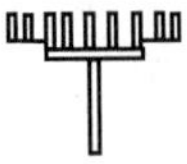	
	管状吸声顶形		顶部有圆柱或蘑菇形吸声材料，必须设有防风、防雨和不易弯曲的保护材料，以增加其耐久性，设计安装复杂，降噪效果好于直立形
非开放结构形	半封闭形		造价高，为直立形隔声屏的 2～3 倍，对附近居民区的光线影响较大，尤其对于城市景观的影响不可忽视，消防设施要求高
	封闭形		

表 27-13-9 各种结构形式隔声屏降噪效果比较

名称	相对降噪效果
直立形	降噪效果较弱
逆 L 形 T 形	与直立形相比插入损失提高 2dB 左右
Y 形	降噪效果好于逆 L 形
鹿角形	与 Y 形相比插入损失大约提高 3～5dB
管状吸声顶形	与直立形相比插入损失提高 2～3dB 左右
半封闭形	降噪效果远高于开放式隔声屏，插入损失可达 12dB 以上

13.3 吸声降噪

13.3.1 吸声材料和吸声结构

吸声材料（结构）种类很多，按其材料状况可分为以下几类。

吸声材料（结构）
- 多孔吸声材料
  - 纤维状
  - 颗粒状
  - 泡沫状
- 共振吸声材料
  - 单个共振器
  - 穿孔板共振吸声结构
  - 薄膜共振吸声结构
  - 薄板共振吸声结构
- 特殊吸声材料

按其吸声特性，可分为表 27-13-10 所示基本类型。

表 27-13-10　吸声材料（结构）按吸声特性分类

类型	基本构造	吸声特性	材料举例及使用情况
多孔材料		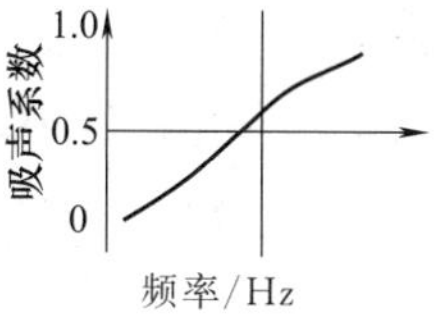 吸声系数 1.0 0.5 0 频率/Hz	矿棉、玻璃棉及其毡、板、聚氨酯泡沫塑料、珍珠岩吸声块、木丝板 松散纤维材料导致环境污染，需作防护处理
单个共振器	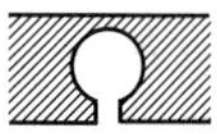	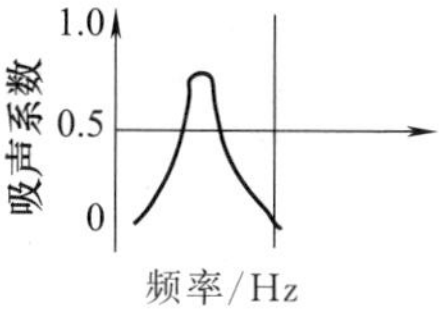 吸声系数 1.0 0.5 0 频率/Hz	由水泥、粒料等制作的有共振腔的空心吸声砖，使用较少
穿孔板	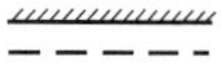	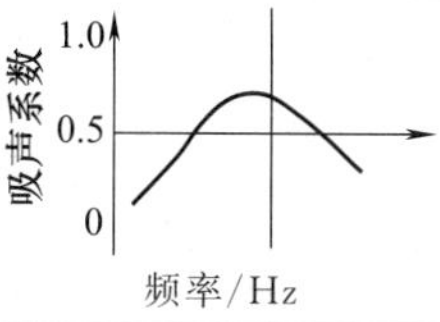 吸声系数 1.0 0.5 0 频率/Hz	穿孔胶合板、穿孔石棉水泥板、穿孔纤维板、穿孔石膏板、穿孔金属板 吸声性能易于控制，能满足多种使用要求，应用广泛
薄板共振吸声结构	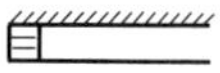	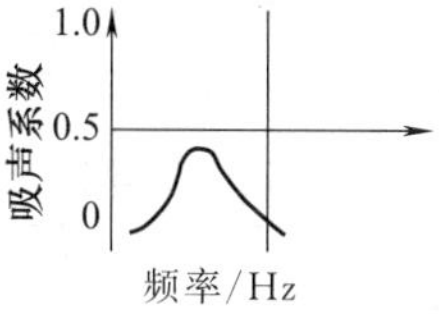 吸声系数 1.0 0.5 0 频率/Hz	胶合板、石棉水泥板、石膏板等 吸声性能偏低，常与其他吸声材料组合使用
柔顺材料		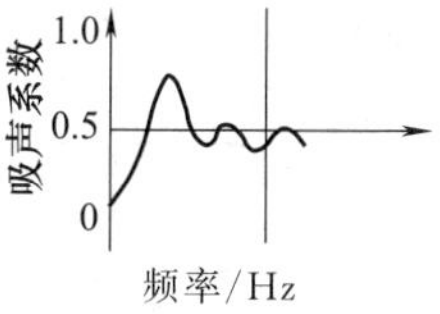 吸声系数 1.0 0.5 0 频率/Hz	闭孔泡沫塑料，如聚苯乙烯、聚氨基甲酸酯泡沫塑料等 吸声性能不稳定，材质易老化
特殊吸声结构		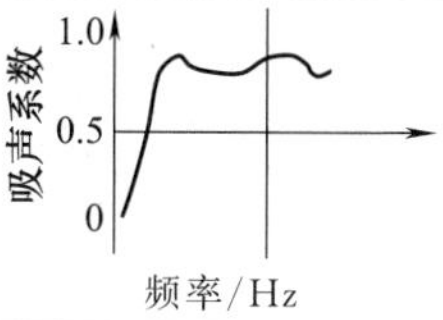 吸声系数 1.0 0.5 0 频率/Hz	由一种或两种以上吸声材料或结构组成的吸声构件，如空间吸声体、吸声屏、吸声尖劈等 预先制作，现场吊装卸维修方便，适合已建成的大空间公共场所

13.3.2　吸声性能的评价与测定

13.3.2.1　吸声性能的评价

吸声材料的吸声能力，可采用吸声系数 α 表示，定义为：当声波入射到材料表面时，入射声能减去反射声能后与入射声能的比值。材料吸声系数在不同频率处是不同的，为了完整地表示材料的吸声性能，常常绘出 α 关于频率的函数曲线，一般工程要给出 125Hz、250Hz、500Hz、1000Hz、2000Hz、4000Hz 的吸声系数。材料吸声系数的大小还与声波入射角度有关，因此在吸声系数的测量中有垂直入射吸声系数、无规入射吸声系数的区别。除此以外，还存在平均吸声系数、降噪系数等单值评价指标。

① 无规吸声系数　表示声波从各个方向以相同的概率无规入射时测定的吸声系数，其测量条件较接近于材料的实际使用条件，故常作为工程设计的依据，测量需在混响室中进行。

② 垂直吸声系数　当声波垂直入射到材料表面时测定的吸声系数，其数值低于无规吸声系数，通常用于材料吸声性能的研究分析、比较，测量需在驻波管中进行。

③ 平均吸声系数　材料不同频率吸声系数的算术平均值，所考虑的频率应予说明。

④ 降噪系数（NRC）　在 250Hz、500Hz、1000Hz 和 2000Hz 处吸声系数的算术平均值，算到小数点后两位，末位取 0 或 5，吸声系数测量方法应予说明。

13.3.2.2 吸声系数的测量

材料吸声性能的测量有两种方法：混响室法及驻波管法。混响室法可测量声波无规入射时的吸声系数。该方法所需试件面积大，测量结果可在声学设计工程中应用。驻波管法可测量声波法向入射时的吸声系数。该方法所需试件面积小，但测量结果只能用于不同材料和同种材料不同情况下吸声性能的比较，不能在声学设计工程中直接使用。具体测量过程参见GB/T 20247—2006《声学 混响室法吸声测量》、GB/T 18696.1—2004《阻抗管中吸声系数和声阻抗的测量 第 1 部分：驻波比法》及 GB/T 18696.2—2004《阻抗管中吸声系数和声阻抗的测量 第 2 部分：传递函数法》。

常用建筑材料吸声系数（混响室）如表 27-13-11 所示。

表 27-13-11 常用建筑材料吸声系数表（混响室）

常用建筑材料	频率/Hz					
	125	250	500	1000	2000	4000
砖墙(抹灰)	0.02	0.02	0.02	0.03	0.03	0.04
砖墙(勾缝)	0.03	0.03	0.04	0.05	0.06	0.06
抹灰砖墙涂油漆	0.01	0.01	0.02	0.02	0.02	0.03
砖墙、拉毛水泥	0.04	0.04	0.05	0.06	0.07	0.05
混凝土未油漆毛面	0.01	0.02	0.02～0.04	0.02～0.06	0.02～0.08	0.03～0.10
混凝土油漆	0.01	0.01	0.01	0.02	0.02	0.02
大理石	0.01	0.01	0.01	0.01	0.02	0.02
水磨石地面	0.01	0.01	0.01	0.02	0.02	0.02
混凝土地面	0.01	0.01	0.02	0.02	0.02	0.04
板条抹灰	0.15	0.10	0.05	0.05	0.05	0.05
木格栅地板	0.15	0.10	0.105	0.07	0.06	0.075
实铺木地板(沥青粘在混凝土上)	0.05	0.05	0.05	0.05	0.05	0.05
玻璃布后空 75mm	0.05	0.22	0.78	0.87	0.43	0.82
纺织品丝绒 0.31kg/m^3，直接挂墙上	0.03	0.04	0.11	0.17	0.24	0.35
木门	0.16	0.15	0.10	0.10	0.10	0.10

13.3.3 多孔吸声材料

13.3.3.1 多孔吸声材料的基本类型

表 27-13-12 多孔吸声材料的基本类型

主要种类		常用材料实例	使用情况
纤维材料	有机纤维材料	动物纤维：毛毡	价格昂贵，使用较少
		植物纤维：麻绒、海草、椰子丝	防火、防潮性能差，原料来源丰富，价格便宜
	无机纤维材料	玻璃纤维：中粗棉、超细棉、玻璃棉毡	吸声性能好，保温隔热，不自燃，防腐防潮，但松散纤维易污染环境，需做好护面层或加工成制品
		矿渣棉：散棉、矿棉毡	吸声性能好，不燃、耐腐蚀，但性脆易折断成碎末，污染环境，施工扎手
	纤维材料制品	软质木纤维板、矿棉吸声板、岩棉吸声板、玻璃吸声板、木丝板、甘蔗板	装配式施工，多用于室内吸声装饰工程
颗粒材料	砌块	矿渣吸声砖、膨胀珍珠岩吸声砖、陶土吸声砖	多用于砌筑截面较大的消声器
	板材	珍珠岩吸声装饰板	质轻、不燃、保温、隔热、强度偏低
泡沫材料	泡沫塑料	聚氨酯泡沫塑料、尿醛泡沫塑料	吸声性能不稳定，吸声系数使用前需实测
	其他	吸声型泡沫玻璃	强度高、防水、不燃、耐腐蚀
		加气混凝土	微孔不贯通，使用较少

13.3.3.2　多孔吸声材料的吸声性能

表 27-13-13　常用多孔吸声材料吸声性能（驻波管测量）

材料(构造)名称	厚度/mm	体积密度/kg·m^{-3}	频率/Hz					
			125	250	500	1000	2000	4000
海草	50	100	0.1	0.19	0.50	0.94	0.85	0.86
毛毡	44	160	0.09	0.25	0.61	0.95	0.92	—
超细玻璃棉	50	20	0.15	0.35	0.85	0.85	0.86	0.86
	100	20	0.25	0.60	0.85	0.87	0.87	0.85
	150	20	0.50	0.80	0.85	0.85	0.86	0.80
防水超细玻璃棉	50	20	0.11	0.30	0.78	0.91	0.93	—
	100	20	0.25	0.94	0.93	0.90	0.96	—
沥青玻璃棉毡，沥青含量2%～5%，纤维直径13～15μm	50	100	0.09	0.24	0.55	0.93	0.98	0.98
	50	150	0.11	0.33	0.65	0.91	0.96	0.98
	50	200	0.14	0.42	0.68	0.80	0.88	0.94
矿渣棉	80	150	0.30	0.64	0.73	0.78	0.93	0.94
	80	240	0.35	0.65	0.65	0.75	0.88	0.92
	80	300	0.35	0.43	0.55	0.67	0.78	0.92
沥青矿棉毡	15	200	0.10	0.09	0.18	0.40	0.79	0.92
	30	200	0.08	0.17	0.50	0.68	0.81	0.89
	60	200	0.19	0.51	0.67	0.68	0.85	0.86
岩棉	50	80	0.08	0.22	0.60	0.93	0.98	0.99
	50	120	0.10	0.30	0.69	0.92	0.91	0.97
	50	150	0.12	0.33	0.73	0.90	0.89	0.96
矿棉吸声板	17	150	0.09	0.18	0.50	0.71	0.76	0.81
膨胀珍珠岩吸声板	18	340	0.10	0.21	0.32	0.37	0.47	—
陶土吸声砖	50	1250	0.11	0.26	0.59	0.55	0.60	—
	100	1250	0.27	0.69	0.64	0.65	0.61	—
加气混凝土	150	500	0.08	0.14	0.19	0.28	0.34	0.45
吸声泡沫玻璃	25	250～280	0.21	0.27	0.37	0.36	0.48	0.69
聚氨酯泡沫塑料	40	40	0.10	0.19	0.36	0.70	0.75	0.80
	50	45	0.06	0.13	0.31	0.65	0.70	0.82
聚氨酯泡沫塑料(聚酯型)	50	56	0.11	0.31	0.91	0.75	0.86	0.81
	50	71	0.20	0.32	0.70	0.62	0.68	0.65
氨基甲酸泡沫塑料	50	36	0.21	0.31	0.86	0.71	0.86	0.82
脲醛米波罗	50	20	0.22	0.29	0.40	0.68	0.95	0.94

13.3.4　共振吸声结构

多孔吸声材料对低频声吸声性能比较差，因此，往往采用共振吸声原理来解决低频声的吸收。由于它的装饰性强，并有足够的强度，声学性能易于控制，故在建筑物中得到广泛的应用。

13.3.4.1　穿孔板共振吸声结构

在各种薄板上穿孔并在板后设置空气层，必要时在空腔中加衬多孔吸声材料，可以组成穿孔板共振吸声结构。一般硬质纤维板、胶合板、石膏板、纤维水泥板以及钢板、铝板均可作为穿孔板结构的面板材料。穿孔板共振吸声性能的影响因素如表 27-13-14 所示。

表 27-13-14　　穿孔板共振吸声性能的影响因素

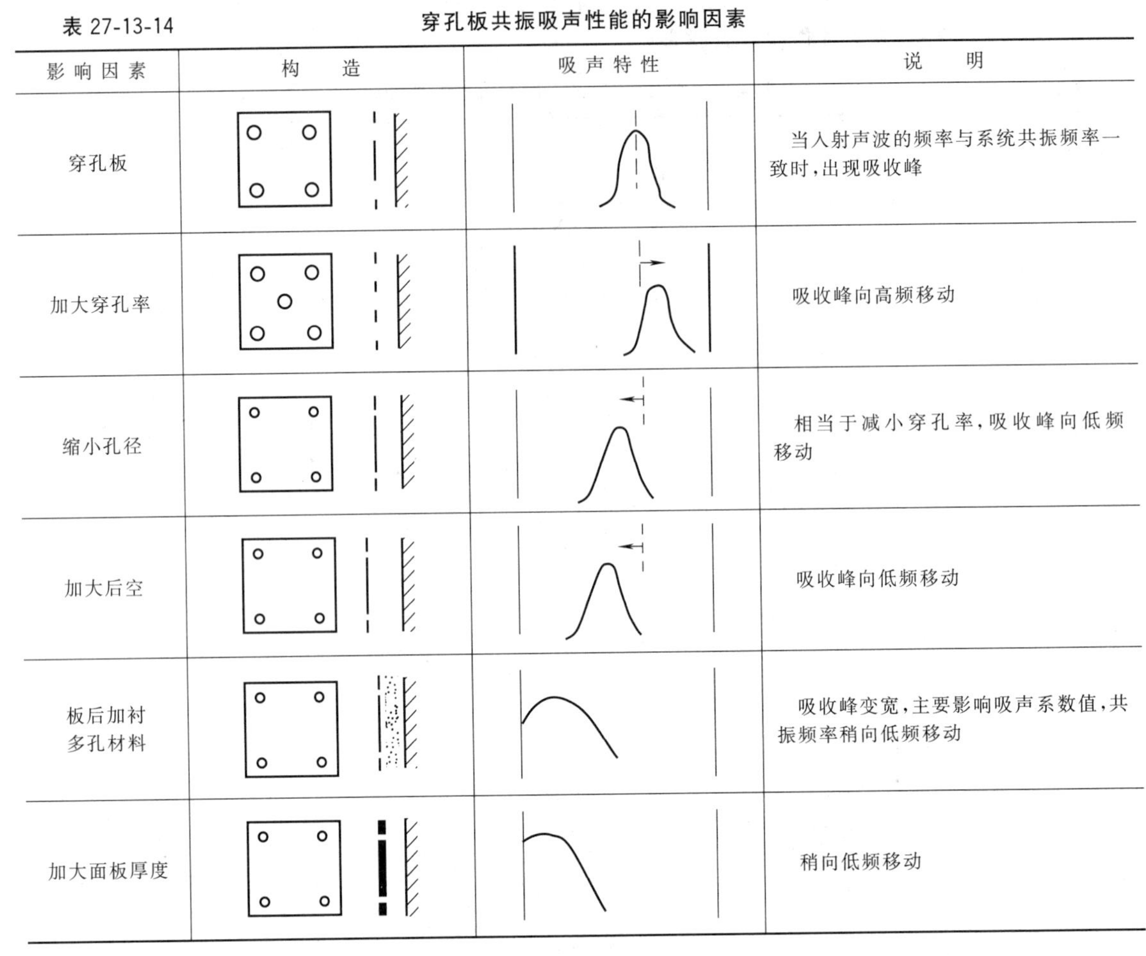

影响因素	构　造	吸声特性	说　明
穿孔板			当入射声波的频率与系统共振频率一致时，出现吸收峰
加大穿孔率			吸收峰向高频移动
缩小孔径			相当于减小穿孔率，吸收峰向低频移动
加大后空			吸收峰向低频移动
板后加衬多孔材料			吸收峰变宽，主要影响吸声系数值，共振频率稍向低频移动
加大面板厚度			稍向低频移动

要使共振吸声结构在较宽的频率范围内有良好的吸声性能，可由两层或多层穿孔板组合成多层穿孔板吸声结构。

13.3.4.2　微穿孔板共振吸声结构

普通穿孔板在使用中最大问题是声阻过小，背后不填多孔材料时吸声频段较窄，为了加宽吸声频段，用板厚、孔径均在 1mm 以下、穿孔率为 1%～5%的薄金属板与背后空气层组成共振吸声结构。由于穿孔细而密，因而比穿孔板的声阻大得多，而声质量小得多，不用另加多孔材料就可以成为良好的吸声结构，这种穿孔板称为微穿孔板。微穿孔板适合于高速气流、高温或潮湿等特殊环境。同样地，为达到吸收不同频率声音的要求，常做成双层或多层的组合结构。

常用穿孔板及微穿孔板吸声结构的吸声系数如表 27-13-15 和表 27-13-16 所示。

13.3.5　吸声降噪量计算

吸声降噪是对室内顶棚、墙面等部位进行吸声处理，增加室内的吸声量，以降低室内噪声级的方法。

13.3.5.1　吸声降噪适用条件分析

① 如果室内已有可观的吸声量，混响声不明显，则吸声降噪效果不大；

② 当室内均布多个噪声源时，直达声处处起主要作用，此时吸声降噪效果差；

③ 当室内噪声源很少时，远场范围内的吸声降噪效果比近场范围有显著提高；

④ 当要求降噪的位置离噪声源很近，直达声占主要地位，吸声降噪的效果也不大，只能采取隔声降噪的方法；

⑤ 由于吸声降噪的作用主要在于降低混响声而不能降低直达声，因此，吸声处理只能将室内噪声级降至直达声的水平；

⑥ 吸声降噪量一般为 3～8dB，在混响声十分显著的场所可达 10dB 左右。当要求更高的降噪量时，需结合隔声等其他综合措施。

表 27-13-15　常用穿孔板吸声结构的吸声系数（混响室测量）

穿孔板结构/mm	空腔距离/mm	频率/Hz					
		125	250	500	1000	2000	4000
穿孔三夹板，孔径 5，孔距 40	100 不填	0.04	0.54	0.29	0.09	0.11	0.19
	100 板后贴布	25	29	39	45	54	56
	100 填矿棉	25	25	37	44	53	55
穿孔五夹板，孔径 8，孔距 50，0.5 kg/m^3 玻璃棉，外包玻璃布	50	0.20	0.67	0.61	0.37	0.27	0.27
	100	0.33	0.55	0.55	0.42	0.26	0.27
	150	0.34	0.61	0.52	0.35	0.27	0.19
穿孔金属板，孔径 6，孔距 55，空腔放棉毡，外包玻璃布	100 填矿棉	0.32	0.76	1.0	0.95	0.90	0.98
	100 填玻璃棉	0.31	0.37	1.0	1.0	1.0	1.0
石棉穿孔板，板厚 4，孔径 9，穿孔率 1%，0.5kg/m^3 玻璃棉	50	0.19	0.54	0.25	0.15	0.02	—
	100	0.22	0.50	0.25	0.10	0.01	—
	200	0.23	0.44	0.33	0.11	0.04	—
石棉穿孔板，板厚 4，孔径 9，穿孔率 5%，0.5kg/m^3 玻璃棉	50	0.07	0.38	0.60	0.41	0.28	0.07
	100	0.19	0.56	0.57	0.48	0.26	0.07
	200	0.27	0.50	0.46	0.25	0.33	0.15
钙塑穿孔板，孔径 7，孔距 25	50，放 30 厚泡沫塑料	0.08	0.27	0.59	0.23	0.15	0.14
	50，放 30 厚超细棉	0.16	0.21	0.73	0.42	0.26	0.15

表 27-13-16　常用微穿孔板吸声结构的吸声系数（驻波管测量）

微穿孔板结构/mm	穿孔率%	空腔距离/mm	频率/Hz					
			125	250	500	1000	2000	4000
单层微穿孔板，孔径 0.8，板厚 0.8	1	50	0.05	0.29	0.87	0.78	0.12	—
	1	100	0.24	0.71	0.96	0.40	0.29	—
	1	200	0.56	0.98	0.61	0.86	0.27	—
单层微穿孔板，孔径 0.8，板厚 0.8	2	50	0.05	0.17	0.60	0.78	0.22	—
	2	100	0.10	0.46	0.92	0.31	0.40	—
	2	200	0.40	0.83	0.54	0.77	0.28	—
单层微穿孔板，孔径 0.8，板厚 0.8	3	50	0.11	0.25	0.43	0.70	0.25	—
	3	100	0.12	0.29	0.78	0.40	0.78	—
	3	200	0.22	0.50	0.50	0.28	0.55	—
双层微穿孔板，孔径 0.8，板厚 0.9	2.5+1	40+60	0.21	0.72	0.94	0.84	0.30	—
	2.5+1	50+50	0.18	0.69	0.96	0.99	0.24	—
	2+1	80+120	0.48	0.97	0.93	0.64	0.15	—
	3+1	80+120	0.40	0.92	0.95	0.66	0.17	—

13.3.5.2　单声源时的室内吸声降噪量计算

吸声处理的改变量是房间常数 R

$$R=\frac{S\bar{\alpha}}{1-\bar{\alpha}}\quad (\text{m}^2) \qquad (27\text{-}13\text{-}10)$$

式中　S——室内总表面积，m^2；

$\bar{\alpha}$——室内平均吸声系数。

设处理前后的房间常数为 R_1、R_2（相应的平均吸声系数为 $\bar{\alpha}_1$、$\bar{\alpha}_2$），则吸声处理前后距声源 r（m）处的噪声降低量为：

$$\Delta L_p=10\lg\left[\left(\frac{Q}{4\pi r^2}+\frac{4}{R_1}\right)\Big/\left(\frac{Q}{4\pi r^2}+\frac{4}{R_2}\right)\right]\ (\text{dB}) \qquad (27\text{-}13\text{-}11)$$

式中　Q——声源指向性因素，声源位于房间中央时为 1，地面（或侧墙、平顶）中心为 2，棱线（如地面和墙交线）为 4，房间角隅附近为 8。

13.3.5.3　多声源时的室内吸声降噪量计算

$$\Delta\bar{L}_p=10\lg(\bar{\alpha}_2/\bar{\alpha}_1)\quad (\text{dB}) \qquad (27\text{-}13\text{-}12)$$

13.3.5.4 吸声降噪设计程序

① 确定待处理房间的噪声级和噪声频谱，可由测定或有关资料得出；

② 按有关标准，确定室内的降噪量和噪声频谱；

③ 通过测量室内混响时间得出房间处理前的室内平均吸声系数 $\bar{\alpha}$ 及房间常数 R_1；

④ 根据声源在室内的相对位置确定 Q，再由式（27-13-11）或式（27-13-12）确定 R_2 及 $\bar{\alpha}_2$；

⑤ 根据噪声频谱及 $\bar{\alpha}_2$ 值，选择适当的吸声材料或结构，在室内可能进行处理部位进行处理，以达到预期的降噪要求；

⑥ 上述程序可按 1/3 倍频程中心频率列表逐项进行计算。

13.4 消声器

在噪声控制技术中，消声器是应用最多最广的降噪设备。消声器在工程实际中已被广泛应用于鼓风机、通风机、罗茨风机、轴流风机、空压机等各类空气动力设备的进排气消声；空调机房、锅炉房、冷冻机房、发电机房等建筑设备机房的进出风口消声；通风与空调系统的送回风管道消声；冶金、石化、电力等工业部门的各类高压高温及高速排气放空消声；各类柴油发电机、飞机、轮船、汽车以及摩托车等各类发动机的排气消声等。

13.4.1 消声器的类型与性能评价

13.4.1.1 消声器的类型

随着消声器的研究与应用技术的不断发展，消声器的种类也日趋繁多，其原理、形式、规格、材料、性能及用途等各不相同，常见的各种不同消声器基本上均属于阻性、抗性、阻抗复合式、排气放空式及电子式 5 种类型，如表 27-13-17 所示。

表 27-13-17 消声器类型、工作原理及适用范围

消声器类型		形式	工作原理	消声频率	适用范围
阻性消声器		直管式、片式、折板式、声流式、蜂窝式、列管式、弯头式、百叶式、迷宫式、圆盘式、元件式、圆环式等	利用安装在气流通道内的吸声材料的声阻作用消声	高、中频	风机、燃气轮机、发动机进排气噪声
抗性消声器		扩张室式、共振腔式、声干涉式	利用管道截面突变改变声抗使声波产生反射干涉	低、中频	空压机、内燃机、发动机排气噪声
阻抗复合式消声器		阻-扩型、阻-共型、阻-扩-共型	既利用声阻，也利用声抗的消声作用	宽频带	鼓风机、大型风洞、发动机试车台噪声
		微穿孔板式	利用微穿孔板的声阻和声抗作用	宽频带	高温、潮湿、油污、粉尘等环境
排气放空式消声器	喷注耗散型消声器	小孔喷注式、降压扩容式、多孔扩散式	将大喷口用许多小孔代替，改变噪声发生的机理，从而降低噪声	宽频带	压力气体排放噪声，如锅炉排气，高炉放空等噪声
	喷雾消声器		将液气两种介质混合时产生摩擦消耗一部分声能	宽频带	高温蒸汽排放噪声
	引射掺冷型消声器		利用掺冷在消声器内形成温度梯度，从而导致声速梯度改变而提高消声量	宽频带	高温高速气流排放噪声
电子式消声器			利用同频声波的干涉原理消声	低频	低频消声的一种补助

13.4.1.2 消声器的性能评价

消声器性能的评价指标包括声学性能、空气动力性能及气流再生噪声特性等 3 个主要方面，现分述如下。

（1）声学性能的评价

消声器声学性能的优劣通常用消声量的大小及消声频谱特性表示，主要包括 A 计权声级消声量，倍频带或 1/3 倍频带消声量。根据测试方法的不同，消声器声学性能的评价指标可分为传声损失、插入损失、末端声压级差及声衰减量等几种。

① 传声损失（L_{TL}）。入射于消声器的声功率级和透过消声器的声功率级的差值，即：

$$L_{TL}=10\lg(W_1/W_2)=L_{W_1}-L_{W_2}\quad(\mathrm{dB})\tag{27-13-13}$$

式中 W_1、W_2——消声器入口与出口端的声功率，W；

L_{W_1}、L_{W_2}——消声器入口与出口端的声功率级，dB。

通常所称的消声量一般均指传声损失。

② 插入损失（L_{IL}）。装消声器前与装消声器后，在某给定点（包括管道内或管口外）测得的平均声压级之差，即：

$$L_{IL}=L_{p1}-L_{p2}\quad(\mathrm{dB})\tag{27-13-14}$$

（2）空气动力性能的评价

空气动力性能是评价消声器性能的重要指标，也是消声器设计中应予以考虑的重要因素。如果一个消声量很高的消声器安装在管道系统中后，由于空气动力性能差，阻力很大，使通风、排风或空调系统不能正常运行，则此消声器就不能使用。消声器的空气动力性能通常采用压力损失或阻力系数评价。

① 压力损失（Δp）。消声器的压力损失为气流通过消声器前后所产生的压力降低量，也就是消声器前与消声器后气流管道内的平均全压之差值。

$$\Delta p=\overline{p}_1-\overline{p}_2\quad(\mathrm{Pa})\tag{27-13-15}$$

消声器的压力损失大小，同消声器的结构形式和通过消声器的气流速度有关，因此，在用压力损失表征消声器的空气动力性能时，必须同时标明通过消声器的气流速度。

② 阻力系数（ξ）

$$\xi=\frac{\Delta p}{p_v}\tag{27-13-16}$$

式中 p_v——动压值，Pa。

阻力系数能比较全面地反映消声器的空气动力特性。根据阻力系数就可方便地求得不同流速条件下的压力损失值。

（3）气流再生噪声特性的评价

消声器的气流再生噪声是气流以一定速度通过消声器时所产生的湍流噪声（以中高频为主）以及气流激发消声器的结构振动所产生的噪声（以低频为主）。结构形式愈复杂，气流通道的弯折愈多，气流再生噪声愈高。气流再生噪声 A 声功率级的经验公式为：

$$L_{WA}=a+60\lg v+10\lg S\quad(\mathrm{dB(A)})\tag{27-13-17}$$

式中 a——与消声器结构形式有关，如管式消声器 $a=-5\sim-10\mathrm{dB(A)}$，片式消声器 $a=-5\sim5\mathrm{dB(A)}$，阻抗复合式消声器 $a=5\sim15\mathrm{dB(A)}$，折板式消声器 $a=15\sim20\mathrm{dB(A)}$；

v——消声器内气流平均速度，m/s；

S——消声器内气流通道总面积，$\mathrm{m^2}$。

13.4.2 阻性消声器

13.4.2.1 常见形式

阻性消声器利用气流管道内不同结构形式的多孔吸声材料（常称阻性材料）吸收声能，降低噪声。阻性消声器是各类消声器中形式最多、应用最广的一种消声器，特别是在风机类设备中应用最多。阻性消声器具有较宽的消声频率范围，在中、高频段消声效果尤为显著。常见结构形式如图 27-13-8 所示。

13.4.2.2 直管式消声器的消声量

$$L_{TL}=\phi(\alpha_0)Pl/S\quad(\mathrm{dB})\tag{27-13-18}$$

式中 $\phi(\alpha_0)$——消声系数，与材料吸声系数 α_0 有关，表示为

$$\phi(\alpha_0)=4.34\times\frac{1-\sqrt{1-\alpha_0}}{1+\sqrt{1-\alpha_0}}\tag{27-13-19}$$

P——消声器通道截面周长，m；

S——消声器通道截面积，$\mathrm{m^2}$；

l——消声器的有效长度，m；

当直管式阻性消声器通道截面积较大时，高频声波将直接通过消声器，而很少与管道内壁吸声层接触，降低了消声效果，称为“上限失效频率”，经验公式如下：

$$f_{up}=1.85c_0/D\quad(\mathrm{Hz})\tag{27-13-20}$$

式中 D——消声器通道截面的等效直径，m，当截面为矩形时，$D=1.13\sqrt{ab}$，a、b 为边长；

c_0——声速，m/s。

当气流速度不为 0 时，消声量计算式为

$$L'_{TL}=L_{TL}/(1+M)\quad(\mathrm{dB})\tag{27-13-21}$$

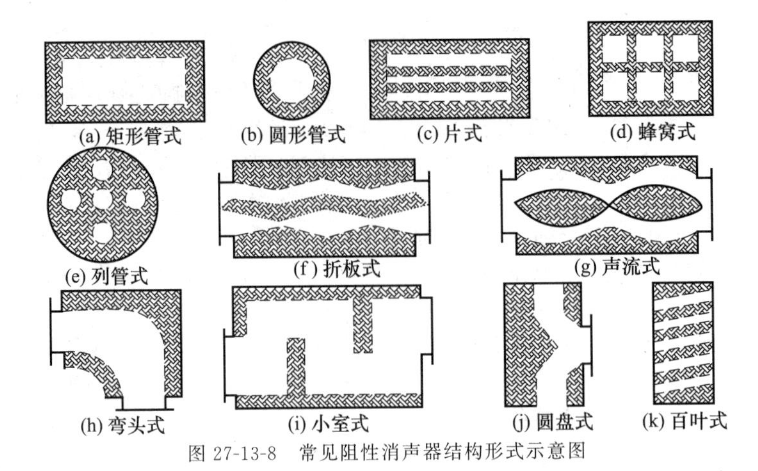

图 27-13-8　常见阻性消声器结构形式示意图

式中　M——马赫数。

当声波的传播方向与气流相反时，消声量增大，反之减小。此外，气流通过消声器时，还将产生气流再生噪声，其大小随气流速度的 6 次方规律变化。气流再生噪声会进一步降低消声量。

13.4.2.3　其他消声器的消声量

片形、蜂窝形消声器的计算与直管形相同，但只需计算一个通道，即代表了整个消声器的消声特性。折板形与声流形消声器实际上是片形的改进，使阻损减小，避免了“高频失效”，并由于声波在消声器内的反射次数增加，而提高了消声效果。

13.4.3　抗性消声器

抗性消声器通过管道内声学的突变处将部分声波反射回声源方向，以达到消声目的，主要适用于低、中频段的噪声。抗性消声器的最大优点是不需使用多孔吸声材料，因此在高温、潮湿、流速较大、洁净要求较高时均比阻性消声器有明显的优势。抗性消声器已被广泛地应用于各类空压机、柴油机、汽车及摩托车发动机、变电站、空调系统等许多设备产品的噪声控制中。

13.4.3.1　扩张式（膨胀式）消声器

通常扩张式消声器是由扩张室及连接管串联组合而成，图 27-13-9 为几种扩张式消声器示意图。

(1) 单节扩张式消声器

图 27-13-9 (a) 为典型的单节扩张式消声器，S_0 为原管道截面积，S_1 为扩张室截面积，$m=S_1/S_0$ 称为膨胀比。膨胀比 m 值决定了最大消声量；管长 l 决定消声频率特性。消声量计算公式为

$$L_{\mathrm{TL}}=10\lg\left[1+\frac{1}{4}\left(m-\frac{1}{m}\right)^2\sin^2(kl)\right]\quad(\mathrm{dB})\qquad(27\text{-}13\text{-}22)$$

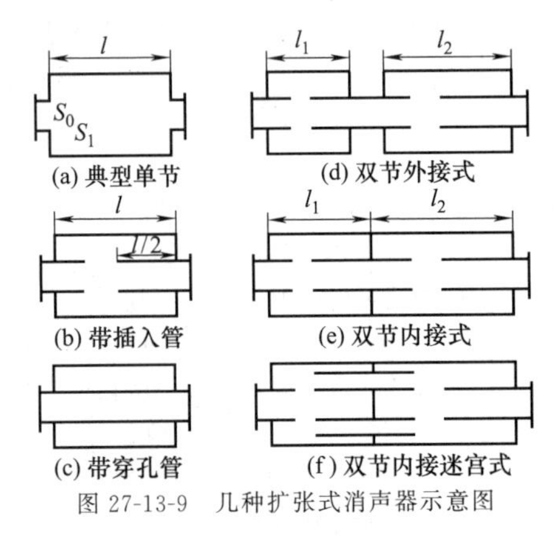

图 27-13-9　几种扩张式消声器示意图

式中　k——声波波数。

图 27-13-10 为单节扩张式消声器的消声频率特性。

上限失效频率

$$f_{\mathrm{up}}=1.22c_0/d\quad(\mathrm{Hz})\qquad(27\text{-}13\text{-}23)$$

式中　d——扩张室截面特征尺寸（m），圆管为直径，方管为边长，矩形管取截面积的平方根。

下限失效频率

$$f_{\mathrm{down}}=\frac{c_0}{\pi}\sqrt{\frac{S_0}{2lV}}\quad(\mathrm{Hz})\qquad(27\text{-}13\text{-}24)$$

式中　V，l——扩张室的体积（m^3）和长度（m）。

(2) 复杂扩张式消声器

单节扩张式消声器有许多通过频率（消声量为 0）的缺点。消除通过频率，改善消声效果的途径有：采用多段扩张室（通常不超过 3 段）；采用内接管并调整内接管长度至适当位置（通常取为扩张室长度 l 的 1/2 或 1/4）；采用穿孔管导流，即将内接管之间用穿孔管连接，穿孔率一般为 30%。膨胀比 m 值决定了扩张式消声器的最大消声量，插入管的形式及长度将影响频率特性。见表 27-13-18。

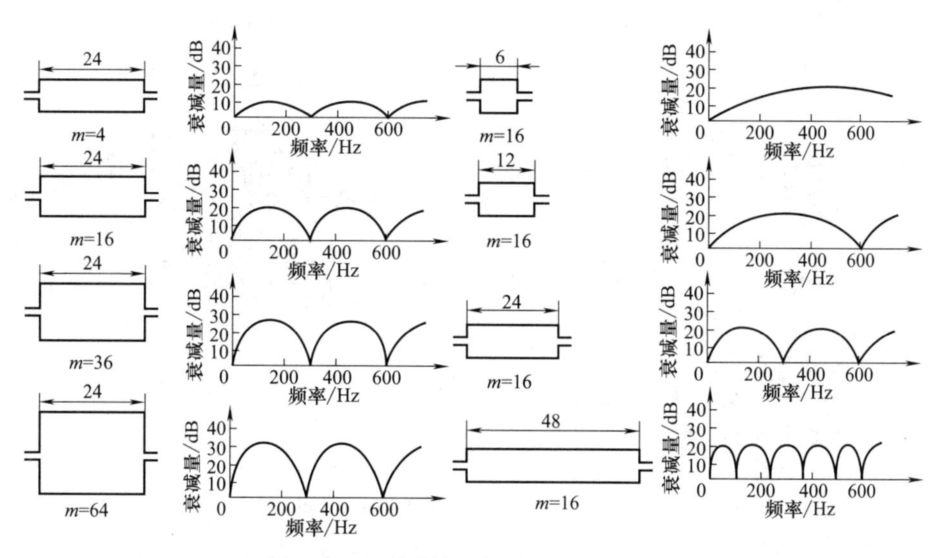

图 27-13-10　单节扩张式消声器消声频率特性

表 27-13-18　　带插入管的两节串联扩张式消声器的消声频率特性分析

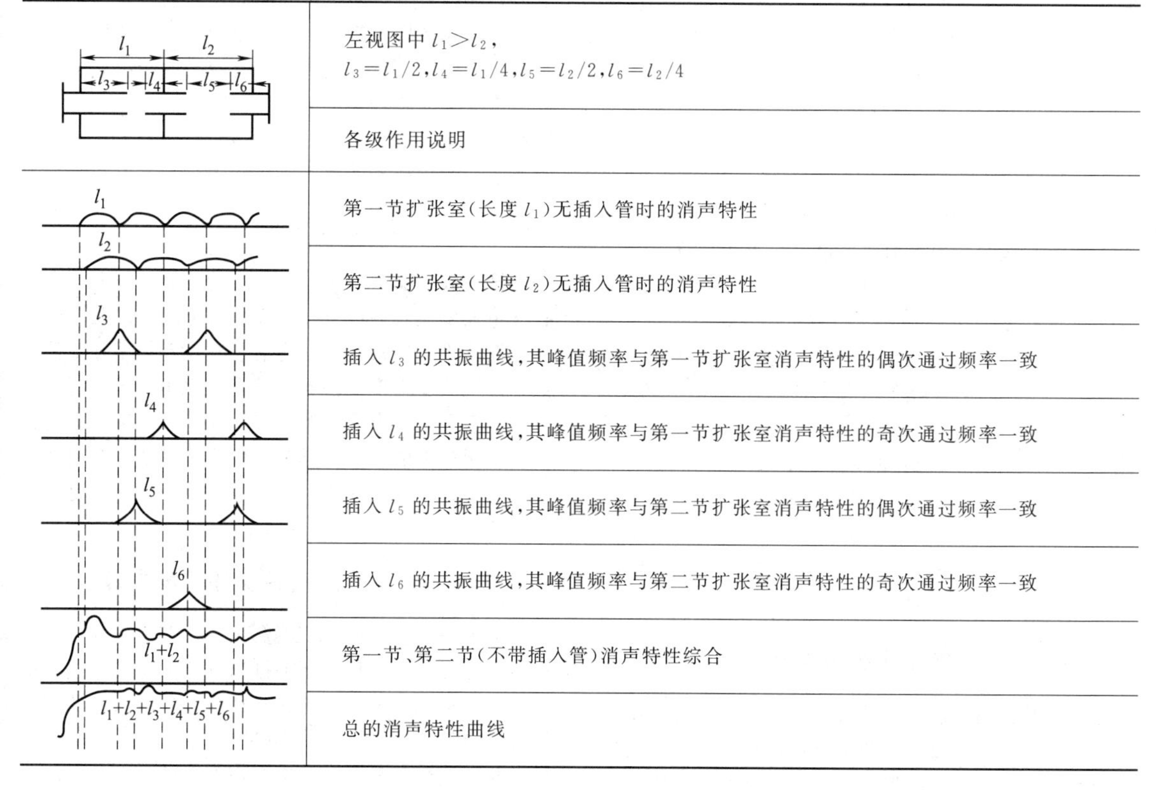

	左视图中 $l_1>l_2$， $l_3=l_1/2, l_4=l_1/4, l_5=l_2/2, l_6=l_2/4$
	各级作用说明
l_1	第一节扩张室(长度 l_1)无插入管时的消声特性
l_2	第二节扩张室(长度 l_2)无插入管时的消声特性
l_3	插入 l_3 的共振曲线，其峰值频率与第一节扩张室消声特性的偶次通过频率一致
l_4	插入 l_4 的共振曲线，其峰值频率与第一节扩张室消声特性的奇次通过频率一致
l_5	插入 l_5 的共振曲线，其峰值频率与第二节扩张室消声特性的偶次通过频率一致
l_6	插入 l_6 的共振曲线，其峰值频率与第二节扩张室消声特性的奇次通过频率一致
l_1+l_2	第一节、第二节(不带插入管)消声特性综合
$l_1+l_2+l_3+l_4+l_5+l_6$	总的消声特性曲线

13.4.3.2　共振式消声器

如图 27-13-11 所示，共振式消声器是由一段开有一定数量小孔的管道同管外一个密闭的空腔连通而构成一个共振系统。在共振频率附近，管道连通处的声阻抗很低，当声波沿管道传播到此处时，因为阻抗不匹配，使大部分声能反射回去，此外，由于共振系统的摩擦阻尼作用，部分声能转化为热能被吸收，因此，达到了共振消声的效果。

共振式消声器的消声特性为频率选择性较强，即仅在某一较窄的频率范围内具有较好的消声效果，因此，它也同扩张式消声器一样，更多地用于同阻性消

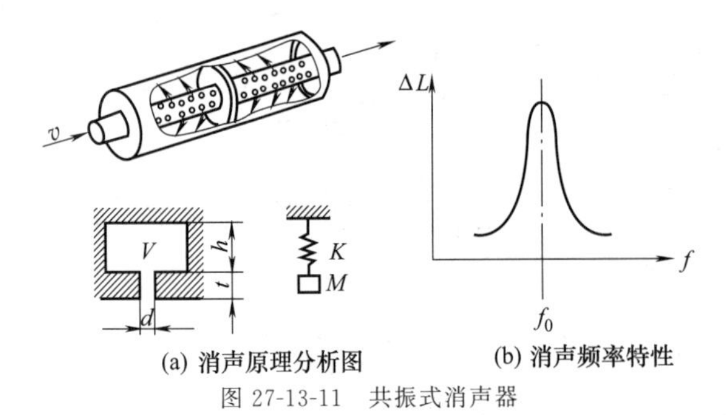

图 27-13-11　共振式消声器

声器组合构成阻共复合式消声器。

设计共振式消声器首先必须根据所要降低噪声源的峰值频率来确定共振消声器的共振频率，然后再设计并确定共振吸声结构。共振频率可由下式计算

$$f_0=\frac{c_0}{2\pi}\sqrt{\frac{G}{V}}=\frac{c_0}{2\pi}\sqrt{\frac{P}{tD}}\quad (\text{Hz})\qquad (27\text{-}13\text{-}25)$$

$$G=\frac{n\pi d^2}{4(t_0+0.8d)}\quad (\text{m})\qquad (27\text{-}13\text{-}26)$$

式中　G——传导率，m；

n——小孔数量；

t_0——穿孔板厚度，m；

t——穿孔板有效板厚，m，$t=t_0+0.8d$；

V——共振腔内体积，m^3。

P——内管穿孔率；

D——共振腔深度，m。

单节共振性消声器的消声量可由下式计算

$$\Delta L=10\lg\left[1+\frac{1+4r}{4r^2+(f/f_0-f_0/f)/k^2}\right]\quad (\text{dB})\qquad (27\text{-}13\text{-}27)$$

$$r=\frac{SR_a}{\rho_0 c_0},\ k=\frac{\sqrt{GV}}{2S}\qquad (27\text{-}13\text{-}28)$$

式中　f——需求消声量的频率，Hz；

S——共振消声器的通道截面积，m^2；

R_a——声阻，$Pa\cdot s/m^3$。

图 27-13-12 中给出共振消声器消声量频率特性曲线。

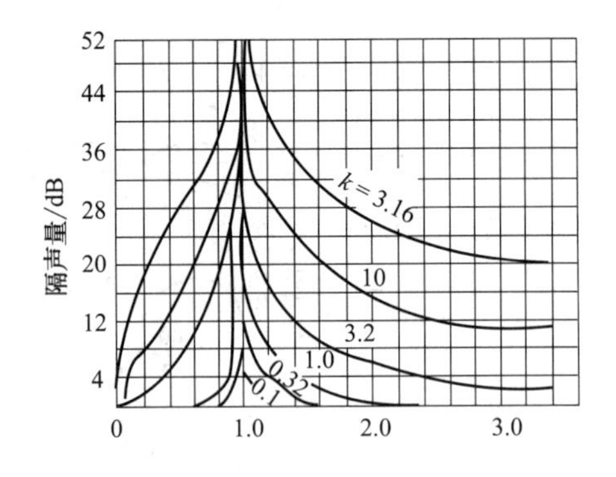

图 27-13-12　共振消声器消声量频率特性曲线

13.4.3.3　微穿孔板消声器

微穿孔板消声器是由孔径小于 1mm 的微穿孔板和孔板背后的空腔组成，利用自身孔板的声阻，代替了阻性消声器穿孔护面板后的多孔吸声材料，使消声器结构简化。微穿孔板消声器消声频带较宽，气流阻力较小，不需用多孔吸声材料，具有适用风速较高、抗潮湿、耐高温、不起尘等许多优点，而且可设计成管式、片式、声流式、小室式等多种不同形式，因此在空调系统等很多降噪工程中得到了广泛应用。微穿孔板消声器的结构特征为微孔（ϕ0.2～1mm）、薄板（0.5～1mm）、低穿孔率（0.5%～3%）和一定的空腔深度（5～20cm）。

13.4.4　复合式消声器

阻性消声器虽有优良的中高频消声性能，但低频消声性能却较差，而扩张式及共振式消声器则正好相反，将阻性及抗性等不同消声原理组合设计构成的消声器可在较宽的频率范围内具有较高的消声效果。这种消声器称为复合式消声器，如阻抗复合式，阻、共振复合式等，如图 27-13-13 所示，广泛应用于通风空调系统消声或其他很多空气动力设备的消声。

13.4.5　喷注消声器

排气放空噪声是工业生产中的重要噪声源，它具有噪声强度大、频谱宽、污染危害范围大以及高温及高速气流排放等特点。喷注消声器是专门用于降低并控制排气放空噪声的一类消声器，可用于降低化工、石油、冶金、电力等工业部门的高压、高温及高速排气放空所产生的高强度噪声。喷注消声器主要包括节流减压型、小孔喷注型、节流减压加小孔喷注复合型及多孔材料耗散型等。

13.4.5.1　节流减压型排气消声器

节流减压型排气消声器利用多层节流穿孔板或穿孔管，分层扩散减压，即将排出气体的总压通过多层节流孔板逐级减压，而流速也相应逐层降低，使原来的排气口的压力突变成为通过排气消声器的渐变排放，从而达到降低排气放空噪声的目的。节流减压排气消声器主要适用于高温高压排气放空噪声，其消声量一般可达 15～20dB(A)，若需更高的消声量，则应在节流减压消声后再加后续阻性消声器，或将阻性消声结合在节流减压消声器内部，形成一种节流减压与阻性复合消声器。图 27-13-14 给出了几种节流减压排气消声器示意图。

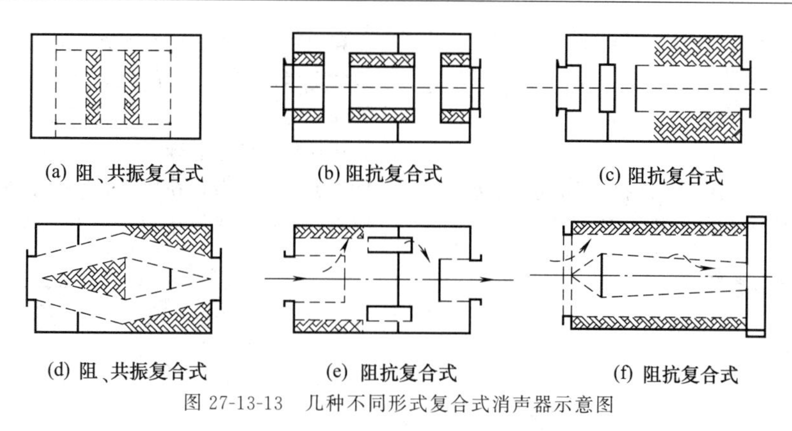

(a) 阻、共振复合式　(b) 阻抗复合式　(c) 阻抗复合式

(d) 阻、共振复合式　(e) 阻抗复合式　(f) 阻抗复合式

图 27-13-13　几种不同形式复合式消声器示意图

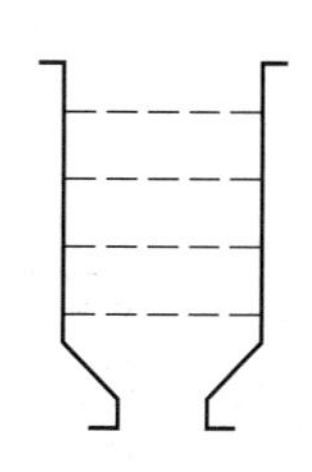
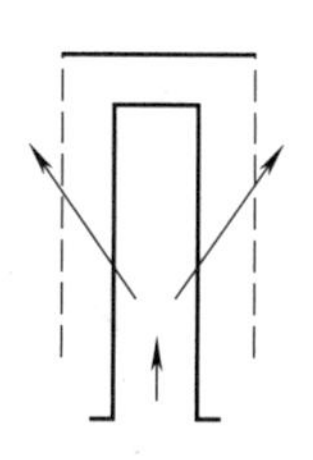
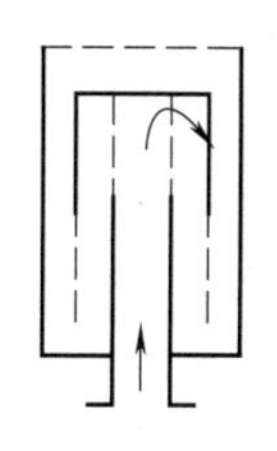
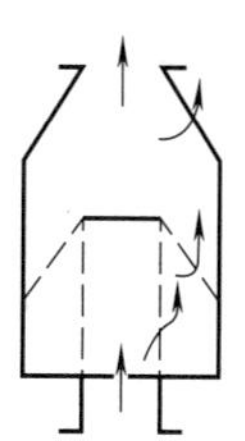

(a) 四级孔板节流　(b) 二级孔管节流　(c) 三级孔管迷路节流　(d) 三级孔管锥管节流

图 27-13-14　节流减压排气消声器示意图

在节流减压装置的设计中，首先要根据排气压力的大小来合理确定节流减压的级数，并使各级节流孔板后的压力与孔板前的压力之比等于临界压比，通过节流孔板的排气流速为临界流速。

(1) 节流级数

$$N=\frac{\lg P_{\mathrm{m}}-\lg P_{\mathrm{s}}}{\lg \varepsilon_{0}} \qquad (27\text{-}13\text{-}29)$$

式中　N——节流减压级数；

P_{s}——排入节流减压装置的排气压力，$\mathrm{kgf/cm^2}$；

P_{m}——通过节流减压装置后的压力，$\mathrm{kgf/cm^2}$；

ε_0——临界压比，$\varepsilon_0^N=P_{\mathrm{m}}/P_{\mathrm{s}}$，如空气、氧气、氨气为 0.528，过热蒸汽为 0.546，饱和蒸汽为 0.577。

(2) 节流开孔面积

$$S_i=k\mu G\sqrt{\frac{V_i}{P_i}} \quad (\mathrm{cm^2}) \qquad (27\text{-}13\text{-}30)$$

式中　S_i——各级节流开孔面积，$\mathrm{cm^2}$；

k——气体性质系数，空气、氧气、氨气为 13，过热蒸汽为 13.4，饱和蒸汽为 14；

μ——流量系数，一般可取 1.15～1.2；

G——排气量，t/h；

V_i——各级节流前的气体质量体积，$\mathrm{m^3/kg}$，$V_i=\dfrac{T_iR}{P_iM}$；

P_i——各级节流前的气体绝对压力，$\mathrm{kgf/cm^2}$；

T_i——各级节流前的热力学温度，K；

R——普适气体常数，$R=0.082$；

M——气体相对分子量，g/mol，如蒸汽为 18g/mol。

当高温、高压、高速气流通过节流减压装置后，消声量可由下式计算：

$$\Delta L_{\mathrm{A}}=10k'\frac{3.7(P_{\mathrm{s}}-P_{\mathrm{m}})^3}{NP_{\mathrm{s}}P_{\mathrm{m}}^2} \qquad (27\text{-}13\text{-}31)$$

式中　ΔL_{A}——A 声级消声量，dB (A)；

k'——经验修正系数，$k'=0.9\pm0.2$，随压力高低而定。

13.4.5.2　小孔喷注型排气消声器

小孔喷注型排气消声器是一种直径同原排气口相等而末端封闭的消声管，其管壁上开有很多的排气小孔（孔径 1mm 左右），小孔的总面积一般应大于原排气管口面积，小孔的直径愈小，降低排气噪声的效果也愈好。降低噪声的原理是基于小孔喷注噪声频谱的改变，即当通过小孔的气流速度足够高时，小孔能将排气噪声的频谱移向高频，使噪声频谱的可听声降低，降低环境干扰。小孔喷注排气消声器主要适用于降低排气压力较低（5～10kg/cm²）而流速甚高的排气放空噪声，如压缩空气的排放、锅炉蒸汽的排空等；消声量一般可达 20dB 左右，且具有体积小、重量轻、结构简单等优点。

小孔喷注的消声效果可由下式计算

$$\Delta L_A=10\lg\left[\frac{2}{\pi}\left(\arctan x_A-\frac{x_A}{1+x_A^2}\right)\right]\quad (\mathrm{dB(A)})\tag{27-13-32}$$

式中　x_A——A 声级喷注噪声的相对斯特劳哈尔数（指节流减压后）；阻塞喷注时，$x_A=0.165d$；亚音速喷注时，$x_A=\frac{5f_A D}{v}\times\frac{c}{c_0}$；

d——小孔直径，mm；

D——小孔直径，m，即 $D=d/1000$；

f_A——8000Hz 倍频带的上限频率，Hz；

c_0——环境大气声速，m/s；

c——排放气体声速，m/s；

v——经过节流减压后，进入小孔喷注级的蒸汽速度，m/s。

13.4.5.3　节流减压加小孔喷注复合型排气消声器

节流减压加小孔喷注复合排气消声器综合了节流减压和小孔喷注各自的特点，能适用于各种压力条件排气放空消声，消声量也较高。一般为先节流，后小孔，节流孔板的层数少则一至二级，多则三至四级，需根据实际排气压力而定，而后需的小孔喷注一般为一级。

当装设节流减压加小孔喷注复合消声器后，在距消声器喷口垂直方向 r（m）处的排气噪声级可由下式计算：

$$L_A=71+20\lg\frac{M_0}{M}+10\lg\frac{(P_m-P_0)^4}{P_0^2(P_m+0.5P_0)^2}-20\lg r+10\lg\left[\frac{2}{\pi}\left(\arctan x_A-\frac{x_A}{1+x_A^2}\right)\right]+10\lg\frac{S_1P_1}{P_m}\quad[\mathrm{dB(A)}]\tag{27-13-33}$$

式中　M_0——空气相对分子质量，g/mol，$M_0=28.8$，假定小孔喷注外部的排放空间是空气介质的自由空间，如果是其他介质，只要代以相应的相对分子质量即可；

M——排放气体的相对分子质量，g/mol，如蒸汽 $M=18$g/mol；

S_1——第一级节流孔板的通流面积，mm²；

P_1——排入消声器的排气绝对压力，kgf/cm²；

P_m——节流减压后，小孔喷注级前的排气压力，kgf/cm²；

P_0——环境大气压力，kgf/cm²。

13.4.5.4　多孔材料耗散型排气消声器

如图 27-13-15 所示，多孔材料耗散型排气消声器利用多孔陶瓷、烧结金属、粉末冶金、烧结塑料及多层金属丝网等具有的大量微小孔隙，当气流通过时被滤成无数股小气流，使排气压力大为降低。同时，多孔材料本身也起到一定的吸声作用。多孔材料耗散排气消声器一般仅在低压高速、小流量的排气条件下应用，消声效果可达 20～40dB（A）。

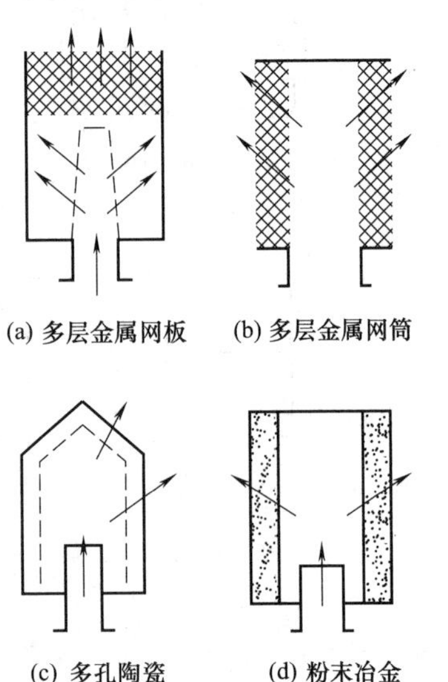

图 27-13-15　多孔材料耗散型排气消声器

13.5　有源降噪

13.5.1　有源降噪名词术语

有源噪声控制（active noise control）是利用两列声波的叠加产生相消性干涉来消除噪声。有源降噪的名词术语规定如下：

① 初级声源（primary sound source）　指需要抵消的噪声源。初级声源发出的声波成为初级噪声。

② 次级声源（secondary sound source）　指为了控制噪声而人为加入的声源。

③ 初级声场（primary sound field）　初级声源产生的声场。

④ 次级声场（secondary sound field）　次级声源产生的声场。

⑤ 初级传感器（primary sensor）　为拾取初级噪声而设置的传感器。

⑥ 误差传感器（error sensor）或监测传感器（monitoring sensor）　为监视降噪效果而设置的传感器。

⑦ 初级通道（primary path）　指初级声源到误差传感器的声传播通道。

⑧ 次级通道（secondary path）　指次级声源到误差传感器的声传播通道。

⑨ 自适应有源噪声控制（adaptive active noise control，AANC）　采用自适应方式完成次级声源控制的有源降噪。

⑩ 降噪空间　采用有源降噪技术后，噪声声压级比原噪声声压级降低的几何空间。

⑪ 降噪频带　在某一测量点，有降噪效果的噪声频带。

⑫ 降噪量（attenuation level，AL）　空间某一点有源降噪前后声压级或声功率级之差，是空间位置的函数。

13.5.2　自适应有源降噪应用实例

自适应有源降噪利用传感器、扬声器等电子设备及自适应控制技术，人为地制造 1 个或多个次级声源，模拟与原噪声源（初级声源）幅值相同而相位相反的声源，在一定的空间区域内使两个声波产生干涉而抵消，以达到降低噪声的目的（如图 27-13-16 所示）。其适用的声场环境为：①适用于自由声场和低模态密度的封闭声场，这类声场有利于次级声源的布放，获得较大的降噪量；②适用于初级噪声源为集中式声源，而噪声为单频或窄带噪声的场合。自适应有源降噪在管道、车厢内部、舰船舱室内部及飞机舱室噪声控制等领域得到一定的应用。

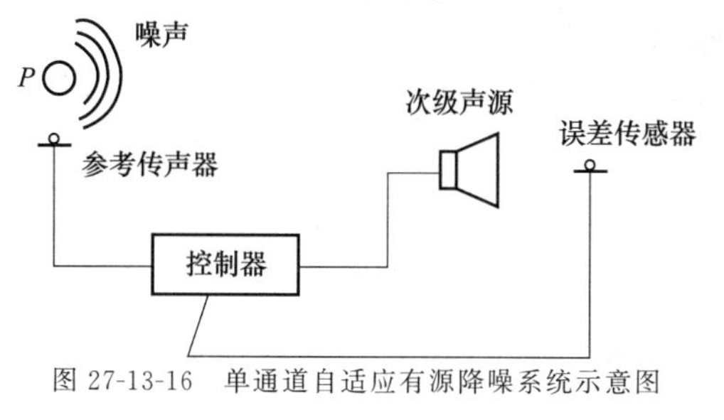

图 27-13-16　单通道自适应有源降噪系统示意图

如图 27-13-17 所示，采用自适应有源降噪技术控制重型载货汽车（载重量 1t，四缸柴油机驱动）的排气噪声。一个单通道自适应有源降噪系统与一个复合式消声器串联使用，前者安装在排气管尾部，后者安装在排气管的发动机一侧。作为次级声源的扬声器（直径 152mm，功率 40W）装在封闭声腔内，工作频率设定为 40～1000Hz，由输出功率为 400W 的功率放大器驱动。声腔几何尺寸为 0.17m×0.46m×0.17m，内壁为 0.1m 厚的胶合板，外壁为钢板。误差传感器为商用电容传感器，直径为 12.7mm，位于管道出口。该传感器带有风罩，用于保护传声器在高温下长期工作。整个有源消声系统的尺寸为 0.6m×0.17m×0.26m。另外，无源消声器的入口和出口管直径为 50mm，最大直径 0.2m，长度为 0.5m，消声频段为 300～1500Hz。噪声控制频率设定为 500Hz 以下，恰好在管道截止频率下，因此，初级噪声可视为平面波。控制系统硬件为 TMS320C31 数字信号处理板，控制器为 FIR 滤波器，采用滤波—X LMS 算法。试验表明该电子消声器启动后能增加 2～10dB 的降噪量，基本可消除排气噪声的二次和四次谐波。

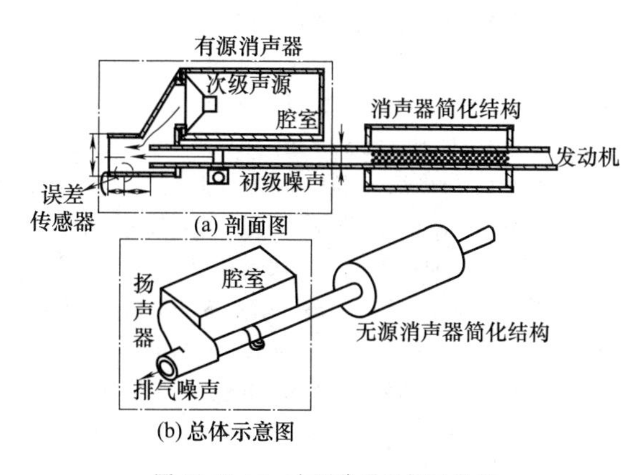

图 27-13-17　有源降噪系统示意图

参考文献

[1] 胡宗武，吴天行. 工程振动分析基础. 上海：上海交通大学出版社，2011.

[2] W. T. Thomson. Theory of Vibration with Applications. 5th Ed. New Jersey：Prentice-Hall，1998.

[3] 成大先主编. 机械设计手册·第六版. 第 4 卷. 北京：化学工业出版社，2016.

[4] 郑兆昌主编. 机械振动·中册. 北京：机械工业出版社，1986.

[5] Nayfeh A. H. and Mook D. T. Nonlinear Oscillations. New York：Wiley，1979，

[6] Miao Y.， Long X. -H.，and Balachandran B.，Sensor Diaphragm under Initial Tension：Nonlinear Responses and Design Implications，Journal of Sound and Vibration，Vol. 312，p. 39-54.

[7] Ehrich F. F. Nonlinear Phenomena in Dynamic Response of Rotors in Anisotropic Mounting Systems，Journal of Vibration and Acoustics，117 (B)，pp. 154-161，1995.

[8] 黄文虎等. 大型旋转机械非线性动力学设计理论方法. 北京：科学出版社，2005.

[9] 陆殿健，郁其祥，王益民. 498 柴油机隔振系统设计与试验研究. 内燃机工程 [J]，2004，25 (6)：60～65.

[10] 严济宽. 机械振动隔离技术 [M]. 上海：上海技术文献出版社，1985.

[11] 谭达明. 内燃机振动控制 [M]. 成都：西南交通大学出版社，1993.

[12] 周斌，谭达明. 内燃机弹性基础隔振系统固有频率偏差分析 [J]. 西南交通大学学报，1998，33 (5)：503～507.

[13] 赫志勇等. 内燃机整机振动部分施控系统理论与试验研究 [J]. 内燃机学报，2000，18 (3)：230～234.

[14] 钟一谔，何衍宗，王正，李方泽. 转子动力学. 北京：清华大学出版社，1987.

[15] 闻邦椿，刘树英，何勍. 振动机械的理论与动态设计方法. 北京：机械工业出版社，2001.

[16] 闻邦椿，刘树英，陈照波等. 机械振动理论及应用. 北京：高等教育出版社，2009.

[17] 闻邦椿，刘树英，张纯宇. 机械振动学. 北京：冶金工业出版社，2011.

[18] 闻邦椿等. 振动机械理论及应用. 北京：高等教育出版社，2009.

[19] 闻邦椿，李以农，张义民等. 振动利用工程. 北京：科学出版社，2005.

[20] 闻邦椿主编. 机械设计手册·第六版. 第 5 卷. 北京：机械工业出版社，2018.

[21] 屈维德，唐恒龄. 机械振动手册. 北京：机械工业出版社，2000.

[22] 铁摩辛柯等. 工程中的振动问题. 胡人礼译. 北京：人民铁道出版社，1978.

[23] 秦树人等. 机械测试系统原理与应用. 北京：科学出版社，2005.

[24] 蔡学熙. 钢丝绳拉力的振动测量. 矿山机械，2006，(11)：69～71.

[25] 西北工业大学. 复合弹簧. 淄博市信息中心，2003.

[26] 陈刚. 振动法测索力与实用公式. 福州大学硕士论文，2003.

[27] 周新祥. 噪声控制技术及其新进展. 北京：冶金工业出版社，2007.

[28] 杜功焕，朱哲民，龚秀芬. 声学基础. 南京：南京大学出版社，2001.

[29] 杨玉致. 机械噪声控制技术. 北京：中国农业机械出版社，1983.

[30] 莫尔斯 (P. M. Morse，美国). 振动与声. 北京：科学出版社，1974.

[31] 何祚镛，赵玉芳. 声学理论基础. 北京：国防工业出版社，1981.

[32] 马大猷. 现代声学理论基础. 北京：科学出版社，2004.

[33] 马大猷. 噪声与振动控制工程手册，北京：机械工业出版社，2002.

[34] 陈克安. 声学测量. 北京：科学出版社，2005.

[35] 齐娜. 声频声学测量原理. 北京：国防工业出版社，2008.

[36] 蒋孝煜，连小珉. 声强技术及其在汽车工程中的应用. 北京：清华大学出版社，2001.

[37] 马大猷. 噪声与振动控制工程手册. 北京：机械工业出版社，2002.

[38] 康玉成. 建筑隔声设计—空气声隔声技术. 上海：中国建筑工业出版社，2004.

[39] 袁昌明. 噪声与振动控制技术. 北京：冶金工业出版社，2007.

[40] 周新祥. 噪声控制技术及其新进展. 北京：冶金工业出版社，2007.

[41] 秦佑国，王炳麟. 建筑声环境. 第 2 版. 北京：清华大学出版社，2007.

[42] Clarence W. S. Vibration and shock handbook. Boca Raton，Fla.：Taylor & Francis，2005.

[43] Clarence W. S. Computer techniques in vibration, Boca Raton, Fla.: CRC Press, 2007.
[44] A. V. 奥本海默等著，刘树棠等译. 离散时间信号处理（第2版）. 西安：西安交通大学出版社，2005.
[45] Richard C. D. The engineering handbook. Boca Raton：CRC Press，1996.
[46] Collacott R. A. Mechanical fault diagnosis and condition monitoring. London：Chapman and Hall，1977.
[47] 陈克安. 有源噪声控制. 第2版. 北京：国防工业出版社，2014.
[48] 王海彬. 锻锤隔振CAD系统开发 [D]. 南昌：南昌大学，2009.
[49] 宋朋金. 锻锤基础隔振的参数优化 [D]. 杭州：浙江大学，2003.
[50] 杨鑫. 锻锤隔振技术简述. 黑龙江科技信息 [J]，2008 (31)：12-12.
[51] 战嘉恺，卢岩，林宁等. 我国锻锤隔振技术现状与进展. 劳动保护科学技术 [J]，1999，19 (5)：36-39.
[52] 李兆强，付建华，李永堂等. 锤用黏滞流体阻尼器减振新技术及其应用. 锻压装备与制造技术 [J]，2015，50 (6)：57-62.
[53] 美国减振技术公司亚洲办事处. 锻锤MRM隔振系统的隔振效率. 锻压装备与制造技术 [J]，2009，44 (2)：58-60.
[54] 于向军，李文亮，张强等. 锻锤弹性基础的优化设计. 锻压装备与制造技术 [J]，2007，42 (4)：84-87.